国家哲学社会科学基金重点项目
"加快建设世界重要人才中心和创新高地研究"（项目号：23AZD039）

全球基础研究

国际合作指数报告

（2024）

GLOBAL INDEX REPORT ON
INTERNATIONAL BASIC
RESEARCH COLLABORATION（2024）

柳学智　王　伊　王秋蕾 等 / 著

社会科学文献出版社
SOCIAL SCIENCES ACADEMIC PRESS (CHINA)

序

当前，新一轮科技革命和产业变革蓬勃兴起，科学探索加速演进，学科交叉日益紧密，一些基本科学问题孕育重大突破。世界主要发达国家普遍强化基础研究，全球科技竞争不断向基础研究前移。

基础研究是创新的源头，国际合作是提升基础研究质量的重要途径。了解和评估基础研究国际合作的分布和发展趋势，是政策制定和理论研究的重要依据。从微观层面看，对个体、团队、组织等的国际合作进行评估，评估的范围相对较小，评估的内容相对确定，评估的方法易于选择；从宏观层面看，在区域层面上评估一个国家或地区的基础研究国际合作，或者在研究领域层面上评估一个学科或学科大类的基础研究国际合作，评估范围广，评估内容多。文献计量评估是一种比较客观、准确的评估方法，本报告基于基础研究文献大数据，构建基础研究国际合作指数，对全球基础研究国际合作的分布和发展趋势进行评估。

对基础研究国际合作进行文献计量评估，必须划分研究领域。当前，研究领域的划分没有公认的标准，考虑到对中国基础研究的针对性，本报告参照中国自然科学基金委员会学科组分类，从学科、学科组、总体三个层面对研究领域进行划分，以学科为基本单元，构建指数，评估学科层面的基础研究国际合作；汇总学科层面的统计结果，评估学科组层面的基础研究国际合作；汇总学科组层面的统计结果，评估总体层面的基础研究国际合作。这样在评估基础研究国际合作时，既能体现研究领域的整体性，又具有学科针对性。

考虑到不同学科的文献类型有所不同，本报告在选取数据时，涵盖每一学科的主要文献类型，避免基于一种或几种文献类型进行学科比较而产生针对性不足、偏颇等问题。

考虑到基础研究的动态性，本报告针对最近 10 年各年度及年度合计基础研究文献分别计算指数。年度数据反映年度变化趋势，年度合计数据更为全面地反映一个国家或地区的整体水平，作为国际合作比较的主要指数。

本报告基于文献被引频次分布的特点，截取被引频次的累计百分比处于前 10% 的有影响力的基础研究文献，并且依据 1‰、1%、10% 标线对其进行更细致的分层，据此提出了一套全球基础研究国际合作指数，并运用科睿唯安大数据进行了实证，全面、客观、准确地反映全球基础研究国际合作的分布和发展趋势，为政策制定和理论研究提供实证参考。

柳学智

中国人事科学研究院

2025 年 2 月

目 录 ↘

第一章　全球基础研究国际合作指数

本报告基于基础研究文献大数据，构建全球基础研究国际合作指数，对各区域各领域基础研究国际合作进行评估。

第一节　考量因素

本报告的数据来源于科睿唯安的 InCites 数据库，数据更新时间为 2024 年 12 月 12 日。

科睿唯安遵循客观性、选择性和动态性的文献筛选原则，将文献被引频次作为主要影响力指标，筛选每一个研究领域中最有影响力的期刊等文献，确保文献的代表性。

在科睿唯安数据库中，英国（United Kingdom）、英格兰（England）、苏格兰（Scotland）、威尔士（Wales）、北爱尔兰（Northern Ireland）的数据并行存在，这些数据之间具有包含关系，为保证分析结果的可比性，本研究删除了其中被包含的重复数据。

经过数据清洗，最后纳入统计分析的文献数据共 11691999 篇。

一　基础研究领域的划分

本报告以科睿唯安 Web of Science 学科分类为基础，选择了 198 个 Web of Science 学科，根据中国国家自然科学基金委员会关于学科组的划分，归入相应的学科组，形成 8 个学科组和 1 个交叉学科，进一步将各学科组和交叉学科归为自然科学总体，这样，就将自然科学基础研究领域划分为学科、学科组、总体三个层次。

表 1-1　基础研究领域的划分

学科组	Web of Science 学科
数学与物理学	数学（Mathematics）
	数学物理（Physics，Mathematical）
	统计学和概率论（Statistics & Probability）
	应用数学（Mathematics，Applied）
	逻辑学（Logic）
	跨学科应用数学（Mathematics，Interdisciplinary Applications）
	力学（Mechanics）
	天文学和天体物理学（Astronomy & Astrophysics）
	凝聚态物理（Physics，Condensed Matter）
	热力学（Thermodynamics）
	原子、分子和化学物理（Physics，Atomic，Molecular & Chemical）
	光学（Optics）
	光谱学（Spectroscopy）
	声学（Acoustics）
	粒子物理学和场论（Physics，Particles & Fields）
	核物理（Physics，Nuclear）
	核科学和技术（Nuclear Science & Technology）
	流体物理和等离子体物理（Physics，Fluids & Plasmas）
	应用物理学（Physics，Applied）
	多学科物理（Physics，Multidisciplinary）
化学	有机化学（Chemistry，Organic）
	高分子科学（Polymer Science）
	电化学（Electrochemistry）
	物理化学（Chemistry，Physical）
	分析化学（Chemistry，Analytical）
	晶体学（Crystallography）
	无机化学和核化学（Chemistry，Inorganic & Nuclear）
	纳米科学和纳米技术（Nanoscience & Nanotechnology）
	化学工程（Engineering，Chemical）
	应用化学（Chemistry，Applied）
	多学科化学（Chemistry，Multidisciplinary）

续表

学科组	Web of Science 学科
生命科学	生物学（Biology）
	微生物学（Microbiology）
	病毒学（Virology）
	植物学（Plant Sciences）
	生态学（Ecology）
	湖沼学（Limnology）
	进化生物学（Evolutionary Biology）
	动物学（Zoology）
	鸟类学（Ornithology）
	昆虫学（Entomology）
	制奶和动物科学（Agriculture，Dairy & Animal Science）
	生物物理学（Biophysics）
	生物化学和分子生物学（Biochemistry & Molecular Biology）
	生物化学研究方法（Biochemical Research Methods）
	遗传学和遗传性（Genetics & Heredity）
	数学生物学和计算生物学（Mathematical & Computational Biology）
	细胞生物学（Cell Biology）
	免疫学（Immunology）
	神经科学（Neurosciences）
	心理学（Psychology）
	应用心理学（Psychology，Applied）
	生理心理学（Psychology，Biological）
	临床心理学（Psychology，Clinical）
	发展心理学（Psychology，Developmental）
	教育心理学（Psychology，Educational）
	实验心理学（Psychology，Experimental）
	数学心理学（Psychology，Mathematical）
	多学科心理学（Psychology，Multidisciplinary）
	心理分析（Psychology，Psychoanalysis）
	社会心理学（Psychology，Social）
	行为科学（Behavioral Sciences）
	生物材料学（Materials Science，Biomaterials）
	细胞和组织工程学（Cell & Tissue Engineering）
	生理学（Physiology）

学科组	Web of Science 学科
生命科学	解剖学和形态学（Anatomy & Morphology）
	发育生物学（Developmental Biology）
	生殖生物学（Reproductive Biology）
	农学（Agronomy）
	多学科农业（Agriculture, Multidisciplinary）
	生物多样性保护（Biodiversity Conservation）
	园艺学（Horticulture）
	真菌学（Mycology）
	林学（Forestry）
	兽医学（Veterinary Sciences）
	海洋生物学和淡水生物学（Marine & Freshwater Biology）
	渔业学（Fisheries）
	食品科学和技术（Food Science & Technology）
	生物医药工程（Engineering, Biomedical）
	生物技术和应用微生物学（Biotechnology & Applied Microbiology）
地球科学	地理学（Geography）
	自然地理学（Geography, Physical）
	遥感（Remote Sensing）
	地质学（Geology）
	古生物学（Paleontology）
	矿物学（Mineralogy）
	地质工程（Engineering, Geological）
	地球化学和地球物理学（Geochemistry & Geophysics）
	气象学和大气科学（Meteorology & Atmospheric Science）
	海洋学（Oceanography）
	环境科学（Environmental Sciences）
	土壤学（Soil Science）
	水资源（Water Resources）
	环境研究（Environmental Studies）
	多学科地球科学（Geosciences, Multidisciplinary）

续表

学科组	Web of Science 学科
工程与材料科学	冶金和冶金工程（Metallurgy & Metallurgical Engineering）
	陶瓷材料（Materials Science, Ceramics）
	造纸和木材（Materials Science, Paper & Wood）
	涂料和薄膜（Materials Science, Coatings & Films）
	纺织材料（Materials Science, Textiles）
	复合材料（Materials Science, Composites）
	材料检测和鉴定（Materials Science, Characterization & Testing）
	多学科材料（Materials Science, Multidisciplinary）
	石油工程（Engineering, Petroleum）
	采矿和矿物处理（Mining & Mineral Processing）
	机械工程（Engineering, Mechanical）
	制造工程（Engineering, Manufacturing）
	能源和燃料（Energy & Fuels）
	电气和电子工程（Engineering, Electrical & Electronic）
	建筑和建筑技术（Construction & Building Technology）
	土木工程（Engineering, Civil）
	农业工程（Agricultural Engineering）
	环境工程（Engineering, Environmental）
	海洋工程（Engineering, Ocean）
	船舶工程（Engineering, Marine）
	交通（Transportation）
	交通科学和技术（Transportation Science & Technology）
	航空和航天工程（Engineering, Aerospace）
	工业工程（Engineering, Industrial）
	设备和仪器（Instruments & Instrumentation）
	显微镜学（Microscopy）
	绿色和可持续科学与技术（Green & Sustainable Science & Technology）
	人体工程学（Ergonomics）
	多学科工程（Engineering, Multidisciplinary）

续表

学科组	Web of Science 学科
信息科学	电信（Telecommunication）
	影像科学和照相技术（Imaging Science & Photographic Technology）
	计算机理论和方法（Computer Science，Theory & Methods）
	软件工程（Computer Science，Software Engineering）
	计算机硬件和体系架构（Computer Science，Hardware & Architecture）
	信息系统（Computer Science，Information Systems）
	控制论（Computer Science，Cybernetics）
	计算机跨学科应用（Computer Science，Interdisciplinary Applications）
	自动化和控制系统（Automation & Control Systems）
	机器人学（Robotics）
	量子科学和技术（Quantum Science & Technology）
	人工智能（Computer Science，Artificial Intelligence）
管理科学	运筹学和管理科学（Operations Research & Management Science）
	管理学（Management）
	商学（Business）
	经济学（Economics）
	金融学（Business，Finance）
	人口统计学（Demography）
	农业经济和政策（Agricultural Economics & Policy）
	公共行政（Public Administration）
	卫生保健科学和服务（Health Care Sciences & Services）
	医学伦理学（Medical Ethics）
	区域和城市规划（Regional & Urban Planning）
	信息学和图书馆学（Information Science & Library Science）
医学	呼吸系统（Respiratory System）
	心脏和心血管系统（Cardiac & Cardiovascular Systems）
	周围血管疾病学（Peripheral Vascular Disease）
	胃肠病学和肝脏病学（Gastroenterology & Hepatology）
	产科医学和妇科医学（Obstetrics & Gynecology）
	男科学（Andrology）
	儿科学（Pediatrics）
	泌尿学和肾脏学（Urology & Nephrology）
	运动科学（Sport Sciences）
	内分泌学和新陈代谢（Endocrinology & Metabolism）

续表

学科组	Web of Science 学科
医学	营养学和饮食学（Nutrition & Dietetics）
	血液学（Hematology）
	临床神经学（Clinical Neurology）
	药物滥用医学（Substance Abuse）
	精神病学（Psychiatry）
	敏感症学（Allergy）
	风湿病学（Rheumatology）
	皮肤医学（Dermatology）
	眼科学（Ophthalmology）
	耳鼻喉学（Otorhinolaryngology）
	听觉学和言语病理学（Audiology & Speech-Language Pathology）
	牙科医学、口腔外科和口腔医学（Dentistry，Oral Surgery & Medicine）
	急救医学（Emergency Medicine）
	危机护理医学（Critical Care Medicine）
	整形外科学（Orthopedics）
	麻醉学（Anesthesiology）
	肿瘤学（Oncology）
	康复医学（Rehabilitation）
	医学信息学（Medical Informatics）
	神经影像学（Neuroimaging）
	传染病学（Infectious Diseases）
	寄生物学（Parasitology）
	医学化验技术（Medical Laboratory Technology）
	放射医学、核医学和影像医学（Radiology，Nuclear Medicine & Medical Imaging）
	法医学（Medicine，Legal）
	老年病学和老年医学（Geriatrics & Gerontology）
	初级卫生保健（Primary Health Care）
	公共卫生、环境卫生和职业卫生（Public，Environmental & Occupational Health）
	热带医学（Tropical Medicine）
	药理学和药剂学（Pharmacology & Pharmacy）
	医用化学（Chemistry，Medicinal）
	毒理学（Toxicology）
	病理学（Pathology）
	外科学（Surgery）
	移植医学（Transplantation）
	护理学（Nursing）
	全科医学和内科医学（Medicine，General & Internal）
	综合医学和补充医学（Integrative & Complementary Medicine）
	研究和实验医学（Medicine，Research & Experimental）
交叉学科	交叉学科（Multidisciplinary Science）

二　文献类型的选择

基础研究成果的主要形式是在期刊、报纸、图书等各种媒介上或者在会议、研讨、论坛等各种活动中发表的论文、综述、评论等各种文献。

考虑到学科之间文献类型存在差异，本报告选择了多种文献类型，涵盖所研究学科的主要文献类型。

表1-2　文献类型

中文名称	英文名称
期刊论文	Article
会议论文	Proceedings Paper
会议摘要	Meeting Abstract
综述	Review
编辑材料	Editorial Material
快报	Letter
更正	Correction
图书章节	Book Chapter
图书综述	Book Review
传记	Biographical-Item
新闻条目	News Item
数据论文	Data Paper
转载	Reprint
软件评论	Software Review
参考书目	Bibliography
数据库评论	Database Review
硬件评论	Hardware Review
图书	Book
摘录	Excerpt

三　基础研究时间的界定

基础研究成果随着时间的推移连续累积，基础研究国际合作也随着时间的推移连续分布。考虑到基础研究的长期性，本研究以 10 年作为基础研究的时间范围，基于 10 年数据进行统计分析，评估在这一时间段内某一区域某一研究领域中基础研究国际合作的分布和发展趋势，能够更为合理地反映该区域该研究领域国际合作的发展状况。

考虑到基础研究的动态性，本研究还以 1 年为单元，对 10 年内各年度数据进行统计分析，及时反映基础研究国际合作的年度变化情况。

第二节　指数设计

本报告基于基础研究文献大数据的计量分析，划分基础研究层次，构建基础研究国际合作指数，评估各区域各领域的基础研究国际合作。

一　文献计量方法

一篇文献可能有一个或多个作者，作者可能来自一个或多个国家或地区，甚至一篇文献可能属于一个或多个学科。在本报告中，如果一篇文献有多个作者，且来自同一个国家或地区，被视为一个作者；如果一篇文献的作者来自多个国家或地区，视作者所属的每一个国家或地区都拥有该篇文献，例如，某篇文献有 7 个中国作者、3 个美国作者，那么中国和美国各自计量为 1 篇文献；如果一篇文献属于多个学科，视文献所属的每一个学科都拥有该篇文献，例如，某篇文献既属于有机化学，又属于高分子科学，那么有机化学和高分子科学各自计量为 1 篇文献。

二　基础研究层次划分

基础研究文献的被引频次反映了该研究在国际同行中的影响力，是基础研究层次划分的主要依据，我们以被引频次累计百分比 1‰、1%、10% 为标线，将基础研究划分为 A、B、C 层三个层次。

表 1-3　基础研究层次划分

层次	累计百分比（p）
A	$p \leqslant 1‰$
B	$1‰ < p \leqslant 1\%$
C	$1\% < p \leqslant 10\%$

三　基础研究国际合作指数

学科是基础研究领域划分的基本单元，也是基础研究国际合作划分的基本单元，本报告以学科为基本单元构建指数，进行学科层面的指数计算；在学科分析的基础上，根据学科组的划分，对应汇总相应学科的指数，形成了学科组的指数；进一步汇总学科组的指数，形成自然科学总体的指数。

根据学科、学科组、总体三个研究领域层面和 A、B、C 层三个研究层次，构建某一区域某一研究领域某一活跃期内某一研究层次的国际合作指数，具体指数如下。

A 层研究国际合作参与率：某区域某研究领域某时间段内 A 层研究的国际合作文献数量占全球相应研究领域相应时间段内 A 层研究国际合作文献数量的百分比。

B 层研究国际合作参与率：某区域某研究领域某时间段内 B 层研究的国际合作文献数量占全球相应研究领域相应时间段内 B 层研究国际合作文献数量的百分比。

C 层研究国际合作参与率：某区域某研究领域某时间段内 C 层研究的国际合作文献数量占全球相应研究领域相应时间段内 C 层研究国际合作文献数量的百分比。

第三节　指数计算与结果呈现

本报告从以下三个层面进行指数计算和结果呈现。

一　学科层面

根据数学与物理学、化学、生命科学、地球科学、工程与材料科学、信息科学、管理科学、医学8个学科组，计算和呈现每一个学科组下每一个学科排名前20的国家和地区的A、B、C层研究在2014~2023年各年度及其合计的国际合作参与率，不足20个国家和地区的，列出全部。

将交叉学科视为一个学科组，其下只有一个学科，进行学科层面的指数计算和结果呈现。

二　学科组层面

以数学与物理学、化学、生命科学、地球科学、工程与材料科学、信息科学、管理科学、医学8个学科组为单元，在学科层面指数计算的基础上，汇总每个学科组中各个学科的计算结果，呈现每一个学科组排名前40的国家和地区的A、B、C层研究在2014~2023年各年度及其合计的国际合作参与率。

三　总体层面

以自然科学总体为单元，在数学与物理学、化学、生命科学、地球科学、工程与材料科学、信息科学、管理科学、医学8个学科组和交叉学科组指数计算的基础上，汇总各个学科组的计算结果，呈现自然科学总体排名前50的国家和地区的A、B、C层研究在2014~2023年各年度及其合计的国际合作参与率。

第二章　数学与物理学

数学与物理学是自然科学中的基础科学，是当代科学发展的先导和基础，其研究进展和重大突破，不仅推动自身的发展，也为其他学科的发展提供理论、思想、方法和手段。

第一节　学科

数学与物理学学科组包括以下学科：数学，数学物理，统计学和概率论，应用数学，逻辑学，跨学科应用数学，力学，天文学和天体物理学，凝聚态物理，热力学，原子、分子和化学物理，光学，光谱学，声学，粒子物理学和场论，核物理，核科学和技术，流体物理和等离子体物理，应用物理学，多学科物理，共计 20 个。

一　数学

数学 A 层研究国际合作参与率最高的是中国大陆，为 35.29%，其次为美国的 20.26%；沙特阿拉伯、罗马尼亚、意大利、土耳其、德国、中国台湾、印度的参与率也比较高，在 19%～10%[①]；伊朗、巴基斯坦、英国、韩国、南非、加拿大、澳大利亚、埃及、法国、瑞士、泰国也有一定的参与率，在 10%～3%。

B 层研究国际合作参与率最高的是中国大陆，为 34.36%，其次为美国的 26.20%；沙特阿拉伯、巴基斯坦、土耳其、中国台湾的参与率也比较

---

① 为了与表中数据从大到小排列的顺序对应，全书此类数据按从大到小写法呈现，如 19%～10%，特此说明。

高，在 22%～11%；德国、法国、意大利、印度、罗马尼亚、加拿大、英国、埃及、伊朗、澳大利亚、韩国、西班牙、波兰、日本也有一定的参与率，在 10%～3%。

C 层研究国际合作参与率最高的是美国，为 27.91%，其次为中国大陆的 23.07%；沙特阿拉伯、法国、德国的参与率也比较高，在 15%～10%；意大利、英国、印度、巴基斯坦、西班牙、土耳其、加拿大、中国台湾、埃及、罗马尼亚、韩国、俄罗斯、伊朗、日本、澳大利亚也有一定的参与率，在 10%～3%。

表 2-1　数学 A 层研究排名前 20 的国家和地区的国际合作参与率

单位：%

国家和地区	2014 年	2015 年	2016 年	2017 年	2018 年	2019 年	2020 年	2021 年	2022 年	2023 年	合计
中国大陆	7.14	28.57	62.50	30.77	53.33	43.75	26.67	27.78	33.33	35.71	35.29
美国	0.00	21.43	43.75	38.46	53.33	31.25	0.00	11.11	5.56	0.00	20.26
沙特阿拉伯	0.00	21.43	6.25	23.08	13.33	25.00	0.00	27.78	22.22	42.86	18.30
罗马尼亚	7.14	21.43	6.25	23.08	13.33	25.00	40.00	22.22	0.00	14.29	16.99
意大利	42.86	28.57	31.25	7.69	6.67	6.25	13.33	22.22	5.56	0.00	16.34
土耳其	0.00	7.14	6.25	23.08	6.67	18.75	46.67	22.22	5.56	14.29	15.03
德国	21.43	21.43	6.25	30.77	6.67	18.75	13.33	0.00	11.11	0.00	12.42
中国台湾	0.00	0.00	0.00	0.00	20.00	6.25	40.00	33.33	11.11	7.14	12.42
印度	0.00	21.43	0.00	0.00	0.00	31.25	13.33	16.67	11.11	7.14	10.46
伊朗	14.29	7.14	0.00	0.00	6.67	6.25	26.67	16.67	5.56	7.14	9.15
巴基斯坦	7.14	0.00	0.00	0.00	0.00	0.00	0.00	11.11	33.33	35.71	9.15
英国	7.14	14.29	0.00	15.38	13.33	6.25	0.00	5.56	11.11	14.29	8.50
韩国	0.00	0.00	0.00	0.00	0.00	12.50	0.00	5.56	27.78	28.57	7.84
南非	14.29	7.14	0.00	0.00	26.67	6.25	13.33	5.56	0.00	0.00	7.19
加拿大	14.29	0.00	0.00	0.00	0.00	6.25	13.33	5.56	16.67	0.00	5.88
澳大利亚	0.00	7.14	6.25	7.69	6.67	6.25	0.00	5.56	0.00	7.14	4.58
埃及	0.00	0.00	0.00	0.00	0.00	0.00	6.67	11.11	5.56	21.43	4.58
法国	21.43	7.14	6.25	7.69	6.67	6.25	0.00	0.00	0.00	0.00	4.58
瑞士	0.00	0.00	12.50	15.38	6.67	6.25	0.00	0.00	0.00	0.00	3.92
泰国	7.14	0.00	0.00	0.00	0.00	6.25	0.00	0.00	16.67	7.14	3.92

表 2-2　数学 B 层研究排名前 20 的国家和地区的国际合作参与率

单位：%

国家和地区	2014 年	2015 年	2016 年	2017 年	2018 年	2019 年	2020 年	2021 年	2022 年	2023 年	合计
中国大陆	27.05	29.13	33.33	32.84	40.46	41.67	39.87	36.09	29.76	31.21	34.36
美国	32.79	37.01	37.98	35.82	37.40	25.00	17.72	18.93	14.88	13.48	26.20
沙特阿拉伯	12.30	7.09	9.30	11.19	10.69	16.67	18.99	20.71	40.48	55.32	21.05
巴基斯坦	0.82	1.57	3.10	5.22	7.63	19.23	17.09	16.57	24.40	24.11	12.82
土耳其	4.10	3.15	8.53	8.96	10.69	10.90	22.15	18.93	8.93	17.02	11.78
中国台湾	3.28	2.36	5.43	8.21	8.40	16.03	22.78	20.71	11.90	9.22	11.50
德国	19.67	13.39	16.28	13.43	9.16	5.13	10.13	6.51	3.57	2.13	9.48
法国	9.84	19.69	16.28	14.18	10.69	12.18	1.27	5.33	4.17	0.71	8.99
意大利	10.66	11.02	11.63	10.45	7.63	5.77	7.59	10.06	7.14	7.80	8.85
印度	1.64	6.30	3.10	5.22	6.11	7.69	8.23	11.24	13.10	18.44	8.43
罗马尼亚	4.92	2.36	8.53	7.46	7.63	10.26	10.13	7.69	7.74	11.35	7.94
加拿大	3.28	7.87	7.75	7.46	9.16	13.46	6.96	4.14	2.38	4.26	6.62
英国	9.02	10.24	9.30	9.70	6.11	7.05	5.06	5.33	4.17	2.13	6.62
埃及	0.82	0.79	0.78	0.75	4.58	1.92	5.70	9.47	16.67	18.44	6.41
伊朗	2.46	3.15	2.33	4.48	3.05	3.85	13.92	9.47	7.14	4.96	5.78
澳大利亚	4.10	5.51	1.55	7.46	3.82	5.77	5.70	4.14	5.36	2.13	4.60
韩国	4.10	1.57	3.88	3.73	6.87	3.85	2.53	5.33	8.93	4.26	4.60
西班牙	7.38	7.09	6.20	4.48	3.05	1.92	3.16	5.92	3.57	3.55	4.53
波兰	4.10	3.15	1.55	4.48	6.87	5.77	6.33	5.92	2.38	1.42	4.25
日本	7.38	5.51	6.20	6.72	4.58	3.21	0.63	1.78	1.19	0.00	3.48

表 2-3　数学 C 层研究排名前 20 的国家和地区的国际合作参与率

单位：%

国家和地区	2014 年	2015 年	2016 年	2017 年	2018 年	2019 年	2020 年	2021 年	2022 年	2023 年	合计
美国	36.90	36.00	36.81	36.29	32.83	28.52	22.58	20.79	17.61	16.42	27.91
中国大陆	18.82	19.82	19.77	21.84	24.73	25.73	29.35	25.14	23.73	18.91	23.07
沙特阿拉伯	6.46	6.93	7.53	6.16	6.58	9.38	14.57	17.47	29.78	37.30	14.59
法国	17.07	18.31	15.88	15.02	12.66	11.00	8.36	9.94	6.12	4.36	11.58
德国	13.10	14.04	12.66	13.30	13.16	10.56	8.08	8.70	6.40	5.65	10.37
意大利	10.52	11.73	11.17	11.17	11.31	8.65	8.15	8.36	8.67	9.58	9.81
英国	10.70	10.76	11.50	11.66	10.13	10.12	7.39	7.67	7.57	7.44	9.38

续表

国家和地区	2014 年	2015 年	2016 年	2017 年	2018 年	2019 年	2020 年	2021 年	2022 年	2023 年	合计
印度	4.06	2.49	5.54	5.91	6.75	8.36	9.05	11.74	14.58	15.65	8.67
巴基斯坦	1.48	1.87	1.99	2.46	3.54	7.99	10.64	13.81	15.61	17.54	8.09
西班牙	9.04	7.20	8.77	7.64	7.76	6.60	7.25	8.29	5.85	5.39	7.34
土耳其	4.70	4.27	4.71	4.68	7.17	6.52	8.91	9.19	9.56	8.38	6.97
加拿大	9.41	8.27	7.36	8.05	7.00	7.33	6.56	5.46	5.91	4.62	6.92
中国台湾	2.03	2.67	3.06	2.46	3.38	6.09	9.46	11.88	10.94	8.64	6.38
埃及	0.83	1.16	1.57	1.64	1.27	3.67	6.28	7.94	12.17	12.75	5.18
罗马尼亚	3.04	3.47	3.97	3.69	4.14	4.69	5.73	6.42	7.57	5.65	4.96
韩国	4.43	3.47	3.39	2.96	3.80	5.06	4.77	5.04	7.77	7.96	4.93
俄罗斯	3.60	3.73	4.30	3.94	4.98	5.43	4.70	5.39	5.02	4.28	4.59
伊朗	3.32	2.31	2.40	2.55	3.21	3.74	4.63	6.70	5.64	6.59	4.20
日本	5.07	5.42	4.47	4.19	5.32	4.77	3.18	2.62	2.06	1.80	3.81
澳大利亚	3.87	4.44	4.38	5.17	4.64	3.89	3.66	2.83	2.68	2.74	3.79

二 数学物理

数学物理 A 层研究国际合作参与率最高的是美国，为 51.22%，其次为中国大陆的 29.27%。英国、德国、法国、意大利、瑞士的参与率也比较高，在 25%~12%；比利时、土耳其、澳大利亚、罗马尼亚、南非、西班牙、阿尔及利亚、埃及、印度、伊朗、葡萄牙、俄罗斯、沙特阿拉伯也有一定的参与率，在 10%~4%。

B 层研究国际合作参与率最高的是中国大陆、美国，均为 32.32%；英国、德国、沙特阿拉伯、意大利、土耳其、法国的参与率也比较高，在 17%~10%；印度、瑞士、西班牙、罗马尼亚、俄罗斯、加拿大、埃及、南非、巴基斯坦、伊朗、中国台湾、澳大利亚也有一定的参与率，在 8%~3%。

C 层研究国际合作参与率最高的是美国，为 30.85%，其次为中国大陆的 28.47%；德国、英国、法国、意大利的参与率也比较高，在 18%~11%；印度、沙特阿拉伯、俄罗斯、西班牙、加拿大、巴基斯坦、伊朗、土耳其、瑞士、日本、澳大利亚、埃及、以色列、荷兰也有一定的参与率，在 10%~3%。

表 2-4　数学物理 A 层研究排名前 20 的国家和地区的国际合作参与率

单位：%

国家和地区	2014 年	2015 年	2016 年	2017 年	2018 年	2019 年	2020 年	2021 年	2022 年	2023 年	合计
美国	100.00	50.00	33.33	83.33	60.00	25.00	0.00	50.00	75.00	25.00	51.22
中国大陆	0.00	0.00	0.00	16.67	60.00	0.00	0.00	50.00	50.00	75.00	29.27
英国	100.00	50.00	66.67	16.67	0.00	0.00	50.00	0.00	0.00	25.00	24.39
德国	33.33	50.00	0.00	16.67	0.00	25.00	25.00	16.67	75.00	0.00	21.95
法国	33.33	0.00	0.00	0.00	20.00	0.00	25.00	0.00	50.00	0.00	12.20
意大利	33.33	0.00	33.33	16.67	0.00	25.00	25.00	0.00	0.00	0.00	12.20
瑞士	66.67	50.00	33.33	0.00	20.00	0.00	0.00	0.00	0.00	0.00	12.20
比利时	0.00	0.00	0.00	16.67	40.00	0.00	0.00	16.67	0.00	0.00	9.76
土耳其	0.00	0.00	33.33	0.00	20.00	25.00	25.00	0.00	0.00	0.00	9.76
澳大利亚	0.00	50.00	0.00	0.00	0.00	0.00	25.00	16.67	0.00	0.00	7.32
罗马尼亚	0.00	0.00	0.00	0.00	0.00	0.00	25.00	0.00	25.00	0.00	7.32
南非	0.00	0.00	33.33	0.00	0.00	25.00	0.00	0.00	25.00	0.00	7.32
西班牙	33.33	0.00	33.33	16.67	0.00	0.00	0.00	0.00	0.00	0.00	7.32
阿尔及利亚	0.00	0.00	0.00	0.00	0.00	0.00	0.00	0.00	25.00	25.00	4.88
埃及	0.00	0.00	0.00	0.00	0.00	0.00	0.00	0.00	0.00	50.00	4.88
印度	0.00	0.00	0.00	0.00	0.00	0.00	0.00	16.67	0.00	25.00	4.88
伊朗	0.00	0.00	0.00	0.00	0.00	0.00	25.00	16.67	0.00	0.00	4.88
葡萄牙	0.00	0.00	0.00	16.67	0.00	25.00	0.00	0.00	0.00	0.00	4.88
俄罗斯	0.00	0.00	0.00	0.00	20.00	0.00	0.00	0.00	25.00	0.00	4.88
沙特阿拉伯	0.00	0.00	0.00	0.00	0.00	0.00	0.00	0.00	25.00	25.00	4.88

表 2-5　数学物理 B 层研究排名前 20 的国家和地区的国际合作参与率

单位：%

国家和地区	2014 年	2015 年	2016 年	2017 年	2018 年	2019 年	2020 年	2021 年	2022 年	2023 年	合计
中国大陆	11.90	21.28	11.63	34.21	38.10	29.55	31.37	40.00	46.15	66.67	32.32
美国	40.48	31.91	48.84	39.47	40.48	27.27	21.57	22.22	28.21	25.00	32.32
英国	28.57	17.02	30.23	18.42	9.52	13.64	7.84	13.33	12.82	11.11	16.16
德国	21.43	25.53	32.56	15.79	19.05	9.09	13.73	4.44	7.69	8.33	15.93

续表

国家和地区	2014 年	2015 年	2016 年	2017 年	2018 年	2019 年	2020 年	2021 年	2022 年	2023 年	合计
沙特阿拉伯	2.38	10.64	2.33	7.89	9.52	13.64	17.65	28.89	28.21	30.56	14.99
意大利	9.52	8.51	18.60	15.79	14.29	13.64	15.69	15.56	10.26	8.33	13.11
土耳其	0.00	2.13	4.65	10.53	11.90	34.09	13.73	13.33	7.69	11.11	11.01
法国	21.43	17.02	18.60	15.79	16.67	2.27	3.92	8.89	2.56	0.00	10.77
印度	4.76	2.13	4.65	2.63	2.38	6.82	21.57	8.89	15.38	5.56	7.73
瑞士	11.90	12.77	9.30	13.16	4.76	4.55	0.00	11.11	7.69	2.78	7.73
西班牙	16.67	8.51	2.33	15.79	2.38	4.55	5.88	6.67	2.56	11.11	7.49
罗马尼亚	0.00	4.26	2.33	10.53	11.90	22.73	3.92	4.44	7.69	2.78	7.03
俄罗斯	7.14	8.51	6.98	2.63	9.52	4.55	3.92	8.89	7.69	5.56	6.56
加拿大	4.76	2.13	6.98	7.89	4.76	9.09	7.84	13.33	2.56	2.78	6.32
埃及	0.00	6.38	0.00	5.26	2.38	6.82	3.92	4.44	20.51	16.67	6.32
南非	2.38	2.13	2.33	0.00	11.90	4.55	9.80	4.44	10.26	16.67	6.32
巴基斯坦	0.00	0.00	0.00	2.63	4.76	11.36	11.76	8.89	10.26	11.11	6.09
伊朗	0.00	0.00	0.00	2.63	7.14	13.64	15.69	2.22	7.69	5.56	5.62
中国台湾	0.00	0.00	0.00	2.63	0.00	2.27	7.84	8.89	12.82	13.89	4.68
澳大利亚	2.38	4.26	6.98	7.89	2.38	0.00	3.92	6.67	5.13	0.00	3.98

表 2-6 数学物理 C 层研究排名前 20 的国家和地区的国际合作参与率

单位：%

国家和地区	2014 年	2015 年	2016 年	2017 年	2018 年	2019 年	2020 年	2021 年	2022 年	2023 年	合计
美国	40.63	39.12	37.77	37.30	35.09	26.80	27.52	25.28	21.76	18.48	30.85
中国大陆	17.94	22.87	25.18	27.92	27.82	26.55	31.30	33.26	33.33	36.96	28.47
德国	21.11	18.18	21.14	21.97	17.79	17.62	15.55	12.53	12.50	12.23	17.03
英国	19.00	19.28	19.24	19.22	16.29	13.15	10.29	11.62	8.33	10.60	14.57
法国	17.15	19.01	18.29	15.56	16.54	12.66	10.71	9.79	9.49	7.61	13.58
意大利	16.09	11.85	12.83	11.67	10.53	10.67	12.18	10.25	8.10	10.05	11.39
印度	4.75	3.86	4.28	4.12	6.02	9.68	10.92	15.95	13.89	18.75	9.28
沙特阿拉伯	4.49	3.58	4.04	3.43	5.76	5.71	11.55	16.17	20.83	14.95	9.21
俄罗斯	6.60	7.99	7.60	6.86	9.77	8.19	5.88	7.74	6.02	3.26	7.00
西班牙	9.23	7.16	7.84	5.72	8.02	7.44	3.99	5.24	5.32	4.08	6.34
加拿大	8.71	7.99	5.23	5.03	5.26	5.71	5.04	4.78	4.86	5.43	5.73

续表

国家和地区	2014 年	2015 年	2016 年	2017 年	2018 年	2019 年	2020 年	2021 年	2022 年	2023 年	合计
巴基斯坦	1.32	0.55	1.43	0.46	2.26	3.47	5.46	10.25	16.90	13.32	5.61
伊朗	2.64	2.75	1.19	3.20	5.76	5.96	9.03	7.29	7.41	7.88	5.39
土耳其	0.26	3.31	1.19	2.75	2.26	6.20	9.87	8.88	9.26	8.70	5.39
瑞士	5.28	7.71	6.89	5.49	3.76	5.21	4.62	3.19	3.70	3.26	4.88
日本	4.22	4.68	4.99	7.55	4.51	6.45	2.94	5.01	4.63	3.26	4.83
澳大利亚	3.69	8.54	5.23	4.81	4.26	3.23	3.99	5.69	4.63	2.45	4.64
埃及	1.32	1.38	0.71	0.69	2.51	4.47	6.30	8.43	5.79	4.62	3.72
以色列	3.17	6.06	4.51	2.75	3.26	3.23	1.89	3.87	2.55	1.63	3.25
荷兰	3.17	4.68	4.75	2.75	3.26	2.98	3.36	1.59	2.55	3.26	3.21

三　统计学和概率论

统计学和概率论 A、B、C 层研究国际合作参与率最高的均为美国，分别为 53.13%、48.92%、46.57%。

加拿大、英国、德国、瑞士、澳大利亚 A 层研究国际合作参与率也比较高，在 25%～12%；中国大陆、法国、意大利、西班牙、丹麦、中国香港、日本、荷兰、葡萄牙、突尼斯、阿根廷、比利时、捷克、芬兰也有一定的参与率，在 10%～3%。

中国大陆、英国、德国、澳大利亚、荷兰、加拿大 B 层研究国际合作参与率也比较高，在 28%～10%；法国、意大利、瑞士、挪威、沙特阿拉伯、西班牙、丹麦、瑞典、比利时、芬兰、中国香港、印度、韩国也有一定的参与率，在 7%～3%。

中国大陆、英国、德国、法国 C 层研究国际合作参与率比较高，在 25%～10%；加拿大、澳大利亚、瑞士、意大利、荷兰、西班牙、沙特阿拉伯、比利时、中国香港、印度、埃及、巴西、新加坡、瑞典、伊朗也有一定的参与率，在 10%～3%。

表 2-7　统计学和概率论 A 层研究排名前 20 的国家和地区的国际合作参与率

单位：%

国家和地区	2014 年	2015 年	2016 年	2017 年	2018 年	2019 年	2020 年	2021 年	2022 年	2023 年	合计
美国	0.00	50.00	50.00	40.00	100.00	100.00	50.00	60.00	66.67	0.00	53.13
加拿大	100.00	50.00	0.00	40.00	0.00	33.33	0.00	20.00	0.00	0.00	25.00
英国	0.00	0.00	50.00	20.00	0.00	33.33	50.00	20.00	33.33	50.00	25.00
德国	0.00	0.00	25.00	40.00	50.00	33.33	0.00	0.00	33.33	50.00	21.88
瑞士	0.00	50.00	0.00	20.00	50.00	33.33	0.00	0.00	0.00	50.00	18.75
澳大利亚	50.00	0.00	0.00	20.00	0.00	0.00	0.00	20.00	33.33	0.00	12.50
中国大陆	0.00	0.00	0.00	0.00	0.00	0.00	50.00	20.00	0.00	50.00	9.38
法国	0.00	0.00	0.00	0.00	0.00	66.67	0.00	20.00	0.00	0.00	9.38
意大利	0.00	0.00	25.00	0.00	0.00	33.33	0.00	0.00	33.33	0.00	9.38
西班牙	0.00	0.00	25.00	0.00	0.00	33.33	0.00	0.00	33.33	0.00	9.38
丹麦	0.00	25.00	0.00	20.00	0.00	0.00	0.00	0.00	0.00	0.00	6.25
中国香港	0.00	25.00	0.00	0.00	0.00	0.00	0.00	0.00	0.00	50.00	6.25
日本	0.00	25.00	0.00	0.00	0.00	0.00	0.00	20.00	0.00	0.00	6.25
荷兰	0.00	0.00	0.00	0.00	0.00	0.00	0.00	0.00	33.33	0.00	6.25
葡萄牙	0.00	0.00	25.00	0.00	0.00	33.33	0.00	0.00	0.00	0.00	6.25
突尼斯	50.00	0.00	0.00	0.00	0.00	33.33	0.00	0.00	0.00	0.00	6.25
阿根廷	0.00	0.00	0.00	0.00	0.00	33.33	0.00	0.00	0.00	0.00	3.13
比利时	0.00	0.00	0.00	0.00	50.00	0.00	0.00	0.00	0.00	0.00	3.13
捷克	0.00	0.00	0.00	0.00	0.00	33.33	0.00	0.00	0.00	0.00	3.13
芬兰	0.00	0.00	0.00	20.00	0.00	0.00	0.00	0.00	0.00	0.00	3.13

表 2-8　统计学和概率论 B 层研究排名前 20 的国家和地区的国际合作参与率

单位：%

国家和地区	2014 年	2015 年	2016 年	2017 年	2018 年	2019 年	2020 年	2021 年	2022 年	2023 年	合计
美国	61.29	35.48	57.14	44.19	60.00	56.00	56.82	39.58	41.67	40.00	48.92
中国大陆	16.13	19.35	16.67	23.26	40.00	16.00	25.00	37.50	33.33	42.22	27.34
英国	29.03	41.94	30.95	25.58	28.57	30.00	27.27	16.67	22.92	20.00	26.62
德国	16.13	12.90	19.05	11.63	8.57	16.00	15.91	16.67	14.58	11.11	14.39
澳大利亚	16.13	12.90	2.38	18.60	14.29	10.00	13.64	12.50	8.33	6.67	11.27
荷兰	9.68	6.45	9.52	4.65	17.14	22.00	9.09	10.42	14.58	6.67	11.27
加拿大	9.68	6.45	7.14	13.95	14.29	14.00	15.91	8.33	8.33	2.22	10.07
法国	12.90	12.90	7.14	4.65	2.86	8.00	9.09	4.17	2.08	6.67	6.71
意大利	3.23	16.13	4.76	6.98	8.57	0.00	4.55	10.42	8.33	6.67	6.71

续表

国家和地区	2014 年	2015 年	2016 年	2017 年	2018 年	2019 年	2020 年	2021 年	2022 年	2023 年	合计
瑞士	12.90	9.68	4.76	2.33	5.71	10.00	2.27	4.17	4.17	4.44	5.76
挪威	0.00	9.68	7.14	4.65	11.43	2.00	9.09	4.17	4.17	4.44	5.52
沙特阿拉伯	9.68	0.00	7.14	9.30	11.43	4.00	2.27	0.00	10.42	0.00	5.28
西班牙	6.45	12.90	7.14	4.65	8.57	4.00	2.27	4.17	2.08	0.00	4.80
丹麦	3.23	6.45	7.14	4.65	0.00	2.00	6.82	4.17	2.08	4.44	4.08
瑞典	9.68	3.23	0.00	4.65	2.86	4.00	2.27	6.25	4.17	2.22	3.84
比利时	0.00	3.23	2.38	2.33	2.86	8.00	2.27	2.08	4.17	6.67	3.60
芬兰	6.45	3.23	2.38	4.65	5.71	4.00	4.55	2.08	0.00	4.44	3.60
中国香港	6.45	9.68	2.38	2.33	2.86	0.00	6.82	2.08	0.00	6.67	3.60
印度	3.23	6.45	0.00	4.65	2.86	0.00	4.55	2.08	6.25	4.44	3.36
韩国	0.00	6.45	0.00	4.65	0.00	6.00	2.27	4.17	4.17	4.44	3.36

表 2-9　统计学和概率论 C 层研究排名前 20 的国家和地区的国际合作参与率

单位：%

国家和地区	2014 年	2015 年	2016 年	2017 年	2018 年	2019 年	2020 年	2021 年	2022 年	2023 年	合计
美国	51.87	51.77	52.24	47.43	47.68	48.15	46.26	41.36	41.98	38.20	46.57
中国大陆	17.91	21.53	17.88	15.89	26.89	25.74	26.97	26.44	26.65	32.85	24.06
英国	21.12	19.62	21.18	25.93	22.49	24.81	24.21	21.11	18.16	15.57	21.61
德国	15.24	13.90	11.06	11.45	9.05	12.41	12.80	11.51	11.32	13.38	12.17
法国	11.76	11.99	13.18	8.88	10.02	11.85	10.43	10.02	8.02	6.81	10.31
加拿大	10.16	10.63	11.06	10.98	9.78	11.67	8.46	9.59	8.96	8.52	9.99
澳大利亚	8.82	6.81	4.94	10.05	9.54	8.70	8.27	7.25	6.13	5.35	7.62
瑞士	7.49	6.54	7.06	8.64	7.33	7.78	8.27	7.68	8.73	6.33	7.62
意大利	6.95	8.99	5.18	7.01	6.11	7.04	8.07	6.82	8.73	8.03	7.28
荷兰	6.68	4.90	6.35	6.31	7.58	6.30	5.51	6.40	5.66	5.11	6.08
西班牙	5.61	5.45	4.47	5.61	6.11	5.74	4.92	7.04	5.66	6.33	5.69
沙特阿拉伯	2.41	4.36	2.82	3.74	4.40	3.33	5.51	6.61	6.37	14.84	5.42
比利时	5.35	4.63	4.94	5.61	4.16	4.63	4.92	2.99	3.77	2.68	4.36
中国香港	3.74	5.18	2.35	3.27	4.89	3.70	4.13	4.69	4.01	6.08	4.18
印度	2.14	1.91	2.82	3.27	2.93	3.52	4.92	5.12	5.66	3.89	3.70
埃及	0.00	1.36	1.18	1.87	2.44	2.41	4.13	4.90	5.19	10.46	3.44
巴西	3.21	2.45	2.82	4.67	4.40	4.26	3.35	2.13	3.30	1.95	3.28
新加坡	4.81	1.63	3.53	3.50	3.67	3.15	3.94	2.56	2.36	3.16	3.24
瑞典	3.74	3.27	3.29	4.44	1.96	4.07	3.74	4.48	1.18	1.70	3.24
伊朗	0.80	2.18	2.12	3.50	2.93	3.15	4.53	4.48	4.48	2.19	3.12

四　应用数学

应用数学 A 层研究国际合作参与率最高的是中国大陆、美国，均为 35.71%；沙特阿拉伯、意大利、土耳其、德国、中国台湾 A 层研究国际合作参与率也比较高，在 15%~10%；巴基斯坦、罗马尼亚、英国、伊朗、瑞士、加拿大、印度、比利时、法国、南非、西班牙、澳大利亚、埃及也有一定的参与率，在 10%~3%。

B 层研究国际合作参与率最高的是中国大陆，为 43.94%，其次为美国的 25.30%；沙特阿拉伯、土耳其 B 层研究国际合作参与率也比较高，分别为 18.41%、13.77%；印度、罗马尼亚、巴基斯坦、英国、德国、中国台湾、意大利、伊朗、法国、澳大利亚、中国香港、加拿大、埃及、南非、西班牙、韩国也有一定的参与率，在 10%~3%。

C 层研究国际合作参与率最高的是中国大陆，为 33.24%，其次为美国的 27.09%；沙特阿拉伯、德国 C 层研究国际合作参与率也比较高，分别为 12.65%、11.22%；法国、意大利、英国、印度、巴基斯坦、土耳其、西班牙、中国台湾、伊朗、加拿大、澳大利亚、中国香港、韩国、罗马尼亚、埃及、俄罗斯也有一定的参与率，在 10%~3%。

表 2-10　应用数学 A 层研究排名前 20 的国家和地区的国际合作参与率

单位：%

国家和地区	2014 年	2015 年	2016 年	2017 年	2018 年	2019 年	2020 年	2021 年	2022 年	2023 年	合计
中国大陆	7.69	33.33	40.00	23.08	35.71	47.06	7.69	35.29	53.33	62.50	35.71
美国	46.15	25.00	50.00	46.15	42.86	47.06	30.77	52.94	13.33	6.25	35.71
沙特阿拉伯	0.00	16.67	0.00	15.38	0.00	0.00	38.46	17.65	26.67	25.00	14.29
意大利	15.38	16.67	20.00	0.00	7.14	11.76	15.38	29.41	13.33	6.25	13.57
土耳其	0.00	8.33	0.00	7.69	14.29	29.41	30.77	11.76	13.33	12.50	13.57
德国	23.08	33.33	10.00	15.38	7.14	11.76	7.69	17.65	6.67	0.00	12.86
中国台湾	0.00	0.00	0.00	7.69	7.14	0.00	30.77	11.76	33.33	6.25	10.00
巴基斯坦	0.00	0.00	0.00	0.00	0.00	5.88	7.69	11.76	33.33	25.00	9.29
罗马尼亚	0.00	0.00	0.00	7.69	14.29	23.53	15.38	5.88	13.33	6.25	9.29

续表

国家和地区	2014 年	2015 年	2016 年	2017 年	2018 年	2019 年	2020 年	2021 年	2022 年	2023 年	合计
英国	15.38	8.33	10.00	23.08	14.29	0.00	7.69	5.88	6.67	6.25	9.29
伊朗	0.00	8.33	10.00	0.00	0.00	5.88	15.38	5.88	20.00	6.25	7.14
瑞士	15.38	0.00	10.00	0.00	21.43	0.00	15.38	11.76	0.00	0.00	7.14
加拿大	7.69	0.00	0.00	15.38	7.14	0.00	7.69	17.65	0.00	6.25	6.43
印度	0.00	0.00	0.00	0.00	7.14	11.76	15.38	5.88	20.00	0.00	6.43
比利时	7.69	0.00	0.00	23.08	0.00	5.88	7.69	5.88	0.00	6.25	5.71
法国	23.08	8.33	10.00	7.69	0.00	0.00	15.38	0.00	0.00	0.00	5.71
南非	7.69	0.00	0.00	0.00	28.57	0.00	15.38	0.00	0.00	0.00	5.00
西班牙	7.69	8.33	0.00	7.69	0.00	5.88	0.00	5.88	6.67	6.25	5.00
澳大利亚	7.69	8.33	0.00	0.00	0.00	5.88	0.00	5.88	0.00	6.25	3.57
埃及	0.00	0.00	0.00	0.00	0.00	0.00	0.00	11.76	13.33	6.25	3.57

表 2-11 应用数学 B 层研究排名前 20 的国家和地区的国际合作参与率

单位：%

国家和地区	2014 年	2015 年	2016 年	2017 年	2018 年	2019 年	2020 年	2021 年	2022 年	2023 年	合计
中国大陆	30.77	37.93	45.90	50.39	49.19	48.57	42.86	43.37	46.90	41.46	43.94
美国	29.06	22.41	36.07	26.36	36.29	27.14	16.23	21.08	18.62	24.39	25.30
沙特阿拉伯	12.82	16.38	16.39	12.40	8.06	12.86	18.18	16.27	31.03	39.02	18.41
土耳其	2.56	4.31	5.74	11.63	10.48	20.00	23.38	19.88	13.79	19.51	13.77
印度	3.42	6.90	4.92	4.65	4.84	10.71	14.94	13.86	13.10	11.38	9.28
罗马尼亚	2.56	5.17	8.20	11.63	13.71	16.43	9.74	8.43	4.83	7.32	8.91
巴基斯坦	0.85	0.00	2.46	3.88	4.03	5.71	12.99	8.43	21.38	25.20	8.83
英国	9.40	12.93	11.48	14.73	8.87	7.14	5.19	4.82	5.52	8.13	8.53
德国	10.26	12.07	9.84	8.53	11.29	5.71	12.99	7.23	4.14	3.25	8.46
中国台湾	0.00	2.59	1.64	3.88	9.68	7.86	16.23	14.46	8.97	11.38	8.16
意大利	11.11	8.62	9.84	6.20	6.45	5.71	6.49	9.04	6.90	6.50	7.63
伊朗	5.98	2.59	1.64	5.43	4.84	9.29	11.04	11.45	11.72	4.07	7.19
法国	12.82	8.62	7.38	5.43	8.06	6.43	4.55	4.22	6.21	3.25	6.51
澳大利亚	10.26	11.21	6.56	9.30	4.03	5.00	1.30	4.82	4.83	3.25	5.84
中国香港	5.98	9.48	8.20	6.98	10.48	4.29	3.90	3.61	3.45	0.81	5.54
加拿大	9.40	4.31	6.56	6.98	6.45	4.29	4.55	5.42	2.76	2.44	5.24
埃及	2.56	0.86	1.64	3.10	2.42	5.00	7.23	7.23	10.34	11.38	5.16
南非	1.71	0.86	6.56	2.33	7.26	5.00	3.90	4.82	4.83	6.50	4.42
西班牙	4.27	4.31	3.28	3.10	4.03	3.57	3.25	3.01	6.21	6.50	4.12
韩国	5.98	3.45	1.64	6.98	1.61	4.29	1.30	2.41	7.59	4.88	3.97

表 2-12　应用数学 C 层研究排名前 20 的国家和地区的国际合作参与率

单位：%

国家和地区	2014 年	2015 年	2016 年	2017 年	2018 年	2019 年	2020 年	2021 年	2022 年	2023 年	合计
中国大陆	28.18	29.66	31.75	31.92	37.02	38.18	37.22	34.60	32.46	28.02	33.24
美国	31.98	34.34	32.91	33.42	30.09	27.67	22.51	21.21	21.45	18.40	27.09
沙特阿拉伯	10.75	8.78	8.70	8.23	9.40	8.00	12.93	13.87	20.02	26.60	12.65
德国	13.73	14.54	12.02	12.97	12.86	11.17	9.16	9.79	8.13	9.15	11.22
法国	11.83	14.15	12.56	11.39	10.55	10.88	6.89	8.16	8.13	6.70	9.98
意大利	11.11	12.88	11.30	10.31	9.40	8.43	8.52	7.82	8.45	10.85	9.74
英国	10.21	8.88	12.83	10.31	10.80	9.44	9.02	7.07	6.46	6.98	9.14
印度	5.06	3.80	4.39	5.24	6.68	7.56	10.44	12.30	13.16	15.00	8.53
巴基斯坦	2.71	2.15	2.78	2.99	4.37	5.98	10.65	11.22	14.59	17.17	7.64
土耳其	3.43	2.73	3.50	4.49	5.61	5.19	10.23	9.93	9.09	10.38	6.64
西班牙	6.59	7.32	6.64	6.57	5.28	5.76	3.98	5.44	5.34	5.19	5.74
中国台湾	1.45	1.66	2.69	2.41	3.22	3.60	9.80	10.40	9.17	8.87	5.56
伊朗	4.25	3.32	1.97	4.24	4.70	4.54	8.03	7.95	5.82	6.79	5.30
加拿大	7.05	5.37	5.11	6.32	5.44	5.33	4.69	4.01	5.34	4.62	5.28
澳大利亚	5.33	6.44	5.38	6.32	5.52	4.76	4.33	5.17	3.75	4.06	5.07
中国香港	6.78	5.85	5.74	6.07	4.29	5.98	4.55	4.35	2.87	3.21	4.94
韩国	4.16	3.22	4.13	2.74	3.96	3.96	3.27	4.35	5.18	8.30	4.28
罗马尼亚	2.53	3.32	2.87	2.99	4.45	3.67	5.33	3.33	4.31	5.38	3.84
埃及	2.89	0.88	1.61	1.91	2.23	3.17	4.12	5.64	5.82	7.55	3.65
俄罗斯	2.80	3.32	3.23	3.91	4.12	3.89	4.69	3.87	3.59	2.45	3.64

五　逻辑学

逻辑学 A 层研究国际合作参与率最高的是德国、美国，并列第一，均为 50.00%；法国、意大利、荷兰、波兰的参与率也比较高，均为 25.00%。

B 层研究国际合作参与率最高的是美国，为 32.81%，其次为英国的 29.69%；德国、意大利、法国、奥地利、西班牙的参与率也比较高，在 27%～10%；澳大利亚、中国大陆、日本、荷兰、挪威、瑞典、瑞士、捷克、丹麦、葡萄牙、比利时、巴西、加拿大也有一定的参与率，在

全球基础研究国际合作指数报告（2024）

8%~3%。

C 层研究国际合作参与率最高的是英国，为 25.68%；美国、德国、法国、意大利、荷兰、奥地利的参与率也比较高，在 24%~10%；西班牙、中国大陆、澳大利亚、日本、加拿大、俄罗斯、瑞典、捷克、比利时、波兰、南非、丹麦、以色列也有一定的参与率，在 9%~3%。

表 2-13　逻辑学 A 层研究所有国家的国际合作参与率

单位：%

国家	2014 年	2015 年	2016 年	2017 年	2018 年	2019 年	2020 年	2021 年	2022 年	2023 年	合计
德国	0.00	0.00	0.00	0.00	0.00	100.00	0.00	100.00	0.00	0.00	50.00
美国	100.00	0.00	0.00	0.00	0.00	0.00	0.00	100.00	0.00	0.00	50.00
法国	0.00	0.00	0.00	0.00	0.00	100.00	0.00	0.00	0.00	0.00	25.00
意大利	100.00	0.00	0.00	0.00	0.00	0.00	0.00	0.00	0.00	0.00	25.00
荷兰	0.00	100.00	0.00	0.00	0.00	0.00	0.00	0.00	0.00	0.00	25.00
波兰	0.00	100.00	0.00	0.00	0.00	0.00	0.00	0.00	0.00	0.00	25.00

表 2-14　逻辑学 B 层研究排名前 20 的国家和地区的国际合作参与率

单位：%

国家和地区	2014 年	2015 年	2016 年	2017 年	2018 年	2019 年	2020 年	2021 年	2022 年	2023 年	合计
美国	22.22	40.00	42.86	42.86	42.86	57.14	20.00	14.29	28.57	0.00	32.81
英国	55.56	20.00	42.86	0.00	57.14	28.57	0.00	28.57	14.29	33.33	29.69
德国	22.22	20.00	28.57	28.57	0.00	14.29	60.00	28.57	42.86	33.33	26.56
意大利	11.11	0.00	14.29	14.29	14.29	42.86	80.00	28.57	0.00	0.00	20.31
法国	0.00	40.00	0.00	28.57	0.00	0.00	20.00	28.57	14.29	0.00	12.50
奥地利	22.22	20.00	28.57	0.00	0.00	0.00	20.00	14.29	0.00	0.00	10.94
西班牙	0.00	20.00	0.00	14.29	28.57	0.00	20.00	14.29	0.00	0.00	10.94
澳大利亚	11.11	0.00	14.29	0.00	14.29	14.29	0.00	14.29	0.00	0.00	7.81
中国大陆	0.00	0.00	14.29	0.00	0.00	14.29	0.00	14.29	0.00	33.33	6.25
日本	0.00	0.00	0.00	14.29	28.57	14.29	0.00	0.00	0.00	0.00	6.25
荷兰	0.00	0.00	14.29	0.00	14.29	0.00	0.00	14.29	0.00	0.00	6.25
挪威	0.00	0.00	0.00	0.00	0.00	0.00	0.00	0.00	42.86	33.33	6.25
瑞典	0.00	20.00	0.00	14.29	14.29	0.00	0.00	0.00	0.00	33.33	6.25
瑞士	11.11	0.00	14.29	0.00	14.29	0.00	20.00	0.00	0.00	0.00	6.25

024

国家和地区	2014 年	2015 年	2016 年	2017 年	2018 年	2019 年	2020 年	2021 年	2022 年	2023 年	合计
捷克	11.11	20.00	0.00	0.00	0.00	0.00	0.00	14.29	0.00	0.00	4.69
丹麦	22.22	0.00	0.00	0.00	0.00	0.00	0.00	14.29	0.00	0.00	4.69
葡萄牙	22.22	0.00	0.00	0.00	0.00	14.29	0.00	0.00	0.00	0.00	4.69
比利时	0.00	0.00	0.00	0.00	0.00	0.00	0.00	0.00	28.57	0.00	3.13
巴西	0.00	0.00	0.00	0.00	0.00	14.29	0.00	0.00	14.29	0.00	3.13
加拿大	11.11	0.00	0.00	14.29	0.00	0.00	0.00	0.00	0.00	0.00	3.13

表 2-15　逻辑学 C 层研究排名前 20 的国家和地区的国际合作参与率

单位：%

国家和地区	2014 年	2015 年	2016 年	2017 年	2018 年	2019 年	2020 年	2021 年	2022 年	2023 年	合计
英国	26.39	20.73	27.42	32.31	22.41	29.41	14.29	25.71	37.50	28.57	25.68
美国	31.94	31.71	27.42	24.62	24.14	13.24	16.07	17.14	20.83	25.71	23.65
德国	18.06	24.39	20.97	23.08	31.03	19.12	26.79	30.00	25.00	8.57	23.14
法国	22.22	25.61	14.52	20.00	17.24	22.06	23.21	18.57	16.67	11.43	19.93
意大利	16.67	13.41	17.74	13.85	15.52	11.76	14.29	14.29	16.67	25.71	15.37
荷兰	15.28	8.54	11.29	18.46	10.34	16.18	10.71	20.00	33.33	17.14	14.86
奥地利	11.11	12.20	16.13	6.15	10.34	10.29	3.57	7.14	12.50	17.14	10.30
西班牙	9.72	2.44	11.29	4.62	5.17	8.82	8.93	12.86	12.50	8.57	8.11
中国大陆	4.17	8.54	6.45	7.69	13.79	2.94	8.93	4.29	8.33	2.86	6.76
澳大利亚	4.17	8.54	6.45	6.15	3.45	1.47	3.57	11.43	4.17	2.86	5.57
日本	5.56	1.22	4.84	7.69	6.90	5.88	5.36	8.57	0.00	0.00	5.07
加拿大	5.56	8.54	9.68	6.15	0.00	2.94	3.57	1.43	4.17	5.71	4.90
俄罗斯	2.78	1.22	1.61	3.08	3.45	14.71	5.36	7.14	4.17	5.71	4.90
瑞典	2.78	3.66	6.45	6.15	5.17	7.35	3.57	5.71	0.00	2.86	4.73
捷克	6.94	6.10	3.23	3.08	3.45	5.88	3.57	2.86	4.17	5.71	4.56
比利时	4.17	6.10	1.61	1.54	3.45	2.94	7.14	5.71	0.00	5.71	4.05
波兰	6.94	3.66	1.61	4.62	1.72	4.41	1.79	4.29	8.33	5.71	4.05
南非	2.78	0.00	0.00	9.23	6.90	5.88	1.79	7.14	4.17	2.86	4.05
丹麦	1.39	1.22	4.84	4.62	1.72	1.47	8.93	5.71	4.17	5.71	3.72
以色列	2.78	3.66	0.00	3.08	5.17	4.41	3.57	2.86	0.00	8.57	3.38

六 跨学科应用数学

跨学科应用数学 A 层研究国际合作参与率最高的是美国，为 44.64%，其次为中国大陆的 39.29%；英国、澳大利亚的参与率也比较高，分别为 28.57%、10.71%；德国、埃及、法国、意大利、巴基斯坦、南非、韩国、土耳其、加拿大、印度、伊朗、荷兰、葡萄牙、沙特阿拉伯、西班牙、越南也有一定的参与率，在 9%~5%。

B 层研究国际合作参与率最高的是中国大陆，为 40.28%，其次为美国的 27.70%；英国、沙特阿拉伯、意大利、德国、澳大利亚的参与率也比较高，在 18%~10%；伊朗、巴基斯坦、印度、加拿大、土耳其、法国、中国台湾、韩国、越南、西班牙、荷兰、埃及、瑞士也有一定的参与率，在 10%~4%。

C 层研究国际合作参与率最高的是中国大陆，为 37.71%，其次为美国的 27.30%；沙特阿拉伯、英国的参与率也比较高，分别为 14.40%、12.05%；德国、巴基斯坦、印度、意大利、澳大利亚、伊朗、加拿大、土耳其、法国、西班牙、韩国、埃及、中国台湾、中国香港、日本、荷兰也有一定的参与率，在 10%~3%。

表 2-16 跨学科应用数学 A 层研究排名前 20 的国家和地区的国际合作参与率

单位：%

国家和地区	2014 年	2015 年	2016 年	2017 年	2018 年	2019 年	2020 年	2021 年	2022 年	2023 年	合计
美国	50.00	75.00	40.00	60.00	66.67	50.00	25.00	40.00	33.33	28.57	44.64
中国大陆	0.00	0.00	40.00	20.00	33.33	16.67	12.50	80.00	66.67	100.00	39.29
英国	50.00	50.00	20.00	40.00	50.00	33.33	25.00	0.00	0.00	28.57	28.57
澳大利亚	0.00	0.00	0.00	0.00	16.67	0.00	12.50	40.00	16.67	14.29	10.71
德国	0.00	0.00	0.00	20.00	0.00	33.33	12.50	0.00	0.00	0.00	8.93
埃及	0.00	0.00	0.00	0.00	0.00	0.00	0.00	40.00	16.67	14.29	7.14
法国	50.00	0.00	0.00	0.00	0.00	0.00	12.50	0.00	0.00	0.00	7.14
意大利	25.00	25.00	0.00	0.00	0.00	0.00	12.50	0.00	0.00	14.29	7.14
巴基斯坦	0.00	0.00	0.00	0.00	0.00	16.67	0.00	20.00	33.33	0.00	7.14

续表

国家和地区	2014 年	2015 年	2016 年	2017 年	2018 年	2019 年	2020 年	2021 年	2022 年	2023 年	合计
南非	0.00	0.00	20.00	20.00	0.00	16.67	0.00	0.00	16.67	0.00	7.14
韩国	0.00	0.00	0.00	0.00	0.00	16.67	0.00	60.00	0.00	0.00	7.14
土耳其	25.00	0.00	20.00	0.00	16.67	0.00	12.50	0.00	0.00	0.00	7.14
加拿大	25.00	25.00	0.00	0.00	0.00	0.00	0.00	20.00	0.00	0.00	5.36
印度	0.00	0.00	0.00	0.00	0.00	0.00	25.00	0.00	0.00	14.29	5.36
伊朗	0.00	0.00	0.00	0.00	0.00	0.00	12.50	0.00	16.67	14.29	5.36
荷兰	0.00	0.00	0.00	0.00	20.00	33.33	0.00	0.00	0.00	0.00	5.36
葡萄牙	0.00	0.00	0.00	20.00	0.00	16.67	12.50	0.00	0.00	0.00	5.36
沙特阿拉伯	0.00	0.00	0.00	0.00	0.00	0.00	0.00	0.00	20.00	33.33	5.36
西班牙	25.00	0.00	0.00	0.00	0.00	0.00	0.00	12.50	0.00	14.29	5.36
越南	0.00	0.00	20.00	20.00	0.00	0.00	12.50	0.00	0.00	0.00	5.36

表 2-17　跨学科应用数学 B 层研究排名前 20 的国家和地区的国际合作参与率

单位：%

国家和地区	2014 年	2015 年	2016 年	2017 年	2018 年	2019 年	2020 年	2021 年	2022 年	2023 年	合计
中国大陆	18.60	23.91	22.22	37.21	34.09	35.71	38.33	47.62	62.90	62.50	40.28
美国	44.19	39.13	47.22	30.23	38.64	30.36	16.67	20.63	19.35	8.93	27.70
英国	27.91	23.91	25.00	25.58	20.45	17.86	13.33	7.94	9.68	10.71	17.09
沙特阿拉伯	6.98	0.00	5.56	6.98	13.64	7.14	18.33	25.40	19.35	25.00	13.95
意大利	9.30	15.22	8.33	11.63	15.91	12.50	13.33	11.11	8.06	3.57	10.81
德国	16.28	19.57	19.44	6.98	15.91	10.71	11.67	1.59	8.06	1.79	10.41
澳大利亚	6.98	4.35	16.67	13.95	11.36	12.50	10.00	11.11	6.45	8.93	10.02
伊朗	4.65	6.52	5.56	4.65	11.36	8.93	13.33	3.17	12.90	16.07	9.04
巴基斯坦	2.33	0.00	9.30	2.27	5.36	16.67	12.70	9.68	19.64	8.64
印度	0.00	2.17	0.00	2.33	4.55	3.57	16.67	15.87	16.13	10.71	8.25
加拿大	6.98	4.35	13.89	6.98	6.82	7.14	5.00	17.46	6.45	5.36	8.06
土耳其	2.33	0.00	2.78	6.98	6.82	12.50	11.67	11.11	6.45	14.29	8.06
法国	6.98	6.52	8.33	6.98	13.64	5.36	8.33	4.76	4.84	3.57	6.68
中国台湾	0.00	0.00	0.00	4.65	2.27	3.57	6.67	12.70	6.45	12.50	5.50
韩国	6.98	10.87	8.33	6.98	0.00	1.79	0.00	4.76	9.68	3.57	5.11
越南	0.00	2.17	2.78	9.30	6.82	7.14	10.00	1.59	6.45	3.57	5.11
西班牙	4.65	10.87	0.00	6.98	4.55	3.57	5.00	6.35	4.84	1.79	4.91
荷兰	4.65	2.17	11.11	6.98	9.09	7.14	1.67	3.17	1.61	3.57	4.72
埃及	0.00	0.00	2.78	0.00	0.00	3.57	3.33	7.94	8.06	14.29	4.52
瑞士	4.65	10.87	2.78	2.33	6.82	5.36	5.00	3.17	1.61	3.57	4.52

表 2-18　跨学科应用数学 C 层研究排名前 20 的国家和地区的国际合作参与率

单位：%

国家和地区	2014 年	2015 年	2016 年	2017 年	2018 年	2019 年	2020 年	2021 年	2022 年	2023 年	合计
中国大陆	26.30	29.81	28.89	35.47	43.41	38.16	42.06	42.01	40.19	40.24	37.71
美国	40.00	35.38	39.68	29.56	30.45	31.02	25.68	18.12	19.61	18.70	27.30
沙特阿拉伯	7.40	9.75	10.16	8.62	10.45	9.18	12.84	17.63	24.12	24.80	14.40
英国	17.53	14.48	15.87	16.75	8.86	13.27	9.29	10.38	9.81	9.76	12.05
德国	12.05	12.26	13.65	11.82	10.91	10.41	7.09	7.58	6.43	6.10	9.30
巴基斯坦	1.37	1.39	4.44	3.20	4.32	8.16	9.97	14.50	17.85	15.65	9.19
印度	2.47	4.74	2.22	5.42	5.00	6.53	9.29	15.82	13.83	15.24	8.98
意大利	8.77	13.09	9.84	10.34	8.41	7.14	9.12	6.26	6.43	8.33	8.47
澳大利亚	7.95	8.08	7.62	8.62	8.64	8.37	7.94	8.90	8.20	5.69	8.02
伊朗	6.03	3.90	7.62	5.91	9.32	8.98	9.80	8.24	6.75	8.33	7.68
加拿大	5.48	7.52	7.30	5.42	5.23	7.55	6.76	8.07	5.63	5.89	6.51
土耳其	1.64	1.67	1.59	4.19	3.18	5.31	9.80	8.73	8.20	9.96	6.08
法国	10.14	6.96	6.35	8.37	7.50	6.33	4.73	5.27	2.73	2.85	5.78
西班牙	8.77	7.24	7.30	4.93	5.68	4.69	5.57	3.95	3.70	4.47	5.35
韩国	5.21	4.74	3.49	3.69	5.23	2.86	3.55	3.62	4.66	9.76	4.67
埃及	1.92	1.67	2.22	2.46	2.27	3.06	5.57	5.93	7.07	8.74	4.50
中国台湾	1.92	1.11	1.90	1.72	0.91	3.27	4.05	8.40	6.91	8.94	4.39
中国香港	7.67	6.13	3.81	4.19	3.18	3.67	2.36	2.47	3.54	4.07	3.88
日本	5.48	3.34	4.76	3.45	3.64	4.69	4.05	2.47	3.05	2.85	3.67
荷兰	3.01	5.29	5.08	7.39	5.00	1.63	1.86	2.97	2.09	2.44	3.41

七　力学

力学 A、B、C 层研究国际合作参与率最高的均为中国大陆，分别为 46.32%、42.83%、42.66%；美国 A、B、C 层研究国际合作参与率均排名第二，分别为 31.58%、24.93%、24.41%。

沙特阿拉伯、澳大利亚、德国、马来西亚、英国 A 层研究国际合作参与率也比较高，在 14%～10%；法国、印度、伊朗、加拿大、荷兰、巴基斯坦、土耳其、韩国、埃及、越南、中国香港、阿联酋、瑞典也有一定的参与率，在 10%～3%。

伊朗、英国、澳大利亚、沙特阿拉伯 B 层研究国际合作参与率也比较高，在 18%～11%；越南、德国、印度、法国、意大利、韩国、马来西亚、巴基斯坦、埃及、中国香港、加拿大、土耳其、阿尔及利亚、阿联酋也有一定的参与率，在 9%～3%。

英国、伊朗、澳大利亚 C 层研究国际合作参与率也比较高，在 16%～10%；沙特阿拉伯、德国、意大利、法国、印度、中国香港、加拿大、巴基斯坦、埃及、日本、越南、韩国、马来西亚、土耳其、西班牙也有一定的参与率，在 10%～3%。

表 2-19　力学 A 层研究排名前 20 的国家和地区的国际合作参与率

单位：%

国家和地区	2014 年	2015 年	2016 年	2017 年	2018 年	2019 年	2020 年	2021 年	2022 年	2023 年	合计
中国大陆	30.00	28.57	28.57	40.00	55.56	66.67	44.44	66.67	50.00	45.45	46.32
美国	50.00	42.86	28.57	40.00	44.44	44.44	22.22	22.22	21.43	9.09	31.58
沙特阿拉伯	10.00	0.00	42.86	10.00	11.11	11.11	11.11	11.11	14.29	18.18	13.68
澳大利亚	0.00	0.00	0.00	10.00	11.11	11.11	22.22	22.22	14.29	18.18	11.58
德国	20.00	0.00	0.00	0.00	11.11	0.00	33.33	22.22	7.14	0.00	10.53
马来西亚	0.00	14.29	0.00	0.00	11.11	11.11	11.11	11.11	14.29	18.18	10.53
英国	10.00	0.00	57.14	10.00	11.11	11.11	0.00	22.22	0.00	0.00	10.53
法国	30.00	14.29	28.57	0.00	11.11	0.00	11.11	11.11	0.00	0.00	9.47
印度	0.00	14.29	0.00	0.00	0.00	11.11	11.11	0.00	14.29	27.27	9.47
伊朗	10.00	28.57	0.00	0.00	0.00	33.33	11.11	0.00	14.29	0.00	9.47
加拿大	10.00	0.00	0.00	20.00	0.00	0.00	11.11	0.00	0.00	36.36	8.42
荷兰	30.00	0.00	0.00	0.00	22.22	0.00	0.00	22.22	7.14	0.00	8.42
巴基斯坦	0.00	14.29	42.86	10.00	0.00	33.33	0.00	0.00	0.00	0.00	8.42
土耳其	10.00	0.00	14.29	10.00	11.11	0.00	0.00	0.00	0.00	36.36	8.42
韩国	10.00	0.00	14.29	0.00	0.00	0.00	0.00	22.22	14.29	9.09	7.37
埃及	0.00	0.00	0.00	0.00	22.22	0.00	0.00	11.11	0.00	27.27	6.32
越南	0.00	0.00	0.00	0.00	0.00	11.11	33.33	0.00	7.14	0.00	6.32
中国香港	0.00	28.57	0.00	10.00	0.00	0.00	11.11	0.00	7.14	0.00	5.26
阿联酋	0.00	0.00	0.00	0.00	0.00	11.11	11.11	11.11	7.14	0.00	4.21
瑞典	0.00	0.00	0.00	0.00	0.00	0.00	0.00	0.00	14.29	9.09	3.16

表 2-20　力学 B 层研究排名前 20 的国家和地区的国际合作参与率

单位：%

国家和地区	2014 年	2015 年	2016 年	2017 年	2018 年	2019 年	2020 年	2021 年	2022 年	2023 年	合计
中国大陆	30.77	43.42	30.11	39.62	36.84	50.00	45.69	48.25	47.12	54.64	42.83
美国	33.65	32.89	35.48	25.47	31.58	32.08	19.83	14.04	17.31	11.34	24.93
伊朗	15.38	13.16	17.20	13.21	25.26	26.42	20.69	19.30	13.46	7.22	17.31
英国	19.23	15.79	7.53	14.15	16.84	13.21	20.69	12.28	12.50	19.59	15.23
澳大利亚	14.42	11.84	8.60	17.92	10.53	11.32	10.34	14.91	12.50	11.34	12.46
沙特阿拉伯	3.85	6.58	10.75	5.66	11.58	14.15	9.48	14.91	20.19	15.46	11.37
越南	1.92	2.63	2.15	9.43	8.42	10.38	20.69	17.54	6.73	0.00	8.51
德国	10.58	9.21	15.05	9.43	11.58	5.66	6.03	4.39	5.77	6.19	8.21
印度	1.92	6.58	5.38	1.89	8.42	5.66	6.03	7.89	16.35	10.31	7.02
法国	8.65	6.58	9.68	3.77	5.26	9.43	10.34	4.39	5.77	3.09	6.73
意大利	9.62	11.84	8.60	6.60	5.26	4.72	4.31	6.14	3.85	5.15	6.43
韩国	10.58	7.89	1.08	3.77	2.11	2.83	6.90	8.77	14.42	5.15	6.43
马来西亚	2.88	6.58	11.83	8.49	5.26	10.38	6.90	3.51	4.81	3.09	6.33
巴基斯坦	1.92	1.32	6.45	9.43	13.68	4.72	5.17	6.14	7.69	6.19	6.33
埃及	1.92	3.95	2.15	6.60	3.16	5.66	5.17	7.89	8.65	11.34	5.74
中国香港	9.62	9.21	2.15	2.83	7.37	5.66	2.59	5.26	5.77	7.22	5.64
加拿大	7.69	5.26	5.38	4.72	2.11	4.72	5.17	5.26	4.81	5.15	5.04
土耳其	1.92	1.32	2.15	0.94	3.16	4.72	6.90	4.39	4.81	10.31	4.15
阿尔及利亚	0.00	1.32	0.00	1.89	2.11	3.77	5.17	10.53	5.77	5.15	3.76
阿联酋	0.00	1.32	3.23	0.94	1.05	3.77	3.45	7.89	6.73	3.09	3.26

表 2-21　力学 C 层研究排名前 20 的国家和地区的国际合作参与率

单位：%

国家和地区	2014 年	2015 年	2016 年	2017 年	2018 年	2019 年	2020 年	2021 年	2022 年	2023 年	合计
中国大陆	29.06	32.32	34.34	37.49	45.12	48.38	48.52	45.73	50.37	48.77	42.66
美国	32.15	30.65	27.53	27.54	25.62	25.76	22.31	21.84	16.23	17.74	24.41
英国	18.31	16.69	14.27	16.41	14.34	16.73	14.01	14.37	15.18	14.10	15.39
伊朗	7.21	8.35	10.73	11.86	11.99	15.11	12.58	10.68	10.89	9.40	11.02
澳大利亚	9.95	10.93	11.11	10.54	13.87	10.95	11.25	10.68	10.05	7.52	10.68
沙特阿拉伯	5.95	6.22	8.84	8.74	7.17	6.90	8.29	11.26	12.98	13.98	9.13
德国	9.38	9.56	9.97	8.02	8.46	6.29	9.91	6.60	7.33	7.52	8.23
意大利	9.38	11.23	7.83	8.50	6.82	6.80	5.91	7.28	6.07	7.29	7.55

国家和地区	2014 年	2015 年	2016 年	2017 年	2018 年	2019 年	2020 年	2021 年	2022 年	2023 年	合计
法国	13.96	9.86	6.94	6.71	7.76	6.09	5.34	6.60	5.97	4.58	7.25
印度	4.58	3.64	5.68	4.67	5.05	6.09	6.29	8.35	10.68	11.40	6.78
中国香港	4.69	4.86	6.94	4.67	5.64	6.59	6.01	6.60	9.11	10.11	6.58
加拿大	5.72	6.98	6.94	7.54	5.05	6.29	4.29	6.99	6.07	5.17	6.06
巴基斯坦	2.97	2.43	3.28	5.39	4.35	4.56	6.10	7.67	8.27	6.93	5.36
埃及	2.97	2.43	5.05	4.31	3.53	3.55	5.24	6.31	6.07	7.64	4.80
日本	4.23	4.86	5.05	5.27	3.41	4.87	4.48	3.79	4.19	4.94	4.48
越南	1.26	1.97	2.15	3.35	4.70	6.90	10.68	5.24	2.72	2.00	4.35
韩国	4.23	3.79	4.29	3.23	4.23	2.94	4.29	5.44	4.61	5.29	4.26
马来西亚	4.81	5.61	6.06	4.19	4.35	4.16	4.67	2.82	2.41	3.06	4.13
土耳其	1.72	3.34	3.28	3.59	3.88	3.45	4.39	4.37	5.55	4.94	3.90
西班牙	4.81	4.40	4.29	3.59	4.11	2.13	2.67	3.11	3.25	3.29	3.49

八 天文学和天体物理学

天文学和天体物理学 A、B、C 层研究国际合作参与率最高的均为美国，分别为 92.68%、83.40%、68.82%。

英国、法国、德国、西班牙、意大利、荷兰、加拿大 A 层研究国际合作参与率很高，在 76%~50%；中国大陆、澳大利亚、瑞典、丹麦、瑞士、芬兰、波兰、南非、智利、匈牙利、印度、日本的参与率也比较高，在 49%~29%。

英国、德国 B 层研究国际合作参与率很高，分别为 55.60%、55.47%；法国、意大利、西班牙、荷兰、加拿大、瑞士、澳大利亚、日本、中国大陆、智利、瑞典、丹麦、俄罗斯、南非、韩国、比利时、印度的参与率也比较高，在 43%~12%。

英国、德国、法国、意大利、西班牙、荷兰、加拿大、瑞士、日本、澳大利亚、中国大陆、智利 C 层研究国际合作参与率也比较高，在 43%~13%；丹麦、瑞典、俄罗斯、比利时、印度、巴西、波兰也有一定的参与率，在 10%~7%。

表 2-22　天文学和天体物理学 A 层研究排名前 20 的国家和地区的国际合作参与率

单位：%

国家和地区	2014 年	2015 年	2016 年	2017 年	2018 年	2019 年	2020 年	2021 年	2022 年	2023 年	合计
美国	100.00	80.00	100.00	100.00	100.00	100.00	100.00	83.33	100.00	85.71	92.68
英国	100.00	60.00	100.00	100.00	75.00	71.43	100.00	66.67	66.67	71.43	75.61
法国	66.67	80.00	100.00	100.00	50.00	71.43	100.00	83.33	100.00	14.29	68.29
德国	100.00	80.00	100.00	100.00	75.00	14.29	100.00	83.33	66.67	42.86	65.85
西班牙	66.67	60.00	100.00	100.00	75.00	28.57	100.00	66.67	66.67	42.86	60.98
意大利	66.67	60.00	100.00	100.00	50.00	28.57	100.00	50.00	66.67	57.14	58.54
荷兰	66.67	60.00	100.00	100.00	50.00	71.43	100.00	50.00	66.67	14.29	58.54
加拿大	66.67	60.00	50.00	100.00	25.00	57.14	100.00	33.33	66.67	42.86	53.66
中国大陆	0.00	40.00	50.00	100.00	50.00	42.86	100.00	16.67	66.67	71.43	48.78
澳大利亚	0.00	40.00	100.00	100.00	50.00	14.29	100.00	0.00	33.33	85.71	43.90
瑞典	0.00	0.00	100.00	100.00	75.00	42.86	100.00	50.00	66.67	0.00	41.46
丹麦	66.67	20.00	100.00	100.00	50.00	0.00	66.67	16.67	66.67	42.86	39.02
瑞士	66.67	20.00	100.00	100.00	50.00	28.57	100.00	16.67	33.33	14.29	39.02
芬兰	66.67	20.00	100.00	100.00	50.00	14.29	100.00	16.67	33.33	0.00	34.15
波兰	66.67	20.00	100.00	100.00	25.00	14.29	100.00	16.67	33.33	14.29	34.15
南非	66.67	0.00	100.00	100.00	0.00	28.57	100.00	0.00	66.67	28.57	34.15
智利	66.67	0.00	100.00	100.00	50.00	42.86	0.00	16.67	66.67	0.00	31.71
匈牙利	0.00	60.00	50.00	100.00	25.00	0.00	0.00	50.00	33.33	28.57	29.27
印度	66.67	40.00	50.00	100.00	0.00	0.00	0.00	16.67	33.33	14.29	29.27
日本	0.00	20.00	0.00	100.00	25.00	42.86	100.00	0.00	66.67	14.29	29.27

表 2-23　天文学和天体物理学 B 层研究排名前 20 的国家和地区的国际合作参与率

单位：%

国家和地区	2014 年	2015 年	2016 年	2017 年	2018 年	2019 年	2020 年	2021 年	2022 年	2023 年	合计
美国	87.50	84.04	82.35	84.00	75.00	81.25	86.36	75.00	92.19	93.10	83.40
英国	51.56	56.38	60.29	56.00	44.23	46.25	57.58	64.71	56.25	72.41	55.60
德国	48.44	51.06	64.71	57.33	47.12	53.75	59.09	60.29	56.25	63.79	55.47
法国	37.50	35.11	44.12	33.33	35.58	40.00	46.97	42.65	57.81	65.52	42.65
意大利	31.25	22.34	30.88	33.33	25.96	41.25	43.94	41.18	53.13	56.90	36.57
西班牙	32.81	25.53	38.24	29.33	24.04	25.00	39.39	41.18	39.06	62.07	34.14
荷兰	26.56	19.15	30.88	26.67	21.15	35.00	39.39	38.24	43.75	48.28	31.58
加拿大	21.88	17.02	29.41	32.00	20.19	20.00	36.36	38.24	48.44	46.55	29.55

续表

国家和地区	2014 年	2015 年	2016 年	2017 年	2018 年	2019 年	2020 年	2021 年	2022 年	2023 年	合计
瑞士	26.56	14.89	27.94	21.33	26.92	12.50	37.88	26.47	31.25	48.28	26.32
澳大利亚	9.38	22.34	23.53	29.33	21.15	18.75	21.21	33.82	35.94	27.59	24.02
日本	23.44	12.77	16.18	24.00	18.27	33.75	28.79	20.59	48.44	20.69	24.02
中国大陆	20.31	13.83	10.29	26.67	20.19	22.50	28.79	36.76	31.25	29.31	23.35
智利	12.50	14.89	19.12	24.00	17.31	17.50	13.64	17.65	25.00	24.14	18.35
瑞典	9.38	11.70	26.47	13.33	13.46	21.25	25.76	14.71	25.00	12.07	17.00
丹麦	20.31	2.13	17.65	20.00	8.65	5.00	7.58	16.18	34.38	32.76	15.11
俄罗斯	15.63	3.19	22.06	14.67	4.81	15.00	21.21	30.88	6.25	6.90	13.36
南非	25.00	7.45	20.59	13.33	4.81	13.75	13.64	16.18	20.31	3.45	13.23
韩国	10.94	7.45	5.88	12.00	6.73	20.00	15.15	22.06	18.75	12.07	12.69
比利时	14.06	6.38	8.82	12.00	7.69	7.50	16.67	19.12	10.94	31.03	12.55
印度	15.63	2.13	17.65	16.00	5.77	8.75	16.67	19.12	15.63	13.79	12.28

表 2-24　天文学和天体物理学 C 层研究排名前 20 的国家和地区的国际合作参与率

单位：%

国家和地区	2014 年	2015 年	2016 年	2017 年	2018 年	2019 年	2020 年	2021 年	2022 年	2023 年	合计
美国	69.34	70.60	69.23	68.64	70.37	68.09	67.97	68.40	66.67	69.16	68.82
英国	40.17	44.96	45.95	42.84	41.70	42.87	42.67	42.08	42.60	44.52	43.00
德国	43.76	43.35	48.65	41.90	40.93	43.45	41.46	40.53	43.20	41.59	42.82
法国	31.71	31.55	32.33	27.40	29.63	28.81	30.35	27.87	26.82	31.70	29.73
意大利	25.26	24.79	25.36	23.82	22.49	25.22	27.26	32.42	31.76	35.50	27.37
西班牙	21.04	18.24	21.73	19.21	20.27	20.66	22.78	22.22	25.64	29.32	22.07
荷兰	18.60	16.63	22.97	19.77	18.53	20.17	19.70	19.95	22.88	20.74	20.00
加拿大	18.18	14.81	16.63	14.78	15.44	17.56	15.13	16.58	17.26	21.61	16.74
瑞士	12.68	17.60	17.67	14.69	17.28	17.85	15.22	15.94	19.72	18.35	16.68
日本	12.79	13.09	15.59	14.03	17.95	15.32	15.87	14.85	19.63	22.04	16.09
澳大利亚	14.48	13.63	16.63	12.15	14.48	17.36	14.94	17.12	18.54	18.78	15.79
中国大陆	8.46	11.27	12.27	12.43	15.73	17.26	16.71	16.48	16.86	22.04	14.99
智利	12.26	10.19	14.24	11.68	16.22	13.68	13.73	16.85	14.89	13.14	13.75
丹麦	10.15	8.05	9.56	6.97	7.43	8.63	7.38	9.29	11.14	15.31	9.31
瑞典	6.55	9.66	10.19	8.76	9.46	9.41	7.47	9.29	10.06	11.29	9.19
俄罗斯	7.72	7.62	9.36	7.44	8.30	7.95	8.78	7.74	6.51	5.21	7.68
比利时	6.55	6.97	7.07	6.31	5.98	6.01	7.38	7.74	9.27	9.55	7.27
印度	5.71	4.40	6.65	5.37	5.89	6.89	8.12	9.29	10.65	8.25	7.16
巴西	6.87	6.76	8.52	7.53	7.43	8.44	5.88	7.19	6.71	5.86	7.13
波兰	6.98	7.08	10.50	6.59	8.20	6.21	6.07	6.38	6.41	5.75	7.00

九　凝聚态物理

凝聚态物理 A、B、C 层研究国际合作参与率最高的均为中国大陆，分别为 62.03%、71.31%、58.81%；美国 A、B、C 层研究国际合作参与率均排名第二，分别为 50.00%、41.67%、40.06%。

德国、澳大利亚、英国、新加坡 A 层研究国际合作参与率也比较高，在 17%~10%；日本、沙特阿拉伯、韩国、中国香港、法国、瑞典、加拿大、瑞士、意大利、荷兰、孟加拉国、比利时、波兰、西班牙也有一定的参与率，在 10%~1%。

澳大利亚、新加坡、中国香港 B 层研究国际合作参与率也比较高，在 15%~10%；德国、英国、韩国、日本、沙特阿拉伯、加拿大、法国、西班牙、瑞士、中国台湾、瑞典、印度、意大利、荷兰、俄罗斯也有一定的参与率，在 10%~1%。

德国、英国、澳大利亚 C 层研究国际合作参与率也比较高，在 15%~10%；新加坡、韩国、中国香港、日本、沙特阿拉伯、法国、加拿大、西班牙、瑞士、印度、意大利、荷兰、瑞典、俄罗斯、中国台湾也有一定的参与率，在 10%~2%。

表 2-25　凝聚态物理 A 层研究排名前 20 的国家和地区的国际合作参与率

单位：%

国家和地区	2014 年	2015 年	2016 年	2017 年	2018 年	2019 年	2020 年	2021 年	2022 年	2023 年	合计
中国大陆	37.50	35.71	66.67	54.55	76.47	45.45	62.50	75.00	78.95	70.00	62.03
美国	50.00	57.14	60.00	81.82	52.94	63.64	43.75	43.75	42.11	20.00	50.00
德国	12.50	14.29	26.67	18.18	0.00	18.18	18.75	37.50	10.53	10.00	16.46
澳大利亚	12.50	0.00	6.67	9.09	11.76	4.55	25.00	12.50	10.53	40.00	13.92
英国	12.50	21.43	0.00	27.27	5.88	9.09	18.75	12.50	10.53	5.00	11.39
新加坡	25.00	14.29	0.00	0.00	5.88	9.09	6.25	18.75	5.26	20.00	10.13
日本	0.00	14.29	0.00	9.09	11.76	9.09	18.75	0.00	5.26	20.00	9.49
沙特阿拉伯	0.00	14.29	6.67	9.09	17.65	13.64	0.00	6.25	5.26	10.00	8.86
韩国	0.00	7.14	20.00	0.00	5.88	13.64	6.25	12.50	10.53	5.00	8.86

续表

国家和地区	2014 年	2015 年	2016 年	2017 年	2018 年	2019 年	2020 年	2021 年	2022 年	2023 年	合计
中国香港	12.50	7.14	0.00	0.00	11.76	4.55	6.25	12.50	10.53	10.00	7.59
法国	0.00	0.00	0.00	9.09	0.00	9.09	25.00	6.25	0.00	10.00	6.33
瑞典	0.00	0.00	13.33	9.09	5.88	0.00	25.00	0.00	10.53	0.00	6.33
加拿大	0.00	0.00	6.67	18.18	5.88	4.55	6.25	6.25	5.26	5.00	5.70
瑞士	12.50	14.29	0.00	18.18	5.88	4.55	6.25	6.25	0.00	0.00	5.70
意大利	0.00	14.29	6.67	9.09	5.88	4.55	0.00	0.00	0.00	5.00	4.43
荷兰	0.00	21.43	6.67	9.09	5.88	0.00	0.00	0.00	0.00	0.00	3.80
孟加拉国	0.00	0.00	0.00	0.00	0.00	0.00	0.00	0.00	5.26	10.00	1.90
比利时	0.00	7.14	0.00	0.00	0.00	4.55	0.00	0.00	5.26	0.00	1.90
波兰	12.50	0.00	0.00	0.00	0.00	4.55	6.25	0.00	0.00	0.00	1.90
西班牙	0.00	7.14	0.00	9.09	0.00	0.00	6.25	0.00	0.00	0.00	1.90

表 2-26　凝聚态物理 B 层研究排名前 20 的国家和地区的国际合作参与率

单位：%

国家和地区	2014 年	2015 年	2016 年	2017 年	2018 年	2019 年	2020 年	2021 年	2022 年	2023 年	合计
中国大陆	52.58	51.82	57.63	65.22	77.78	78.57	70.27	81.37	81.38	81.08	71.31
美国	70.10	50.00	48.31	47.10	46.53	40.91	38.51	28.57	32.41	29.05	41.67
澳大利亚	6.19	9.09	6.78	10.14	17.36	12.34	21.62	18.63	22.76	17.57	14.89
新加坡	9.28	10.91	16.95	18.12	9.03	14.94	10.81	18.01	11.72	15.54	13.72
中国香港	8.25	6.36	8.47	8.70	8.33	12.34	10.81	8.70	9.66	17.57	10.12
德国	13.40	10.00	9.32	11.59	9.03	9.09	14.19	8.07	7.59	8.78	9.98
英国	14.43	11.82	11.86	12.32	9.03	5.19	13.51	8.07	7.59	4.73	9.54
韩国	6.19	12.73	12.71	8.70	5.56	8.44	8.78	5.59	9.66	9.46	8.66
日本	6.19	12.73	8.47	7.97	3.47	7.79	8.11	3.73	8.97	7.43	7.34
沙特阿拉伯	6.19	8.18	5.93	9.42	10.42	5.19	3.38	2.48	6.21	4.05	6.02
加拿大	5.15	4.55	6.78	2.90	4.86	6.49	6.76	3.11	3.45	5.41	4.92
法国	5.15	7.27	5.08	2.17	1.39	3.25	4.05	4.35	3.45	2.03	3.67
西班牙	5.15	4.55	3.39	3.62	2.08	4.55	6.08	0.62	3.45	1.35	3.37
瑞士	6.19	4.55	3.39	2.17	2.08	3.90	3.38	1.86	2.76	2.03	3.08
中国台湾	6.19	3.64	0.85	0.72	1.39	1.95	3.38	3.73	2.07	6.76	3.01
瑞典	3.09	1.82	2.54	0.00	3.47	1.95	2.70	2.48	5.52	2.03	2.57
印度	1.03	2.73	1.69	0.72	2.08	1.95	3.38	3.73	4.83	2.03	2.49
意大利	2.06	4.55	5.08	2.17	0.00	3.25	2.03	2.48	1.38	2.03	2.42
荷兰	1.03	0.91	1.69	1.45	2.08	1.95	6.08	1.24	4.14	2.03	2.35
俄罗斯	1.03	2.73	2.54	0.72	1.39	1.30	1.35	4.97	2.07	1.35	1.98

表 2-27　凝聚态物理 C 层研究排名前 20 的国家和地区的国际合作参与率

单位：%

国家和地区	2014 年	2015 年	2016 年	2017 年	2018 年	2019 年	2020 年	2021 年	2022 年	2023 年	合计
中国大陆	36.70	40.46	47.47	56.43	61.47	66.41	64.75	64.44	68.96	67.91	58.81
美国	50.36	48.35	47.56	49.68	44.19	43.38	38.71	32.99	28.18	23.82	40.06
德国	19.57	16.33	16.15	13.81	12.99	12.39	13.49	12.85	14.02	11.68	14.08
英国	12.44	10.73	11.18	10.79	10.23	9.72	10.10	11.04	10.80	10.77	10.72
澳大利亚	5.61	7.98	7.90	9.29	10.09	13.24	11.46	12.85	12.23	11.23	10.46
新加坡	7.44	10.09	7.90	8.10	10.09	9.79	9.97	9.24	9.59	8.95	9.19
韩国	9.79	8.90	8.70	8.89	8.49	8.17	8.95	8.47	10.01	9.64	8.98
中国香港	4.08	5.23	6.30	7.46	9.65	8.03	10.71	11.53	10.59	12.37	8.88
日本	8.97	8.07	9.05	7.70	7.33	8.10	6.24	6.46	6.37	5.46	7.27
沙特阿拉伯	4.18	5.69	4.17	3.97	4.35	4.37	5.90	7.57	8.01	10.85	6.00
法国	8.26	8.07	9.23	6.51	6.02	4.15	4.14	5.83	4.29	4.55	5.91
加拿大	5.81	5.32	6.03	4.44	4.72	4.93	5.08	5.69	5.79	5.16	5.28
西班牙	6.73	5.69	5.68	4.37	4.79	4.37	4.47	3.82	4.58	5.08	4.87
瑞士	6.73	4.95	6.03	5.08	4.86	3.73	4.41	3.40	4.15	2.50	4.48
印度	1.63	2.94	2.84	2.54	3.19	3.52	4.20	5.14	4.79	7.44	3.93
意大利	4.08	4.77	4.61	3.25	3.63	3.52	3.66	3.82	3.29	3.34	3.76
荷兰	4.79	5.05	3.55	3.57	2.39	3.17	3.39	2.08	1.93	2.05	3.10
瑞典	4.18	3.30	2.40	3.02	2.90	2.89	3.19	2.71	3.08	2.20	2.96
俄罗斯	2.96	3.94	2.84	3.17	2.47	2.54	2.78	3.47	3.79	1.29	2.91
中国台湾	2.55	2.29	3.11	3.25	2.10	2.39	2.51	3.26	2.65	3.79	2.79

十　热力学

热力学 A、B、C 层研究国际合作参与率最高的均为中国大陆，分别为 41.67%、41.36%、38.07%；美国 A、B、C 层研究国际合作参与率均排名第二，分别为 30.00%、21.64%、19.24%。

英国、印度、沙特阿拉伯、法国、马来西亚、巴基斯坦、西班牙 A 层研究国际合作参与率也比较高，在 25%～10%；加拿大、丹麦、埃及、德国、意大利、伊朗、日本、阿联酋、澳大利亚、比利时、芬兰也有一定的参与率, 在 9%~5%。

伊朗、沙特阿拉伯、印度、英国、马来西亚、巴基斯坦 B 层研究国际合作参与率也比较高, 分别为 20%~12%；澳大利亚、加拿大、埃及、德国、土耳其、韩国、法国、西班牙、中国台湾、阿联酋、意大利、越南也有一定的参与率, 在 9%~3%。

沙特阿拉伯、伊朗、英国、巴基斯坦 C 层研究国际合作参与率也比较高, 在 17%~11%；印度、埃及、马来西亚、澳大利亚、加拿大、意大利、德国、土耳其、法国、越南、日本、中国台湾、韩国、中国香港也有一定的参与率, 在 10%~3%。

表 2-28　热力学 A 层研究排名前 20 的国家和地区的国际合作参与率

单位：%

国家和地区	2014 年	2015 年	2016 年	2017 年	2018 年	2019 年	2020 年	2021 年	2022 年	2023 年	合计
中国大陆	0.00	0.00	28.57	42.86	40.00	57.14	40.00	44.44	71.43	75.00	41.67
美国	66.67	33.33	28.57	42.86	40.00	42.86	20.00	22.22	14.29	0.00	30.00
英国	33.33	0.00	57.14	14.29	40.00	14.29	20.00	22.22	28.57	25.00	25.00
印度	0.00	33.33	0.00	0.00	0.00	14.29	40.00	0.00	28.57	25.00	13.33
沙特阿拉伯	33.33	0.00	14.29	0.00	40.00	14.29	0.00	0.00	0.00	50.00	13.33
法国	33.33	0.00	0.00	14.29	0.00	0.00	0.00	22.22	0.00	25.00	10.00
马来西亚	0.00	33.33	0.00	14.29	20.00	0.00	0.00	11.11	0.00	25.00	10.00
巴基斯坦	0.00	16.67	14.29	14.29	0.00	14.29	0.00	0.00	14.29	25.00	10.00
西班牙	33.33	0.00	0.00	0.00	0.00	0.00	0.00	0.00	28.57	0.00	10.00
加拿大	0.00	0.00	14.29	14.29	0.00	0.00	40.00	0.00	0.00	25.00	8.33
丹麦	33.33	0.00	0.00	0.00	20.00	14.29	0.00	0.00	14.29	25.00	8.33
埃及	0.00	0.00	0.00	0.00	20.00	0.00	0.00	22.22	14.29	25.00	8.33
德国	33.33	16.67	14.29	0.00	0.00	0.00	20.00	11.11	0.00	0.00	8.33
意大利	33.33	16.67	0.00	0.00	0.00	0.00	0.00	22.22	0.00	0.00	8.33
伊朗	0.00	33.33	0.00	0.00	0.00	0.00	20.00	0.00	0.00	25.00	6.67
日本	33.33	0.00	0.00	0.00	0.00	14.29	0.00	0.00	14.29	0.00	6.67
阿联酋	0.00	0.00	0.00	0.00	0.00	0.00	0.00	22.22	14.29	0.00	6.67
澳大利亚	0.00	0.00	0.00	0.00	0.00	14.29	0.00	11.11	0.00	25.00	5.00
比利时	0.00	0.00	14.29	0.00	0.00	14.29	0.00	11.11	0.00	0.00	5.00
芬兰	0.00	0.00	0.00	0.00	0.00	28.57	0.00	11.11	0.00	0.00	5.00

表 2-29　热力学 B 层研究排名前 20 的国家和地区的国际合作参与率

单位：%

国家和地区	2014 年	2015 年	2016 年	2017 年	2018 年	2019 年	2020 年	2021 年	2022 年	2023 年	合计
中国大陆	23.26	28.21	34.00	38.46	26.92	52.24	39.71	53.85	36.67	64.06	41.36
美国	34.88	35.90	30.00	21.54	23.08	26.87	13.24	13.85	18.33	10.94	21.64
伊朗	20.93	23.08	22.00	18.46	32.69	28.36	22.06	12.31	10.00	6.25	19.20
沙特阿拉伯	2.33	7.69	18.00	7.69	11.54	16.42	19.12	16.92	21.67	28.13	15.71
印度	2.33	10.26	12.00	6.15	9.62	8.96	14.71	20.00	23.33	26.56	13.96
英国	9.30	10.26	8.00	13.85	13.46	14.93	14.71	20.00	11.67	14.06	13.44
马来西亚	11.63	15.38	16.00	15.38	13.46	10.45	10.29	13.85	5.00	10.94	12.04
巴基斯坦	0.00	5.13	10.00	12.31	17.31	11.94	8.82	12.31	18.33	18.75	12.04
澳大利亚	13.95	5.13	6.00	3.08	3.85	17.91	5.88	10.77	8.33	6.25	8.20
加拿大	4.65	17.95	6.00	3.08	7.69	8.96	8.82	6.15	10.00	10.94	8.20
埃及	0.00	0.00	2.00	6.15	3.85	4.48	7.35	9.23	15.00	25.00	8.03
德国	4.65	7.69	10.00	6.15	9.62	4.48	2.94	9.23	3.33	4.69	6.11
土耳其	4.65	2.56	6.00	3.08	3.85	4.48	7.35	3.08	13.33	14.06	6.11
韩国	0.00	5.13	2.00	1.54	3.85	2.99	5.88	4.62	10.00	10.94	4.89
法国	11.63	10.26	10.00	0.00	0.00	5.97	2.94	3.08	5.00	0.00	4.36
西班牙	6.98	2.56	0.00	7.69	0.00	4.48	2.94	3.08	8.33	3.13	4.01
中国台湾	2.33	0.00	4.00	3.08	3.85	2.99	5.88	9.23	1.67	4.69	4.01
阿联酋	2.33	0.00	0.00	0.00	0.00	7.46	7.35	7.69	6.67	4.69	4.01
意大利	6.98	2.56	6.00	1.54	3.85	4.48	2.94	3.08	6.67	1.56	3.84
越南	0.00	0.00	0.00	1.54	0.00	7.46	16.18	6.15	1.67	0.00	3.84

表 2-30　热力学 C 层研究排名前 20 的国家和地区的国际合作参与率

单位：%

国家和地区	2014 年	2015 年	2016 年	2017 年	2018 年	2019 年	2020 年	2021 年	2022 年	2023 年	合计
中国大陆	20.06	28.31	29.71	35.71	41.00	44.67	40.84	41.63	42.26	41.81	38.07
美国	25.31	27.01	25.72	24.60	20.92	22.57	16.77	15.69	12.31	10.20	19.24
沙特阿拉伯	6.79	7.01	12.86	10.91	9.00	10.97	16.93	21.12	26.46	30.77	16.39
伊朗	14.81	13.77	15.96	12.90	14.44	21.33	20.19	14.18	9.15	9.53	14.75
英国	9.57	9.87	12.64	14.48	16.32	15.15	12.27	12.37	14.98	14.21	13.43
巴基斯坦	4.01	2.86	5.54	7.74	8.16	6.49	13.82	15.69	18.97	20.90	11.35
印度	5.25	3.38	8.65	5.95	5.65	5.87	9.01	14.48	14.98	15.22	9.42
埃及	1.85	3.12	5.32	2.98	5.86	5.26	7.45	10.86	13.48	19.40	8.23

续表

国家和地区	2014 年	2015 年	2016 年	2017 年	2018 年	2019 年	2020 年	2021 年	2022 年	2023 年	合计
马来西亚	10.80	10.65	11.75	7.14	7.74	6.18	7.92	6.94	4.16	7.19	7.69
澳大利亚	4.63	9.09	5.54	7.74	6.28	6.96	6.83	7.39	4.83	5.02	6.44
加拿大	6.17	7.01	6.21	4.76	8.37	6.96	6.06	7.09	5.66	6.02	6.42
意大利	8.95	8.57	5.10	5.95	5.65	5.56	3.88	5.28	4.66	5.35	5.63
德国	8.64	9.61	5.76	5.16	5.02	4.48	3.11	2.71	3.33	4.18	4.78
土耳其	3.40	3.90	3.55	3.77	2.93	3.55	4.81	4.22	7.82	6.35	4.57
法国	8.02	7.53	5.10	5.16	4.39	4.17	3.57	3.17	3.33	2.17	4.32
越南	0.00	0.26	0.00	1.59	2.09	6.49	15.37	4.83	1.00	1.84	3.95
日本	3.09	4.16	3.55	6.15	4.39	4.79	2.95	2.56	3.83	3.34	3.85
中国台湾	1.23	4.42	1.55	2.78	3.56	2.01	2.95	7.24	5.99	4.18	3.78
韩国	4.63	3.90	2.88	3.17	3.35	2.78	3.42	4.68	5.49	3.34	3.76
中国香港	1.85	2.08	3.55	2.98	3.77	4.95	3.11	3.02	5.32	4.85	3.70

十一 原子、分子和化学物理

原子、分子和化学物理 A、B、C 层研究国际合作参与率最高的均为美国，分别为 61.54%、33.21%、31.92%。

德国、英国、澳大利亚、日本、沙特阿拉伯、意大利、中国大陆、法国 A 层研究国际合作参与率也比较高，在 33%~11%；以色列、瑞士、印度、韩国、西班牙、孟加拉国、加拿大、挪威、奥地利、比利时、哥伦比亚也有一定的参与率，在 10%~3%。

中国大陆、沙特阿拉伯、德国、英国、印度 B 层研究国际合作参与率也比较高，在 26%~12%；日本、法国、西班牙、加拿大、伊朗、瑞士、意大利、澳大利亚、韩国、巴基斯坦、瑞典、荷兰、埃及、比利时也有一定的参与率，在 10%~4%。

中国大陆、德国、英国、沙特阿拉伯、印度、法国 C 层研究国际合作参与率也比较高，在 23%~10%；西班牙、意大利、伊朗、日本、瑞士、俄罗斯、韩国、加拿大、澳大利亚、巴基斯坦、埃及、荷兰、瑞典也有一定的参与率，在 8%~3%。

表 2-31　原子、分子和化学物理 A 层研究排名前 20 的国家和地区的国际合作参与率

单位：%

国家和地区	2014 年	2015 年	2016 年	2017 年	2018 年	2019 年	2020 年	2021 年	2022 年	2023 年	合计
美国	50.00	83.33	100.00	50.00	37.50	83.33	83.33	0.00	0.00	50.00	61.54
德国	33.33	50.00	16.67	33.33	50.00	50.00	16.67	0.00	33.33	0.00	32.69
英国	16.67	33.33	16.67	16.67	12.50	16.67	33.33	0.00	0.00	25.00	19.23
澳大利亚	0.00	33.33	0.00	16.67	0.00	0.00	33.33	0.00	33.33	50.00	15.38
日本	0.00	0.00	16.67	33.33	0.00	0.00	16.67	0.00	33.33	75.00	15.38
沙特阿拉伯	16.67	0.00	0.00	0.00	37.50	0.00	16.67	0.00	33.33	50.00	15.38
意大利	16.67	16.67	0.00	0.00	0.00	16.67	33.33	0.00	33.33	25.00	13.46
中国大陆	16.67	16.67	16.67	16.67	0.00	0.00	16.67	0.00	0.00	25.00	11.54
法国	16.67	0.00	0.00	0.00	12.50	33.33	16.67	0.00	33.33	0.00	11.54
以色列	16.67	16.67	0.00	0.00	0.00	16.67	0.00	0.00	33.33	25.00	9.62
瑞士	16.67	0.00	0.00	0.00	0.00	16.67	33.33	0.00	0.00	25.00	9.62
印度	0.00	0.00	0.00	0.00	37.50	0.00	0.00	0.00	0.00	25.00	7.69
韩国	16.67	16.67	16.67	0.00	12.50	0.00	0.00	0.00	0.00	0.00	7.69
西班牙	0.00	16.67	16.67	16.67	0.00	16.67	0.00	0.00	0.00	0.00	7.69
孟加拉国	0.00	0.00	0.00	0.00	0.00	0.00	0.00	0.00	33.33	50.00	5.77
加拿大	0.00	16.67	0.00	0.00	0.00	0.00	16.67	100.00	0.00	0.00	5.77
挪威	16.67	0.00	0.00	16.67	0.00	0.00	0.00	0.00	0.00	25.00	5.77
奥地利	0.00	0.00	0.00	0.00	0.00	16.67	16.67	0.00	0.00	0.00	3.85
比利时	0.00	0.00	0.00	0.00	0.00	16.67	16.67	0.00	0.00	0.00	3.85
哥伦比亚	0.00	0.00	0.00	0.00	0.00	16.67	0.00	100.00	0.00	0.00	3.85

表 2-32　原子、分子和化学物理 B 层研究排名前 20 的国家和地区的国际合作参与率

单位：%

国家和地区	2014 年	2015 年	2016 年	2017 年	2018 年	2019 年	2020 年	2021 年	2022 年	2023 年	合计
美国	41.82	43.86	42.62	41.51	37.50	26.87	44.19	20.00	11.32	23.40	33.21
中国大陆	25.45	17.54	22.95	28.30	14.06	25.37	34.88	33.33	35.85	23.40	25.71
沙特阿拉伯	7.27	12.28	18.03	16.98	21.88	26.87	11.63	28.33	33.96	34.04	21.25
德国	18.18	36.84	9.84	18.87	25.00	13.43	34.88	21.67	5.66	12.77	19.46
英国	12.73	24.56	21.31	16.98	15.63	14.93	37.21	13.33	15.09	21.28	18.75
印度	9.09	1.75	9.84	16.98	12.50	4.48	13.95	13.33	26.42	17.02	12.14
日本	7.27	7.02	13.11	3.77	9.38	14.93	23.26	8.33	3.77	6.38	9.64
法国	7.27	8.77	4.92	7.55	6.25	7.46	23.26	11.67	5.66	8.51	8.75

续表

国家和地区	2014 年	2015 年	2016 年	2017 年	2018 年	2019 年	2020 年	2021 年	2022 年	2023 年	合计
西班牙	12.73	14.04	9.84	5.66	7.81	2.99	23.26	5.00	3.77	6.38	8.75
加拿大	9.09	1.75	16.39	3.77	6.25	7.46	9.30	8.33	7.55	8.51	7.86
伊朗	1.82	1.75	4.92	3.77	4.69	5.97	11.63	11.67	20.75	6.38	7.14
瑞士	7.27	14.04	3.28	9.43	9.38	1.49	16.28	5.00	1.89	4.26	6.96
意大利	9.09	3.51	8.20	5.66	4.69	0.00	18.60	6.67	5.66	10.64	6.79
澳大利亚	7.27	0.00	1.64	3.77	7.81	5.97	16.28	11.67	3.77	10.64	6.61
韩国	7.27	3.51	1.64	7.55	10.94	2.99	9.30	5.00	13.21	4.26	6.43
巴基斯坦	0.00	0.00	9.84	3.77	7.81	10.45	0.00	8.33	11.32	8.51	6.25
瑞典	5.45	10.53	1.64	9.43	3.13	5.97	9.30	5.00	5.66	8.51	6.25
荷兰	3.64	8.77	4.92	7.55	6.25	5.97	6.98	5.00	1.89	2.13	5.36
埃及	1.82	3.51	1.64	0.00	4.69	1.49	4.65	6.67	11.32	10.64	4.46
比利时	0.00	3.51	6.56	0.00	3.13	1.49	16.28	5.00	3.77	6.38	4.29

表 2-33　原子、分子和化学物理 C 层研究排名前 20 的国家和地区的国际合作参与率

单位：%

国家和地区	2014 年	2015 年	2016 年	2017 年	2018 年	2019 年	2020 年	2021 年	2022 年	2023 年	合计
美国	42.57	38.59	34.98	34.32	33.80	30.62	32.19	23.04	21.65	27.05	31.92
中国大陆	16.88	19.30	17.92	21.18	25.92	25.24	28.59	27.45	25.18	21.06	22.99
德国	23.85	22.99	19.28	20.53	20.49	17.59	16.34	14.54	14.61	15.96	18.63
英国	15.05	14.43	16.72	14.61	14.54	10.42	14.22	9.15	11.80	14.86	13.51
沙特阿拉伯	3.12	5.70	11.95	8.21	10.86	10.91	11.93	17.16	23.42	21.73	12.30
印度	6.06	8.89	10.07	7.55	8.23	8.31	8.17	16.34	17.78	17.96	10.77
法国	13.21	12.75	11.60	13.14	11.03	8.31	9.48	7.35	7.22	8.20	10.25
西班牙	8.44	9.06	7.34	7.55	7.71	7.17	5.72	7.19	6.51	9.98	7.60
意大利	7.16	8.89	7.85	7.22	6.30	6.84	7.52	6.21	8.27	7.98	7.41
伊朗	1.65	3.69	6.48	5.09	6.13	7.65	11.11	12.75	9.86	4.66	7.03
日本	6.97	7.72	5.46	5.58	7.01	5.70	7.84	3.43	4.75	2.88	5.79
瑞士	6.97	7.89	7.17	6.73	5.08	5.37	5.88	3.10	3.70	3.77	5.60
俄罗斯	4.04	4.70	3.41	5.58	7.18	5.05	5.23	7.03	6.87	5.10	5.43
韩国	4.22	3.52	3.58	5.09	4.90	3.91	5.88	7.19	7.92	7.76	5.34
加拿大	7.16	5.87	6.14	4.93	6.65	5.05	5.88	4.08	2.46	2.44	5.12
澳大利亚	3.85	5.54	6.31	4.60	5.43	4.40	4.58	5.07	5.46	3.55	4.91
巴基斯坦	0.73	0.84	7.51	5.58	5.78	5.37	4.74	3.76	5.11	6.43	4.56
埃及	0.55	1.01	2.22	1.64	2.28	3.91	4.90	7.52	9.68	6.65	3.99
荷兰	5.32	3.86	2.05	2.96	4.03	4.89	4.08	2.29	3.17	4.88	3.71
瑞典	5.14	3.36	3.24	3.61	3.85	3.42	3.76	3.10	4.05	3.77	3.71

十二 光学

光学 A 层研究国际合作参与率最高的是美国，为 55.49%，其次为中国大陆的 43.90%；英国、德国、澳大利亚、瑞士、加拿大、新加坡、法国、意大利的参与率也比较高，在 25%~10%；中国香港、日本、俄罗斯、西班牙、韩国、瑞典、沙特阿拉伯、荷兰、南非、丹麦也有一定的参与率，在 10%~3%。

B 层研究国际合作参与率最高的是美国，为 44.36%，其次为中国大陆的 42.23%；英国、德国、澳大利亚、新加坡的参与率也比较高，在 21%~10%；加拿大、法国、意大利、西班牙、日本、瑞士、俄罗斯、中国香港、沙特阿拉伯、韩国、荷兰、以色列、瑞典、印度也有一定的参与率，在 10%~3%。

C 层研究国际合作参与率最高的是中国大陆，为 36.01%，其次为美国的 34.71%；德国、英国、法国的参与率也比较高，在 17%~10%；意大利、加拿大、西班牙、澳大利亚、俄罗斯、日本、沙特阿拉伯、新加坡、中国香港、印度、瑞士、韩国、荷兰、瑞典、埃及也有一定的参与率，在 9%~3%。

表 2-34 光学 A 层研究排名前 20 的国家和地区的国际合作参与率

单位：%

国家和地区	2014 年	2015 年	2016 年	2017 年	2018 年	2019 年	2020 年	2021 年	2022 年	2023 年	合计
美国	43.75	43.75	45.00	64.71	77.78	70.59	68.42	38.46	38.46	53.33	55.49
中国大陆	31.25	43.75	25.00	29.41	27.78	58.82	47.37	69.23	61.54	60.00	43.90
英国	25.00	31.25	25.00	23.53	11.11	17.65	21.05	69.23	38.46	0.00	25.00
德国	12.50	31.25	10.00	35.29	11.11	11.76	31.58	23.08	7.69	6.67	18.29
澳大利亚	12.50	18.75	15.00	17.65	16.67	17.65	15.79	15.38	15.38	6.67	15.24
瑞士	25.00	18.75	5.00	11.76	22.22	23.53	10.53	7.69	7.69	6.67	14.02
加拿大	12.50	25.00	5.00	23.53	16.67	11.76	5.26	15.38	7.69	0.00	12.20
新加坡	6.25	18.75	15.00	0.00	5.56	23.53	10.53	15.38	23.08	0.00	11.59
法国	6.25	6.25	25.00	17.65	5.56	5.88	10.53	15.38	15.38	0.00	10.98
意大利	6.25	12.50	10.00	23.53	0.00	11.76	15.79	15.38	7.69	6.67	10.98
中国香港	0.00	0.00	0.00	5.88	16.67	5.88	10.53	23.08	15.38	26.67	9.76

续表

国家和地区	2014 年	2015 年	2016 年	2017 年	2018 年	2019 年	2020 年	2021 年	2022 年	2023 年	合计
日本	25.00	18.75	10.00	0.00	0.00	11.76	10.53	7.69	7.69	6.67	9.76
俄罗斯	6.25	0.00	5.00	17.65	5.56	17.65	0.00	7.69	23.08	0.00	7.93
西班牙	18.75	12.50	0.00	5.88	5.56	5.88	10.53	7.69	0.00	0.00	6.71
韩国	6.25	0.00	0.00	5.88	5.56	11.76	5.26	7.69	15.38	6.67	6.10
瑞典	0.00	0.00	10.00	5.88	5.56	5.88	5.26	7.69	15.38	0.00	5.49
沙特阿拉伯	0.00	0.00	5.00	0.00	5.56	0.00	0.00	0.00	7.69	26.67	4.27
荷兰	0.00	0.00	10.00	5.88	5.56	5.88	0.00	0.00	7.69	0.00	3.66
南非	0.00	0.00	5.00	5.88	0.00	0.00	5.26	7.69	7.69	6.67	3.66
丹麦	12.50	6.25	0.00	0.00	5.56	0.00	5.26	0.00	0.00	0.00	3.05

表 2-35　光学 B 层研究排名前 20 的国家和地区的国际合作参与率

单位：%

国家和地区	2014 年	2015 年	2016 年	2017 年	2018 年	2019 年	2020 年	2021 年	2022 年	2023 年	合计
美国	47.37	50.34	48.37	45.51	42.20	45.40	46.67	40.38	34.62	40.40	44.36
中国大陆	28.29	27.59	30.07	39.52	45.09	51.15	44.67	48.08	55.38	57.58	42.23
英国	20.39	28.28	20.26	19.76	18.50	16.09	21.33	19.23	22.31	23.23	20.68
德国	17.76	17.93	22.88	16.17	19.08	14.94	15.33	15.38	13.08	14.14	16.81
澳大利亚	11.18	11.03	10.46	7.78	13.29	12.64	8.00	7.69	12.31	13.13	10.67
新加坡	7.24	8.28	5.88	9.58	9.83	13.22	10.67	12.18	12.31	12.12	10.07
加拿大	10.53	11.03	16.99	9.58	8.09	5.17	10.00	8.97	6.92	7.07	9.47
法国	8.55	11.03	9.80	10.78	9.25	7.47	10.00	5.13	7.69	5.05	8.61
意大利	9.21	9.66	9.80	8.98	8.67	6.90	8.67	5.77	6.15	4.04	7.94
西班牙	8.55	7.59	9.80	6.59	6.94	8.62	9.33	3.85	4.62	7.07	7.34
日本	8.55	4.14	11.11	4.79	9.83	6.32	6.00	6.41	4.62	7.07	6.94
瑞士	9.21	9.66	10.46	5.99	5.20	5.75	8.67	3.21	5.38	4.04	6.80
俄罗斯	1.32	4.83	4.58	10.78	4.05	9.20	10.00	10.26	7.69	2.02	6.67
中国香港	1.32	5.52	2.61	5.39	5.78	9.77	10.00	5.77	10.77	3.03	6.07
沙特阿拉伯	1.97	2.76	2.61	4.79	4.62	2.30	8.67	7.05	12.31	18.18	5.94
韩国	5.26	2.07	5.88	4.79	4.62	2.87	6.00	6.41	8.46	10.10	5.40
荷兰	7.89	4.14	6.54	4.19	4.05	5.17	5.33	2.56	3.85	2.02	4.67
以色列	2.63	3.45	2.61	2.99	1.73	3.45	4.00	5.13	3.08	5.05	3.34
瑞典	5.26	2.76	1.31	2.40	2.31	3.45	2.00	5.77	3.85	4.04	3.27
印度	1.32	0.00	4.58	2.99	2.31	1.72	4.00	5.13	2.31	7.07	3.00

表 2-36　光学 C 层研究排名前 20 的国家和地区的国际合作参与率

单位：%

国家和地区	2014 年	2015 年	2016 年	2017 年	2018 年	2019 年	2020 年	2021 年	2022 年	2023 年	合计
中国大陆	25.33	29.73	29.67	33.24	38.57	40.54	43.19	43.15	40.28	36.36	36.01
美国	39.86	38.70	40.18	36.72	36.45	37.32	32.96	27.69	26.27	25.48	34.71
德国	21.04	17.79	18.66	17.96	14.61	15.52	15.48	12.69	14.95	12.01	16.23
英国	17.06	15.34	19.57	17.29	16.59	14.98	15.62	14.08	14.78	12.57	15.96
法国	12.09	11.71	13.37	10.48	10.12	9.43	9.88	9.00	9.59	8.53	10.50
意大利	8.88	9.86	9.26	8.54	7.56	7.49	6.98	7.46	7.52	7.74	8.14
加拿大	9.10	8.15	8.91	7.74	8.33	8.03	7.19	6.46	5.53	6.40	7.68
西班牙	8.11	8.45	8.36	7.14	7.43	7.29	7.19	6.00	6.31	5.50	7.26
澳大利亚	6.96	6.45	7.10	6.94	7.94	7.42	7.05	6.38	6.48	6.96	7.00
俄罗斯	5.97	6.75	6.55	7.48	7.11	6.82	7.39	7.92	5.19	4.15	6.66
日本	7.57	6.97	7.38	7.48	6.92	4.88	5.60	7.23	6.57	4.94	6.60
沙特阿拉伯	3.29	2.45	2.37	3.94	5.57	4.15	5.81	9.92	12.88	17.06	6.19
新加坡	6.66	6.30	5.57	4.94	5.25	6.49	5.18	5.85	5.36	6.29	5.76
中国香港	3.37	4.30	3.48	5.34	5.25	4.95	6.15	6.46	7.26	6.17	5.21
印度	3.52	2.97	3.83	2.74	4.04	4.68	6.98	6.38	9.33	9.54	5.15
瑞士	4.36	4.37	5.92	3.60	4.10	4.15	3.59	3.69	4.84	3.70	4.24
韩国	3.37	3.63	3.20	3.54	4.48	4.08	4.08	4.38	4.15	5.16	3.97
荷兰	4.21	2.97	3.41	3.27	3.33	3.68	3.46	3.85	3.03	3.25	3.45
瑞典	3.98	3.71	3.83	3.74	3.78	3.01	3.18	3.31	2.77	2.36	3.41
埃及	1.15	1.26	1.11	1.74	1.99	1.87	3.32	6.31	5.88	9.32	3.08

十三　光谱学

光谱学 A 层研究国际合作参与率最高的是德国、美国，均为 50.00%；加拿大、荷兰、英国、澳大利亚、奥地利、比利时、中国大陆、丹麦、法国、波兰、瑞士的参与率也比较高，在 22% ～ 14%；捷克、匈牙利、日本、巴基斯坦、俄罗斯、沙特阿拉伯、韩国也有一定的参与率，均为 7.14%。

B 层研究国际合作参与率最高的是美国，为 42.20%；英国、中国大陆、德国、法国、加拿大的参与率也比较高，在28%~14%；意大利、荷兰、沙特阿拉伯、澳大利亚、比利时、印度、瑞士、埃及、爱尔兰、瑞典、奥地利、捷克、俄罗斯、伊朗也有一定的参与率，在9%~4%。

C层研究国际合作参与率最高的是美国，为33.11%；中国大陆、德国、英国、法国的参与率也比较高，在19%~14%；印度、意大利、沙特阿拉伯、加拿大、瑞士、西班牙、比利时、埃及、俄罗斯、荷兰、澳大利亚、巴西、日本、奥地利、韩国也有一定的参与率，在9%~4%。

表2-37 光谱学A层研究排名前20的国家和地区的国际合作参与率

单位：%

国家和地区	2014年	2015年	2016年	2017年	2018年	2019年	2020年	2021年	2022年	2023年	合计
德国	0.00	100.00	100.00	100.00	50.00	100.00	100.00	0.00	0.00	0.00	50.00
美国	0.00	50.00	100.00	100.00	50.00	100.00	100.00	0.00	100.00	0.00	50.00
加拿大	0.00	0.00	0.00	100.00	0.00	100.00	100.00	0.00	0.00	0.00	21.43
荷兰	25.00	0.00	0.00	0.00	50.00	0.00	0.00	0.00	0.00	0.00	21.43
英国	0.00	0.00	0.00	100.00	50.00	100.00	0.00	0.00	0.00	0.00	21.43
澳大利亚	50.00	0.00	0.00	0.00	0.00	0.00	0.00	0.00	0.00	0.00	14.29
奥地利	0.00	0.00	0.00	0.00	50.00	100.00	0.00	0.00	0.00	0.00	14.29
比利时	0.00	0.00	0.00	0.00	0.00	0.00	0.00	0.00	0.00	0.00	14.29
中国大陆	0.00	0.00	0.00	0.00	0.00	0.00	0.00	0.00	100.00	100.00	14.29
丹麦	50.00	0.00	0.00	0.00	0.00	0.00	0.00	0.00	0.00	0.00	14.29
法国	0.00	0.00	0.00	100.00	0.00	100.00	0.00	0.00	0.00	0.00	14.29
波兰	25.00	0.00	0.00	100.00	0.00	0.00	0.00	0.00	0.00	0.00	14.29
瑞士	0.00	50.00	0.00	0.00	0.00	100.00	0.00	0.00	0.00	0.00	14.29
捷克	25.00	0.00	0.00	0.00	0.00	0.00	0.00	0.00	0.00	0.00	7.14
匈牙利	0.00	0.00	0.00	100.00	0.00	0.00	0.00	0.00	0.00	0.00	7.14
日本	0.00	50.00	0.00	0.00	0.00	0.00	0.00	0.00	0.00	0.00	7.14
巴基斯坦	0.00	0.00	0.00	0.00	50.00	0.00	0.00	0.00	0.00	0.00	7.14
俄罗斯	0.00	0.00	0.00	100.00	0.00	0.00	0.00	0.00	0.00	0.00	7.14
沙特阿拉伯	0.00	0.00	0.00	0.00	0.00	0.00	0.00	0.00	0.00	100.00	7.14
韩国	0.00	0.00	0.00	0.00	0.00	100.00	0.00	0.00	0.00	0.00	7.14

表 2-38　光谱学 B 层研究排名前 20 的国家和地区的国际合作参与率

单位：%

国家和地区	2014 年	2015 年	2016 年	2017 年	2018 年	2019 年	2020 年	2021 年	2022 年	2023 年	合计
美国	40.00	23.81	42.11	52.94	75.00	27.27	75.00	50.00	25.00	28.57	42.20
英国	30.00	4.76	36.84	23.53	16.67	36.36	37.50	50.00	12.50	28.57	27.75
中国大陆	20.00	14.29	21.05	11.76	41.67	31.82	18.75	25.00	56.25	14.29	24.86
德国	25.00	23.81	15.79	17.65	25.00	22.73	31.25	12.50	18.75	14.29	20.81
法国	15.00	4.76	26.32	17.65	8.33	31.82	12.50	12.50	12.50	7.14	15.61
加拿大	0.00	0.00	26.32	35.29	16.67	9.09	37.50	12.50	6.25	7.14	14.45
意大利	10.00	14.29	5.26	0.00	16.67	4.55	0.00	18.75	12.50	7.14	8.67
荷兰	0.00	9.52	0.00	11.76	16.67	9.09	31.25	12.50	0.00	0.00	8.67
沙特阿拉伯	5.00	4.76	0.00	0.00	8.33	13.64	6.25	18.75	6.25	21.43	8.09
澳大利亚	15.00	4.76	0.00	17.65	0.00	9.09	12.50	12.50	0.00	0.00	7.51
比利时	0.00	14.29	10.53	5.88	0.00	4.55	12.50	12.50	6.25	0.00	6.94
印度	15.00	19.05	10.53	0.00	0.00	0.00	0.00	6.25	6.25	7.14	6.94
瑞士	0.00	9.52	10.53	11.76	0.00	0.00	18.75	12.50	0.00	7.14	6.94
埃及	0.00	4.76	0.00	5.88	0.00	13.64	6.25	6.25	0.00	14.29	5.20
爱尔兰	0.00	0.00	5.26	5.88	0.00	0.00	0.00	6.25	31.25	7.14	5.20
瑞典	5.00	4.76	5.26	5.88	16.67	9.09	0.00	6.25	0.00	0.00	5.20
奥地利	5.00	0.00	0.00	0.00	8.33	0.00	18.75	18.75	0.00	0.00	4.62
捷克	5.00	14.29	0.00	5.88	8.33	0.00	6.25	0.00	0.00	7.14	4.62
俄罗斯	0.00	0.00	15.79	5.88	0.00	0.00	6.25	12.50	0.00	7.14	4.62
伊朗	0.00	4.76	5.26	0.00	0.00	0.00	6.25	12.50	0.00	14.29	4.05

表 2-39　光谱学 C 层研究排名前 20 的国家和地区的国际合作参与率

单位：%

国家和地区	2014 年	2015 年	2016 年	2017 年	2018 年	2019 年	2020 年	2021 年	2022 年	2023 年	合计
美国	25.44	33.33	35.33	40.91	31.55	32.14	34.29	30.71	37.93	27.20	33.11
中国大陆	14.20	13.62	19.57	16.16	19.05	16.07	26.29	22.83	22.41	22.40	18.81
德国	22.49	15.96	21.20	19.70	18.45	20.83	18.29	19.69	19.83	10.40	18.81
英国	11.83	15.96	20.65	13.64	20.24	16.07	16.00	14.96	19.83	12.80	16.19
法国	20.12	13.62	15.22	15.15	19.64	14.88	10.29	11.02	12.07	8.00	14.30
印度	11.24	9.86	5.43	7.07	4.76	7.74	10.86	13.39	3.45	10.40	8.40
意大利	10.65	5.63	8.70	8.59	8.33	9.52	9.14	10.24	6.03	6.40	8.34
沙特阿拉伯	6.51	13.62	3.26	2.02	4.17	4.17	7.43	12.60	5.17	20.80	7.61

续表

国家和地区	2014 年	2015 年	2016 年	2017 年	2018 年	2019 年	2020 年	2021 年	2022 年	2023 年	合计
加拿大	5.33	6.57	8.70	10.10	5.36	4.76	8.00	7.09	4.31	5.60	6.76
瑞士	6.51	3.29	4.89	9.09	7.14	5.36	8.57	4.72	2.59	6.40	5.96
西班牙	7.69	7.51	4.35	5.05	8.33	4.17	6.29	3.15	6.03	5.60	5.90
比利时	7.10	7.98	6.52	8.59	3.57	4.17	4.00	5.51	3.45	5.60	5.84
埃及	5.92	7.98	1.63	0.51	5.95	4.17	7.43	5.51	6.03	9.60	5.30
俄罗斯	5.33	4.23	6.52	7.58	6.55	5.36	2.29	5.51	3.45	4.80	5.23
荷兰	5.33	3.29	6.52	6.06	2.38	5.95	6.29	3.15	4.31	7.20	5.05
澳大利亚	2.37	5.16	9.78	5.56	2.38	5.36	4.00	4.72	2.59	6.40	4.93
巴西	1.78	2.35	4.35	7.07	10.71	2.38	4.57	4.72	5.17	3.20	4.63
日本	8.28	4.23	3.26	5.05	4.17	3.57	5.71	4.72	3.45	3.20	4.63
奥地利	2.96	4.23	4.35	5.05	3.57	4.17	9.14	3.94	1.72	1.60	4.26
韩国	3.55	3.29	3.26	1.52	2.98	5.95	5.71	5.51	7.76	5.60	4.26

十四　声学

声学 A 层研究国际合作参与率最高的是美国，为 60.00%，其次为中国大陆的 35.00%；英国、加拿大、日本、芬兰、德国的参与率也比较高，在 20%～10%；比利时、巴西、丹麦、法国、希腊、伊朗、伊拉克、爱尔兰、以色列、意大利、荷兰、波兰、卡塔尔也有一定的参与率，均为 5%。

B 层研究国际合作参与率最高的是美国，为 39.19%，其次为中国大陆的 35.59%；英国、法国、意大利、德国、加拿大、西班牙的参与率也比较高，在 32%～10%；比利时、澳大利亚、荷兰、丹麦、中国香港、韩国、日本、以色列、瑞士、印度、挪威、伊朗也有一定的参与率，在 10%～5%。

C 层研究国际合作参与率最高的是中国大陆，为 37.68%，其次为美国的 31.55%；英国、意大利、德国的参与率也比较高，在 22%～10%；法国、加拿大、澳大利亚、西班牙、印度、伊朗、中国香港、日本、荷兰、新加坡、韩国、土耳其、沙特阿拉伯、比利时、巴西也有一定的参与率，在 10%～3%。

表 2-40　声学 A 层研究排名前 20 的国家和地区的国际合作参与率

单位：%

国家和地区	2014 年	2015 年	2016 年	2017 年	2018 年	2019 年	2020 年	2021 年	2022 年	2023 年	合计
美国	100.00	100.00	50.00	100.00	100.00	0.00	33.33	100.00	50.00	0.00	60.00
中国大陆	0.00	100.00	25.00	0.00	100.00	0.00	66.67	0.00	100.00	0.00	35.00
英国	0.00	0.00	25.00	0.00	0.00	0.00	33.33	50.00	0.00	100.00	20.00
加拿大	50.00	0.00	25.00	0.00	0.00	0.00	0.00	50.00	0.00	0.00	15.00
日本	0.00	0.00	0.00	0.00	0.00	0.00	66.67	0.00	50.00	0.00	15.00
芬兰	50.00	0.00	0.00	50.00	0.00	0.00	0.00	0.00	0.00	0.00	10.00
德国	0.00	0.00	0.00	0.00	0.00	50.00	0.00	0.00	0.00	100.00	10.00
比利时	50.00	0.00	0.00	0.00	0.00	0.00	0.00	0.00	0.00	0.00	5.00
巴西	0.00	0.00	25.00	0.00	0.00	0.00	0.00	0.00	0.00	0.00	5.00
丹麦	0.00	0.00	0.00	50.00	0.00	0.00	0.00	0.00	0.00	0.00	5.00
法国	0.00	0.00	0.00	0.00	0.00	0.00	0.00	50.00	0.00	0.00	5.00
希腊	50.00	0.00	0.00	0.00	0.00	0.00	0.00	0.00	0.00	0.00	5.00
伊朗	0.00	0.00	0.00	0.00	0.00	50.00	0.00	0.00	0.00	0.00	5.00
伊拉克	0.00	0.00	0.00	0.00	0.00	50.00	0.00	0.00	0.00	0.00	5.00
爱尔兰	50.00	0.00	0.00	0.00	0.00	0.00	0.00	0.00	0.00	0.00	5.00
以色列	0.00	0.00	25.00	0.00	0.00	0.00	0.00	0.00	0.00	0.00	5.00
意大利	0.00	0.00	0.00	0.00	0.00	0.00	0.00	50.00	0.00	0.00	5.00
荷兰	0.00	0.00	25.00	0.00	0.00	0.00	0.00	0.00	0.00	0.00	5.00
波兰	0.00	0.00	25.00	0.00	0.00	0.00	0.00	0.00	0.00	0.00	5.00
卡塔尔	0.00	0.00	0.00	50.00	0.00	0.00	0.00	0.00	0.00	0.00	5.00

表 2-41　声学 B 层研究排名前 20 的国家和地区的国际合作参与率

单位：%

国家和地区	2014 年	2015 年	2016 年	2017 年	2018 年	2019 年	2020 年	2021 年	2022 年	2023 年	合计
美国	36.36	40.74	68.42	50.00	43.75	20.83	45.45	40.00	26.09	30.77	39.19
中国大陆	27.27	33.33	15.79	22.22	37.50	29.17	27.27	48.00	52.17	53.85	35.59
英国	31.82	37.04	36.84	44.44	37.50	41.67	31.82	16.00	21.74	26.92	31.98
法国	13.64	33.33	21.05	16.67	43.75	20.83	22.73	20.00	17.39	23.08	22.97
意大利	18.18	18.52	5.26	33.33	43.75	12.50	18.18	16.00	39.13	11.54	20.72
德国	13.64	22.22	31.58	16.67	25.00	16.67	9.09	8.00	8.70	11.54	15.77
加拿大	9.09	18.52	5.26	11.11	6.25	4.17	22.73	12.00	17.39	11.54	12.16
西班牙	13.64	3.70	10.53	16.67	18.75	8.33	13.64	12.00	8.70	3.85	10.36

国家和地区	2014 年	2015 年	2016 年	2017 年	2018 年	2019 年	2020 年	2021 年	2022 年	2023 年	合计
比利时	4.55	3.70	15.79	11.11	6.25	16.67	9.09	12.00	13.04	7.69	9.91
澳大利亚	9.09	11.11	15.79	0.00	0.00	4.17	18.18	12.00	13.04	7.69	9.46
荷兰	4.55	7.41	15.79	5.56	12.50	12.50	13.64	8.00	13.04	3.85	9.46
丹麦	4.55	7.41	10.53	11.11	18.75	20.83	4.55	4.00	8.70	0.00	8.56
中国香港	4.55	11.11	5.26	16.67	6.25	0.00	9.09	8.00	4.35	7.69	7.21
韩国	4.55	14.81	0.00	0.00	6.25	12.50	9.09	0.00	13.04	7.69	7.21
日本	0.00	14.81	5.26	0.00	12.50	4.17	18.18	12.00	0.00	0.00	6.76
以色列	0.00	0.00	0.00	11.11	0.00	8.33	9.09	16.00	8.70	7.69	6.31
瑞士	0.00	0.00	10.53	5.56	18.75	4.17	4.55	4.00	4.35	15.38	6.31
印度	0.00	0.00	5.26	11.11	0.00	4.17	18.18	4.00	8.70	7.69	5.86
挪威	0.00	3.70	0.00	5.56	25.00	4.17	13.64	4.00	8.70	0.00	5.86
伊朗	0.00	3.70	0.00	5.56	6.25	20.83	4.55	0.00	4.35	7.69	5.41

表 2-42　声学 C 层研究排名前 20 的国家和地区的国际合作参与率

单位：%

国家和地区	2014 年	2015 年	2016 年	2017 年	2018 年	2019 年	2020 年	2021 年	2022 年	2023 年	合计
中国大陆	29.79	23.83	33.04	31.19	36.36	34.71	47.39	44.15	46.31	43.61	37.68
美国	30.85	34.58	37.44	36.63	37.80	26.86	34.94	27.09	28.69	23.35	31.55
英国	21.28	25.23	22.47	22.28	19.14	21.90	20.08	19.40	22.54	18.06	21.16
意大利	12.23	12.62	13.66	14.85	11.00	9.50	12.85	14.38	12.70	13.22	12.73
德国	6.91	16.36	8.81	11.88	11.96	9.92	8.43	9.36	12.70	11.45	10.73
法国	11.17	14.02	11.01	12.87	9.09	8.26	8.43	7.36	6.56	9.25	9.60
加拿大	9.57	5.61	10.13	8.42	10.05	7.85	8.84	10.37	6.97	6.17	8.43
澳大利亚	13.30	9.35	6.17	5.45	8.61	10.74	10.04	4.68	9.84	5.29	8.21
西班牙	6.38	11.21	7.93	6.93	5.74	7.85	4.82	7.69	4.51	6.61	6.95
印度	6.91	3.27	2.20	6.44	7.66	7.44	6.43	6.35	7.38	8.81	6.30
伊朗	2.66	3.27	3.96	9.41	11.48	4.96	4.02	5.35	6.15	4.41	5.52
中国香港	6.38	5.14	5.29	2.97	4.78	3.72	5.62	7.02	6.56	6.61	5.48
日本	3.19	6.54	3.96	7.92	2.39	4.55	6.83	2.34	5.33	3.96	4.65
荷兰	3.72	5.61	6.61	5.94	3.35	4.96	5.62	2.68	4.92	3.52	4.65
新加坡	3.72	3.27	3.52	4.46	3.35	3.72	5.22	4.35	6.97	5.29	4.43
韩国	2.66	4.21	4.85	5.94	1.91	2.89	4.82	5.02	4.51	5.73	4.30
土耳其	1.60	5.61	3.52	6.93	4.78	7.02	3.61	2.34	3.69	2.64	4.13
沙特阿拉伯	6.38	1.40	1.76	3.47	2.39	7.44	3.61	4.01	2.87	6.61	4.00
比利时	3.72	5.14	2.20	4.46	4.78	3.31	4.42	3.01	2.87	3.52	3.69
巴西	2.66	3.74	5.73	4.46	2.39	5.37	3.61	3.01	3.69	2.20	3.69

十五　粒子物理学和场论

粒子物理学和场论 A、B、C 层研究国际合作参与率最高的均为美国，分别为 74.07%、66.85%、50.91%。

西班牙、意大利、英国、法国、德国、瑞士的 A 层研究国际合作参与率很高，在 67%~51%；中国大陆、日本、澳大利亚、加拿大、比利时、印度、荷兰、俄罗斯、韩国、瑞典、阿根廷、芬兰、以色列的参与率也比较高，在 49%~18%。

德国、英国、意大利、法国、西班牙、瑞士、中国大陆、日本、加拿大、俄罗斯、荷兰、波兰、巴西、瑞典、印度、澳大利亚、比利时、葡萄牙、中国台湾的 B 层研究国际合作参与率也比较高，在 50%~12%。

德国、英国、意大利、瑞士、法国、西班牙、中国大陆、日本、加拿大、俄罗斯、巴西、波兰、印度、荷兰的 C 层研究国际合作参与率也比较高，在 36%~11%；葡萄牙、希腊、捷克、瑞典、澳大利亚也有一定的参与率，在 10%~8%。

表 2-43　粒子物理学和场论 A 层研究排名前 20 的国家和地区的国际合作参与率

单位：%

国家和地区	2014 年	2015 年	2016 年	2017 年	2018 年	2019 年	2020 年	2021 年	2022 年	2023 年	合计
美国	100.00	25.00	100.00	66.67	100.00	75.00	66.67	80.00	100.00	100.00	74.07
西班牙	50.00	75.00	100.00	66.67	100.00	25.00	100.00	60.00	100.00	0.00	66.67
意大利	50.00	75.00	100.00	66.67	50.00	50.00	66.67	40.00	100.00	100.00	62.96
英国	50.00	75.00	100.00	66.67	100.00	25.00	66.67	40.00	100.00	100.00	62.96
法国	100.00	50.00	100.00	33.33	100.00	25.00	66.67	80.00	50.00	0.00	59.26
德国	50.00	25.00	100.00	33.33	100.00	50.00	66.67	60.00	100.00	0.00	55.56
瑞士	100.00	50.00	100.00	33.33	100.00	25.00	66.67	20.00	100.00	0.00	51.85
中国大陆	100.00	25.00	0.00	66.67	100.00	25.00	33.33	60.00	0.00	100.00	48.15
日本	50.00	0.00	100.00	66.67	50.00	50.00	33.33	40.00	100.00	0.00	44.44
澳大利亚	0.00	25.00	100.00	33.33	50.00	25.00	33.33	20.00	50.00	0.00	37.04
加拿大	50.00	25.00	100.00	33.33	50.00	25.00	33.33	20.00	50.00	100.00	37.04
比利时	100.00	25.00	100.00	33.33	50.00	0.00	66.67	0.00	0.00	0.00	29.63

续表

国家和地区	2014 年	2015 年	2016 年	2017 年	2018 年	2019 年	2020 年	2021 年	2022 年	2023 年	合计
印度	50.00	25.00	100.00	33.33	50.00	0.00	0.00	20.00	50.00	100.00	29.63
荷兰	50.00	25.00	100.00	33.33	50.00	25.00	66.67	0.00	0.00	0.00	29.63
俄罗斯	50.00	25.00	100.00	33.33	50.00	0.00	33.33	20.00	50.00	0.00	29.63
韩国	50.00	25.00	100.00	33.33	50.00	0.00	33.33	20.00	50.00	0.00	29.63
瑞典	50.00	0.00	100.00	0.00	50.00	25.00	33.33	20.00	0.00	0.00	22.22
阿根廷	50.00	25.00	100.00	0.00	50.00	0.00	33.33	0.00	0.00	0.00	18.52
芬兰	50.00	0.00	100.00	0.00	50.00	0.00	33.33	0.00	50.00	0.00	18.52
以色列	50.00	0.00	100.00	0.00	50.00	25.00	33.33	0.00	0.00	0.00	18.52

表 2-44 粒子物理学和场论 B 层研究排名前 20 的国家和地区的国际合作参与率

单位：%

国家和地区	2014 年	2015 年	2016 年	2017 年	2018 年	2019 年	2020 年	2021 年	2022 年	2023 年	合计
美国	73.33	82.76	70.97	77.50	57.45	62.07	68.97	60.98	66.67	58.00	66.85
德国	60.00	55.17	70.97	45.00	34.04	58.62	51.72	48.78	53.33	34.00	49.16
英国	33.33	51.72	61.29	35.00	34.04	58.62	65.52	51.22	53.33	32.00	45.79
意大利	40.00	48.28	51.61	30.00	25.53	27.59	55.17	43.90	60.00	42.00	41.29
法国	40.00	41.38	51.61	40.00	34.04	31.03	58.62	34.15	40.00	36.00	39.89
西班牙	43.33	37.93	54.84	35.00	38.30	34.48	44.83	34.15	53.33	32.00	39.89
瑞士	46.67	34.48	41.94	30.00	31.91	44.83	55.17	34.15	40.00	26.00	37.08
中国大陆	23.33	24.14	32.26	27.50	21.28	48.28	24.14	39.02	36.67	40.00	31.74
日本	20.00	13.79	16.13	27.50	23.40	34.48	34.48	39.02	33.33	28.00	27.25
加拿大	20.00	27.59	25.81	30.00	17.02	27.59	31.03	31.71	26.67	26.00	26.12
俄罗斯	20.00	27.59	35.48	25.00	14.89	24.14	37.93	26.83	30.00	6.00	23.31
荷兰	13.33	24.14	25.81	15.00	17.02	31.03	37.93	21.95	23.33	18.00	21.91
波兰	16.67	34.48	25.81	17.50	17.02	31.03	20.69	14.63	20.00	12.00	19.94
巴西	10.00	27.59	16.13	15.00	23.40	20.69	17.24	14.63	26.67	10.00	17.70
瑞典	20.00	0.00	16.13	7.50	19.15	27.59	24.14	19.51	20.00	14.00	16.57
印度	13.33	17.24	19.35	7.50	10.64	20.69	17.24	14.63	20.00	22.00	16.01
澳大利亚	3.33	10.34	12.90	10.00	12.77	24.14	10.34	29.27	23.33	16.00	15.45
比利时	6.67	27.59	16.13	5.00	4.26	17.24	13.79	24.39	16.67	18.00	14.61
葡萄牙	10.00	17.24	19.35	10.00	10.64	24.14	20.69	9.76	23.33	10.00	14.61
中国台湾	10.00	13.79	16.13	10.00	10.64	20.69	20.69	17.07	6.67	6.00	12.64

表 2-45　粒子物理学和场论 C 层研究排名前 20 的国家和地区的国际合作参与率

单位：%

国家和地区	2014 年	2015 年	2016 年	2017 年	2018 年	2019 年	2020 年	2021 年	2022 年	2023 年	合计
美国	53.63	58.70	53.89	53.38	56.34	49.44	49.07	50.70	46.14	43.73	50.91
德国	39.43	37.66	40.86	39.46	36.38	34.89	36.19	31.75	32.72	30.51	35.61
英国	33.44	31.43	31.13	27.08	31.46	30.41	30.22	26.84	25.34	27.63	29.14
意大利	34.38	30.13	27.43	22.05	25.82	27.24	29.85	32.11	26.34	26.78	27.95
瑞士	29.97	29.35	26.07	23.21	24.41	25.37	20.90	20.18	19.13	14.92	22.68
法国	30.28	29.61	23.93	20.50	23.47	18.47	21.64	22.11	21.64	18.98	22.48
西班牙	29.65	22.34	23.15	21.66	20.89	20.15	23.69	18.42	22.15	19.66	21.82
中国大陆	19.87	17.14	18.87	17.21	23.71	21.46	23.32	23.86	22.15	24.58	21.44
日本	15.46	16.88	19.26	16.05	18.78	14.74	13.99	14.21	15.27	14.41	15.78
加拿大	16.40	16.36	17.12	16.25	19.01	15.67	13.25	12.28	10.40	13.90	14.78
俄罗斯	19.56	18.96	17.12	13.73	17.37	14.93	15.30	15.09	9.90	4.75	14.10
巴西	20.82	14.81	16.93	12.77	15.49	12.69	10.45	9.82	9.90	10.68	12.91
波兰	17.98	16.36	13.42	10.83	15.26	9.89	11.75	10.35	7.72	12.71	12.15
印度	16.72	10.91	10.12	10.64	11.97	9.70	11.38	11.75	14.09	14.24	12.05
荷兰	16.40	14.55	14.40	9.67	11.74	9.89	10.63	11.23	9.56	10.00	11.47
葡萄牙	17.67	13.51	11.67	9.86	11.74	8.96	7.84	6.67	6.54	7.63	9.65
希腊	16.72	12.73	9.14	6.77	13.62	10.07	9.70	6.84	6.71	8.14	9.52
捷克	14.51	12.73	9.73	8.32	11.03	9.14	8.58	7.54	5.70	7.63	9.06
瑞典	9.15	11.69	10.89	8.51	10.33	9.14	7.09	6.14	6.04	7.97	8.48
澳大利亚	8.83	9.09	8.95	6.77	9.86	8.96	8.77	7.72	6.38	6.95	8.10

十六　核物理

核物理 A 层研究国际合作参与率最高的是德国，为 75.00%，其次为美国的 66.67%；法国、日本、中国大陆、英国、奥地利、印度、荷兰、俄罗斯、瑞士、乌克兰的参与率也比较高，在 50%~16%；阿根廷、白俄罗斯、比利时、保加利亚、加拿大、捷克、埃及、波兰也有一定的参与率，均为 8.33%。

B 层研究国际合作参与率最高的是美国，为 62.09%，其次为德国的

49.67%；中国大陆、意大利、法国、俄罗斯、西班牙、日本、英国、瑞士、波兰、加拿大、印度、巴西、捷克、韩国、荷兰、比利时、芬兰、奥地利的参与率也比较高，在38%～13%。

　　C层研究国际合作参与率最高的是美国，为56.48%，其次为德国的43.75%；中国大陆、意大利、法国、俄罗斯、英国、日本、西班牙、瑞士、波兰、印度、巴西、捷克、韩国、土耳其、匈牙利、希腊、加拿大、瑞典的参与率也比较高，在36%～11%。

表 2-46　核物理 A 层研究排名前 20 的国家和地区的国际合作参与率

单位：%

国家和地区	2014 年	2015 年	2016 年	2017 年	2018 年	2019 年	2020 年	2021 年	2022 年	2023 年	合计
德国	0.00	100.00	0.00	50.00	100.00	75.00	100.00	66.67	0.00	0.00	75.00
美国	0.00	0.00	0.00	100.00	100.00	75.00	0.00	66.67	0.00	0.00	66.67
法国	0.00	100.00	0.00	50.00	100.00	25.00	0.00	66.67	0.00	0.00	50.00
日本	0.00	0.00	0.00	100.00	0.00	50.00	0.00	66.67	0.00	0.00	50.00
中国大陆	0.00	0.00	0.00	100.00	0.00	25.00	0.00	66.67	0.00	0.00	41.67
英国	0.00	0.00	0.00	0.00	100.00	25.00	100.00	33.33	0.00	0.00	33.33
奥地利	0.00	0.00	0.00	0.00	100.00	25.00	0.00	0.00	0.00	0.00	16.67
印度	0.00	0.00	0.00	50.00	0.00	25.00	0.00	0.00	0.00	0.00	16.67
荷兰	0.00	0.00	0.00	0.00	100.00	25.00	0.00	0.00	0.00	0.00	16.67
俄罗斯	0.00	0.00	0.00	50.00	0.00	0.00	0.00	0.00	0.00	0.00	16.67
瑞士	0.00	0.00	0.00	0.00	100.00	25.00	0.00	0.00	0.00	0.00	16.67
乌克兰	0.00	100.00	0.00	0.00	0.00	25.00	0.00	0.00	0.00	0.00	16.67
阿根廷	0.00	0.00	0.00	0.00	100.00	0.00	0.00	0.00	0.00	0.00	8.33
白俄罗斯	0.00	0.00	0.00	0.00	100.00	0.00	0.00	0.00	0.00	0.00	8.33
比利时	0.00	0.00	0.00	0.00	100.00	0.00	0.00	0.00	0.00	0.00	8.33
保加利亚	0.00	0.00	0.00	0.00	100.00	0.00	0.00	0.00	0.00	0.00	8.33
加拿大	0.00	0.00	0.00	0.00	100.00	0.00	0.00	0.00	0.00	0.00	8.33
捷克	0.00	0.00	0.00	50.00	0.00	0.00	0.00	0.00	0.00	0.00	8.33
埃及	0.00	0.00	0.00	50.00	0.00	0.00	0.00	0.00	0.00	0.00	8.33
波兰	0.00	0.00	0.00	50.00	0.00	0.00	0.00	0.00	0.00	0.00	8.33

表 2-47　核物理 B 层研究排名前 20 的国家和地区的国际合作参与率

单位：%

国家和地区	2014 年	2015 年	2016 年	2017 年	2018 年	2019 年	2020 年	2021 年	2022 年	2023 年	合计
美国	66.67	100.00	62.96	45.00	64.29	47.37	73.33	56.25	57.14	60.00	62.09
德国	58.33	46.15	55.56	50.00	42.86	31.58	66.67	43.75	57.14	50.00	49.67
中国大陆	50.00	38.46	22.22	35.00	28.57	26.32	26.67	50.00	71.43	80.00	37.91
意大利	41.67	46.15	37.04	20.00	21.43	21.05	60.00	31.25	42.86	40.00	34.64
法国	50.00	38.46	33.33	20.00	28.57	21.05	46.67	31.25	42.86	40.00	33.33
俄罗斯	41.67	30.77	18.52	25.00	28.57	21.05	60.00	31.25	71.43	20.00	31.37
西班牙	33.33	38.46	33.33	10.00	42.86	21.05	46.67	18.75	57.14	40.00	31.37
日本	33.33	0.00	18.52	25.00	35.71	31.58	40.00	31.25	71.43	50.00	30.07
英国	41.67	30.77	40.74	10.00	21.43	15.79	46.67	18.75	28.57	40.00	28.76
瑞士	50.00	23.08	14.81	20.00	21.43	21.05	26.67	43.75	14.29	30.00	25.49
波兰	16.67	38.46	18.52	20.00	42.86	10.53	20.00	6.25	42.86	30.00	22.22
加拿大	25.00	23.08	25.93	10.00	14.29	10.53	20.00	18.75	28.57	40.00	20.26
印度	33.33	7.69	7.41	25.00	21.43	5.26	26.67	12.50	57.14	30.00	18.95
巴西	25.00	23.08	7.41	5.00	35.71	10.53	13.33	18.75	57.14	20.00	17.65
捷克	25.00	15.38	3.70	20.00	21.43	21.05	20.00	6.25	57.14	20.00	17.65
韩国	41.67	7.69	11.11	15.00	7.14	10.53	33.33	18.75	14.29	30.00	17.65
荷兰	25.00	15.38	14.81	0.00	21.43	10.53	33.33	12.50	28.57	30.00	16.99
比利时	8.33	15.38	11.11	5.00	7.14	15.79	26.67	6.25	28.57	40.00	14.38
芬兰	25.00	15.38	25.93	10.00	0.00	5.26	13.33	12.50	42.86	0.00	14.38
奥地利	8.33	23.08	11.11	5.00	14.29	10.53	26.67	6.25	0.00	30.00	13.07

表 2-48　核物理 C 层研究排名前 20 的国家和地区的国际合作参与率

单位：%

国家和地区	2014 年	2015 年	2016 年	2017 年	2018 年	2019 年	2020 年	2021 年	2022 年	2023 年	合计
美国	63.74	58.54	58.38	54.68	68.50	60.64	50.00	56.10	50.63	45.22	56.48
德国	48.54	45.73	47.72	37.93	48.03	46.28	39.66	45.73	36.88	42.04	43.75
中国大陆	26.32	25.61	33.50	29.06	40.16	41.49	39.08	39.02	37.50	42.68	35.19
意大利	27.49	29.27	28.93	23.15	39.37	30.32	28.74	31.71	30.00	25.48	29.09
法国	35.09	31.71	33.50	24.14	39.37	25.53	29.31	25.00	23.13	25.48	28.97
俄罗斯	26.32	31.71	25.38	22.17	28.35	22.87	24.14	21.95	19.38	10.19	23.23
英国	26.90	22.56	22.84	20.69	25.20	20.74	21.84	21.34	16.25	23.57	22.11
日本	22.81	17.68	24.37	18.72	20.47	24.47	20.69	21.95	20.63	22.29	21.47

国家和地区	2014 年	2015 年	2016 年	2017 年	2018 年	2019 年	2020 年	2021 年	2022 年	2023 年	合计
西班牙	27.49	25.00	22.84	20.69	24.41	17.02	21.26	15.24	16.88	24.20	21.41
瑞士	25.73	21.95	20.30	18.72	29.13	21.81	21.84	17.07	13.13	19.75	20.76
波兰	24.56	23.78	18.27	15.27	21.26	21.28	19.54	15.85	14.38	21.66	19.47
印度	16.96	19.51	15.23	14.78	15.75	19.68	14.37	16.46	19.38	14.01	16.60
巴西	18.13	17.68	19.29	14.78	24.41	19.15	13.79	14.63	8.75	14.01	16.36
捷克	15.20	18.90	17.77	10.84	20.47	17.02	16.09	9.76	10.63	14.65	15.01
韩国	15.79	15.85	14.21	13.79	19.69	19.15	12.07	5.49	7.50	10.83	13.43
土耳其	14.04	14.02	12.18	10.84	18.11	16.49	12.64	10.98	10.00	12.74	13.08
匈牙利	13.45	15.24	13.71	10.34	18.90	17.55	12.64	8.54	6.25	10.19	12.61
希腊	14.04	15.24	13.20	10.34	17.32	15.96	14.94	7.32	6.25	10.83	12.49
加拿大	11.70	12.80	13.71	9.85	16.54	9.57	8.62	10.98	13.75	10.19	11.61
瑞典	11.11	10.98	11.17	6.90	15.75	11.17	13.79	10.37	11.25	10.19	11.09

十七 核科学和技术

核科学和技术 A、B、C 层研究国际合作参与率最高的均为美国，分别为 40.63%、30.89%、29.84%。

法国、日本、土耳其、中国大陆、德国、沙特阿拉伯、加拿大、巴基斯坦、英国的 A 层研究国际合作参与率也比较高，在 22%~12%；奥地利、意大利、俄罗斯、瑞士、中国台湾、比利时、捷克、芬兰、马来西亚、韩国也有一定的参与率，在 10%~6%。

沙特阿拉伯、德国、中国大陆、英国、法国、土耳其、埃及、日本、俄罗斯、意大利的 B 层研究国际合作参与率也比较高，在 26%~11%；印度、西班牙、马来西亚、瑞士、约旦、韩国、加拿大、捷克、巴基斯坦也有一定的参与率，在 10%~4%。

德国、中国大陆、英国、法国、意大利、日本、沙特阿拉伯的 C 层研究国际合作参与率也比较高，在 23%~10%；瑞士、俄罗斯、西班牙、韩国、印度、比利时、埃及、土耳其、加拿大、瑞典、马来西亚、荷兰也有一定的参与率，在 10%~5%。

表 2-49 核科学和技术 A 层研究排名前 20 的国家和地区的国际合作参与率

单位：%

国家和地区	2014 年	2015 年	2016 年	2017 年	2018 年	2019 年	2020 年	2021 年	2022 年	2023 年	合计
美国	100.00	100.00	100.00	20.00	50.00	80.00	20.00	0.00	0.00	33.33	40.63
法国	66.67	0.00	100.00	0.00	50.00	40.00	0.00	25.00	0.00	0.00	21.88
日本	66.67	0.00	100.00	0.00	100.00	0.00	0.00	0.00	0.00	66.67	21.88
土耳其	0.00	0.00	0.00	20.00	0.00	0.00	20.00	50.00	100.00	0.00	21.88
中国大陆	33.33	0.00	0.00	20.00	0.00	0.00	20.00	25.00	33.33	33.33	18.75
德国	33.33	100.00	100.00	0.00	0.00	0.00	20.00	0.00	0.00	33.33	15.63
沙特阿拉伯	0.00	0.00	0.00	20.00	0.00	0.00	40.00	50.00	0.00	0.00	15.63
加拿大	0.00	0.00	0.00	20.00	0.00	0.00	40.00	0.00	0.00	0.00	12.50
巴基斯坦	0.00	0.00	0.00	0.00	0.00	0.00	20.00	25.00	33.33	0.00	12.50
英国	33.33	0.00	100.00	0.00	50.00	0.00	0.00	0.00	0.00	0.00	12.50
奥地利	0.00	0.00	0.00	0.00	0.00	0.00	0.00	0.00	0.00	66.67	9.38
意大利	33.33	100.00	100.00	0.00	0.00	0.00	0.00	0.00	0.00	0.00	9.38
俄罗斯	33.33	0.00	100.00	0.00	0.00	0.00	0.00	0.00	0.00	0.00	9.38
瑞士	0.00	100.00	0.00	0.00	0.00	0.00	0.00	25.00	0.00	0.00	9.38
中国台湾	0.00	0.00	0.00	0.00	0.00	0.00	20.00	0.00	66.67	0.00	9.38
比利时	0.00	0.00	0.00	0.00	50.00	0.00	0.00	0.00	0.00	0.00	6.25
捷克	33.33	100.00	0.00	0.00	0.00	0.00	0.00	0.00	0.00	0.00	6.25
芬兰	0.00	0.00	100.00	0.00	50.00	0.00	0.00	0.00	0.00	0.00	6.25
马来西亚	0.00	0.00	0.00	0.00	0.00	0.00	40.00	0.00	0.00	0.00	6.25
韩国	0.00	0.00	100.00	0.00	0.00	20.00	0.00	0.00	0.00	0.00	6.25

表 2-50 核科学和技术 B 层研究排名前 20 的国家和地区的国际合作参与率

单位：%

国家和地区	2014 年	2015 年	2016 年	2017 年	2018 年	2019 年	2020 年	2021 年	2022 年	2023 年	合计
美国	44.83	43.48	44.44	44.12	55.17	40.00	20.51	9.09	11.76	6.45	30.89
沙特阿拉伯	0.00	8.70	3.70	8.82	17.24	22.86	23.08	45.45	41.18	74.19	25.48
德国	41.38	34.78	29.63	23.53	20.69	22.86	5.13	15.15	11.76	6.45	20.06
中国大陆	17.24	13.04	18.52	23.53	13.79	17.14	25.64	21.21	20.59	6.45	18.15
英国	20.69	30.43	25.93	14.71	17.24	17.14	17.95	6.06	11.76	16.13	17.20
法国	37.93	26.09	29.63	23.53	24.14	14.29	7.69	0.00	8.82	3.23	16.56
土耳其	0.00	0.00	3.70	2.94	13.79	14.29	17.95	30.30	29.41	35.48	15.61
埃及	0.00	8.70	7.41	8.82	20.69	5.71	10.26	24.24	14.71	29.03	13.06

续表

国家和地区	2014 年	2015 年	2016 年	2017 年	2018 年	2019 年	2020 年	2021 年	2022 年	2023 年	合计
日本	31.03	13.04	22.22	20.59	13.79	14.29	0.00	9.09	5.88	3.23	12.74
俄罗斯	13.79	17.39	11.11	5.88	3.45	8.57	10.26	21.21	8.82	22.58	12.10
意大利	20.69	13.04	14.81	8.82	27.59	20.00	7.69	0.00	8.82	0.00	11.78
印度	10.34	0.00	3.70	11.76	6.90	2.86	15.38	15.15	8.82	16.13	9.55
西班牙	17.24	21.74	25.93	11.76	3.45	2.86	5.13	0.00	2.94	0.00	8.28
马来西亚	3.45	0.00	0.00	8.82	6.90	2.86	10.26	21.21	5.88	16.13	7.96
瑞士	17.24	13.04	11.11	8.82	17.24	2.86	2.56	3.03	2.94	3.23	7.64
约旦	0.00	0.00	0.00	0.00	3.45	2.86	2.56	21.21	14.71	22.58	7.01
韩国	6.90	4.35	3.70	8.82	0.00	2.86	15.38	0.00	14.71	3.23	6.37
加拿大	6.90	0.00	7.41	2.94	6.90	8.57	7.69	6.06	11.76	0.00	6.05
捷克	0.00	4.35	14.81	5.88	6.90	5.71	5.13	6.06	2.94	3.23	5.41
巴基斯坦	0.00	0.00	0.00	2.94	0.00	2.86	10.26	6.06	17.65	3.23	4.78

表 2-51　核科学和技术 C 层研究排名前 20 的国家和地区的国际合作参与率

单位：%

国家和地区	2014 年	2015 年	2016 年	2017 年	2018 年	2019 年	2020 年	2021 年	2022 年	2023 年	合计
美国	35.13	37.55	34.89	41.64	33.91	30.59	25.90	19.64	15.94	21.61	29.84
德国	27.60	28.16	26.98	27.05	22.49	22.35	14.75	16.73	15.94	19.92	22.16
中国大陆	18.28	13.88	18.35	22.06	25.95	25.49	22.30	19.64	17.13	15.68	20.04
英国	15.41	22.45	16.55	20.64	17.99	20.78	14.75	18.18	15.14	19.07	18.00
法国	16.13	22.45	21.22	18.51	18.69	15.69	13.44	13.45	8.76	15.68	16.41
意大利	11.11	10.61	14.75	19.93	15.92	15.69	9.84	12.36	12.35	17.80	13.99
日本	13.26	13.06	9.71	12.10	10.38	14.51	11.80	7.64	7.17	8.05	10.80
沙特阿拉伯	3.23	1.63	1.80	3.91	5.54	10.98	15.74	19.64	25.90	21.61	10.80
瑞士	11.11	11.02	10.07	12.81	12.11	12.16	5.25	8.36	5.58	11.02	9.91
俄罗斯	8.24	9.39	9.71	10.32	4.15	10.20	7.21	12.36	10.36	8.47	8.98
西班牙	7.53	11.02	11.15	14.23	7.27	8.24	6.56	5.45	8.90	8.54
韩国	6.81	6.53	7.91	10.68	4.50	8.24	8.20	9.45	11.95	9.75	8.35
印度	2.87	3.67	2.16	3.56	4.84	8.63	8.85	14.18	14.74	10.59	7.31
比利时	9.32	10.20	4.68	11.74	5.19	7.84	3.61	4.36	4.78	5.08	6.64
埃及	3.23	1.63	1.80	1.07	1.73	5.49	9.18	12.36	17.13	11.02	6.35
土耳其	2.15	2.04	4.32	2.49	5.19	8.24	6.89	8.73	12.75	11.86	6.35
加拿大	6.45	7.76	5.40	7.12	6.23	9.02	4.92	6.55	4.38	0.85	5.90
瑞典	8.96	7.76	4.68	7.47	6.57	7.45	2.30	4.36	4.38	4.66	5.83
马来西亚	3.58	3.27	1.08	2.49	3.81	4.71	5.57	10.91	11.16	8.05	5.38
荷兰	7.17	6.94	4.68	9.25	6.57	7.06	1.97	4.36	1.20	3.81	5.31

十八　流体物理和等离子体物理

流体物理和等离子体物理 A、B、C 层研究国际合作参与率最高的均为美国，分别为 57.58%、41.98%、42.47%。

法国、德国、英国、荷兰、中国大陆、日本的 A 层研究国际合作参与率也比较高，在 31%~12%；比利时、挪威、瑞典、瑞士、澳大利亚、加拿大、意大利、奥地利、智利、捷克、冰岛、伊朗、墨西哥也有一定的参与率，在 10%~3%。

中国大陆、德国、英国、法国、意大利的 B 层研究国际合作参与率也比较高，在 27%~11%；日本、荷兰、印度、澳大利亚、西班牙、俄罗斯、瑞士、沙特阿拉伯、加拿大、瑞典、比利时、波兰、伊朗、奥地利也有一定的参与率，在 10%~4%。

中国大陆、英国、德国、法国、意大利的 C 层研究国际合作参与率也比较高，在 29%~13%；荷兰、西班牙、日本、澳大利亚、印度、瑞士、俄罗斯、瑞典、比利时、韩国、加拿大、葡萄牙、波兰、捷克也有一定的参与率，在 9%~3%。

表 2-52　流体物理和等离子体物理 A 层研究排名前 20 的国家和地区的国际合作参与率

单位：%

国家和地区	2014 年	2015 年	2016 年	2017 年	2018 年	2019 年	2020 年	2021 年	2022 年	2023 年	合计
美国	75.00	33.33	50.00	100.00	100.00	75.00	33.33	80.00	20.00	0.00	57.58
法国	100.00	0.00	100.00	0.00	0.00	25.00	33.33	20.00	20.00	0.00	30.30
德国	0.00	0.00	50.00	0.00	0.00	0.00	33.33	40.00	40.00	50.00	21.21
英国	25.00	33.33	50.00	0.00	0.00	0.00	0.00	20.00	40.00	50.00	21.21
荷兰	0.00	0.00	50.00	50.00	0.00	0.00	33.33	0.00	20.00	50.00	15.15
中国大陆	0.00	33.33	0.00	0.00	66.67	25.00	0.00	0.00	0.00	0.00	12.12
日本	0.00	33.33	50.00	0.00	0.00	25.00	0.00	20.00	0.00	0.00	12.12
比利时	0.00	0.00	50.00	50.00	0.00	0.00	33.33	0.00	0.00	0.00	9.09
挪威	0.00	0.00	0.00	0.00	0.00	50.00	0.00	0.00	20.00	0.00	9.09
瑞典	0.00	0.00	0.00	0.00	0.00	0.00	33.33	0.00	40.00	0.00	9.09
瑞士	0.00	0.00	0.00	0.00	0.00	0.00	33.33	0.00	40.00	0.00	9.09

国家和地区	2014 年	2015 年	2016 年	2017 年	2018 年	2019 年	2020 年	2021 年	2022 年	2023 年	合计
澳大利亚	0.00	0.00	0.00	0.00	0.00	0.00	0.00	40.00	0.00	0.00	6.06
加拿大	25.00	0.00	50.00	0.00	0.00	0.00	0.00	0.00	0.00	0.00	6.06
意大利	0.00	0.00	50.00	0.00	0.00	0.00	0.00	0.00	0.00	50.00	6.06
奥地利	0.00	0.00	0.00	0.00	0.00	0.00	0.00	0.00	0.00	50.00	3.03
智利	0.00	33.33	0.00	0.00	0.00	0.00	0.00	0.00	0.00	0.00	3.03
捷克	0.00	0.00	50.00	0.00	0.00	0.00	0.00	0.00	0.00	0.00	3.03
冰岛	0.00	0.00	0.00	0.00	0.00	0.00	33.33	0.00	0.00	0.00	3.03
伊朗	0.00	0.00	0.00	0.00	0.00	0.00	0.00	0.00	20.00	0.00	3.03
墨西哥	0.00	33.33	0.00	0.00	0.00	0.00	0.00	0.00	0.00	0.00	3.03

表 2-53　流体物理和等离子体物理 B 层研究排名前 20 的国家和地区的国际合作参与率

单位：%

国家和地区	2014 年	2015 年	2016 年	2017 年	2018 年	2019 年	2020 年	2021 年	2022 年	2023 年	合计
美国	50.00	30.56	38.46	44.83	39.13	38.24	43.75	42.86	55.56	42.42	41.98
中国大陆	12.50	25.00	17.95	34.48	23.91	38.24	31.25	28.57	18.52	36.36	26.53
德国	18.75	19.44	38.46	41.38	23.91	29.41	25.00	20.00	44.44	9.09	26.53
英国	28.13	22.22	25.64	34.48	23.91	29.41	9.38	22.86	18.52	15.15	23.03
法国	25.00	16.67	17.95	24.14	21.74	23.53	15.63	11.43	25.93	12.12	19.24
意大利	9.38	8.33	0.00	24.14	8.70	20.59	15.63	8.57	14.81	6.06	11.08
日本	12.50	2.78	5.13	20.69	6.52	17.65	12.50	5.71	14.81	6.06	9.91
荷兰	6.25	8.33	15.38	20.69	10.87	11.76	3.13	8.57	11.11	0.00	9.62
印度	9.38	2.78	5.13	10.34	8.70	2.94	15.63	11.43	14.81	12.12	9.04
澳大利亚	15.63	2.78	10.26	20.69	4.35	11.76	6.25	8.57	3.70	0.00	8.16
西班牙	12.50	11.11	2.56	13.79	4.35	5.88	3.13	11.43	14.81	6.06	8.16
俄罗斯	3.13	13.89	7.69	13.79	6.52	8.82	12.50	2.86	7.41	3.03	7.58
瑞士	3.13	5.56	12.82	13.79	6.52	5.88	0.00	5.71	7.41	9.09	7.00
沙特阿拉伯	0.00	5.56	0.00	3.45	6.52	8.82	12.50	2.86	3.70	21.21	6.41
加拿大	6.25	2.78	2.56	10.34	4.35	5.88	6.25	14.29	3.70	3.03	5.83
瑞典	3.13	11.11	5.13	3.45	2.17	0.00	3.13	8.57	3.70	12.12	5.25
比利时	0.00	2.78	0.00	10.34	4.35	8.82	3.13	2.86	11.11	6.06	4.66
波兰	0.00	0.00	7.69	6.90	0.00	11.76	0.00	5.71	11.11	6.06	4.66
伊朗	0.00	5.56	5.13	3.45	8.70	2.94	0.00	5.71	7.41	3.03	4.37
奥地利	0.00	2.78	0.00	17.24	0.00	2.94	3.13	0.00	11.11	9.09	4.08

表 2-54 流体物理和等离子体物理 C 层研究排名前 20 的国家和地区的国际合作参与率

单位：%

国家和地区	2014 年	2015 年	2016 年	2017 年	2018 年	2019 年	2020 年	2021 年	2022 年	2023 年	合计
美国	49.84	47.74	46.92	42.90	46.05	40.06	42.11	39.85	39.27	32.61	42.47
中国大陆	18.33	20.68	23.75	25.07	27.40	32.23	26.90	34.45	38.07	34.78	28.50
英国	27.33	28.95	26.10	25.63	28.53	23.80	23.68	24.68	20.85	23.91	25.26
德国	22.83	24.81	23.46	27.02	22.03	28.61	24.85	22.88	20.85	22.28	23.93
法国	21.86	26.69	21.11	22.56	20.06	21.08	22.51	16.20	15.71	15.49	20.10
意大利	15.43	18.05	13.20	14.21	11.02	13.55	11.70	10.03	13.29	11.96	13.06
荷兰	8.36	11.65	7.62	8.36	8.47	9.34	10.53	7.20	9.06	7.88	8.75
西班牙	7.72	13.16	7.92	11.14	9.04	11.14	6.73	6.94	7.55	4.89	8.49
日本	8.36	12.03	9.09	9.19	8.19	10.54	5.56	7.46	7.85	4.89	8.19
澳大利亚	7.40	7.14	5.87	7.80	9.32	7.23	7.02	9.25	7.55	6.25	7.52
印度	4.82	9.02	3.81	5.57	7.06	8.13	8.48	5.66	7.85	10.33	7.04
瑞士	4.82	10.15	5.28	6.13	8.76	8.43	3.80	6.68	8.16	6.25	6.78
俄罗斯	6.11	10.90	7.33	7.80	8.47	9.94	3.51	5.91	4.83	1.36	6.48
瑞典	5.79	9.02	5.28	7.52	6.50	6.63	4.68	4.63	8.16	6.52	6.40
比利时	4.18	7.52	4.40	8.08	4.52	7.53	4.97	2.06	6.95	4.35	5.36
韩国	3.22	8.65	5.28	6.41	4.52	5.12	2.63	3.08	3.32	7.88	4.95
加拿大	2.57	6.77	3.81	5.01	4.52	4.52	5.85	5.40	4.83	5.98	4.92
葡萄牙	5.47	6.39	3.23	5.29	4.24	6.02	3.22	2.06	3.32	3.26	4.16
波兰	2.57	6.02	2.35	4.18	3.39	6.63	2.92	4.37	3.32	3.26	3.86
捷克	1.61	7.89	4.11	5.57	4.80	5.42	1.46	2.31	1.81	1.09	3.51

十九 应用物理学

应用物理学 A、B、C 层研究国际合作参与率最高的均为中国大陆，分别为 60.00%、67.15%、52.04%；美国 A、B、C 层研究国际合作参与率均排名第二，分别为 50.54%、42.15%、37.73%。

澳大利亚、德国、英国、日本、新加坡 A 层研究国际合作参与率比较高，在 17%~11%；韩国、中国香港、沙特阿拉伯、意大利、加拿大、法国、瑞典、瑞士、西班牙、荷兰、比利时、印度、奥地利也有一定的参与率，在 10%~1%。

澳大利亚、德国、新加坡、英国 B 层研究国际合作参与率比较高，在 15%~11%；中国香港、韩国、日本、加拿大、沙特阿拉伯、法国、西班牙、瑞士、意大利、印度、瑞典、中国台湾、荷兰、俄罗斯也有一定的参与率，在 10%~2%。

德国、英国 C 层研究国际合作参与率比较高，分别为 14.00%、11.83%；澳大利亚、韩国、新加坡、中国香港、日本、法国、沙特阿拉伯、印度、加拿大、西班牙、意大利、瑞士、俄罗斯、瑞典、荷兰、中国台湾也有一定的参与率，在 10%~2%。

表 2-55　应用物理学 A 层研究排名前 20 的国家和地区的国际合作参与率

单位：%

国家和地区	2014 年	2015 年	2016 年	2017 年	2018 年	2019 年	2020 年	2021 年	2022 年	2023 年	合计
中国大陆	33.33	31.03	43.59	48.65	71.79	52.50	69.77	70.00	80.00	79.49	60.00
美国	45.83	51.72	61.54	64.86	53.85	60.00	46.51	47.50	42.50	30.77	50.54
澳大利亚	8.33	6.90	10.26	13.51	17.95	10.00	30.23	10.00	20.00	30.77	16.49
德国	8.33	17.24	15.38	27.03	2.56	20.00	13.95	25.00	15.00	12.82	15.95
英国	20.83	24.14	12.82	18.92	7.69	10.00	6.98	20.00	10.00	10.26	13.51
日本	0.00	24.14	10.26	8.11	10.26	15.00	11.63	5.00	12.50	17.95	11.62
新加坡	8.33	6.90	7.69	5.41	10.26	17.50	9.30	12.50	12.50	20.51	11.35
韩国	8.33	10.34	15.38	5.41	12.82	10.00	9.30	7.50	7.50	7.69	9.46
中国香港	12.50	0.00	0.00	2.70	15.38	5.00	9.30	12.50	10.00	17.95	8.65
沙特阿拉伯	0.00	13.79	7.69	13.51	15.38	7.50	2.33	2.50	10.00	5.13	7.84
意大利	4.17	17.24	5.13	2.70	5.13	12.50	9.30	2.50	7.50	7.69	7.30
加拿大	4.17	10.34	7.69	8.11	5.13	5.00	4.65	2.50	0.00	7.69	6.49
法国	4.17	10.34	7.69	8.11	5.13	7.50	6.98	7.50	2.50	2.56	6.22
瑞典	0.00	3.45	10.26	0.00	2.56	7.50	9.30	0.00	7.50	5.13	4.86
瑞士	12.50	20.69	0.00	0.00	7.69	5.00	0.00	0.00	2.50	0.00	4.32
西班牙	12.50	10.34	0.00	2.70	0.00	2.50	6.98	2.50	0.00	0.00	3.51
荷兰	0.00	13.79	7.69	0.00	2.56	2.50	0.00	0.00	0.00	2.56	3.24
比利时	4.17	3.45	0.00	0.00	5.13	2.50	2.33	2.50	5.00	0.00	2.43
印度	0.00	0.00	0.00	2.70	2.56	2.50	4.65	7.50	2.50	0.00	2.43
奥地利	0.00	3.45	0.00	2.70	2.56	2.50	0.00	0.00	5.00	0.00	1.62

表 2-56　应用物理学 B 层研究排名前 20 的国家和地区的国际合作参与率

单位：%

国家和地区	2014 年	2015 年	2016 年	2017 年	2018 年	2019 年	2020 年	2021 年	2022 年	2023 年	合计
中国大陆	50.73	46.48	58.46	68.36	70.20	73.72	66.67	72.78	77.51	80.79	67.15
美国	56.57	53.17	51.38	51.34	47.28	46.53	37.50	28.30	28.40	25.83	42.15
澳大利亚	7.30	8.80	10.15	11.94	13.18	15.11	18.06	20.22	20.41	19.21	14.71
德国	18.25	16.55	11.69	12.24	10.32	9.06	12.50	9.97	11.83	7.95	11.87
新加坡	10.95	8.10	11.38	11.94	9.46	14.20	10.56	14.56	10.65	10.26	11.29
英国	13.14	13.38	10.46	11.64	10.32	9.67	11.67	11.32	10.06	11.26	11.23
中国香港	4.01	7.39	8.00	7.76	8.60	10.27	10.56	11.59	10.36	14.90	9.45
韩国	9.12	10.92	9.85	5.67	6.59	8.16	7.22	7.01	10.95	9.93	8.44
日本	9.49	9.51	8.92	8.06	7.45	10.27	8.33	6.47	8.28	5.96	8.23
加拿大	4.01	5.28	6.15	4.18	5.44	5.74	8.33	4.58	5.03	5.30	5.45
沙特阿拉伯	4.38	5.63	5.23	4.48	7.45	4.53	3.33	4.58	7.69	6.29	5.35
法国	6.20	5.63	6.15	5.97	3.44	2.42	4.44	5.66	4.44	4.97	4.89
西班牙	3.28	5.28	4.00	2.99	4.30	5.44	5.56	2.70	4.73	3.97	4.22
瑞士	5.84	4.23	5.23	2.39	4.30	4.23	3.61	2.70	3.25	2.65	3.79
意大利	3.65	2.46	5.23	4.18	2.01	3.32	5.00	3.50	1.48	2.98	3.40
印度	1.46	2.82	1.85	0.90	2.87	3.02	3.61	5.66	5.92	4.30	3.30
瑞典	3.28	2.46	2.46	2.69	3.72	2.72	1.94	4.31	5.03	1.66	3.06
中国台湾	4.01	2.46	2.77	1.79	2.01	2.72	3.33	3.23	2.07	4.64	2.88
荷兰	2.92	3.87	2.46	2.69	2.58	1.81	5.00	1.89	2.96	1.99	2.81
俄罗斯	0.36	3.87	2.15	2.09	1.15	2.42	2.50	3.50	2.96	2.32	2.36

表 2-57　应用物理学 C 层研究排名前 20 的国家和地区的国际合作参与率

单位：%

国家和地区	2014 年	2015 年	2016 年	2017 年	2018 年	2019 年	2020 年	2021 年	2022 年	2023 年	合计
中国大陆	33.68	40.19	43.91	50.44	54.28	58.88	57.88	56.45	58.56	58.51	52.04
美国	44.85	45.67	43.30	45.75	42.51	39.77	35.79	31.75	27.84	24.67	37.73
德国	18.62	15.84	17.11	14.36	14.01	12.55	13.39	12.03	12.16	11.73	14.00
英国	13.35	12.37	12.51	11.81	11.77	11.16	11.35	11.68	11.38	11.47	11.83
澳大利亚	6.18	7.37	7.63	8.41	9.79	11.20	10.93	11.85	10.16	9.83	9.50
韩国	8.24	8.16	7.77	8.99	8.37	8.74	9.85	8.51	9.00	9.90	8.79
新加坡	6.62	7.76	7.66	7.08	8.01	8.48	8.26	7.84	7.59	7.55	7.71
中国香港	4.99	5.59	6.31	6.26	7.94	7.44	8.08	8.89	9.03	9.83	7.56

国家和地区	2014 年	2015 年	2016 年	2017 年	2018 年	2019 年	2020 年	2021 年	2022 年	2023 年	合计
日本	9.39	8.59	8.91	8.48	7.49	7.38	6.66	6.68	6.33	6.24	7.53
法国	9.98	9.57	8.62	7.01	6.61	5.17	5.19	5.46	5.27	5.16	6.64
沙特阿拉伯	4.00	4.77	4.17	3.71	3.83	4.04	5.52	8.28	11.50	9.96	6.10
印度	3.92	3.62	4.31	3.88	3.89	4.23	5.97	7.00	8.46	9.08	5.54
加拿大	5.71	5.48	5.77	5.00	4.99	4.73	5.55	5.87	5.58	5.82	5.45
西班牙	7.96	6.46	5.95	5.28	5.61	4.98	4.95	4.36	4.58	4.90	5.41
意大利	6.10	6.34	5.20	4.63	5.25	4.42	4.92	4.94	4.55	5.46	5.14
瑞士	5.90	5.00	4.92	4.56	4.86	3.63	3.42	2.93	3.57	3.17	4.12
俄罗斯	3.76	3.51	3.99	3.68	3.70	3.34	3.27	3.95	3.92	1.93	3.50
瑞典	3.72	3.11	4.13	2.86	3.47	2.90	3.21	2.67	3.07	3.01	3.19
荷兰	4.71	3.66	3.88	3.68	2.69	3.25	3.03	2.12	2.35	2.42	3.12
中国台湾	2.61	2.68	2.85	2.96	2.59	2.90	3.03	3.20	3.35	3.56	2.99

二十　多学科物理

多学科物理 A、B、C 层研究国际合作参与率最高的均为美国，分别为 81.03%、61.49%、45.86%。

英国、中国大陆、德国、意大利、日本、法国、西班牙、加拿大、俄罗斯、瑞士、澳大利亚、比利时、荷兰、韩国、匈牙利、印度、奥地利、中国香港、以色列 A 层研究国际合作参与率也比较高，在 45% ~ 15%。

德国、中国大陆、英国、日本、法国、西班牙、瑞士、意大利、加拿大、荷兰 B 层研究国际合作参与率也比较高，在 34% ~ 11%；俄罗斯、奥地利、澳大利亚、印度、波兰、以色列、韩国、新加坡、中国台湾也有一定的参与率，在 10% ~ 5%。

德国、中国大陆、英国、法国、意大利、日本、瑞士 C 层研究国际合作参与率也比较高，在 28% ~ 10%；西班牙、加拿大、沙特阿拉伯、俄罗斯、荷兰、印度、巴基斯坦、澳大利亚、奥地利、韩国、以色列、土耳其也有一定的参与率，在 10% ~ 4%。

表 2-58　多学科物理 A 层研究排名前 20 的国家和地区的国际合作参与率

单位：%

国家和地区	2014 年	2015 年	2016 年	2017 年	2018 年	2019 年	2020 年	2021 年	2022 年	2023 年	合计
美国	70.00	66.67	83.33	100.00	90.00	100.00	60.00	80.00	83.33	100.00	81.03
英国	40.00	33.33	33.33	100.00	10.00	33.33	60.00	80.00	66.67	100.00	44.83
中国大陆	30.00	50.00	33.33	100.00	10.00	50.00	40.00	80.00	50.00	100.00	43.10
德国	20.00	33.33	50.00	0.00	30.00	66.67	20.00	60.00	50.00	100.00	43.10
意大利	20.00	50.00	33.33	0.00	10.00	33.33	40.00	60.00	33.33	100.00	36.21
日本	20.00	0.00	16.67	100.00	40.00	50.00	40.00	40.00	33.33	100.00	34.48
法国	0.00	33.33	16.67	0.00	40.00	50.00	40.00	40.00	16.67	100.00	32.76
西班牙	10.00	50.00	16.67	0.00	0.00	33.33	20.00	40.00	33.33	100.00	29.31
加拿大	0.00	16.67	33.33	100.00	0.00	33.33	60.00	20.00	50.00	100.00	27.59
俄罗斯	0.00	16.67	33.33	0.00	20.00	16.67	20.00	40.00	33.33	100.00	25.86
瑞士	20.00	16.67	0.00	0.00	0.00	50.00	20.00	0.00	16.67	100.00	25.86
澳大利亚	10.00	16.67	16.67	0.00	10.00	16.67	20.00	20.00	16.67	100.00	20.69
比利时	10.00	16.67	16.67	0.00	0.00	33.33	20.00	20.00	16.67	100.00	20.69
荷兰	0.00	33.33	16.67	0.00	0.00	16.67	20.00	0.00	16.67	100.00	20.69
韩国	10.00	16.67	16.67	0.00	0.00	16.67	20.00	40.00	16.67	100.00	20.69
匈牙利	0.00	33.33	16.67	0.00	0.00	16.67	20.00	20.00	0.00	100.00	17.24
印度	0.00	16.67	16.67	100.00	0.00	16.67	0.00	40.00	16.67	0.00	17.24
奥地利	20.00	0.00	0.00	0.00	10.00	16.67	40.00	0.00	50.00	0.00	15.52
中国香港	20.00	0.00	0.00	50.00	0.00	16.67	0.00	20.00	16.67	100.00	15.52
以色列	10.00	0.00	0.00	0.00	20.00	16.67	20.00	20.00	16.67	100.00	15.52

表 2-59　多学科物理 B 层研究排名前 20 的国家和地区的国际合作参与率

单位：%

国家和地区	2014 年	2015 年	2016 年	2017 年	2018 年	2019 年	2020 年	2021 年	2022 年	2023 年	合计
美国	64.13	59.21	58.90	65.43	59.81	83.33	56.14	67.50	59.80	50.93	61.49
德国	31.52	40.79	34.25	35.80	34.58	48.15	26.32	25.83	45.10	26.85	33.76
中国大陆	19.57	18.42	30.14	28.40	24.30	48.15	23.68	33.33	40.20	47.22	31.07
英国	23.91	28.95	24.66	24.69	29.91	29.63	26.32	20.83	28.43	23.15	25.78
日本	16.30	18.42	15.07	25.93	14.02	40.74	26.32	26.67	13.73	24.07	21.57
法国	20.65	21.05	26.03	23.46	15.89	29.63	12.28	11.67	16.67	10.19	17.48
西班牙	17.39	14.47	19.18	19.75	13.08	25.93	9.65	9.17	20.59	11.11	15.10
瑞士	11.96	10.53	19.18	13.58	19.63	22.22	15.79	14.17	11.76	10.19	14.56

续表

国家和地区	2014 年	2015 年	2016 年	2017 年	2018 年	2019 年	2020 年	2021 年	2022 年	2023 年	合计
意大利	11.96	14.47	21.92	17.28	13.08	20.37	11.40	10.00	10.78	15.74	14.02
加拿大	14.13	11.84	19.18	12.35	10.28	14.81	13.16	10.83	10.78	7.41	12.08
荷兰	10.87	17.11	12.33	12.35	11.21	20.37	7.89	6.67	13.73	5.56	11.00
俄罗斯	9.78	11.84	19.18	13.58	7.48	20.37	7.02	5.83	4.90	5.56	9.49
奥地利	5.43	9.21	9.59	4.94	7.48	11.11	5.26	14.17	11.76	12.04	9.17
澳大利亚	3.26	11.84	10.96	9.88	5.61	16.67	8.77	9.17	9.80	6.48	8.74
印度	2.17	3.95	9.59	6.17	0.93	14.81	7.89	5.00	6.86	7.41	6.04
波兰	5.43	6.58	9.59	8.64	5.61	14.81	7.89	1.67	4.90	0.93	5.93
以色列	4.35	6.58	2.74	3.70	6.54	12.96	6.14	5.00	4.90	4.63	5.50
韩国	6.52	3.95	9.59	9.88	2.80	12.96	4.39	2.50	1.96	5.56	5.39
新加坡	3.26	11.84	5.48	4.94	4.67	1.85	7.89	2.50	3.92	5.56	5.18
中国台湾	5.43	5.26	9.59	4.94	2.80	12.96	6.14	4.17	0.98	3.70	5.07

表 2-60 多学科物理 C 层研究排名前 20 的国家和地区的国际合作参与率

单位：%

国家和地区	2014 年	2015 年	2016 年	2017 年	2018 年	2019 年	2020 年	2021 年	2022 年	2023 年	合计
美国	50.51	49.50	55.06	47.95	49.45	46.85	41.64	43.55	40.83	37.00	45.86
德国	31.82	30.58	30.94	32.46	30.09	25.21	25.43	27.62	23.06	21.18	27.64
中国大陆	19.03	20.82	22.53	21.08	26.28	27.00	29.44	29.95	31.02	34.04	26.43
英国	24.80	23.34	25.82	22.48	21.77	20.23	17.41	18.42	16.02	16.00	20.37
法国	19.82	18.01	19.57	15.58	16.65	15.05	13.65	11.27	11.39	13.32	15.19
意大利	15.06	12.37	12.51	12.03	13.74	10.72	11.26	12.05	12.04	11.56	12.26
日本	11.66	11.07	13.08	11.29	12.94	14.11	12.12	11.02	11.67	10.92	11.96
瑞士	11.66	10.06	12.29	10.91	13.04	10.44	9.73	11.02	9.91	9.62	10.81
西班牙	10.76	10.06	10.92	9.79	11.53	9.97	8.53	9.64	8.70	9.16	9.84
加拿大	10.65	10.66	8.08	8.77	8.93	9.69	8.28	7.75	7.78	7.59	8.76
沙特阿拉伯	2.15	2.11	3.75	6.44	4.91	6.49	9.22	13.17	12.87	11.47	7.55
俄罗斯	10.19	9.36	8.99	7.65	7.72	6.87	7.85	6.97	5.46	3.89	7.40
荷兰	6.12	6.64	7.96	6.90	8.53	6.30	6.40	6.88	5.46	5.18	6.61
印度	4.08	4.02	3.41	4.10	5.42	5.55	6.31	10.24	9.63	8.70	6.30
巴基斯坦	1.70	1.11	1.71	4.76	3.31	4.42	7.42	8.35	10.28	11.93	5.74
澳大利亚	4.98	5.23	6.71	5.78	6.02	5.64	5.46	5.94	5.56	4.26	5.55
奥地利	6.34	4.53	5.35	5.69	6.42	6.02	4.69	5.08	6.02	5.27	5.52
韩国	4.76	5.03	4.55	5.04	5.82	5.17	4.52	4.56	3.89	6.57	4.99
以色列	4.30	6.04	5.92	5.13	4.71	5.46	3.92	3.87	4.72	4.63	4.83
土耳其	3.06	2.11	2.05	2.05	3.81	5.64	6.66	7.40	6.39	6.57	4.72

第二节　学科组

在数学与物理学各学科研究分析的基础上，按照 A、B、C 层三个研究层次，对各学科研究进行汇总分析，可以从学科组层面揭示国际合作的分布特点和发展趋势。

一　A 层研究

2014~2023 年，数学与物理学 A 层研究国际合作参与率最高的是美国，为 47.82%，其次为中国大陆的 44.17%；德国、英国、澳大利亚、意大利、法国、日本、加拿大的参与率也比较高，在 20%~10%；瑞士、沙特阿拉伯、韩国、西班牙、荷兰、印度、中国香港、新加坡、瑞典、土耳其、比利时、中国台湾、俄罗斯、南非、巴基斯坦、罗马尼亚、伊朗、波兰、奥地利、芬兰、丹麦、以色列、巴西、埃及、葡萄牙、爱尔兰、匈牙利、马来西亚、挪威、墨西哥、捷克也有一定的参与率，在 10%~1%。

在发展趋势上，美国、德国、英国、法国呈现相对下降趋势，中国大陆、澳大利亚、沙特阿拉伯、印度呈现相对上升趋势，其他国家和地区没有呈现明显变化。

表 2-61　数学与物理学 A 层研究排名前 40 的国家和地区的国际合作参与率

单位：%

国家和地区	2014 年	2015 年	2016 年	2017 年	2018 年	2019 年	2020 年	2021 年	2022 年	2023 年	合计
美国	48.48	47.10	55.03	59.46	60.12	60.22	40.85	44.71	34.76	26.80	47.82
中国大陆	21.21	28.99	38.26	36.49	48.47	41.99	43.90	52.35	58.54	64.71	44.17
德国	18.18	25.36	18.12	25.00	12.88	22.10	20.73	24.71	16.46	11.11	19.46
英国	23.48	23.19	22.15	21.62	15.95	14.92	17.68	22.94	16.46	15.69	19.21
澳大利亚	8.33	10.14	9.40	11.49	12.27	8.29	18.90	12.35	12.20	24.18	12.80
意大利	15.91	20.29	14.09	8.78	6.13	11.05	14.02	14.12	9.15	10.46	12.23
法国	19.70	11.59	13.42	10.81	10.43	13.81	14.63	14.71	7.93	4.58	12.10
日本	8.33	13.04	8.05	8.78	9.82	12.71	14.02	7.06	9.76	13.07	10.50

续表

国家和地区	2014 年	2015 年	2016 年	2017 年	2018 年	2019 年	2020 年	2021 年	2022 年	2023 年	合计
加拿大	11.36	11.59	8.72	14.86	6.13	9.94	11.59	10.59	7.93	10.46	10.24
瑞士	15.15	14.49	7.38	7.43	13.50	10.50	9.76	5.29	5.49	4.58	9.22
沙特阿拉伯	2.27	7.97	7.38	8.78	11.66	6.63	6.71	8.24	12.20	16.99	8.96
韩国	6.06	6.52	10.07	5.41	6.75	9.94	6.10	8.82	10.98	9.15	8.07
西班牙	11.36	12.32	5.37	8.78	4.91	6.08	9.15	7.65	7.93	6.54	7.87
荷兰	6.06	10.87	8.72	8.78	8.59	6.63	4.27	5.29	4.27	3.27	6.59
印度	2.27	7.25	2.01	5.41	3.68	7.18	8.54	7.65	8.54	8.50	6.21
中国香港	5.30	2.90	0.67	6.08	7.36	4.42	6.10	7.06	7.93	12.42	6.08
新加坡	5.30	5.07	5.37	4.05	3.68	8.84	4.88	5.88	6.71	7.84	5.83
瑞典	2.27	2.17	8.72	2.70	4.91	7.18	9.15	3.53	9.15	1.96	5.31
土耳其	2.27	2.90	4.70	5.41	4.29	4.97	9.76	4.71	3.66	7.84	5.12
比利时	5.30	5.07	4.70	10.14	6.13	4.97	4.88	5.29	2.44	1.96	5.06
中国台湾	3.79	5.07	2.01	4.73	3.68	2.76	9.76	7.06	7.32	3.27	4.99
俄罗斯	4.55	2.90	4.70	7.43	4.29	4.42	4.88	2.94	5.49	1.31	4.29
南非	3.79	0.72	4.03	2.70	6.75	3.87	4.88	2.94	4.88	2.61	3.78
巴基斯坦	0.76	1.45	2.68	2.03	1.23	4.42	1.83	3.53	10.37	7.19	3.65
罗马尼亚	3.03	2.17	2.01	4.05	5.52	4.42	6.10	2.94	1.83	2.61	3.52
伊朗	2.27	4.35	1.34	0.00	0.61	3.87	6.71	4.12	6.10	4.58	3.46
波兰	4.55	3.62	4.70	4.73	0.61	3.31	3.05	2.35	1.83	2.61	3.07
奥地利	1.52	2.17	2.68	2.70	6.13	3.31	3.05	1.18	3.66	1.96	2.88
芬兰	4.55	1.45	5.37	2.70	2.45	2.21	4.27	1.76	3.66	0.00	2.82
丹麦	6.06	3.62	2.68	3.38	3.07	0.55	1.83	2.35	2.44	3.27	2.82
以色列	5.30	2.17	3.36	2.03	3.07	2.21	1.22	2.35	1.22	3.92	2.62
巴西	0.76	2.90	4.03	4.73	1.23	2.21	0.61	1.76	1.83	1.96	2.18
埃及	0.00	0.00	0.00	0.68	2.45	0.00	0.61	5.29	3.66	7.84	2.11
葡萄牙	0.76	0.00	1.34	4.05	1.23	2.76	3.05	2.35	2.44	1.96	2.05
爱尔兰	6.06	0.72	2.68	2.70	2.45	0.00	1.83	1.76	1.22	1.31	1.98
匈牙利	0.00	5.07	1.34	4.05	0.61	1.10	1.22	3.53	0.61	2.61	1.98
马来西亚	0.00	2.17	0.67	2.03	1.84	1.10	3.66	1.18	3.05	2.61	1.86
挪威	3.03	0.72	0.67	3.38	0.00	1.10	2.44	2.94	1.83	1.31	1.73
墨西哥	2.27	2.90	0.67	2.03	2.45	0.55	1.22	1.76	1.22	0.65	1.54
捷克	2.27	2.17	2.01	2.03	0.61	1.66	1.83	0.59	1.83	0.00	1.47

二 B 层研究

数学与物理学 B 层研究国际合作参与率最高的是中国大陆，为 44.97%，其次为美国的 40.23%；英国、德国、澳大利亚、法国的参与率也比较高，在 18%~10%；沙特阿拉伯、意大利、加拿大、日本、西班牙、印度、瑞士、韩国、中国香港、荷兰、新加坡、土耳其、中国台湾、俄罗斯、伊朗、巴基斯坦、瑞典、波兰、埃及、比利时、罗马尼亚、丹麦、南非、奥地利、以色列、巴西、葡萄牙、芬兰、马来西亚、智利、挪威、越南、捷克、希腊也有一定的参与率，在 10%~1%。

在发展趋势上，美国、英国、德国、法国呈现相对下降趋势，中国大陆、澳大利亚、沙特阿拉伯、印度呈现相对上升趋势，其他国家和地区没有呈现明显变化。

表 2-62　数学与物理学 B 层研究排名前 40 的国家和地区的国际合作参与率

单位：%

国家和地区	2014 年	2015 年	2016 年	2017 年	2018 年	2019 年	2020 年	2021 年	2022 年	2023 年	合计
中国大陆	31.58	32.38	36.91	44.53	45.20	50.33	45.62	51.04	52.62	55.40	44.97
美国	49.57	47.08	48.31	45.17	45.93	41.18	36.04	31.65	30.77	29.71	40.23
英国	19.42	21.61	19.37	18.32	17.19	15.95	17.81	15.35	14.92	16.30	17.51
德国	20.36	21.33	20.99	17.75	17.74	14.68	16.80	14.00	14.48	12.14	16.89
澳大利亚	8.42	9.27	8.57	10.94	10.52	11.40	11.66	13.21	13.05	11.20	10.92
法国	13.09	13.84	13.50	11.01	10.76	10.13	9.82	8.43	9.30	8.25	10.71
沙特阿拉伯	5.18	6.21	6.75	6.74	7.89	9.04	9.35	10.79	16.54	19.05	9.83
意大利	10.29	10.27	11.07	9.61	8.81	8.67	10.18	9.27	9.05	9.05	9.60
加拿大	8.13	7.85	10.73	8.59	7.89	8.37	10.06	8.71	7.80	7.91	8.62
日本	9.06	7.63	8.57	8.52	7.83	9.95	8.34	7.70	8.18	7.44	8.32
西班牙	9.64	9.27	8.84	8.14	7.58	6.85	8.17	6.41	8.30	8.05	8.06
印度	3.81	4.07	5.20	4.77	4.71	5.34	8.88	8.99	10.74	10.06	6.75
瑞士	8.49	7.63	7.76	6.23	7.65	5.76	6.98	5.68	5.31	6.37	6.74
韩国	6.98	6.85	6.07	6.11	4.59	6.31	6.15	6.46	9.49	7.65	6.65
中国香港	4.24	5.99	4.59	5.09	5.50	6.00	6.27	5.79	6.24	7.24	5.72
荷兰	5.40	5.78	6.95	5.09	5.69	6.19	6.27	4.78	5.74	4.69	5.65

续表

国家和地区	2014 年	2015 年	2016 年	2017 年	2018 年	2019 年	2020 年	2021 年	2022 年	2023 年	合计
新加坡	4.39	5.35	5.33	5.98	4.95	6.55	5.68	6.35	5.62	5.70	5.62
土耳其	2.16	1.78	2.90	3.37	3.67	6.19	7.46	6.80	6.62	7.98	5.00
中国台湾	3.02	2.71	3.58	3.50	3.67	5.70	7.51	7.31	5.37	5.77	4.91
俄罗斯	3.60	5.14	5.40	5.34	3.36	5.03	5.74	6.80	4.68	3.22	4.88
伊朗	3.09	2.85	3.04	3.31	4.77	6.00	7.04	5.79	5.37	4.90	4.70
巴基斯坦	1.08	0.93	1.89	2.86	3.00	4.43	5.33	5.06	8.61	8.85	4.29
瑞典	4.10	4.14	3.64	2.93	4.10	4.12	3.73	4.27	4.74	3.69	3.95
波兰	2.88	3.07	4.18	3.12	3.67	3.88	3.96	3.04	3.37	3.21	3.45
埃及	0.72	1.36	1.21	2.29	1.90	2.49	2.84	4.16	6.99	8.92	3.33
比利时	2.30	3.92	3.24	2.80	2.02	3.76	4.20	3.88	2.43	3.76	3.24
罗马尼亚	1.73	1.85	2.63	2.93	3.18	4.61	3.08	2.02	3.12	3.22	2.86
丹麦	3.88	1.64	2.70	3.24	2.81	2.37	2.43	2.25	2.93	3.35	2.75
南非	2.52	1.07	3.24	2.04	2.57	2.79	2.84	3.26	3.06	3.42	2.70
奥地利	2.23	3.07	3.17	2.35	2.20	2.79	2.60	2.25	2.00	3.62	2.61
以色列	2.23	2.21	2.16	2.80	2.69	2.30	3.02	2.25	2.06	3.29	2.50
巴西	2.37	3.21	3.10	2.48	2.51	2.00	2.19	1.91	2.31	1.74	2.36
葡萄牙	2.16	1.36	2.09	2.35	1.71	2.06	2.37	2.30	2.68	2.48	2.17
芬兰	2.66	2.35	3.51	2.10	1.77	1.64	1.66	2.19	2.56	1.34	2.16
马来西亚	1.37	1.43	2.02	2.35	1.22	2.12	2.25	2.36	2.37	2.55	2.02
智利	1.22	1.85	2.43	1.97	2.32	1.27	1.24	1.63	2.06	1.61	1.76
挪威	2.23	1.28	2.02	1.21	1.65	1.15	2.84	1.74	2.18	1.14	1.75
越南	0.29	0.57	0.54	1.65	0.98	2.18	5.09	3.20	1.37	0.74	1.75
捷克	1.87	2.07	1.48	1.72	2.02	1.64	1.66	1.12	2.12	1.68	1.73
希腊	1.94	1.36	1.69	1.59	0.86	1.82	1.12	1.85	1.81	1.41	1.54

三　C 层研究

数学与物理学 C 层研究国际合作参与率最高的是美国，为 37.11%，其次为中国大陆的 36.02%；德国、英国、法国、意大利的参与率也比较高，在 18%~10%；沙特阿拉伯、西班牙、澳大利亚、加拿大、日本、印度、瑞士、韩国、俄罗斯、荷兰、中国香港、巴基斯坦、伊朗、新加坡、土耳其、中国台湾、瑞典、波兰、埃及、比利时、巴西、丹麦、奥地利、以色列、葡萄牙、捷克、马来西亚、南非、芬兰、罗马尼亚、智利、希腊、越南、挪威也有一定的参与率，在8%~1%。

在发展趋势上，美国、德国、英国、法国呈现相对下降趋势，中国大陆、沙特阿拉伯、印度呈现相对上升趋势，其他国家和地区没有呈现明显变化。

表 2-63　数学与物理学 C 层研究排名前 40 的国家和地区的国际合作参与率

单位：%

国家和地区	2014 年	2015 年	2016 年	2017 年	2018 年	2019 年	2020 年	2021 年	2022 年	2023 年	合计
美国	43.55	43.61	42.93	42.40	40.56	38.01	34.48	31.65	29.10	27.53	37.11
中国大陆	24.59	27.65	29.99	33.05	38.53	40.20	40.92	39.98	40.60	40.48	36.02
德国	20.96	20.05	20.14	19.08	17.57	16.51	15.95	15.20	14.98	14.59	17.36
英国	17.86	17.41	18.45	17.59	16.73	16.19	15.23	15.01	14.67	15.07	16.34
法国	15.06	14.93	14.20	12.30	11.97	10.51	9.88	9.73	8.88	8.97	11.49
意大利	11.18	11.50	10.65	10.06	9.61	9.19	9.39	9.90	9.63	10.62	10.12
沙特阿拉伯	4.63	4.78	5.06	4.88	5.36	5.75	7.98	10.55	14.07	15.30	7.94
西班牙	9.48	8.75	8.77	8.02	7.98	7.37	7.21	7.13	7.33	7.79	7.92
澳大利亚	6.71	7.44	7.57	7.54	8.50	8.76	8.18	8.69	7.93	7.47	7.92
加拿大	8.30	7.91	7.92	7.42	7.34	7.49	6.85	7.06	6.74	6.99	7.37
日本	7.90	7.79	8.26	7.82	7.67	7.52	6.64	6.40	6.86	6.68	7.32
印度	4.66	4.33	4.99	4.81	5.34	6.18	7.53	9.58	10.69	11.13	7.02
瑞士	6.95	7.20	7.20	6.51	6.60	6.11	5.50	5.27	5.83	5.25	6.20
韩国	5.50	5.49	5.34	5.62	5.78	5.69	5.94	5.89	6.75	7.59	5.97
俄罗斯	5.19	5.64	5.49	5.41	5.40	5.16	5.12	5.43	4.76	3.08	5.07
荷兰	5.67	5.22	5.72	5.22	4.88	4.74	4.65	4.33	4.28	4.31	4.87
中国香港	3.83	3.97	4.15	4.31	5.00	4.94	5.14	5.38	5.42	6.12	4.86
巴基斯坦	1.54	1.58	2.14	2.37	2.84	3.74	5.26	6.46	8.21	8.51	4.37
伊朗	2.76	2.57	2.88	3.49	3.98	4.65	5.26	5.46	4.65	4.45	4.09
新加坡	3.73	3.86	3.92	3.58	4.02	4.32	4.14	4.08	4.07	4.01	3.98
土耳其	2.33	2.40	2.41	2.64	3.30	3.70	4.76	5.02	5.36	4.91	3.75
中国台湾	2.61	2.74	2.76	2.70	3.08	3.27	4.31	5.19	5.07	4.74	3.70
瑞典	4.14	3.93	4.08	3.84	3.79	3.59	3.26	3.10	3.28	3.44	3.62
波兰	3.49	3.61	3.50	3.26	3.16	3.07	3.04	3.37	3.49	3.49	3.34

国家和地区	2014 年	2015 年	2016 年	2017 年	2018 年	2019 年	2020 年	2021 年	2022 年	2023 年	合计
埃及	1.46	1.63	1.58	1.59	2.02	2.66	3.63	4.99	5.93	6.38	3.26
比利时	3.45	3.62	3.22	3.06	3.13	2.61	2.69	2.57	2.77	2.57	2.94
巴西	3.35	3.30	3.84	3.18	3.35	3.08	2.51	2.44	2.19	2.17	2.92
丹麦	2.97	3.03	2.63	2.70	2.39	2.69	2.26	2.38	2.56	2.83	2.63
奥地利	2.93	3.12	3.25	2.60	2.86	2.66	2.19	2.24	1.99	2.54	2.61
以色列	2.65	2.94	2.84	2.53	2.49	2.31	1.94	2.02	2.19	2.18	2.39
葡萄牙	2.59	2.34	2.13	2.05	2.11	2.23	1.99	2.15	1.76	1.68	2.09
捷克	2.23	2.43	2.35	2.16	2.19	2.19	1.93	1.95	1.59	1.97	2.09
马来西亚	1.67	1.83	1.82	1.79	1.78	2.09	2.23	2.40	2.55	2.51	2.08
南非	1.62	1.49	2.21	1.92	1.90	1.99	2.01	2.19	1.90	2.56	1.99
芬兰	2.30	2.16	2.30	2.01	1.97	1.96	1.61	1.58	1.78	1.71	1.92
罗马尼亚	1.54	1.79	1.81	1.73	1.88	1.98	2.07	1.67	2.36	2.29	1.92
智利	1.87	1.55	2.13	1.67	2.11	1.88	1.69	2.01	1.78	1.91	1.86
希腊	1.74	2.10	1.88	1.53	1.79	1.84	1.55	1.49	1.59	1.72	1.71
越南	0.50	0.63	0.61	0.83	1.12	2.14	3.78	2.02	1.04	0.87	1.42
挪威	1.54	1.29	1.67	1.18	1.12	1.36	1.44	1.43	1.33	1.26	1.36

第三章　化学

化学是研究物质的组成、结构、性质和反应及物质转化的一门科学，是创造新分子和构建新物质的根本途径，是与其他学科密切交叉和相互渗透的中心学科。

第一节　学科

化学学科组包括以下学科：有机化学、高分子科学、电化学、物理化学、分析化学、晶体学、无机化学和核化学、纳米科学和纳米技术、化学工程、应用化学、多学科化学，共计 11 个。

一　有机化学

有机化学 A、B、C 层研究国际合作参与率最高的均为中国大陆，分别为 36.73%、40.76%、38.41%；美国 A、B、C 层研究国际合作参与率均排名第二，为 34.69%、28.80%、27.56%。

澳大利亚、伊朗、印度、意大利、新西兰、英国、西班牙 A 层研究国际合作参与率也比较高，在 17%~10%；德国、马来西亚、沙特阿拉伯、法国、爱尔兰、日本、荷兰、巴基斯坦、孟加拉国、巴西、加拿大也有一定的参与率，在 9%~2%。

英国 B 层研究国际合作参与率比较高，为 10.87%；印度、加拿大、德国、伊朗、法国、澳大利亚、埃及、西班牙、日本、沙特阿拉伯、意大利、韩国、马来西亚、瑞典、土耳其、巴基斯坦、荷兰也有一定的参与率，在 10%~2%。

德国、英国 C 层研究国际合作参与率也比较高，分别为 11.46%、10.37%；沙特阿拉伯、印度、法国、西班牙、加拿大、埃及、意大利、澳大利亚、日本、韩国、巴基斯坦、伊朗、巴西、新加坡、瑞典、马来西亚也有一定的参与率，在 10%~2%。

表 3-1 有机化学 A 层研究排名前 20 的国家和地区的国际合作参与率

单位：%

国家和地区	2014 年	2015 年	2016 年	2017 年	2018 年	2019 年	2020 年	2021 年	2022 年	2023 年	合计
中国大陆	0.00	0.00	20.00	50.00	40.00	57.14	0.00	50.00	40.00	66.67	36.73
美国	33.33	0.00	0.00	33.33	40.00	28.57	0.00	75.00	80.00	50.00	34.69
澳大利亚	0.00	0.00	0.00	33.33	20.00	28.57	12.50	0.00	20.00	16.67	16.33
伊朗	0.00	0.00	0.00	0.00	20.00	0.00	25.00	50.00	20.00	16.67	14.29
印度	33.33	0.00	0.00	0.00	20.00	0.00	12.50	25.00	40.00	0.00	12.24
意大利	0.00	0.00	60.00	0.00	0.00	0.00	25.00	0.00	20.00	0.00	12.24
新西兰	0.00	0.00	0.00	0.00	20.00	28.57	12.50	0.00	0.00	16.67	12.24
英国	33.33	0.00	0.00	0.00	0.00	14.29	12.50	25.00	0.00	33.33	12.24
西班牙	0.00	0.00	40.00	0.00	0.00	0.00	25.00	25.00	0.00	0.00	10.20
德国	0.00	0.00	0.00	0.00	0.00	0.00	0.00	0.00	0.00	16.67	8.16
马来西亚	33.33	0.00	0.00	16.67	20.00	14.29	0.00	0.00	0.00	0.00	8.16
沙特阿拉伯	0.00	0.00	20.00	0.00	0.00	14.29	12.50	0.00	0.00	16.67	8.16
法国	0.00	0.00	0.00	16.67	0.00	0.00	12.50	25.00	0.00	0.00	6.12
爱尔兰	0.00	0.00	0.00	0.00	0.00	0.00	12.50	25.00	0.00	0.00	4.08
日本	33.33	0.00	0.00	0.00	0.00	0.00	0.00	25.00	0.00	0.00	4.08
荷兰	0.00	0.00	0.00	16.67	0.00	0.00	0.00	25.00	0.00	0.00	4.08
巴基斯坦	0.00	0.00	20.00	0.00	0.00	0.00	0.00	25.00	0.00	0.00	4.08
孟加拉国	33.33	0.00	0.00	0.00	0.00	0.00	0.00	0.00	0.00	0.00	2.04
巴西	0.00	0.00	0.00	16.67	0.00	0.00	0.00	0.00	0.00	0.00	2.04
加拿大	0.00	0.00	0.00	0.00	0.00	0.00	0.00	25.00	0.00	0.00	2.04

表 3-2 有机化学 B 层研究排名前 20 的国家和地区的国际合作参与率

单位：%

国家和地区	2014 年	2015 年	2016 年	2017 年	2018 年	2019 年	2020 年	2021 年	2022 年	2023 年	合计
中国大陆	36.84	26.47	22.86	48.65	34.29	44.00	43.75	52.78	56.25	39.13	40.76
美国	31.58	44.12	25.71	40.54	20.00	32.00	20.83	30.56	15.63	26.09	28.80
英国	7.89	5.88	8.57	13.51	2.86	22.00	16.67	8.33	9.38	4.35	10.87

国家和地区	2014 年	2015 年	2016 年	2017 年	2018 年	2019 年	2020 年	2021 年	2022 年	2023 年	合计
印度	2.63	5.88	2.86	2.70	11.43	8.00	6.25	13.89	18.75	30.43	9.24
加拿大	10.53	8.82	0.00	8.11	2.86	6.00	16.67	13.89	12.50	4.35	8.70
德国	10.53	5.88	11.43	18.92	14.29	6.00	2.08	8.33	3.13	8.70	8.70
伊朗	2.63	5.88	2.86	0.00	5.71	4.00	14.58	13.89	15.63	26.09	8.42
法国	7.89	8.82	14.29	13.51	5.71	6.00	8.33	5.56	3.13	0.00	7.61
澳大利亚	7.89	0.00	8.57	8.11	11.43	6.00	4.17	11.11	12.50	4.35	7.34
埃及	5.26	8.82	5.71	0.00	11.43	4.00	10.42	11.11	6.25	8.70	7.07
西班牙	13.16	8.82	11.43	8.11	5.71	8.00	4.17	2.78	0.00	8.70	7.07
日本	5.26	5.88	5.71	8.11	5.71	8.00	6.25	8.33	3.13	8.70	6.52
沙特阿拉伯	2.63	5.88	0.00	2.70	17.14	0.00	8.33	0.00	12.50	4.35	5.98
意大利	7.89	5.88	5.71	2.70	8.57	10.00	2.08	5.56	3.13	4.35	5.71
韩国	2.63	2.94	5.71	2.70	0.00	6.00	8.33	2.78	12.50	8.70	5.16
马来西亚	5.26	8.82	5.71	2.70	2.86	2.00	4.17	0.00	6.25	4.35	4.08
瑞典	5.26	2.94	8.57	0.00	2.86	2.00	2.08	8.33	3.13	0.00	3.53
土耳其	0.00	2.94	0.00	2.70	0.00	6.00	2.08	13.89	3.13	4.35	3.53
巴基斯坦	0.00	8.82	5.71	2.70	2.86	2.00	2.08	2.78	0.00	4.35	2.99
荷兰	0.00	5.88	0.00	5.41	5.71	4.00	2.08	2.78	0.00	0.00	2.72

表 3-3　有机化学 C 层研究排名前 20 的国家和地区的国际合作参与率

单位：%

国家和地区	2014 年	2015 年	2016 年	2017 年	2018 年	2019 年	2020 年	2021 年	2022 年	2023 年	合计
中国大陆	35.44	36.36	36.89	29.26	35.91	38.46	41.87	39.95	52.04	40.34	38.41
美国	38.29	31.67	31.40	30.85	28.18	26.65	22.17	22.19	22.45	21.46	27.56
德国	11.08	11.44	12.20	11.97	9.39	13.19	12.81	10.44	9.86	12.02	11.46
英国	14.87	12.32	10.06	10.11	11.05	7.42	8.13	9.92	10.20	10.73	10.37
沙特阿拉伯	4.75	5.57	5.79	8.51	9.67	10.71	12.56	13.32	10.88	12.02	9.43
印度	6.96	5.28	7.62	6.12	9.39	9.62	10.84	10.18	11.56	17.60	9.26
法国	8.23	9.97	9.45	8.78	8.29	5.49	7.64	7.05	3.74	3.43	7.38
西班牙	8.54	6.45	7.62	10.11	7.73	7.42	5.67	3.92	4.76	6.01	6.85
加拿大	6.33	7.04	8.54	3.19	4.97	6.87	5.91	8.36	9.18	8.15	6.73
埃及	1.90	3.81	3.66	6.38	6.08	7.69	9.36	11.49	6.80	8.15	6.64
意大利	7.28	4.99	4.88	5.59	7.18	7.69	3.94	4.70	5.44	6.87	5.79

国家和地区	2014 年	2015 年	2016 年	2017 年	2018 年	2019 年	2020 年	2021 年	2022 年	2023 年	合计
澳大利亚	5.38	5.28	7.32	5.85	2.49	5.22	5.17	4.96	8.50	5.58	5.50
日本	5.06	7.33	4.57	7.18	6.91	5.22	3.94	4.18	3.74	3.00	5.20
韩国	5.06	5.57	3.96	5.05	3.31	5.77	2.71	6.53	5.78	4.29	4.79
巴基斯坦	1.27	4.40	3.66	5.05	5.52	3.57	5.67	5.22	2.72	6.44	4.38
伊朗	2.85	1.47	1.22	1.86	1.93	3.02	4.93	7.31	6.12	6.01	3.61
巴西	3.48	3.52	1.83	4.52	4.14	3.85	4.68	2.35	2.72	1.29	3.35
新加坡	3.48	5.87	2.44	1.60	5.52	3.30	2.46	2.35	1.36	1.72	3.06
瑞典	4.11	2.93	3.66	3.72	2.76	2.47	2.71	1.83	2.72	4.29	3.06
马来西亚	1.58	3.81	3.96	2.13	3.04	1.92	3.69	3.13	3.40	0.86	2.82

二　高分子科学

高分子科学 A 层研究国际合作参与率最高的是美国，为 32.93%，其次为中国大陆的 28.05%；澳大利亚、印度、马来西亚、沙特阿拉伯、伊朗的参与率也比较高，在 16%~12%；英国、埃及、韩国、荷兰、德国、新加坡、加拿大、法国、中国香港、巴基斯坦、俄罗斯、土耳其、意大利也有一定的参与率，在 10%~3%。

B 层研究国际合作参与率最高的是中国大陆，为 36.21%，其次为美国的 28.88%；印度的参与率也比较高，为 15.09%；沙特阿拉伯、马来西亚、伊朗、英国、西班牙、法国、韩国、澳大利亚、意大利、加拿大、德国、巴基斯坦、波兰、新加坡、埃及、日本、比利时也有一定的参与率，在 10%~3%。

C 层研究国际合作参与率最高的是中国大陆，为 35.07%，其次为美国的 24.53%；印度、沙特阿拉伯的参与率也比较高，分别为 11.13% 和 10.29%；英国、澳大利亚、法国、韩国、德国、伊朗、加拿大、埃及、西班牙、马来西亚、意大利、日本、巴基斯坦、新加坡、比利时、土耳其也有一定的参与率，在 10%~2%。

表 3-4　高分子科学 A 层研究排名前 20 的国家和地区的国际合作参与率

单位：%

国家和地区	2014 年	2015 年	2016 年	2017 年	2018 年	2019 年	2020 年	2021 年	2022 年	2023 年	合计
美国	0.00	14.29	50.00	40.00	75.00	25.00	20.00	36.36	44.44	33.33	32.93
中国大陆	0.00	28.57	25.00	40.00	25.00	33.33	20.00	36.36	11.11	41.67	28.05
澳大利亚	0.00	14.29	0.00	20.00	0.00	33.33	30.00	18.18	22.22	0.00	15.85
印度	25.00	14.29	0.00	0.00	0.00	16.67	10.00	9.09	33.33	33.33	15.85
马来西亚	50.00	14.29	12.50	20.00	0.00	8.33	10.00	9.09	22.22	16.67	14.63
沙特阿拉伯	0.00	0.00	12.50	0.00	0.00	8.33	40.00	0.00	11.11	33.33	14.63
伊朗	25.00	14.29	0.00	0.00	25.00	8.33	10.00	27.27	22.22	0.00	12.20
英国	0.00	14.29	12.50	20.00	0.00	25.00	0.00	0.00	11.11	8.33	9.76
埃及	0.00	0.00	0.00	40.00	0.00	0.00	20.00	0.00	11.11	16.67	8.54
韩国	0.00	28.57	0.00	0.00	25.00	0.00	10.00	9.09	0.00	16.67	8.54
荷兰	25.00	14.29	12.50	0.00	0.00	0.00	10.00	18.18	0.00	0.00	7.32
德国	25.00	0.00	0.00	20.00	0.00	0.00	0.00	0.00	11.11	8.33	6.10
新加坡	0.00	14.29	12.50	0.00	25.00	8.33	0.00	9.09	0.00	0.00	6.10
加拿大	25.00	0.00	0.00	0.00	0.00	8.33	0.00	9.09	0.00	0.00	4.88
法国	25.00	14.29	12.50	0.00	0.00	8.33	0.00	0.00	0.00	0.00	4.88
中国香港	0.00	0.00	12.50	0.00	0.00	16.67	0.00	0.00	0.00	0.00	4.88
巴基斯坦	0.00	0.00	0.00	20.00	0.00	0.00	0.00	0.00	22.22	0.00	4.88
俄罗斯	0.00	0.00	0.00	0.00	0.00	0.00	0.00	18.18	22.22	0.00	4.88
土耳其	0.00	14.29	12.50	0.00	0.00	8.33	10.00	0.00	0.00	0.00	4.88
意大利	0.00	0.00	0.00	0.00	25.00	0.00	10.00	0.00	11.11	0.00	3.66

表 3-5　高分子科学 B 层研究排名前 20 的国家和地区的国际合作参与率

单位：%

国家和地区	2014 年	2015 年	2016 年	2017 年	2018 年	2019 年	2020 年	2021 年	2022 年	2023 年	合计
中国大陆	23.40	32.56	29.82	27.27	49.25	52.33	32.50	35.53	29.03	40.22	36.21
美国	29.79	44.19	43.86	38.18	31.34	31.40	25.00	25.00	25.81	11.96	28.88
印度	14.89	11.63	5.26	14.55	8.96	10.47	17.50	18.42	21.51	20.65	15.09
沙特阿拉伯	4.26	0.00	5.26	9.09	5.97	3.49	8.75	10.53	20.43	19.57	9.91
马来西亚	12.77	2.33	7.02	10.91	8.96	5.81	11.25	11.84	15.05	5.43	9.34
伊朗	0.00	4.65	1.75	1.82	2.99	9.30	16.25	15.79	10.75	16.30	9.20
英国	12.77	2.33	3.51	14.55	4.48	6.98	12.50	5.26	5.38	20.65	9.20
西班牙	4.26	13.95	8.77	10.91	7.46	6.98	11.25	6.58	3.23	13.04	8.48
法国	8.51	13.95	8.77	18.18	11.94	5.81	7.50	5.26	7.53	1.09	8.05

续表

国家和地区	2014 年	2015 年	2016 年	2017 年	2018 年	2019 年	2020 年	2021 年	2022 年	2023 年	合计
韩国	12.77	11.63	10.53	3.64	5.97	9.30	3.75	6.58	8.60	9.78	8.05
澳大利亚	4.26	9.30	10.53	14.55	4.48	8.14	3.75	5.26	9.68	5.43	7.33
意大利	12.77	11.63	5.26	9.09	5.97	3.49	8.75	2.63	8.60	3.26	6.61
加拿大	17.02	2.33	1.75	3.64	2.99	8.14	6.25	11.84	5.38	2.17	6.03
德国	8.51	6.98	10.53	10.91	4.48	5.81	5.00	3.95	6.45	1.09	5.89
巴基斯坦	0.00	2.33	5.26	5.45	5.97	3.49	5.00	3.95	9.68	8.70	5.46
波兰	2.13	0.00	1.75	5.45	8.96	5.81	5.00	5.26	3.23	5.43	4.60
新加坡	4.26	2.33	10.53	3.64	4.48	5.81	2.50	7.89	2.15	3.26	4.60
埃及	2.13	4.65	1.75	0.00	2.99	4.65	5.00	2.63	7.53	6.52	4.17
日本	2.13	2.33	7.02	3.64	5.97	4.65	3.75	3.95	2.15	3.26	3.88
比利时	4.26	4.65	3.51	5.45	4.48	2.33	3.75	0.00	3.23	5.43	3.59

表 3-6　高分子科学 C 层研究排名前 20 的国家和地区的国际合作参与率

单位：%

国家和地区	2014 年	2015 年	2016 年	2017 年	2018 年	2019 年	2020 年	2021 年	2022 年	2023 年	合计
中国大陆	29.09	29.36	31.36	36.44	34.57	40.03	38.27	38.41	36.30	31.88	35.07
美国	34.48	34.66	31.57	30.63	29.26	27.32	21.02	18.06	15.73	15.94	24.53
印度	5.82	5.52	7.20	7.22	9.22	8.63	11.05	13.07	17.43	18.66	11.13
沙特阿拉伯	3.45	4.86	8.26	6.87	8.51	5.49	10.11	12.67	16.51	18.80	10.29
英国	12.28	10.82	11.02	10.39	8.69	8.32	7.01	6.47	8.65	10.22	9.12
澳大利亚	7.97	7.73	9.53	8.98	9.75	7.38	8.63	7.82	8.13	7.49	8.29
法国	11.21	13.02	12.29	7.92	8.51	6.75	7.95	5.53	6.82	3.95	7.92
韩国	7.54	11.04	9.11	7.75	6.03	7.85	6.87	7.55	7.60	7.77	7.79
德国	10.34	11.48	9.32	9.33	7.80	9.73	5.66	5.80	4.85	5.99	7.64
伊朗	1.94	1.10	2.12	3.17	5.85	7.06	9.70	10.38	11.01	11.99	7.18
加拿大	7.54	7.73	5.72	5.81	8.16	5.81	7.01	7.41	8.39	6.95	7.09
埃及	1.94	3.09	3.18	4.23	3.19	5.34	5.12	8.76	10.35	11.99	6.26
西班牙	6.90	5.52	7.84	6.69	7.98	5.81	4.99	4.85	5.50	5.86	6.06
马来西亚	2.16	2.21	3.18	3.87	4.08	4.71	9.43	8.22	8.39	7.08	5.82
意大利	7.76	4.86	5.51	5.28	5.67	5.81	5.26	5.66	4.72	3.54	5.31
日本	4.96	6.18	4.66	4.75	5.14	4.24	3.77	3.77	4.98	3.27	4.46
巴基斯坦	1.51	1.77	1.27	1.94	3.19	3.92	4.31	7.41	6.16	7.08	4.25
新加坡	5.60	4.42	4.24	4.05	3.01	2.35	4.04	3.23	3.67	2.04	3.55
比利时	3.88	3.31	3.60	3.87	4.61	2.67	2.96	3.50	1.97	2.45	3.19
土耳其	2.59	1.99	3.18	2.46	1.42	1.88	4.18	4.18	3.67	3.13	2.98

三 电化学

电化学 A、B、C 层研究国际合作参与率最高的均为中国大陆，分别为 29.79%、47.80% 和 45.58%；美国 A、B、C 层研究国际合作参与率均排名第二，分别为 23.40%、34.36% 和 27.81%。

法国、德国、意大利、西班牙、英国、沙特阿拉伯的 A 层研究国际合作参与率也比较高，在 15%～12%；加拿大、韩国、印度、伊拉克、日本、荷兰、南非、瑞士、澳大利亚、捷克、中国香港、以色列也有一定的参与率，在 9%～4%。

韩国、英国、德国、加拿大的 B 层研究国际合作参与率也比较高，在 12%～11%；印度、沙特阿拉伯、澳大利亚、日本、法国、意大利、新加坡、中国香港、西班牙、瑞典、伊朗、荷兰、南非、瑞士也有一定的参与率，在 10%～2%。

韩国、英国、印度的 C 层研究国际合作参与率也比较高，在 11%～10%；德国、澳大利亚、沙特阿拉伯、加拿大、法国、日本、伊朗、西班牙、中国香港、意大利、新加坡、巴基斯坦、马来西亚、埃及、瑞典也有一定的参与率，在 10%～2%。

表 3-7 电化学 A 层研究排名前 20 的国家和地区的国际合作参与率

单位：%

国家和地区	2014 年	2015 年	2016 年	2017 年	2018 年	2019 年	2020 年	2021 年	2022 年	2023 年	合计
中国大陆	50.00	25.00	20.00	0.00	33.33	33.33	0.00	66.67	50.00	28.57	29.79
美国	50.00	75.00	40.00	40.00	16.67	33.33	0.00	0.00	0.00	0.00	23.40
法国	0.00	25.00	20.00	20.00	0.00	33.33	50.00	0.00	16.67	0.00	14.89
德国	50.00	0.00	20.00	20.00	0.00	33.33	25.00	0.00	0.00	14.29	14.89
意大利	25.00	0.00	0.00	20.00	16.67	33.33	0.00	33.33	33.33	0.00	14.89
西班牙	25.00	0.00	0.00	20.00	0.00	33.33	25.00	33.33	0.00	14.29	14.89
英国	0.00	0.00	20.00	40.00	0.00	33.33	25.00	33.33	16.67	0.00	14.89
沙特阿拉伯	25.00	25.00	20.00	0.00	0.00	0.00	25.00	0.00	33.33	0.00	12.77
加拿大	0.00	50.00	0.00	0.00	0.00	33.33	0.00	33.33	0.00	0.00	8.51

续表

国家和地区	2014 年	2015 年	2016 年	2017 年	2018 年	2019 年	2020 年	2021 年	2022 年	2023 年	合计
韩国	0.00	0.00	0.00	20.00	16.67	0.00	25.00	0.00	16.67	0.00	8.51
印度	0.00	0.00	0.00	0.00	0.00	0.00	25.00	0.00	16.67	14.29	6.38
伊拉克	0.00	0.00	0.00	0.00	0.00	0.00	0.00	0.00	16.67	28.57	6.38
日本	0.00	0.00	0.00	0.00	0.00	33.33	0.00	0.00	16.67	14.29	6.38
荷兰	0.00	0.00	0.00	20.00	16.67	33.33	0.00	0.00	0.00	0.00	6.38
南非	0.00	0.00	0.00	0.00	0.00	66.67	25.00	0.00	0.00	0.00	6.38
瑞士	0.00	0.00	0.00	20.00	16.67	0.00	25.00	0.00	0.00	0.00	6.38
澳大利亚	0.00	0.00	0.00	0.00	0.00	33.33	25.00	0.00	0.00	0.00	4.26
捷克	0.00	0.00	0.00	0.00	0.00	0.00	0.00	33.33	16.67	0.00	4.26
中国香港	0.00	0.00	0.00	20.00	16.67	0.00	0.00	0.00	0.00	0.00	4.26
以色列	0.00	0.00	0.00	0.00	16.67	33.33	0.00	0.00	0.00	0.00	4.26

表 3-8　电化学 B 层研究排名前 20 的国家和地区的国际合作参与率

单位：%

国家和地区	2014 年	2015 年	2016 年	2017 年	2018 年	2019 年	2020 年	2021 年	2022 年	2023 年	合计
中国大陆	34.38	37.14	28.95	43.75	56.00	50.94	55.81	51.85	51.06	55.56	47.80
美国	31.25	31.43	42.11	45.83	54.00	30.19	32.56	29.63	29.79	18.52	34.36
韩国	12.50	5.71	10.53	8.33	8.00	15.09	18.60	12.96	6.38	18.52	11.89
英国	9.38	11.43	18.42	16.67	12.00	7.55	9.30	11.11	8.51	12.96	11.67
德国	9.38	5.71	15.79	6.25	14.00	18.87	13.95	11.11	10.64	7.41	11.45
加拿大	3.13	14.29	2.63	12.50	10.00	7.55	23.26	11.11	17.02	9.26	11.23
印度	3.13	11.43	5.26	6.25	8.00	15.09	11.63	7.41	10.64	12.96	9.47
沙特阿拉伯	6.25	8.57	2.63	8.33	12.00	9.43	4.65	7.41	17.02	11.11	9.03
澳大利亚	21.88	0.00	5.26	4.17	8.00	13.21	6.98	12.96	8.51	7.41	8.81
日本	12.50	11.43	10.53	8.33	4.00	3.77	4.65	5.56	2.13	7.41	6.61
法国	6.25	8.57	13.16	4.17	2.00	3.77	2.33	9.26	8.51	1.85	5.73
意大利	6.25	8.57	7.89	10.42	2.00	3.77	4.65	3.70	4.26	7.41	5.73
新加坡	6.25	8.57	10.53	6.25	2.00	1.89	4.65	7.41	2.13	7.41	5.51
中国香港	3.13	2.86	2.63	0.00	8.00	3.77	6.98	3.70	6.38	9.26	4.85
西班牙	9.38	8.57	5.26	8.33	2.00	3.77	2.33	5.56	2.13	1.85	4.63
瑞典	12.50	0.00	7.89	4.17	6.00	7.55	2.33	5.56	0.00	1.85	4.63
伊朗	0.00	2.86	2.63	2.08	2.00	3.77	2.33	3.70	4.26	5.56	3.08
荷兰	6.25	2.86	0.00	4.17	0.00	5.66	6.98	5.56	0.00	0.00	3.08
南非	3.13	8.57	0.00	4.17	2.00	5.66	0.00	5.56	0.00	0.00	2.86
瑞士	3.13	5.71	2.63	4.17	0.00	5.66	2.33	1.85	2.13	1.85	2.86

表 3-9　电化学 C 层研究排名前 20 的国家和地区的国际合作参与率

单位：%

国家和地区	2014 年	2015 年	2016 年	2017 年	2018 年	2019 年	2020 年	2021 年	2022 年	2023 年	合计
中国大陆	44.04	44.83	39.34	38.74	45.97	49.31	52.51	49.64	48.28	41.20	45.58
美国	35.02	31.03	36.34	31.41	33.74	28.70	25.88	25.79	17.41	17.59	27.81
韩国	7.58	11.72	10.51	6.28	12.22	10.42	12.56	11.44	12.14	12.96	10.90
英国	9.39	7.59	8.71	10.21	13.20	11.57	10.05	12.90	9.76	12.04	10.74
印度	9.75	11.03	5.41	10.47	11.49	9.03	10.05	10.22	12.66	13.43	10.45
德国	9.03	9.66	12.61	8.12	11.25	10.19	9.30	11.44	6.86	9.72	9.83
澳大利亚	5.42	6.90	9.01	6.02	8.31	11.11	10.05	9.73	8.44	8.56	8.52
沙特阿拉伯	7.22	8.28	5.71	7.33	6.85	4.63	7.04	8.03	12.14	15.28	8.34
加拿大	7.94	6.21	8.41	9.95	8.31	5.79	8.79	8.03	6.60	6.02	7.59
法国	6.50	4.48	7.21	9.69	7.82	6.25	5.03	4.38	5.80	3.47	6.04
日本	9.39	8.28	5.41	5.76	5.87	6.48	6.28	4.14	3.69	5.09	5.88
伊朗	2.17	1.03	4.50	3.40	3.67	5.79	8.29	7.30	10.03	5.79	5.42
西班牙	7.58	5.86	5.71	8.64	5.38	5.09	3.52	3.16	4.22	5.79	5.40
中国香港	3.61	4.48	5.11	4.19	4.16	5.79	5.28	4.87	5.28	5.56	4.89
意大利	3.97	3.79	6.31	5.50	3.67	4.86	4.52	4.14	6.33	4.86	4.81
新加坡	6.50	8.62	5.11	3.93	4.16	2.08	3.77	4.14	4.22	2.78	4.30
巴基斯坦	0.72	1.03	1.50	2.62	1.71	2.78	3.77	3.65	6.07	10.65	3.69
马来西亚	3.61	2.76	2.40	2.88	4.40	1.39	3.02	1.70	4.75	5.56	3.26
埃及	2.89	1.72	1.50	2.36	2.20	2.55	2.76	3.89	4.75	6.71	3.23
瑞典	1.08	1.72	3.30	3.14	2.93	3.01	1.51	2.68	2.90	3.01	2.59

四　物理化学

物理化学 A、B、C 层研究国际合作参与率最高的均为中国大陆，分别为 58.64%、68.30%、61.18%；美国 A、B、C 层研究国际合作参与率均排名第二，分别为 48.47%、41.12%、36.37%。

德国、澳大利亚、沙特阿拉伯、英国、新加坡 A 层研究国际合作参与率也比较高，在 15%~10%；加拿大、日本、韩国、中国香港、瑞典、意大利、瑞士、法国、荷兰、西班牙、印度、孟加拉国、比利时也有一定的参与率，在 10%~2%。

澳大利亚、新加坡、德国、英国 B 层研究国际合作参与率也比较高，在 15%~10%；中国香港、韩国、日本、沙特阿拉伯、加拿大、法国、西班牙、瑞士、印度、意大利、中国台湾、荷兰、瑞典、俄罗斯也有一定的参与率，在 10%~1%。

德国、澳大利亚、英国 C 层研究国际合作参与率也比较高，在 12%~10%；韩国、中国香港、新加坡、沙特阿拉伯、日本、加拿大、印度、法国、西班牙、意大利、瑞士、荷兰、瑞典、中国台湾、伊朗也有一定的参与率，在 9%~2%。

表 3-10　物理化学 A 层研究排名前 20 的国家和地区的国际合作参与率

单位：%

国家和地区	2014 年	2015 年	2016 年	2017 年	2018 年	2019 年	2020 年	2021 年	2022 年	2023 年	合计
中国大陆	35.29	36.36	53.57	53.33	74.19	51.43	59.26	65.38	73.81	62.16	58.64
美国	58.82	54.55	67.86	60.00	61.29	51.43	55.56	26.92	40.48	21.62	48.47
德国	11.76	22.73	17.86	20.00	6.45	17.14	18.52	23.08	9.52	8.11	14.92
澳大利亚	5.88	4.55	3.57	6.67	9.68	5.71	33.33	15.38	7.14	45.95	14.58
沙特阿拉伯	11.76	18.18	3.57	13.33	16.13	11.43	3.70	7.69	7.14	21.62	11.53
英国	11.76	22.73	0.00	10.00	6.45	5.71	25.93	23.08	9.52	8.11	11.53
新加坡	11.76	4.55	3.57	3.33	6.45	11.43	11.11	19.23	9.52	18.92	10.17
加拿大	5.88	4.55	14.29	6.67	9.68	8.57	22.22	15.38	7.14	5.41	9.83
日本	0.00	13.64	3.57	3.33	6.45	5.71	7.41	15.38	7.14	27.03	9.49
韩国	5.88	9.09	17.86	3.33	12.90	8.57	7.41	11.54	7.14	8.11	9.15
中国香港	5.88	0.00	0.00	0.00	6.45	11.43	11.11	11.54	9.52	8.11	6.78
瑞典	5.88	4.55	7.14	0.00	3.23	2.86	14.81	11.54	7.14	0.00	5.42
意大利	5.88	13.64	3.57	6.67	3.23	2.86	11.11	3.85	0.00	5.41	5.08
瑞士	11.76	9.09	3.57	3.33	3.23	2.86	11.11	7.69	4.76	0.00	5.08
法国	0.00	0.00	0.00	6.67	0.00	8.57	22.22	7.69	2.38	0.00	4.75
荷兰	0.00	13.64	10.71	3.33	3.23	0.00	3.70	11.54	0.00	0.00	4.07
西班牙	0.00	13.64	3.57	6.67	0.00	0.00	3.70	11.54	0.00	2.70	3.73
印度	0.00	0.00	3.57	0.00	3.23	2.86	7.41	15.38	0.00	2.70	3.39
孟加拉国	0.00	0.00	0.00	0.00	0.00	0.00	0.00	0.00	2.38	21.62	3.05
比利时	0.00	4.55	7.14	0.00	0.00	2.86	3.70	7.69	2.38	0.00	2.71

表 3-11 物理化学 B 层研究排名前 20 的国家和地区的国际合作参与率

单位：%

国家和地区	2014 年	2015 年	2016 年	2017 年	2018 年	2019 年	2020 年	2021 年	2022 年	2023 年	合计
中国大陆	47.83	44.72	54.42	64.63	72.33	75.09	68.52	78.81	78.72	77.08	68.30
美国	59.24	52.76	49.77	46.34	45.45	44.21	42.59	28.81	30.07	28.82	41.12
澳大利亚	9.24	10.05	9.30	10.57	13.83	14.04	18.15	18.93	22.30	15.97	14.90
新加坡	7.07	8.04	14.88	13.82	9.49	11.58	10.00	10.17	12.16	13.19	11.16
德国	11.96	14.07	7.91	11.79	9.49	9.82	15.19	9.32	10.14	9.72	10.81
英国	11.96	10.55	11.16	15.04	9.09	7.02	13.70	8.47	7.43	9.38	10.15
中国香港	7.61	5.03	6.98	10.57	7.91	12.98	9.63	10.17	9.46	14.24	9.77
韩国	7.07	11.06	14.42	5.69	5.93	8.07	9.26	6.50	10.81	11.46	8.92
日本	8.15	8.04	8.37	10.16	3.95	7.37	7.78	6.50	9.80	9.38	7.92
沙特阿拉伯	8.15	9.55	6.51	8.94	9.49	5.26	5.93	4.80	8.45	6.25	7.14
加拿大	4.89	5.03	4.65	4.47	6.72	5.96	8.89	6.21	4.73	6.60	5.91
法国	6.52	6.03	4.19	3.25	2.77	3.51	6.67	3.39	3.72	2.78	4.13
西班牙	7.07	6.53	3.26	3.66	2.77	4.56	6.67	2.82	3.72	2.08	4.13
瑞士	5.98	6.03	3.72	3.66	4.35	5.26	5.56	1.41	4.39	2.78	4.13
印度	1.63	2.51	3.72	1.22	3.56	3.86	2.96	4.52	6.42	4.86	3.71
意大利	4.89	6.03	4.19	3.66	1.98	3.16	3.70	2.26	2.36	3.82	3.44
中国台湾	7.61	3.02	2.33	0.81	1.19	2.81	2.59	1.98	3.04	6.25	3.05
荷兰	2.72	3.02	1.40	3.25	3.16	2.46	5.56	3.11	2.36	2.78	3.01
瑞典	2.72	3.52	2.33	1.22	3.56	2.46	4.44	3.67	4.05	1.74	3.01
俄罗斯	1.09	3.02	1.86	0.41	0.79	2.11	2.59	1.98	2.36	1.39	1.78

表 3-12 物理化学 C 层研究排名前 20 的国家和地区的国际合作参与率

单位：%

国家和地区	2014 年	2015 年	2016 年	2017 年	2018 年	2019 年	2020 年	2021 年	2022 年	2023 年	合计
中国大陆	41.78	47.71	49.08	59.37	64.39	66.98	67.15	66.35	69.10	64.06	61.18
美国	45.35	42.81	42.95	43.74	43.74	40.27	36.33	29.63	25.63	23.27	36.37
德国	15.67	12.73	12.65	10.60	11.18	9.51	10.37	10.91	10.36	10.31	11.17
澳大利亚	6.91	7.45	7.78	9.76	10.49	13.30	12.33	12.95	12.53	11.38	10.89
英国	11.38	9.96	10.99	10.68	10.61	9.44	9.23	10.61	9.90	10.94	10.31
韩国	9.42	9.16	8.95	8.27	7.89	7.69	8.23	8.70	9.72	10.75	8.86
中国香港	4.53	6.34	6.42	7.44	8.46	7.94	9.23	10.74	10.25	11.23	8.59
新加坡	7.21	8.36	7.68	7.84	8.41	8.71	9.02	7.51	8.12	7.44	8.06

国家和地区	2014 年	2015 年	2016 年	2017 年	2018 年	2019 年	2020 年	2021 年	2022 年	2023 年	合计
沙特阿拉伯	4.83	5.96	6.76	5.91	5.89	6.05	6.58	8.27	9.79	10.53	7.25
日本	7.69	8.09	6.91	6.87	6.50	6.60	6.16	6.03	5.38	5.23	6.42
加拿大	4.17	4.79	5.11	5.39	4.67	5.36	6.89	6.23	5.62	6.00	5.54
印度	3.87	4.37	4.52	3.90	3.94	3.83	5.41	6.39	6.55	8.58	5.29
法国	7.51	6.98	6.37	5.39	4.51	4.37	3.82	4.68	3.77	4.20	4.95
西班牙	6.32	5.70	6.66	4.95	4.47	4.15	4.20	3.56	4.49	4.86	4.78
意大利	5.36	4.42	4.82	3.98	2.60	2.99	2.48	3.03	3.42	4.01	3.57
瑞士	4.77	3.89	4.28	3.50	3.90	2.92	3.27	2.31	3.10	2.61	3.34
荷兰	4.05	4.53	3.65	2.80	2.60	3.06	2.58	1.91	2.53	1.80	2.82
瑞典	3.64	3.41	2.43	2.89	2.60	2.70	2.62	2.64	2.56	2.72	2.77
中国台湾	2.15	1.97	2.24	2.45	2.03	2.70	2.89	3.13	3.35	3.79	2.75
伊朗	0.66	1.49	2.38	1.31	1.63	2.51	2.93	3.00	3.60	3.28	2.41

五 分析化学

分析化学 A 层研究国际合作参与率最高的是美国，为 32.14%，其次是中国大陆的 27.38%；德国、加拿大、印度、英国、西班牙、意大利、波兰的参与率也比较高，在 17%~10%；韩国、沙特阿拉伯、澳大利亚、法国、希腊、巴西、挪威、丹麦、伊朗、日本、葡萄牙也有一定的参与率，在 10%~4%。

B 层研究国际合作参与率最高的是中国大陆，为 31.60%，其次为美国的 29.12%；印度、沙特阿拉伯、韩国的参与率也比较高，在 14%~10%；澳大利亚、德国、英国、意大利、西班牙、伊朗、法国、加拿大、瑞士、巴基斯坦、埃及、荷兰、新加坡、土耳其、日本也有一定的参与率，在 10%~3%。

C 层研究国际合作参与率最高的是中国大陆，为 31.59%，其次为美国的 25.94%；英国、印度的参与率也比较高，分别为 12.54%、10.46%；沙特阿拉伯、韩国、德国、西班牙、伊朗、意大利、澳大利亚、法国、加拿大、巴基斯坦、埃及、日本、马来西亚、土耳其、荷兰、瑞士也有一定的参与率，在10%~3%。

表3-13 分析化学A层研究排名前20的国家和地区的国际合作参与率

单位：%

国家和地区	2014年	2015年	2016年	2017年	2018年	2019年	2020年	2021年	2022年	2023年	合计
美国	60.00	28.57	40.00	20.00	50.00	27.27	30.00	22.22	30.77	27.27	32.14
中国大陆	20.00	14.29	0.00	80.00	25.00	18.18	20.00	22.22	23.08	54.55	27.38
德国	0.00	0.00	0.00	20.00	25.00	36.36	20.00	11.11	30.77	0.00	16.67
加拿大	0.00	14.29	0.00	20.00	12.50	9.09	30.00	22.22	23.08	9.09	15.48
印度	0.00	14.29	0.00	0.00	12.50	18.18	10.00	22.22	30.77	9.09	14.29
英国	0.00	28.57	40.00	20.00	12.50	9.09	0.00	0.00	7.69	36.36	14.29
西班牙	20.00	14.29	40.00	0.00	0.00	0.00	30.00	0.00	23.08	9.09	13.10
意大利	40.00	14.29	0.00	20.00	12.50	27.27	0.00	11.11	7.69	0.00	11.90
波兰	0.00	14.29	0.00	0.00	0.00	9.09	0.00	22.22	7.69	0.00	10.71
韩国	20.00	14.29	0.00	20.00	0.00	9.09	0.00	11.11	0.00	27.27	9.52
沙特阿拉伯	20.00	0.00	0.00	20.00	0.00	0.00	0.00	22.22	0.00	18.18	8.33
澳大利亚	40.00	0.00	0.00	0.00	0.00	27.27	0.00	11.11	0.00	0.00	7.14
法国	20.00	0.00	0.00	0.00	0.00	9.09	10.00	0.00	23.08	0.00	7.14
希腊	20.00	0.00	0.00	0.00	12.50	0.00	0.00	11.11	15.38	9.09	7.14
巴西	0.00	0.00	0.00	0.00	12.50	0.00	10.00	0.00	15.38	9.09	5.95
挪威	0.00	0.00	0.00	0.00	0.00	9.09	10.00	0.00	15.38	0.00	5.95
丹麦	40.00	0.00	0.00	0.00	0.00	0.00	0.00	0.00	7.69	0.00	4.76
伊朗	0.00	0.00	0.00	20.00	0.00	0.00	20.00	11.11	0.00	0.00	4.76
日本	20.00	0.00	0.00	0.00	0.00	0.00	10.00	11.11	7.69	0.00	4.76
葡萄牙	0.00	0.00	0.00	40.00	0.00	0.00	0.00	11.11	0.00	9.09	4.76

表3-14 分析化学B层研究排名前20的国家和地区的国际合作参与率

单位：%

国家和地区	2014年	2015年	2016年	2017年	2018年	2019年	2020年	2021年	2022年	2023年	合计
中国大陆	29.31	15.38	38.24	38.81	23.94	40.23	30.10	36.96	28.44	32.18	31.60
美国	39.66	29.23	32.35	38.81	29.58	37.93	31.07	26.09	18.35	17.24	29.12
印度	3.45	9.23	2.94	5.97	16.90	17.24	13.59	13.04	21.10	19.54	13.26
沙特阿拉伯	8.62	6.15	7.35	1.49	7.04	6.90	15.53	8.70	22.02	14.94	10.78

续表

国家和地区	2014年	2015年	2016年	2017年	2018年	2019年	2020年	2021年	2022年	2023年	合计
韩国	5.17	7.69	4.41	5.97	19.72	14.94	9.71	5.43	16.51	10.34	10.41
澳大利亚	8.62	6.15	11.76	11.94	11.27	14.94	1.94	11.96	6.42	8.05	9.05
德国	12.07	13.85	13.24	10.45	2.82	6.90	7.77	11.96	6.42	8.05	9.05
英国	17.24	9.23	5.88	13.43	8.45	13.79	5.83	7.61	2.75	8.05	8.67
意大利	6.90	10.77	8.82	10.45	12.68	6.90	7.77	7.61	7.34	6.90	8.43
西班牙	10.34	15.38	8.82	7.46	7.04	6.90	6.80	6.52	6.42	9.20	8.18
伊朗	1.72	1.54	2.94	5.97	8.45	12.64	16.50	7.61	5.50	8.05	7.68
法国	10.34	12.31	8.82	5.97	7.04	4.60	10.68	5.43	6.42	4.60	7.43
加拿大	3.45	12.31	2.94	5.97	4.23	5.75	8.74	5.43	8.26	9.20	6.82
瑞士	8.62	7.69	8.82	5.97	7.04	3.45	2.91	5.43	0.00	1.15	4.58
巴基斯坦	1.72	0.00	0.00	0.00	4.23	3.45	5.83	4.35	14.68	3.45	4.46
埃及	1.72	4.62	0.00	0.00	2.82	3.45	0.00	7.61	9.17	9.20	4.21
荷兰	1.72	3.08	8.82	4.48	2.82	5.75	3.88	3.26	2.75	1.15	3.72
新加坡	8.62	3.08	7.35	7.46	0.00	3.45	4.85	2.17	0.92	2.30	3.72
土耳其	1.72	1.54	2.94	0.00	4.23	1.15	2.91	5.43	5.50	4.60	3.22
日本	1.72	4.62	7.35	0.00	5.63	1.15	3.88	3.26	2.75	1.15	3.10

表 3-15　分析化学 C 层研究排名前 20 的国家和地区的国际合作参与率

单位：%

国家和地区	2014年	2015年	2016年	2017年	2018年	2019年	2020年	2021年	2022年	2023年	合计
中国大陆	29.57	28.60	32.28	33.45	38.51	33.70	30.81	28.66	31.05	29.62	31.59
美国	33.19	31.36	33.68	31.15	28.55	26.77	23.37	21.28	20.07	20.26	25.94
英国	13.83	13.41	13.16	12.39	13.62	11.10	10.77	13.79	13.22	11.26	12.54
印度	7.45	6.71	5.26	9.20	8.64	10.54	9.05	10.82	16.06	15.64	10.46
沙特阿拉伯	5.11	5.33	5.61	4.78	5.71	8.04	9.62	10.23	15.45	17.06	9.46
韩国	7.02	7.50	7.02	6.55	8.35	9.43	8.82	11.06	10.74	10.55	9.00
德国	8.30	9.47	12.81	7.96	8.78	9.15	6.64	7.49	7.08	8.06	8.38
西班牙	9.36	12.23	7.89	9.73	7.17	7.35	7.56	7.49	8.38	7.35	8.24
伊朗	2.34	1.97	3.68	3.89	6.30	12.48	10.88	10.82	8.97	7.58	7.56
意大利	5.53	6.31	7.72	6.19	6.88	6.66	7.90	7.61	7.56	6.75	7.02
澳大利亚	5.53	6.71	6.32	6.37	7.32	9.02	6.64	6.78	6.85	6.64	6.88
法国	6.17	9.07	10.88	8.85	7.32	5.55	6.07	7.25	3.07	4.62	6.59

续表

国家和地区	2014 年	2015 年	2016 年	2017 年	2018 年	2019 年	2020 年	2021 年	2022 年	2023 年	合计
加拿大	6.81	6.90	6.14	5.49	6.15	7.63	5.38	5.95	6.49	4.27	6.04
巴基斯坦	1.06	2.37	1.93	2.12	2.93	5.13	9.16	6.06	10.74	8.89	5.69
埃及	1.70	2.76	2.28	4.78	2.78	3.74	3.21	5.71	7.08	9.60	4.70
日本	6.17	3.55	4.39	5.31	4.54	4.44	5.84	4.04	2.83	3.55	4.39
马来西亚	3.62	2.96	2.11	2.12	3.95	3.47	4.47	3.92	4.49	5.09	3.77
土耳其	1.06	1.78	1.58	2.30	3.07	3.33	4.12	5.71	4.96	5.69	3.68
荷兰	3.83	5.33	4.21	3.89	3.66	3.19	2.86	4.04	1.77	1.42	3.25
瑞士	4.89	4.93	3.33	4.25	4.25	3.88	3.21	2.62	1.18	1.66	3.21

六 晶体学

法国、英国、美国的晶体学 A 层研究国际合作参与率并列第一，均为 31.58%，其次是德国的 26.32%；俄罗斯、瑞士、中国大陆、丹麦、意大利、西班牙的参与率也比较高，在 16%~10%；澳大利亚、印度、印度尼西亚、约旦、马来西亚、荷兰、波兰、沙特阿拉伯、塞尔维亚、新加坡也有一定的参与率，均为 5.26%。

B 层研究国际合作参与率最高的是美国，为 27.52%，其次为中国大陆的 22.94%；德国、沙特阿拉伯、印度、英国、西班牙的参与率也比较高，在 21%~10%；法国、巴基斯坦、意大利、澳大利亚、俄罗斯、伊朗、日本、埃及、瑞士、瑞典、韩国、新加坡、比利时也有一定的参与率，在 10%~3%。

C 层研究国际合作参与率最高的是美国，为 23.79%，其次为中国大陆的 18.64%；德国、英国、印度、沙特阿拉伯、法国的参与率也比较高，在 18%~10%；西班牙、俄罗斯、日本、意大利、澳大利亚、波兰、巴基斯坦、埃及、伊朗、瑞典、瑞士、韩国、加拿大也有一定的参与率，在 10%~3%。

表 3-16　晶体学 A 层研究排名前 20 的国家和地区的国际合作参与率

单位：%

国家和地区	2014 年	2015 年	2016 年	2017 年	2018 年	2019 年	2020 年	2021 年	2022 年	2023 年	合计
法国	25.00	66.67	0.00	0.00	50.00	33.33	0.00	50.00	0.00	0.00	31.58
英国	25.00	33.33	0.00	0.00	100.00	33.33	50.00	0.00	0.00	0.00	31.58
美国	0.00	0.00	0.00	100.00	100.00	33.33	50.00	0.00	0.00	0.00	31.58
德国	0.00	33.33	0.00	50.00	0.00	33.33	0.00	50.00	100.00		26.32
俄罗斯	25.00	0.00	0.00	50.00	0.00	0.00	0.00	50.00	0.00		15.79
瑞士	0.00	33.33	0.00	0.00	0.00	0.00	50.00	50.00	0.00		15.79
中国大陆	0.00	0.00	0.00	0.00	50.00	0.00	50.00	0.00	0.00		10.53
丹麦	0.00	0.00	0.00	0.00	50.00	0.00	0.00	0.00	100.00		10.53
意大利	50.00	0.00	0.00	0.00	0.00	0.00	0.00	0.00	0.00		10.53
西班牙	25.00	0.00	0.00	0.00	0.00	0.00	0.00	50.00	0.00		10.53
澳大利亚	0.00	0.00	0.00	0.00	0.00	0.00	0.00	0.00	100.00		5.26
印度	0.00	0.00	0.00	0.00	0.00	33.33	0.00	0.00	0.00		5.26
印度尼西亚	0.00	0.00	0.00	0.00	0.00	0.00	0.00	50.00	0.00		5.26
约旦	0.00	33.33	0.00	0.00	0.00	0.00	0.00	0.00	0.00		5.26
马来西亚	0.00	0.00	0.00	0.00	0.00	33.33	0.00	0.00	0.00		5.26
荷兰	25.00	0.00	0.00	0.00	0.00	0.00	0.00	0.00	0.00		5.26
波兰	25.00	0.00	0.00	0.00	0.00	0.00	0.00	0.00	0.00		5.26
沙特阿拉伯	25.00	0.00	0.00	0.00	0.00	0.00	0.00	0.00	0.00		5.26
塞尔维亚	0.00	0.00	0.00	0.00	0.00	33.33	0.00	0.00	0.00		5.26
新加坡	0.00	0.00	0.00	0.00	0.00	0.00	0.00	50.00	0.00		5.26

表 3-17　晶体学 B 层研究排名前 20 的国家和地区的国际合作参与率

单位：%

国家和地区	2014 年	2015 年	2016 年	2017 年	2018 年	2019 年	2020 年	2021 年	2022 年	2023 年	合计
美国	28.57	29.17	36.36	30.43	36.84	36.84	30.00	22.73	4.76	20.00	27.52
中国大陆	17.86	16.67	31.82	43.48	15.79	26.32	20.00	9.09	38.10	10.00	22.94
德国	32.14	37.50	13.64	26.09	15.79	26.32	15.00	13.64	0.00	15.00	20.18
沙特阿拉伯	3.57	8.33	0.00	8.70	15.79	5.26	10.00	40.91	57.14	30.00	17.43
印度	14.29	8.33	18.18	8.70	10.53	5.26	15.00	36.36	23.81	20.00	16.06
英国	14.29	12.50	27.27	13.04	21.05	10.53	20.00	9.09	4.76	15.00	14.68
西班牙	14.29	8.33	9.09	8.70	15.79	26.32	10.00	0.00	4.76	5.00	10.09
法国	10.71	29.17	0.00	13.04	10.53	5.26	15.00	0.00	0.00	10.00	9.63

续表

国家和地区	2014 年	2015 年	2016 年	2017 年	2018 年	2019 年	2020 年	2021 年	2022 年	2023 年	合计
巴基斯坦	0.00	0.00	0.00	0.00	0.00	0.00	20.00	18.18	23.81	20.00	7.80
意大利	7.14	8.33	9.09	4.35	10.53	15.79	0.00	4.55	0.00	15.00	7.34
澳大利亚	10.71	4.17	18.18	8.70	10.53	5.26	0.00	0.00	4.76	0.00	6.42
俄罗斯	7.14	0.00	13.64	4.35	5.26	0.00	10.00	13.64	4.76	5.00	6.42
伊朗	3.57	4.17	0.00	0.00	5.26	10.53	10.00	13.64	9.52	5.00	5.96
日本	3.57	8.33	22.73	4.35	0.00	0.00	0.00	4.55	9.52	5.00	5.96
埃及	0.00	0.00	0.00	0.00	5.26	5.26	5.00	4.55	23.81	15.00	5.50
瑞士	3.57	16.67	0.00	8.70	5.26	5.26	5.00	0.00	4.76	5.00	5.50
瑞典	7.14	4.17	0.00	8.70	5.26	0.00	0.00	4.55	4.76	15.00	5.05
韩国	7.14	4.17	4.55	0.00	0.00	5.26	10.00	4.55	4.76	5.00	4.59
新加坡	3.57	0.00	13.64	8.70	0.00	5.26	5.00	0.00	4.76	0.00	4.13
比利时	3.57	20.83	0.00	0.00	0.00	5.26	0.00	0.00	4.76	0.00	3.67

表 3-18 晶体学 C 层研究排名前 20 的国家和地区的国际合作参与率

单位：%

国家和地区	2014 年	2015 年	2016 年	2017 年	2018 年	2019 年	2020 年	2021 年	2022 年	2023 年	合计
美国	28.63	31.40	28.57	23.08	22.51	23.81	26.94	24.40	15.49	12.44	23.79
中国大陆	19.08	14.49	17.46	19.23	24.08	19.52	16.06	16.27	16.81	23.83	18.64
德国	14.89	23.67	22.75	15.38	20.94	22.86	15.03	16.75	13.72	8.81	17.36
英国	17.94	21.74	22.22	20.09	19.90	13.33	15.03	12.44	10.18	11.92	16.46
印度	15.27	12.08	10.05	15.81	10.99	13.81	15.54	18.18	23.01	19.69	15.56
沙特阿拉伯	4.96	2.42	3.17	2.56	5.76	8.10	9.33	22.01	23.45	26.94	10.74
法国	9.92	12.56	12.70	10.26	13.61	17.14	9.33	4.78	5.75	8.29	10.36
西班牙	10.69	9.18	13.23	8.97	12.04	10.00	8.29	7.66	7.08	7.77	9.46
俄罗斯	5.73	4.35	7.41	12.39	13.09	8.57	10.88	12.44	11.50	7.77	9.37
日本	5.73	9.66	6.88	7.26	8.90	9.05	7.25	3.35	6.19	8.29	7.19
意大利	6.49	11.59	6.35	6.84	8.38	5.71	10.36	3.35	6.19	4.66	6.95
澳大利亚	4.58	5.31	8.99	7.69	8.38	7.14	2.07	4.78	3.54	7.25	5.91
波兰	8.78	4.35	6.88	9.40	4.19	5.24	6.22	3.83	3.98	3.11	5.72
巴基斯坦	0.76	0.97	1.59	2.99	2.09	1.43	5.70	10.53	14.60	11.92	5.20
埃及	1.15	1.45	0.53	0.85	3.66	5.24	3.11	9.09	11.50	12.44	4.82
伊朗	4.20	3.38	5.29	5.56	3.66	4.29	5.70	5.74	3.98	5.70	4.73
瑞典	3.82	4.35	4.23	4.70	7.85	4.76	7.25	4.78	2.21	3.11	4.64
瑞士	3.82	3.86	8.99	2.99	6.81	8.10	4.15	2.39	3.54	1.55	4.54
韩国	4.96	2.90	5.29	2.14	4.19	4.76	5.18	4.78	5.31	4.66	4.40
加拿大	3.05	2.42	2.65	4.70	6.81	3.81	4.15	1.91	2.65	2.59	3.45

七 无机化学和核化学

无机化学和核化学 A、B、C 层研究国际合作参与率最高的均为中国大陆，分别为 46.67%、48.50%、30.01%。

法国 A 层研究国际合作参与率排名第二，为 26.67%；美国、印度、沙特阿拉伯、日本、韩国的参与率也比较高，在 20%～11%；澳大利亚、意大利、新加坡、西班牙、英国、捷克、德国、中国香港、瑞士、阿联酋、阿尔及利亚、比利时、文莱也有一定的参与率，在 7%～2%。

美国 B 层研究国际合作参与率排名第二，为 19.89%；印度、沙特阿拉伯、韩国的参与率也比较高，在 19%～11%；英国、法国、德国、澳大利亚、西班牙、日本、俄罗斯、伊朗、新加坡、意大利、葡萄牙、埃及、中国香港、瑞士、马来西亚也有一定的参与率，在 10%～3%。

美国 C 层研究国际合作参与率排名第二，为 19.04%；印度、德国、沙特阿拉伯、西班牙、英国、法国的参与率也比较高，在 18%～10%；伊朗、意大利、韩国、俄罗斯、日本、澳大利亚、巴基斯坦、埃及、葡萄牙、波兰、加拿大、瑞士也有一定的参与率，在 8%～3%。

表 3-19　无机化学和核化学 A 层研究排名前 20 的国家和地区的国际合作参与率

单位：%

国家和地区	2014 年	2015 年	2016 年	2017 年	2018 年	2019 年	2020 年	2021 年	2022 年	2023 年	合计
中国大陆	33.33	66.67	25.00	60.00	20.00	66.67	50.00	75.00	25.00	50.00	46.67
法国	50.00	66.67	0.00	60.00	20.00	16.67	25.00	0.00	25.00	0.00	26.67
美国	16.67	33.33	0.00	0.00	40.00	16.67	50.00	25.00	0.00	25.00	20.00
印度	0.00	0.00	0.00	0.00	20.00	16.67	25.00	25.00	75.00	0.00	15.56
沙特阿拉伯	0.00	0.00	25.00	20.00	0.00	0.00	25.00	25.00	0.00	75.00	15.56
日本	33.33	0.00	25.00	40.00	0.00	0.00	0.00	0.00	0.00	0.00	11.11
韩国	0.00	0.00	0.00	0.00	0.00	33.33	0.00	0.00	75.00	0.00	11.11
澳大利亚	0.00	0.00	25.00	0.00	0.00	0.00	0.00	0.00	0.00	25.00	6.67
意大利	0.00	0.00	25.00	0.00	0.00	16.67	0.00	25.00	0.00	0.00	6.67
新加坡	0.00	0.00	50.00	0.00	0.00	16.67	0.00	0.00	0.00	0.00	6.67
西班牙	16.67	0.00	50.00	0.00	0.00	0.00	0.00	0.00	0.00	0.00	6.67

续表

国家和地区	2014 年	2015 年	2016 年	2017 年	2018 年	2019 年	2020 年	2021 年	2022 年	2023 年	合计
英国	16.67	0.00	0.00	0.00	40.00	0.00	0.00	0.00	0.00	0.00	6.67
捷克	0.00	0.00	0.00	20.00	0.00	0.00	0.00	0.00	25.00	0.00	4.44
德国	0.00	33.33	0.00	20.00	0.00	0.00	0.00	0.00	0.00	0.00	4.44
中国香港	0.00	0.00	0.00	20.00	0.00	0.00	0.00	0.00	0.00	25.00	4.44
瑞士	0.00	33.33	25.00	0.00	0.00	0.00	0.00	0.00	0.00	0.00	4.44
阿联酋	0.00	0.00	0.00	0.00	0.00	0.00	0.00	25.00	0.00	25.00	4.44
阿尔及利亚	0.00	0.00	0.00	0.00	0.00	0.00	0.00	0.00	0.00	25.00	2.22
比利时	0.00	0.00	25.00	0.00	0.00	0.00	0.00	0.00	0.00	0.00	2.22
文莱	0.00	0.00	0.00	0.00	0.00	0.00	0.00	0.00	25.00	0.00	2.22

表 3-20　无机化学和核化学 B 层研究排名前 20 的国家和地区的国际合作参与率

单位：%

国家和地区	2014 年	2015 年	2016 年	2017 年	2018 年	2019 年	2020 年	2021 年	2022 年	2023 年	合计
中国大陆	42.50	25.00	22.86	42.50	72.97	60.61	50.00	36.36	66.67	63.64	48.50
美国	20.00	28.57	17.14	27.50	16.22	30.30	15.79	13.64	17.95	15.15	19.89
印度	12.50	3.57	20.00	17.50	8.11	12.12	23.68	27.27	30.77	24.24	18.53
沙特阿拉伯	7.50	14.29	2.86	17.50	13.51	9.09	13.16	13.64	17.95	24.24	13.35
韩国	5.00	7.14	11.43	2.50	18.92	9.09	5.26	22.73	23.08	9.09	11.72
英国	10.00	10.71	8.57	15.00	8.11	6.06	13.16	9.09	7.69	9.09	9.81
法国	17.50	10.71	22.86	5.00	8.11	3.03	5.26	6.82	2.56	6.06	8.72
德国	10.00	7.14	11.43	10.00	8.11	15.15	5.26	4.55	2.56	9.09	8.17
澳大利亚	0.00	3.57	14.29	12.50	8.11	3.03	7.89	6.82	10.26	3.03	7.08
西班牙	10.00	10.71	11.43	5.00	0.00	18.18	2.63	2.27	5.13	6.06	6.81
日本	5.00	7.14	2.86	10.00	8.11	0.00	5.26	9.09	5.13	9.09	6.27
俄罗斯	10.00	14.29	2.86	7.50	2.70	15.15	2.63	2.27	5.13	0.00	5.99
伊朗	2.50	0.00	0.00	0.00	5.41	3.03	10.53	11.36	12.82	9.09	5.72
新加坡	7.50	3.57	2.86	2.50	13.51	9.09	7.89	0.00	5.13	0.00	5.18
意大利	7.50	7.14	5.71	2.50	2.70	6.06	5.26	4.55	2.56	0.00	4.36
葡萄牙	5.00	7.14	2.86	5.00	2.70	6.06	2.63	4.55	7.69	0.00	4.36
埃及	2.50	0.00	0.00	2.50	5.41	3.03	10.53	6.82	0.00	6.06	3.81
中国香港	5.00	0.00	2.86	5.00	2.70	3.03	7.89	4.55	0.00	6.06	3.81
瑞士	5.00	7.14	2.86	5.00	2.70	3.03	2.63	6.82	0.00	0.00	3.54
马来西亚	0.00	3.57	2.86	2.50	0.00	0.00	5.26	6.82	10.26	0.00	3.27

表 3-21 无机化学和核化学 C 层研究排名前 20 的国家和地区的国际合作参与率

单位：%

国家和地区	2014 年	2015 年	2016 年	2017 年	2018 年	2019 年	2020 年	2021 年	2022 年	2023 年	合计
中国大陆	20.06	23.12	22.79	27.10	31.03	37.07	38.19	30.52	41.38	31.61	30.01
美国	23.16	22.22	22.51	23.58	20.69	18.38	20.06	16.28	11.29	10.65	19.04
印度	15.54	13.81	11.40	18.70	16.61	18.07	20.71	22.38	18.81	23.87	17.90
德国	21.19	17.72	21.65	16.53	13.79	9.97	10.03	6.40	8.46	2.58	13.07
沙特阿拉伯	4.24	6.61	3.99	5.42	9.09	8.41	13.27	15.12	24.76	24.84	11.29
西班牙	14.69	14.71	13.39	11.65	9.09	9.03	7.44	9.88	5.02	6.77	10.30
英国	13.84	12.01	14.25	10.30	9.72	7.48	11.00	9.01	5.33	6.77	10.06
法国	13.84	16.52	14.81	9.49	11.60	10.28	9.39	5.52	3.76	4.19	10.03
伊朗	2.54	3.90	2.85	4.88	5.02	9.03	11.00	15.12	11.91	10.97	7.60
意大利	10.45	9.61	8.83	9.76	8.46	6.23	6.80	6.98	3.45	3.23	7.48
韩国	5.08	4.20	3.70	5.15	6.58	9.35	6.80	10.17	7.52	13.87	7.15
俄罗斯	4.24	5.71	6.27	7.59	6.58	7.79	5.50	9.01	5.33	5.81	6.40
日本	7.91	6.91	7.98	7.32	7.21	6.54	5.50	3.49	4.70	3.23	6.13
澳大利亚	5.65	7.21	5.70	5.42	5.96	5.92	7.44	5.52	5.02	4.84	5.86
巴基斯坦	0.56	0.30	1.99	1.90	4.70	5.61	8.09	10.76	12.85	11.61	5.68
埃及	0.85	0.00	1.14	1.90	3.76	4.98	5.50	7.85	11.91	11.29	4.78
葡萄牙	7.34	5.41	4.84	4.61	4.39	3.12	3.24	6.40	3.45	2.58	4.60
波兰	4.80	3.60	4.84	4.61	4.70	3.12	4.21	7.27	3.13	3.23	4.39
加拿大	4.52	3.00	5.41	5.69	4.70	2.80	3.56	2.91	2.82	3.23	3.91
瑞士	5.65	6.01	4.56	4.61	1.57	2.80	0.97	2.62	2.19	0.32	3.21

八 纳米科学和纳米技术

纳米科学和纳米技术 A、B、C 层研究国际合作参与率最高的均为中国大陆，分别为 62.09%、71.42%、66.39%；美国 A、B、C 层研究国际合作参与率均排名第二，分别为 49.45%、42.78%、41.08%。

韩国、德国、英国、沙特阿拉伯、澳大利亚、加拿大 A 层研究国际合作参与率也比较高，在 14%~10%；新加坡、中国香港、瑞士、日本、西班牙、印度、意大利、瑞典、比利时、以色列、荷兰、新西兰也有一定的参与率，在10%~2%。

澳大利亚、新加坡、中国香港B层研究国际合作参与率也比较高，在15%~10%；英国、韩国、德国、日本、沙特阿拉伯、加拿大、瑞士、西班牙、印度、中国台湾、法国、意大利、荷兰、瑞典、俄罗斯也有一定的参与率，在10%~2%。

澳大利亚、德国C层研究国际合作参与率也比较高，分别为11.11%、10.32%；英国、新加坡、中国香港、韩国、日本、沙特阿拉伯、加拿大、印度、西班牙、法国、意大利、瑞士、中国台湾、瑞典、荷兰、俄罗斯也有一定的参与率，在10%~1%。

表3-22 纳米科学和纳米技术A层研究排名前20的国家和地区的国际合作参与率

单位：%

国家和地区	2014年	2015年	2016年	2017年	2018年	2019年	2020年	2021年	2022年	2023年	合计
中国大陆	25.00	37.50	45.83	68.75	57.14	66.67	88.24	64.29	65.00	80.00	62.09
美国	41.67	75.00	58.33	56.25	57.14	53.33	47.06	14.29	55.00	35.00	49.45
韩国	16.67	25.00	16.67	0.00	23.81	10.00	17.65	7.14	15.00	10.00	13.74
德国	33.33	25.00	4.17	6.25	0.00	16.67	5.88	21.43	20.00	15.00	13.19
英国	16.67	37.50	8.33	12.50	9.52	10.00	11.76	21.43	15.00	10.00	13.19
沙特阿拉伯	0.00	12.50	8.33	31.25	14.29	6.67	5.88	14.29	10.00	10.00	10.99
澳大利亚	8.33	0.00	4.17	12.50	9.52	3.33	17.65	14.29	10.00	25.00	10.44
加拿大	8.33	0.00	16.67	12.50	14.29	10.00	5.88	7.14	5.00	15.00	10.44
新加坡	0.00	0.00	0.00	0.00	4.76	10.00	17.65	35.71	0.00	30.00	9.89
中国香港	8.33	12.50	4.17	0.00	4.76	13.33	17.65	14.29	5.00	5.00	8.24
瑞士	16.67	25.00	4.17	6.25	0.00	3.33	5.88	14.29	5.00	5.00	6.59
日本	0.00	0.00	0.00	0.00	4.76	3.33	5.88	14.29	10.00	5.00	4.95
西班牙	16.67	12.50	0.00	6.25	0.00	0.00	17.65	7.14	5.00	0.00	4.95
印度	0.00	0.00	0.00	0.00	14.29	3.33	5.88	14.29	0.00	0.00	3.85
意大利	16.67	25.00	0.00	0.00	0.00	0.00	5.88	7.14	0.00	0.00	3.85
瑞典	0.00	25.00	4.17	0.00	4.76	0.00	11.76	7.14	0.00	0.00	3.85
比利时	8.33	0.00	4.17	0.00	4.76	0.00	5.88	7.14	0.00	0.00	2.75
以色列	0.00	0.00	8.33	0.00	0.00	3.33	0.00	7.14	0.00	0.00	2.20
荷兰	0.00	12.50	0.00	6.25	0.00	3.33	0.00	7.14	0.00	0.00	2.20
新西兰	0.00	0.00	0.00	6.25	0.00	3.33	11.76	0.00	0.00	0.00	2.20

表 3-23　纳米科学和纳米技术 B 层研究排名前 20 的国家和地区的国际合作参与率

单位：%

国家和地区	2014 年	2015 年	2016 年	2017 年	2018 年	2019 年	2020 年	2021 年	2022 年	2023 年	合计
中国大陆	47.90	51.20	58.78	69.38	69.59	77.20	73.37	79.26	83.42	83.51	71.42
美国	63.03	60.00	52.70	44.38	46.20	46.11	42.93	30.41	32.64	27.84	42.78
澳大利亚	10.92	9.60	8.78	13.75	15.20	16.06	18.48	17.97	16.58	16.49	14.91
新加坡	9.24	12.80	16.22	16.25	11.11	12.95	11.41	12.90	11.92	14.43	12.97
中国香港	5.88	6.40	7.43	13.75	8.77	10.88	13.59	8.29	10.36	19.59	10.86
英国	8.40	9.60	8.78	14.38	10.53	7.77	9.24	7.37	11.92	7.22	9.45
韩国	12.61	15.20	10.81	7.50	6.43	8.81	9.78	6.45	7.25	12.37	9.39
德国	10.92	11.20	10.81	7.50	5.85	8.29	8.70	7.83	8.81	9.28	8.74
日本	10.92	8.00	9.46	9.38	5.26	5.18	4.89	5.53	6.74	7.22	6.98
沙特阿拉伯	9.24	3.20	6.76	6.25	6.43	7.25	3.80	2.30	10.88	5.15	6.04
加拿大	0.84	1.60	2.70	3.13	4.68	5.70	5.43	3.23	4.15	4.64	3.81
瑞士	5.88	6.40	3.38	3.13	3.51	2.59	4.35	1.38	5.18	2.58	3.64
西班牙	5.88	4.00	4.73	3.75	2.34	3.11	3.80	1.84	3.11	2.58	3.35
印度	1.68	1.60	0.68	0.63	4.68	2.59	3.26	4.15	6.74	4.64	3.29
中国台湾	10.08	2.40	1.35	1.25	1.75	3.11	2.72	1.84	1.55	6.70	3.11
法国	2.52	4.00	5.41	0.63	4.09	2.59	2.17	3.23	4.15	1.55	2.99
意大利	4.20	7.20	5.41	5.00	1.17	2.59	2.17	1.38	0.52	2.58	2.93
荷兰	1.68	4.80	1.35	2.50	2.92	2.59	3.26	1.84	2.59	3.09	2.64
瑞典	2.52	3.20	2.03	0.63	3.51	2.07	2.72	2.76	3.11	2.58	2.52
俄罗斯	0.84	1.60	2.03	1.88	2.92	2.07	1.63	3.23	1.04	2.06	2.00

表 3-24　纳米科学和纳米技术 C 层研究排名前 20 的国家和地区的国际合作参与率

单位：%

国家和地区	2014 年	2015 年	2016 年	2017 年	2018 年	2019 年	2020 年	2021 年	2022 年	2023 年	合计
中国大陆	47.85	50.97	55.05	63.92	67.92	71.35	70.91	73.48	74.83	73.21	66.39
美国	50.54	49.11	48.54	50.33	45.87	44.70	38.46	35.78	30.54	26.17	41.08
澳大利亚	6.98	7.81	8.54	9.83	11.54	12.27	12.30	13.74	12.95	11.79	11.11
德国	13.77	12.88	10.92	10.49	9.84	8.44	9.84	9.84	9.11	10.27	10.32
英国	10.29	8.62	10.03	10.22	10.45	8.44	8.84	10.11	9.28	11.73	9.80
新加坡	9.57	9.42	9.29	9.56	9.17	10.38	9.99	9.79	9.95	9.87	9.73
中国香港	5.72	6.68	7.53	7.65	9.96	8.55	10.88	12.14	10.80	13.25	9.63
韩国	10.55	9.98	10.10	9.04	8.81	9.00	7.90	8.56	10.24	11.11	9.45

续表

国家和地区	2014年	2015年	2016年	2017年	2018年	2019年	2020年	2021年	2022年	2023年	合计
日本	7.60	6.52	6.98	5.87	5.53	6.72	5.55	5.40	4.64	4.85	5.86
沙特阿拉伯	5.46	5.39	5.02	4.29	4.13	3.89	4.92	4.71	7.98	7.61	5.35
加拿大	4.20	4.19	5.56	5.15	4.56	5.33	6.28	6.10	5.26	5.64	5.32
印度	2.86	3.70	3.80	3.50	2.73	3.28	3.77	4.28	5.37	8.07	4.22
西班牙	5.01	6.04	5.15	4.09	4.31	3.11	3.72	2.78	3.34	4.68	4.10
法国	5.55	5.15	5.08	3.03	3.46	3.55	3.56	3.21	3.22	3.16	3.78
意大利	3.94	3.70	3.59	3.17	3.52	2.89	3.30	2.99	3.51	3.16	3.34
瑞士	5.28	4.35	3.86	3.76	3.83	2.22	3.24	2.35	2.71	2.88	3.32
中国台湾	2.68	2.90	2.44	2.57	2.31	2.28	3.30	3.21	3.05	4.51	2.96
瑞典	3.49	2.58	2.24	2.57	2.92	2.44	2.93	2.62	2.49	3.16	2.73
荷兰	3.31	3.54	2.64	2.04	2.61	2.50	3.14	1.39	1.58	1.86	2.39
俄罗斯	2.24	1.85	1.63	1.25	1.64	1.78	1.57	2.30	2.43	1.07	1.77

九 化学工程

化学工程A、B、C层研究国际合作参与率最高的均为中国大陆，分别为60.76%、60.54%、54.64%；美国A、B、C层研究国际合作参与率均排名第二，分别为34.18%、30.05%、25.47%。

澳大利亚、英国、沙特阿拉伯A层研究国际合作参与率也比较高，在16%~11%；德国、中国香港、西班牙、韩国、加拿大、法国、印度、意大利、日本、荷兰、新加坡、瑞士、马来西亚、中国台湾、丹麦也有一定的参与率，在10%~3%。

澳大利亚、英国、韩国B层研究国际合作参与率也比较高，在16%~10%；沙特阿拉伯、印度、德国、中国香港、新加坡、日本、加拿大、伊朗、西班牙、马来西亚、意大利、法国、瑞士、荷兰、阿联酋也有一定的参与率，在10%~2%。

澳大利亚、英国C层研究国际合作参与率也比较高，分别为12.35%、11.11%；印度、韩国、沙特阿拉伯、加拿大、德国、中国香港、伊朗、西班牙、新加坡、日本、马来西亚、法国、意大利、巴基斯坦、埃及、中国台湾也有一定的参与率，在9%~3%。

表 3-25 化学工程 A 层研究排名前 20 的国家和地区的国际合作参与率

单位：%

国家和地区	2014 年	2015 年	2016 年	2017 年	2018 年	2019 年	2020 年	2021 年	2022 年	2023 年	合计
中国大陆	27.27	54.55	58.33	53.33	64.71	65.00	80.00	66.67	76.47	50.00	60.76
美国	54.55	9.09	25.00	60.00	47.06	35.00	20.00	38.89	23.53	27.27	34.18
澳大利亚	9.09	9.09	33.33	13.33	23.53	10.00	13.33	5.56	23.53	13.64	15.19
英国	36.36	18.18	8.33	13.33	11.76	15.00	13.33	22.22	5.88	13.64	15.19
沙特阿拉伯	9.09	18.18	8.33	26.67	0.00	5.00	6.67	5.56	5.88	27.27	11.39
德国	0.00	9.09	0.00	6.67	23.53	10.00	20.00	16.67	5.88	0.00	9.49
中国香港	0.00	9.09	0.00	0.00	5.88	10.00	20.00	5.56	11.76	18.18	8.86
西班牙	18.18	18.18	0.00	6.67	5.88	0.00	0.00	22.22	17.65	4.55	8.86
韩国	0.00	18.18	16.67	6.67	0.00	0.00	0.00	11.11	5.88	4.55	6.96
加拿大	0.00	0.00	0.00	0.00	17.65	0.00	13.33	11.11	0.00	4.55	6.33
法国	18.18	0.00	0.00	0.00	0.00	0.00	6.67	11.11	11.76	4.55	5.06
印度	9.09	9.09	8.33	6.67	0.00	0.00	6.67	0.00	5.88	9.09	5.06
意大利	9.09	18.18	0.00	0.00	0.00	10.00	0.00	5.56	0.00	9.09	5.06
日本	9.09	18.18	8.33	0.00	0.00	0.00	0.00	0.00	5.88	13.64	5.06
荷兰	9.09	9.09	0.00	0.00	5.88	0.00	6.67	16.67	5.88	0.00	5.06
新加坡	0.00	0.00	25.00	6.67	5.88	0.00	13.33	0.00	0.00	4.55	5.06
瑞士	9.09	9.09	16.67	6.67	5.88	0.00	6.67	5.56	0.00	0.00	5.06
马来西亚	0.00	18.18	0.00	0.00	0.00	0.00	13.33	5.56	0.00	9.09	4.43
中国台湾	9.09	0.00	0.00	6.67	0.00	0.00	0.00	11.11	11.76	4.55	4.43
丹麦	9.09	0.00	0.00	0.00	5.88	0.00	13.33	5.56	0.00	0.00	3.16

表 3-26 化学工程 B 层研究排名前 20 的国家和地区的国际合作参与率

单位：%

国家和地区	2014 年	2015 年	2016 年	2017 年	2018 年	2019 年	2020 年	2021 年	2022 年	2023 年	合计
中国大陆	41.57	25.47	53.27	56.41	58.78	66.22	69.78	70.17	69.23	71.43	60.54
美国	43.82	39.62	38.32	36.75	32.06	33.11	34.53	19.34	19.87	18.83	30.05
澳大利亚	6.74	12.26	10.28	7.69	12.21	18.24	17.27	24.31	16.03	18.83	15.36
英国	13.48	12.26	14.02	13.68	8.40	14.86	12.23	11.05	11.54	13.64	12.42

续表

国家和地区	2014 年	2015 年	2016 年	2017 年	2018 年	2019 年	2020 年	2021 年	2022 年	2023 年	合计
韩国	5.62	10.38	8.41	4.27	11.45	12.16	7.19	13.26	8.33	16.23	10.17
沙特阿拉伯	3.37	8.49	6.54	12.82	10.69	4.05	5.04	16.02	8.97	12.99	9.34
印度	11.24	8.49	4.67	5.13	7.63	6.08	8.63	8.29	12.18	16.23	9.04
德国	8.99	13.21	12.15	3.42	13.74	12.16	6.47	6.08	5.77	9.09	8.89
中国香港	7.87	2.83	4.67	12.82	3.05	7.43	6.47	9.39	7.05	10.39	7.38
新加坡	12.36	2.83	8.41	9.40	7.63	6.08	8.63	6.08	5.13	3.25	6.70
日本	6.74	3.77	7.48	6.84	3.82	6.76	7.19	4.97	4.49	8.44	6.02
加拿大	7.87	7.55	5.61	2.56	3.82	8.11	5.04	3.87	6.41	4.55	5.42
伊朗	2.25	2.83	2.80	1.71	1.53	3.38	5.04	3.87	12.18	6.49	4.52
西班牙	6.74	9.43	6.54	1.71	3.05	2.03	4.32	1.10	5.77	3.90	4.14
马来西亚	8.99	4.72	2.80	3.42	3.82	3.38	0.72	3.87	5.77	3.90	3.99
意大利	4.49	5.66	8.41	2.56	4.58	1.35	4.32	1.66	3.85	2.60	3.69
法国	3.37	5.66	5.61	6.84	1.53	2.70	4.32	2.76	3.21	1.30	3.54
瑞士	3.37	2.83	3.74	1.71	6.87	1.35	3.60	4.42	2.56	0.00	3.01
荷兰	3.37	2.83	5.61	3.42	2.29	3.38	2.88	4.42	1.92	0.00	2.94
阿联酋	1.12	2.83	0.93	1.71	0.76	2.70	4.32	2.76	5.77	3.25	2.79

表 3-27　化学工程 C 层研究排名前 20 的国家和地区的国际合作参与率

单位：%

国家和地区	2014 年	2015 年	2016 年	2017 年	2018 年	2019 年	2020 年	2021 年	2022 年	2023 年	合计
中国大陆	35.24	39.22	43.66	48.45	55.50	59.51	61.60	59.86	63.79	59.63	54.64
美国	32.77	30.69	29.21	32.82	30.07	28.51	24.80	20.55	18.72	16.81	25.47
澳大利亚	9.36	10.66	12.28	9.91	12.37	13.95	12.87	12.79	13.65	13.07	12.35
英国	8.45	10.43	10.99	12.27	11.60	12.21	12.29	11.58	10.49	9.73	11.11
印度	5.33	6.87	7.03	6.00	4.73	7.66	6.84	10.31	12.35	12.19	8.34
韩国	6.89	8.06	6.24	5.64	5.76	7.20	6.76	9.10	8.71	11.03	7.72
沙特阿拉伯	6.37	9.36	7.52	7.91	5.67	5.84	5.60	7.70	8.78	11.50	7.69
加拿大	5.85	5.81	6.14	5.45	7.22	6.60	6.55	7.76	5.97	6.54	6.47
德国	7.28	8.06	7.13	5.27	5.84	6.60	6.40	6.30	5.42	4.08	6.08
中国香港	3.51	3.44	4.06	4.91	5.41	5.16	5.53	6.81	7.13	8.71	5.77
伊朗	4.94	5.57	4.36	5.45	3.69	5.38	6.25	5.47	5.90	7.69	5.58

续表

国家和地区	2014 年	2015 年	2016 年	2017 年	2018 年	2019 年	2020 年	2021 年	2022 年	2023 年	合计
西班牙	9.49	7.11	6.73	6.36	5.67	5.23	3.93	4.13	4.46	4.42	5.42
新加坡	4.16	4.98	4.75	4.36	5.93	4.70	5.53	4.90	5.42	5.58	5.09
日本	5.46	5.92	5.64	4.73	4.64	4.25	4.58	5.47	4.87	4.29	4.92
马来西亚	5.33	4.74	3.96	3.45	3.69	4.40	3.71	5.28	5.42	6.33	4.69
法国	7.15	5.81	5.74	5.55	4.73	3.34	3.71	4.71	2.47	3.54	4.43
意大利	4.16	5.92	5.54	5.55	3.95	4.02	4.65	3.63	2.67	3.47	4.21
巴基斯坦	1.17	1.78	2.67	2.45	2.58	3.11	4.51	5.09	4.66	5.24	3.61
埃及	1.95	3.08	2.57	2.27	3.09	2.20	3.05	4.71	4.25	4.90	3.37
中国台湾	1.17	0.83	2.38	2.00	1.80	3.18	3.42	4.45	4.39	4.22	3.05

十　应用化学

应用化学 A、B、C 层研究国际合作参与率最高的均为中国大陆，分别为 48.33%、50.88%、49.44%；美国 A、B、C 层研究国际合作参与率均排名第二，分别为 30.00%、25.34%、24.47%。

沙特阿拉伯、印度、伊朗、西班牙、英国、韩国 A 层研究国际合作参与率也比较高，在 19%~10%；澳大利亚、意大利、马来西亚、德国、中国香港、墨西哥、巴基斯坦、卡塔尔、孟加拉国、比利时、加拿大、埃及也有一定的参与率，在 7%~3%。

印度、伊朗、沙特阿拉伯 B 层研究国际合作参与率也比较高，在 14%~10%；澳大利亚、英国、马来西亚、西班牙、韩国、加拿大、巴基斯坦、德国、意大利、法国、土耳其、巴西、埃及、新加坡、波兰也有一定的参与率，在 10%~2%。

西班牙、印度、英国、伊朗、加拿大、沙特阿拉伯、澳大利亚、韩国、法国、埃及、德国、意大利、巴西、马来西亚、巴基斯坦、日本、土耳其、比利时 C 层研究国际合作参与率在 10%~2%。

表 3-28　应用化学 A 层研究排名前 20 的国家和地区的国际合作参与率

单位：%

国家和地区	2014 年	2015 年	2016 年	2017 年	2018 年	2019 年	2020 年	2021 年	2022 年	2023 年	合计
中国大陆	0.00	25.00	50.00	20.00	0.00	66.67	25.00	77.78	50.00	75.00	48.33
美国	25.00	75.00	0.00	20.00	100.00	22.22	0.00	44.44	37.50	37.50	30.00
沙特阿拉伯	0.00	0.00	0.00	40.00	0.00	22.22	37.50	11.11	12.50	25.00	18.33
印度	25.00	75.00	0.00	0.00	0.00	11.11	25.00	11.11	0.00	25.00	16.67
伊朗	0.00	0.00	25.00	0.00	100.00	11.11	25.00	11.11	12.50	0.00	11.67
西班牙	0.00	0.00	0.00	20.00	0.00	11.11	25.00	0.00	37.50	0.00	11.67
英国	50.00	0.00	25.00	0.00	0.00	22.22	0.00	0.00	12.50	12.50	11.67
韩国	0.00	25.00	0.00	20.00	0.00	0.00	12.50	11.11	0.00	25.00	10.00
澳大利亚	0.00	0.00	0.00	0.00	0.00	11.11	0.00	22.22	12.50	0.00	6.67
意大利	0.00	0.00	0.00	20.00	0.00	0.00	12.50	0.00	12.50	0.00	6.67
马来西亚	25.00	0.00	25.00	0.00	0.00	22.22	0.00	0.00	0.00	0.00	6.67
德国	25.00	0.00	0.00	0.00	0.00	11.11	0.00	0.00	12.50	0.00	5.00
中国香港	0.00	0.00	0.00	20.00	0.00	0.00	12.50	11.11	0.00	0.00	5.00
墨西哥	0.00	0.00	0.00	0.00	0.00	0.00	12.50	0.00	12.50	0.00	5.00
巴基斯坦	0.00	0.00	25.00	0.00	0.00	0.00	12.50	0.00	12.50	0.00	5.00
卡塔尔	25.00	0.00	0.00	0.00	0.00	11.11	12.50	0.00	0.00	0.00	5.00
孟加拉国	25.00	0.00	0.00	0.00	0.00	0.00	0.00	0.00	12.50	0.00	3.33
比利时	0.00	0.00	0.00	20.00	0.00	0.00	0.00	11.11	0.00	0.00	3.33
加拿大	0.00	0.00	0.00	20.00	0.00	11.11	0.00	0.00	0.00	0.00	3.33
埃及	0.00	0.00	0.00	0.00	0.00	0.00	25.00	0.00	0.00	0.00	3.33

表 3-29　应用化学 B 层研究排名前 20 的国家和地区的国际合作参与率

单位：%

国家和地区	2014 年	2015 年	2016 年	2017 年	2018 年	2019 年	2020 年	2021 年	2022 年	2023 年	合计
中国大陆	31.25	33.33	36.11	30.77	54.76	55.56	51.47	59.42	65.63	59.38	50.88
美国	28.13	38.89	30.56	28.21	26.19	28.57	19.12	30.43	21.88	12.50	25.34
印度	3.13	5.56	5.56	12.82	11.90	19.05	11.76	11.59	18.75	21.88	13.45
伊朗	0.00	16.67	5.56	7.69	11.90	9.52	16.18	13.04	10.94	12.50	11.11
沙特阿拉伯	6.25	19.44	13.89	12.82	9.52	6.35	8.82	5.80	9.38	15.63	10.33
澳大利亚	12.50	2.78	5.56	7.69	11.90	7.94	10.29	11.59	10.94	14.06	9.94
英国	25.00	5.56	8.33	10.26	2.38	6.35	5.88	4.35	7.81	15.63	8.58
马来西亚	6.25	5.56	8.33	12.82	11.90	6.35	8.82	4.35	4.69	3.13	6.82

国家和地区	2014 年	2015 年	2016 年	2017 年	2018 年	2019 年	2020 年	2021 年	2022 年	2023 年	合计
西班牙	12.50	8.33	5.56	5.13	7.14	6.35	2.94	2.90	9.38	10.94	6.82
韩国	0.00	2.78	5.56	7.69	4.76	3.17	1.47	11.59	9.38	10.94	6.24
加拿大	3.13	8.33	2.78	5.13	7.14	9.52	5.88	7.25	3.13	6.25	6.04
巴基斯坦	3.13	5.56	5.56	7.69	9.52	4.76	2.94	4.35	9.38	7.81	6.04
德国	3.13	8.33	8.33	2.56	2.38	7.94	1.47	4.35	3.13	6.25	4.68
意大利	12.50	11.11	5.56	2.56	7.14	4.76	2.94	1.45	4.69	0.00	4.48
法国	6.25	8.33	5.56	10.26	4.76	3.17	2.94	1.45	4.69	1.56	4.29
土耳其	0.00	8.33	0.00	2.56	4.76	6.35	4.41	2.90	3.13	7.81	4.29
巴西	12.50	0.00	5.56	5.13	2.38	1.59	2.94	4.35	4.69	0.00	3.51
埃及	3.13	0.00	2.78	2.56	4.76	4.76	5.88	1.45	6.25	0.00	3.31
新加坡	3.13	5.56	0.00	2.56	2.38	4.76	1.47	4.35	1.56	4.69	3.12
波兰	0.00	0.00	0.00	2.56	2.38	1.59	2.94	5.80	1.56	7.81	2.92

表 3-30 应用化学 C 层研究排名前 20 的国家和地区的国际合作参与率

单位：%

国家和地区	2014 年	2015 年	2016 年	2017 年	2018 年	2019 年	2020 年	2021 年	2022 年	2023 年	合计
中国大陆	31.20	33.63	33.86	40.20	44.27	54.17	55.14	59.69	65.21	55.88	49.44
美国	29.45	25.89	28.35	19.11	25.39	26.39	26.03	24.84	21.87	19.27	24.47
西班牙	13.12	12.80	12.34	11.17	10.79	7.14	6.68	7.03	10.54	5.78	9.25
印度	5.25	4.17	7.09	9.43	6.52	6.55	8.05	9.22	10.54	15.41	8.54
英国	6.41	7.14	10.24	7.44	6.97	6.94	8.73	8.13	6.56	9.44	7.86
伊朗	3.79	1.79	2.36	3.72	7.64	8.73	9.59	9.38	9.34	14.26	7.69
加拿大	8.45	8.93	5.51	6.20	8.76	7.74	8.39	8.13	5.96	6.55	7.47
沙特阿拉伯	3.21	8.63	9.45	8.44	6.29	4.37	6.51	6.25	8.35	11.95	7.34
澳大利亚	6.12	3.27	5.25	8.93	8.09	6.15	5.99	8.28	9.94	7.90	7.17
韩国	5.54	7.74	7.61	7.44	3.15	4.76	5.65	5.63	6.36	6.55	5.95
法国	9.33	11.01	9.97	6.95	7.42	4.96	3.42	3.75	3.78	3.08	5.84
埃及	2.92	3.57	4.20	5.46	4.04	4.96	6.34	6.25	7.55	8.09	5.58
德国	5.54	5.36	5.51	4.96	5.17	4.56	3.77	4.69	3.58	3.66	4.57
意大利	7.87	5.06	4.46	6.20	4.49	3.97	4.28	2.19	2.78	3.47	4.23
巴西	5.54	3.87	4.20	6.70	6.07	4.37	4.62	2.97	2.78	1.16	4.08
马来西亚	2.62	2.08	2.89	4.22	3.37	3.77	4.62	3.59	5.57	4.82	3.89
巴基斯坦	1.46	3.27	3.15	3.47	2.25	3.57	4.28	4.69	5.57	5.01	3.84
日本	4.96	3.57	5.25	3.23	2.47	4.37	4.28	3.75	2.98	2.50	3.67
土耳其	1.75	4.46	1.31	1.99	2.25	2.18	3.94	3.28	4.17	4.05	3.03
比利时	1.75	5.36	3.94	2.98	1.12	2.18	1.37	2.34	2.98	3.28	2.62

十一 多学科化学

多学科化学 A、B、C 层研究国际合作参与率最高的均为中国大陆，分别为 63.17%、67.04%、55.74%；美国 A、B、C 层研究国际合作参与率均排名第二，分别为 47.85%、40.41%、38.53%。

德国、英国、澳大利亚 A 层研究国际合作参与率也比较高，在 15%~10%；新加坡、沙特阿拉伯、加拿大、日本、韩国、西班牙、中国香港、印度、瑞士、法国、意大利、荷兰、瑞典、丹麦、比利时也有一定的参与率，在 10%~1%。

澳大利亚、英国、新加坡、德国 B 层研究国际合作参与率也比较高，在 13%~10%；中国香港、韩国、日本、加拿大、沙特阿拉伯、法国、西班牙、瑞士、意大利、印度、中国台湾、荷兰、瑞典、比利时也有一定的参与率，在 9%~2%。

德国、英国 C 层研究国际合作参与率也比较高，分别为 12.96%、11.74%；澳大利亚、新加坡、韩国、中国香港、沙特阿拉伯、日本、西班牙、法国、印度、意大利、加拿大、瑞士、荷兰、瑞典、中国台湾、比利时也有一定的参与率，在 9%~2%。

表 3-31　多学科化学 A 层研究排名前 20 的国家和地区的国际合作参与率

单位：%

国家和地区	2014 年	2015 年	2016 年	2017 年	2018 年	2019 年	2020 年	2021 年	2022 年	2023 年	合计
中国大陆	56.00	63.64	52.63	60.00	60.53	62.00	69.05	73.53	63.64	68.18	63.17
美国	56.00	68.18	55.26	54.29	47.37	54.00	42.86	38.24	47.73	27.27	47.85
德国	8.00	13.64	15.79	14.29	10.53	12.00	19.05	17.65	13.64	18.18	14.52
英国	12.00	22.73	7.89	8.57	18.42	12.00	7.14	20.59	11.36	6.82	12.10
澳大利亚	16.00	9.09	2.63	5.71	15.79	8.00	7.14	20.59	4.55	15.91	10.22
新加坡	8.00	4.55	2.63	5.71	7.89	2.00	11.90	20.59	13.64	20.45	9.95
沙特阿拉伯	12.00	18.18	7.89	17.14	13.16	8.00	0.00	8.82	11.36	4.55	9.41
加拿大	8.00	4.55	10.53	2.86	13.16	10.00	11.90	8.82	4.55	11.36	8.87
日本	12.00	9.09	5.26	2.86	5.26	6.00	14.29	8.82	4.55	11.36	7.80

续表

国家和地区	2014 年	2015 年	2016 年	2017 年	2018 年	2019 年	2020 年	2021 年	2022 年	2023 年	合计
韩国	12.00	9.09	7.89	2.86	13.16	10.00	4.76	5.88	9.09	4.55	7.80
西班牙	8.00	9.09	5.26	0.00	5.26	2.00	9.52	14.71	6.82	4.55	6.18
中国香港	4.00	4.55	2.63	0.00	5.26	4.00	9.52	2.94	6.82	11.36	5.38
印度	0.00	0.00	2.63	5.71	5.26	6.00	7.14	5.88	6.82	6.82	5.11
瑞士	4.00	9.09	5.26	11.43	5.26	2.00	4.76	11.76	0.00	2.27	5.11
法国	4.00	9.09	7.89	5.71	7.89	2.00	4.76	2.94	2.27	4.55	4.84
意大利	8.00	4.55	5.26	2.86	2.63	6.00	7.14	5.88	4.55	2.27	4.84
荷兰	0.00	9.09	2.63	5.71	2.63	2.00	0.00	2.94	6.82	0.00	2.96
瑞典	4.00	4.55	2.63	0.00	0.00	2.00	4.76	8.82	0.00	4.55	2.96
丹麦	0.00	4.55	0.00	2.86	2.63	4.00	2.38	2.94	0.00	2.27	2.15
比利时	0.00	0.00	2.63	0.00	7.89	0.00	0.00	5.88	0.00	2.27	1.88

表 3-32　多学科化学 B 层研究排名前 20 的国家和地区的国际合作参与率

单位：%

国家和地区	2014 年	2015 年	2016 年	2017 年	2018 年	2019 年	2020 年	2021 年	2022 年	2023 年	合计
中国大陆	47.16	48.82	58.89	64.95	71.47	68.27	67.42	73.35	74.42	78.87	67.04
美国	46.72	46.85	52.96	45.98	48.16	40.86	39.09	32.98	31.71	29.48	40.41
澳大利亚	8.73	9.84	9.76	11.58	11.04	11.42	13.03	15.04	18.67	15.97	12.94
英国	13.54	8.27	12.20	11.90	11.66	9.14	13.31	13.72	11.00	11.30	11.59
新加坡	9.61	9.06	11.50	12.22	10.12	11.93	9.35	12.93	10.74	12.29	11.11
德国	11.35	15.35	12.20	10.29	7.36	11.68	10.48	11.35	8.95	10.57	10.81
中国香港	5.24	6.69	4.53	9.65	6.44	8.63	11.05	8.71	7.67	13.76	8.56
韩国	9.17	10.24	9.41	7.40	6.75	8.38	7.37	9.50	6.65	8.35	8.23
日本	7.42	8.27	8.71	8.68	5.21	5.58	7.93	5.80	6.39	8.35	7.15
加拿大	3.93	5.51	4.88	4.18	6.44	8.88	5.38	7.39	4.86	6.39	5.94
沙特阿拉伯	10.48	8.27	7.67	7.72	6.75	4.06	3.40	4.22	5.63	4.67	5.94
法国	7.42	6.69	5.92	4.82	4.91	6.09	5.10	3.96	6.65	3.93	5.43
西班牙	8.30	6.69	4.18	5.14	3.99	5.84	3.12	3.17	4.60	4.18	4.74
瑞士	6.11	7.87	4.88	4.18	3.99	4.31	5.38	4.49	3.32	2.95	4.56
意大利	2.62	5.91	4.53	3.86	2.76	3.30	5.38	3.43	2.81	3.44	3.75
印度	4.80	2.76	3.83	1.29	1.53	2.79	4.25	4.22	4.86	4.18	3.48
中国台湾	5.68	2.76	2.09	1.29	1.53	4.06	3.68	4.22	3.84	5.16	3.48
荷兰	5.24	4.33	2.79	3.54	2.76	3.05	3.68	4.49	2.81	2.70	3.45
瑞典	2.62	1.97	5.57	1.29	3.68	3.30	3.12	5.01	3.84	2.46	3.33
比利时	1.31	2.76	4.88	3.54	1.53	1.78	2.55	2.11	1.02	1.47	2.22

表 3-33 多学科化学 C 层研究排名前 20 的国家和地区的国际合作参与率

单位：%

国家和地区	2014 年	2015 年	2016 年	2017 年	2018 年	2019 年	2020 年	2021 年	2022 年	2023 年	合计
中国大陆	40.97	44.69	46.49	54.33	57.10	60.49	59.69	60.00	61.37	60.54	55.74
美国	47.58	44.86	45.81	47.35	44.44	41.91	37.33	31.53	28.88	25.95	38.53
德国	15.64	15.13	14.65	13.64	13.15	12.15	11.97	11.81	11.95	11.85	12.96
英国	12.38	12.90	12.77	12.74	11.26	9.92	11.32	11.84	11.54	11.65	11.74
澳大利亚	6.15	6.41	7.02	6.98	8.84	10.42	10.62	11.50	9.86	9.41	9.00
新加坡	7.22	8.64	7.81	8.37	7.99	8.17	8.58	8.72	8.67	8.34	8.30
韩国	8.19	9.15	8.41	7.01	7.73	8.14	8.26	7.26	7.85	8.59	8.03
中国香港	4.66	4.97	5.41	5.93	7.96	7.14	8.23	9.51	9.36	10.73	7.69
沙特阿拉伯	6.15	6.32	5.97	5.23	5.64	4.57	5.40	6.75	8.73	10.03	6.58
日本	8.05	8.22	7.74	6.28	6.39	6.82	5.54	5.68	5.42	5.14	6.37
西班牙	6.24	7.12	7.62	5.34	5.91	5.06	5.19	4.98	5.15	5.56	5.71
法国	8.33	7.08	7.02	6.45	5.71	5.56	5.13	4.59	4.43	4.41	5.67
印度	4.10	4.09	4.09	3.59	3.98	4.39	5.66	6.19	7.24	7.75	5.28
意大利	5.45	4.76	5.78	4.82	4.89	4.89	5.40	5.26	5.29	4.83	5.13
加拿大	5.17	4.81	4.81	4.88	4.47	5.30	5.57	5.68	5.18	4.35	5.04
瑞士	5.07	5.27	5.48	4.47	4.57	3.86	3.86	3.74	3.17	3.37	4.17
荷兰	3.82	4.38	4.09	3.77	3.20	3.63	3.51	2.81	3.19	2.30	3.40
瑞典	3.63	3.20	2.67	2.69	3.13	2.60	3.36	2.98	2.70	2.84	2.95
中国台湾	2.47	2.49	2.03	2.55	2.02	2.63	2.89	3.09	2.67	3.62	2.69
比利时	2.79	2.49	2.40	2.09	1.92	1.70	2.27	1.97	2.09	2.19	2.16

第二节 学科组

在化学各学科研究分析的基础上，按照 A、B、C 层三个研究层次，对各学科研究进行汇总分析，可以从学科组层面揭示国际合作的分布特点和发展趋势。

一 A 层研究

化学 A 层研究国际合作参与率最高的是中国大陆，为 53.63%，其次为美国的41.64%；德国、英国、澳大利亚、沙特阿拉伯的参与率也比较高，在13%~11%；韩国、加拿大、新加坡、印度、西班牙、日本、意大利、中国香港、法国、瑞士、荷兰、瑞典、伊朗、马来西亚、比利时、中国台湾、丹麦、波兰、巴基斯坦、孟加拉国、埃及、以色列、捷克、葡萄牙、土耳其、新西兰、俄罗斯、巴西、挪威、爱尔兰、希腊、南非、越南、阿联酋也有一定的参与率，在9%~0.8%。

在发展趋势上，中国大陆、澳大利亚、沙特阿拉伯呈现相对上升趋势，美国、英国、法国呈现相对下降趋势，其他国家和地区没有呈现明显变化。

表3-34 化学A层研究排名前40的国家和地区的国际合作参与率

单位：%

国家和地区	2014年	2015年	2016年	2017年	2018年	2019年	2020年	2021年	2022年	2023年	合计
中国大陆	32.63	41.76	45.11	53.49	56.52	55.38	55.10	61.94	58.58	61.40	53.63
美国	45.26	48.35	48.87	50.39	52.17	43.55	35.37	32.09	40.24	27.49	41.64
德国	12.63	14.29	11.28	13.95	8.70	13.98	14.29	15.67	13.02	9.94	12.71
英国	16.84	20.88	8.27	10.85	13.04	12.37	11.56	16.42	10.06	11.11	12.63
澳大利亚	9.47	5.49	6.02	8.53	12.32	10.75	14.97	14.18	9.47	19.88	11.56
沙特阿拉伯	9.47	13.19	9.02	18.60	9.42	8.06	8.84	8.96	8.88	17.54	11.13
韩国	7.37	13.19	10.53	4.65	11.59	8.60	6.80	8.96	8.88	8.77	8.83
加拿大	6.32	5.49	9.02	5.43	10.87	9.14	12.24	11.19	5.33	7.02	8.33
新加坡	4.21	3.30	6.77	4.65	6.52	5.38	8.84	14.18	5.92	13.45	7.61
印度	4.21	6.59	2.26	2.33	6.52	6.45	9.52	10.45	10.06	8.19	6.89
西班牙	10.53	9.89	7.52	4.65	2.17	1.61	10.88	11.94	7.69	3.51	6.60
日本	8.42	7.69	4.51	3.10	3.62	3.76	8.16	9.70	5.92	11.70	6.60
意大利	11.58	9.89	6.02	4.65	3.62	5.91	7.48	5.97	5.33	2.92	5.96
中国香港	3.16	3.30	2.26	3.88	5.07	7.53	10.20	5.97	5.92	8.19	5.89
法国	10.53	9.89	3.76	6.98	4.35	4.84	9.52	5.22	5.33	1.75	5.81
瑞士	7.37	9.89	6.02	6.20	3.62	1.61	6.80	8.96	1.78	1.17	4.81
荷兰	5.26	8.79	3.76	5.43	2.90	1.61	2.04	8.21	2.37	0.00	3.59
瑞典	5.26	5.49	3.76	0.00	1.45	2.15	6.80	8.21	2.37	2.34	3.59
伊朗	1.05	1.10	0.75	1.55	2.17	2.69	6.12	8.21	4.14	2.92	3.23
马来西亚	6.32	3.30	3.01	1.55	2.17	3.23	2.04	2.24	1.18	3.51	2.73
比利时	2.11	2.20	4.51	0.78	2.90	1.61	2.04	5.97	0.59	1.17	2.30

续表

国家和地区	2014 年	2015 年	2016 年	2017 年	2018 年	2019 年	2020 年	2021 年	2022 年	2023 年	合计
中国台湾	3.16	2.20	0.75	2.33	1.45	1.61	2.04	2.99	2.96	2.34	2.15
丹麦	3.16	2.20	1.50	1.55	1.45	1.61	5.44	2.99	1.78	0.58	2.15
波兰	5.26	1.10	0.75	1.55	0.72	1.61	4.08	2.99	0.59	2.92	2.08
巴基斯坦	0.00	0.00	1.50	2.33	1.45	1.08	1.36	2.24	4.73	1.17	1.72
孟加拉国	3.16	0.00	0.00	0.00	0.00	0.00	0.68	0.75	2.96	7.60	1.65
埃及	0.00	1.10	0.75	1.55	0.72	1.08	3.40	2.24	1.18	3.51	1.65
以色列	2.11	3.30	2.26	0.78	1.45	1.08	0.68	2.24	2.37	0.00	1.51
捷克	2.11	0.00	3.01	1.55	0.00	0.54	0.68	2.99	2.37	1.17	1.44
葡萄牙	0.00	1.10	0.00	3.10	0.00	0.00	2.04	5.97	0.00	1.75	1.36
土耳其	0.00	1.10	2.26	1.55	0.72	1.08	1.36	2.99	0.59	1.75	1.36
新西兰	0.00	0.00	0.00	2.33	1.45	2.15	3.40	0.00	1.18	1.75	1.36
俄罗斯	2.11	0.00	0.75	0.78	0.72	0.54	2.04	4.48	1.78	0.00	1.29
巴西	0.00	2.20	0.75	1.55	2.17	0.54	1.36	0.00	1.78	1.75	1.22
挪威	0.00	0.00	0.75	0.00	0.72	2.15	1.36	0.75	2.37	1.17	1.08
爱尔兰	1.05	2.20	0.75	2.33	0.72	0.00	0.68	3.73	0.00	0.58	1.08
希腊	1.05	2.20	1.50	0.00	0.72	1.08	0.68	0.75	1.18	1.17	1.01
南非	0.00	0.00	0.00	0.00	2.17	1.61	2.72	0.75	0.59	0.58	0.93
越南	0.00	0.00	0.00	0.00	0.72	1.08	2.04	2.99	0.00	1.17	0.86
阿联酋	0.00	1.10	0.75	0.00	0.72	0.54	0.00	3.73	0.00	1.75	0.86

二　B 层研究

化学 B 层研究国际合作参与率最高的是中国大陆，为 59.68%，其次为美国的 36.36%；澳大利亚、英国的参与率也比较高，分别为 12.58%、10.62%；德国、新加坡、韩国、沙特阿拉伯、中国香港、印度、日本、加拿大、西班牙、法国、意大利、瑞士、伊朗、荷兰、瑞典、中国台湾、马来西亚、比利时、巴基斯坦、埃及、俄罗斯、土耳其、波兰、丹麦、以色列、巴西、葡萄牙、捷克、南非、阿联酋、爱尔兰、新西兰、芬兰、奥地利、泰国、越南也有一定的参与率，在 10%~0.7%。

在发展趋势上，中国大陆、澳大利亚呈现相对上升趋势，美国、德国呈现相对下降趋势，其他国家和地区没有呈现明显变化。

表 3-35　化学 B 层研究排名前 40 的国家和地区的国际合作参与率

单位：%

国家和地区	2014 年	2015 年	2016 年	2017 年	2018 年	2019 年	2020 年	2021 年	2022 年	2023 年	合计
中国大陆	41.85	39.30	49.62	57.48	62.81	65.13	60.55	67.13	67.24	69.21	59.68
美国	46.21	45.73	45.32	42.34	41.01	39.12	35.74	28.22	27.20	24.36	36.36
澳大利亚	8.93	8.54	9.73	10.85	11.81	12.76	12.85	16.01	16.10	14.05	12.58
英国	12.61	9.27	10.97	13.65	9.48	9.50	11.81	9.65	9.02	11.16	10.62
德国	11.27	13.17	11.07	9.71	8.32	10.42	9.51	8.86	7.84	8.97	9.72
新加坡	7.92	7.27	11.16	10.76	7.99	9.36	8.10	9.19	8.19	9.46	8.96
韩国	8.04	10.01	10.02	6.04	7.82	9.14	8.10	8.79	9.30	11.09	8.87
沙特阿拉伯	7.70	7.90	6.49	8.40	8.65	5.39	6.24	6.96	11.24	9.11	7.83
中国香港	5.47	4.74	5.15	8.49	5.82	8.08	8.40	7.74	6.52	11.30	7.39
印度	5.25	4.74	4.39	3.85	5.66	6.31	7.21	7.81	10.62	9.96	6.86
日本	7.14	6.95	8.30	7.79	4.83	5.32	6.17	5.58	5.97	7.34	6.44
加拿大	5.36	5.69	3.91	4.55	5.41	7.30	7.21	6.30	5.55	5.72	5.79
西班牙	8.15	7.90	5.53	4.99	3.91	5.53	4.90	3.02	4.44	4.73	5.10
法国	6.92	7.69	6.77	5.42	4.58	4.32	5.57	3.87	5.07	2.82	5.10
意大利	5.36	7.06	5.63	4.64	3.74	3.76	4.53	2.89	3.33	3.60	4.27
瑞士	5.36	6.43	3.72	3.50	4.08	3.61	4.01	2.76	3.12	2.05	3.70
伊朗	1.12	2.11	1.43	1.14	1.91	3.40	6.61	5.38	4.93	4.52	3.51
荷兰	3.57	3.58	2.67	3.32	2.58	2.83	3.71	3.22	2.15	1.98	2.92
瑞典	3.01	3.16	4.10	1.49	3.16	2.62	2.67	3.28	2.98	2.19	2.84
中国台湾	4.58	2.11	1.72	1.40	1.91	2.62	2.30	2.69	2.64	4.59	2.67
马来西亚	2.57	2.00	1.62	2.45	1.50	1.56	2.08	2.36	3.96	2.05	2.24
比利时	1.34	3.58	3.24	2.19	1.33	1.77	2.23	1.84	1.46	1.69	2.01
巴基斯坦	0.56	1.26	1.15	0.87	1.25	1.20	2.38	1.51	4.51	3.46	1.94
埃及	0.89	1.69	0.95	0.26	1.58	1.42	1.78	2.30	3.68	2.75	1.83
俄罗斯	1.45	2.63	2.29	1.22	1.50	1.42	1.56	2.23	2.57	1.34	1.82
土耳其	0.56	1.16	0.48	1.05	0.67	1.35	2.01	1.97	2.64	2.82	1.58
波兰	0.78	1.05	1.15	0.79	1.91	0.92	1.49	1.97	1.60	3.25	1.56
丹麦	1.12	1.58	0.67	0.87	1.33	1.13	1.04	1.05	1.94	1.41	1.23
以色列	1.23	1.16	0.67	1.92	1.25	1.63	1.04	0.59	1.73	0.85	1.20
巴西	1.23	1.48	0.48	1.40	0.75	0.78	1.34	1.38	1.80	0.99	1.17
葡萄牙	1.56	1.05	0.57	1.14	0.92	1.35	0.67	1.44	1.80	1.06	1.17
捷克	1.56	0.63	0.48	1.31	0.75	0.92	1.19	1.31	1.11	0.85	1.02

续表

国家和地区	2014 年	2015 年	2016 年	2017 年	2018 年	2019 年	2020 年	2021 年	2022 年	2023 年	合计
南非	0.56	1.05	0.57	0.87	1.08	1.35	1.26	1.25	0.76	1.06	1.01
阿联酋	0.22	0.84	0.38	0.52	0.17	0.85	1.34	1.12	1.94	1.69	0.98
爱尔兰	1.12	1.05	1.34	0.61	0.83	1.28	0.97	0.85	1.04	0.78	0.98
新西兰	0.45	0.74	1.72	0.87	0.58	1.06	0.59	1.18	1.18	1.20	0.98
芬兰	0.56	1.37	0.76	0.44	1.00	1.20	0.67	1.77	0.35	1.06	0.94
奥地利	1.56	0.53	1.91	0.70	0.92	0.64	0.45	0.85	1.04	0.92	0.92
泰国	0.45	0.32	0.67	0.44	0.75	0.43	1.19	1.51	0.97	1.13	0.83
越南	0.11	0.21	0.19	0.09	0.33	0.57	1.63	1.44	1.11	1.06	0.75

三 C 层研究

化学 C 层研究国际合作参与率最高的是中国大陆，为 53.17%，其次为美国的 33.42%；英国、德国的参与率也比较高，分别为 10.80%、10.50%；澳大利亚、韩国、沙特阿拉伯、印度、新加坡、中国香港、西班牙、日本、加拿大、法国、意大利、伊朗、瑞士、荷兰、埃及、巴基斯坦、瑞典、中国台湾、俄罗斯、马来西亚、比利时、波兰、土耳其、巴西、丹麦、葡萄牙、捷克、芬兰、以色列、奥地利、爱尔兰、南非、越南、泰国、阿联酋、希腊也有一定的参与率，在 10%~0.7%。

在发展趋势上，中国大陆、沙特阿拉伯、印度、中国香港呈现相对上升趋势，美国、德国、日本、法国呈现相对下降趋势，其他国家和地区没有呈现明显变化。

表 3-36　化学 C 层研究排名前 40 的国家和地区的国际合作参与率

单位：%

国家和地区	2014 年	2015 年	2016 年	2017 年	2018 年	2019 年	2020 年	2021 年	2022 年	2023 年	合计
中国大陆	38.09	41.71	44.02	50.42	54.97	58.21	57.92	57.83	59.99	56.79	53.17
美国	41.37	39.50	39.89	40.18	38.60	36.47	32.22	27.81	24.50	22.20	33.42
英国	11.59	11.11	11.65	11.44	11.05	9.69	10.11	10.87	10.25	10.97	10.80

续表

国家和地区	2014 年	2015 年	2016 年	2017 年	2018 年	2019 年	2020 年	2021 年	2022 年	2023 年	合计
德国	13.28	12.71	12.43	10.70	10.60	9.93	9.58	9.66	9.18	9.15	10.50
澳大利亚	6.66	7.18	8.03	8.32	9.57	10.99	10.51	11.15	10.69	9.98	9.55
韩国	8.05	8.72	8.17	7.19	7.42	7.97	7.76	8.29	8.82	9.82	8.24
沙特阿拉伯	5.33	6.32	6.24	5.84	5.93	5.51	6.72	8.10	10.56	11.84	7.43
印度	5.49	5.42	5.31	5.73	5.43	5.93	6.89	8.08	9.52	10.88	7.07
新加坡	6.23	7.00	6.37	6.41	6.88	6.80	7.08	6.52	6.85	6.54	6.68
中国香港	4.07	4.67	5.13	5.51	6.75	6.24	6.95	8.01	7.92	9.05	6.65
西班牙	7.54	7.36	7.42	6.29	5.94	5.11	4.90	4.59	5.12	5.38	5.80
日本	7.11	7.12	6.60	6.01	5.85	6.09	5.44	5.22	4.86	4.66	5.78
加拿大	5.31	5.25	5.49	5.36	5.47	5.69	6.30	6.35	5.71	5.44	5.68
法国	7.98	7.75	7.53	6.26	5.78	5.15	4.84	4.70	3.96	4.03	5.58
意大利	5.61	5.08	5.38	4.90	4.43	4.33	4.51	4.25	4.37	4.26	4.64
伊朗	1.77	1.97	2.14	2.39	2.71	3.83	4.74	4.93	4.86	4.86	3.61
瑞士	4.37	3.99	4.18	3.55	3.56	2.89	3.00	2.46	2.61	2.43	3.20
荷兰	3.52	4.16	3.49	2.99	2.90	3.07	2.87	2.29	2.43	1.79	2.87
埃及	1.26	1.66	1.62	1.84	1.91	2.19	2.39	4.10	4.84	5.01	2.84
巴基斯坦	0.72	1.20	1.47	1.68	1.82	2.17	3.39	3.76	4.65	5.35	2.82
瑞典	3.38	3.10	2.59	2.73	2.90	2.63	2.84	2.81	2.48	2.64	2.78
中国台湾	2.13	2.00	2.10	2.31	1.86	2.65	2.77	3.27	3.12	3.65	2.66
俄罗斯	2.34	1.74	2.01	2.04	2.11	2.29	2.12	2.78	3.11	1.83	2.27
马来西亚	1.81	1.56	1.62	1.75	1.70	1.87	2.39	2.60	3.22	3.09	2.23
比利时	2.71	2.56	2.64	2.22	2.17	1.83	1.99	2.23	1.90	1.98	2.18
波兰	1.79	1.98	1.60	1.72	1.61	1.42	1.55	2.07	2.24	2.32	1.84
土耳其	0.98	1.30	1.01	1.46	1.18	1.36	1.90	1.96	2.60	2.63	1.71
巴西	2.09	1.70	1.73	1.68	1.66	1.64	1.68	1.65	1.35	1.40	1.64
丹麦	2.00	1.78	1.36	1.32	1.54	1.43	1.57	1.48	1.52	1.45	1.53
葡萄牙	2.01	1.72	1.52	1.48	1.39	1.54	1.42	1.48	1.07	1.18	1.45
捷克	1.46	1.36	1.20	0.97	0.99	1.18	1.44	1.35	1.19	1.29	1.24
芬兰	1.35	1.49	1.16	1.31	1.51	1.40	1.02	1.26	1.01	1.04	1.24
以色列	1.38	1.39	1.39	1.33	1.18	1.02	0.96	0.80	0.95	0.88	1.09
奥地利	1.13	1.35	1.52	1.16	1.00	1.02	0.79	0.99	0.81	1.12	1.07
爱尔兰	1.50	1.35	1.60	0.89	0.88	1.02	0.76	1.15	0.86	0.88	1.06

续表

国家和地区	2014 年	2015 年	2016 年	2017 年	2018 年	2019 年	2020 年	2021 年	2022 年	2023 年	合计
南非	0.73	0.95	1.13	0.95	0.91	0.79	0.99	0.93	1.24	1.28	1.00
越南	0.30	0.36	0.22	0.31	0.41	1.10	2.38	1.40	0.98	0.93	0.92
泰国	0.56	0.61	0.80	0.58	0.69	0.63	0.99	1.22	1.20	1.28	0.89
阿联酋	0.24	0.42	0.36	0.41	0.56	0.75	0.92	1.14	1.34	1.89	0.86
希腊	0.94	1.03	0.97	0.74	0.58	0.55	0.57	0.65	0.72	0.73	0.73

第四章　生命科学

生命科学是研究生命现象、揭示生命活动规律和生命本质的科学，其研究对象包括动物、植物、微生物及人类本身，研究层次涉及分子、细胞、组织、器官、个体、群体及群落和生态系统。生命科学既是一门基础科学，又与国民经济和社会发展密切相关。它既探究生命起源、进化等重要理论问题，又有助于解决人口健康、农业、生态环境等国家重大需求。

第一节　学科

生命科学学科组包括以下学科：生物学、微生物学、病毒学、植物学、生态学、湖沼学、进化生物学、动物学、鸟类学、昆虫学、制奶和动物科学、生物物理学、生物化学和分子生物学、生物化学研究方法、遗传学和遗传性、数学生物学和计算生物学、细胞生物学、免疫学、神经科学、心理学、应用心理学、生理心理学、临床心理学、发展心理学、教育心理学、实验心理学、数学心理学、多学科心理学、心理分析、社会心理学、行为科学、生物材料学、细胞和组织工程学、生理学、解剖学和形态学、发育生物学、生殖生物学、农学、多学科农业、生物多样性保护、园艺学、真菌学、林学、兽医学、海洋生物学和淡水生物学、渔业学、食品科学和技术、生物医药工程、生物技术和应用微生物学，共计49个。

一　生物学

2014~2023年，生物学A、B、C层研究国际合作参与率最高的均为美国，分别为62.50%、55.40%、53.02%；英国A、B、C层研究国际合作参与率均排名第二，分别为46.88%、32.54%、33.05%。

德国、澳大利亚、加拿大、中国大陆、荷兰、沙特阿拉伯、南非、瑞典 A 层研究国际合作参与率也比较高，在 25%～10%；比利时、印度、瑞士、奥地利、马来西亚、新西兰、新加坡、巴西、丹麦、以色列也有一定的参与率，在 10%～6%。

德国、澳大利亚、中国大陆、加拿大、法国、瑞士 B 层研究国际合作参与率也比较高，在 25%～10%；西班牙、荷兰、意大利、瑞典、沙特阿拉伯、日本、巴西、丹麦、奥地利、印度、南非、比利时也有一定的参与率，在 10%～4%。

德国、中国大陆、澳大利亚、法国、加拿大 C 层研究国际合作参与率也比较高，在 23%～13%；瑞士、荷兰、西班牙、意大利、日本、瑞典、丹麦、沙特阿拉伯、印度、奥地利、比利时、巴西、挪威也有一定的参与率，在 10%～2%。

表 4-1　生物学 A 层研究排名前 20 的国家和地区的国际合作参与率

单位：%

国家和地区	2014 年	2015 年	2016 年	2017 年	2018 年	2019 年	2020 年	2021 年	2022 年	2023 年	合计
美国	75.00	100.00	37.50	80.00	57.14	60.00	75.00	50.00	75.00	50.00	62.50
英国	75.00	40.00	37.50	40.00	42.86	60.00	100.00	40.00	25.00	50.00	46.88
德国	25.00	20.00	25.00	40.00	14.29	40.00	75.00	10.00	12.50	25.00	25.00
澳大利亚	50.00	0.00	25.00	0.00	14.29	40.00	50.00	20.00	25.00	12.50	21.88
加拿大	25.00	20.00	37.50	20.00	0.00	40.00	75.00	30.00	0.00	0.00	21.88
中国大陆	0.00	40.00	12.50	40.00	0.00	0.00	25.00	10.00	50.00	37.50	21.88
荷兰	25.00	20.00	12.50	0.00	0.00	20.00	0.00	0.00	0.00	25.00	10.94
沙特阿拉伯	0.00	0.00	12.50	0.00	14.29	20.00	0.00	0.00	12.50	12.50	10.94
南非	50.00	0.00	0.00	0.00	0.00	0.00	25.00	10.00	12.50	12.50	10.94
瑞典	25.00	20.00	12.50	20.00	14.29	20.00	0.00	0.00	0.00	0.00	10.94
比利时	0.00	20.00	0.00	0.00	14.29	20.00	50.00	0.00	0.00	12.50	9.38
印度	0.00	0.00	0.00	0.00	0.00	40.00	0.00	0.00	0.00	12.50	9.38
瑞士	0.00	0.00	12.50	20.00	0.00	0.00	75.00	0.00	12.50	0.00	9.38
奥地利	0.00	20.00	0.00	0.00	0.00	20.00	0.00	20.00	0.00	12.50	7.81
马来西亚	0.00	0.00	0.00	0.00	14.29	0.00	0.00	20.00	12.50	0.00	7.81
新西兰	50.00	0.00	0.00	0.00	0.00	0.00	25.00	10.00	12.50	0.00	7.81
新加坡	0.00	0.00	0.00	20.00	14.29	0.00	25.00	0.00	25.00	0.00	7.81
巴西	0.00	20.00	12.50	0.00	0.00	0.00	0.00	10.00	12.50	0.00	6.25
丹麦	0.00	20.00	0.00	40.00	0.00	20.00	0.00	0.00	0.00	0.00	6.25
以色列	0.00	0.00	25.00	20.00	0.00	0.00	0.00	10.00	0.00	0.00	6.25

表 4-2　生物学 B 层研究排名前 20 的国家和地区的国际合作参与率

单位：%

国家和地区	2014 年	2015 年	2016 年	2017 年	2018 年	2019 年	2020 年	2021 年	2022 年	2023 年	合计
美国	67.31	62.96	58.18	66.10	41.38	66.67	64.29	50.77	39.44	42.67	55.40
英国	42.31	35.19	40.00	44.07	31.03	28.07	28.57	30.77	26.76	25.33	32.54
德国	25.00	20.37	32.73	38.98	22.41	26.32	23.81	18.46	22.54	20.00	24.76
澳大利亚	19.23	33.33	14.55	23.73	13.79	19.30	15.48	30.77	22.54	22.67	21.43
中国大陆	13.46	16.67	18.18	8.47	22.41	14.04	27.38	15.38	29.58	24.00	19.68
加拿大	23.08	16.67	12.73	22.03	18.97	15.79	16.67	23.08	19.72	6.67	17.30
法国	19.23	11.11	16.36	23.73	20.69	19.30	9.52	16.92	5.63	6.67	14.29
瑞士	19.23	5.56	10.91	13.56	15.52	10.53	4.76	12.31	9.86	5.33	10.32
西班牙	13.46	11.11	5.45	13.56	10.34	15.79	3.57	6.15	11.27	6.67	9.37
荷兰	3.85	5.56	9.09	15.25	6.90	10.53	9.52	7.69	9.86	8.00	8.73
意大利	13.46	5.56	9.09	8.47	3.45	7.02	3.57	10.77	12.68	8.00	8.10
瑞典	9.62	5.56	10.91	13.56	13.79	8.77	7.14	1.54	4.23	5.33	7.78
沙特阿拉伯	1.92	3.70	5.45	0.00	3.45	7.02	1.19	13.85	14.08	9.33	6.19
日本	13.46	5.56	3.64	6.78	3.45	0.00	5.95	4.62	8.45	6.67	5.87
巴西	1.92	7.41	7.27	8.47	0.00	12.28	2.38	6.15	5.63	4.00	5.40
丹麦	1.92	1.85	1.82	10.17	6.90	8.77	8.33	3.08	4.23	4.00	5.24
奥地利	7.69	7.41	7.27	3.39	3.45	3.51	8.33	1.54	2.82	2.67	4.76
印度	3.85	3.70	5.45	3.39	0.00	5.26	2.38	10.77	2.82	9.33	4.76
南非	1.92	7.41	1.82	1.69	5.17	8.77	4.76	6.15	1.41	4.00	4.29
比利时	1.92	5.56	9.09	5.08	5.17	1.75	2.38	6.15	2.82	2.67	4.13

表 4-3　生物学 C 层研究排名前 20 的国家和地区的国际合作参与率

单位：%

国家和地区	2014 年	2015 年	2016 年	2017 年	2018 年	2019 年	2020 年	2021 年	2022 年	2023 年	合计
美国	53.77	55.54	59.90	58.50	61.33	54.39	53.13	47.14	44.87	45.38	53.02
英国	39.23	36.53	37.32	37.33	37.20	32.52	31.13	26.73	28.76	28.04	33.05
德国	22.24	24.63	24.88	21.87	25.23	23.31	22.34	18.47	20.51	19.29	22.09
中国大陆	7.53	8.10	9.82	14.07	14.36	18.13	20.49	20.66	20.64	22.69	16.17
澳大利亚	12.26	13.88	14.89	13.65	14.73	13.09	14.24	15.43	14.11	12.80	13.96
法国	14.71	12.40	17.68	15.04	16.39	12.37	14.81	12.03	9.72	10.05	13.42
加拿大	12.96	11.90	14.08	13.37	14.36	11.22	12.27	14.70	11.58	13.94	13.00
瑞士	9.63	10.74	11.95	9.47	9.76	8.06	9.61	8.75	7.19	9.72	9.40

续表

国家和地区	2014 年	2015 年	2016 年	2017 年	2018 年	2019 年	2020 年	2021 年	2022 年	2023 年	合计
荷兰	8.58	9.92	9.49	7.94	9.76	12.66	7.87	8.63	6.52	7.29	8.80
西班牙	6.65	6.94	6.55	7.52	6.81	7.19	6.48	7.65	8.92	7.94	7.30
意大利	3.85	5.95	5.40	5.85	5.52	6.76	8.68	6.93	11.85	10.37	7.28
日本	4.90	7.60	7.86	8.36	5.89	7.05	7.52	7.05	5.73	8.91	7.12
瑞典	5.78	8.93	7.36	9.61	7.00	5.47	7.06	6.32	6.26	6.16	6.99
丹麦	4.20	4.63	4.75	6.27	6.08	4.17	4.40	6.68	5.46	4.70	5.16
沙特阿拉伯	1.23	3.31	2.95	2.37	2.95	3.74	4.28	8.87	11.05	8.27	5.12
印度	0.88	2.15	2.29	2.09	2.58	3.17	3.94	8.38	9.05	6.16	4.30
奥地利	3.50	3.97	4.58	3.90	3.31	4.17	4.28	5.71	3.06	2.92	4.00
比利时	4.38	3.47	5.07	3.90	4.42	3.88	5.32	2.07	3.20	3.89	3.93
巴西	3.15	3.14	4.09	2.23	4.60	2.45	3.24	2.79	2.66	5.02	3.27
挪威	2.45	2.81	3.76	2.92	3.13	3.31	2.55	1.94	2.66	2.76	2.79

二 微生物学

微生物学 A、B、C 层研究国际合作参与率最高的均为美国，分别为 68.60%、51.87%、49.20%；英国 A、B、C 层研究国际合作参与率均排名第二，分别为 34.88%、27.49%、22.06%。

德国、澳大利亚、法国、加拿大、中国大陆、西班牙、荷兰、瑞士、意大利、丹麦、瑞典 A 层研究国际合作参与率也比较高，在 30%~12%；比利时、挪威、以色列、奥地利、巴西、爱尔兰、韩国也有一定的参与率，在 10%~5%。

中国大陆、德国、荷兰、法国、澳大利亚、加拿大、西班牙、瑞士 B 层研究国际合作参与率也比较高，在 23%~11%；意大利、丹麦、瑞典、比利时、印度、以色列、奥地利、巴西、中国香港、日本也有一定的参与率，在 10%~4%。

中国大陆、德国、法国、加拿大、澳大利亚、荷兰 C 层研究国际合作参与率也比较高，在 19%~10%；西班牙、瑞士、意大利、比利时、印度、丹麦、瑞典、巴西、日本、奥地利、沙特阿拉伯、南非也有一定的参与率，在 9%~3%。

表 4-4　微生物学 A 层研究排名前 20 的国家和地区的国际合作参与率

单位：%

国家和地区	2014 年	2015 年	2016 年	2017 年	2018 年	2019 年	2020 年	2021 年	2022 年	2023 年	合计
美国	85.71	71.43	80.00	66.67	75.00	77.78	44.44	72.73	45.45	75.00	68.60
英国	42.86	28.57	20.00	50.00	37.50	22.22	33.33	45.45	36.36	37.50	34.88
德国	14.29	57.14	30.00	16.67	12.50	33.33	44.44	18.18	18.18	50.00	29.07
澳大利亚	0.00	14.29	20.00	16.67	37.50	11.11	33.33	36.36	18.18	50.00	24.42
法国	28.57	28.57	20.00	16.67	0.00	11.11	33.33	18.18	27.27	37.50	22.09
加拿大	42.86	14.29	30.00	33.33	25.00	22.22	11.11	18.18	9.09	12.50	20.93
中国大陆	0.00	14.29	20.00	50.00	25.00	33.33	22.22	18.18	18.18	0.00	19.77
西班牙	14.29	28.57	10.00	33.33	37.50	11.11	22.22	0.00	27.27	25.00	19.77
荷兰	0.00	14.29	10.00	16.67	37.50	33.33	22.22	0.00	27.27	25.00	18.60
瑞士	14.29	0.00	0.00	16.67	37.50	33.33	11.11	18.18	9.09	37.50	17.44
意大利	14.29	14.29	0.00	16.67	0.00	22.22	22.22	18.18	18.18	37.50	16.28
丹麦	14.29	42.86	0.00	16.67	25.00	0.00	22.22	9.09	9.09	25.00	15.12
瑞典	28.57	28.57	0.00	16.67	25.00	11.11	0.00	9.09	9.09	12.50	12.79
比利时	0.00	28.57	0.00	0.00	0.00	11.11	33.33	0.00	9.09	12.50	9.30
挪威	0.00	14.29	0.00	16.67	12.50	44.44	0.00	0.00	0.00	0.00	9.30
以色列	0.00	0.00	0.00	0.00	12.50	0.00	0.00	18.18	27.27	12.50	8.14
奥地利	0.00	14.29	0.00	16.67	0.00	11.11	0.00	0.00	0.00	25.00	5.81
巴西	0.00	14.29	0.00	16.67	0.00	11.11	11.11	0.00	0.00	0.00	5.81
爱尔兰	14.29	0.00	0.00	16.67	0.00	0.00	11.11	0.00	0.00	25.00	5.81
韩国	0.00	0.00	0.00	16.67	12.50	11.11	11.11	0.00	0.00	12.50	5.81

表 4-5　微生物学 B 层研究排名前 20 的国家和地区的国际合作参与率

单位：%

国家和地区	2014 年	2015 年	2016 年	2017 年	2018 年	2019 年	2020 年	2021 年	2022 年	2023 年	合计
美国	52.24	59.76	56.52	48.51	57.78	57.33	55.56	49.59	46.46	40.19	51.87
英国	29.85	29.27	26.09	25.74	25.56	33.33	24.24	25.20	33.33	25.23	27.49
中国大陆	13.43	13.41	11.96	16.83	20.00	25.33	31.31	27.64	29.29	30.84	22.67
德国	23.88	26.83	22.83	16.83	23.33	22.67	19.19	14.63	25.25	18.69	20.96
荷兰	19.40	12.20	17.39	17.82	23.33	18.67	16.16	9.76	9.09	13.08	15.29
法国	17.91	17.07	16.30	13.86	15.56	13.33	18.18	12.20	17.17	11.21	15.08
澳大利亚	11.94	14.63	18.48	11.88	14.44	16.00	14.14	14.63	10.10	11.21	13.69
加拿大	14.93	13.41	10.87	10.89	14.44	17.33	11.11	10.57	16.16	11.21	12.83
西班牙	14.93	12.20	15.22	10.89	8.89	10.67	9.09	9.76	15.15	12.15	11.76
瑞士	11.94	12.20	11.96	9.90	12.22	14.67	11.11	13.82	12.12	8.41	11.76

续表

国家和地区	2014 年	2015 年	2016 年	2017 年	2018 年	2019 年	2020 年	2021 年	2022 年	2023 年	合计
意大利	10.45	13.41	7.61	10.89	6.67	8.00	8.08	8.13	9.09	14.95	9.73
丹麦	5.97	14.63	6.52	8.91	11.11	4.00	9.09	11.38	7.07	6.54	8.66
瑞典	7.46	3.66	3.26	7.92	11.11	16.00	7.07	8.94	6.06	8.41	7.91
比利时	13.43	7.32	3.26	7.92	7.78	6.67	11.11	4.07	8.08	7.48	7.49
印度	2.99	1.22	8.70	10.89	4.44	5.33	5.05	6.50	5.05	6.54	5.88
以色列	5.97	3.66	9.78	2.97	4.44	6.67	4.04	8.13	7.07	5.61	5.88
奥地利	7.46	3.66	3.26	1.98	2.22	8.00	4.04	4.88	10.10	5.61	5.03
巴西	1.49	3.66	8.70	3.96	3.33	5.33	5.05	4.88	6.06	6.54	5.03
中国香港	0.00	3.66	0.00	2.97	2.22	4.00	12.12	5.69	6.06	9.35	4.92
日本	1.49	8.54	1.09	0.99	3.33	8.00	6.06	4.88	7.07	5.61	4.71

表 4-6　微生物学 C 层研究排名前 20 的国家和地区的国际合作参与率

单位：%

国家和地区	2014 年	2015 年	2016 年	2017 年	2018 年	2019 年	2020 年	2021 年	2022 年	2023 年	合计
美国	55.96	50.42	53.73	54.78	49.32	51.54	48.20	47.96	43.49	39.96	49.20
英国	22.80	24.02	23.03	22.66	23.93	22.40	21.03	23.26	18.11	20.50	22.06
中国大陆	10.75	12.13	12.72	16.46	16.44	19.71	23.49	20.62	23.54	24.50	18.58
德国	18.22	18.67	19.19	16.87	18.73	17.21	15.78	18.07	15.11	14.62	17.15
法国	13.76	14.27	14.47	15.35	14.78	14.23	12.36	10.79	11.85	11.46	13.19
加拿大	11.01	9.99	11.84	9.55	9.16	11.63	11.39	8.95	10.43	11.46	10.51
澳大利亚	9.04	8.44	10.64	10.67	11.03	12.88	9.90	10.63	10.85	9.04	10.40
荷兰	11.27	10.70	10.86	10.57	12.59	9.81	11.48	9.11	7.26	10.41	10.29
西班牙	9.44	7.97	8.99	8.13	10.51	8.46	7.89	9.59	8.10	10.30	8.91
瑞士	8.39	10.11	10.20	8.64	10.09	8.65	8.15	8.23	8.60	7.89	8.84
意大利	7.99	6.90	7.57	7.01	7.28	7.21	9.99	8.87	9.10	7.68	8.06
比利时	6.03	7.02	7.02	5.79	5.62	5.48	5.43	6.39	5.09	5.57	5.91
印度	4.98	3.57	3.73	4.67	4.89	5.19	4.82	7.75	8.93	8.73	5.89
丹麦	5.77	5.83	6.91	5.79	6.14	5.58	6.13	5.52	5.18	5.68	5.83
瑞典	4.19	5.71	5.70	4.67	5.52	5.48	5.52	6.00	5.43	4.31	5.30
巴西	5.77	4.40	5.04	5.59	4.27	4.04	3.68	4.88	3.51	4.10	4.47
日本	3.93	4.04	4.39	5.18	3.75	5.00	5.70	2.40	5.18	3.68	4.33
奥地利	3.67	4.76	4.39	4.17	4.27	3.37	3.94	4.48	4.26	3.89	4.12
沙特阿拉伯	1.97	2.26	2.52	2.13	2.81	2.21	3.33	4.96	6.84	8.10	3.85
南非	3.93	2.97	3.07	4.37	3.12	3.27	3.33	3.60	4.42	3.68	3.59

三 病毒学

病毒学 A、B、C 层研究国际合作参与率最高的均为美国,分别为 60.71%、72.18%、62.21%。

中国大陆和英国 A 层研究国际合作参与率排名并列第二,均为 28.57%;加拿大、中国香港、澳大利亚、德国、日本、新加坡、瑞士的参与率也比较高,在 18%~10%;比利时、丹麦、埃及、法国、荷兰、新西兰、南非、瑞典、孟加拉国、以色列也有一定的参与率,在 8%~3%。

英国和德国 B 层研究国际合作参与率排名第二、第三,分别为 27.82% 和 24.60%;法国、中国大陆、加拿大、荷兰、澳大利亚的参与率也比较高,在 19%~10%;巴西、瑞士、日本、西班牙、意大利、南非、比利时、瑞典、印度、新加坡、丹麦、俄罗斯也有一定的参与率,在 10%~5%。

英国 C 层研究国际合作参与率排名第二,为 25.19%;中国大陆、德国、法国、澳大利亚、加拿大、荷兰的参与率也比较高,在 20%~10%;瑞士、意大利、西班牙、日本、比利时、巴西、南非、瑞典、新加坡、印度、丹麦、奥地利也有一定的参与率,在 10%~3%。

表 4-7　病毒学 A 层研究排名前 20 的国家和地区的国际合作参与率

单位:%

国家和地区	2014 年	2015 年	2016 年	2017 年	2018 年	2019 年	2020 年	2021 年	2022 年	2023 年	合计
美国	100.00	50.00	75.00	75.00	66.67	100.00	25.00	25.00	0.00	0.00	60.71
中国大陆	0.00	50.00	25.00	25.00	0.00	0.00	100.00	0.00	100.00	0.00	28.57
英国	25.00	50.00	50.00	25.00	33.33	0.00	0.00	50.00	0.00	0.00	28.57
加拿大	25.00	0.00	0.00	50.00	33.33	0.00	0.00	100.00	0.00	0.00	17.86
中国香港	0.00	50.00	25.00	33.33	50.00	25.00	0.00	0.00	0.00	0.00	17.86
澳大利亚	0.00	0.00	0.00	33.33	50.00	25.00	0.00	0.00	0.00	0.00	14.29
德国	25.00	0.00	50.00	25.00	0.00	0.00	0.00	0.00	0.00	0.00	14.29
日本	0.00	0.00	0.00	0.00	0.00	50.00	0.00	50.00	0.00	0.00	10.71
新加坡	0.00	0.00	0.00	25.00	33.33	0.00	0.00	0.00	0.00	0.00	10.71
瑞士	25.00	0.00	25.00	25.00	0.00	0.00	0.00	0.00	0.00	0.00	10.71
比利时	25.00	0.00	0.00	0.00	33.33	0.00	0.00	0.00	0.00	0.00	7.14

续表

国家和地区	2014 年	2015 年	2016 年	2017 年	2018 年	2019 年	2020 年	2021 年	2022 年	2023 年	合计
丹麦	0.00	50.00	0.00	0.00	33.33	0.00	0.00	0.00	0.00	0.00	7.14
埃及	0.00	0.00	0.00	0.00	0.00	0.00	0.00	50.00	0.00	0.00	7.14
法国	25.00	0.00	0.00	0.00	0.00	50.00	0.00	0.00	0.00	0.00	7.14
荷兰	0.00	0.00	0.00	0.00	33.33	50.00	0.00	0.00	0.00	0.00	7.14
新西兰	25.00	0.00	0.00	0.00	33.33	0.00	0.00	0.00	0.00	0.00	7.14
南非	25.00	50.00	0.00	0.00	0.00	0.00	0.00	0.00	0.00	0.00	7.14
瑞典	0.00	50.00	0.00	0.00	33.33	0.00	0.00	0.00	0.00	0.00	7.14
孟加拉国	0.00	0.00	0.00	0.00	0.00	0.00	0.00	0.00	100.00	0.00	3.57
以色列	0.00	0.00	0.00	0.00	0.00	0.00	0.00	25.00	0.00	0.00	3.57

表 4-8　病毒学 B 层研究排名前 20 的国家和地区的国际合作参与率

单位：%

国家和地区	2014 年	2015 年	2016 年	2017 年	2018 年	2019 年	2020 年	2021 年	2022 年	2023 年	合计
美国	80.77	72.41	92.86	81.82	64.52	73.68	66.67	62.96	56.52	68.42	72.18
英国	26.92	17.24	17.86	36.36	22.58	42.11	4.17	37.04	47.83	36.84	27.82
德国	11.54	27.59	28.57	27.27	29.03	36.84	16.67	11.11	34.78	26.32	24.60
法国	23.08	13.79	10.71	36.36	16.13	15.79	12.50	7.41	17.39	36.84	18.15
中国大陆	0.00	10.34	10.71	9.09	22.58	15.79	45.83	18.52	21.74	21.05	17.34
加拿大	15.38	6.90	14.29	18.18	6.45	42.11	12.50	11.11	26.09	15.79	15.73
荷兰	23.08	13.79	17.86	13.64	16.13	15.79	4.17	14.81	17.39	21.05	15.73
澳大利亚	7.69	10.34	14.29	4.55	6.45	15.79	4.17	14.81	8.70	21.05	10.48
巴西	7.69	6.90	14.29	18.18	6.45	10.53	0.00	7.41	13.04	15.79	9.68
瑞士	15.38	20.69	14.29	0.00	9.68	10.53	4.17	7.41	4.35	5.26	9.68
日本	11.54	13.79	7.14	4.55	3.23	5.26	8.33	11.11	13.04	15.79	9.27
西班牙	23.08	17.24	3.57	9.09	6.45	5.26	4.17	0.00	8.70	10.53	8.87
意大利	0.00	3.45	10.71	0.00	12.90	15.79	4.17	11.11	13.04	10.53	8.06
南非	11.54	3.45	3.57	9.09	3.23	5.26	4.17	14.81	13.04	5.26	7.26
比利时	7.69	3.45	7.14	4.55	0.00	10.53	4.17	3.70	13.04	21.05	6.85
瑞典	7.69	3.45	0.00	9.09	6.45	15.79	0.00	7.41	17.39	5.26	6.85
印度	3.85	6.90	3.57	13.64	0.00	0.00	4.17	7.41	13.04	10.53	6.05
新加坡	7.69	6.90	14.29	0.00	9.68	0.00	8.33	0.00	0.00	5.26	5.65
丹麦	3.85	6.90	0.00	13.64	6.45	0.00	0.00	7.41	8.70	5.26	5.24
俄罗斯	7.69	0.00	3.57	9.09	6.45	10.53	0.00	0.00	8.70	10.53	5.24

表 4-9 病毒学 C 层研究排名前 20 的国家和地区的国际合作参与率

单位：%

国家和地区	2014 年	2015 年	2016 年	2017 年	2018 年	2019 年	2020 年	2021 年	2022 年	2023 年	合计
美国	69.44	65.66	63.16	66.67	64.21	68.98	56.41	54.71	55.19	54.66	62.21
英国	25.58	26.42	23.36	24.80	25.26	28.57	22.22	25.00	27.36	23.73	25.19
中国大陆	15.28	17.74	19.08	20.33	18.25	17.55	29.49	21.74	17.92	21.19	19.70
德国	16.28	19.25	19.74	17.48	20.35	21.63	17.95	19.20	16.51	18.64	18.74
法国	14.95	18.87	16.78	15.04	19.65	18.37	9.83	14.13	15.09	16.53	16.01
澳大利亚	10.63	10.19	7.57	14.63	11.23	13.88	14.10	11.59	10.85	9.32	11.29
加拿大	10.63	9.43	12.17	8.54	10.88	10.61	11.97	11.23	12.74	12.71	11.06
荷兰	11.96	12.83	9.87	10.57	11.58	12.24	8.97	11.23	10.85	7.20	10.79
瑞士	8.97	8.30	9.54	8.54	12.28	10.61	8.97	11.23	6.13	7.63	9.33
意大利	7.97	8.30	7.24	6.10	8.07	7.76	9.83	9.06	12.26	10.17	8.56
西班牙	9.97	5.28	8.55	10.16	6.67	8.98	4.70	6.16	9.43	8.90	7.87
日本	6.98	6.79	6.25	8.13	8.42	6.53	8.55	3.62	8.49	5.51	6.87
比利时	3.32	6.79	4.61	4.07	7.02	8.16	4.70	7.61	8.49	8.47	6.22
巴西	4.65	4.53	6.58	7.72	4.56	4.08	5.56	6.16	5.66	2.97	5.26
南非	5.32	4.15	3.95	5.28	7.72	6.12	4.27	5.07	4.72	2.97	4.99
瑞典	3.65	4.15	3.95	4.47	3.51	6.53	4.27	4.35	5.66	4.24	4.42
新加坡	4.98	7.17	2.96	5.28	4.56	3.27	3.42	3.26	3.30	4.66	4.30
印度	2.33	2.26	2.63	4.88	3.51	2.04	7.26	3.99	8.02	4.66	3.99
丹麦	2.99	3.02	3.95	2.85	3.86	3.67	2.56	2.90	4.25	3.81	3.38
奥地利	4.98	1.89	1.64	2.03	3.51	3.67	1.71	3.62	2.83	3.81	3.00

四 植物学

植物学 A、B、C 层研究国际合作参与率最高的均为美国，分别为 53.60%、46.15%、37.88%；中国大陆 A、B、C 层研究国际合作参与率排名第二，分别为 41.60%、38.88%、36.47%。

澳大利亚、英国、加拿大、德国、荷兰、印度、法国、巴基斯坦 A 层研究国际合作参与率也比较高，在 30%～10%；西班牙、瑞士、比利时、日本、巴西、伊朗、波兰、韩国、以色列、南非也有一定的参与率，在 10%～4%。

德国、澳大利亚、英国、法国、西班牙、荷兰 B 层研究国际合作参与率也比较高，在20%～10%；印度、加拿大、日本、巴基斯坦、沙特阿拉伯、意大利、瑞士、瑞典、比利时、巴西、捷克、韩国也有一定的参与率，在10%～4%。

德国、英国、澳大利亚、法国C层研究国际合作参与率也比较高，在19%～11%；西班牙、印度、意大利、加拿大、日本、沙特阿拉伯、巴基斯坦、荷兰、瑞士、比利时、埃及、瑞典、韩国、巴西也有一定的参与率，在10%～3%。

表4-10　植物学A层研究排名前20的国家和地区的国际合作参与率

单位：%

国家和地区	2014年	2015年	2016年	2017年	2018年	2019年	2020年	2021年	2022年	2023年	合计
美国	90.00	45.45	57.14	71.43	63.64	38.46	56.25	40.00	42.11	56.25	53.60
中国大陆	20.00	45.45	14.29	42.86	27.27	53.85	50.00	46.67	36.84	56.25	41.60
澳大利亚	30.00	27.27	28.57	28.57	45.45	30.77	37.50	13.33	36.84	18.75	29.60
英国	20.00	27.27	85.71	14.29	27.27	38.46	12.50	26.67	26.32	0.00	24.80
加拿大	50.00	0.00	14.29	14.29	27.27	15.38	0.00	26.67	0.00	6.25	13.60
德国	20.00	18.18	14.29	14.29	18.18	7.69	0.00	26.67	5.26	12.50	12.80
荷兰	20.00	18.18	42.86	14.29	9.09	7.69	6.25	20.00	10.53	0.00	12.80
印度	0.00	9.09	0.00	14.29	0.00	0.00	12.50	0.00	21.05	37.50	12.00
法国	20.00	36.36	14.29	14.29	18.18	0.00	6.25	13.33	0.00	6.25	11.20
巴基斯坦	0.00	0.00	0.00	14.29	0.00	30.77	0.00	13.33	15.79	18.75	10.40
西班牙	30.00	0.00	14.29	28.57	9.09	0.00	6.25	6.67	15.79	0.00	9.60
瑞士	0.00	18.18	28.57	14.29	27.27	0.00	12.50	6.67	0.00	0.00	8.80
比利时	0.00	0.00	0.00	14.29	9.09	7.69	6.25	13.33	5.26	0.00	5.60
日本	10.00	0.00	0.00	0.00	9.09	7.69	0.00	0.00	5.26	0.00	5.60
巴西	0.00	18.18	28.57	14.29	9.09	0.00	0.00	0.00	0.00	0.00	4.80
伊朗	0.00	0.00	0.00	14.29	0.00	0.00	0.00	0.00	15.79	12.50	4.80
波兰	10.00	9.09	28.57	0.00	0.00	0.00	6.25	6.67	0.00	0.00	4.80
韩国	0.00	0.00	0.00	0.00	0.00	0.00	6.25	13.33	5.26	12.50	4.80
以色列	10.00	0.00	0.00	0.00	9.09	0.00	0.00	0.00	0.00	12.50	4.00
南非	0.00	0.00	0.00	14.29	9.09	7.69	0.00	6.67	0.00	6.25	4.00

表4-11　植物学B层研究排名前20的国家和地区的国际合作参与率

单位：%

国家和地区	2014年	2015年	2016年	2017年	2018年	2019年	2020年	2021年	2022年	2023年	合计
美国	48.48	53.13	41.67	56.31	50.93	35.29	46.43	51.88	40.97	40.15	46.15
中国大陆	24.24	31.25	27.08	34.95	36.11	34.45	45.54	45.86	54.86	43.18	38.88
德国	15.15	13.54	25.00	17.48	23.15	29.41	17.86	22.56	20.14	13.64	19.88

续表

国家和地区	2014 年	2015 年	2016 年	2017 年	2018 年	2019 年	2020 年	2021 年	2022 年	2023 年	合计
澳大利亚	24.24	19.79	14.58	15.53	24.07	20.17	18.75	17.29	13.19	13.64	17.86
英国	13.13	16.67	27.08	21.36	18.52	13.45	17.86	19.55	14.58	16.67	17.69
法国	17.17	10.42	21.88	15.53	15.74	11.76	15.18	12.03	7.64	9.09	13.22
西班牙	13.13	8.33	12.50	14.56	14.81	11.76	15.18	7.52	8.33	9.09	11.30
荷兰	8.08	15.63	14.58	11.65	9.26	11.76	13.39	11.28	11.11	4.55	10.95
印度	9.09	4.17	8.33	11.65	5.56	6.72	10.71	9.02	13.89	15.91	9.81
加拿大	15.15	10.42	3.13	13.59	8.33	7.56	11.61	10.53	3.47	6.06	8.76
日本	10.10	10.42	6.25	7.77	8.33	7.56	10.71	10.53	8.33	3.03	8.23
巴基斯坦	3.03	4.17	3.13	3.88	4.63	6.72	13.39	6.77	14.58	13.64	7.88
沙特阿拉伯	2.02	4.17	6.25	3.88	1.85	6.72	8.93	10.53	12.50	16.67	7.88
意大利	8.08	5.21	8.33	10.68	8.33	5.04	9.82	7.52	6.25	6.82	7.53
瑞士	6.06	7.29	10.42	5.83	9.26	3.36	8.04	8.27	5.56	5.30	6.83
瑞典	5.05	4.17	4.17	3.88	9.26	5.88	5.36	5.26	4.86	4.55	5.25
比利时	5.05	4.17	7.29	2.91	7.41	6.72	6.25	3.76	3.47	4.55	5.08
巴西	2.02	6.25	6.25	2.91	7.41	6.72	4.46	4.51	4.86	3.79	4.90
捷克	3.03	1.04	4.17	6.80	7.41	2.52	5.36	6.77	5.56	3.79	4.73
韩国	7.07	3.13	2.08	3.88	1.85	3.36	2.68	5.26	6.25	7.58	4.47

表 4-12　植物学 C 层研究排名前 20 的国家和地区的国际合作参与率

单位：%

国家和地区	2014 年	2015 年	2016 年	2017 年	2018 年	2019 年	2020 年	2021 年	2022 年	2023 年	合计
美国	43.01	41.62	41.05	40.72	43.67	40.12	36.50	33.14	31.67	32.29	37.88
中国大陆	23.94	27.03	28.37	31.45	33.91	40.05	42.24	41.84	43.58	43.03	36.47
德国	20.73	19.73	21.85	21.06	18.44	18.59	17.44	15.32	16.62	15.05	18.24
英国	17.20	17.37	15.70	17.72	15.82	16.19	14.57	14.90	13.20	12.77	15.37
澳大利亚	12.33	12.85	16.07	16.51	14.92	14.10	13.69	12.69	12.41	10.34	13.52
法国	14.51	16.86	13.96	12.80	11.84	10.69	9.35	9.12	7.49	8.15	11.11
西班牙	10.47	10.89	9.00	9.93	8.50	8.21	9.05	9.12	7.49	9.33	9.10
印度	2.59	4.93	6.15	5.47	6.96	6.12	8.76	11.83	12.48	11.68	8.07
意大利	6.11	8.63	7.44	7.14	7.69	6.35	5.67	7.20	6.49	7.68	6.99
加拿大	7.36	8.12	8.54	7.51	6.06	7.51	6.62	5.77	5.49	5.56	6.76
日本	7.25	7.91	7.16	7.79	7.41	7.13	7.06	5.27	5.92	4.15	6.61

续表

国家和地区	2014 年	2015 年	2016 年	2017 年	2018 年	2019 年	2020 年	2021 年	2022 年	2023 年	合计
沙特阿拉伯	1.45	2.26	3.40	3.25	4.25	4.49	6.55	9.12	11.63	12.70	6.32
巴基斯坦	1.55	1.85	3.31	3.43	3.53	5.27	6.55	8.98	11.63	10.58	6.08
荷兰	7.05	6.99	6.34	6.22	5.33	6.43	5.45	4.99	4.49	4.78	5.71
瑞士	7.05	6.06	8.26	5.57	5.88	5.42	4.12	3.92	4.71	3.61	5.32
比利时	5.60	6.58	5.42	4.27	4.16	4.42	4.64	4.56	4.07	3.92	4.69
埃及	1.35	1.34	1.38	2.60	2.71	3.02	5.00	7.27	8.27	7.84	4.39
瑞典	4.25	3.80	4.96	4.82	4.43	4.03	3.83	3.14	3.78	3.21	3.98
韩国	3.63	3.91	3.31	3.90	3.25	3.56	3.61	3.71	5.35	4.78	3.94
巴西	4.35	3.91	3.67	4.36	5.06	3.72	4.05	3.71	3.14	2.74	3.83

五 生态学

生态学 A、B、C 层研究国际合作参与率最高的均为美国，分别为 77.19%、67.03%、52.14%。

英国、澳大利亚 A 层研究国际合作参与率排名第二、第三，分别为 49.12%、47.37%；德国、加拿大、法国、中国大陆、瑞士、荷兰、阿根廷、西班牙、瑞典、巴西、南非的参与率也比较高，在 30%~10%；意大利、日本、墨西哥、芬兰、葡萄牙、奥地利也有一定的参与率，在 9%~5%。

英国 B 层研究国际合作参与率排名第二，为 45.92%；澳大利亚、德国、加拿大、中国大陆、法国、西班牙、瑞士、荷兰、瑞典、巴西、丹麦、意大利、奥地利、新西兰、比利时的参与率也比较高，在 35%~10%；葡萄牙、南非、芬兰也有一定的参与率，在 10%~8%。

英国 C 层研究国际合作参与率排名第二，为 33.21%；德国、澳大利亚、中国大陆、法国、加拿大、瑞士、西班牙、荷兰、瑞典的参与率也比较高，在 27%~10%；意大利、巴西、丹麦、南非、挪威、比利时、芬兰、奥地利、新西兰，在 10%~5%。

表 4-13　生态学 A 层研究排名前 20 的国家和地区的国际合作参与率

单位：%

国家和地区	2014 年	2015 年	2016 年	2017 年	2018 年	2019 年	2020 年	2021 年	2022 年	2023 年	合计
美国	100.00	100.00	80.00	75.00	50.00	75.00	71.43	77.78	66.67	100.00	77.19
英国	40.00	37.50	60.00	75.00	50.00	25.00	57.14	55.56	33.33	100.00	49.12
澳大利亚	60.00	12.50	80.00	75.00	25.00	50.00	28.57	77.78	33.33	100.00	47.37
德国	20.00	25.00	40.00	50.00	0.00	25.00	57.14	22.22	33.33	100.00	29.82
加拿大	0.00	12.50	20.00	25.00	25.00	50.00	28.57	55.56	33.33	0.00	28.07
法国	0.00	12.50	20.00	50.00	12.50	50.00	28.57	44.44	16.67	100.00	26.32
中国大陆	20.00	0.00	0.00	0.00	0.00	25.00	42.86	22.22	66.67	100.00	21.05
瑞士	0.00	12.50	20.00	25.00	12.50	0.00	42.86	33.33	16.67	100.00	21.05
荷兰	20.00	0.00	40.00	50.00	0.00	50.00	14.29	11.11	16.67	0.00	17.54
阿根廷	20.00	12.50	60.00	0.00	0.00	25.00	14.29	11.11	16.67	0.00	15.79
西班牙	0.00	25.00	0.00	25.00	0.00	0.00	28.57	22.22	16.67	0.00	15.79
瑞典	20.00	12.50	0.00	25.00	25.00	0.00	14.29	11.11	0.00	100.00	15.79
巴西	20.00	25.00	20.00	25.00	0.00	0.00	0.00	0.00	33.33	0.00	12.28
南非	0.00	0.00	0.00	75.00	0.00	25.00	0.00	0.00	33.33	0.00	10.53
意大利	20.00	0.00	0.00	25.00	12.50	0.00	0.00	0.00	0.00	100.00	8.77
日本	20.00	0.00	0.00	25.00	0.00	25.00	14.29	0.00	16.67	0.00	8.77
墨西哥	40.00	12.50	0.00	0.00	0.00	0.00	0.00	11.11	0.00	0.00	8.77
芬兰	0.00	0.00	0.00	25.00	12.50	0.00	0.00	11.11	16.67	0.00	7.02
葡萄牙	0.00	0.00	0.00	50.00	0.00	0.00	0.00	0.00	16.67	100.00	7.02
奥地利	0.00	0.00	0.00	25.00	0.00	0.00	28.57	0.00	0.00	0.00	5.26

表 4-14　生态学 B 层研究排名前 20 的国家和地区的国际合作参与率

单位：%

国家和地区	2014 年	2015 年	2016 年	2017 年	2018 年	2019 年	2020 年	2021 年	2022 年	2023 年	合计
美国	63.16	68.33	66.10	74.63	67.69	72.41	67.53	59.55	69.84	62.96	67.03
英国	43.86	48.33	57.63	55.22	43.08	56.90	44.16	35.96	38.10	40.74	45.92
澳大利亚	38.60	40.00	44.07	40.30	32.31	32.76	37.66	23.60	30.16	25.93	34.21
德国	28.07	35.00	30.51	28.36	32.31	36.21	36.36	39.33	28.57	37.04	33.44
加拿大	10.53	16.67	33.90	29.85	30.77	29.31	35.06	25.84	22.22	24.07	26.19
中国大陆	14.04	16.67	15.25	25.37	21.54	31.03	23.38	26.97	38.10	31.48	24.50
法国	22.81	25.00	20.34	19.40	20.00	27.59	24.68	17.98	33.33	25.93	23.42
西班牙	21.05	23.33	23.73	17.91	18.46	25.86	14.29	22.47	26.98	25.93	21.73
瑞士	21.05	26.67	20.34	17.91	27.69	29.31	18.18	11.24	17.46	29.63	21.26
荷兰	22.81	20.00	25.42	13.43	16.92	20.69	15.58	14.61	30.16	16.67	19.26

续表

国家和地区	2014 年	2015 年	2016 年	2017 年	2018 年	2019 年	2020 年	2021 年	2022 年	2023 年	合计
瑞典	21.05	16.67	11.86	11.94	20.00	29.31	16.88	8.99	12.70	16.67	16.18
巴西	12.28	20.00	11.86	17.91	13.85	12.07	15.58	12.36	7.94	22.22	14.48
丹麦	12.28	11.67	15.25	11.94	15.38	24.14	6.49	11.24	19.05	14.81	13.87
意大利	15.79	6.67	11.86	10.45	13.85	15.52	16.88	12.36	20.63	14.81	13.87
奥地利	5.26	10.00	6.78	5.97	13.85	12.07	16.88	8.99	7.94	12.96	10.17
新西兰	10.53	8.33	20.34	5.97	9.23	13.79	6.49	12.36	6.35	9.26	10.17
比利时	0.00	6.67	11.86	5.97	12.31	18.97	9.09	7.87	14.29	14.81	10.02
葡萄牙	7.02	5.00	8.47	4.48	10.77	15.52	9.09	10.11	11.11	11.11	9.24
南非	3.51	10.00	8.47	4.48	10.77	17.24	9.09	7.87	9.52	12.96	9.24
芬兰	10.53	10.00	1.69	4.48	6.15	17.24	7.79	12.36	7.94	7.41	8.63

表 4-15　生态学 C 层研究排名前 20 的国家和地区的国际合作参与率

单位：%

国家和地区	2014 年	2015 年	2016 年	2017 年	2018 年	2019 年	2020 年	2021 年	2022 年	2023 年	合计
美国	54.30	51.30	54.17	53.32	58.31	52.03	53.35	51.93	48.61	43.53	52.14
英国	33.47	35.48	34.05	31.85	32.08	35.50	36.00	33.12	31.97	27.66	33.21
德国	23.66	22.87	20.24	25.45	26.00	24.75	29.39	29.26	30.28	29.57	26.22
澳大利亚	25.27	23.11	25.36	22.80	24.00	24.85	24.92	23.62	24.73	19.42	23.85
中国大陆	9.81	12.61	11.79	13.39	14.87	17.75	22.26	24.87	28.35	30.20	18.74
法国	16.53	15.20	18.93	18.58	21.31	18.15	19.06	19.44	19.42	18.02	18.52
加拿大	18.82	15.33	18.81	18.94	17.92	17.85	17.89	19.85	19.42	17.26	18.23
瑞士	12.10	10.88	13.21	14.23	14.99	13.79	15.76	14.94	16.77	14.59	14.18
西班牙	11.96	11.25	12.38	14.48	14.05	13.79	14.80	13.48	15.68	17.13	13.91
荷兰	11.29	12.86	13.69	11.70	11.36	11.66	13.21	14.11	11.34	14.34	12.57
瑞典	9.41	11.12	9.88	10.62	12.53	10.24	11.40	11.49	11.22	9.64	10.79
意大利	9.01	6.80	8.21	9.29	9.84	8.52	10.54	11.08	13.15	9.26	9.60
巴西	6.59	8.53	9.05	8.20	7.96	7.61	10.54	7.73	9.77	7.87	8.41
丹麦	6.99	7.17	9.17	7.12	9.48	7.81	7.99	7.73	8.93	8.63	8.10
南非	5.78	4.70	7.38	7.60	6.56	6.69	7.24	7.00	7.96	4.70	6.60
挪威	4.57	5.19	4.88	6.27	7.49	5.68	8.73	7.00	8.20	7.23	6.57
比利时	5.51	5.81	4.76	7.72	7.14	7.00	6.60	7.00	7.00	4.70	6.37
芬兰	4.30	4.45	5.60	4.46	6.44	5.98	7.99	7.52	7.36	6.35	6.11
奥地利	4.44	4.08	5.24	6.03	7.38	6.59	6.07	6.79	7.12	6.22	6.04
新西兰	5.51	5.32	4.88	6.76	4.80	6.80	6.50	5.54	4.46	5.71	5.66

六　湖沼学

湖沼学 A、B、C 层研究国际合作参与率最高的均为美国，分别为 100%、69.23%、59.23%；中国大陆 A、B、C 层研究国际合作参与率均排名第二，分别为 50.00%、30.77%、26.69%。

奥地利、加拿大、日本、西班牙、英国 A 层研究国际合作参与率也比较高，均为 16.67%。

B 层研究国际合作参与率，英国与中国大陆并列排名第二，均为 30.77%；澳大利亚、法国、加拿大、荷兰、意大利、德国、瑞士、比利时 B 层研究国际合作参与率也比较高，在 25%～10%；西班牙、瑞典、奥地利、丹麦、捷克、印度、日本、巴西、爱沙尼亚也有一定的参与率，在 10%～3%。

英国、加拿大、德国、澳大利亚、瑞士、荷兰、法国 C 层研究国际合作参与率也比较高，在 24%～10%；瑞典、意大利、西班牙、丹麦、奥地利、新西兰、日本、比利时、挪威、以色列、芬兰也有一定的参与率，在 10%～2%。

表 4-16　湖沼学 A 层研究所有国家和地区的国际合作参与率

单位：%

国家和地区	2014 年	2015 年	2016 年	2017 年	2018 年	2019 年	2020 年	2021 年	2022 年	2023 年	合计
美国	0.00	100.00	0.00	0.00	0.00	100.00	100.00	100.00	100.00	100.00	100.00
中国大陆	0.00	0.00	0.00	0.00	0.00	0.00	100.00	0.00	100.00	100.00	50.00
奥地利	0.00	0.00	0.00	0.00	0.00	0.00	0.00	100.00	0.00	0.00	16.67
加拿大	0.00	100.00	0.00	0.00	0.00	0.00	0.00	0.00	0.00	0.00	16.67
日本	0.00	0.00	0.00	0.00	0.00	100.00	0.00	0.00	0.00	0.00	16.67
西班牙	0.00	0.00	0.00	0.00	0.00	0.00	0.00	100.00	0.00	0.00	16.67
英国	0.00	0.00	0.00	0.00	0.00	100.00	0.00	0.00	0.00	0.00	16.67

表 4-17　湖沼学 B 层研究排名前 20 的国家和地区的国际合作参与率

单位：%

国家和地区	2014 年	2015 年	2016 年	2017 年	2018 年	2019 年	2020 年	2021 年	2022 年	2023 年	合计
美国	85.71	55.56	42.86	75.00	87.50	80.00	50.00	80.00	60.00	50.00	69.23
中国大陆	0.00	22.22	28.57	12.50	12.50	40.00	25.00	60.00	100.00	0.00	30.77
英国	42.86	33.33	28.57	25.00	37.50	20.00	25.00	30.00	20.00	50.00	30.77

续表

国家和地区	2014 年	2015 年	2016 年	2017 年	2018 年	2019 年	2020 年	2021 年	2022 年	2023 年	合计
澳大利亚	28.57	33.33	42.86	25.00	12.50	40.00	25.00	20.00	0.00	0.00	24.62
法国	14.29	11.11	42.86	50.00	25.00	20.00	75.00	0.00	0.00	0.00	23.08
加拿大	28.57	0.00	14.29	12.50	25.00	60.00	50.00	20.00	0.00	50.00	21.54
荷兰	14.29	22.22	28.57	12.50	12.50	60.00	0.00	30.00	20.00	0.00	21.54
意大利	0.00	11.11	28.57	12.50	25.00	40.00	50.00	10.00	0.00	100.00	20.00
德国	14.29	11.11	14.29	12.50	0.00	40.00	50.00	20.00	20.00	50.00	18.46
瑞士	14.29	11.11	14.29	12.50	12.50	20.00	25.00	0.00	20.00	50.00	13.85
比利时	0.00	0.00	14.29	12.50	12.50	40.00	25.00	0.00	0.00	0.00	10.77
西班牙	0.00	0.00	0.00	12.50	37.50	0.00	0.00	10.00	0.00	50.00	9.23
瑞典	14.29	11.11	0.00	0.00	0.00	20.00	50.00	0.00	0.00	50.00	9.23
奥地利	0.00	11.11	0.00	12.50	0.00	40.00	0.00	0.00	0.00	0.00	6.15
丹麦	0.00	0.00	14.29	0.00	0.00	0.00	50.00	0.00	20.00	0.00	6.15
捷克	0.00	0.00	0.00	12.50	0.00	0.00	25.00	0.00	0.00	50.00	4.62
印度	0.00	0.00	0.00	0.00	0.00	40.00	0.00	0.00	0.00	50.00	4.62
日本	0.00	0.00	0.00	0.00	12.50	20.00	25.00	0.00	0.00	0.00	4.62
巴西	0.00	0.00	0.00	0.00	12.50	20.00	0.00	0.00	0.00	0.00	3.08
爱沙尼亚	0.00	0.00	0.00	0.00	12.50	0.00	25.00	0.00	0.00	0.00	3.08

表 4-18　湖沼学 C 层研究排名前 20 的国家和地区的国际合作参与率

单位：%

国家和地区	2014 年	2015 年	2016 年	2017 年	2018 年	2019 年	2020 年	2021 年	2022 年	2023 年	合计
美国	55.71	64.18	58.02	66.23	64.00	61.63	53.66	57.69	56.52	54.41	59.23
中国大陆	14.29	17.91	12.35	22.08	25.33	26.74	35.37	39.74	37.68	35.29	26.69
英国	21.43	22.39	32.10	22.08	22.67	19.77	26.83	17.95	26.09	20.59	23.24
加拿大	12.86	17.91	19.75	18.18	14.67	13.95	24.39	24.36	26.09	20.59	19.26
德国	22.86	19.40	14.81	18.18	16.00	12.79	19.51	17.95	14.49	22.06	17.66
澳大利亚	10.00	14.93	17.28	15.58	14.67	16.28	20.73	11.54	13.04	16.18	15.14
瑞士	17.14	28.36	13.58	15.58	8.00	11.63	13.41	8.97	11.59	5.88	13.28
荷兰	14.29	4.48	18.52	7.79	12.00	15.12	10.98	7.69	8.70	10.29	11.16
法国	5.71	13.43	16.05	11.69	10.67	5.81	8.54	14.10	7.25	7.35	10.09
瑞典	10.00	14.93	4.94	10.39	16.00	8.14	12.20	11.54	7.25	4.41	9.96
意大利	14.29	11.94	20.99	7.79	9.33	4.65	7.32	3.85	10.14	8.82	9.83

续表

国家和地区	2014 年	2015 年	2016 年	2017 年	2018 年	2019 年	2020 年	2021 年	2022 年	2023 年	合计
西班牙	4.29	2.99	6.17	11.69	5.33	9.30	4.88	10.26	10.14	8.82	7.44
丹麦	7.14	2.99	2.47	7.79	4.00	2.33	3.66	10.26	4.35	5.88	5.05
奥地利	1.43	10.45	4.94	6.49	4.00	5.81	7.32	1.28	5.80	1.47	4.91
新西兰	4.29	7.46	6.17	5.19	2.67	1.16	3.66	2.56	2.90	4.41	3.98
日本	4.29	2.99	1.23	6.49	2.67	3.49	4.88	5.13	2.90	2.94	3.72
比利时	1.43	4.48	3.70	2.60	1.33	5.81	3.66	3.85	2.90	5.88	3.59
挪威	1.43	7.46	1.23	2.60	8.00	3.49	3.66	2.56	1.45	2.94	3.45
以色列	4.29	7.46	2.47	1.30	0.00	1.16	3.66	2.56	4.35	2.94	2.92
芬兰	0.00	1.49	0.00	0.00	2.67	4.65	3.66	7.69	4.35	2.94	2.79

七　进化生物学

进化生物学 A、B、C 层研究国际合作参与率最高的均为美国，分别为 64.29%、68.38%、58.22%；英国 A、B、C 层研究国际合作参与率均排名第二，分别为 32.14%、40.32%、35.64%。

沙特阿拉伯、澳大利亚、德国、日本、西班牙、丹麦、瑞士、奥地利、加拿大、中国大陆、新西兰 A 层研究国际合作参与率也比较高，在 25%~10%；捷克、匈牙利、阿根廷、比利时、巴西、芬兰、法国也有一定的参与率，在 8%~3%。

加拿大、德国、澳大利亚、中国大陆、法国、瑞士、西班牙、瑞典、荷兰、新西兰、丹麦 B 层研究国际合作参与率也比较高，在 29%~10%；巴西、挪威、奥地利、葡萄牙、意大利、南非、比利时也有一定的参与率，在 10%~7%。

德国、澳大利亚、法国、加拿大、中国大陆、瑞士、西班牙、瑞典 C 层研究国际合作参与率也比较高，在 25%~10%；荷兰、丹麦、巴西、挪威、意大利、南非、奥地利、芬兰、比利时、新西兰，在 9%~4%。

125

表 4-19　进化生物学 A 层研究排名前 20 的国家和地区的国际合作参与率

单位：%

国家和地区	2014 年	2015 年	2016 年	2017 年	2018 年	2019 年	2020 年	2021 年	2022 年	2023 年	合计
美国	100.00	50.00	50.00	50.00	75.00	100.00	33.33	50.00	100.00	100.00	64.29
英国	100.00	50.00	50.00	25.00	25.00	50.00	33.33	0.00	50.00	0.00	32.14
沙特阿拉伯	100.00	0.00	50.00	0.00	25.00	0.00	33.33	25.00	50.00	0.00	25.00
澳大利亚	100.00	0.00	25.00	25.00	0.00	50.00	33.33	0.00	50.00	0.00	21.43
德国	100.00	0.00	25.00	25.00	0.00	0.00	33.33	50.00	0.00	0.00	21.43
日本	100.00	0.00	25.00	0.00	25.00	0.00	33.33	25.00	50.00	0.00	21.43
西班牙	0.00	50.00	25.00	25.00	0.00	0.00	33.33	25.00	0.00	0.00	17.86
丹麦	100.00	0.00	0.00	50.00	0.00	0.00	0.00	0.00	0.00	50.00	14.29
瑞士	0.00	0.00	0.00	50.00	25.00	0.00	0.00	0.00	0.00	50.00	14.29
奥地利	100.00	0.00	0.00	0.00	25.00	0.00	33.33	0.00	0.00	0.00	10.71
加拿大	0.00	0.00	0.00	25.00	25.00	0.00	0.00	0.00	50.00	0.00	10.71
中国大陆	100.00	0.00	0.00	0.00	0.00	0.00	0.00	25.00	50.00	0.00	10.71
新西兰	100.00	0.00	0.00	0.00	0.00	25.00	0.00	0.00	0.00	0.00	10.71
捷克	0.00	50.00	0.00	0.00	0.00	0.00	0.00	0.00	50.00	0.00	7.14
匈牙利	0.00	0.00	0.00	0.00	0.00	0.00	33.33	25.00	0.00	0.00	7.14
阿根廷	0.00	0.00	0.00	0.00	0.00	0.00	0.00	0.00	50.00	0.00	3.57
比利时	0.00	0.00	0.00	0.00	25.00	0.00	0.00	0.00	0.00	0.00	3.57
巴西	0.00	50.00	0.00	0.00	0.00	0.00	0.00	0.00	0.00	0.00	3.57
芬兰	0.00	0.00	0.00	0.00	0.00	50.00	0.00	0.00	0.00	0.00	3.57
法国	0.00	0.00	0.00	0.00	0.00	50.00	0.00	0.00	0.00	0.00	3.57

表 4-20　进化生物学 B 层研究排名前 20 的国家和地区的国际合作参与率

单位：%

国家和地区	2014 年	2015 年	2016 年	2017 年	2018 年	2019 年	2020 年	2021 年	2022 年	2023 年	合计
美国	71.43	73.33	66.67	79.17	56.00	65.22	73.33	73.33	68.18	55.00	68.38
英国	39.29	30.00	30.56	41.67	40.00	60.87	40.00	60.00	40.91	35.00	40.32
加拿大	21.43	20.00	22.22	29.17	40.00	30.43	43.33	26.67	31.82	20.00	28.46
德国	28.57	20.00	16.67	20.83	28.00	34.78	33.33	53.33	31.82	25.00	27.67
澳大利亚	35.71	30.00	16.67	20.83	28.00	34.78	26.67	40.00	18.18	30.00	27.27
中国大陆	14.29	3.33	13.89	33.33	20.00	30.43	16.67	40.00	45.45	40.00	23.32
法国	7.14	0.00	30.56	29.17	20.00	30.43	30.00	33.33	22.73	30.00	22.53
瑞士	10.71	20.00	13.89	16.67	36.00	30.43	16.67	26.67	22.73	20.00	20.55
西班牙	17.86	13.33	11.11	20.83	12.00	17.39	6.67	13.33	31.82	25.00	16.21
瑞典	7.14	13.33	13.89	16.67	16.00	17.39	13.33	6.67	27.27	20.00	15.02

续表

国家和地区	2014 年	2015 年	2016 年	2017 年	2018 年	2019 年	2020 年	2021 年	2022 年	2023 年	合计
荷兰	10.71	6.67	5.56	8.33	12.00	17.39	20.00	26.67	22.73	10.00	13.04
新西兰	14.29	10.00	2.78	20.83	12.00	17.39	10.00	13.33	4.55	10.00	11.07
丹麦	7.14	13.33	5.56	8.33	12.00	13.04	10.00	20.00	13.64	10.00	10.67
巴西	7.14	0.00	8.33	25.00	4.00	0.00	10.00	40.00	4.55	15.00	9.88
挪威	3.57	10.00	5.56	12.50	8.00	8.70	13.33	13.33	18.18	10.00	9.88
奥地利	10.71	10.00	2.78	4.17	12.00	8.70	13.33	20.00	13.64	0.00	9.09
葡萄牙	0.00	6.67	0.00	8.33	8.00	13.04	6.67	26.67	13.64	25.00	9.09
意大利	0.00	0.00	0.00	8.33	16.00	17.39	6.67	26.67	18.18	10.00	8.70
南非	7.14	10.00	0.00	8.33	8.00	4.35	6.67	20.00	9.09	20.00	8.30
比利时	0.00	3.33	2.78	8.33	12.00	17.39	6.67	20.00	13.64	5.00	7.91

表 4-21　进化生物学 C 层研究排名前 20 的国家和地区的国际合作参与率

单位：%

国家和地区	2014 年	2015 年	2016 年	2017 年	2018 年	2019 年	2020 年	2021 年	2022 年	2023 年	合计
美国	55.59	57.10	57.74	57.99	63.56	61.75	55.33	60.98	56.02	54.17	58.22
英国	37.17	33.95	34.52	37.87	29.15	36.89	39.05	38.41	34.96	34.09	35.64
德国	21.38	18.52	19.35	19.53	23.62	24.86	31.07	26.83	30.83	30.30	24.42
澳大利亚	22.04	20.37	19.05	21.60	19.53	20.77	23.67	25.00	19.17	18.18	21.02
法国	18.42	15.43	20.24	20.71	18.95	16.12	21.01	20.73	21.43	19.32	19.18
加拿大	21.05	17.28	16.37	17.46	23.03	15.57	16.86	18.90	20.30	16.29	18.27
中国大陆	8.55	9.88	9.23	14.50	14.58	15.57	17.46	21.65	15.41	20.83	14.69
瑞士	11.18	8.02	8.63	15.09	14.58	10.38	15.09	16.16	16.17	12.50	12.72
西班牙	10.53	8.64	8.04	11.83	11.08	10.93	12.13	11.59	13.53	17.05	11.38
瑞典	5.92	8.64	9.23	12.72	13.12	15.57	10.36	11.28	13.53	7.95	10.94
荷兰	7.57	8.95	8.63	7.10	6.71	8.47	9.17	11.89	6.77	9.47	8.48
丹麦	4.93	5.86	5.95	7.99	8.16	9.29	10.65	8.54	6.02	7.58	7.58
巴西	5.92	4.63	5.36	8.58	6.71	9.29	8.88	9.76	6.77	8.71	7.48
挪威	4.61	4.63	5.65	7.69	9.04	6.01	9.17	9.15	6.77	6.82	6.98
意大利	6.58	2.78	6.25	6.80	6.12	7.65	6.51	8.23	7.52	6.82	6.52
南非	2.63	3.40	6.55	3.85	4.96	6.56	8.28	6.71	4.14	6.82	5.43
奥地利	4.28	3.70	4.76	5.03	4.96	4.92	5.62	8.23	7.52	4.92	5.36
芬兰	4.28	5.56	5.36	4.14	4.08	4.10	5.03	6.40	8.65	3.03	5.02
比利时	3.62	4.01	4.76	7.10	3.79	4.10	7.10	3.66	6.39	4.17	4.86
新西兰	5.59	3.70	4.76	6.21	5.25	6.28	3.55	5.18	2.63	4.55	4.83

八　动物学

动物学 A、B、C 层研究国际合作参与率最高的均为美国，分别为 51.02%、46.83%、41.02%；英国 A、B、C 层研究国际合作参与率均排名第二，分别为 30.61%、26.23%、22.48%。

法国、加拿大、德国、中国大陆、意大利、挪威、西班牙、阿根廷、澳大利亚、丹麦 A 层研究国际合作参与率也比较高，在 21%~10%；比利时、巴西、荷兰、墨西哥、新西兰、瑞典、瑞士、匈牙利也有一定的参与率，在 9%~4%。

德国、澳大利亚、加拿大、法国、中国大陆、意大利、西班牙 B 层研究国际合作参与率也比较高，在 19%~10%；巴西、瑞士、挪威、丹麦、荷兰、埃及、瑞典、葡萄牙、俄罗斯、沙特阿拉伯、阿根廷也有一定的参与率，在 10%~4%。

德国、澳大利亚、加拿大、法国 C 层研究国际合作参与率也比较高，在 18%~10%；中国大陆、意大利、巴西、西班牙、瑞士、荷兰、日本、比利时、瑞典、丹麦、南非、挪威、波兰、奥地利也有一定的参与率，在 10%~3%。

表 4-22　动物学 A 层研究排名前 20 的国家和地区的国际合作参与率

单位：%

国家和地区	2014 年	2015 年	2016 年	2017 年	2018 年	2019 年	2020 年	2021 年	2022 年	2023 年	合计
美国	83.33	50.00	80.00	50.00	0.00	83.33	0.00	33.33	33.33	60.00	51.02
英国	33.33	66.67	20.00	0.00	33.33	33.33	40.00	66.67	16.67	0.00	30.61
法国	33.33	16.67	20.00	50.00	0.00	16.67	60.00	0.00	0.00	0.00	20.41
加拿大	16.67	33.33	0.00	25.00	33.33	16.67	0.00	33.33	33.33	0.00	18.37
德国	16.67	16.67	0.00	50.00	33.33	33.33	20.00	0.00	0.00	20.00	18.37
中国大陆	33.33	16.67	20.00	0.00	33.33	16.67	20.00	33.33	0.00	0.00	16.33
意大利	16.67	0.00	0.00	0.00	0.00	33.33	40.00	0.00	16.67	20.00	14.29
挪威	0.00	0.00	0.00	25.00	33.33	50.00	0.00	33.33	0.00	0.00	12.24
西班牙	0.00	0.00	0.00	25.00	0.00	16.67	40.00	0.00	16.67	20.00	12.24
阿根廷	0.00	0.00	0.00	25.00	0.00	0.00	20.00	0.00	16.67	40.00	10.20
澳大利亚	0.00	16.67	20.00	0.00	0.00	0.00	20.00	0.00	33.33	0.00	10.20
丹麦	0.00	0.00	20.00	25.00	0.00	0.00	0.00	0.00	33.33	20.00	10.20

国家和地区	2014 年	2015 年	2016 年	2017 年	2018 年	2019 年	2020 年	2021 年	2022 年	2023 年	合计
比利时	0.00	16.67	0.00	25.00	0.00	0.00	20.00	33.33	0.00	0.00	8.16
巴西	0.00	0.00	20.00	50.00	0.00	0.00	0.00	0.00	16.67	0.00	8.16
荷兰	16.67	0.00	20.00	25.00	0.00	0.00	20.00	0.00	0.00	0.00	8.16
墨西哥	0.00	0.00	0.00	25.00	0.00	0.00	0.00	0.00	33.33	0.00	6.12
新西兰	0.00	0.00	20.00	25.00	0.00	0.00	20.00	0.00	0.00	0.00	6.12
瑞典	16.67	0.00	0.00	0.00	0.00	16.67	20.00	0.00	0.00	0.00	6.12
瑞士	16.67	0.00	0.00	0.00	0.00	33.33	0.00	0.00	0.00	0.00	6.12
匈牙利	0.00	0.00	0.00	25.00	0.00	0.00	20.00	0.00	0.00	0.00	4.08

表 4-23　动物学 B 层研究排名前 20 的国家和地区的国际合作参与率

单位：%

国家和地区	2014 年	2015 年	2016 年	2017 年	2018 年	2019 年	2020 年	2021 年	2022 年	2023 年	合计
美国	55.10	45.28	57.63	48.98	43.86	47.76	49.30	41.27	38.46	39.58	46.83
英国	32.65	33.96	16.95	28.57	31.58	35.82	22.54	22.22	15.38	22.92	26.23
德国	28.57	18.87	20.34	12.24	24.56	17.91	22.54	15.87	11.54	12.50	18.66
澳大利亚	20.41	15.09	18.64	18.37	21.05	8.96	9.86	14.29	23.08	16.67	16.20
加拿大	12.24	5.66	23.73	16.33	15.79	7.46	18.31	17.46	13.46	12.50	14.44
法国	6.12	28.30	15.25	14.29	10.53	7.46	12.68	14.29	7.69	12.50	12.85
中国大陆	2.04	7.55	10.17	12.24	8.77	11.94	9.86	17.46	15.38	16.67	11.27
意大利	10.20	13.21	5.08	10.20	10.53	4.48	9.86	12.70	11.54	20.83	10.56
西班牙	4.08	9.43	11.86	16.33	8.77	7.46	16.90	7.94	7.69	14.58	10.56
巴西	6.12	5.66	10.17	14.29	10.53	7.46	7.04	12.70	7.69	16.67	9.68
瑞士	12.24	3.77	8.47	8.16	5.26	5.97	8.45	6.35	1.92	12.50	7.22
挪威	2.04	0.00	8.47	12.24	7.02	4.48	14.08	6.35	9.62	2.08	6.87
丹麦	6.12	1.89	3.39	6.12	7.02	5.97	5.63	11.11	7.69	10.42	6.51
荷兰	6.12	3.77	5.08	4.08	12.28	5.97	5.63	3.17	11.54	8.33	6.51
埃及	0.00	1.89	0.00	0.00	0.00	8.96	9.86	19.05	11.54	4.17	5.99
瑞典	4.08	7.55	10.17	2.04	12.28	1.49	8.45	6.35	1.92	4.17	5.99
葡萄牙	4.08	0.00	0.00	8.16	5.26	7.46	11.27	6.35	9.62	4.17	5.81
俄罗斯	4.08	1.89	0.00	6.12	3.51	4.48	7.04	11.11	0.00	8.33	4.75
沙特阿拉伯	0.00	0.00	0.00	0.00	1.75	2.99	9.86	15.87	9.62	4.17	4.75
阿根廷	10.20	5.66	0.00	2.04	1.75	4.48	4.23	4.76	1.92	8.33	4.23

表 4-24　动物学 C 层研究排名前 20 的国家和地区的国际合作参与率

单位：%

国家和地区	2014 年	2015 年	2016 年	2017 年	2018 年	2019 年	2020 年	2021 年	2022 年	2023 年	合计
美国	45.77	45.80	43.55	42.54	45.68	39.00	38.87	37.28	36.99	33.07	41.02
英国	24.42	25.73	25.23	25.39	22.09	22.62	21.04	19.84	18.98	18.75	22.48
德国	18.27	17.15	17.38	18.01	18.60	18.25	18.60	13.12	16.05	15.63	17.16
澳大利亚	15.00	13.14	13.46	15.78	10.96	13.57	11.74	12.00	12.92	10.94	12.97
加拿大	13.27	14.78	13.08	16.98	13.95	12.95	12.04	9.28	10.96	7.29	12.61
法国	11.54	11.31	11.78	11.49	11.96	10.14	9.45	8.64	9.78	8.33	10.47
中国大陆	6.73	9.31	6.92	5.49	7.64	12.01	11.43	12.64	13.11	11.98	9.72
意大利	7.31	8.39	8.60	6.17	6.81	9.67	11.59	12.32	11.15	14.32	9.53
巴西	6.54	5.47	8.97	10.46	9.80	8.58	9.45	9.12	9.20	12.50	8.94
西班牙	7.69	6.02	7.29	9.09	7.81	8.42	9.60	10.24	7.44	11.46	8.47
瑞士	5.00	6.75	6.36	7.55	5.81	5.93	5.34	6.56	6.07	7.29	6.23
荷兰	6.92	6.02	5.05	6.17	4.65	5.46	3.81	5.60	3.91	6.25	5.33
日本	5.96	5.84	5.79	3.77	6.15	5.15	3.51	4.32	4.50	3.65	4.87
比利时	3.65	6.02	5.61	5.15	2.99	5.46	2.90	5.28	4.89	5.73	4.71
瑞典	3.27	4.38	5.61	5.83	4.49	5.93	4.57	4.64	3.33	2.86	4.59
丹麦	4.81	5.11	3.93	4.12	6.15	4.99	4.27	3.36	4.70	4.17	4.57
南非	5.00	3.47	5.23	5.32	3.32	5.15	5.49	4.80	4.11	3.13	4.57
挪威	5.19	2.55	5.42	3.95	3.49	5.30	4.57	3.52	3.91	3.65	4.17
波兰	1.92	2.19	3.55	4.12	2.66	3.74	4.12	3.52	5.87	6.25	3.71
奥地利	3.08	4.20	5.05	4.46	2.16	2.96	3.66	3.68	3.91	3.39	3.64

九　鸟类学

鸟类学 A 层研究国际合作的国家只有挪威和美国，参与率均为 100.00%。

B 层研究国际合作参与率最高的是美国，为 50.00%，其次为英国的 36.11%；加拿大、荷兰、西班牙、巴西、芬兰、南非的参与率也比较高，在 23%~11%；阿根廷、中国大陆、德国、肯尼亚、瑞典、瑞士、比利时、捷克、厄瓜多尔、墨西哥、澳大利亚、巴哈马也有一定的参与率，在 9%~2%。

C 层研究国际合作参与率最高的是美国，为 46.23%，其次为英国的

27.01%；加拿大、西班牙、荷兰、澳大利亚、南非的参与率也比较高，在22%~10%；德国、瑞士、法国、瑞典、中国大陆、丹麦、巴西、墨西哥、葡萄牙、新西兰、挪威、芬兰、波兰也有一定的参与率，在10%~4%。

表 4-25　鸟类学 A 层研究所有国家的国际合作参与率

单位：%

国家	2014 年	2015 年	2016 年	2017 年	2018 年	2019 年	2020 年	2021 年	2022 年	2023 年	合计
挪威	0.00	0.00	0.00	0.00	100.00	0.00	0.00	0.00	0.00	0.00	100.00
美国	0.00	0.00	0.00	0.00	100.00	0.00	0.00	0.00	0.00	0.00	100.00

表 4-26　鸟类学 B 层研究排名前 20 的国家和地区的国际合作参与率

单位：%

国家和地区	2014 年	2015 年	2016 年	2017 年	2018 年	2019 年	2020 年	2021 年	2022 年	2023 年	合计
美国	0.00	75.00	50.00	100.00	25.00	33.33	50.00	50.00	40.00	100.00	50.00
英国	50.00	0.00	0.00	33.33	50.00	100.00	33.33	50.00	20.00	0.00	36.11
加拿大	0.00	25.00	50.00	66.67	25.00	0.00	0.00	16.67	20.00	100.00	22.22
荷兰	0.00	25.00	0.00	0.00	25.00	33.33	16.67	0.00	60.00	100.00	22.22
西班牙	0.00	25.00	50.00	0.00	0.00	66.67	16.67	16.67	20.00	0.00	19.44
巴西	0.00	25.00	0.00	0.00	0.00	0.00	33.33	33.33	0.00	100.00	16.67
芬兰	50.00	25.00	0.00	0.00	25.00	0.00	0.00	16.67	0.00	100.00	13.89
南非	0.00	25.00	0.00	0.00	0.00	66.67	0.00	0.00	20.00	0.00	11.11
阿根廷	0.00	0.00	0.00	0.00	0.00	0.00	33.33	0.00	0.00	100.00	8.33
中国大陆	0.00	25.00	0.00	0.00	25.00	0.00	0.00	0.00	20.00	0.00	8.33
德国	50.00	0.00	0.00	0.00	0.00	0.00	0.00	0.00	0.00	100.00	8.33
肯尼亚	0.00	0.00	0.00	0.00	0.00	66.67	0.00	0.00	0.00	0.00	8.33
瑞典	50.00	0.00	0.00	0.00	0.00	0.00	0.00	16.67	20.00	0.00	8.33
瑞士	0.00	0.00	50.00	0.00	25.00	33.33	0.00	0.00	0.00	0.00	8.33
比利时	0.00	0.00	0.00	0.00	0.00	33.33	0.00	0.00	0.00	0.00	5.56
捷克	50.00	0.00	0.00	0.00	25.00	0.00	0.00	0.00	0.00	0.00	5.56
厄瓜多尔	0.00	0.00	0.00	0.00	0.00	33.33	0.00	0.00	0.00	100.00	5.56
墨西哥	0.00	0.00	0.00	33.33	0.00	0.00	0.00	0.00	0.00	100.00	5.56
澳大利亚	0.00	25.00	0.00	0.00	0.00	0.00	0.00	0.00	0.00	0.00	2.78
巴哈马	0.00	0.00	0.00	0.00	0.00	0.00	0.00	0.00	0.00	100.00	2.78

表 4-27　鸟类学 C 层研究排名前 20 的国家和地区的国际合作参与率

单位：%

国家和地区	2014 年	2015 年	2016 年	2017 年	2018 年	2019 年	2020 年	2021 年	2022 年	2023 年	合计
美国	41.18	32.43	44.12	55.81	52.00	32.43	59.52	50.00	40.74	44.83	46.23
英国	26.47	27.03	35.29	13.95	20.00	43.24	23.81	28.85	25.93	31.03	27.01
加拿大	35.29	16.22	14.71	23.26	24.00	8.11	21.43	17.31	18.52	34.48	21.04
西班牙	20.59	8.11	20.59	6.98	20.00	10.81	7.14	15.38	7.41	13.79	13.25
荷兰	8.82	16.22	14.71	16.28	10.00	21.62	16.67	5.77	11.11	6.90	12.73
澳大利亚	14.71	18.92	11.76	16.28	8.00	5.41	7.14	11.54	0.00	13.79	10.91
南非	11.76	8.11	5.88	2.33	18.00	5.41	7.14	15.38	14.81	10.34	10.13
德国	17.65	10.81	5.88	13.95	2.00	10.81	14.29	3.85	14.81	6.90	9.61
瑞士	14.71	8.11	20.59	6.98	8.00	5.41	19.05	3.85	7.41	3.45	9.61
法国	14.71	10.81	11.76	11.63	10.00	10.81	2.38	3.85	11.11	6.90	9.09
瑞典	8.82	5.41	14.71	6.98	12.00	16.22	2.38	5.77	7.41	10.34	8.83
中国大陆	0.00	13.51	8.82	13.95	8.00	5.41	4.76	7.69	3.70	6.90	7.53
丹麦	2.94	0.00	8.82	9.30	12.00	10.81	9.52	3.85	0.00	6.90	6.75
巴西	0.00	0.00	11.76	4.65	8.00	5.41	11.90	5.77	3.70	6.90	5.97
墨西哥	2.94	0.00	0.00	0.00	0.00	5.41	7.14	5.77	7.41	24.14	4.68
葡萄牙	2.94	0.00	2.94	4.65	6.00	5.41	7.14	5.77	3.70	6.90	4.68
新西兰	2.94	2.70	2.94	13.95	6.00	5.41	2.38	1.92	0.00	3.45	4.42
挪威	0.00	5.41	11.76	2.33	6.00	8.11	2.38	3.85	0.00	3.45	4.42
芬兰	0.00	5.41	11.76	2.33	2.00	10.81	0.00	1.92	0.00	10.34	4.16
波兰	5.88	2.70	5.88	2.33	0.00	8.11	0.00	5.77	11.11	3.45	4.16

十　昆虫学

昆虫学 A、B、C 层研究国际合作参与率最高的均为美国，分别为 48.00%、50.44%、43.49%。

中国大陆 A 层研究国际合作参与率排名第二，为 28.00%；澳大利亚、比利时、巴西、德国、荷兰、法国、英国的参与率也比较高，在 20%～12%；日本、瑞士、土耳其、阿根廷、奥地利、贝宁、哥伦比亚、捷克、丹麦、埃及、加蓬也有一定的参与率，在 8%～4%。

英国 B 层研究国际合作参与率排名第二，为 22.37%；意大利、德国、法国、中国大陆、荷兰、巴西、澳大利亚、瑞士、西班牙、加拿大的参与率也比较高，在22%~10%；比利时、希腊、捷克、日本、南非、瑞典、奥地利、印度也有一定的参与率，在10%~4%。

　　中国大陆C层研究国际合作参与率排名第二，为24.07%；英国、德国、法国、意大利的参与率也比较高，在16%~12%；澳大利亚、巴西、西班牙、加拿大、比利时、瑞士、荷兰、希腊、丹麦、奥地利、捷克、瑞典、日本、肯尼亚也有一定的参与率，在10%~3%。

表4-28　昆虫学A层研究排名前20的国家和地区的国际合作参与率

单位：%

国家和地区	2014年	2015年	2016年	2017年	2018年	2019年	2020年	2021年	2022年	2023年	合计
美国	0.00	50.00	33.33	66.67	50.00	100.00	100.00	0.00	0.00	66.67	48.00
中国大陆	0.00	0.00	0.00	33.33	0.00	50.00	100.00	100.00	0.00	0.00	28.00
澳大利亚	33.33	0.00	33.33	33.33	0.00	25.00	0.00	0.00	0.00	33.33	20.00
比利时	33.33	0.00	33.33	0.00	50.00	0.00	0.00	0.00	100.00	33.33	20.00
巴西	0.00	0.00	33.33	0.00	100.00	0.00	0.00	0.00	0.00	66.67	20.00
德国	33.33	100.00	0.00	0.00	0.00	0.00	0.00	33.33	100.00	0.00	20.00
荷兰	33.33	0.00	0.00	33.33	50.00	0.00	0.00	0.00	0.00	33.33	16.00
法国	0.00	0.00	33.33	0.00	0.00	0.00	0.00	66.67	0.00	0.00	12.00
英国	33.33	50.00	0.00	0.00	0.00	0.00	0.00	0.00	100.00	0.00	12.00
日本	33.33	0.00	0.00	0.00	0.00	0.00	100.00	0.00	0.00	0.00	8.00
瑞士	33.33	0.00	0.00	33.33	0.00	0.00	0.00	0.00	0.00	0.00	8.00
土耳其	0.00	0.00	0.00	0.00	0.00	0.00	100.00	0.00	0.00	33.33	8.00
阿根廷	0.00	0.00	0.00	0.00	0.00	0.00	100.00	0.00	0.00	0.00	4.00
奥地利	0.00	0.00	0.00	0.00	0.00	25.00	0.00	0.00	0.00	0.00	4.00
贝宁	0.00	0.00	33.33	0.00	0.00	0.00	0.00	0.00	0.00	0.00	4.00
哥伦比亚	0.00	0.00	0.00	33.33	0.00	0.00	0.00	0.00	0.00	0.00	4.00
捷克	0.00	0.00	0.00	0.00	0.00	0.00	100.00	0.00	0.00	0.00	4.00
丹麦	0.00	0.00	0.00	0.00	0.00	0.00	0.00	0.00	100.00	0.00	4.00
埃及	0.00	0.00	0.00	0.00	0.00	0.00	0.00	33.33	0.00	0.00	4.00
加蓬	0.00	0.00	33.33	0.00	0.00	0.00	0.00	0.00	0.00	0.00	4.00

表 4-29　昆虫学 B 层研究排名前 20 的国家和地区的国际合作参与率

单位：%

国家和地区	2014 年	2015 年	2016 年	2017 年	2018 年	2019 年	2020 年	2021 年	2022 年	2023 年	合计
美国	50.00	55.56	54.55	59.09	44.44	56.52	55.56	44.00	44.44	42.31	50.44
英国	35.00	22.22	22.73	22.73	18.52	21.74	33.33	8.00	22.22	19.23	22.37
意大利	20.00	11.11	27.27	31.82	18.52	30.43	14.81	20.00	22.22	23.08	21.93
德国	15.00	38.89	13.64	9.09	3.70	21.74	37.04	32.00	22.22	15.38	20.61
法国	15.00	27.78	27.27	9.09	18.52	21.74	14.81	16.00	27.78	15.38	18.86
中国大陆	0.00	11.11	18.18	9.09	18.52	21.74	18.52	16.00	33.33	26.92	17.54
荷兰	30.00	27.78	22.73	0.00	14.81	8.70	11.11	20.00	16.67	19.23	16.67
巴西	10.00	5.56	9.09	22.73	22.22	8.70	11.11	8.00	22.22	7.69	12.72
澳大利亚	10.00	16.67	13.64	9.09	18.52	8.70	11.11	4.00	5.56	15.38	11.40
瑞士	5.00	5.56	18.18	18.18	14.81	8.70	7.41	8.00	16.67	7.69	10.96
西班牙	10.00	11.11	9.09	18.18	7.41	13.04	3.70	28.00	5.56	0.00	10.53
加拿大	15.00	11.11	4.55	18.18	3.70	17.39	7.41	12.00	5.56	7.69	10.09
比利时	5.00	22.22	9.09	4.55	7.41	8.70	22.22	4.00	11.11	0.00	9.21
希腊	5.00	0.00	4.55	9.09	11.11	8.70	7.41	12.00	11.11	3.85	7.46
捷克	5.00	5.56	0.00	9.09	0.00	4.35	7.41	12.00	22.22	7.69	7.02
日本	0.00	11.11	4.55	9.09	0.00	4.35	7.41	12.00	0.00	3.85	5.26
南非	0.00	5.56	0.00	4.55	18.52	4.35	3.70	4.00	11.11	0.00	5.26
瑞典	5.00	16.67	4.55	4.55	0.00	4.35	7.41	8.00	5.56	0.00	5.26
奥地利	0.00	0.00	0.00	4.55	7.41	8.70	3.70	4.00	5.56	3.85	4.39
印度	0.00	0.00	0.00	4.55	3.70	8.70	0.00	8.00	11.11	7.69	4.39

表 4-30　昆虫学 C 层研究排名前 20 的国家和地区的国际合作参与率

单位：%

国家和地区	2014 年	2015 年	2016 年	2017 年	2018 年	2019 年	2020 年	2021 年	2022 年	2023 年	合计
美国	45.50	50.23	47.71	46.67	47.16	40.43	43.56	38.82	37.28	39.26	43.49
中国大陆	16.93	20.19	15.60	21.25	24.89	27.80	26.07	26.64	28.51	30.67	24.07
英国	19.05	14.55	16.06	14.58	19.65	14.80	12.54	17.11	15.35	17.18	15.91
德国	18.52	11.27	16.06	9.17	12.23	13.36	13.53	11.18	17.11	14.11	13.45
法国	12.17	10.33	12.39	15.00	14.85	16.25	10.56	10.86	12.72	15.95	12.99
意大利	14.81	11.74	9.17	10.83	11.79	11.55	13.86	12.50	11.84	15.34	12.27
澳大利亚	11.64	11.74	10.55	9.17	12.66	7.58	9.90	9.87	7.02	7.98	9.77

国家和地区	2014 年	2015 年	2016 年	2017 年	2018 年	2019 年	2020 年	2021 年	2022 年	2023 年	合计
巴西	8.99	7.98	11.47	8.75	8.30	10.47	8.25	10.86	7.46	16.56	9.73
西班牙	5.82	5.63	6.88	7.08	4.37	7.94	9.57	9.87	6.14	8.59	7.36
加拿大	10.05	7.04	6.42	6.67	9.17	7.94	7.26	5.92	4.82	7.36	7.19
比利时	4.23	5.16	7.34	11.67	5.68	7.94	6.93	5.92	7.89	7.36	7.06
瑞士	10.05	6.57	5.96	6.25	6.99	7.94	5.94	6.58	7.46	7.98	7.06
荷兰	7.41	6.10	5.50	7.50	5.24	4.33	3.96	4.93	5.26	5.52	5.46
希腊	3.70	5.16	2.75	7.08	3.49	5.78	3.63	5.92	5.26	7.36	4.99
丹麦	5.29	3.29	4.59	3.75	6.11	3.61	2.64	4.61	4.39	3.07	4.10
奥地利	5.29	3.76	3.67	6.25	2.62	3.61	2.97	4.61	2.19	2.45	3.76
捷克	3.17	1.88	4.59	2.08	5.68	6.50	3.63	2.30	3.07	4.91	3.76
瑞典	3.70	4.69	6.42	3.33	3.49	2.89	2.97	3.29	3.95	3.07	3.72
日本	1.06	3.76	6.42	4.17	3.49	3.25	2.31	2.30	6.14	4.29	3.64
肯尼亚	3.17	1.88	2.29	2.08	3.93	3.25	2.97	6.58	3.51	2.45	3.34

十一 制奶和动物科学

制奶和动物科学 A、B、C 层研究国际合作参与率最高的均为美国,分别为 41.03%、35.53%、33.71%。

加拿大 A 层研究国际合作参与率排名第二,为 23.08%;中国大陆、意大利、澳大利亚、法国、埃及、英国的参与率也比较高,在 18%~10%;荷兰、沙特阿拉伯、西班牙、瑞士、奥地利、比利时、丹麦、芬兰、伊朗、马来西亚、新西兰、挪威也有一定的参与率,在 8%~5%。

中国大陆 B 层研究国际合作参与率排名第二,为 18.05%;英国、埃及、法国、澳大利亚、意大利、加拿大的参与率也比较高,在 18%~11%;沙特阿拉伯、荷兰、巴西、西班牙、丹麦、德国、爱尔兰、瑞士、印度、新西兰、巴基斯坦、韩国也有一定的参与率,在 10%~5%。

中国大陆 C 层研究国际合作参与率排名第二,为 16.03%;加拿大、英国、意大利、澳大利亚、埃及的参与率也比较高,在 14%~10%;德国、巴西、法国、西班牙、荷兰、丹麦、沙特阿拉伯、瑞士、比利时、伊朗、新西兰、爱尔兰、波兰也有一定的参与率,在 10%~3%。

表 4-31　制奶和动物科学 A 层研究排名前 20 的国家和地区的国际合作参与率

单位：%

国家和地区	2014 年	2015 年	2016 年	2017 年	2018 年	2019 年	2020 年	2021 年	2022 年	2023 年	合计
美国	0.00	0.00	40.00	100.00	50.00	50.00	0.00	66.67	20.00	75.00	41.03
加拿大	0.00	33.33	0.00	0.00	50.00	0.00	25.00	66.67	0.00	25.00	23.08
中国大陆	0.00	0.00	20.00	0.00	25.00	0.00	25.00	16.67	40.00	25.00	17.95
意大利	100.00	66.67	20.00	0.00	25.00	33.33	0.00	0.00	0.00	0.00	17.95
澳大利亚	0.00	0.00	20.00	0.00	0.00	0.00	50.00	16.67	20.00	25.00	15.38
法国	100.00	0.00	0.00	0.00	0.00	0.00	25.00	33.33	20.00	0.00	15.38
埃及	0.00	0.00	0.00	0.00	0.00	0.00	25.00	0.00	40.00	25.00	10.26
英国	0.00	0.00	0.00	0.00	0.00	33.33	25.00	0.00	20.00	0.00	10.26
荷兰	0.00	33.33	0.00	0.00	0.00	0.00	0.00	0.00	20.00	25.00	7.69
沙特阿拉伯	0.00	0.00	0.00	0.00	0.00	0.00	25.00	0.00	40.00	0.00	7.69
西班牙	0.00	33.33	0.00	0.00	0.00	0.00	0.00	16.67	20.00	0.00	7.69
瑞士	0.00	0.00	0.00	0.00	0.00	0.00	0.00	16.67	20.00	25.00	7.69
奥地利	0.00	0.00	20.00	0.00	0.00	16.67	0.00	0.00	0.00	0.00	5.13
比利时	0.00	0.00	20.00	0.00	0.00	0.00	0.00	0.00	0.00	25.00	5.13
丹麦	0.00	0.00	0.00	0.00	0.00	0.00	0.00	33.33	0.00	0.00	5.13
芬兰	0.00	0.00	0.00	0.00	0.00	0.00	0.00	16.67	20.00	0.00	5.13
伊朗	0.00	0.00	0.00	0.00	0.00	0.00	0.00	16.67	0.00	0.00	5.13
马来西亚	0.00	0.00	0.00	0.00	25.00	16.67	0.00	0.00	0.00	0.00	5.13
新西兰	0.00	0.00	0.00	0.00	0.00	0.00	25.00	0.00	0.00	25.00	5.13
挪威	0.00	0.00	20.00	0.00	0.00	0.00	0.00	0.00	20.00	0.00	5.13

表 4-32　制奶和动物科学 B 层研究排名前 20 的国家和地区的国际合作参与率

单位：%

国家和地区	2014 年	2015 年	2016 年	2017 年	2018 年	2019 年	2020 年	2021 年	2022 年	2023 年	合计
美国	30.43	45.45	38.71	46.43	62.07	40.00	38.89	23.08	23.26	20.00	35.53
中国大陆	13.04	4.55	6.45	25.00	10.34	22.50	16.67	28.21	27.91	15.00	18.05
英国	26.09	22.73	25.81	17.86	17.24	22.50	14.81	7.69	11.63	20.00	17.77
埃及	0.00	0.00	0.00	0.00	0.00	5.00	22.22	35.90	32.56	20.00	14.33
法国	17.39	18.18	19.35	10.71	24.14	20.00	5.56	0.00	16.28	10.00	13.18
澳大利亚	21.74	9.09	3.23	7.14	24.14	15.00	3.70	15.38	18.60	12.50	12.61
意大利	4.35	9.09	16.13	21.43	13.79	12.50	12.96	12.82	6.98	10.00	12.03
加拿大	0.00	0.00	22.58	28.57	24.14	17.50	9.26	5.13	9.30	2.50	11.75
沙特阿拉伯	0.00	9.09	0.00	7.14	0.00	0.00	18.52	20.51	9.30	15.00	9.17

续表

国家和地区	2014 年	2015 年	2016 年	2017 年	2018 年	2019 年	2020 年	2021 年	2022 年	2023 年	合计
荷兰	8.70	4.55	9.68	14.29	17.24	10.00	3.70	5.13	4.65	5.00	7.74
巴西	8.70	13.64	9.68	10.71	13.79	2.50	7.41	7.69	4.65	2.50	7.45
西班牙	4.35	9.09	9.68	7.14	10.34	10.00	11.11	0.00	4.65	5.00	7.16
丹麦	13.04	13.64	6.45	10.71	10.34	10.00	3.70	2.56	4.65	2.50	6.88
德国	0.00	13.64	6.45	10.71	13.79	7.50	3.70	0.00	6.98	10.00	6.88
爱尔兰	8.70	4.55	12.90	3.57	13.79	10.00	1.85	0.00	2.33	7.50	6.02
瑞士	0.00	4.55	6.45	3.57	10.34	12.50	3.70	2.56	2.33	7.50	5.44
印度	4.35	0.00	3.23	0.00	3.45	12.50	3.70	5.13	4.65	10.00	5.16
新西兰	21.74	0.00	3.23	10.71	6.90	5.00	0.00	5.13	4.65	2.50	5.16
巴基斯坦	0.00	0.00	0.00	3.57	0.00	2.50	2.50	9.26	15.38	4.65	7.50	5.16
韩国	4.35	4.55	0.00	3.57	10.34	2.50	12.96	5.13	2.33	2.50	5.16

表 4-33　制奶和动物科学 C 层研究排名前 20 的国家和地区的国际合作参与率

单位：%

国家和地区	2014 年	2015 年	2016 年	2017 年	2018 年	2019 年	2020 年	2021 年	2022 年	2023 年	合计
美国	30.77	40.09	32.42	40.00	42.72	31.84	33.57	27.27	31.08	31.85	33.71
中国大陆	9.05	11.71	10.30	12.90	14.86	16.42	20.42	15.79	22.75	18.84	16.03
加拿大	20.81	18.92	14.55	14.52	16.10	13.43	9.86	9.81	12.39	10.62	13.46
英国	15.84	16.22	13.64	14.84	15.48	11.69	10.80	15.31	9.91	10.62	13.11
意大利	7.24	9.01	10.30	8.71	12.69	14.43	12.21	15.79	14.64	15.75	12.54
澳大利亚	16.29	12.61	13.94	8.71	12.38	8.21	9.15	12.68	9.91	7.19	10.83
埃及	5.88	3.15	4.55	7.74	10.53	9.20	12.91	17.22	11.94	12.67	10.24
德国	7.24	11.71	11.21	6.13	10.22	11.69	11.27	8.61	7.66	6.51	9.30
巴西	10.41	8.56	8.18	12.26	12.38	8.96	9.15	7.18	6.53	8.22	9.00
法国	9.05	11.26	12.73	7.74	10.84	7.46	8.45	7.42	7.66	7.19	8.80
西班牙	11.31	5.86	7.88	6.77	7.12	8.96	9.39	8.37	6.08	8.90	8.03
荷兰	9.95	9.01	11.52	6.77	7.43	5.97	8.22	6.70	8.33	5.48	7.82
丹麦	4.52	7.21	6.97	7.42	5.57	6.22	5.40	4.78	5.63	4.11	5.76
沙特阿拉伯	0.90	0.00	1.52	3.55	2.17	6.22	7.75	10.77	7.21	10.62	5.64
瑞士	8.60	6.76	5.15	3.87	4.64	7.21	4.69	5.26	3.83	7.53	5.55
比利时	4.52	4.95	4.55	5.81	4.64	4.48	4.69	5.02	5.18	8.22	5.17
伊朗	6.33	4.95	2.42	5.81	3.72	5.22	4.23	3.35	4.95	4.79	4.49
新西兰	6.79	8.11	6.06	6.13	2.17	4.23	2.82	1.91	2.93	2.74	4.04
爱尔兰	4.07	3.60	5.76	3.87	4.33	3.48	2.11	3.11	2.93	4.45	3.66
波兰	1.81	1.35	2.42	1.94	2.79	3.73	4.23	4.31	5.86	4.79	3.57

十二　生物物理学

生物物理学 A、B、C 层研究国际合作参与率最高的均为美国，分别为 64.58%、45.03%、41.66%。

英国 A 层研究国际合作参与率排名第二，为 29.17%；中国大陆、德国、法国、印度、荷兰的参与率也比较高，在 28%～14%；澳大利亚、瑞典、瑞士、波兰、沙特阿拉伯、斯洛文尼亚、西班牙、阿根廷、巴西、智利、丹麦、意大利、马来西亚也有一定的参与率，在 9%～4%。

中国大陆 B 层研究国际合作参与率排名第二，为 25.37%；英国、德国、印度、法国、荷兰、意大利的参与率也比较高，在 24%～10%；瑞士、加拿大、韩国、西班牙、澳大利亚、瑞典、波兰、日本、沙特阿拉伯、伊朗、以色列、南非也有一定的参与率，在 10%～4%。

中国大陆 C 层研究国际合作参与率排名第二，为 23.41%；英国、德国、印度、法国的参与率也比较高，在 19%～10%；意大利、加拿大、西班牙、澳大利亚、日本、荷兰、沙特阿拉伯、韩国、瑞士、瑞典、伊朗、比利时、奥地利、巴西也有一定的参与率，在 10%～3%。

表 4-34　生物物理学 A 层研究排名前 20 的国家和地区的国际合作参与率

单位：%

国家和地区	2014 年	2015 年	2016 年	2017 年	2018 年	2019 年	2020 年	2021 年	2022 年	2023 年	合计
美国	66.67	83.33	40.00	100.00	83.33	57.14	71.43	0.00	100.00	25.00	64.58
英国	16.67	33.33	80.00	0.00	33.33	14.29	14.29	50.00	50.00	25.00	29.17
中国大陆	16.67	0.00	40.00	0.00	50.00	28.57	28.57	50.00	0.00	50.00	27.08
德国	16.67	33.33	0.00	33.33	16.67	14.29	0.00	50.00	50.00	25.00	22.92
法国	0.00	0.00	0.00	0.00	33.33	42.86	0.00	50.00	50.00	25.00	16.67
印度	0.00	0.00	0.00	33.33	0.00	14.29	42.86	0.00	50.00	25.00	14.58
荷兰	0.00	0.00	0.00	33.33	16.67	14.29	14.29	50.00	50.00	25.00	14.58
澳大利亚	33.33	16.67	0.00	0.00	0.00	0.00	0.00	0.00	50.00	0.00	8.33
瑞典	16.67	0.00	0.00	0.00	0.00	14.29	0.00	0.00	50.00	25.00	8.33
瑞士	0.00	0.00	0.00	0.00	16.67	0.00	0.00	50.00	50.00	25.00	8.33
波兰	0.00	0.00	20.00	0.00	0.00	0.00	14.29	50.00	0.00	0.00	6.25
沙特阿拉伯	0.00	16.67	0.00	0.00	0.00	0.00	14.29	50.00	0.00	0.00	6.25

续表

国家和地区	2014 年	2015 年	2016 年	2017 年	2018 年	2019 年	2020 年	2021 年	2022 年	2023 年	合计
斯洛文尼亚	0.00	0.00	0.00	0.00	0.00	28.57	0.00	0.00	0.00	25.00	6.25
西班牙	0.00	0.00	0.00	0.00	0.00	0.00	0.00	50.00	50.00	25.00	6.25
阿根廷	0.00	0.00	0.00	33.33	0.00	14.29	0.00	0.00	0.00	0.00	4.17
巴西	0.00	0.00	0.00	33.33	0.00	0.00	0.00	0.00	0.00	25.00	4.17
智利	0.00	0.00	0.00	0.00	0.00	0.00	14.29	50.00	0.00	0.00	4.17
丹麦	0.00	0.00	0.00	0.00	0.00	14.29	0.00	0.00	50.00	0.00	4.17
意大利	0.00	0.00	0.00	0.00	0.00	0.00	0.00	50.00	0.00	25.00	4.17
马来西亚	16.67	0.00	0.00	0.00	0.00	14.29	0.00	0.00	0.00	0.00	4.17

表 4-35　生物物理学 B 层研究排名前 20 的国家和地区的国际合作参与率

单位：%

国家和地区	2014 年	2015 年	2016 年	2017 年	2018 年	2019 年	2020 年	2021 年	2022 年	2023 年	合计
美国	54.90	50.00	47.50	45.16	36.00	43.14	39.58	64.86	30.95	40.91	45.03
中国大陆	15.69	18.75	30.00	19.35	14.00	25.49	39.58	37.84	30.95	29.55	25.37
英国	19.61	20.83	25.00	24.19	20.00	27.45	20.83	27.03	21.43	25.00	23.04
德国	29.41	22.92	20.00	14.52	22.00	15.69	12.50	16.22	7.14	18.18	17.97
印度	5.88	6.25	12.50	12.90	26.00	23.53	12.50	10.81	28.57	11.36	15.01
法国	5.88	14.58	22.50	9.68	8.00	11.76	16.67	8.11	7.14	13.64	11.63
荷兰	19.61	10.42	12.50	11.29	6.00	9.80	10.42	10.81	9.52	9.09	10.99
意大利	11.76	8.33	7.50	8.06	12.00	9.80	16.67	10.81	11.90	11.36	10.78
瑞士	5.88	4.17	15.00	9.68	6.00	5.88	10.42	16.22	7.14	11.36	9.51
加拿大	5.88	16.67	7.50	1.61	10.00	5.88	10.42	16.22	7.14	9.09	8.67
韩国	5.88	8.33	10.00	0.00	12.00	7.84	14.58	13.51	9.52	2.27	8.03
西班牙	7.84	8.33	10.00	6.45	10.00	3.92	14.58	5.41	7.14	6.82	8.03
澳大利亚	5.88	8.33	12.50	3.23	10.00	5.88	6.25	8.11	7.14	13.64	7.82
瑞典	5.88	12.50	12.50	4.84	8.00	1.96	8.33	2.70	7.14	4.55	6.77
波兰	3.92	6.25	0.00	8.06	4.00	5.88	10.42	0.00	9.52	11.36	6.13
日本	5.88	10.42	12.50	6.45	2.00	1.96	6.25	0.00	0.00	4.55	5.07
沙特阿拉伯	1.96	4.17	5.00	3.23	10.00	3.92	8.33	2.70	4.76	4.55	4.86
伊朗	0.00	0.00	5.00	3.23	4.00	3.92	6.25	5.41	9.52	11.36	4.65
以色列	3.92	4.17	12.50	3.23	4.00	3.92	4.17	2.70	4.76	2.27	4.44
南非	0.00	0.00	7.50	9.68	10.00	3.92	2.08	2.70	2.38	2.27	4.23

表4-36　生物物理学 C 层研究排名前 20 的国家和地区的国际合作参与率

单位：%

国家和地区	2014年	2015年	2016年	2017年	2018年	2019年	2020年	2021年	2022年	2023年	合计
美国	49.32	46.00	43.75	43.89	40.50	40.50	40.61	35.82	39.61	33.62	41.66
中国大陆	18.04	23.33	18.13	24.21	25.86	25.17	23.27	27.06	25.28	25.42	23.41
英国	17.12	19.65	19.17	19.91	19.45	20.59	20.20	18.30	17.42	16.67	18.95
德国	18.49	19.22	17.50	14.93	14.19	15.10	15.92	13.40	13.76	15.54	15.92
印度	7.31	5.40	7.71	10.86	8.70	12.81	13.27	11.60	12.92	19.21	10.74
法国	11.42	12.31	10.21	11.31	8.92	11.44	8.57	9.28	8.43	9.89	10.22
意大利	11.19	8.86	10.21	9.95	8.70	9.38	10.00	10.05	10.11	6.78	9.57
加拿大	8.45	7.99	9.17	7.01	6.64	7.32	5.31	7.99	8.43	9.60	7.72
西班牙	7.53	7.56	6.67	6.79	5.49	7.09	8.16	7.99	7.58	6.21	7.12
澳大利亚	7.08	5.83	7.71	5.66	8.70	9.15	5.71	7.47	5.90	7.63	7.07
日本	6.16	8.42	6.04	4.52	7.55	5.49	6.53	6.96	5.06	6.50	6.35
荷兰	6.62	7.56	4.38	7.69	3.89	7.55	7.55	6.96	5.06	4.80	6.25
沙特阿拉伯	2.28	3.89	6.04	4.98	3.66	5.03	8.16	5.93	7.58	12.43	5.86
韩国	6.16	6.26	4.58	3.85	4.81	5.95	5.10	6.19	6.18	10.17	5.81
瑞士	5.25	4.75	4.79	7.01	5.26	5.49	5.71	3.87	3.93	4.52	5.11
瑞典	4.34	3.89	5.63	4.75	5.26	4.12	3.88	3.35	5.06	5.08	4.53
伊朗	2.05	1.94	2.92	2.04	2.75	5.95	6.33	4.12	5.90	4.52	3.80
比利时	3.65	3.24	3.96	2.49	2.97	5.03	4.29	3.87	1.69	3.11	3.48
奥地利	3.88	2.81	4.38	2.71	3.89	2.75	4.90	2.58	2.53	2.82	3.38
巴西	2.74	3.02	5.63	3.85	2.75	3.66	3.06	2.58	3.09	2.54	3.34

十三　生物化学和分子生物学

生物化学和分子生物学 A、B、C 层研究国际合作参与率最高的均为美国，分别为 72.05%、65.16%、51.15%。

英国 A 层研究国际合作参与率排名第二，为 35.43%；德国、中国大陆、瑞士、法国、加拿大、澳大利亚、瑞典、荷兰、丹麦、西班牙、意大利的参与率也比较高，在 29%～10%；日本、以色列、奥地利、比利时、韩国、芬兰、巴西也有一定的参与率，在 8%～3%。

英国 B 层研究国际合作参与率排名第二，为 28.70%；中国大陆、德国、加拿大、法国、澳大利亚、荷兰的参与率也比较高,在24%~10%;瑞士、意大利、西班牙、瑞典、日本、丹麦、比利时、以色列、韩国、印度、奥地利、沙特阿拉伯也有一定的参与率,在10%~3%。

中国大陆C层研究国际合作参与率排名第二,为23.72%;英国、德国、法国的参与率也比较高,在22%~10%;加拿大、意大利、澳大利亚、西班牙、瑞士、日本、荷兰、印度、瑞典、沙特阿拉伯、韩国、丹麦、比利时、埃及、奥地利也有一定的参与率,在10%~3%。

表4-37 生物化学和分子生物学A层研究排名前20的国家和地区的国际合作参与率

单位:%

国家和地区	2014年	2015年	2016年	2017年	2018年	2019年	2020年	2021年	2022年	2023年	合计
美国	85.00	78.26	68.00	72.41	80.00	80.00	60.00	65.38	76.00	65.38	72.05
英国	40.00	17.39	20.00	24.14	45.00	44.00	40.00	50.00	44.00	30.77	35.43
德国	25.00	30.43	36.00	27.59	20.00	40.00	22.86	34.62	20.00	30.77	28.74
中国大陆	5.00	17.39	24.00	13.79	30.00	12.00	28.57	11.54	20.00	19.23	18.50
瑞士	5.00	17.39	16.00	10.34	15.00	32.00	17.14	23.08	36.00	7.69	18.11
法国	10.00	4.35	16.00	6.90	25.00	12.00	20.00	15.38	8.00	26.92	14.57
加拿大	15.00	4.35	8.00	6.90	30.00	12.00	17.14	30.77	12.00	7.69	14.17
澳大利亚	5.00	21.74	4.00	6.90	15.00	4.00	25.71	7.69	24.00	11.54	12.99
瑞典	25.00	13.04	12.00	3.45	15.00	16.00	5.71	19.23	12.00	11.54	12.60
荷兰	10.00	17.39	12.00	13.79	5.00	20.00	2.86	15.38	16.00	7.69	12.20
丹麦	10.00	13.04	12.00	10.34	10.00	16.00	8.57	19.23	16.00	3.85	11.81
西班牙	5.00	4.35	8.00	13.79	5.00	24.00	11.43	11.54	8.00	23.08	11.81
意大利	5.00	8.70	8.00	6.90	5.00	16.00	0.00	19.23	28.00	11.54	10.63
日本	10.00	4.35	4.00	6.90	4.00	4.00	2.86	7.69	8.00	19.23	7.48
以色列	15.00	8.70	8.00	6.90	15.00	8.00	2.86	3.85	4.00	3.85	7.09
奥地利	0.00	0.00	8.00	0.00	10.00	16.00	11.43	11.54	0.00	0.00	5.91
比利时	5.00	4.35	8.00	3.45	5.00	4.00	5.71	3.85	12.00	7.69	5.91
韩国	0.00	4.35	0.00	0.00	0.00	8.00	2.86	15.38	8.00	11.54	5.12
芬兰	5.00	0.00	4.00	3.45	5.00	4.00	8.57	7.69	4.00	0.00	4.33
巴西	0.00	0.00	12.00	3.45	5.00	0.00	0.00	7.69	8.00	3.85	3.94

表 4-38　生物化学和分子生物学 B 层研究排名前 20 的国家和地区的国际合作参与率

单位：%

国家和地区	2014 年	2015 年	2016 年	2017 年	2018 年	2019 年	2020 年	2021 年	2022 年	2023 年	合计
美国	73.46	69.27	60.70	71.91	70:12	63.90	62.42	66.67	63.35	54.23	65.16
英国	33.18	32.20	26.64	26.81	29.08	24.19	26.47	39.15	28.11	23.59	28.70
中国大陆	10.90	19.51	18.34	21.70	20.72	25.63	30.07	25.19	28.83	29.23	23.65
德国	27.49	27.32	28.38	24.68	19.52	23.47	18.63	24.81	21.00	23.94	23.61
加拿大	16.11	15.61	10.48	12.77	9.56	12.27	12.09	13.95	12.46	10.56	12.46
法国	12.80	14.15	14.85	12.77	10.36	11.19	12.09	13.18	13.17	10.21	12.38
澳大利亚	10.43	10.24	7.86	13.62	8.37	12.64	10.46	14.73	9.96	8.45	10.68
荷兰	10.90	6.83	10.04	10.21	12.35	9.03	9.80	11.24	9.96	11.62	10.25
瑞士	11.37	10.73	11.79	10.21	10.36	7.94	7.52	13.57	8.54	6.34	9.66
意大利	8.53	7.32	6.11	7.66	4.38	7.94	12.75	11.63	10.68	10.92	8.99
西班牙	10.43	9.27	11.35	8.51	7.17	9.03	7.52	6.59	6.76	9.15	8.47
瑞典	9.95	9.76	8.73	6.81	9.16	6.86	6.86	10.08	7.47	7.75	8.24
日本	9.95	7.80	7.42	8.51	7.57	5.05	9.48	5.81	8.54	10.21	8.04
丹麦	4.27	6.34	5.68	7.66	7.17	3.61	6.54	3.88	6.41	5.63	5.72
比利时	5.69	4.39	4.80	5.11	7.57	4.33	4.58	7.36	5.34	5.28	5.44
以色列	6.64	6.34	8.30	6.38	2.39	5.42	3.59	4.26	3.91	4.23	5.01
韩国	3.32	5.37	3.93	3.83	4.78	3.61	4.58	5.04	4.63	6.69	4.61
印度	2.84	3.41	2.18	1.70	1.59	5.78	3.27	4.65	8.54	9.51	4.53
奥地利	2.37	6.83	5.68	2.98	5.18	3.61	1.96	2.71	2.85	4.93	3.82
沙特阿拉伯	2.37	3.90	1.75	0.85	1.99	1.81	2.94	1.55	5.69	7.39	3.11

表 4-39　生物化学和分子生物学 C 层研究排名前 20 的国家和地区的国际合作参与率

单位：%

国家和地区	2014 年	2015 年	2016 年	2017 年	2018 年	2019 年	2020 年	2021 年	2022 年	2023 年	合计
美国	61.95	58.10	57.18	55.66	55.95	51.05	49.46	45.01	41.54	41.27	51.15
中国大陆	17.86	17.73	18.66	23.03	24.52	26.18	26.53	25.85	26.69	27.19	23.72
英国	24.31	24.04	24.33	22.90	21.51	18.81	20.66	20.60	18.29	18.84	21.25
德国	20.92	21.31	22.58	19.35	18.86	18.66	18.21	18.32	16.12	16.30	18.93
法国	12.00	13.56	13.63	12.29	11.55	10.06	9.61	9.49	8.43	7.20	10.63
加拿大	11.17	10.79	10.57	9.11	9.12	8.34	8.14	8.23	8.01	8.31	9.08
意大利	7.37	7.30	8.22	7.31	8.72	8.75	10.17	9.70	9.76	9.70	8.79
澳大利亚	8.29	8.06	8.48	7.69	9.07	8.12	8.81	7.71	7.76	7.68	8.15
西班牙	7.23	7.34	6.86	6.52	7.92	7.44	7.48	7.43	7.62	8.47	7.44

国家和地区	2014 年	2015 年	2016 年	2017 年	2018 年	2019 年	2020 年	2021 年	2022 年	2023 年	合计
瑞士	8.24	7.65	8.22	8.07	7.44	7.52	7.55	6.30	5.27	5.10	7.07
日本	7.51	7.65	7.63	7.19	7.04	7.67	6.54	6.44	6.14	5.66	6.91
荷兰	8.42	7.03	7.20	6.52	6.99	7.18	5.84	6.83	5.62	5.34	6.64
印度	2.61	2.86	3.66	4.64	3.98	6.58	7.34	8.51	10.36	10.61	6.35
瑞典	5.59	6.36	6.31	5.31	5.89	6.36	5.73	5.25	5.02	4.12	5.57
沙特阿拉伯	2.29	3.09	3.62	3.76	3.19	3.81	5.14	7.88	11.03	9.77	5.56
韩国	4.53	3.49	3.54	3.68	3.90	4.67	4.37	4.73	5.09	6.05	4.44
丹麦	4.40	4.16	4.64	3.93	4.16	4.41	4.19	4.59	3.65	3.64	4.17
比利时	4.17	4.61	3.66	3.26	3.23	2.92	3.36	3.01	3.09	3.09	3.40
埃及	0.73	0.58	0.94	1.42	1.46	2.32	3.43	5.78	6.71	6.17	3.14
奥地利	3.98	2.69	3.58	2.84	3.14	3.40	3.29	2.31	2.81	2.69	3.05

十四 生物化学研究方法

生物化学研究方法 A、B、C 层研究国际合作参与率最高的均为美国，分别为 63.04%、57.70%、49.94%。

英国 A 层研究国际合作参与率排名第二，为 41.30%；德国排名第三，为 39.13%；澳大利亚、法国、西班牙、加拿大、瑞士的参与率也比较高，在 18%～10%；中国香港、日本、荷兰、瑞典、巴西、中国大陆、捷克、芬兰、意大利、奥地利、丹麦、以色列也有一定的参与率，在 9%～4%。

德国 B 层研究国际合作参与率排名第二，为 29.13%；英国、中国大陆、加拿大、瑞士、法国、荷兰的参与率也比较高，在 27%～10%；澳大利亚、丹麦、意大利、西班牙、比利时、日本、瑞典、新加坡、韩国、奥地利、捷克、沙特阿拉伯也有一定的参与率，在 10%～3%。

中国大陆 C 层研究国际合作参与率排名第二，为 24.88%；德国、英国的参与率也比较高，分别为 20.24%、20.18%；澳大利亚、瑞士、法国、加拿大、意大利、荷兰、西班牙、日本、瑞典、丹麦、比利时、韩国、奥地利、新加坡、印度、中国香港也有一定的参与率，在 10%～2%。

表4-40　生物化学研究方法 A 层研究排名前 20 的国家和地区的国际合作参与率

单位：%

国家和地区	2014 年	2015 年	2016 年	2017 年	2018 年	2019 年	2020 年	2021 年	2022 年	2023 年	合计
美国	25.00	40.00	57.14	66.67	100.00	100.00	50.00	100.00	40.00	100.00	63.04
英国	50.00	20.00	28.57	0.00	28.57	75.00	83.33	100.00	40.00	100.00	41.30
德国	25.00	40.00	57.14	33.33	14.29	25.00	33.33	100.00	60.00	100.00	39.13
澳大利亚	25.00	20.00	0.00	33.33	0.00	0.00	16.67	0.00	60.00	0.00	17.39
法国	0.00	0.00	0.00	16.67	14.29	75.00	0.00	100.00	20.00	100.00	17.39
西班牙	0.00	0.00	28.57	16.67	0.00	25.00	16.67	0.00	0.00	100.00	13.04
加拿大	25.00	0.00	0.00	33.33	0.00	0.00	16.67	100.00	0.00	0.00	10.87
瑞士	25.00	20.00	0.00	0.00	14.29	25.00	0.00	0.00	0.00	100.00	10.87
中国香港	0.00	40.00	14.29	0.00	0.00	0.00	16.67	0.00	0.00	0.00	8.70
日本	0.00	40.00	14.29	0.00	0.00	0.00	0.00	0.00	20.00	0.00	8.70
荷兰	0.00	0.00	0.00	0.00	0.00	25.00	16.67	100.00	0.00	0.00	8.70
瑞典	25.00	0.00	0.00	0.00	0.00	25.00	0.00	0.00	20.00	0.00	8.70
巴西	0.00	20.00	0.00	0.00	0.00	0.00	16.67	0.00	0.00	100.00	6.52
中国大陆	0.00	20.00	0.00	16.67	14.29	0.00	0.00	0.00	0.00	0.00	6.52
捷克	0.00	0.00	0.00	0.00	0.00	0.00	16.67	100.00	0.00	0.00	6.52
芬兰	0.00	0.00	0.00	0.00	0.00	0.00	16.67	0.00	20.00	0.00	6.52
意大利	0.00	0.00	14.29	0.00	14.29	0.00	0.00	0.00	0.00	0.00	6.52
奥地利	0.00	0.00	0.00	16.67	14.29	0.00	0.00	0.00	0.00	0.00	4.35
丹麦	0.00	0.00	0.00	0.00	0.00	25.00	0.00	100.00	0.00	0.00	4.35
以色列	0.00	0.00	14.29	0.00	0.00	25.00	0.00	0.00	0.00	0.00	4.35

表4-41　生物化学研究方法 B 层研究排名前 20 的国家和地区的国际合作参与率

单位：%

国家和地区	2014 年	2015 年	2016 年	2017 年	2018 年	2019 年	2020 年	2021 年	2022 年	2023 年	合计
美国	59.57	44.68	60.00	62.26	57.14	65.08	54.17	60.71	52.00	57.45	57.70
德国	25.53	23.40	21.54	33.96	28.57	44.44	27.08	28.57	24.00	31.91	29.13
英国	25.53	34.04	27.69	30.19	28.57	22.22	33.33	28.57	12.00	27.66	26.90
中国大陆	21.28	17.02	16.92	22.64	28.57	22.22	29.17	35.71	34.00	23.40	25.05
加拿大	21.28	17.02	7.69	22.64	9.52	19.05	10.42	10.71	12.00	8.51	13.73
瑞士	10.64	12.77	7.69	16.98	1.59	14.29	18.75	14.29	10.00	8.51	11.32
法国	12.77	14.89	4.62	13.21	12.70	15.87	10.42	10.71	6.00	6.38	10.76
荷兰	6.38	8.51	12.31	13.21	11.11	11.11	12.50	12.50	6.00	6.38	10.20

续表

国家和地区	2014 年	2015 年	2016 年	2017 年	2018 年	2019 年	2020 年	2021 年	2022 年	2023 年	合计
澳大利亚	10.64	6.38	4.62	18.87	9.52	11.11	10.42	8.93	10.00	6.38	9.65
丹麦	10.64	10.64	1.54	3.77	11.11	7.94	16.67	5.36	8.00	4.26	7.79
意大利	4.26	10.64	6.15	1.89	1.59	6.35	14.58	16.07	8.00	4.26	7.24
西班牙	6.38	2.13	6.15	7.55	6.35	4.76	8.33	8.93	6.00	6.38	6.31
比利时	8.51	10.64	4.62	5.66	1.59	7.94	2.08	8.93	2.00	8.51	5.94
日本	2.13	4.26	3.08	7.55	1.59	4.76	10.42	8.93	10.00	4.26	5.57
瑞典	10.64	4.26	3.08	1.89	4.76	4.76	4.17	7.14	10.00	4.26	5.38
新加坡	6.38	4.26	6.15	7.55	1.59	3.17	4.17	3.57	8.00	8.51	5.19
韩国	6.38	4.26	6.15	1.89	1.59	4.76	8.33	5.36	8.00	6.38	5.19
奥地利	12.77	2.13	1.54	7.55	3.17	4.76	4.17	0.00	2.00	4.26	4.08
捷克	4.26	6.38	0.00	1.89	1.59	7.94	6.25	3.57	2.00	4.26	3.71
沙特阿拉伯	10.64	2.13	10.77	1.89	4.76	1.59	0.00	1.79	0.00	2.13	3.71

表 4-42　生物化学研究方法 C 层研究排名前 20 的国家和地区的国际合作参与率

单位：%

国家和地区	2014 年	2015 年	2016 年	2017 年	2018 年	2019 年	2020 年	2021 年	2022 年	2023 年	合计
美国	53.33	52.36	49.26	53.03	54.08	50.59	47.99	47.36	47.02	40.99	49.94
中国大陆	15.96	15.20	21.40	23.23	26.19	26.23	26.00	32.60	35.09	27.94	24.88
德国	23.64	21.36	24.54	17.34	17.35	16.07	21.61	19.85	16.97	26.11	20.24
英国	18.38	18.07	20.66	19.36	19.56	18.95	22.18	22.59	17.66	25.33	20.18
澳大利亚	6.06	6.57	7.56	9.43	8.67	11.84	9.75	12.75	11.70	9.66	9.43
瑞士	7.88	11.29	7.38	11.45	9.18	8.80	13.38	7.10	7.80	9.40	9.39
法国	8.69	9.24	11.07	9.09	9.86	10.15	9.18	9.11	5.50	10.18	9.27
加拿大	8.08	11.70	9.59	8.75	8.84	10.83	8.03	9.84	9.17	6.79	9.23
意大利	7.07	8.42	9.04	7.41	7.48	7.78	8.99	6.56	9.17	9.66	8.08
荷兰	6.87	8.21	8.86	6.57	8.50	9.48	8.41	5.83	6.88	8.62	7.83
西班牙	8.08	9.45	6.83	6.40	7.65	7.28	5.35	7.65	4.13	6.79	7.00
日本	5.05	4.52	4.61	4.55	4.76	6.43	6.69	7.65	5.73	5.22	5.53
瑞典	6.46	4.72	6.27	6.06	5.95	5.58	4.97	5.10	3.21	4.96	5.40
丹麦	5.86	5.54	4.24	4.38	5.95	6.09	5.54	3.64	5.50	5.22	5.19
比利时	4.85	6.16	3.87	3.70	3.74	5.25	4.21	6.19	3.90	6.01	4.74
韩国	4.44	6.16	4.43	4.71	3.40	3.05	4.02	2.73	3.21	5.74	4.12
奥地利	4.44	3.90	4.24	3.87	3.06	2.37	4.02	4.01	4.82	5.48	3.93
新加坡	4.04	3.08	2.21	3.54	2.89	3.89	4.97	3.64	3.21	1.83	3.37
印度	2.02	1.85	1.29	1.85	2.72	4.57	4.02	3.10	5.28	6.27	3.18
中国香港	2.02	2.46	1.48	2.53	2.04	1.18	2.87	4.37	4.59	4.18	2.68

十五 遗传学和遗传性

遗传学和遗传性 A、B、C 层研究国际合作参与率最高的均为美国，分别为 79.25%、81.60%、66.31%；英国 A、B、C 层研究国际合作参与率均排名第二，分别为 45.28%、52.64%、35.62%。

德国、澳大利亚、加拿大、西班牙、意大利、瑞士、芬兰、荷兰、日本、瑞典、比利时、中国大陆、以色列、奥地利、丹麦、挪威、韩国、冰岛 A 层研究国际合作参与率也比较高，在 40%~11%。

德国、澳大利亚、加拿大、中国大陆、荷兰、瑞典、法国、西班牙、意大利、丹麦、瑞士、芬兰、挪威、日本、奥地利 B 层研究国际合作参与率也比较高，在 37%~10%；爱沙尼亚、新加坡、冰岛也有一定的参与率，在 10%~8%。

德国、中国大陆、法国、澳大利亚、加拿大、荷兰、意大利、西班牙、瑞典 C 层研究国际合作参与率也比较高，在 25%~10%；瑞士、丹麦、日本、比利时、芬兰、奥地利、挪威、巴西、以色列也有一定的参与率，在 10%~4%。

表 4-43　遗传学和遗传性 A 层研究排名前 20 的国家和地区的国际合作参与率

单位：%

国家和地区	2014 年	2015 年	2016 年	2017 年	2018 年	2019 年	2020 年	2021 年	2022 年	2023 年	合计
美国	100.00	100.00	100.00	60.00	57.14	100.00	66.67	85.71	100.00	85.71	79.25
英国	50.00	100.00	28.57	20.00	42.86	75.00	50.00	28.57	100.00	71.43	45.28
德国	100.00	50.00	28.57	20.00	28.57	75.00	16.67	42.86	100.00	57.14	39.62
澳大利亚	50.00	50.00	14.29	20.00	28.57	50.00	50.00	28.57	100.00	14.29	30.19
加拿大	50.00	100.00	28.57	20.00	14.29	50.00	16.67	28.57	100.00	28.57	30.19
西班牙	50.00	50.00	14.29	20.00	14.29	50.00	33.33	28.57	100.00	28.57	30.19
意大利	50.00	50.00	42.86	0.00	14.29	25.00	16.67	28.57	100.00	42.86	26.42
瑞士	50.00	50.00	0.00	0.00	28.57	50.00	16.67	0.00	100.00	28.57	26.42
芬兰	50.00	0.00	28.57	0.00	0.00	75.00	33.33	28.57	100.00	14.29	22.64
荷兰	50.00	100.00	14.29	10.00	28.57	75.00	0.00	14.29	100.00	0.00	22.64

续表

国家和地区	2014 年	2015 年	2016 年	2017 年	2018 年	2019 年	2020 年	2021 年	2022 年	2023 年	合计
日本	50.00	0.00	14.29	0.00	28.57	25.00	0.00	28.57	100.00	42.86	20.75
瑞典	50.00	0.00	28.57	0.00	0.00	75.00	0.00	14.29	100.00	42.86	20.75
比利时	50.00	0.00	0.00	10.00	28.57	50.00	0.00	14.29	100.00	28.57	18.87
中国大陆	50.00	50.00	14.29	10.00	14.29	25.00	16.67	28.57	100.00	0.00	18.87
以色列	50.00	50.00	0.00	10.00	28.57	0.00	16.67	14.29	100.00	14.29	16.98
奥地利	50.00	0.00	28.57	0.00	14.29	25.00	16.67	14.29	100.00	14.29	15.09
丹麦	50.00	50.00	0.00	20.00	0.00	25.00	0.00	14.29	100.00	14.29	15.09
挪威	50.00	0.00	14.29	0.00	28.57	50.00	0.00	0.00	100.00	0.00	13.21
韩国	0.00	50.00	14.29	10.00	0.00	0.00	0.00	42.86	100.00	0.00	13.21
冰岛	50.00	0.00	14.29	0.00	0.00	75.00	0.00	0.00	100.00	0.00	11.32

表 4-44　遗传学和遗传性 B 层研究排名前 20 的国家和地区的国际合作参与率

单位：%

国家和地区	2014 年	2015 年	2016 年	2017 年	2018 年	2019 年	2020 年	2021 年	2022 年	2023 年	合计
美国	85.96	85.71	80.60	84.00	83.33	86.49	73.40	81.82	83.10	75.41	81.60
英国	52.63	50.79	49.25	56.00	58.33	60.81	54.26	59.09	43.66	40.98	52.64
德国	36.84	28.57	32.84	44.00	31.67	41.89	39.36	40.91	39.44	32.79	36.95
澳大利亚	26.32	26.98	20.90	26.00	33.33	31.08	25.53	34.85	28.17	26.23	27.90
加拿大	24.56	23.81	29.85	40.00	21.67	36.49	23.40	28.79	26.76	18.03	27.15
中国大陆	26.32	23.81	25.37	22.00	20.00	29.73	24.47	31.82	26.76	37.70	26.85
荷兰	19.30	30.16	28.36	28.00	20.00	32.43	11.70	27.27	23.94	22.95	23.98
瑞典	26.32	22.22	22.39	28.00	28.33	25.68	13.83	27.27	29.58	19.67	23.83
法国	28.07	12.70	26.87	32.00	16.67	17.57	13.83	21.21	15.49	16.39	19.46
西班牙	19.30	19.05	20.90	24.00	21.67	18.92	12.77	18.18	15.49	24.59	19.00
意大利	15.79	19.05	17.91	28.00	16.67	21.62	7.45	18.18	16.90	18.03	17.35
丹麦	17.54	14.29	10.45	16.00	25.00	10.81	8.51	16.67	23.94	24.59	16.29
瑞士	15.79	15.87	14.93	18.00	21.67	17.57	15.96	16.67	16.90	8.20	16.14
芬兰	10.53	12.70	17.91	20.00	15.00	13.51	6.38	19.70	18.31	11.48	14.18
挪威	10.53	11.11	16.42	14.00	20.00	13.51	8.51	15.15	19.72	6.56	13.42
日本	14.04	14.29	8.96	18.00	11.67	12.16	11.70	15.15	9.86	16.39	12.97
奥地利	7.02	11.11	10.45	14.00	13.33	12.16	5.32	12.12	7.04	11.48	10.11
爱沙尼亚	7.02	9.52	11.94	14.00	13.33	10.81	4.26	9.09	11.27	3.28	9.20
新加坡	8.77	4.76	4.48	18.00	11.67	9.46	7.45	10.61	8.45	4.92	8.60
冰岛	5.26	6.35	4.48	10.00	15.00	6.76	3.19	9.09	15.49	8.20	8.14

表 4-45　遗传学和遗传性 C 层研究排名前 20 的国家和地区的国际合作参与率

单位：%

国家和地区	2014 年	2015 年	2016 年	2017 年	2018 年	2019 年	2020 年	2021 年	2022 年	2023 年	合计
美国	71.13	69.58	68.04	68.28	68.63	65.32	63.48	61.69	64.52	63.79	66.31
英国	35.95	37.49	36.76	39.65	34.60	36.57	34.99	33.09	33.15	34.23	35.62
德国	25.00	23.35	25.59	26.39	22.61	22.43	25.64	21.61	23.80	25.46	24.10
中国大陆	16.62	16.89	19.66	18.34	20.76	24.98	24.52	27.66	26.92	25.88	22.42
法国	17.40	19.28	18.21	17.72	17.65	17.72	15.56	12.84	15.13	14.99	16.62
澳大利亚	15.34	15.33	14.86	16.36	17.07	15.83	16.28	15.97	14.46	16.12	15.76
加拿大	17.27	19.16	14.75	16.36	14.99	15.17	13.94	13.57	13.68	15.84	15.37
荷兰	15.46	16.17	14.64	17.35	15.46	14.70	13.84	14.72	15.13	13.30	15.05
意大利	13.92	14.37	11.06	13.51	11.53	12.54	12.51	11.48	12.12	12.59	12.52
西班牙	13.53	11.74	11.40	8.80	10.50	10.37	11.50	10.13	10.79	14.99	11.27
瑞典	12.24	12.34	10.17	12.14	10.50	12.16	8.24	8.25	10.79	10.89	10.71
瑞士	10.57	8.74	10.17	10.53	9.34	9.71	7.02	8.77	7.45	8.91	9.08
丹麦	9.92	11.26	9.16	8.18	8.88	7.45	8.34	7.83	7.34	9.90	8.74
日本	9.02	8.26	6.70	8.43	6.34	7.26	7.12	6.58	7.90	7.36	7.45
比利时	6.44	7.78	6.59	7.19	6.00	5.84	5.90	5.85	5.67	6.36	6.33
芬兰	6.19	6.35	5.81	5.20	6.34	5.28	4.37	4.91	7.34	5.52	5.70
奥地利	4.64	4.55	5.14	5.70	4.96	5.37	5.29	5.74	5.23	6.36	5.29
挪威	4.38	5.99	4.13	6.94	5.19	5.00	5.49	4.07	4.12	6.51	5.13
巴西	3.22	4.43	4.36	3.22	6.81	5.00	4.58	4.70	4.23	4.67	4.55
以色列	3.87	4.55	4.36	3.22	3.69	4.34	3.76	3.55	4.45	5.23	4.09

十六　数学生物学和计算生物学

数学生物学和计算生物学 A、B、C 层研究国际合作参与率最高的均为美国，分别为 48.39%、41.18%、44.18%。

德国、英国 A 层研究国际合作参与率排名并列第二，均为 25.81%；澳大利亚、加拿大的参与率也比较高，在 23%~12%；中国大陆、意大利、新西兰、西班牙、瑞典、瑞士、法国、中国香港、日本、马来西亚、墨西哥、沙特阿拉伯、新加坡、奥地利、比利时也有一定的参与率，在 10%~3%。

中国大陆 B 层研究国际合作参与率排名第二，为 31.76%；英国、澳大利亚、加拿大、德国的参与率也比较高，在 29%~13%；意大利、印度、荷兰、新加坡、西班牙、法国、沙特阿拉伯、中国台湾、日本、伊朗、瑞士、芬兰、中国香港、丹麦也有一定的参与率，在 8%~3%。

中国大陆 C 层研究国际合作参与率排名第二，为 30.52%；英国、德国、澳大利亚、加拿大的参与率也比较高，在 22%~10%；法国、印度、意大利、沙特阿拉伯、瑞士、荷兰、西班牙、日本、巴基斯坦、新加坡、瑞典、韩国、中国香港、丹麦也有一定的参与率，在 8%~3%。

表 4-46　数学生物学和计算生物学 A 层研究排名前 20 的
国家和地区的国际合作参与率

单位：%

国家和地区	2014 年	2015 年	2016 年	2017 年	2018 年	2019 年	2020 年	2021 年	2022 年	2023 年	合计
美国	100.00	33.33	66.67	66.67	100.00	100.00	50.00	40.00	0.00	0.00	48.39
德国	0.00	0.00	66.67	0.00	33.33	50.00	25.00	40.00	25.00	0.00	25.81
英国	100.00	0.00	33.33	33.33	0.00	50.00	25.00	0.00	50.00	33.33	25.81
澳大利亚	0.00	0.00	0.00	33.33	0.00	50.00	0.00	20.00	100.00	0.00	22.58
加拿大	0.00	33.33	0.00	33.33	0.00	0.00	0.00	20.00	0.00	33.33	12.90
中国大陆	0.00	33.33	0.00	0.00	0.00	50.00	0.00	0.00	0.00	33.33	9.68
意大利	0.00	0.00	0.00	0.00	33.33	0.00	0.00	20.00	0.00	33.33	9.68
新西兰	100.00	0.00	0.00	0.00	0.00	0.00	0.00	0.00	25.00	0.00	9.68
西班牙	0.00	0.00	66.67	33.33	0.00	0.00	0.00	0.00	0.00	0.00	9.68
瑞典	0.00	0.00	0.00	0.00	0.00	50.00	25.00	0.00	25.00	0.00	9.68
瑞士	100.00	0.00	0.00	0.00	33.33	50.00	0.00	0.00	0.00	0.00	9.68
法国	0.00	0.00	0.00	0.00	33.33	50.00	0.00	0.00	0.00	0.00	6.45
中国香港	0.00	66.67	0.00	0.00	0.00	0.00	0.00	0.00	0.00	0.00	6.45
日本	0.00	33.33	0.00	0.00	0.00	0.00	25.00	0.00	0.00	0.00	6.45
马来西亚	0.00	0.00	0.00	0.00	0.00	0.00	0.00	20.00	25.00	0.00	6.45
墨西哥	0.00	0.00	0.00	0.00	33.33	0.00	0.00	0.00	0.00	33.33	6.45
沙特阿拉伯	0.00	0.00	0.00	0.00	0.00	0.00	0.00	0.00	25.00	33.33	6.45
新加坡	0.00	0.00	0.00	0.00	0.00	0.00	25.00	0.00	25.00	0.00	6.45
奥地利	0.00	0.00	0.00	0.00	0.00	0.00	25.00	0.00	0.00	0.00	3.23
比利时	0.00	0.00	0.00	0.00	33.33	0.00	0.00	0.00	0.00	0.00	3.23

表 4-47　数学生物学和计算生物学 B 层研究排名前 20 的
国家和地区的国际合作参与率

单位：%

国家和地区	2014 年	2015 年	2016 年	2017 年	2018 年	2019 年	2020 年	2021 年	2022 年	2023 年	合计
美国	52.17	52.17	57.58	40.63	48.15	44.44	61.76	39.02	13.21	28.95	41.18
中国大陆	21.74	21.74	24.24	31.25	40.74	27.78	38.24	19.51	49.06	31.58	31.76
英国	30.43	47.83	30.30	37.50	29.63	27.78	23.53	19.51	20.75	28.95	28.24
澳大利亚	26.09	8.70	3.03	15.63	11.11	8.33	14.71	14.63	20.75	18.42	14.41
加拿大	17.39	8.70	6.06	12.50	3.70	11.11	20.59	21.95	16.98	10.53	13.53
德国	26.09	26.09	15.15	9.38	14.81	22.22	8.82	9.76	9.43	2.63	13.24
意大利	13.04	21.74	9.09	6.25	0.00	8.33	2.94	9.76	7.55	5.26	7.94
印度	0.00	4.35	3.03	0.00	0.00	0.00	0.00	12.20	16.98	23.68	7.35
荷兰	0.00	17.39	9.09	3.13	11.11	19.44	8.82	4.88	1.89	2.63	7.35
新加坡	0.00	0.00	3.03	9.38	22.22	2.78	11.76	7.32	5.66	7.89	7.06
西班牙	8.70	13.04	6.06	6.25	14.81	5.56	2.94	0.00	7.55	2.63	6.18
法国	21.74	13.04	6.06	0.00	0.00	8.33	8.82	4.88	1.89	0.00	5.59
沙特阿拉伯	8.70	0.00	6.06	6.25	3.70	0.00	0.00	4.88	13.21	7.89	5.59
中国台湾	0.00	0.00	0.00	3.13	0.00	0.00	8.82	12.20	7.55	10.53	5.00
日本	4.35	4.35	0.00	0.00	0.00	2.78	14.71	2.44	9.43	5.26	4.71
伊朗	0.00	0.00	0.00	0.00	0.00	0.00	5.88	7.32	13.21	7.89	4.41
瑞士	4.35	4.35	6.06	6.25	3.70	5.56	2.94	9.76	1.89	0.00	4.41
芬兰	4.35	8.70	6.06	6.25	3.70	0.00	0.00	2.44	3.77	5.26	3.82
中国香港	8.70	8.70	3.03	0.00	3.70	2.78	5.88	2.44	3.77	2.63	3.82
丹麦	17.39	4.35	3.03	0.00	0.00	2.78	5.88	2.44	1.89	2.63	3.53

表 4-48　数学生物学和计算生物学 C 层研究排名前 20 的
国家和地区的国际合作参与率

单位：%

国家和地区	2014 年	2015 年	2016 年	2017 年	2018 年	2019 年	2020 年	2021 年	2022 年	2023 年	合计
美国	58.54	53.57	54.00	48.81	48.33	52.94	46.61	32.16	32.41	25.38	44.18
中国大陆	16.03	21.43	20.00	23.21	32.00	27.88	34.90	38.69	39.36	41.28	30.52
英国	26.48	25.71	23.33	22.92	25.00	23.79	22.14	17.84	13.92	21.10	21.62
德国	17.42	18.57	15.00	15.48	11.33	11.76	13.02	7.79	7.75	8.56	12.18
澳大利亚	6.97	8.21	4.00	9.52	11.00	10.74	13.02	19.10	13.32	9.79	11.04
加拿大	11.85	7.50	11.00	9.82	11.00	13.04	12.76	8.04	8.35	10.70	10.35
法国	13.24	11.43	14.00	8.63	11.00	7.93	7.29	4.52	2.58	3.67	7.87

续表

国家和地区	2014 年	2015 年	2016 年	2017 年	2018 年	2019 年	2020 年	2021 年	2022 年	2023 年	合计
印度	1.39	3.21	2.00	5.06	5.67	6.14	6.51	10.55	15.71	8.87	7.19
意大利	9.06	6.07	7.67	5.65	8.33	8.44	8.59	5.03	5.96	5.81	6.99
沙特阿拉伯	0.70	3.57	2.33	5.65	3.00	3.84	3.13	9.05	16.70	12.54	6.70
瑞士	7.32	8.93	5.67	9.52	7.67	7.67	6.51	3.27	3.38	4.89	6.25
荷兰	10.10	6.07	5.67	4.46	9.67	9.21	5.47	4.52	3.18	3.98	6.02
西班牙	5.23	8.21	5.67	4.76	8.67	5.63	4.17	5.53	4.97	6.42	5.79
日本	4.53	3.21	6.00	5.06	6.67	5.88	5.73	5.78	4.37	5.20	5.25
巴基斯坦	0.00	0.71	1.33	2.68	2.00	3.58	1.82	5.53	11.33	11.31	4.51
新加坡	1.39	2.86	4.67	5.65	3.00	3.32	5.21	7.79	4.77	3.67	4.39
瑞典	7.32	3.21	5.00	3.87	4.33	3.84	4.43	1.51	2.19	3.67	3.76
韩国	1.39	1.43	2.33	2.38	4.00	1.79	2.08	6.28	5.17	5.81	3.42
中国香港	3.14	3.21	1.33	1.79	2.00	1.79	4.69	4.77	4.17	3.67	3.17
丹麦	4.88	4.64	3.33	2.98	2.67	3.58	2.34	2.76	2.39	1.53	3.02

十七　细胞生物学

细胞生物学 A、B、C 层研究国际合作参与率最高的均为美国，分别为 78.64%、73.72%、65.77%；英国 A、B、C 层研究国际合作参与率均排名第二，分别为 31.07%、25.91%、24.36%。

德国 A 层研究国际合作参与率排名第三，为 29.13%；中国大陆、法国、瑞典、西班牙、荷兰、澳大利亚、以色列、日本的参与率也比较高，在 25%～10%；比利时、意大利、瑞士、奥地利、加拿大、丹麦、中国香港、新加坡、南非也有一定的参与率，在 10%～6%。

德国、中国大陆、荷兰、法国、加拿大、意大利、瑞典、瑞士、澳大利亚 B 层研究国际合作参与率也比较高，在 24%～10%；西班牙、日本、以色列、比利时、丹麦、奥地利、新加坡、韩国、巴西也有一定的参与率，在 9%～3%。

中国大陆、德国、法国、加拿大 C 层研究国际合作参与率也比较高，在 24%～10%；意大利、瑞士、日本、澳大利亚、荷兰、西班牙、瑞典、丹麦、比利时、奥地利、韩国、以色列、新加坡、印度也有一定的参与率，在 10%~2%。

表 4-49　细胞生物学 A 层研究排名前 20 的国家和地区的国际合作参与率

单位：%

国家和地区	2014 年	2015 年	2016 年	2017 年	2018 年	2019 年	2020 年	2021 年	2022 年	2023 年	合计
美国	88.89	88.89	60.00	80.00	100.00	88.89	61.90	100.00	84.62	72.73	78.64
英国	44.44	22.22	20.00	10.00	100.00	33.33	38.10	20.00	30.77	54.55	31.07
德国	44.44	66.67	20.00	20.00	100.00	22.22	23.81	40.00	23.08	18.18	29.13
中国大陆	0.00	0.00	60.00	30.00	100.00	22.22	28.57	0.00	30.77	27.27	24.27
法国	33.33	11.11	20.00	5.00	100.00	33.33	19.05	20.00	7.69	18.18	17.48
瑞典	33.33	11.11	40.00	0.00	100.00	33.33	14.29	20.00	7.69	27.27	17.48
西班牙	0.00	33.33	40.00	10.00	100.00	22.22	14.29	0.00	7.69	27.27	16.50
荷兰	11.11	33.33	20.00	20.00	100.00	22.22	4.76	0.00	7.69	9.09	14.56
澳大利亚	22.22	11.11	20.00	5.00	100.00	11.11	4.76	0.00	23.08	27.27	13.59
以色列	11.11	11.11	20.00	15.00	100.00	22.22	9.52	0.00	7.69	9.09	12.62
日本	22.22	0.00	20.00	5.00	100.00	11.11	0.00	0.00	23.08	18.18	10.68
比利时	11.11	22.22	20.00	5.00	100.00	22.22	0.00	0.00	7.69	9.09	9.71
意大利	11.11	22.22	20.00	5.00	100.00	22.22	0.00	0.00	7.69	9.09	9.71
瑞士	0.00	22.22	20.00	0.00	100.00	22.22	0.00	0.00	15.38	18.18	9.71
奥地利	0.00	11.11	20.00	0.00	100.00	22.22	9.52	0.00	0.00	0.00	6.80
加拿大	0.00	0.00	20.00	15.00	100.00	11.11	4.76	0.00	0.00	0.00	6.80
丹麦	0.00	11.11	40.00	0.00	100.00	0.00	4.76	0.00	15.38	0.00	6.80
中国香港	0.00	11.11	0.00	0.00	100.00	0.00	14.29	0.00	0.00	18.18	6.80
新加坡	11.11	0.00	0.00	0.00	100.00	0.00	0.00	0.00	0.00	27.27	6.80
南非	0.00	0.00	20.00	0.00	100.00	0.00	4.76	40.00	15.38	0.00	6.80

表 4-50　细胞生物学 B 层研究排名前 20 的国家和地区的国际合作参与率

单位：%

国家和地区	2014 年	2015 年	2016 年	2017 年	2018 年	2019 年	2020 年	2021 年	2022 年	2023 年	合计
美国	77.42	74.62	67.10	76.47	76.30	73.72	69.14	76.19	77.31	70.75	73.72
英国	25.00	22.31	21.29	29.41	28.15	22.63	25.31	31.75	29.41	24.53	25.91
德国	26.61	23.08	22.58	29.41	25.19	23.36	17.28	20.63	19.33	29.25	23.53
中国大陆	10.48	18.46	16.77	12.42	26.67	21.90	40.74	29.37	29.41	25.47	23.24
荷兰	14.52	14.62	16.13	14.38	13.33	13.87	10.49	11.90	15.13	18.87	14.18
法国	13.71	13.85	12.90	15.69	10.37	15.33	13.58	12.70	13.45	14.15	13.59

续表

国家和地区	2014 年	2015 年	2016 年	2017 年	2018 年	2019 年	2020 年	2021 年	2022 年	2023 年	合计
加拿大	8.87	12.31	10.97	13.73	10.37	15.33	10.49	16.67	13.45	20.75	13.07
意大利	8.87	12.31	11.61	11.76	5.93	7.30	12.35	17.46	15.13	9.43	11.21
瑞典	8.06	13.85	10.32	10.46	11.85	8.76	9.88	12.70	11.76	13.21	10.99
瑞士	12.10	11.54	9.68	13.07	14.07	12.41	8.02	10.32	10.08	6.60	10.84
澳大利亚	8.06	12.31	8.39	11.76	5.93	8.76	11.73	14.29	13.45	11.32	10.54
西班牙	5.65	9.23	7.74	14.38	8.15	8.03	8.64	6.35	5.04	14.15	8.76
日本	13.71	5.38	5.81	7.19	5.19	6.57	9.88	5.56	10.08	15.09	8.24
以色列	2.42	10.77	7.10	6.54	3.70	9.49	6.17	4.76	6.72	6.60	6.46
比利时	5.65	8.46	3.23	5.23	8.15	4.38	5.56	7.94	5.88	11.32	6.38
丹麦	6.45	8.46	6.45	5.88	2.96	2.19	4.32	6.35	5.88	7.55	5.57
奥地利	1.61	6.15	4.52	5.23	4.44	5.11	3.09	3.17	3.36	8.49	4.45
新加坡	4.03	5.38	3.87	1.96	4.44	6.57	3.09	3.97	6.72	2.83	4.23
韩国	4.03	3.08	5.16	3.92	5.19	2.92	4.94	3.97	2.52	4.72	4.08
巴西	0.81	0.00	3.87	4.58	2.96	4.38	0.62	7.94	7.56	3.77	3.56

表 4-51　细胞生物学 C 层研究排名前 20 的国家和地区的国际合作参与率

单位：%

国家和地区	2014 年	2015 年	2016 年	2017 年	2018 年	2019 年	2020 年	2021 年	2022 年	2023 年	合计
美国	67.98	65.50	67.16	66.76	66.21	64.82	65.71	63.45	64.15	65.41	65.77
英国	22.99	24.76	25.29	22.94	25.66	25.68	22.06	24.17	23.98	26.97	24.36
中国大陆	17.28	17.15	20.26	22.82	24.30	24.92	29.63	27.34	29.09	28.85	23.98
德国	22.76	20.10	23.70	22.59	22.78	23.56	21.26	21.96	20.05	23.66	22.23
法国	13.58	15.29	12.71	13.34	12.38	11.78	10.70	11.64	10.69	9.77	12.28
加拿大	9.26	9.81	10.50	9.07	9.04	10.03	9.83	12.31	11.71	10.57	10.18
意大利	9.03	9.26	8.47	8.19	10.48	9.88	8.50	10.54	10.22	9.59	9.35
瑞士	9.03	8.44	8.90	8.66	9.19	11.02	8.57	10.32	7.47	9.23	9.06
日本	9.18	8.23	9.21	9.13	9.04	8.59	8.84	8.47	7.86	7.08	8.62
澳大利亚	7.18	7.61	7.73	7.90	8.66	9.19	9.50	8.70	9.28	9.86	8.51
荷兰	8.41	7.61	8.41	7.20	7.97	9.10	8.92	8.10	10.13	8.44
西班牙	7.79	6.52	6.94	6.67	8.35	7.75	7.64	7.30	7.63	8.33	7.43
瑞典	5.71	5.83	7.31	5.68	6.83	8.21	5.18	7.22	7.08	6.09	6.49
丹麦	4.40	4.32	4.42	3.16	4.40	4.41	4.72	4.35	5.90	6.09	4.54
比利时	3.70	3.50	3.99	3.86	4.56	3.57	3.79	5.01	4.17	4.93	4.08
奥地利	3.78	2.88	3.31	3.22	3.42	3.72	3.65	4.13	4.72	5.11	3.74

续表

国家和地区	2014 年	2015 年	2016 年	2017 年	2018 年	2019 年	2020 年	2021 年	2022 年	2023 年	合计
韩国	3.94	3.29	3.38	2.98	3.87	4.26	4.05	2.95	2.75	5.02	3.61
以色列	3.70	5.01	3.25	2.75	3.72	3.80	2.72	3.68	2.67	3.85	3.49
新加坡	3.09	3.77	3.62	3.16	3.42	2.58	3.19	3.17	3.62	2.96	3.27
印度	1.31	1.37	1.66	1.64	1.82	2.36	2.26	3.76	4.87	4.21	2.44

十八　免疫学

免疫学 A、B、C 层研究国际合作参与率最高的均为美国，分别为 77.87%、67.76%、59.16%；英国 A、B、C 层研究国际合作参与率均排名第二，分别为 34.43%、28.45%、25.92%。

德国 A 层研究国际合作参与率排名第三，为 32.79%；荷兰、意大利、澳大利亚、瑞士、法国、西班牙、加拿大、日本、比利时、巴西的参与率也比较高，在 19%~10%；中国大陆、新加坡、丹麦、爱尔兰、芬兰、瑞典、希腊也有一定的参与率，在 10%~4%。

德国、中国大陆、法国、澳大利亚、瑞士、意大利、加拿大、荷兰、西班牙 B 层研究国际合作参与率也比较高，在 27%~10%；日本、比利时、瑞典、丹麦、以色列、奥地利、巴西、新加坡、爱尔兰也有一定的参与率，在 10%~4%。

德国、中国大陆、法国、意大利、瑞士、澳大利亚、加拿大、荷兰 C 层研究国际合作参与率也比较高，在 22%~10%；西班牙、日本、瑞典、比利时、奥地利、丹麦、巴西、南非、印度、以色列也有一定的参与率，在 9%~3%。

表 4-52　免疫学 A 层研究排名前 20 的国家和地区的国际合作参与率

单位：%

国家和地区	2014 年	2015 年	2016 年	2017 年	2018 年	2019 年	2020 年	2021 年	2022 年	2023 年	合计
美国	81.82	66.67	81.25	100.00	60.00	87.50	54.55	84.62	83.33	77.78	77.87
英国	36.36	41.67	6.25	50.00	30.00	25.00	54.55	38.46	27.78	66.67	34.43
德国	54.55	25.00	31.25	33.33	50.00	18.75	27.27	46.15	16.67	44.44	32.79

续表

国家和地区	2014 年	2015 年	2016 年	2017 年	2018 年	2019 年	2020 年	2021 年	2022 年	2023 年	合计
荷兰	18.18	16.67	6.25	33.33	30.00	18.75	27.27	15.38	5.56	33.33	18.03
意大利	18.18	8.33	12.50	33.33	30.00	12.50	27.27	15.38	5.56	33.33	17.21
澳大利亚	18.18	0.00	18.75	16.67	10.00	6.25	18.18	7.69	27.78	44.44	16.39
瑞士	18.18	8.33	12.50	33.33	20.00	12.50	27.27	15.38	16.67	11.11	16.39
法国	36.36	8.33	6.25	33.33	10.00	0.00	36.36	15.38	16.67	11.11	15.57
西班牙	0.00	8.33	12.50	33.33	30.00	12.50	27.27	7.69	5.56	22.22	13.93
加拿大	0.00	8.33	12.50	16.67	30.00	6.25	27.27	7.69	11.11	11.11	12.30
日本	9.09	8.33	18.75	16.67	20.00	12.50	0.00	7.69	5.56	33.33	12.30
比利时	18.18	8.33	6.25	16.67	0.00	12.50	27.27	23.08	5.56	0.00	11.48
巴西	0.00	8.33	6.25	16.67	10.00	6.25	9.09	15.38	11.11	33.33	10.66
中国大陆	0.00	0.00	12.50	16.67	0.00	0.00	27.27	7.69	16.67	0.00	9.02
新加坡	18.18	0.00	12.50	0.00	10.00	12.50	18.18	0.00	5.56	0.00	8.20
丹麦	0.00	8.33	0.00	0.00	10.00	0.00	27.27	7.69	5.56	22.22	7.38
爱尔兰	9.09	0.00	18.75	33.33	0.00	0.00	0.00	7.69	0.00	11.11	6.56
芬兰	0.00	8.33	0.00	16.67	0.00	0.00	0.00	7.69	5.56	22.22	4.92
瑞典	0.00	0.00	0.00	50.00	0.00	0.00	9.09	0.00	5.56	11.11	4.92
希腊	9.09	0.00	0.00	16.67	0.00	0.00	18.18	7.69	0.00	0.00	4.10

表 4-53 免疫学 B 层研究排名前 20 的国家和地区的国际合作参与率

单位：%

国家和地区	2014 年	2015 年	2016 年	2017 年	2018 年	2019 年	2020 年	2021 年	2022 年	2023 年	合计
美国	72.97	68.81	66.36	72.97	69.09	65.38	65.41	59.85	68.99	69.83	67.76
英国	36.04	32.11	28.04	28.83	27.27	23.08	20.30	31.82	29.46	29.31	28.45
德国	28.83	28.44	32.71	25.23	30.00	29.23	22.56	23.48	22.48	27.59	26.85
中国大陆	8.11	7.34	13.08	8.11	15.45	16.15	33.83	18.18	17.05	23.28	16.50
法国	20.72	21.10	20.56	15.32	14.55	12.31	12.03	15.15	13.95	18.10	16.16
澳大利亚	13.51	18.35	15.89	10.81	16.36	10.77	10.53	15.91	17.83	12.93	14.23
瑞士	10.81	13.76	15.89	17.12	19.09	7.69	13.53	13.64	10.85	18.10	13.89
意大利	12.61	6.42	15.89	11.71	15.45	15.38	10.53	17.42	12.40	18.10	13.64
加拿大	14.41	16.51	9.35	9.91	12.73	11.54	12.78	12.88	17.05	12.93	13.05
荷兰	12.61	6.42	18.69	14.41	10.91	10.77	9.77	15.15	8.53	11.21	11.78
西班牙	9.91	4.59	12.15	8.11	10.91	7.69	9.77	11.36	10.85	14.66	10.02
日本	9.01	16.51	7.48	10.81	11.82	9.23	7.52	7.58	12.40	6.90	9.85
比利时	9.01	6.42	9.35	8.11	10.91	12.31	8.27	8.33	7.75	8.62	8.92

续表

国家和地区	2014 年	2015 年	2016 年	2017 年	2018 年	2019 年	2020 年	2021 年	2022 年	2023 年	合计
瑞典	7.21	2.75	11.21	9.01	2.73	6.15	5.26	9.85	8.53	8.62	7.15
丹麦	7.21	1.83	9.35	9.01	8.18	4.62	3.01	8.33	6.20	6.03	6.31
以色列	6.31	7.34	1.87	4.50	4.55	6.15	4.51	4.55	8.53	4.31	5.30
奥地利	4.50	5.50	11.21	5.41	4.55	3.85	3.01	3.03	3.10	9.48	5.22
巴西	7.21	5.50	4.67	4.50	4.55	3.85	3.01	4.55	3.10	9.48	4.97
新加坡	3.60	4.59	4.67	3.60	3.64	6.15	6.02	6.06	3.10	6.90	4.88
爱尔兰	6.31	2.75	4.67	8.11	3.64	4.62	3.76	6.82	3.10	4.31	4.80

表 4-54　免疫学 C 层研究排名前 20 的国家和地区的国际合作参与率

单位：%

国家和地区	2014 年	2015 年	2016 年	2017 年	2018 年	2019 年	2020 年	2021 年	2022 年	2023 年	合计
美国	62.79	62.45	63.65	57.91	56.05	59.53	58.38	58.80	55.54	57.10	59.16
英国	28.24	27.09	24.67	27.61	26.08	25.81	25.32	27.82	21.99	24.91	25.92
德国	19.72	24.50	19.95	20.64	21.83	24.26	22.39	20.23	21.09	21.59	21.59
中国大陆	10.30	10.96	11.45	14.21	16.27	15.81	21.26	21.50	20.03	20.55	16.40
法国	13.59	16.04	14.93	15.28	14.07	17.13	15.03	15.11	14.50	13.64	14.94
意大利	10.21	11.25	11.68	12.69	11.71	12.40	15.48	13.38	11.97	10.70	12.23
瑞士	10.66	11.25	12.30	13.67	9.81	11.78	11.57	10.75	9.85	11.36	11.28
澳大利亚	10.83	12.35	9.67	11.97	10.95	10.54	12.47	12.41	10.18	10.42	11.17
加拿大	8.79	10.06	10.60	10.72	9.89	11.32	12.17	10.68	12.46	12.69	10.95
荷兰	12.08	12.45	10.21	11.71	10.87	11.94	10.59	9.62	10.02	9.66	10.87
西班牙	7.02	8.27	8.58	8.94	8.37	10.08	8.87	9.17	9.28	8.71	8.76
日本	9.86	8.96	7.89	7.24	7.76	6.90	6.76	6.47	7.17	5.49	7.42
瑞典	5.51	8.57	6.96	7.60	8.82	8.37	7.14	6.99	7.08	6.34	7.35
比利时	5.42	5.28	5.96	7.60	5.17	7.44	6.61	7.29	5.94	7.01	6.38
奥地利	3.82	4.38	5.65	4.11	3.95	5.04	4.81	3.98	3.58	4.45	4.39
丹麦	3.46	6.08	4.49	4.65	4.11	4.88	4.43	3.76	3.91	4.26	4.37
巴西	4.00	3.49	4.56	4.65	3.57	4.42	4.36	4.51	3.26	3.60	4.06
南非	4.17	3.78	3.71	4.38	4.64	3.95	3.68	3.46	3.50	3.98	3.92
印度	2.31	1.49	2.55	2.23	2.89	2.87	3.31	4.66	5.46	7.39	3.51
以色列	3.02	4.68	3.40	2.77	3.19	4.03	3.91	3.31	3.09	3.13	3.45

十九　神经科学

神经科学 A、B、C 层研究国际合作参与率最高的均为美国，分别为 77.97%、68.07%、57.83%；英国 A、B、C 层研究国际合作参与率均排名第二，分别为 45.76%、37.85%、29.94%。

德国、法国、加拿大、澳大利亚、意大利、中国大陆、荷兰、瑞典、瑞士、日本、比利时、西班牙、丹麦 A 层研究国际合作参与率也比较高，在 37%～10%；新加坡、芬兰、挪威、巴西、奥地利也有一定的参与率，在 9%～5%。

德国、加拿大、中国大陆、荷兰、法国、澳大利亚、意大利、瑞士、西班牙 B 层研究国际合作参与率也比较高，在 27%～10%；瑞典、日本、丹麦、比利时、奥地利、挪威、以色列、巴西、韩国也有一定的参与率，在 10%～3%。

德国、加拿大、中国大陆、意大利、荷兰、法国、澳大利亚 C 层研究国际合作参与率也比较高，在 24%～11%；瑞士、西班牙、瑞典、日本、比利时、丹麦、奥地利、巴西、韩国、以色列、挪威也有一定的参与率，在 10%～2%。

表 4-55　神经科学 A 层研究排名前 20 的国家和地区的国际合作参与率

单位：%

国家和地区	2014 年	2015 年	2016 年	2017 年	2018 年	2019 年	2020 年	2021 年	2022 年	2023 年	合计
美国	72.22	75.00	90.91	73.33	84.21	81.82	66.67	90.00	72.22	75.00	77.97
英国	50.00	25.00	27.27	66.67	15.79	50.00	38.10	100.00	61.11	56.25	45.76
德国	27.78	50.00	40.91	33.33	26.32	45.45	28.57	50.00	33.33	31.25	36.16
法国	22.22	12.50	9.09	26.67	31.58	27.27	19.05	50.00	16.67	18.75	22.03
加拿大	16.67	25.00	9.09	13.33	26.32	9.09	33.33	50.00	33.33	6.25	20.90
澳大利亚	5.56	12.50	22.73	20.00	10.53	36.36	23.81	40.00	27.78	6.25	20.34
意大利	16.67	18.75	13.64	26.67	15.79	18.18	19.05	50.00	22.22	18.75	20.34
中国大陆	0.00	18.75	22.73	6.67	21.05	9.09	38.10	30.00	27.78	6.25	18.08
荷兰	16.67	18.75	13.64	26.67	10.53	13.64	19.05	30.00	11.11	25.00	17.51

续表

国家和地区	2014 年	2015 年	2016 年	2017 年	2018 年	2019 年	2020 年	2021 年	2022 年	2023 年	合计
瑞典	5.56	18.75	9.09	20.00	21.05	22.73	0.00	60.00	11.11	31.25	17.51
瑞士	5.56	12.50	13.64	33.33	26.32	4.55	9.52	30.00	16.67	12.50	15.25
日本	11.11	12.50	0.00	6.67	21.05	4.55	19.05	50.00	16.67	6.25	12.99
比利时	11.11	6.25	4.55	20.00	0.00	18.18	19.05	40.00	5.56	12.50	12.43
西班牙	16.67	6.25	9.09	13.33	10.53	4.55	4.76	50.00	16.67	12.50	12.43
丹麦	11.11	18.75	0.00	13.33	0.00	13.64	4.76	30.00	5.56	18.75	10.17
新加坡	0.00	6.25	0.00	0.00	15.79	9.09	14.29	20.00	22.22	0.00	8.47
芬兰	11.11	6.25	0.00	6.67	5.26	0.00	9.52	10.00	11.11	12.50	6.78
挪威	11.11	6.25	0.00	6.67	0.00	13.64	0.00	20.00	5.56	12.50	6.78
巴西	5.56	0.00	9.09	0.00	5.26	0.00	4.76	30.00	5.56	6.25	5.65
奥地利	11.11	0.00	4.55	0.00	5.26	9.09	9.52	0.00	0.00	6.25	5.08

表 4-56　神经科学 B 层研究排名前 20 的国家和地区的国际合作参与率

单位：%

国家和地区	2014 年	2015 年	2016 年	2017 年	2018 年	2019 年	2020 年	2021 年	2022 年	2023 年	合计
美国	62.84	68.42	70.11	70.67	77.42	64.98	70.94	67.61	64.06	64.74	68.07
英国	40.44	30.99	41.30	34.13	32.80	37.97	34.98	39.91	41.47	43.68	37.85
德国	25.14	26.32	28.26	26.44	31.72	26.16	24.63	16.90	29.03	27.37	26.10
加拿大	13.11	18.13	17.39	17.79	17.74	19.83	19.70	20.66	23.50	24.74	19.38
中国大陆	10.93	9.36	9.24	8.65	19.35	12.66	23.65	19.25	20.74	23.16	15.81
荷兰	9.84	14.62	17.39	16.83	18.28	14.77	15.27	15.02	12.44	10.53	14.51
法国	13.11	19.88	15.22	12.98	11.83	12.24	11.82	11.27	13.36	14.74	13.50
澳大利亚	7.65	9.94	14.13	11.54	15.05	11.39	18.23	13.62	13.82	17.37	13.30
意大利	9.29	11.11	13.04	11.54	11.29	12.66	9.85	13.15	17.97	19.47	13.00
瑞士	9.29	14.62	14.13	12.50	12.37	10.55	9.85	8.45	15.67	14.74	12.15
西班牙	6.56	14.04	10.87	7.69	11.83	6.33	10.34	14.55	10.60	11.05	10.29
瑞典	6.01	7.60	11.41	8.17	10.75	9.70	11.82	10.80	11.52	10.00	9.84
日本	8.74	7.60	6.52	7.69	6.45	4.22	7.39	8.45	7.83	7.89	7.23
丹麦	1.64	7.60	5.43	9.62	6.45	5.91	9.85	7.04	7.37	8.42	6.98
比利时	3.83	4.09	7.07	6.73	6.99	7.59	5.42	12.21	5.07	6.32	6.63
奥地利	2.19	4.09	5.98	5.29	5.91	3.38	4.93	5.63	4.61	2.63	4.47
挪威	1.64	3.51	3.26	3.85	7.53	3.80	3.94	5.63	3.69	4.21	4.12
以色列	2.73	4.68	5.98	2.88	2.15	2.95	3.94	5.16	4.61	4.74	3.97
巴西	3.28	1.75	5.98	3.85	4.30	3.80	1.97	5.16	4.61	3.16	3.82
韩国	2.19	2.92	2.72	2.88	4.30	2.95	2.46	5.63	5.07	4.74	3.61

表4-57　神经科学 C 层研究排名前 20 的国家和地区的国际合作参与率

单位：%

国家和地区	2014 年	2015 年	2016 年	2017 年	2018 年	2019 年	2020 年	2021 年	2022 年	2023 年	合计
美国	59.01	61.22	60.23	58.40	59.35	57.12	58.80	55.04	54.47	55.36	57.83
英国	25.89	28.63	28.53	30.31	30.14	29.66	32.75	31.79	30.21	30.55	29.94
德国	22.86	23.94	23.87	24.05	20.30	23.79	24.54	24.48	23.92	25.51	23.73
加拿大	14.29	14.12	13.08	14.59	15.48	15.67	17.64	15.62	17.24	16.52	15.46
中国大陆	11.37	12.56	11.34	13.32	15.14	15.98	15.30	16.17	16.62	17.93	14.65
意大利	11.95	11.50	11.05	12.00	11.00	13.47	14.03	14.80	14.27	12.51	12.71
荷兰	11.25	11.27	11.24	11.34	10.81	13.39	13.10	13.35	12.10	10.94	11.94
法国	12.07	11.22	11.24	12.05	11.30	11.53	12.41	13.22	11.86	11.81	11.88
澳大利亚	10.15	10.10	11.09	10.45	10.95	12.05	13.49	13.26	13.50	12.68	11.82
瑞士	10.03	9.60	8.22	8.85	8.28	9.67	10.26	10.08	10.57	9.10	9.47
西班牙	7.93	6.53	7.23	8.42	6.62	8.51	9.53	10.17	11.10	8.45	8.50
瑞典	6.01	5.86	6.54	6.92	5.60	6.87	7.62	7.81	8.36	7.91	6.98
日本	5.60	6.42	5.99	7.29	4.92	5.87	6.89	5.54	6.24	5.69	6.05
比利时	5.25	4.13	4.90	4.71	5.06	5.31	5.38	5.40	5.38	5.63	5.12
丹麦	3.62	4.69	4.51	4.56	4.82	5.14	5.52	5.99	5.48	6.07	5.07
奥地利	3.79	3.46	2.97	3.72	2.63	4.23	4.15	4.22	4.47	4.06	3.78
巴西	3.21	3.01	3.57	3.34	4.53	3.89	4.50	4.22	3.94	2.98	3.75
韩国	2.80	2.62	3.17	3.11	2.82	2.55	3.13	3.77	3.36	4.39	3.17
以色列	2.97	3.63	3.32	3.44	3.36	2.85	2.93	2.59	3.36	3.14	3.15
挪威	2.16	2.01	2.63	2.59	2.29	2.85	3.47	3.36	3.55	3.41	2.85

二十　心理学

心理学 A、B、C 层研究国际合作参与率最高的均为美国，分别为 62.07%、59.86%、52.89%；英国 A、B、C 层研究国际合作参与率均排名第二，分别为 48.28%、38.73%、36.29%。

德国、加拿大、意大利、荷兰、澳大利亚、中国大陆 A 层研究国际合作参与率也比较高，在 25%～10%；中国香港、爱尔兰、日本、新西兰、瑞士、以色列、中国澳门、俄罗斯、新加坡、瑞典、中国台湾也有一定的参与率，在 7%～3%。

荷兰、澳大利亚、德国、加拿大、意大利、西班牙 B 层研究国际合作参与率也比较高，在 25%～10%；比利时、中国大陆、瑞士、巴西、中国香港、日本、瑞典、以色列、丹麦、法国、葡萄牙、墨西哥也有一定的参与率，在 10%～3%。

澳大利亚、德国、加拿大、荷兰 C 层研究国际合作参与率也比较高，在 20%～17%；意大利、瑞士、中国大陆、瑞典、西班牙、比利时、法国、丹麦、挪威、以色列、巴西、奥地利、芬兰、日本也有一定的参与率，在 10%～2%。

表 4-58　心理学 A 层研究排名前 20 的国家和地区的国际合作参与率

单位：%

国家和地区	2014 年	2015 年	2016 年	2017 年	2018 年	2019 年	2020 年	2021 年	2022 年	2023 年	合计
美国	75.00	50.00	0.00	100.00	0.00	66.67	40.00	75.00	75.00	33.33	62.07
英国	75.00	75.00	0.00	50.00	0.00	66.67	0.00	25.00	50.00	66.67	48.28
德国	0.00	25.00	0.00	50.00	0.00	33.33	20.00	25.00	25.00	33.33	24.14
加拿大	25.00	25.00	0.00	50.00	0.00	0.00	40.00	25.00	0.00	0.00	20.69
意大利	0.00	0.00	0.00	0.00	0.00	0.00	60.00	25.00	0.00	0.00	17.24
荷兰	50.00	0.00	0.00	0.00	0.00	0.00	0.00	0.00	50.00	33.33	17.24
澳大利亚	0.00	25.00	0.00	50.00	0.00	0.00	20.00	0.00	25.00	0.00	13.79
中国大陆	0.00	25.00	0.00	0.00	0.00	0.00	20.00	25.00	0.00	0.00	10.34
中国香港	0.00	0.00	0.00	50.00	0.00	0.00	0.00	0.00	0.00	0.00	6.90
爱尔兰	0.00	0.00	0.00	50.00	0.00	0.00	0.00	25.00	0.00	0.00	6.90
日本	0.00	0.00	0.00	0.00	0.00	0.00	20.00	0.00	0.00	33.33	6.90
新西兰	25.00	0.00	0.00	50.00	0.00	0.00	0.00	0.00	0.00	0.00	6.90
瑞士	0.00	0.00	0.00	0.00	0.00	0.00	0.00	0.00	25.00	33.33	6.90
以色列	0.00	0.00	0.00	0.00	0.00	0.00	25.00	0.00	0.00	0.00	3.45
中国澳门	0.00	0.00	0.00	0.00	0.00	0.00	0.00	25.00	0.00	0.00	3.45
俄罗斯	0.00	0.00	0.00	0.00	0.00	0.00	20.00	0.00	0.00	0.00	3.45
新加坡	0.00	0.00	0.00	0.00	0.00	33.33	0.00	0.00	0.00	0.00	3.45
瑞典	0.00	0.00	0.00	0.00	0.00	0.00	0.00	0.00	25.00	0.00	3.45
中国台湾	0.00	0.00	0.00	0.00	0.00	0.00	20.00	0.00	0.00	0.00	3.45

表 4-59　心理学 B 层研究排名前 20 的国家和地区的国际合作参与率

单位：%

国家和地区	2014 年	2015 年	2016 年	2017 年	2018 年	2019 年	2020 年	2021 年	2022 年	2023 年	合计
美国	62.50	64.71	65.63	62.07	73.33	54.76	52.00	64.00	54.84	51.85	59.86
英国	50.00	26.47	46.88	34.48	40.00	38.10	44.00	40.00	48.39	22.22	38.73
荷兰	16.67	26.47	34.38	20.69	40.00	19.05	24.00	36.00	22.58	11.11	24.30
澳大利亚	12.50	14.71	28.13	20.69	26.67	21.43	28.00	16.00	22.58	25.93	21.48
德国	29.17	11.76	15.63	20.69	26.67	23.81	12.00	20.00	25.81	18.52	20.07
加拿大	12.50	20.59	12.50	24.14	26.67	19.05	20.00	16.00	25.81	22.22	19.72
意大利	12.50	2.94	18.75	13.79	46.67	4.76	20.00	20.00	3.23	7.41	12.68
西班牙	12.50	8.82	12.50	10.34	26.67	4.76	8.00	24.00	6.45	7.41	10.92
比利时	16.67	5.88	9.38	0.00	33.33	9.52	8.00	16.00	3.23	7.41	9.51
中国大陆	8.33	2.94	3.13	3.45	33.33	4.76	4.00	24.00	6.45	14.81	8.80
瑞士	4.17	5.88	6.25	6.90	40.00	7.14	0.00	16.00	3.23	7.41	7.39
巴西	8.33	0.00	9.38	3.45	26.67	7.14	8.00	12.00	6.45	0.00	7.04
中国香港	8.33	5.88	3.13	6.90	26.67	2.38	8.00	4.00	6.45	3.70	5.99
日本	8.33	0.00	6.25	3.45	20.00	4.76	8.00	8.00	6.45	3.70	5.99
瑞典	0.00	5.88	3.13	6.90	20.00	4.76	8.00	12.00	3.23	0.00	5.63
以色列	12.50	8.82	0.00	0.00	13.33	7.14	4.00	4.00	0.00	7.41	5.28
丹麦	0.00	2.94	0.00	3.45	20.00	4.76	0.00	4.00	16.13	3.70	4.93
法国	8.33	0.00	6.25	3.45	20.00	0.00	8.00	8.00	0.00	3.70	4.58
葡萄牙	4.17	0.00	6.25	6.90	20.00	0.00	0.00	4.00	0.00	11.11	4.23
墨西哥	8.33	0.00	6.25	6.90	20.00	0.00	0.00	4.00	0.00	3.70	3.87

表 4-60　心理学 C 层研究排名前 20 的国家和地区的国际合作参与率

单位：%

国家和地区	2014 年	2015 年	2016 年	2017 年	2018 年	2019 年	2020 年	2021 年	2022 年	2023 年	合计
美国	48.95	54.60	51.48	56.70	53.57	52.32	56.31	52.44	51.52	50.80	52.89
英国	34.53	33.33	39.34	40.19	37.34	35.42	38.83	37.80	33.33	32.00	36.29
澳大利亚	15.02	18.41	19.34	24.92	21.75	15.53	23.95	19.51	16.16	19.20	19.31
德国	22.52	16.83	17.70	15.89	20.78	20.44	15.86	21.95	16.50	15.60	18.54
加拿大	18.32	12.70	15.08	18.38	17.53	16.08	20.06	18.90	16.84	20.40	17.36
荷兰	19.52	15.24	14.10	14.33	18.51	16.35	17.48	20.12	20.54	14.80	17.14
意大利	7.51	8.25	10.16	6.85	10.06	6.81	10.03	13.11	11.45	10.80	9.42
瑞士	11.11	6.35	5.57	7.17	10.71	7.63	7.77	9.15	7.41	8.40	8.14

续表

国家和地区	2014 年	2015 年	2016 年	2017 年	2018 年	2019 年	2020 年	2021 年	2022 年	2023 年	合计
中国大陆	4.20	3.81	6.23	6.23	5.52	6.81	10.36	7.01	11.78	9.60	7.05
瑞典	7.81	5.40	6.23	7.17	7.79	6.27	6.47	8.84	7.41	6.00	6.96
西班牙	4.80	5.08	6.23	9.03	5.52	5.99	6.47	9.76	9.09	6.00	6.80
比利时	4.80	6.03	6.89	6.54	9.42	4.90	7.12	5.79	8.42	5.60	6.51
法国	8.11	5.40	8.52	6.54	5.52	5.18	3.88	8.23	6.40	4.40	6.26
丹麦	2.70	3.81	3.61	2.80	3.57	4.63	3.56	4.57	3.70	5.20	3.80
挪威	1.50	1.90	2.30	4.05	6.49	2.72	4.53	6.10	3.70	4.80	3.77
以色列	3.30	4.13	3.93	2.80	4.22	5.72	3.24	3.35	3.37	2.00	3.67
巴西	3.30	1.59	3.28	2.49	3.57	1.63	3.24	3.66	5.05	3.60	3.10
奥地利	4.80	2.22	2.62	2.80	2.27	3.00	1.94	4.57	1.68	2.40	2.87
芬兰	2.70	2.22	2.95	2.18	1.95	2.72	2.59	2.74	2.02	3.20	2.52
日本	1.20	3.17	1.64	2.80	2.60	2.72	2.59	2.74	3.03	2.40	2.49

二十一　应用心理学

应用心理学 A、B、C 层研究国际合作参与率最高的均为美国，分别为 52.17%、59.31%、50.67%。英国 A、B、C 层研究国际合作参与率均排名第二，分别为 26.09%、27.71%、26.17%。

德国、澳大利亚、荷兰、南非 A 层研究国际合作参与率也比较高，在 22%~13%；加拿大、法国、以色列、意大利、新西兰、挪威、罗马尼亚、瑞士、奥地利、比利时、中国大陆、丹麦、芬兰、卢森堡也有一定的参与率，为 9%~4%。

澳大利亚、荷兰、加拿大、德国 B 层研究国际合作参与率也比较高，在 27%~11%；比利时、中国大陆、新加坡、法国、中国香港、瑞士、西班牙、印度、丹麦、挪威、芬兰、瑞典、新西兰、南非也有一定的参与率，在 10%~3%。

澳大利亚、中国大陆、荷兰、加拿大、德国 C 层研究国际合作参与率也比较高，在 20%~13%；法国、中国香港、瑞士、比利时、新加坡、意大利、西班牙、芬兰、挪威、瑞典、南非、以色列、葡萄牙也有一定的参与率，在 8%~2%。

表 4-61　应用心理学 A 层研究排名前 20 的国家和地区的国际合作参与率

单位：%

国家和地区	2014 年	2015 年	2016 年	2017 年	2018 年	2019 年	2020 年	2021 年	2022 年	2023 年	合计
美国	100.00	100.00	100.00	33.33	50.00	33.33	33.33	50.00	50.00	66.67	52.17
英国	0.00	0.00	0.00	0.00	50.00	66.67	0.00	25.00	0.00	66.67	26.09
德国	0.00	100.00	0.00	0.00	0.00	0.00	33.33	50.00	50.00	0.00	21.74
澳大利亚	0.00	0.00	0.00	33.33	0.00	33.33	33.33	0.00	50.00	0.00	17.39
荷兰	0.00	0.00	0.00	33.33	0.00	33.33	0.00	0.00	0.00	66.67	17.39
南非	0.00	0.00	100.00	33.33	0.00	0.00	0.00	0.00	0.00	33.33	13.04
加拿大	0.00	0.00	0.00	0.00	0.00	50.00	0.00	25.00	0.00	0.00	8.70
法国	100.00	0.00	0.00	0.00	0.00	50.00	0.00	0.00	0.00	0.00	8.70
以色列	100.00	0.00	0.00	0.00	0.00	50.00	0.00	0.00	0.00	0.00	8.70
意大利	0.00	0.00	0.00	33.33	0.00	0.00	0.00	25.00	0.00	0.00	8.70
新西兰	0.00	0.00	0.00	0.00	0.00	66.67	0.00	0.00	0.00	0.00	8.70
挪威	0.00	0.00	0.00	66.67	0.00	0.00	0.00	0.00	0.00	0.00	8.70
罗马尼亚	0.00	0.00	0.00	0.00	0.00	0.00	0.00	0.00	100.00	0.00	8.70
瑞士	0.00	0.00	0.00	0.00	0.00	0.00	33.33	25.00	0.00	0.00	8.70
奥地利	0.00	0.00	0.00	0.00	0.00	0.00	0.00	25.00	0.00	0.00	4.35
比利时	0.00	0.00	100.00	0.00	0.00	0.00	0.00	0.00	0.00	0.00	4.35
中国大陆	0.00	0.00	0.00	0.00	0.00	0.00	33.33	0.00	0.00	0.00	4.35
丹麦	0.00	0.00	0.00	0.00	0.00	0.00	0.00	0.00	50.00	0.00	4.35
芬兰	0.00	0.00	0.00	0.00	0.00	0.00	33.33	0.00	0.00	0.00	4.35
卢森堡	0.00	0.00	0.00	0.00	0.00	0.00	0.00	0.00	50.00	0.00	4.35

表 4-62　应用心理学 B 层研究排名前 20 的国家和地区的国际合作参与率

单位：%

国家和地区	2014 年	2015 年	2016 年	2017 年	2018 年	2019 年	2020 年	2021 年	2022 年	2023 年	合计
美国	59.09	69.23	52.63	65.00	68.00	51.72	62.96	59.38	37.50	75.00	59.31
英国	27.27	30.77	15.79	40.00	20.00	27.59	22.22	25.00	41.67	30.00	27.71
澳大利亚	18.18	30.77	31.58	30.00	12.00	20.69	33.33	18.75	33.33	45.00	26.41
荷兰	18.18	7.69	31.58	15.00	24.00	24.14	25.93	18.75	12.50	5.00	19.05
加拿大	13.64	23.08	26.32	0.00	20.00	17.24	14.81	12.50	8.33	15.00	14.72
德国	18.18	7.69	0.00	25.00	0.00	6.90	7.41	0.00	20.83	35.00	11.26
比利时	4.55	23.08	15.79	10.00	8.00	10.34	7.41	3.13	0.00	20.00	9.09
中国大陆	4.55	7.69	15.79	10.00	12.00	3.45	11.11	15.63	4.17	5.00	9.09

续表

国家和地区	2014 年	2015 年	2016 年	2017 年	2018 年	2019 年	2020 年	2021 年	2022 年	2023 年	合计
新加坡	4.55	0.00	10.53	15.00	8.00	3.45	11.11	15.63	8.33	0.00	8.23
法国	4.55	7.69	5.26	5.00	8.00	10.34	7.41	9.38	4.17	10.00	7.36
中国香港	9.09	0.00	0.00	5.00	16.00	10.34	3.70	6.25	8.33	5.00	6.93
瑞士	4.55	15.38	10.53	0.00	4.00	6.90	7.41	9.38	4.17	10.00	6.93
西班牙	13.64	0.00	0.00	5.00	0.00	3.45	3.70	9.38	16.67	5.00	6.06
印度	0.00	0.00	0.00	0.00	0.00	0.00	0.00	9.38	33.33	10.00	5.63
丹麦	4.55	0.00	0.00	0.00	0.00	3.45	11.11	0.00	8.33	15.00	4.33
挪威	4.55	7.69	0.00	15.00	0.00	6.90	3.70	3.13	4.17	0.00	4.33
芬兰	0.00	7.69	0.00	10.00	0.00	6.90	3.70	3.13	8.33	0.00	3.90
瑞典	0.00	0.00	0.00	10.00	4.00	3.45	7.41	3.13	4.17	0.00	3.46
新西兰	9.09	0.00	5.26	0.00	8.00	0.00	3.70	3.13	0.00	0.00	3.03
南非	4.55	0.00	5.26	0.00	4.00	3.45	0.00	3.13	8.33	0.00	3.03

表 4-63 应用心理学 C 层研究排名前 20 的国家和地区的国际合作参与率

单位：%

国家和地区	2014 年	2015 年	2016 年	2017 年	2018 年	2019 年	2020 年	2021 年	2022 年	2023 年	合计
美国	50.00	56.52	53.20	54.36	51.30	52.08	46.96	53.10	49.15	40.89	50.67
英国	20.71	23.37	28.08	28.72	25.91	22.50	27.94	22.09	30.34	32.51	26.17
澳大利亚	19.19	12.50	15.27	21.03	17.10	17.92	21.05	20.93	26.92	22.66	19.68
中国大陆	11.62	18.48	13.79	16.92	11.92	23.75	17.81	19.38	20.09	18.23	17.45
荷兰	19.19	17.39	15.76	10.26	23.32	14.58	22.27	12.79	11.97	15.76	16.24
加拿大	16.16	10.33	13.30	15.38	18.13	12.08	13.77	14.34	14.96	14.29	14.25
德国	12.12	12.50	9.85	13.33	15.03	15.42	17.41	14.73	8.97	12.32	13.27
法国	4.55	8.15	8.37	6.15	6.74	7.08	5.67	12.79	8.55	7.88	7.70
中国香港	11.11	12.50	8.87	8.21	6.22	7.50	4.05	6.98	6.84	3.45	7.42
瑞士	6.57	5.98	7.39	4.10	3.11	6.67	8.10	5.81	3.42	6.90	5.85
比利时	5.56	5.98	7.39	2.56	7.77	3.33	4.05	5.43	6.84	3.94	5.24
新加坡	3.03	4.89	5.42	6.67	4.15	7.92	6.48	3.10	2.99	6.40	5.10
意大利	3.03	5.43	3.45	4.10	3.63	4.58	4.86	7.36	3.85	5.42	4.64
西班牙	5.05	2.72	5.91	6.15	2.07	4.17	5.67	4.65	4.70	2.96	4.45
芬兰	1.52	2.17	4.43	5.13	3.11	3.33	4.05	4.26	6.84	2.96	3.85
挪威	2.53	3.26	3.94	2.56	5.18	3.75	3.64	2.33	4.70	2.46	3.43
瑞典	3.03	2.72	1.48	3.08	4.15	1.67	3.64	3.10	5.98	5.42	3.43
南非	4.55	0.54	2.46	3.08	3.63	1.67	2.43	2.33	4.27	4.43	2.92
以色列	0.51	4.89	4.43	3.08	3.63	2.50	1.21	2.33	1.28	3.45	2.65
葡萄牙	3.03	1.63	0.99	4.10	3.11	3.33	1.62	1.94	2.56	4.43	2.65

二十二　生理心理学

生理心理学 A 层研究国际合作参与率最高的是英国，为 83.33%，其次为美国的 66.67%，此后是荷兰的 33.33%；巴西、加拿大、法国、瑞典的参与率也比较高，均为 16.67%。

B 层研究国际合作参与率最高的是美国，为 64.00%，其次为英国的 45.33%；德国、荷兰、瑞士、加拿大、澳大利亚、瑞典、意大利的参与率也比较高，在 23%~10%；奥地利、比利时、中国大陆、法国、西班牙、以色列、巴西、丹麦、日本、新西兰、挪威也有一定的参与率，在 8%~5%。

C 层研究国际合作参与率最高的是美国，为 54.80%，其次为英国的 39.92%；德国、荷兰、澳大利亚、加拿大、法国、瑞士的参与率也比较高，在 28%~10%；意大利、西班牙、丹麦、中国大陆、比利时、瑞典、奥地利、新西兰、巴西、挪威、日本、以色列也有一定的参与率，在 10%~4%。

表 4-64　生理心理学 A 层研究所有国家的国际合作参与率

单位：%

国家	2014 年	2015 年	2016 年	2017 年	2018 年	2019 年	2020 年	2021 年	2022 年	2023 年	合计
英国	100.00	0.00	0.00	100.00	0.00	100.00	0.00	100.00	0.00	100.00	83.33
美国	100.00	0.00	100.00	100.00	0.00	100.00	0.00	0.00	0.00	0.00	66.67
荷兰	0.00	0.00	0.00	100.00	0.00	100.00	0.00	0.00	0.00	0.00	33.33
巴西	0.00	0.00	0.00	0.00	0.00	0.00	0.00	100.00	0.00	0.00	16.67
加拿大	0.00	0.00	100.00	0.00	0.00	0.00	0.00	0.00	0.00	0.00	16.67
法国	0.00	0.00	0.00	0.00	0.00	0.00	0.00	0.00	0.00	100.00	16.67
瑞典	0.00	0.00	0.00	0.00	0.00	0.00	0.00	0.00	0.00	100.00	16.67

表 4-65　生理心理学 B 层研究排名前 20 的国家和地区的国际合作参与率

单位：%

国家和地区	2014 年	2015 年	2016 年	2017 年	2018 年	2019 年	2020 年	2021 年	2022 年	2023 年	合计
美国	11.11	83.33	100.00	75.00	100.00	81.82	83.33	37.50	28.57	33.33	64.00
英国	22.22	33.33	50.00	37.50	60.00	27.27	41.67	87.50	71.43	33.33	45.33
德国	55.56	16.67	0.00	12.50	60.00	9.09	16.67	0.00	42.86	33.33	22.67

续表

国家和地区	2014 年	2015 年	2016 年	2017 年	2018 年	2019 年	2020 年	2021 年	2022 年	2023 年	合计
荷兰	22.22	16.67	0.00	25.00	80.00	18.18	16.67	0.00	14.29	0.00	18.67
瑞士	11.11	0.00	0.00	25.00	40.00	0.00	16.67	12.50	28.57	100.00	17.33
加拿大	11.11	16.67	50.00	12.50	40.00	18.18	8.33	0.00	0.00	0.00	14.67
澳大利亚	11.11	0.00	16.67	12.50	40.00	9.09	8.33	12.50	14.29	0.00	12.00
瑞典	11.11	16.67	0.00	12.50	60.00	9.09	8.33	0.00	0.00	33.33	12.00
意大利	0.00	0.00	0.00	12.50	20.00	9.09	16.67	12.50	14.29	33.33	10.67
奥地利	11.11	0.00	0.00	0.00	40.00	0.00	0.00	8.33	25.00	0.00	8.00
比利时	11.11	0.00	0.00	12.50	20.00	9.09	0.00	12.50	14.29	0.00	8.00
中国大陆	0.00	0.00	0.00	0.00	0.00	18.18	16.67	0.00	14.29	0.00	8.00
法国	11.11	0.00	0.00	12.50	20.00	0.00	8.33	12.50	14.29	0.00	8.00
西班牙	0.00	0.00	0.00	0.00	20.00	0.00	16.67	12.50	14.29	33.33	8.00
以色列	11.11	0.00	0.00	37.50	0.00	0.00	0.00	0.00	14.29	0.00	6.67
巴西	0.00	0.00	0.00	0.00	20.00	0.00	8.33	12.50	14.29	0.00	5.33
丹麦	0.00	16.67	16.67	0.00	0.00	0.00	0.00	0.00	14.29	33.33	5.33
日本	0.00	0.00	16.67	0.00	0.00	0.00	8.33	25.00	0.00	0.00	5.33
新西兰	0.00	0.00	0.00	12.50	40.00	9.09	0.00	0.00	0.00	0.00	5.33
挪威	0.00	0.00	0.00	0.00	20.00	9.09	0.00	12.50	14.29	0.00	5.33

表 4-66　生理心理学 C 层研究排名前 20 的国家和地区的国际合作参与率

单位：%

国家和地区	2014 年	2015 年	2016 年	2017 年	2018 年	2019 年	2020 年	2021 年	2022 年	2023 年	合计
美国	47.69	45.07	37.50	49.44	59.00	49.38	68.83	60.27	70.59	61.76	54.80
英国	27.69	19.72	42.19	43.82	40.00	39.51	48.05	38.36	52.94	48.53	39.92
德国	26.15	28.17	26.56	20.22	15.00	32.10	29.87	36.99	41.18	32.35	27.88
荷兰	21.54	7.04	15.63	24.72	13.00	14.81	23.38	30.14	31.37	19.12	19.62
澳大利亚	10.77	15.49	10.94	17.98	15.00	13.58	16.88	23.29	19.61	22.06	16.51
加拿大	7.69	18.31	17.19	15.73	12.00	12.35	23.38	10.96	23.53	17.65	15.56
法国	4.62	11.27	7.81	8.99	5.00	12.35	15.58	20.55	19.61	11.76	11.37
瑞士	9.23	9.86	7.81	11.24	7.00	7.41	10.39	17.81	19.61	13.24	10.96
意大利	6.15	9.86	6.25	7.87	7.00	4.94	5.19	17.81	13.73	16.18	9.20
西班牙	1.54	5.63	6.25	5.62	5.00	11.11	10.39	12.33	11.76	7.35	7.58
丹麦	4.62	4.23	4.69	6.74	5.00	6.17	7.79	13.70	15.69	8.82	7.44
中国大陆	3.08	7.04	4.69	4.49	5.00	6.17	9.09	13.70	7.84	10.29	7.04
比利时	4.62	4.23	7.81	7.87	6.00	3.70	11.69	8.22	3.92	5.88	6.50
瑞典	6.15	11.27	0.00	5.62	3.00	2.47	1.30	12.33	11.76	11.76	6.22
奥地利	7.69	4.23	1.56	2.25	3.00	2.47	1.30	9.59	15.69	7.35	5.01

国家和地区	2014 年	2015 年	2016 年	2017 年	2018 年	2019 年	2020 年	2021 年	2022 年	2023 年	合计
新西兰	4.62	0.00	7.81	2.25	3.00	3.70	7.79	8.22	9.80	2.94	4.74
巴西	4.62	0.00	1.56	2.25	6.00	6.17	3.90	8.22	11.76	2.94	4.60
挪威	0.00	1.41	1.56	5.62	2.00	2.47	7.79	6.85	13.73	7.35	4.60
日本	0.00	2.82	3.13	4.49	3.00	4.94	7.79	1.37	17.65	2.94	4.47
以色列	6.15	0.00	3.13	3.37	3.00	4.94	2.60	8.22	11.76	2.94	4.33

二十三 临床心理学

临床心理学 A 层研究国际合作参与率最高的是英国，为 55.17%，其次为美国的 51.72%。加拿大、澳大利亚、荷兰、新西兰、德国的参与率也比较高，在 32%~10%；比利时、中国香港、意大利、瑞典、瑞士、中国大陆、丹麦、伊朗、爱尔兰、日本、中国澳门、墨西哥、挪威也有一定的参与率，在 7%~3%。

B 层研究国际合作参与率最高的是美国，为 61.37%，其次为英国的 40.07%。澳大利亚、荷兰、加拿大、德国、中国大陆的参与率也比较高，在 28%~11%；西班牙、意大利、比利时、瑞典、瑞士、新西兰、以色列、日本、挪威、法国、中国香港、巴西、罗马尼亚也有一定的参与率，在 10%~4%。

C 层研究国际合作参与率最高的是美国，为 53.54%，其次为英国的 35.23%。澳大利亚、加拿大、荷兰、德国的参与率也比较高，在 21%~15%；意大利、中国大陆、西班牙、瑞典、比利时、瑞士、以色列、法国、挪威、丹麦、新西兰、中国香港、爱尔兰、巴西也有一定的参与率，在 9%~2%。

表 4-67　临床心理学 A 层研究排名前 20 的国家和地区的国际合作参与率

单位：%

国家和地区	2014 年	2015 年	2016 年	2017 年	2018 年	2019 年	2020 年	2021 年	2022 年	2023 年	合计
英国	60.00	100.00	0.00	100.00	50.00	50.00	60.00	0.00	0.00	100.00	55.17
美国	60.00	50.00	100.00	100.00	100.00	50.00	40.00	60.00	0.00	0.00	51.72
加拿大	20.00	0.00	100.00	100.00	50.00	50.00	40.00	20.00	0.00	0.00	31.03

续表

国家和地区	2014 年	2015 年	2016 年	2017 年	2018 年	2019 年	2020 年	2021 年	2022 年	2023 年	合计
澳大利亚	20.00	50.00	0.00	100.00	50.00	0.00	20.00	40.00	0.00	0.00	24.14
荷兰	20.00	0.00	0.00	100.00	50.00	50.00	0.00	0.00	0.00	25.00	20.69
新西兰	20.00	0.00	0.00	100.00	0.00	0.00	20.00	0.00	0.00	50.00	17.24
德国	0.00	50.00	0.00	0.00	50.00	0.00	0.00	0.00	0.00	25.00	10.34
比利时	20.00	0.00	0.00	0.00	50.00	0.00	0.00	0.00	0.00	0.00	6.90
中国香港	0.00	0.00	0.00	0.00	0.00	0.00	20.00	20.00	0.00	0.00	6.90
意大利	0.00	0.00	0.00	0.00	0.00	0.00	0.00	20.00	0.00	25.00	6.90
瑞典	0.00	0.00	0.00	0.00	0.00	25.00	20.00	0.00	0.00	0.00	6.90
瑞士	0.00	0.00	0.00	0.00	50.00	25.00	0.00	0.00	0.00	0.00	6.90
中国大陆	0.00	0.00	0.00	0.00	0.00	0.00	0.00	20.00	0.00	0.00	3.45
丹麦	0.00	0.00	0.00	0.00	0.00	25.00	0.00	0.00	0.00	0.00	3.45
伊朗	0.00	0.00	0.00	0.00	0.00	0.00	0.00	0.00	0.00	0.00	3.45
爱尔兰	0.00	0.00	0.00	0.00	0.00	0.00	0.00	20.00	0.00	0.00	3.45
日本	0.00	0.00	0.00	0.00	0.00	0.00	0.00	0.00	0.00	0.00	3.45
中国澳门	0.00	0.00	0.00	0.00	0.00	0.00	0.00	20.00	0.00	0.00	3.45
墨西哥	0.00	0.00	0.00	0.00	0.00	0.00	0.00	0.00	0.00	0.00	3.45
挪威	0.00	0.00	0.00	0.00	0.00	50.00	0.00	0.00	0.00	0.00	3.45

表 4-68 临床心理学 B 层研究排名前 20 的国家和地区的国际合作参与率

单位：%

国家和地区	2014 年	2015 年	2016 年	2017 年	2018 年	2019 年	2020 年	2021 年	2022 年	2023 年	合计
美国	52.63	56.00	65.22	75.00	81.25	63.89	58.62	55.81	58.97	56.52	61.37
英国	36.84	36.00	39.13	50.00	56.25	52.78	41.38	39.53	35.90	13.04	40.07
澳大利亚	15.79	24.00	39.13	37.50	12.50	27.78	17.24	30.23	28.21	30.43	27.08
荷兰	36.84	40.00	17.39	20.83	43.75	13.89	13.79	11.63	20.51	13.04	20.94
加拿大	26.32	4.00	21.74	20.83	12.50	22.22	24.14	13.95	20.51	21.74	18.77
德国	15.79	12.00	13.04	20.83	6.25	13.89	10.34	13.95	25.64	8.70	14.80
中国大陆	10.53	4.00	8.70	8.33	12.50	5.56	0.00	23.26	12.82	26.09	11.55
西班牙	21.05	4.00	8.70	12.50	12.50	8.33	10.34	4.65	7.69	17.39	9.75
意大利	10.53	4.00	8.70	16.67	18.75	2.78	17.24	4.65	7.69	13.04	9.39
比利时	10.53	8.00	13.04	4.17	12.50	13.89	13.79	2.33	10.26	4.35	9.03
瑞典	10.53	8.00	8.70	8.33	6.25	5.56	10.34	6.98	5.13	4.35	7.22
瑞士	0.00	16.00	0.00	4.17	12.50	5.56	10.34	6.98	7.69	8.70	7.22
新西兰	10.53	0.00	13.04	8.33	18.75	5.56	6.90	2.33	5.13	4.35	6.50

国家和地区	2014 年	2015 年	2016 年	2017 年	2018 年	2019 年	2020 年	2021 年	2022 年	2023 年	合计
以色列	15.79	8.00	0.00	8.33	12.50	2.78	10.34	2.33	5.13	4.35	6.14
日本	10.53	0.00	8.70	12.50	12.50	5.56	13.79	0.00	2.56	4.35	6.14
挪威	5.26	4.00	4.35	12.50	6.25	8.33	6.90	4.65	2.56	8.70	6.14
法国	10.53	4.00	13.04	8.33	12.50	0.00	6.90	4.65	2.56	4.35	5.78
中国香港	5.26	4.00	4.35	8.33	12.50	2.78	10.34	4.65	2.56	4.35	5.42
巴西	10.53	0.00	8.70	8.33	12.50	8.33	3.45	0.00	2.56	4.35	5.05
罗马尼亚	10.53	0.00	8.70	8.33	12.50	0.00	3.45	2.33	5.13	4.35	4.69

表 4-69 临床心理学 C 层研究排名前 20 的国家和地区的国际合作参与率

单位：%

国家和地区	2014 年	2015 年	2016 年	2017 年	2018 年	2019 年	2020 年	2021 年	2022 年	2023 年	合计
美国	55.65	57.59	58.22	55.81	55.88	53.15	52.58	52.09	49.52	49.09	53.54
英国	34.31	33.48	34.22	42.70	32.72	36.04	36.78	33.51	34.19	34.45	35.23
澳大利亚	19.67	18.75	24.89	25.09	19.12	20.42	23.71	18.32	18.53	20.43	20.78
加拿大	17.99	21.43	18.22	14.23	17.65	15.62	18.24	15.71	20.45	21.04	17.96
荷兰	17.99	18.30	20.44	16.10	22.06	17.12	14.59	18.32	16.61	14.02	17.38
德国	18.41	10.71	12.89	16.85	17.28	15.92	11.85	16.23	16.61	18.29	15.63
意大利	4.60	8.48	6.22	9.36	5.51	7.51	12.46	10.47	10.54	10.98	8.89
中国大陆	3.35	3.13	3.11	4.49	4.41	6.61	8.51	11.52	12.78	11.28	7.45
西班牙	5.86	5.36	3.56	7.49	6.62	7.21	9.12	10.47	8.31	7.32	7.42
瑞典	7.95	5.80	6.22	7.49	6.99	7.21	9.12	7.85	4.79	5.79	6.97
比利时	4.18	8.93	7.11	8.24	9.93	6.61	6.08	4.97	8.31	5.49	6.87
瑞士	4.60	6.70	4.89	6.74	8.09	5.11	6.69	7.07	7.35	10.06	6.83
以色列	2.93	4.46	6.22	3.75	5.88	5.11	5.47	2.88	4.15	4.27	4.46
法国	2.09	2.23	5.33	4.49	3.31	3.90	3.65	7.07	5.75	3.96	4.33
挪威	4.60	2.23	4.44	4.49	4.41	4.50	3.34	4.45	3.51	6.40	4.29
丹麦	2.51	5.80	2.67	4.49	5.15	3.30	3.95	4.45	2.88	3.66	3.88
新西兰	2.51	2.23	4.89	3.75	3.68	3.30	3.65	1.31	3.51	4.88	3.33
中国香港	1.67	1.34	1.78	1.87	2.21	3.00	4.26	4.19	4.47	3.05	2.95
爱尔兰	2.09	0.89	1.78	2.62	2.94	4.20	5.47	2.36	1.92	3.66	2.92
巴西	2.09	0.89	2.67	2.62	1.84	1.50	4.26	3.40	3.83	2.13	2.61

二十四　发展心理学

发展心理学 A、B、C 层研究国际合作参与率最高的均为美国，分别为 63.16%、62.64%、59.81%；英国 A、B、C 层研究国际合作参与率均排名第二，分别为 57.89%、55.49%、35.66%。

加拿大、澳大利亚、法国、挪威、西班牙、瑞士 A 层研究国际合作参与率也比较高，在 32%~10%；阿根廷、塞浦路斯、芬兰、德国、希腊、印度、意大利、新西兰、南非、中国台湾、乌克兰也有一定的参与率，均为 5.26%。

澳大利亚、加拿大、德国、荷兰、意大利 B 层研究国际合作参与率也比较高，在 27%~10%；瑞典、西班牙、瑞士、比利时、法国、中国大陆、爱尔兰、新西兰、以色列、挪威、南非、奥地利、中国香港也有一定的参与率，在 9%~3%。

加拿大、荷兰、澳大利亚、德国 C 层研究国际合作参与率也比较高，在 20%~12%；中国大陆、瑞典、意大利、瑞士、比利时、挪威、以色列、西班牙、法国、芬兰、丹麦、中国香港、南非、爱尔兰也有一定的参与率，在 9%~2%。

表 4-70　发展心理学 A 层研究所有国家和地区的国际合作参与率

单位：%

国家和地区	2014 年	2015 年	2016 年	2017 年	2018 年	2019 年	2020 年	2021 年	2022 年	2023 年	合计
美国	100.00	50.00	0.00	100.00	100.00	50.00	66.67	50.00	100.00	33.33	63.16
英国	0.00	50.00	100.00	0.00	50.00	100.00	33.33	100.00	50.00	66.67	57.89
加拿大	100.00	0.00	0.00	100.00	50.00	0.00	33.33	0.00	100.00	0.00	31.58
澳大利亚	100.00	0.00	100.00	0.00	0.00	50.00	33.33	0.00	50.00	0.00	26.32
法国	0.00	50.00	0.00	0.00	0.00	0.00	33.33	0.00	0.00	0.00	10.53
挪威	0.00	0.00	0.00	0.00	0.00	0.00	0.00	0.00	50.00	33.33	10.53
西班牙	0.00	0.00	0.00	0.00	0.00	0.00	0.00	50.00	0.00	33.33	10.53
瑞士	0.00	0.00	0.00	0.00	50.00	0.00	0.00	0.00	50.00	0.00	10.53
阿根廷	0.00	50.00	0.00	0.00	0.00	0.00	0.00	0.00	50.00	0.00	5.26
塞浦路斯	0.00	50.00	0.00	0.00	0.00	0.00	0.00	0.00	0.00	0.00	5.26
芬兰	0.00	0.00	0.00	0.00	0.00	0.00	0.00	0.00	0.00	33.33	5.26
德国	0.00	0.00	0.00	0.00	0.00	0.00	0.00	0.00	50.00	0.00	5.26

国家和地区	2014 年	2015 年	2016 年	2017 年	2018 年	2019 年	2020 年	2021 年	2022 年	2023 年	合计
希腊	0.00	0.00	0.00	0.00	0.00	0.00	0.00	0.00	0.00	33.33	5.26
印度	0.00	0.00	0.00	0.00	0.00	0.00	0.00	0.00	50.00	0.00	5.26
意大利	0.00	0.00	0.00	0.00	0.00	0.00	0.00	50.00	0.00	0.00	5.26
新西兰	0.00	0.00	0.00	0.00	0.00	0.00	33.33	0.00	0.00	0.00	5.26
南非	0.00	0.00	0.00	0.00	0.00	0.00	0.00	50.00	0.00	0.00	5.26
中国台湾	0.00	50.00	0.00	0.00	0.00	0.00	0.00	0.00	0.00	0.00	5.26
乌克兰	0.00	0.00	0.00	0.00	0.00	0.00	0.00	0.00	0.00	33.33	5.26

表 4-71　发展心理学 B 层研究排名前 20 的国家和地区的国际合作参与率

单位：%

国家和地区	2014 年	2015 年	2016 年	2017 年	2018 年	2019 年	2020 年	2021 年	2022 年	2023 年	合计
美国	75.00	66.67	66.67	52.94	57.14	55.17	62.50	61.11	57.89	78.95	62.64
英国	41.67	40.00	46.67	64.71	57.14	48.28	66.67	50.00	73.68	57.89	55.49
澳大利亚	25.00	20.00	26.67	29.41	28.57	27.59	33.33	16.67	31.58	21.05	26.37
加拿大	16.67	20.00	33.33	23.53	28.57	27.59	20.83	11.11	21.05	10.53	21.43
德国	16.67	20.00	26.67	52.94	21.43	6.90	4.17	22.22	15.79	21.05	19.23
荷兰	25.00	20.00	6.67	5.88	28.57	17.24	20.83	27.78	31.58	10.53	19.23
意大利	8.33	6.67	13.33	11.76	28.57	0.00	12.50	11.11	5.26	15.79	10.44
瑞典	8.33	0.00	0.00	11.76	14.29	6.90	4.17	22.22	5.26	10.53	8.24
西班牙	8.33	6.67	0.00	17.65	7.14	3.45	8.33	5.56	0.00	15.79	7.14
瑞士	0.00	26.67	13.33	5.88	7.14	3.45	4.17	5.56	5.26	5.26	7.14
比利时	0.00	6.67	6.67	11.76	14.29	10.34	0.00	5.56	5.26	5.26	6.59
法国	16.67	0.00	6.67	5.88	0.00	0.00	12.50	5.56	5.26	10.53	6.04
中国大陆	16.67	0.00	0.00	0.00	7.14	0.00	4.17	11.11	5.26	15.79	5.49
爱尔兰	8.33	0.00	0.00	11.76	0.00	0.00	4.17	5.56	10.53	15.79	5.49
新西兰	0.00	0.00	13.33	11.76	7.14	0.00	4.17	0.00	10.53	5.26	4.95
以色列	16.67	0.00	0.00	5.88	0.00	3.45	12.50	5.56	0.00	0.00	4.40
挪威	8.33	0.00	6.67	11.76	7.14	3.45	0.00	0.00	5.26	0.00	3.85
南非	8.33	0.00	0.00	5.88	7.14	0.00	4.17	0.00	10.53	5.26	3.85
奥地利	8.33	0.00	0.00	5.88	0.00	6.90	0.00	5.56	0.00	5.26	3.30
中国香港	0.00	0.00	0.00	5.88	0.00	3.45	8.33	5.56	0.00	5.26	3.30

表 4-72　发展心理学 C 层研究排名前 20 的国家和地区的国际合作参与率

单位：%

国家和地区	2014年	2015年	2016年	2017年	2018年	2019年	2020年	2021年	2022年	2023年	合计
美国	75.57	66.23	54.70	58.25	63.24	64.52	55.19	57.27	61.11	49.75	59.81
英国	29.77	31.13	34.25	34.54	41.08	31.80	37.76	38.64	33.33	40.89	35.66
加拿大	19.85	15.89	21.55	19.07	18.92	14.75	17.01	22.73	23.23	20.20	19.31
荷兰	18.32	15.23	13.81	14.95	22.70	14.75	17.84	20.91	11.62	18.23	16.87
澳大利亚	14.50	15.23	17.68	20.62	15.68	18.89	17.43	16.36	15.66	14.78	16.81
德国	13.74	10.60	13.26	10.82	11.89	9.68	10.79	15.00	13.64	16.75	12.60
中国大陆	6.87	4.64	7.73	6.19	8.11	7.37	9.96	10.91	8.08	12.81	8.49
瑞典	3.82	10.60	7.18	6.70	8.11	10.14	6.64	7.73	8.08	7.88	7.76
意大利	7.63	9.27	7.18	6.19	8.11	6.45	8.30	9.55	7.07	7.39	7.70
瑞士	5.34	8.61	6.08	4.64	5.95	11.06	6.22	9.55	3.54	6.90	6.87
比利时	3.05	9.27	3.87	4.64	6.49	8.76	4.56	5.45	7.58	4.93	5.88
挪威	5.34	3.31	4.42	4.64	6.49	6.45	4.98	8.64	7.07	5.42	5.78
以色列	4.58	3.97	4.42	7.22	2.70	5.07	4.15	7.73	4.55	3.45	4.84
西班牙	3.82	3.31	2.21	4.12	3.24	5.53	6.22	7.27	3.54	7.39	4.84
法国	6.11	5.30	4.97	2.06	4.86	6.45	3.32	8.64	2.53	3.94	4.79
芬兰	3.82	5.30	3.87	3.61	2.16	4.15	4.98	5.00	3.54	3.45	4.01
丹麦	3.05	3.31	3.31	4.64	3.24	4.15	4.15	4.09	2.02	2.96	3.54
中国香港	4.58	2.65	2.21	2.58	1.62	4.15	4.15	3.64	3.54	3.94	3.33
南非	3.82	1.99	4.42	3.61	1.62	6.45	1.66	1.82	2.02	4.93	3.23
爱尔兰	1.53	2.65	2.21	2.06	1.08	2.76	3.32	4.09	3.54	4.43	2.86

二十五　教育心理学

教育心理学 A、B、C 层研究国际合作参与率最高的均为美国，分别为66.67%、43.75%、46.96%。

澳大利亚 A 层研究国际合作参与率排名第二，为 44.44%；加拿大、丹麦、韩国、德国、荷兰、英国的参与率也比较高，在 23%~11%。

德国 B 层研究国际合作参与率排名第二，为 35.42%；澳大利亚、英国、加拿大、荷兰、瑞士的参与率也比较高，在 30%~11%；中国大陆、比利时、中国香港、挪威、西班牙、法国、意大利、波兰、韩国、奥地利、日本、葡萄牙、克罗地亚也有一定的参与率，在 10%～2%。

德国 C 层研究国际合作参与率排名第二，为 23.15%；英国、澳大利亚、荷兰、加拿大、中国大陆的参与率也比较高，在 23%～13%；中国香港、芬兰、西班牙、挪威、瑞士、意大利、比利时、韩国、以色列、奥地利、新西兰、智利、瑞典也有一定的参与率，在 9%～2%。

表 4-73　教育心理学 A 层研究所有国家的国际合作参与率

单位：%

国家	2014 年	2015 年	2016 年	2017 年	2018 年	2019 年	2020 年	2021 年	2022 年	2023 年	合计
美国	0.00	0.00	0.00	100.00	0.00	66.67	100.00	0.00	100.00	0.00	66.67
澳大利亚	0.00	0.00	0.00	0.00	0.00	33.33	50.00	100.00	0.00	0.00	44.44
加拿大	0.00	0.00	0.00	100.00	0.00	0.00	50.00	0.00	0.00	0.00	22.22
丹麦	0.00	0.00	0.00	0.00	0.00	33.33	0.00	0.00	100.00	0.00	22.22
韩国	0.00	0.00	0.00	0.00	0.00	33.33	0.00	50.00	0.00	0.00	22.22
德国	0.00	0.00	0.00	0.00	0.00	0.00	0.00	0.00	0.00	0.00	11.11
荷兰	0.00	0.00	0.00	0.00	0.00	33.33	0.00	0.00	0.00	0.00	11.11
英国	0.00	0.00	0.00	0.00	0.00	0.00	0.00	50.00	0.00	0.00	11.11

表 4-74　教育心理学 B 层研究排名前 20 的国家和地区的国际合作参与率

单位：%

国家和地区	2014 年	2015 年	2016 年	2017 年	2018 年	2019 年	2020 年	2021 年	2022 年	2023 年	合计
美国	57.14	50.00	37.50	44.44	33.33	61.54	36.36	46.15	20.00	55.56	43.75
德国	71.43	25.00	25.00	11.11	41.67	30.77	27.27	46.15	30.00	44.44	35.42
澳大利亚	14.29	25.00	12.50	11.11	50.00	38.46	18.18	30.77	40.00	33.33	29.17
英国	0.00	0.00	62.50	33.33	25.00	23.08	54.55	23.08	30.00	22.22	29.17
加拿大	28.57	50.00	50.00	0.00	8.33	23.08	9.09	30.77	20.00	11.11	20.83
荷兰	28.57	25.00	0.00	0.00	8.33	15.38	9.09	23.08	0.00	55.56	15.63
瑞士	14.29	25.00	12.50	0.00	16.67	0.00	9.09	15.38	10.00	22.22	11.46
中国大陆	0.00	0.00	0.00	11.11	16.67	0.00	18.18	7.69	20.00	11.11	9.38
比利时	0.00	0.00	0.00	22.22	16.67	15.38	0.00	0.00	0.00	11.11	7.29
中国香港	0.00	0.00	0.00	11.11	0.00	7.69	0.00	0.00	20.00	11.11	5.21
挪威	0.00	0.00	0.00	0.00	8.33	0.00	9.09	0.00	10.00	22.22	5.21
西班牙	0.00	0.00	12.50	0.00	0.00	15.38	0.00	7.69	0.00	11.11	5.21
法国	0.00	0.00	0.00	0.00	0.00	7.69	9.09	0.00	0.00	22.22	4.17

续表

国家和地区	2014 年	2015 年	2016 年	2017 年	2018 年	2019 年	2020 年	2021 年	2022 年	2023 年	合计
意大利	0.00	0.00	12.50	0.00	0.00	0.00	9.09	7.69	0.00	11.11	4.17
波兰	0.00	0.00	0.00	11.11	8.33	0.00	9.09	0.00	0.00	11.11	4.17
韩国	0.00	0.00	12.50	11.11	8.33	7.69	0.00	0.00	0.00	0.00	4.17
奥地利	0.00	0.00	0.00	0.00	0.00	7.69	9.09	7.69	0.00	0.00	3.13
日本	0.00	0.00	0.00	11.11	0.00	7.69	0.00	0.00	0.00	11.11	3.13
葡萄牙	0.00	25.00	0.00	11.11	0.00	7.69	0.00	0.00	0.00	0.00	3.13
克罗地亚	0.00	0.00	0.00	0.00	0.00	0.00	9.09	7.69	0.00	0.00	2.08

表 4-75　教育心理学 C 层研究排名前 20 的国家和地区的国际合作参与率

单位：%

国家和地区	2014 年	2015 年	2016 年	2017 年	2018 年	2019 年	2020 年	2021 年	2022 年	2023 年	合计
美国	46.84	52.17	62.50	50.65	44.33	49.63	45.71	44.36	36.25	39.73	46.96
德国	31.65	20.29	22.22	12.99	20.62	20.00	25.71	22.56	32.50	24.66	23.15
英国	20.25	18.84	22.22	27.27	23.71	20.74	20.00	21.80	25.00	23.29	22.17
澳大利亚	29.11	27.54	19.44	20.78	17.53	22.22	22.86	17.29	18.75	23.29	21.52
荷兰	20.25	20.29	12.50	15.58	18.56	16.30	20.00	18.05	17.50	15.07	17.50
加拿大	16.46	20.29	23.61	20.78	24.74	14.07	13.33	10.53	8.75	17.81	16.41
中国大陆	5.06	2.90	11.11	10.39	12.37	13.33	9.52	21.05	17.50	21.92	13.04
中国香港	8.86	2.90	4.17	6.49	6.19	5.93	7.62	12.78	15.00	16.44	8.70
芬兰	8.86	2.90	5.56	7.79	6.19	6.67	8.57	6.02	3.75	5.48	6.30
西班牙	0.00	5.80	8.33	2.60	3.09	6.67	3.81	3.01	7.50	12.33	5.11
挪威	0.00	2.90	4.17	3.90	7.22	8.89	6.67	3.76	2.50	6.85	5.00
瑞士	6.33	1.45	2.78	3.90	3.09	2.96	6.67	5.26	6.25	2.74	4.24
意大利	3.80	2.90	4.17	5.19	4.12	2.22	6.67	2.26	7.50	4.11	4.13
比利时	5.06	4.35	0.00	1.30	6.19	4.44	4.76	4.51	6.25	1.37	4.02
韩国	2.53	4.35	5.56	3.90	5.15	4.44	6.67	1.50	0.00	2.74	3.70
以色列	3.80	8.70	2.78	1.30	3.09	2.22	2.86	2.26	2.50	9.59	3.59
奥地利	3.80	0.00	5.56	0.00	1.03	2.22	4.76	5.26	5.00	1.37	3.04
新西兰	0.00	2.90	4.17	2.60	3.09	0.74	1.90	4.51	2.50	1.37	2.39
智利	0.00	4.35	2.78	2.60	4.12	2.22	1.90	2.26	2.50	0.00	2.28
瑞典	2.53	1.45	4.17	1.30	5.15	0.74	1.90	0.75	1.25	5.48	2.28

二十六　实验心理学

实验心理学 A、B、C 层研究国际合作参与率最高的均为美国，分别为 74.07%、60.93%、52.90%；英国 A、B、C 层研究国际合作参与率均排名第二，分别为 40.74%、39.07%、33.86%。

加拿大、荷兰、比利时、德国、中国大陆 A 层研究国际合作参与率也比较高，在 26%~11%；澳大利亚、奥地利、巴西、丹麦、法国、以色列、意大利、捷克、芬兰、印度、伊朗、日本、马来西亚也有一定的参与率，在 8%~3%。

德国、加拿大、荷兰、澳大利亚、瑞士、中国大陆 B 层研究国际合作参与率也比较高，在 23%~10%；比利时、西班牙、意大利、法国、瑞典、奥地利、中国香港、新西兰、挪威、丹麦、以色列、波兰也有一定的参与率，在 9%~4%。

德国、荷兰、加拿大、澳大利亚、中国大陆 C 层研究国际合作参与率也比较高，在 21%~10%；意大利、瑞士、法国、比利时、西班牙、以色列、丹麦、奥地利、挪威、瑞典、中国香港、韩国、新加坡也有一定的参与率，在 9%~2%。

表 4-76　实验心理学 A 层研究排名前 20 的国家和地区的国际合作参与率

单位：%

国家和地区	2014 年	2015 年	2016 年	2017 年	2018 年	2019 年	2020 年	2021 年	2022 年	2023 年	合计
美国	50.00	100.00	100.00	100.00	100.00	100.00	100.00	66.67	100.00	0.00	74.07
英国	50.00	0.00	0.00	50.00	100.00	66.67	50.00	33.33	0.00	66.67	40.74
加拿大	25.00	0.00	0.00	0.00	0.00	66.67	50.00	50.00	0.00	0.00	25.93
荷兰	25.00	0.00	0.00	50.00	100.00	33.33	50.00	16.67	0.00	0.00	22.22
比利时	50.00	100.00	0.00	0.00	0.00	0.00	0.00	16.67	0.00	0.00	14.81
德国	0.00	0.00	0.00	50.00	0.00	33.33	0.00	16.67	100.00	0.00	14.81
中国大陆	0.00	0.00	25.00	0.00	0.00	0.00	50.00	0.00	0.00	33.33	11.11
澳大利亚	0.00	0.00	25.00	0.00	0.00	0.00	50.00	0.00	0.00	0.00	7.41
奥地利	0.00	0.00	0.00	0.00	0.00	0.00	50.00	0.00	100.00	0.00	7.41
巴西	0.00	0.00	0.00	0.00	0.00	0.00	50.00	16.67	0.00	0.00	7.41
丹麦	0.00	0.00	0.00	0.00	0.00	33.33	0.00	0.00	0.00	33.33	7.41

续表

国家和地区	2014 年	2015 年	2016 年	2017 年	2018 年	2019 年	2020 年	2021 年	2022 年	2023 年	合计
法国	0.00	0.00	0.00	0.00	0.00	0.00	50.00	0.00	0.00	33.33	7.41
以色列	25.00	0.00	0.00	0.00	0.00	0.00	0.00	16.67	0.00	0.00	7.41
意大利	0.00	0.00	0.00	0.00	0.00	0.00	50.00	0.00	0.00	33.33	7.41
捷克	0.00	0.00	0.00	0.00	100.00	0.00	0.00	0.00	0.00	0.00	3.70
芬兰	0.00	0.00	25.00	0.00	0.00	0.00	0.00	0.00	0.00	0.00	3.70
印度	0.00	0.00	0.00	0.00	100.00	0.00	0.00	0.00	0.00	0.00	3.70
伊朗	0.00	0.00	0.00	0.00	0.00	0.00	0.00	0.00	0.00	33.33	3.70
日本	0.00	0.00	0.00	0.00	0.00	33.33	0.00	0.00	0.00	0.00	3.70
马来西亚	0.00	0.00	0.00	0.00	0.00	0.00	0.00	0.00	100.00	0.00	3.70

表 4-77　实验心理学 B 层研究排名前 20 的国家和地区的国际合作参与率

单位：%

国家和地区	2014 年	2015 年	2016 年	2017 年	2018 年	2019 年	2020 年	2021 年	2022 年	2023 年	合计
美国	57.58	54.17	62.96	56.52	61.54	73.33	65.63	40.91	65.22	58.33	60.93
英国	27.27	50.00	44.44	39.13	34.62	26.67	43.75	54.55	52.17	33.33	39.07
德国	30.30	16.67	14.81	43.48	26.92	13.33	15.63	13.64	43.48	16.67	22.58
加拿大	30.30	16.67	22.22	13.04	26.92	24.44	18.75	13.64	30.43	12.50	21.51
荷兰	21.21	20.83	14.81	8.70	46.15	17.78	25.00	18.18	26.09	8.33	20.79
澳大利亚	0.00	25.00	3.70	13.04	23.08	15.56	9.38	22.73	13.04	33.33	15.05
瑞士	9.09	4.17	3.70	17.39	11.54	4.44	9.38	13.64	21.74	20.83	10.75
中国大陆	6.06	8.33	11.11	4.35	7.69	6.67	12.50	13.64	17.39	16.67	10.04
比利时	6.06	8.33	7.41	8.70	7.69	6.67	6.25	9.09	13.04	12.50	8.24
西班牙	3.03	20.83	3.70	4.35	3.85	0.00	9.38	13.64	17.39	16.67	8.24
意大利	6.06	4.17	18.52	4.35	7.69	0.00	3.13	9.09	13.04	16.67	7.53
法国	3.03	4.17	3.70	0.00	7.69	2.22	6.25	13.64	13.04	16.67	6.45
瑞典	0.00	4.17	0.00	4.35	15.38	2.22	6.25	9.09	4.35	20.83	6.09
奥地利	18.18	4.17	3.70	4.35	7.69	0.00	0.00	9.09	4.35	0.00	5.02
中国香港	6.06	4.17	3.70	8.70	3.85	4.44	3.13	4.55	4.35	4.17	4.66
新西兰	3.03	0.00	3.70	0.00	7.69	4.44	9.38	4.55	8.70	4.17	4.66
挪威	0.00	0.00	3.70	0.00	3.85	4.44	0.00	13.64	13.04	12.50	4.66
丹麦	0.00	8.33	3.70	0.00	3.85	2.22	6.25	0.00	8.70	12.50	4.30
以色列	3.03	4.17	0.00	17.39	0.00	2.22	0.00	9.09	8.70	4.17	4.30
波兰	3.03	4.17	3.70	4.35	3.85	0.00	0.00	4.55	17.39	8.33	4.30

表 4-78　实验心理学 C 层研究排名前 20 的国家和地区的国际合作参与率

单位：%

国家和地区	2014 年	2015 年	2016 年	2017 年	2018 年	2019 年	2020 年	2021 年	2022 年	2023 年	合计
美国	52.43	54.55	52.74	54.14	54.40	50.70	54.57	50.72	55.04	50.65	52.90
英国	31.25	31.47	33.90	37.24	35.83	33.05	33.75	33.33	36.69	32.35	33.86
德国	19.79	19.93	14.38	19.66	17.92	19.61	23.03	24.93	20.14	26.47	20.68
荷兰	12.85	12.59	9.25	16.55	14.98	18.77	17.98	18.84	16.55	17.32	15.72
加拿大	15.28	12.59	13.36	17.24	10.75	17.37	14.51	12.17	21.58	16.01	15.04
澳大利亚	10.76	10.14	10.96	15.86	10.75	12.61	14.20	14.49	11.51	13.40	12.52
中国大陆	6.94	7.34	10.96	8.28	9.12	9.52	12.62	13.62	10.07	13.40	10.27
意大利	7.99	11.54	8.56	6.55	8.47	5.60	5.99	9.57	11.87	8.17	8.35
瑞士	8.68	8.39	7.53	5.52	9.12	7.56	5.36	9.86	10.43	7.19	7.96
法国	7.29	7.34	7.19	5.52	6.84	6.44	9.15	10.14	10.43	8.82	7.93
比利时	7.29	5.24	5.48	7.59	5.86	6.44	8.52	8.41	5.76	4.90	6.59
西班牙	7.64	6.29	5.48	4.14	7.17	4.76	6.94	6.67	5.76	6.54	6.13
以色列	4.51	5.94	5.48	6.21	5.86	3.64	4.73	6.09	6.83	3.92	5.28
丹麦	3.13	2.80	2.05	3.79	3.91	3.64	2.21	4.64	7.19	3.92	3.72
奥地利	2.08	2.10	2.74	2.41	3.91	3.08	2.52	6.38	3.96	6.54	3.62
挪威	1.39	0.70	3.42	1.72	2.93	4.48	4.42	3.77	6.83	3.92	3.39
瑞典	2.78	2.10	1.37	3.45	3.91	2.24	2.52	5.22	3.24	5.23	3.23
中国香港	2.78	2.80	3.08	3.10	2.93	2.52	3.15	3.77	5.04	2.94	3.20
韩国	3.47	3.50	2.74	3.10	1.63	2.52	3.15	2.61	3.60	2.61	2.87
新加坡	1.74	2.45	3.08	2.41	3.58	2.80	3.15	3.19	2.52	3.27	2.84

二十七　数学心理学

数学心理学 A 层研究没有国际合作。

B 层研究国际合作参与率最高的是美国，为 57.89%，其次为英国和荷兰，分别为 52.63%、42.11%；德国、加拿大、比利时、丹麦、以色列、新西兰的参与率也比较高，在 27%~10%；澳大利亚、捷克、多米尼加共和国、希腊、印度、日本、新加坡、韩国、瑞典、瑞士也有一定的参与率，均为 5.26%。

C 层研究国际合作参与率最高的是美国，为 55.60%，其次为荷兰和英国，分别为 28.88%、28.45%；德国、加拿大、比利时的参与率也比较高，在 25%~11%；澳大利亚、瑞士、西班牙、法国、瑞典、中国大陆、意大利、挪威、奥地利、以色列、中国香港、波兰、新加坡、韩国也有一定的参与率，在 10%~2%。

表 4-79　数学心理学 B 层研究所有国家的国际合作参与率

单位：%

国家	2014 年	2015 年	2016 年	2017 年	2018 年	2019 年	2020 年	2021 年	2022 年	2023 年	合计
美国	33.33	0.00	66.67	0.00	100.00	100.00	50.00	33.33	0.00	66.67	57.89
英国	33.33	0.00	66.67	100.00	100.00	50.00	50.00	33.33	0.00	33.33	52.63
荷兰	33.33	0.00	66.67	0.00	50.00	0.00	50.00	33.33	0.00	66.67	42.11
德国	0.00	0.00	0.00	0.00	0.00	50.00	0.00	66.67	0.00	66.67	26.32
加拿大	66.67	0.00	0.00	0.00	0.00	50.00	0.00	33.33	0.00	0.00	21.05
比利时	33.33	0.00	0.00	0.00	0.00	0.00	50.00	0.00	0.00	0.00	10.53
丹麦	0.00	0.00	0.00	100.00	0.00	50.00	0.00	0.00	0.00	0.00	10.53
以色列	33.33	0.00	0.00	0.00	0.00	0.00	0.00	33.33	0.00	0.00	10.53
新西兰	0.00	0.00	0.00	0.00	0.00	50.00	50.00	0.00	0.00	0.00	10.53
澳大利亚	0.00	0.00	33.33	0.00	0.00	0.00	0.00	0.00	0.00	0.00	5.26
捷克	0.00	0.00	0.00	0.00	50.00	0.00	0.00	0.00	0.00	0.00	5.26
多米尼加共和国	0.00	0.00	0.00	0.00	0.00	0.00	0.00	0.00	0.00	33.33	5.26
希腊	0.00	0.00	0.00	0.00	0.00	0.00	0.00	0.00	0.00	33.33	5.26
印度	0.00	0.00	0.00	0.00	0.00	0.00	0.00	0.00	0.00	33.33	5.26
日本	0.00	0.00	0.00	0.00	0.00	50.00	0.00	0.00	0.00	0.00	5.26
新加坡	0.00	0.00	0.00	0.00	0.00	0.00	0.00	33.33	0.00	0.00	5.26
韩国	0.00	0.00	0.00	0.00	0.00	50.00	0.00	0.00	0.00	0.00	5.26
瑞典	0.00	0.00	0.00	0.00	0.00	0.00	0.00	0.00	0.00	33.33	5.26
瑞士	0.00	0.00	0.00	0.00	0.00	50.00	0.00	0.00	0.00	0.00	5.26

表 4-80　数学心理学 C 层研究排名前 20 的国家和地区的国际合作参与率

单位：%

国家和地区	2014 年	2015 年	2016 年	2017 年	2018 年	2019 年	2020 年	2021 年	2022 年	2023 年	合计
美国	53.33	36.36	66.67	56.00	50.00	60.00	64.52	61.11	64.29	42.31	55.60
荷兰	46.67	27.27	5.56	32.00	33.33	28.00	32.26	44.44	21.43	23.08	28.88
英国	0.00	27.27	44.44	44.00	25.00	16.00	25.81	38.89	28.57	30.77	28.45
德国	33.33	27.27	11.11	16.00	29.17	24.00	22.58	38.89	14.29	30.77	24.14
加拿大	20.00	9.09	11.11	16.00	4.17	24.00	9.68	16.67	28.57	19.23	15.95
比利时	20.00	13.64	5.56	20.00	4.17	12.00	12.90	11.11	7.14	7.69	11.21

续表

国家和地区	2014 年	2015 年	2016 年	2017 年	2018 年	2019 年	2020 年	2021 年	2022 年	2023 年	合计
澳大利亚	0.00	9.09	11.11	16.00	8.33	24.00	6.45	11.11	3.57	7.69	9.91
瑞士	0.00	18.18	5.56	0.00	20.83	8.00	6.45	11.11	14.29	3.85	9.05
西班牙	13.33	4.55	11.11	12.00	4.17	4.00	9.68	11.11	7.14	7.69	8.19
法国	6.67	9.09	5.56	4.00	4.17	4.00	9.68	0.00	0.00	11.54	5.60
瑞典	0.00	9.09	0.00	8.00	8.33	4.00	6.45	5.56	7.14	0.00	5.17
中国大陆	0.00	0.00	0.00	4.00	8.33	4.00	3.23	5.56	10.71	7.69	4.74
意大利	0.00	9.09	0.00	4.00	0.00	0.00	3.23	5.56	3.57	11.54	3.88
挪威	0.00	0.00	5.56	8.00	4.17	0.00	0.00	0.00	7.14	11.54	3.88
奥地利	0.00	9.09	5.56	0.00	4.17	0.00	0.00	0.00	3.57	11.54	3.45
以色列	6.67	0.00	0.00	0.00	4.17	0.00	0.00	0.00	14.29	3.85	3.45
中国香港	0.00	0.00	0.00	8.00	8.33	0.00	3.23	5.56	3.57	0.00	3.02
波兰	0.00	4.55	5.56	4.00	4.17	0.00	0.00	5.56	7.14	0.00	3.02
新加坡	0.00	0.00	0.00	4.00	0.00	4.00	0.00	5.56	10.71	0.00	2.59
韩国	0.00	4.55	0.00	4.00	0.00	0.00	6.45	0.00	3.57	3.85	2.59

二十八　多学科心理学

多学科心理学 A、B、C 层研究国际合作参与率最高的均为美国，分别为 69.49%、53.30%、45.44%；英国 A、B、C 层研究国际合作参与率均排名第二，分别为 45.76%、32.96%、26.28%。

德国、荷兰、澳大利亚、加拿大、以色列、瑞士、新西兰、瑞典 A 层研究国际合作参与率也比较高，在 24%~10%；比利时、意大利、奥地利、法国、挪威、西班牙、芬兰、新加坡、南非、中国大陆也有一定的参与率，在 7%~1%。

德国、荷兰、澳大利亚、加拿大、中国大陆 B 层研究国际合作参与率也比较高，在 18%~12%；西班牙、比利时、意大利、瑞士、中国香港、法国、巴基斯坦、新西兰、挪威、韩国、芬兰、马来西亚、瑞典也有一定的参与率，在 9%~2%。

德国、中国大陆、加拿大、澳大利亚、荷兰 C 层研究国际合作参与率也比较高，在 16%~13%；西班牙、意大利、法国、瑞士、比利时、挪威、中国香港、瑞典、奥地利、巴基斯坦、芬兰、丹麦、以色列也有一定的参与率，在 9%~2%。

表4-81　多学科心理学A层研究排名前20的国家和地区的国际合作参与率

单位：%

国家和地区	2014年	2015年	2016年	2017年	2018年	2019年	2020年	2021年	2022年	2023年	合计
美国	80.00	100.00	83.33	50.00	100.00	50.00	57.14	71.43	88.89	44.44	69.49
英国	20.00	100.00	33.33	100.00	40.00	50.00	42.86	28.57	33.33	66.67	45.76
德国	0.00	100.00	0.00	25.00	20.00	16.67	14.29	42.86	55.56	11.11	23.73
荷兰	40.00	100.00	0.00	25.00	60.00	16.67	0.00	28.57	22.22	11.11	22.03
澳大利亚	20.00	100.00	0.00	25.00	40.00	0.00	14.29	14.29	22.22	11.11	16.95
加拿大	40.00	100.00	0.00	25.00	20.00	0.00	14.29	28.57	11.11	11.11	16.95
以色列	0.00	100.00	0.00	0.00	0.00	33.33	0.00	28.57	0.00	22.22	11.86
瑞士	0.00	0.00	0.00	0.00	0.00	16.67	14.29	14.29	33.33	11.11	11.86
新西兰	0.00	0.00	0.00	50.00	0.00	0.00	28.57	14.29	11.11	0.00	10.17
瑞典	20.00	100.00	0.00	0.00	0.00	16.67	28.57	0.00	11.11	0.00	10.17
比利时	0.00	100.00	33.33	0.00	20.00	0.00	0.00	0.00	0.00	0.00	6.78
意大利	0.00	100.00	16.67	0.00	0.00	0.00	14.29	14.29	0.00	0.00	6.78
奥地利	0.00	0.00	0.00	0.00	0.00	0.00	0.00	0.00	11.11	11.11	5.08
法国	0.00	0.00	0.00	25.00	0.00	0.00	0.00	14.29	0.00	11.11	5.08
挪威	0.00	0.00	16.67	0.00	0.00	16.67	0.00	14.29	0.00	0.00	5.08
西班牙	0.00	100.00	0.00	25.00	0.00	0.00	0.00	0.00	0.00	0.00	5.08
芬兰	0.00	0.00	33.33	0.00	0.00	0.00	0.00	0.00	0.00	0.00	3.39
新加坡	0.00	0.00	0.00	0.00	0.00	16.67	0.00	14.29	0.00	0.00	3.39
南非	0.00	0.00	16.67	0.00	20.00	0.00	0.00	0.00	0.00	0.00	3.39
中国大陆	0.00	0.00	0.00	0.00	0.00	0.00	0.00	14.29	0.00	0.00	1.69

表4-82　多学科心理学B层研究排名前20的国家和地区的国际合作参与率

单位：%

国家和地区	2014年	2015年	2016年	2017年	2018年	2019年	2020年	2021年	2022年	2023年	合计
美国	67.74	71.88	57.38	60.47	59.52	56.67	46.55	49.23	41.03	45.90	53.30
英国	16.13	28.13	40.98	30.23	45.24	36.67	36.21	32.31	24.36	34.43	32.96
德国	16.13	9.38	14.75	20.93	19.05	21.67	20.69	15.38	16.67	19.67	17.70
荷兰	12.90	9.38	26.23	20.93	11.90	16.67	13.79	24.62	16.67	14.75	17.51
澳大利亚	6.45	25.00	19.67	11.63	16.67	10.00	15.52	12.31	20.51	26.23	16.76
加拿大	22.58	18.75	14.75	25.58	16.67	15.00	5.17	15.38	16.67	22.95	16.76
中国大陆	6.45	3.13	6.56	0.00	11.90	6.67	10.34	15.38	29.49	21.31	12.81
西班牙	3.23	9.38	9.84	2.33	14.29	8.33	12.07	12.31	6.41	8.20	8.85
比利时	6.45	12.50	8.20	4.65	9.52	5.00	3.45	13.85	2.56	9.84	7.34
意大利	6.45	3.13	9.84	4.65	11.90	5.00	8.62	6.15	5.13	9.84	7.16

国家和地区	2014 年	2015 年	2016 年	2017 年	2018 年	2019 年	2020 年	2021 年	2022 年	2023 年	合计
瑞士	3.23	3.13	4.92	6.98	9.52	5.00	3.45	7.69	6.41	6.56	5.84
中国香港	6.45	3.13	1.64	2.33	7.14	3.33	8.62	6.15	2.56	4.92	4.52
法国	0.00	3.13	4.92	0.00	7.14	1.67	5.17	4.62	5.13	4.92	3.95
巴基斯坦	0.00	0.00	0.00	0.00	0.00	0.00	5.17	1.54	16.67	6.56	3.95
新西兰	3.23	3.13	3.28	2.33	2.38	6.67	3.45	3.08	0.00	6.56	3.39
挪威	0.00	3.13	3.28	0.00	4.76	1.67	1.72	6.15	2.56	6.56	3.20
韩国	3.23	6.25	1.64	2.33	0.00	3.33	3.45	1.54	2.56	6.56	3.01
芬兰	3.23	0.00	1.64	2.33	7.14	3.33	1.72	3.08	3.85	1.64	2.82
马来西亚	3.23	0.00	1.64	0.00	2.38	1.67	1.72	4.62	3.85	6.56	2.82
瑞典	0.00	3.13	1.64	2.33	4.76	3.33	3.45	3.08	1.28	4.92	2.82

表 4-83 多学科心理学 C 层研究排名前 20 的国家和地区的国际合作参与率

单位：%

国家和地区	2014 年	2015 年	2016 年	2017 年	2018 年	2019 年	2020 年	2021 年	2022 年	2023 年	合计
美国	58.70	56.63	52.45	49.87	46.92	45.72	47.51	40.72	37.63	33.44	45.44
英国	29.50	29.83	24.49	25.32	27.25	30.93	27.78	25.24	20.89	25.79	26.28
德国	16.22	16.85	16.73	16.88	19.19	16.15	16.48	16.45	12.73	13.81	15.89
中国大陆	5.90	4.97	8.98	10.23	13.51	9.53	15.33	20.03	25.75	22.63	15.08
加拿大	16.81	12.98	12.24	14.07	13.51	14.59	15.90	14.50	11.73	13.64	13.87
澳大利亚	13.57	13.26	12.04	11.76	16.59	15.76	16.09	12.87	13.45	12.81	13.81
荷兰	16.22	16.30	12.24	15.35	16.11	14.98	13.03	11.56	10.87	10.48	13.26
西班牙	6.19	5.80	7.35	9.72	8.53	10.89	7.66	10.10	5.72	11.65	8.48
意大利	5.31	7.18	8.16	7.16	8.53	7.78	9.39	8.63	7.01	8.65	7.89
法国	6.78	5.25	5.92	5.37	7.35	5.84	5.36	4.56	4.58	4.16	5.37
瑞士	4.72	4.70	5.92	5.88	5.45	6.61	4.21	5.05	4.29	4.99	5.15
比利时	2.95	4.70	5.31	4.60	6.64	5.06	4.79	5.05	4.01	4.16	4.72
挪威	2.95	2.76	4.29	4.60	4.98	4.28	5.75	5.21	3.29	5.32	4.42
中国香港	2.36	2.49	3.67	3.32	4.27	3.31	5.94	4.40	4.86	4.83	4.12
瑞典	5.01	3.31	4.49	4.86	4.74	5.84	3.45	3.91	2.86	2.00	3.92
奥地利	2.95	4.14	3.47	3.32	2.61	3.89	3.45	4.07	3.72	3.99	3.61
巴基斯坦	0.59	1.10	0.82	1.53	1.42	2.33	2.49	4.56	8.58	3.16	3.11
芬兰	3.24	2.49	3.47	2.56	3.32	4.28	3.26	3.58	2.58	2.16	3.09
丹麦	3.24	2.49	3.06	2.30	3.79	3.31	4.79	3.26	2.43	2.00	3.05
以色列	3.24	4.42	3.27	2.56	2.37	4.09	3.26	2.93	1.43	3.00	2.97

二十九　心理分析

心理分析 A 层研究没有国际合作。

B 层研究国际合作参与率最高的是意大利，为 54.55%，其次为美国的 50.00%；英国、德国、加拿大、瑞士的参与率也比较高，在 37%~13%；澳大利亚、奥地利、比利时、荷兰、以色列、西班牙也有一定的参与率，在 10%~4%。

C 层研究国际合作参与率最高的是美国，为 58.56%，其次为英国的 32.04%；德国、意大利、加拿大的参与率也比较高，在 20%~11%；瑞士、奥地利、比利时、以色列、荷兰、澳大利亚、挪威、西班牙、丹麦、南非、瑞典、阿根廷、法国、中国大陆、葡萄牙也有一定的参与率，在 10%~2%。

表 4-84　心理分析 B 层研究所有国家的国际合作参与率

单位：%

国家	2014 年	2015 年	2016 年	2017 年	2018 年	2019 年	2020 年	2021 年	2022 年	2023 年	合计
意大利	100.00	100.00	0.00	33.33	66.67	100.00	50.00	33.33	0.00	33.33	54.55
美国	0.00	100.00	0.00	33.33	66.67	50.00	0.00	66.67	0.00	66.67	50.00
英国	0.00	0.00	100.00	66.67	33.33	0.00	100.00	33.33	100.00	0.00	36.36
德国	0.00	0.00	0.00	33.33	66.67	0.00	0.00	66.67	0.00	66.67	31.82
加拿大	0.00	0.00	100.00	0.00	0.00	0.00	0.00	33.33	0.00	33.33	13.64
瑞士	0.00	0.00	0.00	33.33	0.00	0.00	50.00	0.00	0.00	33.33	13.64
澳大利亚	100.00	33.33	0.00	0.00	0.00	0.00	0.00	0.00	0.00	0.00	9.09
奥地利	0.00	0.00	0.00	0.00	0.00	0.00	50.00	0.00	0.00	33.33	9.09
比利时	0.00	0.00	0.00	33.33	0.00	0.00	0.00	0.00	100.00	0.00	9.09
荷兰	0.00	0.00	0.00	0.00	0.00	0.00	50.00	0.00	0.00	100.00	9.09
以色列	0.00	0.00	0.00	0.00	0.00	0.00	50.00	0.00	0.00	0.00	4.55
西班牙	0.00	0.00	0.00	0.00	0.00	0.00	50.00	0.00	0.00	0.00	4.55

表 4-85　心理分析 C 层研究排名前 20 的国家和地区的国际合作参与率

单位：%

国家和地区	2014 年	2015 年	2016 年	2017 年	2018 年	2019 年	2020 年	2021 年	2022 年	2023 年	合计
美国	46.15	70.59	41.18	60.87	68.18	70.00	50.00	58.33	73.33	30.00	58.56
英国	46.15	23.53	41.18	39.13	22.73	20.00	30.00	33.33	40.00	30.00	32.04
德国	38.46	29.41	17.65	8.70	9.09	35.00	15.00	12.50	20.00	30.00	19.89
意大利	7.69	17.65	5.88	0.00	31.82	25.00	20.00	25.00	33.33	30.00	19.34
加拿大	15.38	17.65	17.65	8.70	9.09	15.00	5.00	0.00	26.67	0.00	11.05
瑞士	15.38	11.76	5.88	4.35	9.09	15.00	10.00	8.33	6.67	20.00	9.94
奥地利	7.69	5.88	11.76	13.04	4.55	15.00	5.00	4.17	6.67	10.00	8.29
比利时	0.00	11.76	0.00	8.70	4.55	20.00	5.00	4.17	6.67	10.00	7.73
以色列	7.69	17.65	5.88	8.70	9.09	10.00	5.00	4.17	0.00	0.00	7.18
荷兰	7.69	0.00	5.88	8.70	4.55	5.00	5.00	4.17	0.00	20.00	5.52
澳大利亚	7.69	0.00	5.88	0.00	4.55	5.00	15.00	8.33	0.00	0.00	4.97
挪威	7.69	0.00	5.88	0.00	4.55	25.00	0.00	0.00	0.00	0.00	4.42
西班牙	7.69	0.00	0.00	4.35	13.64	0.00	5.00	4.17	6.67	0.00	4.42
丹麦	0.00	0.00	0.00	4.35	0.00	10.00	0.00	4.17	13.33	0.00	3.31
南非	0.00	5.88	11.76	0.00	0.00	0.00	0.00	8.33	6.67	0.00	3.31
瑞典	7.69	0.00	5.88	4.35	4.55	0.00	0.00	0.00	6.67	0.00	3.31
阿根廷	0.00	5.88	0.00	4.35	4.55	0.00	0.00	4.17	0.00	0.00	2.76
法国	0.00	5.88	0.00	0.00	9.09	0.00	0.00	8.33	0.00	0.00	2.76
中国大陆	0.00	0.00	0.00	4.35	0.00	0.00	5.00	4.17	6.67	0.00	2.21
葡萄牙	7.69	0.00	11.76	0.00	0.00	5.00	0.00	0.00	0.00	0.00	2.21

三十　社会心理学

社会心理学 A、B、C 层研究国际合作参与率最高的均为美国，分别为 69.23%、67.38%、58.56%；英国 A、B、C 层研究国际合作参与率均排名第二，分别为 38.46%、40.43%、31.42%。

澳大利亚、比利时、芬兰、瑞士 A 层研究国际合作参与率也比较高，均为 15.38%；奥地利、加拿大、德国、以色列、秘鲁、葡萄牙、南非、土耳其也有一定的参与率，均为 7.69%。

德国、荷兰、加拿大、澳大利亚、意大利 B 层研究国际合作参与率也比较高，在29%~10%；瑞士、比利时、波兰、中国大陆、法国、西班牙、芬兰、中国香港、土耳其、奥地利、丹麦、新加坡、日本也有一定的参与率，在9%~2%。

德国、加拿大、荷兰、澳大利亚C层研究国际合作参与率也比较高，在21%~16%；中国大陆、意大利、瑞士、比利时、波兰、西班牙、以色列、新西兰、法国、中国香港、新加坡、瑞典、挪威、丹麦也有一定的参与率，在9%~3%。

表4-86 社会心理学A层研究所有国家的国际合作参与率

单位：%

国家	2014年	2015年	2016年	2017年	2018年	2019年	2020年	2021年	2022年	2023年	合计
美国	0.00	100.00	100.00	100.00	50.00	100.00	50.00	33.33	0.00	0.00	69.23
英国	0.00	50.00	100.00	0.00	0.00	100.00	0.00	66.67	0.00	0.00	38.46
澳大利亚	0.00	0.00	0.00	0.00	0.00	0.00	50.00	33.33	0.00	0.00	15.38
比利时	0.00	50.00	0.00	0.00	0.00	0.00	0.00	0.00	0.00	0.00	15.38
芬兰	0.00	0.00	0.00	0.00	0.00	0.00	0.00	33.33	0.00	0.00	15.38
瑞士	0.00	0.00	0.00	0.00	50.00	0.00	0.00	33.33	0.00	0.00	15.38
奥地利	0.00	0.00	0.00	50.00	0.00	0.00	0.00	0.00	0.00	0.00	7.69
加拿大	0.00	0.00	0.00	0.00	0.00	0.00	50.00	0.00	0.00	0.00	7.69
德国	0.00	0.00	0.00	0.00	0.00	0.00	0.00	33.33	0.00	0.00	7.69
以色列	0.00	0.00	0.00	50.00	0.00	0.00	0.00	0.00	0.00	0.00	7.69
秘鲁	0.00	50.00	0.00	0.00	0.00	0.00	0.00	0.00	0.00	0.00	7.69
葡萄牙	0.00	0.00	0.00	0.00	0.00	0.00	0.00	33.33	0.00	0.00	7.69
南非	0.00	0.00	0.00	0.00	50.00	0.00	0.00	0.00	0.00	0.00	7.69
土耳其	0.00	50.00	0.00	0.00	0.00	0.00	0.00	0.00	0.00	0.00	7.69

表4-87 社会心理学B层研究排名前20的国家和地区的国际合作参与率

单位：%

国家和地区	2014年	2015年	2016年	2017年	2018年	2019年	2020年	2021年	2022年	2023年	合计
美国	75.00	76.92	78.57	88.89	54.55	60.87	70.00	50.00	62.50	72.73	67.38
英国	33.33	53.85	35.71	55.56	45.45	17.39	40.00	60.00	25.00	45.45	40.43
德国	41.67	0.00	14.29	44.44	18.18	26.09	30.00	25.00	37.50	63.64	28.37
荷兰	41.67	15.38	28.57	33.33	45.45	39.13	20.00	15.00	25.00	27.27	28.37

国家和地区	2014 年	2015 年	2016 年	2017 年	2018 年	2019 年	2020 年	2021 年	2022 年	2023 年	合计
加拿大	33.33	23.08	42.86	22.22	36.36	30.43	25.00	10.00	25.00	36.36	27.66
澳大利亚	0.00	23.08	14.29	22.22	18.18	13.04	20.00	20.00	25.00	18.18	17.02
意大利	16.67	7.69	0.00	11.11	0.00	8.70	15.00	10.00	25.00	18.18	10.64
瑞士	8.33	0.00	7.14	0.00	9.09	0.00	10.00	10.00	37.50	18.18	8.51
比利时	0.00	0.00	0.00	22.22	18.18	17.39	5.00	0.00	12.50	0.00	7.09
波兰	16.67	0.00	0.00	11.11	0.00	0.00	0.00	15.00	12.50	0.00	6.38
中国大陆	0.00	15.38	0.00	11.11	0.00	0.00	0.00	15.00	25.00	0.00	5.67
法国	0.00	7.69	7.14	0.00	9.09	4.35	5.00	10.00	12.50	0.00	5.67
西班牙	8.33	0.00	0.00	11.11	0.00	0.00	0.00	10.00	25.00	0.00	4.96
芬兰	0.00	7.69	7.14	0.00	0.00	0.00	0.00	5.00	25.00	9.09	4.26
中国香港	0.00	15.38	0.00	11.11	0.00	0.00	5.00	0.00	12.50	0.00	4.26
土耳其	8.33	0.00	0.00	11.11	0.00	0.00	0.00	10.00	12.50	9.09	4.26
奥地利	8.33	0.00	0.00	11.11	0.00	0.00	5.00	0.00	12.50	9.09	3.55
丹麦	0.00	0.00	0.00	0.00	9.09	0.00	0.00	10.00	25.00	0.00	3.55
新加坡	8.33	7.69	0.00	22.22	0.00	0.00	0.00	0.00	0.00	0.00	3.55
日本	0.00	0.00	7.14	0.00	9.09	0.00	0.00	0.00	12.50	9.09	2.84

表 4-88　社会心理学 C 层研究排名前 20 的国家和地区的国际合作参与率

单位：%

国家和地区	2014 年	2015 年	2016 年	2017 年	2018 年	2019 年	2020 年	2021 年	2022 年	2023 年	合计
美国	64.35	60.15	63.24	59.22	61.02	58.14	60.11	51.48	54.14	54.76	58.56
英国	35.65	33.08	30.88	30.17	27.68	22.67	29.21	36.69	35.34	37.30	31.42
德国	25.22	18.05	15.44	18.44	18.08	24.42	23.03	25.44	21.05	19.84	20.95
加拿大	20.87	21.05	19.12	21.79	16.38	22.09	14.61	18.93	14.29	20.63	18.91
荷兰	16.52	14.29	19.85	19.55	20.90	22.67	16.85	15.98	18.80	18.25	18.51
澳大利亚	15.65	15.04	14.71	16.76	19.21	15.12	16.85	18.93	18.05	12.70	16.47
中国大陆	5.22	9.02	5.15	6.15	7.34	8.14	6.18	8.88	21.80	12.70	8.83
意大利	5.22	5.26	11.03	8.94	2.26	8.14	10.67	15.38	10.53	10.32	8.83
瑞士	6.96	3.01	2.94	7.26	2.26	8.14	9.55	7.69	6.77	17.46	7.11
比利时	7.83	8.27	3.68	3.35	7.91	4.07	10.11	7.69	6.02	8.73	6.72
波兰	3.48	3.76	5.15	5.59	4.52	8.72	5.62	7.10	12.03	7.94	6.39
西班牙	5.22	3.76	8.09	6.70	5.65	4.65	7.87	5.33	9.77	6.35	6.32
以色列	5.22	6.02	9.56	3.91	5.65	4.07	3.93	6.51	9.02	4.76	5.73
新西兰	5.22	5.26	3.68	2.79	7.34	6.98	1.69	6.51	5.26	5.56	5.01
法国	5.22	2.26	2.94	4.47	4.52	2.91	6.74	5.92	6.77	5.56	4.74
中国香港	3.48	5.26	5.15	3.91	2.82	4.65	2.25	7.10	9.02	3.17	4.61

续表

国家和地区	2014 年	2015 年	2016 年	2017 年	2018 年	2019 年	2020 年	2021 年	2022 年	2023 年	合计
新加坡	6.09	3.01	5.15	2.79	4.52	3.49	4.49	1.18	5.26	2.38	3.75
瑞典	0.00	5.26	5.15	2.23	2.26	2.33	5.06	2.96	4.51	8.73	3.75
挪威	1.74	1.50	0.74	2.79	4.52	3.49	3.93	2.37	5.26	8.73	3.49
丹麦	0.00	0.75	0.74	2.23	3.39	2.91	3.93	5.92	6.77	7.14	3.43

三十一 行为科学

行为科学 A、B、C 层研究国际合作参与率最高的均为美国，分别为 62.07%、54.62%、48.13%。

德国、英国 A 层研究国际合作参与率排名第二、第三，分别为 37.93%、31.03%；荷兰、瑞典、加拿大、澳大利亚、芬兰、西班牙的参与率也比较高，在 25%~10%；奥地利、比利时、伊朗、意大利、中国大陆、丹麦、埃及、日本、马来西亚、波兰也有一定的参与率，在 7%~3%。

英国 B 层研究国际合作参与率排名第二，为 40.00%；加拿大、德国、澳大利亚、荷兰、意大利的参与率也比较高，在 25%~13%；比利时、西班牙、瑞士、法国、中国大陆、瑞典、巴西、奥地利、以色列、挪威、丹麦、印度、日本也有一定的参与率，在 10%~4%。

英国 C 层研究国际合作参与率排名第二，为 33.21%；德国、加拿大、荷兰、澳大利亚、意大利的参与率也比较高，在 22%~12%；法国、瑞士、西班牙、中国大陆、比利时、瑞典、巴西、丹麦、奥地利、以色列、日本、挪威、波兰也有一定的参与率，在 10%~2%。

表 4-89　行为科学 A 层研究所有国家和地区的国际合作参与率

单位：%

国家和地区	2014 年	2015 年	2016 年	2017 年	2018 年	2019 年	2020 年	2021 年	2022 年	2023 年	合计
美国	50.00	33.33	100.00	66.67	50.00	60.00	100.00	0.00	33.33	50.00	62.07
德国	0.00	33.33	50.00	100.00	50.00	40.00	33.33	0.00	0.00	0.00	37.93
英国	100.00	33.33	0.00	33.33	25.00	80.00	0.00	0.00	0.00	0.00	31.03

续表

国家和地区	2014 年	2015 年	2016 年	2017 年	2018 年	2019 年	2020 年	2021 年	2022 年	2023 年	合计
荷兰	0.00	33.33	0.00	66.67	75.00	0.00	33.33	0.00	0.00	0.00	24.14
瑞典	0.00	33.33	0.00	33.33	50.00	0.00	33.33	0.00	33.33	0.00	20.69
加拿大	0.00	0.00	0.00	0.00	0.00	20.00	100.00	0.00	33.33	0.00	17.24
澳大利亚	0.00	66.67	25.00	0.00	0.00	20.00	0.00	0.00	0.00	0.00	13.79
芬兰	0.00	33.33	0.00	0.00	0.00	0.00	33.33	0.00	33.33	0.00	10.34
西班牙	50.00	0.00	0.00	33.33	25.00	0.00	0.00	0.00	0.00	0.00	10.34
奥地利	50.00	0.00	25.00	0.00	0.00	0.00	0.00	0.00	0.00	0.00	6.90
比利时	0.00	0.00	0.00	33.33	0.00	0.00	33.33	0.00	0.00	0.00	6.90
伊朗	0.00	0.00	0.00	0.00	0.00	0.00	0.00	0.00	66.67	0.00	6.90
意大利	0.00	0.00	0.00	0.00	0.00	0.00	0.00	0.00	33.33	50.00	6.90
中国大陆	0.00	0.00	0.00	0.00	25.00	0.00	0.00	0.00	0.00	0.00	3.45
丹麦	0.00	0.00	0.00	0.00	0.00	25.00	0.00	0.00	0.00	0.00	3.45
埃及	0.00	0.00	0.00	0.00	0.00	0.00	0.00	0.00	0.00	50.00	3.45
日本	0.00	0.00	0.00	0.00	0.00	0.00	0.00	0.00	0.00	50.00	3.45
马来西亚	0.00	0.00	0.00	0.00	0.00	0.00	0.00	0.00	33.33	0.00	3.45
波兰	0.00	0.00	0.00	0.00	0.00	20.00	0.00	0.00	0.00	0.00	3.45

表 4-90　行为科学 B 层研究排名前 20 的国家和地区的国际合作参与率

单位：%

国家和地区	2014 年	2015 年	2016 年	2017 年	2018 年	2019 年	2020 年	2021 年	2022 年	2023 年	合计
美国	40.91	57.14	71.88	53.33	58.62	59.26	43.48	52.63	46.67	55.00	54.62
英国	50.00	39.29	37.50	33.33	34.48	37.04	34.78	42.11	46.67	50.00	40.00
加拿大	22.73	25.00	34.38	23.33	17.24	29.63	21.74	31.58	30.00	10.00	25.00
德国	50.00	17.86	12.50	26.67	17.24	22.22	30.43	21.05	33.33	25.00	25.00
澳大利亚	9.09	25.00	15.63	16.67	17.24	18.52	21.74	21.05	13.33	35.00	18.85
荷兰	13.64	28.57	9.38	13.33	24.14	25.93	21.74	15.79	10.00	15.00	17.69
意大利	13.64	7.14	12.50	13.33	6.90	11.11	4.35	26.32	20.00	30.00	13.85
比利时	0.00	3.57	3.13	10.00	13.79	18.52	4.35	21.05	10.00	10.00	9.23
西班牙	9.09	7.14	0.00	6.67	3.45	3.70	4.35	15.79	13.33	25.00	8.08
瑞士	9.09	3.57	12.50	13.33	6.90	3.70	4.35	15.79	3.33	5.00	7.69
法国	4.55	3.57	0.00	3.33	0.00	14.81	4.35	15.79	16.67	15.00	7.31
中国大陆	4.55	0.00	0.00	6.67	6.90	7.41	17.39	10.53	10.00	10.00	6.92
瑞典	13.64	14.29	3.13	3.33	3.45	0.00	4.35	10.53	6.67	15.00	6.92

续表

国家和地区	2014 年	2015 年	2016 年	2017 年	2018 年	2019 年	2020 年	2021 年	2022 年	2023 年	合计
巴西	18.18	3.57	0.00	10.00	3.45	11.11	0.00	10.53	3.33	0.00	5.77
奥地利	9.09	3.57	6.25	6.67	3.45	3.70	8.70	15.79	0.00	0.00	5.38
以色列	0.00	3.57	3.13	10.00	3.45	7.41	4.35	15.79	0.00	5.00	5.00
挪威	0.00	3.57	0.00	3.33	3.45	7.41	13.04	15.79	3.33	5.00	5.00
丹麦	0.00	10.71	3.13	0.00	3.45	3.70	4.35	10.53	3.33	10.00	4.62
印度	0.00	0.00	6.25	0.00	0.00	7.41	17.39	10.53	3.33	0.00	4.23
日本	4.55	0.00	3.13	0.00	3.45	3.70	8.70	10.53	3.33	10.00	4.23

表 4-91　行为科学 C 层研究排名前 20 的国家和地区的国际合作参与率

单位：%

国家和地区	2014 年	2015 年	2016 年	2017 年	2018 年	2019 年	2020 年	2021 年	2022 年	2023 年	合计
美国	49.55	47.23	48.98	50.74	53.09	50.35	45.08	44.62	44.55	44.77	48.13
英国	27.93	32.84	32.65	31.11	33.82	32.75	36.07	33.07	37.73	34.88	33.21
德国	20.72	21.40	20.00	20.37	20.36	24.65	18.44	23.51	20.45	23.26	21.31
加拿大	15.32	18.08	15.10	18.15	17.45	16.55	18.85	19.52	18.18	23.84	17.93
荷兰	14.86	13.65	14.69	12.22	15.27	20.77	17.21	15.14	14.09	15.12	15.36
澳大利亚	12.16	11.44	17.55	14.44	12.36	17.25	13.11	17.93	12.27	15.12	14.38
意大利	9.91	14.39	11.43	10.00	10.18	9.15	13.93	15.54	17.73	12.79	12.39
法国	6.76	8.86	8.57	8.15	8.73	10.56	11.48	9.96	11.36	11.05	9.49
瑞士	7.66	9.23	7.76	7.78	8.36	10.21	8.20	8.37	11.82	4.07	8.48
西班牙	3.60	5.90	5.71	2.59	7.64	7.75	10.25	10.76	9.09	8.14	7.09
中国大陆	6.76	4.06	6.53	8.89	5.82	10.56	6.15	7.17	6.82	6.40	6.97
比利时	7.21	3.69	6.53	5.19	6.91	6.69	5.33	6.77	5.00	5.81	5.91
瑞典	6.76	4.06	5.31	5.19	2.91	4.93	6.15	6.37	5.45	5.81	5.22
巴西	4.95	1.11	4.49	2.96	4.36	6.69	5.74	7.57	4.09	4.65	4.65
丹麦	4.95	3.32	6.53	3.70	4.36	3.17	1.23	5.58	7.27	5.81	4.48
奥地利	3.60	3.69	1.63	4.81	5.45	3.52	4.10	3.19	4.09	4.65	3.87
以色列	2.25	2.95	2.04	3.33	4.36	2.46	5.74	1.59	3.18	4.65	3.22
日本	2.70	1.48	4.49	3.33	2.91	2.46	2.46	3.59	4.55	4.07	3.14
挪威	2.25	1.48	2.86	2.59	2.18	2.11	3.28	2.39	4.55	4.65	2.73
波兰	1.35	1.48	0.82	1.85	2.55	1.76	4.92	1.20	3.64	1.16	2.08

三十二 生物材料学

生物材料学 A 层研究国际合作参与率最高的是中国大陆，为 55.56%，其次为美国的 38.89%；英国、澳大利亚、德国、中国香港、沙特阿拉伯的参与率也比较高，在 14%~11%；印度、日本、加拿大、伊朗、韩国、奥地利、比利时、保加利亚、埃及、法国、冰岛、马来西亚、墨西哥也有一定的参与率，在 9%~2%。

B 层研究国际合作参与率最高的是美国，为 49.22%，其次为中国大陆的 45.14%；德国、韩国的参与率也比较高，分别为 14.11%、10.66%；澳大利亚、印度、伊朗、英国、意大利、新加坡、加拿大、荷兰、中国香港、日本、沙特阿拉伯、巴西、法国、葡萄牙、瑞士、芬兰也有一定的参与率，在 10%~2%。

C 层研究国际合作参与率最高的是中国大陆，为 44.34%，其次为美国的 39.21%；英国、德国的参与率也比较高，分别为 11.19%、10.17%；澳大利亚、印度、韩国、伊朗、中国香港、意大利、新加坡、荷兰、加拿大、沙特阿拉伯、西班牙、瑞士、法国、日本、葡萄牙、巴西也有一定的参与率，在 9%~3%。

表 4-92　生物材料学 A 层研究排名前 20 的国家和地区的国际合作参与率

单位：%

国家和地区	2014 年	2015 年	2016 年	2017 年	2018 年	2019 年	2020 年	2021 年	2022 年	2023 年	合计
中国大陆	33.33	40.00	100.00	60.00	75.00	40.00	66.67	50.00	33.33	80.00	55.56
美国	33.33	40.00	100.00	40.00	75.00	20.00	33.33	0.00	0.00	60.00	38.89
英国	0.00	20.00	0.00	40.00	25.00	0.00	0.00	0.00	33.33	0.00	13.89
澳大利亚	33.33	0.00	0.00	20.00	0.00	0.00	0.00	100.00	0.00	0.00	11.11
德国	33.33	0.00	0.00	0.00	0.00	0.00	33.33	0.00	0.00	0.00	11.11
中国香港	0.00	0.00	0.00	0.00	0.00	20.00	33.33	0.00	0.00	0.00	11.11
沙特阿拉伯	0.00	20.00	0.00	0.00	25.00	0.00	0.00	0.00	0.00	40.00	11.11
印度	0.00	0.00	0.00	0.00	0.00	40.00	33.33	0.00	0.00	0.00	8.33
日本	0.00	0.00	0.00	0.00	0.00	0.00	0.00	0.00	66.67	20.00	8.33

续表

国家和地区	2014 年	2015 年	2016 年	2017 年	2018 年	2019 年	2020 年	2021 年	2022 年	2023 年	合计
加拿大	0.00	0.00	0.00	0.00	0.00	20.00	0.00	0.00	0.00	20.00	5.56
伊朗	0.00	0.00	0.00	0.00	0.00	0.00	0.00	50.00	0.00	20.00	5.56
韩国	0.00	0.00	0.00	0.00	25.00	0.00	0.00	0.00	33.33	0.00	5.56
奥地利	0.00	0.00	100.00	0.00	0.00	0.00	0.00	0.00	0.00	0.00	2.78
比利时	0.00	0.00	100.00	0.00	0.00	0.00	0.00	0.00	0.00	0.00	2.78
保加利亚	0.00	0.00	0.00	0.00	0.00	0.00	0.00	0.00	0.00	0.00	2.78
埃及	0.00	0.00	0.00	0.00	0.00	0.00	0.00	0.00	33.33	0.00	2.78
法国	0.00	0.00	0.00	0.00	0.00	20.00	0.00	0.00	0.00	0.00	2.78
冰岛	0.00	20.00	0.00	0.00	0.00	0.00	0.00	0.00	0.00	0.00	2.78
马来西亚	0.00	20.00	0.00	0.00	0.00	0.00	0.00	0.00	0.00	0.00	2.78
墨西哥	0.00	20.00	0.00	0.00	0.00	0.00	0.00	0.00	0.00	0.00	2.78

表 4-93　生物材料学 B 层研究排名前 20 的国家和地区的国际合作参与率

单位：%

国家和地区	2014 年	2015 年	2016 年	2017 年	2018 年	2019 年	2020 年	2021 年	2022 年	2023 年	合计
美国	46.88	54.17	53.33	54.55	60.00	47.06	45.16	45.16	45.45	41.67	49.22
中国大陆	37.50	20.83	46.67	33.33	37.14	52.94	38.71	70.97	51.52	55.56	45.14
德国	12.50	41.67	6.67	12.12	11.43	11.76	16.13	3.23	18.18	13.89	14.11
韩国	6.25	8.33	20.00	21.21	5.71	17.65	9.68	3.23	12.12	2.78	10.66
澳大利亚	9.38	20.83	6.67	9.09	5.71	11.76	9.68	9.68	6.06	8.33	9.40
印度	9.38	4.17	10.00	12.12	5.71	2.94	16.13	3.23	9.09	16.67	9.09
伊朗	0.00	4.17	3.33	3.03	5.71	14.71	12.90	12.90	15.15	16.67	9.09
英国	9.38	16.67	26.67	6.06	2.86	8.82	12.90	3.23	0.00	8.33	9.09
意大利	6.25	8.33	10.00	6.06	17.14	5.88	6.45	6.45	9.09	0.00	7.52
新加坡	6.25	4.17	16.67	3.03	5.71	5.88	6.45	9.68	9.09	8.33	7.52
加拿大	6.25	0.00	6.67	6.06	5.71	2.94	6.45	9.68	12.12	11.11	6.90
荷兰	6.25	16.67	6.67	6.06	8.57	5.88	3.23	6.45	3.03	8.33	6.90
中国香港	9.38	8.33	3.33	0.00	5.71	8.82	3.23	16.13	6.06	5.56	6.58
日本	3.13	4.17	3.33	12.12	5.71	14.71	9.68	3.23	3.03	0.00	5.96
沙特阿拉伯	3.13	0.00	13.33	9.09	8.57	5.88	3.23	0.00	6.06	5.56	5.64
巴西	6.25	0.00	3.33	3.03	2.86	5.88	3.23	0.00	9.09	5.56	4.08
法国	9.38	0.00	0.00	6.06	2.86	5.88	3.23	0.00	0.00	2.78	3.13
葡萄牙	0.00	8.33	0.00	6.06	2.86	5.88	0.00	9.68	0.00	0.00	3.13
瑞士	0.00	8.33	6.67	6.06	2.86	5.88	0.00	3.23	0.00	0.00	3.13
芬兰	0.00	0.00	0.00	3.03	2.86	8.82	3.23	6.45	0.00	2.78	2.82

表 4-94　生物材料学 C 层研究排名前 20 的国家和地区的国际合作参与率

单位：%

国家和地区	2014 年	2015 年	2016 年	2017 年	2018 年	2019 年	2020 年	2021 年	2022 年	2023 年	合计
中国大陆	38.31	37.54	36.24	38.68	45.52	44.79	48.90	51.20	46.90	51.05	44.34
美国	42.74	49.47	44.63	43.08	38.97	41.41	39.81	34.43	34.22	28.16	39.21
英国	10.89	11.93	11.74	13.84	7.93	11.66	7.21	13.77	10.32	12.11	11.19
德国	12.10	13.68	11.41	16.04	6.21	11.96	6.27	8.38	8.26	8.42	10.17
澳大利亚	7.66	7.72	5.03	5.66	11.38	7.67	8.15	10.18	10.03	8.68	8.26
印度	6.45	5.26	7.72	5.97	6.21	6.44	10.03	6.89	10.91	9.74	7.68
韩国	8.87	5.26	9.40	7.86	7.59	5.21	7.84	6.89	9.14	8.68	7.68
伊朗	2.42	2.11	5.70	6.29	6.21	7.98	8.78	8.08	12.09	10.00	7.24
中国香港	4.84	7.37	4.36	5.03	8.28	5.83	9.09	11.08	5.90	8.68	7.14
意大利	6.45	6.32	7.38	8.81	5.52	7.67	6.27	7.49	4.42	5.26	6.53
新加坡	7.26	5.26	5.70	6.92	6.90	4.91	7.52	4.49	5.60	5.26	5.93
荷兰	9.68	5.96	4.36	5.97	4.83	5.21	6.27	5.09	5.90	6.32	5.90
加拿大	6.05	3.16	5.03	6.60	4.83	5.21	5.64	4.49	6.49	6.58	5.42
沙特阿拉伯	7.26	4.21	6.71	6.29	3.79	4.60	2.82	3.89	7.67	5.26	5.23
西班牙	6.45	5.61	7.38	6.29	4.14	4.29	3.13	5.69	4.42	4.47	5.13
瑞士	4.44	6.67	6.38	5.97	4.48	2.76	3.76	1.80	2.65	2.89	4.08
法国	5.24	5.26	4.03	4.72	4.14	4.29	2.82	5.39	1.47	3.42	4.02
日本	7.26	3.86	5.37	2.83	3.79	2.45	4.70	3.29	3.54	3.42	3.95
葡萄牙	3.23	3.51	4.36	3.14	4.14	3.07	2.51	2.99	3.54	2.63	3.28
巴西	3.23	4.21	4.03	3.14	4.48	2.15	1.88	2.40	3.83	2.37	3.12

三十三　细胞和组织工程学

细胞和组织工程学 A、B、C 层研究国际合作参与率最高的均为美国，分别为 80.00%、69.87%、58.61%；中国大陆 A、B、C 层研究国际合作参与率均排名第二，分别为 33.33%、32.69%、25.90%。

德国、法国、印度、伊朗 A 层研究国际合作参与率也比较高，在 27%~13%；澳大利亚、中国香港、意大利、日本、马其顿、荷兰、尼日利亚、俄罗斯、土耳其、英国也有一定的参与率，均为 6.67%。

英国、德国、日本、荷兰、意大利、瑞士 B 层研究国际合作参与率也比较高，在24%~10%；法国、西班牙、瑞典、澳大利亚、加拿大、新加坡、奥地利、伊朗、丹麦、中国香港、韩国、印度也有一定的参与率，在9%~2%。

德国、英国、日本C层研究国际合作参与率也比较高，在20%~10%；意大利、荷兰、瑞士、澳大利亚、加拿大、法国、西班牙、瑞典、韩国、比利时、伊朗、中国香港、新加坡、奥地利、丹麦也有一定的参与率，在10%~3%。

表4-95　细胞和组织工程学A层研究所有国家和地区的国际合作参与率

单位：%

国家和地区	2014年	2015年	2016年	2017年	2018年	2019年	2020年	2021年	2022年	2023年	合计
美国	100.00	100.00	100.00	100.00	66.67	100.00	100.00	100.00	50.00	50.00	80.00
中国大陆	100.00	0.00	0.00	100.00	33.33	0.00	50.00	0.00	50.00	0.00	33.33
德国	0.00	100.00	0.00	0.00	0.00	0.00	0.00	100.00	50.00	50.00	26.67
法国	100.00	0.00	0.00	0.00	33.33	0.00	0.00	0.00	0.00	0.00	13.33
印度	0.00	0.00	0.00	0.00	0.00	0.00	0.00	100.00	0.00	50.00	13.33
伊朗	0.00	0.00	0.00	0.00	0.00	0.00	0.00	100.00	50.00	0.00	13.33
澳大利亚	0.00	0.00	0.00	0.00	33.33	0.00	0.00	0.00	0.00	0.00	6.67
中国香港	0.00	0.00	0.00	100.00	0.00	0.00	0.00	0.00	0.00	0.00	6.67
意大利	0.00	0.00	100.00	0.00	0.00	0.00	0.00	0.00	0.00	0.00	6.67
日本	0.00	0.00	0.00	0.00	0.00	0.00	50.00	0.00	0.00	0.00	6.67
马其顿	0.00	0.00	0.00	0.00	33.33	0.00	0.00	0.00	0.00	0.00	6.67
荷兰	0.00	0.00	0.00	0.00	0.00	0.00	0.00	0.00	50.00	0.00	6.67
尼日利亚	0.00	0.00	0.00	0.00	0.00	0.00	0.00	0.00	0.00	50.00	6.67
俄罗斯	0.00	0.00	0.00	0.00	0.00	0.00	0.00	100.00	0.00	0.00	6.67
土耳其	0.00	0.00	100.00	0.00	0.00	0.00	0.00	0.00	0.00	0.00	6.67
英国	0.00	0.00	0.00	0.00	0.00	100.00	0.00	0.00	0.00	0.00	6.67

表4-96　细胞和组织工程学B层研究排名前20的国家和地区的国际合作参与率

单位：%

国家和地区	2014年	2015年	2016年	2017年	2018年	2019年	2020年	2021年	2022年	2023年	合计
美国	76.47	73.68	75.00	78.57	54.55	81.25	66.67	69.23	60.87	63.16	69.87
中国大陆	29.41	26.32	33.33	28.57	18.18	18.75	41.67	38.46	39.13	47.37	32.69
英国	17.65	21.05	25.00	21.43	54.55	12.50	25.00	61.54	8.70	15.79	23.72

续表

国家和地区	2014 年	2015 年	2016 年	2017 年	2018 年	2019 年	2020 年	2021 年	2022 年	2023 年	合计
德国	11.76	15.79	25.00	35.71	18.18	6.25	8.33	30.77	30.43	15.79	19.87
日本	17.65	10.53	0.00	14.29	27.27	12.50	8.33	38.46	8.70	10.53	14.10
荷兰	0.00	10.53	33.33	14.29	36.36	6.25	16.67	15.38	8.70	5.26	12.82
意大利	11.76	10.53	16.67	0.00	9.09	18.75	8.33	15.38	4.35	10.53	10.26
瑞士	0.00	15.79	16.67	7.14	9.09	6.25	8.33	15.38	13.04	10.53	10.26
法国	11.76	0.00	16.67	14.29	9.09	12.50	8.33	15.38	4.35	5.26	8.97
西班牙	5.88	5.26	8.33	0.00	9.09	12.50	8.33	15.38	8.70	15.79	8.97
瑞典	17.65	5.26	16.67	0.00	18.18	6.25	16.67	0.00	0.00	5.26	7.69
澳大利亚	0.00	5.26	8.33	14.29	9.09	6.25	0.00	15.38	4.35	10.53	7.05
加拿大	0.00	0.00	16.67	7.14	36.36	12.50	0.00	7.69	0.00	0.00	6.41
新加坡	0.00	0.00	25.00	14.29	0.00	6.25	0.00	7.69	4.35	5.26	5.77
奥地利	0.00	0.00	0.00	7.14	9.09	0.00	8.33	15.38	8.70	0.00	4.49
伊朗	0.00	0.00	8.33	0.00	0.00	0.00	0.00	7.69	8.70	10.53	3.85
丹麦	0.00	0.00	8.33	0.00	9.09	0.00	0.00	7.69	4.35	5.26	3.21
中国香港	11.76	0.00	0.00	0.00	9.09	0.00	0.00	7.69	0.00	5.26	3.21
韩国	0.00	5.26	8.33	0.00	0.00	6.25	0.00	15.38	0.00	0.00	3.21
印度	0.00	0.00	0.00	7.14	0.00	0.00	0.00	7.69	4.35	5.26	2.56

表 4-97 细胞和组织工程学 C 层研究排名前 20 的国家和地区的国际合作参与率

单位：%

国家和地区	2014 年	2015 年	2016 年	2017 年	2018 年	2019 年	2020 年	2021 年	2022 年	2023 年	合计
美国	65.19	57.74	70.99	60.90	60.74	59.85	50.81	54.33	52.10	52.34	58.61
中国大陆	20.89	20.83	19.08	20.30	31.85	28.03	31.45	26.77	31.74	29.91	25.90
德国	18.99	22.62	20.61	18.05	20.74	13.64	19.35	21.26	17.37	19.63	19.25
英国	17.72	17.26	19.08	20.30	21.48	18.18	17.74	20.47	20.96	19.63	19.25
日本	13.92	7.74	16.79	14.29	12.59	11.36	6.45	7.87	5.39	9.35	10.49
意大利	6.96	10.12	14.50	9.02	8.15	7.58	8.06	14.17	7.78	7.48	9.33
荷兰	6.33	13.10	9.16	9.02	6.67	9.09	7.26	7.09	9.58	5.61	8.47
瑞士	8.23	7.74	7.63	8.27	8.89	12.12	5.65	9.45	5.99	4.67	7.89
澳大利亚	5.70	10.12	6.87	5.26	11.85	6.82	8.87	3.94	9.58	8.41	7.81
加拿大	5.06	9.52	5.34	9.77	7.41	10.61	4.03	10.24	5.99	11.21	7.81
法国	6.96	8.33	4.58	10.53	11.11	7.58	7.26	5.51	6.59	6.54	7.53

续表

国家和地区	2014 年	2015 年	2016 年	2017 年	2018 年	2019 年	2020 年	2021 年	2022 年	2023 年	合计
西班牙	6.33	7.74	9.16	9.02	9.63	5.30	4.03	6.30	2.99	7.48	6.73
瑞典	4.43	7.14	5.34	8.27	8.15	3.03	7.26	6.30	6.59	4.67	6.15
韩国	6.96	2.98	4.58	5.26	3.70	5.30	6.45	4.72	4.19	6.54	4.99
比利时	1.90	4.76	0.76	4.51	5.93	3.03	3.23	4.72	7.19	1.87	3.91
伊朗	0.00	1.79	0.00	0.00	1.48	1.52	4.84	8.66	11.98	7.48	3.76
中国香港	5.06	4.17	3.05	1.50	2.96	4.55	3.23	4.72	2.99	3.74	3.62
新加坡	4.43	4.76	4.58	5.26	1.48	3.03	4.03	3.94	0.60	2.80	3.47
奥地利	3.16	1.19	3.82	2.26	2.96	4.55	5.65	3.15	4.79	2.80	3.40
丹麦	2.53	2.98	3.82	1.50	1.48	5.30	4.84	1.57	2.99	4.67	3.11

三十四　生理学

生理学 A、B、C 层研究国际合作参与率最高的均为美国，分别为 64.00%、52.58%、47.17%；英国 A、B、C 层研究国际合作参与率均排名第二，分别为 30.00%、25.12%、23.44%。

德国、加拿大、荷兰、意大利 A 层研究国际合作参与率也比较高，在 20%~10%；澳大利亚、比利时、丹麦、西班牙、瑞士、中国大陆、伊朗、瑞典、智利、希腊、印度、立陶宛、新西兰、罗马尼亚也有一定的参与率，在 8%~4%。

澳大利亚、德国、加拿大、中国大陆、意大利、法国 B 层研究国际合作参与率也比较高，在 20%~10%；荷兰、西班牙、瑞士、比利时、丹麦、伊朗、瑞典、日本、巴西、挪威、印度、奥地利也有一定的参与率，在 10%~3%。

澳大利亚、加拿大、德国、中国大陆、意大利 C 层研究国际合作参与率也比较高，在 17%~10%；法国、西班牙、荷兰、瑞士、丹麦、瑞典、巴西、日本、比利时、伊朗、新西兰、挪威、奥地利也有一定的参与率，在 9%~3%。

表 4-98　生理学 A 层研究排名前 20 的国家和地区的国际合作参与率

单位：%

国家和地区	2014 年	2015 年	2016 年	2017 年	2018 年	2019 年	2020 年	2021 年	2022 年	2023 年	合计
美国	60.00	66.67	66.67	60.00	66.67	66.67	100.00	60.00	50.00	66.67	64.00
英国	40.00	33.33	33.33	40.00	50.00	16.67	0.00	40.00	33.33	0.00	30.00
德国	0.00	66.67	16.67	40.00	16.67	33.33	0.00	20.00	0.00	16.67	20.00
加拿大	0.00	33.33	33.33	20.00	0.00	16.67	0.00	20.00	33.33	16.67	18.00
荷兰	0.00	0.00	0.00	40.00	0.00	16.67	0.00	20.00	16.67	16.67	12.00
意大利	0.00	0.00	0.00	0.00	0.00	33.33	100.00	0.00	0.00	16.67	10.00
澳大利亚	0.00	0.00	33.33	0.00	16.67	0.00	0.00	0.00	16.67	0.00	8.00
比利时	20.00	0.00	33.33	20.00	0.00	0.00	0.00	0.00	0.00	0.00	8.00
丹麦	0.00	0.00	16.67	0.00	16.67	0.00	0.00	20.00	16.67	0.00	8.00
西班牙	0.00	0.00	16.67	0.00	16.67	0.00	0.00	0.00	33.33	0.00	8.00
瑞士	0.00	0.00	16.67	20.00	0.00	16.67	0.00	0.00	0.00	16.67	8.00
中国大陆	20.00	0.00	0.00	0.00	0.00	0.00	0.00	20.00	0.00	0.00	6.00
伊朗	0.00	0.00	0.00	0.00	0.00	16.67	50.00	0.00	16.67	0.00	6.00
瑞典	0.00	0.00	0.00	0.00	0.00	16.67	0.00	0.00	16.67	0.00	6.00
智利	0.00	0.00	0.00	0.00	0.00	0.00	50.00	0.00	0.00	0.00	4.00
希腊	0.00	0.00	0.00	0.00	0.00	0.00	50.00	0.00	16.67	0.00	4.00
印度	20.00	0.00	0.00	0.00	0.00	0.00	50.00	0.00	0.00	0.00	4.00
立陶宛	0.00	0.00	0.00	0.00	16.67	16.67	0.00	0.00	0.00	0.00	4.00
新西兰	20.00	0.00	0.00	0.00	0.00	0.00	0.00	0.00	0.00	16.67	4.00
罗马尼亚	0.00	0.00	0.00	0.00	0.00	0.00	50.00	0.00	16.67	0.00	4.00

表 4-99　生理学 B 层研究排名前 20 的国家和地区的国际合作参与率

单位：%

国家和地区	2014 年	2015 年	2016 年	2017 年	2018 年	2019 年	2020 年	2021 年	2022 年	2023 年	合计
美国	52.50	56.82	65.22	50.00	58.82	50.98	66.67	39.02	42.50	45.95	52.58
英国	20.00	11.36	26.09	28.85	17.65	23.53	62.50	29.27	22.50	27.03	25.12
澳大利亚	12.50	15.91	28.26	23.08	21.57	13.73	37.50	9.76	15.00	24.32	19.48
德国	27.50	13.64	6.52	21.15	13.73	5.88	29.17	19.51	15.00	24.32	16.67
加拿大	12.50	9.09	21.74	7.69	11.76	15.69	45.83	21.95	20.00	10.81	16.20
中国大陆	10.00	18.18	13.04	11.54	21.57	7.84	12.50	12.20	2.50	10.81	12.21
意大利	12.50	9.09	6.52	1.92	13.73	15.69	20.83	14.63	12.50	10.81	11.27
法国	2.50	15.91	6.52	15.38	3.92	7.84	12.50	19.51	15.00	8.11	10.56
荷兰	7.50	13.64	6.52	3.85	7.84	5.88	20.83	9.76	10.00	13.51	9.15

续表

国家和地区	2014 年	2015 年	2016 年	2017 年	2018 年	2019 年	2020 年	2021 年	2022 年	2023 年	合计
西班牙	2.50	4.55	4.35	7.69	9.80	7.84	25.00	7.32	7.50	8.11	7.75
瑞士	10.00	6.82	2.17	7.69	7.84	3.92	33.33	7.32	7.50	2.70	7.75
比利时	2.50	6.82	8.70	17.31	3.92	0.00	33.33	9.76	0.00	2.70	7.51
丹麦	0.00	4.55	10.87	3.85	1.96	5.88	16.67	2.44	7.50	13.51	6.10
伊朗	0.00	0.00	8.70	0.00	11.76	21.57	4.17	2.44	2.50	5.41	6.10
瑞典	10.00	6.82	4.35	1.92	5.88	5.88	12.50	4.88	5.00	5.41	5.87
日本	5.00	4.55	2.17	5.77	5.88	5.88	8.33	2.44	5.00	5.41	4.93
巴西	7.50	0.00	6.52	0.00	1.96	3.92	0.00	7.32	10.00	8.11	4.46
挪威	0.00	4.55	0.00	3.85	1.96	0.00	25.00	4.88	7.50	2.70	3.99
印度	0.00	2.27	0.00	0.00	1.96	1.96	8.33	9.76	5.00	8.11	3.29
奥地利	2.50	0.00	0.00	0.00	7.84	1.96	4.17	4.88	10.00	0.00	3.05

表 4-100　生理学 C 层研究排名前 20 的国家和地区的国际合作参与率

单位：%

国家和地区	2014 年	2015 年	2016 年	2017 年	2018 年	2019 年	2020 年	2021 年	2022 年	2023 年	合计
美国	53.74	51.29	48.89	43.31	43.72	45.14	48.93	43.03	50.00	44.10	47.17
英国	25.40	22.16	22.47	24.67	23.72	20.52	24.06	23.47	25.67	22.92	23.44
澳大利亚	15.51	15.72	17.04	17.85	16.98	14.04	18.98	16.87	14.44	14.58	16.21
加拿大	15.24	13.92	17.04	12.86	13.49	14.04	14.71	17.11	18.98	20.83	15.65
德国	16.31	17.27	16.05	14.44	11.63	12.96	16.04	16.38	16.58	17.36	15.36
中国大陆	10.16	14.43	11.60	19.42	15.58	20.73	17.91	16.38	12.30	12.50	15.29
意大利	8.56	7.22	7.16	8.92	13.49	9.94	12.57	11.49	13.10	11.11	10.34
法国	9.63	9.28	10.12	8.40	8.60	5.83	8.56	8.80	5.61	7.64	8.23
西班牙	6.42	3.61	6.42	9.19	8.37	6.70	6.68	6.11	7.75	12.50	7.23
荷兰	5.08	4.64	7.65	8.14	6.05	6.48	10.16	6.85	7.49	10.42	7.18
瑞士	4.28	7.22	5.93	3.94	4.65	3.46	5.35	7.58	6.95	6.25	5.51
丹麦	4.55	5.67	5.93	4.99	5.35	5.62	3.74	6.60	4.28	5.56	5.25
瑞典	5.88	6.70	7.16	4.46	7.44	4.54	3.48	4.16	2.94	5.21	5.22
巴西	4.01	3.87	4.20	3.67	4.19	4.10	6.68	6.85	5.61	7.29	4.97
日本	3.74	5.93	4.94	4.46	2.56	4.97	4.28	5.62	3.74	4.17	4.45
比利时	4.28	4.90	4.44	4.99	4.19	3.46	3.74	4.16	4.01	5.21	4.30
伊朗	0.27	0.26	0.74	1.84	5.58	11.88	4.81	3.18	3.21	2.08	3.60
新西兰	5.35	3.87	2.22	6.04	3.72	2.16	1.87	2.93	4.28	4.17	3.60
挪威	3.74	2.84	3.21	2.36	2.79	2.59	3.74	3.42	4.81	5.21	3.40
奥地利	2.14	2.32	2.47	3.67	2.56	2.59	1.87	6.36	2.94	3.82	3.06

三十五　解剖学和形态学

解剖学和形态学 A、B、C 层研究国际合作参与率最高的均为美国，分别为 66.67%、46.51%、45.04%。

澳大利亚、意大利、巴基斯坦、沙特阿拉伯、韩国、西班牙 A 层研究国际合作参与率并列第二，均为 33.33%。

英国、德国、法国、沙特阿拉伯、中国大陆、巴基斯坦、意大利、西班牙、澳大利亚 B 层研究国际合作参与率也比较高，在 20%～10%；波兰、土耳其、智利、格林纳达、比利时、巴西、加拿大、印度、韩国、瑞士也有一定的参与率，在 10%～4%。

英国 C 层研究国际合作参与率排名第二，为 20.22%；德国、中国大陆、法国的参与率也比较高，在 19%～10%；意大利、加拿大、澳大利亚、巴基斯坦、西班牙、沙特阿拉伯、荷兰、瑞士、格林纳达、日本、巴西、奥地利、波兰、比利时、埃及也有一定的参与率，在 10%～3%。

表 4-101　解剖学和形态学 A 层研究所有国家的国际合作参与率

单位：%

国家	2014 年	2015 年	2016 年	2017 年	2018 年	2019 年	2020 年	2021 年	2022 年	2023 年	合计
美国	100.00	100.00	0.00	0.00	0.00	0.00	0.00	0.00	0.00	0.00	66.67
澳大利亚	100.00	0.00	0.00	0.00	0.00	0.00	0.00	0.00	0.00	0.00	33.33
意大利	0.00	100.00	0.00	0.00	0.00	0.00	0.00	0.00	0.00	0.00	33.33
巴基斯坦	0.00	0.00	0.00	0.00	0.00	0.00	0.00	100.00	0.00	0.00	33.33
沙特阿拉伯	0.00	0.00	0.00	0.00	0.00	0.00	0.00	0.00	0.00	0.00	33.33
韩国	0.00	0.00	0.00	0.00	0.00	0.00	0.00	100.00	0.00	0.00	33.33
西班牙	0.00	100.00	0.00	0.00	0.00	0.00	0.00	0.00	0.00	0.00	33.33

表 4-102　解剖学和形态学 B 层研究排名前 20 的国家和地区的国际合作参与率

单位：%

国家和地区	2014 年	2015 年	2016 年	2017 年	2018 年	2019 年	2020 年	2021 年	2022 年	2023 年	合计
美国	33.33	75.00	71.43	75.00	50.00	46.67	33.33	27.27	40.00	16.67	46.51
英国	0.00	0.00	42.86	12.50	25.00	20.00	25.00	27.27	20.00	16.67	19.77
德国	16.67	25.00	28.57	0.00	0.00	13.33	33.33	18.18	40.00	16.67	18.60

续表

国家和地区	2014 年	2015 年	2016 年	2017 年	2018 年	2019 年	2020 年	2021 年	2022 年	2023 年	合计
法国	33.33	37.50	28.57	12.50	0.00	0.00	8.33	27.27	20.00	33.33	17.44
沙特阿拉伯	0.00	0.00	0.00	0.00	37.50	20.00	25.00	27.27	20.00	16.67	16.28
中国大陆	16.67	25.00	14.29	25.00	0.00	6.67	8.33	45.45	0.00	0.00	15.12
巴基斯坦	0.00	0.00	0.00	0.00	37.50	26.67	25.00	18.18	0.00	16.67	15.12
意大利	0.00	0.00	0.00	0.00	12.50	20.00	8.33	18.18	40.00	16.67	11.63
西班牙	16.67	0.00	0.00	12.50	0.00	13.33	16.67	9.09	60.00	0.00	11.63
澳大利亚	0.00	12.50	0.00	12.50	25.00	6.67	8.33	0.00	0.00	50.00	10.47
波兰	0.00	12.50	0.00	25.00	0.00	16.67	0.00	20.00	33.33		9.30
土耳其	0.00	0.00	0.00	12.50	0.00	8.33	0.00	40.00	33.33		6.98
智利	0.00	0.00	0.00	0.00	0.00	6.67	16.67	9.09	20.00	0.00	5.81
格林纳达	0.00	0.00	0.00	25.00	0.00	0.00	16.67	0.00	20.00	0.00	5.81
比利时	16.67	0.00	0.00	0.00	0.00	0.00	0.00	9.09	20.00	16.67	4.65
巴西	0.00	0.00	0.00	0.00	12.50	6.67	0.00	0.00	40.00	0.00	4.65
加拿大	0.00	0.00	28.57	0.00	0.00	13.33	0.00	0.00	0.00	0.00	4.65
印度	0.00	0.00	0.00	0.00	0.00	0.00	16.67	9.09	20.00	0.00	4.65
韩国	0.00	12.50	0.00	0.00	12.50	0.00	8.33	0.00	20.00	0.00	4.65
瑞士	16.67	25.00	0.00	0.00	0.00	6.67	0.00	0.00	0.00	0.00	4.65

表 4-103　解剖学和形态学 C 层研究排名前 20 的国家和地区的国际合作参与率

单位：%

国家和地区	2014 年	2015 年	2016 年	2017 年	2018 年	2019 年	2020 年	2021 年	2022 年	2023 年	合计
美国	54.29	54.67	45.71	56.67	46.75	37.10	47.27	37.50	40.00	38.96	45.04
英国	20.00	22.67	27.14	16.67	19.48	15.32	16.36	25.00	21.33	22.08	20.22
德国	20.00	25.33	24.29	25.00	20.78	19.35	15.45	18.18	12.00	9.09	18.64
中国大陆	11.43	6.67	5.71	15.00	11.69	16.13	14.55	13.64	16.00	10.39	12.47
法国	7.14	17.33	10.00	10.00	12.99	8.87	8.18	11.36	13.33	3.90	10.17
意大利	10.00	10.67	7.14	13.33	9.09	8.87	9.09	7.95	10.67	7.79	9.32
加拿大	7.14	13.33	20.00	10.00	5.19	7.26	10.91	5.68	8.00	5.19	9.08
澳大利亚	8.57	14.67	8.57	10.00	6.49	8.06	4.55	11.36	9.33	9.09	8.84
巴基斯坦	0.00	0.00	0.00	1.67	12.99	18.55	10.00	17.05	12.00	1.30	8.47
西班牙	14.29	12.00	10.00	6.67	3.90	10.48	6.36	3.41	6.67	10.39	8.35
沙特阿拉伯	0.00	1.33	4.29	6.67	6.49	9.68	6.36	17.05	13.33	10.39	7.87
荷兰	5.71	5.33	7.14	10.00	10.39	6.45	5.45	3.41	6.67	5.19	6.42
瑞士	10.00	6.67	4.29	10.00	6.49	8.06	1.82	6.82	4.00	7.79	6.42
格林纳达	10.00	6.67	1.43	6.67	9.09	4.03	3.64	10.23	2.67	1.30	5.45
日本	5.71	4.00	0.00	3.33	5.19	10.48	6.36	3.41	2.67	2.60	4.84

国家和地区	2014 年	2015 年	2016 年	2017 年	2018 年	2019 年	2020 年	2021 年	2022 年	2023 年	合计
巴西	8.57	4.00	2.86	3.33	3.90	0.81	4.55	3.41	4.00	11.69	4.48
奥地利	2.86	4.00	4.29	1.67	6.49	6.45	3.64	1.14	2.67	6.49	4.12
波兰	5.71	4.00	2.86	6.67	0.00	1.61	5.45	5.68	2.67	6.49	4.00
比利时	4.29	6.67	2.86	5.00	5.19	1.61	2.73	2.27	6.67	2.60	3.75
埃及	0.00	1.33	1.43	1.67	0.00	2.42	6.36	5.68	9.33	6.49	3.63

三十六　发育生物学

发育生物学 A、B、C 层研究国际合作参与率最高的均为美国，分别为 83.33%、61.64%、58.86%。

中国大陆和英国 A 层研究国际合作参与率并列第二，均为 25.00%；法国、德国、日本的参与率也比较高，均为 16.67%；加拿大、以色列、意大利、荷兰、瑞典、瑞士也有一定的参与率，均为 8.33%。

英国 B 层研究国际合作参与率排名第二，为 28.30%；中国大陆、德国、法国的参与率也比较高，在 25%~13%；荷兰、加拿大、澳大利亚、奥地利、日本、瑞典、瑞士、意大利、西班牙、比利时、以色列、挪威、新加坡、丹麦、芬兰也有一定的参与率，在 10%~2%。

英国 C 层研究国际合作参与率排名第二，为 25.86%；德国、中国大陆、法国、日本的参与率也比较高，在 21%~10%；加拿大、瑞士、澳大利亚、西班牙、荷兰、意大利、瑞典、奥地利、比利时、以色列、印度、丹麦、新加坡、中国香港也有一定的参与率，在 9%~2%。

表 4-104　发育生物学 A 层研究所有国家和地区的国际合作参与率

单位：%

国家和地区	2014 年	2015 年	2016 年	2017 年	2018 年	2019 年	2020 年	2021 年	2022 年	2023 年	合计
美国	100.00	100.00	0.00	100.00	50.00	100.00	100.00	100.00	100.00	0.00	83.33
中国大陆	0.00	0.00	0.00	0.00	0.00	0.00	100.00	66.67	0.00	0.00	25.00
英国	0.00	0.00	0.00	0.00	50.00	0.00	0.00	0.00	100.00	100.00	25.00

续表

国家和地区	2014 年	2015 年	2016 年	2017 年	2018 年	2019 年	2020 年	2021 年	2022 年	2023 年	合计
法国	0.00	0.00	0.00	100.00	50.00	0.00	0.00	0.00	0.00	0.00	16.67
德国	0.00	0.00	0.00	0.00	0.00	100.00	0.00	0.00	0.00	100.00	16.67
日本	100.00	100.00	0.00	0.00	0.00	0.00	0.00	0.00	0.00	0.00	16.67
加拿大	0.00	0.00	0.00	0.00	0.00	0.00	0.00	33.33	0.00	0.00	8.33
以色列	0.00	0.00	0.00	0.00	0.00	0.00	0.00	0.00	100.00	0.00	8.33
意大利	0.00	0.00	0.00	0.00	0.00	0.00	0.00	0.00	100.00	0.00	8.33
荷兰	100.00	0.00	0.00	0.00	0.00	0.00	0.00	0.00	0.00	0.00	8.33
瑞典	0.00	0.00	0.00	0.00	50.00	0.00	0.00	0.00	0.00	0.00	8.33
瑞士	0.00	0.00	0.00	0.00	0.00	0.00	0.00	0.00	0.00	100.00	8.33

表 4-105　发育生物学 B 层研究排名前 20 的国家和地区的国际合作参与率

单位：%

国家和地区	2014 年	2015 年	2016 年	2017 年	2018 年	2019 年	2020 年	2021 年	2022 年	2023 年	合计
美国	52.63	60.00	69.23	71.43	69.23	61.54	77.78	45.83	52.63	72.73	61.64
英国	47.37	40.00	23.08	21.43	46.15	30.77	16.67	16.67	21.05	27.27	28.30
中国大陆	10.53	13.33	23.08	21.43	15.38	15.38	50.00	20.83	42.11	27.27	24.53
德国	10.53	33.33	15.38	14.29	53.85	15.38	11.11	16.67	31.58	0.00	20.13
法国	10.53	6.67	15.38	14.29	7.69	23.08	11.11	20.83	10.53	9.09	13.21
荷兰	10.53	13.33	7.69	14.29	0.00	7.69	11.11	16.67	5.26	0.00	9.43
加拿大	10.53	6.67	0.00	7.14	7.69	15.38	5.56	4.17	15.79	9.09	8.18
澳大利亚	5.26	0.00	7.69	14.29	0.00	7.69	0.00	4.17	15.79	0.00	5.66
奥地利	0.00	0.00	7.69	14.29	23.08	7.69	0.00	0.00	5.26	9.09	5.66
日本	21.05	13.33	0.00	0.00	0.00	7.69	0.00	0.00	4.17	0.00	9.09	5.66
瑞典	0.00	13.33	0.00	0.00	0.00	7.69	5.56	8.33	10.53	9.09	5.66
瑞士	0.00	0.00	7.69	7.14	30.77	0.00	0.00	8.33	5.26	0.00	5.66
意大利	5.26	6.67	0.00	0.00	7.69	7.69	5.56	8.33	0.00	9.09	5.03
西班牙	0.00	6.67	7.69	7.14	0.00	15.38	0.00	0.00	15.79	0.00	5.03
比利时	0.00	0.00	0.00	21.43	0.00	7.69	0.00	8.33	0.00	0.00	3.77
以色列	0.00	13.33	0.00	14.29	0.00	0.00	5.56	4.17	0.00	0.00	3.77
挪威	10.53	6.67	7.69	7.14	0.00	0.00	0.00	4.17	0.00	0.00	3.77
新加坡	10.53	6.67	7.69	0.00	0.00	0.00	5.56	4.17	0.00	0.00	3.77
丹麦	0.00	6.67	0.00	0.00	0.00	0.00	0.00	0.00	5.26	18.18	2.52
芬兰	0.00	0.00	0.00	0.00	0.00	0.00	0.00	4.17	5.26	18.18	2.52

表 4-106　发育生物学 C 层研究排名前 20 的国家和地区的国际合作参与率

单位：%

国家和地区	2014 年	2015 年	2016 年	2017 年	2018 年	2019 年	2020 年	2021 年	2022 年	2023 年	合计
美国	64.74	74.29	61.11	59.54	54.23	58.00	55.47	58.10	54.48	46.88	58.86
英国	28.85	23.57	33.95	26.59	29.58	28.00	13.87	23.46	24.83	24.22	25.86
德国	21.79	16.43	20.37	24.28	19.01	22.00	22.63	18.44	21.38	17.97	20.50
中国大陆	10.90	12.86	13.58	15.03	21.13	16.00	29.20	34.64	22.76	21.09	19.78
法国	17.31	11.43	16.05	17.92	14.79	19.33	15.33	12.29	9.66	8.59	14.42
日本	13.46	8.57	15.43	11.56	14.08	7.33	10.22	7.82	8.28	12.50	10.91
加拿大	10.26	9.29	12.96	6.36	7.75	10.67	4.38	5.59	5.52	8.59	8.13
瑞士	8.33	9.29	8.02	9.25	6.34	9.33	5.84	6.15	9.66	7.03	7.94
澳大利亚	7.05	7.14	8.02	8.09	9.15	8.00	5.84	8.94	10.34	5.47	7.87
西班牙	2.56	7.14	6.17	4.62	4.93	9.33	8.03	5.03	10.34	8.59	6.55
荷兰	5.13	5.00	8.02	5.20	6.34	8.00	6.57	5.03	5.52	8.59	6.28
意大利	8.33	3.57	4.32	5.20	4.93	5.33	7.30	6.15	8.28	9.38	6.22
瑞典	4.49	2.86	3.09	2.31	5.63	6.67	2.92	3.91	4.83	6.25	4.23
奥地利	4.49	1.43	4.32	3.47	4.93	2.67	7.30	3.91	2.07	4.69	3.90
比利时	4.49	3.57	5.56	3.47	3.52	3.33	3.65	0.56	4.83	6.25	3.84
以色列	3.21	5.71	1.85	2.31	2.82	2.00	0.00	4.47	2.76	0.78	2.65
印度	1.28	1.43	1.85	0.58	2.11	2.00	1.46	1.68	5.52	8.59	2.51
丹麦	4.49	5.71	0.00	1.16	2.82	2.67	2.92	2.23	0.69	2.34	2.45
新加坡	5.13	2.86	1.23	2.31	3.52	0.00	2.19	1.68	2.76	3.13	2.45
中国香港	0.64	0.00	1.85	0.58	1.41	0.00	4.38	3.35	4.83	5.47	2.18

三十七　生殖生物学

生殖生物学 A 层研究国际合作参与率最高的是英国，为 57.89%，其次为美国的 52.63%；荷兰、比利时、意大利、芬兰、澳大利亚、丹麦、法国、南非、巴西、加拿大、中国大陆、德国、印度、葡萄牙、瑞典的参与率也比较高，在 37%～10%；智利、捷克、埃及也有一定的参与率，均为 5.26%。

B 层研究国际合作参与率最高的是美国，为 48.78%，其次为英国的 32.20%；意大利、西班牙、澳大利亚、荷兰、比利时、德国、法国、瑞典、丹麦、瑞士的参与率也比较高，在 27%～10%；中国大陆、加拿大、土耳其、葡萄牙、巴西、芬兰、奥地利、希腊也有一定的参与率，在 9%～5%。

C 层研究国际合作参与率最高的是美国，为 41.61%，其次为英国的 22.75%；意大利、西班牙、澳大利亚、比利时、中国大陆、德国的参与率也比较高，在 15%~10%；荷兰、加拿大、法国、丹麦、巴西、瑞典、日本、瑞士、以色列、芬兰、埃及、希腊也有一定的参与率，在 10%~3%。

表 4-107　生殖生物学 A 层研究排名前 20 的国家和地区的国际合作参与率

单位：%

国家和地区	2014 年	2015 年	2016 年	2017 年	2018 年	2019 年	2020 年	2021 年	2022 年	2023 年	合计
英国	100.00	0.00	50.00	100.00	100.00	66.67	33.33	50.00	100.00	50.00	57.89
美国	0.00	50.00	0.00	100.00	0.00	33.33	66.67	100.00	0.00	100.00	52.63
荷兰	100.00	50.00	50.00	0.00	50.00	0.00	33.33	0.00	100.00	50.00	36.84
比利时	100.00	0.00	50.00	0.00	50.00	0.00	33.33	0.00	100.00	0.00	26.32
意大利	0.00	50.00	0.00	100.00	0.00	33.33	33.33	50.00	0.00	0.00	26.32
芬兰	100.00	0.00	0.00	0.00	0.00	0.00	0.00	50.00	100.00	50.00	21.05
澳大利亚	0.00	0.00	0.00	0.00	0.00	33.33	0.00	0.00	0.00	50.00	15.79
丹麦	0.00	0.00	0.00	100.00	50.00	33.33	0.00	0.00	0.00	0.00	15.79
法国	0.00	0.00	0.00	100.00	0.00	0.00	33.33	0.00	100.00	0.00	15.79
南非	0.00	50.00	0.00	100.00	0.00	0.00	0.00	50.00	0.00	0.00	15.79
巴西	0.00	0.00	0.00	0.00	0.00	33.33	0.00	0.00	0.00	50.00	10.53
加拿大	0.00	0.00	0.00	100.00	0.00	33.33	0.00	0.00	0.00	0.00	10.53
中国大陆	0.00	0.00	0.00	0.00	0.00	0.00	66.67	0.00	0.00	0.00	10.53
德国	100.00	0.00	0.00	0.00	0.00	0.00	0.00	0.00	100.00	0.00	10.53
印度	0.00	0.00	0.00	0.00	50.00	0.00	0.00	50.00	0.00	0.00	10.53
葡萄牙	100.00	0.00	0.00	0.00	0.00	33.33	0.00	0.00	0.00	0.00	10.53
瑞典	0.00	0.00	0.00	0.00	0.00	33.33	0.00	0.00	0.00	50.00	10.53
智利	0.00	0.00	0.00	100.00	0.00	0.00	0.00	0.00	0.00	0.00	5.26
捷克	0.00	0.00	50.00	0.00	0.00	0.00	0.00	0.00	0.00	0.00	5.26
埃及	0.00	0.00	0.00	0.00	0.00	0.00	0.00	50.00	0.00	0.00	5.26

表 4-108　生殖生物学 B 层研究排名前 20 的国家和地区的国际合作参与率

单位：%

国家和地区	2014 年	2015 年	2016 年	2017 年	2018 年	2019 年	2020 年	2021 年	2022 年	2023 年	合计
美国	43.48	59.09	53.85	65.22	64.71	47.83	37.50	40.00	50.00	28.57	48.78
英国	39.13	22.73	30.77	39.13	11.76	34.78	25.00	40.00	27.27	42.86	32.20
意大利	30.43	9.09	23.08	34.78	29.41	13.04	50.00	36.00	27.27	14.29	26.34

续表

国家和地区	2014 年	2015 年	2016 年	2017 年	2018 年	2019 年	2020 年	2021 年	2022 年	2023 年	合计
西班牙	21.74	22.73	23.08	30.43	11.76	4.35	25.00	12.00	31.82	33.33	21.46
澳大利亚	26.09	9.09	30.77	13.04	41.18	17.39	18.75	20.00	18.18	23.81	20.98
荷兰	17.39	18.18	15.38	8.70	23.53	26.09	25.00	28.00	9.09	38.10	20.98
比利时	8.70	9.09	30.77	17.39	23.53	13.04	50.00	16.00	27.27	23.81	20.49
德国	13.04	9.09	30.77	8.70	23.53	13.04	31.25	24.00	9.09	19.05	17.07
法国	13.04	18.18	30.77	13.04	17.65	8.70	25.00	32.00	9.09	4.76	16.59
瑞典	4.35	13.64	23.08	13.04	17.65	8.70	18.75	4.00	22.73	23.81	14.15
丹麦	8.70	4.55	23.08	21.74	11.76	4.35	12.50	12.00	27.27	4.76	12.68
瑞士	4.35	9.09	15.38	17.39	5.88	0.00	25.00	12.00	9.09	9.52	10.24
中国大陆	17.39	13.64	0.00	13.04	11.76	8.70	18.75	0.00	4.55	0.00	8.78
加拿大	0.00	9.09	7.69	17.39	5.88	17.39	12.50	0.00	4.55	4.76	8.29
土耳其	8.70	4.55	0.00	13.04	5.88	4.35	6.25	8.00	4.55	23.81	8.29
葡萄牙	4.35	0.00	7.69	4.35	17.65	4.35	31.25	4.00	4.55	4.76	7.32
巴西	0.00	9.09	15.38	8.70	5.88	8.70	12.50	0.00	9.09	0.00	6.34
芬兰	0.00	4.55	7.69	4.35	17.65	4.35	12.50	0.00	4.55	9.52	5.85
奥地利	4.35	4.55	15.38	13.04	0.00	0.00	6.25	4.00	0.00	9.52	5.37
希腊	0.00	0.00	7.69	0.00	5.88	4.35	18.75	4.00	0.00	19.05	5.37

表 4-109　生殖生物学 C 层研究排名前 20 的国家和地区的国际合作参与率

单位：%

国家和地区	2014 年	2015 年	2016 年	2017 年	2018 年	2019 年	2020 年	2021 年	2022 年	2023 年	合计
美国	51.49	43.90	44.74	43.08	40.98	43.69	37.78	38.43	35.91	35.15	41.61
英国	26.73	20.49	20.18	20.55	17.62	17.57	27.56	29.17	27.73	20.61	22.75
意大利	11.39	11.22	15.79	10.67	15.98	12.16	14.67	18.52	17.27	16.97	14.40
西班牙	11.88	13.66	11.40	11.07	15.98	18.02	14.67	17.13	13.64	13.33	14.08
澳大利亚	8.91	12.20	14.04	11.86	9.02	13.96	17.33	14.81	13.18	12.73	12.80
比利时	16.83	10.24	11.40	9.88	11.89	10.36	15.11	11.11	12.27	16.97	12.43
中国大陆	8.91	11.71	10.53	14.62	14.34	13.51	8.89	12.96	9.55	11.52	11.74
德国	10.89	9.27	7.02	9.49	9.43	9.01	10.22	13.43	10.00	12.12	10.00
荷兰	10.89	11.71	7.02	11.07	10.25	12.61	12.00	8.80	5.45	9.70	9.95
加拿大	9.90	7.80	14.04	6.32	6.15	12.16	8.00	8.33	9.09	10.91	9.17
法国	8.91	8.29	9.21	9.49	5.74	11.26	11.11	8.33	7.27	10.91	8.99

续表

国家和地区	2014 年	2015 年	2016 年	2017 年	2018 年	2019 年	2020 年	2021 年	2022 年	2023 年	合计
丹麦	5.94	6.83	7.46	8.30	4.92	8.11	10.67	11.11	9.55	9.70	8.21
巴西	5.45	9.27	7.89	5.93	6.56	9.91	8.89	8.33	5.91	10.30	7.75
瑞典	5.45	10.24	6.14	5.14	3.28	7.66	8.89	9.26	9.55	10.91	7.48
日本	5.94	7.80	6.14	4.74	3.69	4.05	7.11	6.94	3.18	8.48	5.69
瑞士	3.47	3.41	3.95	3.56	5.33	2.70	4.89	4.63	4.55	3.64	4.04
以色列	4.95	2.44	2.63	4.35	5.33	1.80	4.00	5.09	3.18	3.03	3.72
芬兰	2.48	2.93	2.63	3.16	3.28	7.21	4.89	1.85	3.64	3.03	3.53
埃及	2.48	0.98	1.75	3.16	3.28	4.05	4.89	2.78	4.09	2.42	3.03
希腊	2.97	3.41	3.51	0.40	2.46	1.80	5.33	4.17	2.73	4.24	3.03

三十八　农学

农学 A 层研究国际合作参与率最高的是美国，为 53.33%，其次为中国大陆的 33.33%；澳大利亚、德国、加拿大、法国、英国、巴西、意大利的参与率也比较高，在 27%~11%；印度、西班牙、丹麦、伊朗、荷兰、韩国、瑞典、日本、肯尼亚、墨西哥、巴基斯坦也有一定的参与率，在 9%~4%。

B 层研究国际合作参与率最高的是中国大陆，为 34.06%，其次为美国的 33.62%；澳大利亚、英国、印度、德国、意大利、法国、西班牙的参与率也比较高，在 15%~10%；巴基斯坦、沙特阿拉伯、巴西、荷兰、加拿大、埃及、伊朗、墨西哥、瑞典、比利时、丹麦也有一定的参与率，在 9%~3%。

C 层研究国际合作参与率最高的是中国大陆，为 37.08%，其次为美国的 30.57%；澳大利亚、德国、法国、英国的参与率也比较高，在 13%~10%；意大利、西班牙、印度、加拿大、巴基斯坦、荷兰、埃及、沙特阿拉伯、巴西、伊朗、日本、丹麦、墨西哥、瑞士也有一定的参与率，在 10%~3%。

表 4-110　农学 A 层研究排名前 20 的国家和地区的国际合作参与率

单位：%

国家和地区	2014 年	2015 年	2016 年	2017 年	2018 年	2019 年	2020 年	2021 年	2022 年	2023 年	合计
美国	75.00	100.00	50.00	75.00	40.00	75.00	40.00	75.00	0.00	42.86	53.33
中国大陆	0.00	33.33	25.00	0.00	20.00	100.00	40.00	25.00	40.00	42.86	33.33
澳大利亚	25.00	0.00	25.00	0.00	20.00	50.00	40.00	50.00	20.00	28.57	26.67
德国	0.00	66.67	25.00	25.00	20.00	25.00	20.00	25.00	0.00	14.29	20.00
加拿大	50.00	0.00	0.00	50.00	0.00	0.00	0.00	25.00	20.00	14.29	17.78
法国	0.00	0.00	50.00	0.00	20.00	25.00	0.00	25.00	20.00	14.29	17.78
英国	0.00	0.00	0.00	0.00	0.00	25.00	0.00	50.00	60.00	0.00	15.56
巴西	0.00	0.00	25.00	0.00	40.00	0.00	40.00	0.00	0.00	0.00	11.11
意大利	0.00	0.00	0.00	25.00	0.00	0.00	0.00	25.00	0.00	0.00	11.11
印度	25.00	0.00	25.00	0.00	0.00	25.00	0.00	0.00	0.00	14.29	8.89
西班牙	0.00	0.00	0.00	25.00	0.00	0.00	0.00	25.00	0.00	0.00	8.89
丹麦	0.00	0.00	0.00	0.00	0.00	0.00	0.00	0.00	40.00	0.00	6.67
伊朗	0.00	0.00	0.00	0.00	20.00	0.00	0.00	0.00	0.00	28.57	6.67
荷兰	0.00	0.00	0.00	25.00	20.00	0.00	0.00	0.00	0.00	14.29	6.67
韩国	0.00	0.00	0.00	0.00	0.00	0.00	25.00	0.00	50.00	0.00	6.67
瑞典	0.00	0.00	0.00	25.00	0.00	0.00	0.00	0.00	20.00	0.00	6.67
日本	0.00	0.00	0.00	0.00	0.00	20.00	0.00	25.00	0.00	0.00	4.44
肯尼亚	25.00	0.00	0.00	0.00	0.00	0.00	20.00	0.00	0.00	0.00	4.44
墨西哥	50.00	0.00	0.00	0.00	0.00	0.00	0.00	0.00	0.00	0.00	4.44
巴基斯坦	0.00	0.00	0.00	0.00	0.00	0.00	20.00	25.00	0.00	0.00	4.44

表 4-111　农学 B 层研究排名前 20 的国家和地区的国际合作参与率

单位：%

国家和地区	2014 年	2015 年	2016 年	2017 年	2018 年	2019 年	2020 年	2021 年	2022 年	2023 年	合计
中国大陆	18.75	18.92	25.71	37.04	30.00	33.93	46.48	37.29	40.74	34.00	34.06
美国	46.88	32.43	31.43	37.04	45.00	39.29	22.54	27.12	40.74	26.00	33.62
澳大利亚	25.00	13.51	5.71	14.81	22.50	14.29	16.90	18.64	5.56	14.00	14.97
英国	18.75	13.51	5.71	29.63	25.00	14.29	7.04	16.95	9.26	2.00	13.02
印度	6.25	10.81	0.00	7.41	7.50	7.14	11.27	20.34	24.07	18.00	12.36
德国	15.63	18.92	17.14	14.81	12.50	8.93	7.04	11.86	14.81	8.00	12.15
意大利	25.00	16.22	25.71	18.52	10.00	8.93	4.23	11.86	3.70	8.00	11.50
法国	25.00	16.22	22.86	22.22	10.00	8.93	4.23	3.39	7.41	8.00	10.85
西班牙	9.38	21.62	22.86	11.11	10.00	3.57	11.27	6.78	5.56	10.00	10.41
巴基斯坦	0.00	2.70	5.71	11.11	10.00	7.14	8.45	10.17	16.67	4.00	8.03

续表

国家和地区	2014 年	2015 年	2016 年	2017 年	2018 年	2019 年	2020 年	2021 年	2022 年	2023 年	合计
沙特阿拉伯	3.13	5.41	5.71	3.70	0.00	1.79	11.27	11.86	11.11	18.00	8.03
巴西	12.50	16.22	14.29	7.41	7.50	1.79	7.04	3.39	5.56	0.00	6.72
荷兰	15.63	16.22	5.71	14.81	2.50	3.57	5.63	3.39	0.00	4.00	6.07
加拿大	15.63	0.00	14.29	3.70	5.00	1.79	4.23	5.08	3.70	10.00	5.86
埃及	3.13	0.00	0.00	0.00	0.00	1.79	9.86	15.25	7.41	10.00	5.86
伊朗	0.00	0.00	0.00	3.70	2.50	10.71	7.04	3.39	12.96	6.00	5.42
墨西哥	15.63	10.81	14.29	0.00	5.00	5.36	1.41	6.78	0.00	2.00	5.42
瑞典	0.00	18.92	2.86	7.41	7.50	7.14	7.04	3.39	0.00	0.00	5.21
比利时	6.25	13.51	2.86	3.70	5.00	0.00	5.63	5.08	1.85	2.00	4.34
丹麦	6.25	13.51	2.86	7.41	2.50	5.36	0.00	0.00	3.70	2.00	3.69

表 4-112　农学 C 层研究排名前 20 的国家和地区的国际合作参与率

单位：%

国家和地区	2014 年	2015 年	2016 年	2017 年	2018 年	2019 年	2020 年	2021 年	2022 年	2023 年	合计
中国大陆	27.91	29.97	30.85	31.84	31.79	35.50	39.28	45.91	45.72	41.41	37.08
美国	30.81	34.37	32.23	37.71	36.68	28.60	32.61	29.18	23.98	24.85	30.57
澳大利亚	13.08	14.21	13.50	15.92	13.59	11.16	12.79	12.27	12.83	10.30	12.80
德国	8.72	8.53	12.12	14.53	11.96	11.36	9.19	9.48	12.45	9.49	10.70
法国	12.79	12.66	13.50	12.57	13.59	8.72	9.55	8.74	7.43	6.67	10.21
英国	9.59	9.30	8.82	10.89	13.32	11.56	10.45	9.67	7.43	10.51	10.09
意大利	8.43	9.04	9.09	9.50	11.96	10.34	11.71	8.92	9.85	9.29	9.87
西班牙	8.43	8.79	7.16	7.82	8.97	9.33	9.19	7.62	8.55	11.11	8.76
印度	4.07	6.98	6.34	7.82	6.79	5.88	9.91	5.95	10.41	12.73	7.93
加拿大	7.85	7.24	7.99	7.54	6.25	8.52	7.21	9.48	7.25	4.65	7.41
巴基斯坦	2.33	4.13	3.58	4.75	5.43	6.09	7.21	8.55	11.34	10.10	6.78
荷兰	9.88	5.43	5.79	7.82	5.71	7.30	5.59	6.51	3.90	5.05	6.15
埃及	2.33	1.81	2.48	3.07	2.72	3.85	5.95	8.55	8.36	8.89	5.23
沙特阿拉伯	2.62	1.81	1.93	2.51	1.90	3.04	4.86	8.92	7.99	10.51	5.05
巴西	4.94	7.24	5.51	6.98	5.98	2.43	5.95	4.09	3.72	2.83	4.80
伊朗	2.03	2.07	1.38	5.03	2.99	4.87	3.96	5.76	5.02	3.43	3.83
日本	5.23	2.84	4.13	3.07	5.16	4.26	3.60	3.35	3.35	2.63	3.69
丹麦	2.03	5.17	2.75	4.47	4.08	3.04	2.16	3.35	4.83	4.65	3.65
墨西哥	5.52	3.62	4.68	2.79	4.08	4.67	3.60	3.35	2.42	1.21	3.49
瑞士	4.07	4.91	4.96	2.79	5.71	3.25	2.70	2.60	2.04	2.83	3.42

三十九　多学科农业

多学科农业 A 层研究国际合作参与率最高的是美国，为 41.67%，其次为中国大陆、荷兰，均为 29.17%；澳大利亚、意大利的参与率也比较高，分别为 25.00%、12.50%；加拿大、爱尔兰、巴基斯坦、英国、奥地利、比利时、埃及、法国、德国、中国香港、印度、伊朗、马拉维、墨西哥、尼泊尔也有一定的参与率，在 9%~4%。

B 层研究国际合作参与率最高的是中国大陆，为 41.38%，其次为美国的 34.10%；英国、澳大利亚、荷兰、德国、西班牙、加拿大的参与率也比较高，在 17%~10%；法国、意大利、新西兰、印度、巴西、巴基斯坦、墨西哥、瑞典、沙特阿拉伯、土耳其、比利时、韩国也有一定的参与率，在 9%~3%。

C 层研究国际合作参与率最高的是中国大陆，为 42.91%，其次为美国的 33.70%；英国的参与率也比较高，为 10.84%；澳大利亚、德国、荷兰、西班牙、意大利、加拿大、法国、印度、比利时、巴西、巴基斯坦、丹麦、瑞士、日本、肯尼亚、新西兰、韩国也有一定的参与率，在 10%~2%。

表 4-113　多学科农业 A 层研究排名前 20 的国家和地区的国际合作参与率

单位：%

国家和地区	2014 年	2015 年	2016 年	2017 年	2018 年	2019 年	2020 年	2021 年	2022 年	2023 年	合计
美国	66.67	0.00	50.00	0.00	50.00	0.00	66.67	0.00	50.00	100.00	41.67
中国大陆	0.00	0.00	50.00	0.00	0.00	50.00	83.33	0.00	0.00	0.00	29.17
荷兰	33.33	33.33	0.00	100.00	0.00	50.00	33.33	50.00	0.00	0.00	29.17
澳大利亚	100.00	0.00	50.00	0.00	0.00	50.00	0.00	50.00	0.00	0.00	25.00
意大利	33.33	0.00	0.00	100.00	0.00	0.00	0.00	0.00	50.00	0.00	12.50
加拿大	0.00	33.33	0.00	0.00	0.00	50.00	0.00	0.00	0.00	0.00	8.33
爱尔兰	0.00	33.33	0.00	0.00	50.00	0.00	0.00	0.00	0.00	0.00	8.33
巴基斯坦	0.00	33.33	0.00	0.00	0.00	0.00	0.00	50.00	0.00	0.00	8.33
英国	0.00	0.00	0.00	0.00	50.00	0.00	0.00	50.00	0.00	0.00	8.33
奥地利	0.00	0.00	0.00	0.00	0.00	0.00	0.00	0.00	50.00	0.00	4.17

续表

国家和地区	2014 年	2015 年	2016 年	2017 年	2018 年	2019 年	2020 年	2021 年	2022 年	2023 年	合计
比利时	0.00	0.00	0.00	100.00	0.00	0.00	0.00	0.00	0.00	0.00	4.17
埃及	0.00	0.00	0.00	0.00	0.00	0.00	0.00	50.00	0.00	0.00	4.17
法国	0.00	0.00	0.00	0.00	0.00	50.00	0.00	0.00	0.00	0.00	4.17
德国	0.00	33.33	0.00	0.00	0.00	0.00	0.00	0.00	0.00	0.00	4.17
中国香港	0.00	0.00	50.00	0.00	0.00	0.00	0.00	0.00	0.00	0.00	4.17
印度	0.00	0.00	0.00	0.00	50.00	0.00	0.00	0.00	0.00	0.00	4.17
伊朗	0.00	0.00	0.00	0.00	0.00	0.00	0.00	0.00	50.00	0.00	4.17
马拉维	0.00	33.33	0.00	0.00	0.00	0.00	0.00	0.00	0.00	0.00	4.17
墨西哥	0.00	0.00	0.00	0.00	0.00	0.00	0.00	0.00	50.00	0.00	4.17
尼泊尔	0.00	0.00	0.00	0.00	0.00	0.00	0.00	0.00	0.00	100.00	4.17

表 4-114　多学科农业 B 层研究排名前 20 的国家和地区的国际合作参与率

单位：%

国家和地区	2014 年	2015 年	2016 年	2017 年	2018 年	2019 年	2020 年	2021 年	2022 年	2023 年	合计
中国大陆	21.05	39.13	14.81	15.79	44.83	35.71	46.34	57.14	55.56	70.37	41.38
美国	47.37	13.04	29.63	42.11	41.38	39.29	31.71	28.57	33.33	37.04	34.10
英国	26.32	8.70	29.63	36.84	3.45	25.00	7.32	4.76	14.81	14.81	16.09
澳大利亚	26.32	4.35	0.00	36.84	24.14	14.29	9.76	14.29	7.41	14.81	14.18
荷兰	15.79	4.35	0.00	26.32	24.14	25.00	4.88	19.05	11.11	11.11	13.41
德国	15.79	13.04	14.81	21.05	10.34	10.71	12.20	14.29	3.70	3.70	11.49
西班牙	10.53	13.04	18.52	26.32	3.45	7.14	9.76	9.52	22.22	0.00	11.49
加拿大	15.79	17.39	11.11	10.53	6.90	7.14	12.20	9.52	3.70	14.81	10.73
法国	5.26	13.04	7.41	21.05	10.34	10.71	7.32	4.76	0.00	3.70	8.05
意大利	15.79	4.35	7.41	5.26	6.90	10.71	9.76	9.52	7.41	3.70	8.05
新西兰	10.53	8.70	3.70	5.26	10.34	3.57	4.88	0.00	7.41	0.00	5.36
印度	5.26	0.00	14.81	0.00	6.90	0.00	4.88	0.00	7.41	3.70	4.60
巴西	5.26	4.35	14.81	0.00	3.45	0.00	7.32	0.00	0.00	3.70	4.21
巴基斯坦	0.00	8.70	0.00	0.00	6.90	3.57	2.44	9.52	3.70	7.41	4.21
墨西哥	0.00	8.70	7.41	0.00	6.90	7.14	2.44	0.00	3.70	0.00	3.83
瑞典	5.26	4.35	7.41	0.00	3.45	3.57	7.32	0.00	3.70	0.00	3.83
沙特阿拉伯	0.00	4.35	7.41	5.26	6.90	0.00	2.44	0.00	3.70	3.70	3.45
土耳其	0.00	4.35	0.00	5.26	0.00	3.57	2.44	0.00	11.11	7.41	3.45
比利时	0.00	4.35	3.70	5.26	3.45	7.14	0.00	4.76	3.70	0.00	3.07
韩国	0.00	0.00	0.00	5.26	6.90	0.00	7.32	4.76	3.70	0.00	3.07

表 4-115 多学科农业 C 层研究排名前 20 的国家和地区的国际合作参与率

单位：%

国家和地区	2014 年	2015 年	2016 年	2017 年	2018 年	2019 年	2020 年	2021 年	2022 年	2023 年	合计
中国大陆	23.47	23.72	28.15	34.75	44.83	49.62	51.36	55.14	57.56	51.69	42.91
美国	36.73	35.35	33.19	31.36	38.62	33.46	35.35	32.10	29.83	29.47	33.70
英国	6.12	11.16	15.13	9.32	10.69	9.62	10.88	13.99	9.66	11.11	10.84
澳大利亚	6.12	6.98	7.14	12.29	14.48	7.31	7.55	12.35	15.13	8.70	9.90
德国	13.27	7.91	16.81	8.90	10.69	6.54	6.65	11.11	9.24	6.76	9.66
荷兰	11.22	8.84	8.40	8.47	12.07	10.77	9.37	10.29	6.72	6.76	9.37
西班牙	10.71	9.30	10.08	8.90	10.00	7.69	7.85	4.94	6.30	7.25	8.27
意大利	9.69	9.77	10.92	8.47	4.14	8.46	6.65	8.23	7.14	5.80	7.78
加拿大	7.14	6.51	6.72	9.32	6.90	5.38	4.53	5.35	5.46	7.73	6.40
法国	7.65	7.91	8.82	8.05	6.55	3.08	6.04	4.94	4.62	3.86	6.11
印度	2.55	2.79	3.78	5.93	4.14	4.23	2.11	7.00	5.04	9.18	4.56
比利时	4.08	4.65	5.04	4.66	3.45	6.54	4.53	2.47	2.10	4.35	4.20
巴西	4.08	3.26	2.94	7.20	4.83	4.62	3.63	3.70	2.52	2.42	3.95
巴基斯坦	1.53	2.79	3.36	4.66	3.10	6.15	1.51	3.29	4.20	6.28	3.63
丹麦	5.61	6.05	2.94	4.66	4.14	3.46	1.21	2.47	5.46	0.97	3.59
瑞士	1.53	3.72	4.62	4.24	3.79	4.23	2.11	2.47	4.62	1.45	3.30
日本	3.57	4.19	5.88	2.97	3.79	2.69	3.32	1.23	2.10	1.45	3.14
肯尼亚	2.04	2.33	3.36	4.66	3.79	3.08	2.42	2.88	2.52	1.45	2.89
新西兰	2.04	2.33	2.52	2.12	3.45	2.69	3.63	4.94	2.10	2.42	2.89
韩国	3.57	3.26	3.78	1.69	1.38	3.46	2.72	3.29	2.10	1.45	2.65

四十 生物多样性保护

生物多样性保护 A、B、C 层研究国际合作参与率最高的均为美国，分别为 59.09%、57.27%、47.47%。

中国大陆 A 层研究国际合作参与率排名第二，为 36.36%；澳大利亚、加拿大、法国、德国、英国、巴西、西班牙、瑞士的参与率也比较高，在 28%～13%；奥地利、芬兰、意大利、阿尔及利亚、孟加拉国、比利时、哥伦比亚、克罗地亚、塞浦路斯、希腊也有一定的参与率，为 10%～4%。

中国大陆 B 层研究国际合作参与率排名第二，为 37.27%；德国、澳大利亚、英国、加拿大、法国、意大利、西班牙、荷兰、瑞士、巴西、瑞典、奥地利、比利时、丹麦的参与率也比较高，在 33%～10%；芬兰、新西兰、捷克、日本也有一定的参与率，在 10%～8%。

英国 C 层研究国际合作参与率排名第二，为 33.76%；德国、中国大陆、澳大利亚、法国、加拿大、西班牙、意大利、瑞士、荷兰的参与率也比较高，在 26%～10%；瑞典、巴西、丹麦、南非、比利时、芬兰、奥地利、挪威、捷克也有一定的参与率，在 10%～5%。

表 4-116　生物多样性保护 A 层研究排名前 20 的国家和地区的国际合作参与率

单位：%

国家和地区	2014 年	2015 年	2016 年	2017 年	2018 年	2019 年	2020 年	2021 年	2022 年	2023 年	合计
美国	0.00	66.67	100.00	50.00	75.00	0.00	100.00	50.00	0.00	50.00	59.09
中国大陆	0.00	0.00	50.00	0.00	25.00	100.00	0.00	0.00	0.00	83.33	36.36
澳大利亚	0.00	0.00	0.00	50.00	0.00	100.00	100.00	50.00	0.00	33.33	27.27
加拿大	0.00	33.33	50.00	50.00	25.00	0.00	0.00	0.00	0.00	0.00	22.73
法国	0.00	0.00	0.00	100.00	0.00	0.00	0.00	50.00	100.00	16.67	22.73
德国	0.00	0.00	0.00	50.00	25.00	0.00	100.00	0.00	0.00	33.33	22.73
英国	0.00	0.00	0.00	50.00	0.00	0.00	100.00	100.00	0.00	0.00	22.73
巴西	0.00	33.33	0.00	0.00	25.00	0.00	100.00	0.00	0.00	0.00	13.64
西班牙	0.00	33.33	0.00	0.00	0.00	0.00	0.00	0.00	100.00	16.67	13.64
瑞士	0.00	0.00	0.00	0.00	50.00	0.00	0.00	50.00	0.00	0.00	13.64
奥地利	0.00	0.00	0.00	50.00	0.00	0.00	0.00	0.00	0.00	0.00	9.09
芬兰	0.00	0.00	0.00	0.00	0.00	0.00	0.00	50.00	0.00	0.00	9.09
意大利	0.00	0.00	0.00	0.00	0.00	0.00	0.00	0.00	0.00	0.00	9.09
阿尔及利亚	0.00	0.00	0.00	0.00	0.00	0.00	0.00	100.00	0.00	0.00	4.55
孟加拉国	0.00	33.33	0.00	0.00	0.00	0.00	0.00	0.00	0.00	0.00	4.55
比利时	0.00	0.00	0.00	0.00	0.00	0.00	0.00	50.00	0.00	0.00	4.55
哥伦比亚	0.00	0.00	0.00	0.00	0.00	0.00	100.00	0.00	0.00	0.00	4.55
克罗地亚	0.00	0.00	0.00	0.00	0.00	0.00	0.00	100.00	0.00	0.00	4.55
塞浦路斯	0.00	0.00	0.00	0.00	0.00	0.00	0.00	100.00	0.00	0.00	4.55
希腊	0.00	0.00	0.00	0.00	0.00	0.00	0.00	100.00	0.00	0.00	4.55

表 4-117　生物多样性保护 B 层研究排名前 20 的国家和地区的国际合作参与率

单位：%

国家和地区	2014 年	2015 年	2016 年	2017 年	2018 年	2019 年	2020 年	2021 年	2022 年	2023 年	合计
美国	55.56	53.85	57.14	50.00	72.73	77.78	45.16	64.52	60.00	42.86	57.27
中国大陆	16.67	38.46	28.57	38.89	22.73	55.56	32.26	41.94	60.00	39.29	37.27
德国	33.33	38.46	19.05	16.67	40.91	22.22	35.48	32.26	30.00	50.00	32.73
澳大利亚	33.33	38.46	23.81	50.00	54.55	22.22	38.71	25.81	10.00	10.71	30.00
英国	38.89	46.15	19.05	22.22	18.18	44.44	35.48	32.26	15.00	17.86	28.18
加拿大	11.11	15.38	33.33	33.33	18.18	22.22	22.58	29.03	15.00	39.29	25.00
法国	22.22	30.77	28.57	16.67	27.27	27.78	19.35	19.35	15.00	28.57	23.18
意大利	16.67	15.38	9.52	22.22	18.18	11.11	19.35	12.90	20.00	7.14	15.00
西班牙	16.67	15.38	14.29	16.67	22.73	22.22	12.90	9.68	15.00	10.71	15.00
荷兰	16.67	30.77	19.05	11.11	4.55	33.33	3.23	16.13	10.00	14.29	14.55
瑞士	11.11	15.38	4.76	22.22	27.27	16.67	19.35	3.23	10.00	17.86	14.55
巴西	16.67	7.69	28.57	5.56	9.09	16.67	16.13	16.13	10.00	10.71	14.09
瑞典	22.22	15.38	19.05	16.67	13.64	5.56	12.90	6.45	10.00	17.86	13.64
奥地利	5.56	23.08	4.76	16.67	9.09	16.67	25.81	6.45	10.00	7.14	12.27
比利时	0.00	15.38	19.05	11.11	13.64	22.22	12.90	3.23	10.00	3.57	10.45
丹麦	11.11	30.77	9.52	11.11	13.64	16.67	0.00	9.68	5.00	7.14	10.00
芬兰	5.56	15.38	0.00	16.67	18.18	16.67	9.68	3.23	10.00	7.14	9.55
新西兰	11.11	0.00	9.52	11.11	0.00	16.67	9.68	16.13	0.00	7.14	8.64
捷克	0.00	15.38	0.00	5.56	9.09	5.56	9.68	6.45	15.00	14.29	8.18
日本	5.56	7.69	9.52	16.67	9.09	5.56	6.45	6.45	10.00	7.14	8.18

表 4-118　生物多样性保护 C 层研究排名前 20 的国家和地区的国际合作参与率

单位：%

国家和地区	2014 年	2015 年	2016 年	2017 年	2018 年	2019 年	2020 年	2021 年	2022 年	2023 年	合计
美国	46.86	44.44	46.76	55.05	52.63	47.57	48.05	47.21	44.27	41.63	47.47
英国	37.20	34.26	40.28	33.94	34.21	34.95	37.24	28.52	30.04	28.16	33.76
德国	17.39	26.39	22.69	25.69	24.81	24.92	24.92	24.26	30.43	30.61	25.31
中国大陆	10.14	13.89	13.43	15.60	22.18	22.98	25.53	37.38	41.90	39.59	25.16
澳大利亚	23.67	24.54	21.30	26.61	27.07	24.27	24.92	25.90	26.48	16.73	24.26
法国	14.01	16.20	21.30	21.10	19.17	14.24	15.92	19.02	17.79	17.14	17.48
加拿大	15.94	16.67	17.59	19.72	14.66	14.89	15.92	18.36	16.60	12.65	16.24
西班牙	10.63	13.89	9.72	13.76	13.91	12.94	18.62	13.44	17.00	16.73	14.29
意大利	9.66	12.50	13.43	11.01	11.28	11.33	13.51	10.82	18.58	12.65	12.50

续表

国家和地区	2014 年	2015 年	2016 年	2017 年	2018 年	2019 年	2020 年	2021 年	2022 年	2023 年	合计
瑞士	12.56	13.43	11.57	14.68	12.03	9.39	12.01	9.51	13.83	12.65	11.99
荷兰	7.73	10.65	13.43	13.76	9.40	11.33	12.61	9.51	9.49	9.39	10.75
瑞典	9.18	8.33	7.41	8.26	7.89	8.09	10.51	9.18	13.04	7.76	9.03
巴西	5.80	8.33	10.19	9.63	9.02	6.47	10.21	8.20	8.70	9.80	8.64
丹麦	8.21	8.33	8.80	10.09	10.53	8.41	6.01	6.89	9.88	7.76	8.37
南非	7.25	6.48	10.65	13.76	4.51	6.15	7.51	5.57	7.11	4.90	7.20
比利时	4.35	5.09	5.09	9.63	7.89	6.80	7.51	9.51	6.32	4.49	6.81
芬兰	4.83	5.56	3.24	3.21	6.02	7.12	9.31	7.87	7.11	8.16	6.50
奥地利	5.31	5.09	8.33	7.34	6.39	4.85	8.11	4.92	7.51	5.71	6.35
挪威	5.80	4.63	6.48	4.13	7.14	5.50	6.91	4.59	7.91	6.53	6.00
捷克	1.45	5.56	1.39	8.26	4.89	4.53	6.01	5.57	9.88	5.71	5.41

四十一 园艺学

园艺学 A 层研究国际合作参与率最高的是中国大陆，为 50.00%，其次为美国的 40.00%；墨西哥、法国、意大利、巴西、德国、肯尼亚、荷兰、西班牙的参与率也比较高，在 25%～10%；澳大利亚、孟加拉国、比利时、塞浦路斯、埃及、希腊、印度、伊朗、爱尔兰、以色列也有一定的参与率，均为 5.00%。

B 层研究国际合作参与率最高的是中国大陆，为 42.20%，其次为美国的 40.46%；意大利、西班牙、澳大利亚、英国、德国的参与率也比较高，在 16%～10%；墨西哥、印度、法国、伊朗、巴西、以色列、日本、巴基斯坦、加拿大、希腊、荷兰、肯尼亚、新西兰也有一定的参与率，在 10%～2%。

C 层研究国际合作参与率最高的是美国，为 36.04%，其次为中国大陆的 34.38%；意大利、西班牙的参与率也比较高，分别为 11.12% 和 10.93%；澳大利亚、德国、法国、英国、印度、加拿大、埃及、墨西哥、沙特阿拉伯、巴基斯坦、荷兰、伊朗、巴西、日本、以色列、新西兰也有一定的参与率，在 10%～3%。

表 4-119　园艺学 A 层研究排名前 20 的国家和地区的国际合作参与率

单位：%

国家和地区	2014 年	2015 年	2016 年	2017 年	2018 年	2019 年	2020 年	2021 年	2022 年	2023 年	合计
中国大陆	0.00	33.33	100.00	50.00	0.00	50.00	100.00	100.00	25.00	100.00	50.00
美国	50.00	33.33	0.00	0.00	100.00	50.00	50.00	100.00	25.00	100.00	40.00
墨西哥	100.00	0.00	100.00	0.00	0.00	50.00	0.00	0.00	0.00	0.00	25.00
法国	50.00	33.33	0.00	0.00	0.00	50.00	0.00	0.00	0.00	100.00	20.00
意大利	0.00	66.67	50.00	50.00	0.00	0.00	0.00	0.00	0.00	0.00	20.00
巴西	0.00	33.33	0.00	50.00	0.00	0.00	0.00	0.00	0.00	0.00	10.00
德国	0.00	0.00	0.00	0.00	0.00	0.00	50.00	0.00	0.00	0.00	10.00
肯尼亚	50.00	0.00	0.00	0.00	0.00	0.00	0.00	0.00	0.00	0.00	10.00
荷兰	50.00	0.00	0.00	0.00	100.00	0.00	0.00	0.00	0.00	0.00	10.00
西班牙	0.00	0.00	0.00	0.00	0.00	0.00	0.00	0.00	0.00	100.00	10.00
澳大利亚	0.00	0.00	0.00	0.00	0.00	0.00	50.00	0.00	0.00	0.00	5.00
孟加拉国	0.00	0.00	0.00	0.00	0.00	50.00	0.00	0.00	0.00	0.00	5.00
比利时	0.00	0.00	0.00	0.00	0.00	0.00	50.00	0.00	0.00	0.00	5.00
塞浦路斯	0.00	0.00	0.00	50.00	0.00	0.00	0.00	0.00	0.00	0.00	5.00
埃及	0.00	0.00	0.00	0.00	0.00	0.00	0.00	0.00	25.00	0.00	5.00
希腊	0.00	0.00	0.00	0.00	100.00	0.00	0.00	0.00	0.00	0.00	5.00
印度	50.00	0.00	0.00	0.00	0.00	0.00	0.00	0.00	0.00	0.00	5.00
伊朗	0.00	0.00	0.00	0.00	0.00	0.00	0.00	0.00	25.00	0.00	5.00
爱尔兰	0.00	0.00	0.00	0.00	0.00	0.00	0.00	0.00	0.00	100.00	5.00
以色列	0.00	0.00	50.00	0.00	0.00	0.00	0.00	0.00	0.00	0.00	5.00

表 4-120　园艺学 B 层研究排名前 20 的国家和地区的国际合作参与率

单位：%

国家和地区	2014 年	2015 年	2016 年	2017 年	2018 年	2019 年	2020 年	2021 年	2022 年	2023 年	合计
中国大陆	20.00	5.26	26.32	50.00	23.81	66.67	66.67	60.00	55.00	73.33	42.20
美国	60.00	31.58	47.37	21.43	47.62	40.00	53.33	26.67	35.00	33.33	40.46
意大利	10.00	15.79	47.37	14.29	23.81	6.67	6.67	6.67	5.00	13.33	15.61
西班牙	15.00	15.79	31.58	21.43	4.76	6.67	13.33	0.00	0.00	20.00	12.72
澳大利亚	20.00	15.79	5.26	7.14	14.29	13.33	13.33	20.00	0.00	6.67	11.56
英国	10.00	0.00	5.26	14.29	14.29	13.33	13.33	20.00	15.00	13.33	11.56
德国	5.00	10.53	10.53	21.43	14.29	6.67	6.67	20.00	0.00	13.33	10.40
墨西哥	20.00	21.05	15.79	0.00	4.76	0.00	0.00	20.00	0.00	13.33	9.83
印度	10.00	15.79	5.26	0.00	0.00	6.67	0.00	20.00	15.00	6.67	8.09
法国	10.00	10.53	5.26	0.00	4.76	20.00	0.00	6.67	5.00	6.67	6.94

续表

国家和地区	2014 年	2015 年	2016 年	2017 年	2018 年	2019 年	2020 年	2021 年	2022 年	2023 年	合计
伊朗	0.00	0.00	5.26	14.29	0.00	13.33	20.00	0.00	10.00	0.00	5.78
巴西	0.00	10.53	5.26	7.14	9.52	0.00	6.67	0.00	5.00	0.00	4.62
以色列	0.00	5.26	26.32	0.00	9.52	0.00	0.00	0.00	0.00	0.00	4.62
日本	5.00	0.00	0.00	7.14	0.00	6.67	0.00	6.67	15.00	6.67	4.62
巴基斯坦	5.00	0.00	0.00	0.00	0.00	0.00	0.00	0.00	20.00	20.00	4.62
加拿大	5.00	0.00	5.26	7.14	0.00	0.00	0.00	6.67	0.00	20.00	4.05
希腊	0.00	0.00	5.26	0.00	19.05	0.00	0.00	0.00	0.00	6.67	3.47
荷兰	10.00	0.00	10.53	0.00	0.00	6.67	6.67	0.00	0.00	0.00	3.47
肯尼亚	0.00	10.53	0.00	0.00	0.00	6.67	0.00	6.67	5.00	0.00	2.89
新西兰	5.00	0.00	0.00	0.00	4.76	6.67	6.67	0.00	5.00	0.00	2.89

表 4-121　园艺学 C 层研究排名前 20 的国家和地区的国际合作参与率

单位：%

国家和地区	2014 年	2015 年	2016 年	2017 年	2018 年	2019 年	2020 年	2021 年	2022 年	2023 年	合计
美国	39.41	38.24	38.20	42.25	36.62	35.63	39.22	33.10	28.17	28.19	36.04
中国大陆	23.53	30.00	25.28	25.35	28.17	37.93	39.87	49.66	38.73	48.32	34.38
意大利	11.76	12.94	12.36	10.56	11.27	9.20	13.07	9.66	14.08	6.04	11.12
西班牙	8.82	11.18	12.92	14.08	11.97	9.20	12.42	9.66	11.27	8.05	10.93
澳大利亚	16.47	11.76	8.43	10.56	11.97	7.47	11.11	4.14	4.23	7.38	9.46
德国	10.59	10.59	9.55	11.27	10.56	9.77	6.54	8.97	4.93	8.05	9.14
法国	12.94	10.00	8.43	14.08	4.23	7.47	6.54	2.76	6.34	4.70	7.86
英国	11.76	4.12	9.55	6.34	6.34	8.05	9.15	8.97	7.04	4.03	7.60
印度	5.29	3.53	5.06	4.93	4.23	5.17	7.19	4.14	10.56	12.75	6.20
加拿大	3.53	7.65	8.43	5.63	7.04	6.32	8.50	5.52	5.63	0.67	5.94
埃及	3.53	2.94	1.69	2.11	5.63	2.30	5.23	6.21	11.97	14.77	5.43
墨西哥	8.82	3.53	5.62	6.34	7.75	8.62	3.27	4.14	2.11	2.01	5.24
沙特阿拉伯	1.76	2.35	0.56	2.82	4.23	1.72	3.27	6.21	11.27	16.78	4.86
巴基斯坦	4.12	3.53	2.25	4.23	0.70	2.87	3.92	6.21	3.52	15.44	4.60
荷兰	5.88	2.94	5.62	4.93	6.34	6.32	5.23	2.76	3.52	0.67	4.47
伊朗	0.59	3.53	1.69	4.23	4.93	5.75	5.23	6.90	8.45	1.34	4.15
巴西	5.29	7.06	2.25	2.82	6.34	4.02	3.92	2.76	1.41	0.67	3.71
日本	5.88	4.12	3.93	2.82	2.82	2.30	4.58	4.14	2.82	2.68	3.64
以色列	1.76	1.76	2.81	2.11	3.52	2.87	4.58	6.90	5.63	4.70	3.58
新西兰	4.12	4.12	3.37	2.11	3.52	4.60	1.31	3.45	7.04	2.01	3.58

四十二 真菌学

真菌学 A 层研究国际合作参与率最高的是美国，为 40.00%；加拿大、捷克、爱沙尼亚、法国、德国、意大利、荷兰、南非、瑞士、英国的参与率也比较高，均为 20.00%。

B 层研究国际合作参与率最高的是中国大陆，为 54.05%，其次为泰国的 45.95%；德国、美国、意大利、荷兰、沙特阿拉伯、英国、印度、巴西、法国、俄罗斯、比利时、埃及、匈牙利、伊朗、毛里求斯、新西兰、瑞典、澳大利亚的参与率也比较高，在 41%～13%。

C 层研究国际合作参与率最高的是中国大陆，为 36.30%，其次为美国的 34.29%；荷兰、泰国、德国、印度、英国、巴西、意大利、沙特阿拉伯、法国、西班牙、南非、澳大利亚的参与率也比较高，在 30%～11%；捷克、加拿大、奥地利、比利时、新西兰、日本也有一定的参与率，在 10%～7%。

表 4-122 真菌学 A 层研究所有国家的国际合作参与率

单位：%

国家	2014 年	2015 年	2016 年	2017 年	2018 年	2019 年	2020 年	2021 年	2022 年	2023 年	合计
美国	0.00	0.00	100.00	0.00	0.00	0.00	0.00	0.00	0.00	0.00	40.00
加拿大	0.00	0.00	50.00	0.00	0.00	0.00	0.00	0.00	0.00	0.00	20.00
捷克	0.00	0.00	0.00	50.00	0.00	0.00	0.00	0.00	0.00	0.00	20.00
爱沙尼亚	0.00	0.00	50.00	0.00	0.00	0.00	0.00	0.00	0.00	0.00	20.00
法国	0.00	0.00	0.00	50.00	0.00	0.00	0.00	0.00	0.00	0.00	20.00
德国	0.00	0.00	0.00	0.00	0.00	100.00	0.00	0.00	0.00	0.00	20.00
意大利	0.00	0.00	0.00	0.00	0.00	100.00	0.00	0.00	0.00	0.00	20.00
荷兰	0.00	0.00	0.00	0.00	0.00	100.00	0.00	0.00	0.00	0.00	20.00
南非	0.00	0.00	0.00	0.00	0.00	100.00	0.00	0.00	0.00	0.00	20.00
瑞士	0.00	0.00	0.00	50.00	0.00	0.00	0.00	0.00	0.00	0.00	20.00
英国	0.00	0.00	0.00	50.00	0.00	0.00	0.00	0.00	0.00	0.00	20.00

表 4-123　真菌学 B 层研究排名前 20 的国家和地区的国际合作参与率

单位：%

国家和地区	2014 年	2015 年	2016 年	2017 年	2018 年	2019 年	2020 年	2021 年	2022 年	2023 年	合计
中国大陆	33.33	100.00	33.33	100.00	25.00	100.00	100.00	100.00	50.00	100.00	54.05
泰国	33.33	100.00	66.67	0.00	25.00	100.00	100.00	100.00	30.00	75.00	45.95
德国	16.67	0.00	66.67	100.00	25.00	100.00	100.00	100.00	30.00	75.00	40.54
美国	16.67	100.00	33.33	0.00	37.50	100.00	100.00	100.00	20.00	0.00	32.43
意大利	33.33	50.00	66.67	0.00	12.50	0.00	100.00	100.00	10.00	25.00	27.03
荷兰	50.00	50.00	33.33	100.00	25.00	0.00	100.00	100.00	0.00	0.00	27.03
沙特阿拉伯	0.00	50.00	33.33	100.00	12.50	0.00	0.00	0.00	40.00	50.00	27.03
英国	16.67	50.00	33.33	0.00	25.00	0.00	100.00	100.00	30.00	0.00	27.03
印度	0.00	50.00	33.33	0.00	12.50	100.00	100.00	100.00	20.00	25.00	24.32
巴西	0.00	50.00	33.33	100.00	0.00	0.00	0.00	0.00	10.00	25.00	18.92
法国	0.00	50.00	66.67	0.00	0.00	0.00	100.00	0.00	0.00	50.00	18.92
俄罗斯	0.00	0.00	33.33	0.00	25.00	0.00	0.00	0.00	10.00	25.00	18.92
比利时	0.00	50.00	33.33	100.00	0.00	0.00	0.00	0.00	10.00	0.00	16.22
埃及	0.00	50.00	33.33	0.00	0.00	0.00	0.00	0.00	30.00	25.00	16.22
匈牙利	33.33	0.00	33.33	0.00	0.00	0.00	0.00	0.00	10.00	0.00	16.22
伊朗	0.00	50.00	33.33	0.00	0.00	0.00	0.00	0.00	10.00	0.00	16.22
毛里求斯	0.00	50.00	66.67	0.00	12.50	100.00	0.00	0.00	0.00	0.00	16.22
新西兰	16.67	50.00	33.33	0.00	0.00	0.00	0.00	0.00	10.00	0.00	16.22
瑞典	0.00	50.00	0.00	0.00	25.00	0.00	0.00	0.00	20.00	0.00	16.22
澳大利亚	16.67	50.00	0.00	0.00	12.50	0.00	0.00	100.00	0.00	0.00	13.51

表 4-124　真菌学 C 层研究排名前 20 的国家和地区的国际合作参与率

单位：%

国家和地区	2014 年	2015 年	2016 年	2017 年	2018 年	2019 年	2020 年	2021 年	2022 年	2023 年	合计
中国大陆	28.77	35.35	30.67	50.88	32.32	37.70	45.90	32.56	37.17	38.67	36.30
美国	41.10	41.41	41.33	35.09	40.40	32.79	32.79	27.91	25.66	25.33	34.29
荷兰	35.62	32.32	37.33	47.37	29.29	37.70	36.07	23.26	14.16	18.67	29.66
泰国	20.55	24.24	20.00	43.86	22.22	31.15	36.07	27.91	20.35	24.00	25.91
德国	23.29	26.26	21.33	22.81	24.24	29.51	37.70	23.26	8.85	16.00	22.40
印度	5.48	12.12	17.33	19.30	17.17	22.95	29.51	23.26	14.16	13.33	16.90
英国	13.70	15.15	16.00	19.30	22.22	11.48	19.67	18.60	10.62	6.67	15.27
巴西	13.70	15.15	18.67	19.30	10.10	16.39	19.67	16.28	7.96	20.00	15.02

国家和地区	2014 年	2015 年	2016 年	2017 年	2018 年	2019 年	2020 年	2021 年	2022 年	2023 年	合计
意大利	13.70	15.15	9.33	22.81	12.12	11.48	16.39	13.95	16.81	12.00	14.27
沙特阿拉伯	12.33	18.18	12.00	14.04	0.00	6.56	18.03	15.12	23.01	13.33	13.52
法国	15.07	14.14	21.33	12.28	17.17	11.48	9.84	6.98	10.62	13.33	13.27
西班牙	12.33	11.11	13.33	14.04	14.14	18.03	16.39	10.47	9.73	12.00	12.77
南非	10.96	16.16	16.00	24.56	13.13	21.31	9.84	6.98	6.19	5.33	12.39
澳大利亚	10.96	12.12	14.67	12.28	15.15	19.67	11.48	12.79	8.85	2.67	11.89
捷克	5.48	3.03	14.67	14.04	7.07	14.75	11.48	10.47	7.96	9.33	9.26
加拿大	15.07	10.10	12.00	10.53	3.03	6.56	8.20	10.47	7.08	9.33	9.01
奥地利	6.85	9.09	6.67	7.02	12.12	3.28	9.84	11.63	7.08	9.33	8.51
比利时	6.85	8.08	6.67	12.28	10.10	11.48	9.84	8.14	4.42	6.67	8.14
新西兰	12.33	7.07	9.33	8.77	9.09	14.75	14.75	5.81	0.88	1.33	7.76
日本	13.70	12.12	8.00	8.77	3.03	8.20	8.20	6.98	4.42	4.00	7.51

四十三 林学

林学 A、B、C 层研究国际合作参与率最高的均为美国，分别为 80.00%、35.94%、35.57%。

中国大陆和英国 A 层研究国际合作参与率并列第二，均为 33.33%；澳大利亚、加拿大、意大利、西班牙、法国、德国、以色列的参与率也比较高，在 27%~13%；奥地利、巴西、智利、哥伦比亚、克罗地亚、希腊、日本、立陶宛、新西兰、挪威也有一定的参与率，均为 6.67%。

中国大陆 B 层研究国际合作参与率排名第二，为 32.29%，此后为德国的 28.65%；英国、意大利、加拿大、法国、奥地利、瑞士、西班牙、澳大利亚、瑞典、芬兰、丹麦、荷兰的参与率也比较高，在 20%~11%；捷克、波兰、比利时、斯洛文尼亚、保加利亚也有一定的参与率，在 10%~5%。

中国大陆 C 层研究国际合作参与率排名第二，为 30.80%；德国、西班牙、加拿大、英国、法国、意大利、澳大利亚的参与率也比较高，在 19%~10%；瑞士、瑞典、芬兰、捷克、奥地利、荷兰、巴西、葡萄牙、比利时、波兰、丹麦也有一定的参与率，在 10%~4%。

表 4-125　林学 A 层研究排名前 20 的国家和地区的国际合作参与率

单位：%

国家和地区	2014 年	2015 年	2016 年	2017 年	2018 年	2019 年	2020 年	2021 年	2022 年	2023 年	合计
美国	100.00	100.00	0.00	0.00	100.00	66.67	50.00	100.00	100.00	0.00	80.00
中国大陆	0.00	50.00	0.00	0.00	0.00	66.67	50.00	0.00	33.33	0.00	33.33
英国	0.00	50.00	0.00	100.00	0.00	66.67	0.00	100.00	0.00	0.00	33.33
澳大利亚	0.00	50.00	0.00	0.00	50.00	33.33	0.00	100.00	0.00	0.00	26.67
加拿大	0.00	0.00	0.00	0.00	100.00	0.00	0.00	100.00	33.33	0.00	26.67
意大利	0.00	50.00	0.00	0.00	50.00	0.00	50.00	100.00	0.00	0.00	26.67
西班牙	0.00	0.00	0.00	100.00	0.00	33.33	50.00	0.00	0.00	0.00	20.00
法国	0.00	0.00	0.00	100.00	50.00	0.00	0.00	0.00	0.00	0.00	13.33
德国	0.00	0.00	0.00	100.00	0.00	33.33	0.00	0.00	0.00	0.00	13.33
以色列	100.00	0.00	0.00	0.00	0.00	0.00	50.00	0.00	0.00	0.00	13.33
奥地利	0.00	0.00	0.00	0.00	0.00	33.33	0.00	0.00	0.00	0.00	6.67
巴西	0.00	50.00	0.00	0.00	0.00	0.00	0.00	0.00	0.00	0.00	6.67
智利	0.00	0.00	0.00	0.00	0.00	0.00	50.00	0.00	0.00	0.00	6.67
哥伦比亚	0.00	0.00	0.00	0.00	0.00	0.00	0.00	0.00	33.33	0.00	6.67
克罗地亚	0.00	0.00	0.00	0.00	0.00	0.00	50.00	0.00	0.00	0.00	6.67
希腊	0.00	0.00	0.00	0.00	50.00	0.00	0.00	0.00	0.00	0.00	6.67
日本	0.00	0.00	0.00	0.00	0.00	0.00	100.00	0.00	0.00	0.00	6.67
立陶宛	0.00	0.00	0.00	0.00	0.00	0.00	50.00	0.00	0.00	0.00	6.67
新西兰	0.00	0.00	0.00	100.00	0.00	0.00	0.00	0.00	0.00	0.00	6.67
挪威	0.00	0.00	0.00	0.00	0.00	33.33	0.00	0.00	0.00	0.00	6.67

表 4-126　林学 B 层研究排名前 20 的国家和地区的国际合作参与率

单位：%

国家和地区	2014 年	2015 年	2016 年	2017 年	2018 年	2019 年	2020 年	2021 年	2022 年	2023 年	合计
美国	41.67	41.67	41.67	38.89	47.62	33.33	22.73	32.26	44.00	23.81	35.94
中国大陆	8.33	33.33	16.67	16.67	38.10	50.00	36.36	29.03	48.00	28.57	32.29
德国	33.33	41.67	41.67	33.33	19.05	33.33	18.18	19.35	32.00	33.33	28.65
英国	33.33	16.67	41.67	16.67	4.76	22.22	22.73	25.81	16.00	9.52	19.79
意大利	33.33	33.33	25.00	22.22	9.52	11.11	27.27	19.35	8.00	14.29	18.75
加拿大	25.00	41.67	0.00	16.67	14.29	27.78	4.55	12.90	16.00	23.81	17.19
法国	33.33	25.00	33.33	11.11	14.29	16.67	13.64	12.90	12.00	14.29	16.67
奥地利	25.00	16.67	25.00	16.67	14.29	16.67	18.18	9.68	12.00	14.29	15.63
瑞士	50.00	8.33	25.00	27.78	9.52	11.11	22.73	12.90	0.00	9.52	15.63
西班牙	33.33	8.33	25.00	11.11	9.52	5.56	22.73	12.90	16.00	14.29	15.10

续表

国家和地区	2014 年	2015 年	2016 年	2017 年	2018 年	2019 年	2020 年	2021 年	2022 年	2023 年	合计
澳大利亚	33.33	8.33	25.00	5.56	0.00	16.67	36.36	9.68	8.00	14.29	14.58
瑞典	25.00	16.67	16.67	27.78	9.52	11.11	9.09	16.13	12.00	4.76	14.06
芬兰	0.00	16.67	16.67	11.11	9.52	16.67	13.64	16.13	16.00	4.76	12.50
丹麦	25.00	0.00	8.33	5.56	9.52	22.22	18.18	3.23	16.00	14.29	11.98
荷兰	25.00	16.67	33.33	5.56	0.00	16.67	13.64	9.68	8.00	9.52	11.98
捷克	8.33	16.67	25.00	16.67	4.76	5.56	9.09	9.68	4.00	9.52	9.90
波兰	0.00	8.33	25.00	5.56	14.29	11.11	9.09	3.23	0.00	14.29	8.33
比利时	16.67	8.33	16.67	0.00	0.00	5.56	13.64	6.45	4.00	4.76	6.77
斯洛文尼亚	8.33	0.00	16.67	11.11	4.76	11.11	13.64	0.00	0.00	4.76	6.25
保加利亚	0.00	8.33	16.67	11.11	4.76	5.56	4.55	0.00	0.00	9.52	5.21

表 4-127　林学 C 层研究排名前 20 的国家和地区的国际合作参与率

单位：%

国家和地区	2014 年	2015 年	2016 年	2017 年	2018 年	2019 年	2020 年	2021 年	2022 年	2023 年	合计
美国	33.15	41.97	34.36	34.10	40.00	37.13	37.26	34.54	34.55	28.44	35.57
中国大陆	13.48	21.76	25.13	28.11	28.51	30.15	35.74	38.49	41.46	35.11	30.80
德国	16.29	16.06	18.97	21.20	16.60	18.38	19.01	19.74	19.92	19.56	18.69
西班牙	12.92	15.03	15.38	14.75	13.19	12.50	15.21	15.13	6.50	17.78	13.79
加拿大	11.24	12.44	10.77	10.14	9.36	12.87	13.31	14.47	19.11	13.33	12.89
英国	10.11	9.33	12.31	11.98	13.19	18.01	12.93	12.83	10.57	15.11	12.84
法国	18.54	11.92	13.33	11.98	14.89	12.87	11.79	12.17	7.32	13.78	12.67
意大利	10.67	12.95	10.26	12.90	11.49	12.50	13.69	8.55	9.76	13.33	11.55
澳大利亚	11.24	17.10	8.72	9.68	10.21	12.13	9.13	11.18	10.16	8.00	10.70
瑞士	9.55	10.36	12.82	8.29	8.09	8.09	10.65	10.53	5.69	8.44	9.19
瑞典	8.43	9.33	12.31	7.37	5.53	9.56	6.46	10.53	9.35	10.22	8.89
芬兰	7.87	8.29	8.72	7.37	9.79	7.72	7.60	6.91	8.54	5.78	7.82
捷克	5.62	3.63	6.15	9.68	6.81	6.62	7.60	7.89	6.91	6.67	6.87
奥地利	4.49	5.18	7.18	10.14	6.38	6.99	6.08	3.95	4.88	5.33	6.01
荷兰	8.99	5.18	6.67	4.61	7.23	6.99	6.46	4.93	3.66	6.22	6.01
巴西	7.87	5.18	7.18	4.15	5.11	4.04	10.65	4.93	6.50	3.56	5.81
葡萄牙	4.49	6.22	6.67	2.76	4.26	3.68	4.94	5.26	2.85	8.00	4.85
比利时	4.49	2.59	7.18	3.23	5.53	5.88	5.70	3.95	3.66	4.89	4.73
波兰	4.49	0.52	3.59	6.91	4.26	2.94	7.60	5.59	2.85	7.56	4.73
丹麦	5.06	4.15	3.59	6.45	6.38	6.25	3.04	5.59	2.85	3.11	4.68

四十四 兽医学

兽医学 A、B、C 层研究国际合作参与率最高的均为美国，分别为 37.70%、32.22%、32.72%；英国 A、B、C 层研究国际合作参与率均排名第二，分别为 22.95%、23.84%、19.45%。

加拿大、法国、中国大陆、澳大利亚、印度、埃及、瑞士 A 层研究国际合作参与率也比较高，在 20%~11%；巴西、德国、意大利、丹麦、马来西亚、沙特阿拉伯、韩国、瑞典、比利时、伊朗、日本也有一定的参与率，在 9%~4%。

意大利、中国大陆、澳大利亚、西班牙、法国、加拿大、德国、埃及 B 层研究国际合作参与率也比较高，在 17%~10%；比利时、丹麦、荷兰、印度、伊朗、瑞士、巴西、泰国、沙特阿拉伯、瑞典也有一定的参与率，在 9%~5%。

意大利、中国大陆、德国、西班牙、加拿大 C 层研究国际合作参与率也比较高，在 13%~10%；澳大利亚、法国、埃及、巴西、荷兰、比利时、瑞士、沙特阿拉伯、丹麦、瑞典、泰国、奥地利、巴基斯坦也有一定的参与率，在 10%~3%。

表 4-128　兽医学 A 层研究排名前 20 的国家和地区的国际合作参与率

单位：%

国家和地区	2014 年	2015 年	2016 年	2017 年	2018 年	2019 年	2020 年	2021 年	2022 年	2023 年	合计
美国	80.00	50.00	60.00	60.00	25.00	28.57	33.33	44.44	0.00	40.00	37.70
英国	40.00	0.00	40.00	40.00	25.00	28.57	33.33	0.00	22.22	0.00	22.95
加拿大	0.00	0.00	20.00	40.00	25.00	14.29	16.67	33.33	11.11	20.00	19.67
法国	20.00	0.00	20.00	0.00	25.00	14.29	16.67	22.22	33.33	0.00	18.03
中国大陆	20.00	50.00	20.00	0.00	12.50	14.29	16.67	11.11	22.22	0.00	14.75
澳大利亚	0.00	0.00	0.00	20.00	12.50	0.00	33.33	11.11	22.22	20.00	13.11
印度	20.00	50.00	0.00	0.00	0.00	0.00	33.33	22.22	11.11	20.00	13.11
埃及	0.00	0.00	0.00	20.00	0.00	0.00	16.67	11.11	11.11	60.00	11.48
瑞士	20.00	0.00	0.00	0.00	12.50	28.57	0.00	11.11	0.00	20.00	11.48
巴西	20.00	50.00	20.00	0.00	0.00	0.00	0.00	0.00	22.22	0.00	8.20
德国	40.00	0.00	0.00	0.00	12.50	28.57	0.00	0.00	0.00	0.00	8.20

国家和地区	2014 年	2015 年	2016 年	2017 年	2018 年	2019 年	2020 年	2021 年	2022 年	2023 年	合计
意大利	40.00	0.00	0.00	20.00	0.00	14.29	0.00	0.00	11.11	0.00	8.20
丹麦	0.00	0.00	0.00	0.00	0.00	14.29	0.00	11.11	11.11	20.00	6.56
马来西亚	0.00	0.00	20.00	0.00	12.50	28.57	0.00	0.00	0.00	0.00	6.56
沙特阿拉伯	0.00	0.00	0.00	20.00	0.00	0.00	0.00	0.00	11.11	40.00	6.56
韩国	20.00	0.00	0.00	0.00	0.00	0.00	0.00	22.22	0.00	0.00	6.56
瑞典	20.00	0.00	0.00	0.00	0.00	28.57	16.67	0.00	0.00	0.00	6.56
比利时	0.00	0.00	0.00	20.00	0.00	0.00	16.67	0.00	0.00	20.00	4.92
伊朗	0.00	0.00	0.00	0.00	0.00	0.00	16.67	11.11	11.11	0.00	4.92
日本	0.00	50.00	0.00	0.00	0.00	28.57	0.00	0.00	0.00	0.00	4.92

表 4-129　兽医学 B 层研究排名前 20 的国家和地区的国际合作参与率

单位：%

国家和地区	2014 年	2015 年	2016 年	2017 年	2018 年	2019 年	2020 年	2021 年	2022 年	2023 年	合计
美国	35.00	47.37	17.50	40.48	45.28	35.71	32.31	25.00	21.54	30.65	32.22
英国	42.50	36.84	27.50	30.95	24.53	25.00	21.54	7.89	21.54	19.35	23.84
意大利	10.00	21.05	32.50	16.67	15.09	16.07	13.85	14.47	13.85	20.97	16.95
中国大陆	5.00	7.89	0.00	7.14	22.64	14.29	15.38	23.68	18.46	16.13	14.53
澳大利亚	20.00	28.95	12.50	9.52	16.98	16.07	4.62	6.58	12.31	8.06	12.48
西班牙	15.00	21.05	20.00	11.90	11.32	10.71	10.77	10.53	10.77	4.84	11.92
法国	12.50	23.68	20.00	16.67	13.21	14.29	12.31	3.95	7.69	4.84	11.73
加拿大	20.00	2.63	20.00	9.52	13.21	8.93	18.46	9.21	9.23	6.45	11.55
德国	7.50	26.32	17.50	11.90	13.21	12.50	15.38	3.95	9.23	6.45	11.55
埃及	0.00	2.63	7.50	7.14	3.77	8.93	18.46	17.11	23.08	6.45	10.80
比利时	12.50	13.16	10.00	7.14	9.43	10.71	6.15	2.63	9.23	8.06	8.38
丹麦	17.50	18.42	5.00	9.52	7.55	8.93	6.15	6.58	3.08	4.84	8.01
荷兰	7.50	10.53	5.00	2.38	22.64	8.93	7.69	6.58	3.08	4.84	7.82
印度	0.00	5.26	5.00	4.76	11.32	12.50	6.15	11.84	9.23	4.84	7.64
伊朗	2.50	2.63	7.50	4.76	5.66	8.93	4.62	10.53	7.69	9.68	6.89
瑞士	17.50	13.16	5.00	4.76	7.55	3.57	10.77	3.95	0.00	6.45	6.70
巴西	7.50	13.16	2.50	7.14	11.32	7.14	4.62	3.95	3.08	6.45	6.33
泰国	5.00	2.63	2.50	4.76	3.77	10.71	4.62	10.53	7.69	6.45	6.33
沙特阿拉伯	0.00	5.26	0.00	0.00	0.00	0.00	7.69	10.53	16.92	11.29	6.15
瑞典	5.00	5.26	5.00	2.38	5.66	7.14	9.23	2.63	3.08	8.06	5.40

表 4-130　兽医学 C 层研究排名前 20 的国家和地区的国际合作参与率

单位：%

国家和地区	2014 年	2015 年	2016 年	2017 年	2018 年	2019 年	2020 年	2021 年	2022 年	2023 年	合计
美国	38.72	39.47	41.04	35.33	31.40	32.78	30.94	28.03	28.79	27.10	32.72
英国	21.85	22.97	22.88	25.17	23.40	17.96	15.78	18.95	15.79	14.17	19.45
意大利	10.45	9.57	11.08	12.24	16.00	11.30	13.91	14.65	11.76	13.14	12.58
中国大陆	6.41	9.33	7.31	12.47	9.20	12.59	12.97	14.33	16.41	13.55	11.87
德国	9.98	11.72	10.85	14.32	14.20	12.04	12.97	10.03	11.15	8.62	11.58
西班牙	11.88	10.77	11.08	11.32	13.80	9.44	10.31	8.92	6.81	11.70	10.40
加拿大	11.88	12.20	13.92	8.08	10.80	10.37	8.91	9.08	9.29	7.60	10.04
澳大利亚	8.55	9.81	10.38	7.62	10.20	8.70	10.47	10.35	12.23	7.60	9.73
法国	14.01	11.24	10.61	7.85	13.20	10.00	9.53	7.17	7.43	6.57	9.56
埃及	2.38	3.83	3.07	3.70	5.20	7.96	12.34	14.33	11.76	12.11	8.33
巴西	6.89	7.66	6.60	6.47	6.60	6.48	7.19	6.37	6.66	6.16	6.70
荷兰	8.31	7.42	8.25	7.39	8.00	7.22	5.78	5.41	6.35	3.70	6.66
比利时	6.65	8.13	7.55	5.31	9.00	7.41	5.47	4.78	5.88	5.75	6.48
瑞士	4.75	5.98	6.13	5.77	6.00	5.93	5.00	3.82	4.49	3.70	5.08
沙特阿拉伯	0.24	0.96	2.12	1.85	1.40	4.63	7.03	8.76	6.97	11.70	4.98
丹麦	3.56	6.94	5.90	4.39	7.60	5.19	4.38	3.50	3.56	2.67	4.67
瑞典	3.80	4.55	6.13	3.70	4.20	4.63	5.16	3.50	3.25	4.72	4.32
泰国	2.38	1.44	2.12	2.54	2.80	4.07	3.91	4.46	5.11	4.52	3.50
奥地利	3.33	5.50	2.59	3.00	4.00	4.81	2.81	3.18	3.25	2.46	3.47
巴基斯坦	0.95	1.67	1.18	3.23	2.00	2.59	4.69	3.34	5.26	8.01	3.47

四十五　海洋生物学和淡水生物学

海洋生物学和淡水生物学 A、B、C 层研究国际合作参与率最高的均为美国，分别为 51.28%、42.96%、34.19%；英国 A、B、C 层研究国际合作参与率均排名第二，分别为 28.21%、26.01%、20.10%。

澳大利亚、加拿大、法国、意大利、挪威、西班牙、丹麦、德国、新西兰、葡萄牙、中国大陆、印度 A 层研究国际合作参与率也比较高，在 26%～10%；比利时、巴西、芬兰、马来西亚、荷兰、伊朗也有一定的参与率，在 8%～5%。

澳大利亚、德国、法国、加拿大、意大利、中国大陆、荷兰、挪威、西班牙 B 层研究国际合作参与率也比较高，在 26%~11%；丹麦、巴西、比利时、葡萄牙、瑞典、日本、埃及、印度、伊朗也有一定的参与率，在 10%~5%。

澳大利亚、中国大陆、西班牙、法国、德国、意大利、加拿大 C 层研究国际合作参与率也比较高，在 19%~12%；挪威、葡萄牙、荷兰、巴西、丹麦、瑞典、日本、沙特阿拉伯、埃及、新西兰、比利时也有一定的参与率，在 10%~4%。

表 4-131　海洋生物学和淡水生物学 A 层研究排名前 20 的
国家和地区的国际合作参与率

单位：%

国家和地区	2014 年	2015 年	2016 年	2017 年	2018 年	2019 年	2020 年	2021 年	2022 年	2023 年	合计
美国	100.00	25.00	100.00	100.00	20.00	0.00	66.67	66.67	33.33	60.00	51.28
英国	0.00	25.00	20.00	66.67	0.00	50.00	33.33	33.33	16.67	40.00	28.21
澳大利亚	0.00	0.00	20.00	100.00	20.00	25.00	33.33	66.67	0.00	20.00	25.64
加拿大	0.00	0.00	40.00	33.33	0.00	25.00	33.33	66.67	0.00	0.00	17.95
法国	0.00	50.00	0.00	33.33	0.00	0.00	33.33	33.33	16.67	0.00	15.38
意大利	0.00	25.00	0.00	0.00	0.00	0.00	66.67	33.33	16.67	20.00	15.38
挪威	0.00	0.00	20.00	0.00	20.00	25.00	0.00	66.67	0.00	20.00	15.38
西班牙	0.00	0.00	0.00	0.00	0.00	25.00	33.33	100.00	16.67	0.00	15.38
丹麦	0.00	25.00	0.00	0.00	0.00	0.00	33.33	66.67	0.00	20.00	12.82
德国	0.00	0.00	20.00	33.33	0.00	0.00	0.00	66.67	16.67	0.00	12.82
新西兰	0.00	0.00	20.00	0.00	0.00	25.00	0.00	33.33	0.00	40.00	12.82
葡萄牙	0.00	0.00	20.00	0.00	40.00	0.00	33.33	33.33	0.00	0.00	12.82
中国大陆	0.00	0.00	0.00	0.00	0.00	25.00	33.33	0.00	16.67	20.00	10.26
印度	0.00	0.00	0.00	0.00	0.00	0.00	0.00	0.00	50.00		10.26
比利时	0.00	25.00	0.00	0.00	0.00	0.00	33.33	0.00	0.00	20.00	7.69
巴西	0.00	25.00	0.00	0.00	40.00	0.00	0.00	0.00	0.00	0.00	7.69
芬兰	0.00	25.00	0.00	0.00	0.00	0.00	33.33	0.00	16.67	0.00	7.69
马来西亚	0.00	0.00	0.00	0.00	40.00	0.00	0.00	0.00	16.67	0.00	7.69
荷兰	0.00	0.00	0.00	0.00	20.00	0.00	0.00	33.33	0.00	20.00	7.69
伊朗	0.00	0.00	0.00	0.00	20.00	0.00	0.00	0.00	16.67	0.00	5.13

表 4-132　海洋生物学和淡水生物学 B 层研究排名前 20 的
国家和地区的国际合作参与率

单位：%

国家和地区	2014 年	2015 年	2016 年	2017 年	2018 年	2019 年	2020 年	2021 年	2022 年	2023 年	合计
美国	30.56	51.35	57.78	45.00	46.34	51.35	42.86	34.62	34.15	36.59	42.96
英国	13.89	29.73	31.11	40.00	24.39	48.65	24.49	13.46	21.95	17.07	26.01
澳大利亚	27.78	18.92	26.67	22.50	24.39	45.95	32.65	23.08	21.95	14.63	25.78
德国	13.89	5.41	6.67	17.50	14.63	32.43	20.41	21.15	14.63	12.20	15.99
法国	8.33	13.51	13.33	25.00	14.63	35.14	12.24	11.54	12.20	12.20	15.51
加拿大	16.67	13.51	20.00	17.50	17.07	18.92	12.24	9.62	14.63	12.20	15.04
意大利	13.89	18.92	11.11	20.00	19.51	10.81	4.08	7.69	14.63	21.95	13.84
中国大陆	5.56	8.11	11.11	7.50	17.07	18.92	10.20	17.31	24.39	14.63	13.60
荷兰	8.33	8.11	15.56	20.00	12.20	18.92	14.29	5.77	7.32	19.51	12.89
挪威	16.67	5.41	4.44	5.00	2.44	29.73	14.29	21.15	12.20	12.20	12.41
西班牙	5.56	5.41	20.00	20.00	0.00	16.22	12.24	11.54	4.88	21.95	11.93
丹麦	2.78	10.81	17.78	12.50	4.88	8.11	12.24	9.62	9.76	2.44	9.31
巴西	13.89	13.51	6.67	12.50	9.76	8.11	8.16	3.85	4.88	12.20	9.07
比利时	11.11	8.11	6.67	12.50	2.44	13.51	4.08	7.69	4.88	4.88	7.40
葡萄牙	5.56	0.00	6.67	10.00	12.20	10.81	8.16	1.92	7.32	4.88	6.68
瑞典	11.11	8.11	4.44	7.50	9.76	5.41	10.20	5.77	2.44	2.44	6.68
日本	0.00	5.41	2.22	5.00	4.88	21.62	4.08	5.77	7.32	4.88	5.97
埃及	0.00	0.00	2.22	2.50	2.44	0.00	8.16	13.46	9.76	12.20	5.49
印度	0.00	0.00	0.00	2.50	2.44	8.11	4.08	9.62	12.20	14.63	5.49
伊朗	2.78	2.70	0.00	2.50	2.44	2.70	6.12	7.69	14.63	7.32	5.01

表 4-133　海洋生物学和淡水生物学 C 层研究排名前 20 的
国家和地区的国际合作参与率

单位：%

国家和地区	2014 年	2015 年	2016 年	2017 年	2018 年	2019 年	2020 年	2021 年	2022 年	2023 年	合计
美国	39.24	41.34	36.89	37.79	33.02	43.84	30.45	29.47	27.54	25.75	34.19
英国	22.34	20.95	22.51	20.74	16.51	26.35	18.31	20.63	18.28	15.00	20.10
澳大利亚	19.89	19.83	20.42	18.43	15.35	27.34	20.37	17.88	16.93	13.00	18.90
中国大陆	9.81	12.01	10.90	12.67	13.02	17.24	17.49	16.90	16.70	18.50	14.68
西班牙	14.71	15.64	13.92	14.98	11.86	18.97	13.37	14.54	13.54	14.50	14.54
法国	17.98	13.97	14.39	15.44	15.12	21.92	12.96	10.61	11.51	11.50	14.38
德国	10.63	13.41	12.99	12.67	11.40	14.04	13.58	11.98	12.87	11.00	12.48

国家和地区	2014 年	2015 年	2016 年	2017 年	2018 年	2019 年	2020 年	2021 年	2022 年	2023 年	合计
意大利	11.44	9.78	9.28	9.68	11.63	18.47	16.05	10.61	11.96	13.50	12.27
加拿大	10.08	13.13	13.69	11.98	10.70	15.27	12.35	12.97	11.74	10.00	12.22
挪威	8.45	10.34	7.42	7.37	9.30	13.05	10.91	11.98	9.26	8.50	9.71
葡萄牙	6.54	8.10	8.12	5.99	6.74	7.39	8.44	7.86	7.67	4.75	7.20
荷兰	6.81	6.42	8.58	8.29	10.00	7.64	5.14	5.11	4.97	6.00	6.85
巴西	5.45	7.26	6.26	7.60	5.12	7.39	7.41	8.64	4.97	6.25	6.68
丹麦	5.18	8.94	6.73	7.37	5.12	7.39	7.41	5.70	6.77	6.00	6.64
瑞典	4.36	5.31	5.57	5.30	6.98	5.91	6.17	4.91	6.09	4.50	5.53
日本	3.27	2.23	5.57	3.69	5.81	7.39	4.94	6.29	3.84	5.75	4.95
沙特阿拉伯	1.91	4.19	3.25	2.30	3.26	3.45	5.35	5.30	7.90	10.75	4.81
埃及	0.00	0.84	1.62	3.23	3.02	3.20	5.97	8.84	9.93	8.00	4.69
新西兰	4.36	4.75	4.64	5.30	4.42	6.16	4.12	4.32	3.39	3.00	4.43
比利时	4.09	2.79	3.71	3.92	3.02	4.93	4.73	4.52	3.84	5.25	4.10

四十六 渔业学

渔业学 A、B、C 层研究国际合作参与率最高的均为美国，分别为 42.11%、38.18%、29.37%。

中国大陆 A 层研究国际合作参与率排名第二，为 31.58%；埃及、意大利、日本、挪威、澳大利亚、巴西、加拿大、印度、伊朗、沙特阿拉伯、南非、西班牙、瑞典、英国的参与率也比较高，在 16%～10%；阿根廷、奥地利、比利时、智利也有一定的参与率，均为 5.26%。

澳大利亚 B 层研究国际合作参与率排名第二，为 24.09%；英国、挪威、加拿大、意大利、中国大陆、埃及、西班牙、伊朗、德国参与率也比较高，在 24%～10%；丹麦、荷兰、瑞典、法国、泰国、印度、马来西亚、巴西、比利时也有一定的参与率，在 10%～5%。

英国 C 层研究国际合作参与率排名第二，为 17.40%，此后为中国大陆的 17.16%；澳大利亚、挪威、加拿大、西班牙、埃及、意大利的参与率也比较高，在 16%～10%；法国、伊朗、泰国、德国、丹麦、荷兰、巴西、印度、葡萄牙、日本、马来西亚也有一定的参与率，在 10%～4%。

表 4-134　渔业学 A 层研究排名前 20 的国家和地区的国际合作参与率

单位：%

国家和地区	2014 年	2015 年	2016 年	2017 年	2018 年	2019 年	2020 年	2021 年	2022 年	2023 年	合计
美国	0.00	50.00	66.67	0.00	0.00	25.00	100.00	100.00	100.00	50.00	42.11
中国大陆	0.00	0.00	0.00	0.00	50.00	25.00	0.00	100.00	100.00	100.00	31.58
埃及	0.00	0.00	0.00	33.33	50.00	25.00	0.00	0.00	0.00	0.00	15.79
意大利	0.00	0.00	0.00	0.00	0.00	25.00	100.00	0.00	0.00	50.00	15.79
日本	0.00	0.00	0.00	0.00	0.00	50.00	25.00	100.00	0.00	0.00	15.79
挪威	0.00	0.00	0.00	0.00	0.00	25.00	0.00	0.00	0.00	50.00	15.79
澳大利亚	0.00	0.00	33.33	0.00	0.00	0.00	100.00	0.00	0.00	0.00	10.53
巴西	0.00	0.00	33.33	33.33	0.00	0.00	0.00	0.00	0.00	0.00	10.53
加拿大	0.00	0.00	33.33	0.00	0.00	0.00	100.00	0.00	0.00	0.00	10.53
印度	0.00	0.00	0.00	33.33	0.00	0.00	0.00	0.00	0.00	0.00	10.53
伊朗	0.00	50.00	0.00	0.00	0.00	25.00	0.00	0.00	0.00	0.00	10.53
沙特阿拉伯	0.00	0.00	0.00	33.33	0.00	0.00	0.00	0.00	50.00	0.00	10.53
南非	0.00	0.00	33.33	0.00	0.00	0.00	100.00	0.00	0.00	0.00	10.53
西班牙	0.00	0.00	0.00	33.33	50.00	0.00	0.00	0.00	0.00	0.00	10.53
瑞典	0.00	0.00	0.00	0.00	0.00	0.00	0.00	100.00	0.00	0.00	10.53
英国	0.00	0.00	33.33	0.00	0.00	0.00	100.00	0.00	0.00	0.00	10.53
阿根廷	0.00	0.00	0.00	0.00	0.00	0.00	100.00	0.00	0.00	0.00	5.26
奥地利	0.00	50.00	0.00	0.00	0.00	0.00	0.00	0.00	0.00	0.00	5.26
比利时	0.00	0.00	0.00	0.00	0.00	0.00	100.00	0.00	0.00	0.00	5.26
智利	0.00	0.00	0.00	0.00	0.00	0.00	100.00	0.00	0.00	0.00	5.26

表 4-135　渔业学 B 层研究排名前 20 的国家和地区的国际合作参与率

单位：%

国家和地区	2014 年	2015 年	2016 年	2017 年	2018 年	2019 年	2020 年	2021 年	2022 年	2023 年	合计
美国	43.75	68.75	34.78	64.71	36.84	21.43	40.63	20.69	25.00	56.25	38.18
澳大利亚	25.00	31.25	21.74	5.88	31.58	25.00	18.75	27.59	25.00	31.25	24.09
英国	18.75	25.00	21.74	35.29	36.84	32.14	18.75	10.34	16.67	25.00	23.18
挪威	25.00	12.50	17.39	23.53	26.32	32.14	15.63	20.69	29.17	25.00	22.73
加拿大	37.50	18.75	17.39	41.18	21.05	3.57	9.38	10.34	16.67	6.25	16.36
意大利	0.00	25.00	8.70	11.76	26.32	17.86	15.63	3.45	25.00	31.25	15.91
中国大陆	6.25	12.50	17.39	11.76	26.32	7.14	15.63	20.69	16.67	6.25	14.55
埃及	0.00	0.00	8.70	0.00	0.00	14.29	18.75	24.14	16.67	25.00	12.27
西班牙	0.00	18.75	21.74	11.76	10.53	17.86	9.38	3.45	4.17	18.75	11.36
伊朗	0.00	0.00	8.70	11.76	5.26	17.86	12.50	6.90	20.83	12.50	10.45

国家和地区	2014 年	2015 年	2016 年	2017 年	2018 年	2019 年	2020 年	2021 年	2022 年	2023 年	合计
德国	12.50	6.25	0.00	17.65	15.79	7.14	9.38	20.69	4.17	6.25	10.00
丹麦	0.00	0.00	8.70	29.41	15.79	7.14	9.38	3.45	12.50	12.50	9.55
荷兰	25.00	6.25	13.04	11.76	15.79	3.57	3.13	0.00	0.00	18.75	8.18
瑞典	12.50	18.75	4.35	5.88	21.05	7.14	6.25	0.00	8.33	6.25	8.18
法国	6.25	0.00	13.04	23.53	10.53	0.00	12.50	3.45	0.00	12.50	7.73
泰国	6.25	12.50	0.00	0.00	0.00	14.29	6.25	3.45	20.83	6.25	7.27
印度	0.00	0.00	0.00	5.88	5.26	7.14	9.38	13.79	8.33	6.25	6.36
马来西亚	12.50	6.25	0.00	0.00	0.00	7.14	6.25	3.45	12.50	18.75	6.36
巴西	0.00	6.25	4.35	5.88	5.26	0.00	6.25	6.90	8.33	18.75	5.91
比利时	6.25	0.00	8.70	17.65	10.53	7.14	0.00	3.45	0.00	6.25	5.45

表 4-136　渔业学 C 层研究排名前 20 的国家和地区的国际合作参与率

单位：%

国家和地区	2014 年	2015 年	2016 年	2017 年	2018 年	2019 年	2020 年	2021 年	2022 年	2023 年	合计
美国	31.65	40.38	34.95	36.76	31.25	29.31	22.90	22.89	26.02	23.71	29.37
英国	19.42	21.15	18.93	18.14	17.31	17.67	14.89	16.47	15.82	16.49	17.40
中国大陆	9.35	14.10	11.65	12.25	18.27	18.53	21.76	21.69	17.35	21.13	17.16
澳大利亚	16.55	14.74	16.50	12.25	12.50	18.97	17.56	16.47	17.86	11.86	15.64
挪威	16.55	11.54	15.53	15.69	13.46	12.50	12.21	16.47	16.33	18.56	14.81
加拿大	15.83	16.67	20.39	17.65	15.87	15.09	7.63	12.85	9.69	11.34	14.03
西班牙	12.95	15.38	13.59	17.65	13.94	11.64	11.45	9.24	8.67	13.40	12.61
埃及	0.00	3.21	4.37	8.82	7.69	6.03	13.36	16.87	22.45	17.53	10.61
意大利	10.79	5.77	9.22	7.84	7.21	5.60	13.74	8.03	16.33	15.46	10.02
法国	14.39	12.82	9.71	11.76	9.13	9.05	9.16	4.82	6.63	8.76	9.29
伊朗	5.04	3.85	6.31	7.84	7.21	9.91	14.12	10.04	9.69	6.19	8.46
泰国	0.00	1.92	2.43	8.33	5.77	8.62	11.83	12.85	10.71	11.86	8.02
德国	8.63	8.97	7.28	8.33	6.73	5.60	7.63	7.23	8.67	6.19	7.43
丹麦	9.35	5.13	11.17	8.33	4.33	7.76	4.96	5.22	6.12	5.67	6.70
荷兰	7.91	5.13	6.80	6.37	7.21	4.74	4.96	3.61	6.63	7.73	5.96
巴西	5.04	2.56	4.85	7.35	5.29	7.33	6.11	5.22	4.59	5.67	5.52
印度	2.16	1.92	3.88	1.47	3.37	6.47	4.58	8.03	7.65	8.25	4.99
葡萄牙	1.44	5.13	6.31	5.39	6.25	6.03	6.11	3.21	4.59	4.12	4.99
日本	5.76	2.56	6.31	3.92	8.65	4.31	4.58	5.62	2.04	4.64	4.89
马来西亚	2.88	1.28	3.40	4.90	5.29	3.45	3.82	8.03	7.14	7.22	4.89

四十七 食品科学和技术

食品科学和技术 A、B、C 层研究国际合作参与率最高的均为中国大陆，分别为 28.45%、39.44%、38.35%；美国 A、B、C 层研究国际合作参与率均排名第二，分别为 23.28%、33.19%、27.45%。

西班牙、印度、意大利、加拿大、荷兰、英国 A 层研究国际合作参与率也比较高，在 18%~10%；德国、土耳其、韩国、澳大利亚、法国、伊朗、奥地利、丹麦、墨西哥、瑞典、孟加拉国、埃及也有一定的参与率，在 10%~4%。

西班牙、澳大利亚、印度 B 层研究国际合作参与率也比较高，在 12%~10%；英国、意大利、加拿大、伊朗、法国、德国、荷兰、巴西、韩国、爱尔兰、土耳其、沙特阿拉伯、葡萄牙、马来西亚、新西兰也有一定的参与率，在 10%~3%。

西班牙、意大利 C 层研究国际合作参与率也比较高，分别为 12.33%、10.08%；英国、加拿大、澳大利亚、印度、德国、巴西、法国、伊朗、爱尔兰、荷兰、葡萄牙、土耳其、巴基斯坦、埃及、新西兰、比利时也有一定的参与率，在 9%~3%。

表 4-137　食品科学和技术 A 层研究排名前 20 的国家和地区的国际合作参与率

单位：%

国家和地区	2014 年	2015 年	2016 年	2017 年	2018 年	2019 年	2020 年	2021 年	2022 年	2023 年	合计
中国大陆	0.00	12.50	44.44	11.11	18.18	46.67	25.00	17.65	33.33	46.67	28.45
美国	20.00	25.00	11.11	22.22	36.36	20.00	16.67	41.18	13.33	20.00	23.28
西班牙	20.00	25.00	0.00	33.33	27.27	26.67	16.67	5.88	26.67	0.00	17.24
印度	0.00	12.50	0.00	0.00	27.27	13.33	16.67	17.65	33.33	20.00	16.38
意大利	0.00	37.50	33.33	33.33	9.09	0.00	8.33	5.88	20.00	0.00	12.93
加拿大	20.00	12.50	11.11	0.00	18.18	20.00	8.33	11.76	6.67	0.00	10.34
荷兰	40.00	12.50	11.11	44.44	0.00	0.00	16.67	11.76	0.00	0.00	10.34
英国	20.00	25.00	0.00	11.11	0.00	0.00	8.33	5.88	6.67	13.33	10.34
德国	20.00	0.00	11.11	11.11	0.00	13.33	8.33	11.76	0.00	20.00	9.48
土耳其	20.00	0.00	22.22	0.00	9.09	0.00	8.33	5.88	20.00	6.67	8.62

续表

国家和地区	2014 年	2015 年	2016 年	2017 年	2018 年	2019 年	2020 年	2021 年	2022 年	2023 年	合计
韩国	0.00	0.00	0.00	0.00	9.09	0.00	8.33	0.00	26.67	20.00	7.76
澳大利亚	20.00	12.50	0.00	0.00	0.00	6.67	0.00	5.88	0.00	20.00	6.03
法国	20.00	0.00	11.11	0.00	0.00	0.00	0.00	17.65	13.33	0.00	6.03
伊朗	0.00	0.00	11.11	0.00	0.00	6.67	0.00	5.88	13.33	13.33	6.03
奥地利	0.00	0.00	0.00	0.00	0.00	13.33	8.33	17.65	0.00	0.00	5.17
丹麦	60.00	0.00	11.11	11.11	0.00	0.00	0.00	0.00	0.00	6.67	5.17
墨西哥	0.00	0.00	0.00	11.11	9.09	0.00	0.00	11.76	13.33	0.00	5.17
瑞典	40.00	25.00	0.00	0.00	9.09	0.00	8.33	0.00	0.00	0.00	5.17
孟加拉国	0.00	0.00	0.00	0.00	0.00	6.67	8.33	5.88	6.67	6.67	4.31
埃及	0.00	0.00	11.11	0.00	0.00	0.00	8.33	0.00	6.67	13.33	4.31

表 4-138　食品科学和技术 B 层研究排名前 20 的国家和地区的国际合作参与率

单位：%

国家和地区	2014 年	2015 年	2016 年	2017 年	2018 年	2019 年	2020 年	2021 年	2022 年	2023 年	合计
中国大陆	16.39	20.55	28.38	30.34	35.44	50.48	43.12	52.99	43.61	47.12	39.44
美国	39.34	30.14	37.84	37.08	27.85	21.90	33.94	34.33	38.35	31.73	33.19
西班牙	13.11	20.55	9.46	6.74	20.25	9.52	12.84	8.96	13.53	7.69	11.86
澳大利亚	14.75	5.48	4.05	15.73	10.13	8.57	13.76	11.19	14.29	7.69	10.82
印度	3.28	2.74	5.41	3.37	7.59	9.52	10.09	14.18	21.05	15.38	10.51
英国	18.03	5.48	9.46	13.48	13.92	13.33	8.26	8.21	5.26	8.65	9.89
意大利	13.11	10.96	14.86	8.99	11.39	10.48	10.09	7.46	6.77	6.73	9.57
加拿大	3.28	10.96	6.76	12.36	6.33	11.43	4.59	9.70	6.77	5.77	7.91
伊朗	1.64	6.85	4.05	4.49	7.59	6.67	12.84	5.97	11.28	12.50	7.91
法国	8.20	13.70	6.76	10.11	10.13	8.57	7.34	5.22	4.51	4.81	7.49
德国	6.56	6.85	5.41	10.11	2.53	6.67	10.09	5.22	8.27	2.88	6.56
荷兰	4.92	5.48	6.76	7.87	2.53	11.43	10.09	6.72	4.51	3.85	6.56
巴西	6.56	2.74	6.76	7.87	16.46	5.71	5.50	6.72	5.26	1.92	6.35
韩国	3.28	5.48	2.70	7.87	7.59	6.67	5.50	7.46	8.27	5.77	6.35
爱尔兰	13.11	2.74	4.05	7.87	7.59	4.76	6.42	6.72	3.76	1.92	5.62
土耳其	4.92	6.85	2.70	2.25	5.06	2.86	5.50	4.48	9.02	9.62	5.52
沙特阿拉伯	1.64	15.07	8.11	5.62	1.27	0.95	3.67	3.73	8.27	5.77	5.31
葡萄牙	8.20	5.48	8.11	3.37	5.06	2.86	3.67	2.99	5.26	2.88	4.47
马来西亚	0.00	2.74	4.05	3.37	2.53	1.90	7.34	5.22	4.51	2.88	3.75
新西兰	0.00	1.37	5.41	2.25	3.80	4.76	3.67	2.99	3.01	6.73	3.54

表 4-139　食品科学和技术 C 层研究排名前 20 的国家和地区的国际合作参与率

单位：%

国家和地区	2014 年	2015 年	2016 年	2017 年	2018 年	2019 年	2020 年	2021 年	2022 年	2023 年	合计
中国大陆	25.12	23.73	24.97	30.65	36.34	42.33	40.36	46.08	49.61	44.93	38.35
美国	31.24	29.70	31.21	27.93	28.40	25.80	28.74	26.52	25.71	23.10	27.45
西班牙	14.17	15.52	11.93	15.15	14.08	11.45	11.36	11.24	10.91	10.53	12.33
意大利	10.63	11.34	12.07	10.41	9.75	9.06	11.88	9.26	7.71	10.14	10.08
英国	9.82	9.70	9.57	8.64	9.39	7.87	9.90	9.26	7.53	6.92	8.77
加拿大	8.21	8.96	8.74	9.82	9.39	9.96	6.71	7.92	7.10	6.14	8.15
澳大利亚	6.76	7.01	7.21	8.28	9.99	9.16	7.66	7.92	9.00	6.73	8.04
印度	3.22	2.99	4.16	3.31	4.21	4.58	4.91	8.95	11.17	11.50	6.41
德国	6.60	7.61	7.35	7.10	6.26	4.78	5.77	5.78	5.54	7.21	6.27
巴西	4.83	6.12	7.91	8.17	8.66	6.57	8.00	6.18	3.38	3.51	6.25
法国	8.21	8.96	8.60	6.86	5.05	4.88	5.77	5.07	4.59	4.48	5.94
伊朗	2.58	2.69	2.50	3.43	6.74	6.37	7.49	7.60	6.93	6.34	5.69
爱尔兰	6.28	5.67	4.30	5.68	6.02	5.38	5.08	4.12	3.64	4.68	4.96
荷兰	5.31	4.48	4.58	4.38	5.05	3.88	4.22	4.04	3.81	3.51	4.24
葡萄牙	4.03	4.48	4.16	4.14	4.33	5.18	3.53	3.80	2.51	2.83	3.82
土耳其	1.77	3.43	3.05	2.60	2.77	2.79	3.87	4.51	5.54	5.65	3.80
巴基斯坦	2.09	2.69	1.53	2.84	2.53	3.78	3.96	4.20	5.54	5.75	3.73
埃及	3.70	1.49	2.77	1.66	2.29	2.49	3.87	4.35	6.15	5.85	3.68
新西兰	3.86	5.22	3.74	3.20	4.09	2.39	2.84	3.56	3.90	4.00	3.60
比利时	3.86	6.12	3.47	5.21	3.37	2.59	2.67	3.17	2.60	4.39	3.59

四十八　生物医药工程

生物医药工程 A、B、C 层研究国际合作参与率最高的均为美国，分别为 52.70%、52.38%、42.42%；中国大陆 A、B、C 层研究国际合作参与率均排名第二，分别为 41.89%、44.63%、36.63%。

德国、英国、法国、中国香港、新加坡 A 层研究国际合作参与率也比较高，在 17%~10%；加拿大、印度、荷兰、澳大利亚、韩国、奥地利、伊朗、马来西亚、卡塔尔、瑞士、中国台湾、土耳其、比利时也有一定的参与率，在 10%~4%。

英国、德国、澳大利亚 B 层研究国际合作参与率也比较高，在 18%~
11%；韩国、加拿大、中国香港、意大利、荷兰、新加坡、沙特阿拉伯、印
度、伊朗、法国、瑞士、日本、西班牙、马来西亚、比利时也有一定的参与
率，在 10%~2%。

英国、德国 C 层研究国际合作参与率也比较高，分别为 15.57%、
12.57%；意大利、澳大利亚、加拿大、荷兰、韩国、瑞士、新加坡、印度、
中国香港、法国、西班牙、伊朗、日本、沙特阿拉伯、比利时、瑞典也有一
定的参与率，在 10%~3%。

表 4-140　生物医药工程 A 层研究排名前 20 的国家和地区的国际合作参与率

单位：%

国家和地区	2014 年	2015 年	2016 年	2017 年	2018 年	2019 年	2020 年	2021 年	2022 年	2023 年	合计
美国	50.00	75.00	33.33	50.00	83.33	36.36	55.56	66.67	40.00	50.00	52.70
中国大陆	12.50	25.00	16.67	62.50	50.00	36.36	33.33	55.56	60.00	62.50	41.89
德国	37.50	25.00	16.67	25.00	16.67	9.09	0.00	22.22	20.00	0.00	16.22
英国	0.00	25.00	16.67	0.00	16.67	27.27	11.11	11.11	60.00	12.50	16.22
法国	12.50	25.00	16.67	12.50	16.67	18.18	0.00	11.11	20.00	0.00	12.16
中国香港	0.00	0.00	0.00	37.50	33.33	9.09	11.11	0.00	20.00	0.00	10.81
新加坡	0.00	0.00	0.00	12.50	16.67	9.09	22.22	0.00	40.00	12.50	10.81
加拿大	0.00	25.00	0.00	12.50	16.67	18.18	0.00	0.00	20.00	12.50	9.46
印度	0.00	0.00	0.00	0.00	16.67	18.18	11.11	11.11	20.00	12.50	9.46
荷兰	12.50	25.00	33.33	12.50	16.67	0.00	0.00	0.00	20.00	0.00	9.46
澳大利亚	12.50	0.00	0.00	0.00	0.00	0.00	11.11	11.11	40.00	12.50	8.11
韩国	12.50	0.00	0.00	12.50	16.67	9.09	0.00	0.00	40.00	0.00	8.11
奥地利	12.50	0.00	16.67	0.00	16.67	0.00	0.00	11.11	0.00	0.00	5.41
伊朗	0.00	0.00	0.00	0.00	0.00	0.00	22.22	11.11	0.00	12.50	5.41
马来西亚	0.00	0.00	0.00	12.50	0.00	0.00	11.11	11.11	0.00	0.00	5.41
卡塔尔	0.00	0.00	33.33	0.00	0.00	9.09	0.00	11.11	0.00	0.00	5.41
瑞士	0.00	50.00	0.00	0.00	16.67	0.00	0.00	0.00	20.00	0.00	5.41
中国台湾	0.00	0.00	0.00	0.00	0.00	9.09	22.22	0.00	20.00	0.00	5.41
土耳其	0.00	25.00	16.67	0.00	0.00	0.00	11.11	11.11	0.00	0.00	5.41
比利时	0.00	0.00	16.67	12.50	0.00	0.00	0.00	11.11	0.00	0.00	4.05

表 4-141　生物医药工程 B 层研究排名前 20 的国家和地区的国际合作参与率

单位：%

国家和地区	2014 年	2015 年	2016 年	2017 年	2018 年	2019 年	2020 年	2021 年	2022 年	2023 年	合计
美国	57.14	54.41	53.57	59.46	56.00	48.72	63.24	52.56	42.86	40.66	52.38
中国大陆	40.00	22.06	50.00	39.19	44.00	50.00	42.65	56.41	50.65	48.35	44.63
英国	15.71	23.53	25.00	17.57	14.67	11.54	14.71	19.23	18.18	16.48	17.41
德国	14.29	27.94	14.29	12.16	9.33	11.54	16.18	10.26	7.79	12.09	13.33
澳大利亚	12.86	11.76	10.71	12.16	4.00	8.97	14.71	16.67	14.29	6.59	11.16
韩国	10.00	8.82	5.36	17.57	8.00	17.95	10.29	5.13	6.49	5.49	9.52
加拿大	8.57	1.47	5.36	12.16	5.33	14.10	7.35	11.54	10.39	14.29	9.39
中国香港	11.43	5.88	8.93	6.76	5.33	10.26	7.35	11.54	2.60	8.79	7.89
意大利	7.14	13.24	7.14	6.76	8.00	5.13	8.82	12.82	7.79	3.30	7.89
荷兰	8.57	14.71	12.50	8.11	6.67	7.69	5.88	8.97	5.19	3.30	7.89
新加坡	2.86	2.94	7.14	2.70	10.67	7.69	7.35	11.54	15.58	7.69	7.76
沙特阿拉伯	4.29	2.94	7.14	8.11	4.00	2.56	5.88	6.41	11.69	5.49	5.85
印度	5.71	4.41	5.36	5.41	2.67	3.85	11.76	1.28	7.79	8.79	5.71
伊朗	1.43	1.47	7.14	2.70	1.33	5.13	5.88	7.69	10.39	9.89	5.44
法国	4.29	7.35	1.79	9.46	6.67	2.56	2.94	8.97	1.30	3.30	4.90
瑞士	2.86	8.82	7.14	10.81	5.33	5.13	1.47	2.56	3.90	2.20	4.90
日本	1.43	4.41	3.57	8.11	5.33	8.97	2.94	3.85	5.19	0.00	4.35
西班牙	4.29	11.76	5.36	4.05	2.67	3.85	4.41	5.13	2.60	0.00	4.22
马来西亚	4.29	0.00	1.79	0.00	6.67	5.13	1.47	3.85	5.19	2.20	3.13
比利时	2.86	5.88	1.79	4.05	4.00	1.28	1.47	2.56	1.30	4.40	2.99

表 4-142　生物医药工程 C 层研究排名前 20 的国家和地区的国际合作参与率

单位：%

国家和地区	2014 年	2015 年	2016 年	2017 年	2018 年	2019 年	2020 年	2021 年	2022 年	2023 年	合计
美国	47.93	47.76	47.58	43.64	49.52	44.37	43.40	38.52	34.19	32.82	42.42
中国大陆	27.21	25.88	24.03	29.88	34.44	37.13	39.97	47.25	44.73	46.51	36.63
英国	15.14	15.65	15.00	17.16	13.81	17.43	15.04	15.43	15.04	15.76	15.57
德国	15.50	17.41	14.19	15.24	10.32	13.94	11.48	9.93	9.90	10.08	12.57
意大利	10.81	10.22	10.65	10.21	7.46	8.71	8.44	9.57	8.48	8.53	9.24
澳大利亚	7.57	7.67	6.77	9.32	9.05	9.12	7.78	11.60	11.95	9.17	9.14
加拿大	9.19	8.31	7.26	6.95	7.30	6.97	7.78	6.94	7.46	7.75	7.54
荷兰	9.19	8.79	7.90	6.36	7.14	7.10	6.86	6.94	5.66	5.68	7.06

续表

国家和地区	2014 年	2015 年	2016 年	2017 年	2018 年	2019 年	2020 年	2021 年	2022 年	2023 年	合计
韩国	6.49	4.47	8.23	6.51	6.67	7.77	7.26	7.30	6.04	6.98	6.80
瑞士	8.29	9.42	8.55	6.21	10.79	6.30	5.67	5.14	4.37	5.30	6.80
新加坡	5.95	5.91	5.32	5.77	7.46	6.70	7.39	5.98	7.46	5.94	6.42
印度	3.06	2.40	4.68	5.62	6.67	4.16	6.20	6.58	11.05	10.47	6.30
中国香港	3.78	4.63	2.90	5.47	6.19	5.90	6.86	9.81	6.04	8.40	6.20
法国	6.67	7.03	6.77	6.66	5.71	6.70	5.54	5.74	3.60	4.65	5.83
西班牙	5.23	6.39	7.42	6.07	5.40	5.23	5.15	4.43	5.27	5.43	5.54
伊朗	1.98	1.76	2.42	3.55	5.71	4.29	5.28	5.98	9.25	6.33	4.86
日本	6.85	5.11	5.48	5.92	4.60	3.75	3.96	3.71	3.60	4.01	4.59
沙特阿拉伯	3.06	2.56	2.58	4.14	2.86	2.95	5.01	3.83	7.07	6.59	4.19
比利时	3.96	3.83	4.03	3.85	3.65	4.29	4.09	4.19	1.54	2.07	3.51
瑞典	2.88	4.95	4.52	3.99	3.65	2.55	2.51	3.23	3.47	3.75	3.51

四十九　生物技术和应用微生物学

生物技术和应用微生物学 A、B、C 层研究国际合作参与率最高的均为美国，分别为 67.33%、53.65%、39.31%。

英国 A 层研究国际合作参与率排名第二，为 29.70%；德国、中国大陆、加拿大、澳大利亚的参与率也比较高，在 28%~15%；意大利、瑞典、丹麦、韩国、法国、西班牙、瑞士、比利时、新加坡、奥地利、印度、荷兰、俄罗斯、巴西也有一定的参与率，在 10%~2%。

中国大陆 B 层研究国际合作参与率排名第二，为 29.11%；英国、德国、印度、澳大利亚、加拿大、法国的参与率也比较高，在 25%~10%；韩国、荷兰、西班牙、瑞士、瑞典、意大利、丹麦、日本、沙特阿拉伯、中国台湾、中国香港、比利时也有一定的参与率，在 9%~4%。

中国大陆 C 层研究国际合作参与率排名第二，为 33.06%；英国、德国、印度的参与率也比较高，在 16%~11%；澳大利亚、韩国、法国、加拿大、西班牙、意大利、荷兰、日本、丹麦、瑞典、沙特阿拉伯、瑞士、中国台湾、比利时、马来西亚也有一定的参与率，在 10%~3%。

表 4-143　生物技术和应用微生物学 A 层研究排名前 20 的
国家和地区的国际合作参与率

单位：%

国家和地区	2014 年	2015 年	2016 年	2017 年	2018 年	2019 年	2020 年	2021 年	2022 年	2023 年	合计
美国	85.71	55.56	87.50	60.00	75.00	77.78	66.67	55.56	57.14	63.64	67.33
英国	14.29	33.33	37.50	50.00	33.33	22.22	33.33	11.11	35.71	18.18	29.70
德国	42.86	11.11	37.50	10.00	33.33	55.56	8.33	44.44	14.29	36.36	27.72
中国大陆	0.00	44.44	50.00	0.00	25.00	11.11	25.00	22.22	28.57	36.36	24.75
加拿大	14.29	11.11	12.50	30.00	8.33	22.22	25.00	22.22	0.00	27.27	16.83
澳大利亚	14.29	22.22	12.50	30.00	8.33	22.22	8.33	33.33	7.14	9.09	15.84
意大利	0.00	0.00	12.50	10.00	0.00	22.22	8.33	22.22	7.14	18.18	9.90
瑞典	0.00	11.11	12.50	20.00	0.00	11.11	8.33	11.11	14.29	9.09	9.90
丹麦	14.29	11.11	12.50	10.00	0.00	22.22	0.00	11.11	7.14	9.09	8.91
韩国	14.29	0.00	0.00	0.00	25.00	11.11	8.33	11.11	7.14	9.09	8.91
法国	0.00	22.22	12.50	10.00	8.33	11.11	8.33	0.00	0.00	9.09	7.92
西班牙	14.29	0.00	25.00	10.00	0.00	0.00	8.33	22.22	0.00	0.00	7.92
瑞士	14.29	0.00	12.50	0.00	8.33	11.11	0.00	11.11	14.29	9.09	7.92
比利时	28.57	11.11	0.00	0.00	8.33	0.00	0.00	11.11	7.14	9.09	6.93
新加坡	0.00	0.00	0.00	0.00	8.33	11.11	16.67	11.11	7.14	0.00	6.93
奥地利	0.00	0.00	0.00	10.00	0.00	0.00	0.00	33.33	0.00	18.18	5.94
印度	14.29	0.00	0.00	0.00	16.67	0.00	8.33	0.00	14.29	0.00	5.94
荷兰	0.00	0.00	0.00	0.00	0.00	22.22	8.33	11.11	0.00	0.00	3.96
俄罗斯	0.00	0.00	0.00	20.00	0.00	0.00	0.00	11.11	7.14	0.00	3.96
巴西	0.00	0.00	12.50	0.00	8.33	0.00	8.33	0.00	0.00	0.00	2.97

表 4-144　生物技术和应用微生物学 B 层研究排名前 20 的
国家和地区的国际合作参与率

单位：%

国家和地区	2014 年	2015 年	2016 年	2017 年	2018 年	2019 年	2020 年	2021 年	2022 年	2023 年	合计
美国	71.28	54.35	58.06	57.50	59.62	51.82	50.46	42.74	48.08	45.78	53.65
中国大陆	25.53	23.91	23.66	33.75	27.88	34.55	28.44	28.21	34.62	30.12	29.11
英国	22.34	27.17	25.81	23.75	27.88	24.55	30.28	21.37	21.15	21.69	24.65
德国	14.89	20.65	12.90	22.50	13.46	20.00	21.10	17.95	14.42	18.07	17.55
印度	5.32	3.26	8.60	6.25	12.50	5.45	15.60	19.66	19.23	13.25	11.26
澳大利亚	19.15	13.04	8.60	13.75	7.69	12.73	11.93	8.55	9.62	6.02	11.05
加拿大	10.64	8.70	8.60	15.00	8.65	14.55	8.26	7.69	8.65	10.84	10.04

续表

国家和地区	2014 年	2015 年	2016 年	2017 年	2018 年	2019 年	2020 年	2021 年	2022 年	2023 年	合计
法国	15.96	6.52	12.90	15.00	5.77	10.00	11.93	4.27	4.81	16.87	10.04
韩国	2.13	6.52	7.53	13.75	8.65	7.27	11.93	14.53	7.69	8.43	8.92
荷兰	5.32	6.52	15.05	12.50	7.69	7.27	8.26	5.13	9.62	10.84	8.62
西班牙	7.45	7.61	6.45	8.75	5.77	6.36	10.09	10.26	9.62	7.23	8.01
瑞士	7.45	7.61	7.53	10.00	5.77	11.82	7.34	6.84	3.85	13.25	8.01
瑞典	2.13	7.61	6.45	10.00	7.69	7.27	7.34	5.98	5.77	7.23	6.69
意大利	6.38	6.52	4.30	8.75	5.77	7.27	8.26	6.84	5.77	4.82	6.49
丹麦	6.38	9.78	1.08	6.25	4.81	4.55	7.34	3.42	5.77	8.43	5.68
日本	7.45	6.52	3.23	7.50	2.88	5.45	5.50	3.42	5.77	2.41	4.97
沙特阿拉伯	8.51	3.26	4.30	10.00	3.85	1.82	1.83	5.13	5.77	4.82	4.77
中国台湾	2.13	1.09	2.15	3.75	1.92	2.73	2.75	7.69	6.73	15.66	4.56
中国香港	5.32	3.26	2.15	3.75	3.85	7.27	4.59	2.56	2.88	7.23	4.26
比利时	5.32	5.43	4.30	3.75	0.00	6.36	5.50	0.00	3.85	7.23	4.06

表 4-145　生物技术和应用微生物学 C 层研究排名前 20 的国家和地区的国际合作参与率

单位：%

国家和地区	2014 年	2015 年	2016 年	2017 年	2018 年	2019 年	2020 年	2021 年	2022 年	2023 年	合计
美国	46.39	44.91	46.59	43.90	40.23	41.49	37.63	30.05	32.89	30.61	39.31
中国大陆	25.89	25.22	27.49	30.09	33.33	36.46	36.33	37.58	39.19	36.71	33.06
英国	16.04	15.49	17.54	18.95	13.37	15.76	13.90	14.98	14.17	15.30	15.50
德国	14.43	15.49	14.53	13.81	10.70	11.22	10.84	10.53	10.03	10.47	12.12
印度	5.73	5.42	5.92	7.39	8.44	9.96	11.58	18.65	21.41	20.71	11.62
澳大利亚	9.05	9.62	11.28	9.53	11.01	9.19	10.10	9.28	8.69	8.40	9.62
韩国	5.38	5.97	6.59	5.89	6.89	6.48	7.23	9.76	11.79	7.71	7.41
法国	9.16	9.40	8.27	10.06	8.13	7.16	7.04	5.51	4.55	4.72	7.36
加拿大	7.67	8.85	7.26	6.96	5.86	8.51	7.04	6.67	5.69	7.36	7.17
西班牙	7.67	8.96	5.81	8.67	7.20	5.90	6.86	6.96	5.58	7.02	7.04
意大利	8.59	7.19	7.15	8.14	5.66	6.38	9.45	5.80	5.17	6.10	6.97
荷兰	7.10	7.52	7.60	6.75	5.14	5.80	5.38	5.80	3.41	5.18	5.93
日本	5.84	5.53	5.70	5.78	5.45	5.51	4.17	4.25	4.14	4.26	5.04
丹麦	3.78	5.86	6.15	6.00	4.12	4.84	5.28	5.22	3.52	3.45	4.83
瑞典	4.47	5.42	5.03	6.75	3.60	4.74	4.63	4.25	4.55	4.83	4.81
沙特阿拉伯	3.55	3.65	3.35	2.78	3.50	3.19	3.52	6.57	6.83	7.25	4.41
瑞士	4.12	5.42	4.36	6.00	3.50	4.06	4.91	4.06	3.41	4.03	4.38

续表

国家和地区	2014年	2015年	2016年	2017年	2018年	2019年	2020年	2021年	2022年	2023年	合计
中国台湾	2.98	2.21	1.90	3.00	3.19	2.22	3.89	5.99	7.34	7.02	3.98
比利时	4.93	4.98	4.69	4.39	4.42	3.00	3.71	3.29	2.38	3.68	3.91
马来西亚	2.18	2.88	2.01	2.36	2.98	2.80	3.71	5.99	5.58	5.87	3.66

第二节 学科组

在生命科学各学科研究分析的基础上，按照 A、B、C 层三个研究层次，对各学科研究进行汇总分析，可以从学科组层面揭示国际合作的分布特点和发展趋势。

一 A 层研究

生命科学 A 层研究国际合作参与率最高的是美国，为 62.27%，其次为英国的 31.45%；德国、中国大陆、澳大利亚、加拿大、法国、荷兰、意大利、瑞士、西班牙 A 层研究国际合作参与率也比较高，在 23%~10%；瑞典、比利时、丹麦、日本、印度、巴西、奥地利、以色列、韩国、芬兰、新加坡、挪威、沙特阿拉伯、南非、新西兰、中国香港、葡萄牙、伊朗、爱尔兰、俄罗斯、墨西哥、波兰、希腊、土耳其、中国台湾、马来西亚、巴基斯坦、埃及、阿根廷也有一定的参与率，在 9%~1%。

在发展趋势上，中国大陆、印度呈现相对上升趋势，美国呈现相对下降趋势，其他国家和地区没有呈现明显变化。

表 4-146 生命科学 A 层研究排名前 40 的国家和地区的国际合作参与率

单位：%

国家和地区	2014年	2015年	2016年	2017年	2018年	2019年	2020年	2021年	2022年	2023年	合计
美国	73.22	64.10	68.81	65.73	65.44	63.35	55.81	60.17	54.47	56.52	62.27
英国	34.97	29.23	25.69	29.58	28.11	36.65	31.09	33.61	32.93	31.74	31.45
德国	24.04	28.21	25.23	24.41	17.51	24.30	18.35	26.14	18.29	22.61	22.73

续表

国家和地区	2014 年	2015 年	2016 年	2017 年	2018 年	2019 年	2020 年	2021 年	2022 年	2023 年	合计
中国大陆	7.65	16.92	19.72	16.90	18.89	20.32	30.71	20.33	25.20	26.09	20.83
澳大利亚	17.49	13.33	16.06	15.49	14.75	15.94	21.35	19.92	23.17	15.65	17.51
加拿大	15.85	12.31	13.30	18.78	18.89	14.34	17.23	24.48	12.20	8.26	15.61
法国	15.30	10.77	9.63	12.68	14.29	13.55	13.48	14.94	11.38	11.74	12.78
荷兰	15.85	12.82	9.63	18.31	13.82	15.54	9.36	10.79	10.16	11.74	12.65
意大利	8.74	11.28	9.63	10.33	7.37	11.16	11.61	13.28	12.20	12.61	10.92
瑞士	7.65	10.26	8.72	11.27	13.82	11.16	8.99	10.79	13.01	10.43	10.66
西班牙	7.10	9.74	9.63	14.08	10.14	9.56	11.61	11.62	10.98	11.30	10.66
瑞典	11.48	9.74	5.96	7.04	8.76	11.16	7.49	8.30	8.13	11.30	8.89
比利时	10.38	7.18	7.34	7.04	6.91	5.98	8.61	7.47	5.28	6.09	7.16
丹麦	6.01	8.72	5.50	7.98	4.61	7.17	4.87	8.30	9.35	6.96	6.94
日本	7.65	6.67	5.05	4.69	7.83	6.37	7.12	7.05	6.91	8.26	6.77
印度	4.37	2.56	1.38	3.29	6.45	5.58	5.99	5.39	8.13	11.30	5.57
巴西	2.19	7.69	8.72	5.63	7.83	1.59	3.75	4.15	5.28	5.22	5.13
奥地利	3.28	3.59	5.50	3.76	5.07	6.77	6.37	6.22	1.63	3.48	4.64
以色列	7.10	5.64	4.13	3.76	5.07	2.79	2.62	6.22	5.28	4.35	4.60
韩国	3.28	2.56	1.83	3.29	5.07	3.98	3.37	8.71	6.10	4.78	4.38
芬兰	3.28	4.10	5.05	3.29	2.30	2.79	5.24	5.81	4.88	3.91	4.11
新加坡	2.73	1.54	3.67	2.82	6.45	4.38	5.62	3.73	6.10	2.61	4.07
挪威	3.83	3.59	2.29	3.76	4.61	8.76	1.12	5.39	3.25	2.61	3.94
沙特阿拉伯	1.09	4.62	3.21	2.35	3.23	0.80	2.25	5.39	5.28	4.78	3.32
南非	1.64	1.03	3.21	4.23	2.30	1.59	2.25	6.22	5.28	4.35	3.27
新西兰	6.56	0.51	2.75	5.16	1.84	3.19	3.37	2.49	2.85	3.91	3.23
中国香港	1.09	7.18	2.29	5.16	1.38	1.59	6.74	2.49	1.63	2.61	3.23
葡萄牙	2.19	2.56	2.29	4.23	3.69	0.80	2.25	2.49	2.44	3.48	2.61
伊朗	0.00	0.51	1.38	0.94	1.38	1.59	2.62	4.56	6.10	4.78	2.52
爱尔兰	3.83	2.56	2.75	2.35	1.84	1.99	1.50	3.32	2.44	2.61	2.48
俄罗斯	1.09	1.03	3.21	3.29	4.15	1.59	2.62	4.15	1.63	1.30	2.43
墨西哥	4.37	3.08	3.21	2.82	2.76	1.20	0.37	2.49	2.44	1.74	2.34
波兰	1.64	0.51	2.75	1.88	2.30	2.39	2.25	1.66	1.63	3.04	2.03
希腊	2.19	1.03	1.83	0.94	3.23	1.59	3.00	2.07	2.44	1.74	2.03
土耳其	1.09	3.08	2.29	0.00	2.30	0.40	3.75	2.49	2.85	1.30	1.99
中国台湾	1.09	2.05	1.38	0.94	0.46	1.99	3.75	0.83	2.44	3.04	1.86
马来西亚	1.09	0.51	0.92	0.94	4.15	2.79	0.37	3.32	3.25	0.43	1.81

续表

国家和地区	2014 年	2015 年	2016 年	2017 年	2018 年	2019 年	2020 年	2021 年	2022 年	2023 年	合计
巴基斯坦	0.00	1.54	0.92	0.47	0.92	1.59	1.50	4.56	2.85	2.17	1.72
埃及	0.00	0.00	0.46	0.94	0.46	1.20	1.12	3.32	3.66	4.78	1.68
阿根廷	0.55	1.03	2.29	2.82	1.38	1.99	2.25	0.83	1.22	2.17	1.68

二 B 层研究

生命科学 B 层研究国际合作参与率最高的是美国，为 56.37%，其次为英国的 28.07%；中国大陆、德国、澳大利亚、加拿大、荷兰、法国、意大利、西班牙 B 层研究国际合作参与率也比较高，在 24%~10%；瑞士、瑞典、比利时、日本、丹麦、印度、巴西、奥地利、韩国、挪威、以色列、沙特阿拉伯、芬兰、新加坡、中国香港、南非、葡萄牙、爱尔兰、新西兰、伊朗、波兰、俄罗斯、土耳其、埃及、巴基斯坦、捷克、墨西哥、希腊、中国台湾、马来西亚也有一定的参与率，在 10%~1%。

在发展趋势上，中国大陆、印度呈现相对上升趋势，美国、英国呈现相对下降趋势，其他国家和地区没有呈现明显变化。

表 4-147　生命科学 B 层研究排名前 40 的国家和地区的国际合作参与率

单位：%

国家和地区	2014 年	2015 年	2016 年	2017 年	2018 年	2019 年	2020 年	2021 年	2022 年	2023 年	合计
美国	60.51	60.19	58.66	61.49	60.06	56.38	55.77	52.75	50.85	49.63	56.37
英国	29.70	28.18	29.67	30.20	27.79	28.59	27.20	28.68	26.12	25.21	28.07
中国大陆	14.35	15.90	17.13	18.46	22.95	23.18	28.58	28.37	30.73	29.11	23.35
德国	22.63	21.92	20.90	22.52	21.11	21.75	19.87	19.12	20.17	20.52	20.97
澳大利亚	15.35	16.15	14.33	15.62	15.73	15.07	15.69	15.94	14.97	14.84	15.37
加拿大	14.40	13.22	14.61	15.67	13.36	15.83	14.12	14.40	14.25	13.45	14.35
荷兰	12.59	12.77	14.65	12.70	13.94	13.40	11.47	12.04	10.96	10.93	12.50
法国	13.35	13.82	14.42	13.89	11.61	11.77	11.78	11.07	10.28	11.32	12.23
意大利	10.24	9.94	11.21	10.69	10.49	9.86	10.86	11.96	11.12	12.06	10.87

续表

国家和地区	2014 年	2015 年	2016 年	2017 年	2018 年	2019 年	2020 年	2021 年	2022 年	2023 年	合计
西班牙	9.88	11.08	11.07	10.64	9.86	8.83	10.01	9.60	10.00	10.67	10.13
瑞士	9.33	10.29	9.83	10.23	11.07	8.59	8.67	9.25	7.98	8.76	9.35
瑞典	7.68	8.00	7.30	7.22	9.14	7.40	7.63	7.35	7.26	7.46	7.63
比利时	5.22	6.56	6.20	6.40	6.72	7.20	5.83	6.15	5.36	6.51	6.22
日本	6.97	6.56	5.33	6.21	5.42	5.81	6.67	5.46	6.55	6.55	6.14
丹麦	5.17	6.71	5.42	6.72	6.50	5.29	5.87	5.46	6.75	6.03	5.98
印度	3.11	2.53	3.67	3.79	4.12	4.73	5.06	7.28	8.97	9.15	5.38
巴西	4.01	4.37	5.33	5.07	5.56	4.85	4.30	5.61	4.96	5.08	4.93
奥地利	4.01	4.52	4.55	4.66	4.89	4.06	4.53	4.06	3.85	4.03	4.31
韩国	3.31	4.17	3.49	4.71	4.12	4.25	4.18	4.64	4.80	5.03	4.30
挪威	3.06	3.38	3.35	3.61	3.85	4.21	3.91	4.30	4.05	2.82	3.69
以色列	3.76	4.22	4.27	3.65	3.05	3.86	3.57	3.33	3.49	3.21	3.63
沙特阿拉伯	2.61	3.08	3.03	2.51	2.51	1.99	3.61	4.18	5.72	5.94	3.56
芬兰	2.56	3.13	3.40	3.70	3.59	4.06	3.07	4.06	3.93	3.04	3.48
新加坡	2.66	2.83	2.89	2.92	3.68	2.82	3.22	3.99	3.33	3.56	3.21
中国香港	2.31	2.34	1.61	2.15	2.51	3.02	3.99	3.13	3.18	4.25	2.90
南非	1.91	2.68	2.25	3.02	3.45	2.54	2.45	3.56	3.22	3.08	2.84
葡萄牙	2.51	2.24	2.76	3.15	2.87	2.43	3.34	3.13	2.90	2.39	2.79
爱尔兰	2.01	2.53	3.17	3.29	3.14	2.50	2.92	3.17	2.02	2.95	2.78
新西兰	2.76	2.73	2.62	2.47	2.64	3.50	2.57	2.86	2.74	2.60	2.76
伊朗	0.50	0.94	1.24	1.37	2.02	3.22	3.11	4.02	5.20	4.47	2.73
波兰	1.25	1.89	2.07	2.51	3.05	2.62	2.92	2.44	3.10	3.60	2.58
俄罗斯	2.26	2.29	2.39	2.74	2.15	2.19	2.15	3.56	3.10	2.08	2.51
土耳其	1.40	1.84	1.61	1.23	2.02	1.47	2.42	2.67	4.09	4.34	2.35
埃及	0.45	0.50	0.92	1.05	0.63	1.83	2.95	4.14	4.57	4.03	2.22
巴基斯坦	0.70	0.84	0.69	1.46	1.39	1.91	2.69	2.98	4.37	3.86	2.17
捷克	1.61	1.84	1.24	2.01	2.38	1.51	2.42	2.63	2.62	2.99	2.15
墨西哥	2.16	2.04	1.98	2.38	1.70	1.99	1.61	2.40	1.91	2.47	2.06
希腊	1.30	1.39	1.56	2.06	1.97	1.91	2.26	2.21	2.10	2.65	1.97
中国台湾	1.20	1.09	1.24	1.46	1.79	1.43	1.88	2.63	2.66	2.60	1.84
马来西亚	0.95	0.70	1.42	1.10	1.21	1.35	1.46	2.32	2.70	2.78	1.64

三 C 层研究

生命科学 C 层研究国际合作参与率最高的是美国，为 48.59%，其次为英国的 23.15%；中国大陆、德国、澳大利亚、加拿大、法国 C 层研究国际合作参与率也比较高，在 23%～10%；意大利、荷兰、西班牙、瑞士、瑞典、日本、比利时、丹麦、印度、巴西、奥地利、韩国、沙特阿拉伯、挪威、芬兰、葡萄牙、以色列、伊朗、新加坡、埃及、中国香港、波兰、南非、新西兰、巴基斯坦、爱尔兰、捷克、俄罗斯、土耳其、墨西哥、中国台湾、希腊、马来西亚也有一定的参与率，在 10%～1%。

在发展趋势上，中国大陆、印度呈现相对上升趋势，美国呈现相对下降趋势，其他国家和地区没有呈现明显变化。

表 4-148　生命科学 C 层研究排名前 40 的国家和地区的国际合作参与率

单位：%

国家和地区	2014 年	2015 年	2016 年	2017 年	2018 年	2019 年	2020 年	2021 年	2022 年	2023 年	合计
美国	53.65	52.85	52.56	51.56	51.18	49.01	47.64	44.56	43.13	41.63	48.59
英国	23.87	24.01	24.29	24.51	23.50	23.29	22.80	22.91	20.96	21.66	23.15
中国大陆	14.93	16.24	16.53	19.39	21.14	23.38	25.40	26.67	27.70	27.64	22.19
德国	18.76	18.83	18.90	18.36	17.51	18.01	17.80	17.21	16.59	17.24	17.88
澳大利亚	11.52	11.61	11.94	12.30	12.61	12.64	12.82	12.77	12.25	11.07	12.19
加拿大	11.90	11.73	11.96	11.55	11.28	11.71	11.20	11.23	11.32	11.28	11.50
法国	11.90	12.16	12.30	11.81	11.56	10.90	10.33	10.09	9.20	9.07	10.88
意大利	8.89	9.05	9.16	8.95	9.24	9.41	10.66	10.28	10.31	9.90	9.63
荷兰	10.03	9.51	9.36	9.21	9.58	9.91	9.17	9.03	7.97	8.35	9.20
西班牙	8.51	8.30	8.19	8.68	8.68	8.69	8.83	8.91	8.48	9.55	8.69
瑞士	7.76	7.82	7.81	7.88	7.63	7.59	7.32	7.12	6.64	6.81	7.42
瑞典	5.37	5.92	6.00	5.85	5.89	6.02	5.50	5.62	5.54	5.30	5.70
日本	5.81	5.70	5.80	5.68	5.35	5.40	5.38	4.88	5.05	4.70	5.36
比利时	4.79	5.10	4.93	4.98	4.96	4.92	4.81	4.74	4.41	4.67	4.83
丹麦	4.28	4.83	4.78	4.52	4.75	4.73	4.50	4.61	4.51	4.53	4.60
印度	2.41	2.49	2.97	3.23	3.59	3.93	4.79	6.16	7.60	7.67	4.56
巴西	3.68	3.89	4.40	4.33	4.63	4.17	4.74	4.41	3.86	4.00	4.23

续表

国家和地区	2014 年	2015 年	2016 年	2017 年	2018 年	2019 年	2020 年	2021 年	2022 年	2023 年	合计
奥地利	3.36	3.20	3.60	3.42	3.37	3.47	3.57	3.65	3.39	3.46	3.45
韩国	3.12	2.99	3.22	3.12	3.03	3.18	3.28	3.47	4.01	4.35	3.38
沙特阿拉伯	1.83	2.23	2.35	2.06	1.99	2.49	3.24	4.47	6.13	5.99	3.32
挪威	2.48	2.46	2.75	2.80	3.03	3.14	3.23	3.20	2.93	3.20	2.94
芬兰	2.45	2.57	2.65	2.24	2.61	2.66	2.72	2.77	2.67	2.65	2.61
葡萄牙	2.30	2.42	2.56	2.38	2.50	2.71	2.58	2.66	2.42	2.47	2.51
以色列	2.54	3.08	2.71	2.46	2.58	2.50	2.22	2.34	2.34	2.35	2.50
伊朗	0.80	0.97	1.16	1.67	2.16	2.87	3.38	3.61	3.90	3.61	2.49
新加坡	2.16	2.29	2.22	2.48	2.35	2.35	2.58	2.45	2.47	2.28	2.37
埃及	0.95	0.91	1.11	1.40	1.53	1.92	2.80	3.80	4.57	4.06	2.37
中国香港	1.71	1.74	1.62	1.82	1.98	2.01	2.66	3.00	3.10	3.12	2.30
波兰	1.63	1.60	1.78	1.93	1.99	2.31	2.46	2.54	3.05	2.93	2.25
南非	2.06	1.81	2.27	2.31	2.17	2.36	2.31	2.34	2.31	2.24	2.23
新西兰	2.23	2.06	2.04	2.16	2.14	2.32	2.11	2.07	1.99	1.91	2.10
巴基斯坦	0.64	0.88	0.91	1.31	1.40	2.00	2.18	2.89	4.12	3.97	2.08
爱尔兰	1.76	1.91	1.87	1.78	2.04	2.06	2.12	2.14	1.99	2.36	2.01
捷克	1.45	1.63	1.56	1.69	1.85	1.94	2.02	2.20	2.33	2.19	1.90
俄罗斯	1.20	1.46	1.44	1.52	1.64	2.01	2.45	2.54	2.22	1.90	1.87
土耳其	0.90	1.18	1.40	1.24	1.34	1.48	1.81	2.16	2.54	2.65	1.69
墨西哥	1.48	1.45	1.52	1.79	1.48	1.80	1.52	1.95	1.89	1.57	1.66
中国台湾	1.36	1.37	1.37	1.32	1.36	1.40	1.80	1.98	2.00	1.98	1.61
希腊	1.31	1.52	1.23	1.35	1.35	1.45	1.50	1.59	1.59	1.81	1.47
马来西亚	0.97	0.99	0.98	1.19	1.39	1.27	1.36	1.92	2.23	2.06	1.45

第五章　地球科学

地球科学是人类认识地球的一门基础科学。它以地球系统及其组成部分为研究对象，探究发生在其中的各种现象、过程及过程之间的相互作用，以提高对地球的认识水平，并利用获取的知识为解决人类生存与可持续发展中的资源供给、环境保护、灾害减轻等重大问题提供科学依据与技术支撑。

第一节　学科

地球科学学科组包括以下学科：地理学、自然地理学、遥感、地质学、古生物学、矿物学、地质工程、地球化学和地球物理学、气象学和大气科学、海洋学、环境科学、土壤学、水资源、环境研究、多学科地球科学，共计 15 个。

一　地理学

地理学 A 层研究国际合作参与率最高的是美国，为 41.67%，其次为中国大陆的 37.50%；英国、荷兰、德国、奥地利、西班牙、澳大利亚、法国、日本、挪威、瑞典的参与率也比较高，在 34% ~ 12%；加拿大、意大利、比利时、芬兰、中国香港、爱尔兰、以色列、拉脱维亚也有一定的参与率，在 9% ~ 4%。

B 层研究国际合作参与率最高的是美国，为 43.61%，其次为英国的 31.95%，此后为中国大陆的 30.83%；荷兰、德国、瑞典、澳大利亚、奥地利、加拿大、挪威的参与率也比较高，在 22% ~ 10%；中国香港、意大利、法国、瑞士、比利时、日本、西班牙、丹麦、新加坡、南非也有一定的参与率，在10%~3%。

C层研究国际合作参与率最高的是英国，为34.59%，其次为美国的34.48%；中国大陆、荷兰、澳大利亚、德国、加拿大的参与率也比较高，在22%~11%；瑞典、意大利、西班牙、法国、中国香港、瑞士、比利时、挪威、奥地利、丹麦、新加坡、芬兰、日本也有一定的参与率，在9%~2%。

表 5-1 　地理学 A 层研究排名前 20 的国家和地区的国际合作参与率

单位：%

国家和地区	2014 年	2015 年	2016 年	2017 年	2018 年	2019 年	2020 年	2021 年	2022 年	2023 年	合计
美国	100.00	66.67	0.00	100.00	0.00	25.00	25.00	33.33	100.00	33.33	41.67
中国大陆	0.00	33.33	100.00	100.00	0.00	25.00	25.00	66.67	0.00	66.67	37.50
英国	50.00	0.00	0.00	0.00	0.00	50.00	50.00	0.00	100.00	66.67	33.33
荷兰	50.00	33.33	0.00	0.00	50.00	50.00	25.00	0.00	0.00	0.00	29.17
德国	0.00	0.00	100.00	100.00	50.00	0.00	0.00	33.33	0.00	33.33	20.83
奥地利	0.00	0.00	0.00	0.00	50.00	0.00	25.00	0.00	100.00	0.00	16.67
西班牙	0.00	0.00	0.00	0.00	0.00	0.00	25.00	33.33	100.00	0.00	16.67
澳大利亚	100.00	0.00	0.00	0.00	50.00	0.00	0.00	0.00	0.00	0.00	12.50
法国	0.00	0.00	0.00	100.00	0.00	25.00	0.00	0.00	0.00	33.33	12.50
日本	0.00	0.00	0.00	0.00	0.00	0.00	0.00	33.33	0.00	33.33	12.50
挪威	0.00	0.00	0.00	0.00	0.00	50.00	25.00	0.00	0.00	0.00	12.50
瑞典	0.00	33.33	0.00	0.00	0.00	0.00	25.00	25.00	0.00	0.00	12.50
加拿大	0.00	33.33	0.00	0.00	0.00	0.00	25.00	0.00	0.00	0.00	8.33
意大利	0.00	0.00	0.00	100.00	0.00	0.00	0.00	0.00	0.00	33.33	8.33
比利时	0.00	0.00	0.00	0.00	0.00	25.00	0.00	0.00	0.00	0.00	4.17
芬兰	0.00	0.00	0.00	0.00	0.00	0.00	25.00	0.00	0.00	0.00	4.17
中国香港	0.00	0.00	0.00	0.00	0.00	0.00	0.00	33.33	0.00	0.00	4.17
爱尔兰	0.00	0.00	0.00	0.00	50.00	0.00	0.00	0.00	0.00	0.00	4.17
以色列	0.00	0.00	0.00	0.00	50.00	0.00	0.00	0.00	0.00	0.00	4.17
拉脱维亚	0.00	0.00	0.00	0.00	50.00	0.00	0.00	0.00	0.00	0.00	4.17

表 5-2　地理学 B 层研究排名前 20 的国家和地区的国际合作参与率

单位：%

国家和地区	2014 年	2015 年	2016 年	2017 年	2018 年	2019 年	2020 年	2021 年	2022 年	2023 年	合计
美国	54.55	33.33	40.91	60.87	48.28	50.00	42.86	35.71	31.03	40.00	43.61
英国	45.45	47.62	36.36	21.74	17.24	37.50	31.43	35.71	31.03	20.00	31.95
中国大陆	27.27	9.52	36.36	21.74	17.24	46.88	31.43	32.14	41.38	36.00	30.83
荷兰	9.09	14.29	27.27	43.48	20.69	18.75	11.43	25.00	24.14	20.00	21.05
德国	22.73	38.10	13.64	34.78	13.79	12.50	11.43	17.86	6.90	20.00	18.05
瑞典	9.09	23.81	36.36	26.09	24.14	6.25	11.43	10.71	10.34	16.00	16.54
澳大利亚	13.64	9.52	13.64	26.09	6.90	15.63	11.43	7.14	13.79	12.00	12.78
奥地利	9.09	0.00	9.09	21.74	10.34	18.75	5.71	3.57	13.79	8.00	10.15
加拿大	13.64	4.76	4.55	13.04	17.24	12.50	5.71	10.71	6.90	12.00	10.15
挪威	9.09	14.29	4.55	17.39	13.79	12.50	11.43	3.57	10.34	4.00	10.15
中国香港	4.55	4.76	9.09	4.35	13.79	15.63	8.57	14.29	6.90	12.00	9.77
意大利	4.55	14.29	0.00	21.74	13.79	3.13	11.43	14.29	0.00	8.00	9.02
法国	13.64	0.00	9.09	8.70	10.34	15.63	8.57	7.14	6.90	4.00	8.65
瑞士	9.09	9.52	13.64	8.70	10.34	6.25	8.57	14.29	3.45	4.00	8.65
比利时	13.64	0.00	9.09	4.35	6.90	9.38	0.00	17.86	3.45	8.00	7.14
日本	0.00	4.55	17.39	0.00	0.00	6.25	5.71	0.00	10.34	8.00	5.26
西班牙	4.55	0.00	0.00	0.00	3.45	6.25	11.43	10.71	6.90	4.00	5.26
丹麦	9.09	4.76	0.00	0.00	6.90	3.13	2.86	3.57	6.90	8.00	4.51
新加坡	4.55	4.76	4.55	0.00	3.45	3.13	5.71	3.57	6.90	4.00	4.14
南非	4.55	0.00	0.00	0.00	6.90	0.00	11.43	7.14	0.00	4.00	3.76

表 5-3　地理学 C 层研究排名前 20 的国家和地区的国际合作参与率

单位：%

国家和地区	2014 年	2015 年	2016 年	2017 年	2018 年	2019 年	2020 年	2021 年	2022 年	2023 年	合计
英国	36.17	34.76	36.20	34.60	35.37	38.04	36.65	34.38	29.32	29.70	34.59
美国	36.17	41.90	35.29	33.46	36.05	34.58	32.92	33.44	33.08	30.45	34.48
中国大陆	16.49	10.00	16.74	17.49	19.39	23.05	22.36	22.19	33.83	32.71	21.95
荷兰	17.02	11.43	17.19	13.69	13.61	14.70	18.32	15.31	19.55	13.91	15.50
澳大利亚	13.30	16.19	9.50	14.07	13.95	12.39	10.87	15.00	7.89	12.41	12.53
德国	10.64	10.48	10.41	9.51	15.31	10.66	12.11	10.63	16.17	10.90	11.75
加拿大	13.83	11.43	14.48	14.07	7.82	11.82	11.18	8.75	12.41	7.14	11.09

国家和地区	2014 年	2015 年	2016 年	2017 年	2018 年	2019 年	2020 年	2021 年	2022 年	2023 年	合计
瑞典	7.45	10.48	8.60	10.65	7.48	8.93	7.76	7.19	6.77	9.77	8.45
意大利	7.45	7.62	8.60	9.13	7.14	7.20	6.83	7.19	6.02	7.89	7.45
西班牙	5.85	6.67	7.69	9.13	5.10	4.90	5.90	8.44	9.77	6.39	6.93
法国	6.91	6.67	4.98	6.46	6.80	8.36	6.83	5.63	7.14	7.52	6.79
中国香港	3.19	2.38	6.33	5.32	6.46	4.61	5.28	8.44	9.02	10.15	6.27
瑞士	7.45	5.24	5.43	4.18	3.74	4.61	6.52	5.94	7.52	6.39	5.64
比利时	3.72	3.33	5.88	3.80	7.82	4.03	4.04	7.50	6.02	5.26	5.23
挪威	4.79	3.81	4.52	3.04	5.10	5.76	5.28	5.63	7.14	4.51	5.04
奥地利	5.32	3.81	4.52	4.18	3.06	4.61	4.97	5.94	3.38	3.76	4.38
丹麦	2.66	2.38	4.52	2.66	4.08	3.75	3.11	3.44	3.01	3.38	3.34
新加坡	2.13	1.90	2.26	4.94	1.02	4.61	5.59	2.50	3.38	3.76	3.34
芬兰	2.13	2.86	1.81	2.66	4.08	2.02	3.42	3.44	3.76	3.76	3.04
日本	2.13	3.81	1.36	2.66	1.36	4.32	1.86	4.06	3.38	3.01	2.86

二 自然地理学

自然地理学 A 层研究国际合作参与率最高的是中国大陆，为 43.33%，其次为美国的 33.33%；德国、英国、西班牙、澳大利亚、加拿大、法国、意大利、荷兰、瑞士的参与率也比较高，在 27%~10%；奥地利、伊朗、新加坡、比利时、丹麦、中国香港、匈牙利、印度、日本也有一定的参与率，在 7%~3%。

B 层研究国际合作参与率最高的是中国大陆，为 49.60%，其次为美国的 46.37%；英国、德国、法国、加拿大、荷兰、澳大利亚、瑞士、挪威的参与率也比较高，在 29%~10%；中国香港、奥地利、日本、西班牙、意大利、瑞典、比利时、丹麦、芬兰、伊朗也有一定的参与率，在 10%~4%。

C 层研究国际合作参与率最高的是美国，为 41.81%，其次为中国大陆的 36.24%；英国、德国、法国、澳大利亚、瑞士、加拿大、荷兰、西班牙的参与率也比较高，在 25%~10%；意大利、比利时、瑞典、挪威、丹麦、奥地利、中国香港、巴西、日本、芬兰也有一定的参与率，在 10%~3%。

表 5-4　自然地理学 A 层研究排名前 20 的国家和地区的国际合作参与率

单位：%

国家和地区	2014 年	2015 年	2016 年	2017 年	2018 年	2019 年	2020 年	2021 年	2022 年	2023 年	合计
中国大陆	33.33	66.67	0.00	50.00	0.00	33.33	60.00	50.00	100.00	50.00	43.33
美国	66.67	33.33	0.00	50.00	33.33	66.67	40.00	0.00	0.00	50.00	33.33
德国	0.00	0.00	0.00	50.00	33.33	66.67	20.00	100.00	33.33	0.00	26.67
英国	33.33	33.33	25.00	50.00	0.00	33.33	0.00	0.00	33.33	0.00	20.00
西班牙	0.00	0.00	50.00	0.00	33.33	0.00	20.00	50.00	0.00	0.00	16.67
澳大利亚	33.33	33.33	0.00	0.00	33.33	0.00	20.00	0.00	0.00	0.00	13.33
加拿大	0.00	0.00	25.00	0.00	0.00	0.00	40.00	0.00	0.00	0.00	10.00
法国	33.33	0.00	0.00	0.00	0.00	0.00	0.00	50.00	33.33	0.00	10.00
意大利	0.00	0.00	25.00	0.00	0.00	0.00	20.00	0.00	33.33	0.00	10.00
荷兰	33.33	33.33	0.00	0.00	0.00	0.00	0.00	0.00	33.33	0.00	10.00
瑞士	33.33	0.00	0.00	0.00	33.33	33.33	0.00	0.00	0.00	0.00	10.00
奥地利	0.00	0.00	25.00	50.00	0.00	0.00	0.00	0.00	0.00	0.00	6.67
伊朗	0.00	0.00	0.00	0.00	0.00	0.00	20.00	0.00	0.00	50.00	6.67
新加坡	33.33	0.00	0.00	0.00	0.00	0.00	0.00	0.00	0.00	0.00	6.67
比利时	0.00	0.00	0.00	0.00	33.33	0.00	0.00	0.00	0.00	0.00	3.33
丹麦	33.33	0.00	0.00	0.00	0.00	0.00	0.00	0.00	0.00	0.00	3.33
中国香港	0.00	0.00	0.00	0.00	0.00	0.00	0.00	0.00	0.00	0.00	3.33
匈牙利	0.00	0.00	0.00	0.00	0.00	0.00	0.00	0.00	0.00	0.00	3.33
印度	0.00	0.00	0.00	0.00	0.00	0.00	0.00	0.00	33.33	0.00	3.33
日本	0.00	0.00	0.00	0.00	0.00	33.33	0.00	0.00	0.00	0.00	3.33

表 5-5　自然地理学 B 层研究排名前 20 的国家和地区的国际合作参与率

单位：%

国家和地区	2014 年	2015 年	2016 年	2017 年	2018 年	2019 年	2020 年	2021 年	2022 年	2023 年	合计
中国大陆	42.86	35.29	32.14	30.77	50.00	42.86	54.84	62.50	58.82	75.00	49.60
美国	76.19	47.06	53.57	50.00	50.00	35.71	48.39	37.50	47.06	31.25	46.37
英国	38.10	41.18	42.86	23.08	25.00	32.14	25.81	21.88	23.53	15.63	28.23
德国	23.81	41.18	35.71	23.08	12.50	28.57	22.58	9.38	17.65	18.75	22.98
法国	23.81	23.53	10.71	15.38	31.25	21.43	22.58	15.63	29.41	6.25	18.55
加拿大	9.52	29.41	7.14	23.08	18.75	25.00	29.03	3.13	23.53	3.13	16.13
荷兰	9.52	35.29	10.71	3.85	25.00	28.57	16.13	21.88	23.53	0.00	16.13
澳大利亚	9.52	23.53	21.43	19.23	12.50	10.71	12.90	6.25	35.29	3.13	14.11
瑞士	9.52	29.41	17.86	7.69	18.75	25.00	12.90	3.13	17.65	3.13	13.31

国家和地区	2014 年	2015 年	2016 年	2017 年	2018 年	2019 年	2020 年	2021 年	2022 年	2023 年	合计
挪威	4.76	11.76	10.71	11.54	18.75	10.71	19.35	6.25	11.76	0.00	10.08
中国香港	4.76	5.88	3.57	11.54	31.25	14.29	0.00	6.25	17.65	12.50	9.68
奥地利	9.52	23.53	10.71	3.85	18.75	10.71	6.45	6.25	17.65	0.00	9.27
日本	0.00	11.76	0.00	3.85	12.50	17.86	12.90	6.25	11.76	15.63	9.27
西班牙	4.76	23.53	14.29	15.38	12.50	7.14	6.45	3.13	17.65	0.00	9.27
意大利	9.52	11.76	3.57	3.85	18.75	10.71	6.45	9.38	11.76	6.25	8.47
瑞典	9.52	5.88	21.43	3.85	18.75	7.14	6.45	0.00	5.88	3.13	7.66
比利时	9.52	11.76	0.00	3.85	12.50	14.29	9.68	9.38	5.88	0.00	7.26
丹麦	14.29	11.76	7.14	3.85	6.25	3.57	3.23	6.25	17.65	0.00	6.45
芬兰	4.76	0.00	17.86	0.00	18.75	7.14	6.45	0.00	17.65	0.00	6.45
伊朗	0.00	5.88	3.57	3.85	0.00	0.00	3.23	12.50	5.88	9.38	4.84

表 5-6　自然地理学 C 层研究排名前 20 的国家和地区的国际合作参与率

单位：%

国家和地区	2014 年	2015 年	2016 年	2017 年	2018 年	2019 年	2020 年	2021 年	2022 年	2023 年	合计
美国	46.38	45.99	46.39	41.28	42.32	40.19	38.68	41.50	37.14	37.90	41.81
中国大陆	26.45	27.53	25.60	31.88	35.11	38.63	38.40	40.20	54.29	46.77	36.24
英国	28.62	27.18	24.10	29.53	27.27	27.10	22.92	21.90	18.93	18.55	24.70
德国	23.91	20.21	22.89	21.14	23.51	22.12	22.92	15.36	15.00	20.97	20.89
法国	13.77	14.63	17.17	15.10	14.11	14.33	10.60	11.76	13.21	12.50	13.73
澳大利亚	10.87	14.29	11.45	11.07	14.11	10.90	10.89	10.78	14.29	7.66	11.67
瑞士	11.96	10.10	13.25	12.08	11.60	10.90	15.76	9.15	8.93	8.06	11.34
加拿大	9.78	10.45	11.75	8.05	9.09	7.17	14.33	15.36	10.36	9.68	10.68
荷兰	11.23	11.50	8.43	9.73	11.60	11.53	10.89	7.52	9.64	9.27	10.15
西班牙	13.04	9.76	12.35	10.07	7.21	8.41	7.74	9.48	13.57	10.89	10.15
意大利	9.42	9.76	10.54	9.06	8.15	8.41	11.46	9.48	9.64	10.08	9.62
比利时	4.71	4.88	4.82	4.36	5.33	6.23	8.31	6.21	6.46	4.03	5.64
瑞典	6.52	4.18	6.02	3.69	6.27	5.61	8.02	5.56	3.93	4.44	5.50
挪威	5.07	6.97	5.72	6.38	3.45	5.61	6.02	3.92	3.21	8.87	5.47
丹麦	5.43	4.88	6.33	4.70	4.70	5.61	6.02	2.94	4.64	3.23	4.91
奥地利	4.35	2.79	6.63	5.03	3.13	4.98	6.02	4.90	4.29	3.23	4.61
中国香港	3.62	2.09	3.01	4.70	5.33	4.67	3.44	5.23	7.50	7.26	4.61
巴西	3.99	4.88	3.31	5.03	4.70	3.12	5.73	6.54	3.57	2.82	4.41
日本	2.54	3.48	1.51	4.70	4.39	4.05	4.58	4.25	3.21	3.63	3.65
芬兰	3.62	2.79	2.11	5.37	2.51	4.67	3.72	2.61	2.50	4.84	3.45

三　遥感

遥感 A、B、C 层研究国际合作参与率最高的均为中国大陆，分别为 71.15%、55.97%、49.88%；美国 A、B、C 层研究国际合作参与率均排名第二，分别为 40.38%、42.04%、38.21%。

德国、法国、澳大利亚、加拿大、意大利、英国、荷兰、西班牙 A 层研究国际合作参与率也比较高，在 24%~11%；奥地利、冰岛、瑞士、中国香港、印度、日本、罗马尼亚、新加坡、中国台湾、乌克兰也有一定的参与率，在 6%~1%。

德国、法国、英国、意大利、澳大利亚、加拿大、西班牙、荷兰 B 层研究国际合作参与率也比较高，在 24%~10%；日本、瑞士、比利时、冰岛、奥地利、中国香港、印度、伊朗、芬兰、葡萄牙也有一定的参与率，在 8%~3%。

德国、英国、意大利、法国、澳大利亚 C 层研究国际合作参与率也比较高，在 16%~10%；加拿大、西班牙、荷兰、中国香港、瑞士、比利时、日本、印度、奥地利、伊朗、巴西、韩国、瑞典也有一定的参与率，在 9%~2%。

表 5-7　遥感 A 层研究排名前 20 的国家和地区的国际合作参与率

单位：%

国家和地区	2014 年	2015 年	2016 年	2017 年	2018 年	2019 年	2020 年	2021 年	2022 年	2023 年	合计
中国大陆	33.33	60.00	50.00	33.33	66.67	83.33	42.86	100.00	85.71	100.00	71.15
美国	66.67	20.00	0.00	100.00	33.33	66.67	42.86	60.00	28.57	22.22	40.38
德国	33.33	20.00	25.00	33.33	33.33	66.67	14.29	0.00	14.29	11.11	23.08
法国	0.00	20.00	0.00	33.33	0.00	0.00	14.29	40.00	28.57	33.33	19.23
澳大利亚	33.33	20.00	0.00	0.00	33.33	0.00	0.00	14.29	33.33		17.31
加拿大	66.67	0.00	25.00	0.00	33.33	16.67	14.29	0.00	14.29	11.11	15.38
意大利	33.33	20.00	0.00	0.00	0.00	33.33	28.57	20.00	14.29	0.00	15.38
英国	33.33	20.00	0.00	0.00	0.00	0.00	14.29	0.00	42.86	11.11	15.38
荷兰	33.33	20.00	0.00	33.33	33.33	16.67	0.00	14.29	0.00		11.54
西班牙	0.00	0.00	25.00	33.33	0.00	16.67	0.00	20.00	14.29	11.11	11.54
奥地利	0.00	0.00	25.00	33.33	33.33	0.00	0.00	0.00	0.00	0.00	5.77
冰岛	0.00	20.00	0.00	0.00	33.33	16.67	0.00	0.00	0.00	0.00	5.77

续表

国家和地区	2014 年	2015 年	2016 年	2017 年	2018 年	2019 年	2020 年	2021 年	2022 年	2023 年	合计
瑞士	0.00	0.00	0.00	66.67	0.00	0.00	0.00	0.00	14.29	0.00	5.77
中国香港	0.00	0.00	25.00	0.00	0.00	0.00	0.00	0.00	14.29	0.00	3.85
印度	0.00	0.00	0.00	0.00	0.00	0.00	14.29	20.00	0.00	0.00	3.85
日本	0.00	0.00	0.00	0.00	0.00	16.67	0.00	20.00	0.00	0.00	3.85
罗马尼亚	0.00	0.00	25.00	0.00	0.00	0.00	0.00	0.00	0.00	0.00	1.92
新加坡	33.33	0.00	0.00	0.00	0.00	0.00	0.00	0.00	0.00	0.00	1.92
中国台湾	0.00	0.00	0.00	0.00	0.00	0.00	14.29	0.00	0.00	0.00	1.92
乌克兰	0.00	0.00	0.00	33.33	0.00	0.00	0.00	0.00	0.00	0.00	1.92

表 5-8　遥感 B 层研究排名前 20 的国家和地区的国际合作参与率

单位：%

国家和地区	2014 年	2015 年	2016 年	2017 年	2018 年	2019 年	2020 年	2021 年	2022 年	2023 年	合计
中国大陆	47.62	34.15	35.29	46.88	48.65	56.60	52.08	67.35	71.15	76.56	55.97
美国	52.38	26.83	58.82	50.00	40.54	50.94	45.83	42.86	32.69	29.69	42.04
德国	26.19	24.39	29.41	25.00	16.22	24.53	31.25	26.53	21.15	15.63	23.67
法国	7.14	24.39	11.76	28.13	16.22	13.21	16.67	20.41	21.15	7.81	16.15
英国	0.00	17.07	20.59	18.75	18.92	15.09	12.50	18.37	17.31	14.06	15.04
意大利	7.14	17.07	14.71	18.75	16.22	22.64	8.33	20.41	19.23	4.69	14.60
澳大利亚	9.52	4.88	17.65	12.50	18.92	15.09	14.58	12.24	11.54	17.19	13.50
加拿大	9.52	7.32	14.71	9.38	16.22	11.32	25.00	14.29	13.46	4.69	12.39
西班牙	9.52	9.76	17.65	15.63	16.22	15.09	10.42	12.24	15.38	6.25	12.39
荷兰	11.90	21.95	17.65	12.50	10.81	7.55	10.42	8.16	11.54	0.00	10.40
日本	4.76	2.44	0.00	9.38	8.11	9.43	14.58	8.16	9.62	4.69	7.30
瑞士	7.14	7.32	17.65	6.25	10.81	3.77	4.17	10.20	7.69	3.13	7.30
比利时	4.76	14.63	5.88	12.50	2.70	1.89	6.25	8.16	1.92	1.56	5.53
冰岛	9.52	9.76	0.00	12.50	8.11	1.89	4.17	6.12	1.92	3.13	5.31
奥地利	2.38	7.32	8.82	9.38	5.41	5.66	4.17	4.08	7.69	0.00	5.09
中国香港	0.00	4.88	2.94	0.00	13.51	1.89	2.08	6.12	1.92	9.38	4.42
印度	2.38	0.00	5.88	6.25	8.11	1.89	4.17	4.08	3.85	6.25	4.20
伊朗	0.00	0.00	2.94	0.00	0.00	1.89	8.33	6.12	5.77	7.81	3.76
芬兰	0.00	0.00	14.71	9.38	8.11	1.89	4.17	0.00	3.85	0.00	3.54
葡萄牙	4.76	9.76	2.94	6.25	2.70	0.00	2.08	0.00	3.85	1.56	3.10

表 5-9　遥感 C 层研究排名前 20 的国家和地区的国际合作参与率

单位：%

国家和地区	2014 年	2015 年	2016 年	2017 年	2018 年	2019 年	2020 年	2021 年	2022 年	2023 年	合计
中国大陆	40.21	39.11	40.45	46.91	42.30	49.32	48.20	58.03	64.18	61.19	49.88
美国	44.33	40.94	43.37	42.96	39.01	38.55	37.81	38.88	30.39	30.60	38.21
德国	13.14	19.69	17.53	13.58	18.89	18.40	13.04	13.73	15.62	12.11	15.53
英国	7.99	12.07	13.93	12.35	11.29	16.44	14.56	12.38	9.17	10.27	12.09
意大利	12.63	15.22	14.61	12.59	12.32	11.35	12.67	9.28	11.54	9.24	12.01
法国	12.89	13.39	13.26	11.11	10.06	11.94	10.21	12.38	8.32	8.01	10.99
澳大利亚	8.76	10.76	8.99	12.59	10.27	10.96	10.02	11.03	11.21	10.06	10.49
加拿大	9.02	9.45	8.09	9.88	8.21	8.22	8.70	11.22	7.13	9.03	8.84
西班牙	10.82	6.30	11.91	9.38	9.86	8.02	9.26	9.28	7.47	6.57	8.84
荷兰	7.73	14.17	10.11	7.65	8.83	8.22	8.51	7.54	5.26	6.16	8.23
中国香港	4.64	3.94	4.94	4.20	4.31	5.09	3.97	6.58	7.13	6.78	5.25
瑞士	5.67	7.61	5.62	3.46	5.75	3.52	4.35	3.29	4.58	1.64	4.45
比利时	3.35	5.25	4.94	4.69	5.34	5.28	3.78	3.87	3.90	2.05	4.22
日本	3.09	3.94	2.02	3.95	4.93	4.50	5.48	4.64	3.23	5.95	4.22
印度	3.35	2.89	3.60	2.22	3.70	3.72	5.10	4.84	4.58	5.95	4.09
奥地利	3.61	5.51	4.04	2.72	2.67	2.94	4.16	3.48	4.92	2.26	3.63
伊朗	2.06	1.05	1.35	1.23	2.26	5.87	6.43	4.64	3.90	4.31	3.50
巴西	2.06	2.36	2.92	2.72	1.64	4.50	3.21	4.84	1.36	3.08	2.89
韩国	2.06	1.57	1.80	0.74	4.11	3.72	4.16	2.51	2.21	2.67	2.64
瑞典	1.29	3.15	3.82	1.48	2.05	2.15	3.40	1.74	1.70	3.29	2.41

四　地质学

地质学 A 层研究国际合作参与率最高的是中国大陆，为 50.00%，其次为澳大利亚和英国，均为 35.00%；美国、加拿大、德国、瑞士、马来西亚的参与率也比较高，在 30%~10%；芬兰、法国、印度、南非、韩国、西班牙、斯里兰卡、中国台湾也有一定的参与率，均为 5.00%。

B 层研究国际合作参与率最高的是中国大陆，为 49.71%，其次为美国的 37.14%；澳大利亚、英国、加拿大、德国、法国的参与率也比较高，在 26%~11%；意大利、俄罗斯、瑞士、日本、荷兰、西班牙、挪威、巴西、中国香港、奥地利、芬兰、伊朗、南非也有一定的参与率，在8%~2%。

C层研究国际合作参与率最高的是美国，为35.83%，其次为中国大陆的32.74%；英国、澳大利亚、德国、加拿大、法国、意大利的参与率也比较高，在27%~10%；瑞士、西班牙、挪威、荷兰、俄罗斯、日本、瑞典、巴西、南非、丹麦、奥地利、新西兰也有一定的参与率，在8%~2%。

表5-10　地质学A层研究所有国家和地区的国际合作参与率

单位：%

国家和地区	2014年	2015年	2016年	2017年	2018年	2019年	2020年	2021年	2022年	2023年	合计
中国大陆	0.00	0.00	0.00	66.67	33.33	50.00	50.00	100.00	100.00	100.00	50.00
澳大利亚	100.00	0.00	100.00	33.33	66.67	50.00	0.00	0.00	0.00	0.00	35.00
英国	50.00	100.00	100.00	33.33	33.33	50.00	0.00	0.00	0.00	0.00	35.00
美国	50.00	50.00	0.00	33.33	33.33	0.00	50.00	33.33	0.00	0.00	30.00
加拿大	0.00	50.00	0.00	0.00	33.33	0.00	50.00	33.33	100.00	0.00	25.00
德国	50.00	0.00	100.00	0.00	0.00	0.00	0.00	33.33	0.00	0.00	15.00
瑞士	0.00	0.00	100.00	33.33	0.00	0.00	0.00	33.33	0.00	0.00	15.00
马来西亚	0.00	0.00	0.00	0.00	0.00	0.00	50.00	0.00	0.00	0.00	10.00
芬兰	0.00	0.00	0.00	0.00	0.00	0.00	0.00	0.00	0.00	100.00	5.00
法国	0.00	50.00	0.00	0.00	0.00	0.00	0.00	0.00	0.00	0.00	5.00
印度	0.00	0.00	0.00	33.33	0.00	0.00	0.00	0.00	0.00	0.00	5.00
南非	0.00	0.00	100.00	0.00	0.00	0.00	0.00	0.00	0.00	0.00	5.00
韩国	0.00	0.00	0.00	0.00	0.00	0.00	50.00	0.00	0.00	0.00	5.00
西班牙	0.00	50.00	0.00	0.00	0.00	0.00	0.00	0.00	0.00	0.00	5.00
斯里兰卡	0.00	0.00	0.00	0.00	0.00	0.00	50.00	0.00	0.00	0.00	5.00
中国台湾	0.00	0.00	0.00	0.00	0.00	0.00	50.00	0.00	0.00	0.00	5.00

表5-11　地质学B层研究排名前20的国家和地区的国际合作参与率

单位：%

国家和地区	2014年	2015年	2016年	2017年	2018年	2019年	2020年	2021年	2022年	2023年	合计
中国大陆	18.18	50.00	31.25	57.89	45.00	50.00	37.50	75.00	78.57	40.00	49.71
美国	18.18	43.75	31.25	47.37	40.00	39.29	31.25	45.00	28.57	33.33	37.14
澳大利亚	27.27	31.25	37.50	31.58	10.00	28.57	25.00	35.00	21.43	6.67	25.71
英国	36.36	6.25	37.50	31.58	40.00	14.29	50.00	5.00	28.57	6.67	24.57

续表

国家和地区	2014 年	2015 年	2016 年	2017 年	2018 年	2019 年	2020 年	2021 年	2022 年	2023 年	合计
加拿大	9.09	12.50	18.75	15.79	20.00	17.86	37.50	30.00	35.71	6.67	20.57
德国	27.27	18.75	12.50	21.05	15.00	10.71	18.75	10.00	14.29	13.33	15.43
法国	27.27	6.25	25.00	15.79	5.00	7.14	25.00	0.00	7.14	6.67	11.43
意大利	18.18	6.25	6.25	0.00	5.00	7.14	18.75	0.00	0.00	20.00	7.43
俄罗斯	18.18	0.00	0.00	5.26	5.00	7.14	6.25	10.00	7.14	13.33	6.86
瑞士	9.09	0.00	12.50	5.26	10.00	10.71	0.00	5.00	7.14	6.67	6.86
日本	18.18	6.25	0.00	10.53	5.00	3.57	0.00	10.00	0.00	0.00	5.14
荷兰	9.09	12.50	0.00	5.26	5.00	0.00	18.75	0.00	7.14	0.00	5.14
西班牙	9.09	0.00	0.00	0.00	5.00	3.57	6.25	0.00	0.00	26.67	4.57
挪威	0.00	6.25	6.25	0.00	5.00	7.14	6.25	5.00	0.00	0.00	4.00
巴西	0.00	0.00	6.25	0.00	0.00	7.14	12.50	5.00	0.00	0.00	3.43
中国香港	0.00	0.00	12.50	5.26	0.00	0.00	0.00	15.00	0.00	0.00	3.43
奥地利	9.09	6.25	0.00	5.26	5.00	3.57	0.00	0.00	0.00	6.67	2.86
芬兰	0.00	0.00	0.00	0.00	0.00	3.57	0.00	15.00	0.00	0.00	2.86
伊朗	9.09	6.25	0.00	0.00	5.00	3.57	0.00	0.00	0.00	6.67	2.86
南非	0.00	6.25	6.25	0.00	5.00	3.57	0.00	5.00	0.00	0.00	2.86

表 5-12　地质学 C 层研究排名前 20 的国家和地区的国际合作参与率

单位：%

国家和地区	2014 年	2015 年	2016 年	2017 年	2018 年	2019 年	2020 年	2021 年	2022 年	2023 年	合计
美国	36.69	35.00	47.53	41.27	46.89	35.29	30.00	31.69	21.08	31.07	35.83
中国大陆	25.18	28.13	23.46	32.80	32.77	33.48	28.89	42.62	41.57	37.86	32.74
英国	26.62	30.00	30.86	28.57	28.25	30.32	27.78	22.40	21.69	16.50	26.79
澳大利亚	19.42	23.75	17.90	21.16	20.90	22.17	22.22	23.50	19.88	11.65	20.71
德国	15.11	18.75	11.73	16.40	22.03	14.48	20.56	19.67	21.69	23.30	18.15
加拿大	14.39	20.00	19.14	18.52	15.82	17.19	20.56	17.49	12.65	12.62	17.08
法国	14.39	11.88	9.88	9.52	14.12	16.74	12.22	11.48	14.46	13.59	12.86
意大利	10.79	8.75	8.64	11.11	9.60	6.79	10.00	8.74	15.06	16.50	10.24
瑞士	6.47	5.63	8.02	5.82	4.52	9.05	7.22	8.74	9.04	7.77	7.26
西班牙	8.63	2.50	6.79	1.59	5.65	8.14	7.78	6.01	7.23	5.83	6.01
挪威	5.04	6.25	6.79	9.52	4.52	5.43	3.89	3.28	5.42	0.97	5.30
荷兰	5.76	7.50	7.41	4.23	2.82	2.26	5.00	2.73	4.22	3.88	4.46
俄罗斯	2.88	4.38	2.47	4.23	5.65	2.71	7.22	7.10	3.01	1.94	4.29
日本	7.91	5.00	3.09	3.17	4.52	3.62	3.89	3.28	1.81	2.91	3.87

国家和地区	2014 年	2015 年	2016 年	2017 年	2018 年	2019 年	2020 年	2021 年	2022 年	2023 年	合计
瑞典	1.44	3.75	7.41	3.17	2.26	2.71	4.44	2.73	6.02	0.97	3.57
巴西	2.16	1.88	4.94	4.76	5.08	4.07	3.89	2.19	1.20	4.85	3.51
南非	3.60	2.50	0.62	1.59	2.82	3.62	7.22	2.73	6.63	3.88	3.51
丹麦	3.60	4.38	1.85	1.59	4.52	2.71	1.11	2.19	3.01	3.88	2.80
奥地利	3.60	0.63	1.85	2.12	2.26	2.26	2.22	6.01	2.41	4.85	2.74
新西兰	0.00	5.00	3.09	1.59	1.69	2.71	5.56	3.28	2.41	0.00	2.68

五 古生物学

古生物学 A 层研究国际合作参与率最高的是英国，为 58.33%，其次为美国的 41.67%；加拿大、中国大陆、德国、挪威、瑞士的参与率也比较高，在 34%~16%；阿根廷、澳大利亚、丹麦、法国、马来西亚、摩洛哥、波兰、葡萄牙、俄罗斯、瑞典、中国台湾也有一定的参与率，均为 8.33%。

B 层研究国际合作参与率最高的是美国，为 56.00%，其次为英国的 44.80%；德国、中国大陆、法国、瑞士、澳大利亚、加拿大、阿根廷、意大利、俄罗斯、瑞典的参与率也比较高，在 36%~10%；挪威、西班牙、荷兰、丹麦、日本、奥地利、比利时、巴西也有一定的参与率，在 9%~5%。

C 层研究国际合作参与率最高的是美国，为 42.75%，其次为英国的 31.21%；德国、中国大陆、法国、西班牙、加拿大、意大利、瑞士的参与率也比较高，在 27%~10%；澳大利亚、阿根廷、巴西、瑞典、俄罗斯、荷兰、波兰、南非、日本、比利时、丹麦也有一定的参与率，在 10%~3%。

表 5-13 古生物学 A 层研究所有国家和地区的国际合作参与率

单位：%

国家和地区	2014 年	2015 年	2016 年	2017 年	2018 年	2019 年	2020 年	2021 年	2022 年	2023 年	合计
英国	100.00	0.00	50.00	50.00	100.00	100.00	0.00	100.00	0.00	0.00	58.33
美国	0.00	0.00	50.00	0.00	0.00	100.00	100.00	100.00	0.00	100.00	41.67
加拿大	0.00	0.00	0.00	100.00	50.00	0.00	0.00	0.00	0.00	100.00	33.33

续表

国家和地区	2014 年	2015 年	2016 年	2017 年	2018 年	2019 年	2020 年	2021 年	2022 年	2023 年	合计
中国大陆	0.00	100.00	50.00	0.00	0.00	100.00	0.00	0.00	0.00	100.00	33.33
德国	0.00	100.00	50.00	0.00	0.00	0.00	0.00	100.00	0.00	0.00	25.00
挪威	100.00	0.00	0.00	0.00	0.00	0.00	0.00	100.00	0.00	0.00	16.67
瑞士	0.00	0.00	0.00	0.00	0.00	0.00	0.00	100.00	0.00	100.00	16.67
阿根廷	0.00	0.00	50.00	0.00	0.00	0.00	0.00	0.00	0.00	0.00	8.33
澳大利亚	0.00	0.00	0.00	0.00	0.00	0.00	100.00	0.00	0.00	0.00	8.33
丹麦	0.00	0.00	0.00	0.00	50.00	0.00	0.00	0.00	0.00	0.00	8.33
法国	0.00	0.00	0.00	0.00	0.00	0.00	0.00	0.00	0.00	100.00	8.33
马来西亚	0.00	0.00	0.00	0.00	50.00	0.00	0.00	0.00	0.00	0.00	8.33
摩洛哥	0.00	0.00	0.00	50.00	0.00	0.00	0.00	0.00	0.00	0.00	8.33
波兰	0.00	100.00	0.00	0.00	0.00	0.00	0.00	0.00	0.00	0.00	8.33
葡萄牙	0.00	0.00	0.00	0.00	50.00	0.00	0.00	0.00	0.00	0.00	8.33
俄罗斯	0.00	0.00	0.00	50.00	0.00	0.00	0.00	0.00	0.00	0.00	8.33
瑞典	0.00	0.00	0.00	0.00	0.00	0.00	0.00	100.00	0.00	0.00	8.33
中国台湾	0.00	0.00	0.00	0.00	50.00	0.00	0.00	0.00	0.00	0.00	8.33

表 5-14　古生物学 B 层研究排名前 20 的国家和地区的国际合作参与率

单位：%

国家和地区	2014 年	2015 年	2016 年	2017 年	2018 年	2019 年	2020 年	2021 年	2022 年	2023 年	合计
美国	50.00	56.25	50.00	58.33	46.15	55.00	90.00	66.67	50.00	37.50	56.00
英国	50.00	56.25	33.33	25.00	69.23	40.00	60.00	41.67	35.71	37.50	44.80
德国	25.00	25.00	41.67	16.67	15.38	45.00	50.00	41.67	50.00	37.50	35.20
中国大陆	50.00	12.50	33.33	25.00	46.15	30.00	20.00	41.67	14.29	37.50	29.60
法国	25.00	12.50	25.00	25.00	23.08	20.00	30.00	33.33	14.29	25.00	22.40
瑞士	0.00	12.50	8.33	33.33	30.77	10.00	20.00	16.67	7.14	25.00	16.00
澳大利亚	0.00	18.75	16.67	0.00	7.69	0.00	20.00	41.67	21.43	37.50	15.20
加拿大	12.50	25.00	8.33	25.00	0.00	5.00	30.00	8.33	21.43	12.50	14.40
阿根廷	37.50	6.25	8.33	8.33	15.38	5.00	20.00	16.67	7.14	12.50	12.00
意大利	25.00	12.50	0.00	25.00	23.08	5.00	30.00	0.00	7.14	0.00	12.00
俄罗斯	12.50	0.00	33.33	8.33	7.69	5.00	10.00	16.67	7.14	12.50	10.40
瑞典	0.00	0.00	8.33	25.00	15.38	10.00	10.00	16.67	7.14	12.50	10.40
挪威	0.00	0.00	16.67	0.00	0.00	10.00	30.00	8.33	14.29	12.50	8.80

国家和地区	2014 年	2015 年	2016 年	2017 年	2018 年	2019 年	2020 年	2021 年	2022 年	2023 年	合计
西班牙	12.50	0.00	0.00	16.67	15.38	5.00	20.00	8.33	14.29	0.00	8.80
荷兰	12.50	0.00	8.33	16.67	7.69	0.00	0.00	8.33	21.43	12.50	8.00
丹麦	0.00	0.00	8.33	8.33	15.38	10.00	10.00	0.00	0.00	12.50	6.40
日本	0.00	0.00	0.00	8.33	7.69	5.00	10.00	8.33	14.29	12.50	6.40
奥地利	25.00	0.00	8.33	0.00	7.69	5.00	10.00	0.00	7.14	0.00	5.60
比利时	12.50	6.25	16.67	25.00	0.00	0.00	0.00	0.00	0.00	0.00	5.60
巴西	12.50	0.00	8.33	0.00	0.00	0.00	20.00	0.00	14.29	12.50	5.60

表 5-15　古生物学 C 层研究排名前 20 的国家和地区的国际合作参与率

单位：%

国家和地区	2014 年	2015 年	2016 年	2017 年	2018 年	2019 年	2020 年	2021 年	2022 年	2023 年	合计
美国	40.58	45.83	42.86	42.50	40.74	43.53	49.37	40.85	37.30	42.99	42.75
英国	33.33	31.25	29.19	31.88	31.48	29.41	36.71	28.05	29.37	31.78	31.21
德国	23.19	26.39	19.25	26.25	29.01	28.82	27.22	26.83	26.19	29.91	26.24
中国大陆	23.19	15.97	23.60	25.00	25.31	31.18	26.58	25.00	23.81	26.17	24.70
法国	15.94	17.36	17.39	17.50	19.14	12.94	18.99	15.85	14.29	11.21	16.24
西班牙	9.42	5.56	11.80	11.25	8.64	17.06	8.86	9.15	15.08	14.02	11.01
加拿大	13.04	9.72	11.80	11.25	8.64	10.59	10.76	8.54	11.11	9.35	10.47
意大利	10.87	13.19	10.56	8.13	10.49	8.82	9.49	12.20	9.52	7.48	10.13
瑞士	7.97	11.81	6.21	9.38	8.64	7.06	12.66	11.59	14.29	13.08	10.07
澳大利亚	6.52	7.64	10.56	13.13	5.56	11.18	10.76	7.93	10.32	8.41	9.26
阿根廷	5.80	9.72	7.45	6.25	5.56	10.00	9.49	9.76	12.70	10.28	8.59
巴西	4.35	4.86	5.59	6.25	7.41	12.35	8.23	7.32	4.76	5.61	6.85
瑞典	2.90	11.81	6.83	3.75	7.41	7.06	8.86	3.05	8.73	6.54	6.64
俄罗斯	5.07	4.17	8.07	1.25	6.79	6.47	4.43	6.10	3.97	7.48	5.37
荷兰	4.35	8.33	4.35	4.38	3.09	2.35	2.53	5.49	4.76	7.48	4.56
波兰	2.17	2.78	4.97	3.13	6.79	4.71	2.53	2.44	6.35	5.61	4.09
南非	3.62	2.08	3.73	5.63	3.09	4.12	3.80	5.49	4.76	4.67	4.09
日本	3.62	4.17	1.86	5.63	4.94	4.71	3.16	2.44	3.17	6.54	3.96
比利时	6.52	3.47	1.86	5.63	4.32	4.12	1.90	2.44	2.38	3.74	3.62
丹麦	2.90	2.78	3.11	3.13	2.47	2.94	6.33	3.05	4.76	5.61	3.62

六　矿物学

矿物学A、B、C层研究国际合作参与率最高的均为中国大陆，分别为52.63%、46.76%、45.02%；澳大利亚A、B、C层研究国际合作参与率均排名第二，分别为31.58%、29.50%、26.50%。

美国、加拿大、法国、韩国、英国A层研究国际合作参与率也比较高，在27%~10%；阿尔及利亚、捷克、埃及、芬兰、日本、马来西亚、巴基斯坦、卡塔尔、俄罗斯、沙特阿拉伯、西班牙、斯里兰卡也有一定的参与率，均为5.26%。

美国、加拿大、德国、英国、法国B层研究国际合作参与率也比较高，在27%~14%；俄罗斯、瑞士、马来西亚、挪威、丹麦、芬兰、日本、西班牙、捷克、比利时、意大利、南非、土耳其也有一定的参与率，在8%~2%。

美国、加拿大、德国、英国、法国C层研究国际合作参与率也比较高，在25%~10%；瑞士、意大利、西班牙、俄罗斯、南非、日本、伊朗、印度、巴西、埃及、韩国、中国香港、沙特阿拉伯也有一定的参与率，在5%~2%。

表5-16　矿物学A层研究所有国家和地区的国际合作参与率

单位：%

国家和地区	2014年	2015年	2016年	2017年	2018年	2019年	2020年	2021年	2022年	2023年	合计
中国大陆	100.00	50.00	100.00	0.00	0.00	66.67	33.33	50.00	100.00	100.00	52.63
澳大利亚	0.00	0.00	100.00	50.00	50.00	66.67	33.33	0.00	0.00	0.00	31.58
美国	100.00	0.00	0.00	0.00	50.00	33.33	33.33	0.00	100.00	0.00	26.32
加拿大	100.00	0.00	0.00	0.00	0.00	0.00	0.00	50.00	0.00	0.00	10.53
法国	0.00	50.00	0.00	0.00	50.00	0.00	0.00	0.00	0.00	0.00	10.53
韩国	0.00	0.00	0.00	0.00	0.00	33.33	33.33	0.00	0.00	0.00	10.53
英国	0.00	50.00	100.00	0.00	0.00	0.00	0.00	0.00	0.00	0.00	10.53
阿尔及利亚	0.00	0.00	0.00	0.00	50.00	0.00	0.00	0.00	0.00	0.00	5.26
捷克	0.00	0.00	0.00	0.00	0.00	0.00	0.00	50.00	0.00	0.00	5.26

国家和地区	2014年	2015年	2016年	2017年	2018年	2019年	2020年	2021年	2022年	2023年	合计
埃及	0.00	0.00	0.00	0.00	0.00	0.00	0.00	50.00	0.00	0.00	5.26
芬兰	0.00	0.00	0.00	0.00	0.00	0.00	0.00	0.00	0.00	50.00	5.26
日本	0.00	0.00	0.00	0.00	0.00	0.00	33.33	0.00	0.00	0.00	5.26
马来西亚	0.00	0.00	0.00	0.00	0.00	0.00	33.33	0.00	0.00	0.00	5.26
巴基斯坦	0.00	0.00	0.00	50.00	0.00	0.00	0.00	0.00	0.00	0.00	5.26
卡塔尔	0.00	0.00	0.00	50.00	0.00	0.00	0.00	0.00	0.00	0.00	5.26
俄罗斯	0.00	0.00	0.00	0.00	0.00	0.00	0.00	0.00	0.00	50.00	5.26
沙特阿拉伯	0.00	0.00	0.00	50.00	0.00	0.00	0.00	0.00	0.00	0.00	5.26
西班牙	0.00	50.00	0.00	0.00	0.00	0.00	0.00	0.00	0.00	0.00	5.26
斯里兰卡	0.00	0.00	0.00	0.00	0.00	0.00	33.33	0.00	0.00	0.00	5.26

表 5-17 矿物学 B 层研究排名前 20 的国家和地区的国际合作参与率

单位：%

国家和地区	2014年	2015年	2016年	2017年	2018年	2019年	2020年	2021年	2022年	2023年	合计
中国大陆	33.33	38.46	45.45	46.67	40.00	60.00	64.29	61.11	31.25	40.00	46.76
澳大利亚	16.67	46.15	54.55	26.67	33.33	26.67	42.86	27.78	12.50	10.00	29.50
美国	33.33	46.15	36.36	33.33	6.67	33.33	42.86	16.67	18.75	0.00	26.62
加拿大	25.00	23.08	9.09	20.00	26.67	33.33	7.14	16.67	25.00	30.00	21.58
德国	16.67	15.38	0.00	26.67	20.00	13.33	0.00	16.67	37.50	10.00	16.55
英国	8.33	0.00	27.27	20.00	13.33	0.00	28.57	33.33	12.50	20.00	16.55
法国	25.00	0.00	18.18	33.33	26.67	0.00	14.29	5.56	12.50	10.00	14.39
俄罗斯	8.33	23.08	9.09	6.67	0.00	0.00	0.00	16.67	6.25	10.00	7.91
瑞士	0.00	7.69	9.09	20.00	6.67	0.00	0.00	11.11	12.50	10.00	7.91
马来西亚	0.00	0.00	0.00	0.00	13.33	6.67	7.14	5.56	6.25	20.00	5.76
挪威	8.33	0.00	18.18	0.00	6.67	0.00	0.00	11.11	6.25	0.00	5.04
丹麦	0.00	0.00	9.09	6.67	13.33	0.00	7.14	0.00	6.25	0.00	4.32
芬兰	0.00	0.00	0.00	0.00	0.00	6.67	0.00	11.11	6.25	20.00	4.32
日本	16.67	0.00	9.09	6.67	0.00	6.67	0.00	5.56	0.00	0.00	4.32
西班牙	0.00	0.00	0.00	6.67	6.67	13.33	0.00	0.00	0.00	20.00	4.32
捷克	0.00	7.69	0.00	6.67	0.00	0.00	14.29	5.56	0.00	0.00	3.60
比利时	0.00	7.69	0.00	6.67	6.67	0.00	0.00	0.00	0.00	10.00	2.88
意大利	0.00	0.00	0.00	0.00	6.67	0.00	7.14	5.56	6.25	0.00	2.88
南非	0.00	7.69	0.00	0.00	13.33	0.00	0.00	0.00	6.25	0.00	2.88
土耳其	0.00	0.00	0.00	0.00	6.67	0.00	7.14	5.56	6.25	0.00	2.88

表 5-18　矿物学 C 层研究排名前 20 的国家和地区的国际合作参与率

单位：%

国家和地区	2014 年	2015 年	2016 年	2017 年	2018 年	2019 年	2020 年	2021 年	2022 年	2023 年	合计
中国大陆	52.85	46.48	35.71	38.15	50.00	50.90	44.86	50.00	42.01	38.62	45.02
澳大利亚	24.39	28.87	31.75	24.86	23.33	38.92	37.30	23.12	19.53	11.03	26.50
美国	26.02	30.28	34.92	28.32	28.67	17.96	21.08	22.58	18.93	24.83	24.90
加拿大	9.76	20.42	14.29	19.08	17.33	16.77	21.08	14.52	15.38	16.55	16.73
德国	12.20	14.79	12.70	16.18	18.00	9.58	15.14	18.82	15.98	10.34	14.56
英国	8.94	15.49	15.08	20.23	8.67	10.18	13.51	12.37	13.61	10.34	12.96
法国	12.20	6.34	13.49	10.40	14.67	13.17	10.81	9.68	8.88	8.97	10.79
瑞士	7.32	4.23	5.56	5.78	3.33	2.40	4.86	7.53	4.14	4.14	4.92
意大利	2.44	3.52	4.76	5.20	5.33	4.19	4.32	4.84	5.92	6.21	4.73
西班牙	5.69	3.52	6.35	4.05	4.67	5.39	0.54	3.76	5.33	8.97	4.66
俄罗斯	4.88	0.70	2.38	3.47	2.67	8.38	4.32	5.38	8.28	2.07	4.41
南非	5.69	2.11	1.59	4.05	4.00	5.99	7.03	1.08	5.33	5.52	4.28
日本	9.76	2.82	4.76	2.89	6.00	4.19	1.08	2.69	3.55	6.90	4.21
伊朗	4.88	2.82	1.59	3.47	2.67	3.59	4.86	4.84	2.96	8.97	4.09
印度	3.25	4.23	2.38	2.31	3.33	1.80	2.70	2.15	8.28	4.83	3.51
巴西	4.88	3.52	1.59	4.05	0.67	1.20	4.32	2.69	2.96	4.14	3.00
埃及	0.81	1.41	2.38	1.73	1.33	1.20	1.62	3.23	6.51	9.66	3.00
韩国	2.44	2.11	1.59	2.89	2.00	1.80	4.32	0.54	5.92	6.21	3.00
中国香港	7.32	6.34	3.17	1.16	3.33	1.80	1.08	3.23	1.78	2.07	2.94
沙特阿拉伯	0.81	2.82	1.59	0.58	2.67	0.00	2.70	1.08	7.10	10.34	2.94

七　地质工程

地质工程 A、B、C 层研究国际合作参与率最高的均为中国大陆，分别为 58.06%、72.45%、57.81%。

澳大利亚、美国 A 层研究国际合作参与率排名第二、第三，分别为 35.48%、32.26%；意大利、英国、加拿大的参与率也比较高，在 20%～ 12%；挪威、瑞士、法国、日本、马来西亚、瑞典、越南、阿尔及利亚、埃及、德国、中国香港、印度、伊朗、俄罗斯也有一定的参与率，在 10%～3%。

　　美国 B 层研究国际合作参与率排名第二，为 24.49%；澳大利亚、中国香港、英国的参与率也比较高，在 22%～10%；加拿大、意大利、新加坡、德国、日本、伊朗、沙特阿拉伯、印度、法国、希腊、挪威、韩国、越南、阿尔及利亚、奥地利也有一定的参与率，在 10%～2%。

　　美国 C 层研究国际合作参与率排名第二，为 23.96%；澳大利亚、英国、中国香港、加拿大的参与率也比较高，在 19%～10%；意大利、法国、日本、新加坡、伊朗、德国、荷兰、瑞士、印度、西班牙、希腊、土耳其、韩国、挪威也有一定的参与率，在 9%～2%。

表 5-19　地质工程 A 层研究排名前 20 的国家和地区的国际合作参与率

单位：%

国家和地区	2014 年	2015 年	2016 年	2017 年	2018 年	2019 年	2020 年	2021 年	2022 年	2023 年	合计
中国大陆	0.00	50.00	0.00	0.00	50.00	66.67	80.00	100.00	100.00	100.00	58.06
澳大利亚	33.33	0.00	0.00	33.33	50.00	0.00	60.00	25.00	50.00	100.00	35.48
美国	33.33	0.00	0.00	66.67	50.00	33.33	20.00	25.00	50.00	50.00	32.26
意大利	33.33	50.00	0.00	0.00	100.00	33.33	0.00	0.00	0.00	50.00	19.35
英国	0.00	50.00	33.33	33.33	0.00	33.33	0.00	25.00	0.00	0.00	16.13
加拿大	66.67	0.00	0.00	0.00	0.00	33.33	20.00	0.00	0.00	0.00	12.90
挪威	0.00	0.00	33.33	0.00	0.00	33.33	20.00	0.00	0.00	0.00	9.68
瑞士	33.33	50.00	0.00	0.00	50.00	0.00	0.00	0.00	0.00	0.00	9.68
法国	0.00	0.00	0.00	0.00	0.00	50.00	0.00	0.00	0.00	0.00	6.45
日本	0.00	0.00	0.00	0.00	0.00	33.33	0.00	25.00	0.00	0.00	6.45
马来西亚	0.00	0.00	33.33	33.33	0.00	0.00	0.00	0.00	0.00	0.00	6.45
瑞典	0.00	50.00	0.00	33.33	0.00	0.00	0.00	0.00	0.00	0.00	6.45
越南	0.00	0.00	33.33	0.00	0.00	33.33	0.00	0.00	0.00	0.00	6.45
阿尔及利亚	0.00	0.00	0.00	0.00	0.00	33.33	0.00	0.00	0.00	0.00	3.23
埃及	0.00	0.00	0.00	33.33	0.00	0.00	0.00	0.00	0.00	0.00	3.23
德国	0.00	0.00	0.00	0.00	0.00	50.00	0.00	0.00	0.00	0.00	3.23
中国香港	0.00	50.00	0.00	0.00	0.00	0.00	0.00	0.00	0.00	0.00	3.23
印度	0.00	0.00	0.00	0.00	0.00	33.33	0.00	0.00	0.00	0.00	3.23
伊朗	0.00	0.00	33.33	0.00	0.00	0.00	0.00	0.00	0.00	0.00	3.23
俄罗斯	0.00	0.00	0.00	33.33	0.00	0.00	0.00	0.00	0.00	0.00	3.23

表 5-20　地质工程 B 层研究排名前 20 的国家和地区的国际合作参与率

单位：%

国家和地区	2014 年	2015 年	2016 年	2017 年	2018 年	2019 年	2020 年	2021 年	2022 年	2023 年	合计
中国大陆	57.89	57.69	61.54	66.67	78.13	84.21	71.43	77.42	79.31	78.57	72.45
美国	36.84	30.77	26.92	13.33	28.13	39.47	25.71	16.13	13.79	14.29	24.49
澳大利亚	10.53	19.23	19.23	23.33	12.50	18.42	28.57	35.48	31.03	14.29	21.77
中国香港	10.53	19.23	23.08	16.67	15.63	7.89	8.57	16.13	6.90	17.86	13.95
英国	15.79	11.54	15.38	16.67	12.50	10.53	8.57	9.68	6.90	3.57	10.88
加拿大	31.58	15.38	19.23	6.67	9.38	2.63	5.71	0.00	10.34	3.57	9.18
意大利	5.26	11.54	7.69	6.67	9.38	7.89	8.57	3.23	13.79	10.71	8.50
新加坡	5.26	3.85	15.38	3.33	3.13	5.26	5.71	16.13	3.45	0.00	6.12
德国	0.00	7.69	7.69	6.67	3.13	0.00	11.43	3.23	3.45	14.29	5.78
日本	10.53	3.85	0.00	3.33	6.25	5.26	2.86	9.68	6.90	7.14	5.44
伊朗	5.26	3.85	3.85	3.33	3.13	7.89	5.71	9.68	6.90	0.00	5.10
沙特阿拉伯	0.00	0.00	3.85	0.00	12.50	5.26	8.57	0.00	6.90	7.14	4.76
印度	5.26	0.00	11.54	3.33	0.00	5.26	0.00	3.23	13.79	3.57	4.42
法国	15.79	3.85	3.85	3.33	6.25	0.00	0.00	0.00	3.45	10.71	4.08
希腊	5.26	0.00	7.69	6.67	0.00	0.00	5.71	6.45	10.34	0.00	4.08
挪威	5.26	0.00	3.85	6.67	0.00	10.53	0.00	0.00	3.45	7.14	3.74
韩国	0.00	3.85	0.00	3.33	3.13	5.26	2.86	3.23	6.90	7.14	3.74
越南	0.00	0.00	0.00	6.67	3.13	2.63	11.43	6.45	0.00	3.57	3.74
阿尔及利亚	0.00	0.00	3.85	0.00	6.25	2.63	5.71	0.00	3.45	7.14	3.06
奥地利	5.26	0.00	3.85	0.00	0.00	0.00	5.71	0.00	10.34	3.57	2.72

表 5-21　地质工程 C 层研究排名前 20 的国家和地区的国际合作参与率

单位：%

国家和地区	2014 年	2015 年	2016 年	2017 年	2018 年	2019 年	2020 年	2021 年	2022 年	2023 年	合计
中国大陆	36.08	48.47	45.56	46.09	59.62	59.71	71.07	62.50	66.90	65.65	57.81
美国	30.41	26.64	25.40	25.93	24.15	25.59	20.79	24.36	23.79	16.33	23.96
澳大利亚	14.43	18.78	20.56	20.99	20.38	21.47	20.51	17.63	19.31	14.29	18.98
英国	15.46	10.48	19.35	17.28	15.47	13.24	11.24	15.38	13.10	17.35	14.69
中国香港	9.79	9.17	10.89	8.23	11.70	10.59	14.04	13.78	10.34	15.65	11.66
加拿大	11.34	13.54	11.29	10.70	7.92	7.65	9.27	8.65	10.69	10.88	10.00
意大利	13.92	11.79	7.26	10.70	7.55	8.53	8.99	9.29	6.21	5.78	8.77
法国	9.28	8.30	7.66	7.00	7.92	6.18	6.46	5.13	5.52	5.78	6.75

续表

国家和地区	2014 年	2015 年	2016 年	2017 年	2018 年	2019 年	2020 年	2021 年	2022 年	2023 年	合计
日本	8.25	7.86	4.44	7.82	8.30	7.65	5.34	5.77	5.17	5.78	6.53
新加坡	3.09	3.49	5.65	2.47	8.30	6.76	5.90	7.37	6.55	6.12	5.77
伊朗	7.22	1.75	5.24	3.70	7.17	4.71	5.06	6.73	4.83	7.14	5.38
德国	6.19	4.37	8.87	2.88	4.53	4.12	5.34	3.85	4.83	6.46	5.09
荷兰	2.06	2.18	4.03	4.53	2.64	3.53	5.06	4.17	3.45	2.72	3.54
瑞士	7.73	4.80	5.24	3.29	4.15	2.65	3.37	2.24	1.38	2.04	3.46
印度	1.03	1.75	3.23	2.88	0.75	2.35	1.40	7.37	7.24	4.42	3.36
西班牙	4.64	5.24	4.44	2.47	3.02	1.18	1.97	2.56	1.72	1.70	2.71
希腊	4.64	2.62	2.42	2.88	1.89	3.53	1.40	2.24	2.07	2.72	2.56
土耳其	6.19	3.93	2.82	2.06	3.77	0.88	0.84	3.21	2.07	1.36	2.49
韩国	2.58	0.87	2.42	1.23	2.26	3.82	1.40	1.60	1.38	4.42	2.24
挪威	3.61	2.62	3.23	2.88	2.64	2.06	0.84	1.28	1.72	1.36	2.09

八　地球化学和地球物理学

地球化学和地球物理学 A 层研究国际合作参与率最高的是中国大陆，为 59.09%，其次为美国的 47.73%；德国、英国、法国、澳大利亚、荷兰、瑞士、西班牙、丹麦、意大利的参与率也比较高，在 37%～11%；加拿大、奥地利、中国香港、冰岛、日本、瑞典、捷克、新西兰、挪威也有一定的参与率，在 10%～4%。

B 层研究国际合作参与率最高的是美国，为 55.32%，其次为中国大陆的 53.38%；英国、法国、德国、澳大利亚、加拿大、意大利、西班牙、瑞士的参与率也比较高，在 24%～10%；日本、荷兰、比利时、冰岛、挪威、瑞典、新西兰、中国香港、印度、丹麦也有一定的参与率，在 9%～2%。

C 层研究国际合作参与率最高的是美国，为 49.32%，其次为中国大陆的 40.37%；英国、法国、德国、澳大利亚、加拿大的参与率也比较高，在 25%～12%；瑞士、意大利、日本、西班牙、荷兰、挪威、中国香港、奥地利、瑞典、丹麦、俄罗斯、比利时、新西兰也有一定的参与率，在 10%～2%。

表 5-22　地球化学和地球物理学 A 层研究排名前 20 的国家和地区的国际合作参与率

单位：%

国家和地区	2014 年	2015 年	2016 年	2017 年	2018 年	2019 年	2020 年	2021 年	2022 年	2023 年	合计
中国大陆	20.00	25.00	66.67	33.33	83.33	71.43	50.00	83.33	66.67	50.00	59.09
美国	40.00	75.00	33.33	66.67	33.33	42.86	100.00	50.00	33.33	50.00	47.73
德国	20.00	25.00	33.33	66.67	33.33	57.14	100.00	16.67	16.67	50.00	36.36
英国	40.00	0.00	33.33	0.00	0.00	28.57	100.00	33.33	66.67	100.00	34.09
法国	0.00	50.00	0.00	66.67	16.67	28.57	100.00	33.33	33.33	50.00	31.82
澳大利亚	40.00	25.00	66.67	33.33	33.33	0.00	50.00	0.00	16.67	100.00	27.27
荷兰	40.00	0.00	0.00	33.33	0.00	28.57	50.00	0.00	16.67	0.00	15.91
瑞士	0.00	25.00	0.00	33.33	0.00	14.29	50.00	16.67	16.67	50.00	15.91
西班牙	0.00	0.00	0.00	33.33	0.00	0.00	0.00	33.33	33.33	50.00	13.64
丹麦	0.00	0.00	33.33	0.00	0.00	0.00	100.00	0.00	0.00	100.00	11.36
意大利	20.00	25.00	0.00	0.00	0.00	0.00	50.00	16.67	16.67	0.00	11.36
加拿大	0.00	25.00	33.33	0.00	16.67	14.29	0.00	0.00	0.00	0.00	9.09
奥地利	0.00	25.00	0.00	33.33	0.00	0.00	0.00	0.00	16.67	0.00	6.82
中国香港	0.00	0.00	33.33	0.00	0.00	14.29	0.00	0.00	16.67	0.00	6.82
冰岛	0.00	25.00	0.00	0.00	16.67	14.29	0.00	0.00	0.00	0.00	6.82
日本	0.00	0.00	0.00	0.00	0.00	0.00	50.00	16.67	0.00	0.00	6.82
瑞典	40.00	0.00	0.00	0.00	0.00	0.00	50.00	0.00	0.00	0.00	6.82
捷克	0.00	0.00	0.00	0.00	0.00	14.29	50.00	0.00	0.00	0.00	4.55
新西兰	0.00	0.00	0.00	0.00	0.00	0.00	50.00	0.00	0.00	50.00	4.55
挪威	0.00	0.00	33.33	0.00	0.00	0.00	0.00	0.00	0.00	50.00	4.55

表 5-23　地球化学和地球物理学 B 层研究排名前 20 的国家和地区的国际合作参与率

单位：%

国家和地区	2014 年	2015 年	2016 年	2017 年	2018 年	2019 年	2020 年	2021 年	2022 年	2023 年	合计
美国	68.89	53.33	62.00	60.78	58.00	52.54	66.67	55.17	49.02	31.58	55.32
中国大陆	24.44	37.78	40.00	43.14	40.00	55.93	64.71	75.86	58.82	80.70	53.38
英国	20.00	31.11	22.00	23.53	28.00	25.42	23.53	25.86	19.61	21.05	23.98
法国	26.67	24.44	20.00	19.61	18.00	15.25	27.45	22.41	33.33	21.05	22.63
德国	17.78	13.33	26.00	25.49	24.00	23.73	25.49	27.59	23.53	17.54	22.63
澳大利亚	17.78	17.78	18.00	17.65	16.00	15.25	21.57	15.52	5.88	22.81	16.83
加拿大	24.44	15.56	12.00	17.65	16.00	15.25	13.73	17.24	9.80	5.26	14.51
意大利	13.33	4.44	8.00	7.84	6.00	15.25	5.88	15.52	31.37	7.02	11.61

续表

国家和地区	2014 年	2015 年	2016 年	2017 年	2018 年	2019 年	2020 年	2021 年	2022 年	2023 年	合计
西班牙	15.56	4.44	10.00	11.76	10.00	15.25	3.92	8.62	17.65	17.54	11.61
瑞士	11.11	8.89	8.00	7.84	16.00	11.86	9.80	13.79	11.76	1.75	10.06
日本	8.89	6.67	6.00	15.69	2.00	8.47	11.76	5.17	11.76	7.02	8.32
荷兰	2.22	6.67	10.00	3.92	12.00	10.17	7.84	5.17	5.88	3.51	6.77
比利时	6.67	2.22	4.00	7.84	10.00	3.39	3.92	5.17	3.92	8.77	5.61
冰岛	6.67	11.11	2.00	7.84	4.00	5.08	3.92	6.90	3.92	3.51	5.42
挪威	6.67	2.22	2.00	3.92	14.00	3.39	9.80	3.45	7.84	1.75	5.42
瑞典	2.22	8.89	2.00	3.92	2.00	0.00	9.80	8.62	7.84	5.26	4.84
新西兰	2.22	2.22	10.00	3.92	2.00	1.69	5.88	5.17	1.96	1.75	3.68
中国香港	0.00	2.22	2.00	3.92	4.00	3.39	0.00	6.90	3.92	5.26	3.29
印度	0.00	8.89	2.00	0.00	6.00	6.78	0.00	1.72	3.92	3.51	3.29
丹麦	2.22	0.00	2.00	5.88	4.00	1.69	0.00	5.17	5.88	1.75	2.90

表 5-24　地球化学和地球物理学 C 层研究排名前 20 的国家和地区的国际合作参与率

单位：%

国家和地区	2014 年	2015 年	2016 年	2017 年	2018 年	2019 年	2020 年	2021 年	2022 年	2023 年	合计
美国	51.06	50.00	51.30	51.35	50.16	51.93	50.97	49.46	44.59	41.73	49.32
中国大陆	24.38	31.87	31.11	35.68	36.48	38.95	44.52	47.31	56.07	53.85	40.37
英国	25.91	25.70	24.63	23.78	24.43	23.18	24.03	26.57	22.30	22.88	24.33
法国	28.60	16.73	24.63	21.26	19.54	20.25	20.97	20.28	17.97	19.81	20.93
德国	21.31	19.32	21.67	21.80	23.62	21.33	21.94	21.97	16.31	17.50	20.74
澳大利亚	14.97	16.14	14.26	15.50	15.80	18.55	17.90	13.98	13.64	13.08	15.44
加拿大	12.28	12.55	12.78	14.05	12.70	11.90	12.74	11.21	9.82	15.38	12.48
瑞士	9.98	10.76	9.07	9.01	10.10	11.13	9.84	12.14	7.65	7.12	9.74
意大利	4.99	8.17	7.78	9.37	8.47	8.04	11.13	7.07	12.15	8.27	8.66
日本	5.18	4.38	6.85	6.85	7.49	8.50	6.13	7.07	6.82	8.27	6.81
西班牙	5.76	3.39	3.52	5.05	3.91	5.56	3.23	5.38	5.82	8.65	5.01
荷兰	5.37	4.58	6.85	4.86	5.05	5.41	3.71	3.38	2.83	3.65	4.54
挪威	3.65	2.99	3.70	4.86	4.23	5.26	4.52	2.92	2.66	3.08	3.81
中国香港	1.92	2.59	2.96	3.42	3.09	2.01	2.74	3.07	3.49	3.85	2.91
奥地利	1.73	2.19	2.96	2.34	2.93	4.02	2.10	2.61	3.49	3.08	2.77
瑞典	1.34	2.19	3.70	3.78	2.28	3.86	2.26	1.69	3.66	2.12	2.70
丹麦	3.26	2.59	3.33	1.80	1.79	3.40	3.23	2.00	2.33	3.08	2.67

国家和地区	2014 年	2015 年	2016 年	2017 年	2018 年	2019 年	2020 年	2021 年	2022 年	2023 年	合计
俄罗斯	3.45	1.99	2.41	2.34	2.93	3.71	2.10	2.46	2.83	1.54	2.60
比利时	1.92	1.39	2.41	2.34	3.75	2.94	2.42	1.69	2.50	3.08	2.46
新西兰	2.30	1.79	2.78	2.70	2.61	2.16	2.58	1.84	0.83	1.92	2.15

九 气象学和大气科学

气象学和大气科学 A、B、C 层研究国际合作参与率最高的均为美国，分别为 75.00%、67.86%、58.22%。

英国、中国大陆 A 层研究国际合作参与率排名第二、第三，分别为 47.50%、42.50%；德国、澳大利亚、法国、加拿大、瑞士、荷兰、日本、挪威、奥地利、意大利、西班牙、比利时、芬兰、瑞典的参与率也比较高，在 35%~10%；百慕大、丹麦、爱尔兰也有一定的参与率，均为 7.50%。

英国 B 层研究国际合作参与率排名第二，为 42.32%；德国、中国大陆、法国、澳大利亚、荷兰、加拿大、瑞士、意大利、日本、挪威、瑞典、西班牙、奥地利的参与率也比较高，在 37%~11%；韩国、丹麦、比利时、芬兰、印度也有一定的参与率，在 7%~5%。

中国大陆 C 层研究国际合作参与率排名第二，为 33.14%；英国、德国、法国、澳大利亚、加拿大、荷兰、瑞士的参与率也比较高，在 31%~11%；意大利、日本、瑞典、西班牙、挪威、奥地利、芬兰、比利时、韩国、印度、中国香港也有一定的参与率，在 10%~3%。

表 5-25 气象学和大气科学 A 层研究排名前 20 的国家和地区的国际合作参与率

单位：%

国家和地区	2014 年	2015 年	2016 年	2017 年	2018 年	2019 年	2020 年	2021 年	2022 年	2023 年	合计
美国	80.00	100.00	60.00	66.67	75.00	75.00	66.67	80.00	50.00	100.00	75.00
英国	60.00	50.00	60.00	16.67	25.00	25.00	100.00	40.00	50.00	75.00	47.50
中国大陆	20.00	50.00	60.00	16.67	25.00	75.00	33.33	60.00	50.00	50.00	42.50

国家和地区	2014 年	2015 年	2016 年	2017 年	2018 年	2019 年	2020 年	2021 年	2022 年	2023 年	合计
德国	20.00	0.00	20.00	50.00	0.00	75.00	66.67	20.00	50.00	50.00	35.00
澳大利亚	20.00	50.00	40.00	0.00	75.00	25.00	66.67	0.00	50.00	50.00	32.50
法国	40.00	0.00	40.00	0.00	25.00	25.00	66.67	20.00	50.00	25.00	27.50
加拿大	0.00	100.00	20.00	0.00	50.00	25.00	33.33	0.00	50.00	50.00	25.00
瑞士	0.00	50.00	20.00	33.33	50.00	25.00	33.33	0.00	50.00	25.00	25.00
荷兰	40.00	0.00	0.00	16.67	25.00	0.00	66.67	20.00	50.00	25.00	22.50
日本	20.00	0.00	20.00	16.67	0.00	25.00	66.67	0.00	50.00	0.00	20.00
挪威	0.00	0.00	0.00	0.00	0.00	25.00	100.00	20.00	100.00	0.00	20.00
奥地利	20.00	50.00	0.00	16.67	0.00	0.00	66.67	0.00	50.00	25.00	17.50
意大利	0.00	50.00	0.00	16.67	0.00	25.00	0.00	20.00	50.00	25.00	15.00
西班牙	0.00	0.00	20.00	16.67	0.00	50.00	0.00	20.00	0.00	0.00	12.50
比利时	0.00	0.00	0.00	0.00	0.00	0.00	33.33	20.00	50.00	0.00	10.00
芬兰	20.00	0.00	0.00	16.67	0.00	0.00	0.00	0.00	50.00	25.00	10.00
瑞典	0.00	0.00	0.00	16.67	0.00	50.00	0.00	0.00	0.00	25.00	10.00
百慕大	0.00	0.00	0.00	0.00	0.00	0.00	33.33	0.00	0.00	0.00	7.50
丹麦	0.00	0.00	0.00	0.00	0.00	50.00	0.00	0.00	0.00	25.00	7.50
爱尔兰	0.00	0.00	0.00	16.67	0.00	0.00	0.00	0.00	0.00	50.00	7.50

表 5-26 气象学和大气科学 B 层研究排名前 20 的国家和地区的国际合作参与率

单位：%

国家和地区	2014 年	2015 年	2016 年	2017 年	2018 年	2019 年	2020 年	2021 年	2022 年	2023 年	合计
美国	70.83	66.67	77.50	73.58	63.27	79.59	63.83	61.82	56.92	69.81	67.86
英国	31.25	50.00	37.50	35.85	53.06	48.98	48.94	52.73	36.92	30.19	42.32
德国	20.83	35.71	32.50	24.53	48.98	46.94	42.55	38.18	35.38	41.51	36.73
中国大陆	25.00	23.81	35.00	28.30	18.37	30.61	38.30	38.18	44.62	45.28	33.33
法国	20.83	33.33	22.50	16.98	26.53	24.49	25.53	23.64	20.00	30.19	24.15
澳大利亚	25.00	26.19	25.00	16.98	26.53	32.65	27.66	20.00	20.00	20.75	23.75
荷兰	14.58	19.05	37.50	11.32	26.53	20.41	25.53	32.73	20.00	16.98	22.16
加拿大	18.75	11.90	25.00	26.42	8.16	24.49	25.53	25.45	20.00	26.42	21.36
瑞士	8.33	30.95	20.00	20.75	20.41	26.53	25.53	23.64	15.38	18.87	20.76
意大利	16.67	16.67	12.50	9.43	24.49	14.29	23.40	18.18	20.00	11.32	16.77
日本	10.42	14.29	22.50	9.43	16.33	18.37	19.15	20.00	10.77	15.09	15.37

续表

国家和地区	2014 年	2015 年	2016 年	2017 年	2018 年	2019 年	2020 年	2021 年	2022 年	2023 年	合计
挪威	8.33	19.05	15.00	5.66	10.20	12.24	14.89	10.91	16.92	9.43	12.18
瑞典	4.17	14.29	17.50	13.21	12.24	10.20	12.77	9.09	15.38	9.43	11.78
西班牙	4.17	9.52	7.50	7.55	10.20	16.33	21.28	10.91	10.77	16.98	11.58
奥地利	8.33	7.14	17.50	7.55	14.29	4.08	17.02	18.18	7.69	11.32	11.18
韩国	4.17	7.14	12.50	5.66	4.08	10.20	12.77	1.82	1.54	13.21	6.99
丹麦	4.17	11.90	0.00	5.66	4.08	6.12	6.38	12.73	3.08	13.21	6.79
比利时	2.08	4.76	7.50	0.00	6.12	8.16	12.77	9.09	3.08	13.21	6.59
芬兰	6.25	4.76	5.00	5.66	6.12	2.04	12.77	5.45	7.69	9.43	6.59
印度	6.25	4.76	10.00	1.89	2.04	6.12	4.26	7.27	3.08	9.43	5.39

表 5-27　气象学和大气科学 C 层研究排名前 20 的国家和地区的国际合作参与率

单位：%

国家和地区	2014 年	2015 年	2016 年	2017 年	2018 年	2019 年	2020 年	2021 年	2022 年	2023 年	合计
美国	66.75	64.62	65.07	61.40	55.62	56.73	54.56	57.98	52.99	51.73	58.22
中国大陆	24.06	30.67	26.77	29.96	34.42	34.78	34.35	34.55	40.17	36.51	33.14
英国	29.01	30.67	26.77	29.60	30.98	29.65	34.35	32.21	29.77	27.85	30.20
德国	24.76	26.99	28.72	23.16	25.72	23.72	29.79	27.23	25.93	23.36	26.02
法国	16.27	15.54	18.62	15.44	17.75	17.15	17.93	19.03	14.25	16.44	16.88
澳大利亚	15.33	14.72	15.96	14.34	14.49	14.74	15.35	15.08	11.82	10.90	14.21
加拿大	12.74	11.25	13.48	13.79	13.77	12.50	16.41	15.23	11.82	11.42	13.32
荷兰	14.39	10.63	13.65	12.87	13.41	11.70	11.25	14.06	11.25	12.80	12.55
瑞士	13.21	11.66	12.23	10.29	12.50	10.74	11.70	11.71	10.68	12.46	11.65
意大利	12.50	10.84	9.40	9.19	10.69	7.37	10.49	11.27	8.83	9.69	9.93
日本	10.38	8.18	6.38	8.82	9.24	8.49	11.25	9.08	6.84	8.13	8.65
瑞典	8.02	7.36	9.04	8.82	10.87	7.69	10.64	8.20	8.55	6.57	8.61
西班牙	8.25	7.57	7.45	5.70	9.78	9.94	9.57	8.05	8.69	10.21	8.58
挪威	7.55	6.75	8.69	8.09	7.61	5.45	6.99	8.20	8.12	7.96	7.55
奥地利	8.02	5.93	6.21	7.54	7.97	6.73	7.60	8.20	7.12	7.09	7.25
芬兰	7.78	5.32	7.45	6.07	6.52	4.49	6.08	6.15	5.27	5.02	5.95
比利时	4.25	4.29	3.55	6.07	5.98	4.81	4.71	4.39	4.13	7.61	4.97
韩国	4.48	4.29	2.66	5.51	4.35	5.61	4.71	5.71	5.84	5.71	4.95
印度	4.72	4.29	4.43	4.78	3.62	4.81	5.02	5.12	5.98	5.88	4.92
中国香港	2.12	2.86	2.30	2.76	4.35	4.17	3.50	4.69	4.56	5.36	3.76

十　海洋学

海洋学 A、B、C 层研究国际合作参与率最高的均为美国，分别为 58.33%、52.15%、41.58%。

中国大陆 A 层研究国际合作参与率排名第二，为 50.00%；英国、澳大利亚、加拿大、挪威、德国、法国、日本的参与率也比较高，在 38% ~ 12%；意大利、荷兰、新西兰、葡萄牙、瑞典、土耳其、比利时、丹麦、波兰、俄罗斯、新加坡也有一定的参与率，在 9% ~ 4%。

英国、中国大陆 B 层研究国际合作参与率排名第二、第三，分别为 32.34%、30.36%；澳大利亚、法国、德国、加拿大、挪威、西班牙、荷兰的参与率也比较高，在 25% ~ 10%；意大利、日本、瑞典、葡萄牙、丹麦、比利时、希腊、新西兰、新加坡、韩国也有一定的参与率，在 9% ~ 3%。

中国大陆、英国 C 层研究国际合作参与率排名第二、第三，分别为 29.05%、28.24%；德国、法国、澳大利亚、加拿大、挪威的参与率也比较高，在 16% ~ 10%；西班牙、意大利、荷兰、丹麦、瑞典、日本、葡萄牙、韩国、比利时、巴西、新西兰、土耳其也有一定的参与率，在 10% ~ 2%。

表 5-28　海洋学 A 层研究排名前 20 的国家和地区的国际合作参与率

单位：%

国家和地区	2014 年	2015 年	2016 年	2017 年	2018 年	2019 年	2020 年	2021 年	2022 年	2023 年	合计
美国	0.00	100.00	100.00	100.00	50.00	100.00	100.00	50.00	16.67	66.67	58.33
中国大陆	0.00	100.00	0.00	0.00	0.00	50.00	100.00	50.00	83.33	66.67	50.00
英国	100.00	0.00	50.00	50.00	100.00	50.00	0.00	50.00	0.00	33.33	37.50
澳大利亚	0.00	100.00	50.00	50.00	100.00	50.00	0.00	25.00	0.00	33.33	33.33
加拿大	0.00	0.00	0.00	50.00	0.00	50.00	0.00	25.00	16.67	33.33	25.00
挪威	0.00	0.00	0.00	50.00	0.00	50.00	0.00	25.00	16.67	33.33	25.00
德国	0.00	0.00	50.00	50.00	50.00	50.00	0.00	25.00	0.00	0.00	20.83
法国	0.00	100.00	0.00	0.00	50.00	100.00	0.00	0.00	0.00	0.00	16.67
日本	0.00	100.00	0.00	0.00	0.00	0.00	0.00	25.00	0.00	0.00	12.50
意大利	100.00	0.00	0.00	0.00	50.00	0.00	0.00	0.00	0.00	0.00	8.33
荷兰	0.00	0.00	0.00	0.00	0.00	50.00	0.00	0.00	16.67	0.00	8.33

续表

国家和地区	2014 年	2015 年	2016 年	2017 年	2018 年	2019 年	2020 年	2021 年	2022 年	2023 年	合计
新西兰	0.00	0.00	0.00	0.00	50.00	0.00	0.00	0.00	0.00	33.33	8.33
葡萄牙	0.00	0.00	50.00	0.00	0.00	0.00	0.00	0.00	16.67	0.00	8.33
瑞典	100.00	0.00	0.00	0.00	0.00	0.00	0.00	25.00	0.00	0.00	8.33
土耳其	0.00	0.00	0.00	0.00	50.00	0.00	0.00	0.00	16.67	0.00	8.33
比利时	100.00	0.00	0.00	0.00	0.00	0.00	0.00	0.00	0.00	0.00	4.17
丹麦	0.00	0.00	0.00	0.00	0.00	0.00	0.00	0.00	0.00	33.33	4.17
波兰	0.00	0.00	0.00	50.00	0.00	0.00	0.00	0.00	0.00	0.00	4.17
俄罗斯	0.00	0.00	0.00	50.00	0.00	0.00	0.00	0.00	0.00	0.00	4.17
新加坡	0.00	0.00	0.00	0.00	0.00	0.00	0.00	0.00	16.67	0.00	4.17

表 5-29　海洋学 B 层研究排名前 20 的国家和地区的国际合作参与率

单位：%

国家和地区	2014 年	2015 年	2016 年	2017 年	2018 年	2019 年	2020 年	2021 年	2022 年	2023 年	合计
美国	72.00	79.31	62.96	70.00	63.64	41.67	57.14	38.24	32.43	26.47	52.15
英国	36.00	27.59	29.63	40.00	24.24	38.89	28.57	44.12	27.03	29.41	32.34
中国大陆	16.00	6.90	7.41	15.00	15.15	22.22	32.14	44.12	51.35	73.53	30.36
澳大利亚	36.00	31.03	33.33	25.00	30.30	11.11	28.57	20.59	21.62	11.76	24.09
法国	16.00	6.90	29.63	50.00	24.24	33.33	28.57	20.59	10.81	2.94	21.12
德国	20.00	24.14	25.93	25.00	21.21	19.44	28.57	23.53	5.41	14.71	20.13
加拿大	16.00	24.14	14.81	25.00	15.15	16.67	32.14	14.71	10.81	8.82	17.16
挪威	24.00	17.24	7.41	30.00	9.09	11.11	25.00	14.71	8.11	8.82	14.52
西班牙	20.00	13.79	7.41	20.00	15.15	11.11	10.71	11.76	2.70	8.82	11.55
荷兰	16.00	6.90	3.70	25.00	9.09	16.67	14.29	11.76	0.00	5.88	10.23
意大利	20.00	3.45	7.41	15.00	18.18	5.56	0.00	5.88	8.11	5.88	8.58
日本	12.00	3.45	7.41	10.00	9.09	8.33	10.71	5.88	10.81	5.88	8.25
瑞典	12.00	6.90	3.70	10.00	3.03	8.33	21.43	5.88	2.70	5.88	7.59
葡萄牙	8.00	3.45	3.70	10.00	9.09	2.78	7.14	8.82	5.41	2.94	5.94
丹麦	16.00	6.90	3.70	20.00	3.03	2.78	7.14	2.94	2.70	0.00	5.61
比利时	0.00	0.00	14.81	10.00	3.03	2.78	7.14	2.94	5.41	2.94	4.62
希腊	8.00	3.45	3.70	10.00	3.03	2.78	0.00	2.94	10.81	2.94	4.29
新西兰	4.00	3.45	7.41	10.00	0.00	0.00	10.71	0.00	5.41	2.94	3.96
新加坡	4.00	3.45	3.70	0.00	3.03	0.00	3.57	5.88	8.11	5.88	3.96
韩国	4.00	10.34	0.00	0.00	3.03	5.56	0.00	2.94	5.41	2.94	3.63

表 5-30　海洋学 C 层研究排名前 20 的国家和地区的国际合作参与率

单位：%

国家和地区	2014 年	2015 年	2016 年	2017 年	2018 年	2019 年	2020 年	2021 年	2022 年	2023 年	合计
美国	55.36	52.75	51.50	50.84	42.42	40.29	34.62	34.48	28.93	29.62	41.58
中国大陆	14.19	19.05	13.53	22.41	25.45	28.29	33.43	38.51	46.23	44.25	29.05
英国	25.61	26.37	37.97	25.75	27.88	29.14	31.07	30.17	20.75	28.22	28.24
德国	21.45	17.95	18.05	16.72	15.15	16.00	14.50	14.37	10.69	11.50	15.53
法国	18.34	18.32	18.05	18.73	18.18	13.43	14.50	13.22	10.38	11.15	15.30
澳大利亚	18.69	16.48	16.17	15.38	17.27	16.00	11.54	15.23	12.26	14.29	15.27
加拿大	13.15	16.48	9.40	11.71	13.64	12.00	12.72	12.07	11.32	8.01	12.07
挪威	9.00	10.99	13.16	12.04	11.52	11.14	9.76	9.48	10.38	9.76	10.68
西班牙	10.38	9.89	12.41	14.05	7.88	9.14	11.24	9.77	7.55	8.01	9.97
意大利	12.11	9.16	12.41	7.02	6.67	10.57	11.83	8.33	5.35	8.36	9.13
荷兰	7.27	11.72	7.89	9.36	12.12	8.57	8.58	6.32	8.81	4.88	8.55
丹麦	5.54	7.69	7.89	5.35	6.36	6.00	5.62	8.05	5.97	4.18	6.26
瑞典	3.46	3.66	5.64	8.03	7.27	6.57	4.44	9.20	5.66	3.83	5.87
日本	4.84	5.86	7.89	3.68	2.73	6.29	5.03	6.32	4.40	5.23	5.20
葡萄牙	2.77	4.76	3.38	2.34	3.94	4.57	7.10	2.87	5.66	3.83	4.16
韩国	1.73	2.20	2.26	2.01	1.82	3.43	2.37	4.02	5.03	3.14	2.84
比利时	2.42	2.56	5.64	2.34	3.03	3.71	3.55	1.72	1.57	1.39	2.78
巴西	2.42	3.30	1.50	1.34	2.42	2.00	5.33	4.31	1.57	3.14	2.78
新西兰	3.46	4.40	4.14	4.01	4.24	2.29	1.48	0.86	1.57	1.74	2.74
土耳其	2.08	2.20	4.14	2.68	1.52	1.43	3.55	4.02	3.14	2.79	2.74

十一　环境科学

环境科学 A 层研究国际合作参与率最高的是中国大陆、美国，均为
51.00%，其次为英国的 35.86%；澳大利亚、德国、荷兰、瑞士、法国、瑞
典、加拿大、意大利、西班牙的参与率也比较高，在 27%~10%；奥地利、
印度、中国香港、挪威、丹麦、韩国、日本、比利时也有一定的参与率，在
10%~6%。

B 层研究国际合作参与率最高的是中国大陆，为 44.37%，其次为美国
的 39.43%；英国、澳大利亚、德国、荷兰、加拿大、印度的参与率也比较

高，在 24%～10%；法国、意大利、瑞士、西班牙、韩国、瑞典、日本、巴基斯坦、中国香港、沙特阿拉伯、奥地利、马来西亚也有一定的参与率，在10%～5%。

C 层研究国际合作参与率最高的是中国大陆，为 41.45%，其次为美国的 34.64%；英国、澳大利亚、德国的参与率也比较高，在 19%～13%；加拿大、印度、意大利、法国、西班牙、荷兰、瑞典、巴基斯坦、韩国、沙特阿拉伯、瑞士、中国香港、丹麦、马来西亚、日本也有一定的参与率，在10%～4%。

表 5-31　环境科学 A 层研究排名前 20 的国家和地区的国际合作参与率

单位：%

国家和地区	2014 年	2015 年	2016 年	2017 年	2018 年	2019 年	2020 年	2021 年	2022 年	2023 年	合计
中国大陆	28.57	27.27	47.06	26.32	36.67	40.00	51.35	71.05	66.67	61.76	51.00
美国	57.14	63.64	52.94	57.89	43.33	46.67	45.95	55.26	50.00	50.00	51.00
英国	50.00	36.36	23.53	36.84	33.33	46.67	35.14	31.58	30.56	44.12	35.86
澳大利亚	35.71	27.27	17.65	21.05	30.00	33.33	27.03	26.32	19.44	32.35	26.69
德国	7.14	36.36	17.65	36.84	36.67	40.00	18.92	26.32	19.44	26.47	25.90
荷兰	28.57	9.09	17.65	57.89	20.00	46.67	21.62	18.42	8.33	17.65	22.31
瑞士	7.14	9.09	23.53	15.79	16.67	33.33	21.62	15.79	16.67	11.76	17.13
法国	35.71	9.09	17.65	21.05	13.33	20.00	13.51	10.53	13.89	20.59	16.33
瑞典	14.29	18.18	11.76	10.53	13.33	33.33	10.81	13.16	16.67	14.71	14.74
加拿大	14.29	18.18	11.76	10.53	13.33	20.00	16.22	13.16	11.11	14.71	13.94
意大利	21.43	9.09	11.76	26.32	10.00	20.00	13.51	13.16	5.56	8.82	12.75
西班牙	14.29	0.00	5.88	15.79	16.67	0.00	2.70	15.79	11.11	11.76	10.36
奥地利	7.14	9.09	5.88	21.05	6.67	13.33	8.11	7.89	11.11	8.82	9.56
印度	7.14	9.09	0.00	5.26	3.33	20.00	10.81	7.89	11.11	14.71	9.16
中国香港	7.14	0.00	0.00	0.00	10.00	0.00	10.81	7.89	8.33	20.59	8.37
挪威	7.14	0.00	5.88	5.26	6.67	20.00	13.51	10.53	2.78	8.82	8.37
丹麦	7.14	9.09	5.88	0.00	6.67	13.33	8.11	7.89	8.33	8.82	7.57
韩国	7.14	9.09	5.88	10.53	0.00	6.67	8.11	5.26	16.67	5.88	7.57
日本	0.00	0.00	11.76	10.53	0.00	0.00	13.51	10.53	2.78	11.76	7.17
比利时	0.00	0.00	17.65	15.79	3.33	6.67	8.11	2.63	2.78	8.82	6.37

表 5-32　环境科学 B 层研究排名前 20 的国家和地区的国际合作参与率

单位：%

国家和地区	2014 年	2015 年	2016 年	2017 年	2018 年	2019 年	2020 年	2021 年	2022 年	2023 年	合计
中国大陆	37.41	27.81	33.33	35.18	38.38	48.76	42.61	45.72	53.88	54.02	44.37
美国	49.64	49.67	51.91	46.73	43.54	44.41	40.39	32.43	31.28	30.75	39.43
英国	27.34	24.50	27.87	25.63	25.83	20.81	25.37	23.20	21.69	19.39	23.51
澳大利亚	22.30	19.21	22.40	23.12	21.77	21.12	18.97	22.75	15.30	19.11	20.18
德国	25.18	19.87	15.85	20.60	21.40	21.43	16.50	15.99	15.07	14.68	17.81
荷兰	17.99	18.54	19.13	14.57	11.81	10.56	9.36	10.14	8.45	5.26	11.05
加拿大	8.63	16.56	15.85	13.07	9.96	13.98	11.58	10.59	10.73	4.43	11.02
印度	10.07	6.62	6.01	6.53	4.43	8.39	7.88	13.96	15.30	19.39	10.91
法国	15.11	13.25	16.39	14.07	7.01	9.63	9.61	7.43	7.53	8.03	9.71
意大利	14.39	16.56	10.38	10.05	8.49	9.32	10.59	5.63	9.13	4.99	9.03
瑞士	11.51	15.89	8.74	10.05	12.18	7.76	7.39	7.43	6.16	7.48	8.61
西班牙	9.35	11.26	7.10	9.55	10.70	10.25	9.36	5.86	7.31	8.03	8.54
韩国	1.44	5.30	7.10	7.04	6.27	9.94	7.88	9.46	5.94	8.59	7.45
瑞典	10.79	9.27	8.20	11.06	11.81	7.14	4.43	7.66	5.02	4.71	7.28
日本	9.35	8.61	6.01	11.06	5.90	6.21	7.39	7.21	6.16	6.93	7.17
巴基斯坦	0.72	2.65	2.73	4.52	2.21	4.35	5.67	7.88	8.45	10.80	5.94
中国香港	2.88	1.99	3.83	4.02	7.01	7.14	5.42	6.98	7.31	5.82	5.83
沙特阿拉伯	2.16	4.64	3.28	4.52	4.06	4.04	4.19	6.76	6.62	10.53	5.59
奥地利	9.35	5.30	4.92	7.54	8.49	5.90	3.94	4.73	4.34	3.05	5.28
马来西亚	1.44	3.31	2.19	2.51	5.17	2.80	4.19	8.33	7.53	6.93	5.18

表 5-33　环境科学 C 层研究排名前 20 的国家和地区的国际合作参与率

单位：%

国家和地区	2014 年	2015 年	2016 年	2017 年	2018 年	2019 年	2020 年	2021 年	2022 年	2023 年	合计
中国大陆	27.39	29.45	32.08	37.13	37.88	43.44	44.44	45.00	47.73	46.15	41.45
美国	46.97	42.68	44.86	41.32	39.19	37.09	32.76	29.87	27.43	27.45	34.64
英国	21.47	20.76	22.06	20.33	19.30	21.40	17.48	16.32	15.94	15.48	18.32
澳大利亚	14.13	15.28	14.99	15.48	14.84	15.26	14.16	14.26	11.84	11.26	13.87
德国	16.42	18.54	17.24	15.58	14.66	13.89	11.74	11.29	11.56	11.42	13.37
加拿大	11.17	11.84	12.23	10.68	9.54	9.80	8.89	8.72	7.92	8.18	9.43
印度	4.04	4.49	4.51	4.56	5.73	6.33	8.20	13.15	14.47	14.77	9.32

国家和地区	2014 年	2015 年	2016 年	2017 年	2018 年	2019 年	2020 年	2021 年	2022 年	2023 年	合计
意大利	8.75	10.20	9.42	9.93	8.93	9.09	7.58	7.65	7.18	7.01	8.24
法国	11.17	10.61	10.28	9.55	9.76	9.30	7.40	7.42	5.97	6.57	8.23
西班牙	10.09	9.85	9.22	8.38	8.45	8.47	7.72	7.69	6.57	7.38	8.04
荷兰	11.91	11.25	11.43	10.21	9.76	9.24	6.64	6.60	5.22	5.91	8.00
瑞典	7.87	7.99	8.37	6.82	7.18	5.77	5.37	4.87	4.47	4.35	5.83
巴基斯坦	1.28	2.22	1.70	3.25	3.08	4.65	6.49	7.47	9.88	8.52	5.81
韩国	2.76	4.02	3.66	4.14	4.79	5.80	5.67	7.29	7.95	5.67	5.69
沙特阿拉伯	2.83	2.68	2.81	3.20	3.23	4.16	4.21	6.60	8.97	10.60	5.64
瑞士	9.42	9.56	7.42	7.72	6.17	4.81	4.11	4.83	4.47	4.03	5.58
中国香港	2.89	3.73	4.46	5.18	5.88	5.83	5.27	4.81	4.75	5.27	4.98
丹麦	5.45	5.95	5.01	5.27	4.68	4.53	4.51	3.87	3.50	4.17	4.46
马来西亚	1.88	2.04	2.56	2.45	2.72	3.57	4.56	6.28	6.11	6.49	4.45
日本	4.85	5.25	4.56	4.38	3.96	4.65	4.48	4.56	4.05	3.96	4.40

十二　土壤学

土壤学 A 层研究国际合作参与率最高的是德国，为 66.67%，其次为美国的 46.67%，此后为荷兰的 40.00%；中国大陆、加拿大、西班牙、奥地利、捷克、意大利、俄罗斯、瑞士的参与率也比较高，在 27%～13%；阿根廷、比利时、哥伦比亚、丹麦、芬兰、印度、罗马尼亚、塞尔维亚、英国也有一定的参与率，均为 6.67%。

B 层研究国际合作参与率最高的是中国大陆，为 51.00%，其次为美国的 41.50%；澳大利亚、德国、英国、荷兰、加拿大、法国的参与率也比较高，在 26%～10%；印度、西班牙、韩国、比利时、伊朗、瑞士、意大利、新西兰、俄罗斯、奥地利、巴西、日本也有一定的参与率，在 8%～4%。

C 层研究国际合作参与率最高的是中国大陆，为 49.34%，其次为美国的 31.74%；德国、澳大利亚、英国的参与率也比较高，在 22%～12%；法国、荷兰、加拿大、西班牙、意大利、印度、瑞士、巴西、俄罗斯、瑞典、伊朗、巴基斯坦、丹麦、奥地利、比利时也有一定的参与率，在 9%～3%。

表 5-34　土壤学 A 层研究排名前 20 的国家和地区的国际合作参与率

单位：%

国家和地区	2014 年	2015 年	2016 年	2017 年	2018 年	2019 年	2020 年	2021 年	2022 年	2023 年	合计
德国	0.00	100.00	0.00	100.00	66.67	100.00	100.00	50.00	0.00	100.00	66.67
美国	100.00	0.00	100.00	100.00	0.00	100.00	100.00	50.00	0.00	50.00	46.67
荷兰	0.00	50.00	100.00	100.00	66.67	0.00	0.00	50.00	0.00	0.00	40.00
中国大陆	0.00	0.00	0.00	100.00	0.00	0.00	100.00	50.00	0.00	50.00	26.67
加拿大	100.00	0.00	0.00	100.00	0.00	0.00	0.00	50.00	0.00	0.00	20.00
西班牙	0.00	50.00	100.00	0.00	0.00	0.00	100.00	0.00	0.00	0.00	20.00
奥地利	0.00	0.00	0.00	100.00	33.33	0.00	0.00	0.00	0.00	0.00	13.33
捷克	0.00	0.00	0.00	0.00	0.00	0.00	0.00	50.00	0.00	50.00	13.33
意大利	0.00	50.00	100.00	0.00	0.00	0.00	0.00	0.00	0.00	0.00	13.33
俄罗斯	0.00	50.00	0.00	0.00	0.00	0.00	0.00	50.00	0.00	0.00	13.33
瑞士	0.00	0.00	0.00	0.00	66.67	0.00	0.00	0.00	0.00	0.00	13.33
阿根廷	0.00	0.00	100.00	0.00	0.00	0.00	0.00	0.00	0.00	0.00	6.67
比利时	0.00	0.00	0.00	0.00	0.00	100.00	0.00	0.00	0.00	0.00	6.67
哥伦比亚	0.00	0.00	0.00	0.00	33.33	0.00	0.00	0.00	0.00	0.00	6.67
丹麦	0.00	0.00	0.00	0.00	0.00	0.00	0.00	0.00	0.00	50.00	6.67
芬兰	0.00	0.00	0.00	0.00	0.00	0.00	100.00	0.00	0.00	0.00	6.67
印度	0.00	0.00	0.00	0.00	0.00	0.00	0.00	100.00	0.00	0.00	6.67
罗马尼亚	0.00	0.00	0.00	0.00	0.00	0.00	0.00	100.00	0.00	0.00	6.67
塞尔维亚	0.00	0.00	100.00	0.00	0.00	0.00	0.00	0.00	0.00	0.00	6.67
英国	0.00	0.00	100.00	0.00	0.00	0.00	0.00	0.00	0.00	0.00	6.67

表 5-35　土壤学 B 层研究排名前 20 的国家和地区的国际合作参与率

单位：%

国家和地区	2014 年	2015 年	2016 年	2017 年	2018 年	2019 年	2020 年	2021 年	2022 年	2023 年	合计
中国大陆	26.67	33.33	21.43	47.62	63.16	41.67	63.64	70.83	64.00	50.00	51.00
美国	60.00	50.00	50.00	33.33	36.84	33.33	50.00	54.17	32.00	29.17	41.50
澳大利亚	33.33	33.33	21.43	19.05	26.32	33.33	27.27	25.00	12.00	29.17	25.50
德国	6.67	25.00	21.43	19.05	15.79	29.17	18.18	16.67	36.00	33.33	23.00
英国	13.33	16.67	14.29	4.76	26.32	4.17	22.73	20.83	12.00	8.33	14.00
荷兰	13.33	25.00	21.43	19.05	10.53	4.17	0.00	16.67	12.00	8.33	12.00
加拿大	20.00	16.67	14.29	9.52	15.79	12.50	18.18	4.17	12.00	0.00	11.50
法国	6.67	8.33	14.29	9.52	15.79	12.50	9.09	12.50	12.00	0.00	10.00

续表

国家和地区	2014 年	2015 年	2016 年	2017 年	2018 年	2019 年	2020 年	2021 年	2022 年	2023 年	合计
印度	0.00	16.67	0.00	14.29	10.53	4.17	4.55	4.17	8.00	16.67	8.00
西班牙	0.00	8.33	7.14	4.76	10.53	4.17	0.00	20.83	8.00	12.50	8.00
韩国	6.67	0.00	0.00	14.29	10.53	12.50	13.64	4.17	8.00	0.00	7.50
比利时	6.67	8.33	14.29	14.29	5.26	4.17	4.55	12.50	0.00	4.17	7.00
伊朗	6.67	0.00	7.14	9.52	0.00	20.83	13.64	0.00	4.00	4.17	7.00
瑞士	20.00	8.33	7.14	9.52	5.26	8.33	4.55	8.33	4.00	0.00	7.00
意大利	13.33	8.33	14.29	4.76	15.79	8.33	0.00	4.17	0.00	4.17	6.50
新西兰	20.00	16.67	7.14	4.76	5.26	8.33	0.00	4.17	4.00	4.17	6.50
俄罗斯	0.00	8.33	0.00	4.76	5.26	4.17	4.55	0.00	16.00	12.50	6.00
奥地利	0.00	0.00	21.43	4.76	5.26	8.33	4.55	4.17	8.00	0.00	5.50
巴西	20.00	8.33	14.29	0.00	0.00	4.17	9.09	8.33	0.00	0.00	5.50
日本	0.00	16.67	0.00	4.76	0.00	8.33	0.00	8.33	0.00	8.33	4.50

表 5-36　土壤学 C 层研究排名前 20 的国家和地区的国际合作参与率

单位：%

国家和地区	2014 年	2015 年	2016 年	2017 年	2018 年	2019 年	2020 年	2021 年	2022 年	2023 年	合计
中国大陆	30.11	35.63	30.98	41.38	47.39	55.27	57.25	61.22	63.79	55.90	49.34
美国	30.68	35.63	34.78	35.47	28.44	35.44	37.25	24.71	29.74	26.15	31.74
德国	23.86	19.54	23.37	21.18	24.17	15.19	17.25	23.57	22.41	25.64	21.46
澳大利亚	18.75	16.67	14.13	16.75	18.01	16.88	16.86	18.63	16.81	20.00	17.37
英国	10.23	12.07	14.13	13.79	12.32	11.39	11.37	16.73	14.22	10.26	12.77
法国	9.66	9.77	11.41	5.91	8.06	7.59	9.02	8.37	7.33	7.69	8.40
荷兰	6.82	9.20	9.78	9.85	6.16	10.13	10.20	5.70	5.17	9.23	8.17
加拿大	5.68	2.87	6.52	7.39	10.90	11.39	8.24	7.60	8.19	4.62	7.56
西班牙	6.25	6.32	11.41	6.90	6.16	6.33	5.88	4.56	6.90	8.72	6.81
意大利	5.68	9.77	8.15	5.42	6.64	5.06	5.10	3.80	5.17	8.21	6.10
印度	3.98	2.87	4.35	4.93	7.58	5.06	5.88	4.94	6.03	11.28	5.73
瑞士	7.95	4.60	6.52	6.40	3.79	2.95	3.14	5.70	8.19	5.64	5.40
巴西	5.11	4.60	10.33	5.42	6.64	2.95	6.67	5.32	4.31	2.56	5.35
俄罗斯	3.98	2.87	5.43	2.46	5.69	6.33	5.10	6.08	6.03	4.10	4.93
瑞典	6.82	5.17	5.43	5.91	2.37	4.22	2.75	4.94	7.33	3.08	4.74
伊朗	2.27	1.15	2.17	3.45	5.69	8.86	5.49	7.98	3.45	2.05	4.55
巴基斯坦	0.57	2.87	3.80	5.91	7.11	2.11	4.31	4.94	6.47	6.15	4.51

国家和地区	2014 年	2015 年	2016 年	2017 年	2018 年	2019 年	2020 年	2021 年	2022 年	2023 年	合计
丹麦	6.25	2.87	3.80	4.93	2.37	2.95	3.14	3.42	5.17	9.23	4.32
奥地利	3.98	2.87	3.80	7.88	1.90	2.53	4.71	2.66	5.17	3.08	3.85
比利时	5.11	5.17	3.26	2.96	2.84	3.80	2.75	3.04	5.17	5.13	3.85

十三 水资源

水资源 A 层研究国际合作参与率最高的是美国，为 40.00%，其次为中国大陆的 33.85%；澳大利亚、德国、英国、加拿大、荷兰、法国、意大利的参与率也比较高，在 25%~10%；沙特阿拉伯、瑞士、奥地利、印度、挪威、西班牙、比利时、丹麦、马来西亚、韩国、瑞典也有一定的参与率，在 10%~4%。

B 层研究国际合作参与率最高的是中国大陆，为 42.46%，其次为美国的 35.65%；澳大利亚、英国、德国、荷兰的参与率也比较高，在 20%~10%；加拿大、印度、意大利、马来西亚、法国、伊朗、沙特阿拉伯、韩国、瑞士、西班牙、奥地利、挪威、日本、比利时也有一定的参与率，在 10%~4%。

C 层研究国际合作参与率最高的是中国大陆，为 36.42%，其次为美国的 32.72%；英国、澳大利亚、德国的参与率也比较高，在 15%~10%；荷兰、加拿大、意大利、伊朗、印度、西班牙、法国、瑞士、沙特阿拉伯、韩国、瑞典、马来西亚、日本、中国香港、比利时也有一定的参与率，在 10%~3%。

表 5-37 水资源 A 层研究排名前 20 的国家和地区的国际合作参与率

单位：%

国家和地区	2014 年	2015 年	2016 年	2017 年	2018 年	2019 年	2020 年	2021 年	2022 年	2023 年	合计
美国	25.00	50.00	66.67	33.33	50.00	16.67	28.57	77.78	40.00	12.50	40.00
中国大陆	0.00	0.00	0.00	33.33	25.00	16.67	42.86	55.56	50.00	50.00	33.85
澳大利亚	50.00	25.00	33.33	16.67	25.00	33.33	0.00	33.33	10.00	37.50	24.62

续表

国家和地区	2014 年	2015 年	2016 年	2017 年	2018 年	2019 年	2020 年	2021 年	2022 年	2023 年	合计
德国	75.00	25.00	33.33	16.67	25.00	16.67	14.29	22.22	10.00	12.50	21.54
英国	50.00	75.00	0.00	0.00	0.00	33.33	14.29	22.22	20.00	25.00	21.54
加拿大	0.00	25.00	66.67	0.00	25.00	16.67	0.00	33.33	20.00	12.50	18.46
荷兰	50.00	0.00	66.67	33.33	0.00	33.33	0.00	0.00	0.00	0.00	12.31
法国	0.00	25.00	33.33	16.67	0.00	0.00	14.29	11.11	20.00	0.00	10.77
意大利	0.00	0.00	33.33	16.67	0.00	16.67	28.57	11.11	10.00	0.00	10.77
沙特阿拉伯	0.00	0.00	0.00	16.67	0.00	0.00	0.00	11.11	20.00	25.00	9.23
瑞士	50.00	25.00	33.33	0.00	0.00	16.67	0.00	0.00	10.00	0.00	9.23
奥地利	25.00	0.00	33.33	0.00	25.00	0.00	0.00	11.11	0.00	0.00	7.69
印度	0.00	25.00	0.00	0.00	0.00	0.00	14.29	0.00	10.00	25.00	7.69
挪威	0.00	0.00	0.00	16.67	12.50	0.00	14.29	11.11	10.00	0.00	7.69
西班牙	25.00	0.00	33.33	0.00	0.00	0.00	0.00	22.22	10.00	0.00	7.69
比利时	25.00	0.00	33.33	33.33	0.00	0.00	0.00	0.00	0.00	0.00	6.15
丹麦	0.00	25.00	33.33	0.00	0.00	0.00	0.00	0.00	20.00	0.00	6.15
马来西亚	0.00	50.00	0.00	16.67	0.00	0.00	14.29	0.00	0.00	0.00	6.15
韩国	0.00	0.00	0.00	33.33	0.00	0.00	0.00	0.00	10.00	12.50	6.15
瑞典	0.00	25.00	33.33	0.00	0.00	16.67	0.00	0.00	0.00	0.00	4.62

表 5-38　水资源 B 层研究排名前 20 的国家和地区的国际合作参与率

单位：%

国家和地区	2014 年	2015 年	2016 年	2017 年	2018 年	2019 年	2020 年	2021 年	2022 年	2023 年	合计
中国大陆	21.82	36.62	30.56	46.00	45.45	42.31	47.50	42.31	60.44	42.62	42.46
美国	36.36	39.44	36.11	50.00	42.42	44.23	32.50	28.21	27.47	29.51	35.65
澳大利亚	14.55	21.13	25.00	16.00	25.76	26.92	21.25	20.51	18.68	8.20	19.97
英国	21.82	22.54	19.44	22.00	19.70	21.15	17.50	20.51	10.99	16.39	18.79
德国	10.91	5.63	15.28	18.00	13.64	15.38	8.75	11.54	2.20	16.39	11.09
荷兰	14.55	8.45	23.61	12.00	9.09	19.23	5.00	7.69	5.49	6.56	10.65
加拿大	10.91	15.49	12.50	4.00	3.03	11.54	7.50	20.51	2.20	6.56	9.47
印度	1.82	4.23	11.11	6.00	9.09	11.54	11.25	7.69	9.89	21.31	9.47
意大利	9.09	11.27	12.50	10.00	4.55	17.31	7.50	6.41	6.59	4.92	8.73
马来西亚	9.09	7.04	9.72	4.00	7.58	5.77	5.00	10.26	12.09	9.84	8.28
法国	10.91	7.04	9.72	14.00	9.09	13.46	8.75	7.69	1.10	4.92	8.14

续表

国家和地区	2014 年	2015 年	2016 年	2017 年	2018 年	2019 年	2020 年	2021 年	2022 年	2023 年	合计
伊朗	3.64	2.82	4.17	8.00	4.55	21.15	10.00	7.69	7.69	14.75	8.14
沙特阿拉伯	3.64	4.23	6.94	6.00	3.03	1.92	5.00	7.69	9.89	18.03	6.80
韩国	7.27	2.82	4.17	8.00	4.55	11.54	11.25	7.69	5.49	4.92	6.66
瑞士	7.27	4.23	9.72	8.00	12.12	11.54	3.75	3.85	1.10	8.20	6.51
西班牙	9.09	8.45	6.94	8.00	6.06	7.69	7.50	3.85	2.20	3.28	6.07
奥地利	7.27	2.82	1.39	16.00	4.55	11.54	7.50	6.41	3.30	3.28	5.92
挪威	5.45	5.63	5.56	12.00	4.55	9.62	6.25	6.41	1.10	4.92	5.77
日本	3.64	2.82	1.39	8.00	9.09	7.69	5.00	6.41	4.40	3.28	5.03
比利时	5.45	5.63	9.72	6.00	6.06	3.85	3.75	3.85	0.00	1.64	4.44

表 5-39　水资源 C 层研究排名前 20 的国家和地区的国际合作参与率

单位：%

国家和地区	2014 年	2015 年	2016 年	2017 年	2018 年	2019 年	2020 年	2021 年	2022 年	2023 年	合计
中国大陆	22.45	24.23	25.53	28.50	31.45	38.48	40.93	46.82	46.77	47.02	36.42
美国	38.78	40.55	36.33	39.97	37.54	33.82	30.19	29.65	24.60	22.36	32.72
英国	20.00	15.35	15.99	14.97	17.51	18.51	15.51	13.41	11.45	9.62	14.98
澳大利亚	14.69	14.70	14.59	18.31	12.76	17.31	15.87	12.35	10.60	13.28	14.34
德国	12.04	12.76	15.57	12.58	13.06	9.45	9.31	10.71	7.92	6.50	10.80
荷兰	12.24	9.05	10.66	10.83	9.94	9.19	8.83	7.41	7.06	7.05	9.03
加拿大	10.00	9.05	9.26	8.60	9.50	8.39	8.35	8.47	7.06	7.45	8.52
意大利	11.43	9.69	10.38	8.44	8.61	7.32	8.11	7.53	7.06	7.32	8.42
伊朗	4.49	5.17	5.33	7.01	6.08	10.79	11.34	10.71	9.74	8.67	8.26
印度	2.86	3.55	4.35	3.98	4.30	5.86	7.88	9.88	11.69	12.20	7.03
西班牙	7.55	8.08	6.87	8.92	7.12	7.19	7.16	4.71	5.85	4.47	6.67
法国	8.78	7.11	8.42	9.55	6.53	5.19	4.89	4.59	3.53	4.47	6.07
瑞士	9.59	8.24	7.43	8.76	6.38	5.06	4.53	3.41	4.02	2.30	5.67
沙特阿拉伯	2.65	4.20	4.49	4.46	2.67	2.26	3.10	4.71	6.94	10.84	4.73
韩国	2.86	2.26	3.37	3.82	3.12	5.33	5.85	5.18	7.19	6.23	4.70
瑞典	4.69	4.68	5.05	4.94	4.30	3.73	3.82	4.82	3.65	4.34	4.37
马来西亚	3.47	4.04	3.65	2.71	3.41	3.73	3.46	4.35	5.12	5.15	3.96
日本	3.88	3.07	3.51	3.66	4.75	3.73	4.42	3.18	5.12	3.25	3.88
中国香港	1.63	3.23	3.23	2.87	3.26	3.99	3.46	4.59	4.26	5.69	3.73
比利时	2.04	4.36	4.35	5.25	2.82	4.26	2.51	2.59	2.44	2.57	3.29

十四 环境研究

环境研究 A、B、C 层研究国际合作参与率最高的均为美国，分别为 50.79%、42.39%、30.27%；中国大陆 A、B、C 层研究国际合作参与率排名第二，为 42.86%、36.84%、27.34%。

英国、德国、澳大利亚、法国、荷兰、西班牙、日本、瑞士、加拿大、瑞典、奥地利、巴基斯坦 A 层研究国际合作参与率也比较高，在 37%～11%；印度、意大利、芬兰、挪威、捷克、丹麦也有一定的参与率，在 10%～6%。

英国、德国、澳大利亚、荷兰、加拿大、瑞典、法国、意大利、西班牙、瑞士 B 层研究国际合作参与率也比较高，在 33%～10%；巴基斯坦、奥地利、丹麦、印度、挪威、日本、马来西亚、芬兰也有一定的参与率，在 10%～4%。

英国、德国、澳大利亚、荷兰 C 层研究国际合作参与率也比较高，在 28%～11%；意大利、加拿大、瑞典、法国、西班牙、巴基斯坦、印度、瑞士、挪威、沙特阿拉伯、马来西亚、奥地利、中国香港、丹麦也有一定的参与率，在 9%～4%。

表 5-40　环境研究 A 层研究排名前 20 的国家和地区的国际合作参与率

单位：%

国家和地区	2014 年	2015 年	2016 年	2017 年	2018 年	2019 年	2020 年	2021 年	2022 年	2023 年	合计
美国	100.00	50.00	66.67	66.67	28.57	100.00	66.67	57.14	27.78	37.50	50.79
中国大陆	0.00	50.00	66.67	33.33	0.00	16.67	50.00	71.43	61.11	37.50	42.86
英国	66.67	50.00	33.33	33.33	14.29	50.00	66.67	14.29	33.33	37.50	36.51
德国	0.00	0.00	33.33	100.00	42.86	66.67	50.00	14.29	5.56	25.00	28.57
澳大利亚	66.67	50.00	66.67	0.00	28.57	33.33	33.33	28.57	5.56	25.00	25.40
法国	33.33	0.00	66.67	33.33	28.57	50.00	50.00	14.29	5.56	12.50	23.81
荷兰	66.67	0.00	0.00	66.67	28.57	33.33	50.00	28.57	0.00	12.50	22.22
西班牙	0.00	0.00	33.33	33.33	28.57	16.67	0.00	28.57	22.22	25.00	20.63
日本	0.00	0.00	33.33	33.33	14.29	33.33	16.67	57.14	5.56	12.50	19.05

续表

国家和地区	2014年	2015年	2016年	2017年	2018年	2019年	2020年	2021年	2022年	2023年	合计
瑞士	0.00	50.00	33.33	33.33	28.57	16.67	33.33	14.29	0.00	12.50	15.87
加拿大	0.00	50.00	0.00	0.00	14.29	33.33	33.33	14.29	0.00	25.00	14.29
瑞典	0.00	50.00	0.00	0.00	14.29	33.33	16.67	14.29	5.56	12.50	12.70
奥地利	0.00	50.00	0.00	100.00	14.29	16.67	0.00	0.00	5.56	0.00	11.11
巴基斯坦	0.00	50.00	0.00	0.00	0.00	0.00	16.67	0.00	22.22	12.50	11.11
印度	0.00	0.00	0.00	0.00	0.00	16.67	16.67	14.29	11.11	12.50	9.52
意大利	0.00	50.00	0.00	66.67	28.57	0.00	0.00	14.29	0.00	0.00	9.52
芬兰	0.00	0.00	0.00	33.33	14.29	16.67	0.00	14.29	0.00	12.50	7.94
挪威	0.00	0.00	0.00	0.00	0.00	16.67	16.67	14.29	5.56	12.50	7.94
捷克	0.00	0.00	0.00	33.33	0.00	0.00	0.00	14.29	0.00	25.00	6.35
丹麦	0.00	0.00	0.00	0.00	0.00	16.67	16.67	0.00	5.56	12.50	6.35

表 5-41　环境研究 B 层研究排名前 20 的国家和地区的国际合作参与率

单位：%

国家和地区	2014年	2015年	2016年	2017年	2018年	2019年	2020年	2021年	2022年	2023年	合计
美国	51.52	58.33	45.45	55.77	50.00	52.78	42.53	35.92	34.91	30.25	42.39
中国大陆	24.24	27.78	21.21	21.15	22.58	36.11	20.69	39.81	50.00	59.66	36.84
英国	36.36	30.56	33.33	32.69	50.00	44.44	35.63	33.01	26.42	19.33	32.72
德国	24.24	22.22	39.39	23.08	29.03	22.22	33.33	18.45	13.21	11.76	21.48
澳大利亚	30.30	27.78	24.24	30.77	20.97	27.78	11.49	13.59	19.81	13.45	19.63
荷兰	27.27	25.00	42.42	30.77	24.19	16.67	18.39	13.59	8.49	5.04	17.07
加拿大	12.12	16.67	18.18	17.31	17.74	19.44	14.94	12.62	15.09	6.72	14.22
瑞典	9.09	16.67	12.12	13.46	25.81	15.28	19.54	10.68	7.55	10.08	13.51
法国	21.21	11.11	30.30	15.38	6.45	19.44	12.64	12.62	8.49	8.40	12.80
意大利	21.21	16.67	18.18	13.46	8.06	12.50	12.64	9.71	12.26	2.52	10.95
西班牙	3.03	8.33	12.12	13.46	12.90	11.11	12.64	7.77	12.26	9.24	10.53
瑞士	12.12	11.11	15.15	11.54	9.68	8.33	6.90	13.59	8.49	9.24	10.10
巴基斯坦	3.03	0.00	6.06	3.85	0.00	1.39	4.60	16.50	16.04	19.33	9.53
奥地利	21.21	5.56	18.18	11.54	12.90	16.67	10.34	5.83	1.89	4.20	8.96
丹麦	24.24	13.89	15.15	3.85	6.45	4.17	9.20	7.77	2.83	5.88	7.54
印度	15.15	5.56	9.09	1.92	3.23	1.39	3.45	8.74	12.26	11.76	7.54
挪威	12.12	16.67	9.09	5.77	9.68	15.28	9.20	2.91	7.55	0.84	7.54

续表

国家和地区	2014 年	2015 年	2016 年	2017 年	2018 年	2019 年	2020 年	2021 年	2022 年	2023 年	合计
日本	15.15	5.56	9.09	11.54	8.06	5.56	4.60	6.80	6.60	6.72	7.25
马来西亚	3.03	2.78	3.03	5.77	4.84	2.78	2.30	1.94	10.38	10.92	5.55
芬兰	6.06	8.33	9.09	0.00	3.23	2.78	9.20	5.83	4.72	2.52	4.84

表 5-42　环境研究 C 层研究排名前 20 的国家和地区的国际合作参与率

单位：%

国家和地区	2014 年	2015 年	2016 年	2017 年	2018 年	2019 年	2020 年	2021 年	2022 年	2023 年	合计
美国	44.56	36.79	43.56	35.56	37.00	31.66	29.42	26.42	22.90	23.05	30.27
中国大陆	20.16	16.05	19.56	21.37	20.06	25.00	27.60	28.42	31.94	39.24	27.34
英国	35.01	34.07	32.89	29.38	30.61	31.31	28.51	24.85	23.55	19.75	27.29
德国	20.42	19.26	17.56	15.86	16.20	16.24	14.05	13.86	12.34	10.17	14.50
澳大利亚	19.89	17.78	17.56	16.86	13.22	14.60	13.65	14.56	11.05	9.58	13.81
荷兰	17.24	15.06	14.89	12.69	14.71	13.55	11.53	9.07	7.58	7.29	11.14
意大利	5.84	6.91	8.22	10.18	8.92	8.76	9.71	10.20	7.50	8.64	8.73
加拿大	10.34	10.86	8.89	11.85	11.59	8.53	10.31	7.59	6.53	5.85	8.64
瑞典	10.34	13.33	9.33	8.85	11.44	9.35	7.18	9.07	7.10	4.66	8.38
法国	11.94	7.90	9.56	8.35	10.25	8.64	7.89	8.28	8.15	6.02	8.31
西班牙	8.75	9.38	8.00	8.51	8.92	8.76	8.80	7.67	6.85	8.05	8.19
巴基斯坦	0.27	0.25	0.89	1.00	2.97	4.56	6.07	9.24	10.40	11.44	6.33
印度	4.51	2.72	3.33	2.34	3.27	5.02	3.94	7.15	9.60	10.25	6.10
瑞士	8.22	9.14	6.00	6.84	6.39	7.01	4.95	6.02	4.44	4.32	5.85
挪威	6.10	6.42	6.89	7.01	7.73	5.26	5.46	5.58	5.00	4.66	5.74
沙特阿拉伯	0.27	0.74	0.67	1.34	1.04	2.22	4.55	5.75	9.68	12.46	5.29
马来西亚	2.39	0.49	1.78	2.34	2.38	2.92	3.94	7.41	8.15	7.54	4.90
奥地利	9.28	5.93	6.89	4.67	4.46	5.72	4.45	4.62	3.87	3.56	4.85
中国香港	3.45	4.44	7.56	5.51	4.90	3.50	4.85	4.27	4.60	5.25	4.76
丹麦	5.04	4.69	3.78	4.84	5.65	3.39	4.85	3.31	3.79	3.47	4.11

十五　多学科地球科学

多学科地球科学 A、B、C 层研究国际合作参与率最高的均为美国，分别为 62. 37%、53. 91%、42. 86%；中国大陆 A、B、C 层研究国际合作参与率排名第二，分别为 47. 31%、41. 00%、38. 95%。

英国、法国、德国、荷兰、瑞士、澳大利亚、加拿大、挪威、奥地利、意大利、日本、比利时、瑞典 A 层研究国际合作参与率也比较高，在 44%~10%；丹麦、俄罗斯、中国香港、韩国、西班牙也有一定的参与率，在 8%~5%。

英国、德国、澳大利亚、法国、加拿大、瑞士、荷兰、挪威、意大利、瑞典、西班牙、日本 B 层研究国际合作参与率也比较高，在 34%~10%；奥地利、比利时、丹麦、印度、韩国、俄罗斯也有一定的参与率，在 9%~4%。

英国、德国、澳大利亚、法国、加拿大 C 层研究国际合作参与率也比较高，在 24%~11%；意大利、荷兰、瑞士、西班牙、日本、挪威、瑞典、奥地利、伊朗、比利时、印度、中国香港、丹麦也有一定的参与率，在 10%~3%。

表 5-43　多学科地球科学 A 层研究排名前 20 的国家和地区的国际合作参与率

单位：%

国家和地区	2014 年	2015 年	2016 年	2017 年	2018 年	2019 年	2020 年	2021 年	2022 年	2023 年	合计
美国	70. 00	44. 44	62. 50	44. 44	66. 67	63. 64	88. 89	54. 55	75. 00	58. 33	62. 37
中国大陆	10. 00	44. 44	37. 50	44. 44	50. 00	36. 36	77. 78	54. 55	75. 00	50. 00	47. 31
英国	30. 00	33. 33	50. 00	33. 33	50. 00	36. 36	55. 56	54. 55	50. 00	41. 67	43. 01
法国	50. 00	11. 11	50. 00	22. 22	33. 33	45. 45	44. 44	45. 45	25. 00	50. 00	38. 71
德国	30. 00	33. 33	50. 00	22. 22	33. 33	36. 36	55. 56	18. 18	50. 00	25. 00	34. 41
荷兰	30. 00	22. 22	25. 00	44. 44	33. 33	27. 27	55. 56	9. 09	25. 00		31. 18
瑞士	30. 00	22. 22	37. 50	22. 22	16. 67	27. 27	33. 33	36. 36	25. 00	16. 67	26. 88
澳大利亚	20. 00	22. 22	25. 00	11. 11	16. 67	18. 18	33. 33	27. 27	50. 00	16. 67	23. 66
加拿大	10. 00	11. 11	25. 00	11. 11	50. 00	27. 27	22. 22	18. 18	37. 50	25. 00	22. 58
挪威	10. 00	0. 00	37. 50	22. 22	33. 33	18. 18	33. 33	9. 09	37. 50	33. 33	22. 58
奥地利	0. 00	11. 11	50. 00	11. 11	33. 33	18. 18	33. 33	9. 09	37. 50	25. 00	21. 51
意大利	10. 00	0. 00	0. 00	22. 22	66. 67	27. 27	22. 22	0. 00	25. 00	8. 33	16. 13
日本	10. 00	0. 00	12. 50	22. 22	33. 33	27. 27	22. 22	9. 09	25. 00	8. 33	16. 13

续表

国家和地区	2014 年	2015 年	2016 年	2017 年	2018 年	2019 年	2020 年	2021 年	2022 年	2023 年	合计
比利时	0.00	0.00	12.50	22.22	33.33	9.09	22.22	18.18	25.00	16.67	15.05
瑞典	20.00	22.22	0.00	0.00	0.00	9.09	22.22	9.09	25.00	0.00	10.75
丹麦	20.00	11.11	0.00	0.00	16.67	0.00	0.00	18.18	0.00	8.33	7.53
俄罗斯	0.00	22.22	0.00	0.00	0.00	18.18	11.11	9.09	0.00	0.00	6.45
中国香港	10.00	11.11	0.00	0.00	16.67	9.09	0.00	0.00	12.50	0.00	5.38
韩国	0.00	0.00	0.00	11.11	16.67	0.00	0.00	0.00	25.00	8.33	5.38
西班牙	0.00	0.00	12.50	0.00	16.67	9.09	0.00	18.18	0.00	0.00	5.38

表 5-44　多学科地球科学 B 层研究排名前 20 的国家和地区的国际合作参与率

单位：%

国家和地区	2014 年	2015 年	2016 年	2017 年	2018 年	2019 年	2020 年	2021 年	2022 年	2023 年	合计
美国	53.85	60.20	72.73	55.79	57.76	51.33	57.58	52.63	46.85	39.67	53.91
中国大陆	32.97	25.51	25.97	29.47	39.66	35.40	40.15	53.51	51.75	61.16	41.00
英国	40.66	40.82	48.05	32.63	30.17	27.43	35.61	44.74	25.17	23.14	33.91
德国	25.27	30.61	44.16	34.74	27.59	25.66	34.85	35.09	24.48	25.62	30.27
澳大利亚	16.48	18.37	25.97	18.95	18.10	23.89	25.00	26.32	18.18	23.14	21.45
法国	18.68	24.49	22.08	23.16	18.97	17.70	21.97	21.05	15.38	17.36	19.82
加拿大	14.29	15.31	33.77	24.21	12.07	15.93	20.45	21.93	18.88	17.36	19.00
瑞士	14.29	23.47	22.08	16.84	14.66	11.50	15.91	19.30	12.59	14.88	16.18
荷兰	15.38	18.37	25.97	13.68	12.93	15.93	12.88	19.30	14.69	8.26	15.00
挪威	7.69	13.27	19.48	13.68	6.90	11.50	12.12	14.04	12.59	8.26	11.73
意大利	9.89	11.22	11.69	12.63	16.38	9.73	9.09	14.04	9.79	11.57	11.55
瑞典	10.99	12.24	24.68	13.68	8.62	4.42	9.09	14.04	8.39	4.96	10.45
西班牙	8.79	6.12	16.88	7.37	8.62	9.73	10.61	13.16	9.79	11.57	10.18
日本	9.89	8.16	18.18	6.32	12.93	10.62	13.64	11.40	4.90	7.44	10.09
奥地利	6.59	7.14	5.19	8.42	9.48	9.73	12.12	11.40	9.09	7.44	8.91
比利时	6.59	12.24	7.79	7.37	2.59	7.08	10.61	9.65	5.59	5.79	7.45
丹麦	4.40	3.06	6.49	6.32	7.76	4.42	6.82	7.89	8.39	4.13	6.09
印度	1.10	2.04	3.90	7.37	6.03	7.96	4.55	8.77	6.29	9.09	5.91
韩国	6.59	1.02	5.19	4.21	3.45	7.08	6.06	10.53	1.40	10.74	5.64
俄罗斯	5.49	4.08	7.79	5.26	2.59	2.65	2.27	9.65	5.59	4.13	4.82

表 5-45　多学科地球科学 C 层研究排名前 20 的国家和地区的国际合作参与率

单位：%

国家和地区	2014 年	2015 年	2016 年	2017 年	2018 年	2019 年	2020 年	2021 年	2022 年	2023 年	合计
美国	47.89	44.14	47.06	45.52	46.03	43.24	41.31	40.28	39.50	37.48	42.86
中国大陆	26.41	31.44	31.46	33.67	36.60	40.52	41.88	42.76	47.65	48.03	38.95
英国	23.90	25.22	26.03	23.98	26.48	22.04	22.55	24.53	21.97	21.47	23.68
德国	20.88	20.69	21.30	20.81	19.94	18.20	18.70	19.50	16.56	18.85	19.37
澳大利亚	15.36	16.25	15.95	16.38	15.65	15.41	15.73	15.42	13.17	13.03	15.16
法国	15.56	16.25	17.18	15.11	13.55	12.90	14.15	13.94	12.06	13.54	14.26
加拿大	11.95	11.55	12.45	10.32	11.29	10.95	11.62	13.14	11.54	10.55	11.55
意大利	9.04	8.70	9.03	9.77	9.66	9.34	10.30	9.92	10.10	9.61	9.60
荷兰	8.63	8.97	7.98	11.67	8.18	9.27	8.72	7.84	7.63	8.66	8.69
瑞士	9.04	9.06	8.85	10.41	9.74	8.02	8.09	8.78	6.78	7.71	8.55
西班牙	7.13	5.95	7.62	5.88	7.87	6.90	6.57	6.97	6.26	7.64	6.88
日本	5.12	7.02	6.05	6.43	6.70	6.42	6.76	5.76	6.39	6.40	6.33
挪威	5.32	6.31	6.84	7.06	5.22	4.74	5.31	5.97	4.11	6.04	5.62
瑞典	4.52	5.51	6.31	5.61	5.76	5.37	5.56	4.83	5.15	4.37	5.29
奥地利	4.02	3.64	4.73	5.34	4.91	2.72	4.67	5.50	4.50	4.37	4.45
伊朗	2.21	2.75	2.72	3.35	3.50	6.00	6.51	6.17	4.43	4.08	4.37
比利时	2.91	4.71	4.03	5.34	3.97	4.39	4.86	3.69	3.91	4.29	4.22
印度	4.12	2.58	3.77	3.17	3.35	4.25	3.98	5.50	4.76	5.82	4.21
中国香港	3.41	3.64	3.59	2.99	3.89	3.84	3.92	5.03	4.43	5.02	4.04
丹麦	3.92	4.00	4.03	3.89	3.50	2.86	3.28	3.35	3.06	2.91	3.43

第二节　学科组

在地球科学各学科研究分析的基础上，按照 A、B、C 层三个研究层次，对各学科研究进行汇总分析，可以从学科组层面揭示国际合作的分布特点和发展趋势。

一　A 层研究

地球科学 A 层研究国际合作参与率最高的是美国，为 48.91%，其次为中国大陆的 48.66%；英国、德国、澳大利亚、法国、荷兰、加拿大、瑞士、意大利、西班牙的参与率也比较高，在 33%～10%；挪威、奥地利、瑞典、日本、印度、丹麦、比利时、中国香港、韩国、芬兰、马来西亚、新西兰、巴基斯坦、沙特阿拉伯、南非、伊朗、捷克、巴西、俄罗斯、新加坡、爱尔兰、葡萄牙、土耳其、中国台湾、印度尼西亚、越南、埃及、智利、阿根廷也有一定的参与率，在 10%～1%。

在发展趋势上，中国大陆、挪威、印度、丹麦、中国香港、芬兰呈现相对上升趋势，美国、澳大利亚、法国、荷兰、意大利呈现相对下降趋势，其他国家和地区没有呈现明显变化。

表 5-46　地球科学 A 层研究排名前 40 的国家和地区的国际合作参与率

单位：%

国家和地区	2014 年	2015 年	2016 年	2017 年	2018 年	2019 年	2020 年	2021 年	2022 年	2023 年	合计
美国	60.34	47.17	44.83	55.38	40.96	54.05	50.54	53.92	41.35	45.16	48.91
中国大陆	17.24	37.74	39.66	30.77	31.33	45.95	52.69	68.63	68.27	62.37	48.66
英国	43.10	33.96	36.21	26.15	24.10	35.14	33.33	28.43	31.73	36.56	32.44
德国	18.97	24.53	27.59	35.38	32.53	40.54	24.73	23.53	16.35	23.66	26.31
澳大利亚	36.21	22.64	27.59	16.92	32.53	24.32	25.81	19.61	17.31	30.11	24.90
法国	24.14	18.87	20.69	18.46	15.66	22.97	19.35	16.67	15.38	22.58	19.16
荷兰	31.03	13.21	13.79	36.92	18.07	27.03	21.51	11.76	11.54	11.83	18.77
加拿大	15.52	18.87	17.24	10.77	20.48	18.92	18.28	14.71	12.50	17.20	16.35
瑞士	13.79	15.09	18.97	20.00	16.87	17.57	17.20	14.71	11.54	10.75	15.33
意大利	13.79	13.21	8.62	18.46	14.46	14.86	13.98	9.80	8.65	7.53	12.01
西班牙	5.17	5.66	17.24	10.77	12.05	6.76	4.30	18.63	12.50	8.60	10.47
挪威	5.17	0.00	12.07	7.69	7.23	14.86	16.13	9.80	8.65	11.83	9.83
奥地利	5.17	9.43	13.79	21.54	12.05	6.76	9.68	4.90	10.58	7.53	9.83
瑞典	12.07	15.09	6.90	6.15	6.02	16.22	9.68	8.82	9.62	7.53	9.58
日本	5.17	1.89	8.62	10.77	4.82	12.16	12.90	13.73	4.81	10.75	8.94
印度	3.45	3.77	0.00	3.08	1.20	6.76	7.53	7.84	8.65	10.75	5.87
丹麦	6.90	5.66	5.17	0.00	4.82	6.76	6.45	4.90	5.77	10.75	5.87
比利时	3.45	1.89	8.62	10.77	4.82	6.76	6.45	3.92	3.85	7.53	5.75
中国香港	3.45	3.77	3.45	0.00	7.23	2.70	4.30	4.90	5.77	10.75	4.98
韩国	1.72	1.89	1.72	12.31	1.20	4.05	5.38	2.94	8.65	6.45	4.85

国家和地区	2014 年	2015 年	2016 年	2017 年	2018 年	2019 年	2020 年	2021 年	2022 年	2023 年	合计
芬兰	1.72	3.77	0.00	6.15	3.61	2.70	5.38	4.90	3.85	7.53	4.21
马来西亚	0.00	3.77	3.45	6.15	2.41	2.70	3.23	4.90	2.88	4.30	3.45
新西兰	3.45	1.89	1.72	3.08	3.61	4.05	3.23	2.94	4.81	3.23	3.32
巴基斯坦	1.72	5.66	1.72	3.08	0.00	1.35	2.15	2.94	8.65	4.30	3.32
沙特阿拉伯	8.62	1.89	3.45	3.08	0.00	0.00	1.08	2.94	5.77	4.30	3.07
南非	1.72	1.89	5.17	1.54	1.20	5.41	3.23	0.00	3.85	5.38	2.94
伊朗	0.00	0.00	1.72	3.08	0.00	0.00	2.15	5.88	4.81	4.30	2.55
捷克	0.00	0.00	5.17	4.62	0.00	1.35	3.23	3.92	1.92	4.30	2.55
巴西	1.72	0.00	5.17	1.54	2.41	1.35	3.23	4.90	0.96	2.15	2.43
俄罗斯	1.72	5.66	0.00	4.62	1.20	4.05	1.08	2.94	0.96	1.08	2.17
新加坡	3.45	0.00	1.72	0.00	2.41	0.00	4.30	2.94	2.88	2.15	2.17
爱尔兰	0.00	0.00	0.00	3.08	1.20	0.00	4.30	2.94	3.85	3.23	2.17
葡萄牙	1.72	0.00	3.45	1.54	3.61	4.05	1.08	3.92	0.96	1.08	2.17
土耳其	0.00	1.89	0.00	0.00	1.20	0.00	2.15	0.98	3.85	5.38	1.79
中国台湾	0.00	0.00	0.00	3.08	4.82	2.70	1.08	1.96	0.96	0.00	1.53
印度尼西亚	0.00	0.00	0.00	0.00	2.41	1.35	1.08	2.94	0.96	4.30	1.53
越南	0.00	0.00	3.45	0.00	0.00	6.76	0.00	1.96	0.00	2.15	1.40
埃及	0.00	0.00	3.45	0.00	0.00	0.00	1.08	3.92	0.96	3.23	1.40
智利	3.45	0.00	0.00	0.00	1.20	0.00	2.15	1.96	0.96	3.23	1.40
阿根廷	0.00	0.00	3.45	0.00	1.20	0.00	0.00	1.96	0.96	5.38	1.40

二 B 层研究

地球科学 B 层研究国际合作参与率最高的是美国，为 44.27%，其次为中国大陆的 43.97%；英国、德国、澳大利亚、法国、加拿大、荷兰、意大利的参与率也比较高，在 27%～10%；瑞士、西班牙、日本、瑞典、印度、挪威、奥地利、韩国、比利时、中国香港、丹麦、巴基斯坦、马来西亚、沙特阿拉伯、伊朗、芬兰、土耳其、南非、俄罗斯、巴西、葡萄牙、新西兰、新加坡、中国台湾、越南、希腊、捷克、波兰、爱尔兰、埃及、墨西哥也有一定的参与率，在 10%～1%。

在发展趋势上，中国大陆、印度、巴基斯坦、沙特阿拉伯呈现相对上升趋势，美国、英国、法国呈现相对下降趋势，其他国家和地区没有呈现明显变化。

表 5-47　地球科学 B 层研究排名前 40 的国家和地区的国际合作参与率

单位：%

国家和地区	2014 年	2015 年	2016 年	2017 年	2018 年	2019 年	2020 年	2021 年	2022 年	2023 年	合计
美国	53.58	50.47	53.33	51.43	47.46	47.82	45.59	38.45	35.49	33.10	44.27
中国大陆	32.25	29.65	32.25	35.96	38.29	45.59	43.28	50.18	54.30	58.30	43.97
英国	27.99	29.34	29.92	26.36	29.11	25.50	27.74	28.09	22.27	19.47	26.17
德国	21.16	21.92	24.03	23.50	22.22	22.53	22.26	20.00	17.30	18.18	21.00
澳大利亚	19.45	20.66	23.57	21.06	20.41	21.36	20.35	21.09	16.95	17.49	20.04
法国	17.06	15.62	17.36	17.62	13.04	14.03	14.30	12.18	11.18	10.57	13.82
加拿大	13.99	15.77	17.05	16.19	11.96	15.09	15.36	13.82	12.87	8.10	13.76
荷兰	14.16	15.30	19.07	14.18	13.16	12.43	10.94	12.27	10.03	5.93	12.19
意大利	12.46	12.46	10.08	10.60	11.47	10.73	10.17	8.82	10.91	6.32	10.18
瑞士	10.07	13.56	12.25	11.03	12.08	9.67	8.64	10.18	7.54	8.00	9.98
西班牙	8.53	8.20	8.99	9.17	9.78	9.99	9.40	7.64	8.43	9.29	8.94
日本	8.36	6.62	6.98	9.60	7.49	8.08	8.64	8.00	6.74	7.21	7.76
瑞典	7.51	8.36	10.70	9.17	10.02	6.38	7.20	8.00	6.03	5.53	7.66
印度	4.61	4.26	5.74	4.73	4.83	6.16	5.47	9.09	10.20	12.65	7.22
挪威	6.48	9.78	8.37	8.02	6.04	9.03	7.39	5.36	6.74	3.75	6.91
奥地利	7.51	5.05	6.51	7.74	7.73	7.44	6.33	5.64	5.59	3.66	6.20
韩国	3.07	3.31	5.12	4.58	4.35	7.01	6.33	6.18	4.44	6.72	5.32
比利时	4.78	6.62	7.13	6.45	4.71	4.36	5.57	4.64	3.19	3.75	4.92
中国香港	2.56	3.00	4.34	3.72	6.52	5.84	3.93	5.82	5.59	5.24	4.85
丹麦	6.83	5.21	4.96	4.87	5.07	4.04	4.22	4.55	4.26	4.55	4.73
巴基斯坦	0.34	1.10	1.55	1.86	1.45	2.44	3.07	5.91	6.92	8.50	3.81
马来西亚	2.73	2.68	2.02	2.29	3.86	2.44	3.17	4.82	5.50	5.34	3.70
沙特阿拉伯	1.37	2.05	2.64	2.58	2.78	2.02	3.17	4.45	5.15	7.71	3.67
伊朗	2.56	1.26	2.17	1.72	3.02	4.78	4.32	5.09	4.35	4.55	3.66
芬兰	3.58	3.31	4.19	3.30	4.23	2.98	4.61	3.18	3.28	1.78	3.40
土耳其	2.05	1.74	2.17	0.72	0.72	2.23	3.17	4.00	4.44	6.42	3.03
南非	2.90	3.15	3.26	2.58	3.38	2.98	3.36	2.64	2.93	2.77	2.98
俄罗斯	3.41	2.21	2.64	2.72	1.33	1.49	2.50	4.00	3.99	3.85	2.89
巴西	3.41	1.74	4.03	3.30	2.17	2.34	3.07	2.91	2.57	2.77	2.80
葡萄牙	2.56	2.68	2.17	3.01	3.50	2.55	3.65	2.82	2.48	1.68	2.72
新西兰	2.05	3.47	4.04	3.15	2.78	3.29	3.07	2.55	2.13	1.38	2.72

续表

国家和地区	2014 年	2015 年	2016 年	2017 年	2018 年	2019 年	2020 年	2021 年	2022 年	2023 年	合计
新加坡	1.71	2.52	3.10	1.86	2.66	3.61	2.30	2.91	3.02	1.98	2.61
中国台湾	1.37	2.05	1.55	1.15	2.29	1.38	2.11	3.09	2.40	3.06	2.15
越南	1.02	0.32	0.93	1.86	1.81	2.98	3.17	3.82	1.51	2.08	2.12
希腊	1.02	0.95	2.64	2.44	1.57	1.91	1.82	3.18	2.93	1.38	2.07
捷克	1.88	1.26	1.40	2.72	2.66	1.28	2.59	1.45	2.40	1.98	1.99
波兰	1.37	1.74	2.02	1.43	1.33	1.38	1.54	2.55	2.22	2.77	1.89
爱尔兰	1.19	2.05	1.55	2.01	2.05	1.06	1.92	1.36	2.22	1.38	1.68
埃及	0.17	0.95	0.47	0.57	0.36	1.17	1.25	1.73	2.48	4.74	1.58
墨西哥	2.56	1.74	2.02	1.86	0.72	1.17	2.02	1.91	1.33	0.79	1.56

三　C 层研究

地球科学 C 层研究国际合作参与率最高的是中国大陆，为 38.50%，其次为美国的 37.91%；英国、德国、澳大利亚、法国、加拿大的参与率也比较高，在 22%~10%；意大利、荷兰、西班牙、瑞士、印度、瑞典、日本、挪威、中国香港、韩国、比利时、奥地利、丹麦、伊朗、沙特阿拉伯、巴基斯坦、巴西、马来西亚、芬兰、南非、葡萄牙、俄罗斯、新西兰、新加坡、土耳其、埃及、越南、波兰、希腊、中国台湾、捷克、爱尔兰、智利也有一定的参与率，在 9%~1%。

在发展趋势上，中国大陆、印度、巴基斯坦呈现相对上升趋势，美国、英国、德国、法国呈现相对下降趋势，其他国家和地区没有呈现明显变化。

表 5-48　地球科学 C 层研究排名前 40 的国家和地区的国际合作参与率

单位：%

国家和地区	2014 年	2015 年	2016 年	2017 年	2018 年	2019 年	2020 年	2021 年	2022 年	2023 年	合计
中国大陆	26.45	29.05	29.37	33.26	35.38	39.75	41.46	43.00	46.94	46.19	38.50
美国	46.12	43.82	45.18	42.77	41.07	38.93	35.92	34.24	31.17	30.36	37.91
英国	23.19	23.06	23.79	22.80	22.75	23.13	21.34	20.48	18.65	18.02	21.43
德国	18.13	18.58	18.71	17.02	17.68	15.78	15.15	14.85	13.94	13.56	16.00

续表

国家和地区	2014 年	2015 年	2016 年	2017 年	2018 年	2019 年	2020 年	2021 年	2022 年	2023 年	合计
澳大利亚	14.88	15.81	15.05	16.00	14.84	15.84	14.98	14.53	12.38	11.71	14.46
法国	14.07	12.35	13.49	12.04	11.89	11.17	10.26	10.11	8.66	9.02	10.98
加拿大	11.27	11.62	11.62	11.32	10.65	10.28	10.74	10.23	9.02	8.95	10.42
意大利	9.20	9.68	9.53	9.47	8.99	8.63	9.00	8.50	8.21	8.10	8.84
荷兰	10.07	9.83	10.00	9.72	9.33	9.12	8.08	7.36	6.57	6.96	8.47
西班牙	8.49	7.45	8.36	7.59	7.64	7.75	7.28	7.20	6.88	7.48	7.54
瑞士	8.86	8.65	7.83	7.82	7.16	6.26	6.03	6.25	5.58	5.16	6.72
印度	3.56	3.18	3.66	3.26	3.80	4.62	5.46	8.22	9.23	9.63	5.87
瑞典	5.40	6.16	6.61	5.91	6.20	5.52	5.40	5.15	4.91	4.30	5.47
日本	5.04	5.11	4.60	4.85	5.10	5.26	5.11	4.88	4.57	4.81	4.93
挪威	4.66	4.86	5.21	5.24	4.81	4.39	4.25	4.15	3.78	4.07	4.46
中国香港	3.05	3.50	3.91	3.99	4.75	4.43	4.46	4.83	4.77	5.44	4.43
韩国	2.19	2.33	2.38	2.85	3.35	4.09	4.06	4.68	5.11	4.36	3.75
比利时	3.42	4.46	3.87	4.28	4.27	3.92	3.67	3.43	3.31	3.24	3.74
奥地利	4.48	3.87	4.24	4.17	3.84	3.65	3.61	3.71	3.42	3.02	3.74
丹麦	4.14	3.97	3.97	3.83	3.77	3.52	3.76	3.35	3.27	3.45	3.65
伊朗	1.77	1.62	1.89	2.66	2.89	4.35	4.64	5.01	4.47	4.42	3.64
沙特阿拉伯	1.64	1.97	1.83	2.00	1.89	2.09	2.82	4.15	6.07	7.78	3.49
巴基斯坦	0.58	1.11	0.97	1.58	1.79	2.72	3.62	4.72	6.28	5.97	3.30
巴西	2.82	2.80	3.26	2.99	3.17	2.97	3.12	3.52	2.61	2.88	3.03
马来西亚	1.42	1.60	1.70	1.73	1.96	2.32	2.82	3.99	4.17	4.25	2.79
芬兰	2.77	2.45	2.80	2.66	3.10	2.63	2.92	2.56	2.55	2.47	2.69
南非	2.29	2.09	1.78	2.20	2.56	2.37	2.35	2.35	2.56	2.49	2.33
葡萄牙	1.71	2.14	2.57	2.34	2.22	2.46	2.24	2.33	2.21	2.26	2.26
俄罗斯	2.11	2.13	2.20	1.82	1.83	1.79	2.00	3.00	2.69	2.06	2.20
新西兰	2.53	2.70	2.34	2.40	2.38	2.19	1.98	1.92	1.60	1.87	2.13
新加坡	1.39	1.44	1.85	1.76	1.92	2.36	2.44	2.44	2.41	2.32	2.11
土耳其	1.29	1.36	1.30	1.30	1.31	1.28	2.04	2.84	3.04	3.63	2.07
埃及	0.74	0.74	0.83	0.77	0.95	1.18	1.88	2.45	3.55	4.10	1.90
越南	0.60	0.73	0.77	0.89	1.32	2.19	3.61	2.97	1.93	1.70	1.85
波兰	1.11	1.53	1.47	1.36	1.59	1.58	1.91	1.66	2.37	2.84	1.81
希腊	1.68	1.41	2.00	2.00	2.09	1.94	1.53	1.85	1.72	1.50	1.77
中国台湾	1.66	1.53	0.95	1.45	1.34	1.52	1.95	2.17	1.90	2.07	1.71
捷克	1.31	1.27	1.30	1.35	1.40	1.36	1.59	1.88	1.79	1.82	1.55
爱尔兰	1.16	1.24	1.29	1.14	1.46	1.30	1.37	1.59	1.13	1.27	1.31
智利	1.06	1.27	1.22	1.30	1.44	1.14	1.39	1.23	1.20	1.10	1.24

第六章 工程与材料科学

工程与材料科学包括工程和材料两个学科领域，是保障国家安全、促进社会进步与经济可持续发展、提高人民生活质量的重要科学基础和技术支撑。

第一节 学科

工程与材料科学学科组包括以下学科：冶金和冶金工程、陶瓷材料、造纸和木材、涂料和薄膜、纺织材料、复合材料、材料检测和鉴定、多学科材料、石油工程、采矿和矿物处理、机械工程、制造工程、能源和燃料、电气和电子工程、建筑和建筑技术、土木工程、农业工程、环境工程、海洋工程、船舶工程、交通、交通科学和技术、航空和航天工程、工业工程、设备和仪器、显微镜学、绿色和可持续科学与技术、人体工程学、多学科工程，共计 29 个。

一 冶金和冶金工程

冶金和冶金工程 A、B、C 层研究国际合作参与率最高的均为中国大陆，分别为 60.76%、48.91%、46.66%；美国 A、B、C 层研究国际合作参与率均排名第二，分别为 37.97%、28.55%、23.90%。

澳大利亚、德国、中国香港、加拿大、日本、印度、英国 A 层研究国际合作参与率也比较高，在 14%~10%；沙特阿拉伯、瑞典、俄罗斯、法国、伊朗、新加坡、韩国、比利时、挪威、奥地利、希腊也有一定的参与率，在 8%~2%。

德国、澳大利亚、英国 B 层研究国际合作参与率也比较高，在 16% ~ 10%；印度、韩国、日本、法国、沙特阿拉伯、中国香港、加拿大、俄罗斯、新加坡、埃及、伊朗、马来西亚、瑞典、波兰、比利时也有一定的参与率，在 10% ~ 3%。

德国、英国、澳大利亚、印度 C 层研究国际合作参与率比较高，在 13% ~ 11%；沙特阿拉伯、日本、韩国、法国、俄罗斯、埃及、伊朗、加拿大、中国香港、西班牙、巴基斯坦、马来西亚、瑞典、波兰也有一定的参与率，在 10% ~ 2%。

表 6-1　冶金和冶金工程 A 层研究排名前 20 的国家和地区的国际合作参与率

单位：%

国家和地区	2014 年	2015 年	2016 年	2017 年	2018 年	2019 年	2020 年	2021 年	2022 年	2023 年	合计
中国大陆	33.33	14.29	33.33	71.43	50.00	70.00	75.00	58.33	70.00	90.00	60.76
美国	33.33	28.57	50.00	42.86	33.33	80.00	37.50	16.67	20.00	40.00	37.97
澳大利亚	0.00	28.57	0.00	0.00	50.00	0.00	25.00	0.00	30.00	10.00	13.92
德国	66.67	14.29	50.00	14.29	0.00	0.00	25.00	0.00	10.00	0.00	12.66
中国香港	0.00	0.00	16.67	28.57	0.00	20.00	25.00	8.33	20.00	0.00	12.66
加拿大	0.00	0.00	16.67	0.00	0.00	0.00	12.50	25.00	20.00	20.00	11.39
日本	0.00	0.00	33.33	0.00	16.67	20.00	12.50	16.67	0.00	10.00	11.39
印度	33.33	14.29	0.00	0.00	0.00	10.00	12.50	8.33	30.00	0.00	10.13
英国	0.00	0.00	16.67	0.00	0.00	0.00	12.50	8.33	20.00	0.00	10.13
沙特阿拉伯	0.00	14.29	0.00	14.29	0.00	0.00	12.50	0.00	10.00	20.00	7.59
瑞典	33.33	0.00	0.00	14.29	0.00	0.00	25.00	0.00	20.00	0.00	7.59
俄罗斯	0.00	0.00	0.00	0.00	16.67	0.00	0.00	16.67	20.00	0.00	6.33
法国	0.00	14.29	16.67	14.29	0.00	0.00	12.50	0.00	0.00	0.00	5.06
伊朗	0.00	0.00	0.00	0.00	0.00	10.00	0.00	25.00	0.00	0.00	5.06
新加坡	0.00	14.29	0.00	0.00	16.67	0.00	0.00	8.33	10.00	0.00	5.06
韩国	0.00	0.00	16.67	0.00	16.67	0.00	12.50	8.33	0.00	0.00	5.06
比利时	0.00	0.00	16.67	14.29	0.00	0.00	12.50	0.00	0.00	0.00	3.80
挪威	0.00	14.29	0.00	14.29	0.00	0.00	12.50	0.00	0.00	0.00	3.80
奥地利	0.00	14.29	0.00	14.29	0.00	0.00	0.00	0.00	0.00	0.00	2.53
希腊	0.00	0.00	0.00	0.00	0.00	0.00	12.50	0.00	0.00	10.00	2.53

表 6-2 冶金和冶金工程 B 层研究排名前 20 的国家和地区的国际合作参与率

单位：%

国家和地区	2014 年	2015 年	2016 年	2017 年	2018 年	2019 年	2020 年	2021 年	2022 年	2023 年	合计
中国大陆	25.00	37.29	43.14	40.32	55.84	39.74	60.67	46.59	60.00	61.63	48.91
美国	21.15	37.29	39.22	37.10	33.77	32.05	28.09	25.00	21.11	18.60	28.55
德国	23.08	16.95	15.69	17.74	23.38	11.54	13.48	14.77	13.33	6.98	15.16
澳大利亚	15.38	11.86	21.57	9.68	16.88	11.54	20.22	13.64	15.56	12.79	14.89
英国	9.62	15.25	9.80	11.29	10.39	10.26	8.99	10.23	7.78	9.30	10.11
印度	5.77	8.47	9.80	11.29	6.49	5.13	5.62	13.64	12.22	11.63	9.15
韩国	3.85	6.78	9.80	12.90	9.09	5.13	5.62	10.23	7.78	11.63	8.33
日本	15.38	10.17	7.84	8.06	6.49	8.97	7.87	4.55	7.78	4.65	7.79
法国	13.46	8.47	11.76	8.06	11.69	8.97	6.74	5.68	5.56	0.00	7.51
沙特阿拉伯	1.92	3.39	3.92	1.61	6.49	5.13	5.62	10.23	8.89	17.44	7.10
中国香港	3.85	10.17	3.92	3.23	3.90	1.28	7.87	7.95	8.89	6.98	6.01
加拿大	9.62	1.69	5.88	4.84	1.30	8.97	5.62	4.55	7.78	4.65	5.46
俄罗斯	5.77	10.17	5.88	8.06	2.60	3.85	1.12	5.68	5.56	8.14	5.46
新加坡	0.00	3.39	1.96	1.61	1.30	7.69	11.24	7.95	3.33	6.98	5.05
埃及	1.92	3.39	1.96	1.61	1.30	2.56	1.12	4.55	11.11	13.95	4.78
伊朗	1.92	0.00	1.96	3.23	2.60	5.13	3.37	7.95	8.89	8.14	4.78
马来西亚	0.00	0.00	1.96	4.84	2.60	6.41	3.37	5.68	7.78	8.14	4.51
瑞典	3.85	8.47	5.88	3.23	1.30	10.26	1.12	1.14	5.56	2.33	4.10
波兰	1.92	0.00	3.92	6.45	3.90	2.56	3.37	5.68	3.33	3.49	3.55
比利时	5.77	3.39	5.88	3.23	9.09	2.56	1.12	2.27	2.22	0.00	3.28

表 6-3 冶金和冶金工程 C 层研究排名前 20 的国家和地区的国际合作参与率

单位：%

国家和地区	2014 年	2015 年	2016 年	2017 年	2018 年	2019 年	2020 年	2021 年	2022 年	2023 年	合计
中国大陆	29.32	38.71	40.35	44.37	46.62	48.89	47.26	49.50	54.60	52.27	46.66
美国	31.14	35.91	31.89	30.46	28.04	25.14	19.53	19.80	17.14	14.97	23.90
德国	18.86	15.70	14.57	14.96	14.36	12.22	12.06	9.13	10.10	8.69	12.39
英国	12.50	11.83	11.61	12.68	12.67	10.00	11.44	10.78	10.56	8.96	11.12
澳大利亚	12.73	12.04	10.24	12.32	11.32	11.67	11.07	10.78	10.44	9.63	11.09
印度	8.86	9.25	8.46	10.21	8.61	7.36	10.82	14.74	13.17	14.84	11.08
沙特阿拉伯	4.32	5.16	2.17	3.87	3.21	5.00	11.19	13.31	16.00	15.64	9.04
日本	7.95	10.32	9.45	9.86	9.80	6.94	5.85	7.70	6.70	5.61	7.73

续表

国家和地区	2014 年	2015 年	2016 年	2017 年	2018 年	2019 年	2020 年	2021 年	2022 年	2023 年	合计
韩国	8.41	7.31	10.43	7.04	4.22	6.81	7.21	7.81	7.60	9.76	7.64
法国	10.91	7.10	9.06	8.80	7.26	6.39	5.97	6.38	3.86	4.28	6.60
俄罗斯	5.68	3.44	4.53	5.46	6.42	5.83	4.98	7.70	6.81	5.48	5.82
埃及	1.14	2.58	1.18	2.11	2.03	4.17	7.09	7.59	7.83	9.76	5.20
伊朗	2.95	3.66	6.50	3.87	4.39	5.14	5.35	5.83	5.11	7.35	5.18
加拿大	6.14	7.96	5.31	4.75	5.07	4.44	4.10	3.74	5.33	5.88	5.09
中国香港	3.64	3.44	3.74	4.05	4.22	3.06	4.10	3.52	6.92	5.21	4.31
西班牙	4.77	4.73	3.35	4.58	4.73	4.72	3.86	3.63	3.29	4.95	4.19
巴基斯坦	1.82	2.37	1.18	1.06	1.69	2.36	6.34	4.95	7.26	7.75	4.16
马来西亚	2.73	1.08	1.97	2.29	1.35	2.64	5.85	4.40	4.54	5.48	3.54
瑞典	3.18	2.80	4.13	3.35	3.89	3.61	3.36	2.97	3.75	2.54	3.35
波兰	0.91	1.72	1.57	0.88	1.69	2.22	3.86	5.72	3.75	3.07	2.86

二 陶瓷材料

陶瓷材料 A、B、C 层研究国际合作参与率最高的均为中国大陆，分别为 47.06%、39.60%、35.67%。

美国 A 层研究国际合作参与率排名第二，为 41.18%；伊朗、巴基斯坦、澳大利亚、德国、印度、意大利、沙特阿拉伯、英国的参与率也比较高，在 18%~11%；加拿大、捷克、法国、伊拉克、日本、秘鲁、卡塔尔、韩国、瑞士、也门也有一定的参与率，均为 5.88%。

美国 B 层研究国际合作参与率排名第二，为 28.71%；沙特阿拉伯、英国、印度、埃及的参与率也比较高，在 25%~11%；巴基斯坦、德国、土耳其、伊朗、意大利、马来西亚、韩国、澳大利亚、日本、俄罗斯、伊拉克、巴西、法国、白俄罗斯也有一定的参与率，在 10%~2%。

沙特阿拉伯 C 层研究国际合作参与率排名第二，为 21.62%；美国、印度、埃及、韩国、巴基斯坦的参与率也比较高，在 18%~10%；英国、伊朗、德国、土耳其、俄罗斯、意大利、澳大利亚、法国、日本、马来西亚、西班牙、巴西、突尼斯也有一定的参与率，在 10%~2%。

表 6-4　陶瓷材料 A 层研究排名前 20 的国家和地区的国际合作参与

单位：%

国家和地区	2014 年	2015 年	2016 年	2017 年	2018 年	2019 年	2020 年	2021 年	2022 年	2023 年	合计
中国大陆	100.00	0.00	0.00	0.00	66.67	50.00	66.67	0.00	100.00	50.00	47.06
美国	100.00	50.00	0.00	100.00	66.67	50.00	0.00	0.00	0.00	50.00	41.18
伊朗	0.00	0.00	100.00	0.00	0.00	0.00	0.00	100.00	0.00	50.00	17.65
巴基斯坦	0.00	0.00	0.00	0.00	0.00	0.00	66.67	0.00	0.00	50.00	17.65
澳大利亚	0.00	0.00	0.00	0.00	33.33	50.00	0.00	0.00	0.00	0.00	11.76
德国	0.00	100.00	0.00	0.00	0.00	0.00	0.00	0.00	0.00	0.00	11.76
印度	0.00	0.00	0.00	100.00	0.00	0.00	33.33	0.00	0.00	0.00	11.76
意大利	0.00	50.00	100.00	0.00	0.00	0.00	0.00	0.00	0.00	0.00	11.76
沙特阿拉伯	0.00	0.00	0.00	100.00	0.00	0.00	0.00	0.00	0.00	0.00	11.76
英国	0.00	0.00	0.00	0.00	0.00	0.00	33.33	0.00	100.00	0.00	11.76
加拿大	0.00	0.00	0.00	0.00	0.00	0.00	0.00	0.00	0.00	50.00	5.88
捷克	0.00	0.00	0.00	0.00	0.00	0.00	0.00	0.00	0.00	50.00	5.88
法国	0.00	0.00	0.00	0.00	33.33	0.00	0.00	0.00	0.00	0.00	5.88
伊拉克	0.00	0.00	0.00	0.00	0.00	0.00	0.00	100.00	0.00	0.00	5.88
日本	0.00	50.00	0.00	0.00	0.00	0.00	0.00	0.00	0.00	0.00	5.88
秘鲁	0.00	0.00	0.00	0.00	0.00	0.00	0.00	0.00	0.00	50.00	5.88
卡塔尔	0.00	0.00	0.00	0.00	0.00	50.00	0.00	0.00	0.00	0.00	5.88
韩国	0.00	50.00	0.00	0.00	0.00	0.00	0.00	0.00	0.00	0.00	5.88
瑞士	0.00	50.00	0.00	0.00	0.00	0.00	0.00	0.00	0.00	0.00	5.88
也门	0.00	0.00	0.00	0.00	0.00	50.00	0.00	0.00	0.00	0.00	5.88

表 6-5　陶瓷材料 B 层研究排名前 20 的国家和地区的国际合作参与率

单位：%

国家和地区	2014 年	2015 年	2016 年	2017 年	2018 年	2019 年	2020 年	2021 年	2022 年	2023 年	合计
中国大陆	26.32	40.00	41.18	42.11	29.41	59.09	31.58	38.46	34.78	48.00	39.60
美国	31.58	40.00	41.18	42.11	35.29	13.64	21.05	23.08	26.09	24.00	28.71
沙特阿拉伯	5.26	13.33	0.00	10.53	17.65	13.64	42.11	42.31	39.13	40.00	24.26
英国	10.53	20.00	5.88	21.05	5.88	31.82	10.53	23.08	17.39	8.00	15.84
印度	15.79	20.00	5.88	10.53	29.41	4.55	5.26	19.23	8.70	12.00	12.87
埃及	0.00	0.00	5.88	0.00	0.00	9.09	15.79	30.77	17.39	20.00	11.39
巴基斯坦	0.00	0.00	0.00	0.00	5.88	0.00	15.79	19.23	21.74	20.00	9.41
德国	5.26	13.33	35.29	15.79	11.76	0.00	0.00	0.00	13.04	0.00	8.42

续表

国家和地区	2014年	2015年	2016年	2017年	2018年	2019年	2020年	2021年	2022年	2023年	合计
土耳其	0.00	0.00	0.00	10.53	17.65	13.64	21.05	7.69	4.35	8.00	8.42
伊朗	15.79	6.67	0.00	0.00	5.88	13.64	15.79	3.85	8.70	8.00	7.92
意大利	15.79	6.67	5.88	5.26	11.76	9.09	10.53	3.85	8.70	4.00	7.92
马来西亚	10.53	6.67	11.76	15.79	5.88	13.64	0.00	3.85	8.70	4.00	7.92
韩国	5.26	20.00	5.88	5.26	5.88	0.00	5.26	7.69	0.00	12.00	6.44
澳大利亚	21.05	6.67	5.88	0.00	11.76	9.09	0.00	0.00	0.00	4.00	4.95
日本	10.53	6.67	0.00	5.26	17.65	4.55	0.00	3.85	4.35	0.00	4.95
俄罗斯	0.00	0.00	0.00	5.26	5.88	4.55	15.79	3.85	4.35	0.00	4.46
伊拉克	0.00	0.00	0.00	0.00	5.88	9.09	10.53	0.00	4.35	8.00	3.96
巴西	0.00	0.00	11.76	10.53	5.88	0.00	0.00	0.00	4.35	0.00	2.97
法国	0.00	13.33	5.88	5.26	5.88	0.00	0.00	0.00	0.00	4.00	2.97
白俄罗斯	0.00	0.00	0.00	5.26	5.88	0.00	10.53	0.00	4.35	0.00	2.48

表 6-6　陶瓷材料 C 层研究排名前 20 的国家和地区的国际合作参与率

单位：%

国家和地区	2014年	2015年	2016年	2017年	2018年	2019年	2020年	2021年	2022年	2023年	合计
中国大陆	23.45	32.37	30.19	32.43	46.95	38.35	30.59	39.71	41.90	37.37	35.67
沙特阿拉伯	5.52	7.91	6.92	8.78	16.46	22.82	30.59	36.36	32.96	32.11	21.62
美国	21.38	18.71	23.27	24.32	17.07	21.84	13.24	16.75	13.97	11.05	17.80
印度	9.66	10.07	11.95	13.51	13.41	15.53	10.96	16.75	13.97	18.42	13.65
埃及	8.28	7.19	3.14	2.70	7.32	7.28	25.11	19.14	14.53	12.11	11.49
韩国	11.72	14.39	10.06	7.43	5.49	10.68	11.42	9.09	9.50	16.32	10.64
巴基斯坦	5.52	2.88	3.14	3.38	7.32	8.74	10.05	14.83	18.99	21.58	10.24
英国	11.72	8.63	13.84	8.78	10.98	8.25	10.05	8.13	7.26	5.79	9.22
伊朗	11.72	4.32	7.55	5.41	3.66	11.17	13.70	7.66	5.59	5.79	7.91
德国	4.83	11.51	14.47	6.76	10.37	6.80	4.57	5.74	6.70	5.79	7.51
土耳其	3.45	2.16	2.52	1.35	4.27	11.17	16.89	9.57	7.26	7.37	7.28
俄罗斯	0.69	5.04	1.26	2.03	3.66	5.83	14.16	8.61	8.38	6.84	6.14
意大利	7.59	2.88	8.81	9.46	9.15	7.28	1.83	6.70	2.79	4.74	5.97
澳大利亚	4.83	3.60	5.03	10.14	9.76	8.25	4.11	4.31	5.03	1.58	5.57
法国	8.97	10.79	9.43	8.11	4.27	2.91	4.57	1.44	4.47	3.16	5.40
日本	8.28	9.35	8.18	6.08	4.88	4.85	2.28	3.83	3.91	2.11	5.06

国家和地区	2014 年	2015 年	2016 年	2017 年	2018 年	2019 年	2020 年	2021 年	2022 年	2023 年	合计
马来西亚	8.28	6.47	5.03	8.78	6.10	3.40	3.20	2.87	1.68	4.21	4.72
西班牙	6.90	7.91	4.40	6.76	3.05	2.43	1.37	3.35	3.91	2.11	3.92
巴西	3.45	4.32	5.03	3.38	1.83	1.46	2.74	3.35	2.79	1.05	2.84
突尼斯	4.83	3.60	2.52	2.03	3.05	2.91	1.37	0.96	1.68	3.68	2.56

三 造纸和木材

造纸和木材 A、B、C 层研究国际合作参与率最高的均为中国大陆，分别为 75.00%、42.65%、34.82%；美国 A、B、C 层研究国际合作参与率均排名第二，分别为 50.00%、25.00%、22.84%。

比利时、加拿大、德国的 A 层研究国际合作参与率也比较高，均在 25.00%。

加拿大、瑞典、芬兰、马来西亚的 B 层研究国际合作参与率也比较高，在 18%~10%；德国、印度、伊朗、法国、瑞士、巴西、埃及、希腊、尼日利亚、泰国、澳大利亚、奥地利、意大利、日本也有一定的参与率，在 9%~2%。

加拿大的 C 层研究国际合作参与率也比较高，为 13.90%；芬兰、法国、日本、瑞典、德国、英国、马来西亚、沙特阿拉伯、澳大利亚、埃及、西班牙、韩国、印度、奥地利、巴西、斯洛文尼亚、捷克也有一定的参与率，在 10%~3%。

表 6-7 造纸和木材 A 层研究所有国家和地区的国际合作参与率

单位：%

国家和地区	2014 年	2015 年	2016 年	2017 年	2018 年	2019 年	2020 年	2021 年	2022 年	2023 年	合计
中国大陆	0.00	0.00	0.00	0.00	0.00	0.00	100.00	0.00	100.00	100.00	75.00
美国	0.00	0.00	0.00	0.00	0.00	100.00	100.00	0.00	0.00	0.00	50.00
比利时	0.00	0.00	0.00	0.00	0.00	100.00	0.00	0.00	0.00	0.00	25.00
加拿大	0.00	0.00	0.00	0.00	0.00	0.00	0.00	0.00	0.00	100.00	25.00
德国	0.00	0.00	0.00	0.00	0.00	0.00	0.00	0.00	100.00	0.00	25.00

表 6-8 造纸和木材 B 层研究排名前 20 的国家和地区的国际合作参与率

单位：%

国家和地区	2014 年	2015 年	2016 年	2017 年	2018 年	2019 年	2020 年	2021 年	2022 年	2023 年	合计
中国大陆	40.00	60.00	0.00	57.14	60.00	33.33	40.00	83.33	25.00	33.33	42.65
美国	40.00	40.00	14.29	57.14	30.00	33.33	40.00	0.00	12.50	0.00	25.00
加拿大	40.00	20.00	14.29	14.29	10.00	33.33	40.00	16.67	0.00	11.11	17.65
瑞典	40.00	40.00	14.29	0.00	10.00	16.67	0.00	16.67	0.00	11.11	13.24
芬兰	20.00	0.00	42.86	28.57	0.00	0.00	20.00	0.00	0.00	0.00	10.29
马来西亚	0.00	20.00	14.29	14.29	10.00	0.00	0.00	16.67	12.50	11.11	10.29
德国	0.00	0.00	14.29	0.00	0.00	33.33	0.00	0.00	12.50	11.11	8.82
印度	0.00	20.00	0.00	0.00	10.00	0.00	0.00	0.00	12.50	33.33	8.82
伊朗	0.00	20.00	0.00	0.00	0.00	0.00	0.00	16.67	25.00	0.00	7.35
法国	0.00	20.00	0.00	0.00	10.00	16.67	0.00	0.00	12.50	0.00	5.88
瑞士	60.00	0.00	14.29	0.00	0.00	0.00	0.00	0.00	0.00	0.00	5.88
巴西	0.00	0.00	0.00	14.29	10.00	16.67	0.00	0.00	0.00	0.00	4.41
埃及	0.00	0.00	0.00	0.00	0.00	0.00	20.00	0.00	12.50	11.11	4.41
希腊	0.00	0.00	0.00	0.00	0.00	0.00	0.00	0.00	12.50	11.11	4.41
尼日利亚	0.00	0.00	0.00	0.00	0.00	16.67	0.00	16.67	0.00	11.11	4.41
泰国	0.00	0.00	0.00	0.00	0.00	0.00	20.00	0.00	0.00	0.00	4.41
澳大利亚	0.00	0.00	0.00	0.00	10.00	0.00	0.00	0.00	0.00	11.11	2.94
奥地利	0.00	0.00	0.00	0.00	10.00	16.67	0.00	0.00	0.00	0.00	2.94
意大利	0.00	0.00	14.29	0.00	0.00	0.00	0.00	0.00	12.50	0.00	2.94
日本	0.00	0.00	0.00	0.00	0.00	0.00	0.00	16.67	12.50	0.00	2.94

表 6-9 造纸和木材 C 层研究排名前 20 的国家和地区的国际合作参与率

单位：%

国家和地区	2014 年	2015 年	2016 年	2017 年	2018 年	2019 年	2020 年	2021 年	2022 年	2023 年	合计
中国大陆	34.55	28.17	25.76	29.51	37.18	44.78	38.57	36.07	39.58	34.69	34.82
美国	34.55	23.94	21.21	19.67	29.49	22.39	21.43	19.67	18.75	14.29	22.84
加拿大	18.18	12.68	13.64	8.20	19.23	13.43	15.71	19.67	8.33	6.12	13.90
芬兰	10.91	9.86	7.58	16.39	12.82	8.96	15.71	4.92	2.08	0.00	9.42
法国	7.27	12.68	10.61	14.75	6.41	5.97	5.71	3.28	4.17	8.16	7.99
日本	9.09	4.23	6.06	11.48	10.26	10.45	7.14	6.56	8.33	6.12	7.99
瑞典	7.27	7.04	12.12	8.20	10.26	7.46	7.14	8.20	0.00	6.12	7.67
德国	5.45	15.49	9.09	4.92	8.97	2.99	4.29	8.20	2.08	8.16	7.19

国家和地区	2014 年	2015 年	2016 年	2017 年	2018 年	2019 年	2020 年	2021 年	2022 年	2023 年	合计
英国	9.09	9.86	7.58	4.92	5.13	2.99	7.14	9.84	8.33	2.04	6.71
马来西亚	5.45	8.45	10.61	0.00	7.69	5.97	4.29	3.28	14.58	2.04	6.23
沙特阿拉伯	1.82	1.41	6.06	4.92	1.28	5.97	7.14	8.20	12.50	14.29	5.91
澳大利亚	0.00	2.82	7.58	3.28	5.13	10.45	8.57	6.56	6.25	6.12	5.75
埃及	5.45	2.82	4.55	1.64	3.85	7.46	7.14	4.92	8.33	14.29	5.75
西班牙	7.27	4.23	7.58	9.84	3.85	1.49	8.57	1.64	4.17	4.08	5.27
韩国	5.45	4.23	1.52	6.56	5.13	8.96	0.00	8.20	10.42	2.04	5.11
印度	1.82	0.00	1.52	3.28	2.56	2.99	5.71	8.20	8.33	8.16	3.99
奥地利	0.00	9.86	3.03	4.92	2.56	4.48	2.86	4.92	2.08	2.04	3.83
巴西	3.64	2.82	6.06	4.92	5.13	0.00	4.29	1.64	2.08	2.04	3.35
斯洛文尼亚	1.82	8.45	4.55	3.28	2.56	0.00	2.86	3.28	4.17	2.04	3.35
捷克	1.82	9.86	4.55	1.64	5.13	0.00	1.43	3.28	2.08	0.00	3.19

四　涂料和薄膜

涂料和薄膜 A 层研究国际合作参与率最高的是美国，为 46.15%，其次为中国大陆的 30.77%；沙特阿拉伯、英国、加拿大、法国、印度、澳大利亚、德国的参与率也比较高，在 27%～11%；孟加拉国、中国香港、伊拉克、意大利、日本、马来西亚、尼日利亚、卡塔尔、韩国、奥地利、巴西也有一定的参与率，在 8%～3%。

B 层研究国际合作参与率最高的是中国大陆，为 41.12%，其次为美国的 24.37%；沙特阿拉伯、印度、德国、加拿大、法国、韩国的参与率也比较高，在 15%～10%；英国、日本、马来西亚、西班牙、中国香港、伊朗、澳大利亚、埃及、意大利、瑞典、比利时、土耳其也有一定的参与率，在 9%～4%。

C 层研究国际合作参与率最高的是中国大陆，为 41.42%，其次为美国的 20.56%；印度、沙特阿拉伯的参与率也比较高，分别为 12.97%、10.40%；德国、英国、韩国、加拿大、澳大利亚、伊朗、法国、巴基斯坦、日本、埃及、中国香港、意大利、西班牙、马来西亚、新加坡、中国台湾也有一定的参与率，在10%~3%。

表6-10　涂料和薄膜A层研究排名前20的国家和地区的国际合作参与率

单位：%

国家和地区	2014年	2015年	2016年	2017年	2018年	2019年	2020年	2021年	2022年	2023年	合计
美国	100.00	50.00	100.00	33.33	100.00	0.00	33.33	50.00	33.33	0.00	46.15
中国大陆	0.00	50.00	0.00	100.00	50.00	50.00	33.33	25.00	0.00	0.00	30.77
沙特阿拉伯	0.00	50.00	0.00	66.67	0.00	50.00	0.00	0.00	33.33	66.67	26.92
英国	50.00	0.00	0.00	0.00	0.00	0.00	33.33	75.00	33.33	0.00	23.08
加拿大	50.00	50.00	0.00	0.00	50.00	50.00	0.00	25.00	0.00	0.00	19.23
法国	0.00	50.00	0.00	0.00	0.00	0.00	33.33	25.00	0.00	0.00	15.38
印度	0.00	0.00	0.00	0.00	0.00	100.00	33.33	0.00	33.33	0.00	15.38
澳大利亚	0.00	0.00	0.00	0.00	0.00	0.00	0.00	25.00	0.00	66.67	11.54
德国	0.00	0.00	50.00	0.00	0.00	0.00	0.00	25.00	33.33	0.00	11.54
孟加拉国	0.00	0.00	0.00	0.00	0.00	0.00	0.00	0.00	0.00	66.67	7.69
中国香港	0.00	50.00	0.00	33.33	0.00	0.00	0.00	0.00	0.00	0.00	7.69
伊拉克	0.00	0.00	0.00	0.00	0.00	0.00	33.33	0.00	0.00	33.33	7.69
意大利	50.00	0.00	0.00	0.00	50.00	0.00	0.00	0.00	0.00	0.00	7.69
日本	0.00	0.00	0.00	0.00	0.00	0.00	0.00	0.00	0.00	66.67	7.69
马来西亚	0.00	0.00	0.00	0.00	0.00	0.00	50.00	33.33	0.00	0.00	7.69
尼日利亚	0.00	0.00	0.00	0.00	0.00	0.00	0.00	0.00	66.67	0.00	7.69
卡塔尔	0.00	0.00	0.00	0.00	0.00	0.00	50.00	33.33	0.00	0.00	7.69
韩国	0.00	0.00	0.00	0.00	0.00	0.00	33.33	0.00	33.33	0.00	7.69
奥地利	0.00	0.00	0.00	0.00	50.00	0.00	0.00	0.00	0.00	0.00	3.85
巴西	0.00	0.00	0.00	0.00	0.00	0.00	0.00	25.00	0.00	0.00	3.85

表6-11　涂料和薄膜B层研究排名前20的国家和地区的国际合作参与率

单位：%

国家和地区	2014年	2015年	2016年	2017年	2018年	2019年	2020年	2021年	2022年	2023年	合计
中国大陆	22.22	47.06	23.08	38.46	40.00	54.17	34.48	40.91	43.48	50.00	41.12
美国	33.33	35.29	23.08	38.46	48.00	29.17	20.69	4.55	8.70	13.64	24.37
沙特阿拉伯	0.00	17.65	7.69	7.69	8.00	8.33	20.69	4.55	39.13	13.64	14.21
印度	11.11	0.00	7.69	0.00	8.00	12.50	17.24	18.18	21.74	27.27	13.71

国家和地区	2014 年	2015 年	2016 年	2017 年	2018 年	2019 年	2020 年	2021 年	2022 年	2023 年	合计
德国	11.11	5.88	46.15	15.38	16.00	12.50	6.90	9.09	4.35	4.55	11.68
加拿大	11.11	11.76	15.38	15.38	12.00	12.50	3.45	9.09	13.04	9.09	10.66
法国	22.22	23.53	30.77	30.77	0.00	8.33	6.90	4.55	4.35	4.55	10.66
韩国	11.11	11.76	7.69	7.69	4.00	8.33	3.45	22.73	26.09	4.55	10.66
英国	11.11	11.76	0.00	0.00	4.00	25.00	6.90	18.18	8.70	0.00	9.14
日本	11.11	17.65	7.69	15.38	8.00	4.17	3.45	9.09	0.00	9.09	7.61
马来西亚	0.00	0.00	0.00	0.00	0.00	8.33	6.90	9.09	17.39	4.55	6.09
西班牙	0.00	5.88	15.38	7.69	4.00	4.17	6.90	4.55	4.35	9.09	6.09
中国香港	0.00	5.88	0.00	0.00	8.00	8.33	6.90	4.55	8.70	0.00	5.08
伊朗	0.00	0.00	0.00	0.00	0.00	4.17	0.00	13.64	13.04	13.64	5.08
澳大利亚	0.00	5.88	15.38	0.00	0.00	0.00	6.90	4.55	8.70	0.00	4.57
埃及	0.00	0.00	0.00	0.00	4.00	0.00	3.45	9.09	17.39	4.55	4.57
意大利	0.00	0.00	7.69	7.69	4.00	4.17	3.45	9.09	0.00	9.09	4.57
瑞典	0.00	0.00	7.69	23.08	4.00	4.17	3.45	4.55	4.35	0.00	4.57
比利时	11.11	0.00	7.69	7.69	0.00	4.17	3.45	13.64	0.00	0.00	4.06
土耳其	0.00	0.00	0.00	7.69	0.00	0.00	3.45	4.55	13.04	9.09	4.06

表 6-12　涂料和薄膜 C 层研究排名前 20 的国家和地区的国际合作参与率

单位：%

国家和地区	2014 年	2015 年	2016 年	2017 年	2018 年	2019 年	2020 年	2021 年	2022 年	2023 年	合计
中国大陆	36.11	30.57	36.71	40.22	41.88	46.37	45.04	42.64	43.56	43.36	41.42
美国	34.03	23.57	19.62	22.91	27.75	18.95	18.60	15.12	15.56	17.70	20.56
印度	7.64	9.55	5.70	11.17	7.85	11.69	18.60	15.12	19.56	15.93	12.97
沙特阿拉伯	1.39	7.64	1.90	6.15	5.24	4.84	10.33	20.16	16.89	20.35	10.40
德国	13.19	12.74	13.92	10.61	10.47	7.66	8.26	6.59	7.11	5.75	9.12
英国	6.94	10.19	9.49	10.61	8.90	9.27	8.68	8.14	7.56	10.62	9.02
韩国	9.03	6.37	6.96	7.26	8.38	8.06	9.09	9.30	11.11	9.29	8.63
加拿大	11.11	10.19	6.96	11.17	10.99	6.45	7.85	6.98	8.00	5.75	8.28
澳大利亚	5.56	7.01	9.49	6.15	8.90	11.69	6.61	7.75	6.67	7.96	7.89
伊朗	4.86	1.27	3.16	3.91	12.57	8.87	7.85	9.69	6.22	7.08	6.95
法国	8.33	8.28	10.13	6.15	8.38	10.48	2.89	3.10	4.44	4.87	6.41
巴基斯坦	1.39	0.64	5.06	1.12	4.19	4.84	8.26	11.63	8.89	8.41	6.02
日本	3.47	8.92	7.59	5.59	4.19	5.24	7.85	4.26	3.11	3.10	5.23
埃及	2.08	3.82	1.90	3.35	3.14	2.42	3.72	8.14	6.67	8.41	4.64

续表

国家和地区	2014 年	2015 年	2016 年	2017 年	2018 年	2019 年	2020 年	2021 年	2022 年	2023 年	合计
中国香港	3.47	2.55	5.70	7.26	3.66	5.24	3.31	3.10	4.00	5.31	4.34
意大利	4.17	4.46	3.16	3.35	5.24	3.63	3.31	4.65	3.56	4.87	4.04
西班牙	5.56	4.46	7.59	6.15	3.14	3.23	2.48	3.88	1.78	3.54	3.94
马来西亚	2.08	4.46	3.80	2.79	3.14	4.84	4.13	4.65	3.11	1.77	3.55
新加坡	2.78	6.37	1.90	1.12	1.57	4.84	4.55	3.10	0.89	4.87	3.25
中国台湾	3.47	0.64	1.90	2.79	1.57	2.82	4.13	5.04	6.67	1.33	3.21

五　纺织材料

纺织材料 A 层研究国际合作参与率最高的是中国大陆和印度，均为 33.33%；奥地利、芬兰、德国、伊朗、日本、马来西亚、荷兰、巴基斯坦、菲律宾、瑞典、泰国的参与率也比较高，均为 16.67%。

B 层研究国际合作参与率最高的是中国大陆，为 48.42%；印度、美国排名并列第二，均为 15.79%；加拿大、瑞典、泰国的参与率也比较高，均为 10.53%；马来西亚、沙特阿拉伯、新加坡、英国、澳大利亚、芬兰、法国、巴基斯坦、埃及、伊朗、德国、韩国、瑞士、突尼斯也有一定的参与率，在 9%~4%。

C 层研究国际合作参与率最高的是中国大陆，为 38.33%，其次为美国的 19.50%；印度的参与率也比较高，为 12.47%；沙特阿拉伯、法国、加拿大、韩国、澳大利亚、埃及、英国、日本、马来西亚、瑞典、中国香港、芬兰、德国、泰国、巴基斯坦、西班牙、意大利也有一定的参与率，在 10%~3%。

表 6-13　纺织材料 A 层研究所有国家和地区的国际合作参与率

单位：%

国家和地区	2014 年	2015 年	2016 年	2017 年	2018 年	2019 年	2020 年	2021 年	2022 年	2023 年	合计
中国大陆	0.00	0.00	0.00	0.00	0.00	100.00	0.00	0.00	100.00	0.00	33.33
印度	0.00	0.00	0.00	0.00	0.00	0.00	100.00	0.00	0.00	100.00	33.33
奥地利	0.00	0.00	0.00	0.00	0.00	100.00	0.00	0.00	0.00	0.00	16.67

续表

国家和地区	2014 年	2015 年	2016 年	2017 年	2018 年	2019 年	2020 年	2021 年	2022 年	2023 年	合计
芬兰	0.00	0.00	100.00	0.00	0.00	0.00	0.00	0.00	0.00	0.00	16.67
德国	0.00	0.00	0.00	0.00	0.00	0.00	0.00	0.00	0.00	100.00	16.67
伊朗	0.00	0.00	0.00	0.00	0.00	0.00	0.00	100.00	0.00	0.00	16.67
日本	0.00	0.00	0.00	0.00	0.00	0.00	0.00	100.00	0.00	0.00	16.67
马来西亚	0.00	0.00	0.00	0.00	0.00	0.00	100.00	0.00	0.00	0.00	16.67
荷兰	0.00	0.00	0.00	0.00	0.00	0.00	100.00	0.00	0.00	0.00	16.67
巴基斯坦	0.00	0.00	100.00	0.00	0.00	0.00	0.00	0.00	0.00	0.00	16.67
菲律宾	0.00	0.00	0.00	0.00	0.00	0.00	0.00	0.00	0.00	0.00	16.67
瑞典	0.00	0.00	0.00	0.00	0.00	0.00	0.00	100.00	0.00	0.00	16.67
泰国	0.00	0.00	0.00	0.00	0.00	0.00	100.00	0.00	0.00	0.00	16.67

表 6-14　纺织材料 B 层研究排名前 20 的国家和地区的国际合作参与率

单位：%

国家和地区	2014 年	2015 年	2016 年	2017 年	2018 年	2019 年	2020 年	2021 年	2022 年	2023 年	合计
中国大陆	40.00	42.86	14.29	33.33	18.18	36.36	66.67	72.73	66.67	69.23	48.42
印度	0.00	14.29	0.00	0.00	27.27	27.27	33.33	18.18	0.00	23.08	15.79
美国	40.00	28.57	14.29	33.33	0.00	9.09	22.22	18.18	8.33	7.69	15.79
加拿大	20.00	14.29	0.00	22.22	9.09	9.09	11.11	9.09	16.67	0.00	10.53
瑞典	40.00	28.57	14.29	11.11	18.18	9.09	0.00	0.00	0.00	7.69	10.53
泰国	0.00	0.00	14.29	0.00	18.18	18.18	33.33	18.18	0.00	0.00	10.53
马来西亚	0.00	14.29	28.57	11.11	9.09	9.09	0.00	9.09	0.00	7.69	8.42
沙特阿拉伯	0.00	0.00	0.00	0.00	18.18	11.11	9.09	8.33	23.08	8.42	8.42
新加坡	0.00	0.00	0.00	0.00	0.00	9.09	11.11	0.00	25.00	15.38	8.42
英国	0.00	0.00	14.29	11.11	0.00	9.09	11.11	0.00	16.67	7.69	7.37
澳大利亚	0.00	0.00	0.00	0.00	9.09	0.00	11.11	18.18	8.33	7.69	6.32
芬兰	20.00	0.00	28.57	22.22	0.00	0.00	11.11	0.00	0.00	0.00	6.32
法国	0.00	28.57	0.00	0.00	27.27	9.09	0.00	0.00	0.00	0.00	6.32
巴基斯坦	0.00	0.00	14.29	0.00	9.09	9.09	0.00	0.00	16.67	7.69	6.32
埃及	0.00	0.00	0.00	0.00	9.09	9.09	0.00	0.00	8.33	15.38	5.26
伊朗	0.00	14.29	0.00	11.11	9.09	0.00	0.00	0.00	16.67	0.00	5.26
德国	0.00	0.00	0.00	0.00	0.00	9.09	18.18	11.11	0.00	0.00	4.21
韩国	0.00	0.00	14.29	0.00	0.00	9.09	11.11	0.00	8.33	0.00	4.21
瑞士	80.00	0.00	0.00	0.00	0.00	0.00	0.00	0.00	0.00	0.00	4.21
突尼斯	0.00	14.29	0.00	0.00	9.09	0.00	0.00	9.09	8.33	0.00	4.21

表 6-15　纺织材料 C 层研究排名前 20 的国家和地区的国际合作参与率

单位：%

国家和地区	2014 年	2015 年	2016 年	2017 年	2018 年	2019 年	2020 年	2021 年	2022 年	2023 年	合计
中国大陆	38.18	40.68	32.14	32.05	39.44	42.05	35.56	34.74	46.15	40.85	38.33
美国	27.27	25.42	21.43	19.23	32.39	17.05	11.11	16.84	14.29	18.31	19.50
印度	1.82	3.39	10.71	5.13	7.04	12.50	31.11	14.74	14.29	14.08	12.47
沙特阿拉伯	1.82	5.08	8.93	8.97	0.00	4.55	15.56	14.74	15.38	14.08	9.55
法国	12.73	11.86	8.93	16.67	8.45	5.68	5.56	5.26	4.40	4.23	7.96
加拿大	14.55	11.86	5.36	3.85	14.08	7.95	8.89	8.42	3.30	2.82	7.82
韩国	5.45	15.25	3.57	7.69	7.04	7.95	5.56	8.42	6.59	2.82	7.03
澳大利亚	1.82	6.78	8.93	3.85	8.45	12.50	5.56	6.32	4.40	7.04	6.63
埃及	3.64	6.78	5.36	2.56	5.63	6.82	5.56	10.53	5.49	9.86	6.37
英国	9.09	1.69	0.00	7.69	8.45	7.95	2.22	6.32	8.79	7.04	6.10
日本	9.09	5.08	3.57	5.13	7.04	7.95	4.44	5.26	3.30	8.45	5.84
马来西亚	3.64	0.00	7.14	7.69	2.82	5.68	3.33	7.37	5.49	8.45	5.31
瑞典	7.27	6.78	10.71	3.85	8.45	5.68	6.67	3.16	0.00	1.41	5.04
中国香港	10.91	5.08	1.79	5.13	4.23	2.27	3.33	5.26	7.69	4.23	4.91
芬兰	7.27	3.39	5.36	7.69	11.27	4.55	5.56	3.16	0.00	1.41	4.77
德国	1.82	6.78	8.93	3.85	2.82	4.55	7.78	2.11	2.20	5.63	4.51
泰国	0.00	1.69	0.00	1.28	0.00	5.68	12.22	5.26	6.59	7.04	4.51
巴基斯坦	3.64	1.69	5.36	5.13	2.82	2.27	2.22	6.32	7.69	4.23	4.24
西班牙	7.27	5.08	3.57	6.41	5.63	2.27	3.33	2.11	5.49	1.41	4.11
意大利	5.45	8.47	3.57	3.85	7.04	1.14	3.33	2.11	2.20	5.63	3.98

六　复合材料

复合材料 A 层研究国际合作参与率最高的是中国大陆、美国，均为 55.00%，其次为澳大利亚的 30.00%；新西兰、沙特阿拉伯、韩国、马来西亚、英国的参与率也比较高，在 15%~10%；加拿大、埃及、印度、意大利、新加坡、阿联酋、越南也有一定的参与率，均为 5.00%。

B 层研究国际合作参与率最高的是中国大陆，为 59.73%，其次为美国的 26.70%；澳大利亚、沙特阿拉伯、英国的参与率也比较高，在 23%~17%；阿尔及利亚、印度、中国香港、埃及、伊朗、韩国、马来西亚、德国、越南、意大利、日本、葡萄牙、瑞典、瑞士、波兰也有一定的参与率，在9%~1%。

C层研究国际合作参与率最高的是中国大陆，为52.99%，其次为美国的23.31%；澳大利亚、英国的参与率也比较高，分别为15.41%、12.40%；中国香港、沙特阿拉伯、印度、意大利、伊朗、韩国、德国、加拿大、埃及、越南、法国、日本、葡萄牙、马来西亚、西班牙、比利时也有一定的参与率，在10%~3%。

表6-16 复合材料A层研究所有国家和地区的国际合作参与率

单位：%

国家和地区	2014年	2015年	2016年	2017年	2018年	2019年	2020年	2021年	2022年	2023年	合计
中国大陆	0.00	0.00	0.00	50.00	33.33	100.00	100.00	66.67	100.00	100.00	55.00
美国	0.00	50.00	0.00	100.00	100.00	0.00	0.00	100.00	100.00	0.00	55.00
澳大利亚	100.00	50.00	0.00	0.00	66.67	0.00	0.00	33.33	50.00	0.00	30.00
新西兰	0.00	0.00	50.00	0.00	33.33	50.00	0.00	0.00	0.00	0.00	15.00
沙特阿拉伯	0.00	0.00	0.00	0.00	0.00	0.00	0.00	0.00	50.00	100.00	15.00
韩国	0.00	50.00	50.00	0.00	33.33	0.00	0.00	0.00	0.00	0.00	15.00
马来西亚	100.00	0.00	50.00	0.00	0.00	0.00	0.00	0.00	0.00	0.00	10.00
英国	100.00	0.00	0.00	0.00	0.00	0.00	0.00	0.00	0.00	50.00	10.00
加拿大	0.00	0.00	50.00	0.00	0.00	0.00	0.00	0.00	0.00	0.00	5.00
埃及	0.00	0.00	0.00	0.00	0.00	0.00	100.00	0.00	0.00	0.00	5.00
印度	0.00	0.00	0.00	50.00	0.00	0.00	0.00	0.00	0.00	0.00	5.00
意大利	0.00	0.00	0.00	50.00	0.00	0.00	0.00	0.00	0.00	0.00	5.00
新加坡	0.00	50.00	0.00	0.00	0.00	0.00	0.00	0.00	0.00	0.00	5.00
阿联酋	0.00	0.00	0.00	0.00	0.00	50.00	0.00	0.00	0.00	0.00	5.00
越南	0.00	0.00	50.00	0.00	0.00	0.00	0.00	0.00	0.00	0.00	5.00

表6-17 复合材料B层研究排名前20的国家和地区的国际合作参与率

单位：%

国家和地区	2014年	2015年	2016年	2017年	2018年	2019年	2020年	2021年	2022年	2023年	合计
中国大陆	18.18	36.36	55.56	61.11	60.00	42.31	60.87	68.00	93.10	70.83	59.73
美国	9.09	22.73	33.33	22.22	52.00	30.77	13.04	28.00	34.48	8.33	26.70
澳大利亚	18.18	18.18	11.11	50.00	24.00	11.54	34.78	28.00	27.59	4.17	22.62

续表

国家和地区	2014年	2015年	2016年	2017年	2018年	2019年	2020年	2021年	2022年	2023年	合计
沙特阿拉伯	18.18	27.27	11.11	11.11	4.00	19.23	4.35	8.00	41.38	25.00	17.65
英国	27.27	22.73	11.11	11.11	8.00	11.54	39.13	0.00	10.34	37.50	17.19
阿尔及利亚	9.09	22.73	5.56	11.11	8.00	7.69	4.35	12.00	0.00	4.17	8.14
印度	9.09	4.55	5.56	5.56	4.00	7.69	4.35	12.00	10.34	16.67	8.14
中国香港	36.36	9.09	5.56	0.00	4.00	3.85	4.35	0.00	13.79	12.50	7.69
埃及	9.09	27.27	5.56	0.00	4.00	3.85	0.00	0.00	10.34	12.50	7.24
伊朗	0.00	4.55	0.00	11.11	8.00	11.54	8.70	20.00	3.45	0.00	7.24
韩国	9.09	0.00	0.00	11.11	4.00	3.85	0.00	24.00	0.00	12.50	6.33
马来西亚	0.00	4.55	22.22	0.00	4.00	7.69	0.00	4.00	6.90	4.17	5.43
德国	27.27	4.55	5.56	0.00	8.00	0.00	4.35	8.00	0.00	0.00	4.52
越南	0.00	0.00	0.00	5.56	0.00	7.69	4.35	20.00	3.45	0.00	4.52
意大利	0.00	13.64	5.56	0.00	4.00	3.85	0.00	0.00	0.00	4.17	3.62
日本	9.09	4.55	11.11	0.00	0.00	7.69	0.00	0.00	0.00	0.00	2.71
葡萄牙	0.00	4.55	0.00	5.56	4.00	7.69	0.00	0.00	0.00	0.00	2.26
瑞典	18.18	0.00	0.00	0.00	0.00	3.85	0.00	0.00	0.00	4.17	2.26
瑞士	9.09	4.55	5.56	11.11	0.00	0.00	0.00	0.00	0.00	0.00	2.26
波兰	0.00	0.00	0.00	0.00	0.00	7.69	8.70	0.00	0.00	0.00	1.81

表6-18 复合材料C层研究排名前20的国家和地区的国际合作参与率

单位：%

国家和地区	2014年	2015年	2016年	2017年	2018年	2019年	2020年	2021年	2022年	2023年	合计
中国大陆	36.67	36.69	41.82	40.33	52.36	51.17	51.27	58.23	75.00	68.28	52.99
美国	27.50	21.30	19.39	24.31	30.04	18.75	20.81	27.71	27.63	15.86	23.31
澳大利亚	13.33	18.93	12.73	16.02	17.60	17.58	15.23	17.67	13.16	10.57	15.41
英国	14.17	20.71	15.76	9.94	10.30	11.33	10.66	9.64	7.46	17.62	12.40
中国香港	6.67	14.79	15.15	10.50	8.15	7.81	8.63	6.43	10.09	11.45	9.78
沙特阿拉伯	9.17	4.14	6.67	6.08	4.29	5.08	7.61	9.64	17.11	22.03	9.43
印度	3.33	3.55	4.85	6.08	6.87	9.77	9.64	7.23	9.65	14.98	8.05
意大利	15.00	9.47	12.73	14.36	12.88	4.30	3.05	4.02	5.26	4.41	7.90
伊朗	1.67	5.92	3.03	11.60	9.87	12.11	7.11	8.43	1.75	6.61	7.21
韩国	8.33	10.65	7.27	5.52	6.87	7.42	3.55	7.63	5.26	9.25	7.11

国家和地区	2014 年	2015 年	2016 年	2017 年	2018 年	2019 年	2020 年	2021 年	2022 年	2023 年	合计
德国	10.83	5.92	6.67	7.18	7.30	4.69	4.57	3.21	5.26	4.41	5.68
加拿大	4.17	5.92	7.88	8.29	2.15	4.30	6.60	6.83	3.95	5.29	5.43
埃及	5.00	3.55	5.45	4.42	1.72	4.69	5.58	5.62	5.70	7.05	4.89
越南	2.50	5.92	6.06	2.76	3.43	6.25	10.15	6.43	1.32	3.08	4.84
法国	5.83	7.10	7.88	4.97	2.15	3.13	4.57	2.81	3.07	3.52	4.20
日本	5.83	4.73	7.27	2.76	2.58	5.08	5.58	1.20	2.19	1.32	3.60
葡萄牙	6.67	6.51	3.64	5.52	1.72	2.73	6.09	1.61	1.32	3.52	3.60
马来西亚	5.00	0.59	2.42	2.76	6.01	4.69	2.03	4.02	1.75	3.96	3.41
西班牙	4.17	2.37	3.64	6.63	4.72	3.13	2.54	2.01	2.19	2.64	3.31
比利时	4.17	4.73	4.85	2.76	3.00	2.34	2.54	4.82	1.75	2.20	3.21

七　材料检测和鉴定

材料检测和鉴定 A 层研究国际合作参与率最高的是中国大陆、中国香港、沙特阿拉伯、英国、美国，均为 25.00%；阿尔及利亚、澳大利亚、加拿大、法国、德国、伊朗、伊拉克、日本、马来西亚、荷兰的参与率也比较高，均为 12.50%。

B 层研究国际合作参与率最高的是沙特阿拉伯，为 30.00%；美国、中国大陆排名第二、第三，分别为 20.00%、19.23%；阿尔及利亚、印度、伊朗、德国、意大利、土耳其的参与率也比较高，在 17%~10%；韩国、澳大利亚、英国、加拿大、法国、埃及、马来西亚、越南、日本、俄罗斯、泰国也有一定的参与率，在 10%~4%。

C 层研究国际合作参与率最高的是中国大陆，为 33.64%，其次是美国的 20.55%；英国、伊朗，在 13%~10%；法国、意大利、德国、印度、澳大利亚、沙特阿拉伯、加拿大、土耳其、韩国、西班牙、日本、埃及、葡萄牙、波兰、比利时、马来西亚也有一定的参与率，在 10%~3%。

表 6-19　材料检测和鉴定 A 层研究所有国家和地区的国际合作参与率

单位：%

国家和地区	2014 年	2015 年	2016 年	2017 年	2018 年	2019 年	2020 年	2021 年	2022 年	2023 年	合计
中国大陆	0.00	0.00	0.00	0.00	0.00	0.00	50.00	0.00	50.00	0.00	25.00
中国香港	0.00	0.00	0.00	0.00	100.00	0.00	0.00	0.00	50.00	0.00	25.00
沙特阿拉伯	0.00	0.00	0.00	0.00	0.00	0.00	50.00	0.00	0.00	50.00	25.00
英国	0.00	0.00	0.00	0.00	0.00	0.00	0.00	0.00	50.00	50.00	25.00
美国	0.00	0.00	0.00	0.00	0.00	0.00	0.00	0.00	50.00	50.00	25.00
阿尔及利亚	0.00	0.00	0.00	0.00	0.00	0.00	50.00	0.00	0.00	0.00	12.50
澳大利亚	0.00	0.00	0.00	0.00	0.00	0.00	50.00	0.00	0.00	0.00	12.50
加拿大	0.00	0.00	0.00	0.00	100.00	0.00	0.00	0.00	0.00	0.00	12.50
法国	0.00	0.00	0.00	0.00	100.00	0.00	0.00	0.00	0.00	0.00	12.50
德国	0.00	0.00	0.00	0.00	0.00	100.00	0.00	0.00	0.00	0.00	12.50
伊朗	0.00	0.00	0.00	0.00	0.00	0.00	0.00	0.00	50.00	0.00	12.50
伊拉克	0.00	0.00	0.00	0.00	0.00	0.00	0.00	0.00	0.00	0.00	12.50
日本	0.00	0.00	0.00	0.00	0.00	100.00	0.00	0.00	0.00	0.00	12.50
马来西亚	0.00	0.00	0.00	0.00	0.00	0.00	0.00	0.00	50.00	0.00	12.50
荷兰	0.00	0.00	0.00	0.00	0.00	100.00	0.00	0.00	0.00	0.00	12.50

表 6-20　材料检测和鉴定 B 层研究排名前 20 的国家和地区的国际合作参与率

单位：%

国家和地区	2014 年	2015 年	2016 年	2017 年	2018 年	2019 年	2020 年	2021 年	2022 年	2023 年	合计
沙特阿拉伯	0.00	0.00	16.67	14.29	9.09	38.10	55.00	28.57	30.77	47.37	30.00
美国	55.56	20.00	33.33	14.29	45.45	19.05	10.00	21.43	15.38	0.00	20.00
中国大陆	0.00	20.00	0.00	14.29	45.45	4.76	20.00	0.00	46.15	31.58	19.23
阿尔及利亚	0.00	0.00	0.00	0.00	0.00	28.57	40.00	14.29	7.69	21.05	16.15
印度	11.11	0.00	0.00	42.86	9.09	0.00	10.00	28.57	23.08	15.79	13.08
伊朗	0.00	10.00	16.67	14.29	18.18	23.81	10.00	14.29	15.38	0.00	12.31
德国	11.11	20.00	16.67	0.00	18.18	14.29	5.00	0.00	15.38	5.26	10.00
意大利	22.22	0.00	16.67	28.57	9.09	9.52	0.00	7.14	15.38	10.53	10.00
土耳其	0.00	0.00	0.00	0.00	9.09	14.29	5.00	21.43	7.69	21.05	10.00
韩国	11.11	10.00	0.00	0.00	0.00	0.00	5.00	14.29	7.69	31.58	9.23
澳大利亚	11.11	0.00	0.00	14.29	0.00	0.00	15.00	14.29	7.69	15.79	8.46
英国	11.11	20.00	16.67	14.29	18.18	9.52	10.00	0.00	0.00	0.00	8.46

续表

国家和地区	2014 年	2015 年	2016 年	2017 年	2018 年	2019 年	2020 年	2021 年	2022 年	2023 年	合计
加拿大	0.00	30.00	33.33	28.57	0.00	0.00	5.00	0.00	15.38	0.00	7.69
法国	22.22	10.00	16.67	0.00	9.09	14.29	0.00	0.00	0.00	0.00	6.15
埃及	0.00	0.00	33.33	14.29	9.09	14.29	0.00	0.00	0.00	5.26	5.38
马来西亚	0.00	0.00	0.00	0.00	9.09	0.00	10.00	14.29	7.69	5.26	5.38
越南	0.00	10.00	0.00	0.00	0.00	4.76	10.00	14.29	0.00	5.26	5.38
日本	11.11	0.00	0.00	0.00	0.00	14.29	0.00	7.14	7.69	0.00	4.62
俄罗斯	22.22	10.00	33.33	14.29	0.00	0.00	0.00	0.00	0.00	0.00	4.62
泰国	0.00	10.00	0.00	0.00	0.00	4.76	10.00	14.29	0.00	0.00	4.62

表 6-21 材料检测和鉴定 C 层研究排名前 20 的国家和地区的国际合作参与率

单位：%

国家和地区	2014 年	2015 年	2016 年	2017 年	2018 年	2019 年	2020 年	2021 年	2022 年	2023 年	合计
中国大陆	20.21	38.10	28.72	35.51	30.91	39.37	24.00	39.17	34.95	45.95	33.64
美国	22.34	30.95	22.34	28.04	28.18	26.77	12.67	16.67	10.68	11.71	20.55
英国	18.09	11.90	14.89	11.21	13.64	11.81	12.67	10.83	10.68	14.41	12.91
伊朗	5.32	13.10	6.38	9.35	9.09	15.75	6.67	7.50	16.50	13.51	10.27
法国	18.09	9.52	12.77	10.28	7.27	11.02	8.67	10.00	7.77	2.70	9.64
意大利	7.45	9.52	10.64	11.21	4.55	8.66	6.67	10.83	9.71	18.02	9.64
德国	4.26	8.33	12.77	8.41	11.82	6.30	8.00	13.33	9.71	6.31	8.91
印度	3.19	3.57	3.19	5.61	8.18	7.09	9.33	9.17	18.45	15.32	8.55
澳大利亚	2.13	7.14	6.38	7.48	10.91	7.09	7.33	10.83	15.53	5.41	8.09
沙特阿拉伯	2.13	3.57	0.00	2.80	2.73	5.51	14.00	12.50	11.65	19.82	8.00
加拿大	6.38	13.10	4.26	5.61	13.64	7.09	4.67	3.33	7.77	6.31	7.00
土耳其	1.06	4.76	4.26	3.74	4.55	8.66	4.67	5.00	9.71	8.11	5.55
韩国	7.45	0.00	5.32	7.48	5.45	3.94	10.67	3.33	3.88	3.60	5.36
西班牙	4.26	2.38	12.77	3.74	6.36	2.36	3.33	5.00	5.83	0.90	4.55
日本	9.57	8.33	3.19	8.41	0.00	4.72	4.67	1.67	0.97	1.80	4.18
埃及	1.06	1.19	1.06	4.67	0.91	4.72	6.67	6.67	2.91	8.11	4.09
葡萄牙	0.00	3.57	5.32	4.67	1.82	2.36	5.33	4.17	4.85	5.41	3.82
波兰	3.19	2.38	3.19	2.80	5.45	2.36	4.67	1.67	5.83	5.41	3.73
比利时	6.38	2.38	11.70	3.74	3.64	0.79	2.00	1.67	3.88	1.80	3.55
马来西亚	3.19	1.19	0.00	1.87	3.64	2.36	8.00	6.67	2.91	1.80	3.45

八 多学科材料

多学科材料 A 层研究国际合作参与率最高的是美国，为 58.04%，其次为中国大陆的 55.89%；德国、英国、韩国、澳大利亚、加拿大、日本的参与率也比较高，在 16%~10%；新加坡、中国香港、沙特阿拉伯、瑞士、意大利、瑞典、法国、荷兰、西班牙、比利时、中国台湾、印度也有一定的参与率，在 9%~2%。

B 层研究国际合作参与率最高的是中国大陆，为 66.86%，其次为美国的 43.59%；澳大利亚、英国、德国、新加坡、中国香港的参与率也比较高，在 15%~10%；韩国、日本、沙特阿拉伯、加拿大、瑞士、法国、印度、西班牙、瑞典、意大利、中国台湾、荷兰、比利时也有一定的参与率，在 9%~1%。

C 层研究国际合作参与率最高的是中国大陆，为 57.12%，其次为美国的 36.21%；德国、英国、澳大利亚的参与率也比较高，在 12%~10%；韩国、中国香港、新加坡、日本、沙特阿拉伯、印度、法国、加拿大、西班牙、意大利、瑞士、瑞典、荷兰、中国台湾、俄罗斯也有一定的参与率，在 9%~2%。

表 6-22　多学科材料 A 层研究排名前 20 的国家和地区的国际合作参与率

单位：%

国家和地区	2014 年	2015 年	2016 年	2017 年	2018 年	2019 年	2020 年	2021 年	2022 年	2023 年	合计
美国	48.65	63.89	68.00	71.74	60.66	64.86	59.26	54.10	49.30	45.71	58.04
中国大陆	29.73	38.89	42.00	43.48	60.66	58.11	62.96	59.02	63.38	74.29	55.89
德国	16.22	19.44	18.00	19.57	4.92	13.51	18.52	26.23	12.68	11.43	15.54
英国	16.22	27.78	10.00	15.22	11.48	6.76	14.81	11.48	14.08	15.71	13.57
韩国	8.11	16.67	16.00	13.04	13.11	6.76	16.67	13.11	14.08	8.57	12.32
澳大利亚	5.41	5.56	4.00	10.87	8.20	9.46	18.52	11.48	11.27	20.00	11.07
加拿大	5.41	2.78	10.00	8.70	13.11	8.11	11.11	11.48	14.08	10.00	10.00
日本	8.11	11.11	12.00	4.35	8.20	10.81	14.81	11.48	7.04	11.43	10.00
新加坡	8.11	5.56	2.00	0.00	8.20	8.11	7.41	18.03	7.04	18.57	8.93
中国香港	5.41	8.33	6.00	0.00	9.84	12.16	7.41	9.84	11.27	11.43	8.57
沙特阿拉伯	8.11	8.33	4.00	17.39	9.84	4.05	5.56	8.20	12.68	4.29	8.04
瑞士	8.11	8.33	4.00	4.35	4.92	4.05	7.41	6.56	2.82	12.86	6.25

续表

国家和地区	2014 年	2015 年	2016 年	2017 年	2018 年	2019 年	2020 年	2021 年	2022 年	2023 年	合计
意大利	10.81	16.67	2.00	4.35	1.64	5.41	7.41	4.92	5.63	4.29	5.71
瑞典	2.70	5.56	2.00	2.17	6.56	2.70	9.26	8.20	5.63	2.86	4.82
法国	2.70	2.78	4.00	6.52	3.28	2.70	7.41	8.20	4.23	1.43	4.29
荷兰	2.70	11.11	4.00	6.52	3.28	5.41	1.85	6.56	0.00	1.43	3.93
西班牙	10.81	5.56	0.00	6.52	0.00	2.70	9.26	3.28	1.41	1.43	3.57
比利时	2.70	2.78	8.00	0.00	1.64	4.05	1.85	4.92	5.63	1.43	3.39
中国台湾	5.41	0.00	2.00	2.17	4.92	4.05	0.00	3.28	2.82	1.43	2.68
印度	0.00	0.00	0.00	0.00	3.28	1.35	1.85	8.20	4.23	0.00	2.14

表 6-23　多学科材料 B 层研究排名前 20 的国家和地区的国际合作参与率

单位：%

国家和地区	2014 年	2015 年	2016 年	2017 年	2018 年	2019 年	2020 年	2021 年	2022 年	2023 年	合计
中国大陆	48.64	44.26	53.28	64.13	68.06	72.48	69.48	69.66	75.68	81.98	66.86
美国	52.99	53.22	53.28	49.78	51.50	50.72	43.00	35.67	31.20	29.51	43.59
澳大利亚	10.60	7.84	12.34	12.78	13.37	12.77	17.88	16.16	17.76	14.31	14.12
英国	10.87	10.64	11.55	13.68	10.38	8.63	11.97	12.04	11.84	9.89	11.15
德国	14.95	14.01	11.81	13.68	9.18	9.53	11.30	9.76	11.68	8.48	11.13
新加坡	11.68	8.96	12.07	12.11	8.78	11.33	9.61	11.74	9.76	12.19	10.81
中国香港	5.16	7.56	7.35	8.97	8.38	12.23	11.47	10.98	10.88	15.72	10.32
韩国	8.97	11.48	10.76	5.38	6.19	8.09	7.76	8.54	10.08	11.13	8.77
日本	9.51	9.80	9.97	10.99	6.79	8.81	6.75	5.79	7.04	5.83	7.82
沙特阿拉伯	6.79	7.84	6.30	5.38	6.59	5.04	3.54	5.34	6.88	6.36	5.88
加拿大	3.80	4.76	3.94	4.93	4.99	7.37	7.25	6.55	7.04	5.48	5.84
瑞士	4.62	4.48	5.77	3.36	5.39	3.96	5.06	3.66	4.80	3.89	4.46
法国	5.71	4.48	6.04	3.59	4.39	3.60	3.37	3.96	3.84	2.30	3.98
印度	3.26	3.08	1.31	1.79	2.99	3.42	4.72	6.40	5.92	3.89	3.94
西班牙	3.26	6.44	4.72	4.04	2.99	3.24	3.20	2.90	2.40	3.36	3.49
瑞典	4.08	3.36	2.89	1.79	4.59	2.34	3.37	4.27	3.52	1.94	3.23
意大利	2.72	5.04	5.25	3.59	2.40	1.98	3.20	3.66	2.08	2.65	3.13
中国台湾	5.71	3.36	1.57	2.02	1.40	2.34	2.87	2.90	1.92	3.89	2.73
荷兰	2.45	2.52	1.84	2.91	2.79	2.16	4.55	1.52	3.20	2.30	2.65
比利时	1.09	1.12	2.36	2.69	1.60	2.52	1.01	1.83	1.44	1.41	1.70

表 6-24 多学科材料 C 层研究排名前 20 的国家和地区的国际合作参与率

单位：%

国家和地区	2014 年	2015 年	2016 年	2017 年	2018 年	2019 年	2020 年	2021 年	2022 年	2023 年	合计
中国大陆	40.56	45.96	49.31	54.40	59.24	62.77	61.97	61.32	62.39	59.21	57.12
美国	43.96	44.12	42.89	45.02	41.45	39.68	34.56	31.64	26.90	23.86	36.21
德国	15.29	13.39	12.67	11.68	12.01	11.34	11.68	11.18	10.77	10.46	11.81
英国	11.89	11.11	11.38	10.94	12.01	10.12	11.51	10.99	11.84	11.18	11.28
澳大利亚	7.60	9.05	9.48	9.93	10.93	12.19	11.81	12.63	11.48	10.16	10.79
韩国	8.68	9.02	8.62	8.47	8.20	7.71	8.54	8.01	9.18	10.94	8.75
中国香港	5.75	6.40	6.50	6.58	8.22	7.18	8.99	9.69	10.18	10.53	8.30
新加坡	6.27	7.58	7.69	7.83	7.60	8.38	8.52	7.91	7.72	6.98	7.71
日本	8.59	7.99	7.88	6.82	7.27	7.30	6.52	6.18	5.95	5.51	6.83
沙特阿拉伯	4.23	4.62	4.41	4.95	4.50	4.73	5.52	7.93	9.42	11.37	6.49
印度	3.89	4.37	4.52	3.85	4.10	4.46	5.76	6.92	8.12	10.83	5.97
法国	8.68	6.86	7.33	6.22	6.03	4.54	4.89	4.67	4.00	4.37	5.49
加拿大	5.25	5.09	5.26	4.93	4.72	5.34	5.63	5.68	5.40	5.53	5.32
西班牙	6.43	5.34	5.23	4.83	4.52	4.22	4.05	3.54	4.07	4.24	4.50
意大利	5.38	4.12	3.94	4.26	4.10	3.31	3.76	3.90	4.40	3.94	4.06
瑞士	4.51	4.46	4.41	4.48	4.72	3.45	3.41	2.98	3.12	2.87	3.72
瑞典	2.97	3.15	2.92	3.06	3.10	2.88	2.83	3.01	2.88	2.85	2.95
荷兰	3.61	3.59	3.44	3.02	2.64	3.17	3.18	2.11	2.37	2.21	2.85
中国台湾	2.50	2.56	2.29	2.32	2.22	2.33	2.94	3.12	2.97	3.41	2.72
俄罗斯	2.69	2.68	2.64	2.49	2.73	2.54	2.54	3.43	3.07	2.18	2.71

九 石油工程

石油工程 A 层研究国际合作参与率最高的是美国，为 40.00%；澳大利亚、中国大陆、德国、印度、伊朗、马来西亚、挪威、阿联酋的参与率也比较高，均为 20.00%。

B 层研究国际合作参与率最高的是中国大陆，为 51.19%，其次为美国的 48.81%；加拿大的参与率也比较高，为 13.10%；伊朗、沙特阿拉伯、澳大利亚、马来西亚、英国、印度、卡塔尔、巴西、伊拉克、巴基斯坦、德国、埃及、哈萨克斯坦、尼日利亚、挪威、波兰、俄罗斯也有一定的参与率，在 10%~2%。

C 层研究国际合作参与率最高的是中国大陆，为 52.33%，其次为美国的 44.25%；澳大利亚、加拿大、伊朗的参与率也比较高，在 15%~11%；英国、沙特阿拉伯、马来西亚、俄罗斯、挪威、法国、埃及、印度、德国、巴基斯坦、阿联酋、卡塔尔、巴西、伊拉克、荷兰也有一定的参与率，在 10%~2%。

表 6-25　石油工程 A 层研究所有国家和地区的国际合作参与率

单位：%

国家和地区	2014 年	2015 年	2016 年	2017 年	2018 年	2019 年	2020 年	2021 年	2022 年	2023 年	合计
美国	0.00	100.00	0.00	0.00	0.00	0.00	100.00	0.00	0.00	0.00	40.00
澳大利亚	0.00	0.00	0.00	0.00	0.00	0.00	0.00	100.00	0.00	20.00
中国大陆	0.00	0.00	0.00	0.00	0.00	100.00	0.00	0.00	0.00	20.00
德国	0.00	100.00	0.00	0.00	0.00	0.00	0.00	0.00	0.00	20.00
印度	0.00	0.00	0.00	0.00	100.00	0.00	0.00	0.00	0.00	20.00
伊朗	0.00	0.00	0.00	0.00	0.00	0.00	0.00	100.00	0.00	20.00
马来西亚	0.00	0.00	0.00	0.00	0.00	0.00	100.00	0.00	0.00	20.00
挪威	0.00	0.00	0.00	0.00	0.00	0.00	100.00	0.00	0.00	20.00
阿联酋	0.00	0.00	0.00	0.00	0.00	100.00	0.00	0.00	0.00	20.00

表 6-26　石油工程 B 层研究排名前 20 的国家和地区的国际合作参与率

单位：%

国家和地区	2014 年	2015 年	2016 年	2017 年	2018 年	2019 年	2020 年	2021 年	2022 年	2023 年	合计
中国大陆	33.33	50.00	20.00	70.00	60.00	53.85	70.00	54.55	50.00	22.22	51.19
美国	66.67	0.00	40.00	90.00	60.00	46.15	70.00	27.27	50.00	11.11	48.81
加拿大	16.67	75.00	40.00	0.00	10.00	7.69	10.00	0.00	0.00	22.22	13.10
伊朗	16.67	0.00	20.00	0.00	0.00	7.69	10.00	9.09	0.00	33.33	9.52
沙特阿拉伯	0.00	0.00	0.00	0.00	20.00	0.00	0.00	36.36	16.67	11.11	9.52
澳大利亚	0.00	0.00	0.00	0.00	10.00	7.69	0.00	27.27	16.67	0.00	8.33
马来西亚	16.67	0.00	40.00	0.00	10.00	15.38	0.00	0.00	0.00	11.11	8.33
英国	0.00	25.00	0.00	0.00	10.00	0.00	7.69	9.09	0.00	11.11	8.33
印度	16.67	25.00	0.00	0.00	0.00	7.69	0.00	18.18	16.67	0.00	7.14
卡塔尔	0.00	0.00	0.00	0.00	10.00	7.69	10.00	9.09	0.00	11.11	5.95

续表

国家和地区	2014 年	2015 年	2016 年	2017 年	2018 年	2019 年	2020 年	2021 年	2022 年	2023 年	合计
巴西	0.00	0.00	0.00	10.00	0.00	7.69	0.00	0.00	16.67	11.11	4.76
伊拉克	0.00	0.00	0.00	10.00	0.00	7.69	20.00	0.00	0.00	0.00	4.76
巴基斯坦	0.00	25.00	40.00	0.00	0.00	0.00	0.00	0.00	0.00	11.11	4.76
德国	16.67	25.00	0.00	0.00	0.00	0.00	0.00	0.00	0.00	11.11	3.57
埃及	0.00	0.00	0.00	0.00	0.00	0.00	0.00	18.18	0.00	0.00	2.38
哈萨克斯坦	0.00	0.00	0.00	0.00	0.00	0.00	0.00	9.09	16.67	0.00	2.38
尼日利亚	0.00	0.00	0.00	0.00	0.00	10.00	0.00	0.00	0.00	11.11	2.38
挪威	0.00	0.00	0.00	10.00	0.00	0.00	0.00	9.09	0.00	0.00	2.38
波兰	0.00	0.00	0.00	0.00	0.00	0.00	0.00	9.09	16.67	0.00	2.38
俄罗斯	0.00	0.00	0.00	0.00	0.00	0.00	0.00	0.00	0.00	22.22	2.38

表 6-27　石油工程 C 层研究排名前 20 的国家和地区的国际合作参与率

单位：%

国家和地区	2014 年	2015 年	2016 年	2017 年	2018 年	2019 年	2020 年	2021 年	2022 年	2023 年	合计
中国大陆	21.74	35.56	27.66	45.12	52.11	60.20	57.83	61.47	60.81	66.67	52.33
美国	58.70	73.33	38.30	52.44	67.61	35.71	37.35	39.45	29.73	30.67	44.25
澳大利亚	30.43	11.11	19.15	13.41	12.68	17.35	20.48	13.76	4.05	8.00	14.52
加拿大	4.35	13.33	14.89	14.63	14.08	13.27	14.46	9.17	16.22	20.00	13.56
伊朗	10.87	8.89	21.28	7.32	4.23	13.27	15.66	15.60	6.76	13.33	11.78
英国	8.70	13.33	12.77	7.32	8.45	9.18	6.02	13.76	9.46	4.00	9.18
沙特阿拉伯	4.35	4.44	4.26	13.41	5.63	8.16	6.02	6.42	12.16	8.00	7.67
马来西亚	2.17	2.22	6.38	3.66	5.63	8.16	3.61	9.17	8.11	2.67	5.62
俄罗斯	2.17	0.00	4.26	4.88	1.41	5.10	4.82	6.42	9.46	8.00	5.07
挪威	4.35	11.11	6.38	4.88	4.23	2.04	3.61	6.42	2.70	1.33	4.38
法国	10.87	2.22	8.51	1.22	2.82	4.08	1.20	0.00	4.05	2.67	3.15
埃及	2.17	2.22	2.13	1.22	0.00	1.02	3.61	6.42	6.76	2.67	3.01
印度	2.17	4.44	0.00	2.44	2.82	3.06	4.82	2.75	4.05	2.67	3.01
德国	10.87	0.00	4.26	1.22	1.41	4.08	1.20	0.00	4.05	4.00	2.74
巴基斯坦	0.00	0.00	0.00	1.22	0.00	2.04	1.20	7.34	4.05	6.67	2.74
阿联酋	2.17	6.67	6.38	3.66	1.41	3.06	0.00	0.92	4.05	2.67	2.74
卡塔尔	0.00	2.22	2.13	2.44	7.04	5.10	1.20	1.83	1.35	1.33	2.60
巴西	4.35	8.89	8.51	1.22	1.41	0.00	1.20	1.83	0.00	1.33	2.19
伊拉克	0.00	0.00	0.00	1.22	0.00	4.08	3.61	1.83	2.70	4.00	2.05
荷兰	6.52	2.22	4.26	3.66	4.23	0.00	0.00	0.00	1.35	2.67	2.05

十 采矿和矿物处理

采矿和矿物处理 A、B、C 层研究国际合作参与率最高的均为中国大陆，分别为 53.33%、69.63%、55.94%。

美国 A 层研究国际合作参与率排名第二，为 33.33%；澳大利亚、加拿大、南非、韩国、英国的参与率也比较高，在 20%~13%；印度、马来西亚、西班牙、斯里兰卡、瑞典、越南也有一定的参与率，均为 6.67%。

澳大利亚 B 层研究国际合作参与率排名第二，为 33.33%；美国、英国、德国的参与率也比较高，在 22%~10%；加拿大、伊朗、日本、土耳其、法国、俄罗斯、中国香港、南非、挪威、瑞典、奥地利、芬兰、马来西亚、韩国、瑞士也有一定的参与率，在 9%~2%。

澳大利亚 C 层研究国际合作参与率排名第二，为 28.16%；美国、加拿大的参与率也比较高，分别为 20.02%、15.75%；英国、德国、法国、伊朗、日本、印度、俄罗斯、瑞典、南非、西班牙、埃及、土耳其、中国香港、韩国、沙特阿拉伯、芬兰也有一定的参与率，在 10%~2%。

表 6-28 采矿和矿物处理 A 层研究所有国家和地区的国际合作参与率

单位：%

国家和地区	2014 年	2015 年	2016 年	2017 年	2018 年	2019 年	2020 年	2021 年	2022 年	2023 年	合计
中国大陆	100.00	0.00	0.00	100.00	0.00	66.67	0.00	100.00	100.00	100.00	53.33
美国	100.00	0.00	0.00	100.00	50.00	33.33	33.33	0.00	0.00	0.00	33.33
澳大利亚	0.00	0.00	0.00	0.00	0.00	66.67	0.00	50.00	0.00	0.00	20.00
加拿大	100.00	0.00	0.00	0.00	0.00	0.00	0.00	50.00	0.00	100.00	20.00
南非	0.00	0.00	0.00	0.00	50.00	0.00	33.33	0.00	0.00	0.00	13.33
韩国	0.00	0.00	0.00	0.00	0.00	33.33	33.33	0.00	0.00	0.00	13.33
英国	0.00	100.00	0.00	0.00	50.00	0.00	0.00	0.00	0.00	0.00	13.33
印度	0.00	0.00	0.00	0.00	50.00	0.00	0.00	0.00	0.00	0.00	6.67
马来西亚	0.00	0.00	0.00	0.00	0.00	0.00	33.33	0.00	0.00	0.00	6.67
西班牙	0.00	100.00	0.00	0.00	0.00	0.00	0.00	0.00	0.00	0.00	6.67
斯里兰卡	0.00	0.00	0.00	0.00	0.00	0.00	33.33	0.00	0.00	0.00	6.67
瑞典	0.00	0.00	0.00	0.00	0.00	0.00	0.00	0.00	100.00	0.00	6.67
越南	0.00	0.00	0.00	0.00	0.00	0.00	33.33	0.00	0.00	0.00	6.67

表 6-29　采矿和矿物处理 B 层研究排名前 20 的国家和地区的国际合作参与率

单位：%

国家和地区	2014 年	2015 年	2016 年	2017 年	2018 年	2019 年	2020 年	2021 年	2022 年	2023 年	合计
中国大陆	46.15	53.85	28.57	76.92	63.64	77.78	66.67	80.00	80.00	93.33	69.63
澳大利亚	7.69	30.77	42.86	38.46	45.45	38.89	46.67	40.00	33.33	13.33	33.33
美国	30.77	46.15	28.57	46.15	0.00	22.22	20.00	6.67	13.33	6.67	21.48
英国	0.00	0.00	42.86	7.69	18.18	5.56	0.00	13.33	33.33	6.67	11.11
德国	15.38	15.38	0.00	15.38	18.18	5.56	0.00	6.67	6.67	20.00	10.37
加拿大	15.38	0.00	28.57	15.38	9.09	5.56	0.00	6.67	0.00	20.00	8.89
伊朗	15.38	15.38	0.00	7.69	0.00	5.56	6.67	0.00	6.67	0.00	5.93
日本	30.77	7.69	14.29	0.00	0.00	11.11	0.00	0.00	0.00	0.00	5.93
土耳其	7.69	0.00	0.00	0.00	18.18	0.00	6.67	0.00	13.33	13.33	5.93
法国	7.69	0.00	28.57	7.69	0.00	0.00	6.67	0.00	6.67	6.67	5.19
俄罗斯	7.69	7.69	14.29	0.00	0.00	5.56	0.00	6.67	6.67	6.67	5.19
中国香港	7.69	0.00	0.00	0.00	9.09	0.00	0.00	13.33	6.67	0.00	3.70
南非	0.00	0.00	14.29	0.00	18.18	0.00	6.67	0.00	6.67	0.00	3.70
挪威	0.00	0.00	28.57	0.00	9.09	0.00	0.00	0.00	6.67	0.00	2.96
瑞典	0.00	0.00	14.29	0.00	0.00	0.00	6.67	13.33	0.00	0.00	2.96
奥地利	0.00	7.69	14.29	0.00	0.00	0.00	6.67	0.00	0.00	0.00	2.22
芬兰	0.00	0.00	0.00	0.00	0.00	5.56	0.00	6.67	0.00	6.67	2.22
马来西亚	0.00	0.00	0.00	0.00	9.09	5.56	0.00	0.00	6.67	0.00	2.22
韩国	0.00	7.69	0.00	0.00	0.00	11.11	0.00	0.00	0.00	0.00	2.22
瑞士	7.69	0.00	0.00	0.00	0.00	0.00	0.00	13.33	0.00	0.00	2.22

表 6-30　采矿和矿物处理 C 层研究排名前 20 的国家和地区的国际合作参与率

单位：%

国家和地区	2014 年	2015 年	2016 年	2017 年	2018 年	2019 年	2020 年	2021 年	2022 年	2023 年	合计
中国大陆	52.63	60.20	36.46	52.14	59.35	58.10	57.14	61.94	54.67	59.40	55.94
澳大利亚	32.63	29.59	26.04	34.19	34.96	36.87	32.14	18.06	22.00	15.79	28.16
美国	29.47	22.45	33.33	20.51	20.33	16.76	20.83	19.35	10.67	15.79	20.02
加拿大	15.79	19.39	13.54	17.95	17.07	15.64	20.24	15.48	9.33	13.53	15.75
英国	12.63	6.12	11.46	13.68	8.13	8.94	5.36	9.68	12.00	9.77	9.59
德国	5.26	6.12	6.25	10.26	11.38	5.03	8.33	11.61	13.33	5.26	8.45
法国	6.32	6.12	6.25	3.42	8.94	9.50	6.55	5.81	5.33	5.26	6.47
伊朗	4.21	5.10	6.25	2.56	3.25	5.59	5.36	6.45	7.33	11.28	5.86

国家和地区	2014 年	2015 年	2016 年	2017 年	2018 年	2019 年	2020 年	2021 年	2022 年	2023 年	合计
日本	8.42	6.12	4.17	3.42	4.07	4.47	2.38	3.87	4.67	5.26	4.49
印度	2.11	6.12	3.13	0.85	4.07	2.23	2.98	2.58	10.00	4.51	3.88
俄罗斯	3.16	3.06	2.08	3.42	0.81	5.03	2.98	5.81	5.33	4.51	3.81
瑞典	6.32	5.10	4.17	2.56	4.07	2.23	1.79	5.81	2.67	3.76	3.65
南非	3.16	1.02	2.08	4.27	4.88	3.35	5.95	1.94	1.33	4.51	3.35
西班牙	5.26	4.08	4.17	5.13	4.07	2.23	1.79	1.94	3.33	3.01	3.27
埃及	0.00	1.02	3.13	2.56	0.00	2.23	2.98	3.23	6.67	8.27	3.20
土耳其	4.21	3.06	3.13	0.00	4.07	3.35	4.17	2.58	1.33	5.26	3.12
中国香港	5.26	11.22	1.04	2.56	3.25	1.68	2.98	1.94	0.00	3.01	2.97
韩国	2.11	2.04	2.08	0.85	1.63	2.79	5.36	2.58	4.00	2.26	2.74
沙特阿拉伯	2.11	3.06	0.00	0.00	0.00	0.00	1.79	1.29	8.67	9.02	2.66
芬兰	0.00	1.02	4.17	0.85	0.81	1.12	4.17	7.10	2.67	1.50	2.51

十一　机械工程

机械工程 A、B、C 层研究国际合作参与率最高的均为中国大陆，分别为 57.04%、51.43%、45.81%；美国 A、B、C 层研究国际合作参与率均排名第二，分别为 42.96%、27.50%、24.95%。

英国、沙特阿拉伯、澳大利亚、印度 A 层研究国际合作参与率也比较高，在 22%～10%；德国、伊朗、巴基斯坦、加拿大、法国、马来西亚、阿联酋、比利时、芬兰、荷兰、新加坡、韩国、瑞典、巴西也有一定的参与率，在 10%～2%。

伊朗、英国、澳大利亚、沙特阿拉伯 B 层研究国际合作参与率也比较高，在 16%～10%；越南、加拿大、德国、中国香港、印度、韩国、法国、意大利、阿尔及利亚、巴基斯坦、马来西亚、埃及、土耳其、新加坡也有一定的参与率，在 7%～3%。

英国、澳大利亚 C 层研究国际合作参与率也比较高，分别为 16.42%、10.20%；德国、伊朗、加拿大、法国、沙特阿拉伯、印度、中国香港、意大利、韩国、日本、马来西亚、新加坡、西班牙、越南、土耳其、埃及也有一定的参与率，在9%~3%。

表6-31 机械工程A层研究排名前20的国家和地区的国际合作参与率

单位：%

国家和地区	2014年	2015年	2016年	2017年	2018年	2019年	2020年	2021年	2022年	2023年	合计
中国大陆	44.44	33.33	54.55	41.18	55.56	60.00	62.50	61.54	92.86	70.00	57.04
美国	61.11	41.67	45.45	70.59	22.22	53.33	25.00	30.77	28.57	30.00	42.96
英国	11.11	33.33	27.27	17.65	22.22	6.67	31.25	15.38	21.43	40.00	21.48
沙特阿拉伯	11.11	0.00	27.27	5.88	22.22	13.33	6.25	7.69	28.57	20.00	13.33
澳大利亚	11.11	0.00	0.00	5.88	0.00	20.00	6.25	7.69	21.43	30.00	10.37
印度	0.00	8.33	0.00	0.00	11.11	13.33	6.25	7.69	35.71	30.00	10.37
德国	16.67	16.67	9.09	5.88	22.22	0.00	6.25	7.69	14.29	0.00	9.63
伊朗	5.56	8.33	9.09	5.88	0.00	20.00	31.25	7.69	0.00	0.00	9.63
巴基斯坦	0.00	16.67	27.27	0.00	0.00	26.67	12.50	0.00	7.14	0.00	8.89
加拿大	0.00	8.33	9.09	5.88	11.11	6.67	6.25	0.00	14.29	20.00	7.41
法国	5.56	8.33	0.00	5.88	33.33	0.00	0.00	15.38	0.00	10.00	6.67
马来西亚	0.00	0.00	0.00	0.00	0.00	13.33	0.00	23.08	7.14	30.00	6.67
阿联酋	0.00	0.00	0.00	0.00	0.00	6.67	6.25	7.69	28.57	20.00	6.67
比利时	0.00	8.33	9.09	0.00	0.00	6.67	12.50	23.08	0.00	0.00	5.93
芬兰	5.56	0.00	0.00	11.76	0.00	13.33	0.00	15.38	0.00	0.00	5.19
荷兰	5.56	0.00	9.09	5.88	11.11	0.00	0.00	7.69	0.00	0.00	3.70
新加坡	0.00	0.00	0.00	5.88	0.00	6.67	6.25	0.00	0.00	20.00	3.70
韩国	5.56	0.00	18.18	0.00	11.11	0.00	0.00	0.00	0.00	10.00	3.70
瑞典	0.00	0.00	0.00	0.00	22.22	6.67	0.00	15.38	0.00	0.00	3.70
巴西	0.00	0.00	0.00	5.88	0.00	6.67	0.00	7.69	7.14	0.00	2.96

表6-32 机械工程B层研究排名前20的国家和地区的国际合作参与率

单位：%

国家和地区	2014年	2015年	2016年	2017年	2018年	2019年	2020年	2021年	2022年	2023年	合计
中国大陆	34.06	47.00	46.34	41.67	44.62	52.94	51.37	65.04	67.77	67.89	51.43
美国	31.88	37.00	40.65	38.64	26.92	29.41	20.55	15.45	18.18	16.51	27.50
伊朗	7.97	7.00	9.76	14.39	29.23	21.32	18.49	26.83	6.61	5.50	15.10
英国	12.32	9.00	4.88	15.15	10.77	14.71	17.12	16.26	18.18	19.27	13.83

续表

国家和地区	2014 年	2015 年	2016 年	2017 年	2018 年	2019 年	2020 年	2021 年	2022 年	2023 年	合计
澳大利亚	9.42	9.00	7.32	8.33	11.54	11.76	15.75	13.82	16.53	10.09	11.45
沙特阿拉伯	3.62	11.00	13.82	15.15	10.00	13.97	8.22	12.20	7.44	15.60	10.97
越南	1.45	0.00	1.63	6.06	6.92	8.09	21.92	13.82	4.13	1.83	7.00
加拿大	4.35	13.00	5.69	5.30	9.23	6.62	6.16	4.88	6.61	8.26	6.84
德国	9.42	6.00	6.50	3.03	8.46	8.09	1.37	6.50	9.09	9.17	6.68
中国香港	5.07	8.00	4.07	3.03	6.15	6.62	7.53	4.88	6.61	11.01	6.20
印度	6.52	2.00	5.69	4.55	4.62	5.15	4.11	4.88	6.61	15.60	5.88
韩国	11.59	4.00	3.25	3.79	3.08	0.74	4.79	9.76	8.26	10.09	5.88
法国	8.70	6.00	8.13	3.79	2.31	5.88	6.85	2.44	7.44	3.67	5.56
意大利	7.97	6.00	5.69	6.82	7.69	5.88	4.11	2.44	5.79	2.75	5.56
阿尔及利亚	0.72	0.00	3.25	4.55	5.38	6.62	6.85	7.32	3.31	8.26	4.69
巴基斯坦	3.62	3.00	7.32	10.61	11.54	3.68	1.37	0.81	1.65	2.75	4.69
马来西亚	3.62	3.00	2.44	3.79	6.15	5.88	4.11	6.50	0.00	4.59	4.05
埃及	1.45	2.00	6.50	6.82	2.31	3.68	3.42	2.44	4.13	5.50	3.97
土耳其	3.62	4.00	4.07	1.52	3.85	2.21	4.79	5.69	2.48	6.42	3.82
新加坡	3.62	5.00	1.63	4.55	3.08	2.94	2.74	5.69	0.83	4.59	3.42

表 6-33　机械工程 C 层研究排名前 20 的国家和地区的国际合作参与率

单位：%

国家和地区	2014 年	2015 年	2016 年	2017 年	2018 年	2019 年	2020 年	2021 年	2022 年	2023 年	合计
中国大陆	32.48	35.54	38.42	38.23	47.07	51.02	50.87	55.11	53.10	54.90	45.81
美国	29.36	32.64	30.12	27.68	23.85	24.90	22.62	23.30	17.34	18.00	24.95
英国	17.80	16.14	15.92	15.91	16.67	17.36	16.98	14.71	17.34	14.81	16.42
澳大利亚	8.71	9.76	9.63	10.36	11.88	10.89	10.31	10.51	10.44	9.00	10.20
德国	10.42	10.10	8.01	9.51	8.87	8.19	6.76	6.97	7.09	7.63	8.33
伊朗	6.06	4.41	7.05	6.69	8.95	11.71	11.27	9.26	9.16	6.26	8.27
加拿大	7.95	8.83	7.91	6.69	7.89	7.86	4.85	6.78	7.59	7.40	7.33
法国	9.19	10.34	7.34	7.16	6.91	5.98	5.72	5.35	5.52	5.01	6.80
沙特阿拉伯	4.36	4.88	6.01	6.97	6.21	5.73	5.89	6.49	6.40	12.07	6.42
印度	3.60	3.14	5.91	5.93	4.34	6.88	5.89	8.60	9.16	11.05	6.41
中国香港	4.17	3.72	5.62	4.99	5.59	7.62	6.15	7.74	9.66	8.66	6.40
意大利	7.86	7.90	7.72	7.44	6.47	5.41	5.29	5.54	5.02	5.69	6.40

续表

国家和地区	2014 年	2015 年	2016 年	2017 年	2018 年	2019 年	2020 年	2021 年	2022 年	2023 年	合计
韩国	5.68	5.92	3.62	4.52	3.46	3.77	5.98	4.58	4.63	5.81	4.75
日本	5.30	3.83	4.29	5.74	3.19	4.10	5.55	3.92	5.71	4.56	4.62
马来西亚	3.22	3.37	4.58	3.67	2.48	4.59	4.42	3.82	2.36	3.76	3.65
新加坡	3.60	3.95	3.43	2.35	2.66	3.11	3.47	3.92	4.53	3.87	3.46
西班牙	5.30	5.34	4.10	3.48	4.08	2.70	2.43	2.20	2.66	2.28	3.43
越南	0.85	0.70	1.14	1.79	2.04	4.26	10.75	6.30	2.36	1.94	3.36
土耳其	2.18	2.32	3.15	2.45	3.37	2.13	3.12	4.49	5.12	5.58	3.34
埃及	2.37	1.51	2.57	2.73	3.46	2.54	4.51	4.11	4.24	4.56	3.27

十二 制造工程

制造工程 A 层研究国际合作参与率最高的是中国大陆和美国，均为 36.36%，其次为法国的 34.09%；澳大利亚、英国、德国、印度、中国香港 A 层的参与率也比较高，在 21%~11%；新西兰、新加坡、瑞典、巴西、丹麦、加拿大、意大利、荷兰、瑞士、比利时、芬兰、希腊也有一定的参与率，在 10%~2%。

B 层研究国际合作参与率最高的是中国大陆，为 45.15%，其次为美国的 31.07%；英国、德国、法国、印度、中国香港的参与率也比较高，在 27%~10%；澳大利亚、加拿大、瑞典、新加坡、意大利、葡萄牙、比利时、巴西、土耳其、阿联酋、丹麦、西班牙、伊朗也有一定的参与率，在 10%~3%。

C 层研究国际合作参与率最高的是中国大陆，为 45.58%，其次为美国的 29.21%；英国、德国 C 层的参与率也比较高，分别为 21.28%、10.02%；法国、中国香港、澳大利亚、印度、加拿大、意大利、新加坡、瑞典、日本、韩国、西班牙、伊朗、荷兰、土耳其、比利时、巴西也有一定的参与率，在 10%~2%。

表 6-34　制造工程 A 层研究排名前 20 的国家和地区的国际合作参与率

单位：%

国家和地区	2014 年	2015 年	2016 年	2017 年	2018 年	2019 年	2020 年	2021 年	2022 年	2023 年	合计
中国大陆	0.00	33.33	0.00	0.00	50.00	14.29	16.67	40.00	83.33	75.00	36.36
美国	0.00	66.67	50.00	33.33	50.00	28.57	33.33	40.00	33.33	25.00	36.36
法国	0.00	33.33	50.00	33.33	33.33	28.57	50.00	60.00	0.00	50.00	34.09
澳大利亚	0.00	100.00	50.00	0.00	33.33	14.29	0.00	20.00	0.00	25.00	20.45
英国	0.00	0.00	50.00	33.33	0.00	14.29	16.67	20.00	0.00	50.00	15.91
德国	0.00	0.00	50.00	33.33	0.00	14.29	33.33	20.00	0.00	0.00	13.64
印度	50.00	0.00	0.00	33.33	0.00	14.29	33.33	0.00	0.00	25.00	13.64
中国香港	0.00	0.00	0.00	0.00	0.00	0.00	0.00	0.00	83.33	0.00	11.36
新西兰	0.00	0.00	50.00	0.00	0.00	0.00	16.67	20.00	16.67	0.00	9.09
新加坡	0.00	0.00	0.00	33.33	0.00	14.29	0.00	20.00	0.00	25.00	9.09
瑞典	0.00	0.00	0.00	0.00	0.00	0.00	0.00	40.00	33.33	0.00	9.09
巴西	0.00	0.00	0.00	0.00	16.67	28.57	0.00	0.00	0.00	0.00	6.82
丹麦	100.00	0.00	50.00	0.00	0.00	0.00	0.00	0.00	0.00	0.00	6.82
加拿大	0.00	0.00	0.00	0.00	16.67	14.29	0.00	0.00	0.00	0.00	4.55
意大利	0.00	0.00	50.00	0.00	0.00	0.00	16.67	0.00	0.00	0.00	4.55
荷兰	0.00	0.00	50.00	0.00	0.00	14.29	0.00	0.00	0.00	0.00	4.55
瑞士	0.00	0.00	0.00	33.33	0.00	14.29	0.00	0.00	0.00	0.00	4.55
比利时	0.00	0.00	0.00	33.33	0.00	0.00	0.00	0.00	0.00	0.00	2.27
芬兰	0.00	0.00	0.00	0.00	0.00	0.00	16.67	0.00	0.00	0.00	2.27
希腊	0.00	0.00	0.00	0.00	0.00	0.00	0.00	0.00	16.67	0.00	2.27

表 6-35　制造工程 B 层研究排名前 20 的国家和地区的国际合作参与率

单位：%

国家和地区	2014 年	2015 年	2016 年	2017 年	2018 年	2019 年	2020 年	2021 年	2022 年	2023 年	合计
中国大陆	17.65	37.50	35.71	43.75	56.41	36.07	42.86	58.33	55.56	59.09	45.15
美国	47.06	43.75	35.71	31.25	23.08	39.34	32.65	22.92	24.44	15.91	31.07
英国	26.47	25.00	35.71	28.13	17.95	29.51	26.53	20.83	33.33	22.73	26.46
德国	38.24	15.63	28.57	9.38	10.26	16.39	10.20	12.50	6.67	4.55	14.32
法国	8.82	6.25	14.29	15.63	17.95	13.11	26.53	6.25	15.56	9.09	13.59
印度	5.88	3.13	3.57	6.25	7.69	14.75	6.12	20.83	17.78	18.18	11.41
中国香港	2.94	6.25	14.29	0.00	15.38	8.20	14.29	6.25	15.56	22.73	10.92

续表

国家和地区	2014 年	2015 年	2016 年	2017 年	2018 年	2019 年	2020 年	2021 年	2022 年	2023 年	合计
澳大利亚	2.94	12.50	10.71	18.75	7.69	11.48	12.24	8.33	6.67	2.27	9.22
加拿大	11.76	12.50	7.14	9.38	7.69	6.56	8.16	10.42	6.67	4.55	8.25
瑞典	8.82	9.38	3.57	9.38	0.00	3.28	4.08	2.08	15.56	13.64	6.80
新加坡	8.82	6.25	0.00	9.38	12.82	0.00	8.16	6.25	4.44	4.55	5.83
意大利	5.88	6.25	14.29	9.38	2.56	6.56	4.08	2.08	2.22	0.00	4.85
葡萄牙	8.82	0.00	0.00	6.25	2.56	3.28	4.08	4.17	11.11	2.27	4.37
比利时	17.65	3.13	7.14	0.00	5.13	4.92	2.04	0.00	4.44	0.00	4.13
巴西	0.00	0.00	3.57	0.00	0.00	3.28	8.16	12.50	6.67	2.27	4.13
土耳其	8.82	3.13	3.57	0.00	2.56	1.64	6.12	4.17	6.67	4.55	4.13
阿联酋	2.94	0.00	0.00	3.13	0.00	0.00	4.08	10.42	11.11	4.55	3.88
丹麦	5.88	0.00	0.00	3.13	2.56	4.92	2.04	6.25	0.00	9.09	3.64
西班牙	5.88	3.13	7.14	6.25	2.56	4.92	0.00	2.08	2.22	2.27	3.40
伊朗	0.00	9.38	0.00	3.13	2.56	1.64	2.04	2.08	2.22	9.09	3.16

表 6-36　制造工程 C 层研究排名前 20 的国家和地区的国际合作参与率

单位：%

国家和地区	2014 年	2015 年	2016 年	2017 年	2018 年	2019 年	2020 年	2021 年	2022 年	2023 年	合计
中国大陆	31.79	34.81	38.21	40.14	39.49	49.58	49.36	49.65	58.35	53.51	45.58
美国	31.46	37.78	30.00	28.23	32.05	34.11	30.08	26.22	20.31	23.39	29.21
英国	17.22	21.48	24.29	19.39	21.28	21.19	20.97	22.04	22.11	22.51	21.28
德国	12.25	8.89	9.64	10.20	11.03	9.53	10.81	9.05	8.74	10.23	10.02
法国	9.27	12.96	10.36	10.54	10.00	8.26	9.96	9.98	8.74	9.65	9.83
中国香港	7.28	9.63	7.50	9.52	9.23	11.02	9.32	9.05	11.83	11.11	9.67
澳大利亚	4.97	8.52	3.57	7.48	7.18	6.57	7.84	11.14	11.57	12.28	8.26
印度	5.30	8.52	6.07	5.78	7.18	8.26	6.36	7.66	7.71	13.45	7.66
加拿大	10.26	5.93	7.86	6.46	9.49	5.93	7.20	6.50	9.00	7.60	7.58
意大利	7.95	8.15	6.43	9.18	7.18	6.78	6.78	5.10	8.74	4.39	6.97
新加坡	5.96	5.19	4.29	2.72	5.64	5.30	5.30	7.19	5.66	7.31	5.55
瑞典	4.64	2.59	5.71	7.48	4.10	4.66	5.51	3.25	5.14	4.09	4.70
日本	5.63	5.56	6.07	4.08	3.59	4.87	4.87	3.02	5.91	3.22	4.61

国家和地区	2014 年	2015 年	2016 年	2017 年	2018 年	2019 年	2020 年	2021 年	2022 年	2023 年	合计
韩国	7.62	5.93	3.57	5.44	3.59	2.97	3.39	3.94	3.86	4.68	4.31
西班牙	1.99	2.22	3.57	5.44	3.85	2.75	4.24	2.55	3.86	5.85	3.62
伊朗	4.30	4.07	3.93	4.08	3.85	2.97	4.24	3.02	3.08	2.63	3.57
荷兰	4.97	4.81	2.86	0.68	3.33	3.18	3.39	3.02	3.08	0.58	2.99
土耳其	1.99	3.33	2.86	2.04	2.56	2.54	1.48	3.94	3.08	2.63	2.64
比利时	1.99	4.07	4.29	1.02	2.05	2.54	2.97	2.78	2.83	1.46	2.58
巴西	0.99	0.74	2.50	2.72	1.54	2.75	3.39	3.94	2.06	2.34	2.42

十三 能源和燃料

能源和燃料的 A、B、C 层研究国际合作参与率最高的均为中国大陆，分别为 50.85%、55.11%、50.08%；美国 A、B、C 层研究国际合作参与率均排名第二，分别为 35.17%、31.93%、26.35%。

英国、德国、澳大利亚、日本、加拿大 A 层研究国际合作参与率也比较高，在 17%~10%；意大利、中国香港、法国、新加坡、西班牙、沙特阿拉伯、荷兰、韩国、瑞典、瑞士、巴基斯坦、比利时、埃及也有一定的参与率，在 10%~3%。

英国、澳大利亚、德国 B 层研究国际合作参与率也比较高，在 15%~10%；韩国、印度、加拿大、中国香港、沙特阿拉伯、新加坡、马来西亚、日本、西班牙、巴基斯坦、伊朗、法国、意大利、瑞典、土耳其也有一定的参与率，在 9%~3%。

英国、澳大利亚 C 层研究国际合作参与率也比较高，分别为 14.06%、11.69%；印度、德国、沙特阿拉伯、韩国、加拿大、伊朗、中国香港、马来西亚、日本、新加坡、西班牙、意大利、法国、巴基斯坦、埃及、瑞典也有一定的参与率，在 9%~3%。

表 6-37　能源和燃料 A 层研究排名前 20 的国家和地区的国际合作参与率

单位：%

国家和地区	2014 年	2015 年	2016 年	2017 年	2018 年	2019 年	2020 年	2021 年	2022 年	2023 年	合计
中国大陆	23.53	42.86	43.75	41.67	48.00	56.52	56.00	65.38	48.65	65.52	50.85
美国	47.06	28.57	50.00	37.50	48.00	60.87	48.00	23.08	16.22	13.79	35.17
英国	35.29	7.14	12.50	16.67	16.00	4.35	8.00	30.77	13.51	17.24	16.10
德国	0.00	21.43	0.00	16.67	16.00	17.39	20.00	23.08	13.51	6.90	13.98
澳大利亚	5.88	14.29	12.50	4.17	8.00	8.70	28.00	3.85	16.22	24.14	13.14
日本	5.88	21.43	31.25	8.33	4.00	13.04	16.00	3.85	16.22	6.90	11.86
加拿大	0.00	7.14	6.25	4.17	20.00	21.74	16.00	7.69	10.81	6.90	10.59
意大利	11.76	35.71	0.00	4.17	0.00	17.39	12.00	7.69	5.41	10.34	9.32
中国香港	5.88	0.00	12.50	8.33	4.00	17.39	4.00	7.69	5.41	17.24	8.47
法国	17.65	0.00	6.25	16.67	4.00	4.35	4.00	15.38	2.70	6.90	7.63
新加坡	0.00	0.00	18.75	8.33	8.00	4.35	12.00	11.54	5.41	6.90	7.63
西班牙	11.76	7.14	0.00	8.33	12.00	4.35	4.00	7.69	13.51	0.00	7.20
沙特阿拉伯	11.76	28.57	0.00	0.00	4.00	4.35	12.00	0.00	8.11	3.45	6.36
荷兰	5.88	7.14	0.00	8.33	4.00	8.70	4.00	15.38	2.70	3.45	5.93
韩国	5.88	7.14	18.75	8.33	8.00	0.00	8.00	0.00	2.70	3.45	5.51
瑞典	11.76	0.00	6.25	0.00	0.00	4.35	4.00	11.54	2.70	3.45	4.66
瑞士	5.88	7.14	12.50	8.33	4.00	0.00	4.00	3.85	0.00	3.45	4.24
巴基斯坦	0.00	0.00	0.00	0.00	4.00	0.00	4.00	0.00	13.51	6.90	3.81
比利时	0.00	7.14	6.25	0.00	0.00	4.35	0.00	7.69	5.41	3.45	3.39
埃及	5.88	0.00	0.00	0.00	4.00	0.00	0.00	15.38	5.41	0.00	3.39

表 6-38　能源和燃料 B 层研究排名前 20 的国家和地区的国际合作参与率

单位：%

国家和地区	2014 年	2015 年	2016 年	2017 年	2018 年	2019 年	2020 年	2021 年	2022 年	2023 年	合计
中国大陆	36.44	35.25	42.44	52.63	59.15	62.29	57.08	55.06	63.46	65.55	55.11
美国	43.22	36.69	34.88	37.32	46.01	34.32	31.25	23.60	20.77	23.95	31.93
英国	10.17	11.51	17.44	16.27	8.92	13.98	15.00	20.22	14.62	13.45	14.53
澳大利亚	14.41	13.67	15.70	11.96	13.62	13.56	17.50	17.23	11.92	11.76	14.15
德国	14.41	15.83	11.63	9.57	11.74	11.44	12.92	10.49	8.08	6.72	10.85
韩国	4.24	6.47	8.14	5.74	8.92	6.78	10.42	11.61	10.00	11.76	8.84
印度	5.93	6.47	2.91	6.22	4.69	3.39	9.58	10.11	13.08	14.29	8.13

续表

国家和地区	2014 年	2015 年	2016 年	2017 年	2018 年	2019 年	2020 年	2021 年	2022 年	2023 年	合计
加拿大	5.93	10.07	4.65	4.78	7.51	8.90	12.50	7.49	8.46	8.40	8.03
中国香港	4.24	3.60	4.65	4.78	7.04	11.02	6.25	7.49	10.77	10.08	7.46
沙特阿拉伯	3.39	7.91	5.23	6.70	6.10	5.93	2.92	5.99	11.54	12.61	7.07
新加坡	7.63	5.04	8.72	7.18	6.57	5.93	7.50	5.62	4.23	7.56	6.50
马来西亚	4.24	9.35	7.56	11.00	3.29	3.81	4.58	7.12	6.54	6.72	6.36
日本	5.93	2.88	8.72	6.70	4.23	6.36	6.25	5.62	6.54	6.30	6.02
西班牙	8.47	7.19	6.40	3.35	2.82	4.66	5.83	4.87	4.62	4.20	4.97
巴基斯坦	0.00	1.44	3.49	1.44	1.41	4.24	3.75	5.62	10.38	8.40	4.54
伊朗	4.24	1.44	2.91	1.44	0.47	5.08	4.17	4.49	9.23	5.88	4.21
法国	5.93	2.88	5.81	5.26	1.41	5.08	5.00	3.37	4.62	2.52	4.11
意大利	6.78	4.32	7.56	3.35	4.69	3.81	2.50	3.75	2.31	4.62	4.11
瑞典	1.69	7.19	4.07	1.91	4.69	5.08	4.17	6.37	3.08	1.68	4.02
土耳其	0.00	3.60	0.58	2.39	1.88	1.27	2.50	3.75	7.31	8.82	3.54

表 6-39　能源和燃料 C 层研究排名前 20 的国家和地区的国际合作参与率

单位：%

国家和地区	2014 年	2015 年	2016 年	2017 年	2018 年	2019 年	2020 年	2021 年	2022 年	2023 年	合计
中国大陆	39.45	44.86	42.89	47.55	52.62	54.95	53.99	53.24	51.25	49.56	50.08
美国	34.65	31.36	31.56	32.22	32.59	29.40	25.66	22.17	18.55	17.29	26.35
英国	10.23	11.44	12.81	14.39	14.74	13.37	15.14	14.64	15.86	14.27	14.06
澳大利亚	10.41	11.52	10.65	10.91	11.65	13.75	13.14	12.54	11.12	10.07	11.69
印度	4.79	4.20	6.74	5.78	5.61	5.99	7.53	11.81	14.55	14.23	8.83
德国	9.77	9.55	8.02	7.80	9.13	8.04	7.13	8.50	7.72	6.22	8.01
沙特阿拉伯	3.04	5.10	6.20	5.45	5.34	4.85	6.77	8.17	11.28	12.48	7.37
韩国	5.81	6.09	6.34	5.29	6.09	5.95	6.73	7.93	8.83	9.54	7.08
加拿大	5.99	6.58	6.95	6.05	6.78	6.61	7.16	6.21	5.78		6.50
伊朗	3.87	3.62	5.60	4.31	4.49	6.52	7.53	7.32	7.18		6.08
中国香港	4.06	4.20	4.25	5.23	6.46	5.09	6.77	6.84	6.66	7.75	6.00
马来西亚	5.90	5.60	6.88	5.29	4.70	4.95	5.61	5.42	5.84	6.61	5.66
日本	7.00	6.17	5.46	5.23	6.46	5.66	4.23	4.45	4.62	4.64	5.21
新加坡	4.15	5.10	5.12	5.40	4.97	5.38	5.97	4.53	3.68	3.81	4.78
西班牙	8.20	6.01	5.46	5.94	3.95	4.52	3.52	3.68	4.78	4.29	4.76
意大利	5.25	6.34	4.92	5.67	3.42	4.71	4.63	4.09	4.82	4.55	4.73
法国	6.82	5.19	4.45	5.56	4.33	4.14	3.88	4.00	3.02	3.33	4.25

续表

国家和地区	2014 年	2015 年	2016 年	2017 年	2018 年	2019 年	2020 年	2021 年	2022 年	2023 年	合计
巴基斯坦	1.20	2.30	3.17	2.45	2.62	2.95	3.30	4.49	7.72	7.22	4.11
埃及	1.47	1.48	2.36	2.34	2.67	3.19	3.79	4.85	5.60	6.09	3.73
瑞典	4.15	3.21	3.44	3.38	4.11	3.52	3.07	4.77	4.00	3.20	3.71

十四 电气和电子工程

电气和电子工程 A、B、C 层研究国际合作参与率最高的均为中国大陆，分别为 53.86%、60.27%、48.41%；美国 A、B、C 层研究国际合作参与率均排名第二，分别为 48.07%、36.96%、31.39%。

英国、澳大利亚、德国、新加坡、加拿大、中国香港 A 层研究国际合作参与率也比较高，在 21%~10%；法国、韩国、意大利、瑞士、西班牙、瑞典、日本、印度、丹麦、希腊、芬兰、沙特阿拉伯也有一定的参与率，在 10%~2%。

英国、澳大利亚、加拿大 B 层研究国际合作参与率也比较高，在 18%~10%；新加坡、中国香港、德国、法国、韩国、意大利、沙特阿拉伯、印度、日本、西班牙、瑞典、丹麦、瑞士、伊朗、荷兰也有一定的参与率，在 9%~2%。

英国 C 层研究国际合作参与率也比较高，为 15.46%；澳大利亚、加拿大、中国香港、意大利、新加坡、德国、印度、法国、韩国、沙特阿拉伯、西班牙、日本、伊朗、巴基斯坦、丹麦、瑞典、瑞士的 C 层研究国际合作也有一定的参与率，在 10%~2%。

表 6-40 电气和电子工程 A 层研究排名前 20 的国家和地区的国际合作参与率

单位：%

国家和地区	2014 年	2015 年	2016 年	2017 年	2018 年	2019 年	2020 年	2021 年	2022 年	2023 年	合计
中国大陆	38.98	43.08	47.95	48.53	40.74	56.58	52.94	56.06	69.49	91.53	53.86
美国	45.76	60.00	47.95	58.82	48.15	48.68	42.65	46.97	44.07	35.59	48.07
英国	15.25	20.00	21.92	16.18	23.46	15.79	22.06	19.70	27.12	20.34	20.18

国家和地区	2014 年	2015 年	2016 年	2017 年	2018 年	2019 年	2020 年	2021 年	2022 年	2023 年	合计
澳大利亚	6.78	12.31	9.59	11.76	3.70	14.47	14.71	22.73	13.56	25.42	13.20
德国	13.56	13.85	15.07	10.29	11.11	11.84	10.29	18.18	15.25	8.47	12.76
新加坡	8.47	4.62	10.96	10.29	7.41	17.11	13.24	16.67	18.64	18.64	12.46
加拿大	10.17	10.77	10.96	5.88	7.41	14.47	13.24	12.12	13.56	11.86	10.98
中国香港	10.17	6.15	6.85	13.24	9.88	10.53	8.82	7.58	23.73	13.56	10.83
法国	10.17	13.85	6.85	5.88	9.88	7.89	13.24	9.09	6.78	6.78	9.05
韩国	5.08	6.15	5.48	8.82	7.41	2.63	8.82	12.12	11.86	5.08	7.27
意大利	8.47	10.77	9.59	2.94	6.17	2.63	10.29	1.52	6.78	3.39	6.23
瑞士	5.08	6.15	2.74	8.82	12.35	2.63	2.94	1.52	15.25	3.39	6.08
西班牙	10.17	3.08	5.48	5.88	3.70	0.00	4.41	3.03	10.17	5.08	4.90
瑞典	6.78	3.08	5.48	7.35	2.47	2.63	10.29	6.06	1.69	1.69	4.75
日本	5.08	6.15	1.37	4.41	4.94	3.95	5.88	1.52	3.39	3.39	4.01
印度	1.69	1.54	2.74	2.94	3.70	2.63	5.88	7.58	6.78	0.00	3.56
丹麦	8.47	4.62	8.22	1.47	2.47	0.00	0.00	4.55	1.69	0.00	3.12
希腊	3.39	1.54	0.00	2.94	3.70	3.95	4.41	3.03	3.39	0.00	2.67
芬兰	3.39	3.08	5.48	1.47	1.23	0.00	5.88	3.03	0.00	0.00	2.37
沙特阿拉伯	3.39	1.54	1.37	0.00	0.00	5.26	2.94	1.52	3.39	5.08	2.37

表 6-41　电气和电子工程 B 层研究排名前 20 的国家和地区的国际合作参与率

单位：%

国家和地区	2014 年	2015 年	2016 年	2017 年	2018 年	2019 年	2020 年	2021 年	2022 年	2023 年	合计
中国大陆	42.67	49.02	52.92	55.87	60.88	64.33	63.32	66.01	75.21	73.78	60.27
美国	43.96	40.55	40.94	48.42	38.84	39.85	33.83	29.57	27.01	22.70	36.96
英国	12.82	15.96	15.94	16.62	17.63	17.31	20.06	17.99	20.34	17.81	17.29
澳大利亚	11.54	11.40	11.40	13.47	13.64	15.52	15.27	18.75	13.50	17.81	14.20
加拿大	11.17	12.21	9.50	11.75	9.23	8.81	9.88	10.52	11.11	11.74	10.52
新加坡	8.61	8.47	6.43	8.17	7.44	9.40	7.93	8.38	11.45	9.20	8.48
中国香港	7.33	7.65	7.89	10.89	7.30	9.40	5.99	6.10	7.69	8.81	7.91
德国	10.07	7.00	9.21	9.17	5.37	5.37	5.99	6.10	6.50	6.65	7.11
法国	10.07	6.35	7.75	7.31	6.06	5.97	6.14	5.95	4.44	3.52	6.39
韩国	3.85	4.56	5.12	5.30	6.47	4.18	7.49	8.23	7.52	6.65	5.95
意大利	7.14	7.82	5.70	5.16	5.37	5.37	5.39	6.25	5.13	3.72	5.71
沙特阿拉伯	3.66	3.42	3.65	3.30	3.44	3.43	6.29	7.01	6.67	6.65	4.69

国家和地区	2014 年	2015 年	2016 年	2017 年	2018 年	2019 年	2020 年	2021 年	2022 年	2023 年	合计
印度	2.38	3.09	3.07	2.72	3.86	4.78	5.69	8.08	5.98	6.07	4.55
日本	2.56	3.09	4.53	3.01	3.99	5.07	4.34	4.42	7.01	4.50	4.25
西班牙	6.78	4.23	5.26	4.01	3.72	4.18	2.69	4.12	3.25	3.33	4.14
瑞典	3.48	4.72	4.24	4.30	3.72	3.43	3.44	3.96	3.08	2.15	3.70
丹麦	4.40	4.23	4.39	2.15	3.86	1.94	2.40	1.22	3.42	2.15	3.00
瑞士	4.58	2.93	1.90	3.72	3.03	2.54	1.95	1.98	3.76	2.54	2.86
伊朗	2.93	1.79	2.19	1.72	2.20	1.64	3.74	3.35	3.25	4.11	2.64
荷兰	2.38	2.44	3.80	2.44	2.20	2.39	2.10	2.29	2.22	1.76	2.42

表 6-42　电气和电子工程 C 层研究排名前 20 的国家和地区的国际合作参与率

单位：%

国家和地区	2014 年	2015 年	2016 年	2017 年	2018 年	2019 年	2020 年	2021 年	2022 年	2023 年	合计
中国大陆	35.54	38.76	42.95	45.91	49.99	52.95	51.11	53.14	55.83	55.19	48.41
美国	36.36	36.16	35.41	36.97	34.30	33.62	28.86	26.11	23.26	21.58	31.39
英国	13.60	14.28	16.15	15.65	15.96	15.69	15.41	16.04	15.91	15.30	15.46
澳大利亚	8.54	8.51	7.80	9.56	10.11	10.11	10.34	11.99	11.69	10.45	9.95
加拿大	10.69	10.51	10.39	9.94	10.15	9.07	8.84	10.14	9.97	9.79	9.92
中国香港	7.65	7.30	7.18	7.50	6.77	6.45	5.65	5.86	7.54	7.32	6.88
意大利	8.34	9.24	7.82	7.24	6.83	5.17	5.40	5.70	4.90	5.11	6.53
新加坡	6.52	6.32	6.82	6.35	6.44	6.47	6.17	6.31	6.27	7.54	6.50
德国	8.98	8.86	7.64	7.65	5.84	5.69	5.17	5.24	5.49	5.00	6.49
印度	3.31	3.52	3.30	3.96	5.29	5.45	8.11	9.63	10.21	10.28	6.30
法国	9.16	8.46	8.68	7.77	6.25	5.46	4.80	4.74	4.13	3.60	6.27
韩国	4.86	4.69	5.35	4.85	5.52	5.97	7.28	7.16	7.13	7.58	6.04
沙特阿拉伯	3.08	3.54	3.16	3.25	4.06	4.62	8.38	8.99	9.56	11.09	5.92
西班牙	6.46	6.73	5.90	5.10	4.71	4.81	4.11	4.17	4.07	4.51	5.01
日本	4.81	4.75	4.34	4.21	3.87	3.93	3.87	3.67	4.19	3.53	4.10
伊朗	2.80	2.73	2.73	3.17	3.56	4.10	4.62	4.63	4.42	4.11	3.71
巴基斯坦	1.00	1.21	1.90	1.78	2.55	3.77	5.34	5.45	5.43	5.92	3.45
丹麦	2.13	2.79	3.01	2.90	3.13	3.37	3.57	3.64	3.23	2.83	3.09
瑞典	4.08	3.34	3.64	3.64	2.74	2.88	2.36	2.37	2.52	2.28	2.97
瑞士	4.19	3.79	3.62	3.69	2.90	2.32	2.43	1.65	1.70	1.89	2.80

十五 建筑和建筑技术

建筑和建筑技术 A、B、C 层研究国际合作参与率最高的均为中国大陆，分别为 38.57%、41.52%、44.49%；美国 A、B、C 层研究国际合作参与率均排名第二，分别为 32.86%、28.17%、25.00%。

英国、澳大利亚、印度 A 层研究国际合作参与率也比较高，在 22%~12%；比利时、法国、中国香港、瑞士、沙特阿拉伯、加拿大、巴西、丹麦、希腊、日本、马来西亚、荷兰、巴基斯坦、韩国、西班牙也有一定的参与率，在 9%~4%。

澳大利亚、英国、中国香港、沙特阿拉伯 B 层研究国际合作参与率也比较高，在 22%~12%；德国、加拿大、瑞士、意大利、马来西亚、韩国、阿尔及利亚、伊朗、印度、西班牙、丹麦、埃及、荷兰、比利时也有一定的参与率，在 8%~3%。

澳大利亚、英国、中国香港 C 层研究国际合作参与率也比较高，在 16%~10%；加拿大、伊朗、德国、沙特阿拉伯、意大利、新加坡、马来西亚、法国、荷兰、印度、瑞士、韩国、比利时、土耳其、西班牙也有一定的参与率，在 8%~3%。

表 6-43 建筑和建筑技术 A 层研究排名前 20 的国家和地区的国际合作参与率

单位：%

国家和地区	2014 年	2015 年	2016 年	2017 年	2018 年	2019 年	2020 年	2021 年	2022 年	2023 年	合计
中国大陆	33.33	20.00	20.00	80.00	12.50	37.50	50.00	33.33	37.50	54.55	38.57
美国	66.67	40.00	20.00	80.00	25.00	25.00	37.50	11.11	37.50	27.27	32.86
英国	33.33	20.00	20.00	0.00	37.50	50.00	25.00	33.33	0.00	0.00	21.43
澳大利亚	33.33	20.00	0.00	20.00	12.50	0.00	12.50	22.22	12.50	27.27	15.71
印度	0.00	20.00	0.00	0.00	12.50	0.00	25.00	33.33	12.50	9.09	12.86
比利时	0.00	20.00	0.00	0.00	0.00	25.00	0.00	0.00	12.50	18.18	8.57
法国	33.33	0.00	20.00	0.00	25.00	25.00	0.00	0.00	0.00	0.00	8.57
中国香港	0.00	0.00	0.00	0.00	0.00	12.50	0.00	11.11	12.50	27.27	8.57
瑞士	0.00	20.00	0.00	0.00	37.50	12.50	0.00	0.00	0.00	9.09	8.57

续表

国家和地区	2014 年	2015 年	2016 年	2017 年	2018 年	2019 年	2020 年	2021 年	2022 年	2023 年	合计
沙特阿拉伯	0.00	0.00	20.00	0.00	0.00	0.00	12.50	11.11	0.00	18.18	7.14
加拿大	0.00	0.00	20.00	20.00	12.50	0.00	0.00	11.11	0.00	0.00	5.71
巴西	0.00	0.00	0.00	0.00	25.00	0.00	0.00	0.00	12.50	0.00	4.29
丹麦	0.00	0.00	0.00	0.00	12.50	12.50	0.00	0.00	0.00	9.09	4.29
希腊	0.00	0.00	0.00	0.00	0.00	0.00	0.00	11.11	12.50	9.09	4.29
日本	0.00	0.00	0.00	0.00	0.00	25.00	0.00	0.00	12.50	0.00	4.29
马来西亚	33.33	0.00	20.00	0.00	0.00	0.00	12.50	0.00	0.00	0.00	4.29
荷兰	0.00	20.00	0.00	0.00	0.00	0.00	12.50	0.00	12.50	0.00	4.29
巴基斯坦	0.00	0.00	0.00	0.00	12.50	0.00	25.00	0.00	0.00	0.00	4.29
韩国	0.00	0.00	20.00	0.00	12.50	0.00	0.00	11.11	0.00	0.00	4.29
西班牙	0.00	20.00	0.00	0.00	0.00	0.00	0.00	11.11	0.00	9.09	4.29

表 6-44　建筑和建筑技术 B 层研究排名前 20 的国家和地区的国际合作参与率

单位：%

国家和地区	2014 年	2015 年	2016 年	2017 年	2018 年	2019 年	2020 年	2021 年	2022 年	2023 年	合计
中国大陆	32.56	24.39	28.00	41.38	46.94	41.94	47.76	39.29	48.68	50.65	41.52
美国	34.88	21.95	28.00	27.59	36.73	29.03	29.85	28.57	32.89	15.58	28.17
澳大利亚	16.28	14.63	18.00	22.41	26.53	29.03	26.87	17.86	25.00	14.29	21.25
英国	18.60	17.07	8.00	17.24	8.16	4.84	20.90	14.29	18.42	14.29	14.33
中国香港	9.30	9.76	4.00	13.79	16.33	11.29	14.93	8.33	15.79	20.78	12.85
沙特阿拉伯	2.33	9.76	4.00	5.17	2.04	14.52	11.94	17.86	18.42	22.08	12.19
德国	9.30	12.20	12.00	8.62	8.16	1.61	10.45	5.95	10.53	3.90	7.91
加拿大	4.65	14.63	14.00	1.72	10.20	6.45	8.96	7.14	7.89	3.90	7.58
瑞士	6.98	17.07	8.00	6.90	16.33	4.84	5.97	1.19	2.63	2.60	6.26
意大利	2.33	7.32	14.00	5.17	8.16	3.23	8.96	1.19	6.58	6.49	6.10
马来西亚	6.98	2.44	6.00	8.62	4.08	1.61	7.46	7.14	5.26	6.49	5.77
韩国	0.00	2.44	4.00	1.72	10.20	6.45	4.48	7.14	7.89	9.09	5.77
阿尔及利亚	2.33	7.32	2.00	5.17	0.00	11.29	8.96	4.76	3.95	7.79	5.60
伊朗	2.33	0.00	2.00	6.90	6.12	8.06	5.97	5.95	7.89	6.49	5.60
印度	4.65	0.00	2.00	1.72	6.12	1.61	4.48	8.33	13.16	3.90	5.11
西班牙	9.30	7.32	6.00	5.17	0.00	3.23	4.48	4.76	2.63	2.60	4.28
丹麦	0.00	2.44	4.00	12.07	4.08	1.61	7.46	0.00	7.89	1.30	4.12

国家和地区	2014 年	2015 年	2016 年	2017 年	2018 年	2019 年	2020 年	2021 年	2022 年	2023 年	合计
埃及	0.00	7.32	8.00	0.00	0.00	0.00	1.49	9.52	5.26	6.49	4.12
荷兰	0.00	4.88	10.00	3.45	4.08	3.23	4.48	3.57	1.32	6.49	4.12
比利时	0.00	7.32	12.00	6.90	4.08	1.61	4.48	3.57	0.00	1.30	3.79

表 6-45　建筑和建筑技术 C 层研究排名前 20 的国家和地区的国际合作参与率

单位：%

国家和地区	2014 年	2015 年	2016 年	2017 年	2018 年	2019 年	2020 年	2021 年	2022 年	2023 年	合计
中国大陆	31.99	30.12	36.26	39.01	43.57	49.14	47.22	48.36	48.64	51.49	44.49
美国	31.37	26.20	28.13	31.83	28.92	26.90	25.31	23.39	23.23	14.32	25.00
澳大利亚	12.73	11.14	11.87	15.61	16.67	18.79	17.44	17.35	18.34	11.76	15.60
英国	14.91	14.46	14.73	13.96	15.86	14.31	15.59	15.37	15.35	15.27	15.06
中国香港	6.83	7.53	9.01	11.50	10.64	10.17	11.27	9.86	10.60	13.24	10.43
加拿大	9.63	9.34	9.01	6.98	6.22	5.86	6.48	5.65	7.61	7.03	7.11
伊朗	3.73	3.61	2.64	4.31	8.23	7.41	6.02	9.33	7.20	7.30	6.44
德国	8.70	9.04	6.59	6.16	6.22	6.21	6.02	4.34	5.43	4.05	5.88
沙特阿拉伯	3.11	3.01	1.54	3.70	3.01	2.59	5.86	6.57	9.10	12.43	5.79
意大利	11.49	8.73	4.62	6.37	6.22	2.93	5.25	4.86	6.39	4.05	5.65
新加坡	5.59	3.61	4.18	6.16	6.43	6.72	4.94	4.99	3.26	5.95	5.18
马来西亚	2.48	2.11	4.84	4.11	5.82	5.34	6.48	4.73	6.79	4.73	5.04
法国	9.01	5.72	7.69	3.90	5.22	4.14	4.63	3.81	2.85	2.30	4.48
荷兰	5.59	3.92	5.71	5.13	2.81	3.45	4.63	5.52	4.76	3.38	4.46
印度	1.86	1.81	4.18	2.05	3.01	3.79	5.25	5.78	5.57	6.76	4.44
瑞士	5.90	8.13	3.96	4.93	5.22	7.59	3.70	3.29	2.72	2.57	4.43
韩国	2.48	4.82	6.15	3.90	3.41	5.52	3.40	4.07	3.40	4.73	4.19
比利时	4.04	6.33	4.62	3.70	4.42	2.41	3.55	3.68	3.53	3.92	3.87
土耳其	3.73	5.12	2.20	1.85	3.82	1.55	2.93	4.73	6.25	3.92	3.71
西班牙	6.21	3.61	4.62	4.31	3.21	3.97	3.40	3.42	3.53	2.16	3.65

十六　土木工程

土木工程 A、B、C 层研究国际合作参与率最高的均为中国大陆，分别为 44.44%、48.18%、48.52%；美国 A、B、C 层研究国际合作参与率均排名第二，分别为 34.13%、27.83%、26.77%。

澳大利亚、加拿大、中国香港、英国 A 层研究国际合作参与率也比较高，在 24%~10%；沙特阿拉伯、韩国、伊朗、法国、日本、德国、伊拉克、阿尔及利亚、印度、荷兰、越南、意大利、马来西亚、西班牙也有一定的参与率，在 9%~3%。

澳大利亚、英国、沙特阿拉伯 B 层研究国际合作参与率也比较高，在 19%~11%；中国香港、加拿大、伊朗、韩国、阿尔及利亚、意大利、德国、马来西亚、新加坡、荷兰、印度、埃及、西班牙、土耳其、越南也有一定的参与率，在 10%~3%。

澳大利亚、英国 C 层研究国际合作参与率也比较高，分别为 16.17%、15.30%；中国香港、加拿大、伊朗、意大利、德国、新加坡、沙特阿拉伯、印度、荷兰、韩国、法国、马来西亚、土耳其、西班牙、日本、葡萄牙也有一定的参与率，在 10%~3%。

表 6-46 土木工程 A 层研究排名前 20 的国家和地区的国际合作参与率

单位：%

国家和地区	2014 年	2015 年	2016 年	2017 年	2018 年	2019 年	2020 年	2021 年	2022 年	2023 年	合计
中国大陆	14.29	14.29	55.56	44.44	71.43	33.33	37.50	33.33	40.00	68.42	44.44
美国	71.43	42.86	44.44	55.56	42.86	25.00	43.75	16.67	26.67	15.79	34.13
澳大利亚	14.29	14.29	0.00	11.11	42.86	25.00	31.25	22.22	20.00	26.32	23.02
加拿大	14.29	14.29	0.00	44.44	7.14	16.67	6.25	22.22	6.67	5.26	12.70
中国香港	0.00	0.00	0.00	0.00	21.43	25.00	12.50	16.67	0.00	21.05	11.90
英国	14.29	0.00	33.33	11.11	7.14	8.33	12.50	11.11	13.33	0.00	10.32
沙特阿拉伯	0.00	0.00	11.11	0.00	7.14	0.00	0.00	5.56	20.00	26.32	8.73
韩国	0.00	0.00	0.00	0.00	7.14	8.33	6.25	5.56	6.67	21.05	7.14
伊朗	0.00	0.00	0.00	0.00	0.00	16.67	18.75	11.11	6.67	0.00	6.35
法国	0.00	0.00	11.11	11.11	7.14	8.33	12.50	5.56	0.00	0.00	5.56
日本	14.29	0.00	0.00	0.00	0.00	33.33	0.00	0.00	6.67	5.26	5.56
德国	14.29	0.00	0.00	0.00	0.00	8.33	6.25	5.56	6.67	5.26	4.76
伊拉克	0.00	0.00	0.00	0.00	0.00	8.33	0.00	5.56	20.00	5.26	4.76

国家和地区	2014 年	2015 年	2016 年	2017 年	2018 年	2019 年	2020 年	2021 年	2022 年	2023 年	合计
阿尔及利亚	0.00	0.00	0.00	0.00	0.00	0.00	0.00	0.00	6.67	21.05	3.97
印度	0.00	0.00	0.00	0.00	0.00	8.33	12.50	5.56	6.67	0.00	3.97
荷兰	14.29	28.57	11.11	0.00	0.00	0.00	0.00	0.00	6.67	0.00	3.97
越南	0.00	0.00	0.00	0.00	0.00	25.00	0.00	0.00	13.33	0.00	3.97
意大利	0.00	14.29	11.11	0.00	0.00	0.00	0.00	5.56	6.67	0.00	3.17
马来西亚	0.00	0.00	11.11	11.11	0.00	8.33	0.00	0.00	6.67	0.00	3.17
西班牙	0.00	14.29	0.00	0.00	7.14	0.00	0.00	11.11	0.00	0.00	3.17

表 6-47 土木工程 B 层研究排名前 20 的国家和地区的国际合作参与率

单位：%

国家和地区	2014 年	2015 年	2016 年	2017 年	2018 年	2019 年	2020 年	2021 年	2022 年	2023 年	合计
中国大陆	32.86	33.80	31.18	42.57	45.45	48.28	44.72	58.06	56.03	64.49	48.18
美国	32.86	36.62	30.11	33.66	31.82	31.90	30.08	23.87	22.70	16.67	27.83
澳大利亚	8.57	15.49	18.28	21.78	21.59	20.69	25.20	18.06	19.86	15.22	18.89
英国	15.71	18.31	12.90	13.86	15.91	6.90	9.76	12.26	17.73	17.39	13.87
沙特阿拉伯	0.00	7.04	8.60	9.90	5.68	11.21	13.82	14.19	13.48	20.29	11.59
中国香港	7.14	11.27	5.38	15.84	10.23	12.93	10.57	3.87	7.80	13.04	9.67
加拿大	11.43	8.45	17.20	6.93	6.82	6.03	8.13	7.74	9.22	7.97	8.76
伊朗	7.14	2.82	6.45	3.96	11.36	13.79	9.76	12.26	4.96	2.90	7.76
韩国	2.86	5.63	6.45	2.97	9.09	5.17	8.13	10.97	6.38	12.32	7.48
阿尔及利亚	1.43	5.63	6.45	8.91	4.55	9.48	14.63	5.16	3.55	8.70	7.12
意大利	10.00	8.45	10.75	6.93	6.82	3.45	6.50	1.94	3.55	2.90	5.47
德国	15.71	4.23	5.38	2.97	6.82	5.17	4.07	3.23	5.67	3.62	5.20
马来西亚	5.71	2.82	7.53	4.95	7.95	3.45	4.07	6.45	4.96	4.35	5.20
新加坡	8.57	1.41	5.38	4.95	7.95	5.17	4.88	2.58	4.26	3.62	4.65
荷兰	12.86	8.45	6.45	6.93	4.55	1.72	2.44	3.23	1.42	4.35	4.56
印度	2.86	0.00	2.15	0.99	6.82	1.72	6.50	6.45	7.09	5.80	4.47
埃及	0.00	7.04	9.68	3.96	0.00	0.86	2.44	3.87	4.96	5.80	3.92
西班牙	11.43	4.23	5.38	3.96	2.27	0.86	1.63	4.52	5.67	1.45	3.83
土耳其	2.86	7.04	1.08	2.97	3.41	4.31	1.63	1.94	6.38	6.52	3.83
越南	2.86	1.41	2.15	1.98	1.14	8.62	8.13	4.52	1.42	2.90	3.74

表 6-48　土木工程 C 层研究排名前 20 的国家和地区的国际合作参与率

单位：%

国家和地区	2014 年	2015 年	2016 年	2017 年	2018 年	2019 年	2020 年	2021 年	2022 年	2023 年	合计
中国大陆	32.88	34.66	38.77	43.54	45.71	51.09	52.13	57.42	54.47	54.65	48.52
美国	36.83	33.04	30.12	30.83	29.89	28.74	26.75	23.86	22.61	16.94	26.77
澳大利亚	14.31	15.78	14.32	17.02	17.37	18.52	17.80	17.00	15.77	13.12	16.17
英国	17.66	14.75	15.68	13.04	14.99	16.06	15.33	15.88	15.00	14.99	15.30
中国香港	7.46	9.14	9.51	10.61	8.89	8.49	10.99	10.51	9.40	12.44	9.95
加拿大	10.35	8.26	7.28	7.51	7.24	7.76	8.18	7.61	8.24	7.05	7.84
伊朗	5.02	6.34	4.44	5.86	8.38	9.22	9.11	7.68	7.61	8.25	7.46
意大利	10.05	6.64	6.17	7.96	7.24	5.20	6.90	4.62	5.44	5.02	6.24
德国	6.85	7.67	6.05	5.64	4.65	5.02	4.43	3.65	4.27	4.12	4.96
新加坡	3.96	3.83	5.43	5.97	5.89	5.29	3.75	3.80	4.90	5.10	4.79
沙特阿拉伯	1.98	2.21	1.23	2.32	2.90	2.65	3.75	6.11	8.62	10.04	4.75
印度	2.44	1.77	3.46	1.88	2.28	3.47	4.26	6.04	7.23	7.57	4.47
荷兰	5.48	5.46	6.54	4.75	4.96	3.28	4.43	4.33	3.73	2.85	4.38
韩国	2.89	3.83	4.69	3.54	3.52	4.65	4.17	4.18	5.13	4.80	4.24
法国	6.85	5.90	5.56	5.64	5.07	3.74	3.58	3.06	2.80	2.62	4.15
马来西亚	1.67	2.65	4.32	2.76	5.79	4.11	4.77	4.25	5.13	4.12	4.14
土耳其	3.04	3.39	2.96	2.76	3.31	2.19	2.64	5.15	5.05	3.90	3.56
西班牙	5.48	3.83	4.07	3.65	4.45	3.83	2.73	2.39	3.34	2.77	3.48
日本	3.35	3.98	4.57	3.20	2.28	2.55	2.13	3.06	3.03	4.80	3.26
葡萄牙	3.50	4.28	3.83	3.31	3.31	3.19	2.81	3.28	2.56	2.25	3.12

十七　农业工程

农业工程 A 层研究国际合作参与率最高的是美国，为 56.25%，其次为中国大陆的 50.00%；印度、韩国、澳大利亚、中国香港、中国台湾、英国的参与率也比较高，在 25%~12%；法国、马来西亚、菲律宾、沙特阿拉伯、瑞典、突尼斯、越南也有一定的参与率，均为 6.25%。

B 层研究国际合作参与率最高的是中国大陆，为 39.62%，其次为印度的 34.59%；韩国、美国、中国台湾、马来西亚、英国的参与率也比较高，在 25%~11%；澳大利亚、中国香港、越南、德国、加拿大、沙特阿拉伯、西班牙、伊朗、新加坡、比利时、巴西、法国、意大利也有一定的参与率，在 10%~3%。

　　C 层研究国际合作参与率最高的是中国大陆，为 49.31%，其次为美国的 23.67%；印度、韩国、澳大利亚的参与率也比较高，在 19%~10%；中国台湾、英国、西班牙、马来西亚、意大利、加拿大、德国、法国、中国香港、日本、瑞典、伊朗、丹麦、沙特阿拉伯、越南也有一定的参与率，在 10%~3%。

表 6-49　农业工程 A 层研究所有国家和地区的国际合作参与率

单位：%

国家和地区	2014 年	2015 年	2016 年	2017 年	2018 年	2019 年	2020 年	2021 年	2022 年	2023 年	合计
美国	100.00	50.00	50.00	0.00	50.00	100.00	50.00	100.00	50.00	0.00	56.25
中国大陆	0.00	50.00	0.00	0.00	100.00	100.00	0.00	0.00	100.00	100.00	50.00
印度	100.00	0.00	0.00	0.00	0.00	0.00	50.00	100.00	50.00	0.00	25.00
韩国	100.00	0.00	50.00	0.00	0.00	0.00	0.00	100.00	0.00	0.00	25.00
澳大利亚	0.00	50.00	0.00	0.00	0.00	0.00	0.00	0.00	50.00	0.00	12.50
中国香港	0.00	0.00	0.00	0.00	50.00	0.00	0.00	0.00	0.00	0.00	12.50
中国台湾	0.00	0.00	0.00	100.00	0.00	0.00	50.00	0.00	0.00	0.00	12.50
英国	0.00	50.00	0.00	0.00	0.00	0.00	0.00	0.00	0.00	0.00	12.50
法国	0.00	0.00	50.00	0.00	0.00	0.00	0.00	0.00	0.00	0.00	6.25
马来西亚	0.00	0.00	0.00	100.00	0.00	0.00	0.00	0.00	0.00	0.00	6.25
菲律宾	0.00	0.00	0.00	0.00	0.00	0.00	50.00	0.00	0.00	0.00	6.25
沙特阿拉伯	0.00	0.00	0.00	0.00	0.00	0.00	0.00	0.00	0.00	100.00	6.25
瑞典	0.00	0.00	50.00	0.00	0.00	0.00	0.00	0.00	0.00	0.00	6.25
突尼斯	0.00	0.00	0.00	0.00	0.00	0.00	0.00	0.00	0.00	100.00	6.25
越南	0.00	0.00	0.00	0.00	0.00	0.00	0.00	100.00	0.00	0.00	6.25

表 6-50　农业工程 B 层研究排名前 20 的国家和地区的国际合作参与率

单位：%

国家和地区	2014 年	2015 年	2016 年	2017 年	2018 年	2019 年	2020 年	2021 年	2022 年	2023 年	合计
中国大陆	38.46	38.46	46.15	53.85	33.33	33.33	36.36	31.82	50.00	35.71	39.62
印度	15.38	23.08	23.08	23.08	25.00	33.33	36.36	59.09	40.91	42.86	34.59
韩国	15.38	7.69	7.69	30.77	16.67	46.67	27.27	40.91	22.73	14.29	24.53
美国	53.85	61.54	15.38	15.38	25.00	20.00	13.64	9.09	9.09	21.43	22.01

国家和地区	2014 年	2015 年	2016 年	2017 年	2018 年	2019 年	2020 年	2021 年	2022 年	2023 年	合计
中国台湾	7.69	15.38	7.69	15.38	0.00	13.33	9.09	27.27	22.73	28.57	15.72
马来西亚	0.00	7.69	0.00	15.38	16.67	13.33	18.18	13.64	13.64	7.14	11.32
英国	7.69	0.00	7.69	7.69	16.67	6.67	13.64	22.73	18.18	0.00	11.32
澳大利亚	7.69	7.69	7.69	15.38	16.67	20.00	4.55	4.55	13.64	0.00	9.43
中国香港	0.00	0.00	0.00	15.38	16.67	20.00	13.64	9.09	4.55	0.00	8.18
越南	0.00	0.00	0.00	0.00	0.00	20.00	4.55	9.09	4.55	42.86	8.18
德国	23.08	7.69	7.69	0.00	16.67	0.00	13.64	0.00	0.00	0.00	6.29
加拿大	15.38	7.69	7.69	7.69	0.00	0.00	0.00	0.00	9.09	7.14	5.03
沙特阿拉伯	7.69	0.00	0.00	15.38	0.00	0.00	4.55	9.09	0.00	14.29	5.03
西班牙	0.00	7.69	7.69	7.69	16.67	6.67	9.09	0.00	0.00	0.00	5.03
伊朗	0.00	0.00	7.69	0.00	0.00	6.67	0.00	0.00	13.64	14.29	4.40
新加坡	0.00	0.00	7.69	7.69	8.33	0.00	4.55	0.00	9.09	0.00	3.77
比利时	0.00	0.00	0.00	15.38	8.33	0.00	9.09	0.00	0.00	0.00	3.14
巴西	0.00	0.00	7.69	0.00	16.67	0.00	4.55	4.55	0.00	0.00	3.14
法国	0.00	7.69	7.69	0.00	0.00	0.00	0.00	0.00	4.55	14.29	3.14
意大利	7.69	7.69	7.69	0.00	8.33	6.67	0.00	0.00	0.00	0.00	3.14

表 6-51　农业工程 C 层研究排名前 20 的国家和地区的国际合作参与率

单位：%

国家和地区	2014 年	2015 年	2016 年	2017 年	2018 年	2019 年	2020 年	2021 年	2022 年	2023 年	合计
中国大陆	37.74	41.84	36.36	49.25	53.73	55.41	62.43	46.78	48.34	50.81	49.31
美国	30.19	28.57	24.79	31.34	25.37	24.20	19.34	19.88	19.87	18.55	23.67
印度	3.77	6.12	7.44	15.67	10.45	10.83	19.34	30.99	36.42	27.42	18.01
韩国	5.66	4.08	4.96	8.21	10.45	7.64	11.60	18.13	23.18	10.48	11.11
澳大利亚	13.21	10.20	14.88	8.96	12.69	7.01	12.71	12.87	9.93	4.84	10.75
中国台湾	8.49	5.10	5.79	5.97	7.46	5.73	8.29	13.45	13.91	16.94	9.30
英国	10.38	5.10	5.79	7.46	5.97	6.37	2.76	15.20	15.89	11.29	8.71
西班牙	14.15	10.20	9.09	7.46	8.96	4.46	4.97	4.09	5.96	5.65	7.04
马来西亚	1.89	5.10	5.79	2.24	5.22	5.10	4.42	15.20	9.27	12.10	6.90
意大利	7.55	6.12	8.26	9.70	7.46	8.28	5.52	0.58	4.64	3.23	5.95
加拿大	4.72	4.08	3.31	3.73	2.24	8.28	5.52	5.26	5.96	5.65	5.01
德国	1.89	8.16	9.09	5.22	3.73	3.82	2.76	1.75	9.27	4.03	4.79

续表

国家和地区	2014 年	2015 年	2016 年	2017 年	2018 年	2019 年	2020 年	2021 年	2022 年	2023 年	合计
法国	7.55	8.16	9.09	5.97	6.72	3.82	2.21	2.34	1.99	3.23	4.72
中国香港	1.89	2.04	3.31	3.73	5.22	2.55	3.31	8.19	6.62	8.87	4.72
日本	8.49	6.12	5.79	5.97	3.73	7.01	3.31	2.92	1.32	4.84	4.72
瑞典	3.77	5.10	3.31	3.73	2.24	4.46	4.97	7.02	3.31	5.65	4.43
伊朗	0.00	3.06	1.65	3.73	5.97	5.73	3.31	3.51	7.28	5.65	4.14
丹麦	2.83	4.08	3.31	5.97	3.73	6.37	3.31	4.09	3.31	1.61	3.92
沙特阿拉伯	1.89	3.06	1.65	2.24	2.99	1.91	3.31	6.43	7.95	5.65	3.85
越南	1.89	3.06	1.65	1.49	2.24	3.82	4.97	6.43	7.95	2.42	3.85

十八 环境工程

环境工程 A、B、C 层研究国际合作参与率最高的均为中国大陆，分别为 47.96%、56.16%、57.94%；美国 A、B、C 层研究国际合作参与率均排名第二，分别为 27.55%、29.02%、28.18%。

英国、澳大利亚、德国、荷兰、瑞典 A 层研究国际合作参与率也比较高，在 19%~10%；瑞士、日本、印度、西班牙、丹麦、马来西亚、韩国、加拿大、埃及、挪威、巴基斯坦、沙特阿拉伯、中国香港也有一定的参与率，在 10%~4%。

澳大利亚、英国、印度 B 层研究国际合作参与率也比较高，在 16%~11%；中国香港、沙特阿拉伯、德国、韩国、马来西亚、加拿大、荷兰、法国、伊朗、意大利、巴基斯坦、土耳其、日本、西班牙、丹麦也有一定的参与率，在 9%~3%。

澳大利亚、英国 C 层研究国际合作参与率也比较高，分别为 14.33%、11.85%；印度、中国香港、德国、韩国、加拿大、沙特阿拉伯、西班牙、马来西亚、意大利、荷兰、法国、日本、新加坡、伊朗、巴基斯坦、丹麦也有一定的参与率，在 9%~4%。

表 6-52　环境工程 A 层研究排名前 20 的国家和地区的国际合作参与率

单位：%

国家和地区	2014 年	2015 年	2016 年	2017 年	2018 年	2019 年	2020 年	2021 年	2022 年	2023 年	合计
中国大陆	25.00	40.00	60.00	18.18	25.00	50.00	57.14	58.82	61.54	54.55	47.96
美国	50.00	0.00	20.00	27.27	50.00	20.00	21.43	29.41	38.46	18.18	27.55
英国	0.00	40.00	0.00	9.09	12.50	20.00	21.43	5.88	30.77	36.36	18.37
澳大利亚	50.00	0.00	0.00	0.00	25.00	30.00	7.14	11.76	15.38	18.18	14.29
德国	50.00	0.00	0.00	27.27	25.00	30.00	7.14	0.00	0.00	0.00	11.22
荷兰	25.00	20.00	20.00	27.27	0.00	30.00	0.00	0.00	0.00	9.09	10.20
瑞典	25.00	0.00	40.00	18.18	0.00	20.00	0.00	0.00	15.38	9.09	10.20
瑞士	25.00	0.00	0.00	9.09	0.00	20.00	7.14	0.00	23.08	0.00	9.18
日本	25.00	0.00	0.00	0.00	0.00	0.00	0.00	17.65	15.38	18.18	8.16
印度	0.00	0.00	0.00	9.09	25.00	0.00	14.29	5.88	0.00	9.09	7.14
西班牙	0.00	20.00	0.00	9.09	0.00	0.00	0.00	23.53	0.00	9.09	7.14
丹麦	0.00	0.00	0.00	0.00	0.00	10.00	7.14	0.00	7.69	18.18	6.12
马来西亚	0.00	0.00	0.00	0.00	12.50	0.00	7.14	11.76	0.00	18.18	6.12
韩国	25.00	0.00	0.00	0.00	0.00	10.00	7.14	11.76	0.00	9.09	6.12
加拿大	0.00	0.00	0.00	0.00	0.00	10.00	7.14	5.88	7.69	0.00	5.10
埃及	0.00	0.00	0.00	0.00	0.00	0.00	0.00	0.00	15.38	27.27	5.10
挪威	0.00	40.00	0.00	9.09	0.00	10.00	0.00	0.00	0.00	0.00	5.10
巴基斯坦	0.00	0.00	0.00	0.00	0.00	0.00	7.14	5.88	15.38	0.00	5.10
沙特阿拉伯	0.00	20.00	0.00	9.09	0.00	10.00	0.00	0.00	0.00	9.09	5.10
中国香港	0.00	20.00	0.00	0.00	0.00	0.00	14.29	0.00	0.00	9.09	4.08

表 6-53　环境工程 B 层研究排名前 20 的国家和地区的国际合作参与率

单位：%

国家和地区	2014 年	2015 年	2016 年	2017 年	2018 年	2019 年	2020 年	2021 年	2022 年	2023 年	合计
中国大陆	41.86	43.75	28.85	48.39	50.00	55.56	56.31	61.98	69.00	72.73	56.16
美国	44.19	45.83	34.62	46.77	33.33	27.78	24.27	22.31	24.00	16.16	29.02
澳大利亚	11.63	12.50	23.08	16.13	19.23	11.11	15.53	17.36	15.00	16.16	15.83
英国	11.63	10.42	17.31	20.97	17.95	11.11	17.48	13.22	16.00	19.19	15.70
印度	6.98	10.42	11.54	9.68	6.41	11.11	9.71	16.53	18.00	12.12	11.93
中国香港	9.30	6.25	5.77	4.84	7.69	7.78	9.71	12.40	9.00	8.08	8.54
沙特阿拉伯	2.33	10.42	7.69	6.45	10.26	5.56	3.88	14.05	5.00	10.10	7.91
德国	11.63	0.00	7.69	11.29	11.54	12.22	3.88	5.79	6.00	8.08	7.66
韩国	0.00	2.08	9.62	6.45	3.85	11.11	6.80	8.26	9.00	12.12	7.66

续表

国家和地区	2014 年	2015 年	2016 年	2017 年	2018 年	2019 年	2020 年	2021 年	2022 年	2023 年	合计
马来西亚	11.63	2.08	1.92	3.23	10.26	6.67	6.80	12.40	7.00	5.05	7.16
加拿大	4.65	8.33	7.69	9.68	10.26	4.44	7.77	6.61	5.00	2.02	6.41
荷兰	18.60	6.25	21.15	8.06	6.41	4.44	6.80	0.83	4.00	2.02	6.28
法国	6.98	2.08	15.38	8.06	5.13	11.11	3.88	4.96	6.00	2.02	6.16
伊朗	0.00	6.25	1.92	4.84	1.28	2.22	12.62	7.44	10.00	4.04	5.78
意大利	9.30	4.17	7.69	4.84	6.41	6.67	6.80	3.31	7.00	2.02	5.53
巴基斯坦	2.33	2.08	0.00	3.23	0.00	5.56	6.80	4.13	8.00	9.09	4.77
土耳其	2.33	2.08	0.00	1.61	1.28	4.44	2.91	6.61	4.00	9.09	4.52
日本	4.65	2.08	3.85	6.45	3.85	3.33	5.83	1.65	2.00	10.10	4.40
西班牙	4.65	8.33	1.92	3.23	6.41	4.44	5.83	0.83	4.00	4.04	4.15
丹麦	4.65	4.17	5.77	8.06	3.85	4.44	4.85	1.65	4.00	0.00	3.77

表 6-54　环境工程 C 层研究排名前 20 的国家和地区的国际合作参与率

单位：%

国家和地区	2014 年	2015 年	2016 年	2017 年	2018 年	2019 年	2020 年	2021 年	2022 年	2023 年	合计
中国大陆	34.94	36.08	47.27	52.05	58.64	61.87	62.90	62.67	68.44	65.16	57.94
美国	39.08	35.23	36.01	31.78	32.78	30.14	27.38	22.07	22.88	19.89	28.18
澳大利亚	11.03	11.60	11.43	12.88	14.60	14.76	13.99	15.71	16.24	16.37	14.33
英国	13.33	13.08	13.65	14.11	10.88	13.78	10.42	10.41	11.95	9.89	11.85
印度	5.06	5.49	6.83	4.93	6.02	6.03	9.23	11.30	11.24	12.64	8.49
中国香港	5.75	6.96	8.02	9.45	8.71	9.10	7.94	8.30	8.89	9.34	8.43
德国	7.82	8.65	9.56	6.71	6.15	4.80	8.73	7.06	6.54	5.60	7.01
韩国	4.83	3.80	4.44	4.79	4.87	5.90	7.24	9.97	7.76	10.99	6.98
加拿大	6.44	7.59	6.48	4.52	5.25	4.92	5.95	6.53	7.46	6.26	6.12
沙特阿拉伯	5.52	4.85	5.63	6.30	4.74	5.17	4.96	6.88	7.15	7.58	6.01
西班牙	8.51	6.12	6.66	5.34	4.99	4.06	3.88	3.88	4.18	4.80
马来西亚	2.76	3.80	3.58	3.15	3.20	4.92	5.16	6.44	5.21	6.70	4.79
意大利	6.44	9.07	5.97	5.34	3.46	4.18	4.27	4.32	3.47	3.63	4.65
荷兰	6.44	8.23	8.36	6.16	4.61	5.66	3.27	3.27	2.35	3.08	4.64
法国	6.44	7.81	6.48	4.52	5.38	4.92	3.27	4.06	2.15	3.63	4.47
日本	3.91	4.43	5.12	4.38	4.10	4.43	4.46	5.03	4.29	4.29	4.47
新加坡	2.53	2.32	3.24	2.60	4.35	5.04	4.86	5.12	4.49	4.73	4.19
伊朗	1.61	1.90	2.56	3.42	3.07	4.55	5.75	6.09	3.37	5.49	4.17
巴基斯坦	0.00	1.69	1.88	2.88	3.33	3.32	5.46	5.56	5.62	5.93	4.08
丹麦	5.52	5.49	5.80	5.07	3.20	3.57	4.66	3.27	3.06	3.19	4.05

十九　海洋工程

海洋工程 A、B、C 层研究国际合作参与率最高的均为中国大陆，分别为 64.29%、54.62%、50.61%，英国 A、B、C 层研究国际合作参与率均排名第二，分别为 28.57%、25.38%、28.81%。

美国、挪威 A 层研究国际合作参与率比较高，分别为 21.43%、14.29%；加拿大、印度、爱尔兰、日本、科威特、荷兰、葡萄牙、沙特阿拉伯、新加坡、土耳其、阿联酋也有一定参与率，均为 7.14%。

美国、澳大利亚、荷兰、西班牙 B 层研究国际合作参与率也比较高，在 14%~10%；挪威、意大利、日本、新加坡、伊朗、葡萄牙、芬兰、加拿大、埃及、土耳其、比利时、法国、韩国、德国也有一定的参与率，在 10%~3%。

美国、澳大利亚 C 层研究国际合作参与率也比较高，分别为 19.38%、10.90%；荷兰、挪威、意大利、加拿大、葡萄牙、法国、德国、西班牙、日本、韩国、新加坡、土耳其、丹麦、埃及、伊朗、印度也有一定的参与率，在 10%~3%。

表 6-55　海洋工程 A 层研究所有国家和地区的国际合作参与率

单位：%

国家和地区	2014 年	2015 年	2016 年	2017 年	2018 年	2019 年	2020 年	2021 年	2022 年	2023 年	合计
中国大陆	0.00	0.00	0.00	0.00	0.00	0.00	100.00	100.00	80.00	50.00	64.29
英国	0.00	0.00	0.00	0.00	0.00	0.00	100.00	66.67	0.00	50.00	28.57
美国	0.00	0.00	0.00	100.00	100.00	0.00	0.00	0.00	0.00	50.00	21.43
挪威	0.00	0.00	0.00	0.00	0.00	0.00	0.00	0.00	20.00	50.00	14.29
加拿大	0.00	0.00	0.00	0.00	0.00	0.00	0.00	0.00	20.00	0.00	7.14
印度	0.00	0.00	0.00	0.00	0.00	100.00	0.00	0.00	0.00	0.00	7.14
爱尔兰	0.00	0.00	0.00	0.00	100.00	0.00	0.00	0.00	0.00	0.00	7.14
日本	0.00	0.00	0.00	0.00	0.00	0.00	0.00	33.33	0.00	0.00	7.14
科威特	0.00	0.00	0.00	100.00	0.00	0.00	0.00	0.00	0.00	0.00	7.14
荷兰	0.00	0.00	0.00	0.00	0.00	0.00	0.00	0.00	20.00	0.00	7.14

续表

国家和地区	2014年	2015年	2016年	2017年	2018年	2019年	2020年	2021年	2022年	2023年	合计
葡萄牙	0.00	0.00	0.00	0.00	0.00	0.00	0.00	0.00	20.00	0.00	7.14
沙特阿拉伯	0.00	0.00	0.00	0.00	0.00	100.00	0.00	0.00	0.00	0.00	7.14
新加坡	0.00	0.00	0.00	0.00	0.00	0.00	0.00	0.00	20.00	0.00	7.14
土耳其	0.00	0.00	0.00	0.00	0.00	0.00	0.00	0.00	20.00	0.00	7.14
阿联酋	0.00	0.00	0.00	0.00	0.00	100.00	0.00	0.00	0.00	0.00	7.14

表6-56　海洋工程B层研究排名前20的国家和地区的国际合作参与率

单位：%

国家和地区	2014年	2015年	2016年	2017年	2018年	2019年	2020年	2021年	2022年	2023年	合计
中国大陆	33.33	55.56	0.00	16.67	40.00	66.67	57.14	64.71	52.38	77.78	54.62
英国	50.00	22.22	25.00	0.00	30.00	25.00	35.71	29.41	19.05	22.22	25.38
美国	50.00	22.22	37.50	0.00	0.00	8.33	7.14	0.00	23.81	7.41	13.08
澳大利亚	0.00	11.11	0.00	0.00	40.00	0.00	21.43	11.76	9.52	3.70	10.00
荷兰	66.67	11.11	25.00	16.67	30.00	0.00	14.29	0.00	0.00	0.00	10.00
西班牙	50.00	22.22	0.00	33.33	10.00	8.33	14.29	5.88	0.00	3.70	10.00
挪威	16.67	11.11	0.00	16.67	0.00	8.33	14.29	5.88	9.52	11.11	9.23
意大利	50.00	0.00	0.00	33.33	10.00	16.67	0.00	5.88	9.52	0.00	8.46
日本	16.67	0.00	0.00	0.00	20.00	16.67	7.14	5.88	4.76	7.41	7.69
新加坡	16.67	0.00	25.00	33.33	10.00	0.00	7.14	5.88	4.76	3.70	7.69
伊朗	0.00	11.11	12.50	0.00	0.00	0.00	0.00	11.76	14.29	7.41	6.92
葡萄牙	16.67	11.11	0.00	0.00	0.00	16.67	14.29	11.76	0.00	3.70	6.92
芬兰	0.00	11.11	12.50	0.00	0.00	0.00	7.14	11.76	0.00	11.11	6.15
加拿大	0.00	0.00	0.00	0.00	20.00	8.33	0.00	0.00	14.29	3.70	5.38
埃及	0.00	0.00	0.00	0.00	0.00	8.33	0.00	0.00	9.52	14.81	5.38
土耳其	16.67	11.11	0.00	0.00	0.00	0.00	0.00	5.88	4.76	11.11	5.38
比利时	0.00	11.11	12.50	33.33	0.00	8.33	0.00	0.00	4.76	0.00	4.62
法国	0.00	0.00	0.00	33.33	0.00	0.00	7.14	17.65	0.00	0.00	4.62
韩国	16.67	0.00	0.00	0.00	0.00	8.33	0.00	5.88	9.52	3.70	4.62
德国	16.67	0.00	25.00	0.00	10.00	0.00	0.00	0.00	0.00	3.70	3.85

表 6-57　海洋工程 C 层研究排名前 20 的国家和地区的国际合作参与率

单位：%

国家和地区	2014 年	2015 年	2016 年	2017 年	2018 年	2019 年	2020 年	2021 年	2022 年	2023 年	合计
中国大陆	28.57	31.43	34.25	51.28	47.57	54.84	51.80	57.46	56.52	61.59	50.61
英国	35.06	27.14	32.88	24.36	32.04	36.29	30.22	33.58	19.81	25.17	28.81
美国	38.96	28.57	35.62	24.36	18.45	12.90	17.99	15.67	13.53	13.25	19.38
澳大利亚	10.39	8.57	8.22	17.95	19.42	12.10	5.76	12.69	9.18	8.61	10.90
荷兰	12.99	14.29	13.70	8.97	13.59	8.06	10.79	8.96	6.76	2.65	9.17
挪威	3.90	7.14	5.48	7.69	7.77	13.71	7.91	11.94	9.66	5.96	8.56
意大利	11.69	12.86	9.59	2.56	8.74	5.65	12.23	6.72	4.83	9.27	8.04
加拿大	11.69	5.71	4.11	7.69	8.74	4.84	5.76	6.72	7.73	5.96	6.83
葡萄牙	3.90	2.86	4.11	5.13	8.74	7.26	11.51	5.97	6.76	5.30	6.57
法国	7.79	15.71	6.85	7.69	5.83	5.65	5.76	4.48	4.83	5.30	6.31
德国	11.69	14.29	6.85	6.41	5.83	2.42	5.76	5.97	3.38	5.30	5.97
西班牙	11.69	8.57	6.85	5.13	3.88	6.45	6.47	6.72	3.38	4.64	5.88
日本	11.69	5.71	16.44	7.69	2.91	7.26	0.72	4.48	2.90	3.31	5.28
韩国	2.60	10.00	8.22	2.56	2.91	6.45	4.32	4.48	5.80	3.97	5.02
新加坡	7.79	7.14	4.11	3.85	3.88	8.06	2.88	2.24	4.35	3.97	4.58
土耳其	2.60	1.43	5.48	5.13	2.91	1.61	5.76	5.22	6.28	3.97	4.33
丹麦	9.09	5.71	2.74	6.41	3.88	7.26	2.88	2.99	2.42	1.32	3.98
埃及	0.00	1.43	0.00	3.85	3.88	1.61	4.32	4.48	5.80	7.95	3.98
伊朗	0.00	0.00	1.37	1.28	2.91	4.03	1.44	2.99	7.73	7.95	3.81
印度	3.90	2.86	8.22	1.28	1.94	1.61	2.88	2.99	4.35	4.64	3.46

二十　船舶工程

船舶工程 A、B、C 层研究国际合作参与率最高的均为中国大陆，分别为 55.56%、60.00%、53.19%，均遥遥领先于其他国家和地区。

加拿大、英国、美国 A 层研究国际合作参与率并列第二，均为 22.22%；澳大利亚、印度、日本、科威特、中国澳门、挪威、葡萄牙、沙特阿拉伯、土耳其、阿联酋的参与率也比较高，均为 11.11%。

英国 B 层研究国际合作参与率排名第二，为 23.85%；澳大利亚、美国的参与率也比较高，均为 11.54%；新加坡、伊朗、芬兰、葡萄牙、意大利、挪威、韩国、土耳其、法国、日本、荷兰、加拿大、丹麦、埃及、希腊、波兰也有一定的参与率，在10%~4%。

英国C层研究国际合作参与率排名第二，为30.38%；美国、挪威、澳大利亚的参与率也比较高，在16%~10%；韩国、荷兰、葡萄牙、意大利、加拿大、埃及、伊朗、土耳其、法国、新加坡、德国、日本、西班牙、印度、丹麦也有一定的参与率，在8%~3%。

表6-58　船舶工程A层研究所有国家和地区的国际合作参与率

单位：%

国家和地区	2014年	2015年	2016年	2017年	2018年	2019年	2020年	2021年	2022年	2023年	合计
中国大陆	100.00	0.00	0.00	0.00	0.00	0.00	0.00	0.00	66.67	100.00	55.56
加拿大	0.00	0.00	0.00	0.00	100.00	0.00	0.00	0.00	33.33	0.00	22.22
英国	0.00	0.00	0.00	0.00	0.00	0.00	0.00	0.00	0.00	100.00	22.22
美国	100.00	0.00	0.00	100.00	0.00	0.00	0.00	0.00	0.00	0.00	22.22
澳大利亚	0.00	0.00	0.00	0.00	100.00	0.00	0.00	0.00	0.00	0.00	11.11
印度	0.00	0.00	0.00	0.00	0.00	100.00	0.00	0.00	0.00	0.00	11.11
日本	0.00	0.00	0.00	0.00	0.00	0.00	0.00	0.00	0.00	50.00	11.11
科威特	0.00	0.00	0.00	100.00	0.00	0.00	0.00	0.00	0.00	0.00	11.11
中国澳门	0.00	0.00	0.00	0.00	0.00	0.00	0.00	0.00	0.00	50.00	11.11
挪威	0.00	0.00	0.00	0.00	0.00	0.00	0.00	0.00	33.33	0.00	11.11
葡萄牙	0.00	0.00	0.00	0.00	0.00	0.00	0.00	0.00	33.33	0.00	11.11
沙特阿拉伯	0.00	0.00	0.00	0.00	0.00	100.00	0.00	0.00	0.00	0.00	11.11
土耳其	0.00	0.00	0.00	0.00	0.00	0.00	0.00	0.00	33.33	0.00	11.11
阿联酋	0.00	0.00	0.00	0.00	0.00	100.00	0.00	0.00	0.00	0.00	11.11

表6-59　船舶工程B层研究排名前20的国家和地区的国际合作参与率

单位：%

国家和地区	2014年	2015年	2016年	2017年	2018年	2019年	2020年	2021年	2022年	2023年	合计
中国大陆	25.00	62.50	14.29	62.50	41.67	71.43	60.00	70.59	50.00	80.00	60.00
英国	25.00	25.00	28.57	0.00	25.00	50.00	26.67	29.41	15.00	16.00	23.85
澳大利亚	25.00	25.00	14.29	0.00	25.00	7.14	20.00	5.88	10.00	4.00	11.54
美国	50.00	37.50	14.29	25.00	0.00	7.14	0.00	0.00	25.00	4.00	11.54

续表

国家和地区	2014 年	2015 年	2016 年	2017 年	2018 年	2019 年	2020 年	2021 年	2022 年	2023 年	合计
新加坡	50.00	0.00	42.86	25.00	8.33	0.00	6.67	5.88	5.00	4.00	9.23
伊朗	0.00	12.50	28.57	0.00	0.00	0.00	0.00	17.65	15.00	8.00	8.46
芬兰	0.00	12.50	14.29	0.00	8.33	0.00	6.67	11.76	0.00	16.00	7.69
葡萄牙	25.00	12.50	0.00	0.00	8.33	14.29	13.33	11.76	0.00	4.00	7.69
意大利	25.00	12.50	0.00	25.00	0.00	7.14	6.67	5.88	10.00	0.00	6.92
挪威	25.00	12.50	0.00	0.00	0.00	7.14	13.33	5.88	10.00	4.00	6.92
韩国	25.00	12.50	0.00	12.50	0.00	7.14	0.00	5.88	10.00	4.00	6.15
土耳其	25.00	12.50	0.00	0.00	0.00	7.14	0.00	5.88	5.00	12.00	6.15
法国	0.00	12.50	0.00	25.00	8.33	0.00	6.67	11.76	5.00	0.00	5.38
日本	25.00	12.50	0.00	0.00	8.33	0.00	6.67	5.88	5.00	4.00	5.38
荷兰	25.00	12.50	14.29	0.00	25.00	0.00	6.67	0.00	0.00	0.00	5.38
加拿大	25.00	0.00	0.00	0.00	8.33	0.00	0.00	0.00	15.00	4.00	4.62
丹麦	50.00	0.00	0.00	0.00	8.33	0.00	0.00	5.88	0.00	4.00	4.62
埃及	0.00	0.00	0.00	0.00	0.00	0.00	0.00	0.00	10.00	16.00	4.62
希腊	25.00	0.00	0.00	12.50	8.33	0.00	0.00	5.88	5.00	4.00	4.62
波兰	0.00	12.50	0.00	0.00	8.33	0.00	6.67	5.88	5.00	4.00	4.62

表 6-60　船舶工程 C 层研究排名前 20 的国家和地区的国际合作参与率

单位：%

国家和地区	2014 年	2015 年	2016 年	2017 年	2018 年	2019 年	2020 年	2021 年	2022 年	2023 年	合计
中国大陆	44.23	40.24	43.33	48.72	53.98	56.41	52.82	54.76	57.93	60.40	53.19
英国	28.85	24.39	38.33	26.92	39.82	41.03	31.69	37.30	18.29	23.49	30.38
美国	36.54	18.29	26.67	14.10	14.16	13.68	15.49	11.11	11.59	14.09	15.60
挪威	7.69	10.98	13.33	12.82	7.08	14.53	7.04	15.87	10.98	8.05	10.71
澳大利亚	17.31	9.76	10.00	10.26	16.81	5.98	8.45	11.11	8.54	9.40	10.25
韩国	15.38	12.20	15.00	10.26	10.62	6.84	4.93	3.97	4.88	4.03	7.48
荷兰	1.92	3.66	3.33	7.69	7.96	6.84	12.68	8.73	5.49	3.36	6.65
葡萄牙	1.92	3.66	5.00	7.69	5.31	5.98	11.97	5.56	7.93	6.04	6.65
意大利	5.77	7.32	10.00	2.56	7.96	5.13	11.97	5.56	1.83	7.38	6.46
加拿大	5.77	4.88	3.33	10.26	4.42	5.98	5.63	4.76	6.10	6.04	5.72
埃及	1.92	2.44	3.33	7.69	5.31	2.56	4.23	4.76	7.32	8.72	5.26

续表

国家和地区	2014 年	2015 年	2016 年	2017 年	2018 年	2019 年	2020 年	2021 年	2022 年	2023 年	合计
伊朗	3.85	4.88	1.67	2.56	3.54	4.27	3.52	3.97	6.71	8.05	4.71
土耳其	0.00	1.22	6.67	3.85	2.65	4.27	5.63	7.14	7.32	4.03	4.71
法国	11.54	6.10	6.67	3.85	2.65	3.42	4.93	4.76	3.66	4.03	4.62
新加坡	3.85	8.54	6.67	3.85	6.19	5.13	3.52	2.38	4.88	3.36	4.62
德国	0.00	6.10	3.33	8.97	4.42	1.71	4.93	5.56	3.66	5.37	4.52
日本	9.62	8.54	10.00	3.85	4.42	5.13	0.70	3.17	4.88	2.01	4.43
西班牙	3.85	3.66	1.67	5.13	1.77	3.42	5.63	2.38	4.27	4.70	3.79
印度	1.92	2.44	8.33	3.85	2.65	1.71	3.52	2.38	3.66	4.70	3.42
丹麦	1.92	7.32	1.67	3.85	2.65	4.27	2.11	4.76	3.05	2.01	3.32

二十一　交通

交通 A、B、C 层研究国际合作参与率最高的均为中国大陆，分别为 37.50%、48.22%、43.06%。

中国香港、英国 A 层研究国际合作参与率并列第二，均为 31.25%；美国、澳大利亚、法国、德国、荷兰、新加坡的参与率也比较高，在 25%~12%；孟加拉国、巴西、智利、印度、俄罗斯也有一定的参与率，均为 6.25%。

美国 B 层研究国际合作参与率排名第二，为 40.61%；英国、中国香港、荷兰、澳大利亚、德国的参与率也比较高，在 19%~10%；加拿大、瑞典、比利时、新加坡、法国、印度、伊朗、意大利、挪威、巴基斯坦、西班牙、奥地利、韩国也有一定的参与率，在 8%~3%。

美国 C 层研究国际合作参与率排名第二，为 32.80%；英国、中国香港、澳大利亚、加拿大、荷兰的参与率也比较高，在 19%~10%；德国、瑞典、新加坡、比利时、法国、意大利、丹麦、韩国、西班牙、挪威、瑞士、日本、伊朗也有一定的参与率，在 7%~2%。

表 6-61　交通 A 层研究所有国家和地区的国际合作参与率

单位：%

国家和地区	2014 年	2015 年	2016 年	2017 年	2018 年	2019 年	2020 年	2021 年	2022 年	2023 年	合计
中国大陆	0.00	0.00	0.00	0.00	0.00	33.33	0.00	50.00	66.67	100.00	37.50
中国香港	0.00	0.00	0.00	0.00	0.00	66.67	50.00	50.00	33.33	0.00	31.25
英国	100.00	0.00	50.00	100.00	0.00	0.00	0.00	0.00	0.00	100.00	31.25
美国	0.00	0.00	50.00	0.00	0.00	66.67	0.00	0.00	33.33	0.00	25.00
澳大利亚	0.00	0.00	50.00	0.00	0.00	0.00	0.00	0.00	0.00	50.00	18.75
法国	0.00	0.00	0.00	0.00	0.00	33.33	0.00	0.00	33.33	50.00	18.75
德国	0.00	0.00	0.00	0.00	0.00	33.33	0.00	0.00	66.67	0.00	18.75
荷兰	100.00	0.00	50.00	0.00	0.00	0.00	50.00	0.00	0.00	0.00	18.75
新加坡	0.00	0.00	0.00	0.00	0.00	33.33	0.00	0.00	0.00	50.00	12.50
孟加拉国	0.00	0.00	0.00	0.00	0.00	0.00	0.00	50.00	0.00	0.00	6.25
巴西	0.00	0.00	0.00	0.00	100.00	0.00	0.00	0.00	0.00	0.00	6.25
智利	0.00	0.00	0.00	0.00	0.00	0.00	50.00	0.00	0.00	0.00	6.25
印度	0.00	0.00	0.00	0.00	0.00	0.00	50.00	0.00	0.00	0.00	6.25
俄罗斯	0.00	0.00	0.00	0.00	0.00	0.00	0.00	0.00	33.33	0.00	6.25

表 6-62　交通 B 层研究排名前 20 的国家和地区的国际合作参与率

单位：%

国家和地区	2014 年	2015 年	2016 年	2017 年	2018 年	2019 年	2020 年	2021 年	2022 年	2023 年	合计
中国大陆	35.71	27.27	43.48	33.33	52.94	47.62	41.67	42.86	65.22	77.27	48.22
美国	35.71	45.45	60.87	52.38	58.82	42.86	20.83	47.62	30.43	18.18	40.61
英国	7.14	18.18	17.39	19.05	29.41	14.29	29.17	14.29	17.39	18.18	18.78
中国香港	7.14	0.00	8.70	19.05	5.88	19.05	8.33	9.52	34.78	31.82	15.74
荷兰	21.43	27.27	17.39	4.76	17.65	19.05	16.67	9.52	13.04	0.00	13.71
澳大利亚	21.43	18.18	13.04	9.52	17.65	9.52	4.17	9.52	4.35	9.09	10.66
德国	7.14	9.09	8.70	14.29	17.65	9.52	12.50	9.52	8.70	4.55	10.15
加拿大	0.00	0.00	4.35	9.52	5.88	4.76	12.50	14.29	8.70	9.09	7.61
瑞典	0.00	9.09	4.35	0.00	11.76	4.76	12.50	9.52	13.04	9.09	7.61
比利时	7.14	0.00	4.35	0.00	5.88	9.52	8.33	14.29	4.35	4.55	6.09
新加坡	28.57	0.00	4.35	0.00	17.65	9.52	0.00	0.00	0.00	4.55	5.58
法国	0.00	0.00	8.70	9.52	5.88	0.00	0.00	9.52	8.70	4.55	5.08
印度	0.00	0.00	0.00	0.00	0.00	4.76	0.00	9.52	13.04	9.09	4.06

国家和地区	2014 年	2015 年	2016 年	2017 年	2018 年	2019 年	2020 年	2021 年	2022 年	2023 年	合计
伊朗	7.14	9.09	13.04	4.76	0.00	0.00	4.17	4.76	0.00	0.00	4.06
意大利	14.29	18.18	0.00	4.76	0.00	0.00	4.17	9.52	0.00	0.00	4.06
挪威	14.29	0.00	0.00	0.00	11.76	4.76	8.33	4.76	0.00	0.00	4.06
巴基斯坦	0.00	0.00	0.00	0.00	5.88	4.76	4.17	9.52	8.70	0.00	3.55
西班牙	7.14	0.00	4.35	0.00	0.00	0.00	4.17	4.76	0.00	13.64	3.55
奥地利	0.00	9.09	4.35	4.76	0.00	0.00	4.17	9.52	0.00	0.00	3.05
韩国	0.00	0.00	0.00	0.00	5.88	4.76	4.17	4.76	4.35	4.55	3.05

表 6-63　交通 C 层研究排名前 20 的国家和地区的国际合作参与率

单位：%

国家和地区	2014 年	2015 年	2016 年	2017 年	2018 年	2019 年	2020 年	2021 年	2022 年	2023 年	合计
中国大陆	27.41	24.49	29.82	36.52	48.31	42.18	48.70	52.38	55.09	49.78	43.06
美国	34.81	40.82	36.84	31.46	33.82	34.12	31.74	29.52	30.56	28.44	32.80
英国	19.26	17.69	23.39	19.66	19.32	23.22	18.26	15.71	14.35	18.67	18.86
中国香港	10.37	6.80	11.11	8.43	14.01	11.37	16.96	18.10	13.43	17.33	13.26
澳大利亚	11.85	10.88	11.70	6.74	14.98	9.95	20.87	10.00	15.74	13.78	12.95
加拿大	14.81	12.93	11.70	9.55	11.11	10.43	10.43	13.81	8.80	8.89	11.04
荷兰	11.11	12.93	13.45	11.24	8.70	12.80	10.43	6.67	6.94	8.89	10.10
德国	8.89	6.80	7.02	6.18	4.83	9.00	6.96	5.71	8.33	6.67	6.99
瑞典	5.93	6.12	5.85	7.30	5.80	3.79	8.70	9.52	4.17	7.56	6.53
新加坡	4.44	5.44	7.60	6.74	9.18	4.27	5.65	6.19	5.56	4.89	6.01
比利时	6.67	7.48	4.68	5.06	4.35	4.74	2.61	5.24	4.63	4.44	4.82
法国	4.44	6.12	6.43	6.74	3.38	2.84	4.78	5.24	3.70	4.00	4.66
意大利	2.96	9.52	5.85	7.87	4.35	2.84	3.91	5.71	1.85	3.11	4.61
丹麦	4.44	4.76	3.51	6.18	5.80	2.84	3.33	3.70	3.24	—	4.20
韩国	4.44	4.08	2.92	5.06	4.35	2.37	3.48	3.33	3.24	5.78	3.89
西班牙	3.70	7.48	6.43	5.62	1.45	3.79	1.74	3.33	2.78	2.67	3.68
挪威	3.70	2.04	2.34	5.06	1.45	3.79	3.91	1.90	2.78	4.44	3.16
瑞士	4.44	2.72	1.75	3.37	3.38	1.42	3.04	5.24	4.17	0.44	2.95
日本	3.70	3.40	2.92	5.06	0.97	1.90	1.30	1.43	5.56	2.22	2.75
伊朗	0.74	2.72	1.17	1.69	2.90	1.90	1.74	2.38	5.09	2.22	2.33

二十二　交通科学和技术

交通科学和技术 A、B、C 层研究国际合作参与率最高的均为中国大陆，分别为 65.91%、62.59%、59.72%；美国 A、B、C 层研究国际合作参与率均排名第二，分别为 52.27%、40.71%、36.17%。

英国、加拿大、中国香港 A 层研究国际合作参与率也比较高，在 21% ~ 13%；新加坡、法国、德国、挪威、澳大利亚、印度、伊朗、孟加拉国、捷克、丹麦、埃及、希腊、爱尔兰、意大利、日本也有一定的参与率，在 10% ~ 2%。

英国、加拿大、澳大利亚 B 层研究国际合作参与率也比较高，在 19% ~ 12%；德国、法国、中国香港、新加坡、荷兰、瑞典、日本、西班牙、韩国、意大利、印度、挪威、沙特阿拉伯、比利时、伊朗也有一定的参与率，在 9% ~ 2%。

英国、加拿大、澳大利亚 C 层研究国际合作参与率也比较高，在 18% ~ 10%；中国香港、新加坡、德国、法国、荷兰、瑞典、韩国、意大利、印度、日本、沙特阿拉伯、西班牙、丹麦、瑞士、中国台湾也有一定的参与率，在 10% ~ 2%。

表 6-64　交通科学和技术 A 层研究排名前 20 的国家和地区的国际合作参与率

单位：%

国家和地区	2014 年	2015 年	2016 年	2017 年	2018 年	2019 年	2020 年	2021 年	2022 年	2023 年	合计
中国大陆	0.00	100.00	75.00	80.00	42.86	80.00	50.00	40.00	100.00	100.00	65.91
美国	100.00	100.00	100.00	60.00	71.43	60.00	33.33	0.00	0.00	40.00	52.27
英国	0.00	0.00	50.00	20.00	14.29	40.00	16.67	0.00	33.33	20.00	20.45
加拿大	0.00	0.00	0.00	40.00	14.29	20.00	0.00	40.00	33.33	20.00	18.18
中国香港	0.00	0.00	0.00	0.00	14.29	0.00	16.67	20.00	33.33	40.00	13.64
新加坡	0.00	0.00	0.00	0.00	40.00	0.00	0.00	0.00	0.00	40.00	9.09
法国	0.00	0.00	0.00	0.00	0.00	20.00	16.67	20.00	0.00	0.00	6.82
德国	0.00	0.00	0.00	0.00	0.00	20.00	16.67	0.00	33.33	0.00	6.82
挪威	0.00	0.00	0.00	0.00	20.00	0.00	16.67	0.00	33.33	0.00	6.82

续表

国家和地区	2014 年	2015 年	2016 年	2017 年	2018 年	2019 年	2020 年	2021 年	2022 年	2023 年	合计
澳大利亚	0.00	0.00	0.00	0.00	14.29	0.00	0.00	20.00	0.00	0.00	4.55
印度	0.00	0.00	0.00	0.00	14.29	0.00	16.67	0.00	0.00	0.00	4.55
伊朗	0.00	0.00	0.00	0.00	0.00	0.00	16.67	20.00	0.00	0.00	4.55
孟加拉国	0.00	0.00	0.00	0.00	0.00	0.00	0.00	20.00	0.00	0.00	2.27
捷克	0.00	0.00	25.00	0.00	0.00	0.00	0.00	0.00	0.00	0.00	2.27
丹麦	0.00	0.00	0.00	0.00	0.00	0.00	16.67	0.00	0.00	0.00	2.27
埃及	0.00	0.00	0.00	0.00	0.00	0.00	0.00	20.00	0.00	0.00	2.27
希腊	0.00	0.00	0.00	0.00	0.00	20.00	0.00	0.00	0.00	0.00	2.27
爱尔兰	0.00	0.00	0.00	0.00	0.00	0.00	0.00	20.00	0.00	0.00	2.27
意大利	50.00	0.00	0.00	0.00	0.00	0.00	0.00	0.00	0.00	0.00	2.27
日本	50.00	0.00	0.00	0.00	0.00	0.00	0.00	0.00	0.00	0.00	2.27

表 6-65 交通科学和技术 B 层研究排名前 20 的国家和地区的国际合作参与率

单位：%

国家和地区	2014 年	2015 年	2016 年	2017 年	2018 年	2019 年	2020 年	2021 年	2022 年	2023 年	合计
中国大陆	51.72	36.36	42.86	53.49	65.22	70.21	70.00	60.00	77.78	84.44	62.59
美国	44.83	60.61	69.05	53.49	45.65	36.17	24.00	33.33	31.11	20.00	40.71
英国	6.90	6.06	11.90	20.93	17.39	19.15	20.00	20.00	28.89	22.22	18.12
加拿大	6.90	12.12	14.29	16.28	17.39	12.77	6.00	20.00	22.22	20.00	15.06
澳大利亚	10.34	6.06	11.90	6.98	6.52	17.02	14.00	22.22	4.44	24.44	12.71
德国	31.03	6.06	7.14	2.33	13.04	4.26	6.00	6.67	11.11	4.44	8.47
法国	6.90	0.00	2.38	9.30	10.87	2.13	14.00	4.44	6.67	6.67	6.59
中国香港	3.45	0.00	4.76	11.63	8.70	10.64	8.00	2.22	4.44	8.89	6.59
新加坡	10.34	3.03	4.76	2.33	10.87	12.77	6.00	2.22	8.89	4.44	6.59
荷兰	13.79	12.12	7.14	6.98	6.52	6.38	10.00	0.00	2.22	2.22	6.35
瑞典	0.00	0.00	7.14	9.30	6.52	2.13	10.00	8.89	4.44	11.11	6.35
日本	0.00	6.06	7.14	2.33	0.00	4.26	2.00	8.89	15.56	4.44	5.18
西班牙	10.34	3.03	4.76	2.33	4.35	6.38	2.00	11.11	6.67	2.22	5.18
韩国	0.00	3.03	0.00	0.00	4.35	4.26	8.00	6.67	11.11	6.67	4.71
意大利	10.34	12.12	2.38	4.65	2.17	4.26	4.00	4.44	2.22	0.00	4.24
印度	0.00	0.00	0.00	0.00	0.00	4.26	4.00	11.11	6.67	8.89	3.76
挪威	3.45	3.03	2.38	0.00	6.52	4.26	6.00	2.22	0.00	2.22	3.06

续表

国家和地区	2014 年	2015 年	2016 年	2017 年	2018 年	2019 年	2020 年	2021 年	2022 年	2023 年	合计
沙特阿拉伯	0.00	3.03	2.38	0.00	4.35	0.00	4.00	6.67	4.44	2.22	2.82
比利时	3.45	0.00	4.76	0.00	4.35	2.13	6.00	2.22	0.00	0.00	2.35
伊朗	3.45	3.03	9.52	4.65	0.00	0.00	0.00	4.44	0.00	0.00	2.35

表 6-66　交通科学和技术 C 层研究排名前 20 的国家和地区的国际合作参与率

单位：%

国家和地区	2014 年	2015 年	2016 年	2017 年	2018 年	2019 年	2020 年	2021 年	2022 年	2023 年	合计
中国大陆	35.92	40.12	48.62	51.59	56.62	57.63	69.03	71.40	72.69	75.65	59.72
美国	39.79	43.52	41.35	39.42	38.25	40.22	33.60	32.92	30.75	26.24	36.17
英国	17.61	16.98	20.05	14.29	16.45	15.27	19.23	16.67	20.00	17.49	17.44
加拿大	14.08	14.20	14.54	13.49	10.90	17.42	15.59	16.67	16.13	13.24	14.72
澳大利亚	8.45	9.26	5.51	7.41	11.11	11.83	13.16	12.76	11.61	10.40	10.42
中国香港	8.45	6.79	9.02	6.61	10.26	8.60	10.73	11.93	11.18	11.35	9.70
新加坡	3.17	6.48	8.27	7.14	7.48	6.88	7.09	6.17	7.10	10.64	7.17
德国	10.21	5.56	6.27	6.08	7.26	6.67	5.26	4.12	4.52	6.38	6.07
法国	8.45	7.72	8.27	9.52	6.20	3.66	3.85	5.14	3.44	4.49	5.81
荷兰	6.34	9.57	8.02	6.08	5.56	5.59	4.45	3.50	4.73	2.36	5.42
瑞典	4.93	4.94	5.76	5.03	5.34	3.44	4.86	5.97	5.81	4.49	5.06
韩国	4.93	3.09	5.76	5.82	6.20	2.15	2.83	4.94	7.96	6.15	4.99
意大利	7.39	5.86	4.26	6.35	3.63	3.66	4.05	4.12	2.15	1.65	4.11
印度	1.06	0.93	2.26	1.59	2.78	2.58	4.45	8.23	6.45	6.62	3.97
日本	2.82	4.63	2.76	4.23	1.92	1.29	2.02	3.29	4.52	3.31	3.01
沙特阿拉伯	1.76	1.85	2.76	1.32	1.92	2.80	2.23	4.53	3.87	4.49	2.84
西班牙	4.23	4.01	5.51	2.65	3.21	1.94	0.81	2.26	2.15	2.84	2.82
丹麦	3.17	2.16	2.51	2.91	3.21	2.80	2.02	1.65	1.51	2.60	2.41
瑞士	3.87	3.40	2.51	4.23	2.99	2.15	2.43	2.06	0.86	0.71	2.41
中国台湾	2.11	1.54	1.00	1.59	1.50	1.94	2.23	5.35	3.23	1.18	2.25

二十三　航空和航天工程

航空和航天工程 A 层研究国际合作参与率最高的是美国，为 57.89%，其次为中国大陆的 52.63%；英国、德国、法国、加拿大、丹麦、印度、意大利、卢森堡、瑞士、阿联酋的参与率也比较高，在 27%~10%；伊朗、日本、马来西亚、荷兰、沙特阿拉伯、韩国、西班牙、瑞典也有一定的参与率，均为 5.26%。

B 层研究国际合作参与率最高的是中国大陆，为 55.56%，其次为美国的 26.46%；英国、德国、法国、加拿大、意大利、澳大利亚的参与率也比较高，在 24%~10%；荷兰、西班牙、印度、伊朗、韩国、越南、日本、比利时、中国香港、沙特阿拉伯、瑞典、俄罗斯也有一定的参与率，在 9%~4%。

C 层研究国际合作参与率最高的是中国大陆，为 44.55%，其次为美国的 32.32%；英国、德国、意大利、法国的参与率也比较高，在 18%~10%；加拿大、荷兰、澳大利亚、印度、韩国、日本、西班牙、中国香港、伊朗、新加坡、瑞士、俄罗斯、沙特阿拉伯、瑞典也有一定的参与率，在 10%~2%。

表 6-67　航空和航天工程 A 层研究排名前 20 的国家和地区的国际合作参与率

单位：%

国家和地区	2014 年	2015 年	2016 年	2017 年	2018 年	2019 年	2020 年	2021 年	2022 年	2023 年	合计
美国	50.00	100.00	0.00	100.00	33.33	100.00	100.00	0.00	0.00	25.00	57.89
中国大陆	0.00	0.00	0.00	50.00	66.67	33.33	0.00	0.00	100.00	100.00	52.63
英国	50.00	100.00	0.00	50.00	0.00	0.00	0.00	0.00	50.00	25.00	26.32
德国	0.00	100.00	0.00	50.00	33.33	33.33	0.00	0.00	0.00	0.00	21.05
法国	0.00	0.00	0.00	50.00	0.00	33.33	50.00	0.00	0.00	0.00	15.79
加拿大	50.00	0.00	0.00	50.00	0.00	0.00	0.00	0.00	0.00	0.00	10.53
丹麦	0.00	100.00	0.00	0.00	0.00	0.00	0.00	0.00	0.00	25.00	10.53
印度	0.00	0.00	0.00	0.00	0.00	0.00	0.00	0.00	50.00	25.00	10.53
意大利	50.00	100.00	0.00	0.00	0.00	0.00	0.00	0.00	0.00	0.00	10.53
卢森堡	0.00	0.00	0.00	0.00	0.00	0.00	0.00	0.00	50.00	25.00	10.53
瑞士	0.00	100.00	0.00	50.00	0.00	0.00	0.00	0.00	0.00	0.00	10.53
阿联酋	0.00	0.00	0.00	0.00	0.00	0.00	0.00	0.00	50.00	25.00	10.53
伊朗	0.00	0.00	0.00	0.00	33.33	0.00	0.00	0.00	0.00	0.00	5.26

续表

国家和地区	2014 年	2015 年	2016 年	2017 年	2018 年	2019 年	2020 年	2021 年	2022 年	2023 年	合计
日本	0.00	100.00	0.00	0.00	0.00	0.00	0.00	0.00	0.00	0.00	5.26
马来西亚	0.00	0.00	0.00	0.00	0.00	0.00	0.00	0.00	50.00	0.00	5.26
荷兰	50.00	0.00	0.00	0.00	0.00	0.00	0.00	0.00	0.00	0.00	5.26
沙特阿拉伯	0.00	0.00	0.00	0.00	0.00	0.00	0.00	0.00	50.00	0.00	5.26
韩国	0.00	0.00	0.00	0.00	0.00	0.00	0.00	0.00	0.00	25.00	5.26
西班牙	0.00	100.00	0.00	0.00	0.00	0.00	0.00	0.00	0.00	0.00	5.26
瑞典	0.00	0.00	0.00	0.00	0.00	0.00	50.00	0.00	0.00	0.00	5.26

表 6-68　航空和航天工程 B 层研究排名前 20 的国家和地区的国际合作参与率

单位：%

国家和地区	2014 年	2015 年	2016 年	2017 年	2018 年	2019 年	2020 年	2021 年	2022 年	2023 年	合计
中国大陆	27.27	38.46	56.25	30.00	58.82	54.17	50.00	64.71	75.00	73.91	55.56
美国	54.55	46.15	12.50	20.00	29.41	41.67	25.00	17.65	21.43	13.04	26.46
英国	36.36	30.77	37.50	15.00	23.53	16.67	15.00	35.29	10.71	30.43	23.28
德国	9.09	46.15	12.50	5.00	23.53	12.50	25.00	11.76	7.14	8.70	14.81
法国	0.00	23.08	25.00	10.00	17.65	8.33	20.00	11.76	3.57	13.04	12.70
加拿大	9.09	30.77	0.00	15.00	5.88	12.50	10.00	11.76	14.29	13.04	12.17
意大利	9.09	15.38	6.25	0.00	17.65	8.33	20.00	17.65	14.29	4.35	11.11
澳大利亚	9.09	7.69	12.50	10.00	17.65	4.17	10.00	11.76	10.71	8.70	10.05
荷兰	0.00	7.69	12.50	10.00	23.53	8.33	15.00	5.88	3.57	4.35	8.99
西班牙	9.09	0.00	12.50	0.00	23.53	8.33	15.00	11.76	0.00	8.70	8.47
印度	0.00	15.38	12.50	10.00	0.00	0.00	5.00	11.76	7.14	4.35	6.35
伊朗	0.00	7.69	0.00	5.00	11.76	0.00	10.00	11.76	7.14	8.70	6.35
韩国	9.09	0.00	0.00	25.00	11.76	4.17	0.00	11.76	3.57	0.00	6.35
越南	0.00	0.00	0.00	15.00	5.88	4.17	20.00	0.00	3.57	8.70	6.35
日本	0.00	15.38	0.00	0.00	5.88	8.33	0.00	5.88	7.14	8.70	5.82
比利时	0.00	7.69	12.50	5.00	11.76	0.00	5.00	0.00	0.00	8.70	4.76
中国香港	0.00	7.69	0.00	0.00	0.00	4.17	5.00	5.88	10.71	8.70	4.76
沙特阿拉伯	0.00	0.00	0.00	5.00	0.00	0.00	5.00	11.76	0.00	21.74	4.76
瑞典	9.09	7.69	0.00	0.00	11.76	8.33	0.00	0.00	7.14	4.35	4.76
俄罗斯	9.09	23.08	0.00	0.00	5.88	0.00	0.00	5.88	3.57	4.35	4.23

表 6-69   航空和航天工程 C 层研究排名前 20 的国家和地区的国际合作参与率

单位：%

国家和地区	2014 年	2015 年	2016 年	2017 年	2018 年	2019 年	2020 年	2021 年	2022 年	2023 年	合计
中国大陆	33.91	33.33	37.68	45.34	44.28	44.67	48.42	50.00	48.73	49.27	44.55
美国	44.35	42.03	38.41	36.65	31.84	32.99	29.47	25.00	25.89	27.32	32.32
英国	16.52	18.12	18.12	22.36	19.40	13.71	16.84	20.00	17.77	15.12	17.74
德国	16.52	17.39	18.12	16.77	13.93	10.66	11.05	12.50	18.78	15.12	14.81
意大利	10.43	9.42	15.94	12.42	16.42	12.69	15.79	15.00	16.75	10.24	13.72
法国	10.43	13.77	14.49	8.70	9.95	7.61	9.47	13.50	11.17	8.78	10.62
加拿大	9.57	11.59	15.94	10.56	12.94	4.57	6.32	6.50	12.18	10.24	9.82
荷兰	7.83	7.97	7.25	8.07	8.96	4.57	12.63	9.00	8.63	6.34	8.15
澳大利亚	7.83	7.25	2.90	6.21	6.47	3.55	8.95	3.00	6.60	8.29	6.31
印度	1.74	2.90	6.52	1.24	5.97	8.63	8.42	6.00	9.14	8.78	6.31
韩国	5.22	2.90	3.62	1.24	6.47	7.11	5.26	8.50	5.08	6.83	5.45
日本	5.22	4.35	2.17	2.48	5.97	6.09	8.42	3.00	5.08	4.88	4.88
西班牙	4.35	5.80	4.35	6.21	3.98	5.08	3.16	5.00	5.58	3.41	4.65
中国香港	0.87	3.62	4.35	3.73	3.48	4.06	3.16	3.50	6.09	3.90	3.79
伊朗	4.35	0.72	0.00	1.86	3.48	4.57	5.26	2.00	2.54	6.83	3.44
新加坡	3.48	5.07	0.00	2.48	3.48	5.08	3.68	3.50	2.54	3.90	3.39
瑞士	2.61	3.62	4.35	1.86	4.98	2.54	2.11	4.00	4.57	2.44	3.33
俄罗斯	3.48	4.35	2.90	4.97	3.48	3.55	1.05	1.50	1.52	1.46	2.70
沙特阿拉伯	2.61	1.45	2.90	1.24	1.99	1.02	1.05	2.00	4.06	7.32	2.64
瑞典	2.61	2.17	3.62	1.24	5.97	4.06	3.16	1.00	1.02	0.98	2.58

二十四   工业工程

工业工程 A 层研究国际合作参与率最高的是中国大陆、美国，均为 48.00%；澳大利亚、法国、英国、德国的参与率也比较高，在 28%~14%；加拿大、意大利、瑞典、巴西、中国香港、印度、荷兰、新加坡、韩国、丹麦、芬兰、挪威、南非、奥地利也有一定的参与率，在 8%~2%。

B 层研究国际合作参与率最高的是中国大陆，为 46.94%，其次为美国的 33.41%；英国、德国、法国、加拿大、澳大利亚的参与率也比较高，在

26%～10%；意大利、印度、中国香港、瑞典、丹麦、挪威、伊朗、日本、中国台湾、韩国、芬兰、荷兰、葡萄牙也有一定的参与率，在10%～2%。

C层研究国际合作参与率最高的是中国大陆，为43.51%，其次为美国的28.16%；英国、澳大利亚、加拿大的参与率也比较高，在24%～10%；法国、中国香港、意大利、德国、印度、新加坡、荷兰、伊朗、韩国、瑞典、西班牙、中国台湾、丹麦、芬兰、日本也有一定的参与率，在10%～2%。

表6-70　工业工程A层研究排名前20的国家和地区的国际合作参与率

单位：%

国家和地区	2014年	2015年	2016年	2017年	2018年	2019年	2020年	2021年	2022年	2023年	合计
中国大陆	33.33	50.00	0.00	50.00	66.67	42.86	42.86	40.00	75.00	100.00	48.00
美国	100.00	75.00	60.00	50.00	83.33	42.86	28.57	20.00	25.00	0.00	48.00
澳大利亚	0.00	75.00	20.00	16.67	16.67	28.57	0.00	60.00	0.00	100.00	28.00
法国	0.00	25.00	20.00	16.67	16.67	28.57	42.86	40.00	0.00	0.00	22.00
英国	66.67	0.00	40.00	33.33	16.67	0.00	0.00	20.00	0.00	33.33	18.00
德国	0.00	0.00	40.00	16.67	0.00	14.29	28.57	20.00	0.00	0.00	14.00
加拿大	0.00	0.00	0.00	16.67	0.00	14.29	0.00	0.00	0.00	66.67	8.00
意大利	0.00	0.00	20.00	0.00	16.67	0.00	14.29	0.00	25.00	0.00	8.00
瑞典	0.00	0.00	0.00	0.00	16.67	0.00	0.00	40.00	25.00	0.00	8.00
巴西	0.00	0.00	0.00	0.00	16.67	28.57	0.00	0.00	0.00	0.00	6.00
中国香港	0.00	0.00	0.00	0.00	0.00	0.00	0.00	0.00	50.00	33.33	6.00
印度	0.00	0.00	0.00	0.00	0.00	28.57	0.00	0.00	25.00	0.00	6.00
荷兰	0.00	0.00	60.00	0.00	0.00	0.00	0.00	0.00	0.00	0.00	6.00
新加坡	0.00	0.00	0.00	0.00	28.57	0.00	0.00	20.00	0.00	0.00	6.00
韩国	0.00	0.00	0.00	0.00	0.00	0.00	0.00	20.00	50.00	0.00	6.00
丹麦	33.33	0.00	20.00	0.00	0.00	0.00	0.00	0.00	0.00	0.00	4.00
芬兰	0.00	0.00	0.00	0.00	0.00	14.29	0.00	0.00	25.00	0.00	4.00
挪威	0.00	0.00	0.00	16.67	0.00	0.00	14.29	0.00	0.00	0.00	4.00
南非	0.00	25.00	0.00	0.00	0.00	0.00	0.00	0.00	25.00	0.00	4.00
奥地利	0.00	0.00	0.00	0.00	0.00	0.00	0.00	0.00	0.00	33.33	2.00

表 6-71 工业工程 B 层研究排名前 20 的国家和地区的国际合作参与率

单位：%

国家和地区	2014 年	2015 年	2016 年	2017 年	2018 年	2019 年	2020 年	2021 年	2022 年	2023 年	合计
中国大陆	35.71	32.56	34.21	31.25	45.24	38.46	40.00	55.00	81.25	72.50	46.94
美国	52.38	46.51	36.84	41.67	33.33	38.46	42.22	16.67	18.75	12.50	33.41
英国	16.67	18.60	26.32	27.08	21.43	32.69	40.00	20.00	25.00	25.00	25.33
德国	26.19	23.26	26.32	6.25	7.14	23.08	6.67	15.00	4.17	5.00	14.19
法国	9.52	2.33	13.16	16.67	16.67	15.38	17.78	16.67	12.50	5.00	12.88
加拿大	7.14	11.63	10.53	8.33	14.29	13.46	4.44	18.33	16.67	12.50	12.01
澳大利亚	2.38	6.98	18.42	12.50	16.67	7.69	8.89	8.33	10.42	20.00	10.92
意大利	9.52	9.30	13.16	12.50	7.14	9.62	4.44	10.00	4.17	12.50	9.17
印度	4.76	2.33	2.63	6.25	9.52	11.54	8.89	6.67	10.42	17.50	8.08
中国香港	0.00	6.98	15.79	4.17	4.76	9.62	6.67	6.67	12.50	10.00	7.64
瑞典	7.14	6.98	2.63	10.42	4.76	3.85	11.11	3.33	14.58	12.50	7.64
丹麦	9.52	2.33	5.26	6.25	7.14	3.85	6.67	5.00	4.17	0.00	5.02
挪威	2.38	6.98	2.63	0.00	4.76	0.00	4.44	8.33	6.25	10.00	4.59
伊朗	2.38	6.98	0.00	8.33	4.76	3.85	2.22	5.00	2.08	5.00	4.15
日本	0.00	6.98	2.63	2.08	2.38	1.92	0.00	6.67	14.58	2.50	4.15
中国台湾	2.38	2.33	2.63	0.00	4.76	0.00	2.22	0.00	6.25	15.00	3.93
韩国	0.00	9.30	5.26	4.17	2.38	3.85	0.00	3.33	4.17	2.50	3.49
芬兰	7.14	6.98	0.00	6.25	2.38	0.00	2.22	0.00	2.08	5.00	3.06
荷兰	9.52	4.65	5.26	2.08	2.38	1.92	0.00	1.67	2.08	2.50	3.06
葡萄牙	4.76	2.33	0.00	0.00	2.38	0.00	4.44	3.33	4.17	7.50	2.84

表 6-72 工业工程 C 层研究排名前 20 的国家和地区的国际合作参与率

单位：%

国家和地区	2014 年	2015 年	2016 年	2017 年	2018 年	2019 年	2020 年	2021 年	2022 年	2023 年	合计
中国大陆	29.24	26.57	32.10	33.41	44.33	50.98	51.47	53.73	51.26	55.97	43.51
美国	36.55	32.33	28.64	27.77	31.44	33.46	27.09	23.92	22.07	19.63	28.16
英国	18.42	23.31	25.19	21.69	23.45	23.62	22.12	26.08	25.98	22.55	23.38
澳大利亚	6.73	12.78	8.89	10.63	10.57	9.84	11.74	14.31	8.97	11.67	10.73
加拿大	14.04	9.02	8.40	8.89	10.82	9.45	14.00	12.16	8.97	10.34	10.57
法国	7.89	9.27	9.88	10.63	11.08	6.89	8.35	8.04	11.26	10.88	9.35
中国香港	9.36	8.27	8.89	8.68	9.54	10.04	6.77	8.63	9.20	10.08	8.93
意大利	8.77	9.27	11.60	10.63	6.70	8.07	7.00	7.06	8.05	9.02	8.58

续表

国家和地区	2014 年	2015 年	2016 年	2017 年	2018 年	2019 年	2020 年	2021 年	2022 年	2023 年	合计
德国	9.36	9.02	10.86	11.06	6.19	6.50	6.55	6.27	4.37	6.37	7.59
印度	4.68	5.01	3.46	4.34	7.47	7.48	8.58	7.25	16.78	9.55	7.52
新加坡	5.56	5.76	3.21	2.60	5.67	4.92	4.74	4.90	5.98	5.84	4.87
荷兰	5.85	6.77	7.16	5.21	3.87	4.72	4.51	2.94	3.45	3.71	4.76
伊朗	2.34	4.26	3.70	4.56	4.90	3.94	6.55	5.49	3.68	3.98	4.40
韩国	5.56	4.26	2.96	4.56	4.64	3.35	3.39	4.12	5.06	5.57	4.29
瑞典	5.26	3.76	3.70	6.29	3.61	3.15	3.61	3.92	2.99	4.77	4.08
西班牙	5.26	3.01	6.17	5.86	2.58	2.36	3.61	2.55	3.45	5.04	3.91
中国台湾	4.09	2.51	2.72	3.04	3.87	2.76	2.93	3.53	5.98	3.71	3.49
丹麦	3.51	4.01	3.21	3.25	3.09	2.36	4.06	3.33	2.53	4.51	3.35
芬兰	2.05	2.51	2.72	1.74	3.09	1.97	3.39	4.12	3.45	4.24	2.93
日本	2.92	2.76	2.72	3.47	2.32	3.15	2.26	2.16	3.68	3.98	2.93

二十五 设备和仪器

设备和仪器 A、B、C 层研究国际合作参与率最高的均为中国大陆，分别为 50.56%、49.21%、42.30%。

英国、美国的 A 层研究国际合作参与率排名第二、第三，分别为 30.34%、29.21%；意大利、德国、加拿大、印度、西班牙的参与率也比较高，在 18%~10%；澳大利亚、新加坡、日本、韩国、芬兰、法国、巴基斯坦、波兰、中国台湾、土耳其、埃及、俄罗斯也有一定的参与率，在 8%~3%。

美国的 B 层研究国际合作参与率排名第二，为 26.12%；英国、澳大利亚、印度、加拿大的参与率也比较高，在 15%~11%；意大利、韩国、德国、沙特阿拉伯、西班牙、法国、伊朗、新加坡、中国香港、马来西亚、巴基斯坦、中国台湾、瑞士、日本也有一定的参与率，在 10%~4%。

美国的 C 层研究国际合作参与率排名第二，为 24.43%；英国的参与率也比较高，为 15.67%；印度、澳大利亚、意大利、韩国、德国、加拿大、沙特阿拉伯、西班牙、法国、伊朗、日本、中国香港、巴基斯坦、新加坡、马来西亚、埃及、丹麦也有一定的参与率，在 10%~3%。

表 6-73 设备和仪器 A 层研究排名前 20 的国家和地区的国际合作参与率

单位：%

国家和地区	2014 年	2015 年	2016 年	2017 年	2018 年	2019 年	2020 年	2021 年	2022 年	2023 年	合计
中国大陆	25.00	50.00	40.00	75.00	33.33	55.56	50.00	38.46	41.67	84.62	50.56
英国	75.00	50.00	40.00	0.00	22.22	33.33	25.00	23.08	25.00	30.77	30.34
美国	50.00	37.50	40.00	25.00	33.33	44.44	16.67	23.08	41.67	7.69	29.21
意大利	50.00	62.50	20.00	0.00	22.22	22.22	8.33	7.69	16.67	0.00	17.98
德国	50.00	37.50	40.00	0.00	11.11	11.11	8.33	15.38	0.00	0.00	13.48
加拿大	0.00	0.00	20.00	25.00	11.11	22.22	8.33	7.69	25.00	7.69	12.36
印度	0.00	0.00	0.00	0.00	0.00	11.11	0.00	23.08	25.00	15.38	10.11
西班牙	25.00	12.50	40.00	50.00	0.00	11.11	0.00	0.00	0.00	15.38	10.11
澳大利亚	0.00	0.00	20.00	0.00	22.22	11.11	8.33	15.38	0.00	0.00	7.87
新加坡	0.00	0.00	0.00	0.00	11.11	22.22	16.67	7.69	8.33	0.00	7.87
日本	25.00	12.50	0.00	0.00	0.00	0.00	8.33	7.69	8.33	0.00	6.74
韩国	25.00	12.50	20.00	0.00	0.00	0.00	0.00	15.38	0.00	7.69	6.74
芬兰	0.00	0.00	40.00	0.00	0.00	0.00	8.33	0.00	8.33	0.00	4.49
法国	25.00	0.00	0.00	0.00	0.00	0.00	0.00	0.00	16.67	0.00	4.49
巴基斯坦	0.00	0.00	0.00	0.00	11.11	0.00	0.00	7.69	16.67	0.00	4.49
波兰	0.00	12.50	20.00	0.00	0.00	11.11	0.00	0.00	0.00	7.69	4.49
中国台湾	0.00	0.00	0.00	0.00	11.11	11.11	0.00	7.69	8.33	0.00	4.49
土耳其	0.00	12.50	0.00	0.00	0.00	0.00	0.00	15.38	0.00	0.00	4.49
埃及	0.00	0.00	0.00	0.00	0.00	0.00	0.00	15.38	8.33	0.00	3.37
俄罗斯	0.00	0.00	20.00	0.00	0.00	0.00	8.33	0.00	8.33	0.00	3.37

表 6-74 设备和仪器 B 层研究排名前 20 的国家和地区的国际合作参与率

单位：%

国家和地区	2014 年	2015 年	2016 年	2017 年	2018 年	2019 年	2020 年	2021 年	2022 年	2023 年	合计
中国大陆	28.26	30.91	40.58	52.63	40.00	60.32	63.16	48.91	53.85	54.55	49.21
美国	43.48	34.55	31.88	31.58	33.33	34.92	36.84	19.57	10.00	16.36	26.12
英国	10.87	16.36	17.39	15.79	11.67	20.63	18.42	16.30	8.46	13.64	14.51
澳大利亚	13.04	14.55	14.49	14.04	20.00	17.46	5.26	14.13	13.08	13.64	13.72

国家和地区	2014年	2015年	2016年	2017年	2018年	2019年	2020年	2021年	2022年	2023年	合计
印度	4.35	10.91	5.80	8.77	8.33	11.11	9.21	19.57	20.00	11.82	12.27
加拿大	8.70	9.09	11.59	12.28	8.33	6.35	19.74	9.78	9.23	16.36	11.48
意大利	13.04	12.73	10.14	14.04	11.67	12.70	6.58	10.87	6.15	6.36	9.63
韩国	13.04	7.27	8.70	8.77	10.00	9.52	9.21	11.96	8.46	9.09	9.50
德国	15.22	12.73	13.04	15.79	10.00	11.11	10.53	6.52	3.85	3.64	8.97
沙特阿拉伯	8.70	1.82	4.35	7.02	8.33	3.17	3.95	9.78	15.38	10.91	8.31
西班牙	8.70	18.18	8.70	12.28	3.33	7.94	6.58	7.61	2.31	2.73	6.86
法国	10.87	12.73	8.70	10.53	5.00	9.52	10.53	2.17	3.85	0.91	6.46
伊朗	4.35	3.64	2.90	5.26	8.33	7.94	5.26	8.70	6.15	9.09	6.46
新加坡	8.70	12.73	5.80	10.53	3.33	4.76	6.58	4.35	4.62	3.64	5.94
中国香港	8.70	5.45	7.25	7.02	1.67	7.94	2.63	3.26	3.85	5.45	5.01
马来西亚	4.35	3.64	5.80	8.77	6.67	4.76	1.32	7.61	3.85	3.64	4.88
巴基斯坦	4.35	1.82	0.00	3.51	3.33	3.17	2.63	4.35	11.54	6.36	4.88
中国台湾	4.35	3.64	5.80	5.26	8.33	3.17	2.63	4.35	6.15	4.55	4.88
瑞士	8.70	9.09	4.35	8.77	8.33	4.76	2.63	3.26	1.54	1.82	4.49
日本	0.00	3.64	7.25	1.75	10.00	7.94	2.63	5.43	2.31	3.64	4.35

表6-75 设备和仪器C层研究排名前20的国家和地区的国际合作参与率

单位：%

国家和地区	2014年	2015年	2016年	2017年	2018年	2019年	2020年	2021年	2022年	2023年	合计
中国大陆	32.12	36.22	40.29	43.07	44.06	45.89	44.62	41.31	43.92	44.44	42.30
美国	30.98	29.33	33.07	32.39	26.71	24.41	25.12	18.69	16.53	19.24	24.43
英国	17.77	16.34	13.96	16.53	15.10	15.48	17.34	16.83	14.54	13.97	15.67
印度	4.56	6.50	4.65	6.84	8.39	7.67	8.85	10.71	14.14	11.80	9.06
澳大利亚	8.43	8.86	7.70	7.51	9.79	10.04	8.61	9.40	9.76	7.67	8.85
意大利	12.30	10.43	8.67	8.01	9.79	7.81	8.97	7.54	7.37	8.93	8.73
韩国	8.88	7.48	6.90	8.01	9.23	9.34	9.33	7.10	8.96	9.62	8.55
德国	10.48	8.46	13.96	8.68	7.41	7.67	8.61	7.32	6.47	7.22	8.34
加拿大	8.20	8.66	8.19	6.51	6.57	7.53	5.62	6.99	8.17	8.02	7.39
沙特阿拉伯	2.96	5.12	5.62	4.67	5.03	4.18	6.22	7.98	11.65	10.77	6.97
西班牙	7.52	8.07	7.06	6.84	7.69	6.14	5.50	6.01	6.97	6.19	6.68
法国	10.02	7.68	11.40	8.01	7.13	6.42	6.22	5.36	3.29	3.89	6.46
伊朗	3.42	4.33	3.05	3.01	5.73	6.00	6.22	6.56	7.17	6.76	5.55
日本	7.97	5.12	5.30	4.67	6.01	5.44	5.02	4.26	4.28	3.89	5.01
中国香港	4.56	5.31	5.62	4.84	4.34	4.74	3.47	4.26	5.98	4.93	4.80

续表

国家和地区	2014 年	2015 年	2016 年	2017 年	2018 年	2019 年	2020 年	2021 年	2022 年	2023 年	合计
巴基斯坦	0.91	2.36	1.93	2.00	2.66	4.32	5.26	5.57	9.36	5.61	4.54
新加坡	4.56	4.53	4.33	5.01	4.34	3.91	3.11	4.15	3.49	4.58	4.12
马来西亚	5.01	4.33	3.37	3.17	3.64	3.21	3.71	3.50	4.68	4.35	3.89
埃及	2.05	2.36	2.25	2.34	1.82	3.21	2.99	3.50	4.18	5.84	3.25
丹麦	3.87	4.13	2.73	2.67	3.08	1.95	2.75	3.93	3.29	3.67	3.20

二十六　显微镜学

显微镜学 A 层研究国际合作仅在比利时、加拿大、荷兰、美国之间，参与率均为 50.00%。

B 层研究国际合作参与率最高的是美国，为 37.78%，其次为中国大陆和德国，均为 31.11%；英国、巴基斯坦、沙特阿拉伯、澳大利亚、日本、瑞士的参与率也比较高，在 29%~11%；奥地利、比利时、中国台湾、阿联酋、印度、荷兰、韩国、丹麦、伊朗、意大利、挪威也有一定的参与率，在 7%~2%。

C 层研究国际合作参与率最高的是美国，为 28.88%，其次为德国的 23.15%；英国、中国大陆、巴基斯坦的参与率也比较高，在 23%~15%；沙特阿拉伯、澳大利亚、日本、法国、比利时、荷兰、加拿大、西班牙、奥地利、巴西、印度、意大利、伊朗、瑞士、埃及也有一定的参与率，在 10%~2%。

表 6-76　显微镜学 A 层研究所有国家的国际合作参与率

单位：%

国家	2014 年	2015 年	2016 年	2017 年	2018 年	2019 年	2020 年	2021 年	2022 年	2023 年	合计
比利时	0.00	100.00	0.00	0.00	0.00	0.00	0.00	0.00	0.00	0.00	50.00
加拿大	100.00	0.00	0.00	0.00	0.00	0.00	0.00	0.00	0.00	0.00	50.00
荷兰	0.00	100.00	0.00	0.00	0.00	0.00	0.00	0.00	0.00	0.00	50.00
美国	100.00	0.00	0.00	0.00	0.00	0.00	0.00	0.00	0.00	0.00	50.00

表 6-77 显微镜学 B 层研究排名前 20 的国家和地区的国际合作参与率

单位：%

国家和地区	2014 年	2015 年	2016 年	2017 年	2018 年	2019 年	2020 年	2021 年	2022 年	2023 年	合计
美国	40.00	75.00	50.00	60.00	0.00	0.00	40.00	33.33	33.33	66.67	37.78
中国大陆	0.00	25.00	0.00	0.00	0.00	85.71	40.00	50.00	66.67	0.00	31.11
德国	80.00	50.00	50.00	20.00	33.33	0.00	20.00	33.33	0.00	33.33	31.11
英国	20.00	50.00	50.00	40.00	66.67	14.29	20.00	0.00	33.33	33.33	28.89
巴基斯坦	0.00	0.00	0.00	0.00	66.67	28.57	60.00	50.00	0.00	33.33	24.44
沙特阿拉伯	0.00	0.00	0.00	0.00	66.67	14.29	80.00	50.00	0.00	33.33	24.44
澳大利亚	0.00	25.00	0.00	20.00	0.00	14.29	0.00	0.00	66.67	33.33	13.33
日本	0.00	0.00	50.00	20.00	0.00	0.00	0.00	0.00	66.67	33.33	13.33
瑞士	0.00	0.00	25.00	0.00	0.00	0.00	20.00	16.67	33.33	33.33	11.11
奥地利	20.00	0.00	25.00	0.00	0.00	0.00	0.00	0.00	0.00	0.00	6.67
比利时	20.00	25.00	25.00	0.00	0.00	0.00	0.00	0.00	0.00	0.00	6.67
中国台湾	0.00	0.00	0.00	0.00	0.00	0.00	20.00	0.00	0.00	66.67	6.67
阿联酋	0.00	0.00	0.00	0.00	0.00	42.86	0.00	0.00	0.00	0.00	6.67
印度	20.00	0.00	0.00	0.00	0.00	0.00	0.00	0.00	33.33	0.00	4.44
荷兰	20.00	0.00	25.00	0.00	0.00	0.00	0.00	0.00	0.00	0.00	4.44
韩国	0.00	0.00	0.00	0.00	0.00	0.00	0.00	33.33	0.00	0.00	4.44
丹麦	0.00	0.00	25.00	0.00	0.00	0.00	0.00	0.00	0.00	0.00	2.22
伊朗	0.00	0.00	0.00	0.00	0.00	0.00	16.67	0.00	0.00	0.00	2.22
意大利	0.00	0.00	0.00	0.00	0.00	0.00	0.00	0.00	33.33	0.00	2.22
挪威	0.00	0.00	0.00	20.00	0.00	0.00	0.00	0.00	0.00	0.00	2.22

表 6-78 显微镜学 C 层研究排名前 20 的国家和地区的国际合作参与率

单位：%

国家和地区	2014 年	2015 年	2016 年	2017 年	2018 年	2019 年	2020 年	2021 年	2022 年	2023 年	合计
美国	41.46	33.33	44.19	29.82	28.57	22.41	30.77	8.11	23.53	21.74	28.88
德国	34.15	28.89	27.91	28.07	11.90	13.79	25.64	18.92	17.65	26.09	23.15
英国	29.27	28.89	20.93	21.05	9.52	22.41	25.64	29.73	17.65	26.09	22.91
中国大陆	7.32	2.22	11.63	14.04	33.33	34.48	15.38	27.03	11.76	4.35	17.18
巴基斯坦	0.00	0.00	0.00	1.75	28.57	41.38	25.64	32.43	23.53	0.00	15.99
沙特阿拉伯	0.00	0.00	2.33	3.51	14.29	17.24	5.13	18.92	17.65	17.39	9.07
澳大利亚	12.20	17.78	2.33	12.28	2.38	5.17	10.26	10.81	2.94	4.35	8.35
日本	4.88	15.56	4.65	8.77	14.29	12.07	0.00	10.81	0.00	8.70	8.35

续表

国家和地区	2014 年	2015 年	2016 年	2017 年	2018 年	2019 年	2020 年	2021 年	2022 年	2023 年	合计
法国	17.07	11.11	16.28	8.77	4.76	5.17	2.56	5.41	0.00	4.35	7.88
比利时	7.32	15.56	2.33	5.26	9.52	0.00	15.38	5.41	5.88	0.00	6.68
荷兰	12.20	15.56	4.65	7.02	9.52	3.45	0.00	5.41	5.88	0.00	6.68
加拿大	2.44	0.00	4.65	10.53	4.76	3.45	7.69	8.11	8.82	8.70	5.73
西班牙	9.76	11.11	6.98	5.26	0.00	3.45	5.13	8.11	0.00	5.25	
奥地利	7.32	8.89	0.00	8.77	7.14	1.72	2.56	2.70	8.82	0.00	5.01
巴西	4.88	0.00	4.65	7.02	9.52	1.72	5.13	2.70	5.88	8.70	4.77
印度	2.44	2.22	0.00	8.77	0.00	0.00	7.69	13.51	14.71	4.77	
意大利	2.44	6.67	6.98	1.75	2.38	8.62	5.13	5.41	2.94	4.35	4.77
伊朗	0.00	0.00	4.65	3.51	4.76	6.90	7.69	0.00	8.82	4.35	4.06
瑞士	2.44	4.44	6.98	7.02	2.38	1.72	2.56	2.70	0.00	0.00	3.34
埃及	0.00	0.00	2.33	1.75	0.00	0.00	5.13	2.70	8.82	17.39	2.86

二十七 绿色和可持续科学与技术

绿色和可持续科学与技术 A、B、C 层研究国际合作参与率最高的均为中国大陆，分别为 39.60%、40.71%、39.02%。

英国 A 层研究国际合作参与率排名第二，为 24.75%；美国、巴基斯坦、印度、澳大利亚、土耳其、马来西亚的参与率也比较高，在 20%~10%；法国、德国、日本、沙特阿拉伯、瑞典、丹麦、埃及、西班牙、孟加拉国、加拿大、荷兰、伊朗也有一定的参与率，在 9%~4%。

美国 B 层研究国际合作参与率排名第二，为 23.82%；英国、马来西亚、澳大利亚、印度、巴基斯坦的参与率也比较高，在 20%~10%；德国、土耳其、沙特阿拉伯、荷兰、伊朗、瑞典、西班牙、加拿大、法国、韩国、意大利、丹麦、阿联酋也有一定的参与率，在 9%~4%。

美国 C 层研究国际合作参与率排名第二，为 21.97%；英国、澳大利亚、印度的参与率也比较高，在 18%~10%；马来西亚、沙特阿拉伯、德国、意大利、巴基斯坦、加拿大、伊朗、西班牙、荷兰、瑞典、韩国、法国、中国香港、丹麦、土耳其也有一定的参与率，在 9%~4%。

表6-79 绿色和可持续科学与技术 A 层研究排名前 20 的国家和地区的国际合作参与率

单位：%

国家和地区	2014 年	2015 年	2016 年	2017 年	2018 年	2019 年	2020 年	2021 年	2022 年	2023 年	合计
中国大陆	0.00	0.00	25.00	50.00	9.09	18.18	35.71	50.00	59.09	50.00	39.60
英国	33.33	0.00	25.00	100.00	27.27	27.27	28.57	25.00	18.18	16.67	24.75
美国	0.00	0.00	25.00	50.00	18.18	27.27	21.43	18.75	9.09	27.78	19.80
巴基斯坦	0.00	0.00	25.00	0.00	9.09	18.18	7.14	6.25	31.82	16.67	15.84
印度	0.00	0.00	0.00	50.00	27.27	9.09	21.43	18.75	13.64	0.00	13.86
澳大利亚	0.00	0.00	0.00	50.00	18.18	0.00	21.43	6.25	13.64	11.11	11.88
土耳其	0.00	0.00	0.00	50.00	0.00	18.18	21.43	0.00	9.09	22.22	11.88
马来西亚	0.00	0.00	25.00	0.00	9.09	9.09	14.29	18.75	9.09	5.56	10.89
法国	33.33	0.00	25.00	50.00	0.00	45.45	0.00	6.25	0.00	0.00	8.91
德国	0.00	0.00	0.00	50.00	9.09	27.27	14.29	0.00	0.00	11.11	8.91
日本	0.00	0.00	0.00	50.00	0.00	0.00	9.09	0.00	12.50	13.64	5.56	7.92
沙特阿拉伯	0.00	0.00	25.00	50.00	0.00	9.09	14.29	12.50	4.55	0.00	7.92
瑞典	0.00	0.00	25.00	0.00	0.00	9.09	14.29	6.25	0.00	5.56	7.92
丹麦	33.33	0.00	0.00	50.00	18.18	18.18	7.14	0.00	0.00	0.00	6.93
埃及	33.33	0.00	0.00	0.00	0.00	0.00	0.00	25.00	9.09	0.00	6.93
西班牙	0.00	0.00	0.00	50.00	0.00	0.00	0.00	12.50	0.00	5.56	6.93
孟加拉国	0.00	0.00	0.00	0.00	9.09	0.00	7.14	6.25	9.09	5.56	5.94
加拿大	0.00	0.00	0.00	50.00	0.00	9.09	21.43	0.00	0.00	5.56	5.94
荷兰	0.00	0.00	0.00	50.00	18.18	9.09	14.29	0.00	0.00	0.00	5.94
伊朗	0.00	0.00	0.00	0.00	0.00	0.00	0.00	12.50	9.09	5.56	4.95

表6-80 绿色和可持续科学与技术 B 层研究排名前 20 的国家和地区的国际合作参与率

单位：%

国家和地区	2014 年	2015 年	2016 年	2017 年	2018 年	2019 年	2020 年	2021 年	2022 年	2023 年	合计
中国大陆	15.79	18.52	20.41	25.93	35.64	28.97	44.37	52.82	54.93	46.83	40.71
美国	36.84	22.22	36.73	18.52	25.74	25.23	26.06	21.83	19.72	22.22	23.82
英国	26.32	29.63	12.24	24.69	18.81	20.56	21.83	21.83	14.79	15.87	19.55
马来西亚	15.79	29.63	22.45	20.99	15.84	10.28	9.15	11.97	14.79	12.70	14.21
澳大利亚	15.79	14.81	18.37	11.11	18.81	16.82	12.68	14.08	7.75	13.49	13.68
印度	15.79	14.81	6.12	12.35	3.96	11.21	10.56	11.27	16.20	19.84	12.29
巴基斯坦	0.00	0.00	2.04	2.47	3.96	4.67	8.45	16.90	20.42	15.87	10.36
德国	5.26	18.52	12.24	3.70	9.90	9.35	10.56	5.63	7.75	8.73	8.55

国家和地区	2014 年	2015 年	2016 年	2017 年	2018 年	2019 年	2020 年	2021 年	2022 年	2023 年	合计
土耳其	0.00	3.70	0.00	3.70	3.96	2.80	4.23	14.08	16.20	15.87	8.55
沙特阿拉伯	5.26	14.81	2.04	8.64	7.92	9.35	4.93	9.15	10.56	8.73	8.23
荷兰	10.53	22.22	10.20	9.88	8.91	8.41	7.75	6.34	5.63	3.17	7.59
伊朗	5.26	7.41	6.12	6.17	0.99	6.54	8.45	11.27	8.45	7.14	7.26
瑞典	0.00	18.52	6.12	6.17	10.89	10.28	7.75	4.23	4.23	4.76	6.84
西班牙	15.79	14.81	12.24	3.70	6.93	6.54	6.34	3.52	4.93	8.73	6.62
加拿大	5.26	11.11	6.12	3.70	6.93	9.35	7.04	7.04	7.04	2.38	6.41
法国	10.53	18.52	6.12	9.88	6.93	9.35	5.63	4.93	5.63	0.79	6.30
韩国	0.00	7.41	4.08	7.41	5.94	4.67	4.93	6.34	8.45	6.35	6.09
意大利	0.00	14.81	4.08	3.70	5.94	8.41	6.34	7.04	4.23	5.56	5.98
丹麦	0.00	22.22	6.12	7.41	4.95	1.87	7.04	4.93	4.93	5.56	5.66
阿联酋	0.00	0.00	0.00	1.23	1.98	4.67	1.41	6.34	4.93	9.52	4.06

表 6-81　绿色和可持续科学与技术 C 层研究排名前 20 的国家和地区的国际合作参与率

单位：%

国家和地区	2014 年	2015 年	2016 年	2017 年	2018 年	2019 年	2020 年	2021 年	2022 年	2023 年	合计
中国大陆	19.28	22.12	29.90	32.69	35.68	42.57	42.74	40.22	43.51	43.52	39.02
美国	26.46	26.36	24.95	24.28	25.85	24.98	23.42	19.57	18.52	17.38	21.97
英国	16.59	16.36	18.02	18.21	19.34	18.95	17.23	16.75	16.54	16.08	17.37
澳大利亚	9.42	13.33	9.11	10.21	12.39	13.99	13.06	11.77	12.21	10.29	11.85
印度	7.62	6.36	7.52	7.86	7.26	5.54	9.27	13.36	14.12	14.48	10.41
马来西亚	10.31	12.12	11.68	9.24	6.73	7.87	7.65	9.53	8.16	9.91	8.84
沙特阿拉伯	3.14	4.85	4.95	6.21	4.49	4.96	7.42	7.73	11.14	11.97	7.68
德国	10.76	11.21	6.53	9.93	7.91	7.39	6.96	6.28	7.24	7.16	7.53
意大利	7.17	7.27	6.93	7.31	6.94	7.09	6.96	7.08	7.74	7.55	7.24
巴基斯坦	2.69	3.03	4.16	4.83	4.49	5.15	6.65	9.17	10.29	8.99	7.03
加拿大	8.97	5.76	7.72	5.93	7.80	6.71	8.04	7.08	6.10	5.34	6.79
伊朗	4.04	4.24	5.74	6.34	6.52	6.61	6.96	7.65	6.74	5.41	6.44
西班牙	7.62	10.30	8.12	6.34	6.20	6.51	6.72	5.92	5.25	6.17	6.42
荷兰	8.52	9.09	6.93	7.72	5.88	7.19	6.26	5.70	3.48	4.19	5.83
瑞典	6.73	6.36	5.15	5.93	5.13	6.90	4.10	4.77	5.18	4.04	5.13
韩国	6.28	3.03	3.76	4.97	3.95	4.96	4.48	5.05	6.60	5.87	5.08

国家和地区	2014 年	2015 年	2016 年	2017 年	2018 年	2019 年	2020 年	2021 年	2022 年	2023 年	合计
法国	7.17	6.67	4.55	6.48	5.02	5.54	4.87	5.49	3.41	3.81	4.91
中国香港	0.90	3.64	4.36	3.86	5.13	5.34	5.56	4.91	4.90	5.34	4.88
丹麦	7.62	5.76	6.93	3.31	5.13	2.92	3.86	3.39	3.62	4.04	4.09
土耳其	2.24	2.73	3.17	2.90	2.35	0.68	3.40	4.98	7.24	5.95	4.08

二十八　人体工程学

人体工程学 A 层研究国际合作参与率最高的是美国，达到 100.00%；中国大陆、瑞士的参与率也比较高，分别为 66.67%、33.33%。

B 层研究国际合作参与率最高的是美国，为 36.23%，其次为英国的 27.54%；中国大陆、澳大利亚、德国、荷兰、瑞典的参与率也比较高，在 25%~10%；加拿大、中国香港、意大利、瑞士、希腊、芬兰、爱尔兰、巴基斯坦、沙特阿拉伯、西班牙、土耳其、奥地利、比利时也有一定的参与率，在 9%~2%。

C 层研究国际合作参与率最高的是美国，为 37.28%，其次为中国大陆的 31.49%；英国、澳大利亚、加拿大的参与率也比较高，在 21%~11%；荷兰、德国、中国香港、韩国、瑞典、法国、丹麦、西班牙、伊朗、意大利、马来西亚、沙特阿拉伯、比利时、芬兰、挪威也有一定的参与率，在 10%~2%。

表 6-82　人体工程学 A 层研究所有国家和地区的国际合作参与率

单位：%

国家和地区	2014 年	2015 年	2016 年	2017 年	2018 年	2019 年	2020 年	2021 年	2022 年	2023 年	合计
美国	0.00	0.00	0.00	0.00	0.00	100.00	0.00	100.00	100.00	0.00	100.00
中国大陆	0.00	0.00	0.00	0.00	0.00	0.00	0.00	100.00	100.00	0.00	66.67
瑞士	0.00	0.00	0.00	0.00	0.00	100.00	0.00	0.00	0.00	0.00	33.33

表 6-83　人体工程学 B 层研究排名前 20 的国家和地区的国际合作参与率

单位：%

国家和地区	2014 年	2015 年	2016 年	2017 年	2018 年	2019 年	2020 年	2021 年	2022 年	2023 年	合计
美国	75.00	33.33	28.57	50.00	37.50	55.56	30.00	14.29	50.00	11.11	36.23
英国	0.00	66.67	14.29	16.67	25.00	33.33	30.00	28.57	16.67	44.44	27.54
中国大陆	25.00	0.00	14.29	16.67	12.50	33.33	0.00	14.29	66.67	55.56	24.64
澳大利亚	0.00	33.33	14.29	0.00	12.50	11.11	40.00	14.29	0.00	44.44	18.84
德国	50.00	33.33	0.00	16.67	37.50	44.44	10.00	0.00	0.00	11.11	18.84
荷兰	0.00	66.67	28.57	0.00	25.00	22.22	10.00	0.00	0.00	0.00	13.04
瑞典	0.00	66.67	14.29	16.67	12.50	0.00	0.00	0.00	16.67	11.11	10.14
加拿大	25.00	0.00	0.00	0.00	12.50	0.00	0.00	14.29	0.00	11.11	8.70
中国香港	0.00	0.00	14.29	0.00	0.00	0.00	0.00	14.29	16.67	22.22	7.25
意大利	0.00	33.33	0.00	0.00	0.00	0.00	0.00	28.57	0.00	11.11	7.25
瑞士	25.00	0.00	28.57	0.00	12.50	0.00	0.00	14.29	0.00	0.00	7.25
希腊	0.00	0.00	0.00	0.00	0.00	11.11	20.00	0.00	0.00	11.11	5.80
芬兰	0.00	0.00	0.00	16.67	0.00	0.00	20.00	0.00	0.00	0.00	4.35
爱尔兰	0.00	0.00	14.29	0.00	12.50	0.00	0.00	0.00	0.00	0.00	4.35
巴基斯坦	0.00	0.00	0.00	0.00	0.00	11.11	0.00	14.29	0.00	11.11	4.35
沙特阿拉伯	0.00	0.00	0.00	0.00	0.00	12.50	0.00	14.29	16.67	0.00	4.35
西班牙	25.00	0.00	0.00	33.33	0.00	0.00	0.00	0.00	0.00	0.00	4.35
土耳其	0.00	0.00	14.29	0.00	0.00	0.00	0.00	14.29	16.67	0.00	4.35
奥地利	0.00	0.00	0.00	16.67	0.00	0.00	0.00	10.00	0.00	0.00	2.90
比利时	0.00	0.00	0.00	0.00	0.00	0.00	0.00	10.00	14.29	0.00	2.90

表 6-84　人体工程学 C 层研究排名前 20 的国家和地区的国际合作参与率

单位：%

国家和地区	2014 年	2015 年	2016 年	2017 年	2018 年	2019 年	2020 年	2021 年	2022 年	2023 年	合计
美国	43.10	43.64	43.21	28.85	35.59	41.84	35.63	21.74	37.04	43.75	37.28
中国大陆	18.97	23.64	25.93	26.92	37.29	32.65	33.33	39.13	29.63	40.00	31.49
英国	24.14	30.91	33.33	19.23	18.64	25.51	10.34	18.48	14.81	8.75	20.05
澳大利亚	12.07	21.82	20.99	17.31	11.86	13.27	19.54	13.04	22.22	13.75	16.55
加拿大	13.79	9.09	3.70	5.77	11.86	11.22	11.49	16.30	13.58	11.25	11.04
荷兰	6.90	5.45	3.70	17.31	11.86	14.29	18.39	7.61	4.94	5.00	9.56
德国	8.62	14.55	7.41	11.54	10.17	12.24	6.90	8.70	4.94	2.50	8.48

国家和地区	2014 年	2015 年	2016 年	2017 年	2018 年	2019 年	2020 年	2021 年	2022 年	2023 年	合计
中国香港	6.90	1.82	4.94	9.62	3.39	6.12	6.90	6.52	7.41	10.00	6.46
韩国	6.90	3.64	3.70	5.77	1.69	7.14	6.90	5.43	4.94	11.25	5.92
瑞典	5.17	9.09	4.94	7.69	5.08	6.12	5.75	4.35	1.23	5.00	5.25
法国	8.62	1.82	6.17	3.85	3.39	4.08	3.45	6.52	3.70	2.50	4.44
丹麦	12.07	3.64	4.94	0.00	5.08	2.04	8.05	1.09	4.94	2.50	4.31
西班牙	1.72	1.82	7.41	3.85	5.08	5.10	4.60	5.43	1.23	5.00	4.31
伊朗	1.72	3.64	3.70	1.92	3.39	2.04	3.45	6.52	7.41	5.00	4.04
意大利	0.00	9.09	0.00	7.69	5.08	3.06	1.15	5.43	4.94	2.50	3.63
马来西亚	0.00	0.00	2.47	5.77	5.08	2.04	3.45	3.26	9.88	3.75	3.63
沙特阿拉伯	1.72	3.64	3.70	1.92	3.39	6.12	2.30	5.43	3.70	1.25	3.50
比利时	3.45	1.82	3.70	1.92	3.39	4.08	3.45	3.26	2.47	2.50	3.10
芬兰	6.90	1.82	3.70	1.92	3.39	5.10	1.15	2.17	2.47	2.50	3.10
挪威	1.72	1.82	1.23	5.77	3.39	4.08	3.45	0.00	2.47	5.00	2.83

二十九　多学科工程

多学科工程 A、B、C 层研究国际合作参与率最高的均为中国大陆，分别为 50.00%、43.32%、38.44%；美国 A、B、C 层研究国际合作参与率均排名第二，分别为 38.60%、26.52%、23.53%。

澳大利亚、英国的 A 层研究国际合作参与率也比较高，分别为 22.81%、14.91%；德国、印度、伊朗、韩国、加拿大、约旦、荷兰、阿联酋、越南、埃及、意大利、马来西亚、新加坡、南非、瑞典、中国台湾也有一定的参与率，在 8%～4%。

澳大利亚、英国、印度、沙特阿拉伯、伊朗 B 层研究国际合作参与率也比较高，在 17%～10%；意大利、韩国、加拿大、巴基斯坦、德国、越南、中国香港、马来西亚、法国、埃及、土耳其、葡萄牙、波兰也有一定的参与率，在 9%～3%。

沙特阿拉伯、英国、印度的 C 层研究国际合作参与率也比较高，在 13%～10%；澳大利亚、意大利、伊朗、巴基斯坦、德国、韩国、加拿大、法国、埃及、马来西亚、中国香港、西班牙、土耳其、中国台湾、越南也有一定的参与率，在10%~3%。

表 6-85　多学科工程 A 层研究排名前 20 的国家和地区的国际合作参与率

单位：%

国家和地区	2014 年	2015 年	2016 年	2017 年	2018 年	2019 年	2020 年	2021 年	2022 年	2023 年	合计
中国大陆	25.00	33.33	45.45	44.44	77.78	63.64	50.00	21.43	50.00	80.00	50.00
美国	37.50	66.67	27.27	55.56	66.67	27.27	33.33	21.43	50.00	20.00	38.60
澳大利亚	12.50	0.00	9.09	11.11	22.22	18.18	16.67	42.86	50.00	20.00	22.81
英国	25.00	33.33	27.27	11.11	11.11	0.00	16.67	7.14	6.25	20.00	14.91
德国	0.00	11.11	36.36	22.22	0.00	0.00	8.33	0.00	0.00	6.67	7.89
印度	0.00	0.00	0.00	11.11	0.00	18.18	25.00	7.14	6.25	6.67	7.89
伊朗	12.50	11.11	0.00	0.00	0.00	9.09	0.00	14.29	18.75	6.67	7.89
韩国	0.00	22.22	0.00	0.00	11.11	0.00	0.00	21.43	12.50	0.00	7.02
加拿大	12.50	22.22	0.00	11.11	0.00	0.00	0.00	0.00	0.00	6.67	6.14
约旦	0.00	0.00	0.00	11.11	0.00	0.00	0.00	7.14	12.50	13.33	5.26
荷兰	12.50	0.00	9.09	11.11	11.11	0.00	8.33	7.14	0.00	0.00	5.26
阿联酋	12.50	0.00	0.00	0.00	0.00	9.09	0.00	21.43	0.00	6.67	5.26
越南	0.00	0.00	18.18	11.11	0.00	0.00	8.33	7.14	6.25	0.00	5.26
埃及	12.50	0.00	0.00	0.00	0.00	0.00	8.33	14.29	0.00	6.67	4.39
意大利	0.00	0.00	9.09	11.11	0.00	0.00	16.67	0.00	0.00	6.67	4.39
马来西亚	0.00	0.00	0.00	0.00	0.00	0.00	0.00	7.14	12.50	13.33	4.39
新加坡	0.00	0.00	9.09	11.11	0.00	18.18	0.00	0.00	6.25	0.00	4.39
南非	0.00	0.00	0.00	0.00	0.00	9.09	8.33	0.00	18.75	0.00	4.39
瑞典	0.00	11.11	0.00	0.00	0.00	9.09	8.33	7.14	0.00	6.67	4.39
中国台湾	0.00	0.00	0.00	0.00	11.11	0.00	8.33	7.14	6.25	6.67	4.39

表 6-86　多学科工程 B 层研究排名前 20 的国家和地区的国际合作参与率

单位：%

国家和地区	2014 年	2015 年	2016 年	2017 年	2018 年	2019 年	2020 年	2021 年	2022 年	2023 年	合计
中国大陆	30.65	30.11	32.14	39.02	46.67	46.23	48.76	49.24	50.38	46.09	43.32
美国	41.94	34.41	34.52	32.93	30.00	27.36	23.14	24.24	17.29	14.78	26.52
澳大利亚	4.84	16.13	9.52	18.29	23.33	18.87	19.83	19.70	9.77	15.65	16.01
英国	14.52	10.75	15.48	13.41	15.56	11.32	15.70	9.09	9.02	14.78	12.67

续表

国家和地区	2014 年	2015 年	2016 年	2017 年	2018 年	2019 年	2020 年	2021 年	2022 年	2023 年	合计
印度	1.61	3.23	8.33	3.66	4.44	10.38	10.74	15.91	20.30	20.00	11.10
沙特阿拉伯	3.23	7.53	8.33	7.32	5.56	6.60	6.61	15.15	16.54	23.48	10.90
伊朗	3.23	10.75	7.14	9.76	17.78	11.32	9.09	9.85	11.28	12.17	10.51
意大利	4.84	21.51	8.33	17.07	8.89	9.43	7.44	2.27	4.51	2.61	8.15
韩国	11.29	7.53	5.95	3.66	4.44	7.55	4.96	4.55	12.03	10.43	7.27
加拿大	6.45	9.68	8.33	10.98	6.67	3.77	5.79	8.33	6.02	5.22	6.97
巴基斯坦	1.61	2.15	2.38	7.32	0.00	3.77	4.96	10.61	9.77	17.39	6.68
德国	11.29	10.75	10.71	4.88	6.67	6.60	8.26	5.30	3.76	0.87	6.48
越南	3.23	4.30	3.57	6.10	10.00	12.26	5.79	7.58	5.26	2.61	6.19
中国香港	4.84	5.38	5.95	6.10	8.89	6.60	4.13	7.58	6.02	2.61	5.80
马来西亚	1.61	4.30	3.57	2.44	4.44	9.43	4.13	6.82	7.52	7.83	5.60
法国	8.06	6.45	8.33	9.76	4.44	4.72	5.79	2.27	3.01	2.61	5.11
埃及	1.61	1.08	2.38	1.22	1.11	2.83	0.83	8.33	9.77	14.78	5.01
土耳其	4.84	0.00	2.38	3.66	0.00	2.83	6.61	2.27	5.26	11.30	4.13
葡萄牙	4.84	4.30	2.38	9.76	3.33	3.77	1.65	0.00	2.26	2.61	3.14
波兰	1.61	2.15	0.00	9.76	0.00	0.94	3.31	3.79	3.01	5.22	3.05

表 6-87　多学科工程 C 层研究排名前 20 的国家和地区的国际合作参与率

单位：%

国家和地区	2014 年	2015 年	2016 年	2017 年	2018 年	2019 年	2020 年	2021 年	2022 年	2023 年	合计
中国大陆	31.71	30.68	32.87	36.48	42.21	42.47	42.83	39.68	39.47	38.97	38.44
美国	32.08	32.16	29.49	29.46	29.94	24.06	21.91	17.86	16.13	15.87	23.53
沙特阿拉伯	7.13	5.81	7.78	4.21	5.64	6.27	10.82	16.59	22.37	23.19	12.17
英国	14.82	15.95	13.80	12.88	11.78	10.92	11.90	11.75	10.29	10.74	12.16
印度	4.88	4.32	8.41	6.25	7.73	9.61	9.29	12.94	13.53	16.16	10.04
澳大利亚	8.82	6.89	8.28	10.33	10.43	11.02	11.45	9.44	9.08	8.08	9.47
意大利	9.19	10.14	10.16	11.48	11.17	6.88	5.95	6.67	6.40	5.13	7.91
伊朗	3.94	5.68	6.15	5.61	8.34	9.71	8.66	8.02	8.91	7.89	7.62
巴基斯坦	3.00	2.43	2.89	2.81	3.56	3.94	8.03	11.35	14.18	13.50	7.47
德国	11.63	8.38	9.91	10.33	7.48	6.57	6.76	5.32	4.70	6.37	7.27
韩国	6.75	7.70	5.52	5.36	5.15	6.88	7.30	4.92	5.75	6.56	6.14
加拿大	4.69	7.43	6.27	6.76	5.77	5.56	5.86	6.35	5.19	5.89	5.97

国家和地区	2014 年	2015 年	2016 年	2017 年	2018 年	2019 年	2020 年	2021 年	2022 年	2023 年	合计
法国	9.19	8.78	9.28	8.29	5.77	4.95	4.69	4.84	3.81	3.33	5.84
埃及	2.06	2.57	2.76	2.30	1.84	3.84	5.41	6.59	11.26	10.84	5.57
马来西亚	5.63	4.32	4.39	3.83	3.68	4.85	4.51	6.98	6.56	8.37	5.50
中国香港	5.07	4.59	5.40	4.08	4.05	7.68	4.96	4.68	5.27	5.70	5.20
西班牙	6.38	4.86	6.15	5.36	6.38	4.45	5.32	4.52	4.21	2.85	4.89
土耳其	2.63	2.16	2.76	1.53	2.58	3.13	5.14	4.37	6.24	6.84	4.05
中国台湾	2.44	1.76	2.13	1.66	2.21	3.03	4.33	5.00	5.11	5.23	3.58
越南	0.75	0.81	2.01	2.55	4.54	6.27	7.75	3.41	1.86	2.19	3.44

第二节　学科组

在工程与材料科学各学科研究分析的基础上，按照 A、B、C 层三个研究层次，对各学科研究进行汇总分析，可以从学科组层面揭示国际合作的分布特点和发展趋势。

一　A 层研究

工程与材料科学 A 层研究国际合作参与率最高的是中国大陆，为51.73%，其次为美国的 43.88%；英国、澳大利亚、德国的参与率也比较高，在 18%~11%；加拿大、中国香港、新加坡、韩国、法国、日本、沙特阿拉伯、印度、意大利、瑞士、瑞典、西班牙、荷兰、伊朗、马来西亚、巴基斯坦、比利时、丹麦、土耳其、中国台湾、阿联酋、芬兰、埃及、巴西、希腊、挪威、以色列、越南、南非、新西兰、卡塔尔、爱尔兰、奥地利、俄罗斯、孟加拉国也有一定的参与率，在 10%~1%。

在发展趋势上，中国大陆、澳大利亚呈现相对上升趋势，美国、德国呈现相对下降趋势，其他国家和地区没有呈现明显变化。

表 6-88　工程与材料科学 A 层研究排名前 40 的国家和地区的国际合作参与率

单位：%

国家和地区	2014 年	2015 年	2016 年	2017 年	2018 年	2019 年	2020 年	2021 年	2022 年	2023 年	合计
中国大陆	31.49	37.57	42.13	46.29	47.48	52.98	52.08	52.17	62.26	74.67	51.73
美国	50.83	52.91	50.46	57.64	50.00	50.33	39.93	34.78	34.59	29.33	43.88
英国	20.44	21.69	19.91	15.72	16.55	12.25	18.06	17.39	17.92	19.67	17.69
澳大利亚	8.29	12.70	7.41	8.73	12.95	12.58	15.28	16.72	15.09	20.67	13.58
德国	13.26	15.87	15.74	13.54	8.27	12.58	12.85	13.71	10.06	6.67	11.92
加拿大	7.73	7.41	9.26	9.61	10.07	10.93	9.38	10.37	11.32	10.00	9.81
中国香港	6.08	5.29	4.63	6.55	7.55	9.93	6.94	7.02	12.89	11.67	8.23
新加坡	4.42	4.23	6.02	6.55	5.76	9.93	6.94	10.37	7.23	11.33	7.62
韩国	6.08	8.47	10.19	6.55	8.99	3.31	7.99	9.36	7.55	6.00	7.38
法国	7.73	7.94	7.87	7.86	8.27	8.28	9.03	9.03	3.46	4.00	7.23
日本	6.08	7.41	6.94	3.49	4.32	8.94	6.25	6.69	6.92	7.00	6.46
沙特阿拉伯	5.52	6.35	5.09	6.55	3.96	5.30	4.86	3.68	8.49	9.00	5.92
印度	3.31	2.12	0.93	4.37	5.40	5.63	10.42	8.36	8.81	4.33	5.77
意大利	8.84	14.29	7.41	3.06	4.32	4.30	7.29	3.01	4.72	3.33	5.62
瑞士	4.97	7.41	3.70	6.11	6.47	3.31	3.47	2.68	4.40	5.33	4.65
瑞典	4.97	2.65	5.09	4.37	3.96	3.64	6.94	7.02	4.72	2.67	4.65
西班牙	7.73	5.82	3.70	5.68	3.24	1.66	3.47	5.02	4.72	3.33	4.23
荷兰	5.52	5.82	6.02	4.80	3.24	4.64	3.47	5.02	1.26	1.33	3.88
伊朗	1.66	1.59	1.39	0.87	0.36	2.65	4.51	7.36	4.40	2.67	2.96
马来西亚	1.66	1.59	2.78	1.31	2.52	2.65	3.13	5.02	3.77	3.00	2.88
巴基斯坦	0.00	1.59	3.24	0.44	2.52	1.99	4.17	1.34	7.55	2.33	2.73
比利时	2.21	3.70	3.24	2.18	1.44	3.31	1.74	4.01	3.77	1.33	2.69
丹麦	6.63	3.17	4.63	0.87	3.24	1.32	2.78	2.01	1.26	1.67	2.54
土耳其	1.66	1.59	1.39	1.31	0.72	1.66	4.51	2.34	2.83	3.33	2.23
中国台湾	2.21	1.06	0.93	2.62	2.52	2.65	2.43	2.68	2.52	1.67	2.19
阿联酋	0.55	0.00	0.00	0.00	0.36	3.97	1.04	4.35	3.77	4.33	2.12
芬兰	1.66	2.12	3.70	1.75	1.44	0.66	3.47	2.34	0.63	0.67	1.77
埃及	1.66	0.00	0.46	0.44	0.72	0.00	1.04	6.02	2.52	2.67	1.69
巴西	1.10	1.06	1.39	1.75	2.88	1.66	1.74	1.34	1.89	1.00	1.62
希腊	1.10	2.65	0.00	1.31	1.80	1.32	1.39	1.34	2.20	1.67	1.50
挪威	1.10	2.12	0.93	2.18	0.36	1.99	1.74	1.34	1.89	1.33	1.50
以色列	1.10	3.17	1.85	2.62	0.72	0.66	1.74	2.01	0.63	0.33	1.38

国家和地区	2014 年	2015 年	2016 年	2017 年	2018 年	2019 年	2020 年	2021 年	2022 年	2023 年	合计
越南	0.00	0.00	1.85	0.44	0.72	1.66	2.78	2.01	1.57	0.33	1.23
南非	0.00	2.12	0.00	0.87	1.80	1.32	1.39	1.00	2.52	0.33	1.19
新西兰	1.10	0.00	0.93	2.18	1.80	0.66	1.39	1.34	1.89	0.00	1.15
卡塔尔	1.66	0.53	3.70	0.44	0.36	1.66	1.04	1.67	0.94	0.00	1.15
爱尔兰	0.55	1.59	0.46	2.18	1.44	0.33	2.08	2.01	0.63	0.33	1.15
奥地利	1.66	1.06	0.93	2.62	0.36	1.99	0.69	0.33	1.26	0.67	1.12
俄罗斯	1.10	0.53	0.46	0.44	0.72	0.66	2.08	2.01	2.20	0.33	1.12
孟加拉国	0.55	0.00	0.00	0.00	1.80	0.00	1.04	1.67	1.26	3.00	1.04

二　B 层研究

工程与材料科学 B 层研究国际合作参与率最高的是中国大陆，为 55.84%，其次为美国的 33.93%；英国、澳大利亚的参与率也比较高，分别为 15.08%、14.16%；德国、加拿大、中国香港、韩国、沙特阿拉伯、新加坡、印度、法国、意大利、日本、伊朗、西班牙、瑞典、马来西亚、荷兰、瑞士、巴基斯坦、土耳其、中国台湾、丹麦、埃及、比利时、葡萄牙、越南、挪威、芬兰、俄罗斯、阿联酋、波兰、巴西、阿尔及利亚、希腊、奥地利、爱尔兰、南非、以色列也有一定的参与率，在 9% ~ 0.9%。

在发展趋势上，中国大陆、沙特阿拉伯呈现相对上升趋势，美国、德国呈现相对下降趋势，其他国家和地区没有呈现明显变化。

表 6-89　工程与材料科学 B 层研究排名前 40 的国家和地区的国际合作参与率

单位：%

国家和地区	2014 年	2015 年	2016 年	2017 年	2018 年	2019 年	2020 年	2021 年	2022 年	2023 年	合计
中国大陆	38.93	41.96	44.94	51.36	56.33	58.29	57.99	60.22	66.70	68.20	55.84
美国	43.41	41.48	40.74	42.39	39.11	37.29	32.01	26.77	24.45	21.03	33.93
英国	12.79	14.31	14.51	16.10	14.23	14.49	16.93	15.66	15.57	15.02	15.08
澳大利亚	10.84	11.31	12.92	13.47	15.09	14.26	16.50	16.38	14.29	14.01	14.16
德国	13.88	10.61	11.04	9.23	9.06	8.50	8.36	7.57	7.88	6.48	8.98

国家和地区	2014 年	2015 年	2016 年	2017 年	2018 年	2019 年	2020 年	2021 年	2022 年	2023 年	合计
加拿大	7.80	9.70	8.00	8.14	7.75	7.66	8.43	8.09	8.74	7.80	8.19
中国香港	5.79	6.70	6.46	8.01	7.30	9.11	7.70	7.36	8.84	10.38	7.90
韩国	5.96	6.48	6.32	5.47	6.23	5.95	6.83	8.91	8.63	9.25	7.13
沙特阿拉伯	3.90	6.00	5.16	5.51	5.58	5.95	6.25	8.74	9.74	11.20	7.03
新加坡	7.68	6.16	6.46	7.13	6.60	6.98	6.54	6.68	6.44	6.75	6.72
印度	4.07	4.23	3.66	4.16	4.72	5.57	6.76	9.91	10.31	9.95	6.65
法国	7.97	6.00	7.38	6.69	5.58	5.60	5.70	4.47	4.69	2.69	5.52
意大利	6.42	7.61	6.41	5.60	5.13	4.88	4.58	4.78	4.01	3.51	5.14
日本	5.33	5.14	6.03	5.12	4.26	5.72	4.07	4.58	5.84	4.68	5.04
伊朗	3.27	3.27	3.13	3.54	4.35	4.73	5.23	6.74	5.48	4.88	4.62
西班牙	6.42	5.41	5.11	4.20	3.44	3.74	3.60	3.51	3.08	3.32	4.03
瑞典	3.56	4.66	3.91	3.46	4.22	3.55	4.00	4.06	3.58	2.97	3.78
马来西亚	2.58	2.89	3.28	4.07	3.44	3.32	3.23	4.58	4.08	3.67	3.58
荷兰	3.96	4.23	4.92	3.41	3.61	2.94	3.85	2.55	2.43	1.91	3.29
瑞士	4.93	3.75	3.81	3.32	3.73	2.97	3.02	2.79	2.76	2.26	3.24
巴基斯坦	0.86	0.96	1.45	1.75	2.01	2.29	3.05	4.96	5.55	5.58	3.07
土耳其	1.72	2.63	1.45	1.71	1.31	1.72	2.51	3.23	4.33	5.66	2.72
中国台湾	2.64	2.14	1.64	1.57	2.09	2.44	2.54	3.30	3.22	3.24	2.54
丹麦	2.87	2.73	3.18	2.80	2.87	1.68	2.54	1.79	2.47	2.07	2.45
埃及	0.69	1.93	2.07	1.71	1.27	1.37	1.20	3.20	3.33	4.76	2.24
比利时	3.04	2.20	3.28	2.49	2.46	2.17	1.96	1.89	1.25	0.90	2.09
葡萄牙	2.35	1.61	1.59	1.97	2.01	1.91	2.11	1.62	2.58	1.99	1.98
越南	0.52	0.59	0.63	1.14	1.11	2.25	3.45	3.34	2.18	1.72	1.84
挪威	1.43	1.50	1.64	1.44	1.89	1.56	2.14	2.31	2.22	1.72	1.83
芬兰	1.95	2.14	2.03	1.84	1.60	1.79	1.93	1.72	1.47	1.52	1.78
俄罗斯	1.09	1.18	1.30	1.18	1.35	1.22	1.16	2.13	2.43	2.30	1.58
阿联酋	0.57	0.70	0.72	0.44	0.86	1.68	1.20	2.58	2.36	3.59	1.58
波兰	0.75	1.02	0.87	1.22	1.07	0.84	1.56	2.24	1.90	2.73	1.48
巴西	0.75	1.82	1.49	1.18	1.60	1.64	1.38	1.79	1.18	0.82	1.38
阿尔及利亚	0.46	0.80	0.87	1.31	0.78	1.64	2.03	1.51	1.00	1.87	1.29
希腊	1.72	1.29	1.40	1.40	0.78	0.53	1.24	1.10	1.58	0.90	1.17
奥地利	1.03	1.29	1.88	1.57	1.31	0.95	1.16	0.72	0.72	1.13	1.15
爱尔兰	1.72	1.29	1.49	0.70	1.39	0.80	0.58	1.20	1.40	0.90	1.12
南非	0.57	0.91	1.06	1.31	0.74	0.95	1.24	1.10	0.93	1.05	1.00
以色列	1.26	1.13	1.54	1.27	0.94	0.76	0.80	0.65	0.68	0.62	0.93

三 C层研究

工程与材料科学C层研究国际合作参与率最高的是中国大陆，为49.14%，其次为美国的29.38%；英国、澳大利亚的参与率也比较高，分别为14.37%、11.05%；德国、加拿大、印度、中国香港、韩国、沙特阿拉伯、法国、意大利、新加坡、日本、伊朗、西班牙、巴基斯坦、马来西亚、荷兰、瑞典、埃及、瑞士、中国台湾、土耳其、丹麦、比利时、葡萄牙、俄罗斯、巴西、芬兰、波兰、越南、挪威、阿联酋、奥地利、希腊、爱尔兰、伊拉克、捷克、南非也有一定的参与率，在9%~0.9%。

在发展趋势上，中国大陆、印度呈现相对上升趋势，美国呈现相对下降趋势，其他国家和地区没有呈现明显变化。

表6-90 工程与材料科学C层研究排名前40的国家和地区的国际合作参与率

单位：%

国家和地区	2014年	2015年	2016年	2017年	2018年	2019年	2020年	2021年	2022年	2023年	合计
中国大陆	35.27	38.51	41.80	45.64	50.32	53.47	52.83	53.56	54.76	53.92	49.14
美国	36.45	35.72	34.52	35.03	33.26	31.52	27.72	24.92	21.99	20.10	29.38
英国	14.10	14.10	15.00	14.35	14.88	14.29	14.38	14.41	14.45	13.74	14.37
澳大利亚	9.14	9.84	9.24	10.54	11.50	12.07	11.94	12.36	11.75	10.37	11.05
德国	10.88	10.09	9.41	9.00	8.24	7.70	7.71	7.30	7.37	7.06	8.27
加拿大	8.40	8.35	8.01	7.44	7.69	7.26	7.29	7.64	7.46	7.15	7.61
印度	3.91	4.16	4.81	4.74	5.30	5.74	7.50	9.43	10.64	11.37	7.10
中国香港	5.99	6.25	6.49	6.68	6.92	6.65	6.91	7.22	7.98	8.48	7.04
韩国	6.18	6.06	6.03	5.75	5.87	6.11	6.82	6.83	7.38	8.22	6.59
沙特阿拉伯	3.50	4.03	4.01	4.25	4.26	4.63	6.77	8.55	10.31	11.63	6.51
法国	8.71	7.85	7.88	7.02	6.06	5.17	4.90	4.83	4.00	4.04	5.79
意大利	7.27	7.37	6.51	6.58	6.01	4.92	5.22	5.10	5.14	4.97	5.76
新加坡	5.10	5.37	5.42	5.41	5.51	5.73	5.53	5.40	5.15	5.56	5.43
日本	5.91	5.55	5.32	5.04	4.75	4.92	4.48	4.36	4.56	4.28	4.83
伊朗	3.07	3.22	3.48	3.61	4.36	5.23	5.38	5.59	5.43	5.33	4.63
西班牙	6.31	5.78	5.55	5.09	4.60	4.28	3.97	3.80	4.09	4.13	4.62
巴基斯坦	1.09	1.42	1.81	1.93	2.31	2.94	3.96	4.98	6.02	5.98	3.49

续表

国家和地区	2014 年	2015 年	2016 年	2017 年	2018 年	2019 年	2020 年	2021 年	2022 年	2023 年	合计
马来西亚	2.90	2.58	2.97	2.76	2.82	3.25	3.84	4.04	4.12	4.39	3.45
荷兰	3.89	4.02	4.04	3.45	3.24	3.22	3.19	2.89	2.71	2.35	3.22
瑞典	3.82	3.49	3.43	3.41	3.17	3.03	2.83	3.13	3.00	2.89	3.17
埃及	1.52	1.65	1.61	1.75	1.98	2.31	3.50	4.01	4.89	5.50	3.05
瑞士	3.84	3.83	3.42	3.43	3.20	2.63	2.44	2.13	2.09	2.01	2.80
中国台湾	2.34	1.98	2.03	2.07	2.07	2.26	2.74	3.43	3.34	3.01	2.59
土耳其	1.72	1.80	1.71	1.76	1.86	1.94	2.60	3.18	3.79	3.85	2.51
丹麦	2.37	2.58	2.50	2.54	2.44	2.35	2.61	2.49	2.31	2.21	2.44
比利时	2.72	2.92	2.59	2.22	2.41	1.85	2.02	1.78	1.70	1.77	2.13
葡萄牙	2.11	2.05	2.04	1.85	2.00	2.04	1.85	2.06	1.76	1.47	1.91
俄罗斯	1.43	1.40	1.44	1.54	1.69	1.63	1.93	2.39	2.28	1.83	1.80
巴西	2.01	1.69	2.06	1.80	1.73	1.77	1.84	1.87	1.47	1.30	1.74
芬兰	1.75	1.90	1.76	1.62	1.75	1.79	1.60	1.73	1.68	1.37	1.68
波兰	1.09	1.37	1.27	1.25	1.15	1.10	1.58	2.01	2.14	2.57	1.60
越南	0.47	0.65	0.78	0.77	1.12	1.85	3.52	2.21	1.61	1.45	1.56
挪威	1.55	1.31	1.40	1.31	1.25	1.56	1.62	1.73	1.92	1.70	1.56
阿联酋	0.68	1.11	0.95	0.85	0.88	1.40	1.57	1.79	2.30	2.69	1.49
奥地利	1.49	1.52	1.47	1.41	1.22	1.00	1.10	1.02	1.03	1.10	1.20
希腊	1.44	1.36	1.41	1.31	1.11	1.03	0.97	1.08	1.11	0.92	1.15
爱尔兰	1.16	1.15	1.28	0.98	0.98	0.99	0.96	1.09	1.21	1.10	1.08
伊拉克	0.37	0.51	0.64	0.65	0.71	0.77	1.13	1.12	1.73	2.03	1.02
捷克	1.01	0.93	0.88	0.83	0.79	0.90	1.01	1.12	1.17	1.18	0.99
南非	0.76	0.86	0.89	0.90	0.69	0.73	0.85	0.98	1.30	1.23	0.93

第七章　信息科学

信息科学是研究信息的获取、存储、传输和处理的科学。随着学科发展和经济社会进步，信息科学的研究拓展到高速网络及信息安全、高性能计算（网络计算与并行计算）、软件技术与高性能算法、虚拟现实与网络多媒体技术、控制技术、电子与光子学器件技术等领域。

第一节　学科

信息科学学科组包括以下学科：电信、影像科学和照相技术、计算机理论和方法、软件工程、计算机硬件和体系架构、信息系统、控制论、计算机跨学科应用、自动化和控制系统、机器人学、量子科学和技术、人工智能，共计 12 个。

一　电信

电信 A、B、C 层研究国际合作参与率最高的均为中国大陆，分别为 54.21%、57.33%、50.53%；美国 A、B、C 层研究国际合作参与率均排名第二，分别为 42.06%、35.11%、30.51%。

英国、加拿大、澳大利亚、新加坡、法国、韩国、德国 A 层研究国际合作参与率也比较高，在 27%~10%；中国香港、瑞典、印度、芬兰、意大利、卡塔尔、希腊、沙特阿拉伯、日本、马来西亚、西班牙也有一定的参与率，在 10%~3%。

英国、加拿大、澳大利亚 B 层研究国际合作参与率也比较高，在 23%~12%；韩国、新加坡、德国、法国、沙特阿拉伯、印度、中国香港、意大利、瑞典、日本、芬兰、巴基斯坦、西班牙、中国台湾、挪威也有一定的参与率，在 8%~2%。

英国、加拿大 C 层研究国际合作参与率也比较高，分别为 17.86%、12.49%；澳大利亚、沙特阿拉伯、韩国、印度、新加坡、中国香港、法国、意大利、德国、巴基斯坦、西班牙、日本、瑞典、芬兰、中国台湾、马来西亚也有一定的参与率，在 10%~3%。

表 7-1　电信 A 层研究排名前 20 的国家和地区的国际合作参与率

单位：%

国家和地区	2014 年	2015 年	2016 年	2017 年	2018 年	2019 年	2020 年	2021 年	2022 年	2023 年	合计
中国大陆	33.33	41.18	35.29	40.91	63.64	51.85	46.15	62.96	63.64	94.74	54.21
美国	53.33	52.94	52.94	50.00	31.82	33.33	42.31	40.74	45.45	26.32	42.06
英国	6.67	23.53	35.29	27.27	22.73	22.22	15.38	29.63	45.45	31.58	26.17
加拿大	13.33	5.88	17.65	31.82	18.18	14.81	7.69	25.93	22.73	31.58	19.16
澳大利亚	13.33	11.76	5.88	9.09	4.55	25.93	19.23	11.11	27.27	10.53	14.49
新加坡	0.00	17.65	11.76	4.55	13.64	29.63	19.23	14.81	13.64	10.53	14.49
法国	33.33	5.88	17.65	13.64	9.09	22.22	11.54	14.81	0.00	5.26	13.08
韩国	13.33	11.76	5.88	27.27	13.64	11.11	11.54	11.11	13.64	10.53	13.08
德国	6.67	11.76	5.88	13.64	13.64	7.41	7.69	18.52	13.64	5.26	10.75
中国香港	0.00	11.76	5.88	9.09	9.09	3.70	15.38	7.41	9.09	21.05	9.35
瑞典	6.67	0.00	5.88	13.64	4.55	7.41	15.38	11.11	4.55	10.53	8.41
印度	6.67	0.00	5.88	4.55	0.00	7.41	7.69	7.41	13.64	5.26	6.07
芬兰	13.33	0.00	17.65	9.09	4.55	3.70	7.69	3.70	0.00	0.00	5.61
意大利	6.67	11.76	5.88	4.55	0.00	0.00	15.38	3.70	9.09	0.00	5.61
卡塔尔	0.00	11.76	5.88	4.55	0.00	3.70	11.54	7.41	0.00	0.00	5.14
希腊	0.00	5.88	0.00	9.09	4.55	11.11	3.85	3.70	4.55	0.00	4.67
沙特阿拉伯	6.67	0.00	5.88	0.00	9.09	11.11	7.69	0.00	0.00	0.00	4.21
日本	0.00	0.00	5.88	4.55	9.09	0.00	0.00	7.41	0.00	10.53	3.74
马来西亚	0.00	0.00	0.00	0.00	4.55	7.41	7.69	0.00	9.09	0.00	3.27
西班牙	13.33	5.88	5.88	4.55	0.00	0.00	0.00	3.70	0.00	5.26	3.27

表 7-2　电信 B 层研究排名前 20 的国家和地区的国际合作参与率

单位：%

国家和地区	2014 年	2015 年	2016 年	2017 年	2018 年	2019 年	2020 年	2021 年	2022 年	2023 年	合计
中国大陆	42.96	46.75	48.65	51.61	59.75	53.96	56.82	63.29	68.12	73.89	57.33
美国	40.74	39.61	37.30	46.08	38.98	36.23	31.44	30.38	24.89	29.44	35.11
英国	15.56	22.73	22.70	19.82	18.22	21.51	26.52	23.63	27.95	19.44	22.17
加拿大	14.81	20.78	19.46	16.13	12.71	12.45	13.26	15.61	15.72	18.33	15.56
澳大利亚	7.41	7.79	8.11	11.52	9.75	13.96	14.39	17.30	13.10	16.11	12.37
韩国	5.19	3.90	9.73	9.22	8.47	4.91	11.36	7.59	8.73	8.89	7.99
新加坡	11.11	6.49	5.41	6.91	4.24	10.57	7.58	8.44	8.30	10.56	7.90
德国	12.59	9.74	11.89	8.29	5.93	5.28	5.30	5.91	3.93	5.56	6.99
法国	8.15	8.44	9.19	7.37	4.66	5.66	7.20	8.02	6.55	3.33	6.76
沙特阿拉伯	6.67	1.95	2.70	6.45	5.08	7.55	9.09	10.13	5.68	7.22	6.52
印度	2.22	3.25	4.86	3.23	5.08	7.55	6.44	11.81	9.17	6.67	6.37
中国香港	5.93	5.84	8.65	4.61	5.51	4.53	7.20	3.38	7.42	8.33	6.04
意大利	8.15	9.74	5.95	5.07	3.81	6.04	6.44	4.64	3.49	3.33	5.47
瑞典	3.70	10.39	7.03	7.83	5.51	4.15	4.92	5.91	3.49	1.67	5.38
日本	4.44	2.60	4.86	3.23	2.97	3.40	4.92	4.22	10.92	8.89	5.04
芬兰	3.70	5.84	4.86	5.07	3.81	4.15	4.92	6.75	4.37	5.00	4.85
巴基斯坦	2.22	1.30	1.62	2.76	6.36	5.66	6.44	4.22	3.49	4.44	4.14
西班牙	9.63	1.95	7.03	3.23	5.08	3.02	2.27	1.27	2.62	1.67	3.52
中国台湾	0.74	3.90	3.24	3.69	1.69	2.64	3.03	4.22	4.37	2.78	3.09
挪威	0.74	0.65	1.08	1.84	3.39	4.53	3.79	4.64	2.62	1.67	2.76

表 7-3　电信 C 层研究排名前 20 的国家和地区的国际合作参与率

单位：%

国家和地区	2014 年	2015 年	2016 年	2017 年	2018 年	2019 年	2020 年	2021 年	2022 年	2023 年	合计
中国大陆	38.94	43.43	49.08	47.99	55.26	55.43	51.06	48.54	52.84	55.87	50.53
美国	40.46	36.22	37.93	37.29	33.65	31.95	27.17	23.22	23.53	21.08	30.51
英国	16.11	16.08	17.77	17.59	18.67	17.42	16.77	18.54	19.96	18.64	17.86
加拿大	14.10	12.73	13.85	11.88	12.87	11.92	10.45	12.90	12.78	12.78	12.49
澳大利亚	6.41	6.92	6.68	8.95	11.09	9.38	9.74	11.59	10.29	11.21	9.49
沙特阿拉伯	4.25	4.55	4.96	4.94	4.66	6.46	11.82	11.89	9.44	10.16	7.68
韩国	4.33	5.80	6.43	6.64	7.54	6.98	9.16	9.49	8.13	9.58	7.63
印度	3.13	3.50	3.55	3.65	6.29	6.42	10.86	11.72	11.65	9.35	7.48

续表

国家和地区	2014 年	2015 年	2016 年	2017 年	2018 年	2019 年	2020 年	2021 年	2022 年	2023 年	合计
新加坡	7.45	7.83	7.54	5.25	5.95	5.72	6.08	6.34	5.92	8.89	6.55
中国香港	7.45	6.29	7.48	6.28	5.90	5.85	4.91	4.46	6.48	7.67	6.12
法国	9.78	8.11	7.90	7.36	5.28	5.28	4.20	5.07	4.32	3.19	5.76
意大利	7.93	10.07	6.86	7.10	5.62	4.93	4.00	5.07	4.27	4.12	5.72
德国	8.65	8.39	6.92	6.58	4.99	4.50	3.75	4.11	5.59	4.12	5.48
巴基斯坦	1.92	1.68	2.14	3.40	3.84	5.94	8.07	8.53	6.20	6.74	5.23
西班牙	6.01	6.08	5.21	5.25	4.18	4.15	3.83	3.63	3.90	3.66	4.44
日本	4.25	5.03	3.62	4.53	3.65	3.62	3.54	3.59	3.76	4.36	3.93
瑞典	5.53	4.97	5.70	4.94	3.65	3.88	2.79	2.84	3.10	2.50	3.83
芬兰	4.81	5.17	4.04	3.86	3.12	3.62	3.50	3.63	3.33	3.37	3.75
中国台湾	3.45	3.01	3.06	2.26	2.83	2.14	3.75	5.33	4.09	3.66	3.39
马来西亚	1.84	1.40	1.47	2.88	2.54	3.93	5.29	4.77	3.24	3.31	3.28

二 影像科学和照相技术

影像科学和照相技术 A、B、C 层研究国际合作参与率最高的均为中国大陆，分别为 70.69%、59.84%、53.53%；美国 A、B、C 层研究国际合作参与率均排名第二，分别为 41.38%、43.50%、41.14%。

德国、澳大利亚、法国、中国香港、英国、加拿大 A 层研究国际合作参与率也比较高，在 18%~10%；荷兰、瑞士、阿联酋、新加坡、韩国、西班牙、奥地利、意大利、日本、中国台湾、比利时、丹麦也有一定的参与率，在 9%~1%。

德国、英国、澳大利亚、法国、意大利、西班牙、中国香港 B 层研究国际合作参与率也比较高，在 22%~10%；加拿大、瑞士、荷兰、日本、新加坡、比利时、印度、冰岛、韩国、奥地利、阿联酋也有一定的参与率，在 10%~3%。

德国、英国、澳大利亚、法国 C 层研究国际合作参与率也比较高，在 15%~10%；意大利、中国香港、加拿大、西班牙、荷兰、瑞士、日本、韩国、新加坡、比利时、印度、奥地利、伊朗、巴西也有一定的参与率，在10%~2%。

表 7-4　影像科学和照相技术 A 层研究排名前 20 的国家和地区的国际合作参与率

单位：%

国家和地区	2014 年	2015 年	2016 年	2017 年	2018 年	2019 年	2020 年	2021 年	2022 年	2023 年	合计
中国大陆	66.67	0.00	66.67	50.00	75.00	100.00	50.00	72.73	75.00	87.50	70.69
美国	33.33	100.00	0.00	75.00	50.00	28.57	37.50	63.64	25.00	25.00	41.38
德国	0.00	50.00	33.33	50.00	0.00	28.57	12.50	0.00	12.50	25.00	17.24
澳大利亚	0.00	0.00	33.33	25.00	25.00	0.00	0.00	18.18	25.00	25.00	15.52
法国	0.00	50.00	0.00	0.00	0.00	0.00	12.50	18.18	12.50	37.50	15.52
中国香港	33.33	0.00	33.33	0.00	25.00	28.57	0.00	18.18	25.00	0.00	15.52
英国	33.33	50.00	0.00	0.00	0.00	0.00	12.50	18.18	25.00	12.50	13.79
加拿大	33.33	50.00	0.00	0.00	25.00	0.00	12.50	0.00	0.00	25.00	10.34
荷兰	33.33	0.00	0.00	0.00	0.00	14.29	0.00	0.00	12.50	0.00	8.62
瑞士	0.00	50.00	0.00	50.00	0.00	0.00	0.00	9.09	0.00	0.00	6.90
阿联酋	0.00	0.00	0.00	0.00	0.00	14.29	12.50	9.09	12.50	0.00	6.90
新加坡	33.33	0.00	0.00	0.00	0.00	28.57	0.00	0.00	0.00	0.00	5.17
韩国	0.00	0.00	0.00	0.00	25.00	0.00	0.00	9.09	12.50	0.00	5.17
西班牙	0.00	0.00	0.00	25.00	0.00	0.00	0.00	9.09	12.50	0.00	5.17
奥地利	0.00	0.00	33.33	25.00	0.00	0.00	0.00	0.00	0.00	0.00	3.45
意大利	0.00	0.00	0.00	0.00	0.00	0.00	25.00	0.00	0.00	0.00	3.45
日本	0.00	0.00	0.00	0.00	0.00	14.29	0.00	9.09	0.00	0.00	3.45
中国台湾	0.00	0.00	0.00	0.00	0.00	0.00	12.50	9.09	0.00	0.00	3.45
比利时	0.00	0.00	0.00	0.00	0.00	0.00	0.00	9.09	0.00	0.00	1.72
丹麦	0.00	50.00	0.00	0.00	0.00	0.00	0.00	0.00	0.00	0.00	1.72

表 7-5　影像科学和照相技术 B 层研究排名前 20 的国家和地区的国际合作参与率

单位：%

国家和地区	2014 年	2015 年	2016 年	2017 年	2018 年	2019 年	2020 年	2021 年	2022 年	2023 年	合计
中国大陆	46.67	39.47	40.00	43.24	52.27	61.22	51.85	72.97	67.47	84.38	59.84
美国	60.00	21.05	54.29	48.65	52.27	46.94	46.30	51.35	39.76	25.00	43.50
德国	30.00	18.42	22.86	27.03	15.91	28.57	27.78	14.86	21.69	18.75	21.85

续表

国家和地区	2014 年	2015 年	2016 年	2017 年	2018 年	2019 年	2020 年	2021 年	2022 年	2023 年	合计
英国	6.67	21.05	20.00	16.22	15.91	16.33	14.81	21.62	15.66	10.94	16.14
澳大利亚	10.00	5.26	5.71	10.81	11.36	28.57	11.11	12.16	15.66	14.06	13.19
法国	3.33	23.68	5.71	21.62	9.09	12.24	14.81	8.11	8.43	9.38	11.22
意大利	3.33	15.79	8.57	16.22	6.82	28.57	7.41	16.22	8.43	1.56	11.22
西班牙	13.33	10.53	11.43	18.92	9.09	20.41	12.96	8.11	2.41	6.25	10.24
中国香港	6.67	5.26	11.43	0.00	18.18	6.12	5.56	13.51	12.05	14.06	10.04
加拿大	13.33	7.89	8.57	8.11	6.82	14.29	20.37	9.46	4.82	6.25	9.65
瑞士	3.33	5.26	17.14	10.81	9.09	10.20	5.56	6.76	12.05	7.81	8.86
荷兰	3.33	18.42	8.57	10.81	9.09	12.24	11.11	5.41	6.02	1.56	8.07
日本	3.33	2.63	2.86	8.11	2.27	8.16	12.96	6.76	7.23	4.69	6.30
新加坡	0.00	2.63	2.86	0.00	4.55	2.04	0.00	9.46	13.25	7.81	5.51
比利时	6.67	13.16	2.86	10.81	4.55	4.08	5.56	4.05	2.41	3.13	5.12
印度	0.00	2.63	2.86	5.41	4.55	4.08	9.26	5.41	2.41	3.13	4.13
冰岛	6.67	13.16	0.00	10.81	4.55	2.04	3.70	2.70	0.00	3.13	3.94
韩国	0.00	0.00	2.86	0.00	4.55	10.20	5.56	1.35	2.41	4.69	3.35
奥地利	6.67	2.63	2.86	5.41	2.27	8.16	5.56	1.35	1.20	0.00	3.15
阿联酋	0.00	0.00	0.00	2.70	9.09	2.04	1.85	8.11	2.41	1.56	3.15

表 7-6　影像科学和照相技术 C 层研究排名前 20 的国家和地区的国际合作参与率

单位：%

国家和地区	2014 年	2015 年	2016 年	2017 年	2018 年	2019 年	2020 年	2021 年	2022 年	2023 年	合计
中国大陆	39.74	39.95	45.75	46.34	47.46	52.47	50.08	61.56	66.54	61.90	53.53
美国	45.19	41.30	49.04	46.34	45.90	39.05	39.12	41.80	38.41	31.35	41.14
德国	14.42	19.02	16.99	13.95	16.02	15.55	11.80	12.22	14.71	10.91	14.22
英国	10.26	14.13	13.15	13.24	11.91	16.96	14.00	12.46	11.20	11.71	12.91
澳大利亚	8.65	8.70	8.77	9.69	9.18	9.54	10.29	12.34	14.58	10.12	10.67
法国	12.82	14.13	11.51	11.11	8.01	11.31	10.46	9.82	7.29	8.13	10.05
意大利	11.54	14.67	11.23	13.00	9.38	9.89	9.44	6.59	7.42	9.33	9.63
中国香港	7.05	5.16	7.95	4.96	7.62	6.36	5.90	12.46	15.49	11.31	9.17
加拿大	8.97	9.51	6.30	9.93	6.84	9.01	8.26	8.50	7.03	7.54	8.12
西班牙	11.22	6.25	11.51	9.93	8.20	8.30	8.26	6.23	4.69	5.95	7.59
荷兰	6.09	11.96	8.77	6.38	5.66	7.60	6.58	5.27	3.65	4.56	6.25

国家和地区	2014 年	2015 年	2016 年	2017 年	2018 年	2019 年	2020 年	2021 年	2022 年	2023 年	合计
瑞士	7.69	8.42	7.12	4.73	7.42	4.77	3.71	5.39	6.25	2.58	5.60
日本	3.85	2.99	1.64	2.84	5.47	5.48	5.90	3.23	3.13	5.56	4.08
韩国	1.92	2.45	3.01	0.71	5.27	5.48	5.40	4.07	3.26	4.17	3.79
新加坡	1.28	0.54	3.56	2.36	4.10	2.65	1.35	5.51	5.86	5.75	3.68
比利时	2.88	5.98	5.21	3.55	3.91	4.59	4.05	2.40	3.52	1.98	3.66
印度	2.88	1.90	2.19	2.36	2.93	3.71	4.05	3.95	2.99	5.36	3.37
奥地利	3.85	5.16	4.38	3.07	2.93	2.83	3.71	2.40	3.39	1.98	3.22
伊朗	1.60	1.09	0.82	1.18	1.37	4.59	6.41	3.11	2.47	3.37	2.86
巴西	2.24	2.72	2.47	2.84	1.17	3.89	2.70	2.63	0.78	2.38	2.33

三　计算机理论和方法

计算机理论和方法 A 层研究国际合作参与率最高的是美国，为 50.22%，其次为中国大陆的 49.35%；英国、中国香港、新加坡、澳大利亚、德国的参与率也比较高，在 17% ~ 10%；加拿大、瑞士、印度、西班牙、韩国、芬兰、法国、意大利、奥地利、荷兰、瑞典、以色列、中国台湾也有一定的参与率，在 10% ~ 2%。

B 层研究国际合作参与率最高的是中国大陆，为 52.89%，其次为美国的 43.82%；英国、澳大利亚、中国香港的参与率也比较高，在 17% ~ 10%；新加坡、加拿大、德国、印度、瑞士、法国、意大利、沙特阿拉伯、西班牙、韩国、日本、荷兰、芬兰、瑞典、中国台湾也有一定的参与率，在 10% ~ 1%。

C 层研究国际合作参与率最高的是中国大陆，为 40.45%，其次为美国的 39.73%；英国、澳大利亚、德国的参与率也比较高，在 16% ~ 10%；加拿大、中国香港、法国、新加坡、印度、意大利、瑞士、西班牙、韩国、荷兰、沙特阿拉伯、日本、奥地利、以色列、瑞典也有一定的参与率，在 9% ~ 2%。

表 7-7　计算机理论和方法 A 层研究排名前 20 的国家和地区的国际合作参与率

单位：%

国家和地区	2014 年	2015 年	2016 年	2017 年	2018 年	2019 年	2020 年	2021 年	2022 年	2023 年	合计
美国	55.00	65.00	52.00	54.17	51.72	46.43	37.50	50.00	45.00	47.37	50.22
中国大陆	25.00	55.00	44.00	45.83	34.48	67.86	58.33	45.45	65.00	52.63	49.35
英国	5.00	30.00	12.00	16.67	20.69	14.29	0.00	22.73	15.00	31.58	16.45
中国香港	15.00	10.00	8.00	12.50	10.34	21.43	16.67	9.09	25.00	26.32	15.15
新加坡	15.00	5.00	20.00	12.50	6.90	25.00	8.33	18.18	30.00	5.26	14.72
澳大利亚	10.00	10.00	8.00	4.17	3.45	28.57	12.50	22.73	25.00	15.79	13.85
德国	15.00	10.00	24.00	12.50	6.90	10.71	4.17	9.09	5.00	10.53	10.82
加拿大	10.00	10.00	8.00	4.17	10.34	0.00	25.00	18.18	0.00	10.53	9.52
瑞士	5.00	10.00	12.00	12.50	13.79	3.57	4.17	0.00	0.00	10.53	7.36
印度	10.00	0.00	4.00	0.00	3.45	0.00	4.17	9.09	15.00	21.05	6.06
西班牙	10.00	5.00	0.00	0.00	6.90	0.00	12.50	9.09	0.00	21.05	6.06
韩国	5.00	5.00	4.00	4.17	3.45	3.57	8.33	4.55	5.00	10.53	5.19
芬兰	10.00	0.00	4.00	8.33	3.45	0.00	4.17	9.09	5.00	5.26	4.76
法国	0.00	10.00	0.00	8.33	3.45	0.00	8.33	13.64	0.00	0.00	4.33
意大利	5.00	5.00	8.00	0.00	3.45	0.00	0.00	9.09	10.00	5.26	4.33
奥地利	0.00	5.00	4.00	8.33	3.45	3.57	0.00	4.55	0.00	0.00	3.03
荷兰	5.00	0.00	0.00	0.00	3.45	0.00	4.17	9.09	0.00	5.26	3.03
瑞典	0.00	10.00	0.00	0.00	0.00	3.57	0.00	4.55	10.00	0.00	2.60
以色列	5.00	0.00	0.00	4.17	0.00	0.00	4.17	4.55	5.00	0.00	2.16
中国台湾	0.00	0.00	0.00	0.00	0.00	3.57	4.17	9.09	5.00	0.00	2.16

表 7-8　计算机理论和方法 B 层研究排名前 20 的国家和地区的国际合作参与率

单位：%

国家和地区	2014 年	2015 年	2016 年	2017 年	2018 年	2019 年	2020 年	2021 年	2022 年	2023 年	合计
中国大陆	41.67	42.11	49.33	44.80	53.31	58.25	48.56	64.57	60.89	62.12	52.89
美国	52.22	41.63	48.89	53.39	43.55	50.84	36.06	38.57	36.63	33.33	43.82
英国	13.33	19.62	18.67	18.55	15.33	12.79	19.23	15.25	15.84	17.68	16.49
澳大利亚	8.89	13.40	11.11	16.74	16.72	17.17	17.31	14.35	14.85	14.65	14.76
中国香港	12.22	10.53	11.11	10.86	11.50	14.14	3.85	8.52	9.41	11.11	10.49
新加坡	8.89	8.61	7.11	10.41	12.20	10.44	8.65	10.31	9.90	9.09	9.69
加拿大	14.44	8.61	6.67	7.69	8.01	7.74	6.73	11.21	8.91	8.59	8.71
德国	7.78	10.05	8.89	10.41	6.27	8.08	7.69	6.73	8.42	9.60	8.31

国家和地区	2014 年	2015 年	2016 年	2017 年	2018 年	2019 年	2020 年	2021 年	2022 年	2023 年	合计
印度	5.00	5.26	5.78	4.52	7.67	4.71	4.81	5.83	6.93	7.07	5.78
瑞士	3.89	6.22	4.00	6.33	4.88	3.70	3.37	6.28	4.46	5.56	4.84
法国	6.11	7.66	8.00	4.98	4.88	2.36	2.88	3.14	3.96	4.55	4.76
意大利	3.33	4.31	6.67	4.98	5.23	3.03	4.81	4.04	5.94	5.05	4.71
沙特阿拉伯	4.44	2.87	6.22	2.26	2.79	2.69	7.21	7.17	7.92	5.05	4.71
西班牙	6.67	3.83	3.11	3.17	2.44	3.37	6.73	5.83	4.46	7.58	4.53
韩国	2.78	1.91	4.00	4.98	3.14	6.06	3.37	4.48	8.91	4.55	4.44
日本	2.22	1.91	3.56	3.17	4.18	4.04	5.77	1.35	3.96	3.54	3.42
荷兰	1.67	3.35	1.33	3.17	1.74	3.37	3.85	0.90	1.49	3.54	2.44
芬兰	1.67	4.31	2.67	0.90	2.44	1.68	0.48	1.79	3.47	1.52	2.09
瑞典	1.67	2.87	1.78	0.90	1.74	2.69	2.40	0.90	2.48	2.02	1.96
中国台湾	1.67	1.91	0.89	0.45	0.35	1.68	1.92	3.14	3.47	4.55	1.91

表 7-9　计算机理论和方法 C 层研究排名前 20 的国家和地区的国际合作参与率

单位：%

国家和地区	2014 年	2015 年	2016 年	2017 年	2018 年	2019 年	2020 年	2021 年	2022 年	2023 年	合计
中国大陆	27.39	26.00	29.75	36.60	41.08	45.71	41.64	52.91	47.66	51.91	40.45
美国	40.95	42.07	41.70	48.26	40.96	43.33	34.74	35.02	34.15	33.69	39.73
英国	16.48	15.76	17.20	15.19	15.86	14.86	17.19	14.55	13.34	14.94	15.51
澳大利亚	8.36	9.72	10.05	9.89	10.45	11.91	13.27	14.08	13.02	11.07	11.23
德国	12.83	12.18	11.50	11.57	10.49	9.49	8.20	7.70	8.93	8.95	10.13
加拿大	9.23	10.90	8.30	7.48	7.85	8.17	8.52	7.23	9.48	8.63	8.51
中国香港	7.56	5.63	6.10	7.99	7.13	8.43	7.42	10.28	9.31	13.19	8.29
法国	10.90	11.92	9.75	7.90	8.35	5.90	7.42	5.49	5.23	3.87	7.59
新加坡	7.37	5.83	6.35	6.73	6.88	7.15	5.12	6.90	6.48	8.42	6.73
印度	3.72	3.89	4.45	5.06	6.25	5.60	8.78	7.98	9.59	7.68	6.29
意大利	7.13	7.16	7.85	6.36	5.83	5.33	5.64	4.74	5.23	4.93	5.98
瑞士	5.70	5.02	5.90	5.90	5.41	5.22	4.18	4.88	4.14	5.19	5.17
西班牙	6.63	6.76	5.40	4.92	5.12	3.93	3.71	4.04	4.14	3.71	4.79
韩国	2.91	3.12	3.15	4.37	3.69	4.01	4.49	3.76	4.96	5.14	3.96
荷兰	4.58	4.50	4.95	4.18	4.32	2.99	3.97	3.10	3.49	3.71	3.94
沙特阿拉伯	2.35	2.46	2.75	2.55	3.82	3.59	5.90	4.84	5.99	5.03	3.91
日本	4.21	4.61	4.10	3.81	3.65	3.40	3.34	3.29	3.70	2.97	3.69

国家和地区	2014 年	2015 年	2016 年	2017 年	2018 年	2019 年	2020 年	2021 年	2022 年	2023 年	合计
奥地利	4.09	3.63	3.10	3.25	3.06	2.87	1.93	1.69	2.02	2.44	2.80
以色列	4.15	3.68	3.50	3.44	2.56	2.23	1.99	1.74	1.58	1.69	2.63
瑞典	1.86	2.35	3.55	3.30	2.60	2.68	2.14	1.92	2.23	2.60	2.55

四　软件工程

软件工程 A、B、C 层研究国际合作参与率最高的均为中国大陆，分别为 50.56%、43.11%、38.90%；美国 A、B、C 层研究国际合作参与率均排名第二，分别为 48.31%、42.69%、38.81%。

澳大利亚、德国、英国、加拿大 A 层研究国际合作参与率也比较高，在 21%~10%；中国香港、新加坡、瑞士、印度、法国、以色列、芬兰、荷兰、奥地利、比利时、巴西、伊朗、中国澳门、瑞典也有一定的参与率，在 9%~2%。

英国、澳大利亚、加拿大、德国 B 层研究国际合作参与率也比较高，在 14%~11%；法国、新加坡、中国香港、瑞士、印度、意大利、日本、韩国、荷兰、沙特阿拉伯、瑞典、西班牙、中国台湾、芬兰也有一定的参与率，在 9%~2%。

英国、德国、澳大利亚、加拿大 C 层研究国际合作参与率也比较高，在 15%~10%；中国香港、法国、意大利、新加坡、瑞士、印度、荷兰、西班牙、奥地利、日本、沙特阿拉伯、瑞典、韩国、巴西也有一定的参与率，在 9%~2%。

表 7-10　软件工程 A 层研究排名前 20 的国家和地区的国际合作参与率

单位：%

国家和地区	2014 年	2015 年	2016 年	2017 年	2018 年	2019 年	2020 年	2021 年	2022 年	2023 年	合计
中国大陆	42.86	14.29	40.00	14.29	63.64	36.36	54.55	77.78	58.33	77.78	50.56
美国	28.57	42.86	80.00	71.43	36.36	81.82	45.45	44.44	50.00	11.11	48.31
澳大利亚	14.29	14.29	0.00	28.57	27.27	18.18	45.45	22.22	8.33	11.11	20.22

国家和地区	2014 年	2015 年	2016 年	2017 年	2018 年	2019 年	2020 年	2021 年	2022 年	2023 年	合计
德国	28.57	57.14	40.00	28.57	9.09	27.27	0.00	0.00	16.67	22.22	20.22
英国	0.00	14.29	0.00	0.00	9.09	18.18	18.18	33.33	33.33	33.33	17.98
加拿大	0.00	14.29	20.00	28.57	18.18	0.00	9.09	11.11	8.33	0.00	10.11
中国香港	0.00	14.29	0.00	0.00	0.00	9.09	18.18	11.11	8.33	22.22	8.99
新加坡	0.00	0.00	0.00	0.00	18.18	0.00	0.00	11.11	16.67	22.22	7.87
瑞士	14.29	0.00	0.00	0.00	9.09	9.09	9.09	0.00	16.67	11.11	7.87
印度	0.00	0.00	0.00	14.29	9.09	9.09	9.09	0.00	8.33	11.11	6.74
法国	28.57	0.00	0.00	14.29	0.00	0.00	0.00	0.00	0.00	11.11	4.49
以色列	14.29	0.00	0.00	0.00	0.00	9.09	9.09	0.00	8.33	0.00	4.49
芬兰	14.29	0.00	0.00	0.00	0.00	9.09	9.09	0.00	0.00	0.00	3.37
荷兰	0.00	14.29	0.00	0.00	18.18	0.00	0.00	0.00	0.00	0.00	3.37
奥地利	0.00	0.00	40.00	0.00	0.00	0.00	0.00	0.00	0.00	0.00	2.25
比利时	14.29	0.00	0.00	0.00	0.00	0.00	9.09	0.00	0.00	0.00	2.25
巴西	0.00	14.29	0.00	0.00	0.00	0.00	0.00	0.00	8.33	0.00	2.25
伊朗	14.29	0.00	0.00	0.00	0.00	0.00	0.00	0.00	8.33	0.00	2.25
中国澳门	0.00	0.00	0.00	14.29	9.09	0.00	0.00	0.00	0.00	0.00	2.25
瑞典	0.00	28.57	0.00	0.00	0.00	0.00	0.00	0.00	0.00	0.00	2.25

表 7-11 软件工程 B 层研究排名前 20 的国家和地区的国际合作参与率

单位：%

国家和地区	2014 年	2015 年	2016 年	2017 年	2018 年	2019 年	2020 年	2021 年	2022 年	2023 年	合计
中国大陆	25.76	25.35	27.27	36.71	35.92	43.93	42.99	56.69	52.46	64.13	43.11
美国	48.48	49.30	35.06	54.43	43.69	52.34	39.25	43.31	34.43	31.52	42.69
英国	21.21	14.08	20.78	16.46	10.68	15.89	12.15	7.87	13.93	10.87	13.77
澳大利亚	6.06	4.23	9.09	7.59	16.50	15.89	15.89	14.96	24.59	9.78	13.56
加拿大	15.15	12.68	20.78	11.39	11.65	7.48	14.02	13.39	11.48	8.70	12.41
德国	13.64	18.31	14.29	17.72	16.50	8.41	10.28	3.94	4.92	11.96	11.15
法国	9.09	14.08	16.88	10.13	12.62	4.67	8.41	6.30	4.92	4.35	8.62
新加坡	4.55	7.04	7.79	10.13	6.80	6.54	11.21	11.81	7.38	10.87	8.62
中国香港	3.03	4.23	10.39	5.06	10.68	7.48	3.74	6.30	8.20	13.04	7.36
瑞士	9.09	9.86	5.19	12.66	6.80	5.61	4.67	3.94	3.28	4.35	6.10
印度	3.03	4.23	2.60	1.27	4.85	7.48	11.21	6.30	9.02	4.35	5.89

续表

国家和地区	2014 年	2015 年	2016 年	2017 年	2018 年	2019 年	2020 年	2021 年	2022 年	2023 年	合计
意大利	3.03	14.08	7.79	6.33	6.80	6.54	4.67	3.94	2.46	3.26	5.57
日本	0.00	1.41	9.09	3.80	5.83	3.74	4.67	3.94	3.28	5.43	4.21
韩国	4.55	2.82	1.30	3.80	3.88	5.61	5.61	3.94	5.74	3.26	4.21
荷兰	6.06	2.82	7.79	5.06	7.77	3.74	2.80	3.94	2.46	0.00	4.10
沙特阿拉伯	0.00	2.82	0.00	1.27	1.94	2.80	6.54	10.24	5.74	2.17	3.89
瑞典	4.55	2.82	2.60	3.80	2.91	1.87	3.74	2.36	6.56	3.26	3.47
西班牙	1.52	7.04	2.60	5.06	3.88	0.93	1.87	2.36	1.64	1.09	2.63
中国台湾	0.00	1.41	0.00	1.27	0.00	0.93	2.80	7.09	4.10	4.35	2.52
芬兰	0.00	7.04	2.60	2.53	2.91	2.80	3.74	0.79	0.82	2.17	2.42

表 7-12　软件工程 C 层研究排名前 20 的国家和地区的国际合作参与率

单位：%

国家和地区	2014 年	2015 年	2016 年	2017 年	2018 年	2019 年	2020 年	2021 年	2022 年	2023 年	合计
中国大陆	25.65	24.77	28.95	29.28	35.51	41.24	42.79	43.15	49.81	55.12	38.90
美国	46.45	45.65	44.09	42.84	39.35	42.31	35.12	37.17	32.95	28.62	38.81
英国	14.19	16.06	15.01	14.71	15.56	16.35	14.53	13.97	13.78	13.70	14.74
德国	15.48	14.32	14.87	13.55	12.97	11.65	10.80	9.84	9.15	7.46	11.67
澳大利亚	6.29	6.69	6.91	9.08	10.60	11.22	15.04	16.34	13.20	12.47	11.32
加拿大	11.29	13.25	12.22	11.13	9.47	8.87	10.39	10.37	11.46	8.91	10.64
中国香港	5.81	5.62	7.04	6.01	6.65	7.59	8.17	8.08	9.83	13.92	8.05
法国	11.94	9.77	8.10	8.82	8.34	6.41	6.05	7.03	5.30	4.45	7.35
意大利	8.39	9.37	7.04	8.31	7.78	7.48	7.47	5.89	5.20	5.01	7.04
新加坡	4.52	6.02	7.70	5.88	6.88	6.84	6.76	7.12	8.00	9.13	7.00
瑞士	8.71	7.76	6.91	9.08	8.91	7.26	5.15	6.59	5.11	5.46	6.94
印度	2.58	1.87	3.19	3.71	5.07	4.70	6.46	7.38	7.90	7.80	5.37
荷兰	4.52	6.43	4.12	7.03	5.30	5.45	5.05	3.60	4.53	4.90	5.03
西班牙	6.29	5.62	5.58	6.52	4.85	3.53	3.13	3.34	3.85	2.67	4.36
奥地利	6.13	5.76	6.24	5.12	5.30	3.74	3.13	2.99	2.50	2.45	4.13
日本	2.42	4.02	4.52	5.88	3.49	5.13	4.04	3.87	3.37	2.45	3.92
沙特阿拉伯	2.74	2.68	3.05	2.30	3.27	2.99	5.15	5.01	4.62	5.90	3.91
瑞典	3.39	3.08	3.98	4.09	4.06	4.81	3.83	4.04	2.79	3.12	3.73
韩国	2.90	2.14	3.85	4.60	2.82	2.99	3.43	3.43	3.47	4.23	3.40
巴西	3.23	2.95	2.92	3.45	4.06	2.88	3.03	1.76	2.02	1.67	2.73

五 计算机硬件和体系架构

计算机硬件和体系架构 A、B、C 层研究国际合作参与率最高的均为中国大陆，分别为 67.09%、60.74%、50.32%；美国 A、B、C 层研究国际合作参与率均排名第二，分别为 51.90%、41.68%、40.78%。

澳大利亚、新加坡、英国、德国 A 层研究国际合作参与率也比较高，在 14%~10%；韩国、法国、日本、芬兰、加拿大、中国香港、希腊、印度、爱尔兰、意大利、中国澳门、挪威、波兰、瑞典也有一定的参与率，在 9%~2%。

澳大利亚、英国、加拿大 B 层研究国际合作参与率也比较高，在 18%~10%；中国香港、新加坡、韩国、印度、日本、意大利、沙特阿拉伯、德国、法国、瑞典、西班牙、瑞士、希腊、巴基斯坦、芬兰也有一定的参与率，在 9%~2%。

英国、加拿大、澳大利亚 C 层研究国际合作参与率也比较高，在 13%~10%；中国香港、德国、印度、法国、意大利、韩国、新加坡、沙特阿拉伯、瑞士、西班牙、日本、巴基斯坦、中国台湾、瑞典、芬兰也有一定的参与率，在 9%~2%。

表 7-13　计算机硬件和体系架构 A 层研究排名前 20 的国家和地区的国际合作参与率

单位：%

国家和地区	2014 年	2015 年	2016 年	2017 年	2018 年	2019 年	2020 年	2021 年	2022 年	2023 年	合计
中国大陆	66.67	80.00	66.67	28.57	75.00	66.67	25.00	55.56	100.00	100.00	67.09
美国	50.00	80.00	50.00	71.43	50.00	66.67	37.50	55.56	37.50	12.50	51.90
澳大利亚	0.00	0.00	16.67	28.57	0.00	22.22	0.00	33.33	12.50	25.00	13.92
新加坡	0.00	0.00	16.67	28.57	0.00	0.00	12.50	22.22	25.00	12.50	11.39
英国	0.00	10.00	16.67	14.29	12.50	11.11	25.00	11.11	0.00	12.50	11.39
德国	16.67	0.00	33.33	14.29	12.50	0.00	12.50	11.11	0.00	12.50	10.13
韩国	16.67	10.00	0.00	28.57	0.00	11.11	12.50	11.11	0.00	0.00	8.86
法国	33.33	10.00	0.00	0.00	0.00	0.00	25.00	0.00	0.00	0.00	6.33
日本	0.00	0.00	0.00	0.00	12.50	11.11	12.50	0.00	0.00	12.50	6.33
芬兰	16.67	0.00	0.00	0.00	0.00	0.00	25.00	11.11	0.00	0.00	5.06
加拿大	0.00	10.00	0.00	0.00	0.00	11.11	12.50	0.00	0.00	0.00	3.80

续表

国家和地区	2014 年	2015 年	2016 年	2017 年	2018 年	2019 年	2020 年	2021 年	2022 年	2023 年	合计
中国香港	0.00	0.00	0.00	0.00	0.00	0.00	0.00	0.00	25.00	12.50	3.80
希腊	0.00	0.00	0.00	14.29	0.00	0.00	12.50	0.00	0.00	0.00	2.53
印度	0.00	0.00	0.00	0.00	0.00	22.22	0.00	0.00	0.00	0.00	2.53
爱尔兰	0.00	0.00	16.67	0.00	0.00	0.00	12.50	0.00	0.00	0.00	2.53
意大利	0.00	0.00	0.00	0.00	12.50	0.00	12.50	0.00	0.00	0.00	2.53
中国澳门	16.67	0.00	0.00	0.00	12.50	0.00	0.00	0.00	0.00	0.00	2.53
挪威	0.00	0.00	0.00	14.29	0.00	0.00	0.00	0.00	0.00	12.50	2.53
波兰	0.00	0.00	0.00	0.00	0.00	0.00	12.50	0.00	12.50	0.00	2.53
瑞典	0.00	0.00	0.00	0.00	0.00	11.11	12.50	0.00	0.00	0.00	2.53

表 7-14　计算机硬件和体系架构 B 层研究排名前 20 的国家和地区的国际合作参与率

单位：%

国家和地区	2014 年	2015 年	2016 年	2017 年	2018 年	2019 年	2020 年	2021 年	2022 年	2023 年	合计
中国大陆	47.37	54.43	57.58	61.90	55.26	57.89	70.59	69.01	72.60	63.64	60.74
美国	44.74	46.84	42.42	55.56	50.00	42.11	38.24	39.44	28.77	25.45	41.68
澳大利亚	10.53	15.19	21.21	17.46	22.37	18.42	17.65	16.90	15.07	16.36	17.07
英国	14.47	15.19	12.12	12.70	11.84	19.74	10.29	15.49	15.07	20.00	14.65
加拿大	13.16	15.19	13.64	7.94	6.58	6.58	13.24	7.04	12.33	10.91	10.67
中国香港	13.16	7.59	7.58	12.70	3.95	6.58	8.82	7.04	12.33	9.09	8.82
新加坡	7.89	10.13	4.55	6.35	3.95	3.95	11.76	7.04	5.48	5.45	6.69
韩国	6.58	5.06	4.55	3.17	6.58	2.63	4.41	9.86	9.59	9.09	6.12
印度	2.63	2.53	1.52	1.59	7.89	7.89	10.29	5.63	6.85	10.91	5.69
日本	3.95	2.53	3.03	6.35	2.63	1.32	13.24	2.82	9.59	10.91	5.41
意大利	5.26	5.06	6.06	9.52	6.58	7.89	1.47	4.23	2.74	1.82	5.12
沙特阿拉伯	1.32	5.06	9.09	6.35	2.63	2.63	8.82	5.63	5.48	5.45	5.12
德国	9.21	5.06	3.03	6.35	3.95	7.89	0.00	4.23	2.74	3.64	4.69
法国	5.26	3.80	7.58	6.35	2.63	1.32	2.94	5.63	4.11	5.45	4.41
瑞典	0.00	7.59	3.03	6.35	10.53	5.26	1.47	1.41	1.37	1.82	3.98
西班牙	3.95	1.27	3.03	4.76	2.63	1.32	1.47	4.23	2.74	3.64	2.84
瑞士	2.63	3.80	1.52	3.17	2.63	3.95	1.47	2.82	4.11	0.00	2.70
希腊	3.95	7.59	4.55	3.17	1.32	0.00	1.47	2.82	0.00	0.00	2.56
巴基斯坦	1.32	1.27	0.00	1.59	2.63	1.32	2.94	4.23	5.48	5.45	2.56
芬兰	1.32	3.80	1.52	1.59	2.63	1.32	1.47	2.82	0.00	9.09	2.42

表 7-15　计算机硬件和体系架构 C 层研究排名前 20 的国家和地区的国际合作参与率

单位：%

国家和地区	2014 年	2015 年	2016 年	2017 年	2018 年	2019 年	2020 年	2021 年	2022 年	2023 年	合计
中国大陆	35.33	35.60	44.43	48.83	53.46	50.23	56.36	63.73	57.68	57.56	50.32
美国	51.67	40.38	43.76	46.97	43.01	46.42	43.34	31.23	31.74	26.44	40.78
英国	12.30	11.87	12.15	11.66	12.44	14.00	12.57	15.41	13.14	13.11	12.89
加拿大	11.95	10.71	10.65	9.02	10.91	11.42	9.32	10.22	9.39	10.67	10.40
澳大利亚	5.80	9.99	8.15	9.80	11.52	7.76	10.36	12.32	13.48	13.78	10.24
中国香港	10.72	7.38	8.49	9.33	9.37	8.07	8.28	10.50	8.19	10.00	8.99
德国	10.54	10.27	9.82	6.69	5.68	7.46	6.80	3.78	4.78	4.67	7.07
印度	3.16	4.78	3.33	4.51	9.22	6.85	7.99	7.28	11.77	10.00	6.81
法国	10.54	10.56	7.65	5.91	4.76	6.39	5.62	3.78	4.95	4.00	6.44
意大利	7.91	8.54	8.49	6.38	6.30	6.09	5.92	4.90	4.61	5.11	6.44
韩国	5.10	4.92	5.32	5.60	7.53	5.33	7.25	7.42	8.36	7.78	6.43
新加坡	5.45	5.07	6.66	4.82	5.38	3.81	6.36	7.28	4.78	8.44	5.74
沙特阿拉伯	3.69	3.91	4.99	3.73	4.30	3.96	4.59	5.74	8.02	9.56	5.10
瑞士	5.80	4.49	4.99	4.82	5.84	4.57	4.73	3.22	3.41	2.44	4.47
西班牙	5.45	5.79	3.83	5.44	2.92	4.11	2.51	3.08	2.90	4.67	4.04
日本	2.46	4.63	3.99	3.73	2.15	3.35	3.70	4.34	3.07	4.00	3.56
巴基斯坦	1.41	1.88	3.16	4.04	2.76	3.35	2.37	4.20	4.78	3.56	3.14
中国台湾	2.81	3.33	3.99	3.42	2.46	2.13	2.22	3.22	3.75	3.56	3.06
瑞典	2.64	3.33	3.83	5.29	2.46	2.13	2.51	1.26	2.05	1.56	2.73
芬兰	4.39	2.32	2.00	3.11	2.30	1.98	2.81	2.66	1.37	2.44	2.53

六　信息系统

信息系统 A、B、C 层研究国际合作参与率最高的均为中国大陆，分别为 50.00%、51.13%、43.46%；美国 A、B、C 层研究国际合作参与率均排名第二，分别为 47.08%、37.39%、34.18%。

加拿大、英国、澳大利亚、新加坡、法国、德国 A 层研究国际合作参与率也比较高，在 18%～10%；中国香港、印度、韩国、芬兰、马来西亚、卡塔尔、瑞典、挪威、沙特阿拉伯、意大利、日本、丹麦也有一定的参与率，在8%~2%。

英国、澳大利亚、加拿大B层研究国际合作参与率也比较高，在17%~12%；印度、新加坡、中国香港、沙特阿拉伯、德国、韩国、法国、日本、意大利、巴基斯坦、芬兰、西班牙、中国台湾、瑞典、瑞士也有一定的参与率，在9%~2%。

英国、澳大利亚C层研究国际合作参与率也比较高，分别为14.81%、11.27%；加拿大、印度、沙特阿拉伯、德国、中国香港、韩国、新加坡、巴基斯坦、法国、意大利、西班牙、马来西亚、日本、中国台湾、荷兰、埃及也有一定的参与率，在10%~2%。

表7-16 信息系统A层研究排名前20的国家和地区的国际合作参与率

单位：%

国家和地区	2014年	2015年	2016年	2017年	2018年	2019年	2020年	2021年	2022年	2023年	合计
中国大陆	31.25	17.65	21.43	47.37	45.00	54.55	48.39	44.12	60.71	92.86	50.00
美国	43.75	64.71	57.14	57.89	40.00	42.42	48.39	38.24	46.43	46.43	47.08
加拿大	6.25	11.76	35.71	26.32	10.00	12.12	9.68	29.41	14.29	21.43	17.50
英国	12.50	5.88	14.29	10.53	25.00	18.18	12.90	23.53	28.57	10.71	17.08
澳大利亚	18.75	0.00	7.14	0.00	5.00	24.24	16.13	8.82	28.57	35.71	16.25
新加坡	6.25	5.88	7.14	5.26	15.00	21.21	16.13	11.76	21.43	21.43	14.58
法国	25.00	5.88	0.00	10.53	15.00	15.15	16.13	8.82	0.00	7.14	10.42
德国	6.25	11.76	7.14	15.79	20.00	9.09	3.23	17.65	7.14	7.14	10.42
中国香港	6.25	5.88	7.14	5.26	10.00	3.03	9.68	5.88	10.71	14.29	7.92
印度	6.25	0.00	7.14	10.53	0.00	6.06	9.68	8.82	14.29	10.71	7.92
韩国	0.00	11.76	7.14	10.53	10.00	6.06	6.45	5.88	7.14	0.00	6.25
芬兰	0.00	0.00	7.14	5.26	5.00	3.03	6.45	11.76	0.00	0.00	4.17
马来西亚	0.00	5.88	0.00	0.00	5.00	6.06	6.45	0.00	10.71	3.57	4.17
卡塔尔	6.25	5.88	0.00	5.26	5.00	3.03	9.68	5.88	0.00	0.00	4.17
瑞典	6.25	0.00	0.00	0.00	0.00	3.03	3.23	8.82	3.57	7.14	3.75
挪威	0.00	0.00	7.14	5.26	0.00	6.06	6.45	5.88	0.00	0.00	3.33
沙特阿拉伯	6.25	5.88	0.00	5.26	0.00	3.03	3.23	0.00	0.00	7.14	3.33
意大利	0.00	0.00	7.14	5.26	0.00	0.00	3.23	8.82	3.57	0.00	2.92
日本	6.25	0.00	0.00	0.00	10.00	0.00	0.00	5.88	3.57	0.00	2.50
丹麦	6.25	0.00	7.14	0.00	0.00	0.00	0.00	2.94	7.14	0.00	2.08

表 7-17　信息系统 B 层研究排名前 20 的国家和地区的国际合作参与率

单位：%

国家和地区	2014 年	2015 年	2016 年	2017 年	2018 年	2019 年	2020 年	2021 年	2022 年	2023 年	合计
中国大陆	37.50	38.73	40.43	46.49	52.38	48.48	50.52	58.12	61.46	61.70	51.13
美国	51.88	43.35	49.47	46.49	35.06	38.38	33.22	32.14	28.34	31.49	37.39
英国	10.63	20.23	19.68	14.59	13.42	18.52	22.15	17.21	15.92	14.89	16.97
澳大利亚	7.50	9.25	8.51	12.43	9.09	13.80	14.53	19.16	14.65	12.34	12.82
加拿大	13.75	15.03	14.36	8.65	10.82	11.45	11.07	14.94	12.74	15.32	12.77
印度	5.00	5.78	4.26	3.24	6.06	9.09	7.61	12.01	13.06	13.19	8.57
新加坡	12.50	5.20	10.64	10.27	8.66	8.42	7.27	7.14	6.37	7.23	8.11
中国香港	11.88	8.09	8.51	11.35	9.52	4.04	5.54	2.27	9.24	10.21	7.56
沙特阿拉伯	3.13	3.47	3.72	4.86	4.33	6.06	8.30	12.34	7.96	11.91	7.14
德国	10.63	11.56	10.64	9.19	5.63	7.41	4.84	3.90	4.78	5.53	6.85
韩国	5.63	6.94	4.79	5.95	6.49	5.05	10.03	5.19	5.73	8.94	6.51
法国	6.88	10.98	5.85	6.49	5.19	3.70	4.15	5.52	5.41	3.83	5.50
日本	3.13	3.47	3.19	3.78	3.90	3.03	5.19	5.19	7.32	8.51	4.87
意大利	5.63	6.36	6.91	5.95	4.76	6.06	4.84	4.55	2.23	2.55	4.79
巴基斯坦	1.25	1.16	1.06	2.70	5.63	5.72	6.92	4.22	4.78	7.23	4.45
芬兰	1.88	4.05	3.19	3.24	5.63	3.37	4.84	4.55	3.82	4.68	4.03
西班牙	5.00	5.78	6.38	4.86	5.19	3.70	2.08	2.60	2.87	4.68	4.03
中国台湾	1.88	1.73	4.26	3.24	2.16	2.02	3.46	4.87	6.37	5.96	3.78
瑞典	2.50	4.62	4.79	6.49	3.90	4.38	4.50	2.92	3.50	0.43	3.74
瑞士	6.25	6.36	3.19	5.41	1.73	2.02	3.81	0.97	1.27	1.70	2.90

表 7-18　信息系统 C 层研究排名前 20 的国家和地区的国际合作参与率

单位：%

国家和地区	2014 年	2015 年	2016 年	2017 年	2018 年	2019 年	2020 年	2021 年	2022 年	2023 年	合计
中国大陆	31.42	32.53	40.73	41.24	48.61	49.75	45.49	43.16	44.07	47.99	43.46
美国	44.18	43.09	41.19	42.78	39.67	35.20	30.64	27.74	26.17	25.74	34.18
英国	14.24	14.04	14.77	14.51	15.93	15.70	14.46	14.44	14.43	15.31	14.81
澳大利亚	9.61	10.45	10.54	10.13	12.15	10.19	10.99	12.84	12.54	11.57	11.27
加拿大	11.57	11.07	11.07	10.41	9.71	9.01	8.47	9.78	9.89	8.89	9.80
印度	3.86	3.65	4.06	3.70	5.79	6.42	10.09	11.90	13.99	11.98	8.30
沙特阿拉伯	3.16	3.37	3.53	4.10	5.12	6.01	11.39	12.70	13.01	11.94	8.25
德国	10.17	11.19	8.63	8.76	7.37	6.99	5.59	4.84	5.69	4.63	6.95

国家和地区	2014 年	2015 年	2016 年	2017 年	2018 年	2019 年	2020 年	2021 年	2022 年	2023 年	合计
中国香港	7.99	7.25	8.00	7.57	5.98	5.78	5.37	5.43	6.13	7.63	6.52
韩国	3.51	3.94	4.46	5.06	5.26	5.82	8.15	7.55	6.92	8.04	6.20
新加坡	7.15	6.91	8.05	5.86	6.17	5.21	5.59	5.50	5.33	6.86	6.11
巴基斯坦	1.40	1.26	2.03	3.30	4.11	6.01	8.07	9.61	8.16	7.67	5.81
法国	8.56	8.39	6.55	5.57	5.65	4.83	4.58	4.49	4.10	3.41	5.29
意大利	7.43	7.08	6.60	6.66	4.11	5.09	4.40	5.29	3.62	4.63	5.25
西班牙	7.15	6.79	5.45	5.01	4.26	3.95	3.82	3.69	3.99	3.69	4.53
马来西亚	1.54	1.71	1.68	3.13	2.54	4.07	5.59	5.99	4.97	4.63	3.93
日本	3.09	4.05	4.23	4.10	3.68	3.84	3.60	3.69	3.41	4.34	3.80
中国台湾	3.23	2.80	2.38	2.22	2.49	2.39	4.04	5.05	4.39	3.82	3.42
荷兰	4.84	4.85	3.82	3.36	3.40	2.77	2.42	1.98	2.39	2.40	3.02
埃及	0.84	0.68	1.04	0.63	1.34	2.47	4.65	4.87	4.89	4.18	2.93

七　控制论

控制论 A、B、C 层研究国际合作参与率最高的均为中国大陆，分别为 60.00%、80.25%、65.02%。

美国、英国、澳大利亚、加拿大、意大利、德国、希腊、中国香港、中国澳门 A 层研究国际合作参与率也比较高，在 25%~10%；智利、丹麦、芬兰、法国、日本、新西兰、波兰、卡塔尔、俄罗斯、新加坡也有一定的参与率，均为 5.00%。

澳大利亚、美国、英国、中国香港 B 层研究国际合作参与率也比较高，在 22%~12%；新加坡、中国澳门、加拿大、德国、韩国、意大利、日本、中国台湾、法国、西班牙、卡塔尔、沙特阿拉伯、新西兰、瑞士、芬兰也有一定的参与率，在 10%~1%。

美国、英国、澳大利亚、中国香港、加拿大 C 层研究国际合作参与率也比较高，在 30%~10%；韩国、德国、新加坡、中国澳门、沙特阿拉伯、西班牙、荷兰、意大利、日本、法国、卡塔尔、印度、芬兰、丹麦也有一定的参与率，在 8%~2%。

表 7-19 控制论 A 层研究排名前 20 的国家和地区的国际合作参与率

单位：%

国家和地区	2014 年	2015 年	2016 年	2017 年	2018 年	2019 年	2020 年	2021 年	2022 年	2023 年	合计
中国大陆	100.00	0.00	0.00	50.00	0.00	50.00	100.00	50.00	75.00	66.67	60.00
美国	100.00	0.00	0.00	0.00	0.00	0.00	50.00	25.00	25.00	33.33	25.00
英国	0.00	0.00	0.00	0.00	50.00	50.00	0.00	25.00	0.00	33.33	20.00
澳大利亚	0.00	0.00	0.00	50.00	0.00	50.00	0.00	25.00	0.00	0.00	15.00
加拿大	0.00	0.00	0.00	0.00	50.00	0.00	0.00	0.00	0.00	66.67	15.00
意大利	0.00	0.00	0.00	50.00	0.00	0.00	0.00	25.00	0.00	33.33	15.00
德国	0.00	0.00	0.00	0.00	50.00	0.00	0.00	0.00	0.00	33.33	10.00
希腊	0.00	0.00	0.00	0.00	0.00	0.00	0.00	0.00	25.00	33.33	10.00
中国香港	0.00	0.00	0.00	0.00	0.00	0.00	0.00	50.00	0.00	0.00	10.00
中国澳门	0.00	0.00	0.00	0.00	0.00	0.00	50.00	0.00	0.00	33.33	10.00
智利	0.00	0.00	0.00	50.00	0.00	0.00	0.00	0.00	0.00	0.00	5.00
丹麦	0.00	0.00	0.00	0.00	50.00	0.00	0.00	0.00	0.00	0.00	5.00
芬兰	0.00	0.00	0.00	0.00	0.00	0.00	0.00	0.00	25.00	0.00	5.00
法国	0.00	0.00	0.00	50.00	0.00	0.00	0.00	0.00	0.00	0.00	5.00
日本	0.00	0.00	0.00	0.00	0.00	50.00	0.00	0.00	0.00	0.00	5.00
新西兰	0.00	0.00	0.00	0.00	0.00	0.00	50.00	0.00	0.00	0.00	5.00
波兰	0.00	0.00	0.00	0.00	0.00	50.00	0.00	0.00	0.00	0.00	5.00
卡塔尔	0.00	0.00	0.00	0.00	0.00	0.00	0.00	0.00	25.00	0.00	5.00
俄罗斯	0.00	0.00	0.00	0.00	0.00	50.00	0.00	0.00	0.00	0.00	5.00
新加坡	0.00	0.00	0.00	0.00	50.00	0.00	0.00	0.00	0.00	0.00	5.00

表 7-20 控制论 B 层研究排名前 20 的国家和地区的国际合作参与率

单位：%

国家和地区	2014 年	2015 年	2016 年	2017 年	2018 年	2019 年	2020 年	2021 年	2022 年	2023 年	合计
中国大陆	73.33	80.00	68.00	90.63	63.16	69.44	82.61	93.18	90.00	82.14	80.25
澳大利亚	26.67	13.33	24.00	28.13	26.32	25.00	28.26	9.09	17.50	14.29	21.32
美国	20.00	20.00	28.00	12.50	23.68	25.00	23.91	15.91	12.50	28.57	20.69
英国	40.00	20.00	24.00	34.38	5.26	19.44	13.04	18.18	10.00	14.29	17.87
中国香港	20.00	13.33	12.00	9.38	15.79	13.89	10.87	13.64	10.00	7.14	12.23
新加坡	0.00	13.33	8.00	18.75	18.42	13.89	8.70	4.55	0.00	10.71	9.72
中国澳门	13.33	0.00	12.00	6.25	13.16	8.33	8.70	6.82	7.50	0.00	7.84
加拿大	6.67	6.67	12.00	3.13	10.53	2.78	6.52	6.82	7.50	7.14	6.90

续表

国家和地区	2014 年	2015 年	2016 年	2017 年	2018 年	2019 年	2020 年	2021 年	2022 年	2023 年	合计
德国	6.67	0.00	12.00	6.25	10.53	5.56	0.00	0.00	7.50	7.14	5.33
韩国	0.00	0.00	0.00	3.13	2.63	11.11	4.35	11.36	7.50	3.57	5.33
意大利	0.00	13.33	0.00	0.00	10.53	8.33	0.00	11.36	0.00	7.14	5.02
日本	0.00	0.00	0.00	0.00	0.00	5.56	4.35	6.82	2.50	17.86	4.08
中国台湾	0.00	0.00	0.00	3.13	0.00	2.78	6.52	2.27	5.00	10.71	3.45
法国	0.00	20.00	4.00	0.00	5.26	0.00	2.17	0.00	5.00	3.57	3.13
西班牙	6.67	6.67	0.00	3.13	0.00	0.00	0.00	6.82	7.50	3.57	3.13
卡塔尔	0.00	6.67	0.00	0.00	2.63	5.56	6.52	2.27	0.00	3.57	2.82
沙特阿拉伯	0.00	0.00	8.00	3.13	5.26	2.78	0.00	4.55	0.00	0.00	2.51
新西兰	6.67	0.00	0.00	0.00	2.63	0.00	0.00	4.55	5.00	3.57	2.19
瑞士	13.33	0.00	12.00	0.00	2.63	2.78	0.00	0.00	0.00	0.00	2.19
芬兰	0.00	6.67	4.00	0.00	2.63	2.78	0.00	2.27	0.00	3.57	1.88

表 7-21　控制论 C 层研究排名前 20 的国家和地区的国际合作参与率

单位：%

国家和地区	2014 年	2015 年	2016 年	2017 年	2018 年	2019 年	2020 年	2021 年	2022 年	2023 年	合计
中国大陆	40.29	51.02	55.79	58.96	50.00	57.14	64.55	90.74	77.51	67.24	65.02
美国	37.41	42.18	34.74	35.46	35.90	31.71	31.12	20.37	21.68	21.84	29.40
英国	25.18	16.33	17.89	18.73	21.15	20.29	20.46	18.52	15.99	15.02	18.76
澳大利亚	13.67	14.29	10.53	15.94	11.54	16.57	17.87	16.67	17.89	10.58	15.02
中国香港	7.91	12.24	11.05	11.95	7.05	9.43	10.37	15.74	11.11	7.51	10.67
加拿大	10.07	10.20	11.58	8.37	14.10	10.29	9.51	7.87	9.21	10.92	10.07
韩国	5.04	4.08	2.63	1.59	6.09	8.00	5.48	11.11	10.30	12.97	7.49
德国	7.19	8.84	9.47	7.97	11.22	6.57	9.80	2.31	5.69	7.85	7.31
新加坡	7.19	4.76	6.32	12.35	4.81	2.57	4.32	4.86	7.05	6.14	5.80
中国澳门	2.16	3.40	5.79	4.78	5.13	4.00	3.46	6.25	5.42	5.12	4.77
沙特阿拉伯	2.16	4.76	6.32	5.18	4.49	4.57	3.75	3.70	3.79	5.80	4.42
西班牙	5.04	3.40	5.79	4.38	3.85	2.86	1.15	3.70	3.52	4.44	3.60
荷兰	5.04	2.04	5.26	2.79	4.81	4.86	3.75	1.39	3.25	3.41	3.53
意大利	5.04	3.40	4.21	4.38	3.85	4.57	2.88	2.78	1.90	3.07	3.43
日本	5.04	2.72	5.26	1.99	4.17	5.14	3.17	2.55	2.98	2.05	3.39
法国	6.47	8.84	4.21	3.98	4.49	2.57	2.88	0.69	2.17	2.39	3.22
卡塔尔	0.00	2.04	2.63	3.19	1.28	4.00	3.17	3.94	4.34	3.07	3.07

续表

国家和地区	2014 年	2015 年	2016 年	2017 年	2018 年	2019 年	2020 年	2021 年	2022 年	2023 年	合计
印度	2.16	3.40	0.53	0.80	2.88	1.71	3.46	1.62	5.15	5.12	2.79
芬兰	2.88	4.08	0.53	2.39	2.88	2.86	2.02	0.93	2.17	4.10	2.37
丹麦	5.04	4.08	3.68	1.99	3.85	1.71	3.75	0.23	0.27	1.71	2.23

八 计算机跨学科应用

计算机跨学科应用 A 层研究国际合作参与率最高的是美国，为 47.73%，其次为中国大陆的 36.36%；英国、澳大利亚、德国、加拿大、瑞士的参与率也比较高，在 24%~10%；法国、中国香港、新加坡、日本、荷兰、韩国、西班牙、印度、比利时、意大利、瑞典、土耳其、伊朗也有一定的参与率，在 10%~3%。

B 层研究国际合作参与率最高的是中国大陆，为 44.53%，其次为美国的 39.20%；英国、澳大利亚、德国、加拿大的参与率也比较高，在 21%~10%；中国香港、印度、法国、沙特阿拉伯、荷兰、韩国、意大利、西班牙、伊朗、新加坡、瑞士、中国台湾、瑞典、日本也有一定的参与率，在 7%~3%。

C 层研究国际合作参与率最高的是中国大陆，为 40.88%，其次为美国的 34.75%；英国、澳大利亚的参与率也比较高，分别为 17.40%、10.58%；德国、加拿大、印度、中国香港、法国、意大利、西班牙、伊朗、新加坡、沙特阿拉伯、荷兰、韩国、瑞士、日本、巴基斯坦、马来西亚也有一定的参与率，在 10%~3%。

表 7-22 计算机跨学科应用 A 层研究排名前 20 的国家和地区的国际合作参与率

单位：%

国家和地区	2014 年	2015 年	2016 年	2017 年	2018 年	2019 年	2020 年	2021 年	2022 年	2023 年	合计
美国	57.14	57.14	50.00	57.14	76.92	63.64	40.00	36.36	36.36	27.78	47.73
中国大陆	14.29	14.29	7.14	28.57	23.08	27.27	40.00	54.55	45.45	66.67	36.36
英国	57.14	57.14	28.57	14.29	23.08	27.27	26.67	4.55	9.09	27.78	23.48

续表

国家和地区	2014 年	2015 年	2016 年	2017 年	2018 年	2019 年	2020 年	2021 年	2022 年	2023 年	合计
澳大利亚	42.86	14.29	14.29	14.29	0.00	9.09	13.33	18.18	54.55	16.67	18.18
德国	14.29	28.57	35.71	7.14	23.08	18.18	6.67	9.09	18.18	22.22	17.42
加拿大	28.57	28.57	0.00	42.86	23.08	0.00	6.67	0.00	18.18	11.11	13.64
瑞士	14.29	57.14	0.00	7.14	23.08	0.00	6.67	4.55	9.09	11.11	10.61
法国	28.57	14.29	7.14	7.14	15.38	9.09	6.67	9.09	9.09	0.00	9.09
中国香港	0.00	28.57	0.00	0.00	15.38	0.00	0.00	9.09	18.18	11.11	7.58
新加坡	0.00	0.00	0.00	7.14	7.69	18.18	6.67	4.55	18.18	5.56	6.82
日本	0.00	14.29	0.00	0.00	0.00	0.00	13.33	4.55	18.18	11.11	6.06
荷兰	0.00	14.29	21.43	0.00	7.69	0.00	6.67	4.55	9.09	0.00	6.06
韩国	0.00	0.00	0.00	0.00	7.69	9.09	6.67	9.09	27.27	0.00	6.06
西班牙	0.00	0.00	28.57	7.14	15.38	0.00	0.00	0.00	9.09	0.00	6.06
印度	0.00	0.00	0.00	0.00	7.69	0.00	13.33	4.55	27.27	0.00	5.30
比利时	0.00	0.00	0.00	0.00	15.38	9.09	0.00	13.64	0.00	0.00	4.55
意大利	14.29	0.00	7.14	0.00	7.69	0.00	0.00	4.55	18.18	0.00	4.55
瑞典	0.00	14.29	0.00	0.00	7.69	0.00	0.00	0.00	27.27	5.56	4.55
土耳其	0.00	28.57	0.00	0.00	0.00	0.00	13.33	4.55	0.00	5.56	4.55
伊朗	14.29	0.00	0.00	0.00	0.00	0.00	6.67	4.55	9.09	5.56	3.79

表 7-23　计算机跨学科应用 B 层研究排名前 20 的国家和地区的国际合作参与率

单位：%

国家和地区	2014 年	2015 年	2016 年	2017 年	2018 年	2019 年	2020 年	2021 年	2022 年	2023 年	合计
中国大陆	34.48	26.13	24.55	34.51	48.03	48.30	46.75	57.14	57.23	48.52	44.53
美国	54.02	43.24	42.73	41.59	47.24	46.94	38.31	32.74	28.31	30.18	39.20
英国	24.14	29.73	20.00	20.35	14.17	17.01	22.73	17.26	22.89	15.98	20.04
澳大利亚	12.64	9.91	8.18	13.27	12.60	12.93	9.09	15.48	15.06	15.38	12.72
德国	12.64	26.13	19.09	13.27	7.09	9.52	9.74	14.29	7.23	7.69	12.06
加拿大	8.05	3.60	10.91	5.31	7.09	16.33	6.49	13.10	12.05	13.02	10.06
中国香港	4.60	7.21	6.36	6.19	8.66	4.08	7.79	5.36	6.02	10.06	6.73
印度	2.30	1.80	3.64	1.77	3.94	5.44	7.14	7.74	13.25	12.43	6.66
法国	14.94	13.51	5.45	11.50	6.30	2.72	5.84	7.14	2.41	2.96	6.58
沙特阿拉伯	4.60	5.41	4.55	4.42	3.15	5.44	9.09	8.33	9.64	7.10	6.51
荷兰	5.75	9.91	14.55	7.08	4.72	7.48	1.95	6.55	5.42	4.14	6.43

国家和地区	2014 年	2015 年	2016 年	2017 年	2018 年	2019 年	2020 年	2021 年	2022 年	2023 年	合计
韩国	2.30	6.31	1.82	5.31	3.94	6.80	5.19	7.74	6.63	7.10	5.62
意大利	6.90	9.01	2.73	5.31	6.30	4.08	3.25	6.55	6.02	5.33	5.47
西班牙	12.64	10.81	6.36	10.62	2.36	5.44	4.55	3.57	1.20	3.55	5.47
伊朗	2.30	4.50	0.91	5.31	1.57	3.40	5.84	11.90	6.63	4.73	5.10
新加坡	1.15	4.50	2.73	7.08	7.87	4.76	4.55	4.76	5.42	6.51	5.10
瑞士	8.05	5.41	5.45	3.54	4.72	4.76	1.95	4.76	5.42	4.73	4.73
中国台湾	1.15	3.60	2.73	0.88	1.57	2.04	4.55	7.74	9.04	8.28	4.66
瑞典	6.90	2.70	1.82	7.08	3.15	5.44	2.60	3.57	4.82	5.92	4.36
日本	0.00	5.41	2.73	0.00	1.57	1.36	1.30	5.36	10.24	5.33	3.70

表 7-24　计算机跨学科应用 C 层研究排名前 20 的国家和地区的国际合作参与率

单位：%

国家和地区	2014 年	2015 年	2016 年	2017 年	2018 年	2019 年	2020 年	2021 年	2022 年	2023 年	合计
中国大陆	24.13	25.96	26.83	33.36	43.34	44.21	49.44	46.11	48.04	49.08	40.88
美国	40.84	40.64	38.00	37.50	40.10	37.01	33.91	31.40	28.62	27.12	34.75
英国	19.68	17.43	18.04	16.64	17.05	17.74	16.40	17.24	15.97	18.95	17.40
澳大利亚	6.93	10.73	8.06	10.86	11.69	9.70	12.11	12.00	11.86	9.48	10.58
德国	13.49	12.20	11.63	10.69	8.52	8.52	7.27	7.11	8.41	8.76	9.26
加拿大	9.16	10.64	9.07	7.84	8.52	9.22	8.20	9.76	7.76	9.28	8.91
印度	4.21	3.58	4.85	6.29	6.74	7.28	6.96	9.34	13.10	9.41	7.59
中国香港	4.46	4.77	5.13	5.78	6.01	6.93	7.39	6.69	7.04	10.20	6.68
法国	9.53	8.99	8.42	7.59	6.01	6.03	5.22	5.49	4.95	5.49	6.47
意大利	8.04	7.25	7.78	6.64	6.01	6.51	4.66	5.06	6.19	5.69	6.19
西班牙	9.90	7.52	7.51	6.90	6.41	4.50	4.47	4.76	4.82	4.64	5.81
伊朗	4.95	3.85	4.76	5.17	5.11	5.75	6.58	7.90	5.22	4.59	5.52
新加坡	2.72	4.22	3.30	5.09	7.39	5.96	4.97	5.79	6.06	6.27	5.36
沙特阿拉伯	2.97	3.12	3.85	3.71	3.90	3.12	5.47	6.63	7.89	7.78	5.12
荷兰	7.43	5.87	7.60	5.43	4.63	5.47	3.60	3.74	3.26	3.86	4.83
韩国	3.47	3.21	4.30	4.14	4.55	3.60	4.16	6.87	5.67	5.16	4.66
瑞士	5.82	4.77	3.85	3.62	4.38	3.74	3.11	3.44	3.52	3.79	3.88
日本	2.60	2.39	3.94	4.83	3.65	4.44	4.04	3.38	4.11	3.40	3.73
巴基斯坦	1.36	1.56	2.56	2.67	1.79	2.77	3.98	4.58	5.74	5.95	3.56
马来西亚	2.85	3.67	4.30	4.31	3.00	2.84	3.04	3.44	3.32	2.55	3.30

九　自动化和控制系统

自动化和控制系统 A、B、C 层研究国际合作参与率最高的均为中国大陆，分别为 67.94%、76.58%、60.95%；美国 A、B、C 层研究国际合作参与率均排名第二，分别为 32.82%、25.74%、25.75%。

澳大利亚、英国、加拿大 A 层研究国际合作参与率也比较高，在 20%～14%；中国香港、德国、意大利、新加坡、西班牙、日本、中国澳门、沙特阿拉伯、韩国、法国、印度、挪威、瑞典、瑞士、芬兰也有一定的参与率，在 9%～2%。

英国、澳大利亚、中国香港、加拿大 B 层研究国际合作参与率也比较高，在 18%～10%；新加坡、意大利、德国、韩国、法国、中国澳门、沙特阿拉伯、印度、瑞典、日本、中国台湾、西班牙、伊朗、荷兰也有一定的参与率，在 9%～2%。

英国、澳大利亚 C 层研究国际合作参与率也比较高，分别为 15.44%、12.30%；加拿大、中国香港、新加坡、法国、意大利、德国、韩国、沙特阿拉伯、印度、西班牙、伊朗、日本、瑞典、荷兰、中国澳门、瑞士也有一定的参与率，在 10%～2%。

表 7-25　自动化和控制系统 A 层研究排名前 20 的国家和地区的国际合作参与率

单位：%

国家和地区	2014 年	2015 年	2016 年	2017 年	2018 年	2019 年	2020 年	2021 年	2022 年	2023 年	合计
中国大陆	36.36	50.00	63.64	87.50	57.14	58.33	60.00	85.71	71.43	100.00	67.94
美国	45.45	41.67	27.27	25.00	42.86	58.33	46.67	14.29	21.43	8.33	32.82
澳大利亚	18.18	16.67	9.09	12.50	21.43	25.00	20.00	14.29	21.43	33.33	19.08
英国	27.27	16.67	9.09	18.75	21.43	41.67	6.67	21.43	7.14	16.67	18.32
加拿大	9.09	0.00	18.18	18.75	14.29	16.67	6.67	14.29	7.14	41.67	14.50
中国香港	0.00	0.00	0.00	12.50	0.00	0.00	0.00	28.57	21.43	16.67	8.40
德国	9.09	33.33	18.18	0.00	0.00	0.00	6.67	14.29	0.00	0.00	7.63
意大利	18.18	25.00	9.09	0.00	7.14	8.33	6.67	0.00	7.14	0.00	7.63
新加坡	0.00	0.00	9.09	12.50	7.14	16.67	0.00	7.14	14.29	8.33	7.63
西班牙	9.09	0.00	9.09	18.75	7.14	0.00	6.67	0.00	0.00	0.00	4.58

国家和地区	2014 年	2015 年	2016 年	2017 年	2018 年	2019 年	2020 年	2021 年	2022 年	2023 年	合计
日本	0.00	8.33	0.00	0.00	7.14	8.33	0.00	7.14	7.14	0.00	3.82
中国澳门	0.00	0.00	9.09	0.00	7.14	0.00	6.67	0.00	14.29	0.00	3.82
沙特阿拉伯	0.00	8.33	0.00	0.00	7.14	0.00	6.67	0.00	14.29	0.00	3.82
韩国	9.09	0.00	9.09	0.00	0.00	0.00	6.67	0.00	14.29	0.00	3.82
法国	0.00	8.33	0.00	6.25	7.14	0.00	0.00	7.14	0.00	0.00	3.05
印度	0.00	0.00	0.00	0.00	0.00	0.00	13.33	0.00	14.29	0.00	3.05
挪威	0.00	0.00	0.00	6.25	7.14	0.00	6.67	7.14	0.00	0.00	3.05
瑞典	9.09	8.33	0.00	0.00	7.14	8.33	0.00	0.00	0.00	0.00	3.05
瑞士	9.09	16.67	0.00	0.00	0.00	0.00	6.67	0.00	0.00	0.00	3.05
芬兰	0.00	0.00	9.09	0.00	0.00	0.00	0.00	7.14	7.14	0.00	2.29

表 7-26 自动化和控制系统 B 层研究排名前 20 的国家和地区的国际合作参与率

单位：%

国家和地区	2014 年	2015 年	2016 年	2017 年	2018 年	2019 年	2020 年	2021 年	2022 年	2023 年	合计
中国大陆	59.38	65.57	66.14	78.91	71.88	77.78	81.29	87.88	87.29	85.71	76.58
美国	45.83	26.23	28.35	27.21	28.13	26.19	27.34	16.67	18.64	16.07	25.74
英国	16.67	10.66	19.69	17.69	13.28	17.46	26.62	20.45	14.41	18.75	17.72
澳大利亚	13.54	21.31	11.81	20.41	17.19	18.25	17.27	15.91	16.95	15.18	16.92
中国香港	11.46	11.48	10.24	16.33	12.50	11.90	7.91	9.85	6.78	8.93	10.83
加拿大	8.33	8.20	13.39	8.16	10.16	7.94	10.07	12.12	11.02	10.71	10.02
新加坡	8.33	7.38	9.45	14.29	11.72	7.14	6.47	6.82	5.93	1.79	8.10
意大利	7.29	8.20	8.66	6.80	7.03	7.14	5.04	8.33	3.39	6.25	6.82
德国	7.29	8.20	7.87	4.76	4.69	4.76	4.32	4.55	3.39	4.46	5.37
韩国	2.08	7.38	0.79	3.40	3.13	7.94	5.04	8.33	5.93	6.25	5.05
法国	7.29	7.38	5.51	6.12	6.25	4.76	4.32	0.00	1.69	3.57	4.65
中国澳门	2.08	0.82	2.36	4.76	7.03	7.14	5.76	5.30	3.39	2.68	4.25
沙特阿拉伯	4.17	5.74	3.94	1.36	6.25	1.59	0.72	4.55	3.39	12.50	4.25
印度	0.00	1.64	3.15	0.68	2.34	6.35	4.32	3.79	7.63	7.14	3.69
瑞典	4.17	4.10	3.15	5.44	4.69	3.97	1.44	2.27	4.24	1.79	3.53
日本	0.00	1.64	3.15	1.36	1.56	3.97	2.88	5.30	9.32	5.36	3.45
中国台湾	2.08	0.00	0.79	1.36	2.34	3.97	5.04	2.27	5.93	8.04	3.13
西班牙	3.13	5.74	3.94	1.36	1.56	1.59	0.72	3.79	4.24	3.57	2.89
伊朗	4.17	0.82	1.57	1.36	1.56	1.59	1.44	3.79	4.24	2.68	2.25
荷兰	4.17	0.00	4.72	2.04	1.56	0.79	1.44	0.76	4.24	2.68	2.17

表7-27　自动化和控制系统 C 层研究排名前 20 的国家和地区的国际合作参与率

单位：%

国家和地区	2014 年	2015 年	2016 年	2017 年	2018 年	2019 年	2020 年	2021 年	2022 年	2023 年	合计
中国大陆	43.49	45.08	49.21	55.20	58.45	65.40	68.28	74.81	74.22	69.29	60.95
美国	28.72	30.88	29.40	27.73	27.78	27.54	25.57	23.85	18.44	17.43	25.75
英国	14.88	12.51	15.53	13.99	14.87	14.89	17.95	17.68	15.49	16.05	15.44
澳大利亚	11.86	10.23	9.58	12.49	12.23	12.13	12.87	14.93	14.50	11.37	12.30
加拿大	7.56	8.94	8.65	8.91	9.77	8.35	10.08	11.01	9.76	11.58	9.49
中国香港	6.98	7.94	8.74	8.24	8.75	10.15	9.75	10.34	9.04	9.25	8.99
新加坡	7.09	7.05	7.07	7.49	7.65	7.31	6.72	6.42	7.16	7.65	7.15
法国	9.53	11.82	10.14	8.91	7.39	6.54	5.08	3.09	3.85	4.99	7.02
意大利	8.02	9.24	6.42	7.08	8.07	5.51	6.31	5.17	4.12	4.99	6.45
德国	9.19	7.55	9.49	6.74	6.12	6.28	5.98	4.34	4.39	4.46	6.38
韩国	3.60	4.17	4.19	4.25	4.84	4.82	4.34	6.84	7.88	7.86	5.28
沙特阿拉伯	3.14	4.77	4.28	4.16	3.91	4.73	3.61	4.92	6.09	6.16	4.57
印度	2.33	3.97	2.60	3.83	3.74	4.56	4.92	4.00	7.52	6.91	4.45
西班牙	4.65	4.57	3.07	4.08	3.65	3.61	2.38	2.75	2.78	3.29	3.44
伊朗	3.26	4.17	2.14	3.66	3.14	3.10	3.85	3.34	2.78	4.04	3.34
日本	4.53	3.48	3.91	1.92	2.97	2.07	3.61	2.67	3.67	4.14	3.23
瑞典	5.00	3.38	3.53	4.41	2.80	4.04	2.30	1.92	1.97	2.76	3.17
荷兰	4.07	2.38	3.72	2.91	3.06	3.18	2.79	2.75	3.40	1.81	3.00
中国澳门	1.16	1.39	1.86	2.16	2.80	2.41	2.79	3.59	3.13	3.40	2.51
瑞士	4.30	3.38	4.09	2.41	2.46	2.50	1.89	1.67	1.16	1.70	2.50

十　机器人学

机器人学 A、B、C 层研究国际合作参与率最高的均为美国，分别为 64.71%、51.23%、35.74%。

瑞士、中国大陆、英国、德国、澳大利亚、中国香港、韩国、西班牙 A 层研究国际合作参也比较高，在 30%~11%；瑞典、比利时、哥伦比亚、塞浦路斯、法国、匈牙利、印度、伊朗、日本、约旦、黎巴嫩也有一定的参与率，在 9%~2%。

中国大陆、德国、瑞士、英国、意大利、中国香港 B 层研究国际合作
参与率也比较高，在 30%～10%；法国、加拿大、日本、韩国、瑞典、荷
兰、新加坡、西班牙、澳大利亚、以色列、土耳其、印度、奥地利也有一定
的参与率，在 10%～1%。

中国大陆、英国、德国、意大利、瑞士 C 层研究国际合作参与率也比
较高，在 29%～10%；法国、加拿大、中国香港、澳大利亚、日本、新加
坡、荷兰、西班牙、瑞典、韩国、比利时、葡萄牙、印度、丹麦也有一定的
参与率，在 10%～2%。

表 7-28　机器人学 A 层研究排名前 20 的国家和地区的国际合作参与率

单位：%

国家和地区	2014 年	2015 年	2016 年	2017 年	2018 年	2019 年	2020 年	2021 年	2022 年	2023 年	合计
美国	0.00	60.00	66.67	75.00	100.00	100.00	80.00	50.00	50.00	25.00	64.71
瑞士	0.00	60.00	33.33	25.00	50.00	25.00	20.00	0.00	25.00	25.00	29.41
中国大陆	0.00	0.00	0.00	0.00	0.00	75.00	0.00	100.00	75.00	25.00	26.47
英国	0.00	20.00	66.67	25.00	100.00	25.00	40.00	0.00	0.00	0.00	26.47
德国	100.00	20.00	0.00	25.00	50.00	25.00	20.00	0.00	0.00	25.00	20.59
澳大利亚	0.00	0.00	66.67	0.00	0.00	25.00	0.00	50.00	0.00	25.00	14.71
中国香港	0.00	20.00	0.00	25.00	0.00	25.00	0.00	50.00	25.00	0.00	14.71
韩国	0.00	0.00	0.00	0.00	0.00	25.00	40.00	0.00	0.00	25.00	14.71
西班牙	100.00	0.00	66.67	25.00	0.00	0.00	0.00	0.00	0.00	0.00	11.76
瑞典	100.00	0.00	33.33	0.00	0.00	0.00	20.00	0.00	0.00	0.00	8.82
比利时	0.00	20.00	0.00	0.00	50.00	0.00	0.00	0.00	0.00	0.00	5.88
哥伦比亚	0.00	0.00	33.33	0.00	0.00	0.00	0.00	0.00	0.00	0.00	2.94
塞浦路斯	0.00	0.00	0.00	0.00	0.00	0.00	0.00	0.00	0.00	25.00	2.94
法国	0.00	0.00	0.00	0.00	0.00	0.00	0.00	0.00	0.00	25.00	2.94
匈牙利	0.00	0.00	0.00	0.00	0.00	0.00	0.00	0.00	0.00	25.00	2.94
印度	0.00	0.00	0.00	0.00	0.00	0.00	20.00	0.00	0.00	0.00	2.94
伊朗	0.00	0.00	0.00	0.00	0.00	0.00	0.00	0.00	0.00	25.00	2.94
日本	0.00	0.00	0.00	0.00	50.00	0.00	0.00	0.00	0.00	0.00	2.94
约旦	0.00	0.00	0.00	0.00	0.00	0.00	0.00	0.00	0.00	25.00	2.94
黎巴嫩	0.00	0.00	0.00	0.00	0.00	0.00	0.00	0.00	0.00	25.00	2.94

表 7-29　机器人学 B 层研究排名前 20 的国家和地区的国际合作参与率

单位：%

国家和地区	2014 年	2015 年	2016 年	2017 年	2018 年	2019 年	2020 年	2021 年	2022 年	2023 年	合计
美国	45.45	48.72	44.00	56.52	60.00	40.54	57.78	50.00	43.59	65.71	51.23
中国大陆	4.55	23.08	4.00	26.09	28.00	18.92	33.33	38.24	56.41	42.86	29.63
德国	9.09	28.21	28.00	17.39	16.00	18.92	13.33	23.53	25.64	22.86	20.68
瑞士	13.64	17.95	16.00	8.70	12.00	18.92	20.00	26.47	20.51	11.43	17.28
英国	27.27	15.38	16.00	26.09	24.00	10.81	22.22	11.76	12.82	11.43	16.98
意大利	13.64	23.08	20.00	17.39	8.00	18.92	13.33	14.71	7.69	11.43	14.81
中国香港	4.55	5.13	4.00	17.39	16.00	2.70	17.78	11.76	15.38	8.57	10.49
法国	18.18	15.38	8.00	4.35	16.00	5.41	11.11	8.82	5.13	2.86	9.26
加拿大	9.09	2.56	20.00	13.04	4.00	8.11	8.89	5.88	2.56	2.86	7.10
日本	9.09	2.56	12.00	0.00	12.00	8.11	4.44	0.00	10.26	11.43	6.79
韩国	9.09	7.69	4.00	4.35	4.00	8.11	4.44	8.82	5.13	8.57	6.48
瑞典	4.55	2.56	4.00	8.70	0.00	5.41	6.67	5.88	15.38	8.57	6.48
荷兰	4.55	5.13	4.00	4.35	12.00	5.41	4.44	5.88	7.69	2.86	5.86
新加坡	0.00	5.13	4.00	21.74	4.00	2.70	2.22	2.94	5.13	11.43	5.56
西班牙	4.55	5.13	8.00	0.00	12.00	5.41	0.00	8.82	0.00	11.43	5.25
澳大利亚	9.09	2.56	4.00	0.00	8.00	5.41	4.44	2.94	0.00	8.57	4.32
以色列	9.09	5.13	4.00	0.00	0.00	0.00	2.22	2.94	0.00	5.71	2.78
土耳其	0.00	0.00	0.00	0.00	0.00	5.41	4.44	2.94	7.69	2.86	2.78
印度	0.00	2.56	0.00	4.35	0.00	0.00	4.44	0.00	2.56	2.86	1.85
奥地利	0.00	2.56	4.00	0.00	0.00	5.41	0.00	0.00	2.56	0.00	1.54

表 7-30　机器人学 C 层研究排名前 20 的国家和地区的国际合作参与率

单位：%

国家和地区	2014 年	2015 年	2016 年	2017 年	2018 年	2019 年	2020 年	2021 年	2022 年	2023 年	合计
美国	33.18	38.94	36.62	33.00	40.60	37.82	33.85	36.75	32.97	33.44	35.74
中国大陆	14.49	15.41	13.69	20.13	16.44	27.88	34.37	41.27	43.41	44.69	28.02
英国	15.89	18.21	14.33	23.10	24.16	18.91	19.38	19.58	18.41	28.75	20.12
德国	20.09	17.65	22.29	18.48	14.43	13.14	17.83	15.96	16.76	17.50	17.34
意大利	15.42	16.81	19.43	12.87	17.11	13.46	13.44	12.35	8.24	10.31	13.81
瑞士	10.75	7.84	9.87	12.21	9.40	10.90	11.37	10.84	10.44	9.69	10.31

国家和地区	2014 年	2015 年	2016 年	2017 年	2018 年	2019 年	2020 年	2021 年	2022 年	2023 年	合计
法国	13.55	14.29	10.19	9.90	12.75	10.90	8.79	10.84	4.67	4.69	9.87
加拿大	8.41	8.12	6.69	6.93	7.38	6.73	9.82	8.13	7.42	7.19	7.72
中国香港	4.21	2.24	4.14	4.95	5.70	10.26	9.04	11.75	12.64	10.31	7.72
澳大利亚	6.54	4.76	10.19	4.29	8.72	7.05	8.01	6.33	6.59	5.63	6.81
日本	6.54	7.56	8.60	8.58	6.71	6.09	4.13	8.43	4.95	6.56	6.75
新加坡	7.48	6.44	7.01	7.59	5.37	5.77	5.68	4.52	6.04	5.31	6.06
荷兰	7.48	3.64	6.05	4.95	6.04	7.05	5.94	7.23	5.49	5.94	5.90
西班牙	8.88	6.72	6.05	7.26	7.38	4.81	4.65	4.52	4.67	2.19	5.56
瑞典	3.74	2.52	4.46	4.29	3.02	7.37	5.43	4.22	6.87	6.25	4.87
韩国	4.67	4.76	4.14	5.28	6.04	3.21	4.65	3.92	3.30	3.13	4.28
比利时	2.80	4.48	3.18	4.29	4.36	1.92	2.07	3.92	2.20	1.25	3.03
葡萄牙	2.80	3.36	3.82	3.96	2.68	5.13	0.52	0.90	1.92	0.94	2.53
印度	1.87	2.80	2.87	0.66	2.01	2.24	2.33	2.41	3.57	3.13	2.44
丹麦	1.87	1.68	2.23	1.65	1.34	2.56	2.07	2.41	2.47	4.69	2.31

十一　量子科学和技术

量子科学和技术 A 层研究国际合作参与率最高的是法国、意大利，均为 40.00%；中国大陆、德国、以色列、荷兰、葡萄牙、俄罗斯、新加坡、西班牙的参与率也比较高，均为 20.00%。

B 层研究国际合作参与率最高的是美国，为 55.79%；英国、加拿大、中国大陆、德国、法国、意大利、日本、澳大利亚、印度、俄罗斯、西班牙的参与率也比较高，在 36%～10%；奥地利、荷兰、伊朗、韩国、瑞士、巴西、比利时、埃及也有一定的参与率，在 10%～6%。

C 层研究国际合作参与率最高的是美国，为 39.88%；德国、英国、中国大陆、加拿大、意大利、法国的参与率也比较高，在 23%～10%；西班牙、日本、瑞士、荷兰、沙特阿拉伯、澳大利亚、印度、奥地利、土耳其、埃及、新加坡、比利时、中国台湾也有一定的参与率，在 10%～3%。

表 7-31　量子科学和技术 A 层研究所有国家和地区的国际合作参与率

单位：%

国家和地区	2014 年	2015 年	2016 年	2017 年	2018 年	2019 年	2020 年	2021 年	2022 年	2023 年	合计
法国	0.00	0.00	0.00	0.00	100.00	0.00	0.00	100.00	0.00	40.00
意大利	0.00	0.00	0.00	0.00	0.00	0.00	50.00	0.00	100.00	0.00	40.00
中国大陆	0.00	0.00	100.00	0.00	0.00	0.00	0.00	0.00	0.00	20.00
德国	0.00	0.00	0.00	0.00	0.00	0.00	0.00	0.00	100.00	0.00	20.00
以色列	0.00	0.00	0.00	0.00	0.00	0.00	0.00	0.00	100.00	0.00	20.00
荷兰	0.00	0.00	0.00	0.00	0.00	0.00	50.00	0.00	0.00	0.00	20.00
葡萄牙	0.00	0.00	0.00	0.00	0.00	0.00	50.00	0.00	0.00	0.00	20.00
俄罗斯	0.00	0.00	100.00	0.00	0.00	0.00	0.00	0.00	0.00	0.00	20.00
新加坡	0.00	0.00	0.00	0.00	0.00	0.00	50.00	0.00	0.00	0.00	20.00
西班牙	0.00	0.00	0.00	0.00	0.00	0.00	50.00	0.00	0.00	0.00	20.00

表 7-32　量子科学和技术 B 层研究排名前 20 的国家和地区的国际合作参与率

单位：%

国家和地区	2014 年	2015 年	2016 年	2017 年	2018 年	2019 年	2020 年	2021 年	2022 年	2023 年	合计
美国	28.57	50.00	100.00	80.00	41.67	50.00	55.56	58.82	66.67	45.45	55.79
英国	42.86	50.00	33.33	40.00	16.67	71.43	22.22	41.18	16.67	27.27	35.79
加拿大	14.29	50.00	33.33	40.00	25.00	42.86	55.56	17.65	8.33	27.27	28.42
中国大陆	28.57	50.00	16.67	40.00	33.33	35.71	22.22	5.88	16.67	45.45	26.32
德国	0.00	50.00	33.33	60.00	16.67	14.29	33.33	23.53	25.00	9.09	22.11
法国	42.86	100.00	16.67	0.00	8.33	7.14	11.11	23.53	16.67	9.09	16.84
意大利	28.57	100.00	0.00	20.00	8.33	7.14	33.33	17.65	0.00	27.27	16.84
日本	0.00	0.00	16.67	60.00	8.33	14.29	11.11	23.53	16.67	9.09	15.79
澳大利亚	14.29	50.00	0.00	40.00	25.00	14.29	0.00	23.53	0.00	0.00	13.68
印度	0.00	50.00	0.00	20.00	0.00	0.00	11.11	17.65	8.33	36.36	11.58
俄罗斯	0.00	50.00	0.00	20.00	25.00	14.29	11.11	5.88	8.33	0.00	10.53
西班牙	0.00	50.00	0.00	20.00	0.00	7.14	33.33	11.76	16.67	0.00	10.53
奥地利	0.00	0.00	0.00	0.00	8.33	14.29	33.33	11.76	0.00	9.09	9.47
荷兰	0.00	50.00	0.00	20.00	8.33	7.14	33.33	5.88	0.00	9.09	9.47
伊朗	14.29	0.00	0.00	0.00	0.00	0.00	0.00	5.88	16.67	36.36	8.42
韩国	0.00	50.00	0.00	20.00	8.33	0.00	0.00	11.76	8.33	18.18	8.42
瑞士	0.00	0.00	0.00	0.00	16.67	7.14	33.33	11.76	0.00	0.00	8.42

国家和地区	2014 年	2015 年	2016 年	2017 年	2018 年	2019 年	2020 年	2021 年	2022 年	2023 年	合计
巴西	0.00	50.00	33.33	20.00	0.00	14.29	0.00	0.00	8.33	0.00	7.37
比利时	0.00	50.00	0.00	20.00	0.00	7.14	11.11	5.88	0.00	9.09	6.32
埃及	0.00	0.00	0.00	0.00	0.00	0.00	11.11	0.00	16.67	27.27	6.32

表 7-33　量子科学和技术 C 层研究排名前 20 的国家和地区的国际合作参与率

单位：%

国家和地区	2014 年	2015 年	2016 年	2017 年	2018 年	2019 年	2020 年	2021 年	2022 年	2023 年	合计
美国	43.55	59.68	57.38	35.44	45.19	33.52	41.73	45.14	35.71	26.42	39.88
德国	17.74	19.35	26.23	20.25	27.88	21.43	26.77	25.14	22.86	14.47	22.24
英国	29.03	30.65	27.87	17.72	18.27	24.73	22.83	22.29	19.29	10.06	21.11
中国大陆	9.68	14.52	24.59	31.65	25.96	17.58	16.54	16.57	15.00	17.61	18.51
加拿大	16.13	24.19	22.95	11.39	14.42	14.29	18.11	14.86	10.71	9.43	14.60
意大利	19.35	17.74	21.31	8.86	10.58	8.79	12.60	9.14	9.29	9.43	11.29
法国	14.52	9.68	11.48	12.66	8.65	12.64	18.11	8.57	9.29	4.40	10.60
西班牙	9.68	9.68	9.84	13.92	5.77	13.74	14.17	7.43	7.86	6.29	9.73
日本	9.68	11.29	16.39	11.39	5.77	10.44	7.09	9.14	9.29	3.77	8.86
瑞士	6.45	14.52	9.84	10.13	8.65	6.59	14.17	9.14	10.00	3.14	8.77
荷兰	11.29	6.45	4.92	6.33	12.50	8.79	7.09	10.29	7.86	4.40	8.08
沙特阿拉伯	1.61	1.61	1.64	2.53	6.73	2.75	4.72	5.71	10.71	27.04	7.91
澳大利亚	3.23	4.84	11.48	6.33	8.65	4.40	9.45	10.86	7.86	5.03	7.30
印度	4.84	1.61	4.92	5.06	3.85	6.04	8.66	4.00	10.71	11.32	6.69
奥地利	1.61	6.45	1.64	7.59	4.81	6.04	6.30	8.00	7.86	6.29	6.17
土耳其	0.00	1.61	0.00	5.06	6.73	1.65	2.36	5.71	10.00	11.95	5.30
埃及	1.61	0.00	0.00	0.00	4.81	3.30	2.36	2.86	7.86	13.84	4.60
新加坡	1.61	3.23	1.64	3.80	4.81	4.40	3.15	10.86	2.14	3.14	4.43
比利时	8.06	1.61	3.28	6.33	4.81	3.30	3.15	1.71	4.29	4.40	3.82
中国台湾	1.61	1.61	6.56	6.33	4.81	1.10	2.36	2.29	7.14	5.03	3.74

十二　人工智能

人工智能 A、B、C 层研究国际合作参与率最高的均为中国大陆，分别

为 52.42%、58.73%、54.36%；美国 A、B、C 层研究国际合作参与率均排
名第二，分别为 48.90%、41.54%、33.16%。

中国香港、澳大利亚、英国、新加坡、加拿大 A 层研究国际合作参与
率也比较高，在 22%~11%；德国、法国、瑞士、韩国、阿联酋、荷兰、西
班牙、印度、意大利、芬兰、瑞典、比利时、埃及也有一定的参与率，在
9%~1%。

英国、澳大利亚、中国香港、新加坡 B 层研究国际合作参与率也比较
高，在 19%~10%；德国、加拿大、瑞士、西班牙、韩国、法国、日本、意
大利、印度、沙特阿拉伯、伊朗、荷兰、阿联酋、瑞典也有一定的参与率，
在 10%~1%。

英国、澳大利亚、中国香港 C 层研究国际合作参与率也比较高，在
17%~10%；新加坡、加拿大、德国、印度、西班牙、法国、沙特阿拉伯、
韩国、意大利、瑞士、日本、伊朗、中国台湾、巴基斯坦、荷兰也有一定的
参与率，在 9%~2%。

表 7-34　人工智能 A 层研究排名前 20 的国家和地区的国际合作参与率

单位：%

国家和地区	2014 年	2015 年	2016 年	2017 年	2018 年	2019 年	2020 年	2021 年	2022 年	2023 年	合计
中国大陆	30.77	50.00	37.50	42.11	40.91	47.83	43.48	66.67	63.33	66.67	52.42
美国	53.85	66.67	37.50	63.16	54.55	56.52	47.83	51.52	33.33	41.67	48.90
中国香港	23.08	25.00	18.75	21.05	27.27	26.09	17.39	15.15	23.33	22.22	21.59
澳大利亚	0.00	0.00	12.50	5.26	13.64	26.09	30.43	33.33	16.67	25.00	19.38
英国	7.69	25.00	31.25	10.53	22.73	26.09	13.04	24.24	10.00	19.44	18.94
新加坡	0.00	8.33	6.25	5.26	4.55	8.70	8.70	21.21	20.00	19.44	12.33
加拿大	7.69	8.33	12.50	31.58	13.64	4.35	8.70	9.09	10.00	8.33	11.01
德国	15.38	16.67	6.25	15.79	9.09	13.04	4.35	0.00	13.33	2.78	8.37
法国	7.69	0.00	6.25	5.26	4.55	13.04	13.04	9.09	0.00	2.78	6.17
瑞士	0.00	8.33	12.50	0.00	4.55	0.00	13.04	6.06	16.67	0.00	6.17
韩国	0.00	16.67	0.00	0.00	9.09	0.00	4.35	6.06	6.67	5.56	4.85
阿联酋	0.00	0.00	0.00	0.00	0.00	0.00	0.00	9.09	13.33	8.33	4.41

国家和地区	2014 年	2015 年	2016 年	2017 年	2018 年	2019 年	2020 年	2021 年	2022 年	2023 年	合计
荷兰	7.69	0.00	0.00	5.26	9.09	8.70	4.35	3.03	0.00	2.78	3.96
西班牙	7.69	0.00	0.00	0.00	4.55	0.00	8.70	0.00	6.67	5.56	3.52
印度	7.69	0.00	0.00	0.00	0.00	4.35	0.00	6.06	6.67	2.78	3.08
意大利	0.00	0.00	6.25	0.00	4.55	4.35	4.35	3.03	3.33	2.78	3.08
芬兰	0.00	0.00	0.00	0.00	0.00	0.00	8.70	12.12	0.00	0.00	2.64
瑞典	7.69	0.00	0.00	0.00	0.00	0.00	4.35	0.00	10.00	2.78	2.64
比利时	0.00	8.33	0.00	0.00	0.00	0.00	0.00	3.03	10.00	0.00	2.20
埃及	0.00	0.00	0.00	0.00	0.00	0.00	0.00	3.03	3.33	5.56	1.76

表 7-35 人工智能 B 层研究排名前 20 的国家和地区的国际合作参与率

单位：%

国家和地区	2014 年	2015 年	2016 年	2017 年	2018 年	2019 年	2020 年	2021 年	2022 年	2023 年	合计
中国大陆	43.33	52.29	45.88	48.73	48.76	58.85	58.78	67.47	70.85	69.48	58.73
美国	47.33	42.48	48.24	48.73	49.75	51.77	36.73	34.26	40.00	29.22	41.54
英国	20.67	23.53	24.12	17.26	16.42	15.93	18.78	15.57	16.61	18.51	18.26
澳大利亚	12.67	9.15	6.47	11.68	15.42	16.37	14.69	14.19	16.95	18.18	14.23
中国香港	13.33	14.38	7.65	11.68	9.95	13.72	11.43	14.88	11.86	10.71	12.00
新加坡	8.67	16.34	9.41	10.66	8.96	11.95	11.02	12.46	9.83	9.09	10.74
德国	13.33	7.19	14.71	13.20	8.96	8.41	7.35	7.27	8.47	9.09	9.44
加拿大	8.00	11.76	10.00	11.17	10.95	9.29	6.12	7.61	7.80	8.77	8.91
瑞士	4.67	4.58	7.65	12.18	7.46	4.87	4.90	3.11	6.78	6.49	6.18
西班牙	8.00	7.84	5.29	4.57	4.48	3.98	4.49	3.81	3.05	6.17	4.92
韩国	1.33	4.58	1.76	4.06	1.49	4.42	4.08	7.61	6.78	5.52	4.57
法国	6.67	9.15	4.71	8.63	5.47	3.54	3.67	4.50	1.36	1.95	4.48
日本	3.33	6.54	3.53	4.57	4.98	5.75	2.86	3.81	5.42	2.60	4.25
意大利	2.67	4.58	3.53	5.08	3.98	3.54	3.27	4.84	4.07	5.52	4.21
印度	4.67	2.61	1.76	4.06	2.99	2.21	6.53	3.81	4.07	5.84	4.03
沙特阿拉伯	2.67	1.96	1.18	4.06	2.99	0.44	5.31	2.77	2.03	5.84	3.09
伊朗	2.00	1.96	0.59	0.51	1.99	1.77	2.04	5.88	2.37	3.25	2.46
荷兰	2.67	2.61	3.53	1.52	2.49	3.10	2.04	2.08	2.71	1.62	2.37
阿联酋	0.67	0.65	0.00	0.00	1.99	3.98	2.86	4.50	2.71	2.92	2.33
瑞典	1.33	1.31	1.76	2.03	2.49	3.98	0.41	1.04	2.37	2.27	1.92

表 7-36 人工智能 C 层研究排名前 20 的国家和地区的国际合作参与率

单位：%

国家和地区	2014 年	2015 年	2016 年	2017 年	2018 年	2019 年	2020 年	2021 年	2022 年	2023 年	合计
中国大陆	40.48	42.98	46.89	47.83	54.34	55.41	57.36	60.62	61.03	59.58	54.36
美国	35.48	36.35	33.88	36.87	38.75	39.32	33.63	31.15	27.23	25.54	33.16
英国	17.78	14.98	16.84	18.99	16.73	15.78	16.85	15.52	15.22	17.31	16.51
澳大利亚	10.95	11.69	11.13	13.08	12.69	13.02	14.35	14.08	15.66	13.50	13.32
中国香港	9.37	9.23	9.43	9.34	9.82	10.61	9.60	11.89	12.12	12.05	10.59
新加坡	9.52	8.60	8.93	7.73	9.58	8.37	7.93	8.43	8.20	8.56	8.51
加拿大	7.38	8.53	8.99	8.69	8.14	8.51	7.55	7.54	7.68	8.16	8.08
德国	8.41	7.77	9.11	8.94	7.65	6.40	5.63	6.03	7.31	7.08	7.24
印度	4.13	4.36	3.90	4.55	5.08	5.22	7.18	7.51	6.98	8.67	6.11
西班牙	7.54	7.52	5.34	5.61	4.34	5.17	5.09	4.11	4.73	4.72	5.19
法国	9.21	7.14	6.85	6.06	4.89	4.43	4.71	4.11	4.03	3.59	5.11
沙特阿拉伯	4.05	5.56	5.97	4.80	4.24	2.85	4.21	4.63	5.69	6.57	4.89
韩国	3.33	3.67	3.58	3.18	3.11	4.60	4.13	6.10	6.58	6.57	4.76
意大利	5.08	6.76	6.29	5.66	4.49	3.29	3.84	4.11	4.54	4.17	4.65
瑞士	3.97	3.22	3.77	4.70	5.13	4.12	3.80	4.01	3.36	3.41	3.93
日本	3.57	4.11	4.34	3.64	3.16	3.99	4.34	3.67	3.51	2.98	3.69
伊朗	2.38	2.72	1.82	2.12	2.91	2.28	3.80	3.50	3.32	3.45	2.94
中国台湾	2.70	1.90	2.26	2.27	2.02	2.15	2.54	3.39	3.07	3.77	2.71
巴基斯坦	0.63	0.95	1.57	2.27	1.83	2.50	3.21	2.95	3.69	4.32	2.65
荷兰	2.62	3.10	3.83	2.83	2.32	2.72	2.00	2.40	2.70	2.14	2.60

第二节 学科组

在信息科学各学科研究分析的基础上，按照 A、B、C 层三个研究层次，对各学科研究进行汇总分析，可以从学科组层面揭示国际合作的分布特点和发展趋势。

一 A 层研究

信息科学 A 层研究国际合作参与率最高的是中国大陆，为 52.53%，其次为美国的 45.96%；英国、澳大利亚、加拿大、中国香港、德国、新加坡的参与率也比较高，在 20%～11%；法国、韩国、瑞士、印度、意大利、西班牙、瑞典、芬兰、日本、荷兰、沙特阿拉伯、阿联酋、卡塔尔、马来西亚、挪威、比利时、希腊、奥地利、中国澳门、以色列、丹麦、中国台湾、爱尔兰、伊朗、约旦、俄罗斯、土耳其、巴基斯坦、新西兰、南非、葡萄牙、波兰也有一定的参与率，在 8%～0.8%。

在发展趋势上，中国大陆、澳大利亚、中国香港、印度呈现相对上升趋势，美国、德国、法国呈现相对下降趋势，其他国家和地区没有呈现明显变化。

表 7-37　信息科学 A 层研究排名前 40 的国家和地区的国际合作参与率

单位：%

国家和地区	2014 年	2015 年	2016 年	2017 年	2018 年	2019 年	2020 年	2021 年	2022 年	2023 年	合计
中国大陆	34.00	39.45	37.39	44.20	46.62	55.69	47.06	59.89	64.81	77.44	52.53
美国	49.00	60.55	47.83	54.35	47.30	50.30	44.12	42.78	38.89	32.93	45.96
英国	13.00	22.02	20.87	15.22	21.62	20.96	13.53	21.39	19.75	21.34	19.11
澳大利亚	13.00	7.34	11.30	10.14	8.78	23.35	17.65	19.79	22.84	22.56	16.51
加拿大	10.00	10.09	13.04	21.74	14.19	7.19	10.59	14.44	9.88	17.07	12.88
中国香港	8.00	11.01	6.96	9.42	10.81	10.78	10.00	12.30	17.28	17.07	11.71
德国	13.00	18.35	18.26	13.77	12.16	11.38	5.88	9.63	9.88	10.37	11.71
新加坡	5.00	5.50	9.57	7.97	9.46	17.96	10.00	12.83	18.52	12.80	11.58
法国	16.00	7.34	4.35	9.42	7.43	8.98	10.00	9.63	1.85	5.49	7.88
韩国	5.00	7.34	3.48	7.97	6.76	5.39	7.65	6.42	9.26	4.27	6.44
瑞士	4.00	14.68	7.83	5.07	7.43	1.80	4.71	2.14	5.56	3.66	5.27
印度	5.00	0.00	2.61	2.90	2.03	4.79	7.65	5.35	11.11	6.10	5.07
意大利	5.00	5.50	6.09	2.17	3.38	1.20	7.06	4.81	6.17	1.83	4.25
西班牙	7.00	1.83	6.96	5.80	4.73	0.00	4.71	2.67	3.09	4.27	3.90
瑞典	5.00	5.50	1.74	2.17	2.03	3.59	4.71	3.74	6.79	3.66	3.90
芬兰	6.00	1.83	5.22	3.62	2.70	1.80	5.88	6.95	2.47	0.61	3.70
日本	1.00	3.67	0.87	0.72	7.43	2.40	1.76	3.74	3.70	3.05	2.95
荷兰	4.00	4.59	2.61	1.45	6.08	1.80	4.12	2.67	1.85	1.22	2.95
沙特阿拉伯	3.00	0.92	0.87	0.72	2.70	4.79	4.12	0.00	2.47	4.27	2.47
阿联酋	0.00	0.00	0.00	0.00	0.68	2.99	1.18	3.74	6.17	4.88	2.26
卡塔尔	1.00	2.75	2.61	1.45	1.35	1.20	3.53	3.74	1.85	0.00	1.99
马来西亚	0.00	0.92	0.00	0.72	2.70	2.40	2.35	1.07	4.94	1.83	1.85

国家和地区	2014 年	2015 年	2016 年	2017 年	2018 年	2019 年	2020 年	2021 年	2022 年	2023 年	合计
挪威	0.00	0.00	0.87	3.62	0.68	2.99	4.12	2.14	0.00	1.83	1.78
比利时	2.00	3.67	1.74	0.00	2.03	1.80	1.76	2.67	1.85	0.00	1.71
希腊	1.00	2.75	0.00	3.62	2.03	1.80	1.76	0.53	2.47	1.22	1.71
奥地利	0.00	2.75	5.22	2.90	1.35	0.60	1.18	0.53	1.23	1.83	1.64
中国澳门	1.00	0.00	0.87	4.35	3.38	1.20	1.18	0.53	1.85	1.22	1.58
以色列	4.00	2.75	0.87	0.72	2.03	0.60	1.76	0.53	3.09	0.00	1.51
丹麦	3.00	3.67	1.74	0.72	1.35	0.00	0.59	1.07	3.09	0.61	1.44
中国台湾	1.00	0.00	0.00	0.00	0.68	1.80	1.76	2.67	3.70	0.00	1.30
爱尔兰	0.00	0.92	3.48	0.00	2.70	1.20	0.59	1.07	0.62	1.83	1.23
伊朗	2.00	0.92	0.87	0.00	0.00	0.60	1.76	1.07	2.47	2.44	1.23
约旦	0.00	0.00	0.00	1.45	0.00	2.99	0.00	1.07	3.70	1.22	1.16
俄罗斯	0.00	0.92	2.61	0.72	2.70	1.20	1.18	0.53	1.23	0.00	1.10
土耳其	3.00	3.67	0.87	0.00	0.00	1.20	1.18	0.53	0.00	1.22	1.03
巴基斯坦	0.00	0.00	0.00	0.00	1.35	0.00	2.94	2.14	1.85	0.61	1.03
新西兰	0.00	0.00	0.87	0.72	1.35	0.00	3.53	0.00	2.47	0.00	0.96
南非	1.00	0.00	0.00	0.72	2.70	0.00	0.59	0.53	3.70	0.00	0.96
葡萄牙	2.00	3.67	0.87	0.72	0.00	1.20	1.18	0.00	0.00	0.61	0.89
波兰	1.00	0.92	0.00	0.00	0.00	1.80	0.59	0.00	2.47	1.22	0.82

二 B 层研究

信息科学 B 层研究国际合作参与率最高的是中国大陆，为 55.30%；其次为美国的 38.70%；英国、澳大利亚、加拿大的参与率也比较高，在 18%~11%；中国香港、德国、新加坡、法国、印度、意大利、韩国、沙特阿拉伯、日本、西班牙、瑞士、瑞典、荷兰、中国台湾、芬兰、巴基斯坦、伊朗、阿联酋、土耳其、挪威、马来西亚、中国澳门、比利时、奥地利、卡塔尔、丹麦、葡萄牙、巴西、希腊、俄罗斯、以色列、新西兰、埃及、爱尔兰、波兰也有一定的参与率，在 9%~0.9%。

在发展趋势上，中国大陆、印度呈现上升趋势，美国、德国、法国呈现相对下降趋势，其他国家和地区没有呈现明显变化。

表 7-38 信息科学 B 层研究排名前 40 的国家和地区的国际合作参与率

单位：%

国家和地区	2014 年	2015 年	2016 年	2017 年	2018 年	2019 年	2020 年	2021 年	2022 年	2023 年	合计
中国大陆	41.60	44.08	45.04	50.72	53.25	54.86	55.47	64.39	65.68	66.17	55.30
美国	48.14	40.39	43.18	45.79	41.71	43.05	35.38	34.11	31.48	30.06	38.70
英国	16.80	19.98	20.34	18.20	14.79	17.53	20.76	17.40	17.84	16.75	18.00
澳大利亚	10.06	10.98	9.77	14.03	14.26	15.86	14.74	15.60	15.48	14.79	13.89
加拿大	12.01	11.58	13.08	9.93	9.95	10.44	10.26	11.89	10.75	11.50	11.07
中国香港	9.96	8.92	8.96	9.78	9.81	8.35	7.37	7.66	9.27	10.36	8.97
德国	11.13	12.18	12.19	10.84	7.63	8.29	7.25	7.13	7.32	8.34	8.94
新加坡	8.11	8.06	7.26	9.86	8.49	8.59	7.80	8.58	7.68	8.07	8.25
法国	7.91	10.21	7.34	7.51	5.97	3.94	5.34	5.39	4.25	3.70	5.90
印度	3.22	3.60	3.63	3.03	5.04	5.84	6.76	7.31	8.27	8.27	5.76
意大利	5.37	8.15	6.21	6.14	5.44	6.20	4.91	5.97	4.02	4.64	5.63
韩国	3.61	4.72	3.87	5.23	4.64	5.72	6.57	6.55	6.85	6.66	5.60
沙特阿拉伯	3.42	3.26	3.79	3.71	3.71	3.82	6.39	7.37	5.49	7.13	4.97
日本	2.54	3.17	4.04	3.41	3.65	3.94	4.85	4.35	7.32	6.05	4.47
西班牙	6.74	5.66	5.08	4.70	3.85	3.76	3.56	3.83	3.01	4.71	4.33
瑞士	5.27	4.97	4.76	5.38	4.31	3.58	3.44	3.65	4.13	3.97	4.25
瑞典	2.73	4.20	3.39	4.55	3.65	4.05	3.01	2.67	3.60	2.56	3.43
荷兰	3.81	3.95	4.44	2.88	2.98	3.04	2.33	2.38	2.78	1.82	2.95
中国台湾	1.27	1.80	1.86	1.67	1.06	1.91	3.19	4.12	4.49	4.51	2.72
芬兰	2.15	3.86	2.82	2.50	2.72	2.27	2.76	2.73	2.30	2.69	2.66
巴基斯坦	0.98	0.69	0.65	1.59	2.72	2.62	3.99	2.78	3.25	3.70	2.45
伊朗	2.05	1.20	1.05	1.29	1.26	1.73	2.95	3.54	3.19	4.24	2.34
阿联酋	0.78	1.29	0.48	0.68	1.59	2.15	1.72	3.54	3.01	4.37	2.09
土耳其	0.98	1.89	1.37	0.99	1.06	1.55	2.03	1.68	2.24	3.83	1.80
挪威	1.17	0.77	1.05	0.83	1.59	2.09	2.40	3.02	2.24	1.55	1.77
马来西亚	1.86	0.86	1.37	1.90	2.06	2.03	1.90	1.80	1.95	1.61	1.76
中国澳门	1.27	1.80	1.37	0.91	1.39	1.85	1.60	2.09	2.24	2.08	1.70
比利时	2.34	2.06	1.78	1.36	2.32	1.49	1.90	1.22	1.06	1.55	1.67
奥地利	1.76	2.23	2.50	1.67	1.06	1.55	1.66	1.28	1.30	2.08	1.67
卡塔尔	1.07	2.14	1.45	1.44	1.13	1.49	1.90	1.80	1.83	1.95	1.64
丹麦	1.17	3.34	2.42	1.59	1.99	0.89	1.66	0.81	1.65	1.14	1.61
葡萄牙	1.37	1.80	1.21	0.83	1.72	2.15	1.35	1.16	1.00	1.21	1.38
巴西	0.68	1.54	2.18	1.44	1.39	2.68	1.17	1.04	1.00	0.47	1.37

续表

国家和地区	2014 年	2015 年	2016 年	2017 年	2018 年	2019 年	2020 年	2021 年	2022 年	2023 年	合计
希腊	2.34	3.09	1.61	1.21	0.80	0.66	1.11	1.04	0.83	0.87	1.26
俄罗斯	0.29	0.94	1.05	1.44	1.46	1.49	1.66	1.45	1.24	1.01	1.25
以色列	2.83	1.89	1.37	1.67	1.46	1.01	0.74	0.87	0.53	1.08	1.25
新西兰	0.78	0.43	1.05	0.76	1.66	0.66	2.03	1.22	1.30	1.34	1.16
埃及	0.49	0.34	0.56	0.83	0.93	1.73	1.11	1.80	1.18	1.61	1.13
爱尔兰	0.78	1.72	0.81	0.76	1.13	1.07	0.92	1.51	1.00	1.14	1.09
波兰	0.68	1.11	1.13	0.45	0.27	0.54	0.98	1.16	1.42	1.68	0.95

三　C 层研究

信息科学 C 层研究国际合作参与率最高的是中国大陆，为 47.19%，其次为美国的 34.57%；英国、澳大利亚的参与率也比较高，分别为 16.02%、11.23%；加拿大、德国、中国香港、新加坡、印度、法国、意大利、沙特阿拉伯、韩国、西班牙、瑞士、日本、巴基斯坦、荷兰、瑞典、中国台湾、伊朗、马来西亚、芬兰、丹麦、阿联酋、土耳其、奥地利、比利时、埃及、巴西、挪威、葡萄牙、希腊、卡塔尔、中国澳门、以色列、越南、波兰、爱尔兰、新西兰也有一定的参与率，在 10%~0.9%。

在发展趋势上，中国大陆、印度、沙特阿拉伯呈现相对上升趋势，美国、德国、法国呈现相对下降趋势，其他国家和地区没有呈现明显变化。

表 7-39　信息科学 C 层研究排名前 40 的国家和地区的国际合作参与率

单位：%

国家和地区	2014 年	2015 年	2016 年	2017 年	2018 年	2019 年	2020 年	2021 年	2022 年	2023 年	合计
中国大陆	33.20	34.26	39.32	42.72	48.03	50.35	50.33	53.47	53.85	54.60	47.19
美国	40.44	39.64	38.81	39.95	38.21	37.31	32.37	30.40	28.05	26.31	34.57
英国	15.97	15.19	16.24	16.08	16.44	16.24	16.24	15.92	15.36	16.45	16.02
澳大利亚	8.56	9.56	9.23	10.52	11.38	10.83	12.14	13.25	13.04	11.44	11.23
加拿大	10.18	10.70	10.12	9.33	9.55	9.33	9.03	9.54	9.51	9.44	9.61
德国	11.16	10.92	10.55	9.57	8.59	7.95	7.04	6.54	7.60	6.97	8.43

续表

国家和地区	2014 年	2015 年	2016 年	2017 年	2018 年	2019 年	2020 年	2021 年	2022 年	2023 年	合计
中国香港	7.48	6.67	7.46	7.53	7.23	7.76	7.27	8.64	8.96	10.25	8.00
新加坡	6.65	6.38	6.92	6.28	6.87	6.20	5.89	6.61	6.48	7.71	6.58
印度	3.43	3.65	3.73	4.18	5.60	5.66	7.95	8.35	9.81	8.86	6.43
法国	10.03	9.78	8.27	7.34	6.50	5.82	5.54	5.11	4.61	4.09	6.42
意大利	7.70	8.46	7.58	6.97	6.06	5.57	5.30	5.16	4.82	5.02	6.08
沙特阿拉伯	3.15	3.63	3.96	3.76	4.11	4.19	6.89	7.06	7.52	7.89	5.43
韩国	3.55	3.87	4.27	4.51	4.89	4.99	5.87	6.45	6.34	6.76	5.30
西班牙	6.96	6.48	5.53	5.58	4.74	4.43	4.07	3.97	4.14	4.03	4.83
瑞士	5.40	4.38	4.41	4.54	4.48	3.85	3.12	3.45	3.19	3.22	3.90
日本	3.70	4.20	4.20	4.06	3.61	3.95	3.87	3.65	3.66	3.68	3.84
巴基斯坦	1.16	1.19	1.77	2.35	2.46	3.64	4.76	4.92	4.73	4.96	3.42
荷兰	4.34	4.26	4.31	3.55	3.49	3.29	2.99	2.76	3.00	2.85	3.39
瑞典	3.10	2.91	3.72	3.49	2.74	2.85	2.44	2.16	2.33	2.73	2.79
中国台湾	2.33	2.12	2.16	2.01	2.12	1.99	2.97	3.70	3.66	3.48	2.72
伊朗	1.92	1.93	1.75	2.21	2.38	2.41	3.58	3.38	3.40	3.17	2.70
马来西亚	1.88	1.92	1.89	2.43	2.05	2.39	3.08	3.08	2.83	2.90	2.51
芬兰	2.76	2.61	2.38	2.20	1.99	2.14	2.12	2.01	1.96	2.10	2.19
丹麦	1.95	2.10	1.91	1.89	2.14	1.71	1.89	2.00	1.71	2.03	1.93
阿联酋	0.95	1.06	1.06	0.72	0.84	1.68	2.33	2.53	3.39	3.57	1.92
土耳其	1.36	1.56	1.65	1.29	1.08	1.41	1.86	2.49	2.48	3.45	1.91
奥地利	2.74	2.65	2.43	2.29	2.01	1.80	1.48	1.37	1.45	1.58	1.90
比利时	2.92	2.92	2.40	1.87	1.86	1.93	1.65	1.44	1.57	1.19	1.90
埃及	0.91	0.98	1.05	0.72	1.29	1.77	2.82	2.58	2.56	2.89	1.86
巴西	1.97	2.14	2.27	1.90	2.10	1.95	1.96	1.66	1.30	1.08	1.81
挪威	1.64	1.56	1.60	1.29	1.07	1.32	1.65	1.54	1.82	1.78	1.53
葡萄牙	1.84	1.72	1.94	1.47	1.62	1.82	1.16	1.28	1.28	1.16	1.50
希腊	2.08	1.77	1.74	1.70	1.45	1.20	1.20	1.14	1.12	1.02	1.39
卡塔尔	1.11	1.48	1.36	1.45	0.99	1.50	1.48	1.65	1.42	1.26	1.39
中国澳门	0.51	0.72	0.96	0.99	1.18	1.19	1.56	1.81	1.84	1.90	1.33
以色列	2.03	1.96	1.95	1.77	1.37	1.40	1.07	0.80	0.82	0.83	1.33
越南	0.57	0.47	0.44	0.69	1.08	1.34	2.86	1.89	1.34	1.26	1.29
波兰	1.25	1.57	1.32	0.85	1.16	0.97	1.13	1.33	1.22	1.62	1.24
爱尔兰	0.96	1.19	1.05	1.19	1.25	0.98	0.92	1.06	1.08	1.34	1.10
新西兰	0.94	0.80	0.75	1.02	1.00	1.17	0.94	0.99	0.97	0.69	0.94

第八章　管理科学

管理科学是研究人类管理活动规律及其应用的综合性交叉科学。管理科学的基础是数学、经济学和行为科学。

第一节　学科

管理科学学科组包括以下学科：运筹学和管理科学、管理学、商学、经济学、金融学、人口统计学、农业经济和政策、公共行政、卫生保健科学和服务、医学伦理学、区域和城市规划、信息学和图书馆学，共计 12 个。

一　运筹学和管理科学

运筹学和管理科学 A 层研究国际合作参与率最高的是美国，为40.58%，其次为中国大陆的 37.68%；澳大利亚、法国、英国、德国、印度的参与率也比较高，在 24%~10%；加拿大、巴西、中国香港、新加坡、伊朗、意大利、瑞典、比利时、荷兰、瑞士、阿联酋、丹麦、马来西亚也有一定的参与率，在 9%~2%。

B 层研究国际合作参与率最高的是中国大陆，为 38.84%，其次为美国的 31.78%；英国、法国、加拿大、中国香港的参与率也比较高，在 25%~10%；德国、澳大利亚、印度、伊朗、荷兰、意大利、丹麦、新加坡、西班牙、土耳其、比利时、巴西、韩国、瑞典也有一定的参与率，在 10%~2%。

C 层研究国际合作参与率最高的是中国大陆，为 40.12%，其次为美国的 32.04%；英国、加拿大、中国香港、法国的参与率也比较高，在21%~10%；澳大利亚、印度、意大利、德国、荷兰、伊朗、新加坡、西班牙、土耳其、韩国、中国台湾、丹麦、巴西、比利时也有一定的参与率，在8%~2%。

表 8-1 运筹学和管理科学 A 层研究排名前 20 的国家和地区的国际合作参与率

单位：%

国家和地区	2014 年	2015 年	2016 年	2017 年	2018 年	2019 年	2020 年	2021 年	2022 年	2023 年	合计
美国	66.67	40.00	50.00	60.00	37.50	62.50	33.33	33.33	22.22	14.29	40.58
中国大陆	0.00	20.00	0.00	60.00	50.00	12.50	22.22	66.67	66.67	71.43	37.68
澳大利亚	0.00	60.00	33.33	0.00	12.50	12.50	11.11	66.67	22.22	28.57	23.19
法国	16.67	20.00	16.67	0.00	37.50	37.50	44.44	16.67	11.11	0.00	21.74
英国	16.67	0.00	50.00	0.00	0.00	12.50	22.22	0.00	11.11	85.71	21.74
德国	33.33	0.00	16.67	0.00	0.00	37.50	33.33	16.67	0.00	0.00	14.49
印度	0.00	0.00	16.67	0.00	0.00	12.50	22.22	0.00	11.11	28.57	10.14
加拿大	0.00	0.00	0.00	20.00	25.00	25.00	0.00	0.00	0.00	14.29	8.70
巴西	0.00	0.00	16.67	0.00	25.00	12.50	11.11	0.00	0.00	0.00	7.25
中国香港	0.00	0.00	16.67	0.00	0.00	0.00	11.11	0.00	33.33	0.00	7.25
新加坡	0.00	0.00	0.00	0.00	0.00	12.50	0.00	50.00	11.11	0.00	7.25
伊朗	0.00	20.00	0.00	0.00	0.00	0.00	33.33	11.11	0.00	0.00	5.80
意大利	0.00	0.00	16.67	0.00	0.00	0.00	22.22	0.00	0.00	14.29	5.80
瑞典	0.00	0.00	0.00	0.00	0.00	0.00	0.00	33.33	22.22	0.00	5.80
比利时	16.67	0.00	16.67	0.00	0.00	12.50	0.00	0.00	0.00	0.00	4.35
荷兰	16.67	0.00	0.00	20.00	12.50	0.00	0.00	0.00	0.00	0.00	4.35
瑞士	16.67	0.00	0.00	0.00	12.50	0.00	11.11	0.00	0.00	0.00	4.35
阿联酋	0.00	0.00	0.00	20.00	0.00	12.50	0.00	16.67	0.00	0.00	4.35
丹麦	16.67	20.00	0.00	0.00	0.00	0.00	0.00	0.00	0.00	0.00	2.90
马来西亚	0.00	20.00	0.00	0.00	0.00	0.00	0.00	16.67	0.00	0.00	2.90

表 8-2 运筹学和管理科学 B 层研究排名前 20 的国家和地区的国际合作参与率

单位：%

国家和地区	2014 年	2015 年	2016 年	2017 年	2018 年	2019 年	2020 年	2021 年	2022 年	2023 年	合计
中国大陆	20.41	20.00	42.11	32.76	41.51	36.11	30.99	38.46	65.79	49.15	38.84
美国	44.90	40.00	45.61	29.31	39.62	41.67	33.80	20.51	19.74	11.86	31.78
英国	20.41	22.00	17.54	24.14	20.75	27.78	30.99	21.79	19.74	33.90	24.08

续表

国家和地区	2014 年	2015 年	2016 年	2017 年	2018 年	2019 年	2020 年	2021 年	2022 年	2023 年	合计
法国	10.20	6.00	15.79	18.97	9.43	12.50	15.49	21.79	15.79	11.86	14.29
加拿大	12.24	8.00	8.77	17.24	7.55	11.11	11.27	11.54	9.21	11.86	10.91
中国香港	10.20	8.00	14.04	5.17	15.09	12.50	8.45	8.97	10.53	11.86	10.43
德国	12.24	20.00	5.26	6.90	5.66	11.11	9.86	14.10	9.21	3.39	9.79
澳大利亚	4.08	8.00	10.53	3.45	11.32	8.33	16.90	6.41	7.89	13.56	9.15
印度	4.08	4.00	0.00	5.17	7.55	13.89	9.86	11.54	10.53	8.47	8.03
伊朗	10.20	12.00	5.26	6.90	7.55	8.33	8.45	8.97	3.95	10.17	8.03
荷兰	8.16	10.00	7.02	6.90	5.66	5.56	4.23	2.56	5.26	3.39	5.62
意大利	10.20	6.00	3.51	6.90	5.66	4.17	8.45	3.85	1.32	6.78	5.46
丹麦	10.20	4.00	1.75	8.62	3.77	4.17	4.23	5.13	2.63	6.78	4.98
新加坡	10.20	8.00	3.51	1.72	0.00	6.94	5.63	3.85	3.95	5.08	4.82
西班牙	4.08	4.00	5.26	5.17	1.89	5.56	2.82	5.13	2.63	3.39	4.01
土耳其	2.04	4.00	3.51	0.00	0.00	2.78	1.41	2.56	5.26	10.17	3.21
比利时	4.08	6.00	5.26	1.72	3.77	1.39	0.00	3.85	2.63	1.69	2.89
巴西	2.04	0.00	0.00	1.72	1.89	2.78	8.45	3.85	2.63	3.39	2.89
韩国	2.04	2.00	1.75	5.17	1.89	1.39	0.00	5.13	2.63	6.78	2.89
瑞典	2.04	0.00	1.75	5.17	3.77	1.39	2.82	1.28	6.58	3.39	2.89

表 8-3　运筹学和管理科学 C 层研究排名前 20 的国家和地区的国际合作参与率

单位：%

国家和地区	2014 年	2015 年	2016 年	2017 年	2018 年	2019 年	2020 年	2021 年	2022 年	2023 年	合计
中国大陆	31.29	32.34	31.09	34.34	38.89	42.00	41.97	44.62	47.52	50.09	40.12
美国	38.59	38.89	34.18	35.09	34.67	35.54	30.54	29.37	25.31	22.64	32.04
英国	16.24	17.46	20.55	23.96	22.80	19.09	19.83	22.38	22.20	20.41	20.62
加拿大	14.59	10.91	13.27	10.57	10.54	10.43	9.70	10.49	7.14	8.40	10.42
中国香港	10.35	11.90	11.82	8.30	11.30	10.28	11.72	9.93	9.63	8.58	10.37
法国	8.94	11.31	11.27	8.68	10.34	10.13	12.45	7.27	10.71	11.32	10.25
澳大利亚	6.59	8.33	6.00	6.04	9.20	8.22	7.81	8.67	9.47	7.03	7.82
印度	5.18	5.36	4.18	4.91	5.94	6.90	8.97	9.51	10.87	10.63	7.49
意大利	8.71	8.33	8.55	8.68	8.81	7.34	5.21	6.85	7.14	5.32	7.36
德国	5.65	5.75	7.64	6.79	7.28	7.64	6.80	4.62	6.52	7.72	6.64
荷兰	5.18	6.94	6.73	6.42	6.70	4.99	6.66	4.34	2.95	4.97	5.51

国家和地区	2014 年	2015 年	2016 年	2017 年	2018 年	2019 年	2020 年	2021 年	2022 年	2023 年	合计
伊朗	2.82	3.57	3.45	4.53	5.17	4.55	7.38	6.57	7.92	6.52	5.44
新加坡	4.94	7.54	6.73	4.34	6.32	3.67	5.50	5.87	4.04	4.63	5.30
西班牙	5.41	5.16	7.09	3.96	3.83	3.52	5.50	4.48	4.66	5.83	4.91
土耳其	2.35	3.97	2.55	3.77	1.15	2.79	3.47	4.62	5.12	8.40	3.90
韩国	3.53	3.17	2.73	4.53	3.07	2.94	2.46	4.20	5.12	3.43	3.52
中国台湾	3.76	1.98	2.73	1.89	2.68	3.67	2.75	4.62	4.50	5.15	3.44
丹麦	3.53	2.58	2.55	3.40	2.30	3.23	3.33	3.78	2.64	2.74	3.03
巴西	3.06	2.18	4.55	3.77	3.26	3.23	1.45	4.34	1.55	2.40	2.96
比利时	2.82	3.17	3.27	3.77	2.11	2.79	2.60	2.10	3.11	1.54	2.70

二　管理学

管理学 A、B、C 层研究国际合作参与率最高的是美国，分别为 49.48%、44.15%、39.04%；英国 A、B、C 层研究国际合作参与率均排名第二，分别为 41.24%、33.23%、28.68%。

澳大利亚、德国、法国、荷兰、中国大陆、西班牙 A 层研究国际合作参与率也比较高，在 21%~10%；加拿大、印度、意大利、挪威、芬兰、中国香港、葡萄牙、马来西亚、瑞士、奥地利、比利时、丹麦也有一定的参与率，在 10%~3%。

中国大陆、澳大利亚、德国、加拿大、法国 B 层研究国际合作参与率也比较高，在 19%~10%；荷兰、意大利、西班牙、中国香港、丹麦、瑞士、新加坡、芬兰、挪威、瑞典、比利时、马来西亚、印度也有一定的参与率，在 10%~3%。

中国大陆、澳大利亚、德国 C 层研究国际合作参与率也比较高，在 22%~10%；加拿大、法国、意大利、荷兰、中国香港、西班牙、印度、丹麦、芬兰、瑞士、瑞典、新加坡、韩国、挪威、比利时也有一定的参与率，在 10%~3%。

表 8-4　管理学 A 层研究排名前 20 的国家和地区的国际合作参与率

单位：%

国家和地区	2014 年	2015 年	2016 年	2017 年	2018 年	2019 年	2020 年	2021 年	2022 年	2023 年	合计
美国	90.00	55.56	62.50	66.67	75.00	45.45	26.67	50.00	25.00	9.09	49.48
英国	40.00	11.11	50.00	33.33	62.50	54.55	20.00	33.33	50.00	72.73	41.24
澳大利亚	20.00	22.22	12.50	22.22	25.00	9.09	20.00	16.67	50.00	27.27	20.62
德国	20.00	0.00	37.50	0.00	50.00	27.27	13.33	16.67	50.00	9.09	19.59
法国	10.00	11.11	0.00	11.11	25.00	45.45	6.67	16.67	25.00	18.18	16.49
荷兰	20.00	22.22	12.50	0.00	25.00	9.09	6.67	0.00	0.00	18.18	11.34
中国大陆	0.00	0.00	0.00	33.33	0.00	9.09	6.67	16.67	25.00	18.18	10.31
西班牙	10.00	22.22	0.00	22.22	0.00	9.09	13.33	8.33	25.00	0.00	10.31
加拿大	0.00	22.22	0.00	0.00	12.50	18.18	13.33	0.00	0.00	9.09	9.28
印度	0.00	0.00	0.00	0.00	0.00	0.00	0.00	16.67	25.00	36.36	7.22
意大利	0.00	0.00	12.50	11.11	12.50	9.09	0.00	8.33	25.00	9.09	7.22
挪威	0.00	11.11	0.00	22.22	0.00	9.09	6.67	8.33	25.00	0.00	7.22
芬兰	0.00	0.00	12.50	0.00	0.00	0.00	13.33	8.33	25.00	0.00	5.15
中国香港	20.00	0.00	0.00	11.11	0.00	0.00	0.00	0.00	0.00	18.18	5.15
葡萄牙	10.00	11.11	0.00	0.00	0.00	13.33	0.00	25.00	0.00		5.15
马来西亚	0.00	0.00	0.00	0.00	12.50	0.00	0.00	0.00	50.00	9.09	4.12
瑞士	0.00	0.00	12.50	11.11	12.50	0.00	0.00	8.33	0.00	0.00	4.12
奥地利	10.00	0.00	0.00	11.11	12.50	0.00	0.00	0.00	0.00	0.00	3.09
比利时	0.00	0.00	12.50	0.00	0.00	0.00	0.00	16.67	0.00	0.00	3.09
丹麦	10.00	22.22	0.00	0.00	0.00	0.00	0.00	0.00	0.00	0.00	3.09

表 8-5　管理学 B 层研究排名前 20 的国家和地区的国际合作参与率

单位：%

国家和地区	2014 年	2015 年	2016 年	2017 年	2018 年	2019 年	2020 年	2021 年	2022 年	2023 年	合计
美国	59.52	60.76	46.74	50.50	46.00	50.00	37.96	39.02	23.81	34.04	44.15
英国	33.33	26.58	30.43	33.66	38.00	34.43	41.67	30.89	30.48	30.85	33.23
中国大陆	9.52	15.19	15.22	18.81	16.00	21.31	16.67	17.89	25.71	25.53	18.45
澳大利亚	7.14	13.92	18.48	9.90	11.00	8.20	9.26	8.13	20.00	12.77	11.71
德国	11.90	11.39	7.61	8.91	8.00	13.11	12.96	15.45	12.38	13.83	11.71
加拿大	10.71	15.19	10.87	15.84	14.00	14.75	8.33	6.50	6.67	5.32	10.71
法国	10.71	8.86	10.87	6.93	10.00	13.11	11.11	9.76	12.38	7.45	10.22

续表

国家和地区	2014 年	2015 年	2016 年	2017 年	2018 年	2019 年	2020 年	2021 年	2022 年	2023 年	合计
荷兰	13.10	10.13	9.78	11.88	11.00	12.30	6.48	5.69	11.43	7.45	9.82
意大利	2.38	5.06	4.35	9.90	11.00	5.74	12.96	12.20	8.57	13.83	8.83
西班牙	10.71	7.59	10.87	6.93	7.00	7.38	5.56	6.50	9.52	9.57	8.04
中国香港	7.14	7.59	9.78	7.92	12.00	5.74	2.78	4.88	5.71	6.38	6.85
丹麦	7.14	5.06	5.43	5.94	6.00	2.46	9.26	5.69	3.81	6.38	5.65
瑞士	4.76	10.13	5.43	7.92	4.00	2.46	3.70	4.88	5.71	4.26	5.16
新加坡	8.33	7.59	7.61	0.99	3.00	4.10	9.26	4.07	3.81	1.06	4.86
芬兰	4.76	5.06	5.43	5.94	4.00	2.46	11.11	4.07	3.81	1.06	4.76
挪威	5.95	2.53	1.09	4.95	4.00	4.10	3.70	4.88	10.48	3.19	4.56
瑞典	3.57	1.27	4.35	6.93	4.00	2.46	7.41	4.07	4.76	5.32	4.46
比利时	4.76	8.86	5.43	4.95	5.00	2.46	3.70	1.63	3.81	1.06	3.97
马来西亚	1.19	1.27	1.09	1.98	1.00	1.64	2.78	6.50	10.48	10.64	3.97
印度	1.19	2.53	1.09	0.00	1.00	4.10	0.93	8.94	9.52	6.38	3.77

表 8-6　管理学 C 层研究排名前 20 的国家和地区的国际合作参与率

单位：%

国家和地区	2014 年	2015 年	2016 年	2017 年	2018 年	2019 年	2020 年	2021 年	2022 年	2023 年	合计
美国	47.49	48.85	45.09	45.33	44.92	37.42	35.73	33.15	32.15	25.84	39.04
英国	27.54	28.80	29.59	29.44	27.97	28.31	30.58	29.17	26.21	28.99	28.68
中国大陆	14.41	16.52	16.05	16.51	18.68	22.18	22.04	25.18	27.67	27.90	21.09
澳大利亚	12.74	9.96	11.79	13.44	12.74	13.53	15.38	12.50	12.79	11.62	12.75
德国	11.33	11.18	12.55	11.08	10.91	9.02	9.87	10.05	8.58	9.01	10.27
加拿大	15.57	11.30	11.68	10.46	12.31	10.37	8.27	8.24	6.76	6.51	9.93
法国	8.49	8.63	9.28	8.92	9.40	9.56	9.07	8.97	9.77	10.86	9.31
意大利	6.56	7.17	7.53	8.51	7.56	8.75	11.02	11.87	10.87	11.40	9.29
荷兰	11.20	9.48	10.04	10.46	11.88	7.75	8.36	7.52	5.48	7.27	8.79
中国香港	7.72	10.57	8.08	7.38	6.48	6.76	3.64	6.25	5.94	4.78	6.62
西班牙	7.85	6.68	5.79	6.67	6.91	6.40	7.38	5.89	6.21	6.51	6.60
印度	1.42	1.94	1.42	2.26	3.13	3.70	4.27	8.42	9.41	12.60	5.04
丹麦	5.53	4.01	5.24	3.69	3.78	4.78	5.33	4.08	3.20	3.47	4.30
芬兰	4.63	3.52	4.15	4.31	4.21	3.25	4.89	4.35	4.84	4.45	4.27
瑞士	5.79	5.22	5.24	4.92	4.86	3.52	3.47	3.17	2.47	2.82	4.04
瑞典	4.38	3.40	5.24	4.00	4.00	3.79	4.36	4.62	2.74	3.04	3.95
新加坡	3.73	6.93	4.48	5.23	4.00	3.25	3.38	2.45	3.56	2.39	3.86

续表

国家和地区	2014 年	2015 年	2016 年	2017 年	2018 年	2019 年	2020 年	2021 年	2022 年	2023 年	合计
韩国	2.70	3.28	3.28	3.59	3.89	3.88	3.02	2.90	3.56	3.04	3.33
挪威	2.57	2.67	3.82	2.56	2.81	4.33	3.38	3.35	3.20	3.15	3.22
比利时	5.41	3.89	4.04	3.38	3.89	2.89	2.58	2.81	2.65	1.30	3.20

三 商学

商学 A、B、C 层研究国际合作参与率最高的均为美国，分别为 58.23%、43.98%、39.28%。

德国、英国、澳大利亚、法国、马来西亚、印度、荷兰 A 层研究国际合作参与率也比较高，在 30%～11%；中国大陆、意大利、西班牙、新西兰、挪威、丹麦、葡萄牙、瑞士、芬兰、中国香港、以色列、巴基斯坦也有一定的参与率，在 9%～3%。

英国、中国大陆、法国、澳大利亚、德国、意大利、印度 B 层研究国际合作参与率也比较高，在 32%～10%；加拿大、芬兰、荷兰、西班牙、瑞典、挪威、瑞士、中国香港、马来西亚、新加坡、丹麦、巴基斯坦也有一定的参与率，在 10%～3%。

英国、中国大陆、澳大利亚、法国、德国、加拿大 C 层研究国际合作参与率也比较高，在 31%～10%；意大利、荷兰、印度、西班牙、芬兰、瑞典、中国香港、马来西亚、瑞士、丹麦、韩国、挪威、巴基斯坦也有一定的参与率，在 10%～3%。

表 8-7　商学 A 层研究排名前 20 的国家和地区的国际合作参与率

单位：%

国家和地区	2014 年	2015 年	2016 年	2017 年	2018 年	2019 年	2020 年	2021 年	2022 年	2023 年	合计
美国	83.33	42.86	87.50	80.00	50.00	50.00	54.55	50.00	60.00	44.44	58.23
德国	33.33	28.57	37.50	20.00	0.00	80.00	18.18	10.00	40.00	22.22	29.11
英国	33.33	28.57	25.00	20.00	50.00	10.00	18.18	20.00	20.00	55.56	27.85

续表

国家和地区	2014 年	2015 年	2016 年	2017 年	2018 年	2019 年	2020 年	2021 年	2022 年	2023 年	合计
澳大利亚	16.67	28.57	37.50	60.00	0.00	0.00	0.00	20.00	40.00	22.22	18.99
法国	50.00	0.00	0.00	20.00	25.00	20.00	9.09	30.00	20.00	0.00	16.46
马来西亚	0.00	14.29	0.00	0.00	0.00	50.00	0.00	20.00	40.00	11.11	13.92
印度	0.00	0.00	12.50	20.00	0.00	0.00	9.09	30.00	40.00	22.22	12.66
荷兰	0.00	28.57	25.00	20.00	25.00	0.00	9.09	10.00	0.00	0.00	11.39
中国大陆	0.00	0.00	0.00	20.00	12.50	10.00	0.00	10.00	40.00	11.11	8.86
意大利	0.00	0.00	0.00	0.00	25.00	0.00	9.09	20.00	0.00	11.11	8.86
西班牙	0.00	0.00	0.00	0.00	12.50	0.00	27.27	20.00	0.00	0.00	8.86
新西兰	0.00	14.29	0.00	0.00	0.00	40.00	0.00	0.00	0.00	0.00	6.33
挪威	0.00	0.00	0.00	20.00	0.00	0.00	27.27	0.00	0.00	0.00	6.33
丹麦	16.67	0.00	0.00	0.00	0.00	0.00	9.09	0.00	40.00	0.00	5.06
葡萄牙	0.00	28.57	12.50	0.00	0.00	0.00	9.09	0.00	0.00	0.00	5.06
瑞士	0.00	0.00	12.50	0.00	12.50	0.00	9.09	10.00	0.00	0.00	5.06
芬兰	0.00	14.29	0.00	0.00	0.00	0.00	9.09	0.00	0.00	11.11	3.80
中国香港	0.00	0.00	0.00	0.00	12.50	10.00	0.00	20.00	0.00	0.00	3.80
以色列	16.67	0.00	0.00	0.00	0.00	0.00	9.09	0.00	0.00	11.11	3.80
巴基斯坦	0.00	0.00	0.00	0.00	0.00	0.00	9.09	0.00	40.00	0.00	3.80

表 8-8　商学 B 层研究排名前 20 的国家和地区的国际合作参与率

单位：%

国家和地区	2014 年	2015 年	2016 年	2017 年	2018 年	2019 年	2020 年	2021 年	2022 年	2023 年	合计
美国	57.63	58.06	52.56	51.28	45.35	51.11	48.98	33.70	26.44	23.81	43.98
英国	33.90	27.42	33.33	41.03	29.07	28.89	32.65	35.87	27.59	26.19	31.57
中国大陆	6.78	16.13	12.82	6.41	9.30	13.33	11.22	20.65	37.93	38.10	17.69
法国	13.56	16.13	11.54	12.82	12.79	26.67	18.37	18.48	12.64	15.48	16.09
澳大利亚	16.95	11.29	12.82	10.26	12.79	11.11	9.18	10.87	21.84	10.71	12.65
德国	11.86	17.74	8.97	10.26	12.79	8.89	15.31	14.13	9.20	7.14	11.55
意大利	1.69	6.45	6.41	6.41	13.95	8.89	11.22	23.91	9.20	9.52	10.32
印度	1.69	1.61	7.69	5.13	6.98	6.67	10.20	14.13	21.84	20.24	10.20
加拿大	11.86	14.52	10.26	14.10	13.95	8.89	7.14	6.52	3.45	3.57	9.09
芬兰	3.39	6.45	5.13	8.97	4.65	7.78	16.33	10.87	10.34	1.19	7.86
荷兰	11.86	11.29	7.69	14.10	11.63	11.11	3.06	3.26	0.00	4.76	7.49

国家和地区	2014 年	2015 年	2016 年	2017 年	2018 年	2019 年	2020 年	2021 年	2022 年	2023 年	合计
西班牙	11.86	8.06	8.97	6.41	9.30	6.67	5.10	2.17	3.45	2.38	6.14
瑞典	1.69	6.45	5.13	8.97	5.81	7.78	10.20	5.43	1.15	3.57	5.77
挪威	5.08	1.61	3.85	3.85	4.65	11.11	6.12	7.61	4.60	1.19	5.16
瑞士	3.39	11.29	7.69	6.41	2.33	5.56	2.04	4.35	2.30	3.57	4.67
中国香港	3.39	6.45	8.97	3.85	5.81	6.67	5.10	1.09	4.60	0.00	4.55
马来西亚	0.00	0.00	0.00	0.00	1.16	3.33	2.04	4.35	12.64	17.86	4.42
新加坡	6.78	8.06	6.41	0.00	2.33	3.33	5.10	4.35	3.45	3.57	4.18
丹麦	1.69	3.23	3.85	3.85	2.33	1.11	8.16	4.35	5.75	0.00	3.56
巴基斯坦	1.69	0.00	0.00	2.56	0.00	2.22	0.00	4.35	12.64	10.71	3.56

表 8-9　商学 C 层研究排名前 20 的国家和地区的国际合作参与率

单位：%

国家和地区	2014 年	2015 年	2016 年	2017 年	2018 年	2019 年	2020 年	2021 年	2022 年	2023 年	合计
美国	52.70	48.80	50.46	46.58	44.69	40.78	35.03	30.17	27.94	23.13	39.28
英国	26.64	29.44	30.25	28.26	29.21	30.02	33.47	31.38	33.75	28.16	30.32
中国大陆	12.16	14.08	12.65	13.94	18.85	16.67	17.51	18.12	24.60	27.59	17.80
澳大利亚	12.16	10.24	12.65	11.61	13.36	12.88	14.20	12.49	13.23	10.20	12.43
法国	8.88	8.80	9.13	10.32	11.36	11.70	11.92	13.26	13.23	12.64	11.30
德国	11.97	14.08	13.82	11.74	10.11	9.81	11.71	9.06	8.53	6.75	10.67
加拿大	15.44	12.80	13.95	13.55	12.48	11.94	8.81	7.40	5.81	6.75	10.63
意大利	7.72	7.20	7.82	7.74	7.24	9.57	11.40	14.25	10.75	12.64	9.84
荷兰	12.36	10.88	9.13	8.00	9.86	8.75	8.29	6.41	6.06	6.03	8.38
印度	1.54	1.60	2.09	2.45	3.62	4.73	5.70	12.15	16.69	17.96	7.10
西班牙	7.53	7.20	6.26	6.45	5.87	7.68	7.88	6.08	6.80	6.75	6.84
芬兰	5.79	4.96	4.95	4.52	3.87	4.37	4.97	6.41	6.18	5.46	5.14
瑞典	7.53	4.96	5.48	4.65	4.24	3.90	4.97	3.20	4.45	4.31	4.65
中国香港	5.79	5.76	4.56	6.06	4.37	4.37	3.52	2.65	3.96	3.45	4.33
马来西亚	0.77	2.24	1.69	2.06	2.62	2.60	3.32	6.30	8.03	10.20	4.09
瑞士	5.60	5.60	4.95	4.52	3.87	4.14	3.63	2.54	3.21	4.02	4.09
丹麦	4.44	3.84	3.91	3.74	3.75	4.61	5.28	3.20	3.34	3.02	3.93
韩国	2.70	5.60	4.17	4.39	3.87	3.19	3.01	3.65	3.58	5.46	3.92
挪威	2.70	2.40	3.26	2.58	2.87	3.31	2.59	5.97	4.94	3.74	3.50
巴基斯坦	0.39	1.12	0.65	1.42	1.62	3.19	4.35	5.08	7.29	8.19	3.49

四 经济学

经济学 A、B、C 层研究国际合作参与率最高的均为美国，分别为
54.42%、51.09%、42.73%。

英国、中国大陆、荷兰、法国、德国、澳大利亚、加拿大 A 层研究国
际合作参与率也比较高，在 35%～10%；瑞士、巴基斯坦、瑞典、中国香
港、西班牙、意大利、丹麦、新西兰、新加坡、奥地利、比利时、印度也有
一定的参与率，在 10%～4%。

中国大陆、英国、德国、法国、澳大利亚 B 层研究国际合作参与率也
比较高，在 30%～10%；加拿大、荷兰、意大利、中国香港、西班牙、瑞
典、瑞士、巴基斯坦、新加坡、印度、丹麦、土耳其、比利时、黎巴嫩也有
一定的参与率，在 10%～3%。

英国、中国大陆、德国 C 层研究国际合作参与率也比较高，在 29%～
15%；法国、澳大利亚、意大利、荷兰、加拿大、西班牙、瑞士、瑞典、中
国香港、比利时、丹麦、挪威、新加坡、印度、奥地利、巴基斯坦也有一定
的参与率，在 10%～2%。

表 8-10 经济学 A 层研究排名前 20 的国家和地区的国际合作参与率

单位：%

国家和地区	2014 年	2015 年	2016 年	2017 年	2018 年	2019 年	2020 年	2021 年	2022 年	2023 年	合计
美国	71.43	76.92	76.92	69.23	38.89	66.67	44.44	50.00	44.44	17.65	54.42
英国	35.71	38.46	30.77	46.15	38.89	33.33	33.33	50.00	33.33	11.76	34.69
中国大陆	14.29	23.08	23.08	15.38	22.22	11.11	22.22	14.29	44.44	58.82	24.49
荷兰	7.14	23.08	23.08	38.46	0.00	27.78	5.56	0.00	33.33	5.88	14.97
法国	7.14	7.69	7.69	7.69	22.22	22.22	16.67	7.14	22.22	17.65	14.29
德国	7.14	0.00	23.08	23.08	5.56	22.22	22.22	7.14	11.11	17.65	14.29
澳大利亚	7.14	15.38	15.38	30.77	11.11	5.56	0.00	28.57	11.11	11.76	12.93
加拿大	14.29	7.69	15.38	15.38	5.56	11.11	0.00	14.29	22.22	5.88	10.20
瑞士	7.14	7.69	0.00	15.38	5.56	11.11	16.67	14.29	22.22	0.00	9.52
巴基斯坦	0.00	0.00	0.00	0.00	0.00	0.00	5.56	7.14	11.11	41.18	6.80
瑞典	0.00	7.69	7.69	15.38	11.11	5.56	0.00	14.29	11.11	0.00	6.80

续表

国家和地区	2014 年	2015 年	2016 年	2017 年	2018 年	2019 年	2020 年	2021 年	2022 年	2023 年	合计
中国香港	7.14	0.00	7.69	7.69	11.11	0.00	5.56	14.29	11.11	0.00	6.12
西班牙	7.14	0.00	0.00	15.38	11.11	5.56	5.56	0.00	22.22	0.00	6.12
意大利	0.00	7.69	0.00	15.38	0.00	5.56	5.56	0.00	22.22	5.88	5.44
丹麦	14.29	0.00	7.69	7.69	0.00	0.00	0.00	7.14	11.11	5.88	4.76
新西兰	0.00	7.69	7.69	7.69	0.00	0.00	5.56	0.00	33.33	0.00	4.76
新加坡	0.00	7.69	30.77	7.69	0.00	0.00	0.00	7.14	0.00	0.00	4.76
奥地利	7.14	15.38	7.69	7.69	0.00	0.00	0.00	0.00	11.11	0.00	4.08
比利时	14.29	0.00	0.00	7.69	0.00	0.00	5.56	7.14	11.11	0.00	4.08
印度	0.00	0.00	0.00	0.00	5.56	5.56	11.11	0.00	0.00	11.76	4.08

表 8-11　经济学 B 层研究排名前 20 的国家和地区的国际合作参与率

单位：%

国家和地区	2014 年	2015 年	2016 年	2017 年	2018 年	2019 年	2020 年	2021 年	2022 年	2023 年	合计
美国	63.49	68.42	64.18	62.42	51.37	53.57	47.90	43.87	38.10	20.57	51.09
中国大陆	8.73	9.77	17.16	19.75	22.60	29.76	28.74	41.94	55.78	57.45	29.65
英国	32.54	28.57	34.33	22.93	28.77	31.55	28.14	27.74	26.53	26.95	28.70
德国	13.49	18.05	12.69	12.74	17.12	20.83	11.98	12.90	6.80	7.09	13.43
法国	13.49	9.02	14.93	11.46	10.27	12.50	9.58	10.32	6.12	12.77	10.99
澳大利亚	11.90	9.02	9.70	13.38	9.59	6.55	11.38	10.32	8.84	12.77	10.31
加拿大	7.94	8.27	12.69	16.56	10.96	8.33	11.38	7.10	4.08	3.55	9.16
荷兰	10.32	9.02	10.45	8.28	13.01	8.33	8.98	4.52	3.40	2.13	7.80
意大利	9.52	6.77	14.18	8.28	6.85	5.36	8.38	3.87	3.40	3.55	6.92
中国香港	3.17	6.02	5.97	9.55	3.42	5.95	5.99	5.81	5.44	4.26	5.63
西班牙	5.56	3.01	6.72	7.64	5.48	5.95	8.98	3.87	3.40	4.96	5.63
瑞典	7.94	7.52	4.48	5.10	6.85	8.33	2.99	8.39	2.72	0.71	5.50
瑞士	4.76	6.02	5.97	5.73	3.42	8.93	5.99	5.16	4.08	2.84	5.36
巴基斯坦	0.79	0.75	2.24	2.55	0.68	1.79	2.99	7.74	10.88	12.77	4.34
新加坡	1.59	8.27	2.99	4.46	8.90	4.17	2.99	2.58	3.40	2.13	4.14
印度	0.79	1.50	2.24	0.64	4.79	1.79	2.00	4.52	7.48	11.35	3.80
丹麦	7.94	2.26	2.99	3.18	4.11	3.57	2.99	1.29	4.08	4.96	3.66
土耳其	0.79	0.75	1.49	1.27	1.37	3.57	4.19	3.87	6.80	11.35	3.60
比利时	6.35	6.02	5.22	3.82	2.74	2.98	1.20	2.58	1.36	3.55	3.46
黎巴嫩	0.00	0.00	0.75	1.91	2.74	0.60	1.20	1.94	4.08	19.15	3.19

表 8-12 经济学 C 层研究排名前 20 的国家和地区的国际合作参与率

单位：%

国家和地区	2014 年	2015 年	2016 年	2017 年	2018 年	2019 年	2020 年	2021 年	2022 年	2023 年	合计
美国	51.46	47.86	47.71	46.52	45.67	41.44	41.44	40.17	34.80	33.45	42.73
英国	29.91	31.02	30.66	28.69	28.54	28.36	28.78	26.56	27.52	26.16	28.53
中国大陆	11.36	11.76	15.08	16.73	17.26	22.22	26.43	28.95	31.00	35.69	22.14
德国	15.71	18.78	17.41	15.92	16.08	14.55	15.51	14.89	15.63	12.67	15.64
法国	9.61	10.64	9.25	10.66	10.56	9.82	9.12	7.87	8.08	10.22	9.56
澳大利亚	9.02	8.46	8.08	8.33	10.63	9.02	11.23	9.22	8.62	9.13	9.22
意大利	8.69	10.88	9.83	9.90	7.87	11.48	7.94	8.32	8.62	8.11	9.14
荷兰	11.53	9.59	10.27	9.56	8.73	9.39	10.30	7.48	7.68	6.74	9.07
加拿大	9.77	9.11	10.12	9.43	8.33	8.35	7.94	7.99	8.42	6.20	8.51
西班牙	7.35	6.45	7.06	5.81	6.10	6.26	5.58	5.09	6.15	4.97	6.04
瑞士	5.18	6.85	5.46	6.90	5.51	7.06	5.02	4.51	5.88	3.61	5.59
瑞典	5.35	5.40	5.90	6.56	5.71	4.73	4.78	4.38	4.68	3.61	5.08
中国香港	3.43	3.38	4.30	4.10	4.92	5.40	5.83	5.93	4.14	6.27	4.84
比利时	4.43	5.40	3.79	4.37	5.51	4.24	2.92	4.26	3.47	2.32	4.04
丹麦	4.43	3.46	4.52	3.76	4.00	2.76	3.35	3.61	3.87	2.52	3.60
挪威	3.59	3.63	3.13	4.78	2.89	2.95	3.78	3.35	3.21	3.00	3.42
新加坡	2.17	3.06	3.50	2.73	3.94	3.07	3.78	3.35	2.61	3.13	3.16
印度	1.67	1.69	2.18	1.50	2.62	3.07	2.48	3.35	4.74	5.11	2.89
奥地利	3.01	2.10	3.20	2.53	1.90	3.07	2.73	3.22	2.74	2.45	2.70
巴基斯坦	0.67	0.64	0.51	1.37	1.05	1.84	2.79	4.96	5.34	4.43	2.45

五 金融学

金融学 A、B、C 层研究国际合作参与率最高的均为美国，分别为 54.35%、52.98%、41.75%。

英国、中国大陆、法国、中国香港、澳大利亚 A 层研究国际合作参与率也比较高，在 35%~10%；德国、意大利、荷兰、巴基斯坦、越南、爱尔兰、新加坡、瑞士、丹麦、黎巴嫩、马来西亚、挪威、奥地利、孟加拉国也有一定的参与率，在 9%~2%。

英国、中国大陆、澳大利亚、法国、加拿大 B 层研究国际合作参与率也比较高，在 27%～10%；德国、中国香港、越南、意大利、新加坡、爱尔兰、新西兰、西班牙、黎巴嫩、荷兰、巴基斯坦、瑞士、阿联酋、土耳其也有一定的参与率，在 9%～3%。

英国、中国大陆、澳大利亚、加拿大、法国 C 层研究国际合作参与率也比较高，在 28%～10%；德国、意大利、中国香港、荷兰、新西兰、瑞士、西班牙、新加坡、马来西亚、印度、越南、阿联酋、韩国、巴基斯坦也有一定的参与率，在 9%～3%。

表 8-13　金融学 A 层研究所有国家和地区的国际合作参与率

单位：%

国家和地区	2014 年	2015 年	2016 年	2017 年	2018 年	2019 年	2020 年	2021 年	2022 年	2023 年	合计
美国	100.00	40.00	100.00	50.00	60.00	40.00	33.33	66.67	50.00	33.33	54.35
英国	33.33	20.00	33.33	50.00	40.00	20.00	66.67	50.00	25.00	16.67	34.78
中国大陆	33.33	80.00	0.00	0.00	0.00	0.00	0.00	0.00	0.00	66.67	19.57
法国	0.00	0.00	33.33	16.67	0.00	40.00	0.00	33.33	50.00	0.00	17.39
中国香港	33.33	0.00	0.00	16.67	20.00	0.00	0.00	16.67	25.00	16.67	13.04
澳大利亚	0.00	40.00	0.00	0.00	40.00	0.00	0.00	16.67	0.00	0.00	10.87
德国	0.00	0.00	0.00	0.00	0.00	0.00	33.33	0.00	0.00	33.33	8.70
意大利	0.00	20.00	0.00	0.00	0.00	20.00	0.00	0.00	25.00	16.67	8.70
荷兰	0.00	0.00	33.33	16.67	0.00	0.00	20.00	0.00	0.00	16.67	8.70
巴基斯坦	0.00	0.00	0.00	0.00	0.00	0.00	33.33	0.00	25.00	33.33	8.70
越南	0.00	0.00	0.00	0.00	0.00	0.00	0.00	33.33	25.00	16.67	8.70
爱尔兰	0.00	0.00	0.00	0.00	0.00	0.00	40.00	0.00	0.00	16.67	6.52
新加坡	0.00	20.00	33.33	16.67	0.00	0.00	0.00	0.00	0.00	0.00	6.52
瑞士	0.00	0.00	0.00	0.00	0.00	20.00	33.33	0.00	25.00	0.00	6.52
丹麦	33.33	0.00	0.00	0.00	0.00	0.00	0.00	16.67	0.00	0.00	4.35
黎巴嫩	0.00	0.00	0.00	16.67	0.00	0.00	20.00	0.00	0.00	0.00	4.35
马来西亚	0.00	0.00	0.00	0.00	0.00	0.00	33.33	0.00	25.00	0.00	4.35
挪威	0.00	0.00	0.00	16.67	0.00	0.00	0.00	0.00	0.00	16.67	4.35
奥地利	0.00	0.00	0.00	0.00	0.00	0.00	33.33	0.00	0.00	0.00	2.17
孟加拉国	0.00	0.00	0.00	0.00	0.00	0.00	0.00	16.67	0.00	0.00	2.17

表 8-14　金融学 B 层研究排名前 20 的国家和地区的国际合作参与率

单位：%

国家和地区	2014 年	2015 年	2016 年	2017 年	2018 年	2019 年	2020 年	2021 年	2022 年	2023 年	合计
美国	80.95	80.85	76.47	71.43	50.94	44.00	47.06	38.18	26.09	30.00	52.98
英国	28.57	19.15	23.53	21.43	24.53	32.00	31.37	18.18	28.26	38.00	26.60
中国大陆	9.52	17.02	17.65	21.43	15.09	28.00	31.37	34.55	32.61	44.00	25.74
澳大利亚	9.52	10.64	14.71	14.29	16.98	14.00	15.69	14.55	15.22	6.00	13.19
法国	4.76	6.38	2.94	4.76	9.43	22.00	7.84	16.36	17.39	14.00	11.06
加拿大	9.52	12.77	14.71	21.43	9.43	12.00	7.84	14.55	0.00	6.00	10.43
德国	7.14	12.77	11.76	4.76	16.98	10.00	7.84	7.27	4.35	6.00	8.94
中国香港	14.29	12.77	17.65	16.67	0.00	6.00	5.88	7.27	4.35	4.00	8.30
越南	0.00	0.00	0.00	0.00	0.00	6.00	11.76	9.09	19.57	10.00	5.96
意大利	4.76	10.64	11.76	2.38	11.32	4.00	1.96	3.64	4.35	2.00	5.53
新加坡	4.76	6.38	8.82	7.14	5.66	6.00	7.84	5.45	0.00	4.00	5.53
爱尔兰	2.38	0.00	0.00	0.00	5.66	6.00	5.88	9.09	15.22	4.00	5.11
新西兰	2.38	0.00	2.94	7.14	5.66	2.00	13.73	9.09	2.17	4.00	4.68
西班牙	7.14	2.13	8.82	2.38	3.77	2.00	5.88	3.64	4.35	6.00	4.47
黎巴嫩	0.00	0.00	2.94	2.38	0.00	10.00	0.00	5.45	6.52	14.00	4.26
荷兰	2.38	6.38	8.82	2.38	5.66	4.00	5.88	3.64	0.00	4.00	4.26
巴基斯坦	0.00	0.00	0.00	2.38	0.00	0.00	5.88	7.27	17.39	8.00	4.26
瑞士	4.76	6.38	5.88	2.38	3.77	8.00	1.96	3.64	4.35	2.00	4.26
阿联酋	0.00	2.13	0.00	0.00	0.00	0.00	3.92	0.00	19.57	12.00	3.83
土耳其	2.38	0.00	2.94	0.00	1.89	8.00	1.96	5.45	6.52	6.00	3.62

表 8-15　金融学 C 层研究排名前 20 的国家和地区的国际合作参与率

单位：%

国家和地区	2014 年	2015 年	2016 年	2017 年	2018 年	2019 年	2020 年	2021 年	2022 年	2023 年	合计
美国	52.29	51.79	51.92	46.50	50.56	36.89	40.08	35.29	33.94	26.58	41.75
英国	30.86	31.03	28.61	26.75	25.51	30.00	29.46	24.26	25.86	27.93	27.86
中国大陆	9.71	14.08	14.75	18.50	17.83	19.56	27.45	32.17	27.88	40.09	23.09
澳大利亚	10.29	14.56	13.86	14.00	11.29	15.78	16.23	16.91	11.92	9.46	13.58
加拿大	12.57	11.46	13.86	14.00	14.90	9.56	8.42	9.01	7.07	5.86	10.40
法国	10.29	11.69	10.03	9.25	11.29	8.67	7.62	11.03	11.92	10.14	10.20

续表

国家和地区	2014 年	2015 年	2016 年	2017 年	2018 年	2019 年	2020 年	2021 年	2022 年	2023 年	合计
德国	11.14	9.31	14.16	7.50	10.38	8.00	8.62	7.17	6.46	6.31	8.67
意大利	6.29	9.07	8.26	9.25	6.32	6.44	6.21	6.80	7.88	5.63	7.16
中国香港	7.71	7.16	8.85	8.00	7.00	9.33	6.21	5.70	2.42	4.95	6.57
荷兰	8.57	8.35	6.78	6.75	6.32	6.67	5.61	2.76	3.43	2.93	5.61
新西兰	2.86	2.15	3.83	6.25	4.29	5.78	5.01	6.43	5.66	6.08	4.95
瑞士	5.14	5.73	4.13	6.50	5.19	5.78	4.61	2.94	4.65	1.35	4.54
西班牙	4.86	4.53	3.24	3.50	2.93	5.33	4.61	3.31	3.84	3.83	3.99
新加坡	5.43	6.21	7.08	2.75	5.64	2.89	3.81	2.21	1.62	1.80	3.76
马来西亚	1.71	3.58	2.65	2.75	2.26	2.44	3.21	3.68	6.26	7.66	3.72
印度	1.71	1.19	2.06	1.75	1.35	2.22	3.61	3.86	8.08	8.11	3.56
越南	0.00	1.19	0.29	0.50	0.90	2.67	5.21	6.99	8.28	4.05	3.35
阿联酋	0.86	0.72	2.65	1.25	1.58	3.33	2.00	4.78	6.06	8.33	3.31
韩国	3.71	2.39	2.06	1.25	3.61	5.11	3.21	3.86	2.22	4.73	3.26
巴基斯坦	0.29	0.24	0.59	1.00	1.13	1.11	4.01	5.88	8.28	6.31	3.17

六　人口统计学

人口统计学 A、B、C 层研究国际合作参与率最高的均为美国，分别为 100.00%、46.58%、34.56%。

中国大陆、挪威、韩国、瑞典、瑞士、英国 A 层研究国际合作参与率也比较高，均为 25.00%。

英国、德国、意大利、荷兰、瑞士、加拿大、瑞典 B 层研究国际合作参与率也比较高，在 33%～10%；澳大利亚、中国大陆、丹麦、奥地利、西班牙、比利时、芬兰、法国、印度、挪威、波兰、俄罗斯也有一定的参与率，在 7%～4%。

英国、德国、荷兰、意大利、加拿大 C 层研究国际合作参与率也比较高，在 34%～11%；瑞典、中国大陆、奥地利、澳大利亚、法国、西班牙、瑞士、比利时、芬兰、挪威、丹麦、波兰、印度、新加坡也有一定的参与率，在 10%～2%。

表 8-16 人口统计学 A 层研究所有国家和地区的国际合作参与率

单位：%

国家和地区	2014 年	2015 年	2016 年	2017 年	2018 年	2019 年	2020 年	2021 年	2022 年	2023 年	合计
美国	0.00	100.00	100.00	0.00	0.00	0.00	100.00	100.00	0.00	0.00	100.00
中国大陆	0.00	0.00	0.00	0.00	0.00	0.00	100.00	0.00	0.00	0.00	25.00
挪威	0.00	100.00	0.00	0.00	0.00	0.00	0.00	0.00	0.00	0.00	25.00
韩国	0.00	0.00	0.00	0.00	0.00	0.00	0.00	100.00	0.00	0.00	25.00
瑞典	0.00	100.00	0.00	0.00	0.00	0.00	0.00	0.00	0.00	0.00	25.00
瑞士	0.00	0.00	100.00	0.00	0.00	0.00	0.00	0.00	0.00	0.00	25.00
英国	0.00	0.00	0.00	0.00	0.00	0.00	0.00	100.00	0.00	0.00	25.00

表 8-17 人口统计学 B 层研究排名前 20 的国家和地区的国际合作参与率

单位：%

国家和地区	2014 年	2015 年	2016 年	2017 年	2018 年	2019 年	2020 年	2021 年	2022 年	2023 年	合计
美国	60.00	33.33	75.00	50.00	0.00	36.36	25.00	72.73	60.00	18.18	46.58
英国	40.00	50.00	25.00	37.50	0.00	18.18	50.00	18.18	20.00	45.45	32.88
德国	0.00	0.00	12.50	25.00	0.00	27.27	50.00	27.27	20.00	27.27	23.29
意大利	0.00	0.00	0.00	12.50	0.00	0.00	50.00	27.27	0.00	27.27	15.07
荷兰	0.00	16.67	25.00	25.00	0.00	9.09	0.00	0.00	20.00	18.18	12.33
瑞士	20.00	16.67	25.00	12.50	0.00	9.09	0.00	0.00	0.00	27.27	12.33
加拿大	20.00	16.67	12.50	12.50	0.00	9.09	0.00	27.27	0.00	0.00	10.96
瑞典	20.00	0.00	0.00	12.50	0.00	36.36	12.50	9.09	0.00	0.00	10.96
澳大利亚	0.00	33.33	0.00	12.50	0.00	9.09	0.00	0.00	20.00	0.00	6.85
中国大陆	20.00	0.00	12.50	0.00	0.00	0.00	0.00	9.09	40.00	0.00	6.85
丹麦	0.00	0.00	12.50	0.00	0.00	9.09	12.50	9.09	0.00	9.09	6.85
奥地利	0.00	0.00	0.00	0.00	0.00	9.09	12.50	0.00	20.00	9.09	5.48
西班牙	0.00	16.67	12.50	12.50	0.00	0.00	0.00	0.00	0.00	0.00	5.48
比利时	0.00	0.00	12.50	0.00	0.00	0.00	12.50	0.00	0.00	9.09	4.11
芬兰	20.00	0.00	0.00	0.00	0.00	9.09	0.00	0.00	0.00	9.09	4.11
法国	0.00	0.00	0.00	0.00	0.00	9.09	12.50	9.09	0.00	0.00	4.11
印度	0.00	0.00	0.00	0.00	0.00	0.00	12.50	0.00	0.00	18.18	4.11
挪威	0.00	16.67	0.00	0.00	0.00	9.09	0.00	0.00	0.00	9.09	4.11
波兰	0.00	16.67	0.00	0.00	0.00	0.00	12.50	9.09	0.00	0.00	4.11
俄罗斯	0.00	0.00	0.00	0.00	0.00	0.00	0.00	9.09	20.00	9.09	4.11

表8-18　人口统计学 C 层研究排名前 20 的国家和地区的国际合作参与率

单位：%

国家和地区	2014年	2015年	2016年	2017年	2018年	2019年	2020年	2021年	2022年	2023年	合计
美国	41.82	46.75	44.12	49.28	29.17	30.19	30.95	31.37	30.99	19.77	34.56
英国	38.18	37.66	32.35	23.19	38.89	46.23	21.43	31.37	28.17	36.05	33.67
德国	20.00	16.88	14.71	23.19	13.89	26.42	32.14	34.31	26.76	15.12	23.04
荷兰	5.45	15.58	29.41	17.39	18.06	17.92	14.29	15.69	11.27	13.95	16.08
意大利	18.18	10.39	7.35	8.70	13.89	9.43	7.14	16.67	12.68	18.60	12.28
加拿大	10.91	10.39	7.35	14.49	9.72	13.21	16.67	8.82	16.90	6.98	11.52
瑞典	9.09	6.49	5.88	8.70	11.11	7.55	13.10	15.69	7.04	6.98	9.37
中国大陆	12.73	6.49	7.35	8.70	11.11	7.55	19.05	5.88	4.23	6.98	8.86
奥地利	7.27	3.90	7.35	2.90	11.11	7.55	5.95	10.78	8.45	17.44	8.48
澳大利亚	5.45	5.19	8.82	7.25	6.94	13.21	5.95	5.88	8.45	11.63	8.10
法国	5.45	7.79	8.82	7.25	5.56	4.72	5.95	15.69	4.23	6.98	7.47
西班牙	9.09	3.90	4.41	5.80	4.17	3.77	7.14	4.90	12.68	4.65	5.82
瑞士	5.45	7.79	5.88	8.70	6.94	4.72	8.33	5.88	2.82	2.33	5.82
比利时	5.45	3.90	1.47	8.70	9.72	2.83	9.52	2.94	2.82	4.65	5.06
芬兰	1.82	1.30	1.47	4.35	6.94	1.89	4.76	5.88	5.63	5.81	4.05
挪威	5.45	0.00	1.47	1.45	8.33	1.89	3.57	8.82	4.23	2.33	3.80
丹麦	1.82	1.30	1.47	7.25	2.78	3.77	3.57	4.90	4.23	2.33	3.42
波兰	5.45	1.30	4.41	2.90	6.94	1.89	0.00	1.96	4.23	5.81	3.29
印度	1.82	0.00	0.00	4.35	9.72	1.89	0.00	2.94	2.82	3.49	2.66
新加坡	1.82	3.90	1.47	1.45	2.78	1.89	8.33	0.98	2.82	1.16	2.66

七　农业经济和政策

农业经济和政策 A、B、C 层研究国际合作参与率最高的均为美国，分别为 60.00%、50.00%、42.91%。

比利时、丹麦、法国、荷兰、瑞典、瑞士、英国 A 层研究国际合作参与率也比较高，均为 20.00%。

意大利、中国大陆、德国、法国、荷兰 B 层研究国际合作参与率也比较高，在 24%～13%；瑞士、英国、加拿大、肯尼亚、新西兰、澳大利亚、丹麦、埃塞俄比亚、南非、奥地利、比利时、塞浦路斯、爱尔兰、马拉维也有一定的参与率，在 10%～3%。

德国、意大利、英国、中国大陆 C 层研究国际合作参与率也比较高，在 19%～15%；荷兰、澳大利亚、比利时、法国、印度、加拿大、肯尼亚、挪威、西班牙、瑞士、丹麦、新西兰、南非、埃塞俄比亚、马来西亚也有一定的参与率，在 9%～2%。

表 8-19　农业经济和政策 A 层研究所有国家的国际合作参与率

单位：%

国家	2014 年	2015 年	2016 年	2017 年	2018 年	2019 年	2020 年	2021 年	2022 年	2023 年	合计
美国	0.00	0.00	0.00	0.00	0.00	0.00	100.00	100.00	0.00	100.00	60.00
比利时	100.00	0.00	0.00	0.00	0.00	0.00	0.00	0.00	0.00	0.00	20.00
丹麦	100.00	0.00	0.00	0.00	0.00	0.00	0.00	0.00	0.00	0.00	20.00
法国	0.00	0.00	0.00	0.00	0.00	0.00	0.00	100.00	0.00	0.00	20.00
荷兰	0.00	0.00	0.00	0.00	0.00	100.00	0.00	0.00	0.00	0.00	20.00
瑞典	0.00	0.00	0.00	0.00	0.00	100.00	0.00	0.00	0.00	0.00	20.00
瑞士	0.00	0.00	0.00	0.00	0.00	0.00	0.00	0.00	0.00	100.00	20.00
英国	0.00	0.00	0.00	0.00	0.00	100.00	0.00	0.00	0.00	0.00	20.00

表 8-20　农业经济和政策 B 层研究排名前 20 的国家和地区的国际合作参与率

单位：%

国家和地区	2014 年	2015 年	2016 年	2017 年	2018 年	2019 年	2020 年	2021 年	2022 年	2023 年	合计
美国	60.00	50.00	28.57	44.44	25.00	53.85	58.33	87.50	40.00	44.44	50.00
意大利	40.00	33.33	28.57	44.44	0.00	7.69	16.67	25.00	60.00	11.11	23.17
中国大陆	0.00	16.67	0.00	0.00	37.50	23.08	8.33	37.50	20.00	33.33	18.29
德国	20.00	16.67	14.29	11.11	25.00	15.38	25.00	12.50	20.00	22.22	18.29
法国	20.00	33.33	14.29	11.11	0.00	15.38	16.67	12.50	20.00	11.11	13.41
荷兰	20.00	0.00	28.57	11.11	25.00	7.69	8.33	12.50	40.00	0.00	13.41
瑞士	0.00	33.33	0.00	0.00	0.00	7.69	8.33	12.50	20.00	22.22	9.76
英国	20.00	16.67	14.29	11.11	0.00	0.00	16.67	12.50	0.00	11.11	9.76
加拿大	0.00	16.67	0.00	11.11	12.50	0.00	8.33	25.00	20.00	0.00	8.54
肯尼亚	20.00	16.67	14.29	11.11	0.00	0.00	0.00	25.00	0.00	11.11	8.54
新西兰	0.00	0.00	0.00	0.00	25.00	7.69	8.33	25.00	20.00	0.00	8.54

续表

国家和地区	2014 年	2015 年	2016 年	2017 年	2018 年	2019 年	2020 年	2021 年	2022 年	2023 年	合计
澳大利亚	20.00	0.00	14.29	0.00	25.00	7.69	0.00	0.00	0.00	0.00	6.10
丹麦	20.00	0.00	0.00	0.00	0.00	15.38	16.67	0.00	0.00	0.00	6.10
埃塞俄比亚	20.00	16.67	14.29	0.00	0.00	0.00	0.00	25.00	0.00	0.00	6.10
南非	0.00	0.00	28.57	0.00	0.00	7.69	0.00	12.50	0.00	0.00	4.88
奥地利	20.00	0.00	14.29	0.00	0.00	0.00	8.33	0.00	0.00	0.00	3.66
比利时	20.00	0.00	0.00	0.00	0.00	0.00	8.33	12.50	0.00	0.00	3.66
塞浦路斯	0.00	0.00	14.29	22.22	0.00	0.00	0.00	0.00	0.00	0.00	3.66
爱尔兰	0.00	0.00	14.29	11.11	0.00	0.00	0.00	8.33	0.00	0.00	3.66
马拉维	0.00	0.00	28.57	0.00	12.50	0.00	0.00	0.00	0.00	0.00	3.66

表 8-21　农业经济和政策 C 层研究排名前 20 的国家和地区的国际合作参与率

单位：%

国家和地区	2014 年	2015 年	2016 年	2017 年	2018 年	2019 年	2020 年	2021 年	2022 年	2023 年	合计
美国	60.00	41.10	43.48	50.62	55.29	43.43	35.71	40.48	36.49	19.61	42.91
德国	21.82	19.18	18.84	24.69	11.76	10.10	23.47	15.48	14.86	25.49	18.08
意大利	16.36	13.70	11.59	14.81	16.47	20.20	17.35	20.24	17.57	17.65	16.78
英国	25.45	15.07	13.04	16.05	18.82	17.17	12.24	16.67	21.62	11.76	16.64
中国大陆	5.45	13.70	15.94	9.88	10.59	24.24	19.39	19.05	18.92	11.76	15.60
荷兰	20.00	10.96	13.04	4.94	4.71	6.06	10.20	9.52	6.76	7.84	8.97
澳大利亚	10.91	12.33	11.59	11.11	9.41	8.08	8.16	3.57	9.46	3.92	8.84
比利时	7.27	6.85	11.59	4.94	9.41	7.07	3.06	8.33	1.35	3.92	6.37
法国	16.36	4.11	8.70	6.17	7.06	4.04	8.16	3.57	1.35	7.84	6.37
印度	1.82	5.48	4.35	3.70	10.59	5.05	5.10	9.52	8.11	3.92	5.98
加拿大	3.64	8.22	11.59	6.17	4.71	6.06	3.06	3.57	5.41	5.88	5.72
肯尼亚	5.45	13.70	5.80	2.47	3.53	8.08	6.12	1.19	4.05	5.88	5.59
挪威	7.27	9.59	7.25	8.64	11.76	4.04	2.04	1.19	1.35	1.96	5.46
西班牙	3.64	4.11	11.59	4.94	5.88	3.03	5.10	3.57	5.41	7.84	5.33
瑞士	1.82	2.74	7.25	1.23	2.35	3.03	6.12	8.33	2.70	13.73	4.68
丹麦	0.00	2.74	2.90	2.47	4.71	3.03	3.06	4.76	8.11	3.92	3.64
新西兰	1.82	0.00	1.45	3.70	3.53	5.05	7.14	4.76	0.00	5.88	3.51
南非	1.82	2.74	1.45	3.70	0.00	6.06	1.02	4.76	4.05	5.88	3.12
埃塞俄比亚	7.27	2.74	5.80	7.41	2.35	1.01	1.02	1.19	0.00	3.92	2.99
马来西亚	1.82	2.74	0.00	2.47	3.53	2.02	3.06	3.57	5.41	3.92	2.86

八　公共行政

公共行政 A、B、C 层研究国际合作参与率最高的均为美国,分别为
61.54%、45.14%、37.07%。

荷兰、丹麦、意大利、英国、瑞典 A 层研究国际合作参与率也比较高,
在 31%~15%;澳大利亚、奥地利、芬兰、德国、匈牙利、黎巴嫩、挪威、
巴基斯坦、西班牙、瑞士也有一定的参与率,均为 7.69%。

荷兰、英国、德国、意大利、丹麦、加拿大、瑞典 B 层研究国际合作
参与率也比较高,在 30%~10%;澳大利亚、比利时、西班牙、瑞士、中国
大陆、挪威、新加坡、芬兰、奥地利、法国、中国香港、新西兰也有一定的
参与率,在 10%~2%。

英国、荷兰、德国、意大利、中国大陆 C 层研究国际合作参与率也比
较高,在 30%~10%;加拿大、澳大利亚、丹麦、比利时、瑞典、挪威、瑞
士、西班牙、新加坡、韩国、中国香港、法国、芬兰、奥地利也有一定的参
与率,在 10%~3%。

表 8-22　公共行政 A 层研究所有国家和地区的国际合作参与率

单位:%

国家和地区	2014 年	2015 年	2016 年	2017 年	2018 年	2019 年	2020 年	2021 年	2022 年	2023 年	合计
美国	0.00	100.00	50.00	100.00	100.00	0.00	100.00	50.00	0.00	0.00	61.54
荷兰	0.00	100.00	100.00	50.00	0.00	0.00	0.00	0.00	0.00	0.00	30.77
丹麦	0.00	0.00	0.00	50.00	0.00	100.00	50.00	0.00	0.00	0.00	23.08
意大利	0.00	0.00	0.00	50.00	100.00	0.00	0.00	0.00	0.00	50.00	23.08
英国	0.00	0.00	0.00	0.00	0.00	0.00	0.00	0.00	0.00	0.00	23.08
瑞典	0.00	0.00	0.00	0.00	0.00	0.00	50.00	0.00	0.00	50.00	15.38
澳大利亚	0.00	0.00	0.00	0.00	0.00	0.00	0.00	0.00	0.00	0.00	7.69
奥地利	0.00	0.00	0.00	0.00	0.00	0.00	50.00	0.00	0.00	0.00	7.69
芬兰	0.00	0.00	0.00	0.00	0.00	0.00	0.00	0.00	0.00	50.00	7.69
德国	0.00	0.00	0.00	0.00	0.00	0.00	0.00	0.00	0.00	50.00	7.69
匈牙利	0.00	0.00	0.00	0.00	0.00	0.00	50.00	0.00	0.00	0.00	7.69

续表

国家和地区	2014 年	2015 年	2016 年	2017 年	2018 年	2019 年	2020 年	2021 年	2022 年	2023 年	合计
黎巴嫩	0.00	0.00	0.00	0.00	0.00	0.00	0.00	50.00	0.00	0.00	7.69
挪威	0.00	0.00	0.00	0.00	0.00	100.00	0.00	0.00	0.00	0.00	7.69
巴基斯坦	0.00	0.00	0.00	0.00	0.00	0.00	0.00	50.00	0.00	0.00	7.69
西班牙	0.00	0.00	50.00	0.00	0.00	0.00	0.00	0.00	0.00	0.00	7.69
瑞士	0.00	0.00	0.00	0.00	0.00	0.00	50.00	0.00	0.00	0.00	7.69

表 8-23　公共行政 B 层研究排名前 20 的国家和地区的国际合作参与率

单位：%

国家和地区	2014 年	2015 年	2016 年	2017 年	2018 年	2019 年	2020 年	2021 年	2022 年	2023 年	合计
美国	57.14	46.15	56.25	60.00	21.05	50.00	50.00	40.91	41.18	31.25	45.14
荷兰	28.57	30.77	25.00	45.00	42.11	33.33	25.00	18.18	29.41	12.50	29.14
英国	28.57	38.46	31.25	20.00	36.84	22.22	40.00	27.27	17.65	31.25	29.14
德国	21.43	7.69	18.75	15.00	10.53	5.56	15.00	22.73	35.29	25.00	17.71
意大利	0.00	0.00	6.25	15.00	10.53	22.22	5.00	18.18	11.76	25.00	12.00
丹麦	0.00	0.00	6.25	35.00	0.00	5.56	15.00	9.09	23.53	6.25	10.86
加拿大	21.43	30.77	12.50	0.00	10.53	16.67	5.00	9.09	5.88	0.00	10.29
瑞典	7.14	0.00	0.00	0.00	10.53	11.11	20.00	9.09	11.76	31.25	10.29
澳大利亚	0.00	0.00	0.00	20.00	15.79	16.67	0.00	4.55	17.65	18.75	9.71
比利时	0.00	15.38	0.00	5.00	31.58	16.67	5.00	9.09	5.88	6.25	9.71
西班牙	7.14	15.38	12.50	5.00	0.00	5.56	10.00	9.09	5.88	12.50	8.00
瑞士	7.14	15.38	12.50	5.00	0.00	5.56	0.00	9.09	0.00	12.50	6.29
中国大陆	0.00	0.00	0.00	0.00	5.26	0.00	15.00	18.18	5.88	0.00	5.14
挪威	0.00	0.00	0.00	10.00	0.00	0.00	0.00	4.55	11.76	6.25	4.57
新加坡	14.29	15.38	6.25	0.00	0.00	5.56	10.00	0.00	0.00	0.00	4.57
芬兰	7.14	0.00	0.00	0.00	0.00	0.00	5.00	4.55	5.88	12.50	3.43
奥地利	0.00	0.00	0.00	0.00	0.00	0.00	15.00	0.00	0.00	12.50	2.86
法国	0.00	0.00	0.00	0.00	0.00	0.00	10.00	4.55	0.00	12.50	2.86
中国香港	7.14	15.38	0.00	0.00	0.00	5.56	5.00	0.00	0.00	0.00	2.86
新西兰	0.00	0.00	0.00	0.00	0.00	11.11	0.00	4.55	5.88	0.00	2.29

表 8-24　公共行政 C 层研究排名前 20 的国家和地区的国际合作参与率

单位：%

国家和地区	2014 年	2015 年	2016 年	2017 年	2018 年	2019 年	2020 年	2021 年	2022 年	2023 年	合计
美国	48.96	43.81	35.66	32.70	35.40	41.53	37.76	35.43	32.89	31.58	37.07
英国	29.17	29.52	33.33	27.04	26.71	33.88	28.06	27.43	30.26	35.34	29.95
荷兰	18.75	18.10	19.38	25.16	29.19	23.50	26.02	18.86	15.13	12.03	21.16
德国	15.63	17.14	17.83	16.35	14.91	16.39	15.31	16.00	16.45	15.79	16.12
意大利	3.13	6.67	11.63	6.92	11.18	9.29	13.27	12.57	12.50	12.78	10.41
中国大陆	8.33	10.48	4.65	4.40	9.32	9.84	12.76	14.86	11.18	12.03	10.01
加拿大	7.29	14.29	11.63	9.43	8.07	8.20	6.63	12.57	11.18	7.52	9.54
澳大利亚	10.42	5.71	12.40	11.32	8.07	10.93	6.12	8.57	9.21	6.77	8.93
丹麦	8.33	12.38	6.98	7.55	13.04	6.01	7.65	9.14	9.21	9.77	8.87
比利时	5.21	9.52	5.43	8.18	9.32	7.65	9.18	8.00	7.89	7.52	7.92
瑞典	8.33	5.71	6.20	8.18	6.83	8.20	6.63	8.00	11.18	6.02	7.59
挪威	6.25	7.62	6.20	6.29	4.97	7.10	4.59	5.71	4.61	6.77	5.91
瑞士	3.13	4.76	4.65	6.92	4.97	4.92	11.73	4.00	4.61	6.77	5.91
西班牙	5.21	2.86	7.75	8.81	7.45	4.37	2.04	5.14	2.63	8.27	5.37
新加坡	5.21	8.57	4.65	5.66	3.73	4.37	3.57	6.86	7.89	3.76	5.31
韩国	5.21	5.71	3.88	3.14	4.35	4.37	4.08	5.14	5.26	6.77	4.70
中国香港	6.25	5.71	4.65	3.77	3.11	4.92	3.06	4.00	8.55	3.01	4.57
法国	4.17	0.95	5.43	3.77	2.48	5.46	3.57	5.14	6.58	3.01	4.16
芬兰	2.08	3.81	2.33	5.03	3.11	3.28	3.57	6.29	5.26	4.51	4.03
奥地利	4.17	1.90	1.55	3.77	1.86	2.73	7.14	5.14	3.95	3.76	3.76

九　卫生保健科学和服务

卫生保健科学和服务 A 层研究国际合作参与率最高的是英国、美国，均为 53.95%；加拿大、荷兰、澳大利亚、德国、西班牙 A 层研究国际合作参与率也比较高，在 41%～10%；比利时、中国大陆、南非、瑞士、丹麦、法国、印度、挪威、奥地利、中国香港、以色列、黎巴嫩、中国台湾也有一定的参与率，在 10%～5%。

B 层研究国际合作参与率最高的是美国，为 50.14%，其次为英国的

43.80%；加拿大、澳大利亚、荷兰、德国 B 层研究国际合作参与率也比较高，在 26%~14%；西班牙、中国大陆、瑞士、瑞典、意大利、挪威、比利时、法国、印度、丹麦、新加坡、巴西、沙特阿拉伯、南非也有一定的参与率，在 10%~4%。

C 层研究国际合作参与率最高的是美国，为 45.51%，其次为英国的 36.02%；加拿大、澳大利亚、荷兰、德国 C 层研究国际合作参与率也比较高，在 22%~10%；中国大陆、瑞士、意大利、西班牙、瑞典、法国、比利时、印度、丹麦、挪威、新加坡、沙特阿拉伯、南非、爱尔兰也有一定的参与率，在 9%~3%。

表 8-25　卫生保健科学和服务 A 层研究排名前 20 的国家和地区的国际合作参与率

单位：%

国家和地区	2014 年	2015 年	2016 年	2017 年	2018 年	2019 年	2020 年	2021 年	2022 年	2023 年	合计
英国	20.00	40.00	66.67	87.50	44.44	66.67	44.44	50.00	55.56	50.00	53.95
美国	80.00	40.00	50.00	50.00	66.67	55.56	33.33	66.67	55.56	50.00	53.95
加拿大	20.00	40.00	83.33	50.00	11.11	22.22	22.22	66.67	77.78	30.00	40.79
荷兰	40.00	40.00	33.33	25.00	44.44	33.33	22.22	50.00	44.44	10.00	32.89
澳大利亚	0.00	80.00	16.67	25.00	11.11	22.22	44.44	50.00	22.22	30.00	28.95
德国	0.00	0.00	0.00	25.00	11.11	11.11	22.22	0.00	0.00	20.00	10.53
西班牙	0.00	0.00	16.67	0.00	33.33	11.11	0.00	16.67	0.00	20.00	10.53
比利时	0.00	0.00	0.00	12.50	0.00	33.33	11.11	16.67	0.00	10.00	9.21
中国大陆	0.00	0.00	0.00	12.50	0.00	11.11	22.22	0.00	11.11	20.00	9.21
南非	0.00	20.00	0.00	0.00	0.00	0.00	22.22	16.67	22.22	10.00	9.21
瑞士	20.00	0.00	0.00	12.50	11.11	11.11	0.00	16.67	0.00	20.00	9.21
丹麦	0.00	0.00	0.00	0.00	0.00	0.00	22.22	16.67	22.22	0.00	6.58
法国	0.00	0.00	0.00	0.00	0.00	0.00	11.11	33.33	11.11	10.00	6.58
印度	0.00	0.00	0.00	0.00	11.11	0.00	11.11	16.67	11.11	10.00	6.58
挪威	20.00	0.00	16.67	0.00	0.00	11.11	11.11	0.00	11.11	0.00	6.58
奥地利	0.00	0.00	0.00	0.00	0.00	11.11	0.00	33.33	0.00	0.00	5.26
中国香港	20.00	20.00	0.00	0.00	0.00	0.00	11.11	16.67	0.00	0.00	5.26
以色列	0.00	0.00	0.00	0.00	11.11	0.00	0.00	0.00	33.33	0.00	5.26
黎巴嫩	0.00	0.00	16.67	0.00	0.00	11.11	11.11	16.67	0.00	0.00	5.26
中国台湾	0.00	20.00	0.00	0.00	0.00	0.00	0.00	0.00	33.33	0.00	5.26

表 8-26　卫生保健科学和服务 B 层研究排名前 20 的国家和地区的国际合作参与率

单位：%

国家和地区	2014 年	2015 年	2016 年	2017 年	2018 年	2019 年	2020 年	2021 年	2022 年	2023 年	合计
美国	49.02	62.30	61.82	51.61	34.43	47.69	56.72	53.61	45.45	43.48	50.14
英国	49.02	40.98	50.91	48.39	55.74	47.69	47.76	38.14	40.40	31.52	43.80
加拿大	37.25	34.43	34.55	37.10	21.31	23.08	29.85	20.62	21.21	14.13	25.92
澳大利亚	11.76	21.31	18.18	17.74	29.51	18.46	25.37	20.62	15.15	16.30	19.30
荷兰	27.45	22.95	27.27	12.90	18.03	13.85	25.37	14.43	20.20	14.13	19.01
德国	13.73	9.84	12.73	16.13	8.20	12.31	17.91	17.53	21.21	14.13	14.93
西班牙	11.76	6.56	7.27	8.06	3.28	10.77	20.90	9.28	7.07	8.70	9.30
中国大陆	3.92	0.00	3.64	6.45	11.48	3.08	8.96	15.46	12.12	13.04	8.73
瑞士	1.96	4.92	7.27	4.84	13.11	4.62	16.42	10.31	8.08	10.87	8.59
瑞典	5.88	3.28	10.91	11.29	1.64	13.85	8.96	5.15	12.12	9.78	8.45
意大利	7.84	3.28	3.64	8.06	3.28	9.23	13.43	1.03	14.14	14.13	8.17
挪威	5.88	6.56	14.55	4.84	9.84	7.69	5.97	3.09	8.08	6.52	7.04
比利时	5.88	4.92	9.09	3.23	4.92	9.23	4.48	4.12	10.10	9.78	6.76
法国	5.88	6.56	3.64	9.68	0.00	6.15	2.99	6.19	4.04	6.52	5.21
印度	0.00	0.00	0.00	0.00	4.92	6.15	8.96	4.12	9.09	9.78	4.93
丹麦	1.96	1.64	3.64	4.84	4.92	3.08	10.45	4.12	5.05	6.52	4.79
新加坡	3.92	0.00	3.64	4.84	6.56	10.77	4.48	3.09	4.04	5.43	4.65
巴西	0.00	4.92	1.82	4.84	3.28	4.62	5.97	5.15	5.05	5.43	4.37
沙特阿拉伯	1.96	0.00	1.82	3.23	1.64	3.08	4.48	4.12	11.11	6.52	4.37
南非	1.96	1.64	5.45	3.23	14.75	4.62	5.97	4.12	2.02	1.09	4.23

表 8-27　卫生保健科学和服务 C 层研究排名前 20 的国家和地区的国际合作参与率

单位：%

国家和地区	2014 年	2015 年	2016 年	2017 年	2018 年	2019 年	2020 年	2021 年	2022 年	2023 年	合计
美国	45.60	48.64	50.46	47.79	41.69	48.76	47.40	40.95	42.72	45.16	45.51
英国	38.37	36.58	38.90	37.24	39.34	32.56	37.14	33.85	35.16	33.47	36.02
加拿大	23.25	24.71	25.50	27.55	18.65	24.30	20.91	20.36	18.62	18.95	21.82
澳大利亚	17.16	20.82	17.06	18.37	19.12	17.85	20.52	17.51	16.43	18.95	18.33
荷兰	17.16	15.18	17.25	16.50	19.28	18.51	12.99	13.96	12.05	13.31	15.25
德国	10.16	9.92	10.64	11.22	11.60	9.26	9.74	11.72	11.28	12.50	10.90
中国大陆	4.29	3.89	5.87	5.95	7.99	8.10	9.61	13.61	10.84	11.56	8.78

续表

国家和地区	2014 年	2015 年	2016 年	2017 年	2018 年	2019 年	2020 年	2021 年	2022 年	2023 年	合计
瑞士	7.90	6.81	6.97	9.69	9.40	7.77	8.05	8.40	7.89	7.26	8.04
意大利	5.19	4.86	5.69	6.29	5.17	6.61	7.92	9.59	8.00	10.62	7.31
西班牙	6.77	6.61	7.52	7.48	5.96	5.95	6.62	7.22	7.45	8.06	7.01
瑞典	5.64	5.45	3.85	6.63	6.43	5.29	5.71	5.80	7.12	7.53	6.06
法国	4.51	4.67	4.04	6.12	6.11	3.80	5.45	4.62	6.57	8.60	5.59
比利时	5.64	4.09	6.06	2.89	8.15	4.79	5.19	5.56	5.37	6.85	5.51
印度	2.48	2.53	3.30	2.89	3.13	3.31	4.03	5.56	8.65	7.12	4.68
丹麦	3.84	3.50	4.22	4.42	4.55	5.29	4.42	5.68	4.82	4.97	4.66
挪威	4.97	3.89	5.32	5.78	5.49	3.80	4.42	4.97	4.05	3.76	4.60
新加坡	1.58	3.31	3.12	2.04	2.66	5.79	6.23	4.62	4.93	3.90	4.03
沙特阿拉伯	3.16	2.33	2.39	2.89	2.04	1.82	2.99	5.80	6.35	5.51	3.80
南非	2.93	3.70	3.85	4.25	3.76	3.80	3.38	3.43	2.96	2.96	3.47
爱尔兰	3.16	3.31	2.75	3.57	3.45	2.15	3.64	3.20	4.38	3.90	3.42

十 医学伦理学

医学伦理学 A 层研究没有国际合作。

B 层研究国际合作参与率最高的是美国，为 53.49%，其次为英国的 44.19%；澳大利亚、加拿大、德国、荷兰、比利时的参与率也比较高，在 31%～11%；南非、爱尔兰、意大利、日本、新加坡、瑞典、瑞士、法国、新西兰、挪威、阿根廷、奥地利、喀麦隆也有一定的参与率，在 10%～2%。

C 层研究国际合作参与率最高的是英国，为 49.59%，其次为美国的 42.98%；澳大利亚、加拿大、荷兰、德国的参与率也比较高，在 27%～10%；南非、瑞士、新加坡、比利时、挪威、瑞典、丹麦、爱尔兰、意大利、法国、新西兰、西班牙、加纳、日本也有一定的参与率，在 10%～2%。

表 8-28 医学伦理学 B 层研究排名前 20 的国家和地区的国际合作参与率

单位：%

国家和地区	2014 年	2015 年	2016 年	2017 年	2018 年	2019 年	2020 年	2021 年	2022 年	2023 年	合计
美国	75.00	60.00	100.00	33.33	25.00	33.33	60.00	50.00	50.00	50.00	53.49
英国	25.00	40.00	50.00	66.67	50.00	0.00	40.00	25.00	75.00	50.00	44.19
澳大利亚	25.00	40.00	25.00	33.33	25.00	0.00	40.00	50.00	0.00	50.00	30.23
加拿大	75.00	0.00	25.00	33.33	25.00	0.00	20.00	25.00	25.00	25.00	25.58
德国	0.00	20.00	25.00	16.67	25.00	33.33	0.00	25.00	0.00	25.00	18.60
荷兰	25.00	20.00	0.00	16.67	25.00	33.33	20.00	0.00	25.00	25.00	18.60
比利时	50.00	0.00	25.00	0.00	25.00	0.00	0.00	25.00	0.00	0.00	11.63
南非	0.00	20.00	25.00	0.00	0.00	33.33	0.00	0.00	0.00	25.00	9.30
爱尔兰	0.00	0.00	25.00	33.33	0.00	0.00	0.00	0.00	0.00	0.00	6.98
意大利	0.00	0.00	0.00	16.67	0.00	0.00	20.00	25.00	0.00	0.00	6.98
日本	25.00	0.00	25.00	0.00	0.00	0.00	0.00	25.00	0.00	0.00	6.98
新加坡	0.00	0.00	25.00	0.00	0.00	0.00	0.00	0.00	0.00	50.00	6.98
瑞典	0.00	20.00	0.00	16.67	0.00	0.00	20.00	0.00	0.00	0.00	6.98
瑞士	0.00	0.00	0.00	0.00	25.00	33.33	0.00	25.00	0.00	0.00	6.98
法国	0.00	0.00	0.00	0.00	25.00	0.00	0.00	0.00	25.00	0.00	4.65
新西兰	0.00	20.00	25.00	0.00	0.00	0.00	0.00	0.00	0.00	0.00	4.65
挪威	0.00	0.00	0.00	16.67	0.00	0.00	0.00	0.00	0.00	0.00	4.65
阿根廷	0.00	0.00	0.00	0.00	0.00	33.33	0.00	0.00	0.00	0.00	2.33
奥地利	25.00	0.00	0.00	0.00	0.00	0.00	0.00	0.00	0.00	0.00	2.33
喀麦隆	0.00	0.00	0.00	0.00	25.00	0.00	0.00	0.00	0.00	0.00	2.33

表 8-29 医学伦理学 C 层研究排名前 20 的国家和地区的国际合作参与率

单位：%

国家和地区	2014 年	2015 年	2016 年	2017 年	2018 年	2019 年	2020 年	2021 年	2022 年	2023 年	合计
英国	34.29	48.72	38.89	43.33	50.00	64.52	56.41	58.33	39.47	61.29	49.59
美国	34.29	38.46	50.00	56.67	47.22	45.16	41.03	47.92	31.58	38.71	42.98
澳大利亚	11.43	15.38	30.56	33.33	13.89	48.39	41.03	20.83	21.05	35.48	26.45
加拿大	20.00	30.77	36.11	26.67	8.33	16.13	10.26	29.17	15.79	16.13	21.21
荷兰	17.14	12.82	8.33	6.67	13.89	9.68	5.13	10.42	13.16	16.13	11.29
德国	11.43	10.26	5.56	10.00	5.56	22.58	10.26	10.42	10.53	9.68	10.47
南非	8.57	17.95	2.78	10.00	8.33	3.23	12.82	6.25	5.26	16.13	9.09
瑞士	5.71	5.13	13.89	6.67	8.33	12.90	7.69	10.42	10.53	9.68	9.09

续表

国家和地区	2014 年	2015 年	2016 年	2017 年	2018 年	2019 年	2020 年	2021 年	2022 年	2023 年	合计
新加坡	0.00	2.56	5.56	13.33	2.78	6.45	10.26	2.08	5.26	16.13	6.06
比利时	11.43	5.13	5.56	3.33	5.56	9.68	0.00	4.17	7.89	6.45	5.79
挪威	5.71	5.13	5.56	6.67	5.56	3.23	0.00	8.33	0.00	6.45	4.68
瑞典	5.71	2.56	0.00	3.33	11.11	6.45	0.00	2.08	2.63	6.45	3.86
丹麦	0.00	5.13	8.33	3.33	2.78	6.45	2.56	6.25	0.00	0.00	3.58
爱尔兰	0.00	2.56	2.78	0.00	8.33	6.45	5.13	2.08	5.26	3.23	3.58
意大利	8.57	0.00	2.78	0.00	0.00	3.23	2.56	8.33	7.89	0.00	3.58
法国	5.71	0.00	2.78	0.00	2.78	9.68	0.00	6.25	5.26	0.00	3.31
新西兰	0.00	0.00	0.00	3.33	8.33	9.68	2.56	2.08	2.63	6.45	3.31
西班牙	5.71	2.56	2.78	0.00	0.00	3.23	5.13	6.25	2.63	3.23	3.31
加纳	2.86	2.56	2.78	3.33	5.56	6.45	0.00	2.08	2.63	3.23	3.03
日本	0.00	2.56	0.00	3.33	0.00	6.45	2.56	2.08	5.26	6.45	2.75

十一　区域和城市规划

区域和城市规划 A 层研究国际合作参与率最高的是美国，为 33.33%；中国大陆、法国、意大利、瑞典、澳大利亚、巴西、荷兰、巴基斯坦、瑞士、阿联酋、英国的参与率也比较高，在 28%~11%；塞浦路斯、印度、日本、黎巴嫩、马来西亚、俄罗斯、沙特阿拉伯、西班牙也有一定的参与率，均为 5.56%。

B 层研究国际合作参与率最高的是中国大陆，为 42.21%；英国、美国、法国、澳大利亚、荷兰的参与率也比较高，在 29%~10%；巴基斯坦、德国、瑞典、中国香港、意大利、印度、土耳其、西班牙、芬兰、南非、挪威、瑞士、比利时、阿联酋也有一定的参与率，在 10%~4%。

C 层研究国际合作参与率最高的是中国大陆，为 29.52%，其次为英国的 29.01%；美国、荷兰、澳大利亚、意大利、法国的参与率也比较高，在 26%~10%；德国、西班牙、加拿大、瑞典、中国香港、印度、挪威、芬兰、瑞士、丹麦、奥地利、巴基斯坦、比利时也有一定的参与率，在 10%~3%。

表 8-30　区域和城市规划 A 层研究排名前 20 的国家和地区的国际合作参与率

单位：%

国家和地区	2014 年	2015 年	2016 年	2017 年	2018 年	2019 年	2020 年	2021 年	2022 年	2023 年	合计
美国	100.00	0.00	0.00	50.00	0.00	0.00	0.00	100.00	0.00	0.00	33.33
中国大陆	33.33	0.00	0.00	50.00	0.00	33.33	0.00	50.00	100.00	0.00	27.78
法国	0.00	0.00	100.00	0.00	50.00	33.33	50.00	0.00	0.00	0.00	22.22
意大利	0.00	0.00	0.00	0.00	50.00	33.33	50.00	0.00	0.00	100.00	22.22
瑞典	0.00	100.00	0.00	50.00	0.00	33.33	0.00	0.00	0.00	100.00	22.22
澳大利亚	33.33	0.00	0.00	0.00	0.00	0.00	0.00	0.00	0.00	0.00	11.11
巴西	0.00	0.00	0.00	0.00	50.00	33.33	0.00	0.00	0.00	0.00	11.11
荷兰	0.00	100.00	0.00	50.00	0.00	0.00	0.00	0.00	0.00	0.00	11.11
巴基斯坦	0.00	0.00	0.00	0.00	0.00	0.00	50.00	0.00	100.00	0.00	11.11
瑞士	33.33	0.00	0.00	50.00	0.00	0.00	0.00	0.00	0.00	0.00	11.11
阿联酋	0.00	0.00	0.00	0.00	0.00	33.33	50.00	0.00	0.00	0.00	11.11
英国	0.00	0.00	100.00	0.00	0.00	0.00	50.00	0.00	0.00	0.00	11.11
塞浦路斯	0.00	0.00	0.00	0.00	50.00	0.00	0.00	0.00	0.00	0.00	5.56
印度	0.00	0.00	0.00	0.00	0.00	0.00	0.00	50.00	0.00	0.00	5.56
日本	0.00	0.00	0.00	0.00	0.00	0.00	0.00	50.00	0.00	0.00	5.56
黎巴嫩	0.00	0.00	0.00	0.00	0.00	33.33	0.00	0.00	0.00	0.00	5.56
马来西亚	0.00	0.00	0.00	0.00	0.00	0.00	0.00	0.00	100.00	0.00	5.56
俄罗斯	0.00	0.00	0.00	0.00	0.00	0.00	50.00	0.00	0.00	0.00	5.56
沙特阿拉伯	0.00	0.00	0.00	0.00	0.00	0.00	50.00	0.00	0.00	0.00	5.56
西班牙	0.00	0.00	0.00	0.00	0.00	0.00	50.00	0.00	0.00	0.00	5.56

表 8-31　区域和城市规划 B 层研究排名前 20 的国家和地区的国际合作参与率

单位：%

国家和地区	2014 年	2015 年	2016 年	2017 年	2018 年	2019 年	2020 年	2021 年	2022 年	2023 年	合计
中国大陆	31.25	20.00	27.78	34.62	11.11	31.82	77.27	47.83	70.00	57.89	42.21
英国	25.00	33.33	22.22	42.31	16.67	27.27	27.27	30.43	15.00	36.84	28.14
美国	56.25	40.00	38.89	26.92	22.22	27.27	22.73	8.70	10.00	5.26	24.62
法国	0.00	13.33	11.11	7.69	16.67	36.36	9.09	17.39	15.00	21.05	15.08
澳大利亚	12.50	6.67	11.11	11.54	11.11	22.73	9.09	8.70	5.00	5.26	10.55
荷兰	12.50	20.00	16.67	19.23	16.67	13.64	0.00	4.35	0.00	0.00	10.05
巴基斯坦	0.00	0.00	0.00	0.00	0.00	0.00	13.64	21.74	35.00	21.05	9.55
德国	6.25	20.00	16.67	7.69	11.11	4.55	9.09	8.70	0.00	10.53	9.05

续表

国家和地区	2014 年	2015 年	2016 年	2017 年	2018 年	2019 年	2020 年	2021 年	2022 年	2023 年	合计
瑞典	12.50	6.67	16.67	11.54	16.67	9.09	4.55	8.70	5.00	0.00	9.05
中国香港	12.50	13.33	11.11	15.38	16.67	13.64	0.00	0.00	5.00	0.00	8.54
意大利	0.00	6.67	0.00	3.85	22.22	9.09	9.09	13.04	5.00	15.79	8.54
印度	0.00	0.00	0.00	0.00	0.00	4.55	9.09	13.04	20.00	31.58	8.04
土耳其	0.00	0.00	0.00	0.00	0.00	0.00	27.27	13.04	15.00	10.53	7.04
西班牙	6.25	0.00	11.11	7.69	11.11	13.64	4.55	8.70	0.00	0.00	6.53
芬兰	12.50	0.00	0.00	0.00	5.56	0.00	9.09	17.39	15.00	0.00	6.03
南非	6.25	0.00	0.00	3.85	11.11	0.00	0.00	4.35	15.00	10.53	5.03
挪威	0.00	0.00	5.56	3.85	0.00	13.64	0.00	13.04	5.00	0.00	4.52
瑞士	0.00	20.00	11.11	0.00	5.56	0.00	0.00	8.70	0.00	5.26	4.52
比利时	18.75	6.67	5.56	0.00	0.00	13.64	0.00	0.00	0.00	0.00	4.02
阿联酋	0.00	0.00	0.00	0.00	0.00	4.55	4.55	0.00	15.00	15.79	4.02

表 8-32　区域和城市规划 C 层研究排名前 20 的国家和地区的国际合作参与率

单位：%

国家和地区	2014 年	2015 年	2016 年	2017 年	2018 年	2019 年	2020 年	2021 年	2022 年	2023 年	合计
中国大陆	23.53	21.64	30.17	18.34	24.75	29.96	33.00	26.67	44.57	44.15	29.52
英国	27.45	29.82	22.91	29.69	35.64	27.75	31.00	30.22	32.07	22.34	29.01
美国	30.07	29.24	29.05	23.14	26.24	32.60	24.00	22.67	16.85	21.81	25.49
荷兰	18.30	17.54	16.20	18.34	13.37	14.98	12.50	6.22	7.61	6.91	13.07
澳大利亚	14.38	10.53	11.17	12.23	13.86	10.57	11.00	8.00	9.78	9.04	10.98
意大利	6.54	15.20	6.70	9.17	8.91	14.54	7.50	15.11	11.41	6.91	10.37
法国	6.54	6.43	2.79	7.86	4.46	10.57	10.00	20.00	16.30	12.77	10.01
德国	10.46	14.04	10.61	10.04	13.37	7.49	11.00	12.00	7.07	3.72	9.96
西班牙	7.19	9.36	8.94	7.42	6.93	5.73	6.00	7.11	8.70	6.38	7.30
加拿大	10.46	11.11	6.15	6.99	5.45	6.17	8.00	4.44	4.89	4.79	6.69
瑞典	6.54	8.77	3.91	5.68	8.42	9.69	6.50	4.00	3.26	7.45	6.44
中国香港	8.50	5.26	10.61	6.55	7.92	7.05	4.50	2.67	3.80	6.91	6.28
印度	1.31	0.00	1.68	1.75	2.48	2.64	2.00	12.89	13.59	15.96	5.52
挪威	4.58	2.34	3.35	4.80	3.47	3.52	4.50	6.67	7.07	5.85	4.65
芬兰	3.27	2.92	3.35	5.24	2.48	4.85	3.50	6.22	5.43	4.79	4.29
瑞士	5.23	8.77	3.91	1.75	3.96	3.96	7.00	1.78	3.26	2.13	4.03
丹麦	2.61	2.92	5.59	1.75	4.95	3.08	4.00	4.44	4.89	1.60	3.58

国家和地区	2014 年	2015 年	2016 年	2017 年	2018 年	2019 年	2020 年	2021 年	2022 年	2023 年	合计
奥地利	3.27	8.19	2.23	3.06	2.97	6.17	4.00	1.33	2.72	0.53	3.42
巴基斯坦	0.00	0.00	0.00	0.87	0.50	1.32	4.50	8.89	8.70	6.91	3.27
比利时	3.27	1.17	4.47	4.80	5.94	6.17	0.50	2.67	1.63	0.53	3.22

十二　信息学和图书馆学

信息学和图书馆学 A、B、C 层研究国际合作参与率最高的均为美国，分别为 46.43%、45.06%、42.77%。

荷兰、加拿大、英国、印度、葡萄牙、西班牙、中国大陆、丹麦、挪威 A 层研究国际合作参与率也比较高，在 25%~10%；澳大利亚、巴西、法国、芬兰、德国、中国香港、约旦、新加坡、斯洛文尼亚、韩国也有一定的参与率，在 8%~3%。

英国、中国大陆、澳大利亚、德国、加拿大 B 层研究国际合作参与率也比较高，在 25%~10%；中国香港、印度、法国、荷兰、西班牙、芬兰、意大利、丹麦、马来西亚、挪威、韩国、中国台湾、瑞士、新加坡也有一定的参与率，在 10%~3%。

中国大陆、英国、澳大利亚、加拿大 C 层研究国际合作参与率也比较高，在 27%~10%；德国、荷兰、中国香港、法国、西班牙、意大利、韩国、印度、新加坡、中国台湾、芬兰、马来西亚、丹麦、瑞典、瑞士也有一定的参与率，在 10%~3%。

表 8-33　信息学和图书馆学 A 层研究排名前 20 的国家和地区的国际合作参与率

单位：%

国家和地区	2014 年	2015 年	2016 年	2017 年	2018 年	2019 年	2020 年	2021 年	2022 年	2023 年	合计
美国	33.33	66.67	60.00	33.33	50.00	33.33	50.00	33.33	0.00	0.00	46.43
荷兰	0.00	66.67	20.00	0.00	25.00	0.00	50.00	33.33	0.00	0.00	25.00
加拿大	0.00	33.33	20.00	0.00	50.00	0.00	50.00	0.00	0.00	0.00	21.43

续表

国家和地区	2014 年	2015 年	2016 年	2017 年	2018 年	2019 年	2020 年	2021 年	2022 年	2023 年	合计
英国	0.00	0.00	20.00	33.33	75.00	0.00	0.00	33.33	0.00	0.00	21.43
印度	33.33	0.00	0.00	0.00	0.00	0.00	25.00	66.67	0.00	0.00	14.29
葡萄牙	66.67	33.33	0.00	0.00	0.00	0.00	25.00	0.00	0.00	0.00	14.29
西班牙	0.00	33.33	0.00	0.00	50.00	0.00	25.00	0.00	0.00	0.00	14.29
中国大陆	33.33	0.00	0.00	33.33	0.00	33.33	0.00	0.00	0.00	0.00	10.71
丹麦	0.00	0.00	40.00	0.00	0.00	0.00	0.00	33.33	0.00	0.00	10.71
挪威	0.00	0.00	40.00	0.00	0.00	0.00	0.00	33.33	0.00	0.00	10.71
澳大利亚	0.00	0.00	0.00	33.33	25.00	0.00	0.00	0.00	0.00	0.00	7.14
巴西	0.00	0.00	0.00	0.00	0.00	33.33	0.00	33.33	0.00	0.00	7.14
法国	0.00	0.00	0.00	0.00	0.00	33.33	25.00	0.00	0.00	0.00	7.14
芬兰	0.00	0.00	20.00	0.00	0.00	0.00	0.00	0.00	0.00	0.00	3.57
德国	0.00	0.00	0.00	0.00	0.00	0.00	0.00	33.33	0.00	0.00	3.57
中国香港	0.00	0.00	20.00	0.00	0.00	0.00	0.00	0.00	0.00	0.00	3.57
约旦	0.00	0.00	0.00	33.33	0.00	0.00	0.00	0.00	0.00	0.00	3.57
新加坡	0.00	0.00	0.00	0.00	0.00	33.33	0.00	0.00	0.00	0.00	3.57
斯洛文尼亚	33.33	0.00	0.00	0.00	0.00	0.00	0.00	0.00	0.00	0.00	3.57
韩国	0.00	0.00	0.00	0.00	0.00	33.33	0.00	0.00	0.00	0.00	3.57

表 8-34　信息学和图书馆学 B 层研究排名前 20 的国家和地区的国际合作参与率

单位：%

国家和地区	2014 年	2015 年	2016 年	2017 年	2018 年	2019 年	2020 年	2021 年	2022 年	2023 年	合计
美国	81.25	52.78	45.71	52.27	47.06	27.91	25.71	31.43	32.00	60.00	45.06
英国	15.63	27.78	25.71	15.91	20.59	23.26	34.29	28.57	24.00	32.00	24.42
中国大陆	21.88	16.67	25.71	22.73	20.59	18.60	17.14	20.00	20.00	16.00	20.06
澳大利亚	6.25	5.56	8.57	9.09	8.82	13.95	14.29	17.14	12.00	32.00	12.21
德国	12.50	13.89	8.57	13.64	8.82	11.63	5.71	8.57	16.00	16.00	11.34
加拿大	21.88	13.89	5.71	13.64	11.76	11.63	5.71	8.57	4.00	8.00	10.76
中国香港	18.75	16.67	14.29	11.36	8.82	2.33	2.86	2.86	12.00	8.00	9.59
印度	0.00	0.00	2.86	0.00	8.82	9.30	11.43	22.86	20.00	28.00	9.30
法国	3.13	5.56	2.86	2.27	11.76	2.33	8.57	22.86	28.00	8.00	8.72
荷兰	12.50	11.11	8.57	6.82	5.88	6.98	5.71	2.86	12.00	4.00	7.56
西班牙	0.00	5.56	5.71	11.36	11.76	4.65	11.43	2.86	16.00	4.00	7.27
芬兰	3.13	2.78	5.71	2.27	14.71	4.65	8.57	11.43	8.00	4.00	6.40

续表

国家和地区	2014 年	2015 年	2016 年	2017 年	2018 年	2019 年	2020 年	2021 年	2022 年	2023 年	合计
意大利	0.00	2.78	0.00	9.09	5.88	4.65	2.86	8.57	24.00	12.00	6.40
丹麦	0.00	5.56	5.71	2.27	11.76	6.98	5.71	5.71	8.00	8.00	5.81
马来西亚	3.13	2.78	8.57	0.00	0.00	9.30	8.57	5.71	8.00	16.00	5.81
挪威	0.00	0.00	0.00	2.27	2.94	4.65	5.71	8.57	20.00	12.00	4.94
韩国	6.25	8.33	2.86	4.55	0.00	2.33	5.71	2.86	8.00	8.00	4.65
中国台湾	9.38	5.56	2.86	4.55	5.88	0.00	2.86	5.71	4.00	4.00	4.65
瑞士	3.13	11.11	0.00	9.09	2.94	4.65	2.86	0.00	4.00	4.00	4.36
新加坡	6.25	5.56	0.00	4.55	5.88	2.33	0.00	2.86	4.00	8.00	3.78

表 8-35　信息学和图书馆学 C 层研究排名前 20 的国家和地区的国际合作参与率

单位：%

国家和地区	2014 年	2015 年	2016 年	2017 年	2018 年	2019 年	2020 年	2021 年	2022 年	2023 年	合计
美国	52.29	51.76	50.44	46.80	41.74	42.46	35.99	40.26	31.50	32.82	42.77
中国大陆	16.99	21.83	19.06	22.28	23.42	29.33	29.40	34.03	34.07	35.52	26.52
英国	19.28	16.55	15.54	17.55	16.82	19.83	20.60	18.96	16.12	16.99	17.93
澳大利亚	11.76	9.51	11.14	11.70	11.71	10.89	12.64	11.69	13.19	11.58	11.59
加拿大	15.36	14.08	9.68	7.80	8.11	12.57	9.62	8.57	8.06	8.11	10.15
德国	8.17	9.15	9.09	11.42	7.81	8.38	8.24	10.13	9.89	10.81	9.29
荷兰	12.42	11.97	11.73	9.47	8.11	8.38	8.79	4.94	6.23	5.41	8.74
中国香港	6.21	10.21	8.50	10.03	8.71	6.70	6.04	7.27	6.23	7.72	7.76
法国	4.25	7.04	4.11	6.13	6.61	6.15	3.85	7.27	8.42	11.58	6.38
西班牙	9.15	5.63	5.87	6.96	6.61	6.70	6.04	4.42	2.56	6.18	6.04
意大利	3.27	5.99	4.40	4.74	5.41	4.47	6.87	5.71	9.89	6.18	5.61
韩国	7.84	7.04	7.04	5.85	4.50	6.70	4.67	3.12	5.49	2.70	5.49
印度	2.29	2.46	1.76	1.95	3.30	4.47	7.14	11.43	9.52	8.88	5.30
新加坡	3.27	4.93	4.99	5.57	4.20	4.19	6.04	2.86	6.23	3.47	4.57
中国台湾	6.54	3.87	2.05	3.90	3.30	3.07	6.04	3.64	4.40	4.63	4.11
芬兰	4.90	3.17	3.23	3.06	5.71	4.19	5.77	2.34	4.03	3.47	3.99
马来西亚	1.63	1.76	3.52	5.01	3.30	4.19	2.47	5.45	6.96	5.41	3.95
丹麦	1.96	3.87	4.69	2.79	5.41	3.07	4.40	2.60	2.93	3.86	3.56
瑞典	3.27	3.17	4.11	2.23	4.20	2.23	4.67	2.60	2.93	3.47	3.28
瑞士	3.59	4.23	4.11	2.23	3.30	3.63	3.30	3.38	2.20	2.70	3.28

第二节 学科组

在管理科学各学科研究分析的基础上，按照 A、B、C 层三个研究层次，对各学科研究进行汇总分析，可以从学科组层面揭示国际合作的分布特点和发展趋势。

一 A 层研究

管理科学 A 层研究国际合作参与率最高的是美国，为 51.89%，其次为英国的 34.02%；中国大陆、澳大利亚、荷兰、德国、法国、加拿大的参与率也比较高，在 18%~12%；西班牙、印度、瑞士、意大利、中国香港、丹麦、挪威、瑞典、马来西亚、巴基斯坦、比利时、新加坡、葡萄牙、新西兰、奥地利、以色列、巴西、芬兰、南非、韩国、黎巴嫩、中国台湾、伊朗、沙特阿拉伯、阿联酋、爱尔兰、越南、希腊、阿根廷、波兰、塞浦路斯、罗马尼亚也有一定的参与率，在 8%~1%。

在发展趋势上，中国大陆、印度、巴基斯坦呈现相对上升趋势，美国呈现相对下降趋势，其他国家和地区没有呈现明显变化。

表 8-36 管理科学 A 层研究排名前 40 的国家和地区的国际合作参与率

单位：%

国家和地区	2014 年	2015 年	2016 年	2017 年	2018 年	2019 年	2020 年	2021 年	2022 年	2023 年	合计
美国	76.47	56.00	67.92	62.26	50.79	50.72	41.33	53.97	41.46	26.56	51.89
英国	27.45	22.00	37.74	43.40	39.68	31.88	28.00	34.92	31.71	42.19	34.02
中国大陆	9.80	16.00	5.66	22.64	14.29	11.59	13.33	15.87	36.59	37.50	17.87
澳大利亚	9.80	30.00	16.98	24.53	14.29	7.25	12.00	25.40	21.95	18.75	17.53
荷兰	11.76	26.00	22.64	22.64	15.87	14.49	10.67	7.94	17.07	7.81	15.12
德国	13.73	4.00	18.87	11.32	11.11	27.54	18.67	9.52	12.20	17.19	14.95
法国	11.76	6.00	7.55	7.55	19.05	26.09	16.00	19.05	19.51	9.38	14.60
加拿大	7.84	14.00	15.09	13.21	11.11	13.04	8.00	9.52	24.39	9.38	12.03
西班牙	5.88	6.00	3.77	11.32	12.70	4.35	10.67	6.35	9.76	3.13	7.39
印度	1.96	0.00	3.77	1.89	3.17	2.90	9.33	14.29	14.63	17.19	7.04

国家和地区	2014 年	2015 年	2016 年	2017 年	2018 年	2019 年	2020 年	2021 年	2022 年	2023 年	合计
瑞士	7.84	2.00	5.66	9.43	7.94	5.80	9.33	7.94	7.32	4.69	6.87
意大利	0.00	4.00	5.66	9.43	7.94	5.80	6.67	6.35	9.76	12.50	6.87
中国香港	9.80	2.00	5.66	5.66	6.35	1.45	4.00	6.35	14.63	4.69	5.67
丹麦	13.73	6.00	5.66	3.77	0.00	1.45	5.33	6.35	12.20	1.56	5.15
挪威	1.96	4.00	5.66	9.43	0.00	5.80	6.67	4.76	9.76	4.69	5.15
瑞典	0.00	8.00	1.89	7.55	3.17	4.35	4.00	9.52	7.32	6.25	5.15
马来西亚	0.00	4.00	0.00	0.00	1.59	7.25	4.00	6.35	17.07	4.69	4.30
巴基斯坦	0.00	0.00	0.00	0.00	1.59	0.00	5.33	3.17	19.51	15.63	4.30
比利时	9.80	0.00	5.66	5.66	0.00	5.80	2.67	6.35	2.44	1.56	3.95
新加坡	0.00	4.00	13.21	3.77	3.17	2.90	0.00	7.94	7.32	0.00	3.95
葡萄牙	7.84	8.00	1.89	1.89	1.59	1.45	8.00	0.00	4.88	1.56	3.61
新西兰	0.00	4.00	1.89	1.89	0.00	5.80	2.67	1.59	17.07	1.56	3.26
奥地利	3.92	6.00	1.89	3.77	1.59	1.45	2.67	3.17	2.44	3.13	2.92
以色列	5.88	0.00	0.00	1.89	4.76	0.00	2.67	0.00	17.07	1.56	2.92
巴西	0.00	2.00	1.89	0.00	6.35	5.80	1.33	1.59	2.44	1.56	2.41
芬兰	0.00	2.00	3.77	0.00	1.59	0.00	5.33	3.17	2.44	4.69	2.41
南非	0.00	4.00	3.77	0.00	0.00	0.00	2.67	3.17	7.32	3.13	2.23
韩国	0.00	6.00	0.00	0.00	4.76	1.45	1.33	3.17	2.44	3.13	2.23
黎巴嫩	0.00	0.00	1.89	1.89	0.00	5.80	1.33	3.17	0.00	4.69	2.06
中国台湾	1.96	2.00	0.00	0.00	1.59	1.45	0.00	0.00	14.63	1.56	1.89
伊朗	1.96	6.00	0.00	0.00	0.00	0.00	0.00	4.76	4.88	0.00	1.55
沙特阿拉伯	0.00	0.00	0.00	1.89	1.59	0.00	1.33	3.17	0.00	4.69	1.37
阿联酋	0.00	0.00	0.00	1.89	0.00	4.35	2.67	1.59	0.00	1.56	1.37
爱尔兰	0.00	0.00	0.00	0.00	1.59	2.90	0.00	1.59	2.44	3.13	1.20
越南	0.00	0.00	0.00	0.00	0.00	0.00	1.33	4.76	2.44	3.13	1.20
希腊	0.00	0.00	0.00	0.00	1.59	0.00	2.67	1.59	7.32	0.00	1.20
阿根廷	1.96	0.00	0.00	0.00	0.00	0.00	0.00	0.00	12.20	0.00	1.03
波兰	1.96	0.00	0.00	1.89	0.00	0.00	0.00	1.59	2.44	3.13	1.03
塞浦路斯	0.00	0.00	0.00	0.00	3.17	0.00	2.67	1.59	2.44	0.00	1.03
罗马尼亚	0.00	0.00	0.00	0.00	0.00	0.00	1.33	0.00	4.88	4.69	1.03

二 B 层研究

管理科学 B 层研究国际合作参与率最高的是美国，为 45.55%，其次为英国的 30.64%；中国大陆、德国、澳大利亚、加拿大、法国的参与率也比较高，在 23%~10%；荷兰、意大利、西班牙、中国香港、印度、瑞典、瑞士、丹麦、新加坡、挪威、比利时、芬兰、巴基斯坦、马来西亚、南非、新西兰、奥地利、韩国、土耳其、中国台湾、爱尔兰、阿联酋、沙特阿拉伯、巴西、葡萄牙、越南、伊朗、黎巴嫩、俄罗斯、日本、波兰、希腊、智利也有一定的参与率，在 10%~0.9%。

在发展趋势上，中国大陆、印度、巴基斯坦呈现相对上升趋势，美国、加拿大呈现相对下降趋势，其他国家和地区没有呈现明显变化。

表 8-37　管理科学 B 层研究排名前 40 的国家和地区的国际合作参与率

单位：%

国家和地区	2014 年	2015 年	2016 年	2017 年	2018 年	2019 年	2020 年	2021 年	2022 年	2023 年	合计
美国	60.99	60.43	55.76	52.37	43.99	47.12	43.83	39.12	31.45	28.48	45.55
英国	31.42	28.65	31.41	30.28	31.27	31.02	34.34	29.16	28.14	30.63	30.64
中国大陆	10.68	12.28	17.47	17.35	18.38	21.86	22.29	28.02	38.05	36.09	22.86
德国	12.11	15.01	10.59	11.13	12.20	13.74	12.95	14.08	11.64	10.43	12.42
澳大利亚	10.06	11.50	12.64	11.78	13.75	10.64	12.65	11.38	13.99	13.08	12.17
加拿大	14.17	14.62	13.01	17.51	12.37	11.67	10.84	10.38	7.70	6.29	11.70
法国	9.45	8.77	10.22	9.49	9.28	14.33	10.99	13.09	10.69	11.09	10.89
荷兰	12.73	12.09	12.08	11.46	12.54	10.19	8.58	5.97	8.33	6.13	9.81
意大利	5.75	6.04	7.25	8.51	8.93	6.50	9.94	9.25	8.02	9.60	8.08
西班牙	7.39	5.26	7.99	6.87	6.19	6.35	7.83	5.26	5.50	5.79	6.42
中国香港	6.57	7.41	8.55	7.36	6.36	6.06	5.12	4.98	5.35	3.97	6.08
印度	1.23	1.75	2.23	1.47	4.12	5.17	5.42	7.97	10.85	11.75	5.44
瑞典	5.34	4.09	5.20	6.55	4.98	7.24	5.87	5.12	5.03	4.30	5.42
瑞士	4.11	8.77	5.95	5.40	4.30	5.47	4.67	5.55	4.09	5.13	5.30
丹麦	5.13	2.92	3.72	5.40	4.47	3.55	6.33	3.98	4.56	4.80	4.51
新加坡	5.54	6.43	4.83	3.11	4.64	5.02	4.97	3.27	3.14	3.48	4.37
挪威	3.49	2.73	2.79	4.09	4.47	5.17	3.31	3.56	6.13	3.15	3.94
比利时	5.13	5.46	4.83	3.60	5.15	3.84	2.71	2.70	3.14	3.15	3.87
芬兰	3.70	3.12	2.42	3.76	3.44	2.81	5.57	4.13	4.72	1.49	3.56
巴基斯坦	0.62	0.19	0.74	1.80	0.69	1.92	2.86	6.26	9.28	7.62	3.39
马来西亚	1.03	0.78	1.49	0.49	2.06	2.51	2.56	3.84	6.60	8.44	3.09
南非	1.23	0.78	2.60	2.13	4.47	2.36	2.56	3.27	3.93	2.81	2.68

续表

国家和地区	2014 年	2015 年	2016 年	2017 年	2018 年	2019 年	2020 年	2021 年	2022 年	2023 年	合计
新西兰	1.03	1.75	1.30	1.15	3.61	2.66	4.97	2.56	2.83	1.49	2.41
奥地利	3.70	1.36	3.16	2.13	2.58	1.92	2.86	2.84	1.73	1.99	2.41
韩国	3.49	2.34	2.42	2.29	2.41	1.18	1.36	2.13	2.52	3.81	2.34
土耳其	0.62	0.78	0.93	0.49	0.69	2.51	3.16	2.99	4.40	5.30	2.29
中国台湾	3.29	1.17	1.49	1.15	1.37	1.03	2.41	3.41	3.62	3.15	2.23
爱尔兰	2.05	1.56	1.67	1.31	2.23	1.33	2.71	2.56	4.25	2.15	2.21
阿联酋	0.41	0.39	0.56	0.82	0.69	1.03	2.11	2.13	4.72	6.62	2.03
沙特阿拉伯	0.41	0.19	0.37	1.31	1.03	1.62	2.56	2.99	4.25	4.30	2.01
巴西	1.23	1.56	0.93	1.80	0.69	2.36	2.86	2.13	2.67	1.66	1.85
葡萄牙	0.62	1.95	0.37	1.31	1.55	0.89	3.16	2.84	2.83	1.82	1.80
越南	0.00	0.39	0.19	0.16	0.17	2.22	1.96	3.56	3.62	4.30	1.78
伊朗	1.44	1.56	1.86	1.47	1.72	1.77	1.66	1.71	1.73	1.99	1.70
黎巴嫩	0.21	0.00	0.93	1.31	0.86	1.48	0.90	1.14	2.20	6.79	1.63
俄罗斯	0.21	0.19	0.74	1.15	1.37	1.62	2.11	2.42	2.67	1.66	1.50
日本	1.85	1.95	1.49	0.49	1.20	1.77	1.36	2.28	1.57	0.83	1.48
波兰	0.41	0.58	0.19	1.15	0.52	0.74	1.36	1.14	3.14	3.31	1.30
希腊	0.82	0.78	0.74	0.98	2.23	1.03	1.20	0.43	2.99	1.32	1.26
智利	0.62	0.39	1.12	1.64	2.41	1.33	0.30	0.71	0.63	0.66	0.98

三　C 层研究

管理科学 C 层研究国际合作参与率最高的是美国，为 39.96%，其次为英国的 28.30%；中国大陆、澳大利亚、德国、加拿大的参与率也比较高，在 22%~11%；荷兰、法国、意大利、西班牙、中国香港、瑞士、印度、瑞典、丹麦、新加坡、比利时、挪威、韩国、芬兰、马来西亚、巴基斯坦、奥地利、中国台湾、南非、新西兰、土耳其、沙特阿拉伯、巴西、葡萄牙、爱尔兰、阿联酋、日本、伊朗、越南、波兰、希腊、俄罗斯、智利、以色列也有一定的参与率，在 10%~1%。

在发展趋势上，中国大陆、印度呈现相对上升趋势，美国、加拿大呈现相对下降趋势，其他国家和地区没有呈现明显变化。

表 8-38　管理科学 C 层研究排名前 40 的国家和地区的国际合作参与率

单位：%

国家和地区	2014 年	2015 年	2016 年	2017 年	2018 年	2019 年	2020 年	2021 年	2022 年	2023 年	合计
美国	48.25	46.93	45.97	44.21	43.10	39.99	37.84	35.42	32.79	30.03	39.96
英国	27.96	28.72	28.77	28.19	28.63	28.05	29.28	27.82	28.25	27.27	28.30
中国大陆	13.67	15.14	15.91	16.77	18.86	22.06	23.74	26.02	27.53	30.91	21.53
澳大利亚	11.13	10.89	11.07	11.50	12.28	12.03	13.44	11.87	11.77	10.97	11.76
德国	12.00	12.94	13.29	12.25	11.91	10.85	11.67	11.10	10.78	10.12	11.63
加拿大	13.88	12.64	13.12	12.39	11.25	11.26	9.95	10.01	9.10	8.35	11.04
荷兰	11.81	10.69	10.98	10.53	10.99	9.87	9.72	7.72	7.08	7.37	9.55
法国	8.21	8.80	8.26	8.80	9.19	8.92	8.79	8.92	9.48	10.37	9.00
意大利	7.30	8.45	8.02	8.39	7.54	9.19	8.73	10.06	9.37	9.24	8.70
西班牙	7.05	6.17	6.53	6.06	5.76	5.93	6.20	5.43	5.97	6.05	6.08
中国香港	5.60	6.36	6.12	5.85	5.61	5.99	5.27	5.46	4.85	5.35	5.62
瑞士	5.10	5.72	5.01	5.55	5.24	5.06	4.77	4.11	4.36	3.75	4.83
印度	2.06	2.22	2.28	2.33	3.29	3.76	4.41	7.15	9.00	9.42	4.77
瑞典	4.88	4.27	4.89	5.07	4.89	4.29	4.58	4.26	4.18	4.12	4.53
丹麦	4.06	3.47	4.25	3.66	4.06	3.70	4.15	3.89	3.60	3.21	3.81
新加坡	3.24	4.82	4.27	3.83	3.67	3.35	4.31	3.17	3.43	3.02	3.70
比利时	4.33	4.10	4.03	3.80	4.91	3.83	3.01	3.32	3.23	2.44	3.66
挪威	3.20	2.89	3.39	3.52	3.48	3.26	3.45	3.86	2.36	3.18	3.38
韩国	2.86	3.12	2.99	2.90	3.06	3.24	2.60	3.19	3.14	3.59	3.07
芬兰	2.99	2.50	2.80	3.16	2.94	2.45	3.07	3.44	3.43	3.23	3.02
马来西亚	1.36	1.70	1.64	1.91	1.95	1.93	2.45	3.49	4.93	5.05	2.71
巴基斯坦	0.43	0.62	0.68	1.25	1.25	2.23	3.30	4.40	5.01	4.71	2.54
奥地利	2.68	2.38	2.58	2.21	2.21	2.78	2.63	2.83	2.23	2.52	2.51
中国台湾	1.86	2.19	1.49	1.78	1.97	2.20	2.20	2.66	3.28	3.18	2.31
南非	1.68	1.83	1.43	2.31	2.18	2.29	2.32	2.83	2.80	2.77	2.28
新西兰	1.86	1.89	1.66	2.51	2.70	2.42	2.32	2.60	2.31	2.30	2.28
土耳其	1.52	1.50	1.37	1.31	1.10	1.58	2.38	2.56	3.49	3.59	2.08
沙特阿拉伯	1.11	1.09	1.11	1.04	1.24	1.41	2.06	2.66	3.33	4.46	2.01
巴西	1.61	1.31	1.81	1.78	1.67	1.85	1.90	2.26	2.18	2.32	1.89
葡萄牙	1.68	1.50	1.75	2.07	2.05	1.88	1.76	2.09	2.08	1.87	1.89
爱尔兰	1.43	1.42	1.45	1.36	1.69	1.20	2.02	2.06	2.66	2.00	1.75
阿联酋	0.43	0.66	0.64	0.83	1.11	1.83	1.73	2.24	3.35	3.66	1.72

国家和地区	2014 年	2015 年	2016 年	2017 年	2018 年	2019 年	2020 年	2021 年	2022 年	2023 年	合计
日本	1.75	1.72	1.47	1.80	1.17	1.38	1.66	1.74	2.18	2.12	1.70
伊朗	0.98	1.05	1.04	1.06	1.20	1.15	1.81	1.78	2.45	1.96	1.48
越南	0.39	0.43	0.36	0.44	0.84	1.17	1.96	2.05	2.69	2.46	1.35
波兰	1.04	0.62	1.07	1.15	0.66	0.82	1.43	2.04	1.52	2.53	1.31
希腊	1.63	1.13	1.28	1.43	1.04	1.41	0.92	1.17	1.38	1.23	1.25
俄罗斯	0.59	0.39	0.60	0.92	0.75	1.27	1.58	1.72	2.08	1.61	1.20
智利	1.27	1.27	1.17	1.29	1.32	1.34	0.89	0.85	0.74	0.80	1.08
以色列	1.41	1.37	1.30	1.04	1.10	0.90	0.69	0.81	1.01	0.98	1.03

第九章 医学

医学是研究机体细胞、组织、器官和系统的形态、结构、功能及发育异常，以及疾病发生、发展、转归、诊断、治疗和预防的科学。

第一节 学科

医学学科组包括以下学科：呼吸系统，心脏和心血管系统，周围血管疾病学，胃肠病学和肝脏病学，产科医学和妇科医学，男科学，儿科学，泌尿学和肾脏学，运动科学，内分泌学和新陈代谢，营养学和饮食学，血液学，临床神经学，药物滥用医学，精神病学，敏感症学，风湿病学，皮肤医学，眼科学，耳鼻喉学，听觉学和言语病理学，牙科医学、口腔外科和口腔医学，急救医学，危机护理医学，整形外科学，麻醉学，肿瘤学，康复医学，医学信息学，神经影像学，传染病学，寄生物学，医学化验技术，放射医学、核医学和影像医学，法医学，老年病学和老年医学，初级卫生保健，公共卫生、环境卫生和职业卫生，热带医学，药理学和药剂学，医用化学，毒理学，病理学，外科学，移植医学，护理学，全科医学和内科医学，综合医学和补充医学，研究和实验医学，共计49个。

一 呼吸系统

呼吸系统 A、B、C 层研究国际合作参与率最高的均为美国，分别为 78.85%、69.25%、57.18%；英国 A、B、C 层研究国际合作参与率均排名第二，分别为 65.38%、57.69%、37.38%。

加拿大 A 层研究国际合作参与率排名第三，为 57.69%；法国、澳大利亚、德国、意大利、瑞士、比利时、西班牙、荷兰、巴西、日本、南非、丹麦、希腊、印度、瑞典的参与率也比较高,在41%~11%;中国大陆、阿根廷也有一定的参与率,分别为9.62%、7.69%。

加拿大、德国、意大利、法国、澳大利亚、荷兰、西班牙、比利时、瑞士、中国大陆、日本、瑞典B层研究国际合作参与率也比较高,在35%~10%;巴西、丹麦、韩国、爱尔兰、南非、奥地利也有一定的参与率,在9%~5%。

德国、加拿大、意大利、法国、荷兰、澳大利亚、西班牙、瑞士、比利时、中国大陆C层研究国际合作参与率也比较高,在23%~10%;瑞典、日本、丹麦、巴西、奥地利、爱尔兰、韩国、希腊也有一定的参与率,在8%~3%。

表9-1 呼吸系统A层研究排名前20的国家和地区的国际合作参与率

单位:%

国家和地区	2014 年	2015 年	2016 年	2017 年	2018 年	2019 年	2020 年	2021 年	2022 年	2023 年	合计
美国	100.00	75.00	83.33	100.00	87.50	83.33	0.00	71.43	66.67	80.00	78.85
英国	75.00	50.00	16.67	100.00	75.00	83.33	0.00	71.43	83.33	80.00	65.38
加拿大	75.00	62.50	66.67	100.00	50.00	66.67	0.00	28.57	66.67	60.00	57.69
法国	75.00	37.50	16.67	0.00	37.50	66.67	0.00	14.29	33.33	80.00	40.38
澳大利亚	50.00	50.00	16.67	0.00	50.00	66.67	0.00	0.00	50.00	20.00	38.46
德国	25.00	12.50	33.33	100.00	37.50	50.00	0.00	28.57	16.67	80.00	34.62
意大利	25.00	37.50	16.67	0.00	25.00	33.33	0.00	28.57	50.00	60.00	32.69
瑞士	25.00	37.50	33.33	0.00	12.50	33.33	100.00	28.57	16.67	20.00	26.92
比利时	25.00	37.50	0.00	0.00	25.00	16.67	0.00	14.29	66.67	20.00	25.00
西班牙	0.00	12.50	33.33	100.00	12.50	16.67	0.00	42.86	16.67	60.00	25.00
荷兰	25.00	0.00	16.67	100.00	12.50	33.33	0.00	28.57	33.33	20.00	21.15
巴西	50.00	0.00	16.67	0.00	0.00	33.33	0.00	14.29	0.00	40.00	17.31
日本	25.00	12.50	16.67	100.00	12.50	16.67	0.00	0.00	33.33	0.00	15.38
南非	25.00	12.50	0.00	0.00	12.50	16.67	0.00	0.00	0.00	40.00	13.46
丹麦	0.00	12.50	0.00	0.00	37.50	0.00	0.00	0.00	16.67	20.00	11.54

续表

国家和地区	2014 年	2015 年	2016 年	2017 年	2018 年	2019 年	2020 年	2021 年	2022 年	2023 年	合计
希腊	25.00	0.00	16.67	0.00	0.00	16.67	100.00	0.00	16.67	20.00	11.54
印度	0.00	0.00	16.67	100.00	0.00	16.67	0.00	0.00	16.67	40.00	11.54
瑞典	25.00	0.00	33.33	0.00	0.00	0.00	0.00	28.57	0.00	20.00	11.54
中国大陆	0.00	0.00	16.67	100.00	12.50	0.00	0.00	14.29	16.67	0.00	9.62
阿根廷	0.00	12.50	0.00	0.00	25.00	0.00	0.00	0.00	16.67	0.00	7.69

表 9-2　呼吸系统 B 层研究排名前 20 的国家和地区的国际合作参与率

单位：%

国家和地区	2014 年	2015 年	2016 年	2017 年	2018 年	2019 年	2020 年	2021 年	2022 年	2023 年	合计
美国	64.71	76.56	69.33	67.19	67.07	79.69	68.66	62.67	65.00	72.73	69.25
英国	62.75	51.56	50.67	57.81	64.63	62.50	46.27	56.00	65.00	61.82	57.69
加拿大	25.49	25.00	29.33	37.50	37.80	45.31	35.82	34.67	35.00	41.82	34.86
德国	33.33	32.81	32.00	39.06	32.93	43.75	25.37	30.67	38.33	41.82	34.70
意大利	23.53	21.88	18.67	34.38	25.61	45.31	38.81	29.33	31.67	30.91	29.83
法国	27.45	17.19	25.33	34.38	18.29	35.94	32.84	34.67	33.33	27.27	28.46
澳大利亚	27.45	20.31	17.33	31.25	25.61	21.88	29.85	18.67	36.67	34.55	25.88
荷兰	25.49	29.69	17.33	21.88	24.39	20.31	28.36	28.00	31.67	27.27	25.27
西班牙	19.61	20.31	16.00	25.00	13.41	28.13	31.34	30.67	31.67	32.73	24.51
比利时	27.45	10.94	17.33	23.44	12.20	18.75	22.39	14.67	20.00	23.64	18.57
瑞士	15.69	23.44	9.33	29.69	12.20	20.31	20.90	12.00	13.33	20.00	17.35
中国大陆	7.84	6.25	10.67	9.38	12.20	18.75	32.84	10.67	20.00	18.18	14.61
日本	5.88	15.63	13.33	7.81	10.98	17.19	22.39	17.33	20.00	9.09	14.16
瑞典	3.92	14.06	6.67	14.06	10.98	18.75	8.96	10.67	5.00	12.73	10.65
巴西	11.76	9.38	8.00	3.13	3.66	6.25	10.45	13.33	10.00	10.91	8.52
丹麦	5.88	9.38	12.00	7.81	2.44	12.50	4.48	8.00	8.33	3.64	7.46
韩国	0.00	9.38	4.00	0.00	7.32	9.38	16.42	9.33	6.67	7.27	7.15
爱尔兰	1.96	6.25	5.33	9.38	8.54	7.81	7.46	9.33	5.00	5.45	6.85
南非	5.88	7.81	5.33	6.25	3.66	10.94	4.48	2.67	10.00	10.91	6.54
奥地利	9.80	3.13	1.33	6.25	2.44	10.94	2.99	9.33	6.67	7.27	5.78

表 9-3　呼吸系统 C 层研究排名前 20 的国家和地区的国际合作参与率

单位：%

国家和地区	2014 年	2015 年	2016 年	2017 年	2018 年	2019 年	2020 年	2021 年	2022 年	2023 年	合计
美国	56.65	54.97	53.67	55.28	56.16	59.07	56.55	59.41	59.00	60.76	57.18
英国	36.87	34.09	34.96	40.92	33.22	35.20	40.02	37.25	41.97	39.82	37.38
德国	23.20	20.60	22.01	21.54	20.43	21.72	20.54	22.65	24.93	25.33	22.19
加拿大	20.32	18.47	19.42	23.85	19.29	24.22	21.61	22.40	24.65	26.94	22.12
意大利	18.17	16.62	16.83	20.05	20.32	17.18	22.79	22.15	23.96	24.60	20.33
法国	15.11	16.62	15.11	17.89	14.27	15.87	16.17	18.56	21.05	18.45	16.89
荷兰	17.09	14.06	15.11	17.07	14.16	18.62	17.71	16.71	17.31	16.98	16.49
澳大利亚	12.59	11.22	15.68	15.18	14.04	15.39	15.82	15.35	18.70	19.33	15.36
西班牙	11.15	12.22	14.68	15.45	12.33	14.08	13.34	14.23	16.34	15.81	13.98
瑞士	10.07	10.94	10.36	11.65	11.76	8.95	11.69	11.39	11.50	13.91	11.22
比利时	11.69	9.80	10.22	11.11	9.70	11.69	11.57	10.40	13.16	9.96	10.91
中国大陆	6.83	7.24	8.63	9.89	8.11	13.37	12.28	12.25	10.11	10.54	10.08
瑞典	9.71	5.82	6.47	6.78	8.90	7.04	7.67	7.80	7.76	8.35	7.61
日本	7.01	4.26	4.89	6.91	7.19	6.44	7.32	9.16	7.48	8.93	6.99
丹麦	6.65	5.82	3.74	6.10	4.91	5.37	6.49	5.32	5.82	6.73	5.66
巴西	3.78	4.26	4.17	6.23	5.14	5.13	3.66	6.93	4.85	6.00	5.05
奥地利	5.76	4.83	3.60	3.66	3.20	5.49	5.19	4.70	5.82	5.42	4.73
爱尔兰	3.24	2.41	2.16	5.28	4.22	4.18	3.54	4.21	3.46	6.30	3.92
韩国	3.96	2.56	3.02	2.44	2.97	4.42	4.13	5.45	3.46	6.88	3.92
希腊	4.14	3.98	3.02	4.20	3.20	3.94	2.60	5.07	4.99	3.95	3.88

二　心脏和心血管系统

心脏和心血管系统 A 层研究国际合作参与率最高的是英国，为 62.16%；美国、意大利排名第二、第三，分别为 60.81% 和 58.11%；法国、荷兰、德国、加拿大、瑞典、西班牙、比利时、瑞士、波兰、澳大利亚、丹麦、奥地利、捷克、希腊、挪威、罗马尼亚、巴西的参与率也比较高，在 46%~14%。

B 层研究国际合作参与率最高的是美国，为 74.47%，其次为英国的

46.47%；德国、意大利、加拿大、荷兰、法国、澳大利亚、西班牙、瑞士、比利时、瑞典、丹麦、中国大陆、波兰的参与率也比较高，在40%～10%；日本、希腊、巴西、奥地利、捷克也有一定的参与率，在10%～7%。

C层研究国际合作参与率最高的是美国，为65.04%，其次为英国的35.57%；德国、意大利、加拿大、荷兰、法国、澳大利亚、西班牙、瑞士、中国大陆、瑞典的参与率也比较高，在27%～10%；丹麦、比利时、日本、波兰、奥地利、希腊、巴西、挪威也有一定的参与率，在10%～4%。

表9-4　心脏和心血管系统 A 层研究排名前 20 的国家的国际合作参与率

单位：%

国家	2014 年	2015 年	2016 年	2017 年	2018 年	2019 年	2020 年	2021 年	2022 年	2023 年	合计
英国	50.00	33.33	36.84	66.67	57.14	60.00	85.71	100.00	77.78	100.00	62.16
美国	83.33	83.33	31.58	100.00	57.14	100.00	71.43	40.00	66.67	57.14	60.81
意大利	16.67	83.33	47.37	66.67	57.14	20.00	71.43	100.00	55.56	85.71	58.11
法国	16.67	83.33	26.32	100.00	28.57	20.00	57.14	100.00	44.44	57.14	45.95
荷兰	16.67	33.33	36.84	66.67	14.29	40.00	28.57	100.00	66.67	71.43	44.59
德国	16.67	33.33	15.79	66.67	28.57	40.00	71.43	100.00	44.44	71.43	41.89
加拿大	66.67	83.33	15.79	33.33	14.29	40.00	57.14	40.00	44.44	28.57	37.84
瑞典	50.00	33.33	10.53	33.33	42.86	40.00	57.14	60.00	33.33	57.14	36.49
西班牙	16.67	0.00	10.53	66.67	42.86	20.00	71.43	60.00	33.33	57.14	32.43
比利时	16.67	33.33	15.79	33.33	14.29	20.00	28.57	80.00	33.33	42.86	28.38
瑞士	16.67	16.67	26.32	33.33	14.29	20.00	28.57	80.00	33.33	28.57	28.38
波兰	16.67	16.67	10.53	33.33	14.29	40.00	28.57	60.00	33.33	57.14	27.03
澳大利亚	0.00	16.67	10.53	66.67	28.57	0.00	57.14	40.00	22.22	42.86	24.32
丹麦	16.67	0.00	5.26	66.67	14.29	40.00	14.29	20.00	22.22	42.86	18.92
奥地利	16.67	16.67	0.00	0.00	14.29	20.00	14.29	0.00	33.33	57.14	16.22
捷克	16.67	0.00	5.26	33.33	14.29	40.00	14.29	20.00	0.00	28.57	16.22
希腊	0.00	0.00	0.00	33.33	14.29	20.00	42.86	60.00	22.22	14.29	16.22
挪威	16.67	33.33	5.26	33.33	14.29	20.00	14.29	40.00	11.11	14.29	16.22
罗马尼亚	0.00	0.00	5.26	0.00	14.29	20.00	0.00	80.00	22.22	42.86	16.22
巴西	16.67	0.00	0.00	66.67	28.57	20.00	42.86	20.00	11.11	0.00	14.86

表 9-5 心脏和心血管系统 B 层研究排名前 20 的国家和地区的国际合作参与率

单位：%

国家和地区	2014 年	2015 年	2016 年	2017 年	2018 年	2019 年	2020 年	2021 年	2022 年	2023 年	合计
美国	76.47	76.47	63.55	72.57	71.43	76.61	77.69	75.65	77.50	76.15	74.47
英国	34.31	47.06	46.73	41.59	51.26	49.19	45.45	54.78	48.33	44.04	46.47
德国	37.25	41.18	35.51	38.94	38.66	41.13	36.36	40.87	43.33	41.28	39.49
意大利	27.45	29.41	29.91	26.55	28.57	31.45	31.40	36.52	36.67	37.61	31.63
加拿大	38.24	26.47	32.71	26.55	32.77	37.10	28.93	32.17	29.17	29.36	31.36
荷兰	17.65	25.49	27.10	21.24	32.77	29.84	28.93	35.65	30.00	32.11	28.27
法国	22.55	26.47	30.84	26.55	19.33	26.61	21.49	32.17	26.67	27.52	25.97
澳大利亚	21.57	25.49	17.76	23.01	23.53	20.97	11.57	18.26	21.67	20.18	20.32
西班牙	15.69	19.61	18.69	13.27	19.33	12.90	19.83	22.61	19.17	32.11	19.26
瑞士	11.76	10.78	11.21	20.35	21.85	17.74	19.01	20.00	25.00	22.02	18.20
比利时	15.69	22.55	15.89	10.62	15.13	15.32	11.57	20.00	20.00	26.61	17.23
瑞典	11.76	14.71	10.28	18.58	14.29	14.52	14.88	24.35	15.00	20.18	15.90
丹麦	15.69	13.73	12.15	15.93	15.97	9.68	14.05	24.35	15.83	11.93	14.93
中国大陆	8.82	7.84	7.48	9.73	8.40	8.06	18.18	11.30	10.83	15.60	10.69
波兰	7.84	6.86	7.48	7.08	6.72	8.06	13.22	14.78	14.17	18.35	10.51
日本	8.82	12.75	12.15	7.08	12.61	6.45	6.61	10.43	10.00	13.76	9.98
希腊	5.88	4.90	8.41	7.08	6.72	6.45	13.22	16.52	13.33	11.93	9.54
巴西	4.90	10.78	7.48	5.31	11.76	5.65	9.09	8.70	6.67	10.09	8.04
奥地利	7.84	4.90	7.48	6.19	8.40	5.65	9.09	7.83	11.67	8.26	7.77
捷克	6.86	5.88	8.41	8.85	5.88	4.03	7.44	7.83	10.00	11.93	7.69

表 9-6 心脏和心血管系统 C 层研究排名前 20 的国家和地区的国际合作参与率

单位：%

国家和地区	2014 年	2015 年	2016 年	2017 年	2018 年	2019 年	2020 年	2021 年	2022 年	2023 年	合计
美国	66.31	66.64	64.85	63.52	62.47	66.86	67.67	63.45	65.34	63.69	65.04
英国	27.80	31.37	32.91	36.64	37.18	37.29	38.24	36.67	40.00	35.23	35.57
德国	26.49	24.65	22.51	26.34	26.11	29.21	26.16	28.69	29.80	25.22	26.60
意大利	20.61	22.24	20.49	24.48	23.17	26.80	26.22	27.03	27.84	29.28	25.01
加拿大	22.32	19.17	20.79	21.46	22.42	22.87	23.52	20.82	23.11	22.24	21.92
荷兰	18.48	19.34	17.50	20.68	20.78	22.51	20.24	21.25	22.70	21.03	20.53
法国	14.23	15.77	16.68	17.20	16.54	18.43	15.36	16.52	17.50	16.09	16.45

国家和地区	2014年	2015年	2016年	2017年	2018年	2019年	2020年	2021年	2022年	2023年	合计
澳大利亚	12.02	9.54	11.22	11.31	13.26	13.84	13.56	12.47	12.97	11.63	12.26
西班牙	9.48	11.95	10.99	12.32	12.99	12.75	12.92	12.41	12.84	12.44	12.17
瑞士	9.32	10.54	10.47	12.24	10.87	13.11	12.34	12.16	12.16	13.52	11.74
中国大陆	8.01	9.13	9.50	10.15	9.57	10.42	11.50	12.53	12.23	11.16	10.53
瑞典	7.36	10.46	8.75	9.60	9.71	11.43	9.38	10.57	10.81	11.90	10.05
丹麦	7.69	8.55	7.40	9.45	9.16	11.00	9.19	9.83	9.86	11.43	9.41
比利时	6.46	8.80	8.23	9.37	8.89	10.63	9.13	8.91	11.49	11.16	9.36
日本	4.91	6.80	5.91	6.43	6.63	8.52	6.68	7.86	7.23	6.83	6.83
波兰	3.92	5.81	5.91	5.42	5.40	7.28	7.13	7.99	7.30	8.65	6.58
奥地利	5.40	5.31	4.26	5.65	5.47	5.54	5.98	6.02	6.76	6.15	5.69
希腊	3.84	5.06	4.49	5.96	4.72	5.24	5.14	5.59	7.43	5.61	5.34
巴西	3.35	3.82	3.66	4.96	4.58	5.24	5.53	5.10	4.32	4.06	4.50
挪威	3.60	3.98	3.96	5.65	4.92	6.12	3.73	3.81	3.92	3.18	4.27

三　周围血管疾病学

周围血管疾病学A、B、C层研究国际合作参与率最高的均为美国，分别为87.76%、76.89%、63.54%。

加拿大A层研究国际合作参与率排名第二，为38.78%；英国、德国、澳大利亚、意大利、荷兰、法国、爱尔兰、比利时、瑞典、希腊、瑞士的参与率也比较高，在31%~10%；中国大陆、新西兰、芬兰、南非、西班牙、奥地利、巴西也有一定的参与率，在9%~4%。

英国B层研究国际合作参与率排名第二，为40.82%；加拿大、德国、荷兰、意大利、澳大利亚、法国、瑞典、瑞士、西班牙、中国大陆、日本、比利时的参与率也比较高，在34%~10%；希腊、丹麦、奥地利、波兰、挪威、芬兰也有一定的参与率，在10%~6%。

英国C层研究国际合作参与率排名第二，为30.71%；德国、加拿大、荷兰、意大利、中国大陆、法国、澳大利亚的参与率也比较高，在24%~

14%；瑞典、瑞士、西班牙、日本、丹麦、比利时、希腊、奥地利、韩国、波兰、巴西也有一定的参与率，在 10%～3%。

表 9-7 周围血管疾病学 A 层研究排名前 20 的国家和地区的国际合作参与率

单位：%

国家和地区	2014 年	2015 年	2016 年	2017 年	2018 年	2019 年	2020 年	2021 年	2022 年	2023 年	合计
美国	83.33	100.00	83.33	100.00	85.71	100.00	83.33	66.67	100.00	100.00	87.76
加拿大	66.67	57.14	16.67	0.00	0.00	0.00	50.00	33.33	100.00	50.00	38.78
英国	0.00	28.57	50.00	0.00	71.43	0.00	33.33	16.67	25.00	50.00	30.61
德国	33.33	28.57	16.67	0.00	0.00	0.00	16.67	50.00	25.00	50.00	22.45
澳大利亚	0.00	28.57	33.33	0.00	28.57	0.00	33.33	16.67	25.00	0.00	20.41
意大利	16.67	0.00	33.33	0.00	14.29	0.00	33.33	33.33	0.00	50.00	18.37
荷兰	33.33	28.57	16.67	0.00	0.00	0.00	16.67	16.67	0.00	50.00	16.33
法国	0.00	14.29	33.33	33.33	0.00	0.00	0.00	16.67	25.00	50.00	14.29
爱尔兰	16.67	0.00	16.67	0.00	14.29	100.00	0.00	33.33	0.00	0.00	14.29
比利时	16.67	28.57	16.67	0.00	0.00	0.00	16.67	0.00	0.00	50.00	12.24
瑞典	16.67	0.00	16.67	33.33	0.00	0.00	0.00	0.00	50.00	0.00	12.24
希腊	0.00	0.00	0.00	33.33	0.00	0.00	16.67	33.33	0.00	50.00	10.20
瑞士	0.00	0.00	16.67	0.00	0.00	0.00	33.33	16.67	0.00	50.00	10.20
中国大陆	0.00	14.29	0.00	33.33	14.29	0.00	16.67	0.00	0.00	0.00	8.16
新西兰	0.00	0.00	0.00	66.67	14.29	0.00	0.00	0.00	25.00	0.00	8.16
芬兰	0.00	0.00	0.00	0.00	0.00	0.00	16.67	0.00	25.00	50.00	6.12
南非	0.00	0.00	16.67	0.00	14.29	0.00	16.67	0.00	0.00	0.00	6.12
西班牙	0.00	0.00	0.00	0.00	0.00	0.00	0.00	33.33	0.00	50.00	6.12
奥地利	0.00	0.00	0.00	0.00	0.00	0.00	0.00	0.00	25.00	50.00	4.08
巴西	0.00	0.00	0.00	0.00	0.00	0.00	16.67	0.00	25.00	0.00	4.08

表 9-8 周围血管疾病学 B 层研究排名前 20 的国家和地区的国际合作参与率

单位：%

国家和地区	2014 年	2015 年	2016 年	2017 年	2018 年	2019 年	2020 年	2021 年	2022 年	2023 年	合计
美国	72.00	76.36	63.93	76.32	85.37	87.50	74.47	70.83	90.48	80.49	76.89
英国	36.00	40.00	26.23	36.84	51.22	42.50	40.43	54.17	38.10	48.78	40.82
加拿大	42.00	27.27	32.79	36.84	34.15	47.50	27.66	22.92	45.24	19.51	33.26

续表

国家和地区	2014 年	2015 年	2016 年	2017 年	2018 年	2019 年	2020 年	2021 年	2022 年	2023 年	合计
德国	34.00	29.09	19.67	31.58	48.78	32.50	25.53	31.25	40.48	43.90	32.83
荷兰	26.00	21.82	18.03	23.68	39.02	25.00	23.40	31.25	21.43	36.59	26.13
意大利	24.00	20.00	21.31	15.79	29.27	25.00	31.91	22.92	26.19	24.39	23.97
澳大利亚	20.00	20.00	4.92	26.32	34.15	20.00	17.02	16.67	28.57	17.07	19.65
法国	20.00	10.91	9.84	15.79	26.83	20.00	17.02	18.75	16.67	29.27	17.93
瑞典	18.00	12.73	9.84	15.79	14.63	20.00	10.64	22.92	19.05	14.63	15.55
瑞士	6.00	9.09	6.56	7.89	21.95	30.00	10.64	10.42	14.29	21.95	13.17
西班牙	6.00	14.55	8.20	7.89	19.51	12.50	8.51	10.42	19.05	21.95	12.53
中国大陆	8.00	3.64	9.84	13.16	9.76	2.50	21.28	14.58	21.43	12.20	11.45
日本	6.00	14.55	8.20	10.53	14.63	15.00	14.89	8.33	14.29	7.32	11.23
比利时	8.00	7.27	9.84	7.89	9.76	20.00	6.38	8.33	9.52	21.95	10.58
希腊	2.00	5.45	4.92	13.16	9.76	7.50	12.77	18.75	14.29	14.63	9.94
丹麦	4.00	5.45	9.84	10.53	7.32	10.00	8.51	22.92	11.90	4.88	9.50
奥地利	8.00	5.45	6.56	5.26	14.63	10.00	12.77	6.25	0.00	4.88	7.34
波兰	4.00	3.64	4.92	7.89	7.32	2.50	8.51	12.50	16.67	4.88	7.13
挪威	2.00	1.82	6.56	7.89	17.07	7.50	2.13	10.42	7.14	9.76	6.91
芬兰	4.00	7.27	4.92	7.89	7.32	5.00	6.38	2.08	7.14	9.76	6.05

表 9-9 周围血管疾病学 C 层研究排名前 20 的国家和地区的国际合作参与率

单位：%

国家和地区	2014 年	2015 年	2016 年	2017 年	2018 年	2019 年	2020 年	2021 年	2022 年	2023 年	合计
美国	61.89	59.39	67.36	63.73	57.73	70.36	65.73	64.49	65.57	60.73	63.54
英国	26.13	27.35	27.26	32.16	29.59	32.14	32.34	31.59	35.96	34.41	30.71
德国	24.95	22.82	20.66	23.14	22.30	23.04	23.43	26.92	26.32	24.49	23.68
加拿大	22.79	19.74	20.14	19.61	17.06	22.68	25.17	20.19	24.34	19.43	20.98
荷兰	16.50	19.09	17.88	18.24	16.76	18.75	17.48	17.57	21.49	20.45	18.33
意大利	14.93	12.30	15.10	15.49	14.14	16.25	21.50	17.38	19.74	18.22	16.35
中国大陆	12.57	13.43	14.76	16.47	16.62	17.32	13.81	15.89	19.08	16.40	15.57
法国	13.36	11.65	16.67	12.75	11.81	17.50	15.21	17.76	14.47	14.37	14.49
澳大利亚	13.56	10.84	13.72	10.98	11.37	14.82	17.48	17.94	16.23	17.00	14.25
瑞典	9.04	9.22	8.51	10.20	7.73	9.29	9.44	10.09	11.18	11.94	9.55

国家和地区	2014 年	2015 年	2016 年	2017 年	2018 年	2019 年	2020 年	2021 年	2022 年	2023 年	合计
瑞士	5.30	5.66	6.25	9.02	6.56	8.75	9.27	11.21	14.25	12.96	8.70
西班牙	7.86	7.44	6.08	7.25	8.45	9.82	9.62	11.96	8.33	8.30	8.50
日本	6.88	7.12	7.64	6.27	8.31	8.57	8.57	8.97	9.43	8.50	8.01
丹麦	6.48	5.83	5.56	8.63	4.81	6.79	8.22	6.17	7.89	7.49	6.69
比利时	6.68	6.15	5.21	6.08	6.12	5.89	5.94	8.60	7.89	8.30	6.62
希腊	3.54	4.69	5.56	4.51	5.54	5.36	5.77	7.29	9.87	6.48	5.78
奥地利	4.72	4.37	3.65	3.92	5.10	5.18	4.90	5.79	5.26	3.85	4.68
韩国	4.52	3.24	3.47	4.51	3.79	4.82	3.85	3.36	5.48	4.25	4.08
波兰	2.36	3.40	3.82	2.94	5.10	2.86	4.02	5.61	4.82	3.85	3.90
巴西	1.57	3.88	3.99	2.35	2.77	4.46	5.77	4.67	5.26	4.05	3.86

四 胃肠病学和肝脏病学

胃肠病学和肝脏病学 A、B、C 层研究国际合作参与率最高的均为美国，分别为 77.59%、67.23%、59.29%；英国 A、B、C 层研究国际合作参与率均排名第二，分别为 51.72%、40.65%、28.88%。

法国、意大利、西班牙、德国、加拿大、澳大利亚、荷兰、中国大陆、日本、中国香港、比利时、印度、以色列、韩国、奥地利、丹麦、瑞士、土耳其 A 层研究国际合作参与率也比较高，在 44% ~ 10%。

意大利、法国、德国、西班牙、加拿大、荷兰、中国大陆、比利时、澳大利亚、中国香港、日本、瑞士、瑞典、奥地利 B 层研究国际合作参与率也比较高，在 35% ~ 10%；丹麦、葡萄牙、以色列、印度也有一定的参与率，在 10% ~ 8%。

意大利、德国、法国、加拿大、中国大陆、西班牙、荷兰、比利时、澳大利亚 C 层研究国际合作参与率也比较高，在 23% ~ 10%；日本、瑞士、瑞典、丹麦、中国香港、韩国、奥地利、以色列、印度也有一定的参与率，在 10% ~ 3%。

表 9-10　胃肠病学和肝脏病学 A 层研究排名前 20 的国家和地区的国际合作参与率

单位：%

国家和地区	2014 年	2015 年	2016 年	2017 年	2018 年	2019 年	2020 年	2021 年	2022 年	2023 年	合计
美国	71.43	83.33	42.86	87.50	100.00	87.50	66.67	100.00	62.50	100.00	77.59
英国	85.71	66.67	42.86	50.00	100.00	37.50	66.67	40.00	25.00	50.00	51.72
法国	57.14	16.67	28.57	50.00	50.00	12.50	66.67	80.00	50.00	50.00	43.10
意大利	42.86	33.33	14.29	12.50	100.00	25.00	66.67	60.00	50.00	50.00	37.93
西班牙	42.86	33.33	42.86	12.50	50.00	12.50	66.67	40.00	37.50	100.00	37.93
德国	28.57	16.67	0.00	25.00	50.00	25.00	66.67	40.00	62.50	50.00	32.76
加拿大	14.29	16.67	28.57	50.00	0.00	25.00	0.00	40.00	25.00	100.00	31.03
澳大利亚	14.29	16.67	14.29	25.00	0.00	12.50	66.67	40.00	12.50	50.00	24.14
荷兰	14.29	16.67	14.29	12.50	0.00	12.50	33.33	40.00	12.50	50.00	18.97
中国大陆	0.00	0.00	28.57	12.50	50.00	12.50	33.33	20.00	12.50	50.00	17.24
日本	0.00	0.00	14.29	25.00	0.00	0.00	33.33	60.00	25.00	0.00	17.24
中国香港	14.29	0.00	14.29	25.00	0.00	12.50	33.33	20.00	0.00	50.00	15.52
比利时	0.00	16.67	14.29	12.50	0.00	12.50	0.00	0.00	12.50	50.00	13.79
印度	0.00	0.00	14.29	0.00	0.00	0.00	25.00	33.33	20.00	0.00	75.00	13.79
以色列	0.00	33.33	14.29	0.00	0.00	12.50	33.33	60.00	0.00	0.00	13.79
韩国	0.00	0.00	14.29	0.00	0.00	12.50	33.33	0.00	12.50	50.00	12.07
奥地利	14.29	16.67	0.00	0.00	0.00	0.00	0.00	20.00	37.50	0.00	10.34
丹麦	0.00	33.33	0.00	0.00	0.00	12.50	66.67	20.00	0.00	0.00	10.34
瑞士	0.00	0.00	0.00	0.00	0.00	50.00	12.50	66.67	0.00	25.00	0.00	10.34
土耳其	0.00	0.00	14.29	0.00	0.00	12.50	33.33	20.00	0.00	50.00	10.34

表 9-11　胃肠病学和肝脏病学 B 层研究排名前 20 的国家和地区的国际合作参与率

单位：%

国家和地区	2014 年	2015 年	2016 年	2017 年	2018 年	2019 年	2020 年	2021 年	2022 年	2023 年	合计
美国	70.18	68.75	70.89	60.00	68.85	63.89	48.39	75.31	81.08	67.57	67.23
英国	42.11	37.50	32.91	40.00	39.34	33.33	46.77	48.15	56.76	37.84	40.65
意大利	33.33	32.81	30.38	36.67	32.79	31.94	45.16	37.04	43.24	27.03	34.47
法国	28.07	29.69	27.85	28.33	36.07	27.78	33.87	24.69	48.65	31.08	30.60
德国	35.09	32.81	18.99	33.33	31.15	20.83	33.87	25.93	45.95	33.78	29.98
西班牙	21.05	20.31	15.19	40.00	21.31	23.61	25.81	28.40	37.84	27.03	25.35
加拿大	31.58	29.69	16.46	28.33	14.75	26.39	20.97	27.16	32.43	25.68	24.88

续表

国家和地区	2014 年	2015 年	2016 年	2017 年	2018 年	2019 年	2020 年	2021 年	2022 年	2023 年	合计
荷兰	17.54	23.44	20.25	23.33	16.39	19.44	17.74	18.52	40.54	17.57	20.56
中国大陆	10.53	6.25	12.66	15.00	19.67	23.61	27.42	22.22	29.73	28.38	19.32
比利时	35.09	17.19	18.99	20.00	14.75	11.11	20.97	16.05	29.73	13.51	18.86
澳大利亚	17.54	14.06	12.66	13.33	16.39	18.06	16.13	12.35	16.22	12.16	14.68
中国香港	1.75	9.38	3.80	13.33	24.59	9.72	17.74	18.52	18.92	17.57	13.29
日本	8.77	10.94	11.39	10.00	18.03	13.89	19.35	9.88	21.62	13.51	13.29
瑞士	8.77	10.94	7.59	15.00	14.75	9.72	11.29	14.81	18.92	14.86	12.36
瑞典	17.54	7.81	7.59	20.00	8.20	5.56	12.90	11.11	18.92	10.81	11.44
奥地利	17.54	9.38	12.66	18.33	4.92	4.17	9.68	8.64	18.92	6.76	10.51
丹麦	12.28	3.13	7.59	10.00	6.56	11.11	9.68	4.94	16.22	13.51	9.12
葡萄牙	10.53	10.94	2.53	11.67	9.84	8.33	12.90	6.17	21.62	4.05	8.96
以色列	12.28	10.94	3.80	11.67	6.56	6.94	9.68	8.64	10.81	8.11	8.66
印度	1.75	4.69	2.53	6.67	9.84	12.50	11.29	8.64	13.51	10.81	8.04

表 9-12　胃肠病学和肝脏病学 C 层研究排名前 20 的国家和地区的国际合作参与率

单位：%

国家和地区	2014 年	2015 年	2016 年	2017 年	2018 年	2019 年	2020 年	2021 年	2022 年	2023 年	合计
美国	63.48	58.71	55.25	57.81	59.66	59.23	58.98	57.91	60.91	61.60	59.29
英国	22.88	25.47	26.43	27.20	29.65	30.01	29.49	32.16	32.72	30.27	28.88
意大利	15.91	18.77	20.98	22.54	21.02	21.63	23.94	23.16	25.98	25.44	22.14
德国	19.39	21.31	20.45	20.15	19.81	22.42	21.76	22.23	21.45	20.02	20.97
法国	18.79	17.43	18.19	18.14	20.05	18.23	19.80	20.17	19.49	21.44	19.23
加拿大	14.24	17.56	16.60	15.87	17.13	18.57	15.23	15.82	18.63	18.26	16.82
中国大陆	15.45	11.93	15.14	13.48	14.95	16.08	20.57	17.99	18.01	15.90	16.10
西班牙	12.27	11.93	12.62	14.11	14.46	16.31	16.76	19.86	19.36	17.79	15.77
荷兰	12.73	13.27	13.81	14.36	14.09	12.57	15.89	13.03	13.73	11.78	13.54
比利时	9.85	8.85	11.16	10.58	11.30	9.40	11.32	9.62	12.75	12.37	10.73
澳大利亚	9.85	11.39	9.83	9.95	9.36	10.65	10.55	10.55	10.54	9.07	10.18
日本	8.03	7.51	8.23	8.82	9.84	7.93	9.79	10.34	10.17	10.84	9.22
瑞士	6.36	7.37	7.30	10.45	8.02	9.29	7.94	9.10	9.56	10.25	8.64
瑞典	6.97	6.97	5.71	7.18	7.53	8.04	7.29	8.48	8.21	8.01	7.49
丹麦	5.91	5.23	6.51	5.92	6.56	6.80	5.98	6.31	6.62	7.77	6.38

国家和地区	2014 年	2015 年	2016 年	2017 年	2018 年	2019 年	2020 年	2021 年	2022 年	2023 年	合计
中国香港	4.09	2.68	5.98	4.66	4.98	5.10	9.25	6.93	8.33	8.01	6.13
韩国	4.09	4.02	6.11	5.29	7.17	6.91	5.98	5.58	6.99	6.36	5.91
奥地利	3.79	4.02	2.92	5.16	3.52	5.66	3.37	4.96	5.76	5.89	4.54
以色列	3.03	3.35	3.85	4.16	4.50	5.10	3.70	5.89	4.90	4.95	4.41
印度	1.52	1.21	3.59	3.40	3.89	4.53	4.57	4.76	5.51	5.54	3.96

五 产科医学和妇科医学

产科医学和妇科医学 A 层研究国际合作参与率最高的是英国，为 68.33%，其次为美国的 61.67%；澳大利亚、西班牙、荷兰、意大利、比利时、加拿大、中国大陆、丹麦、以色列、瑞士、法国、巴西、德国、印度、日本、南非、挪威、瑞典的参与率也比较高，在 25%～10%。

B 层研究国际合作参与率最高的是美国，为 49.58%，其次为英国的 48.22%；意大利、澳大利亚、荷兰、比利时、法国、西班牙、加拿大、瑞士、德国、瑞典、丹麦的参与率也比较高，在 26%～11%；巴西、中国大陆、挪威、以色列、希腊、印度、奥地利也有一定的参与率，在 9%～5%。

C 层研究国际合作参与率最高的是美国，为 43.75%，其次为英国的 32.05%；意大利、澳大利亚、加拿大、荷兰、西班牙、德国、比利时的参与率也比较高，在 18%～10%；瑞典、法国、瑞士、中国大陆、丹麦、巴西、挪威、以色列、奥地利、芬兰、新西兰也有一定的参与率，在 10%～3%。

表 9-13 产科医学和妇科医学 A 层研究排名前 20 的国家和地区的国际合作参与率

单位：%

国家和地区	2014 年	2015 年	2016 年	2017 年	2018 年	2019 年	2020 年	2021 年	2022 年	2023 年	合计
英国	100.00	62.50	83.33	40.00	80.00	100.00	60.00	60.00	55.56	83.33	68.33
美国	66.67	62.50	50.00	80.00	60.00	100.00	50.00	40.00	77.78	50.00	61.67
澳大利亚	0.00	37.50	50.00	20.00	40.00	33.33	0.00	40.00	11.11	33.33	25.00

续表

国家和地区	2014 年	2015 年	2016 年	2017 年	2018 年	2019 年	2020 年	2021 年	2022 年	2023 年	合计
西班牙	33.33	25.00	16.67	40.00	0.00	33.33	20.00	20.00	11.11	33.33	21.67
荷兰	33.33	12.50	50.00	0.00	0.00	0.00	20.00	20.00	22.22	33.33	20.00
意大利	33.33	12.50	0.00	60.00	20.00	33.33	20.00	20.00	0.00	16.67	18.33
比利时	33.33	0.00	33.33	40.00	40.00	0.00	10.00	20.00	11.11	0.00	16.67
加拿大	33.33	0.00	16.67	40.00	40.00	0.00	10.00	40.00	11.11	0.00	16.67
中国大陆	66.67	0.00	0.00	20.00	20.00	0.00	50.00	0.00	0.00	0.00	15.00
丹麦	0.00	12.50	0.00	60.00	0.00	33.33	0.00	40.00	11.11	16.67	15.00
以色列	66.67	12.50	0.00	40.00	0.00	33.33	0.00	0.00	22.22	16.67	15.00
瑞士	0.00	0.00	33.33	0.00	0.00	0.00	10.00	0.00	11.11	66.67	15.00
法国	0.00	0.00	0.00	20.00	20.00	33.33	10.00	20.00	22.22	16.67	13.33
巴西	66.67	0.00	0.00	20.00	20.00	33.33	0.00	0.00	11.11	16.67	11.67
德国	33.33	0.00	16.67	0.00	0.00	0.00	0.00	20.00	11.11	50.00	11.67
印度	33.33	12.50	0.00	0.00	20.00	66.67	0.00	0.00	11.11	16.67	11.67
日本	0.00	0.00	0.00	0.00	60.00	33.33	0.00	20.00	11.11	16.67	11.67
南非	0.00	12.50	16.67	20.00	20.00	33.33	0.00	20.00	11.11	0.00	11.67
挪威	0.00	0.00	33.33	40.00	0.00	0.00	0.00	0.00	11.11	16.67	10.00
瑞典	0.00	25.00	16.67	0.00	0.00	0.00	10.00	0.00	0.00	33.33	10.00

表 9-14　产科医学和妇科医学 B 层研究排名前 20 的国家和地区的国际合作参与率

单位：%

国家和地区	2014 年	2015 年	2016 年	2017 年	2018 年	2019 年	2020 年	2021 年	2022 年	2023 年	合计
美国	36.00	45.28	46.00	54.55	53.33	54.93	39.29	55.88	48.28	55.88	49.58
英国	42.00	45.28	46.00	54.55	43.33	52.11	35.71	47.06	63.79	50.00	48.22
意大利	26.00	15.09	16.00	29.09	23.33	22.54	41.07	30.88	29.31	22.06	25.64
澳大利亚	26.00	16.98	38.00	16.36	30.00	18.31	25.00	23.53	20.69	22.06	23.43
荷兰	22.00	22.64	26.00	10.91	15.00	22.54	17.86	19.12	25.86	22.06	20.37
比利时	14.00	11.32	26.00	18.18	20.00	18.31	32.14	14.71	24.14	14.71	19.19
法国	14.00	11.32	18.00	14.55	21.67	19.72	23.21	27.94	15.52	17.65	18.68
西班牙	14.00	13.21	18.00	27.27	13.33	18.31	21.43	14.71	17.24	27.94	18.68
加拿大	12.00	16.98	16.00	29.09	16.67	21.13	12.50	20.59	12.07	19.12	17.83
瑞士	18.00	11.32	32.00	16.36	11.67	11.27	12.50	14.71	12.07	16.18	15.28
德国	10.00	9.43	22.00	9.09	6.67	15.49	19.64	19.12	13.79	17.65	14.43

续表

国家和地区	2014 年	2015 年	2016 年	2017 年	2018 年	2019 年	2020 年	2021 年	2022 年	2023 年	合计
瑞典	6.00	9.43	22.00	7.27	10.00	23.94	16.07	8.82	18.97	13.24	13.75
丹麦	4.00	5.66	12.00	14.55	13.33	18.31	10.71	10.29	17.24	5.88	11.38
巴西	12.00	5.66	16.00	14.55	11.67	4.23	7.14	7.35	10.34	1.47	8.66
中国大陆	16.00	7.55	8.00	10.91	13.33	7.04	16.07	5.88	1.72	2.94	8.66
挪威	8.00	1.89	6.00	9.09	5.00	14.08	12.50	5.88	10.34	5.88	7.98
以色列	6.00	3.77	10.00	10.91	1.67	8.45	3.57	8.82	8.62	11.76	7.47
希腊	0.00	3.77	6.00	7.27	6.67	9.86	8.93	5.88	3.45	7.35	6.11
印度	4.00	5.66	4.00	5.45	10.00	2.82	7.14	8.82	10.34	1.47	5.94
奥地利	2.00	7.55	8.00	3.64	1.67	5.63	5.36	7.35	3.45	7.35	5.26

表 9-15　产科医学和妇科医学 C 层研究排名前 20 的国家和地区的国际合作参与率

单位：%

国家和地区	2014 年	2015 年	2016 年	2017 年	2018 年	2019 年	2020 年	2021 年	2022 年	2023 年	合计
美国	45.27	47.05	48.29	44.48	37.86	44.28	44.05	44.36	43.99	38.60	43.75
英国	30.66	28.60	30.16	31.01	29.07	32.42	34.45	36.20	34.02	32.46	32.05
意大利	12.76	14.02	19.21	15.58	15.18	16.64	20.43	19.58	22.94	20.35	17.82
澳大利亚	18.11	16.97	18.67	16.07	18.53	18.38	21.04	17.95	15.03	15.26	17.64
加拿大	14.81	11.44	14.36	11.53	10.86	15.34	12.65	14.24	12.18	14.04	13.14
荷兰	11.11	14.58	11.67	12.99	10.70	12.16	11.43	12.76	9.34	11.23	11.79
西班牙	8.64	11.62	9.69	9.74	11.02	11.43	12.20	14.54	14.56	13.33	11.79
德国	12.55	7.38	9.52	9.25	11.34	9.12	11.74	14.69	13.92	11.40	11.14
比利时	9.47	10.89	8.98	9.42	10.86	8.97	13.11	12.17	11.39	9.65	10.55
瑞典	9.67	8.30	8.08	9.09	8.31	8.25	8.54	10.83	10.44	11.75	9.32
法国	9.05	7.75	9.16	8.77	5.59	8.10	9.30	11.28	8.07	12.63	8.96
瑞士	7.82	5.17	10.23	7.79	9.74	6.51	6.71	6.53	7.75	8.07	7.60
中国大陆	6.79	7.01	7.36	7.31	7.51	8.25	7.93	9.20	6.49	6.14	7.45
丹麦	7.20	6.46	6.82	6.66	4.79	7.09	6.25	6.53	6.65	8.25	6.64
巴西	3.50	5.72	6.64	4.55	5.75	4.49	7.47	7.27	6.33	5.49	5.87
挪威	4.73	5.35	4.85	6.01	6.55	5.79	5.03	4.45	5.54	5.26	5.37
以色列	3.70	2.40	3.77	2.44	4.47	4.34	5.34	7.12	7.28	5.61	4.73
奥地利	1.23	2.95	3.77	3.90	3.51	2.89	3.66	4.90	5.70	6.14	3.92
芬兰	3.70	3.51	3.95	3.73	3.51	5.07	3.05	3.86	4.27	3.51	3.83
新西兰	4.53	3.51	3.95	5.03	4.63	4.63	4.12	2.97	3.01	1.75	3.82

六 男科学

男科学 A 层研究没有国际合作。

B、C 层研究国际合作参与率最高的均为美国，分别为 57.14%、58.33%。

南非 B 层研究国际合作参与率排名第二，为 35.71；德国、意大利、加拿大、希腊、伊朗、英国的参与率也比较高，在 29%~14%；奥地利、比利时、芬兰、印度、马来西亚、荷兰、俄罗斯、西班牙、瑞典、土耳其也有一定的参与率，均为 7.14%。

意大利和英国 C 层研究国际合作参与率排名第二、第三，分别为 21.67% 和 20.56%；巴西、南非、西班牙、法国、德国、印度、加拿大、埃及、卡塔尔的参与率也比较高，在 18%~10%；澳大利亚、丹麦、马来西亚、伊朗、沙特阿拉伯、瑞典、瑞士、希腊也有一定的参与率，在 9%~7%。

表 9-16 男科学 B 层研究所有的国家的国际合作参与率

单位：%

国家	2014 年	2015 年	2016 年	2017 年	2018 年	2019 年	2020 年	2021 年	2022 年	2023 年	合计
美国	50.00	50.00	0.00	50.00	66.67	0.00	50.00	0.00	66.67	0.00	57.14
南非	50.00	50.00	0.00	0.00	66.67	0.00	50.00	0.00	0.00	0.00	35.71
德国	50.00	0.00	0.00	0.00	33.33	0.00	50.00	0.00	33.33	0.00	28.57
意大利	50.00	0.00	0.00	0.00	33.33	0.00	50.00	0.00	33.33	0.00	28.57
加拿大	0.00	50.00	0.00	50.00	0.00	0.00	0.00	0.00	0.00	0.00	14.29
希腊	0.00	0.00	0.00	0.00	33.33	0.00	50.00	0.00	0.00	0.00	14.29
伊朗	0.00	50.00	0.00	0.00	0.00	0.00	0.00	0.00	33.33	0.00	14.29
英国	0.00	0.00	0.00	50.00	0.00	0.00	50.00	0.00	0.00	0.00	14.29
奥地利	0.00	0.00	0.00	0.00	0.00	0.00	0.00	0.00	33.33	0.00	7.14
比利时	0.00	0.00	0.00	0.00	0.00	0.00	50.00	0.00	0.00	0.00	7.14
芬兰	0.00	0.00	0.00	0.00	0.00	0.00	50.00	0.00	0.00	0.00	7.14
印度	0.00	0.00	50.00	0.00	0.00	0.00	0.00	0.00	0.00	0.00	7.14
马来西亚	0.00	0.00	0.00	0.00	0.00	0.00	50.00	0.00	0.00	0.00	7.14
荷兰	50.00	0.00	0.00	0.00	0.00	0.00	0.00	0.00	0.00	0.00	7.14

续表

国家	2014 年	2015 年	2016 年	2017 年	2018 年	2019 年	2020 年	2021 年	2022 年	2023 年	合计
俄罗斯	0.00	0.00	0.00	0.00	0.00	0.00	0.00	0.00	33.33	0.00	7.14
西班牙	0.00	0.00	0.00	50.00	0.00	0.00	0.00	0.00	0.00	0.00	7.14
瑞典	0.00	0.00	0.00	0.00	33.33	0.00	0.00	0.00	0.00	0.00	7.14
土耳其	0.00	0.00	0.00	0.00	0.00	0.00	0.00	0.00	33.33	0.00	7.14

表 9-17　男科学 C 层研究排名前 20 的国家的国际合作参与率

单位：%

国家	2014 年	2015 年	2016 年	2017 年	2018 年	2019 年	2020 年	2021 年	2022 年	2023 年	合计
美国	46.67	30.77	69.57	63.16	57.89	57.89	65.52	60.00	55.56	55.56	58.33
意大利	6.67	0.00	4.35	10.53	10.53	26.32	24.14	36.00	55.56	77.78	21.67
英国	26.67	23.08	17.39	5.26	10.53	21.05	17.24	24.00	33.33	55.56	20.56
巴西	0.00	0.00	43.48	21.05	21.05	15.79	17.24	16.00	11.11	11.11	17.78
南非	0.00	15.38	4.35	5.26	10.53	15.79	48.28	20.00	22.22	11.11	17.22
西班牙	6.67	23.08	21.74	10.53	15.79	10.53	10.34	24.00	22.22	33.33	16.67
法国	6.67	15.38	13.04	5.26	5.26	15.79	6.90	20.00	22.22	33.33	12.78
德国	26.67	15.38	4.35	15.79	0.00	10.53	13.79	12.00	11.11	22.22	12.22
印度	0.00	0.00	4.35	5.26	15.79	10.53	13.79	16.00	33.33	33.33	11.67
加拿大	6.67	23.08	17.39	0.00	0.00	10.53	10.34	12.00	33.33	11.11	11.11
埃及	0.00	0.00	0.00	5.26	5.26	15.79	13.79	16.00	33.33	33.33	10.56
卡塔尔	0.00	0.00	0.00	21.05	0.00	21.05	13.79	12.00	22.22	22.22	10.56
澳大利亚	0.00	23.08	0.00	5.26	5.26	10.53	3.45	12.00	11.11	44.44	8.89
丹麦	13.33	0.00	13.04	5.26	0.00	15.79	17.24	4.00	11.11	0.00	8.89
马来西亚	6.67	0.00	4.35	0.00	5.26	10.53	10.34	8.00	33.33	33.33	8.89
伊朗	0.00	0.00	0.00	0.00	0.00	10.53	17.24	12.00	33.33	22.22	8.33
沙特阿拉伯	20.00	0.00	8.70	5.26	5.26	0.00	3.45	8.00	22.22	33.33	8.33
瑞典	20.00	7.69	8.70	5.26	5.26	0.00	6.90	8.00	22.22	0.00	7.78
瑞士	6.67	7.69	0.00	10.53	0.00	0.00	3.45	16.00	22.22	33.33	7.78
希腊	0.00	0.00	0.00	10.53	0.00	5.26	3.45	8.00	44.44	33.33	7.22

七　儿科学

儿科学 A、B、C 层研究国际合作参与率最高的均为美国，分别为

63.93%、62.17%、54.07%；英国 A、B、C 层研究国际合作参与率均排名第二，分别为 57.38%、38.62%、30.87%。

澳大利亚、加拿大、瑞士、意大利、瑞典、法国、德国、南非、西班牙、奥地利、比利时、印度、荷兰、挪威 A 层研究国际合作参与率也比较高，在 33%~11%；巴西、以色列、中国大陆、丹麦也有一定的参与率，在 10%~8%。

加拿大、澳大利亚、德国、意大利、荷兰、瑞典、瑞士、西班牙、法国 B 层研究国际合作参与率也比较高，在 30%~12%；比利时、印度、以色列、丹麦、中国大陆、挪威、奥地利、巴西、芬兰也有一定的参与率，在 9%~5%。

加拿大、澳大利亚、荷兰、意大利、德国 C 层研究国际合作参与率也比较高，在 25%~13%；法国、瑞典、西班牙、瑞士、比利时、挪威、中国大陆、巴西、丹麦、爱尔兰、印度、以色列、南非也有一定的参与率，在 10%~3%。

表 9-18　儿科学 A 层研究排名前 20 的国家和地区的国际合作参与率

单位：%

国家和地区	2014 年	2015 年	2016 年	2017 年	2018 年	2019 年	2020 年	2021 年	2022 年	2023 年	合计
美国	80.00	50.00	100.00	100.00	75.00	37.50	37.50	40.00	62.50	100.00	63.93
英国	60.00	50.00	66.67	66.67	25.00	50.00	62.50	80.00	62.50	75.00	57.38
澳大利亚	20.00	33.33	33.33	16.67	50.00	37.50	37.50	20.00	25.00	50.00	32.79
加拿大	40.00	33.33	100.00	33.33	25.00	37.50	0.00	20.00	25.00	25.00	29.51
瑞士	0.00	33.33	100.00	16.67	12.50	12.50	25.00	20.00	12.50	75.00	24.59
意大利	20.00	0.00	0.00	33.33	0.00	12.50	37.50	60.00	0.00	50.00	21.31
瑞典	0.00	0.00	33.33	33.33	12.50	25.00	12.50	0.00	37.50	25.00	18.03
法国	20.00	50.00	0.00	33.33	0.00	0.00	12.50	20.00	12.50	25.00	16.39
德国	20.00	0.00	0.00	16.67	12.50	25.00	37.50	0.00	0.00	25.00	14.75
南非	0.00	0.00	66.67	0.00	12.50	12.50	0.00	20.00	25.00	50.00	14.75
西班牙	20.00	16.67	0.00	16.67	0.00	12.50	12.50	40.00	12.50	25.00	14.75
奥地利	0.00	0.00	0.00	16.67	37.50	0.00	25.00	0.00	0.00	50.00	13.11
比利时	20.00	16.67	33.33	0.00	12.50	12.50	12.50	20.00	0.00	25.00	13.11

续表

国家和地区	2014 年	2015 年	2016 年	2017 年	2018 年	2019 年	2020 年	2021 年	2022 年	2023 年	合计
印度	0.00	16.67	100.00	0.00	12.50	0.00	0.00	20.00	0.00	50.00	13.11
荷兰	40.00	16.67	0.00	33.33	0.00	12.50	0.00	0.00	0.00	50.00	13.11
挪威	0.00	16.67	33.33	16.67	0.00	12.50	0.00	0.00	12.50	50.00	11.48
巴西	0.00	0.00	66.67	16.67	0.00	0.00	0.00	20.00	0.00	50.00	9.84
以色列	20.00	0.00	33.33	0.00	0.00	12.50	12.50	20.00	12.50	0.00	9.84
中国大陆	0.00	0.00	33.33	0.00	12.50	25.00	12.50	0.00	0.00	0.00	8.20
丹麦	20.00	0.00	0.00	16.67	0.00	12.50	0.00	0.00	0.00	50.00	8.20

表 9-19　儿科学 B 层研究排名前 20 的国家和地区的国际合作参与率

单位：%

国家和地区	2014 年	2015 年	2016 年	2017 年	2018 年	2019 年	2020 年	2021 年	2022 年	2023 年	合计
美国	67.39	65.52	67.24	62.22	65.22	70.42	56.94	55.84	62.67	51.52	62.17
英国	32.61	25.86	43.10	37.78	46.38	26.76	38.89	42.86	42.67	45.45	38.62
加拿大	15.22	22.41	37.93	37.78	34.78	30.99	23.61	27.27	34.67	24.24	29.04
澳大利亚	19.57	25.86	32.76	24.44	20.29	23.94	22.22	24.68	22.67	27.27	24.33
德国	15.22	22.41	15.52	37.78	21.74	21.13	18.06	14.29	20.00	16.67	19.78
意大利	10.87	13.79	15.52	33.33	17.39	15.49	23.61	20.78	20.00	21.21	19.15
荷兰	10.87	15.52	17.24	22.22	23.19	15.49	16.67	16.88	13.33	16.67	16.80
瑞典	13.04	3.45	17.24	15.56	11.59	21.13	12.50	15.58	14.67	16.67	14.29
瑞士	4.35	24.14	10.34	20.00	10.14	9.86	11.11	19.48	12.00	19.70	14.13
西班牙	10.87	12.07	12.07	26.67	8.70	18.31	9.72	9.09	13.33	16.67	13.34
法国	8.70	12.07	15.52	13.33	15.94	5.63	9.72	20.78	9.33	13.64	12.56
比利时	6.52	6.90	12.07	13.33	11.59	5.63	5.56	6.49	10.67	9.09	8.63
印度	6.52	6.90	5.17	8.89	4.35	8.45	5.56	5.19	14.67	10.61	7.69
以色列	13.04	10.34	6.90	11.11	8.70	4.23	9.72	6.49	4.00	3.03	7.38
丹麦	13.04	10.34	3.45	6.67	1.45	9.86	12.50	5.19	4.00	4.55	6.91
中国大陆	0.00	1.72	1.72	2.22	1.45	8.45	11.11	5.19	9.33	15.15	6.12
挪威	6.52	5.17	8.62	8.89	5.80	5.63	2.78	7.79	5.33	6.06	6.12
奥地利	0.00	3.45	8.62	8.89	7.25	5.63	5.56	3.90	5.33	10.61	5.97
巴西	4.35	1.72	1.72	6.67	4.35	9.86	8.33	7.79	4.00	6.06	5.65
芬兰	4.35	5.17	8.62	8.89	4.35	5.63	4.17	3.90	4.00	9.09	5.65

表 9-20 儿科学 C 层研究排名前 20 的国家和地区的国际合作参与率

单位：%

国家和地区	2014 年	2015 年	2016 年	2017 年	2018 年	2019 年	2020 年	2021 年	2022 年	2023 年	合计
美国	61.23	54.30	55.59	54.82	52.47	55.91	51.15	55.09	49.53	52.92	54.07
英国	26.84	31.74	27.71	30.33	34.63	32.13	36.03	31.31	28.05	27.87	30.87
加拿大	22.27	23.90	23.34	26.54	28.49	25.31	23.75	23.38	21.21	23.92	24.22
澳大利亚	19.09	16.44	16.53	14.06	18.74	19.05	18.49	15.59	16.24	16.20	17.04
荷兰	12.33	14.15	14.75	14.69	16.34	11.27	15.11	16.78	16.64	13.75	14.70
意大利	10.74	12.81	11.35	14.53	14.39	12.10	15.65	16.25	15.70	16.20	14.11
德国	12.33	14.53	12.48	16.43	13.34	11.27	14.57	15.19	14.36	13.56	13.84
法国	6.36	9.18	8.59	9.32	9.00	10.85	9.99	11.62	10.20	12.62	9.87
瑞典	8.75	10.52	9.40	8.85	12.29	9.60	8.91	9.64	8.19	7.34	9.37
西班牙	5.37	5.93	6.32	9.32	7.95	8.21	7.96	8.19	8.72	12.99	8.13
瑞士	6.36	8.03	6.00	5.37	10.49	9.87	7.83	7.13	10.07	8.47	8.05
比利时	4.97	6.69	7.13	6.32	7.65	7.65	8.10	5.68	7.11	6.21	6.82
挪威	5.37	4.97	4.38	5.37	6.15	5.15	5.40	5.68	4.70	4.33	5.17
中国大陆	3.18	3.63	4.21	4.42	2.85	4.59	7.02	5.55	6.31	5.27	4.82
巴西	2.78	4.02	3.08	4.42	4.65	3.89	5.26	4.36	4.97	9.04	4.63
丹麦	3.98	5.16	4.70	5.69	4.20	3.76	5.40	4.49	3.49	5.08	4.57
爱尔兰	3.58	3.44	3.57	4.11	4.65	3.62	4.72	5.28	4.16	5.65	4.30
印度	2.19	3.06	1.94	3.95	4.05	4.03	5.26	5.28	5.37	5.46	4.16
以色列	4.37	3.63	3.89	3.95	4.80	4.03	3.64	3.57	4.56	5.27	4.15
南非	2.98	2.68	2.76	3.79	4.65	4.17	3.64	3.17	5.37	6.21	3.96

八 泌尿学和肾脏学

泌尿学和肾脏学 A、B、C 层研究国际合作参与率最高的均为美国，分别为 63.41%、72.41%、62.93%；英国 A、B、C 层研究国际合作参与率均排名第二，分别为 60.98%、44.81%、30.35%。

德国、荷兰、法国、意大利、比利时、加拿大、瑞士、澳大利亚、西班牙、瑞典、捷克、奥地利、中国大陆、芬兰 A 层研究国际合作参与率也比较高，在 52% ~ 12%；中国香港、印度、葡萄牙、俄罗斯也有一定的参与率，均为 7.32%。

德国、加拿大、意大利、荷兰、法国、澳大利亚、比利时、瑞典、西班牙、中国大陆、日本、瑞士、奥地利 B 层研究国际合作参与率也比较高，在 35%~11%；巴西、丹麦、希腊、中国香港、印度也有一定的参与率，在 10%~6%。

意大利、德国、加拿大、法国、荷兰、澳大利亚、比利时、西班牙、中国大陆 C 层研究国际合作参与率也比较高，在 27%~10%；瑞典、瑞士、奥地利、日本、丹麦、巴西、土耳其、希腊、印度也有一定的参与率，在 10%~4%。

表 9-21　泌尿学和肾脏学 A 层研究排名前 20 的国家和地区的国际合作参与率

单位：%

国家和地区	2014 年	2015 年	2016 年	2017 年	2018 年	2019 年	2020 年	2021 年	2022 年	2023 年	合计
美国	33.33	75.00	62.50	40.00	100.00	75.00	0.00	60.00	75.00	60.00	63.41
英国	100.00	75.00	0.00	80.00	100.00	50.00	0.00	80.00	75.00	60.00	60.98
德国	100.00	25.00	25.00	60.00	66.67	25.00	0.00	60.00	75.00	60.00	51.22
荷兰	100.00	25.00	12.50	60.00	66.67	75.00	0.00	50.00	50.00	40.00	51.22
法国	100.00	25.00	12.50	80.00	33.33	75.00	0.00	60.00	25.00	40.00	48.78
意大利	100.00	50.00	12.50	20.00	33.33	25.00	0.00	40.00	75.00	40.00	43.90
比利时	100.00	25.00	0.00	60.00	100.00	25.00	0.00	40.00	25.00	0.00	34.15
加拿大	0.00	75.00	25.00	0.00	66.67	25.00	0.00	20.00	50.00	20.00	29.27
瑞士	33.33	0.00	37.50	20.00	33.33	25.00	0.00	60.00	25.00	20.00	29.27
澳大利亚	0.00	25.00	12.50	20.00	0.00	25.00	0.00	60.00	25.00	60.00	26.83
西班牙	100.00	0.00	0.00	40.00	0.00	25.00	0.00	20.00	50.00	40.00	26.83
瑞典	33.33	25.00	25.00	0.00	0.00	25.00	0.00	0.00	25.00	40.00	21.95
捷克	0.00	25.00	12.50	20.00	0.00	25.00	0.00	20.00	25.00	20.00	17.07
奥地利	0.00	0.00	12.50	20.00	0.00	0.00	0.00	20.00	0.00	40.00	12.20
中国大陆	0.00	25.00	12.50	0.00	0.00	0.00	0.00	0.00	50.00	0.00	12.20
芬兰	33.33	0.00	0.00	40.00	33.33	0.00	0.00	0.00	20.00	0.00	12.20
中国香港	0.00	0.00	12.50	0.00	0.00	0.00	0.00	20.00	25.00	0.00	7.32
印度	0.00	25.00	0.00	0.00	0.00	0.00	0.00	0.00	25.00	0.00	7.32
葡萄牙	0.00	25.00	0.00	0.00	0.00	25.00	0.00	0.00	25.00	0.00	7.32
俄罗斯	66.67	0.00	0.00	20.00	0.00	0.00	0.00	0.00	0.00	0.00	7.32

表 9-22　泌尿学和肾脏学 B 层研究排名前 20 的国家和地区的国际合作参与率

单位：%

国家和地区	2014 年	2015 年	2016 年	2017 年	2018 年	2019 年	2020 年	2021 年	2022 年	2023 年	合计
美国	72.22	65.96	78.57	76.47	72.73	72.55	74.00	74.58	71.93	64.44	72.41
英国	33.33	36.17	45.24	41.18	30.91	52.94	46.00	57.63	49.12	55.56	44.81
德国	31.48	34.04	28.57	35.29	25.45	31.37	28.00	47.46	33.33	46.67	34.25
加拿大	29.63	21.28	21.43	39.22	32.73	27.45	40.00	35.59	36.84	42.22	32.88
意大利	25.93	36.17	35.71	29.41	30.91	31.37	34.00	32.20	33.33	40.00	32.68
荷兰	24.07	25.53	30.95	33.33	27.27	33.33	26.00	37.29	36.84	31.11	30.72
法国	18.52	31.91	21.43	21.57	21.82	31.37	32.00	32.20	29.82	33.33	27.40
澳大利亚	18.52	12.77	21.43	25.49	18.18	25.49	26.00	28.81	26.32	31.11	23.48
比利时	14.81	14.89	23.81	29.41	12.73	29.41	30.00	27.12	22.81	22.22	22.70
瑞典	16.67	17.02	14.29	7.84	9.09	15.69	20.00	22.03	8.77	22.22	15.26
西班牙	7.41	12.77	11.90	13.73	12.73	13.73	18.00	22.03	14.04	15.56	14.29
中国大陆	5.56	8.51	7.14	21.57	7.27	13.73	28.00	15.25	19.30	11.11	13.89
日本	12.96	8.51	14.29	11.76	21.82	13.73	12.00	8.47	10.53	17.78	13.11
瑞士	9.26	12.77	19.05	11.76	14.55	7.84	18.00	5.08	15.79	17.78	12.92
奥地利	11.11	14.89	9.52	1.96	10.91	9.80	14.00	13.56	10.53	15.56	11.15
巴西	3.70	4.26	16.67	5.88	9.09	7.84	22.00	13.56	5.26	6.67	9.39
丹麦	5.56	4.26	2.38	7.84	7.27	9.80	14.00	8.47	12.28	13.33	8.61
希腊	3.70	6.38	4.76	3.92	5.45	5.88	6.00	5.08	8.77	11.11	6.07
中国香港	1.85	2.13	7.14	5.88	3.64	9.80	6.00	1.69	12.28	11.11	6.07
印度	0.00	4.26	2.38	1.96	3.64	5.88	8.00	8.47	17.54	6.67	6.07

表 9-23　泌尿学和肾脏学 C 层研究排名前 20 的国家和地区的国际合作参与率

单位：%

国家和地区	2014 年	2015 年	2016 年	2017 年	2018 年	2019 年	2020 年	2021 年	2022 年	2023 年	合计
美国	67.91	62.78	66.74	62.89	59.61	64.53	63.87	59.37	62.16	61.13	62.93
英国	27.56	25.35	27.65	30.07	28.73	30.35	30.95	30.76	35.27	35.35	30.35
意大利	20.47	18.91	23.70	23.20	21.36	28.52	28.81	27.18	32.05	35.35	26.17
德国	26.18	26.76	24.74	26.98	23.52	24.50	22.10	26.90	25.44	25.98	25.28
加拿大	22.05	20.52	24.53	22.34	19.75	21.39	21.19	22.46	21.74	22.66	21.84
法国	18.90	15.29	17.26	15.81	17.77	21.57	18.75	20.31	23.19	23.05	19.28
荷兰	18.31	16.90	17.05	18.38	15.98	19.56	19.51	22.46	22.71	19.92	19.26
澳大利亚	11.02	9.66	10.19	11.86	13.82	16.09	14.48	14.31	17.71	15.63	13.64

续表

国家和地区	2014 年	2015 年	2016 年	2017 年	2018 年	2019 年	2020 年	2021 年	2022 年	2023 年	合计
比利时	11.81	13.28	13.10	10.82	9.16	14.99	13.72	15.02	12.72	15.82	13.07
西班牙	8.86	9.05	11.23	8.25	9.69	13.16	10.37	12.88	15.30	18.55	11.77
中国大陆	7.09	11.27	10.81	12.71	11.13	11.88	11.59	8.30	9.50	9.96	10.41
瑞典	9.06	10.06	9.98	10.48	9.87	10.79	8.08	9.59	10.79	10.35	9.88
瑞士	7.68	7.85	6.24	8.25	8.98	9.51	9.15	10.44	10.95	13.67	9.35
奥地利	6.89	8.05	5.61	7.22	6.46	8.23	6.86	9.30	10.79	9.96	8.00
日本	6.69	4.43	7.69	7.39	6.82	7.86	10.21	7.44	9.18	8.79	7.74
丹麦	6.89	4.63	3.95	7.56	3.41	3.66	6.10	4.43	5.80	7.03	5.35
巴西	2.36	3.02	5.41	4.47	4.13	4.02	6.86	5.58	6.44	5.47	4.88
土耳其	4.13	1.61	5.20	4.12	3.95	3.66	5.18	4.29	7.73	8.40	4.86
希腊	3.94	3.62	4.37	4.12	2.33	5.12	3.05	6.01	4.51	7.81	4.49
印度	2.76	2.82	2.91	1.89	3.59	4.02	3.81	5.58	6.76	7.81	4.26

九　运动科学

运动科学 A、B、C 层研究国际合作参与率最高的均为美国，分别为 65.91%、52.23%、37.04%。

澳大利亚和英国 A 层研究国际合作参与率排名第二、第三，分别为 50.00% 和 47.73%；加拿大、挪威、瑞典、瑞士、比利时、荷兰、西班牙的参与率也比较高，在 41%~13%；丹麦、德国、巴西、芬兰、爱尔兰、以色列、新西兰、卡塔尔、南非、智利也有一定的参与率，在 10%~4%。

英国和澳大利亚 B 层研究国际合作参与率排名第二、第三，分别为 46.07% 和 44.80%；加拿大、西班牙、德国、荷兰、瑞士、瑞典、挪威、法国、巴西的参与率也比较高，在 28%~10%；意大利、比利时、卡塔尔、新西兰、丹麦、爱尔兰、南非、葡萄牙也有一定的参与率，在 10%~5%。

英国和澳大利亚 C 层研究国际合作参与率排名第二、第三，分别为 32.79% 和 28.61%；加拿大、西班牙、德国的参与率也比较高，在 18%~12%；意大利、法国、荷兰、瑞士、巴西、瑞典、挪威、丹麦、葡萄牙、比利时、卡塔尔、新西兰、爱尔兰、奥地利也有一定的参与率，在 10%~4%。

表 9-24　运动科学 A 层研究排名前 20 的国家的国际合作参与率

单位：%

国家	2014 年	2015 年	2016 年	2017 年	2018 年	2019 年	2020 年	2021 年	2022 年	2023 年	合计
美国	33.33	50.00	83.33	60.00	100.00	60.00	75.00	80.00	50.00	66.67	65.91
澳大利亚	66.67	50.00	66.67	80.00	66.67	20.00	25.00	60.00	25.00	66.67	50.00
英国	33.33	50.00	16.67	80.00	33.33	60.00	50.00	80.00	37.50	33.33	47.73
加拿大	33.33	0.00	33.33	20.00	66.67	20.00	50.00	60.00	50.00	66.67	40.91
挪威	100.00	0.00	16.67	40.00	33.33	0.00	25.00	0.00	0.00	33.33	20.45
瑞典	0.00	0.00	0.00	20.00	33.33	20.00	0.00	0.00	37.50	33.33	15.91
瑞士	33.33	0.00	16.67	20.00	33.33	0.00	25.00	0.00	0.00	66.67	15.91
比利时	0.00	50.00	16.67	0.00	33.33	20.00	25.00	0.00	0.00	33.33	13.64
荷兰	0.00	0.00	0.00	0.00	66.67	0.00	25.00	0.00	0.00	33.33	13.64
西班牙	0.00	0.00	0.00	0.00	0.00	40.00	25.00	0.00	25.00	0.00	13.64
丹麦	0.00	0.00	16.67	0.00	0.00	0.00	50.00	0.00	0.00	0.00	9.09
德国	0.00	0.00	0.00	20.00	33.33	20.00	25.00	0.00	0.00	0.00	9.09
巴西	0.00	0.00	0.00	0.00	0.00	20.00	0.00	20.00	12.50	0.00	6.82
芬兰	0.00	0.00	0.00	0.00	0.00	0.00	25.00	0.00	0.00	33.33	6.82
爱尔兰	0.00	50.00	0.00	0.00	0.00	0.00	25.00	20.00	0.00	0.00	6.82
以色列	33.33	0.00	0.00	0.00	0.00	0.00	0.00	0.00	0.00	33.33	6.82
新西兰	0.00	0.00	0.00	0.00	33.33	40.00	0.00	0.00	0.00	0.00	6.82
卡塔尔	0.00	0.00	0.00	20.00	0.00	0.00	0.00	20.00	0.00	33.33	6.82
南非	0.00	0.00	0.00	20.00	0.00	0.00	25.00	0.00	0.00	33.33	6.82
智利	0.00	0.00	0.00	0.00	0.00	20.00	0.00	0.00	12.50	0.00	4.55

表 9-25　运动科学 B 层研究排名前 20 的国家的国际合作参与率

单位：%

国家	2014 年	2015 年	2016 年	2017 年	2018 年	2019 年	2020 年	2021 年	2022 年	2023 年	合计
美国	42.86	33.33	57.45	56.00	50.85	56.67	47.27	61.76	57.69	56.76	52.23
英国	42.86	42.86	42.55	44.00	35.59	36.67	58.18	70.59	36.54	64.86	46.07
澳大利亚	28.57	45.24	42.55	44.00	44.07	61.67	43.64	44.12	42.31	43.24	44.80
加拿大	11.43	19.05	38.30	26.00	32.20	26.67	23.64	32.35	19.23	51.35	27.81
西班牙	8.57	4.76	10.64	8.00	15.25	6.67	16.36	32.35	21.15	16.22	13.59
德国	11.43	11.90	6.38	8.00	10.17	10.00	18.18	23.53	13.46	21.62	12.95
荷兰	11.43	16.67	10.64	6.00	13.56	10.00	16.36	26.47	5.77	18.92	12.95

续表

国家	2014 年	2015 年	2016 年	2017 年	2018 年	2019 年	2020 年	2021 年	2022 年	2023 年	合计
瑞士	2.86	7.14	17.02	12.00	13.56	6.67	20.00	14.71	9.62	24.32	12.74
瑞典	11.43	11.90	8.51	4.00	10.17	8.33	18.18	11.76	17.31	21.62	12.10
挪威	11.43	11.90	19.15	10.00	8.47	8.33	10.91	17.65	9.62	8.11	11.25
法国	14.29	11.90	14.89	4.00	10.17	5.00	9.09	17.65	9.62	18.92	10.83
巴西	8.57	4.76	4.26	14.00	8.47	8.33	9.09	26.47	9.62	13.51	10.19
意大利	8.57	4.76	0.00	6.00	6.78	8.33	18.18	29.41	5.77	10.81	9.34
比利时	0.00	0.00	14.89	10.00	8.47	10.00	10.91	8.82	5.77	13.51	8.49
卡塔尔	8.57	4.76	12.77	6.00	8.47	0.00	10.91	20.59	7.69	2.70	7.86
新西兰	2.86	7.14	8.51	14.00	5.08	5.00	7.27	11.76	7.69	2.70	7.22
丹麦	8.57	9.52	6.38	2.00	11.86	1.67	9.09	8.82	7.69	5.41	7.01
爱尔兰	8.57	2.38	10.64	8.00	3.39	0.00	3.64	5.88	13.46	13.51	6.58
南非	0.00	2.38	4.26	8.00	3.39	8.33	7.27	5.88	3.85	18.92	6.16
葡萄牙	5.71	4.76	0.00	2.00	8.47	0.00	5.45	20.59	1.92	8.11	5.10

表 9-26　运动科学 C 层研究排名前 20 的国家的国际合作参与率

单位：%

国家	2014 年	2015 年	2016 年	2017 年	2018 年	2019 年	2020 年	2021 年	2022 年	2023 年	合计
美国	33.43	33.59	35.10	38.06	40.62	38.69	38.96	35.74	37.29	36.55	37.04
英国	33.15	28.94	31.41	30.75	33.85	32.86	33.61	34.40	34.84	32.36	32.79
澳大利亚	27.62	28.42	30.25	28.60	32.50	29.51	30.77	26.17	26.74	25.64	28.61
加拿大	19.06	17.31	13.86	18.06	15.67	16.25	16.39	16.95	18.83	19.64	17.18
西班牙	10.50	7.75	12.01	8.82	12.19	13.43	13.21	15.27	16.20	16.55	12.93
德国	6.63	10.34	12.01	11.18	11.03	11.31	12.71	13.42	15.63	19.09	12.65
意大利	3.87	6.72	7.39	6.67	8.90	9.54	11.20	11.07	13.75	12.00	9.49
法国	9.39	10.08	9.70	8.82	6.38	6.71	10.37	10.23	9.04	8.91	8.93
荷兰	9.12	8.53	9.70	9.89	8.51	8.66	9.53	9.23	5.65	9.27	8.79
瑞士	6.91	9.82	6.00	8.17	6.19	7.07	12.04	10.07	8.29	9.27	8.51
巴西	4.70	6.20	8.31	6.24	6.38	8.66	9.36	8.22	9.04	10.18	7.93
瑞典	7.18	5.68	9.01	8.60	8.51	6.01	8.36	7.21	6.97	7.27	7.49
挪威	5.25	6.46	6.93	7.31	9.67	6.36	9.03	7.38	8.66	5.82	7.39
丹麦	6.91	7.24	4.16	4.95	5.80	4.77	6.86	6.88	6.78	4.00	5.81
葡萄牙	5.80	4.13	5.31	3.66	4.84	6.36	5.69	4.53	7.34	6.91	5.51
比利时	6.35	5.68	5.08	5.38	6.38	4.59	5.52	4.70	4.33	4.00	5.13

国家	2014 年	2015 年	2016 年	2017 年	2018 年	2019 年	2020 年	2021 年	2022 年	2023 年	合计
卡塔尔	8.29	6.20	6.93	5.81	4.45	3.53	6.35	5.54	3.58	2.36	5.13
新西兰	7.18	5.94	6.00	6.24	3.09	5.30	4.18	5.20	5.08	3.45	5.03
爱尔兰	3.04	3.62	3.00	4.09	3.68	4.59	5.02	5.87	6.40	4.91	4.56
奥地利	2.49	1.55	2.77	3.23	3.29	4.06	3.34	3.86	5.84	8.91	4.10

十　内分泌学和新陈代谢

内分泌学和新陈代谢 A、B、C 层研究国际合作参与率最高的均为美国，分别为 75.44%、72.52%、57.08%；英国 A、B、C 层研究国际合作参与率均排名第二，分别为 56.14%、41.75%、30.89%。

加拿大、意大利、比利时、丹麦、澳大利亚、德国、日本、荷兰、瑞典、中国大陆、法国 A 层研究国际合作参与率也比较高，在 32%~10%；希腊、以色列、印度、瑞士、巴西、俄罗斯、沙特阿拉伯也有一定的参与率，在 9%~5%。

德国、意大利、澳大利亚、加拿大、荷兰、丹麦、法国、中国大陆、瑞典、西班牙 B 层研究国际合作参与率也比较高，在 27%~11%；比利时、瑞士、日本、奥地利、巴西、芬兰、以色列、印度也有一定的参与率，在 10%~4%。

德国、意大利、中国大陆、澳大利亚、加拿大、法国、荷兰、瑞典、丹麦 C 层研究国际合作参与率也比较高，在 20%~10%；西班牙、瑞士、比利时、日本、奥地利、巴西、芬兰、印度、希腊也有一定的参与率，在 9%~3%。

表 9-27　内分泌学和新陈代谢 A 层研究排名前 20 的国家和地区的国际合作参与率

单位：%

国家和地区	2014 年	2015 年	2016 年	2017 年	2018 年	2019 年	2020 年	2021 年	2022 年	2023 年	合计
美国	71.43	0.00	100.00	100.00	61.54	80.00	80.00	66.67	100.00	0.00	75.44
英国	28.57	0.00	50.00	100.00	53.85	100.00	40.00	66.67	57.14	0.00	56.14
加拿大	42.86	0.00	100.00	0.00	15.38	60.00	30.00	25.00	28.57	0.00	31.58

续表

国家和地区	2014 年	2015 年	2016 年	2017 年	2018 年	2019 年	2020 年	2021 年	2022 年	2023 年	合计
意大利	14.29	0.00	50.00	0.00	30.77	20.00	40.00	16.67	42.86	0.00	28.07
比利时	42.86	0.00	0.00	0.00	23.08	40.00	20.00	16.67	42.86	0.00	26.32
丹麦	14.29	0.00	50.00	0.00	23.08	20.00	0.00	41.67	42.86	0.00	24.56
澳大利亚	42.86	0.00	0.00	100.00	15.38	60.00	30.00	0.00	14.29	0.00	22.81
德国	14.29	0.00	50.00	0.00	0.00	40.00	40.00	8.33	28.57	0.00	19.30
日本	14.29	0.00	0.00	0.00	0.00	60.00	10.00	25.00	28.57	0.00	17.54
荷兰	57.14	0.00	0.00	100.00	0.00	40.00	10.00	8.33	0.00	0.00	15.79
瑞典	0.00	0.00	0.00	0.00	23.08	20.00	20.00	8.33	28.57	0.00	15.79
中国大陆	0.00	0.00	0.00	0.00	15.38	40.00	0.00	16.67	28.57	0.00	14.04
法国	28.57	0.00	50.00	0.00	0.00	20.00	20.00	0.00	0.00	0.00	10.53
希腊	0.00	0.00	0.00	0.00	15.38	0.00	10.00	0.00	28.57	0.00	8.77
以色列	0.00	0.00	0.00	0.00	0.00	60.00	10.00	8.33	0.00	0.00	8.77
印度	0.00	0.00	0.00	0.00	0.00	20.00	10.00	8.33	14.29	0.00	7.02
瑞士	0.00	0.00	0.00	0.00	0.00	0.00	30.00	8.33	0.00	0.00	7.02
巴西	0.00	0.00	0.00	0.00	0.00	0.00	10.00	0.00	28.57	0.00	5.26
俄罗斯	0.00	0.00	0.00	0.00	0.00	0.00	10.00	0.00	14.29	0.00	5.26
沙特阿拉伯	0.00	0.00	0.00	0.00	0.00	0.00	20.00	8.33	0.00	0.00	5.26

表 9-28　内分泌学和新陈代谢 B 层研究排名前 20 的国家和地区的国际合作参与率

单位：%

国家和地区	2014 年	2015 年	2016 年	2017 年	2018 年	2019 年	2020 年	2021 年	2022 年	2023 年	合计
美国	77.91	76.39	75.00	76.47	70.21	78.57	58.06	71.13	76.77	68.13	72.52
英国	36.05	41.67	43.75	50.00	44.68	40.48	44.09	42.27	35.35	41.76	41.75
德国	19.77	30.56	35.94	32.35	25.53	25.00	21.51	28.87	19.19	27.47	26.06
意大利	16.28	27.78	28.13	25.00	21.28	16.67	19.35	20.62	22.22	21.98	21.58
澳大利亚	12.79	15.28	18.75	17.65	15.96	25.00	30.11	14.43	23.23	24.18	19.93
加拿大	13.95	18.06	21.88	27.94	12.77	25.00	10.75	21.65	24.24	24.18	19.81
荷兰	12.79	16.67	18.75	27.94	9.57	21.43	17.20	12.37	15.15	24.18	17.22
丹麦	11.63	22.22	25.00	23.53	14.89	17.86	8.60	11.34	15.15	24.18	16.86
法国	10.47	15.28	21.88	23.53	15.96	20.24	17.20	18.56	12.12	16.48	16.86
中国大陆	18.60	8.33	15.63	8.82	11.70	15.48	16.13	21.65	20.20	16.48	15.68
瑞典	16.28	18.06	25.00	16.18	12.77	14.29	11.83	11.34	12.12	15.38	14.86
西班牙	13.95	13.89	15.63	14.71	8.51	10.71	12.90	5.15	11.11	13.19	11.67

国家和地区	2014 年	2015 年	2016 年	2017 年	2018 年	2019 年	2020 年	2021 年	2022 年	2023 年	合计
比利时	11.63	6.94	9.38	13.24	3.19	9.52	13.98	4.12	12.12	9.89	9.32
瑞士	8.14	5.56	10.94	11.76	4.26	13.10	7.53	12.37	8.08	10.99	9.20
日本	5.81	11.11	12.50	10.29	1.06	8.33	7.53	6.19	10.10	10.99	8.14
奥地利	5.81	5.56	10.94	10.29	5.32	11.90	4.30	9.28	7.07	4.40	7.31
巴西	3.49	4.17	12.50	5.88	4.26	9.52	8.60	7.22	5.05	7.69	6.72
芬兰	6.98	9.72	4.69	8.82	4.26	4.76	5.38	1.03	3.03	6.59	5.31
以色列	3.49	5.56	7.81	7.35	4.26	8.33	3.23	3.09	5.05	4.40	5.07
印度	3.49	2.78	6.25	5.88	2.13	3.57	5.38	3.09	6.06	10.99	4.95

表 9-29　内分泌学和新陈代谢 C 层研究排名前 20 的国家和地区的国际合作参与率

单位：%

国家和地区	2014 年	2015 年	2016 年	2017 年	2018 年	2019 年	2020 年	2021 年	2022 年	2023 年	合计
美国	58.63	61.55	59.73	57.86	57.67	56.77	55.36	55.14	56.24	52.72	57.08
英国	27.69	27.03	32.51	30.35	31.64	30.63	31.18	32.76	34.71	30.00	30.89
德国	20.39	20.47	18.11	21.29	19.33	17.60	18.98	18.04	20.82	20.87	19.56
意大利	16.80	14.17	14.51	14.30	15.44	14.90	16.65	18.26	16.47	16.41	15.80
中国大陆	10.54	14.70	13.84	13.10	15.12	16.88	16.33	15.64	17.41	17.61	15.15
澳大利亚	14.48	14.83	14.85	15.39	14.69	14.38	13.36	13.47	14.12	13.59	14.31
加拿大	15.30	15.09	12.37	12.66	14.25	13.44	14.53	13.93	17.06	10.65	13.88
法国	12.17	12.60	12.15	12.01	11.45	10.63	9.65	11.99	12.35	9.67	11.42
荷兰	9.97	12.73	12.82	11.68	9.29	12.60	10.71	12.67	11.41	10.54	11.42
瑞典	10.89	9.58	12.71	10.48	11.56	11.67	11.98	11.30	10.59	12.72	11.39
丹麦	7.76	10.24	10.46	10.26	10.48	9.48	10.18	10.73	11.53	10.54	10.16
西班牙	9.97	9.32	8.21	9.50	7.34	10.42	8.91	9.02	7.41	9.13	8.93
瑞士	7.65	8.14	6.07	8.52	7.45	9.17	7.32	8.79	7.29	9.89	8.04
比利时	5.79	6.17	5.40	6.00	7.24	6.04	6.04	7.19	7.18	6.20	6.32
日本	6.37	5.25	4.84	4.80	4.86	5.94	5.51	5.25	6.47	5.33	5.46
奥地利	4.87	4.99	4.27	6.55	4.86	4.69	4.77	3.88	3.76	4.78	4.75
巴西	5.10	4.59	4.61	3.71	3.67	4.79	4.88	4.22	4.47	4.13	4.41
芬兰	4.52	5.38	3.71	4.04	4.97	4.58	4.14	4.57	3.65	4.57	4.40
印度	2.32	3.28	2.47	2.84	2.59	3.13	4.67	5.94	5.18	5.98	3.84
希腊	2.67	2.76	2.02	2.84	4.00	4.06	4.98	4.22	4.24	3.91	3.59

十一 营养学和饮食学

营养学和饮食学 A、B、C 层研究国际合作参与率最高的均为美国，分别为 46.34%、49.57%、37.88%。

英国 A 层研究国际合作参与率排名第二，为 41.46%；意大利、加拿大、澳大利亚、德国、荷兰、法国、比利时、西班牙、巴西、奥地利、瑞典、瑞士、中国大陆的参与率也比较高，在 37%~14%；以色列、日本、阿根廷、智利、墨西哥也有一定的参与率，在 10%~7%。

英国 B 层研究国际合作参与率排名第二，为 31.96%；中国大陆、意大利、加拿大、澳大利亚、西班牙、德国、法国、荷兰、巴西、瑞士、比利时的参与率也比较高，在 22%~10%；丹麦、瑞典、波兰、伊朗、希腊、印度、挪威也有一定的参与率，在 10%~5%。

中国大陆 C 层研究国际合作参与率排名第二，为 27.95%；英国、西班牙、意大利、加拿大、澳大利亚的参与率也比较高，在 20%~11%；德国、法国、荷兰、巴西、瑞士、瑞典、印度、丹麦、比利时、爱尔兰、伊朗、新西兰、波兰也有一定的参与率，在 10%~3%。

表 9-30　营养学和饮食学 A 层研究排名前 20 的国家和地区的国际合作参与率

单位：%

国家和地区	2014 年	2015 年	2016 年	2017 年	2018 年	2019 年	2020 年	2021 年	2022 年	2023 年	合计
美国	33.33	0.00	100.00	0.00	37.50	100.00	66.67	20.00	66.67	40.00	46.34
英国	33.33	0.00	50.00	100.00	25.00	50.00	16.67	60.00	50.00	60.00	41.46
意大利	0.00	100.00	0.00	50.00	12.50	50.00	50.00	60.00	33.33	40.00	36.59
加拿大	0.00	0.00	100.00	100.00	25.00	50.00	16.67	40.00	33.33	40.00	34.15
澳大利亚	0.00	50.00	50.00	50.00	25.00	50.00	16.67	60.00	16.67	20.00	29.27
德国	0.00	50.00	0.00	50.00	0.00	50.00	16.67	40.00	33.33	60.00	26.83
荷兰	0.00	50.00	0.00	100.00	0.00	0.00	16.67	20.00	33.33	60.00	26.83
法国	0.00	0.00	0.00	50.00	12.50	0.00	16.67	60.00	33.33	20.00	24.39
比利时	0.00	50.00	0.00	100.00	0.00	100.00	0.00	20.00	16.67	40.00	21.95
西班牙	33.33	0.00	0.00	0.00	0.00	0.00	16.67	20.00	50.00	60.00	21.95
巴西	0.00	0.00	0.00	0.00	37.50	100.00	16.67	20.00	16.67	0.00	19.51

国家和地区	2014 年	2015 年	2016 年	2017 年	2018 年	2019 年	2020 年	2021 年	2022 年	2023 年	合计
奥地利	0.00	50.00	0.00	50.00	0.00	0.00	16.67	20.00	16.67	40.00	17.07
瑞典	0.00	50.00	0.00	50.00	0.00	100.00	0.00	20.00	16.67	20.00	17.07
瑞士	33.33	0.00	0.00	50.00	0.00	0.00	16.67	20.00	33.33	20.00	17.07
中国大陆	33.33	0.00	0.00	0.00	25.00	50.00	0.00	0.00	33.33	0.00	14.63
以色列	0.00	50.00	0.00	0.00	0.00	50.00	0.00	0.00	16.67	20.00	9.76
日本	0.00	0.00	0.00	0.00	0.00	100.00	0.00	0.00	16.67	0.00	9.76
阿根廷	0.00	0.00	0.00	0.00	0.00	50.00	16.67	0.00	0.00	20.00	7.32
智利	0.00	0.00	0.00	0.00	0.00	50.00	33.33	0.00	0.00	0.00	7.32
墨西哥	0.00	0.00	0.00	0.00	0.00	50.00	0.00	20.00	0.00	20.00	7.32

表 9-31 营养学和饮食学 B 层研究排名前 20 的国家和地区的国际合作参与率

单位：%

国家和地区	2014 年	2015 年	2016 年	2017 年	2018 年	2019 年	2020 年	2021 年	2022 年	2023 年	合计
美国	56.25	67.50	52.00	52.78	56.10	60.00	46.15	39.71	37.50	45.45	49.57
英国	31.25	45.00	32.00	38.89	41.46	46.67	40.38	20.59	21.43	20.00	31.96
中国大陆	0.00	12.50	10.00	13.89	17.07	20.00	17.31	33.82	33.93	32.73	21.09
意大利	15.63	17.50	14.00	27.78	21.95	30.00	15.38	20.59	28.57	16.36	20.43
加拿大	18.75	15.00	20.00	25.00	24.39	26.67	21.15	19.12	16.07	7.27	18.70
澳大利亚	15.63	22.50	24.00	19.44	17.07	10.00	19.23	17.65	14.29	21.82	18.48
西班牙	18.75	20.00	12.00	5.56	14.63	23.33	19.23	13.24	21.43	14.55	16.09
德国	15.63	10.00	8.00	19.44	12.20	33.33	19.23	10.29	16.07	16.36	15.22
法国	21.88	15.00	12.00	11.11	17.07	13.33	13.46	10.29	8.93	16.36	13.48
荷兰	12.50	12.50	14.00	11.11	14.63	20.00	13.46	5.88	8.93	14.55	12.17
巴西	3.13	7.50	4.00	16.67	19.51	20.00	11.54	8.82	14.29	10.91	11.30
瑞士	15.63	2.50	4.00	16.67	21.95	13.33	15.38	7.35	7.14	7.27	10.43
比利时	12.50	7.50	10.00	25.00	12.20	20.00	11.54	5.88	3.57	3.64	10.00
丹麦	12.50	10.00	12.00	13.89	12.20	6.67	7.69	8.82	7.14	7.27	9.57
瑞典	6.25	5.00	4.00	22.22	9.76	13.33	3.85	5.88	10.71	9.09	8.48
波兰	12.50	2.50	2.00	16.67	7.32	6.67	9.62	5.88	8.93	9.09	7.83
伊朗	0.00	5.00	6.00	13.89	7.32	6.67	9.62	1.47	7.14	7.27	6.30
希腊	9.38	5.00	8.00	5.56	7.32	3.33	1.92	5.88	7.14	7.27	6.09
印度	6.25	2.50	0.00	8.33	4.88	6.67	1.92	7.35	10.71	10.91	6.09
挪威	0.00	7.50	10.00	5.56	2.44	10.00	11.54	5.88	5.36	0.00	5.87

表 9-32　营养学和饮食学 C 层研究排名前 20 的国家和地区的国际合作参与率

单位：%

国家和地区	2014 年	2015 年	2016 年	2017 年	2018 年	2019 年	2020 年	2021 年	2022 年	2023 年	合计
美国	41.52	49.65	39.21	37.87	38.57	37.09	39.67	33.52	36.11	31.64	37.88
中国大陆	16.96	15.38	16.13	18.34	24.94	27.94	30.41	36.82	39.87	36.36	27.95
英国	20.18	23.78	24.07	21.50	26.33	18.30	19.67	14.90	17.11	17.31	19.74
西班牙	13.45	11.66	12.90	13.81	16.86	15.85	12.85	13.18	13.34	12.41	13.62
意大利	12.87	12.12	12.66	13.02	16.63	14.05	13.50	10.74	10.52	12.59	12.73
加拿大	16.08	10.72	11.91	14.79	14.55	14.71	12.85	9.74	10.52	9.27	12.27
澳大利亚	12.28	13.29	12.90	14.60	14.78	11.60	10.24	10.17	9.58	12.41	11.93
德国	8.19	9.79	9.18	14.60	10.16	9.48	8.46	6.88	9.58	8.74	9.41
法国	8.19	11.19	10.42	9.86	10.62	8.33	8.78	7.16	5.81	5.77	8.37
荷兰	7.89	7.46	9.43	10.45	12.47	8.33	7.48	6.16	5.97	5.42	7.87
巴西	6.14	4.43	5.46	6.11	7.85	5.39	9.43	7.16	6.12	4.37	6.33
瑞士	3.51	6.99	5.46	9.07	8.55	6.54	4.72	3.87	4.24	3.67	5.54
瑞典	6.73	5.59	4.47	5.52	5.54	3.76	5.04	5.01	5.97	5.24	5.22
印度	4.09	2.80	3.23	2.37	3.70	5.07	3.74	5.87	8.95	6.99	4.94
丹麦	6.14	4.66	7.69	4.14	7.16	4.25	4.88	3.01	4.40	4.72	4.88
比利时	6.43	5.59	4.22	3.94	9.93	3.10	5.37	3.44	3.92	2.97	4.65
爱尔兰	2.34	3.50	4.47	5.92	5.77	4.41	5.04	4.15	4.24	3.67	4.40
伊朗	1.46	2.33	3.23	1.97	2.54	4.58	5.53	6.02	5.02	5.59	4.13
新西兰	3.80	4.20	3.72	5.33	4.16	3.76	3.74	3.01	4.24	5.07	4.08
波兰	2.63	2.56	4.47	1.78	6.70	3.43	5.04	4.30	3.77	2.62	3.75

十二　血液学

血液学 A、B、C 层研究国际合作参与率最高的均为美国，分别为 92.19%、76.94%、64.45%。

德国和英国 A 层研究国际合作参与率排名第二、第三，分别为 46.88% 和 45.31%；法国、加拿大、意大利、西班牙、澳大利亚、荷兰、瑞士、比利时、日本、奥地利、中国大陆、波兰的参与率也比较高，在 36%~10%；以色列、巴西、瑞典、捷克、希腊也有一定的参与率，在 10%~6%。

英国和德国 B 层研究国际合作参与率排名第二、第三，分别为 36.92%
和 35.64%；意大利、法国、加拿大、荷兰、西班牙、澳大利亚、瑞士、日
本、瑞典、奥地利、中国大陆、比利时的参与率也比较高，在 31%~10%；
波兰、丹麦、巴西、韩国、以色列也有一定的参与率，在 9%~5%。

德国和英国 C 层研究国际合作参与率排名第二、第三，分别为 30.01%
和 29.34%；意大利、法国、加拿大、荷兰、西班牙、中国大陆、澳大利
亚、瑞士的参与率也比较高，在 24%~10%；瑞典、比利时、奥地利、日
本、丹麦、以色列、波兰、捷克、希腊也有一定的参与率，在 9%~3%。

表 9-33　血液学 A 层研究排名前 20 的国家和地区的国际合作参与率

单位：%

国家和地区	2014 年	2015 年	2016 年	2017 年	2018 年	2019 年	2020 年	2021 年	2022 年	2023 年	合计
美国	100.00	100.00	100.00	100.00	85.71	100.00	66.67	75.00	100.00	100.00	92.19
德国	42.86	33.33	71.43	28.57	42.86	40.00	33.33	37.50	100.00	100.00	46.88
英国	71.43	16.67	42.86	28.57	57.14	30.00	66.67	37.50	100.00	33.33	45.31
法国	42.86	33.33	28.57	57.14	28.57	30.00	16.67	25.00	100.00	33.33	35.94
加拿大	14.29	66.67	14.29	28.57	28.57	20.00	50.00	62.50	33.33	33.33	34.38
意大利	28.57	33.33	57.14	28.57	42.86	20.00	33.33	25.00	66.67	33.33	34.38
西班牙	28.57	33.33	42.86	28.57	14.29	10.00	0.00	25.00	100.00	33.33	26.56
澳大利亚	28.57	16.67	28.57	28.57	14.29	20.00	16.67	12.50	100.00	33.33	25.00
荷兰	14.29	0.00	14.29	28.57	42.86	0.00	16.67	25.00	0.00	33.33	20.00
瑞士	14.29	0.00	14.29	0.00	14.29	30.00	50.00	12.50	33.33	33.33	18.75
比利时	0.00	16.67	28.57	14.29	28.57	10.00	16.67	25.00	0.00	33.33	17.19
日本	14.29	16.67	14.29	14.29	0.00	10.00	16.67	0.00	0.00	33.33	15.63
奥地利	28.57	33.33	0.00	0.00	0.00	30.00	0.00	12.50	0.00	33.33	14.06
中国大陆	0.00	16.67	0.00	0.00	0.00	0.00	16.67	25.00	100.00	33.33	14.06
波兰	14.29	16.67	14.29	0.00	14.29	0.00	0.00	0.00	33.33	33.33	10.94
以色列	0.00	33.33	14.29	14.29	0.00	0.00	0.00	12.50	0.00	33.33	9.38
巴西	0.00	16.67	14.29	0.00	14.29	0.00	0.00	12.50	33.33	0.00	7.81
瑞典	14.29	0.00	14.29	14.29	0.00	0.00	10.00	0.00	0.00	33.33	7.81
捷克	0.00	33.33	14.29	0.00	0.00	0.00	0.00	0.00	33.33	0.00	6.25
希腊	0.00	16.67	14.29	0.00	0.00	0.00	16.67	12.50	0.00	0.00	6.25

表 9-34　血液学 B 层研究排名前 20 的国家和地区的国际合作参与率

单位：%

国家和地区	2014 年	2015 年	2016 年	2017 年	2018 年	2019 年	2020 年	2021 年	2022 年	2023 年	合计
美国	67.78	78.21	68.83	74.03	83.78	82.89	76.00	74.63	79.03	89.29	76.94
英国	23.33	33.33	38.96	32.47	28.38	40.79	42.00	47.76	45.16	46.43	36.92
德国	28.89	33.33	31.17	36.36	39.19	35.53	38.00	35.82	38.71	44.64	35.64
意大利	22.22	34.62	31.17	19.48	37.84	31.58	36.00	31.34	30.65	37.50	30.69
法国	15.56	28.21	27.27	24.68	32.43	31.58	32.00	26.87	37.10	32.14	28.15
加拿大	27.78	20.51	24.68	23.38	28.38	34.21	24.00	28.36	32.26	28.57	27.16
荷兰	15.56	26.92	31.17	16.88	21.62	18.42	22.00	40.30	20.97	23.21	23.48
西班牙	13.33	17.95	20.78	11.69	17.57	26.32	24.00	22.39	30.65	26.79	20.51
澳大利亚	10.00	7.69	7.79	10.39	21.62	17.11	26.00	17.91	27.42	30.36	16.55
瑞士	7.78	15.38	18.18	15.58	9.46	13.16	20.00	16.42	19.35	25.00	15.42
日本	7.78	12.82	7.79	12.99	8.11	18.42	14.00	10.45	11.29	14.29	11.60
瑞典	4.44	16.67	12.99	7.79	5.41	7.89	12.00	13.43	12.90	21.43	11.03
奥地利	7.78	14.10	11.69	11.69	10.81	10.53	8.00	10.45	11.29	12.50	10.89
中国大陆	10.00	5.13	6.49	1.30	9.46	10.53	28.00	10.45	19.35	10.71	10.33
比利时	4.44	10.26	14.29	5.19	12.16	7.89	22.00	4.48	19.35	7.14	10.18
波兰	0.00	7.69	3.90	9.09	8.11	6.58	12.00	14.93	17.74	12.50	8.63
丹麦	0.00	10.26	10.39	5.19	8.11	5.26	2.00	11.94	4.84	10.71	6.79
巴西	3.33	2.56	5.19	9.09	4.05	3.95	6.00	10.45	9.68	14.29	6.51
韩国	3.33	1.28	2.60	1.30	6.76	7.89	8.00	8.96	6.45	14.29	5.66
以色列	5.56	3.85	7.79	2.60	4.05	3.95	10.00	4.48	3.23	12.50	5.52

表 9-35　血液学 C 层研究排名前 20 的国家和地区的国际合作参与率

单位：%

国家和地区	2014 年	2015 年	2016 年	2017 年	2018 年	2019 年	2020 年	2021 年	2022 年	2023 年	合计
美国	59.83	61.19	64.79	64.27	62.44	66.78	66.72	65.39	68.52	65.67	64.45
德国	28.52	27.72	29.80	29.36	28.89	29.36	30.98	30.14	33.20	33.33	30.01
英国	26.09	25.48	29.57	29.78	27.33	30.79	34.20	30.14	31.75	29.91	29.34
意大利	21.97	19.08	22.12	21.88	24.74	23.84	27.61	26.82	26.46	24.22	23.69
法国	20.02	17.06	18.62	19.81	21.89	22.30	26.84	22.73	24.87	25.78	21.74
加拿大	15.53	17.16	16.48	17.59	16.32	19.21	21.01	16.35	20.77	20.51	17.98
荷兰	16.75	15.57	16.93	16.20	16.84	17.77	17.48	18.39	15.61	17.09	16.85
西班牙	8.98	9.59	10.84	11.63	12.95	13.47	15.49	15.45	19.31	16.95	13.26

续表

国家和地区	2014 年	2015 年	2016 年	2017 年	2018 年	2019 年	2020 年	2021 年	2022 年	2023 年	合计
中国大陆	8.74	10.77	10.05	12.60	15.03	11.92	15.03	9.96	12.83	11.40	11.71
澳大利亚	9.22	7.89	10.72	8.17	9.20	8.94	15.18	11.88	13.49	13.39	10.63
瑞士	7.16	8.53	9.59	9.28	8.55	12.25	12.12	12.77	13.76	11.54	10.48
瑞典	9.10	8.64	9.59	8.45	10.23	7.84	9.51	8.43	8.86	7.98	8.85
比利时	7.40	5.44	5.64	7.62	11.01	7.73	8.74	9.58	8.33	9.83	8.01
奥地利	8.01	8.21	7.56	6.93	7.38	7.51	8.44	7.66	7.41	6.98	7.62
日本	6.55	6.61	7.11	7.62	6.35	6.62	7.06	7.02	8.07	8.55	7.11
丹麦	4.85	6.61	5.76	6.09	5.18	5.19	6.29	5.24	6.48	6.98	5.84
以色列	3.88	3.73	5.30	4.16	6.61	6.18	6.60	5.62	5.56	5.56	5.28
波兰	2.79	2.45	3.16	4.71	5.96	4.30	5.83	5.75	7.01	5.84	4.66
捷克	2.06	2.56	3.16	3.74	5.05	4.64	3.07	4.60	6.08	4.70	3.93
希腊	2.31	2.24	2.71	3.74	4.02	2.87	5.98	4.21	4.50	4.42	3.59

十三 临床神经学

临床神经学 A、B、C 层研究国际合作参与率最高的均为美国，分别为 84.54%、70.35%、58.24%；英国 A、B、C 层研究国际合作参与率均排名第二，分别为 55.67%、49.53%、34.58%。

加拿大 A 层研究国际合作参与率排名第三，为 53.61%；德国、法国、澳大利亚、荷兰、意大利、西班牙、瑞典、日本、瑞士、奥地利、中国大陆、芬兰、丹麦、挪威、比利时的参与率也比较高，在 48%～10%；印度、南非也有一定的参与率，均为 8.25%。

德国、加拿大、意大利、荷兰、法国、澳大利亚、瑞典、西班牙、瑞士、比利时、奥地利 B 层研究国际合作参与率也比较高，在 33%～10%；中国大陆、丹麦、日本、巴西、挪威、印度、韩国也有一定的参与率，在 10%～4%。

德国、加拿大、意大利、澳大利亚、荷兰、法国、瑞士、西班牙、瑞典 C 层研究国际合作参与率也比较高，在 26%～10%；中国大陆、比利时、

丹麦、奥地利、日本、巴西、挪威、芬兰、韩国也有一定的参与率，在
10%~3%。

表 9-36　临床神经学 A 层研究排名前 20 的国家和地区的国际合作参与率

单位：%

国家和地区	2014 年	2015 年	2016 年	2017 年	2018 年	2019 年	2020 年	2021 年	2022 年	2023 年	合计
美国	100.00	83.33	90.91	83.33	100.00	0.00	63.16	100.00	92.86	75.00	84.54
英国	87.50	33.33	54.55	66.67	50.00	0.00	47.37	28.57	71.43	66.67	55.67
加拿大	50.00	66.67	54.55	66.67	75.00	0.00	47.37	28.57	57.14	41.67	53.61
德国	50.00	50.00	63.64	33.33	62.50	0.00	42.11	42.86	35.71	50.00	47.42
法国	62.50	41.67	63.64	33.33	50.00	0.00	31.58	57.14	42.86	33.33	44.33
澳大利亚	50.00	41.67	45.45	50.00	62.50	0.00	31.58	14.29	28.57	25.00	37.11
荷兰	37.50	25.00	63.64	0.00	50.00	0.00	21.05	57.14	14.29	33.33	31.96
意大利	50.00	8.33	36.36	33.33	37.50	0.00	26.32	28.57	42.86	16.67	29.90
西班牙	50.00	25.00	36.36	16.67	62.50	0.00	21.05	14.29	14.29	41.67	29.90
瑞典	37.50	25.00	45.45	16.67	37.50	0.00	15.79	28.57	35.71	25.00	28.87
日本	37.50	16.67	9.09	16.67	37.50	0.00	10.53	14.29	28.57	8.33	18.56
瑞士	25.00	8.33	54.55	0.00	25.00	0.00	10.53	14.29	7.14	25.00	18.56
奥地利	0.00	16.67	9.09	16.67	12.50	0.00	15.79	14.29	7.14	33.33	14.43
中国大陆	12.50	8.33	0.00	33.33	0.00	0.00	21.05	14.29	21.43	16.67	14.43
芬兰	12.50	25.00	9.09	0.00	12.50	0.00	10.53	28.57	7.14	16.67	13.40
丹麦	25.00	16.67	9.09	0.00	25.00	0.00	5.26	28.57	0.00	16.67	12.37
挪威	0.00	8.33	0.00	16.67	12.50	0.00	5.26	14.29	14.29	33.33	11.34
比利时	12.50	0.00	18.18	0.00	0.00	0.00	5.26	28.57	14.29	16.67	10.31
印度	0.00	0.00	0.00	16.67	12.50	0.00	10.53	14.29	14.29	8.33	8.25
南非	12.50	8.33	9.09	0.00	12.50	0.00	0.00	14.29	21.43	0.00	8.25

表 9-37　临床神经学 B 层研究排名前 20 的国家和地区的国际合作参与率

单位：%

国家和地区	2014 年	2015 年	2016 年	2017 年	2018 年	2019 年	2020 年	2021 年	2022 年	2023 年	合计
美国	63.31	67.72	63.69	70.75	72.54	77.70	69.10	66.86	79.14	74.81	70.35
英国	43.17	39.37	48.41	50.34	50.00	53.96	45.51	52.57	58.99	52.67	49.53
德国	25.18	29.92	32.48	32.65	35.92	48.20	26.40	24.00	34.53	39.69	32.50

续表

国家和地区	2014 年	2015 年	2016 年	2017 年	2018 年	2019 年	2020 年	2021 年	2022 年	2023 年	合计
加拿大	30.94	25.20	24.84	33.33	21.83	41.01	25.28	27.43	34.53	31.30	29.38
意大利	15.11	21.26	20.38	20.41	23.24	30.94	19.66	25.14	33.09	35.11	24.22
荷兰	20.86	27.56	21.66	24.49	27.46	24.46	17.98	25.71	23.74	16.03	22.93
法国	20.86	18.11	14.65	25.85	23.94	23.02	23.03	20.57	23.74	22.90	21.64
澳大利亚	14.39	16.54	19.75	17.69	20.42	28.06	21.91	16.00	23.02	35.11	21.10
瑞典	16.55	13.39	15.92	19.73	19.01	21.58	17.42	17.71	23.02	13.74	17.84
西班牙	13.67	14.96	14.01	16.33	20.42	17.27	18.54	23.43	18.71	19.08	17.77
瑞士	13.67	16.54	12.10	17.69	19.72	10.07	13.48	17.14	20.86	18.32	15.88
比利时	9.35	8.66	8.92	10.88	11.97	14.39	7.30	16.00	7.91	12.21	10.79
奥地利	7.91	14.96	4.46	12.93	11.97	9.35	7.30	12.57	12.95	11.45	10.45
中国大陆	5.04	5.51	7.01	8.16	6.34	10.07	19.10	11.43	11.51	12.98	9.97
丹麦	5.76	7.87	9.55	11.56	10.56	13.67	7.87	10.86	9.35	12.21	9.91
日本	7.19	7.09	6.37	8.84	8.45	9.35	8.43	9.14	8.63	13.74	8.68
巴西	5.76	3.15	7.01	6.12	7.04	7.91	3.93	6.86	7.19	8.40	6.31
挪威	0.72	4.72	3.82	6.12	4.23	9.35	5.62	8.57	3.60	9.16	5.63
印度	2.88	1.57	1.27	2.72	2.11	7.91	6.18	5.14	8.63	10.69	4.88
韩国	2.16	1.57	3.82	2.04	4.93	9.35	6.74	6.86	2.88	6.87	4.82

表 9-38　临床神经学 C 层研究排名前 20 的国家和地区的国际合作参与率

单位：%

国家和地区	2014 年	2015 年	2016 年	2017 年	2018 年	2019 年	2020 年	2021 年	2022 年	2023 年	合计
美国	56.14	57.51	57.43	57.90	56.18	58.05	59.87	57.53	59.50	61.66	58.24
英国	32.66	33.57	33.47	34.04	33.14	35.23	32.51	36.57	36.90	37.07	34.58
德国	24.26	26.29	25.41	24.35	23.99	26.62	25.21	25.66	26.02	26.94	25.49
加拿大	20.06	19.33	19.47	20.78	19.48	20.41	19.64	21.23	22.00	21.97	20.47
意大利	16.64	15.88	18.61	17.26	15.62	18.00	20.71	20.41	19.71	20.32	18.44
澳大利亚	15.47	14.01	14.79	15.63	14.67	15.44	13.47	16.76	18.63	16.82	15.59
荷兰	13.22	14.71	15.58	15.20	14.13	16.92	15.88	16.87	15.02	14.71	15.34
法国	14.15	14.16	14.13	13.57	13.12	13.64	14.65	15.94	15.32	15.10	14.39
瑞士	11.43	10.17	10.03	10.72	10.69	12.97	12.93	13.21	14.54	13.18	12.10
西班牙	9.41	10.56	10.17	9.99	9.20	12.82	12.55	14.25	13.94	10.96	11.53
瑞典	9.18	10.02	9.37	9.27	8.79	10.41	9.39	9.99	12.08	11.91	10.05

续表

国家和地区	2014 年	2015 年	2016 年	2017 年	2018 年	2019 年	2020 年	2021 年	2022 年	2023 年	合计
中国大陆	5.13	6.34	7.13	6.24	8.85	10.51	11.80	10.70	12.32	10.51	9.19
比利时	6.61	7.28	7.00	6.90	7.72	8.41	7.83	8.46	7.99	8.85	7.76
丹麦	4.90	6.18	5.81	6.30	6.24	7.33	6.97	7.26	7.33	8.41	6.74
奥地利	4.35	5.95	5.08	5.45	4.93	5.64	6.33	5.68	6.07	5.92	5.57
日本	4.82	4.38	6.40	5.27	4.81	4.36	4.99	6.66	5.83	5.99	5.36
巴西	3.58	3.83	5.28	4.85	4.39	3.95	4.99	5.29	5.89	5.41	4.78
挪威	3.27	3.21	3.56	3.33	2.97	2.82	2.74	3.82	4.33	5.35	3.52
芬兰	3.89	3.60	3.04	2.54	2.73	3.49	2.95	3.82	4.51	3.63	3.41
韩国	2.64	2.74	2.97	3.21	3.50	3.44	3.27	3.55	3.61	4.08	3.33

十四 药物滥用医学

药物滥用医学 A 层研究国际合作参与率最高的是英国，为 76.92%，其次为美国的 61.54%；澳大利亚、加拿大、德国、中国香港、伊朗、瑞典的参与率也比较高，在 31%～15%；比利时、法国、希腊、匈牙利、意大利、新西兰、挪威、波兰、瑞士、土耳其也有一定的参与率，均为 7.69%。

B 层研究国际合作参与率最高的是美国，为 56.93%，其次为英国的 54.74%；澳大利亚、加拿大、德国、荷兰、西班牙、瑞典、意大利、瑞士的参与率也比较高，在 37%～10%；中国大陆、法国、俄罗斯、比利时、葡萄牙、匈牙利、中国台湾、新西兰、孟加拉国、巴西也有一定的参与率，在 9%～4%。

C 层研究国际合作参与率最高的是美国，为 52.75%，其次为英国的 35.28%；澳大利亚、加拿大、德国的参与率也比较高，在 27%～13%；荷兰、西班牙、瑞典、意大利、瑞士、中国大陆、新西兰、法国、比利时、挪威、伊朗、匈牙利、巴西、南非、土耳其也有一定的参与率，在 8%～2%。

表 9-39　药物滥用医学 A 层研究所有国家和地区的国际合作参与率

单位：%

国家和地区	2014 年	2015 年	2016 年	2017 年	2018 年	2019 年	2020 年	2021 年	2022 年	2023 年	合计
英国	100.00	0.00	100.00	100.00	0.00	66.67	66.67	100.00	0.00	100.00	76.92
美国	100.00	100.00	0.00	0.00	0.00	66.67	66.67	100.00	0.00	50.00	61.54
澳大利亚	0.00	0.00	0.00	100.00	0.00	33.33	0.00	0.00	0.00	100.00	30.77
加拿大	0.00	0.00	0.00	100.00	0.00	66.67	0.00	0.00	0.00	50.00	30.77
德国	0.00	0.00	0.00	0.00	0.00	33.33	0.00	0.00	0.00	0.00	15.38
中国香港	0.00	0.00	0.00	0.00	0.00	0.00	33.33	100.00	0.00	0.00	15.38
伊朗	0.00	0.00	0.00	0.00	0.00	33.33	33.33	0.00	0.00	0.00	15.38
瑞典	0.00	0.00	0.00	0.00	0.00	0.00	33.33	0.00	0.00	0.00	15.38
比利时	0.00	0.00	100.00	0.00	0.00	0.00	0.00	0.00	0.00	0.00	7.69
法国	0.00	0.00	0.00	0.00	0.00	0.00	0.00	0.00	0.00	0.00	7.69
希腊	0.00	0.00	0.00	0.00	0.00	33.33	0.00	0.00	0.00	0.00	7.69
匈牙利	0.00	0.00	100.00	0.00	0.00	0.00	0.00	0.00	0.00	0.00	7.69
意大利	0.00	0.00	100.00	0.00	0.00	0.00	0.00	0.00	0.00	0.00	7.69
新西兰	0.00	0.00	0.00	0.00	0.00	0.00	0.00	0.00	0.00	50.00	7.69
挪威	0.00	0.00	100.00	0.00	0.00	0.00	0.00	0.00	0.00	0.00	7.69
波兰	100.00	0.00	0.00	0.00	0.00	0.00	0.00	0.00	0.00	0.00	7.69
瑞士	0.00	0.00	0.00	100.00	0.00	0.00	0.00	0.00	0.00	0.00	7.69
土耳其	0.00	100.00	0.00	0.00	0.00	0.00	0.00	0.00	0.00	0.00	7.69

表 9-40　药物滥用医学 B 层研究排名前 20 的国家和地区的国际合作参与率

单位：%

国家和地区	2014 年	2015 年	2016 年	2017 年	2018 年	2019 年	2020 年	2021 年	2022 年	2023 年	合计
美国	57.14	60.00	61.54	71.43	71.43	54.55	50.00	63.16	75.00	31.25	56.93
英国	50.00	40.00	61.54	57.14	85.71	90.91	50.00	42.11	75.00	43.75	54.74
澳大利亚	28.57	33.33	69.23	35.71	57.14	54.55	12.50	26.32	50.00	43.75	36.50
加拿大	21.43	6.67	38.46	28.57	42.86	27.27	16.67	36.84	75.00	37.50	28.47
德国	14.29	13.33	7.69	7.14	28.57	27.27	4.17	26.32	25.00	12.50	14.60
荷兰	35.71	6.67	7.69	7.14	14.29	27.27	4.17	0.00	50.00	6.25	11.68
西班牙	21.43	6.67	7.69	0.00	14.29	27.27	4.17	21.05	25.00	6.25	11.68
瑞典	14.29	0.00	7.69	7.14	14.29	18.18	12.50	5.26	75.00	12.50	11.68
意大利	14.29	6.67	7.69	14.29	28.57	9.09	4.17	10.53	25.00	12.50	10.95
瑞士	21.43	0.00	15.38	7.14	42.86	9.09	4.17	5.26	25.00	12.50	10.95

国家和地区	2014 年	2015 年	2016 年	2017 年	2018 年	2019 年	2020 年	2021 年	2022 年	2023 年	合计
中国大陆	7.14	0.00	0.00	0.00	14.29	0.00	12.50	31.58	25.00	0.00	8.76
法国	21.43	6.67	0.00	0.00	14.29	18.18	4.17	15.79	25.00	0.00	8.76
俄罗斯	0.00	0.00	0.00	0.00	14.29	9.09	12.50	15.79	25.00	12.50	8.03
比利时	14.29	0.00	7.69	7.14	14.29	18.18	0.00	5.26	25.00	6.25	7.30
葡萄牙	7.14	0.00	7.69	7.14	28.57	18.18	4.17	0.00	25.00	0.00	6.57
匈牙利	0.00	0.00	15.38	7.14	0.00	9.09	0.00	15.79	25.00	0.00	5.84
中国台湾	0.00	0.00	0.00	0.00	14.29	0.00	4.17	5.26	50.00	18.75	5.84
新西兰	0.00	0.00	0.00	0.00	28.57	9.09	4.17	0.00	50.00	6.25	5.11
孟加拉国	0.00	0.00	0.00	0.00	14.29	0.00	12.50	5.26	25.00	0.00	4.38
巴西	0.00	0.00	0.00	0.00	14.29	0.00	4.17	5.26	50.00	6.25	4.38

表 9-41　药物滥用医学 C 层研究排名前 20 的国家和地区的国际合作参与率

单位：%

国家和地区	2014 年	2015 年	2016 年	2017 年	2018 年	2019 年	2020 年	2021 年	2022 年	2023 年	合计
美国	52.10	56.92	52.34	56.85	58.02	53.13	44.79	48.86	52.08	53.85	52.75
英国	34.45	35.38	32.03	32.19	38.27	34.38	39.26	36.36	36.81	32.17	35.28
澳大利亚	31.93	29.23	23.44	32.88	27.16	25.63	25.15	22.73	26.39	23.78	26.65
加拿大	22.69	16.15	23.44	26.71	20.37	26.25	26.38	35.23	35.42	27.27	26.31
德国	17.65	10.00	13.28	14.38	15.43	20.63	13.50	11.36	11.11	10.49	13.80
荷兰	15.13	10.00	7.81	6.85	8.02	6.88	7.98	5.11	5.56	5.59	7.68
西班牙	4.20	3.85	10.94	6.85	10.49	7.50	6.75	7.39	6.94	11.19	7.68
瑞典	9.24	5.38	8.59	5.48	12.35	4.38	9.82	7.95	7.64	5.59	7.68
意大利	8.40	6.15	10.16	6.16	7.41	6.88	5.52	5.11	6.94	6.29	6.80
瑞士	7.56	6.92	4.69	5.48	8.64	7.50	3.68	4.55	5.56	9.09	6.32
中国大陆	4.20	3.85	3.13	5.48	2.47	6.88	6.13	8.52	5.56	6.99	5.44
新西兰	5.04	3.85	0.00	0.68	4.94	3.75	4.91	5.11	6.94	6.29	4.21
法国	5.04	2.31	3.13	3.42	6.17	3.75	3.07	2.84	4.86	5.59	4.01
比利时	7.56	2.31	4.69	4.79	5.56	2.50	2.45	1.70	2.78	2.80	3.60
挪威	4.20	3.08	7.03	2.05	3.09	1.25	3.07	3.98	2.08	3.50	3.26
伊朗	0.00	1.54	3.13	2.74	0.62	5.00	5.52	3.41	4.17	4.90	3.20
匈牙利	4.20	0.77	0.78	1.37	5.56	6.25	4.29	1.70	2.78	2.10	3.06
巴西	1.68	1.54	2.34	3.42	1.23	3.13	2.45	3.41	4.17	5.59	2.92
南非	3.36	2.31	3.91	2.05	2.47	3.13	0.00	4.55	3.47	1.40	2.65
土耳其	0.00	0.00	0.00	2.05	0.00	4.38	6.13	4.55	4.17	2.80	2.58

十五　精神病学

精神病学 A 层研究国际合作参与率最高的是英国，为 61.63%，其次为美国的 59.30%；澳大利亚、加拿大、意大利、荷兰、西班牙、德国、巴西、中国大陆、日本、瑞典的参与率也比较高，在 30%～10%；丹麦、法国、新加坡、南非、瑞士、比利时、爱尔兰、中国香港也有一定的参与率，在 10%～5%。

B 层研究国际合作参与率最高的是美国，为 60.73%，其次为英国的 49.65%；澳大利亚、德国、加拿大、荷兰、意大利、中国大陆、西班牙、瑞典、瑞士的参与率也比较高，在 30%～11%；比利时、巴西、法国、丹麦、日本、爱尔兰、挪威、南非、中国香港也有一定的参与率，在 10%～5%。

C 层研究国际合作参与率最高的是美国，为 53.25%，其次为英国的 37.75%；澳大利亚、德国、加拿大、荷兰、意大利、中国大陆的参与率也比较高，在 20%～11%；西班牙、瑞士、瑞典、法国、丹麦、巴西、比利时、挪威、日本、爱尔兰、中国香港、奥地利也有一定的参与率，在 9%～3%。

表 9-42　精神病学 A 层研究排名前 20 的国家和地区的国际合作参与率

单位：%

国家和地区	2014 年	2015 年	2016 年	2017 年	2018 年	2019 年	2020 年	2021 年	2022 年	2023 年	合计
英国	75.00	0.00	50.00	66.67	66.67	73.33	26.67	63.64	72.73	85.71	61.63
美国	62.50	0.00	70.00	83.33	100.00	53.33	33.33	63.64	63.64	57.14	59.30
澳大利亚	12.50	0.00	30.00	83.33	66.67	26.67	13.33	27.27	27.27	28.57	29.07
加拿大	12.50	0.00	20.00	33.33	0.00	33.33	13.33	27.27	36.36	28.57	24.42
意大利	0.00	0.00	10.00	50.00	0.00	20.00	33.33	36.36	27.27	28.57	24.42
荷兰	25.00	0.00	20.00	50.00	66.67	20.00	0.00	0.00	36.36	14.29	19.77
西班牙	0.00	0.00	20.00	33.33	0.00	20.00	0.00	18.18	27.27	42.86	17.44
德国	12.50	0.00	20.00	0.00	66.67	20.00	13.33	9.09	18.18	14.29	16.28
巴西	0.00	0.00	10.00	50.00	0.00	13.33	6.67	9.09	27.27	14.29	13.95
中国大陆	0.00	0.00	10.00	16.67	33.33	0.00	26.67	9.09	27.27	14.29	13.95
日本	12.50	0.00	0.00	16.67	33.33	0.00	13.33	18.18	9.09	14.29	10.47
瑞典	0.00	0.00	10.00	0.00	0.00	13.33	13.33	18.18	9.09	14.29	10.47

续表

国家和地区	2014 年	2015 年	2016 年	2017 年	2018 年	2019 年	2020 年	2021 年	2022 年	2023 年	合计
丹麦	0.00	0.00	10.00	0.00	33.33	0.00	0.00	0.00	27.27	42.86	9.30
法国	0.00	0.00	10.00	16.67	33.33	13.33	0.00	9.09	0.00	28.57	9.30
新加坡	0.00	0.00	0.00	0.00	0.00	6.67	20.00	9.09	18.18	14.29	9.30
南非	25.00	0.00	0.00	16.67	33.33	0.00	0.00	9.09	18.18	14.29	9.30
瑞士	0.00	0.00	0.00	0.00	66.67	20.00	0.00	0.00	18.18	14.29	9.30
比利时	12.50	0.00	20.00	16.67	0.00	6.67	0.00	0.00	0.00	28.57	8.14
爱尔兰	12.50	0.00	20.00	0.00	0.00	0.00	0.00	9.09	27.27	0.00	8.14
中国香港	0.00	0.00	0.00	16.67	0.00	6.67	13.33	9.09	0.00	0.00	5.81

表 9-43 精神病学 B 层研究排名前 20 的国家和地区的国际合作参与率

单位：%

国家和地区	2014 年	2015 年	2016 年	2017 年	2018 年	2019 年	2020 年	2021 年	2022 年	2023 年	合计
美国	60.87	68.18	60.82	60.81	67.07	68.22	49.19	52.50	61.17	62.75	60.73
英国	43.48	50.00	49.48	51.35	62.20	49.61	43.55	50.83	51.46	48.04	49.65
澳大利亚	23.91	21.59	36.08	44.59	39.02	26.36	25.00	26.67	30.10	25.49	29.18
德国	20.65	20.45	22.68	24.32	28.05	22.48	12.10	23.33	32.04	27.45	23.05
加拿大	23.91	13.64	18.56	21.62	30.49	22.48	22.58	20.00	25.24	28.43	22.65
荷兰	18.48	22.73	21.65	24.32	30.49	18.60	9.68	23.33	11.65	16.67	19.19
意大利	8.70	13.64	11.34	20.27	20.73	10.85	15.32	18.33	18.45	15.69	15.13
中国大陆	6.52	7.95	8.25	16.22	15.85	7.75	21.77	18.33	18.45	18.63	14.14
西班牙	9.78	12.50	11.34	14.86	21.95	10.08	10.48	15.83	15.53	13.73	13.35
瑞典	10.87	5.68	9.28	17.57	18.29	15.50	8.87	11.67	9.71	8.82	11.47
瑞士	9.78	11.36	7.22	17.57	17.07	9.30	7.26	7.50	18.45	9.80	11.08
比利时	7.61	13.64	17.53	12.16	17.07	6.98	6.45	9.17	6.80	4.90	9.79
巴西	9.78	10.23	8.25	22.97	15.85	8.53	2.42	10.00	6.80	4.90	9.30
法国	9.78	11.36	5.15	10.81	7.32	6.98	8.87	10.83	5.83	7.84	8.41
丹麦	6.52	9.09	2.06	10.81	13.41	10.08	7.26	7.50	2.91	9.80	7.81
日本	7.61	3.41	8.25	9.46	8.54	5.43	8.06	9.17	5.83	2.94	6.82
爱尔兰	3.26	5.68	5.15	8.11	8.54	7.75	5.65	8.33	4.85	8.82	6.63
挪威	5.43	6.82	8.25	2.70	14.63	6.20	3.23	6.67	1.94	4.90	5.93
南非	5.43	3.41	2.06	4.05	15.85	3.88	2.42	5.00	9.71	6.86	5.64
中国香港	3.26	3.41	4.12	12.16	6.10	1.55	7.26	6.67	7.77	4.90	5.54

表 9-44 精神病学 C 层研究排名前 20 的国家和地区的国际合作参与率

单位：%

国家和地区	2014 年	2015 年	2016 年	2017 年	2018 年	2019 年	2020 年	2021 年	2022 年	2023 年	合计
美国	54.22	59.59	56.85	52.83	54.15	50.74	54.68	49.30	52.95	49.53	53.25
英国	39.38	33.80	39.40	38.43	37.26	37.78	40.56	39.41	35.43	35.35	37.75
澳大利亚	17.92	18.87	17.82	20.75	21.04	20.33	21.92	20.00	18.17	19.75	19.72
德国	19.75	19.51	16.89	19.17	18.21	18.08	17.73	18.45	18.49	21.64	18.72
加拿大	15.07	17.27	15.67	15.59	17.74	18.77	21.59	18.52	22.34	18.15	18.28
荷兰	17.92	15.35	17.64	15.09	17.08	15.44	13.71	15.42	12.68	13.61	15.29
意大利	10.05	9.70	11.44	12.81	11.32	11.79	14.78	13.95	13.75	12.19	12.34
中国大陆	6.28	7.04	5.53	9.53	10.00	11.02	13.71	15.06	17.18	17.39	11.62
西班牙	9.47	7.04	7.50	9.14	8.21	9.00	9.77	9.59	10.15	9.45	8.99
瑞士	10.39	8.85	7.50	10.43	8.02	7.99	9.36	9.00	7.69	10.78	8.94
瑞典	10.50	8.42	8.35	8.74	8.87	8.92	8.78	7.75	9.33	8.98	8.82
法国	8.45	7.57	6.29	7.94	8.21	6.36	6.65	7.75	7.86	8.79	7.54
丹麦	5.82	6.82	6.47	7.05	6.89	6.05	5.09	4.87	6.46	6.71	6.17
巴西	5.71	5.44	6.19	6.95	5.85	3.49	6.32	5.98	6.22	4.63	5.65
比利时	6.28	5.22	6.47	6.16	7.45	4.81	4.68	4.35	4.17	4.54	5.33
挪威	3.88	2.45	5.16	4.17	5.09	5.28	4.35	4.65	4.99	6.14	4.67
日本	2.51	3.20	4.41	4.77	3.68	3.34	4.76	4.06	4.99	3.78	3.99
爱尔兰	3.08	2.99	2.63	3.97	3.68	3.65	4.68	4.28	3.36	3.88	3.66
中国香港	2.28	2.35	2.06	3.28	2.36	2.95	4.35	4.80	4.50	5.01	3.48
奥地利	3.88	2.56	3.19	3.38	2.45	3.57	3.78	2.88	2.62	3.78	3.20

十六 敏感症学

敏感症学 A 层研究国际合作参与率最高的是中国大陆，为 60.00%；加拿大、瑞士、美国 A 层研究国际合作参与率排名并列第二，均为 40.00%；澳大利亚、德国、日本、土耳其的参与率也比较高，均为 20.00%。

B 层研究国际合作参与率最高的是美国，为 77.14%；德国和英国参与率排名第二、第三，分别为 57.14% 和 55.24%；意大利、西班牙、法国、瑞士、日本、荷兰、加拿大、澳大利亚、丹麦、波兰、奥地利、比利时、中国大陆、芬兰、土耳其、希腊、瑞典的参与率也比较高，在 48%~16%。

C 层研究国际合作参与率最高的是美国，为 56.58%；英国和德国参与率排名第二、第三，分别为 39.66% 和 36.24%；意大利、西班牙、法国、瑞士、荷兰、加拿大、澳大利亚、瑞典、比利时、奥地利、丹麦、波兰、中国大陆的参与率也比较高，在 25%~11%；日本、爱尔兰、土耳其、芬兰也有一定的参与率，在 10%~7%。

表 9-45　敏感症学 A 层研究所有国家和地区的国际合作参与率

单位：%

国家和地区	2014 年	2015 年	2016 年	2017 年	2018 年	2019 年	2020 年	2021 年	2022 年	2023 年	合计
中国大陆	0.00	0.00	0.00	0.00	0.00	0.00	100.00	0.00	0.00	0.00	60.00
加拿大	0.00	0.00	0.00	0.00	0.00	100.00	0.00	0.00	100.00	0.00	40.00
瑞士	0.00	0.00	0.00	0.00	0.00	0.00	66.67	0.00	0.00	0.00	40.00
美国	0.00	0.00	0.00	0.00	0.00	100.00	0.00	0.00	100.00	0.00	40.00
澳大利亚	0.00	0.00	0.00	0.00	0.00	0.00	0.00	0.00	100.00	0.00	20.00
德国	0.00	0.00	0.00	0.00	0.00	0.00	33.33	0.00	0.00	0.00	20.00
日本	0.00	0.00	0.00	0.00	0.00	100.00	0.00	0.00	0.00	0.00	20.00
土耳其	0.00	0.00	0.00	0.00	0.00	0.00	33.33	0.00	0.00	0.00	20.00

表 9-46　敏感症学 B 层研究排名前 20 的国家和地区的国际合作参与率

单位：%

国家和地区	2014 年	2015 年	2016 年	2017 年	2018 年	2019 年	2020 年	2021 年	2022 年	2023 年	合计
美国	77.78	60.00	72.73	75.00	85.71	64.71	91.67	90.91	77.78	85.71	77.14
德国	77.78	60.00	54.55	25.00	71.43	52.94	41.67	81.82	55.56	71.43	57.14
英国	66.67	60.00	36.36	58.33	71.43	52.94	58.33	54.55	33.33	71.43	55.24
意大利	55.56	30.00	36.36	50.00	100.00	29.41	25.00	54.55	66.67	71.43	47.62
西班牙	44.44	30.00	36.36	16.67	85.71	23.53	50.00	45.45	33.33	71.43	40.00
法国	44.44	40.00	27.27	33.33	42.86	23.53	25.00	45.45	44.44	42.86	35.24
瑞士	44.44	20.00	36.36	25.00	71.43	23.53	33.33	27.27	33.33	71.43	35.24
日本	22.22	40.00	27.27	33.33	57.14	17.65	33.33	27.27	11.11	57.14	30.48
荷兰	22.22	20.00	36.36	25.00	85.71	23.53	8.33	36.36	33.33	42.86	30.48
加拿大	33.33	40.00	9.09	16.67	28.57	29.41	16.67	36.36	55.56	28.57	28.57
澳大利亚	11.11	40.00	18.18	33.33	28.57	11.76	25.00	27.27	22.22	57.14	25.71

续表

国家和地区	2014 年	2015 年	2016 年	2017 年	2018 年	2019 年	2020 年	2021 年	2022 年	2023 年	合计
丹麦	33.33	20.00	18.18	8.33	57.14	5.88	8.33	45.45	22.22	71.43	24.76
波兰	22.22	20.00	36.36	8.33	57.14	11.76	16.67	18.18	22.22	42.86	22.86
奥地利	33.33	0.00	27.27	0.00	57.14	29.41	0.00	9.09	22.22	28.57	19.05
比利时	0.00	10.00	36.36	16.67	28.57	11.76	25.00	36.36	11.11	14.29	19.05
中国大陆	11.11	10.00	45.45	8.33	28.57	0.00	33.33	18.18	11.11	28.57	18.10
芬兰	33.33	20.00	9.09	25.00	14.29	11.76	16.67	9.09	0.00	42.86	17.14
土耳其	0.00	10.00	18.18	8.33	57.14	11.76	16.67	18.18	22.22	28.57	17.14
希腊	11.11	0.00	18.18	25.00	57.14	5.88	8.33	18.18	0.00	42.86	16.19
瑞典	11.11	10.00	36.36	16.67	0.00	5.88	25.00	9.09	22.22	28.57	16.19

表 9-47　敏感症学 C 层研究排名前 20 的国家和地区的国际合作参与率

单位：%

国家和地区	2014 年	2015 年	2016 年	2017 年	2018 年	2019 年	2020 年	2021 年	2022 年	2023 年	合计
美国	55.41	46.67	53.24	49.32	50.29	66.42	56.00	61.49	62.04	65.10	56.58
英国	40.54	42.22	38.85	43.15	37.71	40.88	36.67	40.80	40.88	35.57	39.66
德国	34.46	36.30	28.06	33.56	33.71	40.15	40.67	32.18	48.18	36.91	36.24
意大利	20.27	23.70	26.62	27.40	19.43	23.36	29.33	30.46	25.55	20.81	24.70
西班牙	20.95	20.74	18.71	19.86	23.43	24.09	29.33	25.86	27.74	18.12	22.95
法国	24.32	23.70	25.18	20.55	22.29	26.28	18.67	22.41	22.63	22.15	22.75
瑞士	18.24	17.78	23.02	25.34	18.29	24.82	29.33	19.54	23.36	18.79	21.74
荷兰	22.97	22.22	18.71	26.03	18.29	24.09	21.33	16.09	28.47	14.77	21.07
加拿大	11.49	12.59	11.51	13.01	17.14	20.44	20.00	18.39	27.74	23.49	17.58
澳大利亚	12.84	18.52	17.99	15.07	14.86	17.52	18.67	17.82	13.87	14.77	16.17
瑞典	11.49	17.78	13.67	17.81	12.00	23.36	19.33	13.79	19.71	12.08	15.91
比利时	8.11	12.59	9.35	16.44	10.29	20.44	16.67	16.67	13.87	10.74	13.49
奥地利	10.81	14.81	7.91	13.70	12.57	13.87	14.67	11.49	13.14	16.11	12.89
丹麦	11.49	13.33	12.95	12.33	12.00	19.71	10.67	13.79	12.41	10.74	12.89
波兰	7.43	8.89	7.91	12.33	12.00	19.71	16.00	8.62	15.33	11.41	11.88
中国大陆	5.41	8.15	7.91	7.53	11.43	9.49	23.33	12.64	9.49	13.42	11.01
日本	8.11	8.15	10.07	8.90	12.57	9.49	9.33	10.92	10.95	9.40	9.87
爱尔兰	5.41	6.67	7.91	4.79	5.71	9.49	11.33	10.34	6.57	9.40	7.79
土耳其	4.05	4.44	5.76	7.53	8.00	10.22	14.00	4.60	7.30	11.41	7.72
芬兰	4.73	10.37	3.60	5.48	6.86	9.49	12.00	5.17	8.03	6.71	7.18

十七 风湿病学

风湿病学 A、B、C 层研究国际合作参与率最高的均为美国，分别为 80.65%、67.49%、54.85%；英国 A、B、C 层研究国际合作参与率均排名第二，分别为 64.52%、54.82%、38.16%。

加拿大、德国、荷兰、法国、澳大利亚、西班牙、奥地利、意大利、比利时、日本、葡萄牙、瑞士、中国大陆、瑞典、塞浦路斯、丹麦、匈牙利、墨西哥 A 层研究国际合作参与率也比较高，在 46%~12%。

德国、荷兰、加拿大、法国、意大利、西班牙、瑞士、比利时、瑞典、澳大利亚、奥地利、丹麦、葡萄牙、日本、挪威 B 层研究国际合作参与率也比较高，在 37%~10%；墨西哥、希腊、匈牙利也有一定的参与率，在 10%~7%。

德国、荷兰、意大利、加拿大、法国、西班牙、澳大利亚、瑞士、瑞典 C 层研究国际合作参与率也比较高，在 24%~11%；中国大陆、丹麦、比利时、日本、奥地利、挪威、巴西、墨西哥、葡萄牙也有一定的参与率，在 10%~4%。

表 9-48　风湿病学 A 层研究排名前 20 的国家和地区的国际合作参与率

单位：%

国家和地区	2014 年	2015 年	2016 年	2017 年	2018 年	2019 年	2020 年	2021 年	2022 年	2023 年	合计
美国	100.00	60.00	80.00	100.00	66.67	50.00	100.00	80.00	100.00	0.00	80.65
英国	100.00	80.00	60.00	100.00	100.00	50.00	33.33	60.00	25.00	0.00	64.52
加拿大	33.33	20.00	80.00	100.00	0.00	50.00	100.00	40.00	25.00	0.00	45.16
德国	33.33	20.00	20.00	100.00	66.67	50.00	33.33	20.00	25.00	0.00	32.26
荷兰	33.33	60.00	0.00	100.00	66.67	0.00	33.33	0.00	25.00	0.00	32.26
法国	66.67	20.00	0.00	0.00	33.33	50.00	33.33	20.00	25.00	0.00	29.03
澳大利亚	100.00	0.00	20.00	100.00	0.00	50.00	0.00	20.00	25.00	0.00	25.81
西班牙	0.00	0.00	0.00	33.33	50.00	33.33	20.00	75.00	0.00	25.81
奥地利	0.00	0.00	20.00	0.00	66.67	50.00	33.33	0.00	25.00	0.00	22.58
意大利	0.00	0.00	0.00	0.00	66.67	50.00	33.33	20.00	25.00	0.00	22.58
比利时	33.33	0.00	0.00	100.00	66.67	0.00	33.33	0.00	25.00	0.00	19.35

续表

国家和地区	2014 年	2015 年	2016 年	2017 年	2018 年	2019 年	2020 年	2021 年	2022 年	2023 年	合计
日本	33.33	0.00	0.00	100.00	33.33	50.00	33.33	0.00	25.00	0.00	19.35
葡萄牙	0.00	0.00	0.00	100.00	33.33	50.00	33.33	20.00	25.00	0.00	19.35
瑞士	0.00	40.00	0.00	100.00	0.00	0.00	33.33	20.00	25.00	0.00	19.35
中国大陆	0.00	0.00	0.00	100.00	0.00	0.00	33.33	0.00	75.00	0.00	16.13
瑞典	33.33	0.00	0.00	100.00	0.00	0.00	33.33	20.00	0.00	0.00	16.13
塞浦路斯	0.00	0.00	0.00	100.00	0.00	50.00	33.33	20.00	0.00	0.00	12.90
丹麦	33.33	0.00	0.00	0.00	33.33	50.00	33.33	0.00	0.00	0.00	12.90
匈牙利	0.00	0.00	0.00	100.00	0.00	50.00	33.33	0.00	0.00	0.00	12.90
墨西哥	0.00	0.00	0.00	100.00	0.00	50.00	33.33	0.00	25.00	0.00	12.90

表 9-49　风湿病学 B 层研究排名前 20 的国家的国际合作参与率

单位：%

国家	2014 年	2015 年	2016 年	2017 年	2018 年	2019 年	2020 年	2021 年	2022 年	2023 年	合计
美国	61.29	58.54	72.73	57.58	79.41	78.26	56.10	65.12	70.21	85.71	67.49
英国	64.52	39.02	63.64	66.67	44.12	54.35	58.54	39.53	55.32	92.86	54.82
德国	41.94	21.95	33.33	42.42	47.06	41.30	36.59	37.21	27.66	57.14	36.91
荷兰	35.48	29.27	33.33	33.33	52.94	34.78	34.15	32.56	29.79	78.57	36.36
加拿大	41.94	39.02	24.24	30.30	32.35	34.78	24.39	41.86	17.02	50.00	32.23
法国	35.48	26.83	24.24	42.42	44.12	15.22	36.59	27.91	17.02	64.29	30.30
意大利	29.03	26.83	30.30	33.33	23.53	23.91	29.27	20.93	29.79	64.29	28.65
西班牙	32.26	26.83	27.27	33.33	11.76	19.57	24.39	18.60	17.02	57.14	24.24
瑞士	32.26	14.63	24.24	27.27	20.59	13.04	21.95	16.28	17.02	57.14	21.49
比利时	32.26	2.44	24.24	18.18	29.41	19.57	9.76	18.60	12.77	42.86	18.73
瑞典	16.13	17.07	27.27	21.21	11.76	13.04	17.07	13.95	8.51	35.71	16.53
澳大利亚	22.58	14.63	15.15	12.12	8.82	13.04	21.95	20.93	8.51	35.71	15.98
奥地利	29.03	9.76	15.15	9.09	14.71	13.04	19.51	11.63	12.77	35.71	15.43
丹麦	12.90	17.07	27.27	9.09	14.71	6.52	7.32	6.98	12.77	28.57	12.95
葡萄牙	12.90	4.88	9.09	18.18	8.82	2.17	12.20	11.63	25.53	42.86	12.95
日本	3.23	9.76	6.06	12.12	17.65	19.57	7.32	11.63	4.26	57.14	12.12
挪威	12.90	9.76	12.12	21.21	11.76	6.52	9.76	4.65	8.51	14.29	10.47
墨西哥	6.45	12.20	12.12	9.09	8.82	8.70	2.44	9.30	6.38	28.57	9.09
希腊	9.68	4.88	9.09	6.06	5.88	6.52	7.32	9.30	4.26	35.71	7.99
匈牙利	12.90	4.88	0.00	21.21	2.94	2.17	2.44	9.30	14.89	7.14	7.71

表 9-50　风湿病学 C 层研究排名前 20 的国家和地区的国际合作参与率

单位：%

国家和地区	2014年	2015年	2016年	2017年	2018年	2019年	2020年	2021年	2022年	2023年	合计
美国	53.20	53.86	52.42	63.10	51.09	52.09	54.47	54.22	57.75	57.70	54.85
英国	34.98	32.61	33.68	41.22	36.03	40.22	40.24	41.98	38.20	42.30	38.16
德国	24.63	22.22	22.74	27.23	24.67	21.76	22.76	23.21	21.80	28.12	23.82
荷兰	23.89	21.26	24.63	25.70	19.65	21.76	14.84	17.72	20.90	21.52	21.04
意大利	12.07	15.46	17.05	19.34	20.31	20.22	20.33	25.32	20.22	27.14	19.81
加拿大	16.26	19.57	16.21	19.34	17.03	23.96	17.68	21.52	21.35	20.05	19.29
法国	14.78	16.43	18.53	19.59	17.25	19.34	16.87	21.73	17.98	17.60	18.05
西班牙	11.33	17.15	16.00	12.72	13.54	14.29	12.80	16.24	14.83	15.16	14.43
澳大利亚	15.52	13.04	10.95	12.72	11.35	16.48	13.41	14.14	14.83	16.87	13.89
瑞士	9.36	8.70	10.95	13.99	10.92	12.53	10.77	12.24	14.16	14.18	11.76
瑞典	9.36	11.59	13.47	12.72	10.04	11.65	7.72	9.49	13.71	14.18	11.33
中国大陆	8.37	8.94	9.05	6.36	9.61	9.89	10.98	6.96	14.61	11.74	9.68
丹麦	9.61	8.21	8.63	10.69	9.61	10.33	6.10	7.59	8.99	8.80	8.80
比利时	8.13	8.94	8.00	10.43	6.77	8.35	5.49	10.34	8.76	11.25	8.57
日本	6.40	5.07	5.47	8.14	5.46	9.67	10.37	8.02	10.56	10.51	7.98
奥地利	6.40	7.25	4.84	6.36	5.46	5.05	6.91	5.27	8.31	8.80	6.42
挪威	4.93	6.28	7.37	8.65	6.55	6.59	4.88	3.38	7.87	7.09	6.31
巴西	4.19	5.31	3.16	4.83	3.93	6.81	4.07	4.22	4.04	7.33	4.75
墨西哥	3.20	3.86	3.79	6.87	3.71	5.27	3.66	4.64	5.62	5.13	4.55
葡萄牙	1.97	2.90	3.79	4.07	5.02	4.40	4.47	5.49	7.64	5.38	4.55

十八　皮肤医学

皮肤医学 A、B、C 层研究国际合作参与率最高的均为美国，分别为 72.09%、67.70%、52.48%；德国 A、B、C 层研究国际合作参与率均排名第二，分别为 60.47%、45.45%、30.04%。

英国、法国、加拿大、澳大利亚、日本、丹麦、荷兰、波兰、瑞士、意大利、西班牙、爱尔兰、瑞典 A 层研究国际合作参与率也比较高，在 45%~11%；奥地利、比利时、希腊、匈牙利、中国台湾也有一定的参与率，均为 6.98%。

英国、加拿大、法国、意大利、西班牙、丹麦、荷兰、澳大利亚、日本、瑞士、波兰、比利时 B 层研究国际合作参与率也比较高，在 38%～10%；中国大陆、奥地利、以色列、希腊、瑞典、印度也有一定的参与率，在 9%～5%。

英国、意大利、法国、加拿大、荷兰、西班牙、瑞士、澳大利亚 C 层研究国际合作参与率也比较高，在 27%～10%；丹麦、中国大陆、奥地利、比利时、日本、瑞典、巴西、波兰、以色列、印度也有一定的参与率，在 10%～4%。

表 9-51 皮肤医学 A 层研究排名前 20 的国家和地区的国际合作参与率

单位：%

国家和地区	2014 年	2015 年	2016 年	2017 年	2018 年	2019 年	2020 年	2021 年	2022 年	2023 年	合计
美国	100.00	0.00	100.00	66.67	33.33	85.71	60.00	83.33	50.00	100.00	72.09
德国	100.00	100.00	75.00	33.33	66.67	42.86	80.00	66.67	25.00	75.00	60.47
英国	50.00	50.00	25.00	66.67	0.00	42.86	80.00	33.33	50.00	25.00	44.19
法国	0.00	50.00	50.00	16.67	66.67	42.86	20.00	16.67	50.00	50.00	34.88
加拿大	50.00	0.00	100.00	33.33	33.33	42.86	0.00	33.33	0.00	25.00	32.56
澳大利亚	50.00	0.00	0.00	33.33	66.67	0.00	20.00	0.00	75.00	50.00	25.58
日本	50.00	0.00	50.00	16.67	33.33	0.00	20.00	16.67	25.00	25.00	20.93
丹麦	0.00	50.00	50.00	0.00	33.33	14.29	20.00	0.00	25.00	25.00	18.60
荷兰	0.00	50.00	25.00	16.67	0.00	14.29	40.00	16.67	0.00	0.00	18.60
波兰	0.00	50.00	0.00	33.33	33.33	0.00	20.00	0.00	25.00	50.00	18.60
瑞士	50.00	100.00	0.00	16.67	33.33	0.00	0.00	0.00	25.00	25.00	18.60
意大利	0.00	0.00	0.00	0.00	33.33	14.29	20.00	33.33	50.00	0.00	16.28
西班牙	50.00	50.00	0.00	16.67	66.67	0.00	0.00	0.00	0.00	25.00	16.28
爱尔兰	0.00	0.00	0.00	16.67	0.00	0.00	20.00	16.67	0.00	50.00	11.63
瑞典	0.00	50.00	0.00	0.00	0.00	28.57	0.00	33.33	0.00	0.00	11.63
奥地利	0.00	0.00	0.00	33.33	0.00	0.00	0.00	0.00	0.00	0.00	6.98
比利时	0.00	50.00	0.00	0.00	0.00	14.29	0.00	0.00	25.00	0.00	6.98
希腊	0.00	0.00	25.00	0.00	0.00	0.00	0.00	0.00	25.00	0.00	6.98
匈牙利	0.00	0.00	0.00	16.67	33.33	0.00	0.00	0.00	25.00	0.00	6.98
中国台湾	50.00	0.00	0.00	0.00	0.00	0.00	0.00	16.67	0.00	25.00	6.98

表 9-52　皮肤医学 B 层研究排名前 20 的国家和地区的国际合作参与率

单位：%

国家和地区	2014 年	2015 年	2016 年	2017 年	2018 年	2019 年	2020 年	2021 年	2022 年	2023 年	合计
美国	56.76	64.52	64.29	66.67	57.89	67.39	72.73	77.78	66.67	78.95	67.70
德国	37.84	54.84	35.71	37.78	44.74	52.17	66.67	40.74	37.04	57.89	45.45
英国	45.95	29.03	30.95	40.00	39.47	39.13	51.52	38.89	31.48	28.95	37.32
加拿大	24.32	48.39	21.43	17.78	23.68	23.91	36.36	33.33	33.33	39.47	29.67
法国	32.43	45.16	16.67	31.11	26.32	30.43	36.36	20.37	22.22	36.84	28.71
意大利	16.22	41.94	21.43	11.11	23.68	21.74	36.36	12.96	20.37	26.32	22.01
西班牙	16.22	19.35	9.52	20.00	15.79	19.57	27.27	14.81	16.67	26.32	18.18
丹麦	10.81	16.13	21.43	20.00	13.16	19.57	33.33	12.96	16.67	15.79	17.70
荷兰	10.81	25.81	26.19	13.33	13.16	13.04	21.21	16.67	16.67	23.68	17.70
澳大利亚	18.92	12.90	11.90	17.78	10.53	15.22	24.24	16.67	12.96	26.32	16.51
日本	10.81	12.90	11.90	13.33	5.26	8.70	18.18	20.37	18.52	31.58	15.31
瑞士	10.81	25.81	9.52	15.56	18.42	10.87	18.18	11.11	14.81	18.42	14.83
波兰	0.00	19.35	11.90	4.44	7.89	6.52	24.24	9.26	9.26	18.42	10.53
比利时	5.41	16.13	7.14	4.44	13.16	13.04	9.09	11.11	7.41	18.42	10.29
中国大陆	10.81	6.45	4.76	4.44	7.89	8.70	9.09	9.26	11.11	13.16	8.61
奥地利	8.11	16.13	4.76	6.67	7.89	8.70	12.12	9.26	5.56	5.26	8.13
以色列	5.41	9.68	4.76	6.67	7.89	2.17	15.15	5.56	7.41	10.53	7.18
希腊	5.41	12.90	4.76	4.44	5.26	8.70	9.09	7.41	7.41	0.00	6.46
瑞典	5.41	9.68	9.52	8.89	7.89	8.70	9.09	1.85	1.85	5.26	6.46
印度	5.41	6.45	0.00	4.44	7.89	4.35	12.12	7.41	1.85	5.26	5.26

表 9-53　皮肤医学 C 层研究排名前 20 的国家和地区的国际合作参与率

单位：%

国家和地区	2014 年	2015 年	2016 年	2017 年	2018 年	2019 年	2020 年	2021 年	2022 年	2023 年	合计
美国	45.75	49.47	50.92	51.14	53.27	55.19	52.93	55.88	51.50	56.65	52.48
德国	21.99	26.58	27.97	32.91	29.65	29.65	32.10	33.04	31.84	32.27	30.04
英国	22.29	27.89	24.54	30.38	27.89	28.79	24.08	28.38	27.14	22.91	26.52
意大利	14.66	15.79	15.04	15.19	13.32	16.23	20.82	20.62	16.03	16.26	16.54
法国	15.25	15.00	17.68	18.23	13.07	17.53	16.92	18.63	14.32	16.75	16.37
加拿大	11.14	9.74	13.98	12.41	13.57	13.64	16.27	15.08	13.03	18.23	13.81
荷兰	11.14	10.00	9.76	16.46	9.55	12.55	10.85	10.42	12.18	10.84	11.40
西班牙	7.04	7.11	10.03	13.42	9.05	11.90	14.75	13.75	10.68	12.81	11.23
瑞士	4.11	8.42	8.71	11.90	10.80	13.85	15.62	11.97	9.62	14.04	11.13

续表

国家和地区	2014 年	2015 年	2016 年	2017 年	2018 年	2019 年	2020 年	2021 年	2022 年	2023 年	合计
澳大利亚	10.26	12.63	10.29	7.59	10.80	11.26	12.36	12.86	12.18	8.87	10.99
丹麦	4.99	6.84	8.71	10.13	10.30	9.09	8.89	11.31	10.04	10.34	9.18
中国大陆	7.04	6.58	6.60	9.62	6.53	8.44	7.59	7.10	9.19	9.85	7.90
奥地利	8.21	10.00	6.33	10.13	7.29	5.84	6.94	6.87	5.34	6.65	7.27
比利时	6.16	5.26	6.07	8.61	6.28	8.01	7.59	7.98	6.62	8.87	7.20
日本	7.62	8.42	6.60	8.10	7.04	5.41	5.86	8.20	6.20	8.37	7.12
瑞典	4.11	5.79	7.65	6.58	5.78	7.79	6.51	4.66	6.62	5.91	6.18
巴西	4.11	4.21	3.96	4.05	4.02	4.76	5.86	6.87	5.77	6.40	5.07
波兰	2.05	3.16	5.01	6.33	3.27	4.76	5.86	5.32	4.27	5.17	4.59
以色列	3.23	3.95	2.64	3.80	3.77	4.33	3.90	7.10	4.70	3.94	4.20
印度	1.17	3.42	2.90	3.29	4.02	3.25	7.16	4.88	5.34	4.43	4.11

十九 眼科学

眼科学 A、B、C 层研究国际合作参与率最高的均为美国，分别为 79.25%、67.29%、57.90%；英国 A、B、C 层研究国际合作参与率均排名第二，分别为 52.83%、39.63%、28.96%。

澳大利亚、德国、新加坡、日本、中国大陆、法国、西班牙、意大利、中国香港、荷兰、加拿大、印度 A 层研究国际合作参与率也比较高，在 31%~11%；奥地利、巴西、韩国、瑞士、丹麦、爱尔兰也有一定的参与率，在 10%~5%。

德国、澳大利亚、中国大陆、新加坡、意大利、法国、日本、瑞士、加拿大 B 层研究国际合作参与率也比较高，在 24%~11%；荷兰、印度、西班牙、巴西、中国香港、韩国、奥地利、中国台湾、爱尔兰也有一定的参与率，在 10%~3%。

中国大陆、德国、澳大利亚、意大利 C 层研究国际合作参与率也比较高，在 17%~12%；新加坡、印度、瑞士、法国、加拿大、日本、荷兰、西班牙、巴西、中国香港、以色列、奥地利、韩国、比利时也有一定的参与率，在 10%~2%。

表 9-54　眼科学 A 层研究排名前 20 的国家和地区的国际合作参与率

单位：%

国家和地区	2014 年	2015 年	2016 年	2017 年	2018 年	2019 年	2020 年	2021 年	2022 年	2023 年	合计
美国	100.00	60.00	57.14	100.00	80.00	100.00	75.00	83.33	75.00	71.43	79.25
英国	42.86	40.00	14.29	100.00	20.00	80.00	75.00	50.00	100.00	57.14	52.83
澳大利亚	0.00	20.00	28.57	66.67	80.00	20.00	25.00	16.67	50.00	28.57	30.19
德国	28.57	20.00	28.57	33.33	20.00	40.00	50.00	33.33	25.00	14.29	28.30
新加坡	28.57	20.00	28.57	33.33	20.00	60.00	50.00	33.33	25.00	0.00	28.30
日本	14.29	20.00	0.00	66.67	0.00	60.00	50.00	16.67	75.00	0.00	24.53
中国大陆	14.29	20.00	0.00	66.67	40.00	0.00	50.00	50.00	25.00	0.00	22.64
法国	14.29	60.00	14.29	33.33	20.00	0.00	50.00	0.00	25.00	28.57	22.64
西班牙	0.00	20.00	42.86	33.33	20.00	0.00	25.00	16.67	50.00	28.57	22.64
意大利	28.57	0.00	0.00	0.00	40.00	20.00	25.00	0.00	25.00	42.86	18.87
中国香港	0.00	0.00	14.29	33.33	20.00	40.00	0.00	33.33	25.00	0.00	13.21
荷兰	14.29	0.00	0.00	33.33	20.00	20.00	25.00	16.67	0.00	14.29	13.21
加拿大	0.00	20.00	14.29	66.67	0.00	0.00	0.00	0.00	50.00	0.00	11.32
印度	0.00	20.00	14.29	0.00	0.00	40.00	0.00	0.00	0.00	28.57	11.32
奥地利	14.29	0.00	0.00	0.00	0.00	40.00	50.00	0.00	0.00	0.00	9.43
巴西	14.29	20.00	0.00	33.33	0.00	0.00	0.00	0.00	0.00	0.00	9.43
韩国	14.29	0.00	0.00	66.67	0.00	20.00	0.00	16.67	0.00	0.00	9.43
瑞士	0.00	20.00	0.00	0.00	20.00	0.00	25.00	16.67	0.00	0.00	9.43
丹麦	0.00	0.00	14.29	0.00	0.00	0.00	0.00	0.00	0.00	28.57	7.55
爱尔兰	0.00	0.00	0.00	0.00	0.00	20.00	0.00	0.00	50.00	0.00	5.66

表 9-55　眼科学 B 层研究排名前 20 的国家和地区的国际合作参与率

单位：%

国家和地区	2014 年	2015 年	2016 年	2017 年	2018 年	2019 年	2020 年	2021 年	2022 年	2023 年	合计
美国	68.75	72.34	80.36	68.75	61.36	68.97	58.33	59.26	70.59	63.46	67.29
英国	27.08	34.04	35.71	37.50	43.18	48.28	45.00	51.85	32.35	40.38	39.63
德国	41.67	27.66	21.43	27.08	27.27	17.24	11.67	38.89	14.71	19.23	23.93
澳大利亚	18.75	17.02	16.07	25.00	29.55	32.76	15.00	24.07	25.00	30.77	23.36
中国大陆	14.58	12.77	8.93	25.00	18.18	18.97	16.67	25.93	25.00	25.00	19.25
新加坡	8.33	12.77	19.64	14.58	25.00	20.69	30.00	25.93	20.59	11.54	19.25
意大利	16.67	12.77	12.50	18.75	18.18	10.34	20.00	24.07	14.71	23.08	17.01
法国	18.75	19.15	10.71	12.50	20.45	10.34	8.33	16.67	14.71	13.46	14.21

续表

国家和地区	2014 年	2015 年	2016 年	2017 年	2018 年	2019 年	2020 年	2021 年	2022 年	2023 年	合计
日本	16.67	8.51	8.93	20.83	18.18	18.97	11.67	18.52	7.35	11.54	13.83
瑞士	10.42	17.02	8.93	10.42	18.18	10.34	11.67	16.67	11.76	15.38	12.90
加拿大	4.17	12.77	7.14	16.67	9.09	22.41	8.33	9.26	14.71	11.54	11.78
荷兰	10.42	8.51	5.36	6.25	15.91	10.34	6.67	14.81	13.24	7.69	9.91
印度	4.17	4.26	8.93	6.25	9.09	8.62	15.00	7.41	8.82	11.54	8.60
西班牙	8.33	6.38	3.57	20.83	9.09	8.62	5.00	3.70	5.88	9.62	7.85
巴西	4.17	10.64	10.71	18.75	11.36	1.72	1.67	5.56	4.41	7.69	7.29
中国香港	2.08	2.13	3.57	4.17	4.55	10.34	15.00	14.81	2.94	5.77	6.73
韩国	0.00	6.38	10.71	12.50	11.36	3.45	8.33	1.85	2.94	7.69	6.36
奥地利	12.50	2.13	3.57	12.50	6.82	5.17	1.67	3.70	1.47	5.77	5.23
中国台湾	2.08	2.13	1.79	2.08	6.82	5.17	5.00	9.26	2.94	1.92	3.93
爱尔兰	0.00	2.13	5.36	0.00	0.00	0.00	3.33	3.70	5.88	9.62	3.18

表 9-56　眼科学 C 层研究排名前 20 的国家和地区的国际合作参与率

单位：%

国家和地区	2014 年	2015 年	2016 年	2017 年	2018 年	2019 年	2020 年	2021 年	2022 年	2023 年	合计
美国	62.11	53.50	58.63	60.28	57.19	57.63	57.93	56.64	55.03	61.11	57.90
英国	25.99	26.41	26.67	30.24	26.20	24.77	30.72	31.60	35.43	30.89	28.96
中国大陆	17.40	18.28	14.31	13.04	15.24	17.13	17.70	15.97	18.23	17.56	16.48
德国	16.08	20.09	15.10	16.01	15.07	16.51	15.86	16.47	15.84	15.78	16.22
澳大利亚	13.88	18.74	14.12	11.26	14.04	15.89	18.20	17.31	13.12	11.33	14.88
意大利	6.61	9.93	10.20	13.83	12.16	11.68	15.36	13.28	14.65	14.67	12.38
新加坡	5.51	8.80	10.39	6.52	9.42	8.88	12.69	11.60	10.22	10.44	9.57
印度	6.83	6.55	8.04	6.13	9.25	10.44	11.35	9.41	11.58	12.22	9.31
瑞士	4.63	6.77	6.86	8.89	8.22	11.37	9.85	10.76	11.58	11.11	9.18
法国	7.49	8.35	11.96	9.49	7.02	9.50	7.18	10.08	10.56	7.33	8.94
加拿大	7.71	7.67	6.86	5.73	6.85	7.94	7.68	10.59	8.35	10.44	7.99
日本	5.51	4.74	7.06	5.93	8.39	8.26	7.51	8.74	6.98	7.56	7.19
荷兰	5.51	7.45	5.88	7.11	6.16	7.01	6.68	7.90	8.01	8.22	7.00
西班牙	8.15	7.22	5.88	5.34	6.85	7.63	7.01	7.56	6.30	7.56	6.95
巴西	4.41	4.74	7.45	5.14	5.48	4.36	6.18	5.38	5.45	4.44	5.33
中国香港	4.85	4.06	4.31	2.77	3.77	3.12	4.67	5.21	4.09	6.00	4.25

续表

国家和地区	2014 年	2015 年	2016 年	2017 年	2018 年	2019 年	2020 年	2021 年	2022 年	2023 年	合计
以色列	2.20	3.39	2.75	2.77	3.60	2.80	3.67	6.22	4.43	4.22	3.65
奥地利	2.86	3.16	2.75	3.75	3.25	4.67	4.17	4.20	3.58	2.67	3.58
韩国	3.30	1.13	4.31	5.14	2.74	3.12	3.34	4.03	2.39	3.11	3.28
比利时	1.76	2.26	3.14	1.98	1.54	2.65	1.84	3.03	2.56	4.00	2.46

二十　耳鼻喉学

耳鼻喉学 A、B、C 层研究国际合作参与率最高的均为美国，分别为 100.00%、61.97%、54.19%。

加拿大、英国、德国、荷兰、瑞典、比利时、丹麦、爱尔兰、以色列、意大利、日本、卢森堡、波兰、新加坡、韩国、西班牙、瑞士 A 层研究国际合作参与率也比较高，在 34%～11%。

英国 B 层研究国际合作参与率排名第二，为 42.25%；德国、比利时、意大利、加拿大、荷兰、澳大利亚、法国、西班牙、瑞典、日本、瑞士、巴西的参与率也比较高，在 35%～11%；奥地利、韩国、中国大陆、丹麦、新西兰、土耳其也有一定的参与率，在 10%～7%。

英国 C 层研究国际合作参与率排名第二，为 24.76%；意大利、德国、澳大利亚、比利时、加拿大、荷兰、法国的参与率也比较高，在 18%～11%；瑞士、西班牙、瑞典、中国大陆、巴西、丹麦、奥地利、韩国、芬兰、希腊、南非也有一定的参与率，在 10%～3%。

表 9-57　耳鼻喉学 A 层研究所有国家的国际合作参与率

单位：%

国家	2014 年	2015 年	2016 年	2017 年	2018 年	2019 年	2020 年	2021 年	2022 年	2023 年	合计
美国	100.00	100.00	100.00	0.00	100.00	0.00	0.00	0.00	100.00	0.00	100.00
加拿大	66.67	0.00	100.00	0.00	0.00	0.00	0.00	0.00	0.00	0.00	33.33
英国	33.33	0.00	100.00	0.00	0.00	0.00	0.00	0.00	50.00	0.00	33.33

国家	2014 年	2015 年	2016 年	2017 年	2018 年	2019 年	2020 年	2021 年	2022 年	2023 年	合计
德国	0.00	100.00	0.00	0.00	50.00	0.00	0.00	0.00	0.00	0.00	22.22
荷兰	0.00	0.00	100.00	0.00	50.00	0.00	0.00	0.00	0.00	0.00	22.22
瑞典	0.00	100.00	100.00	0.00	0.00	0.00	0.00	0.00	0.00	0.00	22.22
比利时	0.00	0.00	0.00	0.00	50.00	0.00	0.00	0.00	0.00	0.00	11.11
丹麦	0.00	0.00	100.00	0.00	0.00	0.00	0.00	0.00	0.00	0.00	11.11
爱尔兰	0.00	0.00	0.00	0.00	50.00	0.00	0.00	0.00	0.00	0.00	11.11
以色列	0.00	0.00	0.00	0.00	0.00	0.00	0.00	0.00	50.00	0.00	11.11
意大利	0.00	100.00	0.00	0.00	0.00	0.00	0.00	0.00	0.00	0.00	11.11
日本	0.00	100.00			0.00	0.00	0.00	0.00	0.00	0.00	11.11
卢森堡	0.00	100.00			0.00	0.00	0.00	0.00	0.00	0.00	11.11
波兰	0.00	0.00			0.00	0.00	0.00	0.00	50.00	0.00	11.11
新加坡	0.00	0.00			0.00	0.00	0.00	0.00	50.00	0.00	11.11
韩国	0.00	100.00	0.00	0.00	0.00	0.00	0.00	0.00	0.00	0.00	11.11
西班牙	0.00	100.00	0.00	0.00	0.00	0.00	0.00	0.00	0.00	0.00	11.11
瑞士	0.00	0.00	100.00	0.00	0.00	0.00	0.00	0.00	0.00	0.00	11.11

表 9-58 耳鼻喉学 B 层研究排名前 20 的国家和地区的国际合作参与率

单位：%

国家和地区	2014 年	2015 年	2016 年	2017 年	2018 年	2019 年	2020 年	2021 年	2022 年	2023 年	合计
美国	68.75	66.67	61.54	64.29	66.67	71.43	55.56	22.22	64.29	90.00	61.97
英国	25.00	13.33	30.77	42.86	41.67	42.86	55.56	61.11	50.00	70.00	42.25
德国	6.25	33.33	23.08	42.86	50.00	42.86	33.33	22.22	42.86	60.00	34.51
比利时	6.25	20.00	30.77	14.29	58.33	28.57	44.44	44.44	28.57	60.00	31.69
意大利	12.50	6.67	15.38	14.29	33.33	23.81	55.56	66.67	42.86	50.00	30.99
加拿大	43.75	33.33	23.08	42.86	25.00	23.81	22.22	16.67	21.43	40.00	28.87
荷兰	6.25	6.67	46.15	21.43	33.33	23.81	33.33	22.22	21.43	50.00	24.65
澳大利亚	12.50	6.67	38.46	21.43	25.00	23.81	11.11	16.67	35.71	50.00	23.24
法国	12.50	6.67	7.69	0.00	25.00	38.10	33.33	27.78	35.71	20.00	21.13
西班牙	0.00	0.00	15.38	14.29	25.00	23.81	33.33	27.78	14.29	70.00	20.42
瑞典	6.25	6.67	0.00	21.43	25.00	19.05	22.22	11.11	28.57	30.00	16.20
日本	0.00	6.67	15.38	42.86	16.67	4.76	11.11	16.67	14.29	10.00	13.38
瑞士	0.00	6.67	7.69	28.57	8.33	0.00	33.33	11.11	21.43	30.00	12.68

续表

国家和地区	2014 年	2015 年	2016 年	2017 年	2018 年	2019 年	2020 年	2021 年	2022 年	2023 年	合计
巴西	0.00	13.33	7.69	7.14	16.67	4.76	22.22	16.67	14.29	20.00	11.27
奥地利	12.50	13.33	15.38	7.14	0.00	4.76	11.11	0.00	7.14	30.00	9.15
韩国	6.25	6.67	7.69	14.29	0.00	4.76	11.11	11.11	14.29	20.00	9.15
中国大陆	6.25	13.33	15.38	7.14	8.33	0.00	11.11	11.11	0.00	20.00	8.45
丹麦	0.00	6.67	0.00	0.00	16.67	4.76	11.11	11.11	14.29	20.00	7.75
新西兰	0.00	0.00	7.69	0.00	25.00	0.00	11.11	5.56	7.14	30.00	7.04
土耳其	0.00	6.67	0.00	14.29	8.33	0.00	11.11	11.11	14.29	10.00	7.04

表 9-59　耳鼻喉学 C 层研究排名前 20 的国家和地区的国际合作参与率

单位：%

国家和地区	2014 年	2015 年	2016 年	2017 年	2018 年	2019 年	2020 年	2021 年	2022 年	2023 年	合计
美国	57.52	64.17	64.63	48.15	53.79	59.18	52.58	48.89	52.47	43.70	54.19
英国	27.43	20.00	21.77	17.78	27.59	23.13	29.38	28.33	22.22	27.41	24.76
意大利	22.12	16.67	12.24	13.33	10.34	20.41	20.10	22.22	17.90	18.52	17.52
德国	15.04	18.33	17.69	18.52	14.48	23.13	12.37	18.33	16.67	17.78	17.12
澳大利亚	21.24	12.50	16.33	18.52	22.07	13.61	18.04	13.89	14.20	21.48	17.05
比利时	16.81	12.50	9.52	12.59	8.28	18.37	19.07	21.11	17.90	20.74	15.97
加拿大	10.62	20.00	19.73	17.78	17.24	19.05	12.37	11.67	14.81	14.07	15.56
荷兰	26.55	16.67	15.65	9.63	15.86	17.69	14.43	11.11	8.64	11.85	14.41
法国	7.96	4.17	6.80	5.19	7.59	15.65	14.95	17.22	12.96	22.22	11.91
瑞士	7.96	7.50	6.80	14.07	8.28	10.20	12.37	6.67	8.64	11.11	9.40
西班牙	10.62	6.67	10.88	8.89	6.21	11.56	10.82	8.89	5.56	13.33	9.34
瑞典	8.85	10.00	7.48	10.37	12.41	6.80	11.86	9.44	7.41	8.15	9.34
中国大陆	2.65	8.33	5.44	4.44	8.97	10.20	9.28	7.78	11.73	8.15	7.92
巴西	3.54	5.00	4.76	3.70	3.45	7.48	6.19	7.78	3.09	3.70	5.01
丹麦	3.54	5.00	4.08	6.67	5.52	5.44	4.12	4.44	5.56	2.96	4.74
奥地利	3.54	8.33	4.76	5.19	1.38	5.44	5.67	2.78	2.47	4.44	4.33
韩国	1.77	2.50	5.44	2.96	3.45	4.76	2.06	3.89	3.09	6.67	3.65
芬兰	3.54	1.67	3.40	3.70	2.76	6.12	4.64	2.22	2.47	4.44	3.52
希腊	4.42	5.00	1.36	2.96	3.45	4.08	4.64	2.78	1.85	4.44	3.45
南非	3.54	0.83	3.40	2.22	5.52	3.40	2.06	4.44	3.70	4.44	3.38

二十一 听觉学和言语病理学

听觉学和言语病理学 A、B、C 层研究国际合作参与率最高的均为美国，分别为 100.00%、62.22%、50.97%。

以色列、奥地利、巴西、加拿大、中国大陆、捷克、法国、新西兰、中国台湾、英国 A 层研究国际合作参与率也比较高，在 20%~10%。

英国 B 层研究国际合作参与率排名第二，为 36.67%；加拿大、丹麦、荷兰、瑞典、中国大陆、德国、澳大利亚、法国、瑞士的参与率也比较高，在 16%~11%；比利时、西班牙、芬兰、印度、意大利、日本、捷克、巴西、以色列也有一定的参与率，在 8%~3%。

英国 C 层研究国际合作参与率排名第二，为 28.33%；澳大利亚、加拿大、德国、中国大陆、荷兰的参与率也比较高，在 20%~11%；法国、瑞典、比利时、西班牙、丹麦、瑞士、南非、意大利、日本、奥地利、芬兰、印度、挪威也有一定的参与率，在 10%~2%。

表 9-60 听觉学和言语病理学 A 层研究所有国家和地区的国际合作参与率

单位：%

国家和地区	2014 年	2015 年	2016 年	2017 年	2018 年	2019 年	2020 年	2021 年	2022 年	2023 年	合计
美国	100.00	100.00	0.00	100.00	100.00	100.00	100.00	100.00	100.00	100.00	100.00
以色列	0.00	0.00	0.00	0.00	0.00	50.00	0.00	0.00	100.00	0.00	20.00
奥地利	0.00	0.00	0.00	100.00	0.00	0.00	0.00	0.00	0.00	0.00	10.00
巴西	0.00	100.00	0.00	0.00	0.00	0.00	0.00	0.00	0.00	0.00	10.00
加拿大	0.00	0.00	0.00	0.00	0.00	50.00	0.00	0.00	0.00	0.00	10.00
中国大陆	0.00	0.00	0.00	0.00	0.00	0.00	0.00	0.00	0.00	100.00	10.00
捷克	0.00	0.00	0.00	0.00	100.00	0.00	0.00	0.00	0.00	0.00	10.00
法国	0.00	0.00	0.00	0.00	0.00	0.00	100.00	0.00	0.00	0.00	10.00
新西兰	0.00	0.00	0.00	0.00	0.00	0.00	0.00	0.00	0.00	100.00	10.00
中国台湾	0.00	0.00	0.00	0.00	0.00	0.00	0.00	100.00	0.00	0.00	10.00
英国	100.00	0.00	0.00	0.00	0.00	0.00	0.00	0.00	0.00	0.00	10.00

表 9-61　听觉学和言语病理学 B 层研究排名前 20 的国家和地区的国际合作参与率

单位：%

国家和地区	2014 年	2015 年	2016 年	2017 年	2018 年	2019 年	2020 年	2021 年	2022 年	2023 年	合计
美国	83.33	50.00	50.00	42.86	71.43	46.15	81.82	53.85	63.64	80.00	62.22
英国	50.00	33.33	16.67	57.14	28.57	38.46	45.45	53.85	18.18	20.00	36.67
加拿大	50.00	0.00	50.00	14.29	0.00	15.38	9.09	7.69	18.18	10.00	15.56
丹麦	16.67	33.33	16.67	28.57	14.29	7.69	9.09	7.69	18.18	20.00	15.56
荷兰	0.00	16.67	66.67	28.57	28.57	7.69	9.09	7.69	0.00	20.00	15.56
瑞典	16.67	16.67	16.67	28.57	28.57	7.69	18.18	7.69	0.00	10.00	13.33
中国大陆	0.00	0.00	0.00	28.57	14.29	23.08	18.18	7.69	9.09	10.00	12.22
德国	0.00	0.00	33.33	0.00	28.57	15.38	18.18	15.38	0.00	10.00	12.22
澳大利亚	16.67	0.00	0.00	0.00	0.00	7.69	9.09	15.38	9.09	40.00	11.11
法国	16.67	0.00	0.00	0.00	0.00	23.08	9.09	15.38	18.18	0.00	11.11
瑞士	0.00	0.00	16.67	14.29	0.00	7.69	9.09	15.38	27.27	10.00	11.11
比利时	0.00	0.00	16.67	0.00	14.29	15.38	0.00	7.69	9.09	10.00	7.78
西班牙	0.00	0.00	0.00	0.00	14.29	15.38	9.09	7.69	9.09	0.00	6.67
芬兰	0.00	16.67	0.00	0.00	14.29	15.38	0.00	0.00	9.09	0.00	5.56
印度	0.00	0.00	0.00	0.00	14.29	0.00	0.00	0.00	18.18	20.00	5.56
意大利	0.00	16.67	0.00	0.00	0.00	7.69	18.18	0.00	0.00	0.00	5.56
日本	0.00	0.00	0.00	0.00	0.00	23.08	9.09	0.00	9.09	0.00	5.56
捷克	0.00	0.00	16.67	14.29	0.00	0.00	0.00	0.00	9.09	10.00	4.44
巴西	0.00	0.00	0.00	0.00	0.00	7.69	0.00	7.69	0.00	10.00	3.33
以色列	0.00	0.00	0.00	0.00	0.00	0.00	18.18	7.69	0.00	0.00	3.33

表 9-62　听觉学和言语病理学 C 层研究排名前 20 的国家和地区的国际合作参与率

单位：%

国家和地区	2014 年	2015 年	2016 年	2017 年	2018 年	2019 年	2020 年	2021 年	2022 年	2023 年	合计
美国	66.67	53.85	43.84	43.04	46.07	46.81	51.54	57.27	55.56	45.45	50.97
英国	34.92	33.85	20.55	21.52	30.34	27.66	31.54	32.73	29.29	18.18	28.33
澳大利亚	20.63	18.46	19.18	22.78	20.22	12.77	22.31	18.18	23.23	18.18	19.68
加拿大	14.29	13.85	23.29	11.39	13.48	19.15	10.77	13.64	13.13	14.29	14.45
德国	4.76	18.46	21.92	18.99	12.36	14.89	11.54	13.64	9.09	11.69	13.54
中国大陆	7.94	12.31	12.33	8.86	6.74	19.15	15.38	11.82	15.15	10.39	12.40
荷兰	15.87	20.00	17.81	7.59	17.98	10.64	11.54	9.09	7.07	5.19	11.83

续表

国家和地区	2014 年	2015 年	2016 年	2017 年	2018 年	2019 年	2020 年	2021 年	2022 年	2023 年	合计
法国	6.35	18.46	13.70	7.59	10.11	13.83	3.08	8.18	7.07	14.29	9.67
瑞典	9.52	13.85	9.59	10.13	12.36	6.38	2.31	6.36	6.06	2.60	7.39
比利时	4.76	7.69	8.22	10.13	4.49	5.32	3.08	8.18	10.10	7.79	6.83
西班牙	3.17	3.08	9.59	12.66	0.00	5.32	4.62	4.55	9.09	9.09	6.03
丹麦	7.94	6.15	5.48	7.59	7.87	4.26	3.08	8.18	5.05	3.90	5.80
瑞士	1.59	6.15	6.85	8.86	4.49	3.19	8.46	2.73	5.05	9.09	5.69
南非	1.59	0.00	5.48	5.06	4.49	3.19	5.38	5.45	3.03	3.90	3.98
意大利	1.59	4.62	5.48	5.06	2.25	2.13	2.31	5.45	3.03	7.79	3.87
日本	0.00	3.08	1.37	1.27	2.25	7.45	7.69	4.55	2.02	2.60	3.64
奥地利	1.59	6.15	6.85	2.53	4.49	3.19	3.85	0.91	1.01	1.30	3.07
芬兰	3.17	1.54	4.11	5.06	2.25	1.06	3.08	1.82	6.06	0.00	2.84
印度	1.59	1.54	2.74	0.00	3.37	6.38	0.77	5.45	5.05	0.00	2.84
挪威	3.17	1.54	1.37	3.80	1.12	2.13	3.85	0.91	9.09	0.00	2.84

二十二 牙科医学、口腔外科和口腔医学

牙科医学、口腔外科和口腔医学 A、B、C 层研究国际合作参与率最高的均为美国，分别为 63.16%、46.67%、39.23%。

英国和德国 A 层研究国际合作参与率排名第二、第三，分别为 47.37% 和 36.84%；荷兰、西班牙、瑞士、中国香港、澳大利亚、加拿大、中国大陆、意大利、巴西、印度、法国、沙特阿拉伯、瑞典的参与率也比较高，在 24%~10%；哥伦比亚、丹麦、日本、爱尔兰也有一定的参与率，在 8%~5%。

英国 B 层研究国际合作参与率排名第二，为 28.28%；德国、瑞士、意大利、西班牙、巴西、瑞典、比利时、荷兰的参与率也比较高，在 22%~11%；澳大利亚、中国大陆、加拿大、日本、丹麦、法国、中国香港、印度、爱尔兰、希腊也有一定的参与率，在 10%~4%。

巴西、英国、瑞士、意大利、德国、中国大陆、西班牙 C 层研究国际合作参与率也比较高，在 18%~10%；沙特阿拉伯、瑞典、荷兰、加拿大、

澳大利亚、日本、比利时、印度、埃及、丹麦、中国香港、土耳其也有一定的参与率，在8%~3%。

表 9-63　牙科医学、口腔外科和口腔医学 A 层研究排名前 20 的国家
和地区的国际合作参与率

单位：%

国家和地区	2014 年	2015 年	2016 年	2017 年	2018 年	2019 年	2020 年	2021 年	2022 年	2023 年	合计
美国	100.00	50.00	25.00	80.00	100.00	100.00	50.00	42.86	33.33	83.33	63.16
英国	66.67	25.00	75.00	60.00	50.00	100.00	100.00	28.57	33.33	16.67	47.37
德国	33.33	25.00	25.00	20.00	50.00	0.00	100.00	28.57	66.67	16.67	36.84
荷兰	33.33	0.00	25.00	20.00	50.00	0.00	50.00	14.29	33.33	0.00	23.68
西班牙	0.00	25.00	0.00	0.00	50.00	0.00	100.00	14.29	66.67	33.33	23.68
瑞士	33.33	25.00	25.00	0.00	50.00	0.00	100.00	0.00	33.33	33.33	23.68
中国香港	0.00	0.00	50.00	20.00	100.00	0.00	100.00	14.29	0.00	0.00	21.05
澳大利亚	33.33	0.00	0.00	0.00	50.00	0.00	0.00	14.29	0.00	16.67	15.79
加拿大	66.67	0.00	0.00	0.00	0.00	0.00	0.00	14.29	0.00	0.00	15.79
中国大陆	0.00	0.00	0.00	0.00	50.00	0.00	50.00	14.29	33.33	33.33	15.79
意大利	33.33	0.00	25.00	20.00	50.00	0.00	50.00	0.00	0.00	16.67	15.79
巴西	0.00	25.00	0.00	0.00	50.00	0.00	0.00	14.29	0.00	0.00	13.16
印度	0.00	25.00	0.00	0.00	0.00	0.00	0.00	28.57	33.33	0.00	13.16
法国	33.33	0.00	25.00	20.00	0.00	0.00	50.00	0.00	0.00	0.00	10.53
沙特阿拉伯	0.00	50.00	25.00	0.00	0.00	0.00	0.00	14.29	0.00	0.00	10.53
瑞典	33.33	0.00	0.00	0.00	0.00	0.00	0.00	0.00	33.33	16.67	10.53
哥伦比亚	0.00	0.00	0.00	0.00	0.00	0.00	0.00	0.00	0.00	16.67	7.89
丹麦	33.33	0.00	25.00	20.00	0.00	0.00	0.00	0.00	0.00	0.00	7.89
日本	0.00	25.00	25.00	20.00	0.00	0.00	0.00	0.00	0.00	0.00	7.89
爱尔兰	0.00	0.00	0.00	0.00	0.00	100.00	0.00	0.00	0.00	0.00	5.26

表 9-64　牙科医学、口腔外科和口腔医学 B 层研究排名前 20 的国家
和地区的国际合作参与率

单位：%

国家和地区	2014 年	2015 年	2016 年	2017 年	2018 年	2019 年	2020 年	2021 年	2022 年	2023 年	合计
美国	47.37	54.84	51.28	27.78	65.63	48.84	60.00	41.27	36.00	44.44	46.67
英国	15.79	32.26	25.64	30.56	46.88	34.88	42.50	26.98	24.00	15.87	28.28
德国	15.79	29.03	15.38	41.67	46.88	13.95	20.00	12.70	16.00	20.63	21.61

国家和地区	2014 年	2015 年	2016 年	2017 年	2018 年	2019 年	2020 年	2021 年	2022 年	2023 年	合计
瑞士	15.79	16.13	17.95	44.44	34.38	20.93	7.50	15.87	18.00	19.05	20.23
意大利	7.89	22.58	7.69	25.00	34.38	20.93	22.50	9.52	18.00	28.57	19.31
西班牙	2.63	19.35	10.26	13.89	31.25	30.23	27.50	9.52	16.00	22.22	17.93
巴西	15.79	16.13	7.69	22.22	21.88	23.26	20.00	19.05	16.00	7.94	16.55
瑞典	13.16	12.90	12.82	16.67	34.38	9.30	15.00	9.52	8.00	6.35	12.64
比利时	18.42	16.13	17.95	25.00	25.00	6.98	10.00	6.35	10.00	3.17	12.41
荷兰	15.79	25.81	5.13	19.44	15.63	6.98	10.00	4.76	10.00	7.94	11.03
澳大利亚	13.16	0.00	5.13	13.89	28.13	6.98	20.00	6.35	6.00	6.35	9.89
中国大陆	7.89	6.45	5.13	8.33	3.13	9.30	7.50	11.11	6.00	14.29	8.51
加拿大	10.53	6.45	5.13	2.78	12.50	9.30	20.00	9.52	2.00	6.35	8.28
日本	10.53	6.45	15.38	8.33	18.75	0.00	5.00	4.76	12.00	4.76	8.05
丹麦	10.53	3.23	5.13	16.67	12.50	11.63	10.00	1.59	2.00	6.35	7.36
法国	5.26	6.45	2.56	11.11	9.38	6.98	2.50	9.52	2.00	6.35	6.21
中国香港	0.00	3.23	0.00	5.56	21.88	9.30	2.50	4.76	6.00	9.52	6.21
印度	2.63	3.23	0.00	0.00	3.13	2.33	7.50	12.70	2.00	12.70	5.52
爱尔兰	2.63	9.68	5.13	5.56	3.13	9.30	15.00	0.00	0.00	3.17	4.83
希腊	2.63	9.68	2.56	5.56	6.25	9.30	5.00	4.76	0.00	1.59	4.37

表 9-65　牙科医学、口腔外科和口腔医学 C 层研究排名前 20 的国家和地区的国际合作参与率

单位：%

国家和地区	2014 年	2015 年	2016 年	2017 年	2018 年	2019 年	2020 年	2021 年	2022 年	2023 年	合计
美国	43.21	36.70	40.79	40.30	39.86	43.94	39.62	35.66	37.20	36.12	39.23
巴西	15.22	19.95	19.47	21.64	21.74	16.50	17.74	15.74	15.97	16.54	17.90
英国	15.49	15.96	14.74	22.64	16.91	17.89	17.55	19.32	15.97	15.40	17.23
瑞士	17.12	14.63	12.89	13.93	18.84	15.31	16.79	14.94	17.07	17.49	15.97
意大利	13.32	9.84	11.05	13.68	16.43	13.92	16.60	15.94	16.63	17.11	14.69
德国	17.93	17.02	15.26	12.94	14.73	13.52	14.34	13.15	10.72	13.31	14.13
中国大陆	11.41	11.44	10.26	9.45	12.08	12.72	10.19	10.56	8.75	10.08	10.68
西班牙	9.24	6.12	8.68	10.45	7.97	8.75	11.13	10.76	14.66	12.55	10.21
沙特阿拉伯	2.99	5.05	5.26	6.22	4.83	8.15	8.30	10.36	9.85	11.03	7.51
瑞典	7.07	9.04	8.42	6.72	8.70	6.56	5.09	8.76	8.10	6.84	7.45

续表

国家和地区	2014 年	2015 年	2016 年	2017 年	2018 年	2019 年	2020 年	2021 年	2022 年	2023 年	合计
荷兰	7.34	5.85	9.74	7.71	5.80	6.76	6.04	5.38	7.00	7.60	6.86
加拿大	6.52	9.57	10.79	6.47	7.25	6.16	6.79	4.98	4.60	5.89	6.75
澳大利亚	4.89	4.79	6.05	6.97	7.73	6.36	5.28	6.37	7.44	6.27	6.24
日本	5.71	3.99	6.32	5.72	6.28	3.78	4.72	7.77	5.03	4.94	5.41
比利时	5.16	6.38	4.47	6.97	5.07	3.38	3.96	5.78	4.16	4.56	4.91
印度	1.36	3.19	3.68	2.49	3.14	2.19	3.02	5.98	6.13	7.98	4.06
埃及	2.99	3.72	3.16	3.48	2.90	3.38	2.64	5.78	5.03	5.32	3.90
丹麦	2.45	4.79	3.95	3.48	3.86	3.18	3.40	4.18	3.94	2.47	3.54
中国香港	2.99	2.39	2.11	2.74	4.83	3.98	4.34	4.38	3.94	2.66	3.50
土耳其	3.26	0.80	2.63	2.49	3.62	3.18	3.58	3.98	3.94	5.70	3.43

二十三　急救医学

急救医学 A 层研究国际合作参与率最高的是英国，为 71.43%，德国、意大利、美国的参与率排名并列第二，均为 42.86%；加拿大、芬兰、法国、挪威、瑞典、奥地利、比利时、以色列、荷兰、巴拉圭、斯洛伐克、斯洛文尼亚、南非、韩的参与率也比较高，在 29%~14%。

B 层研究国际合作参与率最高的是美国，为 59.38%，其次为英国的 52.08%；意大利、加拿大、德国、荷兰、澳大利亚、法国、比利时、挪威、芬兰、瑞士、奥地利、西班牙、瑞典、以色列、巴西、丹麦、爱尔兰、阿联酋的参与率也比较高，在 43%~12%。

C 层研究国际合作参与率最高的是美国，为 56.37%，其次为英国的 28.65% 和加拿大的 26.33%；澳大利亚、意大利、德国、荷兰、瑞士、法国、瑞典 C 层研究国际合作参与率也比较高，在 21%~10%；日本、丹麦、巴西、西班牙、芬兰、比利时、挪威、以色列、中国大陆、奥地利也有一定的参与率，在 9%~6%。

表 9-66　急救医学 A 层研究所有的国家的国际合作参与率

单位：%

国家	2014 年	2015 年	2016 年	2017 年	2018 年	2019 年	2020 年	2021 年	2022 年	2023 年	合计
英国	100.00	100.00	0.00	0.00	0.00	100.00	0.00	100.00	0.00	100.00	71.43
德国	100.00	100.00	0.00	0.00	0.00	0.00	0.00	100.00	0.00	0.00	42.86
意大利	0.00	100.00	0.00	0.00	0.00	100.00	0.00	100.00	0.00	0.00	42.86
美国	100.00	0.00	0.00	0.00	0.00	100.00	0.00	0.00	100.00	0.00	42.86
加拿大	0.00	0.00	0.00	0.00	0.00	100.00	0.00	0.00	0.00	100.00	28.57
芬兰	0.00	100.00	0.00	0.00	0.00	100.00	0.00	0.00	0.00	0.00	28.57
法国	0.00	100.00	0.00	0.00	0.00	0.00	0.00	100.00	0.00	0.00	28.57
挪威	0.00	100.00	0.00	0.00	0.00	0.00	0.00	100.00	0.00	0.00	28.57
瑞典	0.00	0.00	0.00	100.00	0.00	0.00	0.00	100.00	0.00	0.00	28.57
奥地利	0.00	0.00	0.00	0.00	0.00	0.00	0.00	100.00	0.00	0.00	14.29
比利时	0.00	0.00	0.00	0.00	0.00	0.00	0.00	0.00	0.00	100.00	14.29
以色列	0.00	0.00	0.00	0.00	0.00	100.00	0.00	0.00	0.00	0.00	14.29
荷兰	0.00	0.00	0.00	0.00	0.00	0.00	0.00	100.00	0.00	0.00	14.29
巴拉圭	0.00	0.00	0.00	0.00	0.00	0.00	0.00	0.00	0.00	100.00	14.29
斯洛伐克	0.00	0.00	0.00	0.00	0.00	0.00	0.00	0.00	0.00	100.00	14.29
斯洛文尼亚	0.00	0.00	0.00	0.00	0.00	0.00	0.00	0.00	0.00	100.00	14.29
南非	0.00	0.00	0.00	100.00	0.00	0.00	0.00	0.00	0.00	0.00	14.29
韩国	0.00	0.00	0.00	0.00	0.00	0.00	0.00	100.00	0.00	0.00	14.29

表 9-67　急救医学 B 层研究排名前 20 的国家的国际合作参与率

单位：%

国家	2014 年	2015 年	2016 年	2017 年	2018 年	2019 年	2020 年	2021 年	2022 年	2023 年	合计
美国	66.67	30.77	85.71	100.00	85.71	66.67	77.78	14.29	50.00	81.82	59.38
英国	25.00	69.23	57.14	0.00	71.43	33.33	55.56	78.57	60.00	36.36	52.08
意大利	8.33	38.46	57.14	75.00	28.57	33.33	66.67	50.00	30.00	63.64	42.71
加拿大	33.33	15.38	42.86	50.00	42.86	22.22	55.56	14.29	30.00	54.55	33.33
德国	0.00	38.46	57.14	25.00	28.57	22.22	22.22	50.00	40.00	36.36	32.29
荷兰	33.33	38.46	42.86	25.00	42.86	33.33	33.33	35.71	20.00	9.09	31.25
澳大利亚	16.67	7.69	57.14	100.00	28.57	33.33	33.33	7.14	50.00	27.27	29.17
法国	8.33	7.69	28.57	50.00	57.14	33.33	44.44	14.29	30.00	45.45	28.13
比利时	8.33	38.46	28.57	0.00	28.57	11.11	22.22	57.14	20.00	0.00	23.96

续表

国家	2014 年	2015 年	2016 年	2017 年	2018 年	2019 年	2020 年	2021 年	2022 年	2023 年	合计
挪威	8.33	30.77	28.57	25.00	14.29	0.00	55.56	42.86	20.00	9.09	23.96
芬兰	0.00	7.69	42.86	75.00	28.57	22.22	44.44	14.29	30.00	9.09	21.88
瑞士	8.33	23.08	28.57	0.00	28.57	0.00	33.33	21.43	40.00	27.27	21.88
奥地利	8.33	30.77	42.86	0.00	14.29	0.00	22.22	35.71	10.00	0.00	17.71
西班牙	0.00	7.69	28.57	25.00	0.00	0.00	44.44	28.57	30.00	18.18	17.71
瑞典	16.67	7.69	42.86	25.00	0.00	11.11	33.33	28.57	10.00	9.09	17.71
以色列	0.00	0.00	28.57	75.00	42.86	22.22	22.22	0.00	20.00	18.18	16.67
巴西	0.00	0.00	28.57	75.00	28.57	22.22	22.22	0.00	20.00	18.18	15.63
丹麦	0.00	7.69	14.29	0.00	14.29	33.33	22.22	21.43	10.00	27.27	15.63
爱尔兰	0.00	0.00	71.43	25.00	28.57	0.00	22.22	7.14	30.00	9.09	15.63
阿联酋	0.00	7.69	0.00	50.00	28.57	11.11	22.22	7.14	10.00	18.18	12.50

表 9-68　急救医学 C 层研究排名前 20 的国家和地区的国际合作参与率

单位：%

国家和地区	2014 年	2015 年	2016 年	2017 年	2018 年	2019 年	2020 年	2021 年	2022 年	2023 年	合计
美国	58.97	65.88	45.74	64.36	61.21	55.56	55.83	55.38	49.68	55.68	56.37
英国	23.08	30.59	29.79	25.74	28.45	32.41	35.83	30.00	21.94	29.55	28.65
加拿大	35.90	29.41	28.72	26.73	31.03	20.37	26.67	23.08	23.23	22.73	26.33
澳大利亚	17.95	16.47	26.60	19.80	18.10	19.44	30.83	14.62	16.77	27.27	20.56
意大利	12.82	18.82	12.77	14.85	12.07	13.89	30.83	24.62	16.13	27.27	18.60
德国	11.54	10.59	13.83	12.87	14.66	14.81	18.33	16.15	14.19	19.32	14.79
荷兰	6.41	15.29	9.57	10.89	12.07	17.59	12.50	16.92	15.48	15.91	13.58
瑞士	3.85	11.76	17.02	5.94	5.17	12.04	16.67	16.92	10.97	17.05	11.91
法国	6.41	11.76	5.32	6.93	10.34	12.96	14.17	10.77	10.97	21.59	11.16
瑞典	6.41	14.12	10.64	10.89	11.21	11.11	10.83	6.15	9.03	11.36	10.05
日本	8.97	4.71	6.38	9.90	11.21	11.11	12.50	4.62	9.03	6.82	8.65
丹麦	5.13	14.12	7.45	8.91	12.07	9.26	7.50	5.38	6.45	7.95	8.28
巴西	7.69	8.24	5.32	6.93	11.21	4.63	10.83	8.46	5.81	9.09	7.81
西班牙	5.13	4.71	4.26	7.92	6.03	11.11	10.00	10.00	3.87	15.91	7.81
芬兰	6.41	5.88	5.32	6.93	6.90	5.56	9.17	9.23	5.81	15.91	7.63
比利时	6.41	3.53	6.38	4.95	6.03	7.41	10.00	7.69	7.10	12.50	7.26
挪威	6.41	5.88	5.32	8.91	7.76	7.41	11.67	6.92	4.52	7.95	7.26

国家和地区	2014 年	2015 年	2016 年	2017 年	2018 年	2019 年	2020 年	2021 年	2022 年	2023 年	合计
以色列	3.85	5.88	4.26	6.93	6.90	7.41	6.67	11.54	5.16	9.09	6.88
中国大陆	7.69	4.71	6.38	3.96	6.90	5.56	6.67	6.92	5.81	14.77	6.79
奥地利	7.69	5.88	11.70	0.99	6.03	4.63	7.50	9.23	4.52	10.23	6.70

二十四　危机护理医学

加拿大、美国危机护理医学 A 层研究国际合作参与率并列第一，均为
76.67%，其次为澳大利亚的 50.00%；英国、法国、意大利、荷兰、比利
时、德国、西班牙、瑞士、巴西、印度、沙特阿拉伯、中国大陆、丹麦、日
本、阿根廷、希腊、中国香港的参与率也比较高，在 47%～10%。

B 层研究国际合作参与率最高的是美国，为 65.10%，其次为英国的
53.67%；加拿大、德国、意大利、法国、澳大利亚、荷兰、西班牙、比利
时、瑞士、瑞典、中国大陆的参与率也比较高，在 37%～10%；巴西、丹
麦、印度、挪威、日本、南非、奥地利也有一定的参与率，在 10%～7%。

C 层研究国际合作参与率最高的是美国，为 57.97%，其次为英国的
35.15%；加拿大、法国、意大利、德国、澳大利亚、荷兰、比利时、西班
牙、瑞士的参与率也比较高，在 29%～10%；瑞典、巴西、丹麦、中国大
陆、奥地利、日本、爱尔兰、希腊、印度也有一定的参与率，在 9%～3%。

表 9-69　危机护理医学 A 层研究排名前 20 的国家和地区的国际合作参与率

单位：%

国家和地区	2014 年	2015 年	2016 年	2017 年	2018 年	2019 年	2020 年	2021 年	2022 年	2023 年	合计
加拿大	40.00	100.00	100.00	100.00	83.33	100.00	66.67	100.00	50.00	66.67	76.67
美国	40.00	100.00	100.00	100.00	100.00	100.00	33.33	100.00	50.00	66.67	76.67
澳大利亚	40.00	50.00	66.67	100.00	33.33	75.00	33.33	100.00	50.00	33.33	50.00
英国	20.00	50.00	66.67	66.67	33.33	50.00	33.33	100.00	100.00	33.33	46.67
法国	20.00	50.00	66.67	100.00	50.00	50.00	0.00	50.00	50.00	33.33	43.33
意大利	40.00	50.00	33.33	100.00	16.67	0.00	0.00	100.00	50.00	66.67	33.33

续表

国家和地区	2014 年	2015 年	2016 年	2017 年	2018 年	2019 年	2020 年	2021 年	2022 年	2023 年	合计
荷兰	20.00	0.00	66.67	100.00	33.33	25.00	0.00	100.00	50.00	33.33	33.33
比利时	20.00	50.00	33.33	100.00	0.00	0.00	0.00	100.00	50.00	66.67	26.67
德国	0.00	0.00	66.67	100.00	0.00	25.00	33.33	100.00	50.00	33.33	26.67
西班牙	20.00	0.00	66.67	100.00	0.00	0.00	0.00	100.00	50.00	33.33	23.33
瑞士	20.00	50.00	33.33	0.00	0.00	25.00	33.33	0.00	0.00	33.33	20.00
巴西	0.00	0.00	0.00	100.00	0.00	25.00	33.33	0.00	0.00	33.33	16.67
印度	0.00	50.00	0.00	100.00	0.00	25.00	0.00	100.00	0.00	33.33	16.67
沙特阿拉伯	0.00	0.00	0.00	100.00	16.67	25.00	0.00	0.00	0.00	33.33	16.67
中国大陆	0.00	0.00	0.00	0.00	0.00	0.00	33.33	0.00	50.00	33.33	13.33
丹麦	0.00	0.00	0.00	100.00	0.00	0.00	0.00	0.00	50.00	33.33	13.33
日本	0.00	50.00	0.00	100.00	0.00	0.00	0.00	0.00	50.00	0.00	13.33
阿根廷	0.00	50.00	0.00	0.00	0.00	0.00	0.00	100.00	50.00	0.00	10.00
希腊	0.00	50.00	0.00	0.00	0.00	0.00	33.33	0.00	50.00	0.00	10.00
中国香港	0.00	50.00	0.00	0.00	0.00	25.00	0.00	100.00	0.00	0.00	10.00

表 9-70　危机护理医学 B 层研究排名前 20 的国家和地区的国际合作参与率

单位：%

国家和地区	2014 年	2015 年	2016 年	2017 年	2018 年	2019 年	2020 年	2021 年	2022 年	2023 年	合计
美国	74.29	60.98	62.50	76.00	68.09	65.63	61.76	55.56	67.65	57.69	65.10
英国	48.57	43.90	32.50	60.00	61.70	50.00	41.18	74.07	67.65	69.23	53.67
加拿大	28.57	19.51	40.00	52.00	34.04	46.88	38.24	25.93	38.24	53.85	36.66
德国	25.71	26.83	42.50	32.00	23.40	25.00	35.29	51.85	26.47	38.46	31.96
意大利	22.86	24.39	25.00	24.00	25.53	37.50	44.12	51.85	29.41	30.77	30.79
法国	31.43	26.83	27.50	36.00	10.64	40.63	26.47	37.04	29.41	50.00	29.91
澳大利亚	28.57	19.51	17.50	36.00	29.79	15.63	32.35	22.22	44.12	34.62	27.57
荷兰	22.86	19.51	17.50	24.00	19.15	25.00	29.41	44.44	20.59	26.92	24.05
西班牙	11.43	17.07	22.50	24.00	6.38	21.88	20.59	40.74	26.47	42.31	21.70
比利时	17.14	14.63	12.50	24.00	17.02	21.88	23.53	29.63	26.47	34.62	21.11
瑞士	8.57	14.63	10.00	24.00	14.89	18.75	11.76	18.52	11.76	34.62	15.84
瑞典	5.71	4.88	10.00	16.00	4.26	15.63	8.82	29.63	17.65	7.69	11.14
中国大陆	5.71	2.44	7.50	16.00	8.51	6.25	29.41	11.11	14.71	11.54	10.85
巴西	8.57	4.88	7.50	12.00	4.26	6.25	17.65	14.81	11.76	15.38	9.68

续表

国家和地区	2014 年	2015 年	2016 年	2017 年	2018 年	2019 年	2020 年	2021 年	2022 年	2023 年	合计
丹麦	5.71	0.00	12.50	8.00	6.38	12.50	20.59	7.41	5.88	19.23	9.38
印度	5.71	7.32	0.00	16.00	0.00	9.38	14.71	11.11	11.76	19.23	8.50
挪威	5.71	14.63	2.50	4.00	4.26	6.25	5.88	29.63	5.88	11.54	8.50
日本	2.86	0.00	10.00	12.00	6.38	9.38	11.76	3.70	5.88	19.23	7.62
南非	2.86	4.88	5.00	8.00	2.13	18.75	11.76	3.70	8.82	15.38	7.62
奥地利	5.71	7.32	10.00	12.00	2.13	6.25	5.88	22.22	2.94	3.85	7.33

表 9-71　危机护理医学 C 层研究排名前 20 的国家和地区的国际合作参与率

单位：%

国家和地区	2014 年	2015 年	2016 年	2017 年	2018 年	2019 年	2020 年	2021 年	2022 年	2023 年	合计
美国	55.85	62.43	56.48	58.66	56.46	57.30	56.28	61.82	55.10	60.39	57.97
英国	28.72	30.54	27.69	36.69	34.01	36.82	40.59	43.12	39.03	33.82	35.15
加拿大	21.01	22.97	27.47	32.04	29.71	29.63	29.50	27.79	33.16	29.47	28.39
法国	18.88	18.11	19.12	23.51	20.63	18.52	24.48	25.45	28.32	22.71	21.94
意大利	17.29	12.43	19.12	18.60	22.22	18.30	26.36	25.71	25.51	22.71	20.95
德国	20.74	14.05	18.24	20.93	17.91	20.26	19.46	22.60	22.70	21.74	19.85
澳大利亚	15.16	14.86	17.58	21.19	17.46	17.65	21.55	19.48	22.70	18.84	18.69
荷兰	13.83	15.41	12.75	19.12	17.69	19.61	16.74	21.56	18.62	15.46	17.06
比利时	13.83	11.89	13.19	13.95	14.74	15.25	15.90	18.44	18.11	14.01	14.94
西班牙	9.31	12.16	12.09	13.18	12.24	13.29	13.39	14.55	18.88	14.73	13.38
瑞士	9.57	8.92	9.23	12.40	11.34	8.93	10.67	13.51	10.97	11.59	10.68
瑞典	9.31	10.27	5.27	8.79	9.98	6.75	6.69	7.53	10.20	9.66	8.35
巴西	5.85	5.41	5.49	8.79	9.07	7.19	7.53	12.47	6.63	8.21	7.65
丹麦	4.26	5.68	5.71	10.85	7.94	7.84	7.53	8.05	7.40	8.94	7.43
中国大陆	4.26	5.14	6.37	6.98	5.44	9.80	11.09	7.79	4.85	9.18	7.22
奥地利	6.65	4.05	4.40	3.88	4.76	5.88	5.23	6.75	7.91	6.04	5.53
日本	2.66	3.51	3.74	4.39	6.58	5.88	6.69	7.79	6.12	7.25	5.51
爱尔兰	2.66	1.89	2.64	6.20	4.54	5.23	4.60	7.01	6.12	7.25	4.81
希腊	3.19	3.78	1.54	5.68	2.04	3.70	2.93	5.19	5.87	2.42	3.56
印度	1.86	1.35	1.32	4.39	3.40	1.74	3.14	5.71	5.36	5.07	3.30

二十五　整形外科学

整形外科学 A、B、C 层研究国际合作参与率最高的均为美国，分别为 47.92%、58.56%、50.44%。

澳大利亚和英国 A 层研究国际合作参与率并列第二，均为 35.42%；加拿大、瑞典、德国、荷兰、法国、西班牙、瑞士、比利时、中国大陆、丹麦、伊朗的参与率也比较高，在 23%～10%；以色列、奥地利、马来西亚、土耳其、巴西、芬兰也有一定的参与率，在 9%～4%。

英国 B 层研究国际合作参与率排名第二，为 27.55%；澳大利亚、加拿大、德国、荷兰、瑞士、法国、意大利的参与率也比较高，在 24%～10%；日本、瑞典、中国大陆、比利时、挪威、丹麦、巴西、爱尔兰、奥地利、韩国、西班牙也有一定的参与率，在 10%～3%。

英国 C 层研究国际合作参与率排名第二，为 22.34%；德国、加拿大、澳大利亚、瑞士、法国、意大利、荷兰参与率也比较高，在 18%～10%；中国大陆、瑞典、日本、比利时、丹麦、奥地利、西班牙、巴西、中国香港、挪威、韩国也有一定的参与率，在 9%～2%。

表 9-72　整形外科学 A 层研究排名前 20 的国家和地区的国际合作参与率

单位：%

国家和地区	2014 年	2015 年	2016 年	2017 年	2018 年	2019 年	2020 年	2021 年	2022 年	2023 年	合计
美国	66.67	100.00	75.00	66.67	80.00	33.33	16.67	28.57	20.00	42.86	47.92
澳大利亚	33.33	50.00	50.00	33.33	20.00	66.67	50.00	28.57	40.00	14.29	35.42
英国	66.67	0.00	0.00	33.33	20.00	66.67	50.00	28.57	40.00	42.86	35.42
加拿大	33.33	50.00	25.00	16.67	0.00	33.33	50.00	14.29	0.00	28.57	22.92
瑞典	33.33	50.00	0.00	16.67	0.00	66.67	16.67	28.57	20.00	14.29	20.83
德国	33.33	0.00	50.00	0.00	40.00	33.33	16.67	14.29	20.00	0.00	18.75
荷兰	33.33	50.00	25.00	0.00	40.00	33.33	16.67	14.29	0.00	14.29	18.75
法国	33.33	0.00	0.00	33.33	0.00	0.00	33.33	14.29	0.00	14.29	14.58
西班牙	0.00	50.00	0.00	33.33	0.00	33.33	16.67	0.00	0.00	14.29	12.50
瑞士	0.00	0.00	0.00	16.67	20.00	33.33	16.67	14.29	0.00	14.29	12.50
比利时	33.33	0.00	0.00	0.00	20.00	0.00	33.33	14.29	0.00	0.00	10.42
中国大陆	0.00	0.00	0.00	0.00	40.00	33.33	16.67	0.00	0.00	14.29	10.42

续表

国家和地区	2014 年	2015 年	2016 年	2017 年	2018 年	2019 年	2020 年	2021 年	2022 年	2023 年	合计
丹麦	33.33	50.00	25.00	0.00	20.00	0.00	0.00	0.00	0.00	14.29	10.42
伊朗	33.33	0.00	0.00	0.00	0.00	0.00	0.00	28.57	40.00	0.00	10.42
以色列	0.00	0.00	0.00	0.00	40.00	0.00	0.00	0.00	0.00	28.57	8.33
奥地利	0.00	0.00	25.00	0.00	20.00	0.00	0.00	0.00	0.00	14.29	6.25
马来西亚	0.00	0.00	0.00	0.00	0.00	0.00	0.00	28.57	20.00	0.00	6.25
土耳其	0.00	0.00	0.00	16.67	0.00	0.00	0.00	14.29	0.00	14.29	6.25
巴西	0.00	0.00	0.00	16.67	20.00	0.00	0.00	0.00	0.00	0.00	4.17
芬兰	0.00	50.00	0.00	0.00	0.00	33.33	0.00	0.00	0.00	0.00	4.17

表 9-73　整形外科学 B 层研究排名前 20 的国家和地区的国际合作参与率

单位：%

国家和地区	2014 年	2015 年	2016 年	2017 年	2018 年	2019 年	2020 年	2021 年	2022 年	2023 年	合计
美国	62.07	56.25	58.54	66.67	76.47	59.09	61.70	50.00	46.00	52.27	58.56
英国	10.34	28.13	34.15	36.11	15.69	22.73	42.55	27.59	34.00	20.45	27.55
澳大利亚	20.69	18.75	26.83	25.00	17.65	29.55	17.02	24.14	28.00	22.73	23.15
加拿大	24.14	31.25	29.27	22.22	17.65	20.45	23.40	10.34	22.00	15.91	20.83
德国	13.79	9.38	19.51	11.11	11.76	11.36	29.79	15.52	18.00	20.45	16.44
荷兰	10.34	12.50	19.51	11.11	5.88	15.91	14.89	15.52	10.00	13.64	12.96
瑞士	13.79	15.63	7.32	2.78	3.92	11.36	29.79	10.34	18.00	15.91	12.96
法国	13.79	3.13	9.76	11.11	11.76	13.64	12.77	12.07	12.00	11.36	11.34
意大利	6.90	6.25	14.63	11.11	7.84	15.91	10.64	13.79	8.00	11.36	10.88
日本	13.79	12.50	7.32	11.11	13.73	6.82	8.51	8.62	10.00	4.55	9.49
瑞典	13.79	6.25	4.88	5.56	3.92	11.36	12.77	3.45	8.00	20.45	8.80
中国大陆	3.45	15.63	2.44	8.33	5.88	4.55	6.38	13.79	6.00	11.36	7.87
比利时	3.45	3.13	4.88	2.78	5.88	6.82	19.15	3.45	12.00	11.36	7.64
挪威	3.45	9.38	9.76	5.56	9.80	9.09	4.26	1.72	8.00	4.55	6.48
丹麦	6.90	6.25	14.63	11.11	5.88	6.82	4.26	1.72	4.00	4.55	6.25
巴西	6.90	9.38	9.76	11.11	1.96	2.27	0.00	8.62	2.00	2.27	5.09
爱尔兰	3.45	9.38	4.88	8.33	1.96	0.00	4.26	3.45	8.00	2.27	4.40
奥地利	0.00	6.25	2.44	0.00	3.92	6.82	6.38	3.45	6.00	4.55	4.17
韩国	6.90	0.00	2.44	5.56	0.00	2.27	6.38	3.45	2.00	9.09	3.70
西班牙	0.00	9.38	2.44	0.00	1.96	9.09	4.26	1.72	4.00	4.55	3.70

表 9-74　整形外科学 C 层研究排名前 20 的国家和地区的国际合作参与率

单位：%

国家和地区	2014 年	2015 年	2016 年	2017 年	2018 年	2019 年	2020 年	2021 年	2022 年	2023 年	合计
美国	49.79	50.87	53.04	53.28	52.81	55.20	48.43	48.39	48.80	46.14	50.44
英国	19.50	23.34	24.64	18.85	18.58	21.71	25.00	22.39	24.60	22.75	22.34
德国	21.58	13.24	18.84	15.57	13.69	17.09	17.52	18.79	18.00	24.03	17.93
加拿大	13.69	17.77	20.58	19.13	14.43	15.94	12.01	14.99	15.00	10.73	15.14
澳大利亚	11.62	14.63	11.01	17.49	17.60	15.01	14.37	13.85	17.40	14.38	14.92
瑞士	13.28	8.71	11.01	11.75	9.78	13.39	14.57	15.18	13.80	14.38	12.89
法国	7.47	8.36	10.72	9.29	10.27	9.47	13.19	11.57	13.80	15.24	11.37
意大利	9.54	8.01	8.41	8.47	8.56	10.39	12.40	13.85	13.40	15.67	11.32
荷兰	9.96	8.71	11.01	10.38	10.02	11.55	12.99	10.06	9.60	8.80	10.39
中国大陆	7.47	8.71	8.99	7.65	6.36	6.70	10.04	9.11	7.80	7.51	8.08
瑞典	6.64	8.01	9.28	7.38	8.31	6.00	6.50	5.69	7.40	6.65	7.08
日本	8.71	5.92	6.38	7.10	8.07	6.00	6.69	5.69	5.00	3.43	6.12
比利时	4.56	4.88	7.25	6.01	6.60	4.62	5.71	5.12	5.00	3.86	5.34
丹麦	5.81	4.53	4.35	6.28	5.38	6.47	5.31	4.74	5.80	4.72	5.34
奥地利	6.22	4.18	6.67	4.37	6.36	3.93	5.71	4.17	4.00	7.08	5.22
西班牙	5.39	6.27	6.67	3.01	3.67	5.31	4.92	4.74	5.20	6.65	5.14
巴西	3.73	5.23	5.22	1.91	3.42	5.54	4.33	3.61	4.20	3.86	4.09
中国香港	2.07	4.53	4.35	3.01	2.44	2.77	3.74	3.98	5.40	3.00	3.60
挪威	2.49	2.79	3.19	6.56	6.36	5.77	2.36	2.09	2.80	1.72	3.55
韩国	4.15	2.09	1.16	2.73	2.44	3.00	3.94	2.47	1.80	4.29	2.82

二十六　麻醉学

麻醉学 A、B、C 层研究国际合作参与率最高的均为美国，分别为 82.35%、59.92%、53.75%。

加拿大和德国 A 层研究国际合作参与率并列第二，均为 52.94%；澳大利亚、丹麦、英国、比利时、法国、意大利、西班牙、瑞典、瑞士、荷兰、挪威的参与率也比较高，在 42%~11%；奥地利、巴西、中国大陆、中国香港、匈牙利、印度也有一定的参与率，均为 5.88%。

英国 B 层研究国际合作参与率排名第二，为 45.57%；加拿大、德国、澳大利亚、荷兰、意大利、比利时、丹麦、法国、西班牙、瑞士的参与率也比较高，在 37%~10%；瑞典、爱尔兰、奥地利、中国大陆、挪威、巴西、中国香港、新西兰也有一定的参与率，在 10%~5%。

英国 C 层研究国际合作参与率排名第二，为 28.36%；加拿大、德国、澳大利亚、荷兰、意大利、比利时的参与率也比较高，在 25%~10%；瑞士、法国、丹麦、中国大陆、西班牙、瑞典、奥地利、以色列、爱尔兰、巴西、新西兰、日本也有一定的参与率，在 10%~3%。

表 9-75　麻醉学 A 层研究排名前 20 的国家和地区的国际合作参与率

单位：%

国家和地区	2014 年	2015 年	2016 年	2017 年	2018 年	2019 年	2020 年	2021 年	2022 年	2023 年	合计
美国	100.00	0.00	100.00	100.00	100.00	100.00	66.67	66.67	100.00	50.00	82.35
加拿大	100.00	0.00	50.00	0.00	0.00	0.00	100.00	100.00	0.00	50.00	52.94
德国	100.00	0.00	50.00	50.00	50.00	100.00	66.67	33.33	0.00	50.00	52.94
澳大利亚	100.00	0.00	0.00	50.00	50.00	100.00	33.33	66.67	0.00	0.00	41.18
丹麦	0.00	0.00	50.00	50.00	0.00	100.00	33.33	0.00	100.00	50.00	41.18
英国	0.00	0.00	50.00	0.00	0.00	100.00	33.33	66.67	0.00	0.00	41.18
比利时	0.00	0.00	0.00	50.00	50.00	100.00	0.00	33.33	100.00	0.00	29.41
法国	100.00	0.00	50.00	0.00	0.00	100.00	33.33	0.00	0.00	0.00	29.41
意大利	0.00	0.00	50.00	0.00	0.00	100.00	0.00	0.00	0.00	0.00	23.53
西班牙	0.00	0.00	50.00	50.00	0.00	0.00	0.00	33.33	0.00	50.00	23.53
瑞典	0.00	0.00	50.00	0.00	0.00	100.00	0.00	33.33	0.00	0.00	17.65
瑞士	100.00	0.00	0.00	50.00	0.00	0.00	0.00	0.00	100.00	0.00	17.65
荷兰	0.00	0.00	0.00	50.00	0.00	0.00	0.00	0.00	0.00	0.00	11.76
挪威	0.00	0.00	50.00	0.00	0.00	100.00	0.00	0.00	0.00	0.00	11.76
奥地利	0.00	0.00	0.00	0.00	0.00	0.00	0.00	0.00	0.00	50.00	5.88
巴西	0.00	0.00	0.00	0.00	0.00	0.00	0.00	0.00	0.00	50.00	5.88
中国大陆	0.00	0.00	0.00	0.00	0.00	0.00	33.33	0.00	0.00	0.00	5.88
中国香港	100.00	0.00	0.00	0.00	0.00	0.00	0.00	0.00	0.00	0.00	5.88
匈牙利	0.00	0.00	0.00	0.00	0.00	0.00	0.00	0.00	0.00	50.00	5.88
印度	0.00	0.00	0.00	0.00	0.00	0.00	0.00	0.00	100.00	0.00	5.88

表 9-76　麻醉学 B 层研究排名前 20 的国家和地区的国际合作参与率

单位：%

国家和地区	2014 年	2015 年	2016 年	2017 年	2018 年	2019 年	2020 年	2021 年	2022 年	2023 年	合计
美国	33.33	54.55	57.14	71.43	65.38	64.00	56.00	66.67	66.67	54.55	59.92
英国	44.44	40.91	57.14	38.10	46.15	32.00	60.00	48.48	37.50	50.00	45.57
加拿大	27.78	31.82	33.33	38.10	34.62	48.00	36.00	33.33	37.50	45.45	36.71
德国	27.78	45.45	28.57	14.29	15.38	40.00	20.00	21.21	25.00	31.82	26.58
澳大利亚	16.67	18.18	28.57	4.76	34.62	36.00	32.00	30.30	20.83	18.18	24.89
荷兰	22.22	36.36	19.05	14.29	15.38	24.00	16.00	24.24	4.17	22.73	19.83
意大利	27.78	18.18	9.52	19.05	19.23	24.00	20.00	12.12	8.33	22.73	17.72
比利时	50.00	18.18	4.76	14.29	11.54	24.00	8.00	21.21	8.33	13.64	16.88
丹麦	16.67	13.64	9.52	19.05	23.08	12.00	8.00	21.21	25.00	18.18	16.88
法国	22.22	22.73	4.76	14.29	15.38	20.00	12.00	24.24	12.50	18.18	16.88
西班牙	33.33	9.09	9.52	23.81	15.38	8.00	4.00	9.09	16.67	13.64	13.50
瑞士	5.56	13.64	4.76	9.52	15.38	8.00	4.00	12.12	16.67	9.09	10.13
瑞典	11.11	22.73	19.05	4.76	3.85	8.00	8.00	3.03	16.67	4.55	9.70
爱尔兰	5.56	9.09	4.76	4.76	0.00	12.00	12.00	9.09	8.33	9.09	7.59
奥地利	16.67	4.55	4.76	9.52	7.69	8.00	4.00	3.03	8.33	9.09	7.17
中国大陆	0.00	9.09	4.76	0.00	0.00	8.00	12.00	9.09	8.33	13.64	6.75
挪威	5.56	13.64	9.52	14.29	7.69	4.00	4.00	6.06	4.17	0.00	6.75
巴西	11.11	9.09	4.76	4.76	11.54	8.00	0.00	0.00	8.33	4.55	5.91
中国香港	11.11	0.00	0.00	0.00	3.85	8.00	12.00	9.09	8.33	4.55	5.91
新西兰	0.00	0.00	4.76	4.76	3.85	8.00	8.00	12.12	8.33	4.55	5.91

表 9-77　麻醉学 C 层研究排名前 20 的国家和地区的国际合作参与率

单位：%

国家和地区	2014 年	2015 年	2016 年	2017 年	2018 年	2019 年	2020 年	2021 年	2022 年	2023 年	合计
美国	55.96	51.98	47.97	51.65	53.26	57.80	60.07	55.45	48.94	51.23	53.75
英国	22.02	31.19	20.33	24.38	28.26	36.17	26.17	32.73	30.64	29.56	28.36
加拿大	17.89	18.81	30.08	25.21	30.07	28.37	23.15	24.55	18.72	22.17	24.25
德国	16.51	22.77	19.11	19.01	16.30	17.38	16.78	16.97	17.45	20.69	18.09
澳大利亚	15.60	13.37	14.63	14.05	14.86	15.96	18.12	17.27	18.30	17.24	16.03
荷兰	12.84	13.37	9.76	11.98	14.86	14.89	13.09	13.03	10.21	11.33	12.64
意大利	11.01	14.36	9.76	10.74	11.59	11.70	11.41	10.61	8.51	17.24	11.53
比利时	9.17	10.89	8.13	10.33	11.23	13.48	10.07	12.42	9.36	12.81	10.86

续表

国家和地区	2014 年	2015 年	2016 年	2017 年	2018 年	2019 年	2020 年	2021 年	2022 年	2023 年	合计
瑞士	5.50	7.43	9.35	9.50	9.42	10.64	11.07	13.64	8.94	10.34	9.83
法国	8.72	9.41	8.54	8.26	9.78	6.74	10.40	10.91	11.06	11.82	9.56
丹麦	8.26	8.91	7.72	9.92	8.70	10.64	8.05	10.61	7.23	9.85	9.04
中国大陆	7.80	5.94	9.76	7.02	8.70	5.32	10.07	11.21	8.51	9.36	8.49
西班牙	4.13	10.89	6.91	7.44	7.61	7.80	8.72	7.27	9.36	8.87	7.86
瑞典	2.75	6.44	6.91	5.37	5.43	8.51	4.03	6.97	9.36	5.91	6.20
奥地利	3.67	5.94	5.69	4.55	7.25	5.32	4.36	4.24	2.98	2.96	4.74
以色列	5.50	2.97	3.66	3.72	3.62	2.84	3.02	3.64	4.26	5.42	3.79
爱尔兰	4.59	4.46	0.81	1.65	3.26	3.90	3.69	6.06	4.26	3.45	3.67
巴西	2.75	3.47	5.69	3.31	2.54	2.48	3.69	2.73	5.11	4.43	3.55
新西兰	1.38	4.95	0.81	6.61	4.35	4.96	4.03	2.42	3.40	2.46	3.55
日本	5.50	1.98	3.66	2.48	0.72	4.61	3.69	2.12	2.13	5.42	3.16

二十七 肿瘤学

肿瘤学 A、B、C 层研究国际合作参与率最高的均为美国，分别为 91.98%、78.78%、65.90%。

法国、德国 A 层研究国际合作参与率排名第二、第三，分别为 60.49% 和 51.23%；英国、西班牙、日本、意大利、加拿大、澳大利亚、韩国、中国大陆、荷兰、比利时、瑞士、波兰、中国台湾、巴西、俄罗斯、以色列、中国香港的参与率也比较高，在 49%～10%。

英国 B 层研究国际合作参与率排名第二，为 40.01%；法国、德国、意大利、西班牙、加拿大、澳大利亚、荷兰、瑞士、日本、韩国、比利时、中国大陆的参与率也比较高，在 37%～15%；波兰、奥地利、丹麦、瑞典、俄罗斯、以色列也有一定的参与率，在 9%～6%。

英国、德国、中国大陆、意大利、法国、加拿大、西班牙、荷兰、澳大利亚、瑞士 C 层研究国际合作参与率也比较高，在 26%～10%；日本、比利时、瑞典、韩国、奥地利、丹麦、波兰、以色列、印度也有一定的参与率，在 10%～3%。

表 9-78　肿瘤学 A 层研究排名前 20 的国家和地区的国际合作参与率

单位：%

国家和地区	2014 年	2015 年	2016 年	2017 年	2018 年	2019 年	2020 年	2021 年	2022 年	2023 年	合计
美国	100.00	92.86	93.33	92.86	94.12	87.50	91.30	85.71	92.86	89.47	91.98
法国	43.75	64.29	66.67	50.00	70.59	62.50	47.83	78.57	92.86	42.11	60.49
德国	37.50	42.86	66.67	50.00	47.06	62.50	26.09	71.43	64.29	57.89	51.23
英国	50.00	42.86	46.67	42.86	47.06	56.25	39.13	35.71	71.43	52.63	48.15
西班牙	31.25	57.14	60.00	57.14	35.29	43.75	39.13	35.71	78.57	36.84	46.30
日本	25.00	21.43	26.67	42.86	58.82	50.00	39.13	35.71	78.57	42.11	41.98
意大利	37.50	42.86	46.67	42.86	35.29	37.50	17.39	42.86	64.29	52.63	40.74
加拿大	43.75	50.00	33.33	21.43	35.29	37.50	34.78	50.00	35.71	42.11	38.27
澳大利亚	31.25	42.86	40.00	28.57	41.18	43.75	30.43	42.86	50.00	15.79	35.80
韩国	31.25	7.14	20.00	42.86	29.41	18.75	43.48	7.14	42.86	36.84	29.01
中国大陆	6.25	0.00	13.33	35.71	35.29	25.00	26.09	14.29	50.00	47.37	25.93
荷兰	12.50	28.57	33.33	35.71	11.76	18.75	26.09	21.43	35.71	36.84	25.93
比利时	31.25	7.14	20.00	14.29	11.76	12.50	17.39	28.57	28.57	31.58	20.37
瑞士	18.75	14.29	13.33	7.14	5.88	43.75	4.35	14.29	21.43	21.05	16.05
波兰	6.25	28.57	6.67	21.43	17.65	25.00	0.00	21.43	28.57	10.53	15.43
中国台湾	0.00	7.14	0.00	14.29	11.76	25.00	21.74	0.00	28.57	26.32	14.20
巴西	0.00	14.29	13.33	14.29	23.53	25.00	0.00	14.29	28.57	10.53	13.58
俄罗斯	25.00	21.43	6.67	14.29	23.53	18.75	8.70	7.14	0.00	0.00	12.35
以色列	6.25	7.14	20.00	7.14	11.76	18.75	17.39	7.14	7.14	5.26	11.11
中国香港	6.25	0.00	6.67	7.14	5.88	18.75	8.70	7.14	28.57	15.79	10.49

表 9-79　肿瘤学 B 层研究排名前 20 的国家和地区的国际合作参与率

单位：%

国家和地区	2014 年	2015 年	2016 年	2017 年	2018 年	2019 年	2020 年	2021 年	2022 年	2023 年	合计
美国	74.71	82.02	78.33	77.56	83.11	73.45	77.83	82.52	78.18	80.33	78.78
英国	38.82	46.63	37.44	37.56	36.07	40.27	44.34	40.29	34.09	46.45	40.01
法国	34.12	37.08	31.03	37.56	34.70	31.42	41.51	41.75	36.82	37.70	36.35
德国	33.53	41.57	33.50	40.00	32.88	29.65	35.38	39.32	34.55	39.34	35.81
意大利	29.41	32.02	24.14	27.32	33.79	26.99	36.32	38.83	28.64	37.70	31.45
西班牙	22.35	23.03	19.21	28.29	27.85	26.55	34.43	38.35	30.91	41.53	29.33
加拿大	24.71	25.28	25.62	32.68	25.57	28.32	36.79	24.27	24.09	28.96	27.70
澳大利亚	17.65	28.09	19.70	23.41	20.55	25.22	29.72	19.42	25.91	33.33	24.28

续表

国家和地区	2014 年	2015 年	2016 年	2017 年	2018 年	2019 年	2020 年	2021 年	2022 年	2023 年	合计
荷兰	21.76	18.54	16.75	19.51	19.63	23.89	16.04	23.30	20.00	23.50	20.28
瑞士	15.29	21.91	18.72	22.93	13.70	16.81	19.81	19.90	16.82	21.31	18.64
日本	10.00	20.79	9.85	13.66	14.61	12.39	24.06	26.70	17.73	25.14	17.46
韩国	9.41	14.04	12.81	15.61	15.98	17.26	23.58	18.45	16.82	25.14	17.01
比利时	18.82	19.66	13.79	16.59	12.79	15.49	18.87	18.93	12.27	16.39	16.22
中国大陆	14.71	14.61	8.37	10.24	10.96	12.39	19.81	20.39	20.45	22.40	15.38
波兰	8.82	5.62	4.93	8.78	6.39	7.08	8.96	13.11	10.00	14.75	8.80
奥地利	6.47	8.43	9.36	7.80	6.39	10.18	5.66	11.17	8.64	9.29	8.36
丹麦	7.65	6.18	8.87	5.37	6.39	11.06	7.55	11.17	9.09	9.84	8.36
瑞典	8.82	9.55	9.36	10.73	6.85	5.31	8.02	6.80	8.18	8.74	8.16
俄罗斯	7.06	4.49	4.93	4.39	4.11	6.64	10.38	14.08	7.73	10.93	7.47
以色列	4.12	7.30	5.42	4.39	5.94	10.18	8.96	10.19	6.82	4.37	6.87

表 9-80　肿瘤学 C 层研究排名前 20 的国家和地区的国际合作参与率

单位：%

国家和地区	2014 年	2015 年	2016 年	2017 年	2018 年	2019 年	2020 年	2021 年	2022 年	2023 年	合计
美国	66.73	67.94	67.01	68.23	66.52	66.47	65.25	65.49	63.24	62.41	65.90
英国	24.04	24.93	23.10	24.62	23.82	22.85	25.82	27.35	25.92	27.81	25.05
德国	20.59	19.12	21.33	19.36	21.53	19.73	21.43	22.78	21.69	24.48	21.21
中国大陆	17.14	19.66	20.62	21.24	21.61	22.85	21.47	20.60	21.40	19.04	20.69
意大利	17.65	19.30	17.47	17.85	17.33	18.67	21.80	22.63	21.44	24.92	19.93
法国	16.78	15.89	16.23	16.76	17.97	17.78	21.21	20.23	18.64	21.30	18.36
加拿大	14.25	15.21	15.21	17.22	15.00	16.22	17.52	15.37	14.26	17.83	15.81
西班牙	11.05	11.53	11.71	11.91	12.82	13.33	14.84	15.33	15.33	19.42	13.80
荷兰	10.85	12.94	11.13	12.29	13.26	12.20	15.18	13.29	13.68	14.65	13.01
澳大利亚	11.21	9.95	11.84	11.71	11.48	10.25	13.47	13.26	12.32	12.87	11.88
瑞士	8.82	8.99	9.31	9.57	10.13	10.68	10.04	11.77	11.91	12.87	10.46
日本	7.30	7.40	9.27	8.57	8.07	10.25	9.30	9.34	10.77	11.61	9.23
比利时	8.42	8.49	8.20	7.65	8.23	8.34	8.89	9.15	8.31	10.99	8.65
瑞典	6.44	6.68	7.14	6.73	6.45	5.58	6.36	7.16	6.76	7.42	6.66
韩国	5.68	4.72	5.01	5.52	5.34	6.78	6.06	7.19	6.91	9.54	6.28
奥地利	4.26	4.59	4.61	4.81	5.74	4.68	5.39	4.61	5.07	7.04	5.07
丹麦	5.07	5.31	4.43	4.64	5.58	4.13	5.10	4.69	4.52	5.98	4.92

续表

国家和地区	2014 年	2015 年	2016 年	2017 年	2018 年	2019 年	2020 年	2021 年	2022 年	2023 年	合计
波兰	3.14	3.54	2.88	3.89	3.32	3.35	4.20	4.76	5.15	5.30	3.98
以色列	3.04	2.63	3.86	3.39	3.32	2.88	4.28	3.49	3.64	4.58	3.52
印度	1.88	2.63	2.13	2.22	3.21	2.77	2.86	4.21	6.10	6.75	3.51

二十八　康复医学

康复医学 A、B、C 层研究国际合作参与率最高的均为美国，分别为 46.88%、44.35%、41.44%。

加拿大和英国 A 层研究国际合作参与率并列第二，均为 37.50%；澳大利亚、荷兰、德国、爱尔兰、瑞士、西班牙的参与率也比较高，在 25%～12%；比利时、法国、奥地利、中国大陆、捷克、芬兰、意大利、波兰、瑞典、智利、哥伦比亚也有一定的参与率，在 10%～3%。

澳大利亚和英国 B 层研究国际合作参与率并列第二，均为 29.46%；加拿大、荷兰、意大利、中国大陆、德国、比利时的参与率也比较高，在 25%～10%；巴西、瑞士、西班牙、法国、爱尔兰、瑞典、新西兰、丹麦、以色列、挪威、新加坡也有一定的参与率，在 8%～3%。

英国、澳大利亚 C 层研究国际合作参与率排名第二、第三，分别为 25.62%、25.52%；加拿大、荷兰、意大利也比较高，在 22%～10%；德国、西班牙、中国大陆、巴西、瑞士、比利时、瑞典、丹麦、爱尔兰、挪威、法国、新西兰、中国香港、新加坡也有一定的参与率，在 10%～2%。

表 9-81　康复医学 A 层研究排名前 20 的国家和地区的国际合作参与率

单位：%

国家和地区	2014 年	2015 年	2016 年	2017 年	2018 年	2019 年	2020 年	2021 年	2022 年	2023 年	合计
美国	0.00	50.00	0.00	75.00	100.00	33.33	50.00	50.00	33.33	50.00	46.88
加拿大	25.00	0.00	100.00	0.00	33.33	100.00	50.00	50.00	33.33	50.00	37.50
英国	25.00	25.00	100.00	0.00	33.33	33.33	50.00	50.00	66.67	50.00	37.50

国家和地区	2014 年	2015 年	2016 年	2017 年	2018 年	2019 年	2020 年	2021 年	2022 年	2023 年	合计
澳大利亚	25.00	0.00	100.00	0.00	0.00	33.33	50.00	25.00	33.33	50.00	25.00
荷兰	0.00	25.00	100.00	25.00	33.33	33.33	0.00	50.00	0.00	25.00	25.00
德国	75.00	0.00	100.00	0.00	0.00	33.33	0.00	0.00	33.33	0.00	18.75
爱尔兰	0.00	25.00	0.00	0.00	0.00	0.00	0.00	25.00	100.00	0.00	15.63
瑞士	0.00	50.00	0.00	0.00	0.00	33.33	50.00	0.00	0.00	25.00	15.63
西班牙	0.00	0.00	0.00	25.00	33.33	0.00	0.00	0.00	66.67	0.00	12.50
比利时	0.00	0.00	0.00	0.00	0.00	0.00	50.00	0.00	0.00	50.00	9.38
法国	25.00	50.00	0.00	0.00	0.00	0.00	0.00	0.00	0.00	0.00	9.38
奥地利	25.00	0.00	0.00	25.00	0.00	0.00	0.00	0.00	0.00	0.00	6.25
中国大陆	0.00	0.00	0.00	25.00	0.00	0.00	0.00	25.00	0.00	0.00	6.25
捷克	0.00	0.00	0.00	0.00	33.33	0.00	0.00	0.00	0.00	25.00	6.25
芬兰	0.00	0.00	0.00	0.00	0.00	0.00	0.00	50.00	0.00	0.00	6.25
意大利	0.00	0.00	0.00	25.00	33.33	0.00	0.00	0.00	0.00	0.00	6.25
波兰	25.00	0.00	0.00	0.00	0.00	0.00	0.00	0.00	33.33	0.00	6.25
瑞典	0.00	0.00	0.00	0.00	33.33	0.00	0.00	0.00	33.33	0.00	6.25
智利	0.00	0.00	0.00	0.00	33.33	0.00	0.00	0.00	0.00	0.00	3.13
哥伦比亚	0.00	0.00	0.00	0.00	33.33	0.00	0.00	0.00	0.00	0.00	3.13

表 9-82 康复医学 B 层研究排名前 20 的国家和地区的国际合作参与率

单位：%

国家和地区	2014 年	2015 年	2016 年	2017 年	2018 年	2019 年	2020 年	2021 年	2022 年	2023 年	合计
美国	50.00	51.52	40.63	62.07	41.38	39.02	43.24	48.39	36.36	36.59	44.35
澳大利亚	30.00	30.30	34.38	41.38	37.93	29.27	16.22	19.35	27.27	31.71	29.46
英国	30.00	27.27	31.25	24.14	24.14	26.83	35.14	32.26	36.36	26.83	29.46
加拿大	20.00	21.21	37.50	37.93	17.24	19.51	18.92	19.35	30.30	26.83	24.70
荷兰	16.67	21.21	25.00	27.59	10.34	26.83	32.43	12.90	12.12	4.88	19.05
意大利	6.67	6.06	9.38	6.90	0.00	24.39	21.62	16.13	15.15	24.39	13.99
中国大陆	3.33	3.03	6.25	6.90	10.34	9.76	8.11	16.13	27.27	21.95	11.61
德国	10.00	9.09	12.50	6.90	13.79	14.63	16.22	6.45	21.21	2.44	11.31
比利时	3.33	12.12	21.88	13.79	3.45	9.76	5.41	12.90	12.12	7.32	10.12
巴西	6.67	12.12	6.25	13.79	3.45	17.07	2.70	6.45	3.03	4.88	7.74
瑞士	0.00	9.09	0.00	3.45	13.79	12.20	8.11	6.45	15.15	7.32	7.74

续表

国家和地区	2014 年	2015 年	2016 年	2017 年	2018 年	2019 年	2020 年	2021 年	2022 年	2023 年	合计
西班牙	3.33	6.06	9.38	3.45	3.45	9.76	8.11	12.90	6.06	7.32	7.14
法国	0.00	6.06	15.63	6.90	3.45	12.20	8.11	6.45	3.03	4.88	6.85
爱尔兰	0.00	6.06	15.63	3.45	6.90	2.44	10.81	9.68	3.03	4.88	6.25
瑞典	6.67	6.06	3.13	3.45	3.45	9.76	2.70	6.45	6.06	9.76	5.95
新西兰	6.67	3.03	12.50	6.90	0.00	4.88	5.41	0.00	3.03	9.76	5.36
丹麦	3.33	0.00	12.50	6.90	6.90	12.20	2.70	0.00	3.03	2.44	5.06
以色列	10.00	6.06	3.13	0.00	0.00	7.32	0.00	0.00	6.06	4.88	3.87
挪威	3.33	0.00	6.25	0.00	17.24	0.00	0.00	3.23	6.06	4.88	3.87
新加坡	3.33	0.00	0.00	0.00	10.34	12.20	2.70	6.45	0.00	2.44	3.87

表 9-83 康复医学 C 层研究排名前 20 的国家和地区的国际合作参与率

单位：%

国家和地区	2014 年	2015 年	2016 年	2017 年	2018 年	2019 年	2020 年	2021 年	2022 年	2023 年	合计
美国	45.56	40.08	45.35	42.14	37.19	43.30	41.90	39.88	38.73	41.20	41.44
英国	22.01	27.38	23.64	25.00	26.32	24.02	28.75	23.46	28.90	26.18	25.62
澳大利亚	17.37	25.40	23.64	28.93	27.02	28.21	25.69	26.69	27.46	21.89	25.52
加拿大	24.32	19.84	24.81	19.29	17.54	22.63	26.30	17.89	18.79	19.31	21.06
荷兰	9.65	7.14	13.18	7.50	12.63	13.13	13.76	12.90	11.56	13.30	11.60
意大利	8.88	6.35	12.02	7.50	12.63	8.94	11.31	10.56	11.56	15.02	10.45
德国	10.81	11.11	9.69	12.50	8.42	9.22	7.03	8.80	7.80	7.30	9.19
西班牙	9.27	5.95	8.14	7.86	7.72	8.94	5.50	6.45	10.12	11.16	8.06
中国大陆	2.32	5.16	3.10	8.57	5.96	6.42	11.31	7.92	10.40	14.16	7.62
巴西	7.72	8.73	5.43	6.79	6.67	8.38	9.48	7.62	7.51	6.87	7.59
瑞士	7.34	3.57	8.91	8.93	7.72	7.26	6.12	7.92	7.23	6.01	7.15
比利时	9.65	8.33	8.91	5.00	6.67	7.26	7.34	6.45	5.49	6.87	7.11
瑞典	4.25	7.14	7.36	6.79	8.07	6.98	3.67	6.45	8.67	3.00	6.33
丹麦	2.70	4.76	6.98	3.93	6.32	5.03	4.28	5.57	4.34	3.86	4.80
爱尔兰	3.86	5.16	3.49	4.29	5.96	4.19	2.75	4.11	5.78	3.86	4.36
挪威	4.25	4.76	3.88	4.29	3.16	3.91	6.12	3.52	4.91	3.43	4.25
法国	4.25	4.37	3.10	5.00	2.81	3.91	3.98	4.69	3.76	4.72	4.05
新西兰	5.79	3.97	3.10	4.64	4.91	4.19	2.45	3.81	4.34	2.58	3.98
中国香港	3.47	3.17	2.71	3.93	3.86	5.59	2.14	2.93	2.31	4.29	3.44
新加坡	1.93	1.59	1.55	2.50	3.51	5.87	3.98	2.64	3.76	0.86	2.99

二十九 医学信息学

医学信息学 A、B、C 层研究国际合作参与率最高的均为美国，分别为 50.00%、41.92%、43.39%；英国 A、B、C 层研究国际合作参与率均排名第二，分别为 45.45%、33.84%、25.88%。

加拿大、瑞士、澳大利亚、德国、意大利、荷兰、新加坡 A 层研究国际合作参与率也比较高，在 28%~13%；比利时、法国、中国台湾、中国大陆、丹麦、匈牙利、印度、日本、巴基斯坦、沙特阿拉伯也有一定的参与率，在 10%~4%。

加拿大、中国大陆、德国、澳大利亚、荷兰 B 层研究国际合作参与率也比较高，在 22%~13%；瑞士、印度、西班牙、意大利、瑞典、比利时、中国香港、新加坡、中国台湾、挪威、日本、沙特阿拉伯、丹麦也有一定的参与率，在 10%~3%。

中国大陆、澳大利亚、加拿大、德国 C 层研究国际合作参与率也比较高，在 23%~11%；荷兰、印度、西班牙、瑞士、法国、意大利、新加坡、瑞典、沙特阿拉伯、中国香港、比利时、韩国、巴基斯坦、挪威也有一定的参与率，在 10%~3%。

表 9-84 医学信息学 A 层研究所有国家和地区的国际合作参与率

单位：%

国家和地区	2014 年	2015 年	2016 年	2017 年	2018 年	2019 年	2020 年	2021 年	2022 年	2023 年	合计
美国	0.00	33.33	100.00	66.67	0.00	100.00	50.00	33.33	33.33	66.67	50.00
英国	0.00	33.33	0.00	66.67	100.00	100.00	100.00	33.33	0.00	33.33	45.45
加拿大	0.00	33.33	0.00	33.33	0.00	0.00	0.00	66.67	66.67	0.00	27.27
瑞士	0.00	33.33	0.00	0.00	0.00	50.00	50.00	0.00	0.00	33.33	18.18
澳大利亚	0.00	0.00	0.00	0.00	0.00	0.00	0.00	33.33	66.67	0.00	13.64
德国	0.00	0.00	0.00	0.00	0.00	50.00	0.00	0.00	0.00	0.00	13.64
意大利	0.00	33.33	0.00	33.33	0.00	0.00	0.00	0.00	33.33	0.00	13.64
荷兰	100.00	0.00	100.00	0.00	0.00	50.00	0.00	0.00	0.00	0.00	13.64
新加坡	100.00	0.00	0.00	0.00	0.00	0.00	0.00	33.33	33.33	0.00	13.64

续表

国家和地区	2014 年	2015 年	2016 年	2017 年	2018 年	2019 年	2020 年	2021 年	2022 年	2023 年	合计
比利时	0.00	33.33	100.00	0.00	0.00	0.00	0.00	0.00	0.00	0.00	9.09
法国	0.00	0.00	0.00	0.00	0.00	0.00	50.00	0.00	33.33	0.00	9.09
中国台湾	0.00	0.00	0.00	0.00	0.00	0.00	0.00	0.00	66.67	0.00	9.09
中国大陆	0.00	0.00	0.00	0.00	0.00	0.00	0.00	0.00	0.00	33.33	4.55
丹麦	0.00	0.00	0.00	0.00	0.00	0.00	0.00	0.00	33.33	0.00	4.55
匈牙利	0.00	0.00	0.00	0.00	0.00	0.00	0.00	0.00	0.00	33.33	4.55
印度	0.00	0.00	0.00	0.00	0.00	0.00	0.00	33.33	0.00	0.00	4.55
日本	0.00	0.00	0.00	0.00	0.00	0.00	0.00	0.00	33.33	0.00	4.55
巴基斯坦	0.00	0.00	0.00	0.00	0.00	100.00	0.00	0.00	0.00	0.00	4.55
沙特阿拉伯	0.00	0.00	0.00	0.00	100.00	0.00	0.00	0.00	0.00	0.00	4.55

表 9-85　医学信息学 B 层研究排名前 20 的国家和地区的国际合作参与率

单位：%

国家和地区	2014 年	2015 年	2016 年	2017 年	2018 年	2019 年	2020 年	2021 年	2022 年	2023 年	合计
美国	42.86	38.46	44.44	26.32	42.86	48.15	43.48	50.00	43.48	36.00	41.92
英国	14.29	30.77	27.78	26.32	35.71	37.04	47.83	50.00	39.13	20.00	33.84
加拿大	35.71	7.69	16.67	15.79	14.29	22.22	47.83	18.18	17.39	12.00	21.21
中国大陆	7.14	7.69	5.56	26.32	21.43	7.41	8.70	22.73	26.09	40.00	18.18
德国	14.29	15.38	5.56	21.05	7.14	7.41	13.04	31.82	21.74	12.00	15.15
澳大利亚	21.43	15.38	11.11	21.05	7.14	11.11	13.04	9.09	30.43	0.00	13.64
荷兰	21.43	7.69	0.00	26.32	7.14	7.41	21.74	13.64	21.74	4.00	13.13
瑞士	0.00	15.38	11.11	0.00	0.00	7.41	13.04	18.18	13.04	8.00	9.09
印度	7.14	0.00	0.00	0.00	14.29	0.00	4.35	0.00	21.74	28.00	8.08
西班牙	0.00	23.08	11.11	10.53	14.29	3.70	8.70	4.55	4.35	8.00	8.08
意大利	14.29	15.38	0.00	0.00	0.00	7.41	13.04	4.55	13.04	8.00	7.58
瑞典	0.00	7.69	0.00	10.53	7.14	18.52	4.35	13.64	4.35	4.00	7.58
比利时	14.29	15.38	0.00	0.00	0.00	7.41	13.04	4.55	13.04	4.00	7.07
中国香港	0.00	23.08	5.56	0.00	0.00	3.70	4.35	22.73	4.35	8.00	7.07
新加坡	0.00	0.00	0.00	0.00	14.29	22.22	8.70	0.00	13.04	0.00	6.57
中国台湾	0.00	7.69	0.00	0.00	0.00	0.00	4.35	9.09	21.74	16.00	6.57
挪威	7.14	0.00	11.11	0.00	7.14	3.70	0.00	13.64	13.04	0.00	5.56
日本	0.00	7.69	11.11	0.00	0.00	0.00	4.35	0.00	21.74	0.00	4.55
沙特阿拉伯	7.14	7.69	5.56	0.00	0.00	3.70	4.35	0.00	0.00	12.00	4.04
丹麦	0.00	0.00	0.00	10.53	0.00	0.00	8.70	4.55	4.35	4.00	3.54

表 9-86　医学信息学 C 层研究排名前 20 的国家和地区的国际合作参与率

单位：%

国家和地区	2014 年	2015 年	2016 年	2017 年	2018 年	2019 年	2020 年	2021 年	2022 年	2023 年	合计
美国	41.04	46.81	44.97	40.46	45.90	43.16	44.00	44.17	41.79	42.08	43.39
英国	27.61	24.11	20.12	20.23	24.04	27.35	25.33	27.21	29.85	28.75	25.88
中国大陆	11.94	11.35	18.34	21.39	23.50	17.95	28.00	22.26	26.49	28.75	22.21
澳大利亚	14.93	13.48	10.06	15.61	16.39	12.39	13.00	15.19	17.16	15.83	14.49
加拿大	14.18	13.48	9.47	14.45	10.93	14.10	11.00	13.43	10.82	12.92	12.38
德国	10.45	12.77	7.69	9.83	8.20	10.68	10.33	12.72	13.06	14.58	11.25
荷兰	11.94	7.80	12.43	8.67	11.48	8.97	5.33	10.95	11.94	10.83	9.88
印度	3.73	4.96	6.51	8.67	9.29	6.41	5.33	4.24	7.46	9.58	6.64
西班牙	5.22	7.80	5.33	8.09	7.65	6.84	6.00	6.36	6.72	5.83	6.54
瑞士	6.72	6.38	2.37	8.67	3.83	6.41	5.00	8.83	5.60	9.58	6.45
法国	8.21	7.09	2.37	5.20	6.01	6.84	4.00	7.07	4.85	8.75	5.98
意大利	2.99	8.51	7.10	5.20	4.37	4.27	4.67	8.13	7.09	5.83	5.88
新加坡	2.24	1.42	5.33	2.89	1.64	7.26	6.33	9.19	7.84	7.08	5.74
瑞典	2.24	2.84	4.73	6.94	6.01	3.42	3.33	4.24	6.34	7.50	4.85
沙特阿拉伯	4.48	3.55	4.14	5.20	3.83	4.27	9.33	3.53	3.36	2.92	4.61
中国香港	2.99	0.71	2.96	5.20	3.83	3.85	5.00	6.01	4.48	5.00	4.28
比利时	5.97	4.96	3.55	1.16	4.92	3.85	3.33	4.24	4.10	5.00	4.05
韩国	2.24	4.26	7.69	2.31	4.92	3.42	3.00	3.53	2.24	5.83	3.86
巴基斯坦	0.00	0.71	2.37	1.16	1.64	6.84	9.00	3.18	2.24	2.92	3.53
挪威	2.24	2.13	3.55	4.05	2.73	2.99	3.00	4.95	2.99	2.50	3.20

三十　神经影像学

神经影像学 A 层研究国际合作参与率最高的是英国，为 77.78%，其次为美国的 55.56%；澳大利亚、比利时、中国大陆、法国、意大利、荷兰、瑞士、中国台湾的参与率也比较高，在 23%~11%。

B 层研究国际合作参与率最高的是美国，为 63.49%，其次为英国的 46.03%；德国、加拿大、法国、荷兰、澳大利亚、中国大陆、意大利、西班牙的参与率也比较高，在 27%~11%；瑞士、丹麦、挪威、瑞典、芬兰、韩国、比利时、巴西、新加坡、土耳其也有一定的参与率，在 10%～3%。

C 层研究国际合作参与率最高的是美国，为 61.73%，其次为英国的 32.78%；德国、加拿大、中国大陆、法国、荷兰、意大利、瑞士的参与率也比较高，在 30%～12%；澳大利亚、西班牙、丹麦、比利时、挪威、奥地利、韩国、瑞典、爱尔兰、日本、芬兰也有一定的参与率，在 10%～3%。

表 9-87　神经影像学 A 层研究所有国家和地区的国际合作参与率

单位：%

国家和地区	2014 年	2015 年	2016 年	2017 年	2018 年	2019 年	2020 年	2021 年	2022 年	2023 年	合计
英国	100.00	100.00	0.00	100.00	100.00	100.00	50.00	100.00	0.00	0.00	77.78
美国	100.00	0.00	100.00	100.00	100.00	0.00	50.00	0.00	0.00	0.00	55.56
澳大利亚	0.00	0.00	0.00	0.00	0.00	100.00	0.00	100.00	0.00	0.00	22.22
比利时	0.00	0.00	100.00	0.00	0.00	100.00	0.00	0.00	0.00	0.00	22.22
中国大陆	0.00	0.00	0.00	0.00	0.00	0.00	100.00	0.00	0.00	0.00	22.22
法国	0.00	0.00	0.00	0.00	0.00	0.00	50.00	0.00	0.00	0.00	11.11
意大利	0.00	0.00	0.00	0.00	0.00	0.00	0.00	0.00	0.00	0.00	11.11
荷兰	0.00	100.00	0.00	0.00	0.00	0.00	0.00	0.00	0.00	0.00	11.11
瑞士	0.00	0.00	0.00	0.00	0.00	100.00	0.00	0.00	0.00	0.00	11.11
中国台湾	0.00	0.00	0.00	0.00	0.00	0.00	50.00	0.00	0.00	0.00	11.11

表 9-88　神经影像学 B 层研究排名前 20 的国家和地区的国际合作参与率

单位：%

国家和地区	2014 年	2015 年	2016 年	2017 年	2018 年	2019 年	2020 年	2021 年	2022 年	2023 年	合计
美国	77.78	53.85	50.00	62.50	66.67	64.29	75.00	58.33	70.00	57.14	63.49
英国	33.33	38.46	64.29	25.00	40.00	42.86	43.75	83.33	70.00	14.29	46.03
德国	33.33	23.08	28.57	18.75	13.33	21.43	25.00	25.00	30.00	85.71	26.98
加拿大	0.00	15.38	14.29	25.00	13.33	28.57	18.75	33.33	0.00	42.86	19.05
法国	11.11	30.77	7.14	31.25	0.00	14.29	25.00	8.33	30.00	42.86	19.05
荷兰	22.22	15.38	7.14	25.00	0.00	21.43	6.25	25.00	40.00	14.29	16.67
澳大利亚	11.11	7.69	7.14	12.50	20.00	21.43	6.25	25.00	20.00	14.29	14.29
中国大陆	11.11	0.00	0.00	6.25	26.67	7.14	25.00	8.33	30.00	0.00	11.90
意大利	22.22	7.69	14.29	6.25	6.67	7.14	6.25	8.33	30.00	28.57	11.90
西班牙	0.00	23.08	14.29	6.25	13.33	14.29	0.00	16.67	10.00	14.29	11.11

国家和地区	2014 年	2015 年	2016 年	2017 年	2018 年	2019 年	2020 年	2021 年	2022 年	2023 年	合计
瑞士	0.00	7.69	21.43	0.00	0.00	0.00	0.00	16.67	40.00	28.57	9.52
丹麦	0.00	23.08	0.00	0.00	6.67	14.29	6.25	0.00	0.00	0.00	5.56
挪威	11.11	0.00	7.14	0.00	0.00	7.14	0.00	25.00	10.00	0.00	5.56
瑞典	0.00	0.00	14.29	0.00	0.00	14.29	0.00	8.33	10.00	0.00	4.76
芬兰	11.11	15.38	0.00	0.00	0.00	0.00	6.25	0.00	10.00	0.00	3.97
韩国	22.22	7.69	7.14	0.00	6.67	0.00	0.00	0.00	0.00	0.00	3.97
比利时	11.11	0.00	0.00	0.00	6.67	0.00	6.25	8.33	0.00	0.00	3.17
巴西	0.00	0.00	7.14	0.00	13.33	0.00	0.00	8.33	0.00	0.00	3.17
新加坡	0.00	0.00	0.00	6.25	0.00	7.14	6.25	8.33	0.00	0.00	3.17
土耳其	0.00	7.69	7.14	0.00	0.00	7.14	0.00	8.33	0.00	0.00	3.17

表 9-89　神经影像学 C 层研究排名前 20 的国家和地区的国际合作参与率

单位：%

国家和地区	2014 年	2015 年	2016 年	2017 年	2018 年	2019 年	2020 年	2021 年	2022 年	2023 年	合计
美国	59.05	63.64	59.32	59.63	62.88	61.49	59.20	68.46	54.64	69.05	61.73
英国	36.19	26.26	33.90	35.78	25.76	38.51	39.20	33.08	29.90	25.00	32.78
德国	23.81	33.33	28.81	35.78	21.97	24.32	32.00	30.00	36.08	33.33	29.47
加拿大	15.24	13.13	11.02	21.10	21.21	18.24	30.40	20.00	24.74	20.24	19.62
中国大陆	7.62	13.13	13.56	11.93	11.36	24.32	17.60	17.69	18.56	14.29	15.34
法国	10.48	17.17	6.78	16.51	16.67	12.84	18.40	15.38	16.49	19.05	14.82
荷兰	11.43	16.16	13.56	13.76	15.15	14.86	14.40	16.92	16.49	10.71	14.47
意大利	11.43	13.13	7.63	11.01	9.85	10.81	13.60	16.92	17.53	19.05	12.82
瑞士	16.19	11.11	10.17	11.93	6.82	12.84	13.60	12.31	15.46	19.05	12.64
澳大利亚	3.81	15.15	6.78	9.17	10.61	6.08	16.00	9.23	7.22	13.10	9.59
西班牙	5.71	4.04	9.32	11.93	3.79	5.41	12.00	11.54	10.31	9.52	8.28
丹麦	6.67	6.06	5.93	6.42	6.82	6.08	6.40	4.62	4.12	4.76	5.84
比利时	4.76	3.03	3.39	8.26	1.52	4.73	4.80	6.15	6.19	5.95	4.80
挪威	6.67	4.04	3.39	3.67	1.52	2.70	11.20	5.38	6.19	2.38	4.71
奥地利	4.76	2.02	2.54	3.67	6.82	2.70	5.60	7.69	4.12	5.95	4.62
韩国	5.71	4.04	7.63	4.59	3.79	4.73	4.80	1.54	3.09	7.14	4.62
瑞典	3.81	4.04	5.08	3.67	3.03	2.70	9.60	4.62	4.12	5.95	4.62
爱尔兰	1.90	1.01	2.54	3.67	3.79	4.73	8.80	7.69	0.00	0.00	3.75
日本	1.90	3.03	3.39	2.75	2.27	2.70	4.00	6.92	2.06	7.14	3.57
芬兰	2.86	3.03	6.78	2.75	3.03	1.35	0.80	6.15	3.09	4.76	3.40

三十一 传染病学

传染病学 A、B、C 层研究国际合作参与率最高的均为美国，分别为 71.93%、58.13%、52.04%；英国 A、B、C 层研究国际合作参与率均排名第二，分别为 57.89%、44.53%、34.31%。

加拿大、瑞士、德国、法国、南非、巴西、瑞典、澳大利亚、西班牙、中国大陆、意大利、荷兰、丹麦、中国香港、印度 A 层研究国际合作参与率也比较高，在 27%~10%；比利时、尼日利亚、泰国也有一定的参与率，均为 8.77%。

法国、瑞士、德国、澳大利亚、荷兰、意大利、加拿大、中国大陆、西班牙、南非、比利时 B 层研究国际合作参与率也比较高，在 24%~12%；印度、瑞典、丹麦、巴西、中国香港、日本、奥地利也有一定的参与率，在 10%~5%。

瑞士、法国、德国、澳大利亚、荷兰、南非、加拿大、意大利、西班牙 C 层研究国际合作参与率也比较高，在 16%~10%；中国大陆、比利时、瑞典、巴西、印度、丹麦、泰国、沙特阿拉伯、肯尼亚也有一定的参与率，在 10%~3%。

表 9-90　传染病学 A 层研究排名前 20 的国家和地区的国际合作参与率

单位：%

国家和地区	2014 年	2015 年	2016 年	2017 年	2018 年	2019 年	2020 年	2021 年	2022 年	2023 年	合计
美国	100.00	75.00	100.00	71.43	100.00	50.00	44.44	58.33	50.00	100.00	71.93
英国	60.00	50.00	28.57	71.43	66.67	50.00	44.44	66.67	50.00	100.00	57.89
加拿大	40.00	25.00	28.57	28.57	66.67	0.00	11.11	8.33	50.00	50.00	26.32
瑞士	0.00	75.00	0.00	28.57	66.67	50.00	0.00	8.33	75.00	75.00	26.32
德国	20.00	50.00	28.57	0.00	33.33	50.00	22.22	16.67	50.00	25.00	24.56
法国	0.00	50.00	14.29	0.00	33.33	100.00	33.33	0.00	25.00	75.00	22.81
南非	20.00	50.00	14.29	28.57	33.33	0.00	0.00	25.00	25.00	25.00	21.05
巴西	20.00	75.00	42.86	14.29	0.00	0.00	0.00	0.00	25.00	50.00	19.30
瑞典	60.00	25.00	14.29	14.29	66.67	50.00	0.00	8.33	25.00	0.00	19.30

国家和地区	2014 年	2015 年	2016 年	2017 年	2018 年	2019 年	2020 年	2021 年	2022 年	2023 年	合计
澳大利亚	0.00	50.00	28.57	0.00	33.33	50.00	0.00	0.00	50.00	25.00	15.79
西班牙	0.00	25.00	28.57	14.29	0.00	50.00	0.00	0.00	25.00	75.00	15.79
中国大陆	0.00	0.00	14.29	14.29	0.00	0.00	55.56	8.33	0.00	0.00	14.04
意大利	0.00	0.00	0.00	0.00	33.33	50.00	22.22	8.33	25.00	50.00	14.04
荷兰	0.00	0.00	0.00	14.29	33.33	50.00	11.11	0.00	50.00	25.00	12.28
丹麦	0.00	50.00	0.00	14.29	0.00	50.00	11.11	0.00	0.00	25.00	10.53
中国香港	0.00	0.00	0.00	0.00	0.00	0.00	55.56	8.33	0.00	0.00	10.53
印度	40.00	0.00	14.29	14.29	0.00	0.00	0.00	8.33	25.00	0.00	10.53
比利时	0.00	0.00	0.00	0.00	33.33	50.00	11.11	8.33	0.00	0.00	8.77
尼日利亚	20.00	0.00	0.00	0.00	0.00	0.00	0.00	8.33	25.00	50.00	8.77
泰国	40.00	25.00	14.29	0.00	0.00	0.00	0.00	0.00	25.00	0.00	8.77

表 9-91　传染病学 B 层研究排名前 20 的国家和地区的国际合作参与率

单位：%

国家和地区	2014 年	2015 年	2016 年	2017 年	2018 年	2019 年	2020 年	2021 年	2022 年	2023 年	合计
美国	61.40	69.23	64.44	59.02	63.04	64.44	52.75	50.53	60.00	48.57	58.13
英国	43.86	40.00	44.44	55.74	58.70	60.00	30.77	38.95	50.77	40.00	44.53
法国	31.58	20.00	28.89	31.15	26.09	26.67	18.68	14.74	24.62	20.00	23.13
瑞士	19.30	24.62	31.11	36.07	23.91	24.44	12.09	16.84	24.62	18.57	22.03
德国	19.30	16.92	15.56	24.59	28.26	31.11	17.58	9.47	16.92	24.29	19.38
澳大利亚	15.79	16.92	26.67	19.67	32.61	24.44	10.99	12.63	13.85	14.29	17.34
荷兰	19.30	15.38	22.22	16.39	28.26	26.67	9.89	13.68	18.46	11.43	16.88
意大利	12.28	7.69	15.56	16.39	34.78	22.22	13.19	13.68	16.92	18.57	16.25
加拿大	15.79	7.69	20.00	21.31	21.74	35.56	15.38	10.53	7.69	14.29	15.78
中国大陆	10.53	7.69	8.89	6.56	15.22	6.67	43.96	12.63	10.77	12.86	15.31
西班牙	10.53	10.77	11.11	22.95	23.91	17.78	5.49	10.53	20.00	20.00	14.53
南非	12.28	12.31	11.11	16.39	17.39	24.44	3.30	7.37	16.92	12.86	12.34
比利时	14.04	9.23	15.56	13.11	23.91	17.78	8.79	4.21	13.85	11.43	12.03
印度	7.02	4.62	15.56	6.56	23.91	15.56	5.49	8.42	15.38	4.29	9.69
瑞典	5.26	7.69	8.89	11.48	10.87	20.00	5.49	8.42	13.85	10.00	9.69
丹麦	10.53	9.23	11.11	9.84	13.04	8.89	5.49	7.37	12.31	8.57	9.22
巴西	7.02	10.77	24.44	6.56	21.74	11.11	2.20	7.37	3.08	5.71	8.75

续表

国家和地区	2014 年	2015 年	2016 年	2017 年	2018 年	2019 年	2020 年	2021 年	2022 年	2023 年	合计
中国香港	1.75	3.08	8.89	8.20	8.70	6.67	18.68	7.37	6.15	2.86	7.66
日本	1.75	7.69	8.89	1.64	10.87	13.33	5.49	5.26	7.69	8.57	6.72
奥地利	7.02	4.62	8.89	4.92	8.70	4.44	2.20	3.16	6.15	10.00	5.63

表 9-92　传染病学 C 层研究排名前 20 的国家和地区的国际合作参与率

单位：%

国家和地区	2014 年	2015 年	2016 年	2017 年	2018 年	2019 年	2020 年	2021 年	2022 年	2023 年	合计
美国	55.19	58.71	59.92	54.73	49.94	51.29	47.19	51.83	45.47	48.32	52.04
英国	32.33	33.74	31.80	34.57	36.33	38.89	31.57	34.36	35.74	33.69	34.31
瑞士	13.38	15.25	14.06	21.95	17.59	17.70	11.60	11.42	15.90	13.69	15.15
法国	15.94	15.56	15.77	15.09	18.87	14.47	13.32	11.76	11.56	13.02	14.45
德国	14.29	11.56	11.04	15.23	16.30	13.57	14.81	12.33	13.67	13.02	13.60
澳大利亚	10.23	14.02	12.35	13.03	12.71	15.37	11.25	13.24	13.67	10.87	12.68
荷兰	11.43	13.56	10.91	12.21	15.66	13.82	9.76	11.99	11.83	11.28	12.21
南非	10.53	12.79	9.72	12.76	12.97	10.72	9.41	10.62	11.56	10.34	11.09
加拿大	9.47	11.25	11.96	11.66	10.78	11.24	9.53	12.56	10.64	10.34	10.96
意大利	9.02	7.55	10.38	9.33	9.76	10.59	12.28	12.79	11.70	12.75	10.74
西班牙	9.32	7.40	9.33	10.97	11.68	11.11	8.96	12.44	11.30	10.20	10.34
中国大陆	6.92	7.24	7.23	7.27	7.96	8.79	15.61	10.16	13.53	8.72	9.51
比利时	7.52	7.70	6.83	7.27	8.99	8.14	6.31	8.11	7.88	8.72	7.74
瑞典	6.47	7.86	6.31	7.68	10.01	8.53	6.20	7.53	6.96	7.65	7.52
巴西	7.22	5.55	7.88	7.41	7.57	6.98	4.71	7.76	6.31	7.52	6.89
印度	4.96	4.78	4.99	3.98	5.39	4.91	5.05	7.88	9.07	8.86	6.03
丹麦	4.06	5.39	6.18	4.25	4.75	5.81	4.71	5.25	5.65	5.37	5.15
泰国	6.02	5.86	5.78	5.35	3.85	5.43	3.67	3.88	3.55	3.89	4.66
沙特阿拉伯	4.21	2.62	2.50	1.37	1.28	2.84	6.77	6.39	6.70	5.37	4.10
肯尼亚	4.66	4.01	3.94	3.84	4.49	3.88	2.07	3.08	4.60	4.56	3.86

三十二　寄生物学

寄生物学 A、B、C 层研究国际合作参与率最高的均为美国，分别为

65.22%、61.40%、51.61%。

德国 A 层研究国际合作参与率排名第二，为 34.78%；加拿大、荷兰、中国大陆、英国、丹麦、瑞士、瑞典的参与率也比较高，在 27% ~ 13%；澳大利亚、伊朗、肯尼亚、比利时、埃及、法国、希腊、中国香港、印度、爱尔兰、以色列也有一定的参与率，在 9% ~ 4%。

英国 B 层研究国际合作参与率排名第二，为 23.90%；德国、中国大陆、加拿大、澳大利亚、瑞士、巴西、法国参与率也比较高，在 21% ~ 11%；意大利、荷兰、丹麦、日本、比利时、瑞典、新加坡、西班牙、以色列、爱尔兰、泰国也有一定的参与率，在 9% ~ 3%。

英国 C 层研究国际合作参与率排名第二，为 31.43%；德国、法国、瑞士、澳大利亚、中国大陆、巴西的参与率也比较高，在 15% ~ 10%；意大利、荷兰、西班牙、加拿大、泰国、南非、日本、比利时、印度、瑞典、肯尼亚、奥地利也有一定的参与率，在 9% ~ 2%。

表 9-93　寄生物学 A 层研究排名前 20 的国家和地区的国际合作参与率

单位：%

国家和地区	2014 年	2015 年	2016 年	2017 年	2018 年	2019 年	2020 年	2021 年	2022 年	2023 年	合计
美国	100.00	50.00	100.00	50.00	50.00	66.67	75.00	0.00	100.00	0.00	65.22
德国	0.00	50.00	66.67	50.00	50.00	0.00	25.00	50.00	100.00	0.00	34.78
加拿大	33.33	0.00	0.00	100.00	50.00	66.67	0.00	0.00	0.00	0.00	26.09
荷兰	33.33	0.00	0.00	0.00	50.00	0.00	50.00	0.00	100.00	100.00	26.09
中国大陆	0.00	50.00	33.33	0.00	0.00	0.00	50.00	50.00	0.00	0.00	21.74
英国	66.67	0.00	33.33	50.00	0.00	0.00	0.00	0.00	0.00	100.00	21.74
丹麦	0.00	50.00	0.00	0.00	100.00	0.00	0.00	0.00	0.00	0.00	17.39
瑞士	33.33	0.00	0.00	50.00	0.00	0.00	0.00	0.00	100.00	100.00	17.39
瑞典	0.00	50.00	0.00	0.00	50.00	0.00	0.00	50.00	0.00	0.00	13.04
澳大利亚	0.00	0.00	0.00	50.00	0.00	33.33	0.00	0.00	0.00	0.00	8.70
伊朗	0.00	0.00	0.00	0.00	0.00	33.33	0.00	0.00	0.00	0.00	8.70
肯尼亚	33.33	0.00	0.00	50.00	0.00	0.00	0.00	0.00	0.00	0.00	8.70
比利时	0.00	0.00	0.00	0.00	0.00	33.33	0.00	0.00	0.00	0.00	4.35
埃及	0.00	0.00	0.00	0.00	0.00	0.00	0.00	50.00	0.00	0.00	4.35

续表

国家和地区	2014 年	2015 年	2016 年	2017 年	2018 年	2019 年	2020 年	2021 年	2022 年	2023 年	合计
法国	33.33	0.00	0.00	0.00	0.00	0.00	0.00	0.00	0.00	0.00	4.35
希腊	0.00	0.00	0.00	0.00	0.00	0.00	25.00	0.00	0.00	0.00	4.35
中国香港	0.00	50.00	0.00	0.00	0.00	0.00	0.00	0.00	0.00	0.00	4.35
印度	33.33	0.00	0.00	0.00	0.00	0.00	0.00	0.00	0.00	0.00	4.35
爱尔兰	0.00	50.00	0.00	0.00	0.00	0.00	0.00	0.00	0.00	0.00	4.35
以色列	0.00	0.00	0.00	0.00	0.00	0.00	0.00	50.00	0.00	0.00	4.35

表 9-94　寄生物学 B 层研究排名前 20 的国家和地区的国际合作参与率

单位：%

国家和地区	2014 年	2015 年	2016 年	2017 年	2018 年	2019 年	2020 年	2021 年	2022 年	2023 年	合计
美国	63.33	60.87	62.96	69.23	69.70	62.96	58.06	60.00	52.00	50.00	61.40
英国	23.33	34.78	14.81	30.77	21.21	14.81	22.58	26.67	36.00	15.00	23.90
德国	13.33	30.43	18.52	11.54	18.18	33.33	19.35	16.67	24.00	20.00	20.22
中国大陆	10.00	0.00	7.41	11.54	21.21	14.81	25.81	26.67	16.00	45.00	17.65
加拿大	6.67	17.39	22.22	15.38	6.06	18.52	22.58	6.67	24.00	10.00	14.71
澳大利亚	10.00	13.04	18.52	7.69	15.15	18.52	9.68	23.33	4.00	10.00	13.24
瑞士	13.33	30.43	7.41	23.08	6.06	14.81	16.13	6.67	4.00	10.00	12.87
巴西	13.33	21.74	22.22	19.23	6.06	11.11	6.45	6.67	8.00	0.00	11.40
法国	6.67	8.70	11.11	15.38	6.06	18.52	12.90	3.33	20.00	0.00	11.03
意大利	3.33	4.35	7.41	3.85	15.15	11.11	6.45	10.00	12.00	15.00	8.82
荷兰	16.67	13.04	3.70	3.85	6.06	3.70	9.68	10.00	8.00	0.00	7.72
丹麦	3.33	17.39	3.70	0.00	6.06	3.70	9.68	0.00	8.00	15.00	6.25
日本	10.00	0.00	3.70	7.69	0.00	3.70	9.68	10.00	8.00	5.00	5.88
比利时	6.67	4.35	11.11	3.85	0.00	0.00	6.45	3.33	8.00	15.00	5.51
瑞典	6.67	4.35	0.00	0.00	6.06	7.41	9.68	3.33	4.00	15.00	5.51
新加坡	3.33	0.00	7.41	11.54	3.03	3.70	0.00	6.67	4.00	10.00	4.78
西班牙	6.67	8.70	0.00	3.85	6.06	7.41	0.00	6.67	4.00	5.00	4.78
以色列	3.33	0.00	3.70	0.00	12.12	0.00	0.00	0.00	12.00	10.00	4.04
爱尔兰	0.00	0.00	3.70	0.00	3.03	3.70	9.68	3.33	8.00	5.00	3.68
泰国	0.00	4.35	3.70	7.69	3.03	3.70	6.45	0.00	8.00	0.00	3.68

表 9-95　寄生物学 C 层研究排名前 20 的国家和地区的国际合作参与率

单位：%

国家和地区	2014 年	2015 年	2016 年	2017 年	2018 年	2019 年	2020 年	2021 年	2022 年	2023 年	合计
美国	53.94	53.07	56.77	53.72	50.18	53.21	49.39	48.03	44.21	53.02	51.61
英国	32.28	35.74	29.37	28.72	35.38	33.93	29.45	27.63	30.47	32.56	31.43
德国	13.39	16.25	12.21	17.57	13.36	11.07	15.03	14.80	15.88	15.81	14.50
法国	16.14	16.25	15.18	17.57	16.25	13.57	11.66	12.83	9.44	15.81	14.47
瑞士	14.17	13.00	9.24	15.20	15.88	15.00	12.88	11.51	12.88	13.02	13.24
澳大利亚	11.81	11.55	16.17	9.80	10.83	14.29	15.64	11.18	13.73	10.70	12.66
中国大陆	10.24	10.11	14.19	9.46	11.19	15.71	11.66	15.79	11.16	12.09	12.22
巴西	12.20	9.39	7.92	11.82	13.00	7.50	8.90	10.86	11.16	7.44	10.02
意大利	9.84	11.91	7.92	10.47	7.94	7.50	8.90	7.89	8.15	3.72	8.54
荷兰	6.69	10.83	8.58	8.11	7.58	8.21	9.20	9.54	6.44	7.44	8.35
西班牙	7.87	6.50	8.91	8.11	10.83	7.86	6.75	8.55	8.15	6.05	7.99
加拿大	9.84	8.30	8.58	4.05	6.50	6.43	9.82	6.25	7.73	7.44	7.49
泰国	6.69	3.97	4.29	4.73	5.78	2.50	3.68	5.92	4.72	3.72	4.59
南非	3.15	3.61	4.62	2.70	3.97	4.29	5.21	4.61	5.58	4.65	4.23
日本	5.12	5.78	3.96	5.07	2.17	4.29	2.15	4.61	4.29	4.19	4.12
比利时	3.94	4.69	2.31	4.05	4.33	7.14	3.99	1.32	3.86	5.58	4.05
印度	3.54	5.42	5.61	3.38	4.33	2.86	2.45	4.93	2.15	5.12	3.98
瑞典	3.15	3.61	1.98	2.70	2.53	5.00	4.91	4.28	3.86	5.12	3.69
肯尼亚	2.76	1.81	2.64	3.38	3.25	3.57	2.45	2.96	4.72	2.79	3.00
奥地利	4.72	1.81	1.65	3.72	2.53	1.43	2.45	1.97	3.43	2.79	2.60

三十三　医学化验技术

医学化验技术 A 层研究国际合作参与率最高的是意大利，为 50.00%；尼日利亚和美国的参与率并列第二，均为 33.33%；巴西、德国、印度、伊朗、伊拉克、西班牙、瑞典的参与率也比较高，均为 16.67%。

B 层研究国际合作参与率最高的是美国，为 67.11%，其次为意大利的 36.84%；英国、德国、西班牙、澳大利亚、荷兰、比利时、法国、瑞典、加拿大、中国大陆、挪威、印度的参与率也比较高，在 32%～10%；日本、瑞士、巴西、丹麦、波兰、奥地利也有一定的参与率，在 10%~5%。

C 层研究国际合作参与率最高的是美国，为 48.27%；意大利、英国、德国、荷兰、加拿大、澳大利亚、中国大陆、法国、西班牙、比利时的参与率也比较高，在 24%~10%；瑞典、瑞士、奥地利、挪威、土耳其、丹麦、伊朗、日本、印度也有一定的参与率，在 10%~4%。

表 9-96　医学化验技术 A 层研究所有国家的国际合作参与率

单位：%

国家	2014 年	2015 年	2016 年	2017 年	2018 年	2019 年	2020 年	2021 年	2022 年	2023 年	合计
意大利	0.00	100.00	0.00	0.00	0.00	0.00	100.00	0.00	0.00	0.00	50.00
尼日利亚	0.00	0.00	0.00	0.00	0.00	0.00	0.00	0.00	100.00	100.00	33.33
美国	0.00	0.00	0.00	0.00	0.00	0.00	100.00	0.00	0.00	0.00	33.33
巴西	0.00	0.00	0.00	0.00	0.00	0.00	50.00	0.00	0.00	0.00	16.67
德国	0.00	0.00	0.00	100.00	0.00	0.00	0.00	0.00	0.00	0.00	16.67
印度	0.00	0.00	0.00	0.00	0.00	0.00	0.00	0.00	0.00	100.00	16.67
伊朗	0.00	0.00	0.00	0.00	0.00	0.00	0.00	0.00	100.00	0.00	16.67
伊拉克	0.00	0.00	0.00	0.00	0.00	0.00	0.00	0.00	100.00	0.00	16.67
西班牙	0.00	100.00	0.00	0.00	0.00	0.00	0.00	0.00	0.00	0.00	16.67
瑞典	0.00	0.00	0.00	100.00	0.00	0.00	0.00	0.00	0.00	0.00	16.67

表 9-97　医学化验技术 B 层研究排名前 20 的国家和地区的国际合作参与率

单位：%

国家和地区	2014 年	2015 年	2016 年	2017 年	2018 年	2019 年	2020 年	2021 年	2022 年	2023 年	合计
美国	57.14	62.50	50.00	75.00	100.00	75.00	54.55	75.00	55.56	83.33	67.11
意大利	28.57	25.00	0.00	50.00	28.57	25.00	72.73	75.00	33.33	33.33	36.84
英国	28.57	25.00	50.00	12.50	57.14	62.50	9.09	0.00	44.44	16.67	31.58
德国	42.86	25.00	25.00	12.50	14.29	50.00	18.18	25.00	0.00	16.67	22.37
西班牙	0.00	25.00	37.50	25.00	28.57	25.00	0.00	50.00	22.22	33.33	22.37
澳大利亚	14.29	12.50	25.00	12.50	42.86	25.00	27.27	25.00	11.11	16.67	21.05
荷兰	28.57	12.50	37.50	0.00	28.57	50.00	0.00	25.00	11.11	16.67	19.74
比利时	14.29	12.50	12.50	12.50	14.29	25.00	9.09	50.00	22.22	33.33	18.42
法国	0.00	0.00	25.00	12.50	28.57	25.00	18.18	75.00	11.11	16.67	18.42
瑞典	14.29	12.50	25.00	12.50	14.29	25.00	27.27	0.00	22.22	16.67	18.42

续表

国家和地区	2014 年	2015 年	2016 年	2017 年	2018 年	2019 年	2020 年	2021 年	2022 年	2023 年	合计
加拿大	14.29	0.00	25.00	0.00	57.14	0.00	0.00	50.00	33.33	0.00	15.79
中国大陆	14.29	12.50	12.50	0.00	14.29	0.00	36.36	25.00	0.00	16.67	13.16
挪威	14.29	12.50	12.50	12.50	0.00	12.50	9.09	25.00	11.11	16.67	11.84
印度	14.29	12.50	0.00	12.50	14.29	12.50	0.00	50.00	0.00	16.67	10.53
日本	28.57	0.00	0.00	0.00	14.29	0.00	0.00	50.00	0.00	16.67	9.21
瑞士	0.00	0.00	37.50	0.00	14.29	12.50	0.00	50.00	0.00	0.00	9.21
巴西	0.00	25.00	0.00	0.00	0.00	12.50	0.00	25.00	11.11	0.00	6.58
丹麦	14.29	0.00	12.50	0.00	14.29	0.00	0.00	0.00	11.11	0.00	6.58
波兰	0.00	0.00	12.50	0.00	14.29	12.50	0.00	25.00	0.00	16.67	6.58
奥地利	0.00	0.00	12.50	0.00	14.29	12.50	0.00	0.00	0.00	16.67	5.26

表 9-98 医学化验技术 C 层研究排名前 20 的国家和地区的国际合作参与率

单位：%

国家和地区	2014 年	2015 年	2016 年	2017 年	2018 年	2019 年	2020 年	2021 年	2022 年	2023 年	合计
美国	43.28	48.48	51.22	38.37	47.19	49.58	51.85	48.94	43.33	63.49	48.27
意大利	16.42	18.18	10.98	19.77	30.34	21.01	35.80	26.60	31.11	25.40	23.78
英国	17.91	30.30	21.95	25.58	26.97	19.33	17.28	25.53	18.89	19.05	22.22
德国	25.37	16.67	23.17	15.12	32.58	23.53	17.28	23.40	13.33	23.81	21.51
荷兰	13.43	18.18	31.71	16.28	21.35	14.29	12.35	22.34	24.44	12.70	18.88
加拿大	23.88	28.79	20.73	16.28	14.61	17.65	13.58	11.70	11.11	20.63	17.32
澳大利亚	14.93	10.61	8.54	8.14	14.61	11.76	19.75	15.96	18.89	12.70	13.62
中国大陆	16.42	16.67	6.10	12.79	8.99	15.97	16.05	10.64	14.44	15.87	13.26
法国	11.94	12.12	19.51	11.63	15.73	8.40	9.88	7.45	12.22	17.46	12.31
西班牙	7.46	10.61	14.63	16.28	11.24	12.61	8.64	13.83	10.00	7.94	11.59
比利时	8.96	4.55	15.85	8.14	8.99	6.72	7.41	13.83	11.11	19.05	10.27
瑞典	13.43	9.09	9.76	8.14	7.87	10.92	8.64	7.45	6.67	12.70	9.32
瑞士	14.93	6.06	8.54	8.14	4.49	9.24	7.41	8.51	7.78	9.52	8.36
奥地利	7.46	3.03	4.88	2.33	14.61	7.56	11.11	7.45	7.78	12.70	7.89
挪威	2.99	9.09	6.10	8.14	5.62	5.04	4.94	9.57	7.78	7.94	6.69
土耳其	0.00	3.03	3.66	4.65	10.11	6.72	3.70	8.51	10.00	9.52	6.21
丹麦	7.46	12.12	6.10	11.63	2.25	3.36	2.47	6.38	3.33	6.35	5.85
伊朗	2.99	0.00	3.66	4.65	4.49	5.88	7.41	5.32	7.78	3.17	4.78
日本	1.49	3.03	9.76	4.65	3.37	5.04	4.94	4.26	6.67	3.17	4.78
印度	2.99	1.52	3.66	4.65	3.37	5.04	4.94	1.06	8.89	4.76	4.18

三十四　放射医学、核医学和影像医学

放射医学、核医学和影像医学 A、B、C 层研究国际合作参与率最高的均为美国，分别为 70.37%、65.17%、55.97%。

英国 A 层研究国际合作参与率排名第二，为 38.89%；中国大陆、德国、荷兰、加拿大、意大利、法国、澳大利亚、瑞士、韩国的参与率也比较高，在 33%～11%；奥地利、比利时、以色列、丹麦、瑞典、中国香港、印度、日本、西班牙也有一定的参与率，在 10%～4%。

英国和德国 B 层研究国际合作参与率排名第二、第三，分别为 33.64% 和 29.80%；荷兰、中国大陆、加拿大、意大利、法国、瑞士、比利时的参与率也比较高，在 22%～11%；澳大利亚、西班牙、韩国、奥地利、丹麦、日本、瑞典、中国香港、挪威、印度也有一定的参与率，在 10%～3%。

德国 C 层研究国际合作参与率排名第二，为 26.85%；英国、中国大陆、荷兰、加拿大、意大利、法国、瑞士的参与率也比较高，在 24%～12%；澳大利亚、比利时、西班牙、奥地利、丹麦、瑞典、日本、韩国、挪威、中国香港、巴西也有一定的参与率，在 9%～2%。

表 9-99　放射医学、核医学和影像医学 A 层研究排名前 20 的国家和地区的国际合作参与率

单位：%

国家和地区	2014 年	2015 年	2016 年	2017 年	2018 年	2019 年	2020 年	2021 年	2022 年	2023 年	合计
美国	81.82	83.33	63.64	77.78	90.91	53.85	53.85	70.59	85.71	60.00	70.37
英国	45.45	66.67	27.27	22.22	36.36	30.77	53.85	35.29	57.14	30.00	38.89
中国大陆	9.09	0.00	27.27	33.33	18.18	23.08	69.23	52.94	42.86	20.00	32.41
德国	45.45	50.00	27.27	33.33	27.27	23.08	23.08	23.53	57.14	40.00	32.41
荷兰	27.27	50.00	27.27	22.22	27.27	23.08	11.76	57.14	20.00	25.93	
加拿大	18.18	50.00	9.09	44.44	36.36	23.08	15.38	17.65	28.57	10.00	23.15
意大利	36.36	33.33	0.00	11.11	18.18	0.00	15.38	23.53	42.86	20.00	18.52
法国	18.18	50.00	0.00	11.11	27.27	0.00	23.08	11.76	28.57	10.00	15.74
澳大利亚	9.09	0.00	18.18	11.11	27.27	23.08	0.00	17.65	28.57	10.00	14.81

国家和地区	2014 年	2015 年	2016 年	2017 年	2018 年	2019 年	2020 年	2021 年	2022 年	2023 年	合计
瑞士	0.00	16.67	9.09	11.11	36.36	0.00	7.69	5.88	42.86	10.00	12.04
韩国	27.27	0.00	9.09	11.11	9.09	15.38	7.69	5.88	28.57	0.00	11.11
奥地利	0.00	16.67	0.00	11.11	36.36	0.00	7.69	5.88	14.29	10.00	9.26
比利时	9.09	33.33	9.09	22.22	9.09	7.69	0.00	5.88	0.00	10.00	9.26
以色列	18.18	16.67	27.27	0.00	0.00	7.69	0.00	0.00	28.57	0.00	8.33
丹麦	0.00	33.33	18.18	0.00	0.00	7.69	0.00	0.00	28.57	10.00	7.41
瑞典	0.00	16.67	0.00	11.11	9.09	7.69	0.00	0.00	28.57	10.00	6.48
中国香港	0.00	0.00	0.00	11.11	18.18	0.00	15.38	0.00	14.29	0.00	5.56
印度	0.00	0.00	0.00	0.00	0.00	0.00	0.00	11.76	14.29	10.00	4.63
日本	9.09	0.00	0.00	11.11	9.09	0.00	0.00	7.69	0.00	14.29	4.63
西班牙	0.00	33.33	0.00	0.00	9.09	0.00	0.00	0.00	28.57	0.00	4.63

表 9-100　放射医学、核医学和影像医学 B 层研究排名前 20 的国家和地区的国际合作参与率

单位：%

国家和地区	2014 年	2015 年	2016 年	2017 年	2018 年	2019 年	2020 年	2021 年	2022 年	2023 年	合计
美国	76.19	68.89	61.54	64.49	66.34	72.50	69.35	58.77	57.26	57.14	65.17
英国	30.48	42.22	36.54	34.58	38.61	30.00	33.87	32.46	34.19	25.89	33.64
德国	28.57	33.33	35.58	24.30	28.71	31.67	21.77	27.19	35.04	33.04	29.80
荷兰	11.43	25.56	21.15	18.69	22.77	20.83	21.77	25.44	23.93	18.75	21.02
中国大陆	16.19	12.22	12.50	10.28	18.81	21.67	29.84	33.33	24.79	22.32	20.66
加拿大	15.24	30.00	15.38	20.56	23.76	22.50	20.97	17.54	17.95	20.54	20.29
意大利	11.43	25.56	15.38	16.82	21.78	16.67	21.77	20.18	23.08	22.32	19.47
法国	12.38	27.78	17.31	25.23	19.80	13.33	16.13	21.05	17.95	13.39	18.19
瑞士	14.29	12.22	12.50	9.35	11.88	10.00	11.29	14.04	23.93	16.07	13.62
比利时	6.67	17.78	15.38	10.28	5.94	10.83	14.52	14.04	12.82	8.93	11.70
澳大利亚	8.57	8.89	8.65	11.21	11.88	9.17	7.26	12.28	13.68	7.14	9.87
西班牙	6.67	12.22	9.62	11.21	11.88	6.67	7.26	13.16	5.98	10.71	9.41
韩国	9.52	12.22	6.73	7.48	13.86	5.83	7.26	8.77	3.42	8.04	8.14
奥地利	5.71	5.56	8.65	10.28	9.90	8.33	4.84	7.89	10.26	8.93	8.04
丹麦	4.76	14.44	9.62	9.35	12.87	11.67	4.84	3.51	3.42	2.68	7.50
日本	4.76	12.22	4.81	6.54	5.94	9.17	5.65	7.89	5.13	4.46	6.58

续表

国家和地区	2014 年	2015 年	2016 年	2017 年	2018 年	2019 年	2020 年	2021 年	2022 年	2023 年	合计
瑞典	2.86	6.67	7.69	5.61	7.92	6.67	3.23	7.89	9.40	6.25	6.40
中国香港	2.86	2.22	1.92	5.61	3.96	5.83	8.87	9.65	2.56	7.14	5.21
挪威	5.71	2.22	5.77	3.74	4.95	2.50	4.84	5.26	5.98	3.57	4.48
印度	3.81	2.22	3.85	2.80	4.95	1.67	4.84	4.39	3.42	6.25	3.84

表 9-101　放射医学、核医学和影像医学 C 层研究排名前 20 的国家和地区的国际合作参与率

单位：%

国家和地区	2014 年	2015 年	2016 年	2017 年	2018 年	2019 年	2020 年	2021 年	2022 年	2023 年	合计
美国	56.15	56.13	56.47	57.79	58.11	56.72	57.32	55.37	53.25	52.44	55.97
德国	29.69	29.86	29.43	28.11	24.80	22.43	25.84	24.66	27.81	27.84	26.85
英国	20.10	21.98	23.30	22.76	21.74	27.76	25.29	25.22	25.35	23.73	23.89
中国大陆	11.88	11.45	14.48	12.81	16.30	20.21	21.85	23.63	22.54	18.50	17.73
荷兰	13.65	16.16	14.19	14.19	15.95	16.71	16.68	17.26	16.49	15.27	15.74
加拿大	13.96	15.03	13.71	15.76	16.04	13.76	17.07	15.67	15.18	14.22	15.08
意大利	12.71	12.07	12.46	15.39	13.67	13.60	16.05	17.66	17.02	17.89	14.98
法国	11.88	13.39	12.75	11.98	12.09	11.61	11.82	14.16	12.37	13.35	12.54
瑞士	10.42	9.71	10.93	9.77	10.96	10.42	14.57	14.48	13.25	14.66	12.03
澳大利亚	6.15	6.95	6.42	6.18	10.17	8.11	10.10	8.19	8.68	8.46	8.04
比利时	6.88	7.46	5.47	6.64	7.89	6.44	7.52	8.11	7.11	7.94	7.17
西班牙	6.25	6.54	5.94	6.36	6.31	6.36	6.58	7.16	6.93	7.68	6.63
奥地利	4.58	5.52	5.66	5.35	6.31	6.13	8.61	6.68	6.40	7.24	6.33
丹麦	6.67	3.48	5.56	3.50	5.70	6.52	7.05	5.41	5.00	5.15	5.45
瑞典	4.38	5.11	4.03	5.71	4.29	5.09	5.64	5.89	5.26	4.97	5.07
日本	3.13	4.81	5.66	6.64	4.03	4.69	5.32	5.41	5.79	4.89	5.06
韩国	4.90	5.32	4.03	3.78	3.77	5.73	5.95	5.17	4.47	3.93	4.73
挪威	2.71	3.27	2.68	3.04	2.10	2.78	4.07	3.02	2.72	2.18	2.87
中国香港	1.67	1.64	1.73	1.57	1.49	2.78	2.90	4.06	3.60	3.40	2.54
巴西	1.98	1.94	2.40	2.21	2.37	2.63	3.52	3.02	2.63	2.09	2.52

三十五　法医学

法医学 A 层研究国际合作参与率最高的是英国，为 100.00%，其次为美国的 66.67%；澳大利亚、爱尔兰、荷兰、瑞士的参与率也比较高，均为 33.33%。

B 层研究国际合作参与率最高的是美国，为 75.51%，其次为英国的 51.02%；德国、意大利、比利时、瑞士、荷兰、法国、奥地利、加拿大、西班牙、日本、挪威、葡萄牙的参与率也比较高，在 33%~10%；澳大利亚、中国大陆、丹麦、芬兰、爱尔兰、沙特阿拉伯也有一定的参与率，均为 8.16%。

C 层研究国际合作参与率最高的是美国，为 50.60%，其次为英国的 34.20%；德国、瑞士、意大利、荷兰、澳大利亚、西班牙、奥地利、加拿大的参与率也比较高，在 23%~10%；比利时、法国、沙特阿拉伯、瑞典、葡萄牙、丹麦、挪威、巴西、中国大陆、波兰也有一定的参与率，在 10%~4%。

表 9-102　法医学 A 层研究所有国家的国际合作参与率

单位：%

国家	2014 年	2015 年	2016 年	2017 年	2018 年	2019 年	2020 年	2021 年	2022 年	2023 年	合计
英国	100.00	0.00	0.00	100.00	0.00	100.00	0.00	0.00	0.00	0.00	100.00
美国	100.00	0.00	0.00	100.00	0.00	0.00	0.00	0.00	0.00	0.00	66.67
澳大利亚	0.00	0.00	0.00	0.00	0.00	100.00	0.00	0.00	0.00	0.00	33.33
爱尔兰	0.00	0.00	0.00	0.00	0.00	100.00	0.00	0.00	0.00	0.00	33.33
荷兰	0.00	0.00	0.00	0.00	0.00	100.00	0.00	0.00	0.00	0.00	33.33
瑞士	0.00	0.00	0.00	100.00	0.00	0.00	0.00	0.00	0.00	0.00	33.33

表 9-103　法医学 B 层研究排名前 20 的国家和地区的国际合作参与率

单位：%

国家和地区	2014 年	2015 年	2016 年	2017 年	2018 年	2019 年	2020 年	2021 年	2022 年	2023 年	合计
美国	100.00	100.00	75.00	50.00	80.00	57.14	100.00	80.00	66.67	66.67	75.51
英国	50.00	85.71	25.00	50.00	20.00	28.57	75.00	80.00	66.67	0.00	51.02
德国	100.00	28.57	50.00	33.33	40.00	14.29	25.00	20.00	33.33	33.33	32.65

续表

国家和地区	2014 年	2015 年	2016 年	2017 年	2018 年	2019 年	2020 年	2021 年	2022 年	2023 年	合计
意大利	50.00	14.29	0.00	16.67	40.00	28.57	50.00	40.00	33.33	33.33	28.57
比利时	0.00	28.57	25.00	16.67	20.00	0.00	50.00	40.00	50.00	33.33	26.53
瑞士	0.00	42.86	0.00	50.00	40.00	0.00	25.00	20.00	16.67	33.33	24.49
荷兰	0.00	0.00	25.00	50.00	60.00	0.00	25.00	20.00	0.00	66.67	22.45
法国	50.00	14.29	0.00	33.33	40.00	14.29	0.00	20.00	16.67	0.00	18.37
奥地利	50.00	0.00	50.00	16.67	20.00	0.00	0.00	0.00	0.00	66.67	14.29
加拿大	0.00	0.00	0.00	16.67	20.00	0.00	50.00	40.00	16.67	0.00	14.29
西班牙	50.00	0.00	25.00	33.33	0.00	0.00	0.00	20.00	0.00	66.67	14.29
日本	0.00	14.29	0.00	16.67	20.00	0.00	50.00	0.00	0.00	0.00	12.24
挪威	50.00	0.00	25.00	16.67	0.00	14.29	0.00	0.00	0.00	0.00	10.20
葡萄牙	50.00	0.00	25.00	16.67	20.00	0.00	25.00	0.00	0.00	0.00	10.20
澳大利亚	0.00	0.00	0.00	16.67	20.00	0.00	25.00	0.00	16.67	0.00	8.16
中国大陆	0.00	14.29	0.00	0.00	20.00	14.29	25.00	0.00	0.00	0.00	8.16
丹麦	50.00	0.00	25.00	0.00	0.00	0.00	0.00	20.00	0.00	33.33	8.16
芬兰	0.00	14.29	0.00	0.00	0.00	0.00	0.00	0.00	33.33	0.00	8.16
爱尔兰	0.00	28.57	0.00	16.67	0.00	0.00	25.00	0.00	0.00	0.00	8.16
沙特阿拉伯	0.00	0.00	75.00	16.67	0.00	0.00	0.00	0.00	0.00	0.00	8.16

表 9-104　法医学 C 层研究排名前 20 的国家和地区的国际合作参与率

单位：%

国家和地区	2014 年	2015 年	2016 年	2017 年	2018 年	2019 年	2020 年	2021 年	2022 年	2023 年	合计
美国	46.30	45.45	60.00	44.44	57.81	52.54	56.72	44.00	50.00	47.37	50.60
英国	29.63	27.27	26.67	32.22	31.25	37.29	35.82	38.00	47.62	44.74	34.20
德国	25.93	14.55	23.33	16.67	18.75	16.95	25.37	30.00	35.71	34.21	22.97
瑞士	25.93	10.91	20.00	6.67	23.44	20.34	19.40	26.00	21.43	23.68	18.83
意大利	16.67	21.82	18.33	13.33	9.38	23.73	25.37	14.00	11.90	18.42	17.27
荷兰	18.52	14.55	15.00	10.00	18.75	18.64	22.39	16.00	19.05	21.05	16.93
澳大利亚	16.67	10.91	13.33	15.56	14.06	18.64	13.43	18.00	19.05	10.53	15.03
西班牙	16.67	7.27	13.33	12.22	9.38	15.25	11.94	8.00	7.14	13.16	11.57
奥地利	18.52	10.91	5.00	8.89	12.50	16.95	16.42	10.00	4.76	7.89	11.40
加拿大	12.96	12.73	10.00	7.78	10.94	8.47	5.97	12.00	19.05	10.53	10.54
比利时	16.67	9.09	8.33	7.78	0.00	8.47	16.42	10.00	9.52	7.89	9.33
法国	11.11	3.64	6.67	4.44	4.69	13.56	13.43	14.00	11.90	7.89	8.81

国家和地区	2014 年	2015 年	2016 年	2017 年	2018 年	2019 年	2020 年	2021 年	2022 年	2023 年	合计
沙特阿拉伯	14.81	9.09	8.33	12.22	10.94	3.39	1.49	4.00	0.00	2.63	7.25
瑞典	3.70	5.45	5.00	5.56	3.13	10.17	16.42	8.00	4.76	10.53	7.25
葡萄牙	9.26	5.45	10.00	1.11	6.25	11.86	8.96	4.00	9.52	2.63	6.74
丹麦	12.96	7.27	5.00	6.67	4.69	3.39	10.45	8.00	0.00	0.00	6.22
挪威	11.11	9.09	3.33	6.67	4.69	5.08	5.97	6.00	2.38	0.00	5.70
巴西	5.56	9.09	6.67	3.33	9.38	3.39	2.99	4.00	7.14	5.26	5.53
中国大陆	1.85	7.27	6.67	2.22	6.25	1.69	2.99	10.00	4.76	5.26	4.66
波兰	11.11	0.00	3.33	3.33	4.69	3.39	5.97	4.00	7.14	2.63	4.49

三十六　老年病学和老年医学

老年病学和老年医学 A 层研究国际合作参与率最高的是英国，为56.52%，其次为美国的43.48%；中国大陆、法国、意大利、德国、荷兰、比利时、中国香港、西班牙、澳大利亚、爱尔兰、韩国、瑞典、瑞士的参与率也比较高，在31%~13%；加拿大、印度、以色列、日本、马来西亚也有一定的参与率，均为8.70%。

B 层研究国际合作参与率最高的是美国，为57.24%，其次为英国的39.93%；意大利、澳大利亚、中国大陆、加拿大、荷兰、德国、西班牙、法国、瑞典的参与率也比较高，在28%~11%；瑞士、比利时、日本、中国香港、巴西、波兰、爱尔兰、新加坡、芬兰也有一定的参与率，在10%~4%。

C 层研究国际合作参与率最高的是美国，为49.48%，其次为英国的30.03%；意大利、中国大陆、澳大利亚、加拿大、德国、荷兰、西班牙、法国的参与率也比较高，在18%~10%；瑞士、瑞典、比利时、巴西、日本、爱尔兰、中国香港、丹麦、奥地利、芬兰也有一定的参与率，在9%~3%。

表 9-105　老年病学和老年医学 A 层研究排名前 20 的国家和地区的国际合作参与率

单位：%

国家和地区	2014 年	2015 年	2016 年	2017 年	2018 年	2019 年	2020 年	2021 年	2022 年	2023 年	合计
英国	0.00	100.00	50.00	66.67	50.00	100.00	50.00	66.67	100.00	50.00	56.52
美国	66.67	0.00	25.00	33.33	50.00	0.00	50.00	66.67	100.00	50.00	43.48
中国大陆	33.33	0.00	25.00	0.00	0.00	0.00	100.00	66.67	100.00	0.00	30.43
法国	0.00	0.00	0.00	33.33	50.00	50.00	50.00	33.33	100.00	0.00	30.43
意大利	33.33	0.00	0.00	33.33	50.00	50.00	50.00	0.00	0.00	50.00	26.09
德国	0.00	0.00	0.00	0.00	0.00	50.00	0.00	66.67	100.00	50.00	21.74
荷兰	33.33	0.00	25.00	0.00	0.00	0.00	0.00	0.00	100.00	50.00	21.74
比利时	0.00	0.00	0.00	33.33	0.00	50.00	0.00	0.00	100.00	0.00	17.39
中国香港	33.33	0.00	0.00	0.00	0.00	100.00	0.00	0.00	0.00	0.00	17.39
西班牙	0.00	0.00	0.00	0.00	100.00	0.00	50.00	0.00	0.00	50.00	17.39
澳大利亚	0.00	0.00	50.00	0.00	0.00	0.00	0.00	0.00	100.00	0.00	13.04
爱尔兰	0.00	100.00	0.00	0.00	0.00	0.00	0.00	0.00	100.00	0.00	13.04
韩国	33.33	0.00	0.00	0.00	0.00	0.00	100.00	0.00	0.00	0.00	13.04
瑞典	0.00	0.00	0.00	0.00	0.00	50.00	0.00	33.33	0.00	50.00	13.04
瑞士	0.00	0.00	50.00	33.33	0.00	0.00	0.00	0.00	0.00	0.00	13.04
加拿大	0.00	0.00	0.00	0.00	0.00	0.00	0.00	33.33	100.00	0.00	8.70
印度	0.00	0.00	0.00	0.00	0.00	0.00	50.00	0.00	100.00	0.00	8.70
以色列	0.00	0.00	0.00	0.00	0.00	0.00	50.00	0.00	100.00	0.00	8.70
日本	33.33	0.00	0.00	0.00	0.00	0.00	50.00	0.00	0.00	0.00	8.70
马来西亚	33.33	0.00	0.00	0.00	0.00	0.00	0.00	0.00	100.00	0.00	8.70

表 9-106　老年病学和老年医学 B 层研究排名前 20 的国家和地区的国际合作参与率

单位：%

国家和地区	2014 年	2015 年	2016 年	2017 年	2018 年	2019 年	2020 年	2021 年	2022 年	2023 年	合计
美国	50.00	81.25	68.42	46.67	50.00	62.07	47.06	51.16	58.62	69.23	57.24
英国	42.86	56.25	47.37	36.67	40.00	51.72	41.18	32.56	34.48	33.33	39.93
意大利	35.71	37.50	47.37	40.00	23.33	31.03	26.47	23.26	24.14	7.69	27.21
澳大利亚	7.14	18.75	26.32	20.00	20.00	34.48	20.59	16.28	20.69	17.95	20.49
中国大陆	14.29	12.50	15.79	16.67	23.33	20.69	8.82	18.60	20.69	28.21	18.73
加拿大	7.14	25.00	15.79	10.00	13.33	27.59	20.59	18.60	17.24	23.08	18.37
荷兰	21.43	18.75	21.05	13.33	16.67	31.03	23.53	20.93	20.69	2.56	18.37

续表

国家和地区	2014 年	2015 年	2016 年	2017 年	2018 年	2019 年	2020 年	2021 年	2022 年	2023 年	合计
德国	14.29	25.00	21.05	20.00	20.00	20.69	5.88	20.93	10.34	17.95	17.31
西班牙	14.29	18.75	26.32	20.00	10.00	10.34	14.71	11.63	20.69	12.82	15.19
法国	21.43	18.75	21.05	20.00	10.00	3.45	17.65	4.65	17.24	7.69	12.72
瑞典	28.57	12.50	10.53	3.33	6.67	17.24	8.82	6.98	17.24	15.38	11.66
瑞士	7.14	0.00	26.32	0.00	10.00	13.79	8.82	11.63	13.79	5.13	9.54
比利时	14.29	6.25	21.05	10.00	10.00	10.34	5.88	6.98	6.90	7.69	9.19
日本	14.29	6.25	0.00	3.33	10.00	10.34	14.71	2.33	13.79	10.26	8.48
中国香港	28.57	12.50	0.00	3.33	3.33	6.90	5.88	9.30	10.34	5.13	7.42
巴西	0.00	6.25	0.00	3.33	6.67	6.90	11.76	6.98	6.90	10.26	6.71
波兰	0.00	0.00	5.26	0.00	10.00	0.00	2.94	11.63	10.34	10.26	6.01
爱尔兰	0.00	12.50	5.26	6.67	0.00	6.90	2.94	6.98	3.45	7.69	5.30
新加坡	0.00	0.00	5.26	10.00	3.33	3.45	2.94	11.63	6.90	2.56	5.30
芬兰	0.00	0.00	10.53	3.33	0.00	6.90	5.88	4.65	6.90	5.13	4.59

表 9-107　老年病学和老年医学 C 层研究排名前 20 的国家和地区的国际合作参与率

单位：%

国家和地区	2014 年	2015 年	2016 年	2017 年	2018 年	2019 年	2020 年	2021 年	2022 年	2023 年	合计
美国	47.49	57.42	52.71	51.67	47.33	47.32	47.70	48.44	46.52	52.09	49.48
英国	32.42	29.19	30.62	31.97	29.54	29.34	30.17	28.78	31.89	27.30	30.03
意大利	17.35	17.22	14.73	18.96	20.64	18.61	17.82	14.87	16.55	15.32	17.07
中国大陆	5.48	8.61	9.69	14.13	13.88	15.77	19.25	19.18	22.78	19.50	15.97
澳大利亚	13.24	14.35	15.89	13.01	18.86	14.51	14.94	14.15	16.79	11.14	14.71
加拿大	13.70	19.62	15.12	11.15	13.88	16.09	14.37	11.99	14.15	13.65	14.16
德国	15.98	15.31	11.24	12.64	17.79	12.62	12.64	14.15	15.59	12.81	14.03
荷兰	15.07	12.44	13.57	14.13	14.23	13.56	10.06	11.03	13.19	10.58	12.57
西班牙	10.96	11.00	8.91	10.04	13.88	11.36	13.22	11.99	14.63	10.03	11.80
法国	11.42	13.40	11.24	11.52	9.61	9.46	9.48	10.79	11.51	7.80	10.47
瑞士	9.13	9.09	9.30	9.67	8.90	8.52	8.05	6.47	8.15	8.36	8.40
瑞典	8.68	7.18	8.53	9.29	9.61	6.31	10.63	7.67	7.43	8.64	8.37
比利时	5.94	6.22	5.43	5.58	6.05	8.83	6.03	5.28	5.04	5.85	5.98
巴西	6.39	2.87	5.81	4.83	3.56	5.05	6.32	4.08	4.32	4.74	4.78
日本	3.65	4.78	3.49	4.83	4.27	4.10	5.46	4.56	4.32	5.85	4.59

国家和地区	2014 年	2015 年	2016 年	2017 年	2018 年	2019 年	2020 年	2021 年	2022 年	2023 年	合计
爱尔兰	3.65	2.87	1.16	4.83	4.27	3.15	4.31	5.76	5.04	3.34	4.01
中国香港	0.91	2.39	1.55	2.23	1.78	3.47	7.18	3.12	6.24	4.74	3.68
丹麦	4.57	1.91	4.65	3.35	1.78	4.10	3.16	3.60	4.80	3.06	3.56
奥地利	2.74	3.83	2.71	2.23	5.34	3.15	2.30	4.32	3.84	3.06	3.39
芬兰	5.48	3.35	1.94	3.35	2.85	2.52	2.87	2.88	4.56	3.06	3.26

三十七 初级卫生保健

初级卫生保健 A 层研究国际合作参与率最高的是美国，为 66.67%；澳大利亚、中国大陆、丹麦、英国的参与率也比较高，均为 33.33%。

B 层研究国际合作参与率最高的是英国，为 49.06%，其次为美国的 37.74%；加拿大、荷兰、澳大利亚的参与率也比较高，在 33%~15%；西班牙、德国、中国香港、爱尔兰、比利时、丹麦、新加坡、奥地利、巴西、中国大陆、法国、希腊、日本、黎巴嫩、瑞士也有一定的参与率，在 10%~3%。

C 层研究国际合作参与率最高的是英国，为 42.34%，其次为美国的 35.48%；荷兰、澳大利亚、加拿大、西班牙的参与率也比较高，在 22%~10%；德国、瑞典、爱尔兰、丹麦、比利时、印度、意大利、挪威、法国、希腊、中国大陆、瑞士、新西兰、波兰也有一定的参与率，在 9%~3%。

表 9-108 初级卫生保健 A 层研究所有国家和地区的国际合作参与率

单位：%

国家和地区	2014 年	2015 年	2016 年	2017 年	2018 年	2019 年	2020 年	2021 年	2022 年	2023 年	合计
美国	0.00	0.00	0.00	0.00	100.00	0.00	0.00	0.00	100.00	0.00	66.67
澳大利亚	0.00	0.00	0.00	0.00	0.00	0.00	100.00	0.00	0.00	0.00	33.33
中国大陆	0.00	0.00	0.00	0.00	0.00	0.00	100.00	0.00	0.00	0.00	33.33
丹麦	0.00	0.00	0.00	0.00	0.00	0.00	0.00	0.00	100.00	0.00	33.33
英国	0.00	0.00	0.00	0.00	100.00	0.00	0.00	0.00	0.00	0.00	33.33

表 9-109　初级卫生保健 B 层研究排名前 20 的国家和地区的国际合作参与率

单位：%

国家和地区	2014 年	2015 年	2016 年	2017 年	2018 年	2019 年	2020 年	2021 年	2022 年	2023 年	合计
英国	62.50	60.00	0.00	66.67	33.33	33.33	50.00	33.33	28.57	83.33	49.06
美国	12.50	60.00	0.00	0.00	50.00	66.67	50.00	16.67	28.57	50.00	37.74
加拿大	37.50	60.00	0.00	33.33	50.00	16.67	16.67	50.00	0.00	33.33	32.08
荷兰	37.50	0.00	0.00	33.33	0.00	16.67	16.67	16.67	14.29	33.33	18.87
澳大利亚	12.50	20.00	0.00	33.33	0.00	0.00	16.67	33.33	0.00	33.33	15.09
西班牙	25.00	0.00	0.00	0.00	0.00	16.67	16.67	0.00	14.29	0.00	9.43
德国	12.50	0.00	0.00	0.00	0.00	0.00	16.67	16.67	0.00	16.67	7.55
中国香港	0.00	0.00	0.00	0.00	16.67	0.00	16.67	0.00	14.29	16.67	7.55
爱尔兰	25.00	0.00	0.00	0.00	0.00	16.67	0.00	16.67	0.00	0.00	7.55
比利时	0.00	0.00	0.00	0.00	0.00	0.00	0.00	16.67	14.29	16.67	5.66
丹麦	0.00	20.00	0.00	0.00	0.00	0.00	0.00	0.00	14.29	16.67	5.66
新加坡	0.00	0.00	0.00	0.00	0.00	16.67	0.00	16.67	14.29	0.00	5.66
奥地利	0.00	0.00	0.00	16.67	0.00	16.67	0.00	0.00	0.00	0.00	3.77
巴西	0.00	0.00	0.00	0.00	16.67	0.00	0.00	0.00	0.00	16.67	3.77
中国大陆	0.00	0.00	0.00	0.00	0.00	0.00	16.67	0.00	14.29	0.00	3.77
法国	12.50	0.00	0.00	0.00	0.00	0.00	0.00	0.00	14.29	0.00	3.77
希腊	0.00	0.00	0.00	33.33	0.00	0.00	0.00	16.67	0.00	0.00	3.77
日本	0.00	0.00	0.00	0.00	0.00	16.67	0.00	0.00	0.00	16.67	3.77
黎巴嫩	0.00	0.00	0.00	0.00	0.00	0.00	0.00	0.00	14.29	16.67	3.77
瑞士	0.00	0.00	0.00	0.00	0.00	0.00	0.00	16.67	14.29	0.00	3.77

表 9-110　初级卫生保健 C 层研究排名前 20 的国家和地区的国际合作参与率

单位：%

国家和地区	2014 年	2015 年	2016 年	2017 年	2018 年	2019 年	2020 年	2021 年	2022 年	2023 年	合计
英国	35.71	44.19	57.14	47.62	45.45	38.33	35.29	42.37	36.51	52.50	42.34
美国	47.62	32.56	34.29	28.57	22.73	46.67	33.82	35.59	38.10	30.00	35.48
荷兰	19.05	20.93	34.29	35.71	20.45	28.33	11.76	16.95	22.22	7.50	21.17
澳大利亚	14.29	25.58	28.57	26.19	20.45	8.33	19.12	15.25	20.63	30.00	19.96
加拿大	19.05	25.58	20.00	21.43	20.45	13.33	19.12	22.03	14.29	5.00	17.94
西班牙	9.52	13.95	5.71	14.29	9.09	8.33	8.82	6.78	9.52	17.50	10.08
德国	7.14	4.65	5.71	4.76	11.36	8.33	10.29	8.47	9.52	10.00	8.27
瑞典	7.14	6.98	2.86	7.14	4.55	8.33	10.29	13.56	4.76	10.00	7.86

续表

国家和地区	2014年	2015年	2016年	2017年	2018年	2019年	2020年	2021年	2022年	2023年	合计
爱尔兰	11.90	6.98	2.86	9.52	13.64	3.33	7.35	8.47	7.94	5.00	7.66
丹麦	2.38	11.63	5.71	7.14	11.36	5.00	7.35	5.08	11.11	5.00	7.26
比利时	16.67	2.33	5.71	7.14	2.27	13.33	4.41	5.08	4.76	7.50	6.85
印度	0.00	2.33	0.00	0.00	0.00	8.33	10.29	10.17	11.11	2.50	5.44
意大利	2.38	4.65	8.57	2.38	4.55	6.67	5.88	5.08	4.76	7.50	5.24
挪威	4.76	2.33	2.86	11.90	2.27	3.33	7.35	8.47	3.17	5.00	5.24
法国	2.38	0.00	2.86	2.38	2.27	6.67	5.88	11.86	6.35	5.00	5.04
希腊	4.76	0.00	2.86	2.38	2.27	11.67	5.88	3.39	9.52	2.50	5.04
中国大陆	7.14	9.30	0.00	4.76	2.27	1.67	5.88	10.17	3.17	0.00	4.64
瑞士	4.76	0.00	8.57	0.00	2.27	11.67	1.47	3.39	3.17	2.50	3.83
新西兰	0.00	6.98	2.86	4.76	2.27	6.67	1.47	3.39	3.17	2.50	3.43
波兰	0.00	4.65	0.00	2.38	2.27	3.33	1.47	5.08	7.94	5.00	3.43

三十八　公共卫生、环境卫生和职业卫生

公共卫生、环境卫生和职业卫生A、B、C层研究国际合作参与率最高的均为美国，分别为68.57%、53.95%、46.42%；英国A、B、C层研究国际合作参与率均排名第二，分别为60.00%、43.28%、31.55%。

澳大利亚、荷兰、加拿大、南非、中国大陆、德国、瑞士、西班牙、巴西、法国、印度、瑞典、挪威、意大利、墨西哥、新西兰、新加坡、埃塞俄比亚A层研究国际合作参与率也比较高，在35%~12%。

澳大利亚、加拿大、中国大陆、瑞士、德国、印度、荷兰、西班牙、巴西、瑞典B层研究国际合作参与率也比较高，在23%~10%；法国、意大利、南非、丹麦、挪威、伊朗、巴基斯坦、韩国也有一定的参与率，在10%~6%。

澳大利亚、中国大陆、加拿大C层研究国际合作参与率也比较高，在17%~15%；荷兰、德国、瑞士、西班牙、印度、意大利、瑞典、法国、南非、丹麦、比利时、巴西、挪威、沙特阿拉伯、中国香港也有一定的参与率，在10%~3%。

表 9-111　公共卫生、环境卫生和职业卫生 A 层研究排名前 20 的国家
和地区的国际合作参与率

单位：%

国家和地区	2014 年	2015 年	2016 年	2017 年	2018 年	2019 年	2020 年	2021 年	2022 年	2023 年	合计
美国	83.33	0.00	50.00	62.50	70.59	66.67	50.00	83.33	100.00	50.00	68.57
英国	66.67	100.00	50.00	87.50	35.29	66.67	50.00	66.67	100.00	50.00	60.00
澳大利亚	16.67	0.00	50.00	62.50	17.65	44.44	33.33	33.33	66.67	33.33	34.29
荷兰	16.67	100.00	0.00	50.00	29.41	44.44	33.33	41.67	33.33	16.67	34.29
加拿大	0.00	0.00	50.00	25.00	23.53	55.56	16.67	41.67	100.00	33.33	32.86
南非	16.67	0.00	0.00	37.50	5.88	55.56	16.67	41.67	66.67	33.33	28.57
中国大陆	33.33	0.00	0.00	0.00	17.65	55.56	33.33	25.00	66.67	33.33	27.14
德国	16.67	0.00	0.00	37.50	11.76	22.22	16.67	41.67	100.00	16.67	25.71
瑞士	16.67	0.00	0.00	37.50	17.65	33.33	33.33	33.33	33.33	16.67	25.71
西班牙	0.00	0.00	0.00	12.50	29.41	22.22	33.33	16.67	66.67	16.67	21.43
巴西	16.67	0.00	0.00	12.50	11.76	33.33	16.67	25.00	33.33	33.33	20.00
法国	0.00	0.00	50.00	0.00	17.65	22.22	33.33	33.33	33.33	16.67	20.00
印度	16.67	0.00	0.00	25.00	17.65	11.11	16.67	16.67	66.67	33.33	20.00
瑞典	33.33	0.00	0.00	12.50	5.88	55.56	16.67	0.00	66.67	16.67	18.57
挪威	16.67	0.00	50.00	12.50	5.88	22.22	16.67	25.00	33.33	16.67	17.14
意大利	16.67	0.00	0.00	25.00	0.00	22.22	16.67	8.33	66.67	33.33	15.71
墨西哥	16.67	0.00	0.00	0.00	5.88	22.22	16.67	16.67	66.67	16.67	14.29
新西兰	33.33	0.00	0.00	0.00	0.00	22.22	16.67	8.33	66.67	33.33	14.29
新加坡	33.33	0.00	0.00	25.00	0.00	0.00	33.33	16.67	33.33	16.67	14.29
埃塞俄比亚	16.67	0.00	0.00	25.00	5.88	0.00	16.67	16.67	33.33	16.67	12.86

表 9-112　公共卫生、环境卫生和职业卫生 B 层研究排名前 20 的国家
和地区的国际合作参与率

单位：%

国家和地区	2014 年	2015 年	2016 年	2017 年	2018 年	2019 年	2020 年	2021 年	2022 年	2023 年	合计
美国	71.19	64.86	68.33	52.75	53.91	58.17	52.25	52.48	53.67	39.78	53.95
英国	54.24	50.00	63.33	52.75	53.13	48.37	38.20	37.13	37.29	32.04	43.28
澳大利亚	23.73	31.08	35.00	28.57	21.88	20.26	18.54	22.28	20.34	18.23	22.26
加拿大	32.20	32.43	25.00	36.26	21.09	18.30	14.04	20.30	18.64	15.47	20.95
中国大陆	10.17	10.81	21.67	8.79	13.28	15.03	19.66	21.78	24.86	26.52	18.88

国家和地区	2014 年	2015 年	2016 年	2017 年	2018 年	2019 年	2020 年	2021 年	2022 年	2023 年	合计
瑞士	20.34	24.32	23.33	17.58	18.75	16.99	11.24	16.34	15.25	16.02	16.81
德国	20.34	17.57	15.00	24.18	12.50	8.50	13.48	17.82	17.51	12.15	15.20
印度	13.56	13.51	23.33	8.79	12.50	11.76	6.74	13.37	19.77	25.41	14.89
荷兰	15.25	21.62	28.33	17.58	7.03	13.07	11.24	11.39	9.04	7.73	12.28
西班牙	15.25	13.51	13.33	13.19	9.38	7.19	7.30	11.39	11.30	12.71	10.82
巴西	15.25	22.97	18.33	12.09	14.06	5.88	6.18	9.41	10.73	7.18	10.51
瑞典	8.47	16.22	18.33	16.48	8.59	8.50	8.43	9.41	9.04	8.29	10.13
法国	10.17	12.16	11.67	12.09	6.25	7.19	6.74	10.89	10.17	11.05	9.52
意大利	15.25	12.16	13.33	14.29	3.91	5.88	9.55	8.91	11.30	8.29	9.44
南非	10.17	12.16	15.00	6.59	14.06	8.50	8.99	8.91	10.73	4.97	9.44
丹麦	8.47	10.81	11.67	10.99	4.69	8.50	3.93	7.43	9.60	8.29	7.90
挪威	8.47	13.51	15.00	10.99	6.25	5.23	5.06	6.93	7.91	4.97	7.37
伊朗	6.78	5.41	13.33	7.69	3.13	1.96	6.18	8.42	7.34	11.05	6.98
巴基斯坦	8.47	8.11	13.33	5.49	6.25	3.92	4.49	7.92	5.65	10.50	6.98
韩国	6.78	8.11	8.33	7.69	3.13	6.54	2.25	5.94	9.04	6.08	6.06

表 9-113　公共卫生、环境卫生和职业卫生 C 层研究排名前 20 的国家和地区的国际合作参与率

单位：%

国家和地区	2014 年	2015 年	2016 年	2017 年	2018 年	2019 年	2020 年	2021 年	2022 年	2023 年	合计
美国	52.99	54.58	54.85	53.79	49.64	47.29	43.45	40.87	39.21	40.93	46.42
英国	34.64	33.52	32.69	33.72	33.27	29.12	30.76	32.13	28.44	30.93	31.55
澳大利亚	14.72	15.27	17.23	16.66	18.26	15.71	16.63	16.37	15.40	14.84	16.11
中国大陆	6.48	8.20	10.19	10.44	13.26	17.10	17.60	16.92	21.54	20.92	15.37
加拿大	18.65	16.96	17.64	16.11	15.20	14.75	14.94	14.65	14.29	12.68	15.26
荷兰	10.50	12.14	11.17	11.81	10.40	9.54	9.37	8.65	7.25	8.41	9.62
德国	10.30	9.89	9.06	9.97	8.84	9.01	9.11	10.63	8.68	10.46	9.57
瑞士	9.62	10.37	9.63	9.08	8.32	9.54	7.57	8.05	6.81	7.85	8.47
西班牙	8.54	7.64	8.33	7.85	7.28	7.77	9.47	9.47	8.41	8.58	8.42
印度	3.83	4.50	4.53	4.51	4.42	4.50	6.14	9.81	12.19	15.52	7.59
意大利	5.79	7.48	6.63	6.76	6.56	6.54	9.01	8.91	8.50	6.37	7.46
瑞典	9.03	8.36	8.90	8.81	8.12	7.56	6.35	6.77	6.05	6.82	7.44

续表

国家和地区	2014 年	2015 年	2016 年	2017 年	2018 年	2019 年	2020 年	2021 年	2022 年	2023 年	合计
法国	7.16	8.52	7.93	7.30	7.21	7.45	6.45	6.21	5.21	6.94	6.87
南非	5.79	5.63	6.55	7.30	6.50	5.63	5.58	6.51	6.14	5.17	6.07
丹麦	6.18	7.15	7.36	6.76	5.72	4.99	4.71	5.01	4.90	5.69	5.65
比利时	6.48	5.87	4.29	4.78	5.26	4.88	4.71	5.06	4.90	4.66	5.02
巴西	3.53	2.49	4.77	3.96	5.52	4.18	5.02	5.44	5.79	5.34	4.78
挪威	5.59	5.55	5.58	6.01	4.55	4.77	3.43	4.54	4.18	3.75	4.65
沙特阿拉伯	1.86	1.21	1.29	1.02	2.40	2.09	4.61	6.13	9.17	8.87	4.42
中国香港	1.57	1.69	2.67	2.32	4.09	3.00	4.25	3.68	4.18	4.95	3.44

三十九　热带医学

热带医学 A、B、C 层研究国际合作参与率最高的均为美国，分别为 39.13%、49.03%、43.58%；英国 A、B、C 层研究国际合作参与率均排名第二，分别为 34.78%、39.77%、32.90%。

瑞士、澳大利亚、法国、德国、越南、比利时、巴西、日本 A 层研究国际合作参与率也比较高，在 22%~13%；加拿大、中国大陆、荷兰、南非、泰国、阿尔及利亚、孟加拉国、捷克、丹麦、埃及也有一定的参与率，在 9%~4%。

瑞士、澳大利亚、巴西、法国、泰国 B 层研究国际合作参与率也比较高，在 21%~10%；西班牙、意大利、印度、荷兰、德国、南非、加拿大、中国大陆、比利时、坦桑尼亚、巴基斯坦、新加坡、越南也有一定的参与率，在 10%~4%。

瑞士、巴西、法国、澳大利亚 C 层研究国际合作参与率也比较高，在 15%~10%；德国、荷兰、中国大陆、西班牙、泰国、肯尼亚、意大利、坦桑尼亚、比利时、南非、印度、埃塞俄比亚、加拿大、乌干达也有一定的参与率，在 8%~4%。

表 9-114　热带医学 A 层研究排名前 20 的国家和地区的国际合作参与率

单位：%

国家和地区	2014 年	2015 年	2016 年	2017 年	2018 年	2019 年	2020 年	2021 年	2022 年	2023 年	合计
美国	100.00	100.00	0.00	0.00	50.00	0.00	33.33	100.00	50.00	0.00	39.13
英国	100.00	0.00	0.00	66.67	100.00	0.00	0.00	0.00	0.00	0.00	34.78
瑞士	0.00	100.00	0.00	33.33	50.00	0.00	0.00	0.00	50.00	0.00	21.74
澳大利亚	0.00	0.00	0.00	0.00	25.00	33.33	33.33	50.00	0.00	0.00	17.39
法国	0.00	0.00	100.00	66.67	0.00	33.33	0.00	0.00	0.00	0.00	17.39
德国	0.00	0.00	100.00	0.00	0.00	0.00	33.33	0.00	100.00	0.00	17.39
越南	0.00	0.00	0.00	0.00	0.00	33.33	33.33	50.00	50.00	0.00	17.39
比利时	0.00	0.00	0.00	66.67	0.00	33.33	0.00	0.00	0.00	0.00	13.04
巴西	0.00	100.00	0.00	33.33	0.00	0.00	0.00	50.00	0.00	0.00	13.04
日本	0.00	0.00	0.00	0.00	0.00	66.67	33.33	0.00	0.00	0.00	13.04
加拿大	0.00	0.00	0.00	33.33	0.00	33.33	0.00	0.00	0.00	0.00	8.70
中国大陆	0.00	0.00	0.00	0.00	0.00	0.00	33.33	0.00	0.00	50.00	8.70
荷兰	0.00	0.00	0.00	0.00	0.00	0.00	33.33	0.00	50.00	0.00	8.70
南非	0.00	0.00	0.00	0.00	50.00	0.00	0.00	0.00	0.00	0.00	8.70
泰国	0.00	0.00	0.00	0.00	25.00	0.00	33.33	0.00	0.00	0.00	8.70
阿尔及利亚	0.00	0.00	0.00	0.00	0.00	33.33	0.00	0.00	0.00	0.00	4.35
孟加拉国	0.00	0.00	0.00	0.00	0.00	0.00	33.33	0.00	0.00	0.00	4.35
捷克	0.00	0.00	100.00	0.00	0.00	0.00	0.00	0.00	0.00	0.00	4.35
丹麦	0.00	100.00	0.00	0.00	0.00	0.00	0.00	0.00	0.00	0.00	4.35
埃及	0.00	0.00	0.00	0.00	0.00	33.33	0.00	0.00	0.00	0.00	4.35

表 9-115　热带医学 B 层研究排名前 20 的国家和地区的国际合作参与率

单位：%

国家和地区	2014 年	2015 年	2016 年	2017 年	2018 年	2019 年	2020 年	2021 年	2022 年	2023 年	合计
美国	57.89	44.74	50.00	41.67	53.13	60.00	60.00	42.86	30.77	55.00	49.03
英国	47.37	39.47	37.50	35.42	28.13	64.00	25.00	50.00	38.46	35.00	39.77
瑞士	36.84	21.05	25.00	25.00	12.50	28.00	20.00	14.29	15.38	5.00	20.46
澳大利亚	5.26	21.05	25.00	12.50	3.13	48.00	15.00	14.29	7.69	10.00	16.22
巴西	10.53	18.42	37.50	12.50	12.50	24.00	15.00	3.57	7.69	15.00	15.06
法国	15.79	15.79	31.25	10.42	15.63	16.00	0.00	7.14	23.08	15.00	13.90
泰国	0.00	13.16	12.50	8.33	9.38	24.00	5.00	3.57	30.77	5.00	10.42
西班牙	10.53	13.16	6.25	10.42	15.63	4.00	5.00	7.14	7.69	5.00	9.27

国家和地区	2014 年	2015 年	2016 年	2017 年	2018 年	2019 年	2020 年	2021 年	2022 年	2023 年	合计
意大利	10.53	2.63	6.25	6.25	15.63	4.00	20.00	3.57	15.38	15.00	8.88
印度	10.53	2.63	12.50	4.17	6.25	8.00	5.00	21.43	15.38	5.00	8.11
荷兰	10.53	10.53	12.50	10.42	3.13	4.00	10.00	10.71	0.00	5.00	8.11
德国	0.00	5.26	12.50	12.50	6.25	8.00	0.00	10.71	7.69	10.00	7.72
南非	15.79	2.63	0.00	10.42	6.25	4.00	5.00	17.86	15.38	0.00	7.72
加拿大	5.26	7.89	12.50	4.17	12.50	4.00	10.00	3.57	15.38	5.00	7.34
中国大陆	5.26	2.63	6.25	2.08	9.38	8.00	15.00	10.71	7.69	10.00	6.95
比利时	5.26	7.89	18.75	2.08	0.00	4.00	10.00	10.71	7.69	10.00	6.56
坦桑尼亚	5.26	5.26	6.25	2.08	6.25	0.00	5.00	7.14	15.38	0.00	5.41
巴基斯坦	5.26	2.63	6.25	8.33	0.00	0.00	10.00	3.57	15.38	0.00	4.63
新加坡	0.00	5.26	6.25	2.08	0.00	8.00	0.00	10.71	23.08	0.00	4.63
越南	0.00	7.89	6.25	4.17	0.00	4.00	0.00	10.71	15.38	0.00	4.63

表 9-116 热带医学 C 层研究排名前 20 的国家和地区的国际合作参与率

单位：%

国家和地区	2014 年	2015 年	2016 年	2017 年	2018 年	2019 年	2020 年	2021 年	2022 年	2023 年	合计
美国	39.32	44.23	48.94	44.23	43.98	46.72	43.44	44.90	36.14	37.61	43.58
英国	39.81	34.89	29.36	30.94	34.34	31.62	34.84	33.76	31.33	28.90	32.90
瑞士	16.99	12.91	9.79	14.38	16.87	15.10	12.22	12.10	17.47	14.68	14.17
巴西	13.11	13.74	9.79	12.85	12.95	14.53	14.48	16.88	16.87	13.76	13.82
法国	12.14	12.64	17.45	10.46	13.86	8.83	10.86	11.78	4.82	6.88	11.20
澳大利亚	9.22	9.07	11.91	12.20	10.84	12.82	12.67	7.96	13.25	5.50	10.61
德国	8.25	7.14	5.96	10.89	6.02	7.69	9.05	7.01	5.42	10.55	7.96
荷兰	7.28	9.07	11.06	7.19	4.52	6.84	9.95	9.24	5.42	4.59	7.54
中国大陆	5.34	5.77	6.38	4.36	6.93	8.83	9.05	9.87	8.43	8.72	7.15
西班牙	3.40	7.14	6.81	6.75	9.04	6.55	5.43	7.32	6.63	6.88	6.77
泰国	9.22	6.04	9.36	6.54	6.02	5.70	6.33	6.05	6.02	5.05	6.52
肯尼亚	6.80	6.04	5.53	6.54	6.33	5.13	7.69	7.64	4.22	5.50	6.21
意大利	8.25	4.40	5.11	6.75	4.22	6.84	9.50	5.73	5.42	5.50	6.07
坦桑尼亚	9.71	4.12	3.40	4.58	5.12	7.41	5.88	6.05	6.63	7.80	5.83
比利时	5.83	7.69	5.11	6.10	6.02	5.41	6.79	3.50	5.42	5.05	5.76
南非	5.34	5.49	5.96	4.79	6.63	5.41	7.69	5.73	3.61	5.05	5.58
印度	1.94	4.67	4.26	4.14	3.61	7.41	6.33	9.24	5.42	6.88	5.41

续表

国家和地区	2014 年	2015 年	2016 年	2017 年	2018 年	2019 年	2020 年	2021 年	2022 年	2023 年	合计
埃塞俄比亚	5.34	3.85	2.98	4.36	4.52	4.84	6.33	6.05	6.02	5.50	4.85
加拿大	5.34	5.22	4.68	4.14	6.33	3.13	5.88	3.18	3.61	4.59	4.57
乌干达	5.34	3.30	2.98	3.70	2.71	4.84	4.52	3.18	4.82	8.72	4.19

四十　药理学和药剂学

药理学和药剂学 A、B、C 层研究国际合作参与率最高的均为美国，分别为 53.37%、47.93%、39.29%。

英国 A 层研究国际合作参与率排名第二，为 32.64%；德国、中国大陆、澳大利亚、荷兰、加拿大、法国、意大利的参与率也比较高，在 18%~11%；印度、瑞士、沙特阿拉伯、瑞典、比利时、伊朗、奥地利、爱尔兰、西班牙、丹麦、葡萄牙也有一定的参与率，在 10%~4%。

英国 B 层研究国际合作参与率排名第二，为 22.68%；中国大陆、德国、意大利、印度、澳大利亚的参与率也比较高，在 21%~10%；加拿大、法国、荷兰、西班牙、伊朗、瑞士、沙特阿拉伯、瑞典、比利时、韩国、日本、埃及、丹麦也有一定的参与率，在 10%~4%。

中国大陆和英国 C 层研究国际合作参与率排名第二、第三，分别为 19.27%、19.17%；意大利、德国、印度 C 层研究国际合作参与率也比较高，在 12%~10%；澳大利亚、沙特阿拉伯、加拿大、西班牙、法国、荷兰、伊朗、埃及、瑞士、比利时、瑞典、韩国、日本、巴西也有一定的参与率，在 9%~3%。

表 9-117　药理学和药剂学 A 层研究排名前 20 的国家和地区的国际合作参与率

单位：%

国家和地区	2014 年	2015 年	2016 年	2017 年	2018 年	2019 年	2020 年	2021 年	2022 年	2023 年	合计
美国	46.67	70.59	57.14	63.16	28.57	50.00	52.94	66.67	40.74	63.16	53.37
英国	26.67	52.94	35.71	36.84	28.57	35.00	41.18	25.00	25.93	26.32	32.64
德国	6.67	11.76	7.14	5.26	23.81	20.00	17.65	33.33	11.11	26.32	17.10

续表

国家和地区	2014 年	2015 年	2016 年	2017 年	2018 年	2019 年	2020 年	2021 年	2022 年	2023 年	合计
中国大陆	13.33	0.00	14.29	5.26	28.57	5.00	29.41	20.83	14.81	21.05	15.54
澳大利亚	0.00	11.76	7.14	5.26	19.05	30.00	23.53	12.50	11.11	15.79	13.99
荷兰	13.33	5.88	7.14	10.53	14.29	25.00	17.65	20.83	3.70	15.79	13.47
加拿大	6.67	11.76	0.00	5.26	14.29	10.00	29.41	12.50	18.52	15.79	12.95
法国	20.00	11.76	7.14	5.26	0.00	10.00	29.41	4.17	14.81	15.79	11.40
意大利	6.67	5.88	0.00	0.00	9.52	25.00	5.88	16.67	14.81	21.05	11.40
印度	6.67	5.88	21.43	15.79	9.52	5.00	5.88	0.00	7.41	21.05	9.33
瑞士	0.00	17.65	7.14	15.79	0.00	15.00	11.76	16.67	0.00	10.53	9.33
沙特阿拉伯	6.67	0.00	7.14	5.26	4.76	10.00	11.76	8.33	7.41	15.79	7.77
瑞典	0.00	5.88	14.29	10.53	4.76	0.00	5.88	12.50	3.70	15.79	7.25
比利时	13.33	5.88	0.00	10.53	0.00	0.00	11.76	8.33	3.70	10.53	6.22
伊朗	0.00	0.00	0.00	0.00	14.29	10.00	0.00	0.00	11.11	15.79	5.70
奥地利	0.00	5.88	7.14	0.00	0.00	5.00	0.00	12.50	3.70	10.53	4.66
爱尔兰	0.00	17.65	0.00	10.53	4.76	0.00	5.88	0.00	3.70	5.26	4.66
西班牙	6.67	5.88	0.00	0.00	9.52	5.00	0.00	4.17	3.70	10.53	4.66
丹麦	13.33	0.00	0.00	5.26	0.00	0.00	5.88	8.33	3.70	5.26	4.15
葡萄牙	0.00	0.00	7.14	0.00	4.76	15.00	11.76	4.17	0.00	0.00	4.15

表 9-118　药理学和药剂学 B 层研究排名前 20 的国家和地区的国际合作参与率

单位：%

国家和地区	2014 年	2015 年	2016 年	2017 年	2018 年	2019 年	2020 年	2021 年	2022 年	2023 年	合计
美国	56.92	50.00	54.01	52.05	51.20	45.60	46.73	40.78	45.41	43.65	47.93
英国	30.00	29.84	24.09	18.49	24.10	23.63	24.62	21.84	16.84	17.68	22.68
中国大陆	10.00	15.32	10.22	17.81	19.88	20.33	21.11	25.24	28.06	23.76	20.04
德国	18.46	20.16	16.06	10.96	13.25	13.19	14.07	15.53	8.21	11.05	13.74
意大利	12.31	12.90	11.68	13.01	12.65	9.34	14.07	16.02	11.22	12.15	12.60
印度	3.08	5.65	5.11	7.53	8.43	10.44	12.56	16.02	20.92	22.65	12.12
澳大利亚	9.23	5.65	16.79	12.33	8.43	9.89	12.56	12.14	8.16	13.26	10.92
加拿大	12.31	11.29	8.76	15.07	12.65	7.69	8.04	8.74	7.14	8.29	9.72
法国	13.85	10.48	10.22	12.33	9.64	9.89	7.54	6.80	5.61	6.63	8.94
荷兰	7.69	7.26	8.76	10.27	15.66	7.69	7.54	9.22	7.14	5.52	8.64
西班牙	8.46	5.65	10.22	10.27	7.23	9.34	8.54	10.19	9.18	6.63	8.64
伊朗	0.77	2.42	8.03	8.90	7.23	3.30	12.56	13.11	8.67	12.71	8.28

国家和地区	2014 年	2015 年	2016 年	2017 年	2018 年	2019 年	2020 年	2021 年	2022 年	2023 年	合计
瑞士	6.92	17.74	5.11	5.48	7.83	6.59	6.53	6.80	4.59	6.63	7.14
沙特阿拉伯	3.85	0.81	4.38	4.11	3.61	4.95	3.02	6.31	17.35	11.60	6.42
瑞典	6.92	7.26	5.84	8.90	9.04	6.04	2.01	4.37	4.59	2.21	5.46
比利时	7.69	6.45	4.38	4.11	6.02	5.49	6.03	4.37	3.06	5.52	5.22
韩国	3.85	1.61	6.57	3.42	5.42	4.95	4.52	3.88	5.61	8.29	4.92
日本	7.69	5.65	5.84	4.11	3.01	4.95	3.52	3.40	5.61	3.31	4.56
埃及	0.77	1.61	2.19	3.42	1.20	4.95	3.52	3.88	13.27	5.52	4.38
丹麦	4.62	5.65	5.84	6.16	2.41	4.40	3.02	4.37	2.55	3.87	4.14

表 9-119　药理学和药剂学 C 层研究排名前 20 的国家和地区的国际合作参与率

单位：%

国家和地区	2014 年	2015 年	2016 年	2017 年	2018 年	2019 年	2020 年	2021 年	2022 年	2023 年	合计
美国	47.75	47.73	45.11	43.86	42.80	38.38	37.49	32.82	32.06	32.29	39.29
中国大陆	15.70	16.86	15.63	17.99	19.31	22.32	21.83	20.07	21.33	18.83	19.27
英国	21.34	20.60	19.34	20.71	19.11	19.56	20.26	17.96	17.61	16.42	19.17
意大利	9.89	11.58	11.71	11.41	12.74	12.62	13.92	12.49	10.22	12.43	11.99
德国	15.78	14.00	13.35	12.70	12.01	11.70	9.91	9.96	9.56	9.23	11.56
印度	5.40	5.28	6.71	7.60	7.90	6.94	10.02	13.47	16.39	17.44	10.12
澳大利亚	8.34	8.58	10.28	9.50	9.09	9.06	8.61	9.18	9.33	7.97	9.00
沙特阿拉伯	3.52	4.11	4.14	4.41	5.51	5.85	6.18	10.89	15.00	15.63	7.90
加拿大	7.77	8.28	7.64	9.03	7.30	7.92	7.91	6.86	7.83	6.82	7.70
西班牙	7.52	7.55	8.14	8.01	6.77	7.57	7.58	8.31	6.94	6.94	7.54
法国	9.73	9.09	9.64	7.74	7.43	7.97	7.20	5.47	5.89	5.79	7.42
荷兰	10.87	9.90	8.99	7.74	7.63	6.83	6.18	6.19	4.94	4.28	7.12
伊朗	1.39	2.20	3.21	4.28	5.18	5.68	9.53	9.65	9.61	8.33	6.31
埃及	2.78	2.27	3.35	4.01	4.98	3.84	5.74	9.60	10.44	9.72	5.98
瑞士	7.77	8.28	6.92	6.38	6.77	5.74	5.47	3.97	4.39	4.10	5.80
比利时	6.30	6.01	4.93	5.09	3.98	4.88	4.82	3.46	3.83	3.44	4.58
瑞典	5.40	5.72	4.71	4.21	4.45	4.02	4.23	4.28	3.50	2.35	4.21
韩国	3.76	2.57	3.71	4.41	4.11	4.07	3.85	4.18	5.17	5.67	4.20
日本	4.82	4.03	4.14	3.53	4.05	4.82	4.66	3.97	4.06	3.74	4.18
巴西	3.76	4.62	5.28	4.75	4.05	4.07	3.63	3.41	2.89	4.04	3.99

四十一 医用化学

医用化学 A、B、C 层研究国际合作参与率最高的均为美国,分别为
50.94%、40.43%、35.17%。

印度 A 层研究国际合作参与率排名第二,为 22.64%;中国大陆、德
国、英国、意大利参与率也比较高,在 21%～11%;澳大利亚、孟加拉国、
法国、日本、沙特阿拉伯、西班牙、巴基斯坦、韩国、加拿大、伊朗、新西
兰、俄罗斯、乌克兰、巴西也有一定的参与率,在 10%～3%。

中国大陆 B 层研究国际合作参与率排名第二,为 22.58%;印度、德
国、沙特阿拉伯、英国、意大利的参与率也比较高,在 16%～11%;澳大利
亚、伊朗、西班牙、法国、埃及、韩国、巴基斯坦、葡萄牙、比利时、日
本、加拿大、荷兰、土耳其也有一定的参与率,在 10%～3%。

中国大陆 C 层研究国际合作参与率排名第二,为 23.57%;意大利、英
国、德国、印度、沙特阿拉伯的参与率也比较高,在 15%～10%;埃及、西
班牙、法国、澳大利亚、韩国、瑞士、加拿大、巴基斯坦、巴西、日本、伊
朗、土耳其、荷兰也有一定的参与率,在 10%～3%。

表 9-120 医用化学 A 层研究排名前 20 的国家和地区的国际合作参与率

单位:%

国家和地区	2014 年	2015 年	2016 年	2017 年	2018 年	2019 年	2020 年	2021 年	2022 年	2023 年	合计
美国	80.00	33.33	50.00	75.00	50.00	44.44	33.33	60.00	50.00	37.50	50.94
印度	20.00	0.00	0.00	25.00	25.00	11.11	0.00	60.00	50.00	25.00	22.64
中国大陆	0.00	0.00	16.67	0.00	0.00	33.33	66.67	40.00	33.33	12.50	20.75
德国	40.00	0.00	33.33	25.00	0.00	11.11	33.33	20.00	0.00	25.00	18.87
英国	40.00	33.33	0.00	25.00	0.00	11.11	33.33	20.00	16.67	0.00	15.09
意大利	20.00	0.00	33.33	0.00	25.00	11.11	0.00	0.00	0.00	12.50	11.32
澳大利亚	20.00	0.00	0.00	0.00	25.00	0.00	0.00	0.00	16.67	25.00	9.43
孟加拉国	0.00	0.00	0.00	0.00	0.00	22.22	33.33	20.00	16.67	0.00	9.43
法国	20.00	33.33	0.00	0.00	0.00	0.00	0.00	40.00	16.67	0.00	9.43
日本	0.00	0.00	16.67	0.00	0.00	11.11	33.33	40.00	0.00	0.00	9.43
沙特阿拉伯	0.00	0.00	0.00	0.00	0.00	11.11	0.00	0.00	33.33	25.00	9.43

续表

国家和地区	2014 年	2015 年	2016 年	2017 年	2018 年	2019 年	2020 年	2021 年	2022 年	2023 年	合计
西班牙	0.00	0.00	16.67	0.00	25.00	22.22	0.00	20.00	0.00	0.00	9.43
巴基斯坦	0.00	0.00	0.00	0.00	25.00	11.11	33.33	0.00	16.67	0.00	7.55
韩国	0.00	0.00	16.67	25.00	0.00	0.00	0.00	20.00	16.67	0.00	7.55
加拿大	20.00	33.33	0.00	0.00	25.00	0.00	0.00	0.00	0.00	0.00	5.66
伊朗	0.00	0.00	0.00	0.00	25.00	11.11	0.00	0.00	16.67	0.00	5.66
新西兰	0.00	0.00	0.00	0.00	25.00	0.00	0.00	0.00	16.67	12.50	5.66
俄罗斯	20.00	0.00	0.00	0.00	0.00	0.00	0.00	20.00	0.00	12.50	5.66
乌克兰	20.00	0.00	0.00	0.00	0.00	11.11	33.33	0.00	0.00	0.00	5.66
巴西	0.00	33.33	0.00	0.00	25.00	0.00	0.00	0.00	0.00	0.00	3.77

表 9-121　医用化学 B 层研究排名前 20 的国家和地区的国际合作参与率

单位：%

国家和地区	2014 年	2015 年	2016 年	2017 年	2018 年	2019 年	2020 年	2021 年	2022 年	2023 年	合计
美国	37.14	47.37	47.73	47.62	37.50	46.67	38.46	37.74	31.58	37.25	40.43
中国大陆	22.86	18.42	13.64	16.67	14.58	33.33	26.92	32.08	26.32	17.65	22.58
印度	14.29	10.53	6.82	9.52	12.50	15.56	5.77	18.87	21.05	31.37	15.05
德国	22.86	21.05	11.36	11.90	18.75	11.11	11.54	15.09	5.26	11.76	13.55
沙特阿拉伯	2.86	7.89	6.82	7.14	12.50	13.33	7.69	13.21	26.32	11.76	11.61
英国	8.57	13.16	13.64	19.05	8.33	15.56	5.77	3.77	15.79	13.73	11.61
意大利	14.29	5.26	11.36	14.29	12.50	8.89	17.31	9.43	3.51	17.65	11.40
澳大利亚	8.57	13.16	9.09	4.76	4.17	4.44	15.38	9.43	10.53	11.76	9.25
伊朗	2.86	5.26	11.36	9.52	4.17	4.44	13.46	5.66	1.75	9.80	6.88
西班牙	2.86	7.89	9.09	9.52	8.33	11.11	7.69	3.77	5.26	0.00	6.45
法国	8.57	2.63	4.55	9.52	8.33	6.67	5.77	5.66	5.26	5.88	6.24
埃及	5.71	0.00	2.27	4.76	8.33	4.44	5.77	9.43	10.53	3.92	5.81
韩国	8.57	0.00	4.55	2.38	4.17	0.00	7.69	9.43	10.53	7.84	5.81
巴基斯坦	0.00	2.63	0.00	0.00	0.00	8.89	13.46	5.66	7.02	5.88	4.73
葡萄牙	8.57	5.26	0.00	2.38	4.17	4.44	3.85	5.66	3.51	9.80	4.73
比利时	5.71	2.63	11.36	0.00	4.17	0.00	3.85	5.66	3.51	5.88	4.30
日本	5.71	5.26	6.82	0.00	2.08	2.22	3.85	1.89	7.02	3.92	3.87
加拿大	0.00	2.63	2.27	4.76	8.33	6.67	0.00	1.89	5.26	3.92	3.66
荷兰	2.86	2.63	2.27	4.76	4.17	4.44	0.00	5.66	7.02	1.96	3.66
土耳其	0.00	2.63	2.27	4.76	0.00	0.00	1.92	5.66	3.51	13.73	3.66

表 9-122　医用化学 C 层研究排名前 20 的国家和地区的国际合作参与率

单位：%

国家和地区	2014 年	2015 年	2016 年	2017 年	2018 年	2019 年	2020 年	2021 年	2022 年	2023 年	合计
美国	40.46	40.95	37.09	41.96	38.63	35.77	37.47	27.96	27.34	27.65	35.17
中国大陆	19.08	20.04	18.76	22.83	30.91	28.29	21.64	24.42	26.39	21.41	23.57
意大利	12.47	14.66	16.56	15.65	13.69	16.01	17.84	13.98	13.38	13.51	14.82
英国	13.23	12.93	13.69	14.57	15.45	12.28	13.03	13.45	11.47	10.40	13.00
德国	16.03	13.79	13.91	13.26	12.36	14.23	9.42	11.15	9.94	10.60	12.36
印度	8.65	6.68	10.82	10.87	8.17	8.90	11.22	13.98	15.49	13.72	10.98
沙特阿拉伯	6.11	7.76	11.04	8.91	8.17	7.12	7.21	11.68	22.94	15.59	10.82
埃及	4.58	6.68	6.62	6.52	7.73	7.12	9.82	12.74	16.06	13.93	9.40
西班牙	5.85	9.05	6.62	5.65	6.40	8.36	7.01	8.32	8.80	8.73	7.56
法国	9.67	7.76	8.17	6.09	7.06	6.94	6.81	8.32	4.97	5.61	7.09
澳大利亚	5.34	6.68	6.62	3.70	7.51	5.34	5.81	6.37	3.63	4.37	5.52
韩国	3.82	3.02	2.65	5.22	2.87	4.80	4.61	6.55	7.07	7.48	4.90
瑞士	5.34	6.03	5.52	5.65	3.97	4.80	4.81	4.25	2.87	2.91	4.57
加拿大	4.58	4.53	3.75	4.78	5.52	5.69	5.01	3.72	3.63	3.53	4.47
巴基斯坦	3.56	4.96	1.99	2.83	3.97	3.74	2.61	6.73	6.88	6.44	4.45
巴西	3.82	3.66	3.97	6.09	4.42	3.38	4.61	2.48	3.06	4.99	4.00
日本	4.83	3.02	3.75	3.91	3.09	4.09	3.61	4.96	3.82	3.74	3.89
伊朗	1.53	3.23	2.43	1.96	3.31	3.20	6.81	5.66	3.82	4.99	3.79
土耳其	2.04	2.80	8.17	3.26	2.87	2.49	4.41	4.07	4.02	1.66	3.59
荷兰	2.54	2.80	3.53	1.96	3.53	3.56	3.41	4.25	3.63	3.33	3.30

四十二　毒理学

毒理学 A、B、C 层研究国际合作参与率最高的均为美国，分别为 50.00%、38.88%、39.91%。

英国、中国大陆 A 层研究国际合作参与率排名第二、第三，分别为 31.82% 和 27.27%；印度、瑞士、澳大利亚、比利时、德国、爱尔兰、意大利、西班牙的参与率也比较高，在 21% ~ 11%；巴西、加拿大、法国、埃及、伊朗、日本、尼日利亚、沙特阿拉伯、奥地利也有一定的参与率，在 10% ~ 4%。

中国大陆 B 层研究国际合作参与率排名第二，为 22.00%；英国、意大利、德国、法国、加拿大、印度的参与率也比较高，在 20%~11%；澳大利亚、沙特阿拉伯、巴基斯坦、西班牙、荷兰、比利时、瑞士、韩国、日本、瑞典、丹麦、伊朗也有一定的参与率，在 9%~4%。

中国大陆 C 层研究国际合作参与率排名第二，为 23.95%；英国、德国、意大利、加拿大的参与率也比较高，在 17%~10%；法国、西班牙、荷兰、印度、比利时、澳大利亚、沙特阿拉伯、瑞士、丹麦、巴西、埃及、瑞典、巴基斯坦、伊朗也有一定的参与率，在 10%~4%。

表 9-123　毒理学 A 层研究排名前 20 的国家和地区的国际合作参与率

单位：%

国家和地区	2014 年	2015 年	2016 年	2017 年	2018 年	2019 年	2020 年	2021 年	2022 年	2023 年	合计
美国	100.00	75.00	50.00	66.67	25.00	66.67	100.00	50.00	25.00	28.57	50.00
英国	100.00	75.00	25.00	100.00	12.50	33.33	66.67	0.00	25.00	0.00	31.82
中国大陆	50.00	0.00	50.00	0.00	12.50	0.00	0.00	66.67	50.00	28.57	27.27
印度	0.00	0.00	25.00	0.00	25.00	33.33	0.00	16.67	50.00	28.57	20.45
瑞士	50.00	50.00	0.00	66.67	12.50	0.00	33.33	0.00	0.00	0.00	15.91
澳大利亚	0.00	0.00	50.00	33.33	12.50	0.00	0.00	0.00	0.00	28.57	13.64
比利时	0.00	50.00	0.00	0.00	0.00	33.33	66.67	0.00	0.00	0.00	11.36
德国	0.00	25.00	0.00	0.00	0.00	66.67	33.33	16.67	0.00	0.00	11.36
爱尔兰	0.00	50.00	0.00	66.67	0.00	0.00	33.33	0.00	0.00	0.00	11.36
意大利	50.00	25.00	0.00	0.00	12.50	33.33	0.00	0.00	25.00	0.00	11.36
西班牙	0.00	0.00	0.00	33.33	12.50	33.33	33.33	0.00	25.00	0.00	11.36
巴西	50.00	0.00	0.00	0.00	25.00	0.00	0.00	0.00	0.00	14.29	9.09
加拿大	50.00	0.00	25.00	0.00	0.00	33.33	0.00	16.67	0.00	0.00	9.09
法国	50.00	50.00	0.00	0.00	0.00	33.33	0.00	0.00	0.00	0.00	9.09
埃及	0.00	0.00	0.00	0.00	0.00	0.00	0.00	16.67	25.00	14.29	6.82
伊朗	0.00	0.00	0.00	0.00	12.50	0.00	0.00	0.00	25.00	14.29	6.82
日本	50.00	0.00	0.00	0.00	12.50	33.33	0.00	0.00	0.00	0.00	6.82
尼日利亚	0.00	0.00	0.00	33.33	0.00	33.33	0.00	0.00	0.00	14.29	6.82
沙特阿拉伯	0.00	0.00	0.00	0.00	0.00	0.00	0.00	0.00	25.00	28.57	6.82
奥地利	0.00	0.00	0.00	0.00	0.00	33.33	0.00	16.67	0.00	0.00	4.55

表 9-124 毒理学 B 层研究排名前 20 的国家和地区的国际合作参与率

单位：%

国家和地区	2014 年	2015 年	2016 年	2017 年	2018 年	2019 年	2020 年	2021 年	2022 年	2023 年	合计
美国	52.50	56.76	45.45	47.50	32.56	37.50	30.23	29.55	34.04	26.47	38.88
中国大陆	7.50	10.81	15.15	17.50	23.26	22.92	25.58	34.09	31.91	26.47	22.00
英国	25.00	29.73	12.12	25.00	13.95	25.00	23.26	11.36	14.89	11.76	19.32
意大利	22.50	18.92	12.12	27.50	23.26	4.17	25.58	15.91	14.89	17.65	18.09
德国	25.00	21.62	18.18	15.00	6.98	16.67	18.60	9.09	10.64	14.71	15.40
法国	17.50	10.81	21.21	25.00	11.63	10.42	13.95	6.82	6.38	5.88	12.71
加拿大	20.00	24.32	9.09	15.00	11.63	12.50	11.63	9.09	4.26	5.88	12.22
印度	7.50	2.70	3.03	5.00	13.95	14.58	2.33	20.45	17.02	29.41	11.74
澳大利亚	5.00	5.41	15.15	7.50	6.98	14.58	4.65	4.55	2.13	26.47	8.80
沙特阿拉伯	7.50	2.70	3.03	2.50	6.98	4.17	0.00	18.18	17.02	23.53	8.56
巴基斯坦	2.50	0.00	6.06	5.00	9.30	4.17	6.98	18.18	14.89	8.82	7.82
西班牙	12.50	5.41	6.06	12.50	4.65	4.17	4.65	4.55	10.64	11.76	7.58
荷兰	10.00	8.11	15.15	10.00	2.33	14.58	2.33	6.82		5.88	7.33
比利时	5.00	16.22	12.12	10.00	4.65	4.17	6.98	6.82	2.13	5.88	7.09
瑞士	10.00	10.81	9.09	12.50	2.33	4.17	9.30	4.55	8.51	0.00	7.09
韩国	0.00	8.11	9.09	5.00	9.30	8.33	6.98	9.09	8.51	2.94	6.85
日本	2.50	8.11	12.12	7.50	6.98	8.33	6.98	9.09	2.13	2.94	6.60
瑞典	5.00	5.41	12.12	5.00	4.65	6.25	9.30	4.55	4.26	2.94	5.87
丹麦	5.00	10.81	3.03	10.00	0.00	4.17	6.98	2.27	4.26	2.94	4.89
伊朗	2.50	0.00	0.00	5.00	9.30	4.17	4.65	4.55	8.51	8.82	4.89

表 9-125 毒理学 C 层研究排名前 20 的国家和地区的国际合作参与率

单位：%

国家和地区	2014 年	2015 年	2016 年	2017 年	2018 年	2019 年	2020 年	2021 年	2022 年	2023 年	合计
美国	53.80	46.79	47.97	44.33	39.63	36.52	35.62	31.13	34.91	32.81	39.91
中国大陆	17.25	17.91	16.80	20.10	21.91	26.74	25.97	32.08	30.45	27.60	23.95
英国	23.68	20.59	18.43	16.24	16.32	15.65	15.67	12.26	14.44	12.24	16.38
德国	15.20	14.97	14.36	17.01	12.82	12.61	15.24	12.03	13.39	11.72	13.89
意大利	12.57	13.37	13.01	14.43	13.29	15.22	15.88	12.50	14.17	12.50	13.77
加拿大	15.79	11.50	10.84	15.21	10.26	8.04	6.65	8.02	8.92	11.98	10.51
法国	8.19	8.82	12.47	11.34	10.72	10.65	7.73	8.49	7.61	5.47	9.16
西班牙	9.06	10.16	10.57	11.86	7.23	9.13	10.09	6.13	7.87	9.90	9.16

国家和地区	2014年	2015年	2016年	2017年	2018年	2019年	2020年	2021年	2022年	2023年	合计
荷兰	10.53	11.76	10.57	9.79	10.02	6.74	7.94	5.42	5.25	6.25	8.34
印度	5.26	5.35	4.61	6.44	3.96	6.09	8.15	12.74	14.44	11.98	7.92
比利时	6.14	6.68	7.05	7.99	7.69	5.43	6.01	6.13	6.04	5.47	6.45
澳大利亚	5.56	6.42	7.86	4.64	5.59	5.43	8.15	4.72	9.45	4.17	6.20
沙特阿拉伯	2.63	3.21	2.71	2.58	3.50	3.26	6.65	9.67	11.55	13.54	5.95
瑞士	7.60	8.82	7.05	5.93	6.29	5.22	4.08	3.07	4.99	5.21	5.73
丹麦	5.26	7.75	7.86	3.61	6.29	5.22	5.79	5.66	2.89	3.39	5.38
巴西	2.92	3.74	5.96	4.38	9.32	6.30	5.58	4.95	3.41	4.69	5.23
埃及	3.80	2.14	2.71	3.35	3.26	4.13	5.36	8.73	8.66	9.90	5.23
瑞典	6.14	6.68	5.96	6.19	5.59	4.57	5.15	4.48	3.67	4.17	5.23
巴基斯坦	2.63	1.07	2.98	4.64	3.73	5.00	6.44	10.61	4.99	6.25	4.95
伊朗	1.46	0.53	1.36	3.87	7.46	5.65	6.01	7.31	6.82	7.03	4.90

四十三　病理学

病理学 A、B、C 层研究国际合作参与率最高的均为美国，分别为
70.97%、62.23%、59.13%。

加拿大 A 层研究国际合作参与率排名第二，为 41.94%；德国、英国、
荷兰、日本、瑞士、法国、意大利、澳大利亚、瑞典的参与率也比较高，在
39% ~ 12%；中国大陆、印度、韩国、奥地利、比利时、爱尔兰、马来西
亚、卡塔尔、沙特阿拉伯也有一定的参与率，在 10% ~ 6%。

英国 B 层研究国际合作参与率排名第二，为 37.23%；德国、加拿大、
法国、荷兰、意大利、澳大利亚、日本、西班牙、瑞士、瑞典的参与率也比
较高，在 30% ~ 10%；奥地利、比利时、巴西、中国大陆、印度、丹麦、波
兰、芬兰也有一定的参与率，在 8% ~ 3%。

英国 C 层研究国际合作参与率排名第二，为 25.08%；德国、加拿大、
意大利、法国、荷兰、中国大陆、澳大利亚、瑞士的参与率也比较高，在
23% ~ 10%；日本、西班牙、瑞典、比利时、奥地利、巴西、捷克、韩国、
印度、丹麦也有一定的参与率，在 10% ~ 3%。

表 9-126　病理学 A 层研究排名前 20 的国家和地区的国际合作参与率

单位：%

国家和地区	2014 年	2015 年	2016 年	2017 年	2018 年	2019 年	2020 年	2021 年	2022 年	2023 年	合计
美国	100.00	33.33	100.00	100.00	75.00	100.00	40.00	100.00	75.00	0.00	70.97
加拿大	100.00	33.33	50.00	50.00	50.00	25.00	20.00	50.00	75.00	0.00	41.94
德国	100.00	66.67	25.00	100.00	75.00	25.00	40.00	0.00	0.00	0.00	38.71
英国	100.00	33.33	50.00	50.00	50.00	25.00	40.00	50.00	0.00	0.00	35.48
荷兰	100.00	33.33	25.00	50.00	75.00	25.00	20.00	0.00	25.00	0.00	32.26
日本	100.00	33.33	0.00	0.00	50.00	0.00	0.00	50.00	0.00	0.00	22.58
瑞士	100.00	0.00	25.00	50.00	50.00	0.00	40.00	0.00	0.00	0.00	22.58
法国	100.00	33.33	25.00	100.00	25.00	0.00	0.00	0.00	0.00	0.00	19.35
意大利	100.00	0.00	0.00	0.00	25.00	0.00	20.00	0.00	50.00	0.00	16.13
澳大利亚	100.00	0.00	25.00	0.00	25.00	0.00	0.00	0.00	0.00	50.00	12.90
瑞典	100.00	0.00	25.00	0.00	0.00	0.00	0.00	50.00	0.00	0.00	12.90
中国大陆	100.00	0.00	0.00	0.00	0.00	0.00	20.00	0.00	25.00	0.00	9.68
印度	100.00	0.00	0.00	0.00	0.00	0.00	0.00	0.00	0.00	100.00	9.68
韩国	0.00	33.33	0.00	0.00	0.00	0.00	0.00	50.00	0.00	0.00	9.68
奥地利	100.00	0.00	0.00	50.00	0.00	0.00	0.00	0.00	0.00	0.00	6.45
比利时	0.00	0.00	0.00	0.00	0.00	0.00	20.00	50.00	0.00	0.00	6.45
爱尔兰	0.00	0.00	25.00	50.00	0.00	0.00	0.00	0.00	0.00	0.00	6.45
马来西亚	0.00	0.00	0.00	0.00	0.00	0.00	0.00	0.00	0.00	100.00	6.45
卡塔尔	100.00	0.00	0.00	0.00	0.00	25.00	0.00	0.00	0.00	0.00	6.45
沙特阿拉伯	0.00	0.00	0.00	0.00	0.00	0.00	0.00	0.00	0.00	100.00	6.45

表 9-127　病理学 B 层研究排名前 20 的国家和地区的国际合作参与率

单位：%

国家和地区	2014 年	2015 年	2016 年	2017 年	2018 年	2019 年	2020 年	2021 年	2022 年	2023 年	合计
美国	78.38	55.81	70.59	68.57	66.00	58.54	60.00	58.33	76.67	28.13	62.23
英国	29.73	41.86	50.00	40.00	44.00	29.27	50.00	25.00	40.00	21.88	37.23
德国	37.84	27.91	32.35	37.14	24.00	31.71	40.00	22.22	23.33	25.00	29.89
加拿大	35.14	27.91	26.47	31.43	34.00	24.39	33.33	19.44	43.33	3.13	27.99
法国	24.32	16.28	23.53	17.14	14.00	12.20	36.67	25.00	13.33	6.25	18.48
荷兰	13.51	18.60	23.53	20.00	24.00	9.76	36.67	11.11	16.67	9.38	18.21
意大利	13.51	16.28	35.29	22.86	14.00	4.88	43.33	19.44	6.67	6.25	17.66
澳大利亚	18.92	9.30	23.53	20.00	8.00	21.95	26.67	16.67	20.00	15.63	17.39

续表

国家和地区	2014 年	2015 年	2016 年	2017 年	2018 年	2019 年	2020 年	2021 年	2022 年	2023 年	合计
日本	16.22	11.63	5.88	11.43	12.00	2.44	20.00	11.11	23.33	28.13	13.59
西班牙	2.70	2.33	14.71	17.14	8.00	31.71	13.33	13.89	10.00	3.13	11.68
瑞士	13.51	11.63	8.82	8.57	16.00	7.32	20.00	13.89	6.67	6.25	11.41
瑞典	13.51	9.30	11.76	11.43	6.00	19.51	13.33	2.78	20.00	3.13	10.87
奥地利	13.51	4.65	5.88	14.29	2.00	2.44	16.67	5.56	10.00	6.25	7.61
比利时	2.70	4.65	8.82	11.43	6.00	7.32	10.00	11.11	13.33	3.13	7.61
巴西	5.41	2.33	11.76	0.00	10.00	0.00	10.00	13.89	13.33	0.00	6.52
中国大陆	8.11	4.65	5.88	0.00	6.00	4.88	10.00	13.89	0.00	6.25	5.98
印度	2.70	0.00	0.00	0.00	0.00	0.00	10.00	11.11	3.33	25.00	4.62
丹麦	0.00	2.33	0.00	5.71	2.00	12.20	10.00	8.33	3.33	0.00	4.35
波兰	8.11	2.33	2.94	5.71	2.00	2.44	3.33	8.33	3.33	0.00	3.80
芬兰	5.41	4.65	2.94	0.00	0.00	0.00	3.33	2.78	10.00	9.38	3.53

表 9-128　病理学 C 层研究排名前 20 的国家和地区的国际合作参与率

单位：%

国家和地区	2014 年	2015 年	2016 年	2017 年	2018 年	2019 年	2020 年	2021 年	2022 年	2023 年	合计
美国	60.44	57.88	64.58	60.87	56.56	56.76	61.32	57.77	57.76	55.56	59.13
英国	21.15	24.46	22.40	24.04	25.96	25.36	25.19	29.05	28.38	26.92	25.08
德国	23.08	18.75	22.14	23.27	19.02	23.19	24.43	29.73	24.75	23.50	22.99
加拿大	16.76	18.21	20.05	19.69	20.31	20.05	23.66	19.93	19.14	15.81	19.54
意大利	12.64	12.77	15.10	15.35	15.94	14.01	19.34	19.59	18.81	13.25	15.64
法国	12.36	10.05	9.90	13.04	11.05	13.53	11.45	15.88	15.51	14.10	12.50
荷兰	14.01	8.70	10.94	12.28	11.83	9.42	12.72	21.62	13.20	11.54	12.42
中国大陆	14.84	10.87	9.11	10.23	11.31	11.84	10.94	7.09	8.58	8.97	10.55
澳大利亚	9.07	8.42	9.11	9.72	10.54	9.18	11.20	12.84	10.89	14.10	10.29
瑞士	7.42	7.34	7.55	9.72	10.03	12.08	12.47	13.85	11.88	11.11	10.24
日本	7.69	9.24	10.94	6.91	9.77	8.94	8.91	13.18	11.22	5.56	9.25
西班牙	7.69	7.07	9.64	8.44	8.74	7.00	7.63	8.45	10.89	10.26	8.46
瑞典	9.07	6.52	6.77	5.12	6.68	8.45	8.65	9.12	8.25	7.26	7.55
比利时	4.40	5.43	2.08	4.86	6.17	4.59	6.11	7.77	7.59	6.84	5.43
奥地利	6.32	5.43	4.43	4.60	3.60	4.59	2.54	7.43	6.60	6.41	5.03
巴西	3.57	3.80	5.47	5.37	6.43	5.07	4.83	6.08	5.28	4.27	5.03
捷克	2.47	1.90	3.13	5.12	4.37	1.69	3.82	6.08	4.62	5.13	3.70

国家和地区	2014 年	2015 年	2016 年	2017 年	2018 年	2019 年	2020 年	2021 年	2022 年	2023 年	合计
韩国	3.85	2.72	3.91	3.32	3.60	2.66	4.33	2.03	4.29	2.99	3.39
印度	0.55	1.09	1.30	3.32	3.60	2.42	4.33	3.38	5.28	11.97	3.37
丹麦	1.92	2.17	2.34	4.35	3.34	4.59	3.31	4.73	2.64	3.42	3.28

四十四 外科学

外科学 A、B、C 层研究国际合作参与率最高的均为美国，分别为 73.08%、64.32%、55.45%；英国 A、B、C 层研究国际合作参与率均排名第二，分别为 61.54%、42.44%、25.37%。

荷兰、意大利、加拿大、西班牙、德国、法国、比利时、澳大利亚、瑞典、瑞士、印度、丹麦、爱尔兰、巴西、芬兰、希腊、阿根廷、以色列 A 层研究国际合作参与率也比较高，在 41%~10%。

意大利、德国、荷兰、法国、加拿大、西班牙、澳大利亚、比利时、瑞士、瑞典、日本 B 层研究国际合作参与率也比较高，在 32%~11%；奥地利、中国大陆、丹麦、巴西、希腊、挪威、印度也有一定的参与率，在 9%~6%。

意大利、德国、加拿大、法国、荷兰、瑞士 C 层研究国际合作参与率也比较高，在 21%~10%；澳大利亚、中国大陆、西班牙、比利时、日本、瑞典、奥地利、巴西、韩国、印度、丹麦、希腊也有一定的参与率，在 10%~3%。

表 9-129 外科学 A 层研究排名前 20 的国家的国际合作参与率

单位：%

国家	2014 年	2015 年	2016 年	2017 年	2018 年	2019 年	2020 年	2021 年	2022 年	2023 年	合计
美国	80.00	75.00	81.82	63.64	77.78	70.00	75.00	61.54	75.00	75.00	73.08
英国	50.00	50.00	45.45	72.73	77.78	80.00	50.00	76.92	58.33	50.00	61.54
荷兰	50.00	50.00	18.18	36.36	33.33	30.00	25.00	53.85	50.00	50.00	40.38

续表

国家	2014 年	2015 年	2016 年	2017 年	2018 年	2019 年	2020 年	2021 年	2022 年	2023 年	合计
意大利	30.00	37.50	9.09	45.45	44.44	50.00	75.00	30.77	41.67	41.67	39.42
加拿大	10.00	50.00	36.36	18.18	33.33	50.00	62.50	38.46	8.33	41.67	33.65
西班牙	30.00	25.00	36.36	27.27	44.44	10.00	62.50	38.46	16.67	41.67	32.69
德国	40.00	50.00	9.09	27.27	44.44	30.00	50.00	23.08	25.00	33.33	31.73
法国	40.00	37.50	18.18	18.18	33.33	40.00	25.00	30.77	33.33	33.33	30.77
比利时	20.00	50.00	9.09	18.18	44.44	40.00	12.50	30.77	41.67	25.00	28.85
澳大利亚	0.00	37.50	9.09	9.09	11.11	50.00	50.00	38.46	33.33	16.67	25.00
瑞典	20.00	12.50	9.09	27.27	22.22	50.00	25.00	30.77	16.67	33.33	25.00
瑞士	30.00	37.50	18.18	0.00	22.22	60.00	0.00	7.69	16.67	33.33	22.12
印度	20.00	25.00	9.09	9.09	22.22	30.00	25.00	7.69	8.33	8.33	15.38
丹麦	20.00	25.00	0.00	9.09	11.11	10.00	12.50	23.08	8.33	25.00	14.42
爱尔兰	20.00	12.50	18.18	18.18	22.22	0.00	25.00	0.00	16.67	8.33	13.46
巴西	10.00	25.00	0.00	0.00	11.11	0.00	12.50	23.08	33.33	8.33	12.50
芬兰	10.00	0.00	9.09	9.09	22.22	0.00	37.50	15.38	16.67	8.33	12.50
希腊	30.00	0.00	18.18	18.18	22.22	10.00	12.50	15.38	8.33	8.33	12.50
阿根廷	0.00	25.00	9.09	9.09	22.22	20.00	25.00	7.69	0.00	0.00	10.58
以色列	0.00	0.00	9.09	9.09	0.00	0.00	50.00	15.38	0.00	25.00	10.58

表 9-130　外科学 B 层研究排名前 20 的国家和地区的国际合作参与率

单位：%

国家和地区	2014 年	2015 年	2016 年	2017 年	2018 年	2019 年	2020 年	2021 年	2022 年	2023 年	合计
美国	59.38	63.73	57.45	73.28	68.42	65.65	66.40	63.20	60.63	63.72	64.32
英国	32.29	36.27	44.68	36.21	45.26	44.27	52.80	48.80	41.73	38.94	42.44
意大利	20.83	26.47	25.53	20.69	36.84	30.53	36.00	32.80	44.09	34.51	31.23
德国	36.46	23.53	26.60	18.97	27.37	25.19	28.00	28.00	33.07	30.09	27.67
荷兰	20.83	15.69	25.53	19.83	41.05	26.72	26.40	31.20	28.35	23.01	25.89
法国	25.00	17.65	21.28	13.79	32.63	21.37	28.00	31.20	29.92	31.86	25.36
加拿大	22.92	17.65	22.34	30.17	20.00	35.11	29.60	24.80	21.26	20.35	24.82
西班牙	15.63	13.73	9.57	12.93	12.63	16.79	20.80	16.80	25.20	22.12	16.99
澳大利亚	15.63	6.86	13.83	14.66	13.68	22.14	18.40	17.60	16.54	16.81	15.93
比利时	11.46	10.78	12.77	7.76	16.84	12.98	17.60	21.60	17.32	19.47	15.04
瑞士	12.50	11.76	10.64	6.90	10.53	16.03	13.60	12.80	16.54	19.47	13.26

续表

国家和地区	2014 年	2015 年	2016 年	2017 年	2018 年	2019 年	2020 年	2021 年	2022 年	2023 年	合计
瑞典	12.50	12.75	8.51	9.48	13.68	13.74	12.80	14.40	8.66	18.58	12.54
日本	12.50	7.84	9.57	7.76	21.05	13.74	9.60	14.40	13.39	9.73	11.92
奥地利	12.50	8.82	8.51	6.03	12.63	7.63	10.40	6.40	5.51	11.50	8.81
中国大陆	7.29	2.94	5.32	4.31	10.53	9.92	7.20	12.00	10.24	15.04	8.63
丹麦	12.50	7.84	8.51	6.03	6.32	4.58	6.40	5.60	7.87	6.19	7.03
巴西	2.08	5.88	7.45	7.76	5.26	4.58	10.40	8.80	7.09	7.08	6.76
希腊	3.13	2.94	7.45	2.59	14.74	4.58	8.80	5.60	7.87	8.85	6.58
挪威	5.21	7.84	11.70	2.59	8.42	6.11	8.00	6.40	4.72	6.19	6.58
印度	4.17	3.92	3.19	6.03	12.63	5.34	8.80	6.40	7.09	6.19	6.41

表 9-131　外科学 C 层研究排名前 20 的国家和地区的国际合作参与率

单位：%

国家和地区	2014 年	2015 年	2016 年	2017 年	2018 年	2019 年	2020 年	2021 年	2022 年	2023 年	合计
美国	59.25	54.71	54.88	56.99	58.10	57.75	53.68	54.37	51.74	55.16	55.45
英国	22.89	25.44	27.92	26.12	25.19	24.13	25.99	26.02	26.16	23.42	25.37
意大利	17.11	16.44	17.58	17.77	17.47	20.14	23.82	22.01	21.25	24.70	20.21
德国	17.54	18.20	17.87	17.50	19.42	17.83	21.32	20.48	22.03	21.90	19.63
加拿大	16.36	19.44	18.65	21.02	17.64	19.35	16.71	18.08	18.95	19.74	18.58
法国	10.91	12.20	13.91	12.23	13.49	13.99	15.99	16.41	15.67	16.87	14.44
荷兰	11.12	11.38	11.21	14.78	14.42	14.20	15.59	15.21	15.02	14.63	14.01
瑞士	9.73	9.72	8.79	8.62	10.09	10.07	11.32	11.54	10.30	9.67	10.10
澳大利亚	8.56	10.34	10.05	9.94	11.28	9.78	10.07	9.27	10.16	10.23	9.98
中国大陆	7.59	7.03	6.96	6.68	7.55	9.64	10.33	8.94	8.98	9.91	8.54
西班牙	7.49	5.58	8.60	7.48	7.72	8.77	8.88	8.27	9.97	10.55	8.47
比利时	5.88	5.58	7.34	6.86	8.14	7.03	8.49	6.14	9.18	8.23	7.40
日本	7.81	6.51	6.96	6.68	8.14	7.17	8.16	7.61	8.13	5.92	7.36
瑞典	7.27	6.62	6.96	6.33	6.19	7.83	7.70	8.01	7.28	7.75	7.26
奥地利	4.06	5.17	4.73	4.66	5.09	5.80	5.46	4.94	4.98	5.60	5.09
巴西	3.32	4.45	4.44	4.66	4.92	4.93	4.87	4.67	3.34	4.72	4.45
韩国	4.28	3.62	3.48	3.96	3.73	3.84	4.54	4.14	4.72	3.60	4.03
印度	2.78	2.28	2.32	2.81	2.71	3.48	3.88	4.27	5.97	5.76	3.78
丹麦	2.67	3.72	2.61	4.40	3.82	5.29	4.21	4.00	2.75	3.52	3.75
希腊	3.10	2.90	3.67	3.61	2.80	3.70	3.22	3.60	3.54	4.00	3.44

四十五　移植医学

移植医学 A、B、C 层研究国际合作参与率最高的均为美国，分别为 92.31%、68.90%、58.01%。

加拿大 A 层研究国际合作参与率排名第二，为 61.54%；澳大利亚、德国、英国、西班牙、比利时、法国、巴西、意大利、荷兰、瑞士、奥地利的参与率也比较高，在 47%~11%；丹麦、印度、中国大陆、中国香港、以色列、日本、挪威也有一定的参与率，在 8%~3%。

英国和德国 B 层研究国际合作参与率排名第二、第三，分别为 42.91% 和 40.94%；法国、意大利、加拿大、荷兰、西班牙、比利时、瑞士、澳大利亚、瑞典、奥地利、以色列、波兰的参与率也比较高，在 40%~10%；日本、捷克、土耳其、中国大陆、巴西也有一定的参与率，在 10%~6%。

英国和德国 C 层研究国际合作参与率排名第二、第三，分别为 27.54% 和 27.41%；意大利、法国、加拿大、荷兰、西班牙、比利时、瑞士、澳大利亚、瑞典的参与率也比较高，在 22%~10%；奥地利、中国大陆、日本、波兰、以色列、土耳其、丹麦、捷克也有一定的参与率，在 9%~3%。

表 9-132　移植医学 A 层研究排名前 20 的国家和地区的国际合作参与率

单位：%

国家和地区	2014 年	2015 年	2016 年	2017 年	2018 年	2019 年	2020 年	2021 年	2022 年	2023 年	合计
美国	80.00	66.67	100.00	100.00	100.00	100.00	100.00	100.00	100.00	100.00	92.31
加拿大	20.00	66.67	50.00	50.00	100.00	75.00	100.00	100.00	50.00	50.00	61.54
澳大利亚	40.00	33.33	0.00	100.00	33.33	25.00	100.00	50.00	50.00	100.00	46.15
德国	40.00	33.33	50.00	50.00	66.67	25.00	100.00	0.00	0.00	100.00	42.31
英国	20.00	33.33	0.00	100.00	66.67	50.00	100.00	50.00	0.00	50.00	42.31
西班牙	20.00	33.33	0.00	50.00	33.33	0.00	100.00	0.00	0.00	50.00	30.77
比利时	20.00	33.33	0.00	0.00	33.33	25.00	100.00	0.00	0.00	50.00	23.08
法国	40.00	0.00	0.00	50.00	66.67	0.00	100.00	0.00	0.00	0.00	23.08
巴西	20.00	33.33	0.00	0.00	0.00	0.00	0.00	50.00	0.00	50.00	15.38
意大利	0.00	0.00	100.00	0.00	0.00	25.00	0.00	0.00	0.00	50.00	15.38
荷兰	0.00	0.00	0.00	50.00	33.33	0.00	100.00	50.00	0.00	0.00	15.38

国家和地区	2014 年	2015 年	2016 年	2017 年	2018 年	2019 年	2020 年	2021 年	2022 年	2023 年	合计
瑞士	0.00	66.67	0.00	0.00	33.33	0.00	0.00	0.00	50.00	0.00	15.38
奥地利	20.00	33.33	0.00	0.00	0.00	0.00	100.00	0.00	0.00	0.00	11.54
丹麦	0.00	0.00	0.00	50.00	0.00	0.00	0.00	0.00	50.00		7.69
印度	0.00	0.00	0.00	0.00	0.00	0.00	0.00	50.00	0.00	50.00	7.69
中国大陆	20.00	0.00	0.00	0.00	0.00	0.00	0.00	0.00	0.00	0.00	3.85
中国香港	20.00	0.00	0.00	0.00	0.00	0.00	0.00	0.00	0.00	0.00	3.85
以色列	0.00	0.00	0.00	0.00	0.00	0.00	0.00	0.00	0.00	50.00	3.85
日本	0.00	33.33	0.00	0.00	0.00	0.00	0.00	0.00	0.00	0.00	3.85
挪威	0.00	0.00	0.00	0.00	0.00	0.00	0.00	50.00	0.00	0.00	3.85

表 9-133　移植医学 B 层研究排名前 20 的国家和地区的国际合作参与率

单位：%

国家和地区	2014 年	2015 年	2016 年	2017 年	2018 年	2019 年	2020 年	2021 年	2022 年	2023 年	合计
美国	65.38	76.92	68.18	74.19	61.29	81.82	63.64	61.11	52.38	75.00	68.90
英国	42.31	38.46	54.55	35.48	45.16	33.33	54.55	55.56	47.62	33.33	42.91
德国	42.31	34.62	54.55	38.71	38.71	27.27	31.82	50.00	57.14	45.83	40.94
法国	30.77	42.31	72.73	22.58	22.58	36.36	45.45	66.67	38.10	41.67	39.76
意大利	30.77	38.46	36.36	12.90	25.81	24.24	50.00	27.78	52.38	33.33	31.89
加拿大	38.46	46.15	27.27	29.03	29.03	27.27	27.27	11.11	23.81	20.83	28.74
荷兰	34.62	23.08	31.82	22.58	12.90	30.30	45.45	38.89	47.62	12.50	28.74
西班牙	23.08	30.77	31.82	12.90	22.58	21.21	54.55	22.22	42.86	29.17	27.95
比利时	19.23	7.69	40.91	16.13	12.90	21.21	9.09	16.67	33.33	20.83	19.29
瑞士	11.54	15.38	27.27	6.45	16.13	21.21	31.82	22.22	14.29	16.67	17.72
澳大利亚	15.38	11.54	31.82	3.23	12.90	18.18	31.82	22.22	4.76	25.00	16.93
瑞典	7.69	23.08	13.64	9.68	29.03	9.09	22.73	11.11	9.52	16.67	15.35
奥地利	19.23	19.23	18.18	12.90	22.58	3.03	18.18	11.11	4.76	4.17	13.39
以色列	7.69	11.54	27.27	3.23	9.68	12.12	9.09	16.67	0.00	8.33	10.24
波兰	11.54	0.00	9.09	9.68	9.68	12.12	22.73	11.11	19.05		10.24
日本	3.85	15.38	13.64	6.45	6.45	12.12	13.64	11.11	9.52	8.33	9.84
捷克	7.69	3.85	13.64	12.90	9.68	6.06	9.09	16.67	4.76	12.50	9.45
土耳其	3.85	7.69	18.18	0.00	9.68	3.03	13.64	5.56	14.29	4.17	7.48
中国大陆	3.85	7.69	0.00	6.45	9.68	6.06	13.64	11.11	9.52	4.17	7.09
巴西	3.85	7.69	13.64	6.45	0.00	3.03	9.09	5.56	14.29	4.17	6.30

表 9-134　移植医学 C 层研究排名前 20 的国家和地区的国际合作参与率

单位：%

国家和地区	2014 年	2015 年	2016 年	2017 年	2018 年	2019 年	2020 年	2021 年	2022 年	2023 年	合计
美国	59.76	54.05	57.86	55.59	54.85	63.75	59.29	63.71	56.18	55.96	58.01
英国	22.26	24.27	28.76	27.19	28.79	23.95	34.29	27.00	29.59	31.65	27.54
德国	20.43	27.83	27.42	25.68	29.70	26.86	28.21	25.74	32.21	32.11	27.41
意大利	17.38	20.71	17.39	16.92	18.18	24.92	26.07	28.69	26.22	25.69	21.77
法国	14.63	19.74	20.07	22.96	17.58	22.98	23.21	27.85	25.84	23.85	21.53
加拿大	15.85	16.50	22.41	18.73	20.00	22.98	23.93	20.25	25.84	26.61	21.01
荷兰	13.41	16.83	14.05	18.13	16.36	22.33	20.71	25.32	25.47	23.39	19.19
西班牙	12.80	9.39	15.38	12.39	15.45	16.18	17.14	18.14	23.60	26.15	16.16
比利时	9.45	11.97	13.38	16.01	12.73	13.27	14.64	16.03	13.86	12.39	13.31
瑞士	7.01	9.71	9.36	12.99	12.73	11.00	16.07	11.39	14.23	15.14	11.80
澳大利亚	13.11	11.65	9.03	9.97	12.12	12.94	8.93	10.55	12.73	10.09	11.18
瑞典	7.93	12.94	9.36	6.95	10.00	10.68	11.79	13.50	7.87	11.01	10.08
奥地利	7.32	11.33	7.02	6.34	7.88	9.71	10.00	10.13	11.24	9.63	8.94
中国大陆	7.62	6.80	7.36	8.16	10.30	12.30	10.71	6.75	5.99	4.13	8.18
日本	7.01	5.50	9.36	5.44	7.58	7.44	7.14	8.44	5.62	5.05	6.88
波兰	3.66	5.83	3.34	3.02	4.55	6.80	8.57	6.33	4.87	5.50	5.16
以色列	2.74	4.53	4.01	5.44	6.06	6.15	5.71	2.53	5.99	5.50	4.88
土耳其	1.22	1.62	2.34	3.32	2.12	5.18	4.29	7.17	7.49	7.80	3.99
丹麦	2.74	4.21	3.01	5.74	4.24	2.27	5.00	4.64	4.12	3.67	3.95
捷克	1.22	2.91	2.68	4.53	2.12	5.50	5.00	5.49	4.87	3.67	3.71

四十六　护理学

护理学 A 层研究国际合作参与率最高的是英国，为 31.58%，其次为美国的 28.95%；瑞典、加拿大、比利时、中国大陆、南非、澳大利亚、爱尔兰的参与率也比较高，在 22%~10%；巴西、希腊、芬兰、日本、阿曼、菲律宾、新加坡、西班牙、中国台湾、捷克、丹麦也有一定的参与率，在 8%~2%。

B 层研究国际合作参与率最高的是美国，为 36.09%，其次为英国的

33.73%；澳大利亚、加拿大、中国大陆、瑞典的参与率也比较高，在27%~10%；意大利、爱尔兰、比利时、荷兰、德国、中国香港、阿曼、瑞士、芬兰、菲律宾、新加坡、新西兰、西班牙、巴西也有一定的参与率，在9%~3%。

C层研究国际合作参与率最高的是美国，为32.58%；其次为澳大利亚的26.11%；英国、中国大陆、加拿大的参与率也比较高，在23%~12%；瑞典、挪威、荷兰、意大利、沙特阿拉伯、西班牙、爱尔兰、中国香港、韩国、比利时、瑞士、中国台湾、芬兰、新西兰、伊朗也有一定的参与率，在10%~3%。

表9-135 护理学A层研究排名前20的国家和地区的国际合作参与率

单位：%

国家和地区	2014年	2015年	2016年	2017年	2018年	2019年	2020年	2021年	2022年	2023年	合计
英国	50.00	25.00	50.00	0.00	50.00	33.33	16.67	40.00	40.00	20.00	31.58
美国	50.00	50.00	0.00	50.00	50.00	0.00	16.67	20.00	60.00	0.00	28.95
瑞典	0.00	0.00	0.00	0.00	25.00	33.33	0.00	40.00	20.00	60.00	21.05
加拿大	0.00	50.00	0.00	0.00	25.00	0.00	0.00	20.00	20.00	0.00	18.42
比利时	0.00	25.00	0.00	0.00	25.00	0.00	0.00	0.00	20.00	60.00	15.79
中国大陆	0.00	0.00	0.00	0.00	0.00	33.33	50.00	20.00	0.00	0.00	13.16
南非	0.00	0.00	0.00	50.00	0.00	0.00	0.00	0.00	0.00	60.00	13.16
澳大利亚	0.00	25.00	50.00	0.00	0.00	0.00	16.67	20.00	0.00	0.00	10.53
爱尔兰	0.00	0.00	0.00	0.00	0.00	66.67	16.67	0.00	0.00	0.00	10.53
巴西	0.00	0.00	50.00	50.00	0.00	33.33	0.00	0.00	0.00	0.00	7.89
希腊	0.00	0.00	0.00	0.00	0.00	0.00	0.00	0.00	60.00	0.00	7.89
芬兰	0.00	0.00	50.00	0.00	0.00	0.00	0.00	0.00	0.00	0.00	5.26
日本	50.00	0.00	0.00	0.00	0.00	0.00	0.00	20.00	0.00	0.00	5.26
阿曼	0.00	0.00	0.00	0.00	0.00	33.33	0.00	0.00	0.00	0.00	5.26
菲律宾	0.00	0.00	0.00	0.00	0.00	33.33	0.00	0.00	0.00	0.00	5.26
新加坡	0.00	0.00	0.00	0.00	0.00	16.67	0.00	0.00	0.00	20.00	5.26
西班牙	0.00	0.00	0.00	0.00	0.00	0.00	0.00	0.00	20.00	20.00	5.26
中国台湾	0.00	0.00	0.00	0.00	0.00	16.67	20.00	0.00	0.00	0.00	5.26
捷克	0.00	0.00	0.00	0.00	0.00	0.00	0.00	0.00	20.00	0.00	2.63
丹麦	0.00	0.00	0.00	0.00	0.00	0.00	0.00	0.00	20.00	0.00	2.63

表 9-136　护理学 B 层研究排名前 20 的国家和地区的国际合作参与率

单位：%

国家和地区	2014 年	2015 年	2016 年	2017 年	2018 年	2019 年	2020 年	2021 年	2022 年	2023 年	合计
美国	37.04	50.00	30.77	37.04	41.38	47.22	20.51	33.33	27.03	40.48	36.09
英国	33.33	36.67	46.15	22.22	20.69	36.11	43.59	28.89	43.24	26.19	33.73
澳大利亚	40.74	23.33	23.08	29.63	34.48	22.22	38.46	28.89	16.22	16.67	26.92
加拿大	14.81	13.33	19.23	11.11	20.69	16.67	10.26	24.44	18.92	16.67	16.86
中国大陆	3.70	3.33	0.00	11.11	10.34	19.44	10.26	11.11	10.81	14.29	10.06
瑞典	7.41	6.67	15.38	14.81	13.79	2.78	12.82	13.33	8.11	7.14	10.06
意大利	3.70	6.67	3.85	0.00	10.34	13.89	5.13	11.11	16.22	7.14	8.28
爱尔兰	7.41	6.67	7.69	7.41	20.69	5.56	7.69	6.67	8.11	4.76	7.99
比利时	11.11	10.00	3.85	3.70	6.90	8.33	5.13	6.67	5.41	11.90	7.40
荷兰	14.81	6.67	0.00	3.70	6.90	8.33	7.69	6.67	2.70	9.52	6.80
德国	3.70	3.33	11.54	3.70	3.45	5.56	0.00	6.67	16.22	4.76	5.92
中国香港	3.70	3.33	0.00	3.70	6.90	5.56	7.69	2.22	8.11	14.29	5.92
阿曼	0.00	6.67	0.00	3.70	10.34	5.56	7.69	6.67	10.81	2.38	5.62
瑞士	0.00	3.33	19.23	0.00	6.90	2.78	7.69	4.44	5.41	4.76	5.33
芬兰	0.00	0.00	0.00	3.70	0.00	5.56	5.13	6.67	10.81	4.76	4.14
菲律宾	0.00	0.00	0.00	3.70	3.45	0.00	5.13	6.67	5.41	9.52	3.85
新加坡	3.70	0.00	0.00	3.70	10.34	2.78	2.56	2.22	0.00	11.90	3.85
新西兰	7.41	3.33	0.00	0.00	3.45	2.78	5.13	4.44	2.70	4.76	3.55
西班牙	0.00	3.33	0.00	7.41	3.45	8.33	5.13	0.00	5.41	2.38	3.55
巴西	3.70	6.67	3.85	3.70	0.00	2.78	0.00	6.67	2.70	2.38	3.25

表 9-137　护理学 C 层研究排名前 20 的国家和地区的国际合作参与率

单位：%

国家和地区	2014 年	2015 年	2016 年	2017 年	2018 年	2019 年	2020 年	2021 年	2022 年	2023 年	合计
美国	41.34	37.60	36.00	34.52	35.05	31.02	35.20	30.64	24.01	27.66	32.58
澳大利亚	20.11	22.73	27.20	34.13	22.68	30.03	29.60	21.45	26.27	25.23	26.11
英国	22.91	28.10	27.60	24.21	28.87	24.75	18.93	20.33	18.93	17.33	22.70
中国大陆	7.82	9.09	5.60	7.94	9.28	11.88	16.00	14.48	17.23	16.72	12.30
加拿大	9.50	13.64	12.40	11.90	13.06	13.53	12.53	10.58	12.15	12.77	12.27
瑞典	9.50	12.81	12.00	9.92	12.03	11.55	6.93	6.13	7.63	6.38	9.17
挪威	8.38	9.92	7.60	7.94	8.59	7.59	4.80	5.29	5.08	6.69	6.92
荷兰	8.38	9.92	7.60	5.56	7.22	7.59	5.60	5.85	5.08	4.86	6.54

续表

国家和地区	2014 年	2015 年	2016 年	2017 年	2018 年	2019 年	2020 年	2021 年	2022 年	2023 年	合计
意大利	3.91	7.02	5.60	5.56	6.19	8.25	6.67	5.57	5.37	4.86	5.96
沙特阿拉伯	3.35	2.89	5.60	3.57	6.53	4.29	4.80	7.24	8.19	8.21	5.73
西班牙	2.79	6.20	4.40	2.78	4.81	6.60	5.07	9.47	5.65	6.99	5.73
爱尔兰	4.47	4.13	4.80	7.54	5.15	8.25	3.20	6.13	6.78	4.56	5.52
中国香港	1.12	2.48	4.40	2.78	4.81	1.65	7.47	5.29	9.60	7.60	5.15
韩国	10.06	4.96	4.80	4.37	3.44	2.31	2.93	3.62	2.82	7.29	4.36
比利时	5.59	2.48	3.20	3.57	4.47	4.29	5.60	2.51	5.37	4.26	4.16
瑞士	4.47	3.31	3.60	1.98	4.81	4.29	5.33	4.18	3.67	3.65	3.99
中国台湾	2.23	3.72	2.80	4.37	3.09	2.31	4.00	5.01	4.80	6.08	3.99
芬兰	5.59	4.96	2.80	3.17	4.81	5.94	4.53	3.06	3.39	2.13	3.95
新西兰	1.68	2.48	5.20	5.56	2.75	3.63	5.07	2.51	4.24	3.65	3.75
伊朗	2.79	2.07	0.80	3.57	3.78	4.95	5.07	5.01	4.52	2.13	3.65

四十七 全科医学和内科医学

全科医学和内科医学 A 层研究国际合作参与率最高的是英国，为 81.82%，其次为美国的 72.73%；加拿大、澳大利亚、法国、南非、荷兰、巴西、丹麦、德国、意大利、黎巴嫩、西班牙、瑞士的参与率也比较高，在 60%~13%；阿根廷、比利时、日本、挪威、卡塔尔、巴林也有一定的参与率，在 10%~4%。

B 层研究国际合作参与率最高的是美国，为 71.30%，其次为英国的 56.02%；加拿大、澳大利亚、德国、荷兰、中国大陆、法国、巴西、意大利、南非、瑞士、西班牙、丹麦、瑞典、比利时、日本的参与率也比较高，在 34%~10%；以色列、挪威、阿根廷也有一定的参与率，在 9%~7%。

C 层研究国际合作参与率最高的是美国，为 58.27%，其次为英国的 45.82%；加拿大、澳大利亚、德国、瑞士、荷兰、中国大陆、法国的参与率也比较高，在 23%~10%；意大利、西班牙、瑞典、印度、南非、巴西、挪威、比利时、丹麦、新西兰、爱尔兰也有一定的参与率，在 10%~3%。

表 9-138　全科医学和内科医学 A 层研究排名前 20 的国家的国际合作参与率

单位：%

国家	2014 年	2015 年	2016 年	2017 年	2018 年	2019 年	2020 年	2021 年	2022 年	2023 年	合计
英国	100.00	100.00	0.00	100.00	100.00	100.00	50.00	100.00	100.00	66.67	81.82
美国	0.00	50.00	50.00	100.00	100.00	100.00	50.00	100.00	100.00	66.67	72.73
加拿大	100.00	50.00	50.00	100.00	100.00	100.00	0.00	66.67	33.33	66.67	59.09
澳大利亚	100.00	50.00	0.00	0.00	100.00	100.00	0.00	66.67	33.33	0.00	40.91
法国	100.00	25.00	0.00	0.00	0.00	50.00	0.00	66.67	0.00	33.33	27.27
南非	0.00	0.00	0.00	0.00	0.00	0.00	50.00	33.33	66.67	33.33	27.27
荷兰	0.00	25.00	0.00	100.00	0.00	0.00	0.00	66.67	0.00	33.33	22.73
巴西	0.00	0.00	0.00	100.00	0.00	0.00	50.00	33.33	33.33	0.00	18.18
丹麦	0.00	25.00	0.00	0.00	0.00	0.00	50.00	66.67	0.00	0.00	18.18
德国	0.00	0.00	0.00	100.00	0.00	0.00	50.00	0.00	0.00	33.33	13.64
意大利	0.00	0.00	0.00	0.00	0.00	0.00	0.00	0.00	33.33	66.67	13.64
黎巴嫩	0.00	0.00	0.00	0.00	100.00	0.00	0.00	66.67	0.00	0.00	13.64
西班牙	0.00	25.00	0.00	0.00	0.00	0.00	0.00	0.00	0.00	66.67	13.64
瑞士	0.00	0.00	0.00	0.00	0.00	0.00	0.00	0.00	33.33	0.00	13.64
阿根廷	0.00	0.00	0.00	100.00	0.00	0.00	50.00	0.00	0.00	0.00	9.09
比利时	0.00	0.00	0.00	0.00	0.00	0.00	0.00	0.00	0.00	66.67	9.09
日本	0.00	0.00	0.00	100.00	0.00	0.00	0.00	0.00	33.33	0.00	9.09
挪威	0.00	0.00	0.00	0.00	100.00	0.00	0.00	0.00	33.33	0.00	9.09
卡塔尔	0.00	0.00	50.00	0.00	0.00	0.00	0.00	0.00	33.33	0.00	9.09
巴林	0.00	0.00	50.00	0.00	0.00	0.00	0.00	0.00	0.00	0.00	4.55

表 9-139　全科医学和内科医学 B 层研究排名前 20 的国家和地区的国际合作参与率

单位：%

国家和地区	2014 年	2015 年	2016 年	2017 年	2018 年	2019 年	2020 年	2021 年	2022 年	2023 年	合计
美国	61.90	73.91	80.00	80.00	100.00	66.67	73.08	82.14	60.00	77.27	71.30
英国	71.43	65.22	80.00	100.00	100.00	77.78	42.31	57.14	48.89	40.91	56.02
加拿大	47.62	43.48	80.00	60.00	100.00	27.78	30.77	32.14	24.44	27.27	33.80
澳大利亚	28.57	21.74	60.00	80.00	100.00	22.22	19.23	21.43	15.56	27.27	24.54
德国	14.29	30.43	60.00	40.00	100.00	27.78	30.77	17.86	11.11	15.91	21.30
荷兰	23.81	30.43	40.00	40.00	100.00	33.33	23.08	14.29	8.89	15.91	20.37
中国大陆	14.29	17.39	40.00	0.00	100.00	16.67	38.46	3.57	15.56	18.18	18.98
法国	14.29	26.09	40.00	20.00	100.00	27.78	15.38	14.29	11.11	13.64	17.13

续表

国家和地区	2014 年	2015 年	2016 年	2017 年	2018 年	2019 年	2020 年	2021 年	2022 年	2023 年	合计
巴西	14.29	4.35	40.00	40.00	100.00	11.11	11.54	21.43	20.00	9.09	15.28
意大利	19.05	26.09	40.00	40.00	100.00	16.67	15.38	7.14	13.33	6.82	15.28
南非	14.29	13.04	40.00	40.00	100.00	16.67	3.85	25.00	17.78	6.82	15.28
瑞士	28.57	13.04	40.00	40.00	100.00	22.22	15.38	10.71	11.11	6.82	15.28
西班牙	14.29	17.39	40.00	40.00	100.00	11.11	23.08	17.86	8.89	6.82	14.81
丹麦	14.29	8.70	40.00	20.00	100.00	0.00	11.54	14.29	6.67	11.36	11.11
瑞典	23.81	13.04	40.00	40.00	100.00	5.56	3.85	7.14	8.89	6.82	11.11
比利时	14.29	17.39	40.00	40.00	100.00	5.56	7.69	7.14	8.89	2.27	10.19
日本	0.00	4.35	40.00	40.00	100.00	5.56	15.38	3.57	17.78	4.55	10.19
以色列	4.76	8.70	40.00	0.00	100.00	0.00	3.85	14.29	8.89	6.82	8.33
挪威	4.76	13.04	40.00	60.00	100.00	5.56	3.85	7.14	6.67	2.27	8.33
阿根廷	14.29	4.35	40.00	0.00	100.00	0.00	3.85	17.86	4.44	4.55	7.87

表 9-140　全科医学和内科医学 C 层研究排名前 20 的国家和地区的国际合作参与率

单位：%

国家和地区	2014 年	2015 年	2016 年	2017 年	2018 年	2019 年	2020 年	2021 年	2022 年	2023 年	合计
美国	57.60	56.72	57.75	61.51	66.36	56.39	62.65	60.86	56.94	49.12	58.27
英国	43.82	48.52	53.17	50.63	45.00	44.24	46.76	47.72	43.34	37.13	45.82
加拿大	22.26	19.02	25.35	30.13	33.18	19.63	21.18	21.98	24.93	14.91	22.68
澳大利亚	14.13	16.72	19.72	24.27	28.18	16.51	16.47	19.30	12.18	14.62	17.68
德国	11.31	8.52	11.27	13.39	15.00	10.90	15.00	15.01	11.90	14.04	12.65
瑞士	13.43	12.79	12.68	16.74	16.82	8.41	14.12	13.14	9.63	11.11	12.61
荷兰	8.83	9.51	13.38	14.64	13.18	11.21	13.24	11.80	12.12	10.82	11.80
中国大陆	7.77	7.54	8.80	10.46	11.36	8.72	16.76	13.14	11.61	6.73	10.39
法国	7.07	9.51	14.44	16.32	14.55	7.79	9.41	11.80	5.95	9.65	10.33
意大利	8.13	7.54	9.86	12.13	12.27	6.54	11.47	10.46	9.36	6.43	9.54
西班牙	3.18	5.25	8.45	8.79	11.36	7.79	10.88	9.65	7.37	7.02	7.94
瑞典	5.30	4.92	11.62	9.62	7.73	6.85	6.76	9.92	7.08	6.43	7.58
印度	6.01	3.28	6.34	8.79	7.27	4.98	5.59	9.38	8.78	11.99	7.32
南非	4.59	3.93	7.39	9.62	9.09	7.79	5.88	8.31	6.80	4.97	6.73
巴西	2.47	2.30	5.99	7.95	8.64	4.67	6.76	9.38	7.37	6.43	6.21
挪威	3.18	5.57	5.28	12.55	7.73	6.23	4.41	5.63	5.95	4.39	5.88
比利时	5.65	5.25	6.69	6.69	10.45	4.67	4.71	6.17	5.38	4.68	5.85

续表

国家和地区	2014 年	2015 年	2016 年	2017 年	2018 年	2019 年	2020 年	2021 年	2022 年	2023 年	合计
丹麦	3.53	2.95	5.99	5.44	9.55	3.74	6.47	6.70	5.10	7.02	5.59
新西兰	3.18	3.28	4.23	7.11	7.27	3.74	4.71	4.83	3.12	3.22	4.31
爱尔兰	1.77	3.28	3.87	3.35	6.36	3.43	4.71	5.09	3.68	3.51	3.89

四十八　综合医学和补充医学

综合医学和补充医学 A、B、C 层研究国际合作参与率最高的均为中国大陆，分别为 53.85%、44.53%、39.09%。

中国香港和印度 A 层研究国际合作参与率排名第二、第三，分别为 23.08%、15.38%；阿根廷、孟加拉国、埃塞俄比亚、以色列、意大利、卢森堡、中国澳门、马来西亚、巴基斯坦、沙特阿拉伯、韩国、西班牙、瑞典、英国、美国也有一定的参与率，均为 7.69%。

美国 B 层研究国际合作参与率排名第二，为 23.36%；英国、中国香港、印度、意大利的参与率也比较高，在 15%~11%；伊朗、沙特阿拉伯、澳大利亚、德国、加拿大、土耳其、中国澳门、巴基斯坦、埃及、葡萄牙、南非、韩国、孟加拉国、日本也有一定的参与率，在 10%~4%。

美国 C 层研究国际合作参与率排名第二，为 23.47%；德国、沙特阿拉伯、印度、英国、澳大利亚、中国香港、韩国、埃及、中国澳门、伊朗、马来西亚、巴基斯坦、意大利、加拿大、巴西、日本、西班牙、南非也有一定的参与率，在 11%~3%。

表 9-141　综合医学和补充医学 A 层研究排名所有国家和地区的国际合作参与率

单位：%

国家和地区	2014 年	2015 年	2016 年	2017 年	2018 年	2019 年	2020 年	2021 年	2022 年	2023 年	合计
中国大陆	0.00	33.33	50.00	0.00	50.00	50.00	100.00	50.00	100.00	0.00	53.85
中国香港	0.00	0.00	0.00	0.00	0.00	50.00	0.00	50.00	100.00	0.00	23.08
印度	0.00	33.33	50.00	0.00	0.00	0.00	0.00	0.00	0.00	0.00	15.38

国家和地区	2014 年	2015 年	2016 年	2017 年	2018 年	2019 年	2020 年	2021 年	2022 年	2023 年	合计
阿根廷	0.00	33.33	0.00	0.00	0.00	0.00	0.00	0.00	0.00	0.00	7.69
孟加拉国	0.00	0.00	0.00	0.00	0.00	0.00	0.00	50.00	0.00	0.00	7.69
埃塞俄比亚	0.00	0.00	0.00	0.00	0.00	50.00	0.00	0.00	0.00	0.00	7.69
以色列	0.00	33.33	0.00	0.00	0.00	0.00	0.00	0.00	0.00	0.00	7.69
意大利	0.00	0.00	0.00	0.00	50.00	0.00	0.00	0.00	0.00	0.00	7.69
卢森堡	0.00	0.00	50.00	0.00	0.00	0.00	0.00	0.00	0.00	0.00	7.69
中国澳门	0.00	0.00	0.00	0.00	50.00	0.00	0.00	0.00	0.00	0.00	7.69
马来西亚	0.00	0.00	50.00	0.00	0.00	0.00	0.00	0.00	0.00	0.00	7.69
巴基斯坦	0.00	0.00	0.00	0.00	0.00	50.00	0.00	0.00	0.00	0.00	7.69
沙特阿拉伯	0.00	0.00	0.00	0.00	0.00	50.00	0.00	0.00	0.00	0.00	7.69
韩国	0.00	0.00	0.00	0.00	0.00	0.00	0.00	50.00	0.00	0.00	7.69
西班牙	0.00	33.33	0.00	0.00	0.00	0.00	0.00	0.00	0.00	0.00	7.69
瑞典	0.00	0.00	0.00	0.00	50.00	0.00	0.00	0.00	0.00	0.00	7.69
英国	0.00	0.00	0.00	0.00	0.00	0.00	100.00	0.00	0.00	0.00	7.69
美国	0.00	33.33	0.00	0.00	0.00	0.00	0.00	0.00	0.00	0.00	7.69

表 9-142　综合医学和补充医学 B 层研究排名前 20 的国家和地区的国际合作参与率

单位：%

国家和地区	2014 年	2015 年	2016 年	2017 年	2018 年	2019 年	2020 年	2021 年	2022 年	2023 年	合计
中国大陆	40.00	28.57	25.00	50.00	41.67	50.00	46.67	55.56	46.67	83.33	44.53
美国	26.67	7.14	18.75	50.00	41.67	31.25	33.33	5.56	6.67	33.33	23.36
英国	20.00	35.71	6.25	20.00	33.33	6.25	6.67	11.11	0.00	16.67	14.60
中国香港	20.00	0.00	25.00	20.00	8.33	12.50	0.00	5.56	33.33	0.00	13.14
印度	0.00	7.14	12.50	10.00	0.00	12.50	13.33	22.22	26.67	0.00	11.68
意大利	13.33	7.14	12.50	0.00	25.00	0.00	20.00	11.11	20.00	0.00	11.68
伊朗	6.67	7.14	6.25	20.00	0.00	6.25	13.33	5.56	26.67	0.00	9.49
沙特阿拉伯	6.67	7.14	6.25	0.00	0.00	12.50	0.00	27.78	20.00	0.00	9.49
澳大利亚	6.67	0.00	12.50	0.00	0.00	12.50	20.00	11.11	13.33	0.00	8.76
德国	26.67	14.29	0.00	0.00	0.00	6.25	13.33	16.67	0.00	0.00	8.76
加拿大	6.67	7.14	12.50	20.00	0.00	6.25	13.33	0.00	13.33	0.00	8.03
土耳其	0.00	0.00	6.25	0.00	0.00	0.00	6.67	16.67	26.67	16.67	7.30
中国澳门	0.00	7.14	25.00	10.00	8.33	0.00	13.33	0.00	0.00	0.00	6.57
巴基斯坦	6.67	7.14	6.25	0.00	8.33	0.00	0.00	16.67	13.33	0.00	6.57

国家和地区	2014 年	2015 年	2016 年	2017 年	2018 年	2019 年	2020 年	2021 年	2022 年	2023 年	合计
埃及	0.00	0.00	0.00	0.00	0.00	6.25	0.00	11.11	26.67	0.00	5.11
葡萄牙	6.67	14.29	0.00	0.00	8.33	0.00	6.67	0.00	13.33	0.00	5.11
南非	0.00	7.14	0.00	10.00	0.00	12.50	13.33	0.00	6.67	0.00	5.11
韩国	6.67	0.00	6.25	0.00	0.00	6.25	6.67	16.67	0.00	0.00	5.11
孟加拉国	0.00	0.00	0.00	0.00	0.00	0.00	0.00	16.67	13.33	16.67	4.38
日本	6.67	0.00	0.00	0.00	0.00	6.25	13.33	0.00	0.00	33.33	4.38

表 9-143　综合医学和补充医学 C 层研究排名前 20 的国家和地区的国际合作参与率

单位：%

国家和地区	2014 年	2015 年	2016 年	2017 年	2018 年	2019 年	2020 年	2021 年	2022 年	2023 年	合计
中国大陆	27.35	33.06	30.89	32.61	32.69	44.62	41.09	48.91	46.03	54.55	39.09
美国	25.64	28.23	28.46	23.91	25.00	28.46	24.03	11.68	19.84	19.48	23.47
德国	12.82	6.45	11.38	8.70	11.54	14.62	10.08	10.22	7.94	5.19	10.09
沙特阿拉伯	11.97	6.45	5.69	13.04	10.58	9.23	6.20	8.03	14.29	6.49	9.15
印度	5.98	8.06	7.32	8.70	3.85	5.38	6.20	11.68	20.63	6.49	8.63
英国	11.97	9.68	9.76	5.43	5.77	6.15	13.95	9.49	5.56	6.49	8.63
澳大利亚	7.69	7.26	8.94	14.13	5.77	7.69	7.75	10.22	7.14	9.09	8.46
中国香港	5.98	9.68	3.25	9.78	4.81	14.62	5.43	12.41	7.94	9.09	8.37
韩国	6.84	3.23	7.32	10.87	8.65	7.69	8.53	10.22	9.52	7.79	8.02
埃及	5.98	4.84	0.81	9.78	12.50	10.00	6.98	5.11	6.35	7.79	6.82
中国澳门	0.85	4.84	5.69	3.26	11.54	5.38	6.20	10.22	7.94	12.99	6.73
伊朗	5.13	4.03	3.25	1.09	7.69	6.92	9.30	10.95	5.56	9.09	6.38
马来西亚	8.55	5.65	7.32	7.61	4.81	5.38	5.43	5.11	3.17	2.60	5.61
巴基斯坦	5.98	6.45	3.25	7.61	4.81	3.85	1.55	9.49	7.14	3.90	5.44
意大利	4.27	3.23	5.69	6.52	3.85	7.69	2.33	5.84	4.76	1.30	4.66
加拿大	3.42	6.45	4.88	2.17	1.92	4.62	3.88	3.65	7.14	1.30	4.14
巴西	2.56	4.84	4.88	3.26	1.92	0.77	5.43	5.11	2.38	2.60	3.45
日本	3.42	3.23	2.44	2.17	4.81	3.85	3.88	2.19	4.76	3.90	3.45
西班牙	1.71	5.65	4.88	4.35	2.88	0.00	3.10	5.11	2.38	5.19	3.45
南非	3.42	3.23	4.07	1.09	10.58	2.31	3.10	0.73	3.17	0.00	3.19

四十九 研究和实验医学

研究和实验医学 A、B、C 层研究国际合作参与率最高的均为美国，分别为 70.16%、70.13%、60.71%。

英国 A 层研究国际合作参与率排名第二，为 33.87%；中国大陆、德国、法国、荷兰、澳大利亚、意大利、西班牙、瑞典、加拿大的参与率也比较高，在 20%~11%；日本、瑞士、比利时、丹麦、新加坡、韩国、巴西、芬兰、中国香港也有一定的参与率，在 9%~4%。

英国 B 层研究国际合作参与率排名第二，为 27.76%；德国、中国大陆、加拿大、意大利、法国、澳大利亚、荷兰的参与率也比较高，在 20%~10%；瑞典、瑞士、日本、西班牙、韩国、比利时、丹麦、印度、以色列、巴西、奥地利也有一定的参与率，在 10%~2%。

中国大陆 C 层研究国际合作参与率排名第二，为 23.17%；英国、德国、意大利、法国、加拿大的参与率也比较高，在 23%~10%；澳大利亚、荷兰、瑞士、西班牙、日本、瑞典、印度、比利时、韩国、丹麦、沙特阿拉伯、伊朗、奥地利也有一定的参与率，在 10%~3%。

表 9-144　研究和实验医学 A 层研究排名前 20 的国家和地区的国际合作参与率

单位：%

国家和地区	2014 年	2015 年	2016 年	2017 年	2018 年	2019 年	2020 年	2021 年	2022 年	2023 年	合计
美国	54.55	85.71	84.62	57.14	53.33	58.33	70.59	84.62	81.82	81.82	70.16
英国	18.18	28.57	15.38	35.71	33.33	41.67	29.41	53.85	27.27	54.55	33.87
中国大陆	0.00	28.57	15.38	7.14	33.33	25.00	35.29	7.69	27.27	9.09	19.35
德国	36.36	14.29	23.08	7.14	26.67	25.00	11.76	15.38	9.09	27.27	19.35
法国	18.18	14.29	15.38	14.29	6.67	8.33	11.76	23.08	18.18	36.36	16.13
荷兰	0.00	14.29	7.69	42.86	6.67	16.67	11.76	7.69	9.09	18.18	13.71
澳大利亚	18.18	14.29	15.38	0.00	0.00	16.67	23.53	7.69	9.09	27.27	12.90
意大利	27.27	0.00	15.38	14.29	6.67	25.00	5.88	7.69	27.27	0.00	12.90
西班牙	0.00	28.57	7.69	21.43	6.67	8.33	5.88	15.38	9.09	36.36	12.90
瑞典	18.18	0.00	7.69	14.29	6.67	25.00	0.00	30.77	18.18	9.09	12.90
加拿大	0.00	14.29	15.38	21.43	0.00	0.00	5.88	15.38	27.27	18.18	11.29

续表

国家和地区	2014 年	2015 年	2016 年	2017 年	2018 年	2019 年	2020 年	2021 年	2022 年	2023 年	合计
日本	18.18	0.00	0.00	0.00	6.67	16.67	0.00	0.00	27.27	27.27	8.87
瑞士	9.09	28.57	0.00	0.00	6.67	8.33	5.88	15.38	18.18	9.09	8.87
比利时	0.00	14.29	0.00	7.14	6.67	8.33	0.00	7.69	9.09	18.18	6.45
丹麦	0.00	14.29	7.69	14.29	0.00	8.33	0.00	0.00	18.18	0.00	5.65
新加坡	9.09	14.29	0.00	0.00	0.00	0.00	5.88	7.69	9.09	18.18	5.65
韩国	9.09	28.57	7.69	7.14	6.67	0.00	0.00	0.00	0.00	9.09	5.65
巴西	9.09	0.00	0.00	7.14	0.00	16.67	0.00	0.00	18.18	0.00	4.84
芬兰	0.00	14.29	0.00	7.14	6.67	8.33	5.88	0.00	0.00	9.09	4.84
中国香港	0.00	28.57	0.00	0.00	6.67	0.00	11.76	7.69	0.00	0.00	4.84

表 9-145　研究和实验医学 B 层研究排名前 20 的国家和地区的国际合作参与率

单位：%

国家和地区	2014 年	2015 年	2016 年	2017 年	2018 年	2019 年	2020 年	2021 年	2022 年	2023 年	合计
美国	74.71	72.07	65.42	67.83	69.53	76.56	66.67	71.09	68.99	69.17	70.13
英国	24.14	27.03	29.91	25.22	26.56	19.53	35.61	30.47	32.56	25.00	27.76
德国	22.99	15.32	21.50	26.09	12.50	24.22	14.39	15.63	21.71	24.17	19.66
中国大陆	17.24	14.41	14.02	19.13	18.75	21.88	19.70	22.66	18.60	19.17	18.73
加拿大	12.64	18.02	12.15	12.17	17.19	14.06	8.33	20.31	20.93	12.50	14.94
意大利	10.34	9.01	14.02	9.57	10.16	12.50	17.42	14.84	14.73	14.17	12.83
法国	11.49	9.91	14.02	9.57	8.59	12.50	14.39	14.06	13.95	11.67	12.07
澳大利亚	14.94	8.11	13.08	9.57	10.16	9.38	11.36	14.06	15.50	9.17	11.48
荷兰	9.20	6.31	9.35	6.09	14.06	10.16	14.39	10.94	13.95	12.50	10.89
瑞典	8.05	5.41	15.89	7.83	7.81	10.16	9.85	14.06	10.08	10.00	9.96
瑞士	16.09	16.22	7.48	8.70	8.59	10.94	6.82	7.81	8.53	6.67	9.54
日本	11.49	3.60	10.28	6.96	8.59	3.91	6.06	9.38	10.08	9.17	7.85
西班牙	3.45	6.31	7.48	3.48	7.03	9.38	11.36	7.03	10.08	8.33	7.59
韩国	4.60	3.60	3.74	5.22	7.03	6.25	5.30	7.03	2.33	9.17	5.49
比利时	3.45	3.60	10.28	4.35	3.91	3.91	3.03	4.69	10.08	3.33	5.06
丹麦	4.60	2.70	4.67	7.83	3.13	3.13	5.30	4.69	6.98	5.83	4.89
印度	6.90	0.90	3.74	4.35	6.25	1.56	2.27	7.03	7.75	5.83	4.64
以色列	2.30	2.70	0.93	2.61	3.13	6.25	4.55	3.91	3.10	4.17	3.46
巴西	1.15	0.90	0.93	1.74	1.56	4.69	3.03	6.25	5.43	5.00	3.21
奥地利	1.15	2.70	7.48	0.00	2.34	0.78	4.55	3.13	1.55	5.00	2.87

表 9-146 研究和实验医学 C 层研究排名前 20 的国家和地区的国际合作参与率

单位：%

国家和地区	2014 年	2015 年	2016 年	2017 年	2018 年	2019 年	2020 年	2021 年	2022 年	2023 年	合计
美国	65.25	64.29	66.70	62.61	67.14	60.19	60.63	54.39	54.64	55.01	60.71
中国大陆	15.71	16.60	20.71	21.84	24.74	30.66	29.65	23.37	23.10	21.99	23.17
英国	20.99	21.73	20.81	23.99	20.59	21.43	22.92	20.95	21.92	25.02	22.05
德国	23.51	20.52	20.32	20.52	17.75	18.12	17.11	17.40	15.43	18.12	18.68
意大利	12.61	11.97	10.51	12.00	11.33	8.97	12.62	11.42	9.02	12.51	11.25
法国	10.09	11.67	13.08	12.75	10.48	10.45	10.30	8.55	9.70	9.84	10.61
加拿大	11.70	8.95	10.01	9.93	10.58	10.28	9.80	9.38	10.54	11.13	10.19
澳大利亚	7.45	7.95	8.62	8.53	10.58	8.54	9.55	8.55	9.19	11.87	9.12
荷兰	11.12	8.15	9.32	7.87	7.18	8.10	8.64	7.03	7.00	9.66	8.31
瑞士	7.68	7.85	9.22	8.43	7.74	7.40	7.64	7.41	6.66	8.37	7.81
西班牙	6.31	6.44	5.45	7.50	5.85	8.71	7.56	5.45	7.17	8.74	6.93
日本	6.88	7.65	6.24	7.69	8.03	5.57	6.56	5.45	5.65	4.05	6.32
瑞典	5.96	5.13	5.55	6.09	6.33	5.66	6.15	6.20	5.82	7.08	6.01
印度	2.52	2.62	3.47	4.22	3.78	2.35	5.73	7.34	9.11	10.30	5.31
比利时	4.93	5.84	5.85	5.25	4.06	4.18	4.73	4.77	5.14	5.43	5.00
韩国	3.33	5.53	4.86	3.47	3.21	3.22	4.90	3.48	3.96	5.06	4.09
丹麦	3.67	3.62	3.47	3.37	2.74	4.62	4.07	3.03	3.96	3.59	3.62
沙特阿拉伯	1.49	2.62	1.78	1.78	2.55	1.74	1.99	5.22	7.00	7.08	3.43
伊朗	0.46	0.91	1.59	1.31	1.61	2.18	4.15	7.34	6.58	4.23	3.25
奥地利	4.01	3.72	3.27	3.00	2.64	3.22	2.74	2.50	3.37	3.96	3.21

第二节 学科组

在医学各学科国际合作参与率分析的基础上，按照 A、B、C 层三个研究层次，对各学科国际合作进行汇总分析，可以从学科组层面揭示国际合作的分布特点和发展趋势。

一 A 层研究

医学 A 层研究国际合作参与率最高的是美国，为 67.94%，其次为英国的 47.08%；加拿大、德国、澳大利亚、法国、意大利、荷兰、西班牙、中国大陆、瑞士、比利时、瑞典、日本 A 层研究国际合作参与率也比较高，在 29%～11%；丹麦、巴西、印度、奥地利、韩国、以色列、爱尔兰、南非、中国香港、挪威、希腊、新加坡、芬兰、波兰、葡萄牙、俄罗斯、捷克、中国台湾、墨西哥、土耳其、新西兰、沙特阿拉伯、阿根廷、匈牙利、伊朗、智利也有一定的参与率，在 10%～2%。

在发展趋势上，澳大利亚、中国大陆、比利时、印度呈现相对上升趋势，美国呈现相对下降趋势，其他国家和地区没有呈现明显变化。

表 9-147　医学 A 层研究排名前 40 的国家和地区的国际合作参与率

单位：%

国家和地区	2014 年	2015 年	2016 年	2017 年	2018 年	2019 年	2020 年	2021 年	2022 年	2023 年	合计
美国	76.10	69.19	69.57	72.36	69.67	67.54	59.23	65.80	68.33	64.52	67.94
英国	51.22	44.32	36.52	53.77	44.67	50.88	44.23	49.07	49.58	47.47	47.08
加拿大	26.83	34.59	30.00	27.14	25.82	32.46	25.00	29.00	31.67	27.65	28.90
德国	28.78	24.86	27.83	24.12	25.82	29.39	28.46	29.00	27.92	34.10	28.11
澳大利亚	19.51	23.24	23.91	25.13	26.64	29.82	22.31	22.30	26.25	25.35	24.46
法国	26.83	30.27	20.87	25.13	20.49	21.05	22.69	23.05	25.83	26.27	24.02
意大利	22.44	19.46	18.26	20.60	21.72	21.05	22.31	21.19	29.17	28.11	22.49
荷兰	20.98	19.46	20.00	26.13	19.67	23.68	17.69	21.19	21.67	24.88	21.43
西班牙	14.15	19.46	17.83	21.11	15.98	14.04	15.77	16.36	23.75	29.49	18.66
中国大陆	7.32	5.95	10.00	11.56	16.39	13.60	31.15	17.84	21.67	16.59	15.81
瑞士	11.22	19.46	15.65	14.07	15.16	16.67	15.77	12.64	15.83	20.28	15.59
比利时	13.66	16.22	10.43	13.07	12.70	14.04	10.77	13.01	14.58	20.28	13.75
瑞典	12.68	10.27	12.17	12.56	10.25	15.79	9.23	14.87	17.08	16.59	13.18
日本	12.20	8.65	6.52	13.57	12.30	14.04	11.15	10.41	19.17	9.68	11.81
丹麦	8.29	11.35	9.13	8.54	8.20	7.46	5.77	9.29	10.83	12.44	9.05
巴西	6.34	9.73	5.22	10.05	8.20	10.53	6.15	8.18	11.67	8.76	8.43
印度	4.88	7.03	5.65	7.54	6.97	8.77	6.15	8.55	11.67	15.67	8.30
奥地利	4.88	6.49	4.78	6.03	6.97	7.02	6.92	6.32	6.25	12.90	6.85
韩国	8.29	4.32	3.48	8.54	4.92	4.82	6.92	6.32	7.50	7.83	6.28
以色列	4.88	5.41	6.96	4.52	3.28	7.46	6.54	7.43	5.83	6.45	5.93
爱尔兰	3.90	8.11	6.52	7.04	2.46	7.89	4.23	4.83	7.92	4.61	5.67

国家和地区	2014 年	2015 年	2016 年	2017 年	2018 年	2019 年	2020 年	2021 年	2022 年	2023 年	合计
南非	3.90	4.32	4.78	7.04	5.74	4.82	2.31	5.95	6.25	8.76	5.36
中国香港	2.44	3.78	3.48	5.03	3.28	6.14	10.00	7.06	5.42	5.07	5.31
挪威	2.44	5.41	4.78	7.04	4.51	5.26	4.23	6.69	5.00	7.37	5.27
希腊	2.93	3.24	3.04	4.52	2.87	4.39	6.92	4.83	6.67	6.91	4.70
新加坡	4.88	1.62	2.17	3.02	3.28	3.95	6.92	5.95	8.75	4.15	4.61
芬兰	5.37	8.65	2.17	4.02	2.87	5.26	5.00	4.09	4.58	4.61	4.57
波兰	3.90	4.86	2.17	5.53	2.87	3.95	2.69	5.20	7.50	7.37	4.57
葡萄牙	1.95	3.78	0.87	4.52	3.28	5.26	3.85	4.46	5.83	5.07	3.91
俄罗斯	4.88	3.24	1.74	4.52	2.87	3.51	4.23	5.20	2.50	2.30	3.51
捷克	0.98	2.70	3.48	4.02	2.46	3.95	1.54	3.35	4.58	6.91	3.38
中国台湾	2.44	2.70	0.87	2.51	2.46	3.95	3.85	2.23	5.83	3.23	3.03
墨西哥	1.46	2.16	0.43	3.02	2.46	3.95	1.54	4.46	5.42	5.07	3.03
土耳其	1.46	2.70	2.61	1.51	3.69	3.95	3.08	2.23	3.75	5.07	3.03
新西兰	2.44	1.62	1.74	4.02	3.28	3.51	1.92	3.72	3.33	4.15	2.99
沙特阿拉伯	1.46	2.70	1.30	3.52	2.46	2.19	3.85	2.97	3.33	5.99	2.99
阿根廷	0.49	3.78	0.87	2.01	3.28	2.63	3.08	3.72	4.58	4.15	2.90
匈牙利	1.95	2.16	2.17	3.52	2.05	3.07	2.31	1.49	3.75	3.69	2.59
伊朗	1.95	0.00	0.43	2.01	3.69	3.07	1.54	2.23	5.42	4.15	2.50
智利	0.49	2.16	0.87	1.01	3.69	3.07	2.69	1.49	2.08	3.69	2.15

二 B 层研究

医学 B 层研究国际合作参与率最高的是美国，为 62.63%，其次为英国的 39.22%；德国、加拿大、意大利、澳大利亚、法国、荷兰、西班牙、中国大陆、瑞士、比利时、瑞典 B 层研究国际合作参与率也比较高，在 26%～10%；日本、丹麦、巴西、奥地利、印度、韩国、挪威、波兰、以色列、希腊、中国香港、新加坡、爱尔兰、葡萄牙、南非、芬兰、土耳其、捷克、俄罗斯、新西兰、中国台湾、伊朗、沙特阿拉伯、阿根廷、墨西哥、匈牙利、埃及也有一定的参与率，在 9%～1%。

在发展趋势上，澳大利亚、西班牙、中国大陆呈现相对上升趋势，美国呈现相对下降趋势，其他国家和地区没有呈现明显变化。

表 9-148 医学 B 层研究排名前 40 的国家和地区的国际合作参与率

单位：%

国家和地区	2014 年	2015 年	2016 年	2017 年	2018 年	2019 年	2020 年	2021 年	2022 年	2023 年	合计
美国	64.05	65.19	63.17	63.91	65.38	65.74	59.63	59.26	61.35	60.01	62.63
英国	36.04	39.23	39.17	39.15	40.32	40.12	40.47	40.74	39.16	36.96	39.22
德国	25.67	26.14	25.23	26.43	24.90	25.59	22.57	24.58	24.96	26.70	25.22
加拿大	22.64	21.63	22.01	25.30	22.79	25.31	21.52	21.34	22.26	21.90	22.65
意大利	18.04	20.20	19.16	20.20	21.86	19.99	23.87	22.27	22.59	22.82	21.23
澳大利亚	17.05	16.95	19.97	19.78	19.79	20.99	19.90	18.16	19.99	21.63	19.48
法国	18.54	18.64	18.44	20.03	18.54	18.12	18.71	19.67	18.23	18.75	18.77
荷兰	17.14	18.60	18.90	17.65	19.75	18.87	16.81	19.36	17.33	16.63	18.11
西班牙	12.27	13.74	13.17	15.77	14.32	14.92	15.47	16.05	16.35	18.13	15.12
中国大陆	9.79	8.58	9.09	10.66	12.45	13.30	19.76	17.73	17.90	18.63	14.12
瑞士	11.91	14.78	12.83	15.06	13.86	12.51	13.01	13.14	14.52	15.02	13.66
比利时	11.28	11.01	13.17	11.08	10.69	11.11	11.18	11.24	11.38	11.41	11.34
瑞典	9.74	9.80	11.00	11.42	10.27	11.47	10.02	10.57	10.52	10.99	10.59
日本	7.62	8.67	8.28	8.32	9.06	8.66	9.14	9.33	9.65	9.68	8.89
丹麦	7.26	8.15	8.71	8.78	7.69	8.73	7.17	8.16	8.25	8.45	8.14
巴西	5.19	6.50	7.31	7.57	7.42	5.90	6.40	8.16	6.81	7.34	6.88
奥地利	6.63	6.63	6.58	6.61	6.21	6.22	5.49	6.42	5.98	6.92	6.35
印度	4.19	3.29	3.70	4.35	5.46	5.43	5.84	7.79	9.51	11.06	6.20
韩国	3.88	4.90	4.63	5.02	6.40	5.93	6.08	6.15	5.12	7.30	5.60
挪威	3.97	4.98	5.95	5.10	4.92	5.00	4.57	5.62	4.61	4.76	4.96
波兰	3.83	2.86	3.19	4.94	4.45	4.17	5.03	5.55	5.58	6.26	4.65
以色列	3.97	4.16	4.55	4.10	4.53	4.53	4.25	4.62	4.50	4.73	4.41
希腊	3.83	3.94	3.31	3.93	4.45	4.03	4.85	5.02	4.39	5.61	4.38
中国香港	2.39	2.82	2.80	3.89	3.98	3.77	5.13	4.52	5.15	5.72	4.09
新加坡	2.89	2.51	3.40	2.63	3.71	4.31	5.03	4.75	4.07	4.96	3.90
爱尔兰	1.98	2.90	4.80	3.97	3.94	3.38	4.22	4.38	4.14	4.65	3.88
葡萄牙	2.98	2.51	3.57	3.85	3.47	3.16	4.57	4.08	4.76	4.30	3.77
南非	2.71	3.47	2.72	3.55	3.98	4.06	2.99	3.65	4.86	4.42	3.67
芬兰	3.52	3.94	3.65	4.27	3.59	3.16	3.52	3.11	3.60	4.38	3.66
土耳其	2.26	1.91	3.14	2.84	2.30	2.48	3.31	4.28	3.96	5.38	3.24
捷克	1.98	2.30	3.82	2.72	3.16	2.59	2.53	3.38	3.03	3.57	2.92
俄罗斯	1.98	1.78	1.95	2.22	2.22	3.16	4.08	4.45	3.60	2.96	2.92
新西兰	1.98	3.29	3.23	3.22	2.89	3.16	2.57	2.27	3.53	2.80	2.89

续表

国家和地区	2014 年	2015 年	2016 年	2017 年	2018 年	2019 年	2020 年	2021 年	2022 年	2023 年	合计
中国台湾	1.53	1.95	2.55	2.63	2.93	2.23	2.22	3.18	2.99	4.23	2.67
伊朗	0.81	0.87	1.66	2.13	2.19	2.01	3.73	3.71	3.78	4.26	2.61
沙特阿拉伯	1.13	1.43	2.55	1.92	1.52	2.08	2.07	3.08	4.83	4.73	2.59
阿根廷	2.21	2.38	1.91	2.26	2.46	2.23	1.55	2.44	2.74	2.92	2.31
墨西哥	1.62	1.78	2.08	2.05	2.58	1.87	1.90	2.84	2.56	2.38	2.19
匈牙利	1.71	1.60	2.12	2.34	2.30	1.98	2.04	2.64	2.49	1.92	2.13
埃及	1.13	1.26	1.27	1.88	1.21	1.65	1.41	2.04	3.57	2.84	1.86

三 C 层研究

医学 C 层研究国际合作参与率最高的是美国，为 53.74%，其次为英国的 28.64%；德国、加拿大、意大利、中国大陆、澳大利亚、荷兰、法国、西班牙 C 层研究国际合作参与率也比较高，在 19%~10%；瑞士、瑞典、比利时、日本、丹麦、巴西、奥地利、印度、韩国、挪威、波兰、希腊、以色列、中国香港、沙特阿拉伯、芬兰、新加坡、爱尔兰、葡萄牙、南非、伊朗、土耳其、新西兰、埃及、中国台湾、捷克、俄罗斯、巴基斯坦、马来西亚、泰国也有一定的参与率，在 10%~1%。

在发展趋势上，意大利、中国大陆、印度呈现相对上升趋势，美国呈现相对下降趋势，其他国家和地区没有呈现明显变化。

表 9-149 医学 C 层研究排名前 40 的国家和地区的国际合作参与率

单位：%

国家和地区	2014 年	2015 年	2016 年	2017 年	2018 年	2019 年	2020 年	2021 年	2022 年	2023 年	合计
美国	56.20	55.92	56.06	55.20	54.22	54.26	53.38	51.53	50.94	51.13	53.74
英国	27.03	27.60	27.83	29.02	28.58	28.68	29.51	29.54	29.33	28.48	28.64
德国	19.43	18.66	18.43	19.01	18.32	18.12	18.28	18.72	18.85	19.53	18.71
加拿大	15.51	15.40	15.86	16.27	15.82	16.41	16.32	15.57	16.38	15.99	15.97
意大利	13.77	13.88	14.46	15.01	14.88	15.29	17.76	17.21	16.90	17.73	15.81
中国大陆	10.18	11.16	11.49	12.05	13.24	15.22	16.01	15.27	16.24	14.97	13.79

续表

国家和地区	2014 年	2015 年	2016 年	2017 年	2018 年	2019 年	2020 年	2021 年	2022 年	2023 年	合计
澳大利亚	12.27	12.29	13.10	13.18	13.91	13.55	14.29	13.66	14.00	13.38	13.42
荷兰	12.60	12.86	12.82	13.03	12.92	13.07	12.83	12.95	12.47	12.24	12.78
法国	12.17	12.34	12.84	12.53	12.41	12.45	12.67	13.06	12.55	13.11	12.63
西班牙	8.74	8.93	9.44	9.70	9.63	10.49	10.58	11.13	11.34	11.64	10.24
瑞士	8.88	9.00	8.87	9.97	9.63	10.02	10.00	9.96	9.96	10.66	9.73
瑞典	7.32	7.48	7.52	7.41	7.67	7.42	7.22	7.53	7.56	7.73	7.49
比利时	7.06	7.02	6.78	7.05	7.41	7.12	7.32	7.24	7.37	7.64	7.21
日本	5.12	4.96	5.50	5.42	5.59	5.62	5.95	5.97	6.13	5.91	5.65
丹麦	5.19	5.47	5.42	5.66	5.53	5.65	5.54	5.40	5.42	5.91	5.52
巴西	3.84	4.32	4.77	4.94	4.92	4.69	5.40	5.33	4.89	5.18	4.87
奥地利	4.23	4.31	3.90	4.25	4.32	4.34	4.44	4.39	4.47	4.99	4.37
印度	2.54	2.72	3.20	3.19	3.32	3.54	4.42	5.67	6.60	7.14	4.32
韩国	3.28	2.87	3.28	3.34	3.22	3.79	3.74	3.81	4.08	4.36	3.60
挪威	3.16	3.26	3.24	3.63	3.61	3.57	3.33	3.34	3.61	3.29	3.41
波兰	2.07	2.39	2.37	2.58	2.76	2.84	3.03	3.40	3.63	3.48	2.89
希腊	2.56	2.57	2.45	2.82	2.70	2.85	2.99	3.12	3.28	3.24	2.88
以色列	2.44	2.61	2.65	2.45	2.83	2.89	2.74	2.91	2.85	2.81	2.73
中国香港	2.05	1.90	2.17	2.13	2.29	2.70	3.28	3.05	3.54	3.51	2.71
沙特阿拉伯	1.73	1.84	1.93	1.85	1.85	1.97	2.60	3.48	4.38	4.48	2.66
芬兰	2.80	2.87	2.56	2.65	2.52	2.75	2.59	2.49	2.63	2.51	2.63
新加坡	1.95	1.98	2.23	2.43	2.40	2.61	2.94	2.75	3.19	3.05	2.59
爱尔兰	1.81	2.10	2.10	2.43	2.53	2.74	2.58	3.06	2.77	3.09	2.56
葡萄牙	1.77	2.04	2.12	2.23	2.36	2.51	2.69	2.75	2.94	3.01	2.47
南非	1.90	2.10	1.95	2.25	2.42	2.22	2.45	2.52	2.55	2.56	2.31
伊朗	0.78	0.86	1.00	1.22	1.51	2.03	2.98	3.25	3.22	3.05	2.07
土耳其	1.18	1.36	1.75	1.64	1.69	1.82	2.35	2.51	2.80	2.97	2.05
新西兰	1.95	2.07	1.79	2.14	2.07	2.04	2.05	1.80	1.95	1.73	1.96
埃及	1.13	1.13	1.22	1.51	1.62	1.70	1.77	2.80	3.09	2.87	1.93
中国台湾	1.47	1.68	1.55	1.73	1.84	1.91	2.22	1.98	2.23	2.16	1.90
捷克	1.39	1.57	1.66	1.83	1.77	1.82	1.78	1.94	1.98	2.06	1.79
俄罗斯	0.88	1.11	1.13	1.19	1.24	1.62	2.14	2.21	2.10	1.64	1.57
巴基斯坦	0.65	0.61	0.72	0.89	0.96	1.26	1.45	1.92	2.24	2.18	1.33
马来西亚	0.83	0.92	1.05	1.00	1.25	1.28	1.46	1.55	1.87	1.81	1.33
泰国	1.21	1.20	1.24	1.18	1.33	1.27	1.24	1.35	1.38	1.60	1.30

第十章 交叉学科

交叉学科是指跨学科组的多学科交叉的学科。在同一学科组内部的多学科交叉学科，归入各学科组，并已在上文相关学科组中进行了分析。

第一节 A 层研究

交叉学科 A 层研究国际合作参与率最高的是美国，为 64.29%；中国大陆、瑞士、英国、法国、德国、比利时、中国香港、意大利、新加坡的参与率也比较高，在 36%~14%；巴西、丹麦、日本、荷兰、瑞典、博茨瓦纳、加拿大、挪威、俄罗斯、南非也有一定的参与率，在 8%~3%。

表 10-1 交叉学科 A 层研究排名前 20 的国家和地区的国际合作参与率

单位：%

国家和地区	2014 年	2015 年	2016 年	2017 年	2018 年	2019 年	2020 年	2021 年	2022 年	2023 年	合计
美国	33.33	100.00	33.33	80.00	100.00	50.00	100.00	66.67	100.00	33.33	64.29
中国大陆	66.67	33.33	0.00	20.00	0.00	50.00	100.00	0.00	0.00	66.67	35.71
瑞士	66.67	0.00	33.33	20.00	0.00	25.00	0.00	0.00	100.00	33.33	25.00
英国	0.00	0.00	33.33	20.00	100.00	0.00	50.00	66.67	100.00	0.00	25.00
法国	33.33	33.33	33.33	0.00	0.00	25.00	0.00	33.33	0.00	33.33	21.43
德国	33.33	0.00	33.33	0.00	100.00	0.00	0.00	0.00	0.00	66.67	17.86
比利时	0.00	0.00	0.00	0.00	0.00	0.00	0.00	100.00	100.00	0.00	14.29
中国香港	33.33	0.00	0.00	20.00	0.00	0.00	50.00	0.00	0.00	33.33	14.29
意大利	33.33	0.00	33.33	0.00	0.00	25.00	50.00	0.00	0.00	0.00	14.29
新加坡	0.00	66.67	33.33	0.00	0.00	25.00	0.00	0.00	0.00	0.00	14.29
巴西	0.00	0.00	0.00	0.00	0.00	0.00	0.00	33.33	100.00	0.00	7.14
丹麦	0.00	0.00	0.00	20.00	0.00	0.00	0.00	33.33	0.00	0.00	7.14
日本	0.00	0.00	0.00	0.00	0.00	50.00	0.00	0.00	0.00	0.00	7.14

续表

国家和地区	2014 年	2015 年	2016 年	2017 年	2018 年	2019 年	2020 年	2021 年	2022 年	2023 年	合计
荷兰	0.00	33.33	0.00	0.00	0.00	25.00	0.00	0.00	0.00	0.00	7.14
瑞典	0.00	0.00	0.00	20.00	100.00	0.00	0.00	0.00	0.00	0.00	7.14
博茨瓦纳	0.00	0.00	0.00	0.00	0.00	0.00	0.00	0.00	100.00	0.00	3.57
加拿大	0.00	0.00	0.00	0.00	0.00	0.00	0.00	0.00	0.00	33.33	3.57
挪威	0.00	0.00	33.33	0.00	0.00	0.00	0.00	0.00	0.00	0.00	3.57
俄罗斯	0.00	0.00	0.00	0.00	100.00	0.00	0.00	0.00	0.00	0.00	3.57
南非	0.00	0.00	0.00	0.00	0.00	0.00	0.00	0.00	100.00	0.00	3.57

第二节　B 层研究

交叉学科 B 层研究国际合作参与率最高的是美国，为 73.05%；中国大陆、英国、德国、加拿大、荷兰、瑞士、澳大利亚的参与率也比较高，在 33%~11%；法国、中国香港、日本、瑞典、意大利、新加坡、比利时、韩国、西班牙、丹麦、奥地利、俄罗斯也有一定的参与率，在 10%~3%。

表 10-2　交叉学科 B 层研究排名前 20 的国家和地区的国际合作参与率

单位：%

国家和地区	2014 年	2015 年	2016 年	2017 年	2018 年	2019 年	2020 年	2021 年	2022 年	2023 年	合计
美国	77.27	76.00	77.78	75.00	76.92	70.83	86.67	79.41	62.50	50.00	73.05
中国大陆	36.36	24.00	22.22	25.00	50.00	25.00	30.00	26.47	28.13	56.67	32.27
英国	31.82	44.00	25.93	37.50	26.92	41.67	33.33	29.41	34.38	16.67	31.91
德国	13.64	8.00	14.81	37.50	15.38	25.00	23.33	20.59	28.13	26.67	21.99
加拿大	18.18	16.00	7.41	9.38	26.92	16.67	13.33	14.71	9.38	10.00	13.83
荷兰	9.09	8.00	25.93	9.38	23.08	12.50	16.67	2.94	15.63	10.00	13.12
瑞士	9.09	4.00	3.70	12.50	15.38	29.17	13.33	17.65	9.38	6.67	12.06
澳大利亚	9.09	4.00	11.11	6.25	15.38	16.67	13.33	14.71	9.38	13.33	11.35
法国	9.09	8.00	14.81	9.38	19.23	8.33	13.33	5.88	3.13	10.00	9.93
中国香港	4.55	8.00	7.41	0.00	11.54	12.50	20.00	5.88	9.38	10.00	8.87
日本	4.55	20.00	11.11	18.75	7.69	4.17	3.33	2.94	15.63	0.00	8.87

续表

国家和地区	2014 年	2015 年	2016 年	2017 年	2018 年	2019 年	2020 年	2021 年	2022 年	2023 年	合计
瑞典	13.64	16.00	14.81	9.38	11.54	12.50	6.67	2.94	3.13	3.33	8.87
意大利	13.64	0.00	7.41	0.00	19.23	4.17	13.33	11.76	3.13	6.67	7.80
新加坡	9.09	0.00	11.11	15.63	3.85	4.17	3.33	2.94	9.38	3.33	6.38
比利时	4.55	8.00	11.11	3.13	3.85	8.33	10.00	5.88	6.25	0.00	6.03
韩国	18.18	0.00	14.81	3.13	7.69	12.50	3.33	0.00	3.13	3.33	6.03
西班牙	0.00	0.00	11.11	15.63	3.85	8.33	6.67	2.94	3.13	6.67	6.03
丹麦	4.55	8.00	11.11	9.38	3.85	4.17	6.67	2.94	0.00	6.67	5.67
奥地利	4.55	12.00	0.00	6.25	3.85	8.33	0.00	0.00	0.00	10.00	4.26
俄罗斯	0.00	0.00	11.11	6.25	3.85	8.33	0.00	2.94	3.13	3.33	3.90

第三节　C 层研究

交叉学科 C 层研究国际合作参与率最高的是美国，为 60.65%；英国、中国大陆、德国、法国、加拿大、澳大利亚、意大利的参与率也比较高，在 29%～10%；瑞士、荷兰、西班牙、日本、瑞典、韩国、比利时、丹麦、奥地利、新加坡、巴西、沙特阿拉伯也有一定的参与率，在 10%～3%。

表 10-3　交叉学科 C 层研究排名前 20 的国家和地区的国际合作参与率

单位：%

国家和地区	2014 年	2015 年	2016 年	2017 年	2018 年	2019 年	2020 年	2021 年	2022 年	2023 年	合计
美国	68.72	61.51	64.81	59.49	61.01	60.36	59.93	55.52	59.93	57.54	60.65
英国	29.96	33.89	25.56	25.08	29.25	28.57	30.14	29.43	26.10	23.86	28.07
中国大陆	25.11	23.01	20.74	27.65	25.16	23.57	29.79	22.41	26.10	29.82	25.42
德国	21.15	21.34	20.74	20.58	22.01	22.50	21.23	23.08	21.69	16.84	21.12
法国	18.94	11.72	9.63	10.93	12.89	12.14	11.64	12.37	12.13	8.77	11.99
加拿大	14.10	10.04	11.85	8.36	11.32	8.57	15.41	11.04	10.29	8.42	10.88
澳大利亚	11.45	10.04	10.37	9.32	10.38	12.50	12.33	10.37	8.82	10.53	10.60
意大利	9.69	12.97	9.63	9.97	10.06	7.50	11.30	11.71	12.13	8.07	10.28
瑞士	8.81	11.72	7.41	10.93	10.06	8.93	7.19	9.70	11.40	6.67	9.27

国家和地区	2014 年	2015 年	2016 年	2017 年	2018 年	2019 年	2020 年	2021 年	2022 年	2023 年	合计
荷兰	8.81	6.69	10.00	8.36	8.18	8.93	9.59	11.37	7.72	9.82	8.99
西班牙	9.25	7.53	6.30	7.72	8.81	6.79	9.59	11.37	8.82	7.37	8.38
日本	6.61	7.11	10.74	7.72	10.38	7.86	6.51	8.70	9.56	7.72	8.34
瑞典	6.17	6.28	5.93	5.47	5.35	7.86	5.14	5.69	6.25	4.21	5.80
韩国	4.41	5.44	7.04	1.93	5.35	5.00	6.85	5.35	8.46	6.67	5.62
比利时	4.85	3.77	5.19	3.86	5.03	6.79	3.77	4.35	8.46	3.86	4.98
丹麦	3.52	7.53	4.07	2.89	3.77	5.71	5.14	7.02	4.78	1.75	4.58
奥地利	3.96	5.44	4.07	2.89	5.97	4.29	3.77	3.68	3.68	3.51	4.12
新加坡	3.52	4.18	4.44	2.89	3.77	4.64	5.14	4.68	2.57	4.56	4.05
巴西	3.08	3.77	2.96	3.54	4.09	2.50	5.14	4.35	6.25	1.40	3.72
沙特阿拉伯	1.76	2.51	2.59	2.25	1.26	4.29	2.74	6.02	6.25	5.26	3.51

第十一章　自然科学

在各学科研究分析的基础上，按照 A、B、C 层三个研究层次，对所有学科研究进行汇总分析，可以从总体层面揭示自然科学基础研究国际合作的分布特点和发展趋势。

第一节　A 层研究

自然科学 A 层研究国际合作参与率最高的是美国，为 52.50%；中国大陆排名第二，为 37.66%；英国排名第三，为 26.70%；德国、澳大利亚、加拿大、法国、意大利、荷兰的参与率也比较高，在 19%~10%；西班牙、瑞士、日本、瑞典、中国香港、韩国、印度、新加坡、比利时、沙特阿拉伯、丹麦、奥地利、巴西、挪威、芬兰、以色列、南非、伊朗、中国台湾、马来西亚、爱尔兰、土耳其、巴基斯坦、俄罗斯、波兰、葡萄牙、新西兰、希腊、捷克、埃及、墨西哥、阿联酋、阿根廷、匈牙利、智利、越南、罗马尼亚、卡塔尔、孟加拉国、泰国、尼日利亚也有一定的参与率，在 10%~0.8%。

在发展趋势上，中国大陆、澳大利亚、印度、沙特阿拉伯、伊朗、巴基斯坦呈现相对上升趋势，美国、英国、德国、法国呈现相对下降趋势，其他国家和地区没有呈现明显变化。

表 11-1　自然科学 A 层研究排名前 50 的国家和地区的国际合作参与率

单位：%

国家和地区	2014 年	2015 年	2016 年	2017 年	2018 年	2019 年	2020 年	2021 年	2022 年	2023 年	合计
美国	60.81	57.65	58.21	60.81	56.78	55.81	47.20	48.77	45.47	40.14	52.50
中国大陆	19.44	26.16	29.19	32.40	35.51	38.17	41.41	42.03	48.30	52.69	37.66
英国	30.26	28.04	24.94	26.63	25.32	25.85	25.38	28.54	26.30	26.81	26.70

续表

国家和地区	2014 年	2015 年	2016 年	2017 年	2018 年	2019 年	2020 年	2021 年	2022 年	2023 年	合计
德国	19.35	21.13	20.68	19.85	15.73	20.52	17.87	19.96	15.99	16.63	18.65
澳大利亚	14.48	14.51	14.13	14.33	16.40	16.62	18.76	18.46	18.55	21.58	17.03
加拿大	14.09	14.91	14.98	16.03	15.13	14.57	14.73	16.96	14.05	13.48	14.90
法国	16.87	13.72	11.32	12.64	12.21	13.13	14.05	13.96	10.38	10.25	12.75
意大利	12.30	13.52	10.55	9.25	8.84	9.44	11.94	10.42	11.21	9.96	10.65
荷兰	12.20	11.94	10.30	13.57	10.41	10.67	8.59	9.54	7.89	7.74	10.10
西班牙	9.33	9.87	9.19	10.60	7.94	5.68	9.07	9.81	10.17	9.53	9.06
瑞士	9.03	12.24	9.02	9.41	10.64	8.14	9.00	7.70	8.37	8.10	9.05
日本	7.24	7.21	5.53	5.94	7.12	8.21	7.91	7.83	8.51	8.32	7.46
瑞典	7.54	6.81	6.55	5.60	5.69	7.73	7.44	8.17	8.24	6.74	7.10
中国香港	4.37	5.23	3.40	5.68	5.77	6.22	7.78	6.68	8.37	9.10	6.43
韩国	5.46	6.12	5.79	6.11	6.67	5.34	6.07	7.49	7.96	6.52	6.40
印度	3.87	3.95	2.47	4.24	5.02	6.22	7.98	7.83	9.69	9.39	6.33
新加坡	4.07	3.36	5.36	4.41	5.32	7.46	6.48	7.97	8.03	7.67	6.22
比利时	6.85	6.42	5.96	6.11	5.32	5.54	5.32	6.68	5.12	5.38	5.82
沙特阿拉伯	3.47	5.03	4.00	5.77	4.57	3.97	4.30	4.29	6.44	8.67	5.10
丹麦	6.45	6.02	4.85	3.99	3.90	3.35	3.96	4.84	5.26	4.73	4.65
奥地利	2.68	3.46	3.74	4.33	4.04	3.63	3.89	3.00	2.98	3.80	3.56
巴西	2.28	4.24	3.83	3.90	4.19	3.08	2.59	3.20	4.01	3.08	3.43
挪威	2.18	2.37	2.72	3.99	2.25	4.51	3.55	3.95	3.18	3.37	3.28
芬兰	3.37	3.65	3.57	2.71	2.17	2.05	4.37	3.95	2.77	2.29	3.07
以色列	4.07	3.55	3.32	2.54	2.77	2.26	2.52	3.41	3.32	2.29	2.96
南非	1.79	1.78	2.47	2.63	3.22	2.26	2.32	2.93	4.08	3.01	2.70
伊朗	1.39	1.48	1.02	1.02	1.27	2.19	3.34	4.63	4.84	3.44	2.60
中国台湾	2.08	2.17	0.94	2.12	2.10	2.46	3.41	2.66	4.01	2.08	2.46
马来西亚	1.49	1.48	1.62	1.36	2.70	2.46	2.25	3.07	3.74	2.72	2.37
爱尔兰	2.48	2.67	2.64	2.80	1.87	1.92	2.05	2.79	2.42	2.01	2.34
土耳其	1.49	2.37	2.13	1.36	1.87	1.92	3.62	2.32	2.49	3.30	2.33
巴基斯坦	0.50	1.09	1.62	1.19	1.87	1.71	2.46	2.79	5.47	3.08	2.30
俄罗斯	2.28	1.68	1.96	2.80	2.40	1.98	2.73	3.07	2.28	0.86	2.22
波兰	2.68	1.97	1.87	2.29	1.12	2.05	2.11	1.91	2.28	3.23	2.15
葡萄牙	1.69	2.37	1.19	2.80	1.72	2.05	2.46	2.59	2.35	2.01	2.14
新西兰	2.18	0.79	1.28	2.88	1.80	2.19	2.32	1.70	2.77	1.86	2.01
希腊	1.69	1.88	1.19	1.61	2.02	1.71	2.52	1.91	2.91	2.08	1.99

续表

国家和地区	2014 年	2015 年	2016 年	2017 年	2018 年	2019 年	2020 年	2021 年	2022 年	2023 年	合计
捷克	0.99	1.18	2.13	2.04	1.05	1.30	1.23	1.77	2.08	2.37	1.63
埃及	0.40	0.10	0.51	0.76	0.90	0.82	1.43	3.75	2.15	3.51	1.54
墨西哥	1.49	1.38	1.02	1.53	1.42	1.16	0.95	1.70	1.80	1.36	1.38
阿联酋	0.30	0.30	0.17	0.17	0.45	2.12	1.02	3.00	2.28	2.65	1.36
阿根廷	0.50	1.18	1.02	1.02	1.12	0.82	1.23	0.95	1.52	1.36	1.09
匈牙利	0.60	1.58	1.02	1.27	0.82	0.96	1.09	1.09	1.25	1.22	1.09
智利	0.99	1.28	0.77	1.02	1.12	0.82	1.64	1.02	1.11	1.00	1.08
越南	0.50	0.30	0.85	0.76	0.52	1.23	2.05	2.04	0.90	0.86	1.06
罗马尼亚	1.09	0.30	0.77	0.93	0.97	0.89	1.16	1.09	1.25	1.51	1.02
卡塔尔	0.89	0.99	1.70	0.85	0.52	0.96	0.89	1.77	0.83	0.43	0.98
孟加拉国	0.69	0.30	0.09	0.17	0.82	0.34	0.82	1.23	1.80	2.80	0.96
泰国	1.09	0.49	0.51	0.59	0.60	1.09	0.89	0.89	1.04	0.93	0.83
尼日利亚	0.20	0.30	0.34	0.59	1.12	0.75	0.27	1.09	1.52	1.51	0.81

第二节　B 层研究

自然科学 B 层研究国际合作参与率最高的是美国，为 46.41%；中国大陆排名第二，为 38.46%；英国排名第三，为 23.84%；德国、澳大利亚、加拿大、法国、意大利的参与率也比较高，在 17%~10%；荷兰、西班牙、瑞士、日本、印度、瑞典、韩国、中国香港、新加坡、沙特阿拉伯、比利时、丹麦、奥地利、伊朗、巴西、挪威、土耳其、中国台湾、芬兰、巴基斯坦、波兰、俄罗斯、葡萄牙、以色列、马来西亚、南非、爱尔兰、埃及、希腊、新西兰、捷克、墨西哥、阿联酋、越南、智利、罗马尼亚、匈牙利、泰国、阿根廷、卡塔尔、孟加拉国、哥伦比亚也有一定的参与率，在 9%~0.7%。

在发展趋势上，中国大陆、澳大利亚、印度、沙特阿拉伯、伊朗、巴基斯坦呈现相对上升趋势，美国、英国、德国、加拿大、法国呈现相对下降趋势，其他国家和地区没有呈现明显变化。

表 11-2　自然科学 B 层研究排名前 50 的国家和地区的国际合作参与率

单位：%

国家和地区	2014 年	2015 年	2016 年	2017 年	2018 年	2019 年	2020 年	2021 年	2022 年	2023 年	合计
美国	54.13	52.45	51.80	51.83	50.03	48.70	44.44	40.53	39.02	37.02	46.41
中国大陆	25.78	26.66	29.80	34.51	37.95	40.10	41.09	44.40	47.34	48.25	38.46
英国	24.07	24.89	24.97	24.75	23.42	23.54	25.00	23.84	22.52	21.95	23.84
德国	18.79	18.63	17.89	17.26	16.09	16.23	15.37	14.87	14.83	14.96	16.32
澳大利亚	12.92	13.40	14.01	14.91	15.43	15.72	16.02	16.27	15.85	15.62	15.15
加拿大	13.17	13.10	13.35	13.68	12.24	13.60	12.89	12.58	12.35	11.64	12.83
法国	12.44	12.43	12.38	11.88	10.44	10.29	10.61	10.00	9.47	8.98	10.76
意大利	10.29	11.26	10.65	10.26	10.31	9.64	10.80	10.38	9.95	9.93	10.32
荷兰	9.59	10.00	10.76	9.04	9.70	9.24	8.58	8.58	7.98	7.10	8.98
西班牙	9.10	9.11	8.74	8.69	7.82	7.89	8.31	7.68	8.01	8.82	8.36
瑞士	8.08	8.98	7.94	8.03	8.15	6.87	7.07	7.01	6.81	7.02	7.52
日本	6.53	6.39	6.53	6.50	5.91	6.51	6.50	6.22	7.03	6.71	6.49
印度	3.78	3.57	3.97	3.95	4.86	5.49	6.40	8.28	9.77	10.13	6.24
瑞典	5.95	6.34	6.38	6.05	6.49	6.18	5.88	6.00	5.86	5.48	6.05
韩国	4.84	5.49	5.26	5.14	5.37	5.83	5.93	6.57	6.66	7.44	5.92
中国香港	4.42	4.86	4.70	5.72	5.67	6.10	6.04	5.76	6.30	7.51	5.78
新加坡	4.87	4.75	5.28	5.51	5.33	5.78	5.46	5.84	5.28	5.66	5.41
沙特阿拉伯	3.21	3.89	4.03	4.12	4.23	4.08	4.94	6.18	7.90	8.67	5.26
比利时	5.11	5.63	5.97	5.04	4.90	5.09	5.03	4.82	4.25	4.66	5.02
丹麦	4.40	4.61	4.50	4.68	4.40	3.87	4.09	3.82	4.43	4.26	4.28
奥地利	3.58	3.53	3.88	3.53	3.40	3.26	3.20	3.10	2.91	3.35	3.35
伊朗	1.75	1.75	1.97	2.16	2.78	3.45	4.40	4.72	4.51	4.43	3.33
巴西	2.77	3.38	3.69	3.50	3.43	3.20	3.14	3.66	3.24	3.06	3.31
挪威	2.71	2.94	3.19	2.91	3.00	3.29	3.33	3.42	3.36	2.52	3.09
土耳其	1.62	1.87	1.93	1.80	1.78	2.36	3.19	3.49	4.06	5.17	2.82
中国台湾	2.16	1.89	2.02	1.95	2.24	2.41	2.95	3.64	3.35	3.86	2.71
芬兰	2.58	2.97	2.92	2.79	2.67	2.56	2.75	2.77	2.69	2.41	2.70
巴基斯坦	0.88	0.88	1.18	1.73	1.80	2.32	3.05	3.71	5.03	4.92	2.70
波兰	1.81	1.88	2.07	2.30	2.38	2.15	2.68	2.83	2.96	3.58	2.51
俄罗斯	1.88	2.13	2.30	2.33	1.94	2.31	2.66	3.45	3.02	2.34	2.48
葡萄牙	2.25	1.93	2.11	2.42	2.34	2.23	2.77	2.50	2.80	2.35	2.39
以色列	2.60	2.55	2.66	2.61	2.41	2.40	2.25	2.12	2.22	2.25	2.39

国家和地区	2014 年	2015 年	2016 年	2017 年	2018 年	2019 年	2020 年	2021 年	2022 年	2023 年	合计
马来西亚	1.64	1.48	1.90	2.14	2.02	2.17	2.19	2.91	3.33	3.21	2.36
南非	1.67	1.86	2.02	2.16	2.41	2.22	2.10	2.43	2.66	2.49	2.23
爱尔兰	1.62	1.95	2.52	1.98	2.11	1.82	1.99	2.21	2.19	2.22	2.07
埃及	0.69	1.11	1.13	1.39	1.13	1.63	1.77	2.78	3.60	4.02	2.02
希腊	2.04	1.98	1.82	1.97	1.84	1.71	2.08	2.17	2.24	2.18	2.01
新西兰	1.48	1.85	2.09	1.90	1.88	1.95	2.05	1.66	1.94	1.61	1.85
捷克	1.40	1.43	1.48	1.62	1.78	1.34	1.66	1.78	1.95	1.92	1.65
墨西哥	1.30	1.32	1.28	1.37	1.24	1.36	1.42	1.60	1.32	1.42	1.37
阿联酋	0.34	0.58	0.48	0.58	0.75	1.24	1.23	2.22	2.12	2.81	1.31
越南	0.35	0.45	0.48	0.85	0.79	1.46	2.25	2.25	1.44	1.39	1.25
智利	0.90	1.00	1.21	1.05	1.28	0.92	1.02	1.27	1.36	1.21	1.13
罗马尼亚	0.74	0.74	1.01	1.07	1.05	1.18	1.08	1.00	1.53	1.36	1.10
匈牙利	0.94	1.18	1.04	1.14	1.13	1.01	1.03	1.12	1.09	1.21	1.09
泰国	0.80	0.78	0.78	0.60	0.85	0.64	0.99	1.43	1.42	1.15	0.97
阿根廷	1.02	1.04	0.98	0.97	0.98	0.88	0.74	1.02	0.96	1.03	0.96
卡塔尔	0.38	0.82	0.80	0.62	0.70	0.68	0.88	0.97	0.87	1.01	0.79
孟加拉国	0.26	0.18	0.38	0.46	0.55	0.71	0.79	1.20	1.44	1.45	0.79
哥伦比亚	0.53	0.61	0.79	0.75	0.74	0.78	0.68	0.65	0.83	0.70	0.71

第三节　C 层研究

自然科学 C 层研究国际合作参与率最高的是美国，为 41.19%；中国大陆排名第二，为 33.03%；英国排名第三，为 20.35%；德国、澳大利亚、加拿大的参与率也比较高，在 15%~10%；意大利、法国、西班牙、荷兰、瑞士、印度、日本、韩国、沙特阿拉伯、瑞典、中国香港、比利时、新加坡、丹麦、巴西、伊朗、奥地利、巴基斯坦、挪威、埃及、中国台湾、芬兰、土耳其、波兰、马来西亚、葡萄牙、俄罗斯、以色列、南非、希腊、爱尔兰、捷克、新西兰、墨西哥、越南、阿联酋、智利、泰国、匈牙利、罗马尼亚、阿根廷、孟加拉国、卡塔尔、哥伦比亚也有一定的参与率，在

10%～0.6%。

在发展趋势上，中国大陆、印度、沙特阿拉伯、伊朗、巴基斯坦呈现相对上升趋势，美国、德国、加拿大、法国呈现相对下降趋势，其他国家和地区没有呈现明显变化。

表 11-3　自然科学 C 层研究排名前 50 的国家和地区的国际合作参与率

单位：%

国家和地区	2014 年	2015 年	2016 年	2017 年	2018 年	2019 年	2020 年	2021 年	2022 年	2023 年	合计
美国	47.40	46.50	46.09	45.40	43.99	42.43	39.63	36.94	34.81	33.27	41.19
中国大陆	22.47	24.63	26.49	29.73	33.21	35.77	36.57	37.38	38.76	38.51	33.03
英国	20.74	20.70	21.19	21.00	20.68	20.36	20.30	20.15	19.46	19.28	20.35
德国	16.53	16.01	15.80	15.10	14.31	13.83	13.62	13.29	13.17	13.10	14.33
澳大利亚	10.22	10.63	10.79	11.27	11.96	12.15	12.36	12.43	11.98	11.01	11.57
加拿大	11.07	10.97	11.00	10.64	10.45	10.57	10.38	10.31	10.21	9.96	10.52
意大利	9.64	9.84	9.60	9.47	9.11	8.97	9.78	9.57	9.38	9.48	9.47
法国	11.39	11.14	11.03	10.16	9.72	9.09	8.79	8.69	7.97	8.02	9.47
西班牙	8.07	7.70	7.72	7.50	7.24	7.21	7.10	7.08	7.18	7.50	7.39
荷兰	8.14	7.99	7.96	7.56	7.47	7.48	7.14	6.80	6.40	6.25	7.26
瑞士	6.77	6.70	6.50	6.60	6.36	6.08	5.80	5.63	5.54	5.50	6.10
印度	3.37	3.41	3.85	3.94	4.41	4.82	6.04	7.63	8.87	9.28	5.75
日本	5.63	5.50	5.60	5.42	5.24	5.33	5.15	4.96	5.07	4.89	5.25
韩国	4.31	4.27	4.41	4.38	4.50	4.79	5.00	5.24	5.67	6.18	4.92
沙特阿拉伯	2.80	3.14	3.25	3.18	3.28	3.50	4.86	6.16	7.80	8.57	4.80
瑞典	5.03	5.06	5.17	4.99	4.94	4.78	4.54	4.58	4.54	4.50	4.79
中国香港	3.70	3.81	4.06	4.24	4.59	4.64	4.94	5.33	5.59	6.13	4.77
比利时	4.37	4.50	4.21	4.07	4.22	3.90	3.87	3.76	3.71	3.69	4.00
新加坡	3.52	3.76	3.83	3.84	4.01	4.07	4.16	4.07	4.14	4.27	3.99
丹麦	3.60	3.77	3.65	3.58	3.59	3.54	3.54	3.47	3.39	3.49	3.55
巴西	2.99	3.03	3.41	3.22	3.28	3.09	3.31	3.23	2.80	2.82	3.12
伊朗	1.65	1.71	1.89	2.27	2.69	3.35	4.02	4.20	4.12	3.96	3.11
奥地利	3.02	2.99	2.99	2.84	2.78	2.73	2.67	2.67	2.56	2.75	2.78
巴基斯坦	0.87	1.05	1.29	1.60	1.80	2.46	3.23	3.96	4.84	4.89	2.74
挪威	2.32	2.24	2.40	2.36	2.34	2.44	2.47	2.48	2.49	2.39	2.40
埃及	1.12	1.19	1.26	1.39	1.61	1.92	2.60	3.42	4.04	4.18	2.37

续表

国家和地区	2014 年	2015 年	2016 年	2017 年	2018 年	2019 年	2020 年	2021 年	2022 年	2023 年	合计
中国台湾	1.90	1.88	1.81	1.89	1.94	2.09	2.59	2.94	2.95	2.89	2.33
芬兰	2.39	2.39	2.30	2.18	2.25	2.27	2.19	2.19	2.19	2.08	2.23
土耳其	1.38	1.54	1.63	1.62	1.68	1.86	2.46	2.82	3.21	3.38	2.22
波兰	1.81	1.97	1.93	1.92	1.94	1.96	2.19	2.46	2.67	2.82	2.19
马来西亚	1.52	1.54	1.63	1.73	1.81	1.98	2.34	2.68	2.95	2.97	2.17
葡萄牙	2.06	2.07	2.14	2.02	2.10	2.24	2.10	2.21	2.06	2.00	2.10
俄罗斯	1.78	1.86	1.89	1.90	1.96	2.09	2.34	2.62	2.46	1.82	2.10
以色列	2.03	2.16	2.06	1.85	1.90	1.84	1.63	1.61	1.63	1.62	1.81
南非	1.52	1.50	1.63	1.71	1.67	1.67	1.76	1.82	1.91	1.96	1.73
希腊	1.75	1.77	1.69	1.71	1.64	1.65	1.60	1.68	1.73	1.70	1.69
爱尔兰	1.47	1.58	1.60	1.52	1.65	1.63	1.60	1.79	1.67	1.79	1.64
捷克	1.36	1.45	1.40	1.40	1.41	1.47	1.51	1.58	1.63	1.66	1.50
新西兰	1.54	1.49	1.37	1.55	1.52	1.54	1.43	1.38	1.35	1.31	1.44
墨西哥	1.06	1.00	1.14	1.14	1.00	1.14	1.09	1.24	1.20	1.02	1.11
越南	0.39	0.45	0.49	0.57	0.84	1.26	2.25	1.53	1.20	1.09	1.07
阿联酋	0.42	0.54	0.55	0.50	0.64	0.94	1.19	1.48	1.81	2.08	1.06
智利	0.97	0.92	1.10	0.99	1.06	1.06	1.07	1.13	1.08	1.08	1.05
泰国	0.75	0.76	0.85	0.80	0.83	0.89	1.04	1.19	1.29	1.28	0.99
匈牙利	0.90	0.89	0.89	0.85	0.84	0.84	0.78	0.74	0.82	0.88	0.84
罗马尼亚	0.69	0.71	0.71	0.69	0.72	0.73	0.85	0.82	1.06	1.02	0.81
阿根廷	0.82	0.75	0.72	0.70	0.72	0.68	0.75	0.70	0.69	0.72	0.72
孟加拉国	0.27	0.29	0.35	0.40	0.43	0.57	0.73	1.05	1.22	1.17	0.68
卡塔尔	0.44	0.56	0.64	0.69	0.58	0.65	0.74	0.77	0.75	0.75	0.67
哥伦比亚	0.48	0.56	0.58	0.63	0.62	0.67	0.63	0.63	0.61	0.71	0.62

图书在版编目（CIP）数据

全球基础研究国际合作指数报告 . 2024 ／ 柳学智等
著 . --北京：社会科学文献出版社，2025. 6. -- ISBN
978-7-5228-5225-6

Ⅰ. G30

中国国家版本馆 CIP 数据核字第 2025TL6366 号

全球基础研究国际合作指数报告（2024）

著　　者／柳学智　王　伊　王秋蕾 等

出 版 人／冀祥德
责任编辑／宋　静
责任印制／岳　阳

出　　版／社会科学文献出版社·皮书分社（010）59367127
　　　　　　地址：北京市北三环中路甲 29 号院华龙大厦　邮编：100029
　　　　　　网址：www. ssap. com. cn
发　　行／社会科学文献出版社（010）59367028
印　　装／三河市尚艺印装有限公司

规　　格／开 本：787mm×1092mm　1/16
　　　　　　印 张：38　字 数：580 千字
版　　次／2025 年 6 月第 1 版　2025 年 6 月第 1 次印刷
书　　号／ISBN 978-7-5228-5225-6
定　　价／298. 00 元

读者服务电话：4008918866